최신

개정4판

식품 위생 관계법규

머리말

이 책은 Foodservice Industry 관련 분야로 진출을 준비하는 식품영양학과, 조리학과, 외식 관련 학과, 호텔 및 관광 관련 학과를 전공하는 학생들을 위한 교재로 개발되었으며 이러한 분야와 관련하여 영양사, 위생사, 조리산업기사, 식품산업기사, 식품기사 등 자격시험 준비와 산업 현장에서 필요로 하는 식품위생법 및 관련 법규를 수록하였다.

교재는 크게 3부로 구성하였다.

1부 '식품위생법 및 관련 법규'에서는 법의 개념, 식품위생법·시행령·시행규칙, 식품 등의 표시기준, 식품위생분야 종사자의 건강진단규칙, 식품 및 축산물 안전관리인증기준의 5개장으로 구성하였다.

2부 '위생·영양 관련 법규'에서는 학교급식법·시행령·시행규칙, 국민건강증진법·시행령·시행규칙, 국민영양관리법·시행령·시행규칙, 식품 등의 표시·광고에 관한 법률, 농수산물의 원산지 표시에 관한 법률, 공중위생관리법·시행령·시행규칙, 먹는물관리법·시행령·시행규칙, 먹는물 수질기준 및 검사 등에 관한 규칙, 감염병의 예방 및 관리에 관한 법률·시행령·시행규칙, 폐기물관리법·시행령·시행규칙, 하수도법·시행령·시행규칙, 제조물 책임법의 12개장으로 구성하였다.

3부 '식품의 기준 및 규격'에서는 총칙, 식품일반에 대한 공통의 기준 및 규격, 영·유아를 섭취대상으로 표시하여 판매하는 식품의 기준 및 규격, 장기보존식품의 기준 및 규격, 식품별 기준 및 규격, 식품접객업소(집단급식소 포함)의 조리식품 등에 대한 기준 및 규격으로 구성하였다.

이 책의 특징은 다음과 같다.

첫째, 모든 법이 시작되는 첫 장에 법·시행령·시행규칙의 공포일 또는 제정일, 마지막 개정일을 제시하였다.

둘째, 1부 식품위생법 및 관련 법규와 2부 위생·영양 관련 법규에 수록된 법·시행령·시행규칙 조항 밑에 그 조항에 부과되는 벌칙, 행정처분, 별표(시행령 2개, 시행규칙 27개) 내용을 제시하였고, 더불어 법·시행령·시행규칙에 관련된 조항 및 제시된 다른 법률 내용을 참고'를 만들어 그 내용을 제시하였다.

셋째, 식품위생법 4장 표시의 고시인 '식품 등의표시 기준(별지 내용은 부록으로 탑재)'과 법률인 '식품등의 표시광고에 관한 법률'을 제시하였다.

넷째, 제조물책임법을 제시하였다.

다섯째, 시험에 자주 나오는 법 내용은 진하게 표시하여 제시하였다.

이 책이 완성되기까지 함께 애써주신 공동 저자들께 감사드린다.

'최신 식품위생관계법규'가 개정될 수 있도록 지원해 주신 유제구 사장님, 김재원 전무님, 편집·출판을 위해 애써주신 임직원 여러분들께 감사드린다.

2023년 7월

저자 일동

차례

Part 1 식품위생법 및 관련 법규

Part 2 위생·영양 관련 법규

Part 3 식품의 기준 및 규격

1

식품위생법 및 관련 법규

01 법의 개념

02 식품위생법·시행령·시행규칙

03 식품 등의 표시기준

04 식품위생분야 종사자의 건강진단규칙

05 식품 및 축산물 안전관리인증기준

법의 개념

1. 법의 목적

인간은 사회적 동물로서 사회라는 조직체 내에서 생활하므로 자의든, 타의든 법의 테두리 안에서 삶을 영위하고 있다. 법은 개인의 자유와 권리를 보호해 줄 뿐만 아니라 공익(公益)의 증진을 위하여 인간 행위를 통제함으로써 궁극적으로는 사회정의(社會正義)를 실현하는 데 있다.

2. 법의 분류

1) 단계 구조면

① 헌법 : 국가의 조직과 통치 작용에 관한 기본 원칙법이다.

② 법률 : 국회의 의결을 거쳐 대통령이 서명·공포함으로써 성립되는 법률을 말한다.

③ 명령 : 국회의 의결을 거치지 않고 행정기관이 단독으로 정하는 성문법(成文法)이다.

④ 행정규칙 : 법률과 시행령의 위임 범위 내에서 그 내용을 실행하기 위한 구체적인 내용이다.

2) 적용면

(1) 공법(公法)

정부의 설립, 유지, 운영에 관한 기본법으로서 행정기구의 규정, 상호 관계 및 조정과 개인 또는 집단과 국가 간의 관계를 나타낸다.

① 헌법(憲法) : 국가의 조직과 통치 작용에 관한 기본 원칙법이다.

② 행정법(行政法) : 행정권의 조직 및 작용에 관한 기본법이다.

③ 형법(刑法) : 사회 질서를 유지하는 데 필요한 범죄나 형벌의 관계를 규정하는 법이다.

(2) 사법(私法)

개인 및 집단 상호 간의 권리와 의무에 관한 법이다.

3. 법의 시행 형태

법은 시행 형태에 따라 일반적으로 법률, 시행령, 시행규칙 등으로 구별된다.

1) 법률

국회가 의결하여 정부의 공포로 시행되는 것으로 국민의 기본권에 관한 것은 법률로서 정한다. 법률은 국민 전체에 적용되며, 법에 의하지 않고는 개개인의 행위를 제한할 수 없다.

2) 시행령(大統領令)

법률을 시행하는 데 필요한 사항을 규정하는 것으로 공포 및 발령은 대통령령으로 표시하며, 대통령이 법률을 시행할 수 있도록 위임한 위임법이다.

3) 시행규칙(總理令/部令)

법률시행의 입법을 정리한 규범으로 여러 법률이나 시행령의 위임규정에 근거를 둔 것으로써 시행령으로 규정할 수 없는 구체적인 사항을 실무 행정기관으로 하여금 적법하게 시행하도록 한 것이다.

4. 법원(法源) : 법의 존재 형식

1) 성문법(成文法)

입법권을 가지는 자가 그 내용을 문서로 작성하여 일정한 형식과 절차를 밟아 공포한 법을 말한다.

① 헌법 : 국가의 기본법으로서 국가 통치의 조직과 작용의 원리를 정하고 국민의 기본권을 보장하는 실정법으로 최상위법에 속한다.

② 법률 : 국회에서 의결되어 대통령이 공포한 법(식품위생법 등)을 말한다.

③ 명령 : 국회의 의결을 거치지 않고 대통령 이하의 행정기관이 제정한 법규로 법률보

다 하위의 법규이며, 대통령령(식품위생법 시행령), 총리령, 부령(식품위생법 시행규칙) 등이 이에 속한다.

④ 규칙 : 헌법에서 규칙과 제정권을 인정하고 있는 경우에 동 규정에 의거하여 제정한 규범을 말한다.(국회, 대법원, 중앙선거관리위원회)

⑤ 자치규칙 : 지방자치단체가 법령의 범위 안에서 제정하는 자치에 관한 규칙을 말한다.

⑥ 조례 : 지방자치단체가 지방의회의 의결을 거쳐 법령의 범위 안에서 제정한 것을 말한다.

2) 불문법(不文法)

관습법이나 사법부인 법원의 판례 등에 의해서 만들어진 법을 말한다.

① 관습법 : 사회생활 속에서 관행의 행태로서 존재하는 관습이 법적인 확신 내지 인식을 갖게 됨으로써 국가의 공권력으로 보장되는 사회 규범을 말한다.

② 판례법 : 법원의 판결 형태로 존재하는 법을 말한다.

③ 조리(條理) : 일반사회의 정의감에 비추어 반드시 그러하여야 할 것이라고 인정되는 것으로 사물의 본질적 법규 또는 법의 일반원리를 말하며, 그 내용으 로서는 일반적으로 평등의 원칙, 비례의 원칙, 신의성실의 원칙 등이 있다.

3) 법의 해석

① 특별법(特別法) 우선(優先)의 원칙 : 법 적용에 있어서 일반법과 특별법이 충돌할 경우 특별법이 우선한다는 원칙을 말한다.

② 신법(新法) 우선(優先)의 원칙 : 최근에 제정된 법은 그 이전에 제정된 법에 우선하여 적용한다는 원칙을 말한다.

5. 법령 조문의 구성

1) 조(條)

법령의 본칙을 구성하는 단위로 제1조, 제2조, 제3조 등과 같이 표시한다.

2) 항

하나의 조문에 여러 가지 내용을 규정할 필요가 있거나 세분하여 규정할 필요가 있을 때 조문을 '항'이나 '호'로 구분한다. ①·② 등과 같이 동그라미 안에 아라비아 숫자를 넣어 표시한다.

3) 호

어떤 '조'나 '항' 중에서 규율하려는 내용을 열거하여 규정할 필요가 있을 때 사용한다. 1., 2., 3. 등으로 표시한다.

4) 목

'호'를 다시 세분하거나 내용을 열거할 필요가 있을 때 사용한다. 가., 나., 다. 등으로 표시하며, '제'를 붙이지 않고 '가목', '나목' 등으로 읽는다.

5) 그 외

'목'을 세분하여 정하거나 열거할 필요가 있으면 1), 2), 3)……를 사용하고, 1), 2), 3)……를 다시 세분할 필요가 있는 경우에는 가), 나), 다)……를 사용한다. 목 단위 이하 부분의 명칭은 정해져 있지 않다.

제○○조(○○○○)∨∨ ………………………………………… (제OO조)
∨∨①∨ ………………………………………… (제1항)
∨∨1.∨ ………………………………………… (제1호)
∨∨∨∨가.∨ ………………………………………… (가목)
∨∨∨∨∨∨1)∨ …………………………………………
∨∨∨∨∨∨∨∨가)∨ …………………………………………

6. 법률상 용어 해석

① 식품 등(等) : 식품, 식품첨가물, 기구, 용기, 포장을 말한다.

② 이상, 이하, 이전, 이후, 이내 : 그 수치를 포함한다.

③ 초과, 미만, 넘는 : 그 수치를 포함하지 않는다.

④ 그러하지 아니하다 : 허용(許容)을 의미한다.

⑤ 하여서는 아니 된다 : 불허(不許)를 의미한다.

⑥ 내지(乃至) : ~에서 ~까지

⑦ 병과(竝科)한다 : 벌칙에 있어서 징역형과 벌금형을 동시(同時)에 과(課)한다.

⑧ 준용(準用)한다 : 필요한 사항만을 적용한다.

⑨ 갈음(喝吟)할 수 있다 : 대신할 수 있다.

7. 행정제재(국민이 법에서 정한 행정적 의무를 위반하였을 때 행정 기관이 부과하는 불이익)의 유형

1) 과태료(過怠料)

행정법상의 의무를 위반하는 등 질서위반에 대한 제재로 부과·징수되는 금전(金錢)을 말하며, 행정법규 위반 정도가 비교적 경미하여 간접적으로 **행정 목적 달성에 장애를 줄 위험성이 있는 정도의 단순한 의무태만에 대한 금전벌**이다.

2) 과징금(課徵金)

행정법상의 의무불이행으로 인해 발생한 경제적 이익을 상쇄(相殺)하거나 의무불이행에 대해 행정처분에 갈음하여 부과하는 제재적 금전부담으로 **사업정지처분이 이용자에게 심한 불편을 주거나 기타 공익을 해칠 우려가 있을 때에, 정지기간 동안의 예상이익의 일부를 부과**한다. 부과의 목적이 사업정지처분을 대신하는 것이기 때문에, 과태료와 달리 원칙적으로는 가산금이 붙지 않는다.

***과태료와 과징금의 차이** : 과태료가 행정법상의 의무를 위반한 것에 대한 벌칙으로서의 성격(다만, 형벌이 아닌 질서벌에 불과함에 주의)을 가진 것이라면, 과징금은 의무이행을 확보하기 위해 부과하는 것이다.

3) 벌금(罰金)

형벌의 일종으로 범인으로부터 일정액의 금액을 징수하는 형벌을 말한다. 「형법」상 벌금은 5만원 이상이며, 판결 확정일부터 30일 이내에 납입해야 하며, 이를 납입하지 않으면 노역장에 유치될 수 있다

4) 과료(科料)

「형법」에서 정하고 있는 형벌의 하나로 형사소송절차에 따라 검사의 명령에 의해 집행되며, 「형법」상 과료는 2천원 이상 5만원 미만으로 규정되어 있다. 과료는 가장 가벼운 형벌로서 주로 경범죄에 대하여 부과하게 된다.

8. 식품위생 관련 법령 및 담당 부서

① 식품위생법 : 식품의약품안전처

② 국민건강증진법 : 보건복지부 – 국민영양조사 및 영양개선사업

③ 학교급식법 : 교육부

④ 국민영양관리법 : 보건복지부

⑤ 농수산물의 원산지 표시에 관한 법률 : 농림축산식품부, 해양수산부, 식품의약품안전처

⑥ 공중위생관리법 : 보건복지부

⑦ 감염병의 예방 및 관리에 관한 법률 : 보건복지부

⑧ 먹는물관리법 : 환경부 – 먹는 샘물

⑨ 폐기물관리법 : 환경부

⑩ 하수도법 : 환경부

⑪ 농수산물 품질관리법 : 농림축산식품부, 해양수산부, 식품의약품안전처

⑫ 축산물 위생관리법 : 식품의약품안전처

⑬ 보건범죄 단속에 관한 특별조치법 : 법무부

⑭ 인삼산업법 : 농림축산식품부 – 홍삼류

⑮ 주세법 : 기획재정부(국세청) – 주류

02

식품위생법·시행령·시행규칙

식품위생법 [공포 1962. 1. 20. 시행 2023. 1. 1.]
[법률 제18445호, 2021. 8. 17., 타법개정]

식품위생법 시행령 [공포 1962. 6. 12. 시행 2023. 4. 25.]
[대통령령 제33434호, 2023. 4. 25., 타법개정]

식품위생법 시행규칙 [공포 1962. 10. 10. 시행 2023. 7. 1.]
[총리령 제1879호, 2023. 5. 19., 일부개정]

장	조
제1장 총칙	제1조 목적 제2조 정의 제3조 식품 등의 취급
제2장 식품과 식품첨가물	제4조 위해식품등의 판매 등 금지 제5조 병든 동물 고기 등의 판매 등 금지 제6조 기준·규격이 정하여지지 아니한 화학적 합성품 등의 판매 등 금지 제7조 식품 또는 식품첨가물에 관한 기준 및 규격 제7조의2 권장규격 제7조의3 농약 등의 잔류허용기준 설정 요청 등 제7조의4 식품등의 기준 및 규격 관리계획 등 제7조의5 식품등의 기준 및 규격의 재평가 등
제3장 기구와 용기·포장	제8조 유독기구 등의 판매·사용 금지 제9조 기구 및 용기·포장에 관한 기준 및 규격 제9조의2 기구 및 용기·포장에 사용하는 재생원료에 관한 인정 제9조의3 인정받지 않은 재생원료의 기구 및 용기·포장에의 사용 등 금지
제4장 표시	제10조 삭제 제11조 삭제 제11조의2 삭제 제12조 삭제 제12조의2 유전자변형식품등의 표시 제12조의3 삭제 제12조의4 삭제 제13조 삭제
제5장 식품등의 공전(公典)	제14조(식품등의 공전)

(계속)

장	조	
제6장 검사 등	제15조 위해평가 제15조의2 위해평가 결과 등에 관한 공표 제16조 소비자 등의 위생검사등 요청 제17조 위해식품등에 대한 긴급대응 제18조 유전자변형식품등의 안전성 심사 등 제19조 삭제 제19조의2 삭제 제19조의3 삭제 제19조의4 검사명령 등 제20조 삭제 제21조 특정 식품등의 수입·판매 등 금지 제22조 출입·검사·수거 등 제22조의2 삭제 제23조 식품등의 재검사	제24조 삭제 제25조 삭제 제26조 삭제 제27조 삭제 제28조 삭제 제29조 삭제 제30조 삭제 제31조 자가품질검사 의무 제31조의2 자가품질검사의무의 면제 제31조의3 자가품질검사의 확인검사 제32조 식품위생감시원 제33조 소비자식품위생감시원 제34조 삭제 제35조 소비자 위생점검 참여 등
제7장 영업	제36조 시설기준 제37조 영업허가 등 제38조 영업허가 등의 제한 제39조 영업 승계 제40조 건강진단 제41조 식품위생교육 제41조의2 위생관리책임자 제42조 실적보고 제43조 영업 제한 제44조 영업자 등의 준수사항 제44조의2 보험 가입 제45조 위해식품등의 회수 제46조 식품등의 이물 발견보고 등	제47조 위생등급 제47조의2 식품접객업소의 위생등급 지정 등 제48조 식품안전관리인증기준 제48조의2 인증 유효기간 제48조의3 식품안전관리인증기준적용업소에 대한 조사·평가 등 제48조의4 식품안전관리인증기준의 교육훈련기관 지정 등 제48조의5 교육훈련기관의 지정취소 등 제49조 식품이력추적관리 등록기준 등 제49조의2 식품이력추적관리정보의 기록·보관 등 제49조의3 식품이력추적관리시스템의 구축 등 제50조 삭제
제8장 조리사 등 〈개정 2010.3.26〉	제51조(조리사) 제52조(영양사) 제53조(조리사의 면허)	제54조(결격사유) 제55조(명칭 사용 금지) 제56조(교육)
제9장 식품위생심의위원회	제57조(식품위생심의위원회의 설치 등) 제58조(심의위원회의 조직과 운영)	
제10장 식품위생단체 등	제1절 동업자조합 제59조 설립 제60조 조합의 사업 제60조의2 조합의 공제회 설립·운영 제60조의3 공제사업의 내용 제60조의4 공제회에 대한 감독 제61조 대의원회 제62조 다른 법률의 준용 제63조 자율지도원 등	제2절 식품산업협회 〈개정 2011. 8. 4.〉 제64조 설립 제65조 협회의 사업 제66조 준용 제3절 식품안전정보원 〈개정 2011. 8. 4.〉 제67조 식품안전정보원의 설립 제68조 정보원의 사업 제69조 사업계획서 등의 제출 제70조 지도·감독 등

(계속)

장	조
제10장 식품위생단체 등	제4절 삭제 〈2016. 2. 3.〉 제70조의2 삭제 제70조의3 삭제 제70조의4 삭제 제70조의5 삭제 제70조의6 삭제 제5절 건강 위해가능 영양성분 관리 〈신설 2016. 5. 29.〉 제70조의7 건강 위해가능 영양성분 관리 제70조의8 건강 위해가능 영양성분 관리 주관기관 설립·지정 제70조의9 사업계획서 등의 제출 제70조의10 지도·감독 등
제11장 시정명령과 허가취소 등 행정 제재	제71조 시정명령 제72조 폐기처분 등 제73조 위해식품등의 공표 제74조 시설 개수명령 등 제75조 허가취소 등 제76조 품목 제조정지 등 제77조 영업허가 등의 취소 요청 제78조 행정 제재처분 효과의 승계 제79조 폐쇄조치 등 제80조 면허취소 등 제81조 청문 제82조 영업정지 등의 처분에 갈음하여 부과하는 과징금 처분 제83조 위해식품등의 판매 등에 따른 과징금 부과 등 제84조 위반사실 공표
제12장 보칙	제85조 국고 보조 제86조 식중독에 관한 조사 보고 제87조 식중독대책협의기구 설치 제88조 집단급식소 제89조 식품진흥기금 제89조의2 영업자 등에 대한 행정적·기술적 지원 제90조 포상금 지급 제90조의2 정보공개 제90조의3 식품안전관리 업무 평가 제90조의4 벌칙 적용에서 공무원 의제 제91조 권한의 위임 제92조 수수료
제13장 벌칙	제93조 벌칙 제94조 벌칙 제95조 벌칙 제96조 벌칙 제97조 벌칙 제98조 벌칙 제99조 삭제 제100조 양벌규정 제101조 과태료 제102조 과태료에 관한 규정 적용의 특례

[제1장 | 총칙]

제1조(목적) 이 법은 식품으로 인하여 생기는 **위생상의 위해**(危害)를 방지하고 식품영양의 질적 향상을 도모하며 식품에 관한 올바른 정보를 제공함으로써 **국민 건강의 보호·증진**에 이바지함을 목적으로 한다. 〈개정 2022. 6. 10.〉

제2조(정의) 이 법에서 사용하는 용어의 뜻은 다음과 같다. 〈개정 2020. 12. 29.〉

1. "**식품**"이란 **모든 음식물**(**의약으로 섭취하는 것은 제외**한다)을 말한다.
2. "**식품첨가물**"이란 식품을 제조·가공·조리 또는 보존하는 과정에서 **감미**(甘味), **착색**(着色), **표백**(漂白) **또는 산화방지 등을 목적**으로 식품에 사용되는 물질을 말한다. 이 경우 **기구**(器具)**·용기·포장을 살균·소독하는 데에 사용되어 간접적으로 식품으로 옮아갈 수 있는 물질을 포함**한다.
3. "**화학적 합성품**"이란 화학적 수단으로 원소(元素) 또는 화합물에 **분해 반응 외의 화학 반응**을 일으켜서 얻은 물질을 말한다.
4. "**기구**"란 다음 각 목의 어느 하나에 해당하는 것으로서 식품 또는 식품첨가물에 직접 닿는 기계·기구나 그 밖의 물건(농업과 수산업에서 식품을 채취하는 데에 쓰는 기계·기구나 그 밖의 물건 및 「위생용품 관리법」 제2조제1호에 따른 위생용품은 제외한다)을 말한다.
   가. 음식을 먹을 때 사용하거나 담는 것
   나. 식품 또는 식품첨가물을 채취·제조·가공·조리·저장·소분[(小分): 완제품을 나누어 유통을 목적으로 재포장하는 것을 말한다. 이하 같다]·운반·진열할 때 사용하는 것
5. "**용기·포장**"이란 식품 또는 식품첨가물을 넣거나 싸는 것으로서 식품 또는 식품첨가물을 주고받을 때 함께 건네는 물품을 말한다.

5의2. "**공유주방**"이란 **식품의 제조·가공·조리·저장·소분·운반에 필요한 시설 또는 기계·기구 등을 여러 영업자가 함께 사용하거나, 동일한 영업자가 여러 종류의 영업에 사용할 수 있는 시설 또는 기계·기구 등이 갖춰진 장소**를 말한다.

6. "**위해**"란 식품, 식품첨가물, 기구 또는 용기·포장에 존재하는 위험요소로서 **인체의 건강을 해치거나 해칠 우려가 있는 것**을 말한다.

7. 삭제 〈2018. 3. 13.〉
8. 삭제 〈2018. 3. 13.〉
9. **"영업"**이란 **식품 또는 식품첨가물을 채취·제조·가공·조리·저장·소분·운반 또는 판매하거나 기구 또는 용기·포장을 제조·운반·판매하는 업**(농업과 수산업에 속하는 식품 채취업은 제외한다. 이하 이 호에서 "식품제조업등"이라 한다)을 말한다. 이 경우 공유주방을 운영하는 업과 **공유주방에서 식품제조업등을 영위하는 업을 포함**한다.
10. **"영업자"**란 제37조제1항에 따라 영업허가를 받은 자나 같은 조 제4항에 따라 영업신고를 한 자 또는 같은 조 제5항에 따라 영업등록을 한 자를 말한다.
11. **"식품위생"**이란 **식품, 식품첨가물, 기구 또는 용기·포장을 대상**으로 하는 음식에 관한 위생을 말한다.
12. **"집단급식소"**란 **영리를 목적으로 하지 아니하면서 특정 다수인에게 계속하여 음식물을 공급**하는 다음 각 목의 어느 하나에 해당하는 곳의 급식시설로서 대통령령으로 정하는 시설을 말한다.
    가. **기숙사**
    나. **학교, 유치원, 어린이집**
    다. **병원**
    라. 「사회복지사업법」 제2조제4호의 **사회복지시설**
    마. **산업체**
    바. 국가, 지방자치단체 및 「공공기관의 운영에 관한 법률」 제4조제1항에 따른 공공기관
    사. 그 밖의 후생기관 등
13. **"식품이력추적관리"**란 **식품을 제조·가공단계부터 판매단계까지 각 단계별로 정보를 기록·관리**하여 그 식품의 안전성 등에 문제가 발생할 경우 그 식품을 추적하여 원인을 규명하고 필요한 조치를 할 수 있도록 관리하는 것을 말한다.
14. **"식중독"**이란 **식품 섭취로 인하여 인체에 유해한 미생물 또는 유독물질에 의하여 발생하였거나 발생한 것**으로 판단되는 **감염성 질환 또는 독소형 질환**을 말한다.
15. **"집단급식소에서의 식단"**이란 급식대상 집단의 **영양섭취기준에 따라 음식명, 식재료, 영양성분, 조리방법, 조리인력 등을 고려하여 작성한 급식계획서**를 말한다.

시행령

제2조(집단급식소의범위) 「식품위생법」(이하 "법"이라 한다) 제2조제12호에 따른 **집단급식소는 1회 50명 이상에게 식사를 제공**하는 급식소를 말한다.

제3조(식품 등의 취급) ① 누구든지 판매(판매 외의 불특정 다수인에 대한 제공을 포함한다. 이하 같다)를 목적으로 식품 또는 식품첨가물을 채취·제조·가공·사용·조리·저장·소분·운반 또는 진열을 할 때에는 **깨끗하고 위생적**으로 하여야 한다.

② 영업에 사용하는 기구 및 용기·포장은 깨끗하고 위생적으로 다루어야 한다.

③ 제1항 및 제2항에 따른 식품, 식품첨가물, 기구 또는 용기·포장(이하 "식품등"이라 한다)의 위생적인 취급에 관한 기준은 총리령으로 정한다. 〈개정 2013. 3. 23.〉

과태료 시행령 **〈별표 2〉 과태료의 부과기준**(제67조 관련) 〈개정 2023. 4. 25.〉

위반행위	근거 법조문	과태료 금액(단위: 만원)		
		1차 위반	2차 위반	3차 이상 위반
가. 법 제3조(법 제88조에서 준용하는 경우를 포함한다)를 위반한 경우	법 제101조 제2항제1호	20만원 이상 200만원 이하의 범위에서 총리령으로 정하는 금액		

시행규칙

제2조(식품등의 위생적인 취급에 관한 기준) 「식품위생법」(이하 "법"이라 한다) 제3조제3항에 따른 식품, 식품첨가물, 기구 또는 용기·포장(이하 "식품등"이라 한다)의 위생적인 취급에 관한 기준은 별표 1과 같다.

과태료 시행규칙 **[별표 27] 과태료 금액**(제67조 관련) 〈개정 2023. 5. 19.〉

위반행위(별표 1과 동일)	근거 법조문	과태료 금액(단위: 만원)		
		1차 위반	2차 위반	3차 이상 위반
1. 법 제3조(법 제88조에서 준용하는 경우를 포함한다)를 위반한 경우	법 제101조 제2항제1호 및 영 제67조			
가. 식품 또는 식품첨가물을 제조·가공·사용·조리·저장·소분·운반 또는 진열할 때에 이물이 혼입되거나 병원성 미생물 등으로 오염되는 등 위생적으로 취급하지 않은 경우		100	200	300
나. 식품등을 취급하는 원료보관실·제조가공실·조리실·포장실 등의 내부를 청결하게 관리하지 않은 경우		50	100	150

(계속)

과태료 시행규칙 **[별표 27] 과태료 금액**(제67조 관련) 〈개정 2023. 5. 19.〉

위반행위(별표 1과 동일)	근거 법조문	과태료 금액(단위: 만원)		
		1차 위반	2차 위반	3차 이상 위반
다. 식품등을 취급하는 원료보관실·제조가공실·조리실·포장실 등의 내부에 설치류, 위생해충을 방제(防除) 및 구제(驅除)하지 아니하여 설치류, 위생해충 및 그 배설물 등이 발견된 경우		100	200	300
라. 식품등의 원료 및 제품 중 부패·변질이 되기 쉬운 것을 냉동·냉장시설에 보관·관리하지 아니한 경우		30	60	90
마. 식품등의 보관·운반·진열 시에 식품등의 기준 및 규격이 정하고 있는 보존 및 유통기준에 적합하도록 관리하지 아니하거나 냉동·냉장시설 및 운반시설을 정상적으로 작동시키지 아니한 경우(이 법에 따라 허가를 받거나 신고한 영업자는 제외한다)		100	200	300
바. 식품등의 제조·가공·조리 또는 포장에 직접 종사하는 사람에게 위생모 및 마스크를 착용시키지 아니한 경우		20	40	60
사. 제조·가공(수입품을 포함한다)하여 최소판매 단위로 포장된 식품 또는 식품첨가물을 영업 허가 또는 신고하지 아니하고 판매의 목적으로 포장을 뜯어 분할하여 판매한 경우		20	40	60
아. 식품등의 제조·가공·조리에 직접 사용되는 기계·기구 및 음식기를 사용한 후에 세척 또는 살균을 하지 아니하는 등 청결하게 유지·관리하지 아니한 경우 또는 어류·육류·채소류를 취급하는 칼·도마를 각각 구분하여 사용하지 아니한 경우		50	100	150
자. 소비기한이 경과된 식품등을 판매하거나 판매의 목적으로 진열·보관한 경우(이 법에 따라 허가를 받거나 신고한 영업자는 제외한다)		30	60	90

제2장 | 식품과 식품첨가물

제4조(위해식품등의 판매 등 금지) 누구든지 다음 각 호의 어느 하나에 해당하는 식품등을 판매하거나 판매할 목적으로 채취·제조·수입·가공·사용·조리·저장·소분·운반 또는 진열하여서는 아니 된다. 〈개정 2016. 2. 3.〉

1. **썩거나 상하거나 설익어서 인체의 건강을 해칠 우려가 있는 것**

2. **유독·유해물질이 들어 있거나 묻어 있는 것 또는 그러할 염려가 있는 것**. 다만, 식품의약품안전처장이 인체의 건강을 해칠 우려가 없다고 인정하는 것은 제외한다.
3. **병(病)을 일으키는 미생물에 오염되었거나 그러할 염려가 있어 인체의 건강을 해칠 우려가 있는 것**
4. **불결하거나 다른 물질이 섞이거나 첨가(添加)된 것 또는 그 밖의 사유로 인체의 건강을 해칠 우려가 있는 것**
5. 제18조에 따른 **안전성 심사 대상인 농·축·수산물 등 가운데 안전성 심사를 받지 아니하였거나 안전성 심사에서 식용(食用)으로 부적합하다고 인정된 것**
6. **수입이 금지된 것 또는** 「수입식품안전관리 특별법」 제20조제1항에 따른 **수입신고를 하지 아니하고 수입한 것**
7. **영업자가 아닌 자가 제조·가공·소분한 것**

> **참고**
> **「수입식품안전관리 특별법」** 제20조(수입신고 등) 제1항: ① 영업자가 판매를 목적으로 하거나 영업상 사용할 목적으로 수입식품등을 수입(수입신고 대행을 포함한다)하려면 해당 수입식품등을 총리령으로 정하는 바에 따라 식품의약품안전처장에게 수입신고를 하여야 한다.

시행규칙

제3조(판매 등이 허용되는 식품등) 유독·유해물질이 들어 있거나 묻어 있는 식품등 또는 그러할 염려가 있는 식품등으로서 법 제4조제2호 단서에 따라 인체의 건강을 해칠 우려가 없다고 **식품의약품안전처장이 인정**하여 판매 등의 금지를 하지 아니할 수 있는 것은 다음 각 호의 어느 하나에 해당하는 것으로 한다. 〈개정 2013. 3. 23.〉

1. 법 제7조제1항·제2항 또는 법 제9조제1항·제2항에 따른 **식품등의 제조·가공 등에 관한 기준 및 성분에 관한 규격**(이하 "**식품등의 기준 및 규격**"이라 한다)**에 적합한 것**
2. 제1호의 식품등의 기준 및 규격이 정해지지 아니한 것으로서 식품의약품안전처장이 법 제57조에 따른 **식품위생심의위원회**(이하 "식품위생심의위원회"라 한다)**의 심의를 거쳐 유해의 정도가 인체의 건강을 해칠 우려가 없다고 인정한 것**

행정처분 시행규칙 **[별표 23] II. 개별기준** (제89조 관련) 〈개정 2023. 5. 19.〉

위반행위	근거 법령	행정처분 기준		
		1차 위반	2차 위반	3차 이상 위반
1. 법 제4조를 위반한 경우	법 제72조 및 법 제75조			
가. 썩거나 상하여 인체의 건강을 해칠 우려가 있는 것		영업정지 1개월과 해당 제품 폐기	영업정지 3개월과 해당 제품 폐기	영업허가·등록 취소 또는 영업소 폐쇄와 해당 제품 폐기
나. 설익어서 인체의 건강을 해칠 우려가 있는 것		영업정지 15일과 해당 제품 폐기	영업정지 1개월과 해당 제품 폐기	영업정지 3개월과 해당 제품 폐기
다. 유독·유해물질이 들어 있거나 묻어 있는 것이나 그러할 염려가 있는 것 또는 병을 일으키는 미생물에 오염되었거나 그러할 염려가 있어 인체의 건강을 해칠 우려가 있는 것		영업허가·등록 취소 또는 영업소 폐쇄와 해당 제품 폐기		
라. 불결하거나 다른 물질이 섞이거나 첨가된 것 또는 그 밖의 사유로 인체의 건강을 해칠 우려가 있는 것		영업정지 1개월과 해당 제품 폐기	영업정지 2개월과 해당 제품 폐기	영업허가·등록 취소 또는 영업소 폐쇄와 해당 제품 폐기
마. 법 제18조에 따른 안전성 평가 대상인 농·축·수산물 등 가운데 안전성 평가를 받지 아니하였거나 안전성 평가에서 식용으로 부적합하다고 인정된 것		영업정지 2개월과 해당 제품 폐기	영업정지 3개월과 해당 제품 폐기	영업허가·등록 취소 또는 영업소 폐쇄와 해당 제품 폐기
바. 수입이 금지된 것 또는 「수입식품안전관리 특별법」 제20조제1항에 따른 수입신고를 하지 아니하고 수입한 것(식용 외의 용도로 수입된 것을 식용으로 사용한 것을 포함한다)		영업정지 2개월과 해당 제품 폐기	영업정지 3개월과 해당 제품 폐기	영업허가·등록 취소 또는 영업소 폐쇄와 해당 제품 폐기
사. 영업자가 아닌 자가 제조·가공·소분(소분 대상이 아닌 식품 또는 식품첨가물을 소분·판매하는 것을 포함한다)한 것		영업정지 2개월과 해당 제품 폐기	영업정지 3개월과 해당 제품 폐기	영업허가·등록 취소 또는 영업소 폐쇄와 해당 제품 폐기

※ 〈벌칙〉 제4조부터 제6조까지(제88조에서 준용하는 경우를 포함하고, 제93조제1항 및 제3항에 해당하는 경우는 제외한다)를 위반한 자: 10년 이하의 징역 또는 1억원 이하의 벌금(병과)

제5조(병든 동물 고기 등의 판매 등 금지) 누구든지 총리령으로 정하는 **질병에 걸렸거나 걸렸을 염려가 있는 동물이나 그 질병에 걸려 죽은 동물의 고기·뼈·젖·장기 또는 혈액**을 식품으로 판매하거나 판매할 목적으로 채취·수입·가공·사용·조리·저장·소분 또는 운반하거나 진열하여서는 아니 된다. 〈개정 2016. 2. 3.〉

시행규칙

제4조(판매 등이 금지되는 병든 동물 고기 등) 법 제5조에서 "총리령으로 정하는 질병"이란 다음 각 호의 질병을 말한다. 〈개정 2014. 2. 19.〉

1. 「축산물 위생관리법 시행규칙」 별표 3 제1호다목에 따라 **도축이 금지되는 가축전염병**
2. **리스테리아병, 살모넬라병, 파스튜렐라병 및 선모충증**

참고

「축산물 위생관리법 시행규칙」 별표 3 제1호다목에 따라 **도축이 금지되는 가축전염병**

(가) 우역(牛疫)·우폐역(牛肺疫)·구제역(口蹄疫)·탄저(炭疽)·기종저(氣腫疽)·불루텅병·리프트계곡열·럼프스킨병·가성우역(假性牛疫)·소유행열·결핵병(結核病)·브루셀라병·요네병(전신증상을 나타낸 것만 해당한다)·스크래피·소해면상뇌증(海綿狀腦症: BSE)·소류코시스(임상증상을 나타낸 것만 해당한다)·아나플라즈마병(아나플라즈마 마지나레만 해당한다)·바베시아병(바베시아 비제미나 및 보비스만 해당한다)·타이레리아병(타이레리아 팔마 및 에눌라타만 해당한다)
(나) 돼지열병·아프리카돼지열병·돼지수포병(水疱病)·돼지텟센병·돼지단독·돼지일본뇌염
(다) 양두(羊痘)·수포성구내염(水疱性口內炎)·비저(鼻疽)·말전염성빈혈·아프리카마역(馬疫)·광견병(狂犬病)
(라) 뉴캣슬병·가금콜레라·추백리(雛白痢)·조류(鳥類)인플루엔자·닭전염성후두기관염·닭전염성기관지염·가금티프스
(마) 현저한 증상을 나타내거나 인체에 위해를 끼칠 우려가 있다고 판단되는 파상풍·농독증·패혈증·요독증·황달·수종·종양·중독증·전신쇠약·전신빈혈증·이상고열증상·주사반응(생물학적제제에 의하여 현저한 반응을 나타낸 것만 해당한다)

행정처분 시행규칙 [**별표 23**] Ⅱ. **개별기준 3. 식품접객업**(제89조 관련) 〈개정 2023. 5. 19.〉

위반행위	근거 법령	행정처분 기준		
		1차 위반	2차 위반	3차 이상 위반
2. 법 제5조를 위반한 경우	법 제72조 및 법 제75조	영업허가 취소·등록취소 또는 영업소 폐쇄와 해당 음식물 폐기		

제6조(기준·규격이 정하여지지 아니한 화학적 합성품 등의 판매 등 금지) 누구든지 다음 각 호의 어느 하나에 해당하는 행위를 하여서는 아니 된다. 다만, 식품의약품안전처장이 제57조에 따른 식품위생심의위원회(이하 "심의위원회"라 한다)의 심의를 거쳐 인체의 건강을 해칠 우려가 없다고 인정하는 경우에는 그러하지 아니하다. 〈개정 2016. 2. 3.〉

1. 제7조제1항 및 제2항에 따라 기준·규격이 정하여지지 아니한 화학적 합성품인 첨가물과 이를 함유한 물질을 식품첨가물로 사용하는 행위

2. 제1호에 따른 식품첨가물이 함유된 식품을 판매하거나 판매할 목적으로 제조·수입·가공·사용·조리·저장·소분·운반 또는 진열하는 행위

[제목개정 2016. 2. 3.]

행정처분 시행규칙 **[별표 23] II. 개별기준 3. 식품접객업**(제89조 관련) 〈개정 2023. 5. 19.〉

위반행위	근거 법령	행정처분 기준		
		1차 위반	2차 위반	3차 이상 위반
3. 법 제6조를 위반한 경우	법 제72조 및 법 제75조	영업허가 취소·등록취소 또는 영업소 폐쇄와 해당 음식물 폐기		

제7조(식품 또는 식품첨가물에 관한 기준 및 규격) ① **식품의약품안전처장**은 국민 건강을 보호·증진하기 위하여 필요하면 판매를 목적으로 하는 식품 또는 식품첨가물에 관한 다음 각 호의 사항을 정하여 **고시**한다. 〈개정 2022. 6. 10.〉

1. **제조·가공·사용·조리·보존 방법에 관한 기준**
2. **성분에 관한 규격**

② 식품의약품안전처장은 제1항에 따라 기준과 규격이 고시되지 아니한 식품 또는 식품첨가물의 기준과 규격을 인정받으려는 자에게 제1항 각 호의 사항을 제출하게 하여 「식품·의약품분야 시험·검사 등에 관한 법률」 제6조제3항제1호에 따라 식품의약품안전처장이 지정한 식품전문 시험·검사기관 또는 같은 조 제4항 단서에 따라 총리령으로 정하는 시험·검사기관의 검토를 거쳐 제1항에 따른 기준과 규격이 고시될 때까지 그 식품 또는 식품첨가물의 기준과 규격으로 인정할 수 있다. 〈개정 2016. 2. 3.〉

③ 수출할 식품 또는 식품첨가물의 기준과 규격은 제1항 및 제2항에도 불구하고 수입자가 요구하는 기준과 규격을 따를 수 있다.

④ 제1항 및 제2항에 따라 기준과 규격이 정하여진 식품 또는 식품첨가물은 그 기준에 따라 제조·수입·가공·사용·조리·보존하여야 하며, 그 기준과 규격에 맞지 아니하는 식품 또는 식품첨가물은 판매하거나 판매할 목적으로 제조·수입·가공·사용·조리·저장·소분·운반·보존 또는 진열하여서는 아니 된다.

행정처분 시행규칙 **[별표 23] II. 개별기준 3. 식품접객업**(제89조 관련) 〈개정 2023. 5. 19.〉

위반행위	근거 법령	행정처분 기준		
		1차 위반	2차 위반	3차 이상 위반
4. 법 제7조제4항을 위반한 경우	법 제71조, 법 제72조, 법 제75조 및 법 제76조			
가. 한시적 기준 및 규격을 인정받지 않은 식품등으로서 식품(원료만 해당한다)을 제조·가공 등 영업에 사용한 것 또는 식품첨가물을 제조·판매등 영업에 사용한 것		영업정지 15일과 해당 제품 폐기	영업정지 1개월과 해당 제품 폐기	영업정지 3개월과 해당 제품 폐기
나. 비소, 카드뮴, 납, 수은, 중금속, 메탄올, 다이옥신 또는 시안화물의 기준을 위반한 것		품목류 제조정지 1개월과 해당 제품 폐기	영업정지 1개월과 해당 제품 폐기	영업정지 2개월과 해당 제품 폐기
다. 바륨, 포름알데히드, 올소톨루엔, 설폰아미드, 방향족탄화수소, 폴리옥시에틸렌, 엠씨피디 또는 세레늄의 기준을 위반한 것		품목류 제조정지 15일과 해당 제품 폐기	품목류 제조정지 1개월과 해당 제품 폐기	영업정지 1개월과 해당 제품 폐기
라. 방사능잠정허용기준을 위반한 것		품목류 제조정지 1개월과 해당 제품 및 원료 폐기	영업정지 1개월과 해당 제품 및 원료 폐기	영업정지3개월과 해당 제품 및 원료 폐기
마. 농산물 또는 식육의 농약잔류허용기준을 위반한 것		품목류 제조정지 1개월과 해당 제품 및 원료 폐기	영업정지 1개월과 해당 제품 및 원료 폐기	영업정지3개월과 해당 제품 및 원료 폐기
바. 곰팡이독소 또는 패류독소 기준을 위반한 것		품목류 제조정지 1개월과 해당 제품 및 원료 폐기	영업정지 1개월과 해당 제품 및 원료 폐기	영업정지3개월과 해당 제품 및 원료 폐기
사. 동물용의약품의 잔류허용기준을 위반한 것		품목류 제조정지 1개월과 해당 제품 및 원료 폐기	영업정지 1개월과 해당 제품 및 원료 폐기	영업정지3개월과 해당 제품 및 원료 폐기
아. 식중독균 또는 엔테로박터 사카자키균 검출기준을 위반한 것		품목류 제조정지 1개월과 해당 제품 폐기	영업정지 1개월과 해당 제품 폐기	영업정지 3개월과 해당 제품 폐기
자. 대장균, 대장균군, 일반세균 또는 세균발육기준을 위반한 것		품목 제조정지 15일과 해당 제품 폐기	품목 제조정지 1개월과 해당 제품 폐기	품목 제조정지 3개월과 해당 제품 폐기
차. 주석, 포스파타제, 암모니아성질소, 아질산이온 또는 형광증백제 시험에서 부적합하다고 판정된 경우		품목 제조정지 1개월과 해당 제품 폐기	품목 제조정지 2개월과 해당 제품 폐기	품목류 제조정지 2개월과 해당 제품 폐기

(계속)

행정처분 시행규칙 [별표 23] II. 개별기준 3. 식품접객업(제89조 관련) 〈개정 2023. 5. 19.〉

위반행위	근거 법령	행정처분 기준		
		1차 위반	2차 위반	3차 이상 위반
카. 식품첨가물의 사용 및 허용기준을 위반한 것으로서				
1) 허용한 식품첨가물 외의 식품첨가물		영업정지 1개월과 해당 제품 폐기	영업정지 2개월과 해당 제품 폐기	영업허가·등록 취소 또는 영업소 폐쇄
2) 사용 또는 허용량 기준을 초과한 것으로서				
가) 30퍼센트 이상을 초과한 것		품목류 제조정지 1개월과 해당 제품 폐기	영업정지 1개월과 해당 제품 폐기	영업정지 2개월과 해당 제품 폐기
나) 10퍼센트 이상 30퍼센트 미만을 초과한 것		품목 제조정지 1개월과 해당 제품 폐기	품목 제조정지 2개월과 해당 제품 폐기	품목류 제조정지 2개월과 해당 제품 폐기
다) 10퍼센트 미만을 초과한 것		시정명령	품목 제조정지 1개월	품목 제조정지 2개월
타. 식품첨가물 중 질소의 사용기준을 위반한 경우		영업허가·등록 취소 또는 영업소 폐쇄와 해당 제품폐기		
파. 나목부터 타목까지의 규정 외에 그 밖의 성분에 관한 규격 또는 성분배합비율을 위반한 것으로서				
1) 30퍼센트 이상 부족하거나 초과한 것		품목 제조정지 2개월과 해당 제품 폐기	품목류 제조정지 2개월과 해당 제품 폐기	품목류 제조정지 3개월과 해당 제품 폐기
2) 20퍼센트 이상 30퍼센트 미만 부족하거나 초과한 것		품목 제조정지 1개월과 해당 제품 폐기	품목 제조정지 2개월과 해당 제품 폐기	품목류 제조정지 2개월과 해당 제품 폐기
3) 10퍼센트 이상 20퍼센트 미만 부족하거나 초과한 것		품목 제조정지 15일	품목 제조정지 1개월	품목 제조정지 2개월
4) 10퍼센트 미만 부족하거나 초과한 것		시정명령	품목 제조정지 7일	품목 제조정지 15일
하. 이물이 혼입된 것				
1) 기생충 및 그 알, 금속(금속성 이물로서 쇳가루는 제외한다) 또는 유리의 혼입		품목 제조정지 7일과 해당 제품 폐기	품목 제조정지 15일과 해당 제품 폐기	품목 제조정지 1개월과 해당 제품 폐기
2) 칼날 또는 동물(설치류, 양서류, 파충류 및 바퀴벌레만 해당한다) 사체의 혼입		품목 제조정지 15일과 해당 제품 폐기	품목 제조정지 1개월과 해당 제품 폐기	품목 제조정지 2개월과 해당 제품 폐기
3) 1) 및 2) 외의 이물(식품의약품안전처장이 정하는 기준 이상의 쇳가루를 포함한다)의 혼입		시정명령	품목제조정지 5일	품목제조정지 10일

(계속)

행정처분 시행규칙 **[별표 23] II. 개별기준 3. 식품접객업**(제89조 관련) 〈개정 2023. 5. 19.〉

위반행위	근거 법령	행정처분 기준		
		1차 위반	2차 위반	3차 이상 위반
거. 식품조사처리기준을 위반한 경우로서				
1) 허용한 것 외의 선원 및 선종을 사용한 경우		영업정지 2개월과 해당 제품 폐기	영업허가 취소와 해당 제품 폐기	영업허가취소와 해당 제품 폐기
2) 허용대상 식품별 흡수선량을 초과하여 조사처리한 경우와 조사한 식품을 다시 조사처리한 경우		영업정지 1개월과 해당 제품 폐기	영업정지 2개월과 해당 제품 폐기	영업정지 2개월과 해당 제품 폐기
3) 허용대상 외의 식품을 조사처리한 경우		영업정지 15일과 해당 제품 폐기	영업정지 1개월과 해당 제품 폐기	해당 식품을 원료로 하여 제조·가공한 영업소의 영업등록취소 및 해당 제품 폐기
너. 식품조사처리기준을 위반한 것		해당 식품을 원료로 하여 제조·가공한 품목류 제조정지 1개월과 해당 제품 폐기	해당 식품을 원료로 하여 제조·가공한 품목류 제조정지 3개월과 해당 제품 폐기	
더. 식품 등의 기준 및 규격 중 원료의 구비요건이나 제조·가공기준을 위반한 경우로서(제1호부터 제3호까지에 해당하는 경우는 제외한다)				
1) 식품제조·가공 등의 원료로 사용하여서는 안 되는 동식물을 원료로 사용한 것		품목제조정지 1개월과 해당 제품 폐기	품목제조정지 2개월과 해당 제품 폐기	품목제조정지 3개월과 해당 제품 폐기
2) 식용으로 부적합한 비가식 부분(통상적으로 식용으로 섭취하지 않는 원료의 특정 부위)을 원료로 사용한 것		품목 제조정지 1개월과 해당 제품 폐기	품목 제조정지 2개월과 해당 제품 폐기	품목 제조정지 3개월과 해당 제품 폐기
3) 법 제22조에 따른 출입·검사·수거 등의 결과 또는 법 제31조제1항·제2항에 따른 검사나 그 밖에 영업자가 하는 자체적인 검사의 결과 부적합한 식품으로 통보되거나 확인된 후에도 그 식품을 원료로 사용한 것		품목 제조정지 1개월과 해당 제품 폐기	품목 제조정지 2개월과 해당 제품 폐기	품목 제조정지 3개월과 해당 제품 폐기
4) 사료용 또는 공업용 등으로 사용되는 등 식용을 목적으로 채취, 취급, 가공, 제조 또는 관리되지 않은 것을 식품 제조·가공 시 원료로 사용한 것		영업허가·등록 취소 또는 영업소 폐쇄와 해당 제품 폐기		
5) 그 밖의 사항을 위반한 것		시정명령	품목 제조정지 7일	품목 제조정지 15일
러. 보존 및 유통기준을 위반한 경우로서				
1) 온도 기준을 위반한 경우		영업정지 7일	영업정지 15일	영업정지 1개월
2) 그 밖의 기준을 위반한 경우		시정명령	영업정지 7일	영업정지 15일

(계속)

행정처분 시행규칙 **[별표 23] Ⅱ. 개별기준 3. 식품접객업**(제89조 관련) 〈개정 2023. 5. 19.〉

위반행위	근거 법령	행정처분 기준		
		1차 위반	2차 위반	3차 이상 위반
머. 산가, 과산화물가 기준을 위반한 것		품목 제조정지 5일과 해당 제품 폐기	품목 제조정지 10일과 해당 제품 폐기	품목 제조정지 15일과 해당 제품 폐기
버. 부정물질 기준을 위반한 경우		영업허가·등록 취소 또는 영업소 폐쇄와 해당 제품 폐기		
서. 그 밖에 가목부터 버목까지 외의 사항을 위반한 것		시정명령	품목 제조정지 5일	품목 제조정지 10일

※ 〈벌칙〉 제7조제4항(제88조에서 준용하는 경우를 포함한다)을 위반한 자: 5년 이하의 징역 또는 5천만원 이하의 벌금(병과)

시행규칙

제5조(식품등의 한시적 기준 및 규격의 인정 등) ① 법 제7조제2항 또는 법 제9조제2항에 따라 한시적으로 제조·가공 등에 관한 기준과 성분에 관한 규격을 인정받을 수 있는 식품등은 다음 각 호와 같다. 〈개정 2023. 5. 19.〉

1. **식품(원료로 사용되는 경우만 해당**한다)
   가. 국내에서 새로 원료로 사용하려는 농산물·축산물·수산물 등
   나. 농산물·축산물·수산물 등으로부터 추출·농축·분리 등의 방법으로 얻은 것으로서 식품으로 사용하려는 원료
   다. 세포·미생물 배양 등 새로운 기술을 이용하여 얻은 것으로서 식품으로 사용하려는 원료
2. 식품첨가물: 법 제7조제1항에 따라 개별 기준 및 규격이 정하여지지 아니한 식품첨가물
3. 기구 또는 용기·포장: 법 제9조제1항에 따라 개별 기준 및 규격이 고시되지 아니한 식품 및 식품첨가물에 사용되는 기구 또는 용기·포장

② 식품의약품안전처장은 「식품·의약품분야 시험·검사 등에 관한 법률」 제6조제3항 제1호에 따라 지정된 식품전문 시험·검사기관 또는 같은 조 제4항 단서에 따라 총리령으로 정하는 **시험·검사기관(이하 이 조에서 "식품 등 시험·검사기관"이라 한다)이 한시적으로 인정하는 식품등의 제조·가공 등에 관한 기준과 성분의 규격에 대하여 검토**한 내

용이 제4항에 따른 검토기준에 적합하지 아니하다고 인정하는 경우에는 그 식품 등 시험·검사기관에 시정을 요청할 수 있다. 〈개정 2014. 8. 20.〉

③ 생략

④ **한시적으로 인정**하는 식품등의 제조·가공 등에 관한 기준과 성분의 규격에 관하여 필요한 세부 검토기준 등에 대해서는 **식품의약품안전처장이 정하여 고시**한다. 〈개정 2013. 3. 23.〉

제7조의2(권장규격) ① **식품의약품안전처장**은 판매를 목적으로 하는 제7조 및 제9조에 따른 기준 및 규격이 설정되지 아니한 식품등이 국민 건강에 위해를 미칠 우려가 있어 예방조치가 필요하다고 인정하는 경우에는 그 기준 및 규격이 설정될 때까지 위해 우려가 있는 성분 등의 **안전관리를 권장하기 위한 규격**(이하 "권장규격"이라 한다)을 **정할 수 있다.** 〈개정 2022. 6. 10.〉

② 식품의약품안전처장은 제1항에 따라 권장규격을 정할 때에는 국제식품규격위원회 및 외국의 규격 또는 다른 식품등에 이미 규격이 신설되어 있는 유사한 성분 등을 고려하여야 하고 **심의위원회의 심의를 거쳐야 한다.** 〈개정 2022. 6. 10.〉

③ 식품의약품안전처장은 영업자가 제1항에 따른 권장규격을 준수하도록 요청할 수 있으며 이행하지 아니한 경우 그 사실을 공개할 수 있다. 〈개정 2013. 3. 23.〉

[제목개정 2022. 6. 10.]

제7조의3(농약 등의 잔류허용기준 설정 요청 등) ① 식품에 잔류하는 「농약관리법」에 따른 농약, 「약사법」에 따른 동물용 의약품의 잔류허용기준 설정이 필요한 자는 **식품의약품안전처장에게 신청**하여야 한다.

②③ 생략

④ 제1항 및 제2항에 따른 신청 절차·방법 및 자료제출의 범위 등 세부사항은 총리령으로 정한다.

시행규칙

제5조의2(농약 또는 동물용 의약품 잔류허용기준의 설정) ① 식품에 대하여 법 제7조의3제1항에 따라 농약 또는 동물용 의약품 잔류허용기준(이하 "잔류허용기준"이라 한다)의 설정을 신청하려는 자는 별지 제1호서식의 국내식품 중 농약·동물용 의약품 잔류허용기준

설정 신청서(전자문서로 된 신청서를 포함한다)에 다음 각 호의 자료(전자문서를 포함한다)를 첨부하여 식품의약품안전처장에게 제출해야 한다. 〈개정 2023. 5. 19.〉

1. 농약 또는 동물용 의약품의 독성에 관한 자료와 그 요약서
2. 농약 또는 동물용 의약품의 식품 잔류에 관한 자료와 그 요약서
3. 농약 또는 동물용 의약품의 표준품

②③ 생략

④ 제1항부터 제3항까지에서 규정한 사항 외에 잔류허용기준 설정의 신청 또는 요청 등에 필요한 사항은 식품의약품안전처장이 정하여 고시한다. 〈신설 2023. 5. 19.〉

제7조의4(식품등의 기준 및 규격 관리계획 등) **① 식품의약품안전처장은 관계 중앙행정기관의 장과의 협의 및 심의위원회의 심의를 거쳐** 식품등의 기준 및 규격 **관리 기본계획**(이하 "관리계획"이라 한다)**을 5년마다 수립·추진**할 수 있다. 〈개정 2016. 2. 3.〉

② 관리계획에는 다음 각 호의 사항이 포함되어야 한다.

1. 식품등의 기준 및 규격 관리의 기본 목표 및 추진방향
2. 식품등의 유해물질 노출량 평가
3. 식품등의 유해물질의 총 노출량 적정관리 방안
4. 식품등의 기준 및 규격의 재평가에 관한 사항
5. 그 밖에 식품등의 기준 및 규격 관리에 필요한 사항

③④ 생략

⑤ 관리계획에 포함되는 노출량 평가·관리의 대상이 되는 유해물질의 종류, 관리계획 및 시행계획의 수립·시행 등에 필요한 사항은 **총리령**으로 정한다.

시행규칙

제5조의4(식품등의 기준 및 규격 관리 기본계획 등의 수립·시행) ① 법 제7조의4제1항에 따른 **식품등의 기준 및 규격 관리 기본계획**(이하 "관리계획"이라 한다)**에 포함되는 노출량 평가·관리의 대상이 되는 유해물질의 종류**는 다음 각 호와 같다.

1. **중금속**
2. **곰팡이 독소**
3. **유기성오염물질**

4. **제조·가공 과정에서 생성되는 오염물질**

5. 그 밖에 식품등의 안전관리를 위하여 식품의약품안전처장이 노출량 평가·관리가 필요하다고 인정한 유해물질

② 식품의약품안전처장은 관리계획 및 법 제7조의4제3항에 따른 식품등의 기준 및 규격 관리 시행계획을 수립·시행할 때에는 다음 각 호의 자료를 바탕으로 하여야 한다.

1. 식품등의 유해물질 오염도에 관한 자료
2. 식품등의 유해물질 저감화(低減化)에 관한 자료
3. 총식이조사(TDS, Total Diet Study)에 관한 자료
4. 「국민영양관리법」 제7조제2항제2호다목에 따른 영양 및 식생활 조사에 관한 자료

제7조의5(식품등의 기준 및 규격의 재평가 등) ① 식품의약품안전처장은 관리계획에 따라 식품등에 관한 기준 및 규격을 주기적으로 재평가하여야 한다.

② 식품의약품안전처장은 제1항에 따른 재평가 결과에 따라 식품등의 기준 및 규격을 개정하는 등 필요한 조치를 하여야 한다. 〈신설 2022. 6. 10.〉

③ 제1항에 따른 재평가 대상, 방법 및 절차 등에 필요한 사항은 **총리령**으로 정한다. 〈개정 2022. 6. 10.〉

시행규칙

제5조의5(식품등의 기준 및 규격의 재평가 등) ① 법 제7조의5제1항에 따른 재평가 대상은 다음 각 호와 같다.

1. 법 제7조제1항에 따라 정해진 식품 또는 식품첨가물의 기준 및 규격
2. 법 제9조제1항에 따라 정해진 기구 및 용기·포장의 기준 및 규격

② 식품의약품안전처장은 법 제7조의5제1항에 따라 재평가를 할 때에는 미리 그 계획서를 작성하여 식품위생심의위원회의 심의를 받아야 한다.

③ 법 제7조의5제1항에 따른 재평가의 방법 및 절차에 관한 세부 사항은 식품의약품안전처장이 정하여 고시한다.

제3장 | 기구와 용기·포장

제8조(유독기구 등의 판매·사용 금지) 유독·유해물질이 들어 있거나 묻어 있어 인체의 건강을 해칠 우려가 있는 기구 및 용기·포장과 식품 또는 식품첨가물에 직접 닿으면 해로운 영향을 끼쳐 인체의 건강을 해칠 우려가 있는 기구 및 용기·포장을 판매하거나 판매할 목적으로 제조·수입·저장·운반·진열하거나 영업에 사용하여서는 아니 된다.

행정처분 시행규칙 **[별표 23] II. 개별기준 3. 식품접객업**(제89조 관련) 〈개정 2023. 5. 19.〉

위반행위	근거 법령	행정처분 기준		
		1차 위반	2차 위반	3차 이상 위반
5. 법 제8조를 위반한 경우	법 제72조 및 법 제75조			
가. 유독기구 등을 제조·수입 또는 판매한 경우		영업허가·등록 취소 또는 영업소 폐쇄와 해당 제품 폐기		
나. 유독기구 등을 사용·저장·운반 또는 진열한 경우		영업정지 7일	영업정지 15일	영업정지 1개월

※ 〈벌칙〉 제8조(제88조에서 준용하는 경우를 포함한다)를 위반한 자: 10년 이하의 징역 또는 1억원 이하의 벌금(병과)

제9조(기구 및 용기·포장에 관한 기준 및 규격) ① 식품의약품안전처장은 국민보건을 위하여 필요한 경우에는 판매하거나 영업에 사용하는 기구 및 용기·포장에 관하여 다음 각 호의 사항을 정하여 고시한다. 〈개정 2013. 3. 23.〉

1. **제조 방법**에 관한 기준
2. **기구 및 용기·포장과 그 원재료**에 관한 규격

② 식품의약품안전처장은 제1항에 따라 기준과 규격이 고시되지 아니한 기구 및 용기·포장의 기준과 규격을 인정받으려는 자에게 제1항 각 호의 사항을 제출하게 하여 「식품·의약품분야 시험·검사 등에 관한 법률」 제6조제3항제1호에 따라 식품의약품안전처장이 지정한 식품전문 시험·검사기관 또는 같은 조 제4항 단서에 따라 총리령으로 정하는 시험·검사기관의 검토를 거쳐 제1항에 따라 기준과 규격이 고시될 때까지 해당 기구 및 용기·포장의 기준과 규격으로 인정할 수 있다. 〈개정 2016. 2. 3.〉

③ **수출할** 기구 및 용기·포장과 그 원재료에 관한 기준과 규격은 제1항 및 제2항에도

불구하고 **수입자가 요구하는 기준과 규격을 따를 수 있다**.

④ 제1항 및 제2항에 따라 기준과 규격이 정하여진 기구 및 용기·포장은 그 기준에 따라 제조하여야 하며, 그 기준과 규격에 맞지 아니한 기구 및 용기·포장은 판매하거나 판매할 목적으로 제조·수입·저장·운반·진열하거나 영업에 사용하여서는 아니 된다.

행정처분 시행규칙 **[별표 23] II. 개별기준 3. 식품접객업**(제89조 관련) 〈개정 2023. 5. 19.〉

위반행위	근거 법령	행정처분 기준		
		1차 위반	2차 위반	3차 이상 위반
6. 법 제9조제4항을 위반한 경우 가. 식품등의 기준 및 규격을 위반한 것을 제조·수입·운반·진열·저장 또는 판매한 경우 나. 식품등의 기준 및 규격에 위반된 것을 사용한 경우 다. 한시적 기준 및 규격을 정하지 아니한 기구 또는 용기·포장을 사용한 경우	법 제71조, 법 제72조, 법 제75조 및 법 제76조	품목 제조정지 15일 시정명령 영업정지 15일과 해당 제품 폐기	품목 제조정지 1개월 품목 제조정지 5일 영업정지 1개월과 해당 제품 폐기	품목 제조정지 2개월 품목 제조정지 10일 영업정지 3개월과 해당 제품 폐기

※ 〈벌칙〉 제9조제4항(제88조에서 준용하는 경우를 포함한다)을 위반한 자: 5년 이하의 징역 또는 5천만원 이하의 벌금(병과)

시행규칙

제5조(식품등의 한시적 기준 및 규격의 인정 등) ① 법 제7조제2항 또는 법 제9조제2항에 따라 한시적으로 제조·가공 등에 관한 기준과 성분에 관한 규격을 인정받을 수 있는 식품등은 다음 각 호와 같다. 〈개정 2016. 8. 4.〉

1. **식품(원료로 사용되는 경우만 해당**한다)
   가. 국내에서 새로 원료로 사용하려는 농산물·축산물·수산물 등
   나. 농산물·축산물·수산물 등으로부터 추출·농축·분리 등의 방법으로 얻은 것으로서 식품으로 사용하려는 원료
2. 식품첨가물: 법 제7조제1항에 따라 개별 기준 및 규격이 정하여지지 아니한 식품첨가물
3. 기구 또는 용기·포장: 법 제9조제1항에 따라 개별 기준 및 규격이 고시되지 아니한 식품 및 식품첨가물에 사용되는 기구 또는 용기·포장

②③ 생략

④ 한시적으로 인정하는 식품등의 제조·가공 등에 관한 기준과 성분의 규격에 관하여

필요한 세부 검토기준 등에 대해서는 **식품의약품안전처장이 정하여 고시**한다. 〈개정 2013. 3. 23.〉

제9조의2(기구 및 용기·포장에 사용하는 재생원료에 관한 인정) ① **식품의약품안전처장**은 기구 및 용기·포장을 제조할 때 원재료로 사용하기에 적합한 재생원료(이미 사용한 기구 및 용기·포장을 다시 사용할 수 있도록 처리한 원료물질을 말한다. 이하 같다)의 기준을 정하여 고시한다.

② 기구 및 용기·포장의 원재료로 사용할 재생원료를 제조하려는 자는 해당 재생원료가 제1항에 따른 기준에 적합한지에 관하여 식품의약품안전처장의 인정을 받아야 한다. 다만, 가열·화학반응 등에 의해 분해·정제·중합하는 등 총리령으로 정하는 공정을 거친 재생원료의 경우에는 그러하지 아니하다.

③ 제2항에 따라 인정을 받으려는 자는 총리령으로 정하는 서류를 첨부하여 식품의약품안전처장에게 신청하여야 한다.

④ 제3항에 따라 신청을 받은 식품의약품안전처장은 인정을 신청한 자에게 재생원료의 안전성 확인 등 인정에 필요한 자료를 제출하게 할 수 있다.

⑤ 식품의약품안전처장은 제3항에 따라 인정을 신청한 재생원료가 제1항에 따른 기준에 적합하면 제2항에 따라 재생원료에 관한 인정을 하고, 총리령으로 정하는 바에 따라 인정서를 발급하여야 한다.

⑥ 제1항부터 제5항까지에서 규정한 사항 외에 재생원료의 인정 절차, 인정서 발급 절차 등에 필요한 세부사항은 총리령으로 정한다.

[본조신설 2022. 6. 10.]

제9조의3(인정받지 않은 재생원료의 기구 및 용기·포장에의 사용 등 금지) 누구든지 제9조의2제2항에 따른 **인정을 받지 아니한 재생원료를 사용한 기구 및 용기·포장을 판매하거나 판매할 목적으로 제조·수입·저장·운반·진열하거나 영업에 사용하여서는 아니 된다.**

[본조신설 2022. 6. 10.]

제4장 | 표시

제10조, 제11조, 제11조의2 삭제 〈2018. 3. 13.〉

제12조 삭제 〈2010. 2. 4.〉

제12조의2(유전자변형식품등의 표시) ① 다음 각 호의 어느 하나에 해당하는 생명공학기술을 활용하여 재배·육성된 농산물·축산물·수산물 등을 원재료로 하여 제조·가공한 식품 또는 식품첨가물(이하 "유전자변형식품등"이라 한다)은 유전자변형식품임을 표시하여야 한다. 다만, **제조·가공 후에 유전자변형 디엔에이**(DNA, Deoxyribonucleic acid) **또는 유전자변형 단백질이 남아 있는 유전자변형식품등에 한정**한다. 〈개정 2016. 2. 3.〉

1. 인위적으로 유전자를 재조합하거나 유전자를 구성하는 핵산을 세포 또는 세포 내 소기관으로 직접 주입하는 기술
2. 분류학에 따른 과(科)의 범위를 넘는 세포융합기술

② 제1항에 따라 표시하여야 하는 유전자변형식품등은 표시가 없으면 판매하거나 판매할 목적으로 수입·진열·운반하거나 영업에 사용하여서는 아니 된다. 〈개정 2016. 2. 3.〉

※ 〈벌칙〉 제12조의2제2항을 위반한 자: 3년 이하의 징역 또는 3천만원 이하의 벌금

③ 제1항에 따른 **표시의무자, 표시대상 및 표시방법** 등에 필요한 사항은 **식품의약품안전처장이 정한다.** 〈개정 2013. 3. 23.〉

제12조의3, 제12조의4, 제13조 삭제 〈2018. 3. 13.〉

제5장 | 식품등의 공전(公典)

제14조(식품등의 공전) 식품의약품안전처장은 다음 각 호의 기준 등을 실은 식품등의 공전을 작성·보급하여야 한다. 〈개정 2013. 3. 23.〉

1. 제7조제1항에 따라 정하여진 식품 또는 식품첨가물의 기준과 규격
2. 제9조제1항에 따라 정하여진 기구 및 용기·포장의 기준과 규격
3. 삭제 〈2018. 3. 13.〉

[제6장 | 검사 등]

제15조(위해평가) ① **식품의약품안전처장**은 국내외에서 유해물질이 함유된 것으로 알려지는 등 위해의 우려가 제기되는 식품등이 제4조 또는 제8조에 따른 식품등에 해당한다고 의심되는 경우에는 그 식품등의 위해요소를 신속히 평가하여 그것이 위해식품등인지를 결정하여야 한다. 〈개정 2013. 3. 23.〉

② **식품의약품안전처장**은 제1항에 따른 **위해평가가 끝나기 전까지** 국민건강을 위하여 예방조치가 필요한 식품등에 대하여는 판매하거나 판매할 목적으로 채취·제조·수입·가공·사용·조리·저장·소분·운반 또는 진열하는 것을 **일시적으로 금지할 수 있다**. 다만, 국민건강에 급박한 위해가 발생하였거나 발생할 우려가 있다고 식품의약품안전처장이 인정하는 경우에는 그 금지조치를 하여야 한다. 〈개정 2013. 3. 23.〉

③ 식품의약품안전처장은 제2항에 따른 **일시적 금지조치를 하려면 미리 심의위원회의 심의·의결을 거쳐야 한다. 다만, 국민건강을 급박하게 위해할 우려가 있어서 신속히 금지조치를 하여야 할 필요가 있는 경우에는 먼저 일시적 금지조치를 한 뒤 지체 없이 심의위원회의 심의·의결을 거칠 수 있다**. 〈개정 2013. 3. 23.〉

④ ⑤ 생략

⑥ 제1항에 따른 **위해평가의 대상**, **방법 및 절차**, 그 밖에 필요한 사항은 **대통령령으로 정한다**.

시행령

제4조(위해평가의 대상 등) ① 법 제15조제1항에 따른 식품, 식품첨가물, 기구 또는 용기·포장(이하 "식품등"이라 한다)의 위해평가(이하 "위해평가"라 한다) 대상은 다음 각 호로 한다.

1. **국제식품규격위원회 등 국제기구 또는 외국 정부가** 인체의 건강을 해칠 우려가 있다고 인정하여 판매하거나 판매할 목적으로 채취·제조·수입·가공·사용·조리·저장·소분(小分: 완제품을 나누어 유통을 목적으로 재포장하는 것을 말한다. 이하 같다)·운반 또는 진열을 **금지하거나 제한한 식품등**
2. **국내외의연구·검사기관**에서 **인체의 건강을 해칠 우려가 있는 원료 또는 성분 등이 검출된 식품**등
3. 「소비자기본법」 제29조에따라 등록한 소비자단체 또는 식품 관련 학회가 위해평가

를 요청한 식품등으로서 법 제57조에 따른 식품위생심의위원회(이하 "심의위원회"라 한다)가 인체의 건강을 해칠 우려가 있다고 인정한 식품등

4. **새로운** 원료·성분 또는 기술을 사용하여 생산·제조·조합되거나 **안전성에 대한 기준 및 규격이 정하여지지 아니하여 인체의 건강을 해칠 우려가 있는 식품**등

② **위해평가에서 평가하여야 할 위해요소**는 다음 각 호의 요인으로 한다.

1. 잔류농약, 중금속, 식품첨가물, 잔류 동물용 의약품, 환경오염물질 및 제조·가공·조리과정에서 생성되는 물질 등 **화학적 요인**
2. 식품등의 형태 및 이물(異物) 등 **물리적 요인**
3. 식중독 유발 세균 등 **미생물적 요인**

③ **위해평가는 다음 각 호의 과정을 순서대로 거친다.** 다만, 식품의약품안전처장이 현재의 기술수준이나 위해요소의 특성에 따라 따로 방법을 정한 경우에는 그에 따를 수 있다. 〈개정 2013. 3. 23.〉

1. 위해요소의인체 내 독성을 확인하는 **위험성 확인과정**
2. 위해요소의 인체노출 허용량을 산출하는 **위험성 결정과정**
3. 위해요소가 인체에 노출된 양을 산출하는 **노출평가과정**
4. 위험성 확인과정, 위험성 결정과정 및 노출평가과정의 결과를 종합하여 해당 식품등이 건강에 미치는 영향을 판단하는 **위해도(危害度) 결정과정**

④ 생략

⑤ 삭제 〈2011. 12. 19.〉

⑥ 제1항부터 제4항까지의 규정에 따른 위해평가의 방법, 기준 및 절차 등에 관한 세부사항은 **식품의약품안전처장이 정하여 고시**한다. 〈개정 2013. 3. 23.〉

제15조의2(위해평가 결과 등에 관한 공표) ① **식품의약품안전처장**은 제15조에 따른 위해평가 결과에 관한 사항을 공표할 수 있다. 〈개정 2013. 3. 23.〉

② 중앙행정기관의 장, 특별시장·광역시장·특별자치시장·도지사·특별자치도지사(이하 "시·도지사"라 한다), 시장·군수·구청장(자치구의 구청장을 말한다. 이하 같다) 또는 대통령령으로 정하는 공공기관의 장은 식품의 위해 여부가 의심되는 경우나 위해와 관련된 사실을 공표하려는 경우로서 제15조에 따른 위해평가가 필요한 경우에는 반드시 식

품의약품안전처장에게 그 사실을 미리 알리고 협의하여야 한다. 〈개정 2016. 2. 3.〉

③ 제1항에 따른 공표방법 등 공표에 필요한 사항은 **대통령령**으로 정한다.

시행령

제5조의2(위해평가 결과의 공표) ① 식품의약품안전처장은 법 제15조의2제1항에 따라 **위해평가의 결과를 인터넷 홈페이지, 신문, 방송 등을 통하여 공표할 수 있다**. 〈개정 2013. 3. 23.〉

② 생략

제16조(소비자 등의 위생검사등 요청) ① 식품의약품안전처장(대통령령으로 정하는 그 소속 기관의 장을 포함한다. 이하 이 조에서 같다), 시·도지사 또는 시장·군수·구청장은 대통령령으로 정하는 일정 수 이상의 소비자, 소비자단체 또는 「식품·의약품분야 시험·검사 등에 관한 법률」 제6조에 따른 시험·검사기관 중 총리령으로 정하는 시험·검사기관이 식품등 또는 영업시설 등에 대하여 제22조에 따른 출입·검사·수거 등(이하 이 조에서 "위생검사등"이라 한다)을 요청하는 경우에는 이에 따라야 한다. **다만, 다음 각 호의 어느 하나에 해당하는 경우에는 그러하지 아니하다.** 〈개정 2013. 7. 30.〉

1. 같은 소비자, 소비자단체 또는 시험·검사기관이 **특정 영업자의 영업을 방해할 목적으로 같은 내용의 위생검사등을 반복적으로 요청하는 경우**
2. **식품의약품안전처장, 시·도지사 또는 시장·군수·구청장이 기술 또는 시설, 재원(財源) 등의 사유로 위생검사등을 할 수 없다고 인정하는 경우**

② 식품의약품안전처장, 시·도지사 또는 시장·군수·구청장은 제1항에 따라 위생검사등의 요청에 따르는 경우 **14일 이내에 위생검사**등을 하고 그 결과를 대통령령으로 정하는 바에 따라 위생검사등의 **요청을 한 소비자, 소비자단체 또는 시험·검사기관에 알리고 인터넷 홈페이지에 게시**하여야 한다. 〈개정 2013. 7. 30.〉

③ 위생검사등의 요청 요건 및 절차, 그 밖에 필요한 사항은 **대통령령**으로 정한다.

시행령

제6조(소비자 등의 위생검사등 요청) ① 법 제16조제1항 각 호 외의 부분 본문에서 "대통령령으로 정하는 그 소속 기관의 장"이란 지방식품의약품안전청장을 말하고, **"대통령령으로 정하는 일정 수 이상의 소비자"란 같은 영업소에 의하여 같은 피해를 입은 5명 이상의 소비자를 말한다**. 〈개정 2014. 1. 28.〉

② ③ 생략

시행규칙

제9조의2(위생검사등 요청기관) 법 제16조제1항 각 호 외의 부분 본문에서 **"총리령으로 정하는 식품위생검사기관"이란** 다음 각 호의 기관을 말한다. 〈개정 2019. 6. 12.〉

1. **식품의약품안전평가원**
2. **지방식품의약품안전청**
3. 「보건환경연구원법」 제2조제1항에 따른 **보건환경연구원**

제17조(위해식품등에 대한 긴급대응) ① 식품의약품안전처장은 판매하거나 판매할 목적으로 채취·제조·수입·가공·조리·저장·소분 또는 운반(이하 이 조에서 "제조·판매등"이라 한다)되고 있는 식품등이 다음 **각 호의 어느 하나에 해당하는 경우에는 긴급대응방안을 마련하고 필요한 조치를 하여야 한다.** 〈개정 2013. 3. 23.〉

1. 국내외에서 식품등 **위해발생 우려가 총리령으로 정하는 과학적 근거에 따라 제기되었거나 제기된 경우**
2. 그 밖에 식품등으로 인하여 **국민건강에 중대한 위해가 발생하거나 발생할 우려가 있는 경우로서 대통령령으로 정하는 경우**

② 제1항에 따른 긴급대응방안은 다음 각 호의 사항이 포함되어야 한다.

1. 해당 식품등의 종류
2. 해당 식품등으로 인하여 인체에 미치는 위해의 종류 및 정도
3. 제3항에 따른 제조·판매등의 금지가 필요한 경우 이에 관한 사항
4. 소비자에 대한 긴급대응요령 등의 교육·홍보에 관한 사항
5. 그 밖에 식품등의 위해 방지 및 확산을 막기 위하여 필요한 사항

③ **식품의약품안전처장**은 제1항에 따른 긴급대응이 필요하다고 판단되는 식품등에 대하여는 그 위해 여부가 확인되기 전까지 **해당 식품등의 제조·판매등을 금지**하여야 한다. 〈개정 2013. 3. 23.〉

④ 영업자는 제3항에 따른 식품등에 대하여는 제조·판매등을 하여서는 아니 된다.

※ 〈벌칙〉 제17조제4항을 위반한 자: 3년 이하의 징역 또는 3천만원 이하의 벌금

⑤~⑦ 생략

⑧ 식품의약품안전처장은 국민건강에 급박한 위해가 발생하거나 발생할 우려가 있다고 인정되는 **위해식품에 관한 정보를 국민에게 긴급하게 전달**하여야 하는 경우로서 대통령령으로 정하는 요건에 해당하는 경우에는 「방송법」 제2조제3호에 따른 방송사업자 중 대통령령으로 정하는 방송사업자에 대하여 이를 신속하게 **방송하도록 요청하거나** 「전기통신사업법」 제5조에 따른 기간통신사업자 중 대통령령으로 정하는 기간통신사업자에 대하여 이를 신속하게 **문자 또는 음성으로 송신**하도록 요청할 수 있다. 〈개정 2013. 3. 23.〉

⑨ 생략

시행령

제7조(위해식품등에 대한 긴급대응) ① 법 제17조제1항제2호에서 "대통령령으로 정하는 경우"란 다음 각 호의 어느 하나에 해당하는 경우를 말한다.

1. **국내외에서 위해식품등의 섭취로 인하여 사상자가 발생한 경우**
2. 국내외의 연구·검사기관에서 인체의 건강을 해칠 심각한 우려가 있는 **원료 또는 성분이 식품등에서 검출된 경우**
3. 법 제93조제1항에 따른 **질병에 걸린 동물을 사용**하였거나 같은 조 제2항에 따른 **원료 또는 성분 등을 사용하여 제조·가공 또는 조리한 식품등이 발견된 경우**

②~④ 생략

시행령

제8조(위해식품 긴급정보 발송) ① 법 제17조제8항에서 "대통령령으로 정하는 요건에 해당하는 경우"란 제7조제1항 각 호의 어느 하나에 해당하는 경우를 말한다.

② 법 제17조제8항에서 "대통령령으로 정하는 **방송사업자"란** 「방송법 시행령」 제1조의2제1호의 **지상파텔레비전방송사업자** 및 같은 조 제2호의 **지상파라디오방송사업자**를 말한다.

③ 법 제17조제8항에서 "대통령령으로 정하는 기간통신사업자"란 「전기통신사업법」 제6조에 따라 기간통신사업의 등록을 한 자로서 주파수를 할당받아 제공하는 역무 중 **이동전화 역무 또는 개인휴대통신 역무를 제공하는 자**를 말한다. 〈개정 2019. 6. 25.〉

④ 법 제17조제8항에 따른 방송 및 송신의 구체적인 방법과 절차는 제2항 및 제3항에 따른 각각의 방송사업자 및 기간통신사업자가 자율적으로 결정한다.

제18조(유전자변형식품등의 안전성 심사 등) ① **유전자변형식품등을 식용(食用)으로 수입·개발·생산하는 자는 최초로 유전자변형식품등을 수입하는 경우 등** 대통령령으로 정하는 경우에는 식품의약품안전처장에게 해당 식품등에 대한 **안전성 심사를 받아야 한다.** 〈개정 2016. 2. 3.〉

② 식품의약품안전처장은 제1항에 따른 유전자변형식품등의 안전성 심사를 위하여 **식품의약품안전처에 유전자변형식품등 안전성심사위원회(이하 "안전성심사위원회"라 한다)를 둔다.** 〈개정 2016. 2. 3.〉

③ 안전성심사위원회는 위원장 1명을 포함한 20명 이내의 위원으로 구성한다. 이 경우 공무원이 아닌 위원이 전체 위원의 과반수가 되도록 하여야 한다. 〈신설 2019. 1. 15.〉

④ 안전성심사위원회의 위원은 유전자변형식품등에 관한 학식과 경험이 풍부한 사람으로서 다음 각 호의 어느 하나에 해당하는 사람 중에서 식품의약품안전처장이 위촉하거나 임명한다. 〈신설 2019. 1. 15.〉

1. 유전자변형식품 관련 학회 또는 「고등교육법」 제2조제1호 및 제2호에 따른 대학 또는 산업대학의 추천을 받은 사람
2. 「비영리민간단체 지원법」 제2조에 따른 비영리민간단체의 추천을 받은 사람
3. 식품위생 관계 공무원

⑤ 안전성심사위원회의 위원장은 위원 중에서 호선한다. 〈신설 2019. 1. 15.〉

⑥ 위원의 임기는 2년으로 한다. 다만, 공무원인 위원의 임기는 해당 직(職)에 재직하는 기간으로 한다. 〈신설 2019. 1. 15.〉

⑦ 그 밖에 안전성심사위원회의 구성·기능·운영에 필요한 사항은 대통령령으로 정한다. 〈개정 2019. 1. 15.〉

⑧ 제1항에 따른 안전성 심사의 대상, 안전성 심사를 위한 자료제출의 범위 및 심사절차 등에 관하여는 식품의약품안전처장이 정하여 고시한다. 〈개정 2019. 1. 15.〉

시행령

제9조(유전자변형식품등의 안전성 심사) 법 제18조제1항에서 "최초로 유전자변형식품등을 수입하는 경우 등 대통령령으로 정하는 경우"란 다음 각 호의 어느 하나에 해당하는 경우를 말한다. 〈개정 2019. 7. 9.〉

1. **최초로 유전자변형식품등**[인위적으로 유전자를 재조합하거나 유전자를 구성하는

핵산을 세포나 세포 내 소기관으로 직접 주입하는 기술 또는 분류학에 따른 과(科)의 범위를 넘는 세포융합기술에 해당하는 생명공학기술을 활용하여 재배·육성된 농산물·축산물·수산물 등을 원재료로 하여 제조·가공한 식품 또는 식품첨가물을 말한다. 이하 이 조 및 제10조에서 같다]을 **수입하거나 개발 또는 생산하는 경우**

2. 법 제18조에 따른 **안전성 심사를 받은 후 10년이 지난 유전자변형식품등으로서 시중에 유통되어 판매되고 있는 경우**
3. 그 밖에 법 제18조에 따른 **안전성 심사를 받은 후 10년이 지나지 아니한 유전자변형식품등으로서 식품의약품안전처장이 새로운 위해요소가 발견되었다는 등의 사유**로 인체의 건강을 해칠 우려가 있다고 인정하여 심의위원회의 심의를 거쳐 고시하는 경우

시행령

제10조(유전자변형식품등 안전성심사위원회의 구성·운영 등) ①~③ 삭제 〈2019. 7. 9.〉

④ 법 제18조제2항에 따른 유전자변형식품등 안전성심사위원회(이하 "안전성심사위원회"라 한다)의 위원(공무원인 위원은 제외한다)이 궐위(闕位)된 경우 그 보궐위원의 임기는 전임위원 임기의 남은 기간으로 한다. 〈개정 2019. 7. 9.〉

⑤ ⑥ 생략

⑦ 제4항부터 제6항까지, 제10조의2 및 제10조의3에서 규정한 사항 외에 안전성심사위원회의 운영에 필요한 사항은 안전성심사위원회의 의결을 거쳐 위원장이 정한다. 〈개정 2019. 7. 9.〉

참고
「**고등교육법**」 제2조(학교의 종류) 제1호 및 제2호: 1. 대학, 2. 산업대학

제19조, 제19조의2, 제19조의3 삭제 〈2015. 2. 3.〉

제19조의4(검사명령 등) ① 식품의약품안전처장은 다음 각 호의 어느 하나에 해당하는 식품등을 채취·제조·가공·사용·조리·저장·소분·운반 또는 진열하는 영업자에 대하여 「식품·의약품분야 시험·검사 등에 관한 법률」 제6조제3항제1호에 따른 식품전문 시험·검사기관 또는 같은 법 제8조에 따른 국외시험·검사기관에서 검사를 받을 것을 명(이하 "검사명령"이라 한다)할 수 있다. 다만, 검사로써 위해성분을 확인할 수 없다고 식품의약품안전처장이 인정하는 경우에는 관계 자료 등으로 갈음할 수 있다. 〈개정

2015. 2. 3.〉

1. 국내외에서 유해물질이 검출된 식품등
2. 삭제 〈2015. 2. 3.〉
3. 그 밖에 국내외에서 위해발생의 우려가 제기되었거나 제기된 식품등

② 검사명령을 받은 영업자는 총리령으로 정하는 검사기한 내에 검사를 받거나 관련 자료 등을 제출하여야 한다. 〈개정 2013. 3. 23.〉

③ 생략

과태료 시행령 **〈별표 2〉 Ⅱ. 개별기준**(제67조 관련) 〈개정 2023. 4. 25.〉

위반행위	근거 법조문	과태료 금액(단위: 만원)		
		1차 위반	2차 위반	3차 이상 위반
라. 영업자가 법 제19조의4제2항을 위반하여 검사기한 내에 검사를 받지 않거나 자료 등을 제출하지 않은 경우	법 제101조 제2항제1호의3	300	400	500

시행규칙

제15조의8(검사명령 이행기한) 법 제19조의4제2항에 따른 검사기한은 같은 조 제1항에 따른 검사명령을 받은 날부터 **20일 이내**로 한다.

참고

「식품·의약품분야 시험·검사 등에 관한 법률」 제6조(시험·검사기관의 지정 등) 제3항제1호:

③ 제2항제1호에 따른 식품 등 시험·검사기관은 검사업무의 범위별로 다음 각 호와 같이 구분하여 지정할 수 있다. 〈개정 2018. 12. 11.〉

1. 식품전문 시험·검사기관: 「식품위생법」 제7조, 제9조, 제19조의4, 제22조제1항, 「건강기능식품에 관한 법률」 제14조, 「수입식품안전관리 특별법」 제21조, 제22조 및 이 조 제2항제1호나목에 따른 시험·검사를 수행하는 기관

「건강기능식품에 관한 법률」 제14조(기준 및 규격)

「수입식품안전관리 특별법」 제21조(수입검사 등), 제22조(검사명령) 및 이 조 제22조제1호나목: ② 제1항에 따른 검사명령 대상 수입식품등의 범위, 제출 자료 등 세부사항은 식품의약품안전처장이 정하여 고시한다.

제20조 삭제 〈2015. 2. 3.〉

제21조(특정 식품등의 수입·판매 등 금지) 생략

시행령

제11조(특정 식품등의 수입·판매 등 금지조치에 관한 이해관계인의 범위) 생략

제22조(출입·검사·수거 등) ① 식품의약품안전처장(대통령령으로 정하는 그 소속 기관의 장을 포함한다. 이하 이 조에서 같다), 시·도지사 또는 시장·군수·구청장은 식품등의 위해방지·위생관리와 영업질서의 유지를 위하여 필요하면 다음 각 호의 구분에 따른 조치를 할 수 있다. 〈개정 2013. 3. 23.〉

1. 영업자나 그 밖의 관계인에게 필요한 서류나 그 밖의 자료의 제출 요구
2. 관계 공무원으로 하여금 다음 각 목에 해당하는 출입·검사·수거 등의 조치

가. 영업소(사무소, 창고, 제조소, 저장소, 판매소, 그 밖에 이와 유사한 장소를 포함한다)에 출입하여 판매를 목적으로 하거나 영업에 사용하는 식품등 또는 영업시설 등에 대하여 하는 검사

나. 가목에 따른 검사에 필요한 최소량의 식품등의 무상 수거

다. 영업에 관계되는 장부 또는 서류의 열람

②~④ 생략

시행령

제12조(출입·검사·수거 등) 법 제22조제1항 각 호 외의 부분에서 "대통령령으로 정하는 그 소속 기관의 장"이란 지방식품의약품안전청장을 말한다.

시행규칙

제19조(출입·검사·수거 등) ① 법 제22조에 따른 출입·검사·수거 등은 국민의 보건위생을 위하여 필요하다고 판단되는 경우에는 수시로 실시한다.

② 제1항에도 불구하고 제89조에 따라 **행정처분을 받은 업소에 대한 출입·검사·수거 등은 그 처분일부터 6개월 이내에 1회 이상 실시**하여야 한다. 다만, 행정처분을 받은 영업자가 그 처분의 이행 결과를 보고하는 경우에는 그러하지 아니하다.

시행규칙

제20조(수거량 및 검사 의뢰 등) ① 법 제22조제1항제2호나목에 따라 무상으로 수거할 수 있는 식품등의 대상과 그 수거량은 별표 8과 같다.

②~⑥ 생략

시행규칙 **[별표 8] 식품등의 무상수거대상 및 수거량**(제20조제1항 관련) 〈개정 2017. 1. 4.〉

1. 무상수거대상 식품등: 제19조제1항에 따라 검사에 필요한 식품등을 수거할 경우
2. 수거대상 및 수거량

가. 식품(식품접객업소 등의 음식물 포함)

식품의 종류	수거량	비고
1) 가공식품	600g(mL) (다만, 캡슐류는 200g)	1. 수거량은 검체의 개수별 무게 또는 용량을 모두 합한 것으로 말하며, 검사에 필요한 시험재료 1건 당 수거양의 범위 안에서 수거하여야 한다. 다만, 검체채취로 인한 오염 등 소분·채취하기 어려운 경우에는 수거량을 초과하더라도 최소포장단위 그대로 채취할 수 있다.
2) 유탕처리식품	추가 1kg	
3) 자연산물 ○ 곡류·두류 및 기타 자연산물 ○ 채소류 ○ 과실류 ○ 수산물	 1~3kg 1~3kg 3~5kg 0.3~4kg	2. 가공식품에 잔류농약검사, 방사능검사, 이물검사 등이 추가될 경우에는 각각 1kg을 추가로 수거하여야 한다(다만, 잔류농약검사 중 건조채소 및 침출차는 0.3kg). 3. 방사선 조사 검사가 추가될 경우에는 0.2kg을 추가로 수거하여야 한다. 다만, 소스류 및 식품등의 기준 및 규격에 따른 방사선 조사 검사 대상 원료가 2종 이상이 혼합된 식품은 0.6kg을 추가로 수거하고, 밤·생버섯·곡류 및 두류는 1kg을 추가로 수거하여야 한다. 4. 세균발육검사항목이 있는 경우 및 통조림식품은 6개(세균발육검사용 5개, 그 밖에 이화학검사용 1개)를 수거하여야 한다. 5. 2개 이상을 수거하는 경우에는 그 용기 또는 포장과 제조연월일이 같은 것이어야 한다. 6. 용량검사를 하여야 하는 경우에는 수거량을 초과하더라도 식품등의 기준 및 규격에서 정한 용량검사에 필요한 양을 추가하여 수거할 수 있다. 7. 분석 중 최종 확인 등을 위하여 추가로 검체가 필요한 경우에는 추가로 검체를 수거할 수 있다. 8. 식품위생감시원이 의심물질이 있다고 판단되어 검사항목을 추가하는 경우 또는 「식품·의약품분야 시험·검사 등에 관한 법률」 제16조에 따른 식품 등 시험·검사기관 또는 같은 조 제4항 단서에 따라 총리령으로 정하는 시험·검사기관(이하 이 표에서 "시험·검사기관"이라 한다)이 두 곳 이상인 경우에는 수거량을 초과하여 수거할 수 있다.

나. 식품첨가물

시험항목별	수거량
식품등의 기준 및 규격의 적부에 관한시험	고체: 200g 액체: 500g(mL) 기체: 1kg
비소·중금속 함유량시험	50g(mL)
비고	
1. 분석 중 최종 확인 등을 위하여 추가로 검체가 필요한 경우에는 추가로 검체를 수거할 수 있다. 2. 식품위생감시원이 의심물질이 있다고 판단되어 검사항목을 추가하는 경우 또는 시험·검사기관이 두 곳 이상인 경우에는 수거량을 초과하여 수거할 수 있다.	

(계속)

다. 기구 또는 용기·포장

시험항목별	수거량
재질·용출시험	기구 또는 용기·포장에 대한 식품등의 기준 및 규격검사에 필요한 양
비고	
1. 분석 중 최종 확인 등을 위하여 추가로 검체가 필요한 경우에는 추가로 검체를 수거할 수 있다. 2. 식품위생감시원이 의심물질이 있다고 판단되어 검사항목을 추가하는 경우 또는 시험·검사기관이 두 곳 이상인 경우에는 수거량을 초과하여 수거할 수 있다.	

제22조의2 삭제 〈2015. 2. 3.〉

제23조(식품등의 재검사) ①~③ 생략

④ 제2항 및 제3항에 따른 재검사 요청 절차, 재검사 방법 및 결과 통보 등에 필요한 사항은 **총리령**으로 정한다.

시행령

제14조(식품등의 재검사) ① 법 제23조제1항에서 "대통령령으로 정하는 그 소속 기관의 장"이란 지방식품의약품안전청장을 말한다.

② 법 제23조제1항에 따라 식품의약품안전처장(지방식품의약품안전청장을 포함한다. 이하 이 조에서 같다), 시·도지사 또는 시장·군수·구청장은 **해당 영업자에게 해당 검사에 적용한 검사방법, 검체의 채취·취급방법 및 검사 결과를 해당 검사성적서 또는 검사증명서가 작성된 날부터 7일 이내에 통보**하여야 한다. 〈개정 2013. 3. 23.〉

③~⑤ 삭제 〈2015. 12. 30.〉

시행규칙

제20조의2(식품등의 재검사 요청 절차 및 방법 등) ① 법 제23조제2항 본문에 따라 식품등의 재검사를 요청하려는 영업자는 법 제23조제1항에 따른 **검사 결과를 통보받은 날부터 60일 이내**에 별지 제17호의2서식의 식품등 재검사 신청서(전자문서로 된 신청서를 포함한다)에 다음 각 호의 서류를 첨부하여 식품의약품안전처장(지방식품의약품안전청장을 포함한다. 이하 이 조에서 같다), 시·도지사 또는 시장·군수·구청장에게 제출해야 한다.

1. 법 제23조제1항에 따른 검사 결과에 관한 서류
2. 법 제23조제2항 본문에 따른 검사성적서 또는 검사증명서
3. 제2호에 따른 검사 제품이 제1호에 따른 검사 제품과 같은 제품(같은 날에 같은 영업시설에서 같은 제조 공정을 통해 제조·생산된 제품에 한정한다)임을 증명하는 자료

②~⑤ 생략

시행규칙

제21조(식품등의 재검사 제외대상) 법 제23조제2항 단서에 따라 **재검사 대상에서 제외하는 검사항목은 이물, 미생물, 곰팡이독소, 잔류농약 및 잔류동물용의약품에 관한 검사**로 한다.

제24조, **제25조**, **제26조**, **제27조**, **제28조**, **제29조**, **제30조** 삭제 〈2013. 7. 30.〉

제31조(자가품질검사 의무) ① 식품등을 제조·가공하는 영업자는 **총리령**으로 정하는 바에 따라 제조·가공하는 식품등이 제7조 또는 제9조에 따른 기준과 규격에 맞는지를 검사하여야 한다. 〈개정 2013. 3. 23.〉

② 식품등을 제조·가공하는 영업자는 제1항에 따른 검사를 「식품·의약품분야 시험·검사 등에 관한 법률」 제6조제3항제2호에 따른 자가품질위탁 시험·검사기관에 위탁하여 실시할 수 있다. 〈개정 2018. 12. 11.〉

③ 제1항에 따른 검사를 직접 행하는 영업자는 제1항에 따른 검사 결과 해당 식품등이 제4조부터 제6조까지, 제7조제4항, 제8조, 제9조제4항 또는 제9조의3을 위반하여 국민 건강에 위해가 발생하거나 발생할 우려가 있는 경우에는 지체 없이 식품의약품안전처장에게 보고하여야 한다. 〈신설 2022. 6. 10.〉

④ 제1항에 따른 검사의 항목·절차, 그 밖에 검사에 필요한 사항은 총리령으로 정한다. 〈개정 2013. 7. 30.〉

시행규칙

제31조(자가품질검사) ① 법 제31조제1항에 따른 자가품질검사는 별표 12의 자가품질검사 기준에 따라 하여야 한다.

②③ 삭제 〈2014. 8. 20.〉

④ **자가품질검사에 관한 기록서는 2년간 보관**하여야 한다.

시행규칙 **[별표 12] 자가품질검사기준**(제31조제1항 관련) 〈개정 2022. 12. 9.〉

1. 식품등에 대한 자가품질검사는 판매를 목적으로 제조·가공하는 품목별로 실시하여야 한다. 다만, 식품공전에서 정한 동일한 검사항목을 적용받은 품목을 제조·가공하는 경우에는 식품유형별로 이를 실시할 수 있다.

(계속)

2. 기구 및 용기·포장의 경우 동일한 재질의 제품으로 크기나 형태가 다를 경우에는 재질별로 자가품질검사를 실시할 수 있다.
3. 자가품질검사주기는 처음으로 제품을 제조한 날을 기준으로 산정한다. 다만,「수입식품안전관리 특별법」 제18조제2항에 따른 주문자상표부착식품등과 식품제조·가공업자가 자신의 제품을 만들기 위하여 수입한 반가공 원료식품 및 용기·포장은「관세법」 제248조에 따라 관할 세관장이 신고필증을 발급한 날을 기준으로 산정한다.
4. 자가품질검사는 식품의약품안전처장이 정하여 고시하는 식품유형별 검사항목을 검사한다. 다만, 식품제조·가공 과정 중 특정 식품첨가물을 사용하지 아니한 경우에는 그 항목의 검사를 생략할 수 있다.
5. 영업자가 다른 영업자에게 식품등을 제조하게 하는 경우에는 식품등을 제조하게 하는 자 또는 직접 그 식품등을 제조하는 자가 자가품질검사를 실시하여야 한다.
6. 식품등의 자가품질검사는 다음의 구분에 따라 실시하여야 한다.
   가. 식품제조·가공업
      1) 과자류, 빵류 또는 떡류(과자, 캔디류, 추잉껌 및 떡류만 해당한다), 코코아가공품류, 초콜릿류, 잼류, 당류, 음료류[다류(茶類) 및 커피류만 해당한다], 절임류 또는 조림류, 수산가공식품류(젓갈류, 건포류, 조미김, 기타 수산물가공품만 해당한다), 두부류 또는 묵류, 면류, 조미식품(고춧가루, 실고추 및 향신료가공품, 식염만 해당한다), 즉석식품류(만두류, 즉석섭취식품, 즉석조리식품만 해당한다), 장류, 농산가공식품류(전분류, 밀가루, 기타농산가공품류 중 곡류가공품, 두류가공품, 서류가공품, 기타 농산가공품만 해당한다), 식용유지가공품(모조치즈, 식물성크림, 기타 식용유지가공품만 해당한다), 동물성가공식품류(추출가공식품만 해당한다), 기타가공품, 선박에서 통·병조림을 제조하는 경우 및 단순가공품(자연산물을 그 원형을 알아볼 수 없도록 분해·절단 등의 방법으로 변형시키거나 1차 가공처리한 식품원료를 식품첨가물을 사용하지 아니하고 단순히 서로 혼합만 하여 가공한 제품이거나 이 제품에 식품제조·가공업의 허가를 받아 제조·포장된 조미식품을 포장된 상태 그대로 첨부한 것을 말한다)만을 가공하는 경우: 3개월마다 1회 이상 식품의약품안전처장이 정하여 고시하는 식품유형별 검사항목
      2) 식품제조·가공업자가 자신의 제품을 만들기 위하여 수입한 반가공 원료식품 및 용기·포장
         가) 반가공 원료식품: 6개월마다 1회 이상 식품의약품안전처장이 정하여 고시하는 식품유형별 검사항목
         나) 용기·포장: 동일재질별로 6개월마다 1회 이상 재질별 성분에 관한 규격
      3) 빵류, 식육함유가공품, 알함유가공품, 동물성가공식품류(기타식육 또는 기타알제품), 음료류(과일·채소류음료, 탄산음료류, 두유류, 발효음료류, 인삼·홍삼음료, 기타음료만 해당한다, 비가열음료는 제외한다), 식용유지류(들기름, 추출들깨유만 해당한다): 2개월마다 1회 이상 식품의약품안전처장이 정하여 고시하는 식품유형별 검사항목

(계속)

4) 1)부터 3)까지의 규정 외의 식품: 1개월(주류의 경우에는 6개월)마다 1회 이상 식품의약품안전처장이 정하여 고시하는 식품유형별 검사항목

5) 법 제48조제8항에 따른 전년도의 조사·평가 결과가 만점의 90퍼센트 이상인 식품: 1)·3)·4)에도 불구하고 6개월마다 1회 이상 식품의약품안전처장이 정하여 고시하는 식품유형별 검사항목

6) 식품의약품안전처장이 식중독 발생위험이 높다고 인정하여 지정·고시한 기간에는 1) 및 2)에 해당하는 식품은 1개월마다 1회 이상, 3)에 해당하는 식품은 15일마다 1회 이상, 4)에 해당하는 식품은 1주일마다 1회 이상 실시하여야 한다.

7) 「주류 면허 등에 관한 법률」 제29조에 따른 검사 결과 적합 판정을 받은 주류는 자가품질검사를 실시하지 않을 수 있다. 이 경우 해당 검사는 제4호에 따른 주류의 자가품질검사 항목에 대한 검사를 포함해야 한다.

나. 즉석판매제조·가공업

1) 과자(크림을 위에 바르거나 안에 채워 넣은 후 가열살균하지 않고 그대로 섭취하는 것만 해당한다), 빵류(크림을 위에 바르거나 안에 채워 넣은 후 가열살균하지 않고 그대로 섭취하는 것만 해당한다), 당류(설탕류, 포도당, 과당류, 올리고당류만 해당한다), 식육함유가공품, 어육가공품류(연육, 어묵, 어육소시지 및 기타 어육가공품만 해당한다), 두부류 또는 묵류, 식용유지류(압착식용유만 해당한다), 특수용도식품, 소스, 음료류(커피, 과일·채소류음료, 탄산음료류, 두유류, 발효음료류, 인삼·홍삼음료, 기타음료만 해당한다), 동물성가공식품류(추출가공식품만 해당한다), 빙과류, 즉석섭취식품(도시락, 김밥류, 햄버거류 및 샌드위치류만 해당한다), 즉석조리식품(순대류만 해당한다), 신선편의식품, 간편조리세트, 「축산물 위생관리법」 제2조제2호에 따른 유가공품, 식육가공품 및 알가공품: 9개월 마다 1회 이상 식품의약품안전처장이 정하여 고시하는 식품 및 축산물가공품 유형별 검사항목

2) 별표 15 제2호에 따른 영업을 하는 경우에는 자가품질검사를 실시하지 않을 수 있다.

다. 식품첨가물

1) 기구 등 살균소독제: 6개월마다 1회 이상 살균소독력

2) 1) 외의 식품첨가물: 6개월마다 1회 이상 식품첨가물별 성분에 관한 규격

라. 기구 또는 용기·포장: 동일재질별로 6개월마다 1회 이상 재질별 성분에 관한 규격

제31조의2(자가품질검사의무의 면제) 식품의약품안전처장 또는 시·도지사는 제48조제3항에 따른 식품안전관리인증기준적용업소가 다음 각 호에 해당하는 경우에는 제31조제1항에도 불구하고 총리령으로 정하는 바에 따라 자가품질검사를 면제할 수 있다.

1. 제48조제3항에 따른 식품안전관리인증기준적용업소가 제31조제1항에 따른 검사가

포함된 식품안전관리인증기준을 지키는 경우

2. 제48조제8항에 따른 조사·평가 결과 그 결과가 우수하다고 총리령으로 정하는 바에 따라 식품의약품안전처장이 인정하는 경우

시행규칙

제31조의2(자가품질검사의무의 면제) 법 제31조의2제2호에 따라 식품안전관리인증기준적용업소의 자가품질검사 의무를 면제하는 경우는 해당 식품안전관리인증기준적용업소에 대하여 제66조제1항에 따른 조사·평가를 한 결과가 만점의 95퍼센트 이상인 경우로 한다.

시행규칙

제31조의3(확인검사 등의 보고 절차 등) ① 법 제31조의3제1항 전단에 따라 확인검사를 요청한 영업자는 별지 제17호의4서식의 확인검사 요청 사실 보고서에 다음 각 호의 서류를 첨부하여 관할 지방식품의약품안전청장, 시·도지사 또는 시장·군수·구청장에게 보고해야 한다.

1. 법 제31조의3제1항에 따른 자가품질검사 검사성적서
2. 확인검사 의뢰서

② 제1항에 따라 확인검사 요청 사실을 보고받은 관할 지방식품의약품안전청장, 시·도지사 또는 시장·군수·구청장은 식품의약품안전처장에게 그 사실을 통보해야 한다.

③ 법 제31조의3제2항 본문에 따라 확인검사를 실시한 「식품·의약품분야 시험·검사 등에 관한 법률」 제6조제2항제1호에 따른 식품 등 시험·검사기관은 별지 제17호의5서식의 확인검사 검사성적서를 발급해야 한다.

[본조신설 2022. 7. 28.]

제32조(식품위생감시원) ① 제22조제1항에 따른 관계 공무원의 직무와 그 밖에 식품위생에 관한 지도 등을 하기 위하여 식품의약품안전처(대통령령으로 정하는 그 소속 기관을 포함한다), 특별시·광역시·특별자치시·도·특별자치도(이하 "시·도"라 한다) 또는 시·군·구(자치구를 말한다. 이하 같다)에 식품위생감시원을 둔다. 〈개정 2016. 2. 3.〉

② 제1항에 따른 식품위생감시원의 자격·임명·직무범위, 그 밖에 필요한 사항은 **대통령령**으로 정한다.

시행령

제16조(식품위생감시원의 자격 및 임명) ① 법 제32조제1항에서 "대통령령으로 정하는 그 소속 기관"이란 지방식품의약품안전청을 말한다.

② 법 제32조제1항에 따른 식품위생감시원(이하 "식품위생감시원"이라 한다)은 식품의약품안전처장(지방식품의약품안전청장을 포함한다), 시·도지사 또는 시장·군수·구청장이 **다음 각 호의 어느 하나에 해당하는 소속 공무원 중에서 임명**한다. 〈개정 2021. 12. 30.〉

1. **위생사, 식품기술사·식품기사·식품산업기사·수산제조기술사·수산제조기사·수산제조산업기사 또는 영양사**
2. 「고등교육법」 제2조제1호 및 제4호에 따른 **대학 또는 전문대학에서 의학·한의학·약학·한약학·수의학·축산학·축산가공학·수산제조학·농산제조학·농화학·화학·화학공학·식품가공학·식품화학·식품제조학·식품공학·식품과학·식품영양학·위생학·발효공학·미생물학·조리학·생물학 분야의 학과 또는 학부를 졸업한 자 또는 이와 같은 수준 이상의 자격이 있는 자**
3. **외국에서 위생사 또는 식품제조기사의 면허를 받은 자나 제2호와 같은 과정을 졸업한 자로서 식품의약품안전처장이 적당하다고 인정하는 자**
4. 1**년 이상 식품위생행정에 관한 사무에 종사한 경험이 있는 자**

③ 식품의약품안전처장(지방식품의약품안전청장을 포함한다), 시·도지사 또는 시장·군수·구청장은 제2항 각 호의 요건에 해당하는 사람만으로는 식품위생감시원의 인력 확보가 곤란하다고 인정될 경우에는 **식품위생행정에 종사하는 사람 중 소정의 교육을 2주 이상 받은 사람**에 대하여 그 식품위생행정에 종사하는 기간 동안 식품위생감시원의 자격을 인정할 수 있다. 〈개정 2021. 12. 30.〉

시행령

제17조(식품위생감시원의 직무) 법 제32조에 따른 식품위생감시원의 직무는 다음 각 호와 같다. 〈개정 2019. 3. 14.〉

1. **식품등의 위생적인 취급에 관한 기준의 이행 지도**
2. **수입·판매 또는 사용 등이 금지된 식품등의 취급 여부에 관한 단속**
3. 「식품 등의 표시·광고에 관한 법률」 제4조부터 제8조까지의 규정에 따른 **표시 또**

는 광고기준의 위반 여부에 관한 단속

4. **출입·검사 및 검사에 필요한 식품등의 수거**
5. **시설기준의 적합 여부의 확인·검사**
6. **영업자 및 종업원의 건강진단 및 위생교육의 이행 여부의 확인·지도**
7. **조리사 및 영양사의 법령 준수사항 이행 여부의 확인·지도**
8. **행정처분의 이행 여부 확인**
9. **식품등의 압류·폐기 등**
10. **영업소의 폐쇄를 위한 간판 제거 등의 조치**
11. 그 밖에 영업자의 법령 이행 여부에 관한 확인·지도

시행령

제17조의2(식품위생감시원의 교육) ① 식품의약품안전처장, 시·도지사 또는 시장·군수·구청장은 식품위생감시원을 대상으로 제17조에 따른 직무 수행에 필요한 전문지식과 역량을 강화하는 교육 프로그램을 운영하여야 한다.

② 식품의약품안전처장, 시·도지사 또는 시장·군수·구청장은 제1항에 따른 교육 프로그램을 국내외 교육기관 등에 위탁하여 실시할 수 있다.

③ 식품위생감시원은 제1항에 따른 교육을 받아야 한다. 이 경우 교육의 방법·시간·내용 및 그 밖에 교육에 필요한 사항은 총리령으로 정한다.

> 참고
> **「식품 등의 표시·광고에 관한 법률」** 제4조(표시의 기준)
> 제5조(영양표시)
> 제6조(나트륨 함량 비교 표시)
> 제7조(광고의 기준)
> 제8조(부당한 표시 또는 광고행위의 금지)

시행규칙

제31조의6(식품위생감시원의 교육시간 등) ① 법 제32조제1항에 따른 식품위생감시원(이하 이 조에서 "식품위생감시원"이라 한다)은 영 제17조의2에 따라 **매년 7시간 이상 식품위생감시원 직무교육을 받아야 한다. 다만, 식품위생감시원으로 임명된 최초의 해에는 21시간 이상을 받아야 한다.**

② 영 제17조의2에 따른 식품위생감시원 직무교육에는 다음 각 호의 내용이 포함되어

야 한다.

1. **식품안전 법령에 관한 사항**
2. **식품 등의 기준 및 규격에 관한 사항**
3. 영 제17조에 따른 **식품위생감시원의 직무에 관한 사항**
4. 그 밖에 제1호부터 제3호까지에 준하는 사항으로서 식품의약품안전처장, 시·도지사 또는 시장·군수·구청장이 식품위생감시원의 전문성 및 직무역량 강화를 위해 필요하다고 인정하는 사항

③ 제1항 및 제2항에서 규정한 사항 외에 식품위생감시원의 교육 운영 등에 필요한 세부 사항은 식품의약품안전처장이 정하여 고시한다.

[제31조의3에서 이동 〈2022. 7. 28.〉]

제33조(소비자식품위생감시원) ① 식품의약품안전처장(대통령령으로 정하는 그 소속 기관의 장을 포함한다. 이하 이 조에서 같다), 시·도지사 또는 시장·군수·구청장은 식품위생관리를 위하여 「소비자기본법」 제29조에 따라 등록한 **소비자단체의 임직원 중 해당 단체의 장이 추천한 자나 식품위생에 관한 지식이 있는 자**를 소비자식품위생감시원으로 위촉할 수 있다. 〈개정 2013. 3. 23.〉

② 제1항에 따라 위촉된 소비자식품위생감시원(이하 "소비자식품위생감시원"이라 한다)의 직무는 다음 각 호와 같다. 〈개정 2018. 3. 13.〉

1. 제36조제1항제3호에 따른 **식품접객업을 하는 자(이하 "식품접객영업자"라 한다)에 대한 위생관리 상태 점검**
2. 유통 중인 식품등이 「식품등의 표시·광고에 관한 법률」 제4조부터 제7조까지에 따른 표시·광고의 기준에 맞지 아니하거나 같은 법 제8조에 따른 **부당한 표시 또는 광고행위의 금지 규정을 위반한 경우 관할 행정관청에 신고하거나 그에 관한 자료 제공**
3. 제32조에 따른 **식품위생감시원이 하는 식품등에 대한 수거 및 검사 지원**
4. 그 밖에 식품위생에 관한 사항으로서 대통령령으로 정하는 사항

③~⑦ 생략

⑧ 소비자식품위생감시원의 자격, 직무 범위 및 교육, 그 밖에 필요한 사항은 **대통령령**으로 정한다.

시행령

제18조(소비자식품위생감시원의 자격 등) ① 법 제33조제1항에서 "대통령령으로 정하는 그 소속 기관의 장"이란 지방식품의약품안전청장을 말한다.

② 법 제33조제1항에 따른 소비자식품위생감시원(이하 "소비자식품위생감시원"이라 한다)으로 위촉될 수 있는 자는 다음 각 호의 어느 하나에 해당하는 자로 한다. 〈개정 2013. 3. 23.〉

1. 식품의약품안전처장이 정하여 고시하는 교육과정을 마친 자
2. 제16조제2항 각 호의 어느 하나에 해당하는 자

③~⑧ 생략

제34조 삭제 〈2015. 3. 27.〉

제35조(소비자 위생점검 참여 등) ① 대통령령으로 정하는 영업자는 식품위생에 관한 전문적인 지식이 있는 자 또는 「소비자기본법」 제29조에 따라 등록한 소비자단체의 장이 추천한 자로서 식품의약품안전처장이 정하는 자에게 위생관리 상태를 점검받을 수 있다. 〈개정 2013. 3. 23.〉

② 제1항에 따른 점검 결과 식품의약품안전처장이 정하는 기준에 적합하여 합격한 경우 해당 영업자는 그 합격사실을 총리령으로 정하는 바에 따라 해당 영업소에서 제조·가공한 식품등에 표시하거나 광고할 수 있다. 〈개정 2013. 3. 23.〉

③ 식품의약품안전처장(대통령령으로 정하는 그 소속 기관의 장을 포함한다. 이하 이 조에서 같다), 시·도지사 또는 시장·군수·구청장은 제1항에 따라 위생점검을 받은 영업소 중 식품의약품안전처장이 정하는 기준에 따른 우수 등급의 영업소에 대하여는 관계 공무원으로 하여금 총리령으로 정하는 일정 기간 동안 제22조에 따른 출입·검사·수거 등을 하지 아니하게 할 수 있다. 〈개정 2016. 2. 3.〉

④ 식품의약품안전처장, 시·도지사 또는 시장·군수·구청장은 제22조제1항에 따른 출입·검사·수거 등에 참여를 희망하는 소비자를 참여하게 하여 위생 상태를 점검할 수 있다. 〈신설 2016. 2. 3.〉

⑤ 제1항에 따른 위생점검의 시기 등은 대통령령으로 정한다. 〈개정 2013. 7. 30.〉

시행령

제20조(소비자 위생점검 참여 등) ① 법 제35조제1항에서 "대통령령으로 정하는 영업자"란 다음 각 호의 영업자를 말한다.

1. 제21조제1호의 식품제조·가공업자
2. 제21조제3호의 식품첨가물제조업자
3. 제21조제5호나목6)의 기타 식품판매업자
4. 제21조제8호의 식품접객업자 중 법 제47조제1항에 따라 모범업소로 지정받은 영업자

② 법 제35조제3항에서 "대통령령으로 정하는 그 소속 기관의 장"이란 지방식품의약품안전청장을 말한다. 〈개정 2016. 7. 26.〉

③ 제1항에 따른 **영업자가** 법 제35조제1항에 따라 **위생관리 상태 점검을 신청하는 경우에는 1개월 이내**에 위생점검을 하여야 한다. 이 경우 **같은 업소에 대한 위생점검은 연 1회로 한정한다**.

④ 제3항에 따른 위생점검 방법 및 절차는 **총리령**으로 정한다. 〈개정 2013. 3. 23.〉

시행규칙

제35조(위생점검의 절차 및 결과 표시 등) ① 법 제35조제1항에 따른 위생관리 상태의 점검을 신청하려는 영업자는 별지 제28호서식의 소비자 위생점검 참여신청서(전자문서로 된 신청서를 포함한다)에 다음 각 호의 구분에 따른 서류(전자문서를 포함한다)를 첨부하여 식품의약품안전처장에게 제출하여야 한다. 〈개정 2013. 3. 23.〉

1. 영 제21조제1호의 식품제조·가공업자 및 영 제21조제3호의 식품첨가물제조업자의 경우: 제품명, 사용한 원재료명 및 성분배합 비율, 제조·가공의 방법, 사용한 식품첨가물의 명칭·사용량 등에 관한 서류
2. 영 제21조제5호나목6)의 기타 식품판매업자의 경우: 제품의 안전성 및 위생적 관리, 보존 및 보관에 관한 서류
3. 영 제21조제8호의 식품접객업자 중 법 제47조제1항에 따라 모범업소로 지정받은 영업자의 경우: 취수원, 배수시설 등 건물의 구조 및 환경, 주방시설 및 기구, 원재료의 보관 및 운반시설, 종업원의 서비스, 제공반찬과 가격 표시, 남은 음식을 처리할 수 있는 시설 및 설비에 관한 서류

② 식품의약품안전처장은 제1항에 따라 **신청을 받은 경우에는 신청 받은 날부터 1개**

월 이내에 식품위생에 관한 전문적인 지식이 있는 사람 또는 소비자단체의 장이 추천한 사람 중에서 해당 영업소의 업종 등을 고려하여 적합한 전문가들로 점검단을 구성하여 위생점검을 실시하게 하여야 한다. 〈개정 2013. 3. 23.〉

③ 식품의약품안전처장은 제2항에 따른 위생점검 결과 합격한 영업자에게는 별지 제29호서식의 위생점검 합격증서를 발급하고, 그 영업자는 그 **합격사실을 별표 13에 따라 표시하거나 광고할 수 있다**. 이 경우 그 표시사항은 제품·포장·용기 및 주변의 도안 등을 고려하여 소비자가 알아보기 쉽게 표시하여야 한다. 〈개정 2013. 3. 23.〉

④ 법 제35조제3항에 따라 식품의약품안전처장, 시·도지사 또는 시장·군수·구청장은 우수 등급의 영업소에 대하여는 **우수 등급이 확정된 날부터 2년 동안** 법 제22조에 따른 **출입·검사·수거 등을 하지 아니할 수 있다**. 〈개정 2013. 3. 23.〉

시행규칙 **[별표 13] 소비자 위생점검 표시 및 광고 방법**(제35조제3항 관련) 〈개정 2020. 4. 13.〉

1. 표시기준
   가. 도안모형

   소비자 위생점검 합격
   FORYOURHEALTH

   나. 생략
2. 생략
3. 광고방법
   가. 소비자 위생점검 합격사실을 광고하는 경우에는 사실과 다름이 없어야 한다.
   나. 「신문 등의 자유와 기능보장에 관한 법률」 제12조제1항에 따라 등록한 전국을 보급지역으로 하는 1개 이상의 **일반신문**에 게재할 수 있다.
   다. 식품의약품안전처나 관할 **특별자치도·시·군·구청의 인터넷 홈페이지**에 게재하도록 요청할 수 있다.

제7장 영업

제36조(시설기준) ① 다음의 영업을 하려는 자는 총리령으로 정하는 시설기준에 맞는 시설을 갖추어야 한다. 〈개정 2013. 3. 23.〉

1. 식품 또는 식품첨가물의 제조업, 가공업, 운반업, 판매업 및 보존업
2. 기구 또는 용기·포장의 제조업
3. 식품접객업
4. 공유주방 운영업(제2조제5호의2에 따라 여러 영업자가 함께 사용하는 공유주방을 운영하는 경우로 한정한다. 이하 같다)

② 제1항에 따른 시설은 영업을 하려는 자별로 구분되어야 한다. 다만, 공유주방을 운영하는 경우에는 그러하지 아니하다. 〈신설 2020. 12. 29.〉

③ 제1항 각 호에 따른 영업의 세부 종류와 그 범위는 대통령령으로 정한다. 〈개정 2020. 12. 29.〉

※ 〈벌칙〉 제36조에 따른 시설기준을 갖추지 못한 영업자 : 3년 이하의 징역 또는 3천만원 이하의 벌금

시행령

제21조(영업의 종류) 법 제36조제2항에 따른 영업의 세부 종류와 그 범위는 다음 각 호와 같다. 〈개정 2022. 6. 7.〉

1. **식품제조·가공업: 식품을 제조·가공하는 영업**
2. **즉석판매제조·가공업: 총리령으로 정하는 식품을 제조·가공업소에서 직접 최종소비자에게 판매하는 영업**
3. **식품첨가물제조업**
   가. 감미료·착색료·표백제 등의 화학적 합성품을 제조·가공하는 영업
   나. 천연 물질로부터 유용한 성분을 추출하는 등의 방법으로 얻은 물질을 제조·가공하는 영업
   다. 식품첨가물의 혼합제재를 제조·가공하는 영업
   라. 기구 및 용기·포장을 살균·소독할 목적으로 사용되어 간접적으로 식품에 이행(移行)될 수 있는 물질을 제조·가공하는 영업
4. **식품운반업**: 직접 마실 수 있는 유산균음료(살균유산균음료를 포함한다)나 어류·조개류 및 그 가공품 등 부패·변질되기 쉬운 식품을 전문적으로 운반하는 영업. 다만, 해당 영업자의 영업소에서 판매할 목적으로 식품을 운반하는 경우와 해당 영업자가 제조·가공한 식품을 운반하는 경우는 제외한다.
5. **식품소분·판매업**

가. 식품소분업: 총리령으로 정하는 식품 또는 식품첨가물의 완제품을 나누어 유통할 목적으로 재포장·판매하는 영업

나. 식품판매업

1) 식용얼음판매업: 식용얼음을 전문적으로 판매하는 영업

2) 식품자동판매기영업: 식품을 자동판매기에 넣어 판매하는 영업. 다만, 소비기한이 1개월 이상인 완제품만을 자동판매기에 넣어 판매하는 경우는 제외한다.

3) 유통전문판매업: 식품 또는 식품첨가물을 스스로 제조·가공하지 아니하고 제1호의 식품제조·가공업자 또는 제3호의 식품첨가물제조업자에게 의뢰하여 제조·가공한 식품 또는 식품첨가물을 자신의 상표로 유통·판매하는 영업

4) 집단급식소 식품판매업: 집단급식소에 식품을 판매하는 영업

5) 삭제 〈2016. 1. 22.〉

6) 기타 식품판매업: 1)부터 4)까지를 제외한 영업으로서 총리령으로 정하는 일정 규모 이상의 백화점, 슈퍼마켓, 연쇄점 등에서 식품을 판매하는 영업

6. **식품보존업**

가. 식품조사처리업: 방사선을 쬐어 식품의 보존성을 물리적으로 높이는 것을 업(業)으로 하는 영업

나. 식품냉동·냉장업: 식품을 얼리거나 차게 하여 보존하는 영업. 다만, 수산물의 냉동·냉장은 제외한다.

7. **용기·포장류제조업**

가. 용기·포장지제조업: 식품 또는 식품첨가물을 넣거나 싸는 물품으로서 식품 또는 식품첨가물에 직접 접촉되는 용기(옹기류는 제외한다)·포장지를 제조하는 영업

나. 옹기류제조업: 식품을 제조·조리·저장할 목적으로 사용되는 독, 항아리, 뚝배기 등을 제조하는 영업

8. 식품접객업

가. 휴게음식점영업: 주로 다류(茶類), 아이스크림류 등을 조리·판매하거나 패스트푸드점, 분식점 형태의 영업 등 음식류를 조리·판매하는 영업으로서 음주행위가 허용되지 아니하는 영업. 다만, 편의점, 슈퍼마켓, 휴게소, 그 밖에 음식류를

판매하는 장소(만화가게 및 「게임산업진흥에 관한 법률」 제2조제7호에 따른 인터넷 컴퓨터게임시설제공업을 하는 영업소 등 음식류를 부수적으로 판매하는 장소를 포함한다)에서 컵라면, 일회용 다류 또는 그 밖의 음식류에 물을 부어 주는 경우는 제외한다.

나. 일반음식점영업: 음식류를 조리·판매하는 영업으로서 식사와 함께 부수적으로 음주행위가 허용되는 영업

다. 단란주점영업: 주로 주류를 조리·판매하는 영업으로서 손님이 노래를 부르는 행위가 허용되는 영업

라. 유흥주점영업: 주로 주류를 조리·판매하는 영업으로서 유흥종사자를 두거나 유흥시설을 설치할 수 있고 손님이 노래를 부르거나 춤을 추는 행위가 허용되는 영업

마. 위탁급식영업: 집단급식소를 설치·운영하는 자와의 계약에 따라 그 집단급식소에서 음식류를 조리하여 제공하는 영업

바. 제과점영업: 주로 빵, 떡, 과자 등을 제조·판매하는 영업으로서 음주행위가 허용되지 아니하는 영업

9. 공유주방 운영업: 여러 영업자가 함께 사용하는 공유주방을 운영하는 영업

행정처분 시행규칙 **[별표 23] II. 개별기준 3. 식품접객업**(제89조 관련) 〈개정 2022. 6. 30.〉

위반행위	근거 법령	행정처분 기준		
		1차 위반	2차 위반	3차 이상 위반
8. 법 제36조 또는 법 제37조를 위반한 경우	법 제71조, 법 제74조 및 법 제75조			
가. 변경허가를 받지 아니하거나 변경신고를 하지 아니하고 영업소를 이전한 경우		영업허가취소 또는 영업소 폐쇄		
나. 변경신고를 하지 아니한 경우로서				
1) 영업시설의 전부를 철거한 경우(시설 없이 영업신고를 한 경우를 포함한다)		영업허가취소 또는 영업소 폐쇄		
2) 영업시설의 일부를 철거한 경우		시설개수명령	영업정지 15일	영업정지 1개월
다. 영업장의 면적을 변경하고 변경신고를 하지 아니한 경우		시정명령	영업정지 7일	영업정지 15일
라. 시설기준 위반사항으로				
1) 유흥주점 외의 영업장에 무도장을 설치한 경우		시설개수명령	영업정지 1개월	영업정지 2개월
2) 일반음식점의 객실 안에 무대장치, 음향 및 반주시설, 특수조명시설을 설치한 경우		시설개수명령	영업정지 1개월	영업정지 2개월

(계속)

행정처분 시행규칙 **[별표 23] II. 개별기준 3. 식품접객업**(제89조 관련) 〈개정 2022. 6. 30.〉

위반행위	근거 법령	행정처분 기준		
		1차 위반	2차 위반	3차 이상 위반
3) 음향 및 반주시설을 설치하는 영업자가 방음장치를 하지 아니한 경우		시설개수명령	영업정지 15일	영업정지 1개월
마. 법 제37조제2항에 따른 조건을 위반한 경우		영업정지 1개월	영업정지 2개월	영업정지 3개월
바. 시설기준에 따른 냉장·냉동시설이 없는 경우 또는 냉장·냉동시설을 가동하지 아니한 경우		영업정지 15일	영업정지 1개월	영업정지 2개월
사. 급수시설기준을 위반한 경우(수질검사결과 부적합 판정을 받은 경우를 포함한다)		시설개수명령	영업정지 1개월	영업정지 3개월
아. 그 밖의 가목부터 사목까지 외의 허가 또는 신고사항을 위반한 경우로서				
1) 시설기준을 위반한 경우		시설개수명령	영업정지 15일	영업정지 1개월
2) 그 밖의 사항을 위반한 경우		시정명령	영업정지 7일	영업정지 15일

시행규칙

제36조(업종별 시설기준) 법 제36조에 따른 업종별 시설기준은 별표 14와 같다.

시행규칙 **[별표 14] 업종별 시설기준**(제36조 관련) 〈개정 2022. 4. 28.〉

1. 식품제조·가공업의 시설기준 〈생략〉
2. 즉석판매제조·가공업의 시설기준 〈생략〉
3. 식품첨가물제조업의 시설기준 〈생략〉
4. 식품운반업의 시설기준 〈생략〉
5. 식품소분·판매업의 시설기준 〈생략〉
6. 식품보존업의 시설기준 〈생략〉
7. 용기·포장류 제조업의 시설기준 〈생략〉
8. 식품접객업의 시설기준

가. 공통시설기준

1) 영업장

가) 독립된 건물이거나 식품접객업의 영업허가를 받거나 영업신고를 한 업종 외의 용도로 사용되는 시설과 분리, 구획 또는 구분되어야 한다(일반음식점에서 「축산물위생관리법 시행령」 제21조제7호가목의 식육판매업을 하려는 경우, 휴게음식점에서 「음악산업진흥에 관한 법률」 제2조제10호에 따른 음반·음악영상물판매업을 하는 경우 및 관할 세무서장의 의제 주류판매 면허를 받고 제과점에서 영업을 하는 경우는 제외한다). 다만, 다음의 어느 하나에 해당하는 경우에는 분리되어야 한다.

(계속)

(1) 식품접객업의 영업허가를 받거나 영업신고를 한 업종과 다른 식품접객업의 영업을 하려는 경우. 다만, 휴게음식점에서 일반음식점영업 또는 제과점영업을 하는 경우, 일반음식점에서 휴게음식점영업 또는 제과점영업을 하는 경우 또는 제과점에서 휴게음식점영업 또는 일반음식점영업을 하는 경우는 제외한다.

(2) 「음악산업진흥에 관한 법률」 제2조제13호의 노래연습장업을 하려는 경우

(3) 「다중이용업소의 안전관리에 관한 특별법 시행규칙」 제2조제3호의 콜라텍업을 하려는 경우

(4) 「체육시설의 설치·이용에 관한 법률」 제10조제1항제2호에 따른 무도학원업 또는 무도장업을 하려는 경우

(5) 「동물보호법」 제2조제1호에 따른 동물의 출입, 전시 또는 사육이 수반되는 영업을 하려는 경우

나) 영업장은 연기·유해가스등의 환기가 잘 되도록 하여야 한다.

다) 음향 및 반주시설을 설치하는 영업자는 「소음·진동관리법」 제21조에 따른 생활소음·진동이 규제기준에 적합한 방음장치 등을 갖추어야 한다.

라) 공연을 하려는 휴게음식점·일반음식점 및 단란주점의 영업자는 무대시설을 영업장 안에 객석과 구분되게 설치하되, 객실 안에 설치하여서는 아니 된다.

마) 「동물보호법」 제2조제1호에 따른 동물의 출입, 전시 또는 사육이 수반되는 시설과 직접 접한 영업장의 출입구에는 손을 소독할 수 있는 장치, 용품 등을 갖추어야 한다.

2) 조리장

가) 조리장은 손님이 그 내부를 볼 수 있는 구조로 되어 있어야 한다. 다만, 영 제21조제8호바목에 따른 제과점영업소로서 같은 건물 안에 조리장을 설치하는 경우와 「관광진흥법 시행령」 제2조제1항제2호가목 및 같은 항 제3호마목에 따른 관광호텔업 및 관광공연장업의 조리장의 경우에는 그러하지 아니하다.

나) 조리장 바닥에 배수구가 있는 경우에는 덮개를 설치하여야 한다.

다) 조리장 안에는 취급하는 음식을 위생적으로 조리하기 위하여 필요한 조리시설·세척시설·폐기물용기 및 손 씻는 시설을 각각 설치하여야 하고, 폐기물용기는 오물·악취 등이 누출되지 아니하도록 뚜껑이 있고 내수성 재질로 된 것이어야 한다.

라) 1명의 영업자가 하나의 조리장을 둘 이상의 영업에 공동으로 사용할 수 있는 경우는 다음과 같다.

(1) 같은 건물 내에서 휴게음식점, 제과점, 일반음식점 및 즉석판매제조·가공업의 영업 중 둘 이상의 영업을 하려는 경우

(2) 「관광진흥법 시행령」에 따른 전문휴양업, 종합휴양업 및 유원시설업 시설 안의 같은 장소에서 휴게음식점·제과점영업 또는 일반음식점영업 중 둘 이상의 영업을 하려는 경우

(계속)

(3) 삭제 〈2017. 12. 29.〉

(4) 제과점 영업자가 식품제조·가공업 또는 즉석판매제조·가공업의 제과·제빵류 품목 등을 제조·가공하려는 경우

(5) 제과점영업자가 다음의 구분에 따라 둘 이상의 제과점영업을 하는 경우

(가) 기존 제과점의 영업신고관청과 같은 관할 구역에서 제과점영업을 하는 경우

(나) 기존 제과점의 영업신고관청과 다른 관할 구역에서 제과점영업을 하는 경우로서 제과점 간 거리가 5킬로미터 이내인 경우

마) 조리장에는 주방용 식기류를 소독하기 위한 자외선 또는 전기살균소독기를 설치하거나 열탕세척소독시설(식중독을 일으키는 병원성 미생물 등이 살균될 수 있는 시설이어야 한다. 이하 같다)을 갖추어야 한다. 다만, 주방용 식기류를 기구등의 살균·소독제로만 소독하는 경우에는 그러하지 아니하다.

바) 충분한 환기를 시킬 수 있는 시설을 갖추어야 한다. 다만, 자연적으로 통풍이 가능한 구조의 경우에는 그러하지 아니하다.

사) 식품등의 기준 및 규격 중 식품별 보존 및 유통기준에 적합한 온도가 유지될 수 있는 냉장시설 또는 냉동시설을 갖추어야 한다.

아) 조리장 내부에는 쥐, 바퀴 등 설치류 또는 위생해충 등이 들어오지 못하게 해야 한다.

3) 급수시설

가) 수돗물이나 「먹는물관리법」 제5조에 따른 먹는 물의 수질기준에 적합한 지하수 등을 공급할 수 있는 시설을 갖추어야 한다.

나) 지하수를 사용하는 경우 취수원은 화장실·폐기물처리시설·동물사육장, 그 밖에 지하수가 오염될 우려가 있는 장소로부터 영향을 받지 아니하는 곳에 위치하여야 한다.

4) 화장실

가) 화장실은 콘크리트 등으로 내수처리를 하여야 한다. 다만, 공중화장실이 설치되어 있는 역·터미널·유원지 등에 위치하는 업소, 공동화장실이 설치된 건물 안에 있는 업소 및 인근에 사용하기 편리한 화장실이 있는 경우에는 따로 화장실을 설치하지 아니할 수 있다.

나) 화장실은 조리장에 영향을 미치지 아니하는 장소에 설치하여야 한다.

다) 정화조를 갖춘 수세식 화장실을 설치하여야 한다. 다만, 상·하수도가 설치되지 아니한 지역에서는 수세식이 아닌 화장실을 설치할 수 있다.

라) 다)단서에 따라 수세식이 아닌 화장실을 설치하는 경우에는 변기의 뚜껑과 환기시설을 갖추어야 한다.

마) 화장실에는 손을 씻는 시설을 갖추어야 한다.

5) 공통시설기준의 적용특례 〈생략〉

(계속)

나. 업종별시설기준

1) 휴게음식점영업·일반음식점영업 및 제과점영업

가) 일반음식점에 객실(투명한 칸막이 또는 투명한 차단벽을 설치하여 내부가 전체적으로 보이는 경우는 제외한다)을 설치하는 경우 **객실에는 잠금장치를 설치할 수 없다.**

나) 휴게음식점 또는 제과점에는 객실(투명한 칸막이 또는 투명한 차단벽을 설치하여 내부가 전체적으로 보이는 경우는 제외한다)을 둘 수 없으며, 객석을 설치하는 경우 객석에는 **높이 1.5미터 미만의 칸막이**(이동식 또는 고정식)를 설치할 수 있다. 이 경우 **2면 이상을 완전히 차단하지 아니하여야 하고, 다른 객석에서 내부가 서로 보이도록 하여야 한다.**

다) 기차·자동차·선박 또는 수상구조물로 된 유선장(遊船場)·도선장(渡船場) 또는 수상레저사업장을 이용하는 경우 다음 시설을 갖추어야 한다.

(1) 1일의 영업시간에 사용할 수 있는 충분한 양의 물을 저장할 수 있는 내구성이 있는 식수탱크

(2) 1일의 영업시간에 발생할 수 있는 음식물 찌꺼기 등을 처리하기에 충분한 크기의 오물통 및 폐수탱크

(3) **음식물의 재료(원료)를 위생적으로 보관할 수 있는 시설**

라) 영업장으로 사용하는 바닥면적(「건축법 시행령」 제119조제1항제3호에 따라 산정한 면적을 말한다)의 **합계가 100제곱미터**(영업장이 지하층에 설치된 경우에는 그 영업장의 바닥면적 합계가 66제곱미터) 이상인 경우에는 「다중이용업소의 안전관리에 관한 특별법」 제9조제1항에 따른 소방시설등 및 영업장 내부 피난통로 그 밖의 안전시설을 갖추어야 한다. 다만, 영업장(내부계단으로 연결된 복층구조의 영업장을 제외한다)이 지상 1층 또는 지상과 직접 접하는 층에 설치되고 그 영업장의 주된 출입구가 건축물 외부의 지면과 직접 연결되는 곳에서 하는 영업을 제외한다.

마) 휴게음식점·일반음식점 또는 제과점의 영업장에는 손님이 이용할 수 있는 자막용 영상장치 또는 자동반주장치를 설치하여서는 아니 된다. 다만, **연회석을 보유한 일반음식점에서 회갑연, 칠순연 등 가정의 의례로서 행하는 경우에는 그러하지 아니하다.**

바) **일반음식점의 객실 안에는 무대장치, 음향 및 반주시설, 우주볼 등의 특수조명시설을 설치하여서는 아니 된다.**

사) 건물의 외부에 있는 영업장에는 손님의 안전을 확보하기 위해 「건축법」 등 관계 법령에서 정하는 바에 따라 필요한 시설·설비 또는 기구 등을 설치해야 한다.

2) 단란주점영업

가) 영업장 안에 객실이나 칸막이를 설치하려는 경우에는 다음 기준에 적합하여야 한다.

(계속)

(1) 객실을 설치하는 경우 주된 객장의 중앙에서 **객실 내부가 전체적으로 보일 수 있도록 설비**하여야 하며, 통로형태 또는 복도형태로 설비하여서는 아니 된다.

(2) 객실로 설치할 수 있는 면적은 객석면적의 2분의 1을 초과할 수 없다.

(3) 주된 객장 안에서는 높이 1.5**미터 미만의 칸막이(이동식 또는 고정식)를 설치할 수 있다. 이 경우 2면 이상을 완전히 차단하지 아니하여야 하고, 다른 객석에서 내부가 서로 보이도록** 하여야 한다.

나) 객실에는 잠금장치를 설치할 수 없다.

다) 「다중이용업소의 안전관리에 관한 특별법」 제9조제1항에 따른 소방시설등 및 영업장 내부 피난통로 그 밖의 안전시설을 갖추어야 한다.

3) 유흥주점영업

가) **객실에는 잠금장치를 설치할 수 없다.**

나) 「다중이용업소의 안전관리에 관한 특별법」 제9조제1항에 따른 **소방시설등 및 영업장 내부 피난통로 그 밖의 안전시설**을 갖추어야 한다.

9. 위탁급식영업의 시설기준

가) 사무소

영업활동을 위한 독립된 사무소가 있어야 한다. 다만, 영업활동에 지장이 없는 경우에는 다른 사무소를 함께 사용할 수 있다.

나) 창고 등 보관시설

(1) 식품등을 위생적으로 보관할 수 있는 창고를 갖추어야 한다. 이 경우 창고는 영업신고를 한 소재지와 다른 곳에 설치하거나 임차하여 사용할 수 있다.

(2) 창고에는 식품등을 법 제7조제1항에 따른 식품등의 기준 및 규격에서 정하고 있는 **보존 및 유통기준에 적합한 온도에서 보관할 수 있도록 냉장·냉동시설**을 갖추어야 한다.

다) 운반시설

(1) 식품을 위생적으로 운반하기 위하여 냉동시설이나 냉장시설을 갖춘 적재고가 설치된 운반차량을 1대 이상 갖추어야 한다. 다만, 법 제37조에 따라 허가 또는 신고한 영업자와 계약을 체결하여 냉동 또는 냉장시설을 갖춘 운반차량을 이용하는 경우에는 운반차량을 갖추지 아니하여도 된다.

(2) (1)의 규정에도 불구하고 냉동 또는 냉장시설이 필요 없는 식품만을 취급하는 경우에는 운반차량에 냉동시설이나 냉장시설을 갖춘 적재고를 설치하지 아니하여도 된다.

라) 식재료 처리시설

식품첨가물이나 다른 원료를 사용하지 아니하고 농·임·수산물을 단순히 자르거나 껍질을 벗기거나 말리거나 소금에 절이거나 숙성하거나 가열(살균의 목적 또는 성분의 현격한 변

(계속)

화를 유발하기 위한 목적의 경우를 제외한다)하는 등의 가공과정 중 위생상 위해발생의 우려가 없고 식품의 상태를 관능검사(인간의 오감(五感)에 의하여 평가하는 제품검사)로 확인할 수 있도록 가공하는 경우 그 재료처리시설의 기준은 제1호나목부터 마목까지의 규정을 준용한다.

마) 나)부터 라)까지의 시설기준에도 불구하고 집단급식소의 창고 등 보관시설 및 식재료 처리시설을 이용하는 경우에는 창고 등 보관시설과 식재료 처리시설을 설치하지 아니할 수 있으며, 위탁급식업자가 식품을 직접 운반하지 않는 경우에는 운반시설을 갖추지 아니할 수 있다.

10. 공유주방 운영업의 시설기준

가. 건물의 위치 등

1) 독립된 건물이거나 식품의 제조·가공·조리 등 용도 외에 사용되는 시설과 분리 또는 구획되어야 한다.

2) 건물의 위치는 **축산폐수·화학물질, 그 밖에 오염물질의 발생시설로부터 식품에 나쁜 영향을 주지 아니하는 거리를 두어야 한다.**

3) 건물의 구조는 제조하려는 식품의 특성에 따라 적정한 **온도가 유지될 수 있고, 환기가 잘 될 수 있어야** 한다.

4) 건물의 자재는 식품에 나쁜 영향을 주지 아니하고 식품을 오염시키지 아니하는 것이어야 한다.

나. 작업장 등

1) 영 제21조제1호의 식품제조·가공업, 같은 조 제2호의 즉석판매제조·가공업, 같은 조 제3호의 식품첨가물제조업, 같은 조 제5호가목의 식품소분업의 영업자가 사용하는 공유주방의 작업장은 제1호나목의 요건을 갖춰야 한다.

2) 영 제21조제8호가목의 휴게음식점영업, 같은 호 나목의 일반음식점영업 및 같은 호 바목의 제과점영업의 영업자가 사용하는 공유주방의 영업장, 조리장은 제8호가목1)·2) 요건을 갖춰야 한다.

다. 식품취급시설 등

1) 여러 영업자가 함께 사용할 수 있는 시설 또는 기계·기구 등은 **공용 사용임을 표시**해야 한다.

2) 여러 영업자가 함께 사용하는 시설 또는 기계·기구 등은 모든 공유시설 사용자들이 사용할 수 있도록 충분히 구비해야 한다.

3) 영 제21조제1호의 식품제조·가공업, 같은 조 제2호의 즉석판매제조·가공업, 같은 조 제3호의 식품첨가물제조업, 같은 조 제5호가목의 식품소분업의 영업자가 사용하는 공유주방의 식품취급시설 등은 제1호다목의 요건을 갖추어야 한다.

(계속)

라. 급수시설

1) 수돗물이나 「먹는물관리법」 제5조에 따른 **먹는 물의 수질기준에 적합한 지하수 등을 공급할 수 있는 시설을 갖춰야** 한다.

2) 지하수 등을 사용하는 경우 취수원은 화장실·폐기물처리시설·동물사육장, 그 밖에 지하수가 오염될 우려가 있는 장소로부터 영향을 받지 않는 곳에 위치해야 한다.

3) 먹기에 적합하지 않은 용수는 교차 또는 합류되지 않아야 한다.

마. 화장실

화장실은 제1호마목의 요건을 갖춰야 한다.

바. 창고 등의 시설

영업자별로 식품 등을 위생적으로 구분 보관·관리할 수 있는 창고를 갖춰야 한다. 다만, 영업자별로 구분하여 보관·관리할 수 있도록 창고를 대신할 수 있는 냉동·냉장시설을 따로 갖춘 경우 이를 설치하지 않을 수 있다.

사. 검사실

영 제21조제1호의 식품제조·가공업, 같은 조 제2호의 즉석판매제조·가공업, 같은 조 제3호의 식품첨가물제조업의 영업자가 사용하는 공유주방의 검사실은 제1호사목의 요건을 갖추어야 한다.

아. 시설기준 적용의 특례 〈생략〉

제37조(영업허가 등) ① 제36조제1항 각 호에 따른 영업 중 대통령령으로 정하는 영업을 하려는 자는 대통령령으로 정하는 바에 따라 영업 종류별 또는 영업소별로 식품의약품안전처장 또는 특별자치시장·특별자치도지사·시장·군수·구청장의 허가를 받아야 한다. 허가받은 사항 중 대통령령으로 정하는 중요한 사항을 변경할 때에도 또한 같다. 〈개정 2016. 2. 3.〉

② 식품의약품안전처장 또는 특별자치시장·특별자치도지사·시장·군수·구청장은 제1항에 따른 영업허가를 하는 때에는 필요한 조건을 붙일 수 있다. 〈개정 2016. 2. 3.〉

행정처분 시행규칙 **[별표 23] Ⅱ. 개별기준 3. 식품접객업**(제89조 관련) 〈개정 2022. 6. 30.〉

위반행위	근거 법령	행정처분 기준		
		1차 위반	2차 위반	3차 이상 위반
8. 법 제36조 또는 법 제37조를 위반한 경우 가. 변경허가를 받지 아니하거나 변경신고를 하지 아니하고 영업소를 이전한 경우	법 제71조, 법 제74조 및 법 제75조	영업허가취소 또는 영업소 폐쇄		

(계속)

행정처분 시행규칙 **[별표 23] II. 개별기준 3. 식품접객업**(제89조 관련) 〈개정 2022. 6. 30.〉

위반행위	근거 법령	행정처분 기준		
		1차 위반	2차 위반	3차 이상 위반
나. 변경신고를 하지 아니한 경우로서				
1) 영업시설의 전부를 철거한 경우(시설 없이 영업신고를 한 경우를 포함한다)		영업허가취소 또는 영업소 폐쇄		
2) 영업시설의 일부를 철거한 경우		시설개수명령	영업정지 15일	영업정지 1개월
다. 영업장의 면적을 변경하고 변경신고를 하지 아니한 경우		시정명령	영업정지 7일	영업정지 15일
라. 시설기준 위반사항으로				
1) 유흥주점 외의 영업장에 무도장을 설치한 경우		시설개수명령	영업정지 1개월	영업정지 2개월
2) 일반음식점의 객실 안에 무대장치, 음향 및 반주시설, 특수조명시설을 설치한 경우		시설개수명령	영업정지 1개월	영업정지 2개월
3) 음향 및 반주시설을 설치하는 영업자가 방음장치를 하지 아니한 경우		시설개수명령	영업정지 15일	영업정지 1개월
마. 법 제37조제2항에 따른 조건을 위반한 경우		영업정지 1개월	영업정지 2개월	영업정지 3개월
바. 시설기준에 따른 냉장·냉동시설이 없는 경우 또는 냉장·냉동시설을 가동하지 아니한 경우		영업정지 15일	영업정지 1개월	영업정지 2개월
사. 급수시설기준을 위반한 경우(수질검사결과 부적합 판정을 받은 경우를 포함한다)		시설개수명령	영업정지 1개월	영업정지 3개월
아. 그 밖의 가목부터 사목까지 외의 허가 또는 신고사항을 위반한 경우로서				
1) 시설기준을 위반한 경우		시설개수명령	영업정지 15일	영업정지 1개월
2) 그 밖의 사항을 위반한 경우		시정명령	영업정지 7일	영업정지 15일

③ 제1항에 따라 영업허가를 받은 자가 폐업하거나 허가받은 사항 중 같은 항 후단의 중요한 사항을 제외한 경미한 사항을 변경할 때에는 식품의약품안전처장 또는 특별자치시장·특별자치도지사·시장·군수·구청장에게 신고하여야 한다. 〈개정 2016. 2. 3.〉

④ 제36조제1항 각 호에 따른 영업 중 대통령령으로 정하는 영업을 하려는 자는 대통령령으로 정하는 바에 따라 영업 종류별 또는 영업소별로 식품의약품안전처장 또는 특별자치시장·특별자치도지사·시장·군수·구청장에게 신고하여야 한다. 신고한 사항 중 대통령령으로 정하는 중요한 사항을 변경하거나 폐업할 때에도 또한 같다. 〈개정 2016. 2. 3.〉

⑤ 제36조제1항 각 호에 따른 영업 중 대통령령으로 정하는 영업을 하려는 자는 대통령령으로 정하는 바에 따라 영업 종류별 또는 영업소별로 식품의약품안전처장 또는 특별자치시장·특별자치도지사·시장·군수·구청장에게 등록하여야 하며, 등록한 사

항 중 대통령령으로 정하는 중요한 사항을 변경할 때에도 또한 같다. 다만, 폐업하거나 대통령령으로 정하는 중요한 사항을 제외한 경미한 사항을 변경할 때에는 식품의약품안전처장 또는 특별자치시장·특별자치도지사·시장·군수·구청장에게 신고하여야 한다. 〈개정 2016. 2. 3.〉

⑥ 제1항, 제4항 또는 제5항에 따라 식품 또는 식품첨가물의 제조업·가공업(공유주방에서 식품을 제조·가공하는 영업을 포함한다)의 허가를 받거나 신고 또는 등록을 한 자가 식품 또는 식품첨가물을 제조·가공하는 경우에는 총리령으로 정하는 바에 따라 식품의약품안전처장 또는 특별자치시장·특별자치도지사·시장·군수·구청장에게 그 사실을 보고하여야 한다. 보고한 사항 중 총리령으로 정하는 중요한 사항을 변경하는 경우에도 또한 같다. 〈개정 2020. 12. 29.〉

⑦ 생략

⑧ 제3항부터 제5항까지의 규정에 따라 폐업하고자 하는 자는 제71조부터 제76조까지의 규정에 따른 영업정지 등 행정 제재처분기간 중에는 폐업신고를 할 수 없다. 〈개정 2019. 4. 30.〉

⑨~⑪ 생략

⑫ 식품의약품안전처장 또는 특별자치시장·특별자치도지사·시장·군수·구청장은 다음 각 호의 어느 하나에 해당하는 신고 또는 등록의 신청을 받은 날부터 3일 이내에 신고수리 여부 또는 등록 여부를 신고인 또는 신청인에게 통지하여야 한다. 〈신설 2018. 12. 11.〉

1. 제3항에 따른 변경신고
2. 제4항에 따른 영업신고 또는 변경신고
3. 제5항에 따른 영업의 등록·변경등록 또는 변경신고

⑬ 생략

※〈벌칙〉

- 제37조제1항을 위반한 자 : 10년 이하의 징역 또는 1억원 이하의 벌금에 처하거나 그 해당 식품 또는 식품첨가물을 판매한 때에는 그 판매금액의 4배 이상 10배 이하에 해당하는 벌금 병과
- 제37조제5항을 위반한 자 : 5년 이하의 징역 또는 5천만원 이하의 벌금에 처하거나 병과 가능
- 제37조제2항에 따른 조건을 갖추지 못한 영업자 : 3년 이하의 징역 또는 3천만원 이하의 벌금

시행령

제23조(허가를 받아야 하는 영업 및 허가관청) 법 제37조제1항 전단에 따라 허가를 받아야 하는 영업 및 해당 허가관청은 다음 각 호와 같다. 〈개정 2016. 7. 26.〉

1. 제21조제6호가목의 **식품조사처리업: 식품의약품안전처장**
2. 제21조제8호다목의 **단란주점영업**과 같은 호 라목의 **유흥주점영업: 특별자치시장·특별자치도지사 또는 시장·군수·구청장**

시행규칙

제40조(영업허가의 신청) ① 법 제37조제1항 전단에 따라 영업허가를 받으려는 자는 별지 제30호서식의 영업허가신청서(전자문서로 된 신청서를 포함한다)에 다음 각 호의 서류(전자문서를 포함한다)를 첨부하여 영 제23조에 따른 허가관청(이하 "허가관청"이라 한다)에 제출하여야 한다. 〈개정 2012. 5. 31.〉

1. 삭제 〈2012. 5. 31.〉
2. 교육이수증(법 제41조제2항에 따라 미리 교육을 받은 경우만 해당한다)
3. 유선 및 도선사업 면허증 또는 신고필증(수상구조물로 된 유선장 또는 도선장에서 영 제21조제8호다목의 단란주점영업 및 같은 호 라목의 유흥주점영업을 하려는 경우만 해당한다)
4. 「먹는물관리법」에 따른 먹는물 수질검사기관이 발행한 수질검사(시험)성적서(수돗물이 아닌 지하수 등을 먹는 물 또는 식품등의 제조과정이나 식품의 조리·세척 등에 사용하는 경우만 해당한다)
5. 「다중이용업소의 안전관리에 관한 특별법」 제9조제5항에 따라 소방본부장 또는 소방서장이 발행하는 안전시설등 완비증명서(영 제21조제8호다목의 단란주점영업 및 같은 호 라목의 유흥주점영업을 하려는 경우만 해당한다)
6. 삭제 〈2016. 6. 30.〉

②~④ 생략

⑤ 영업자가 허가증을 잃어버렸거나 허가증이 헐어 못 쓰게 되어 허가증을 재발급받으려는 경우에는 별지 제35호서식의 재발급신청서(허가증이 헐어 못 쓰게 된 경우에는 못 쓰게 된 허가증을 첨부하여야 한다)를 허가관청에 제출하여야 한다. 〈개정 2012. 5. 31.〉

1. 2. 삭제 〈2011. 8. 19.〉

시행령

제24조(허가를 받아야 하는 변경사항) 법 제37조제1항 후단에 따라 변경할 때 허가를 받아야 하는 사항은 **영업소 소재지**로 한다.

시행규칙

제41조(허가사항의 변경) ① 법 제37조제1항 후단에 따라 변경허가를 받으려는 자는 별지 제36호서식의 허가사항 변경 신청·신고서에 허가증과 다음 각 호의 서류를 첨부하여 변경한 날부터 **7일 이내에 허가관청에 제출**하여야 한다. 〈개정 2019. 11. 20.〉

1. 삭제 〈2012. 5. 31.〉
2. 유선 및 도선사업 면허증 또는 신고필증(수상구조물로 된 유선장 또는 도선장에서 영 제21조제8호다목의 단란주점영업 및 같은 호 라목의 유흥주점영업만 해당한다)
3. 「먹는물관리법」에 따른 먹는물 수질검사기관이 발행한 수질검사(시험)성적서(수돗물이 아닌 지하수 등을 먹는 물 또는 식품등의 제조과정이나 식품의 조리·세척 등에 사용하는 경우만 해당한다)
4. 삭제 〈2019. 11. 20.〉

② 생략

③ 영업허가를 받은 자가 다음 각 호의 사항을 변경한 경우에는 법 제37조제3항에 따라 **변경한 날부터 7일 이내에 허가관청**에 별지 제36호서식의 허가사항 변경 신청·신고서에 **허가증을 첨부**하여 신고하여야 한다. 다만, 제48조의 영업자 지위승계에 따른 변경의 경우는 제외한다. 〈개정 2019. 11. 20.〉

1. **영업자의 성명**(영업자가 법인인 경우에는 그 대표자의 성명을 말한다)
2. **영업소의 명칭 또는 상호**
3. **영업장의 면적**

④ 제3항에 따라 신고서를 제출 받은 허가관청은 「전자정부법」 제36조제1항에 따른 행정정보의 공동이용을 통해 「다중이용업소의 안전관리에 관한 특별법」 제9조제5항에 따라 소방본부장 또는 소방서장이 발급하는 안전시설 등 완비증명서(영업장 면적을 변경하는 경우로서 영 제21조제8항다목의 단란주점영업 및 같은 호 라목의 유흥주점영업만 해당한다)를 확인해야 한다. 다만, 신고인이 확인에 동의하지 않는 경우에는 그 사본을 첨부하도록 해야 한다. 〈신설 2019. 11. 20.〉

시행령

제25조(영업신고를 하여야 하는 업종) ① 법 제37조제4항 전단에 따라 **특별자치시장·특별자치도지사 또는 시장·군수·구청장**에게 신고를 하여야 하는 영업은 다음 각 호와 같다. 〈개정 2016. 7. 26.〉

1. 삭제 〈2011. 12. 19.〉
2. 제21조제2호의 **즉석판매제조·가공업**
3. 삭제 〈2011. 12. 19.〉
4. 제21조제4호의 **식품운반업**
5. 제21조제5호의 **식품소분·판매업**
6. 제21조제6호나목의 **식품냉동·냉장업**
7. 제21조제7호의 **용기·포장류제조업**(자신의 제품을 포장하기 위하여 용기·포장류를 제조하는 경우는 제외한다)
8. 제21조제8호가목의 **휴게음식점영업**, 같은 호 나목의 **일반음식점영업**, 같은 호 마목의 **위탁급식영업** 및 같은 호 바목의 **제과점영업**

② 제1항에도 불구하고 다음 각 호의 어느 하나에 해당하는 경우에는 신고하지 아니한다. 〈개정 2021. 2. 19.〉

1. 「양곡관리법」 제19조에 따른 양곡가공업 중 도정업을 하는 경우
2. 「수산식품산업의 육성 및 지원에 관한 법률」 제16조에 따라 수산물가공업[수산동물유(水産動物油) 가공업, 냉동·냉장업 및 선상가공업만 해당한다]의 신고를 하고 해당 영업을 하는 경우
3. 삭제 〈2012. 11. 27.〉
4. 「축산물 위생관리법」 제22조에 따라 축산물가공업의 허가를 받아 해당 영업을 하거나 같은 법 제24조 및 같은 법 시행령 제21조제8호에 따라 식육즉석판매가공업 신고를 하고 해당 영업을 하는 경우
5. 「건강기능식품에 관한 법률」 제5조 및 제6조에 따라 건강기능식품제조업 및 건강기능식품판매업의 영업허가를 받거나 영업신고를 하고 해당 영업을 하는 경우
6. 식품첨가물이나 다른 원료를 사용하지 아니하고 농산물·임산물·수산물을 단순히 자르거나, 껍질을 벗기거나, 말리거나, 소금에 절이거나, 숙성하거나, 가열(살균의 목

적 또는 성분의 현격한 변화를 유발하기 위한 목적의 경우는 제외한다. 이하 같다)하는 등의 가공과정 중 위생상 위해가 발생할 우려가 없고 식품의 상태를 관능검사(官能檢査)로 확인할 수 있도록 가공하는 경우. 다만, 다음 각 목의 어느 하나에 해당하는 경우는 제외한다.

가. 집단급식소에 식품을 판매하기 위하여 가공하는 경우

나. 식품의약품안전처장이 법 제7조제1항에 따라 기준과 규격을 정하여 고시한 신선편의식품(과일, 야채, 채소, 새싹 등을 식품첨가물이나 다른 원료를 사용하지 아니하고 단순히 자르거나, 껍질을 벗기거나, 말리거나, 소금에 절이거나, 숙성하거나, 가열하는 등의 가공과정을 거친 상태에서 따로 씻는 등의 과정 없이 그대로 먹을 수 있게 만든 식품을 말한다)을 판매하기 위하여 가공하는 경우

7. 생략

시행규칙

제42조(영업의 신고 등) ① 법 제37조제4항 전단에 따라 영업신고를 하려는 자는 영업에 필요한 시설을 갖춘 후 별지 제37호서식의 영업신고서(전자문서로 된 신고서를 포함한다)에 다음 각 호의 서류(전자문서를 포함한다)를 첨부하여 영 제25조제1항에 따른 신고관청(이하 "신고관청"이라 한다)에 제출하여야 한다. 〈개정 2021. 12. 30.〉

1. 교육이수증(법 제41조제2항에 따라 미리 교육을 받은 경우만 해당한다)
2. 제조·가공하려는 식품의 유형 및 제조방법설명서(영 제21조제2호의 영업만 해당한다)
3. 시설사용계약서(영 제21조제4호의 식품운반업을 하려는 자 중 차고 또는 세차장을 임대할 경우만 해당한다)
4. 「먹는물관리법」에 따른 먹는물 수질검사기관이 발행한 수질검사(시험)성적서(수돗물이 아닌 지하수 등을 먹는 물 또는 식품등의 제조과정이나 식품의 조리·세척 등에 사용하는 경우만 해당한다)
5. 삭제 〈2012. 5. 31.〉
6. 유선 및 도선사업 면허증 또는 신고필증(수상구조물로 된 유선장 및 도선장에서 영 제21조제8호가목의 휴게음식점영업, 같은 호 나목의 일반음식점영업 및 같은 호 바목의 제과점영업을 하려는 경우만 해당한다)
7. 삭제 〈2019. 11. 20.〉

8. 식품자동판매기의 종류 및 설치장소가 기재된 서류(2대 이상의 식품자동판매기를 설치하고 일련관리번호를 부여하여 일괄 신고를 하는 경우만 해당한다)
9. 수상레저사업 등록증(수상구조물로 된 수상레저사업장에서 영 제21조제8호가목의 휴게음식점영업 및 같은 호 바목의 제과점영업을 하려는 경우만 해당한다)
10. 「국유재산법 시행규칙」 제14조제3항에 따른 국유재산 사용허가서(군사시설 또는 국유철도의 정거장시설에서 영 제21조제2호의 즉석판매제조·가공업의 영업, 같은 조 제5호의 식품소분·판매업의 영업, 같은 조 제8호가목의 휴게음식점영업, 같은 호 나목의 일반음식점영업 또는 같은 호 바목의 제과점영업을 하려는 경우만 해당한다)
11. 해당 도시철도사업자와 체결한 도시철도시설 사용계약에 관한 서류(도시철도의 정거장시설에서 영 제21조제2호의 즉석판매제조·가공업의 영업, 같은 조 제5호의 식품소분·판매업의 영업, 같은 조 제8호가목의 휴게음식점영업, 같은 호 나목의 일반음식점영업 또는 같은 호 바목의 제과점영업을 하려는 경우만 해당한다)
12. 예비군식당 운영계약에 관한 서류(군사시설에서 영 제21조제8호나목의 일반음식점영업을 하려는 경우만 해당한다)
13. 영업장과 연접하는 외부 장소를 영업장으로 사용하려는 경우에는 해당 외부 장소에 대해 정당한 사용 권한이 있음을 증명하는 서류(영 제21조제8호가목의 휴게음식점영업, 같은 호 나목의 일반음식점영업 또는 같은 호 바목의 제과점영업을 하려는 자가 해당 외부 장소에서 음식류 등을 제공하는 경우만 해당한다)
14. 「자동차관리법 시행규칙」 별표 1 제1호·제2호 및 비고 제1호가목에 따른 이동용 음식판매 용도인 소형·경형화물자동차 또는 같은 표 제2호에 따른 이동용 음식판매 용도인 특수작업형 특수자동차(이하 "음식판매자동차"라 한다)를 사용하여 영 제21조제8호가목의 휴게음식점영업 또는 같은 호 바목의 제과점영업을 하려는 경우는 별표 15의2에 따른 서류
15. 「어린이놀이시설 안전관리법」 제12조제1항 및 같은 법 시행령 제7조제4항에 따른 어린이놀이시설 설치검사합격증 또는 「어린이놀이시설 안전관리법」 제12조제2항 및 같은 법 시행령 제8조제5항에 따른 어린이놀이시설 정기시설검사합격증(영 제21조제8호가목, 나목, 마목 또는 바목의 영업을 하려는 경우로서 해당 영업장에 어린이놀이시설을 설치하는 경우만 해당한다)

16. 공유주방 소재지, 면적 등이 기재된 공유주방 사용계약에 관한 서류(영 제21조제9호의 공유주방 운영업자의 공유주방을 사용하는 경우만 해당한다)

② 제1항에 따라 신고서를 제출받은 신고관청은 「전자정부법」 제36조제1항에 따른 행정정보의 공동이용을 통하여 다음 각 호의 서류를 확인하여야 한다. 다만, 신고인이 제3호부터 제7호까지의 확인에 동의하지 아니하는 경우에는 그 사본을 첨부하도록 하여야 한다. 〈개정 2020. 4. 13.〉

1. 토지이용계획확인서(제1항제10호에 따른 국유재산 사용허가서를 제출한 경우에는 제외한다)
2. 건축물대장 또는 「건축법」 제22조제3항제2호에 따른 건축물의 임시사용 승인서(제1항제10호에 따른 국유재산 사용허가서를 제출한 경우에는 제외한다)
3. 액화석유가스 사용시설완성검사증명서(영 제21조제8호가목의 휴게음식점영업, 같은 호 나목의 일반음식점영업 및 같은 호 바목의 제과점영업을 하려는 자 중 「액화석유가스의 안전관리 및 사업법」 제44조제2항에 따라 액화석유가스 사용시설의 완성검사를 받아야 하는 경우만 해당한다)
4. 자동차등록증(음식판매자동차를 사용하여 영 제21조제8호가목의 휴게음식점영업 또는 같은 호 바목의 제과점영업을 하려는 경우만 해당한다)
5. 사업자등록증(「고등교육법」 제2조에 따른 학교에서 해당 학교의 경영자가 음식판매자동차를 사용하여 영 제21조제8호가목의 휴게음식점영업 또는 같은 호 바목의 제과점영업을 하려는 경우만 해당한다)
6. 건강진단결과서(제49조에 따른 건강진단 대상자만 해당한다)
7. 「다중이용업소의 안전관리에 관한 특별법」 제9조제5항에 따라 소방본부장 또는 소방서장이 발급하는 안전시설등 완비증명서(「다중이용업소의 안전관리에 관한 특별법 시행령」 제2조제1호가목에 따른 영업을 하려는 경우만 해당한다)

③ 제1항에도 불구하고 신고한 영업소 외의 다른 장소(제2호의 경우에는 별표 14 제8호가목5)에 따른 장소만 해당한다)에서 1개월의 범위에서 한시적으로 영업을 하려는 자는 다음 각 호의 구분에 따른 서류를 관할 신고관청에 제출해야 한다. 〈개정 2020. 4. 13.〉

1. 영 제21조제2호에 따른 즉석판매제조·가공업자: 영업신고증 및 자가품질검사 결과서(자가품질검사가 필요한 영업만 해당한다)

2. 영 제21조제8호에 따른 휴게음식점영업자, 일반음식점영업자 또는 제과점영업자(음식판매자동차를 사용하여 영업을 하는 경우는 제외한다): 영업신고증

④ 제1항에도 불구하고 음식판매자동차를 사용하는 영 제21조제8호가목의 휴게음식점영업자 또는 같은 호 바목의 제과점영업자가 신고한 영업소의 소재지 외의 장소에서 해당 영업을 하려는 경우에는 영업을 하려는 지역의 관할 행정관청에 영업신고증 및 별표 15의2에 따른 서류(전자문서를 포함한다)를 제출하여야 한다. 〈신설 2016. 7. 12.〉

⑤ 제4항에 따라 영업신고증 및 서류를 제출받은 관할 행정관청은 지체 없이 제출된 영업신고증의 뒷면에 제출일 및 새로운 영업소의 소재지를 적어 발급하고 그 사실을 신고관청에 통보하여야 하며, 신고관청은 통보받은 내용을 영업신고 관리대장에 작성·보관하거나 전산망에 입력하여 관리하여야 한다. 〈신설 2016. 7. 12.〉

⑥ 제1항에 따른 영업신고를 할 경우 같은 사람이 같은 시설 안에서 영 제21조제5호나목의 식품판매업 중 식용얼음판매업, 식품자동판매기영업 및 기타 식품판매업을 하려는 경우에도 영업별로 각각 영업신고를 하여야 한다. 〈개정 2016. 7. 12.〉

⑦ 제1항에 따른 식품자동판매기영업을 신고할 때 같은 특별자치시·시(제주특별자치도의 경우에는 행정시를 말한다)·군·구(자치구를 말한다)에서 식품자동판매기를 2대 이상 설치하여 영업을 하려는 경우에는 해당 식품자동판매기에 일련관리번호를 부여하여 일괄 신고를 할 수 있다. 〈개정 2016. 8. 4.〉

⑧~⑩ 생략

⑪ 영업자가 신고증을 잃어버렸거나 헐어 못 쓰게 되어 신고증을 재발급받으려는 경우에는 별지 제35호서식의 재발급신청서에 신고증(신고증이 헐어 못 쓰게 되어 재발급을 신청하는 경우만 해당한다)을 첨부하여 신고관청에 신청하여야 한다. 〈개정 2016. 7. 12.〉

1. , 2. 삭제 〈2011. 4. 7.〉

시행령

제26조(신고를 하여야 하는 변경사항) 법 제37조제4항 후단에 따라 **변경할 때 신고를 하여야 하는 사항**은 다음 각 호와 같다. 〈개정 2016. 7. 26.〉

1. **영업자의 성명**(법인인 경우에는 그 대표자의 성명을 말한다)
2. **영업소의 명칭 또는 상호**
3. **영업소의 소재지**

4. **영업장의 면적**
5. 삭제 〈2011. 12. 19.〉
6. **즉석판매제조·가공업을 하는 자**가 같은 호에 따른 즉석판매제조·가공 대상 식품 중 **식품의 유형을 달리하여 새로운 식품을 제조·가공하려는 경우**(변경 전 식품의 유형 또는 변경하려는 식품의 유형이 법 제31조에 따른 자가품질검사 대상인 경우만 해당한다)
7. 삭제 〈2011. 12. 19.〉
8. **식품운반업을 하는 자가 냉장·냉동차량을 증감하려는 경우**
9. **식품자동판매기영업을 하는 자**가 같은 특별자치시·시(「제주특별자치도 설치 및 국제자유도시 조성을 위한 특별법」에 따른 행정시를 포함한다)·군·구(자치구를 말한다. 이하 같다)에서 **식품자동판매기의 설치 대수를 증감하려는 경우**

시행규칙

제43조(신고사항의 변경) ① 법 제37조제4항 후단에 따라 변경신고를 하려는 자는 별지 제41호서식의 영업신고사항 변경신고서에 영업신고증 및 다음 각 호의 구분에 따른 서류를 첨부하여 변경한 날부터 7일 이내에 신고관청에 제출해야 한다. 〈신설 2021. 12. 30.〉

1. 영 제26조제3호의 영업소 소재지를 변경하려는 경우: 제42조제1항제3호부터 제12호까지 및 제14호부터 제16호까지의 서류
2. 건물 외부에 영업장과 연접하는 외부장소를 영업장으로 사용하기 위하여 영 제26조제4호의 영업장 면적을 변경하려는 경우: 사용하려는 장소에 대한 정당한 사용 권한이 있음을 증명하는 서류
3. 영 제26조제6호의 사항을 변경하려는 경우: 제조·가공하려는 식품의 유형 및 제조방법설명서

② 제1항에 따라 신고서를 제출받은 신고관청은 「전자정부법」 제36조제1항에 따른 행정정보의 공동이용을 통하여 다음 각 호의 서류를 확인해야 한다. 다만, 신고인이 제3호부터 제6호까지의 서류의 확인에 동의하지 않는 경우에는 그 사본을 첨부하도록 해야 한다. 〈개정 2021. 12. 30.〉

1. 토지이용계획확인서(제42조제1항제10호에 따른 국유재산 사용허가서를 제출한 경우에는 제외한다)
2. 건축물대장 또는 「건축법」 제22조제3항제2호에 따른 건축물의 임시사용 승인서(제

42조제1항제10호에 따른 국유재산 사용허가서를 제출한 경우에는 제외한다)

3. 액화석유가스 사용시설완성검사증명서(영 제21조제8호가목의 휴게음식점영업, 같은 호 나목의 일반음식점영업 및 같은 호 바목의 제과점영업을 하는 자 중 「액화석유가스의 안전관리 및 사업법」 제44조제2항에 따라 액화석유가스 사용시설의 완성검사를 받아야 하는 경우만 해당한다)
4. 자동차등록증(신고한 음식판매자동차의 면적을 변경하려는 경우만 해당한다)
5. 「다중이용업소의 안전관리에 관한 특별법」 제9조제5항에 따라 소방본부장 또는 소방서장이 발급하는 안전시설등 완비증명서(영업소소재지 또는 영업장 면적을 변경하는 경우로서 「다중이용업소의 안전관리에 관한 특별법 시행령」 제2조제1호가목에 따른 영업만 해당한다)
6. 사업자등록증(「고등교육법」 제2조에 따른 학교에서 해당 학교의 경영자가 음식판매자동차를 사용하여 영 제21조제8호가목의 휴게음식점영업 또는 같은 호 바목의 제과점영업을 하는 경우만 해당한다)

시행령

제26조의2(등록하여야 하는 영업) ① 법 제37조제5항 본문에 따라 **특별자치시장·특별자치도지사 또는 시장·군수·구청장에게 등록**하여야 하는 영업은 다음 각 호와 같다. 다만, 제1호에 따른 식품제조·가공업 중 「주세법」 제2조제1호의 주류를 제조하는 경우에는 식품의약품안전처장에게 등록하여야 한다. 〈개정 2021. 12. 30.〉

1. 제21조제1호의 **식품제조·가공업**
2. 제21조제3호의 **식품첨가물제조업**
3. 제21조제9호의 **공유주방 운영업**

② 제1항에도 불구하고 다음 각 호의 어느 하나에 해당하는 경우에는 등록하지 아니한다. 〈개정 2021. 2. 19.〉

1. 「양곡관리법」 제19조에 따른 양곡가공업 중 도정업을 하는 경우
2. 「수산식품산업의 육성 및 지원에 관한 법률」 제16조에 따라 수산물가공업(수산동물유 가공업, 냉동·냉장업 및 선상가공업만 해당한다)의 신고를 하고 해당 영업을 하는 경우
3. 삭제 〈2012. 11. 27.〉

4. 「축산물 위생관리법」 제22조에 따라 축산물가공업의 허가를 받아 해당 영업을 하는 경우
5. 「건강기능식품에 관한 법률」 제5조에 따라 건강기능식품제조업의 영업허가를 받아 해당 영업을 하는 경우
6. 식품첨가물이나 다른 원료를 사용하지 아니하고 농산물·임산물·수산물을 단순히 자르거나, 껍질을 벗기거나, 말리거나, 소금에 절이거나, 숙성하거나, 가열하는 등의 가공과정 중 위생상 위해가 발생할 우려가 없고 식품의 상태를 관능검사로 확인할 수 있도록 가공하는 경우. 다만, 다음 각 목의 어느 하나에 해당하는 경우는 제외한다.
   가. 집단급식소에 식품을 판매하기 위하여 가공하는 경우
   나. 식품의약품안전처장이 법 제7조제1항에 따라 기준과 규격을 정하여 고시한 신선편의식품(과일, 야채, 채소, 새싹 등을 식품첨가물이나 다른 원료를 사용하지 아니하고 단순히 자르거나, 껍질을 벗기거나, 말리거나, 소금에 절이거나, 숙성하거나, 가열하는 등의 가공과정을 거친 상태에서 따로 씻는 등의 과정 없이 그대로 먹을 수 있게 만든 식품을 말한다)을 판매하기 위하여 가공하는 경우

시행규칙

제43조의2(영업의 등록 등) ① 법 제37조제5항 본문에 따라 영업등록을 하려는 자는 영업에 필요한 시설을 갖춘 후 별지 제41호의2서식의 영업등록신청서에 다음 각 호에서 정하는 바에 따른 서류를 첨부하여 영 제26조의2에 따른 등록관청(이하 "등록관청"이라 한다)에 제출해야 한다. 〈개정 2021. 12. 30.〉
1. 공통서류
   가. 법 제41조제2항에 따라 미리 교육을 받은 경우: **교육이수증**
   나. 수돗물이 아닌 지하수 등을 먹는 물 또는 식품등의 제조과정 등에 사용하는 경우: 「먹는물관리법」에 따른 **먹는물 수질검사기관이 발행한 수질검사(시험)성적서**
2. 영 제21조제1호의 식품제조·가공업 및 같은 조 제3호의 식품첨가물제조업을 하려는 경우
   가. 제조·가공하려는 식품 또는 식품첨가물의 종류 및 제조방법 설명서
   나. 공유주방 소재지, 면적 등이 기재된 공유주방 사용계약에 관한 서류(영 제21조제9호의 공유주방 운영업자의 공유주방을 사용하는 경우만 해당한다)

3. 영 제21조제9호의 공유주방 운영업을 하려는 경우
   가. 제55조제1항에 따른 **위생관리책임자 선임신고서**
   나. 법 제44조의2 및 영 제30조에 따른 **책임보험에 가입하였음을 증명하는 서류**
4. 삭제 〈2016. 6. 30.〉

② 제1항에 따라 신청서를 제출받은 등록관청은 「전자정부법」 제36조제1항에 따른 행정정보의 공동이용을 통하여 다음 각 호의 서류를 확인해야 한다. 다만, 신청인이 제3호 및 제4호의 서류의 확인에 동의하지 않는 경우에는 그 사본을 첨부하도록 해야 한다. 〈신설 2021. 12. 30.〉

1. 토지이용계획확인서
2. 건축물대장 또는 「건축법」 제22조제3항제2호에 따른 건축물의 임시사용 승인서
3. 「다중이용업소의 안전관리에 관한 특별법」 제9조제5항에 따라 소방본부장 또는 소방서장이 발급하는 안전시설등 완비증명서(「다중이용업소의 안전관리에 관한 특별법 시행령」 제2조제1호의2의 영업을 하려는 경우만 해당한다)
4. 건강진단결과서(제49조에 따른 건강진단대상자만 해당한다)

③ 제1항에 따른 등록신청을 받은 등록관청은 해당 영업소의 시설을 확인한 후 별지 제41호의3서식의 영업등록증을 발급하여야 한다. 〈개정 2021. 12. 30.〉

④ 제3항에 따라 등록증을 발급한 등록관청은 별지 제33호서식의 영업등록 관리대장을 작성·보관하거나 같은 서식으로 전산망에 입력하여 관리하여야 한다. 〈개정 2021. 12. 30.〉

⑤ 영업자가 등록증을 잃어버렸거나 등록증이 헐어 못 쓰게 되어 등록증을 재발급받으려는 경우에는 별지 제35호서식의 재발급신청서(등록증이 헐어 못 쓰게 된 경우에는 못 쓰게 된 등록증을 첨부하여야 한다)를 등록관청에 제출하여야 한다. 〈개정 2021. 12. 30.〉

시행령

제26조의3(등록하여야 하는 변경사항) 법 제37조제5항 본문에 따라 변경할 때 등록하여야 하는 사항은 다음 각 호와 같다. 〈개정 2021. 12. 30.〉

1. 영업소의 소재지
2. 제21조제1호의 식품제조·가공업을 하는 자가 **추가로 시설을 갖추어 새로운 식품군**(법 제7조제1항에 따라 식품의약품안전처장이 정하여 고시하는 식품의 기준 및 규격에 따

른 식품군을 말한다)에 해당하는 식품을 제조·가공하려는 경우

3. 제21조제3호의 식품첨가물제조업을 하는 자가 **추가로 시설을 갖추어 새로운 식품첨가물**(법 제7조제1항에 따라 식품의약품안전처장이 정하여 고시하는 식품의 기준 및 규격에 따른 식품첨가물을 말한다)을 제조하려는 경우

4. 공유주방을 사용하는 영업의 종류(제21조제9호의 공유주방 운영업만 해당한다)

시행규칙

제43조의3(등록사항의 변경) ① 법 제37조제5항 본문에 따라 변경등록을 하려는 자는 별지 제41호의4서식의 변경등록신청서에 등록증과 다음 각 호의 구분에 따른 서류를 첨부하여 변경한 날부터 7일 이내에 등록관청에 제출해야 한다. 〈개정 2021. 12. 30.〉

1. 영 제26조의3제1호의 영업소 소재지를 변경하여 수돗물이 아닌 지하수 등을 먹는 물 또는 식품등의 제조과정 등에 사용하려는 경우: 「먹는물관리법」에 따른 먹는물 수질검사기관이 발행한 수질검사(시험)성적서
2. 영 제21조제9호의 공유주방 운영업자가 영 제26조의3제1호의 영업소 소재지를 변경하려는 경우: 법 제44조의2 및 영 제30조에 따른 책임보험에 가입하였음을 증명하는 서류
3. 영 제26조의3제2호 또는 제3호의 사항을 변경하려는 경우: 새롭게 제조·가공하려는 식품 또는 식품첨가물의 종류 및 제조방법설명서
4. 영 제26조의3제4호의 공유주방을 사용하는 영업의 종류를 변경하려는 경우: 공유주방을 사용하는 영업의 종류가 기재된 공유주방 사용계약에 관한 서류

② 제1항에 따라 신청서를 제출받은 등록관청은 「전자정부법」 제36조제1항에 따른 행정정보의 공동이용을 통하여 다음 각 호의 서류를 확인해야 한다. 다만, 신청인이 제3호의 서류의 확인에 동의하지 않는 경우에는 그 사본을 첨부하도록 해야 한다. 〈신설 2021. 12. 30.〉

1. 토지이용계획확인서
2. 건축물대장 또는 「건축법」 제22조제3항제2호에 따른 건축물의 임시사용 승인서
3. 「다중이용업소의 안전관리에 관한 특별법」 제9조제5항에 따라 소방본부장 또는 소방서장이 발급하는 안전시설등 완비증명서(「다중이용업소의 안전관리에 관한 특별법 시행령」 제2조제1호의2의 영업만 해당한다)

③ 영업등록을 한 자가 다음 각 호의 사항을 변경한 경우에는 법 제37조제5항 단서에 따라 별지 제41호의4서식의 변경신고서에 등록증과 변경내용을 기재한 서류를 첨부하여 변경한 날부터 7일 이내에 등록관청에 신고하여야 한다. 다만, 제48조의 영업자 지위승계에 따른 변경의 경우는 제외한다. 〈개정 2021. 12. 30.〉

1. 영업자의 성명(법인의 경우에는 그 대표자의 성명을 말한다)
2. 영업소의 명칭 또는 상호
3. 영업장의 면적

시행규칙

제44조(폐업신고) ① 법 제37조제3항부터 5항까지의 규정에 따라 폐업신고를 하려는 자는 별지 제42호서식의 영업의 폐업신고서(전자문서로 된 신고서를 포함한다)에 **영업허가증, 영업신고증 또는 영업등록증을 첨부하여 허가관청, 신고관청 또는 등록관청에 제출**하여야 한다.

② 제1항에 따라 폐업신고를 하려는 자가 「부가가치세법」 제8조제7항에 따른 폐업신고를 같이 하려는 경우에는 제1항에 따른 폐업신고서에 「부가가치세법 시행규칙」 별지 제9호서식의 폐업신고서를 함께 제출하여야 한다. 이 경우 허가관청, 신고관청 또는 등록관청은 함께 제출받은 폐업신고서를 지체 없이 관할 세무서장에게 송부(정보통신망을 이용한 송부를 포함한다. 이하 이 조에서 같다)하여야 한다. 〈개정 2020. 4. 13.〉

③ 생략

시행규칙

제45조(품목제조의 보고 등) ① 법 제37조제6항에 따라 식품 또는 식품첨가물의 제조·가공에 관한 보고를 하려는 자는 별지 제43호서식의 품목제조보고서(전자문서로 된 보고서를 포함한다)에 다음 각 호의 서류(전자문서를 포함한다)를 첨부하여 제품생산 시작 전이나 제품생산 시작 후 7일 이내에 등록관청에 제출하여야 한다. 이 경우 식품제조·가공업자가 식품을 위탁 제조·가공하는 경우에는 위탁자가 보고를 하여야 한다. 〈개정 2022. 6. 30.〉

1. 제조방법설명서
2. 「식품·의약품분야 시험·검사 등에 관한 법률」 제6조제3항제1호에 따라 식품의약품안전처장이 지정한 식품전문 시험·검사기관 또는 같은 조 제4항 단서에 따라 총

리령으로 정하는 시험·검사기관이 발급한 식품등의 한시적 기준 및 규격 검토서(제5조제1항에 따른 식품등의 한시적 기준 및 규격의 인정 대상이 되는 식품등만 해당한다)

3. 식품의약품안전처장이 정하여 고시한 기준에 따라 설정한 **소비기한의 설정사유서**(「식품 등의 표시·광고에 관한 법률」 제4조제1항의 표시기준에 따른 소비기한 표시 대상 식품 외에 소비기한을 표시하려는 식품을 포함한다)

4. 삭제 〈2020. 4. 13.〉

② 생략

시행규칙

제46조(품목제조보고사항 등의 변경) 제45조에 따라 보고를 한 자가 해당 품목에 대하여 다음 각 호의 어느 하나에 해당하는 사항을 변경하려는 경우에는 별지 제45호서식의 품목제조보고사항 변경보고서(전자문서로 된 보고서를 포함한다)에 품목제조보고서 사본 및 **소비기한 연장사유서**(제3호의 사항을 변경하려는 경우만 해당한다)를 첨부하여 **제품생산 시작 전이나 제품생산 시작일부터 7일 이내**에 등록관청에 제출하여야 한다. 다만, 수출용 식품등을 제조하기 위하여 변경하는 경우는 그러하지 아니하다. 〈개정2022. 6. 30.〉

1. 제품명

2. 원재료명 또는 성분명 및 배합비율(제45조제1항에 따라 품목제조보고 시 등록관청에 제출한 원재료성분 및 배합비율을 변경하려는 경우만 해당한다)

3. 소비기한(제45조제1항에 따라 품목제조보고를 한 자가 해당 품목의 소비기한을 연장하려는 경우만 해당한다)

4. 삭제 〈2020. 4. 13.〉

② 삭제 〈2012. 6. 29.〉

시행규칙

제47조(영업허가 등의 보고) ① 지방식품의약품안전청장 또는 특별자치시장·특별자치도지사·시장·군수·구청장은 법 제37조제1항 또는 제5항에 따른 영업허가(영 제21조제6호 가목의 식품조사처리업만 해당한다)를 하였거나 영업등록을 한 경우에는 그 날부터 15일 이내에 별지 제47호서식에 따라 지방식품의약품안전청장 또는 특별자치시장·특별자치도지사의 경우에는 식품의약품안전처장에게, 시장·군수·구청장의 경우에는 시·도지사에게 보고하여야 한다. 이 경우 시·도지사는 시장·군수·구청장으로부터 보고받

은 사항을 분기별로 분기 종료 후 20일 이내에 식품의약품안전처장에게 보고하여야 한다. 〈개정 2016. 8. 4.〉

② 삭제 〈2013. 3. 23.〉

③ 삭제 〈2014. 5. 9.〉

시행규칙

제47조의2(영업 신고 또는 등록 사항의 직권말소 절차) 지방식품의약품안전청장, 특별자치시장·특별자치도지사·시장·군수·구청장은 법 제37조제7항에 따라 직권으로 신고 또는 등록 사항을 말소하려는 경우에는 다음 각 호의 절차에 따른다. 〈개정 2016. 8. 4.〉

1. 2. 생략

제38조(영업허가 등의 제한) ① 다음 각 호의 어느 하나에 해당하면 제37조제1항에 따른 영업허가를 하여서는 아니 된다. 〈개정 2018. 3. 13.〉

1. 해당 영업 시설이 제36조에 따른 시설기준에 맞지 아니한 경우
2. 제75조제1항 또는 제2항에 따라 영업허가가 취소(제44조제2항제1호를 위반하여 영업허가가 취소된 경우와 제75조제1항제18호에 따라 영업허가가 취소된 경우는 제외한다)되거나 「식품 등의 표시·광고에 관한 법률」 제16조제1항·제2항에 따라 영업허가가 취소되고 6개월이 지나기 전에 같은 장소에서 같은 종류의 영업을 하려는 경우. 다만, 영업시설 전부를 철거하여 영업허가가 취소된 경우에는 그러하지 아니하다.
3. 제44조제2항제1호를 위반하여 영업허가가 취소되거나 제75조제1항제18호에 따라 영업허가가 취소되고 2년이 지나기 전에 같은 장소에서 제36조제1항제3호에 따른 식품접객업을 하려는 경우
4. 제75조제1항 또는 제2항에 따라 영업허가가 취소(제4조부터 제6조까지, 제8조 또는 제44조제2항제1호를 위반하여 영업허가가 취소된 경우와 제75조제1항제18호에 따라 영업허가가 취소된 경우는 제외한다)되거나 「식품 등의 표시·광고에 관한 법률」 제16조제1항·제2항에 따라 영업허가가 취소되고 2년이 지나기 전에 같은 자(법인인 경우에는 그 대표자를 포함한다)가 취소된 영업과 같은 종류의 영업을 하려는 경우
5. 제44조제2항제1호를 위반하여 영업허가가 취소되거나 제75조제1항제18호에 따라 영업허가가 취소된 후 3년이 지나기 전에 같은 자(법인인 경우에는 그 대표자를 포함

한다)가 제36조제1항제3호에 따른 식품접객업을 하려는 경우

6. 제4조부터 제6조까지 또는 제8조를 위반하여 영업허가가 취소되고 5년이 지나기 전에 같은 자(법인인 경우에는 그 대표자를 포함한다)가 취소된 영업과 같은 종류의 영업을 하려는 경우
7. 제36조제1항제3호에 따른 식품접객업 중 국민의 보건위생을 위하여 허가를 제한할 필요가 뚜렷하다고 인정되어 시·도지사가 지정하여 고시하는 영업에 해당하는 경우
8. 영업허가를 받으려는 자가 피성년후견인이거나 파산선고를 받고 복권되지 아니한 자인 경우

② 다음 각 호의 어느 하나에 해당하는 경우에는 제37조제4항에 따른 영업신고 또는 같은 조 제5항에 따른 영업등록을 할 수 없다. 〈개정 2018. 3. 13.〉

1. 제75조제1항 또는 제2항에 따른 등록취소 또는 영업소 폐쇄명령(제44조제2항제1호를 위반하여 영업소 폐쇄명령을 받은 경우와 제75조제1항제18호에 따라 영업소 폐쇄명령을 받은 경우는 제외한다)이나 「식품 등의 표시·광고에 관한 법률」 제16조제1항부터 제4항까지에 따른 등록취소 또는 영업소 폐쇄명령을 받고 6개월이 지나기 전에 같은 장소에서 같은 종류의 영업을 하려는 경우. 다만, 영업시설 전부를 철거하여 등록취소 또는 영업소 폐쇄명령을 받은 경우에는 그러하지 아니하다.
2. 제44조제2항제1호를 위반하여 영업소 폐쇄명령을 받거나 제75조제1항제18호에 따라 영업소 폐쇄명령을 받은 후 1년이 지나기 전에 같은 장소에서 제36조제1항제3호에 따른 식품접객업을 하려는 경우
3. 제75조제1항 또는 제2항에 따른 등록취소 또는 영업소 폐쇄명령(제4조부터 제6조까지, 제8조 또는 제44조제2항제1호를 위반하여 등록취소 또는 영업소 폐쇄명령을 받은 경우와 제75조제1항제18호에 따라 영업소 폐쇄명령을 받은 경우는 제외한다)이나 「식품 등의 표시·광고에 관한 법률」 제16조제1항부터 제4항까지에 따른 등록취소 또는 영업소 폐쇄명령을 받고 2년이 지나기 전에 같은 자(법인인 경우에는 그 대표자를 포함한다)가 등록취소 또는 폐쇄명령을 받은 영업과 같은 종류의 영업을 하려는 경우
4. 제44조제2항제1호를 위반하여 영업소 폐쇄명령을 받거나 제75조제1항제18호에 따라 영업소 폐쇄명령을 받고 2년이 지나기 전에 같은 자(법인인 경우에는 그 대표자를 포함한다)가 제36조제1항제3호에 따른 식품접객업을 하려는 경우

5. 제4조부터 제6조까지 또는 제8조를 위반하여 등록취소 또는 영업소 폐쇄명령을 받고 5년이 지나지 아니한 자(법인인 경우에는 그 대표자를 포함한다)가 등록취소 또는 폐쇄명령을 받은 영업과 같은 종류의 영업을 하려는 경우

제39조(영업 승계) ① 영업자가 영업을 양도하거나 사망한 경우 또는 법인이 합병한 경우에는 그 양수인·상속인 또는 합병 후 존속하는 법인이나 합병에 따라 설립되는 법인은 그 영업자의 지위를 승계한다.

② 다음 각 호의 어느 하나에 해당하는 절차에 따라 영업 시설의 전부를 인수한 자는 그 영업자의 지위를 승계한다. 이 경우 종전의 영업자에 대한 영업 허가·등록 또는 그가 한 신고는 그 효력을 잃는다. 〈개정 2016. 12. 27.〉

1. 「민사집행법」에 따른 경매
2. 「채무자 회생 및 파산에 관한 법률」에 따른 환가(換價)
3. 「국세징수법」, 「관세법」 또는 「지방세징수법」에 따른 압류재산의 매각
4. 그 밖에 제1호부터 제3호까지의 절차에 준하는 절차

③ 제1항 또는 제2항에 따라 그 영업자의 지위를 승계한 자는 총리령으로 정하는 바에 따라 1개월 이내에 그 사실을 식품의약품안전처장 또는 특별자치시장·특별자치도지사·시장·군수·구청장에게 신고하여야 한다. 〈개정 2016. 2. 3.〉

④ 식품의약품안전처장 또는 특별자치시장·특별자치도지사·시장·군수·구청장은 제3항에 따른 신고를 받은 날부터 3일 이내에 신고수리 여부를 신고인에게 통지하여야 한다. 〈신설 2018. 12. 11.〉

⑤ 생략

⑥ 제1항 및 제2항에 따른 승계에 관하여는 제38조를 준용한다. 다만, 상속인이 제38조제1항제8호에 해당하면 상속받은 날부터 3개월 동안은 그러하지 아니하다. 〈개정 2018. 12. 11.〉

시행규칙

제48조(영업자 지위승계 신고) ① 법 제39조제3항에 따른 영업자의 지위승계 신고를 하려는 자는 별지 제49호서식의 영업자 지위승계 신고서에 다음 각 호에서 정하는 바에 따른 서류를 첨부하여 허가관청, 신고관청 또는 등록관청에 제출해야 한다. 〈개정 2022. 4. 28.〉

1. 공통서류

가. 영업허가증, 영업신고증 또는 영업등록증

나. 영업자 지위 승계를 증명할 수 있는 다음의 서류

1) 양도의 경우: 양도·양수를 증명할 수 있는 서류 사본

2) 상속의 경우: 상속인임을 증명하는 서류

3) 그 밖에 해당 사유별로 영업자의 지위를 승계하였음을 증명할 수 있는 서류

다. 법 제41조제2항 본문에 따라 미리 식품위생교육을 받은 경우: 교육이수증

라. 양수인이 영업자 지위승계 신고를 위임한 경우: 위임인의 자필서명이 있는 위임인의 신분증명서 사본 및 위임장

2.「다중이용업소의 안전관리에 관한 특별법 시행령」 제2조제1호 및 제1호의2의 영업:「다중이용업소의 안전관리에 관한 특별법」 제13조의2에 따른 화재배상책임보험에 가입하였음을 증명하는 서류

3. 영 제21조제9호의 공유주방 운영업: 법 제44조의2 및 영 제30조에 따른 책임보험에 가입하였음을 증명하는 서류

4. 삭제 〈2020. 4. 13.〉

5. 삭제 〈2021. 12. 30.〉

6. 삭제 〈2021. 12. 30.〉

② 제1항에 따라 신청서를 제출받은 허가관청, 신고관청 또는 등록관청은「전자정부법」 제36조제1항에 따른 행정정보의 공동이용을 통해 다음 각 호의 구분에 따른 행정정보를 확인해야 한다. 다만, 신청인이 확인에 동의하지 않는 경우에는 그 사본을 첨부하도록 해야 한다. 〈신설 2022. 4. 28.〉

1. 제49조에 따른 건강진단 대상자의 경우: 건강진단결과서

2. 상속의 경우: 상속인의 가족관계증명서

③ 제1항에 따라 영업자의 지위승계 신고를 하려는 상속인이 제44조제1항에 따른 폐업신고를 함께 하려는 경우에는 제1항 각 호의 첨부서류 중 제1항제1호가목 및 같은 호 나목2)의 서류(상속인이 영업자 지위승계 신고를 위임한 경우에는 같은 항 제1호라목의 서류를 포함한다)만을 첨부하여 제출할 수 있다. 〈신설 2022. 4. 28.〉

④ 허가관청은 신청인이 법 제38조제1항제8호에 해당하는지 여부를 내부적으로 확인할 수 없는 경우에는 제1항의 서류 외에 신원 확인에 필요한 자료를 제출하게 할 수 있

다. 〈개정 2022. 4. 28.〉

⑤ 제1항에 따라 영업자 지위승계 신고를 하는 자가 제41조제2항제2호 및 제43조에 따라 영업소의 명칭 또는 상호를 변경하려는 경우에는 이를 함께 신고할 수 있다. 〈개정 2022. 4. 28.〉

제40조(건강진단) ① 총리령으로 정하는 **영업자 및 그 종업원**은 건강진단을 받아야 한다. 다만, 다른 법령에 따라 같은 내용의 건강진단을 받는 경우에는 이 법에 따른 건강진단을 받은 것으로 본다. 〈개정 2023. 3. 23.〉

과태료 시행령 **〈별표 2〉 2. 개별기준**(제67조 관련) 〈개정 2023. 4. 25.〉

위반행위	근거 법조문	과태료 금액(단위: 만원)		
		1차 위반	2차 위반	3차 이상 위반
사. 법 제40조제1항(법 제88조에서 준용하는 경우를 포함한다)을 위반한 경우	법 제101조 제2항제1호			
1) 건강진단을 받지 않은 영업자 또는 집단급식소의 설치·운영자(위탁급식영업자에게 위탁한 집단급식소의 경우는 제외한다)		20	40	60
2) 건강진단을 받지 않은 종업원		10	20	30

② 제1항에 따라 건강진단을 받은 결과 타인에게 위해를 끼칠 우려가 있는 질병이 있다고 인정된 자는 그 영업에 종사하지 못한다.

③ 영업자는 제1항을 위반하여 건강진단을 받지 아니한 자나 제2항에 따른 건강진단 결과 타인에게 위해를 끼칠 우려가 있는 질병이 있는 자를 그 영업에 종사시키지 못한다.

과태료 시행령 **〈별표 2〉 2. 개별기준**(제67조 관련) 〈개정 2023. 4. 25.〉

위반행위	근거 법조문	과태료 금액(단위: 만원)		
		1차 위반	2차 위반	3차 이상 위반
아. 법 제40조제3항(법 제88조에서 준용하는 경우를 포함한다)을 위반한 경우	법 제101조 제2항제1호			
1) 건강진단을 받지 않은 자를 영업에 종사시킨 영업자				
가) 종업원 수가 5명 이상인 경우				
(1) 건강진단 대상자의 100분의 50 이상 위반		50	100	150
(2) 건강진단 대상자의 100분의 50 미만 위반		30	60	90

(계속)

과태료 시행령 **〈별표 2〉 2. 개별기준**(제67조 관련) 〈개정 2023. 4. 25.〉

위반행위	근거 법조문	과태료 금액(단위: 만원)		
		1차 위반	2차 위반	3차 이상 위반
나) 종업원 수가 4명 이하인 경우				
(1) 건강진단 대상자의 100분의 50 이상 위반		30	60	90
(2) 건강진단 대상자의 100분의 50 미만 위반		20	40	60
2) 건강진단 결과 다른 사람에게 위해를 끼칠 우려가 있는 질병이 있다고 인정된 자를 영업에 종사시킨 영업자		100	200	300

④ 제1항에 따른 건강진단의 실시방법 등과 제2항 및 제3항에 따른 타인에게 위해를 끼칠 우려가 있는 질병의 종류는 총리령으로 정한다. 〈개정 2013. 3. 23.〉

시행규칙

제49조(건강진단 대상자) ① 법 제40조제1항 본문에 따라 건강진단을 받아야 하는 사람은 **식품 또는 식품첨가물(화학적 합성품 또는 기구등의 살균·소독제는 제외한다)을 채취·제조·가공·조리·저장·운반 또는 판매하는 일에 직접 종사하는 영업자 및 종업원**으로 한다. 다만, **완전 포장된 식품 또는 식품첨가물을 운반하거나 판매하는 일에 종사하는 사람은 제외**한다.

② 제1항에 따라 건강진단을 받아야 하는 영업자 및 그 종업원은 **영업 시작 전 또는 영업에 종사하기 전**에 미리 건강진단을 받아야 한다.

③ 제1항에 따른 건강진단은 「식품위생 분야 종사자의 건강진단 규칙」에서 정하는 바에 따른다. 〈개정 2013. 3. 23.〉

참고 식품위생 분야 종사자의 건강진단 규칙 [별표] 건강진단 항목(제2조제1항 관련) 〈개정 2022. 4. 28.〉

대상	건강진단 항목
식품 또는 식품첨가물(화학적 합성품 또는 기구 등의 살균·소독제는 제외한다)을 채취·제조·가공·조리·저장·운반 또는 판매하는 데 직접 종사하는 사람. 다만, 영업자 또는 종업원 중 완전 포장된 식품 또는 식품첨가물을 운반하거나 판매하는 데 종사하는 사람은 제외한다.	1. 장티푸스(식품위생 관련 영업 및 집단급식소 종사자만 해당한다) 2. 폐결핵 3. 전염성 피부질환(한센병 등 세균성 피부질환을 말한다)

시행규칙

제50조(영업에 종사하지 못하는 질병의 종류) 법 제40조제4항에 따라 영업에 종사하지 못하

는 사람은 다음의 질병에 걸린 사람으로 한다. 〈개정 2021. 6. 30.〉

1. 「감염병의 예방 및 관리에 관한 법률」 제2조제3호가목에 따른 결핵(비감염성인 경우는 제외한다)
2. 「감염병의 예방 및 관리에 관한 법률 시행규칙」 제33조제1항 각 호의 어느 하나에 해당하는 감염병
3. 피부병 또는 그 밖의 고름형성(화농성) 질환
4. 후천성면역결핍증(「감염병의 예방 및 관리에 관한 법률」 제19조에 따라 성매개감염병에 관한 건강진단을 받아야 하는 영업에 종사하는 사람만 해당한다)

제41조(식품위생교육) ① 대통령령으로 정하는 **영업자 및 유흥종사자를 둘 수 있는 식품접객업 영업자의 종업원**은 **매년 식품위생에 관한 교육**(이하 "식품위생교육"이라 한다)을 받아야 한다.

② 제36조제1항 각 호에 따른 영업을 하려는 자는 미리 식품위생교육을 받아야 한다. 다만, 부득이한 사유로 미리 식품위생교육을 받을 수 없는 경우에는 영업을 시작한 뒤에 식품의약품안전처장이 정하는 바에 따라 식품위생교육을 받을 수 있다. 〈개정 2013. 3. 23.〉

③ 제1항 및 제2항에 따라 교육을 받아야 하는 자가 영업에 직접 종사하지 아니하거나 두 곳 이상의 장소에서 영업을 하는 경우에는 종업원 중에서 식품위생에 관한 책임자를 지정하여 영업자 대신 교육을 받게 할 수 있다. 다만, 집단급식소에 종사하는 조리사 및 영양사(「국민영양관리법」 제15조에 따라 영양사 면허를 받은 사람을 말한다. 이하 같다)가 식품위생에 관한 책임자로 지정되어 제56조제1항 단서에 따라 교육을 받은 경우에는 제1항 및 제2항에 따른 해당 연도의 식품위생교육을 받은 것으로 본다. 〈개정 2010. 3. 26.〉

④ 제2항에도 불구하고 다음 각 호의 어느 하나에 해당하는 면허를 받은 자가 제36조제1항제3호에 따른 **식품접객업을 하려는 경우에는 식품위생교육을 받지 아니하여도** 된다. 〈개정 2016. 2. 3.〉

1. 제53조에 따른 조리사 면허
2. 「국민영양관리법」 제15조에 따른 **영양사 면허**

3. 「공중위생관리법」 제6조의2에 따른 **위생사 면허**

⑤ 영업자는 특별한 사유가 없는 한 식품위생교육을 받지 아니한 자를 그 영업에 종사하게 하여서는 아니 된다.

과태료 시행령 **〈별표 2〉 2. 개별기준**(제67조 관련) 〈개정 2023. 4. 25.〉

위반행위	근거 법조문	과태료 금액(단위: 만원)		
		1차 위반	2차 위반	3차 이상 위반
자. 법 제41조제1항(법 제88조에서 준용하는 경우를 포함한다)을 위반한 경우	법 제101조 제4항제1호			
1) 위생교육을 받지 않은 영업자 또는 집단급식소의 설치·운영자(위탁급식영업자에게 위탁한 집단급식소의 경우는 제외한다)		20	40	60
2) 위생교육을 받지 않은 종업원		10	20	30
차. 법 제41조제5항(법 제88조에서 준용하는 경우를 포함한다)을 위반하여 위생교육을 받지 않은 종업원을 영업에 종사시킨 영업자 또는 집단급식소의 설치·운영자(위탁급식영업자에게 위탁한 집단급식소의 경우는 제외한다)	법 제101조 제4항제1호	20	40	60
카. 법 제41조의2제3항을 위반하여 위생관리책임자의 업무를 방해한 경우	법 제101조 제3항제1호의2	100	200	300
타. 법 제41조의2제4항에 따른 위생관리책임자의 선임·해임신고를 하지 않은 경우	법 제101조 제3항제1호의3	100	200	300
파. 법 제41조의2제7항을 위반하여 직무 수행내역 등을 기록·보관하지 않거나 거짓으로 기록·보관하는 경우	법 제101조 제3항제1호의4	100	200	300
하. 법 제41조의2제8항에 따른 교육을 받지 않은 경우	법 제101조 제3항제1호의5	100	200	300

⑥ 제1항 및 제2항에 따른 교육의 내용, 교육비 및 교육 실시 기관 등에 관하여 필요한 사항은 총리령으로 정한다. 〈개정 2013. 3. 23.〉

시행령

제27조(식품위생교육의 대상) 법 제41조제1항에서 "대통령령으로 정하는 영업자"란 다음 각 호의 영업자를 말한다. 〈개정 2021. 12. 30.〉

1. 제21조제1호의 **식품제조·가공업자**
2. 제21조제2호의 **즉석판매제조·가공업자**
3. 제21조제3호의 **식품첨가물제조업자**
4. 제21조제4호의 **식품운반업자**

5. 제21조제5호의 **식품소분·판매업자**(**식용얼음판매업자 및 식품자동판매기영업자는 제외**한다)
6. 제21조제6호의 **식품보존업자**
7. 제21조제7호의 **용기·포장류제조업자**
8. 제21조제8호의 **식품접객업자**
9. 제21조제9호의 **공유주방 운영업자**

시행규칙

제51조(식품위생교육기관 등) ① 법 제41조제1항 및 제41조의2제8항에 따른 식품위생교육 및 위생관리책임자에 대한 교육을 실시하는 기관은 식품의약품안전처장이 지정·고시하는 식품위생교육전문기관, 법 제59조제1항에 따른 동업자조합 또는 법 제64조제1항에 따른 한국식품산업협회로 한다. 〈개정 2021. 12. 30.〉

② 식품위생교육 및 위생관리책임자에 대한 교육의 내용은 **식품위생, 개인위생, 식품위생시책, 식품의 품질관리** 등으로 한다. 〈개정 2021. 12. 30.〉

③ 식품위생교육전문기관의 운영과 식품위생교육 및 위생관리책임자에 대한 교육 내용에 관한 세부 사항은 식품의약품안전처장이 정한다. 〈개정 2021. 12. 30.〉

시행규칙

제52조(교육시간) ① 법 제41조제1항(제88조제3항에 따라 준용되는 경우를 포함한다)에 따라 영업자와 종업원이 받아야 하는 식품위생교육 시간은 다음 각 호와 같다. 〈개정 2021. 12. 30.〉

1. 영 제21조제1호부터 제9호까지의 영업자[같은 조 제5호나목1)의 식용얼음판매업자와 같은 목 2)의 식품자동판매기영업자는 제외한다]: 3시간
2. 영 제21조제8호라목에 따른 유흥주점영업의 유흥종사자: 2시간
3. 법 제88조제2항에 따라 집단급식소를 설치·운영하는 자: 3시간

② 법 제41조제2항(법 제88조제3항에 따라 준용되는 경우를 포함한다)에 따라 영업을 하려는 자가 받아야 하는 식품위생교육 시간은 다음 각 호와 같다. 〈개정 2023. 5. 19.〉

1. 영 제21조제1호, 제3호 및 제9호의 영업을 하려는 자: 8시간
2. 영 제21조제4호부터 제7호까지의 영업을 하려는 자: 4시간
3. 영 제21조제2호 및 제8호의 영업을 하려는 자: 6시간

4. 법 제88조제1항에 따라 집단급식소를 설치·운영하려는 자: 6시간

참고

1. 제21조제1호 : 식품제조·가공업자
2. 제21조제2호 : 즉석판매제조·가공업자
3. 제21조제3호 : 식품첨가물제조업자
4. 제21조제4호 : 식품운반업자
5. 제21조제5호 : 식품소분·판매업자
6. 제21조제6호: 식품조사처리업자
7. 제21조제8호 : 식품접객업자
8. 제21조제9호 : 공유주방 운영업자

③ 제1항 및 제2항에 따라 식품위생교육을 받은 자가 다음 각 호의 어느 하나에 해당하는 경우에는 해당 영업에 대한 신규 식품위생교육을 받은 것으로 본다. 〈개정 2019. 12. 31.〉

1. 신규 식품위생교육을 받은 날부터 2년이 지나지 않은 자 또는 제1항에 따른 교육을 받은 날부터 1년이 지나지 아니한 자가 교육받은 업종과 같은 업종으로 영업을 하려는 경우
2. 신규 식품위생교육을 받은 날부터 2년이 지나지 않은 자 또는 제1항에 따른 교육을 받은 날부터 1년이 지나지 아니한 자가 다음 각 목의 어느 하나에 해당하는 업종 중에서 같은 목의 다른 업종으로 영업을 하려는 경우
   가. 영 제21조제1호의 식품제조·가공업, 같은 조 제2호의 즉석판매제조·가공업 및 같은 조 제3호의 식품첨가물제조업
   나. 영 제21조제5호가목의 식품소분업, 같은 호 나목의 식용얼음판매업, 유통전문판매업, 집단급식소 식품판매업 및 기타 식품판매업
   다. 영 제21조제8호가목의 휴게음식점영업, 같은 호 나목의 일반음식점영업 및 같은 호 바목의 제과점영업
   라. 영 제21조제8호다목의 단란주점영업 및 같은 호 라목의 유흥주점영업
3. 영 제21조제1호부터 제3호까지의 어느 하나에 해당하는 영업에서 같은 조 제4호부터 제7호까지의 어느 하나에 해당하는 영업으로 업종을 변경하거나 그 업종을 함께 하려는 경우
4. 영 제21조제1호부터 제8호까지의 어느 하나에 해당하는 영업을 하는 자가 영 제21

조제5호나목2)의 식품자동판매기영업으로 업종을 변경하거나 그 업종을 함께 하려는 경우

④ 제1항에 따라 식품위생교육을 받은 자가 다음 각 호의 어느 하나에 해당하는 경우에는 해당 영업에 대하여 제1항에 따른 식품위생교육을 받은 것으로 본다. 〈개정 2020. 8. 24.〉

1. 해당 연도에 제1항에 따른 교육을 받은 자가 기존 영업의 영업소가 속한 특별시·광역시·특별자치시·도·특별자치도의 관할 구역에서 교육받은 업종과 같은 업종으로 영업을 하고 있는 경우
2. 해당 연도에 제1항에 따른 교육을 받은 자가 기존 영업의 허가관청·신고관청·등록관청과 같은 관할 구역에서 다음 각 목의 어느 하나에 해당하는 업종 중에서 같은 목의 다른 업종으로 영업을 하고 있는 경우

가. 영 제21조제1호에 따른 식품제조·가공업, 같은 조 제2호에 따른 즉석판매제조·가공업 및 같은 조 제3호에 따른 식품첨가물제조업

나. 영 제21조제5호가목의 식품소분업, 같은 호 나목의 유통전문판매업, 집단급식소 식품판매업 및 기타 식품판매업

다. 영 제21조제8호가목에 따른 휴게음식점영업, 같은 호 나목에 따른 일반음식점영업 및 같은 호 바목에 따른 제과점영업

라. 영 제21조제8호다목에 따른 단란주점영업 및 같은 호 라목에 따른 유흥주점영업

⑤ 법 제41조제1항에 따른 식품위생교육 대상자가 「부가가치세법」 제8조제8항에 따른 휴업신고로 해당 연도 전체 기간 동안 휴업한 경우에는 해당 연도의 식품위생교육을 받지 않을 수 있다. 〈신설 2022. 4. 28.〉

시행규칙

제53조(교육교재 등) ① 제51조제1항에 따른 식품위생교육기관은 교육교재를 제작하여 교육 대상자에게 제공하여야 한다.

② 식품위생교육기관은 식품위생교육을 수료한 사람에게 수료증을 발급하고, 교육 실시 결과를 교육 후 1개월 이내에 허가관청, 신고관청 또는 등록관청에, 해당 연도 종료 후 1개월 이내에 식품의약품안전처장에게 각각 보고하여야 하며, 수료증 발급대장 등 교육에 관한 기록을 2년 이상 보관·관리하여야 한다. 〈개정 2015. 8. 18.〉

시행규칙

제54조(도서·벽지 등의 영업자 등에 대한 식품위생교육) ① 법 제41조제7항에 따라 식품위생교육을 실시하는 경우에는 다음 각 호의 구분에 따른다. 〈개정 2020. 12. 31.〉

1. 도서·벽지 등의 영업자 및 종업원의 경우: 제53조에 따른 교육교재를 배부하여 학습하도록 하는 방법(법 제41조제1항에 따라 식품위생교육을 받아야 하는 사람으로서 허가관청·신고관청 또는 등록관청이 인정하는 경우만 해당한다)
2. 그 밖의 경우: 정보통신매체를 이용한 원격교육의 방법

② 법 제41조제2항에 따른 식품위생교육 대상자 중 영업준비상 사전교육을 받기가 곤란하다고 허가관청, 신고관청 또는 등록관청이 인정하는 자에 대해서는 영업허가를 받거나 영업신고 또는 영업등록을 한 후 6개월 이내에 허가관청, 신고관청 또는 등록관청이 정하는 바에 따라 식품위생교육을 받게 할 수 있다. 〈개정 2023. 5. 19.〉

제41조의2(위생관리책임자) ① 제36조제1항에 따라 공유주방 운영업을 하려는 자는 대통령령으로 정하는 자격기준을 갖춘 위생관리책임자(이하 "위생관리책임자"라 한다)를 두어야 한다. 다만, 공유주방 운영업을 하려는 자가 위생관리책임자의 자격기준을 갖추고 해당 직무를 수행하는 경우에는 그러하지 아니하다.

② 위생관리책임자는 공유주방에서 상시적으로 다음 각 호의 직무를 수행한다.

1. 공유주방의 위생적 관리 및 유지
2. 공유주방 사용에 관한 기록 및 유지
3. 식중독 등 식품사고의 원인 조사 및 피해 예방 조치에 관한 지원
4. 공유주방 이용자에 대한 위생관리 지도 및 교육

③ 공유주방을 운영 또는 이용하는 자는 위생관리책임자의 업무를 방해하여서는 아니 되며, 그로부터 업무 수행에 필요한 요청을 받았을 때에는 정당한 사유가 없으면 요청에 따라야 한다.

④ 제1항에 따라 공유주방 운영업을 하는 자가 위생관리책임자를 선임하거나 해임할 때에는 총리령으로 정하는 바에 따라 식품의약품안전처장에게 신고하여야 한다.

⑤ 식품의약품안전처장은 제4항에 따른 신고를 받은 날부터 3일 이내에 신고수리 여부를 신고인에게 통지하여야 한다.

⑥ 식품의약품안전처장이 제5항에서 정한 기간 내에 신고수리 여부나 민원 처리 관련 법령에 따른 처리기간의 연장을 신고인에게 통지하지 아니하면 그 기간(민원 처리 관련 법령에 따라 처리기간이 연장 또는 재연장된 경우에는 해당 처리기간을 말한다)이 끝난 날의 다음 날에 신고를 수리한 것으로 본다.

⑦ 위생관리책임자는 제2항에 따른 직무 수행내역 등을 총리령으로 정하는 바에 따라 기록·보관하여야 한다.

⑧ 위생관리책임자는 매년 식품위생에 관한 교육을 받아야 한다.

⑨ 제8항에 따른 교육의 내용, 시간, 교육 실시 기관 등에 관하여 필요한 사항은 총리령으로 정한다.

제42조(실적보고) ① 삭제 〈2016. 2. 3.〉

② 식품 또는 식품첨가물을 제조·가공하는 영업자는 총리령으로 정하는 바에 따라 식품 및 식품첨가물을 생산한 실적 등을 식품의약품안전처장 또는 시·도지사에게 보고하여야 한다. 〈개정 2016. 2. 3.〉

과태료 시행령 **〈별표 2〉 2. 개별기준**(제67조 관련) 〈개정 2023. 4. 25.〉

위반행위	근거 법조문	과태료 금액(단위: 만원)		
		1차 위반	2차 위반	3차 이상 위반
거. 법 제42조제2항을 위반하여 보고를 하지 않거나 허위의 보고를 한 경우	법 제101조 제4항제2호	30	60	90

시행규칙

제56조(생산실적 등의 보고) ① 법 제42조제2항에 따른 식품 및 식품첨가물의 생산실적 등에 관한 보고(전자문서를 포함한다)는 별지 제50호서식에 따라 하되, 다음 해 2월 말일까지 해야 한다. 〈개정 2023. 1. 30.〉

② 영업자가 제1항에 따른 보고를 할 때에는 등록관청을 거쳐 식품의약품안전처장 또는 시·도지사(특별자치시장·특별자치도지사를 제외한다)에게 보고하여야 한다. 〈개정 2016. 8. 4.〉

제43조(영업 제한) ① 시·도지사는 영업 질서와 선량한 풍속을 유지하는 데에 필요한 경

우에는 영업자 중 식품접객영업자와 그 종업원에 대하여 영업시간 및 영업행위를 제한할 수 있다.

② 제1항에 따른 제한 사항은 대통령령으로 정하는 범위에서 해당 시·도의 조례로 정한다.

행정처분 시행규칙 **[별표 23] II. 개별기준 3. 식품접객업**(제89조 관련) 〈개정 2021. 6. 30.〉

위반행위	근거 법령	행정처분 기준		
		1차 위반	2차 위반	3차 이상 위반
9. 법 제43조에 따른 영업 제한을 위반한 경우	법 제71조 및 법 제75조			
가. 영업시간 제한을 위반하여 영업한 경우		영업정지 15일	영업정지 1개월	영업정지 2개월
나. 영업행위 제한을 위반하여 영업한 경우		시정명령	영업정지 15일	영업정지 1개월

※ 〈벌칙〉 제43조에 따른 영업 제한을 위반한 자 : 5년 이하의 징역 또는 5천만원 이하의 벌금에 처하거나 이를 병과 가능

시행령

제28조(영업의 제한 등) 법 제43조제2항에 따라 특별시·광역시·특별자치시·도·특별자치도(이하 "시·도"라 한다)의 조례로 영업을 제한하는 경우 영업시간의 제한은 1일당 8시간 이내로 하여야 한다. 〈개정 2016. 7. 26.〉

제44조(영업자 등의 준수사항) ① 제36조제1항 각 호의 영업을 하는 자 중 대통령령으로 정하는 영업자와 그 종업원은 영업의 위생관리와 질서유지, 국민의 보건위생 증진을 위하여 영업의 종류에 따라 다음 각 호에 해당하는 사항을 지켜야 한다. 〈개정 2021. 8. 17.〉

1. 「축산물 위생관리법」 제12조에 따른 **검사를 받지 아니한 축산물 또는 실험 등의 용도로 사용한 동물은 운반·보관·진열·판매하거나 식품의 제조·가공에 사용하지 말 것**
2. 「야생생물 보호 및 관리에 관한 법률」을 위반하여 **포획·채취한 야생생물은 이를 식품의 제조·가공에 사용하거나 판매하지 말 것**
3. **소비기한이 경과된 제품·식품 또는 그 원재료를 제조·가공·조리·판매의 목적으로 소분·운반·진열·보관하거나 이를 판매 또는 식품의 제조·가공·조리에 사용하지 말 것**
4. 수돗물이 아닌 지하수 등을 먹는 물 또는 식품의 조리·세척 등에 사용하는 경우에는 「먹는물관리법」 제43조에 따른 **먹는물 수질검사기관에서 총리령으로 정하는 바**

에 따라 검사를 받아 마시기에 적합하다고 인정된 물을 사용할 것. 다만, 둘 이상의 업소가 같은 건물에서 같은 수원(水源)을 사용하는 경우에는 하나의 업소에 대한 시험결과로 나머지 업소에 대한 검사를 갈음할 수 있다.

5. 제15조제2항에 따라 **위해평가가 완료되기 전까지 일시적으로 금지된 식품등을 제조·가공·판매·수입·사용 및 운반하지 말 것**
6. **식중독 발생 시 보관 또는 사용 중인 식품은 역학조사가 완료될 때까지 폐기하거나 소독 등으로 현장을 훼손하여서는 아니 되고 원상태로 보존하여야 하며, 식중독 원인규명을 위한 행위를 방해하지 말 것**
7. **손님을 꾀어서 끌어들이는 행위를 하지 말 것**
8. 그 밖에 **영업의 원료관리, 제조공정 및 위생관리와 질서유지, 국민의 보건위생 증진 등을 위하여 총리령으로 정하는 사항**

과태료 시행령 **〈별표 2〉 2. 개별기준**(제67조 관련) 〈개정 2023. 4. 25.〉

위반행위	근거 법조문	과태료 금액(단위: 만원)		
		1차 위반	2차 위반	3차 이상 위반
너. 법 제44조제1항에 따라 영업자가 지켜야 할 사항 중 총리령으로 정하는 경미한 사항을 지키지 않은 경우	법 제101조 제4항제3호	10	20	30
더. 법 제44조의2제1항을 위반하여 책임보험에 가입하지 않은 경우	법 제101조 제3항제2호의2			
1) 가입하지 않은 기간이 1개월 미만인 경우		35		
2) 가입하지 않은 기간이 1개월 이상 3개월 미만인 경우		70		
3) 가입하지 않은 기간이 3개월 이상인 경우		100		

행정처분 시행규칙 **[별표 23] Ⅱ. 개별기준 3. 식품접객업**(제89조 관련) 〈개정 2022. 6. 30.〉

위반행위	근거 법령	행정처분 기준		
		1차 위반	2차 위반	3차 이상 위반
10. 법 제44조제1항을 위반한 경우 가. 식품접객업자의 준수사항(별표 17 제7호자목·파목·머목 및 별도의 개별 처분기준이 있는 경우는 제외한다)의 위반으로서	법 제71조 및 법 제75조			
1) 별표 17 제7호타목1)을 위반한 경우		영업정지 1개월	영업정지 2개월	영업허가 취소 또는 영업소 폐쇄
2) 별표 17 제7호다목·타목5) 또는 버목을 위반한 경우		영업정지 2개월	영업정지 3개월	영업허가 취소 또는 영업소 폐쇄

(계속)

행정처분 시행규칙 **[별표 23] II. 개별기준 3. 식품접객업**(제89조 관련) 〈개정 2022. 6. 30.〉

위반행위	근거 법령	행정처분 기준		
		1차 위반	2차 위반	3차 이상 위반
3) 별표 17 제7호타목2), 같은 호 거목 또는 서목을 위반한 경우		영업정지 1개월	영업정지 2개월	영업허가 취소 또는 영업소 폐쇄
4) 별표 17 제7호나목 및 타목3)·4), 하목, 어목 또는 로목을위반한 경우		영업정지 15일	영업정지 1개월	영업정지 3개월
5) 별표 17 제7호너목을 위반한 경우				
가) 수질검사를 검사기간 내에 하지 아니한 경우		영업정지 15일	영업정지 1개월	영업정지 2개월
나) 부적합 판정된 물을 계속 사용한 경우		영업허가·등록 취소 또는 영업소 폐쇄		
6) 별표 17 제7호러목을 위반한 경우		영업정지 15일	영업정지 2개월	영업정지 3개월
7) 별표 17 제7호처목을 위반하여 모범업소로 오인·혼동할 우려가 있는 표시를 한 경우		시정명령	영업정지 5일	영업정지 10일
8) 별표 17 제7호커목을 위반한 경우로서				
가) 주재료가 다른 경우		영업정지 7일	영업정지 15일	영업정지 1개월
나) 중량이 30퍼센트 이상 부족한 것		영업정지 7일	영업정지 15일	영업정지 1개월
다) 중량이 20퍼센트 이상 30퍼센트 미만 부족한 것		시정명령	영업정지 7일	영업정지 15일
9) 별표 17 제7호퍼목을 위반한 경우		시정명령	영업정지 7일	영업정지 15일
10) 별표 17 제7호카목을 위반한 경우				
가) 소비기한이 경과된 제품·식품 또는 그 원재료를 조리·판매의 목적으로 운반·진열·보관한 경우		영업정지 15일	영업정지 1개월	영업정지 3개월
나) 소비기한이 경과된 제품·식품 또는 그 원재료를 판매 또는 식품의 조리에 사용한 경우		영업정지 1개월	영업정지 2개월	영업정지 3개월
11) 별표 17 제7호타목7)을 위반한 경우		영업정지 2개월	영업정지 3개월	영업허가 취소 또는 영업소 폐쇄
12) 별표 17 제7호도목을 위반한 경우		영업정지 7일	영업정지 15일	영업정지 1개월
나. 위탁급식업영업자의 준수사항(별도의 개별처분기준이 있는 경우는 제외한다)의 위반으로서				
1) 별표 17 제8호가목·다목·차목, 카목 또는 파목을 위반한 경우		영업정지 15일	영업정지 1개월	영업정지 2개월
2) 별표 17 제8호사목을 위반한 경우		영업정지 7일	영업정지 15일	영업정지 1개월
3) 별표 17 제8호마목을 위반한 경우				
가) 수질검사를 검사기간 내에 하지 아니한 경우		영업정지 15일	영업정지 1개월	영업정지 3개월
나) 부적합 판정된 물을 계속 사용한 경우		영업정지 1개월	영업정지 3개월	영업허가 취소 또는 영업소 폐쇄
4) 별표 17 제8호타목을 위반한 경우		시정명령	영업정지 5일	영업정지 10일

(계속)

행정처분 시행규칙 **[별표 23] Ⅱ. 개별기준 3. 식품접객업**(제89조 관련) 〈개정 2022. 6. 30.〉

위반행위	근거 법령	행정처분 기준		
		1차 위반	2차 위반	3차 이상 위반
5) 별표 17 제8호라목을 위반한 경우				
가) 소비기한이 경과된 제품·식품 또는 그 원재료를 조리의 목적으로 진열·보관한 경우		영업정지 15일	영업정지 1개월	영업정지 2개월
나) 소비기한이 경과된 제품·식품 또는 그 원재료를 판매 또는 식품의 조리에 사용한 경우		영업정지 1개월	영업정지 2개월	영업정지 3개월
6) 1)부터 5)까지를 제외한 준수사항을 위반한 경우		시정명령	영업정지 7일	영업정지 15일

※ 〈벌칙〉 제44조제1항에 따라 영업자가 지켜야 할 사항을 지키지 아니한 자(다만, 총리령으로 정하는 경미한 사항을 위반한 자는 제외) : 3년 이하의 징역 또는 3천만원 이하의 벌금

② 식품접객영업자는 「청소년 보호법」 제2조에 따른 청소년(이하 이 항에서 "청소년"이라 한다)에게 다음 각 호의 어느 하나에 해당하는 행위를 하여서는 아니 된다. 〈개정 2011. 9. 15.〉

1. 청소년을 유흥접객원으로 고용하여 유흥행위를 하게 하는 행위
2. 「청소년 보호법」 제2조제5호가목3)에 따른 청소년출입·고용 금지업소에 청소년을 출입시키거나 고용하는 행위
3. 「청소년 보호법」 제2조제5호나목3)에 따른 청소년고용금지업소에 청소년을 고용하는 행위
4. 청소년에게 주류(酒類)를 제공하는 행위

행정처분 시행규칙 **[별표 23] Ⅱ. 개별기준 3. 식품접객업**(제89조 관련) 〈개정 2022. 6. 30.〉

위반행위	근거 법령	행정처분 기준		
		1차 위반	2차 위반	3차 이상 위반
11. 법 제44조제2항을 위반한 경우	법 제75조			
가. 청소년을 유흥접객원으로 고용하여 유흥행위를 하게 하는 행위를 한 경우		영업허가취소 또는 영업소 폐쇄		
나. 청소년유해업소에 청소년을 고용하는 행위를 한 경우		영업정지 3개월	영업허가취소 또는 영업소 폐쇄	
다. 청소년유해업소에 청소년을 출입하게 하는 행위를 한 경우		영업정지 1개월	영업정지 2개월	영업정지 3개월
라. 청소년에게 주류를 제공하는 행위(출입하여 주류를 제공한 경우 포함)를 한 경우		영업정지 2개월	영업정지 3개월	영업허가취소 또는 영업소 폐쇄

③ 누구든지 영리를 목적으로 제36조제1항제3호의 **식품접객업을 하는 장소**(유흥종사자를 둘 수 있도록 대통령령으로 정하는 영업을 하는 장소는 제외한다)**에서 손님과 함께 술을 마시거나 노래 또는 춤으로 손님의 유흥을 돋우는 접객행위**(공연을 목적으로 하는 가수, 악사, 댄서, 무용수 등이 하는 행위는 제외한다)**를 하거나 다른 사람에게 그 행위를 알선하여서는 아니 된다.**

④ 제3항에 따른 식품접객영업자는 **유흥종사자를 고용·알선하거나 호객행위를 하여서는 아니 된다.**

⑤ 삭제 〈2015. 2. 3.〉

※ 〈벌칙〉 제44조제3항을 위반하여 접객행위를 하거나 다른 사람에게 그 행위를 알선한 자 : 1년 이하의 징역 또는 1천만원 이하의 벌금

시행령

제29조(준수사항 적용 대상 영업자의 범위) ① 법 제44조제1항 각 호 외의 부분에서 "대통령령으로 정하는 영업자"란 다음 각 호의 영업자를 말한다. 〈개정 2021. 12. 30.〉

1. 제21조제1호의 식품제조·가공업자
2. 제21조제2호의 즉석판매제조·가공업자
3. 제21조제3호의 식품첨가물제조업자
4. 제21조제4호의 식품운반업자
5. 제21조제5호의 식품소분·판매업자
6. 제21조제6호가목의 식품조사처리업자
7. 제21조제8호의 식품접객업자
8. 제21조제9호의 공유주방 운영업자

② 법 제44조제3항에서 "대통령령으로 정하는 영업"이란 제21조제8호라목의 유흥주점영업을 말한다.

시행령

제52조(허가취소 등) ① 다음 각 호의 처분은 처분 사유 및 처분 내용 등이 기재된 서면으로 하여야 한다. 〈개정 2011. 12. 19.〉

1. 법 제75조에 따른 영업허가 취소, 등록취소, 영업정지 또는 영업소 폐쇄 처분
2. 법 제76조에 따른 품목·품목류 제조정지 처분

3. 법 제80조에 따른 조리사 또는 영양사의 면허취소 또는 업무정지 처분

② 제1항에 따른 처분을 하기 위하여 법 제81조에 따른 청문을 하거나 「행정절차법」 제27조에 따른 의견제출을 받았을 때에는 특별한 사유가 없으면 그 **절차를 마친 날부터 14일 이내에 처분**을 하여야 한다.

③ 식품의약품안전처장 또는 특별자치시장·특별자치도지사·시장·군수·구청장은 법 제75조제1항 각 호 외의 부분 단서에 따라 식품접객영업자가 법 제44조제2항을 위반한 경우로서 청소년(「청소년 보호법」 제2조제1호에 따른 청소년을 말한다. 이하 같다)의 신분증 위조·변조 또는 도용으로 청소년인 사실을 알지 못했거나 폭행 또는 협박으로 청소년임을 확인하지 못한 사정이 인정되어 불송치 또는 불기소(불송치 또는 불기소를 받은 이후 해당 사건에 대하여 다시 수사절차가 진행 중인 경우 또는 해당 사건에 대하여 공소가 제기되어 형사재판이 진행 중인 경우는 제외한다)를 받거나 선고유예 판결을 받은 경우에는 해당 행정처분을 면제한다. 〈신설 2019. 5. 21., 개정 2020. 12. 29.〉

시행규칙

제57조(식품접객영업자 등의 준수사항 등) 법 제44조제1항에 따라 식품접객영업자 등이 지켜야 할 준수사항은 별표 17과 같다.

시행규칙 **[별표 17] 식품접객업영업자 등의 준수사항**(제57조 관련) 〈개정 2022. 6. 30.〉

1. 식품제조·가공업자 및 식품첨가물제조업자와 그 종업원의 준수사항 〈생략〉
2. 즉석판매제조·가공업자와 그 종업원의 준수사항 〈생략〉
3. 식품소분·판매(식품자동판매기영업 및 집단급식소 식품판매업은 제외한다)·운반업자와 그 종업원의 준수사항 〈생략〉
4. 식품자동판매기영업자와 그 종업원의 준수사항 〈생략〉
5. 집단급식소 식품판매업자와 그 종업원의 준수사항
   가. 영업자는 **식품의 구매·운반·보관·판매 등의 과정에 대한 거래내역을 2년간 보관**하여야 한다.
   나. 「식품 등의 표시·광고에 관한 법률」 제4조 및 제5조에 따른 표시사항을 모두 표시하지 않은 축산물, 「축산물 위생관리법」 제7조제1항을 위반하여 허가받지 않은 작업장에서 도축·집유·가공·포장 또는 보관된 축산물, 같은 법 제12조제1항·제2항에 따른 검사를 받지 않은 축산물, 같은 법 제22조에 따른 영업 허가를 받지 아니한 자가 도축·집유·가공·포장 또는 보관된 축산물 또는 같은 법 제33조제1항에 따른 축산물, 실험 등의 용도로 사용한 동물 또는 「야생동·식물보호법」을 위반하여 포획한 야생동물은 판매하여서는 아니 된다.

(계속)

다. 냉동식품을 공급할 때에 **해당 집단급식소의 영양사 및 조리사가 해동(解凍)을 요청할 경우 해동을 위한 별도의 보관 장치를 이용하거나 냉장운반을 할 수 있다.** 이 경우 해당 제품이 해동 중이라는 표시, 해동을 요청한 자, 해동 시작시간, 해동한 자 등 해동에 관한 내용을 표시하여야 한다.

라. 작업장에서 사용하는 **기구, 용기 및 포장은 사용 전, 사용 후 및 정기적으로 살균·소독**하여야 하며, 동물·수산물의 내장 등 세균의 오염원이 될 수 있는 식품 부산물을 처리한 경우에는 사용한 기구에 따른 오염을 방지하여야 한다.

마. **소비기한이 경과된 제품·식품 또는 그 원재료를 판매의 목적으로 운반·진열·보관하거나 이를 판매해서는 안 되며, 해당 제품·식품 또는 그 원재료를 진열·보관할 때에는 폐기용 또는 교육용이라는 표시를 명확하게** 해야 한다.

바. 수돗물이 아닌 지하수 등을 먹는 물 또는 식품의 조리·세척 등에 사용하는 경우에는 「먹는물관리법」 제43조에 따른 **먹는 물 수질검사기관에서 다음의 검사를 받아 마시기에 적합하다고 인정된 물을 사용**하여야 한다. 다만, 둘 이상의 업소가 같은 건물에서 같은 수원을 사용하는 경우에는 하나의 업소에 대한 시험결과로 해당 업소에 대한 검사에 갈음할 수 있다.

1) **일부항목 검사: 1년(모든 항목 검사를 하는 연도는 제외한다) 마다** 「먹는물 수질기준 및 검사 등에 관한 규칙」 제4조에 따른 마을상수도의 검사기준에 따른 검사(잔류염소검사는 제외한다)를 하여야 한다. 다만, 시·도지사가 오염의 염려가 있다고 판단하여 지정한 지역에서는 같은 규칙 제2조에 따른 먹는 물의 수질기준에 따른 검사를 하여야 한다.

2) **모든 항목 검사 : 2년마다** 「먹는물 수질기준 및 검사 등에 관한 규칙」 제2조에 따른 먹는 물의 수질기준에 따른 검사

사. 법 제15조에 따른 **위해평가가 완료되기 전까지 일시적으로 금지된 식품등을 사용하여서는 아니 된다.**

아. 식중독 발생시 보관 또는 사용 중인 식품은 **역학조사가 완료될 때까지 폐기하거나 소독 등으로 현장을 훼손하여서는 아니 되고 원상태로 보존**하여야 하며, 식중독 원인규명을 위한 행위를 방해하여서는 아니 된다.

6. 식품조사처리업자 및 그 종업원의 준수사항 〈생략〉

7. 식품접객업자(위탁급식영업자는 제외한다)와 그 종업원의 준수사항

가. **물수건, 숟가락, 젓가락, 식기, 찬기, 도마, 칼, 행주, 그 밖의 주방용구는 기구등의 살균·소독제, 열탕, 자외선살균 또는 전기살균의 방법으로 소독한 것을 사용**하여야 한다.

나. 「식품 등의 표시·광고에 관한 법률」 제4조 및 제5조에 따른 표시사항을 모두 표시하지 않은 축산물, 「축산물 위생관리법」 제7조제1항을 위반하여 허가받지 않은 작업장에서 도축·집유·가공·포장 또는 보관된 축산물, 같은 법 제12조제1항·제2항에 따른 검사를 받지 않은 축

(계속)

산물, 같은 법 제22조에 따른 영업 허가를 받지 아니한 자가 도축·집유·가공·포장 또는 보관된 축산물 또는 같은 법 제33조제1항에 따른 축산물 또는 실험 등의 용도로 사용한 동물은 음식물의 조리에 사용하여서는 아니 된다.

다. 업소 안에서는 도박이나 그 밖의 사행행위 또는 풍기문란행위를 방지하여야 하며, 배달판매 등의 영업행위 중 종업원의 이러한 행위를 조장하거나 묵인하여서는 아니 된다.

라. 삭제 〈2011.8.19〉

마. 삭제 〈2011.8.19〉

바. 제과점영업자가 별표 14 제8호가목2)라)(5)에 따라 조리장을 공동 사용하는 경우 빵류를 실제 제조한 업소명과 소재지를 소비자가 알아볼 수 있도록 별도로 표시하여야 한다. 이 경우 게시판, 팻말 등 다양한 방법으로 표시할 수 있다.

사. 간판에는 영 제21조에 따른 해당업종명과 허가를 받거나 신고한 상호를 표시하여야 한다. 이 경우 상호와 함께 외국어를 병행하여 표시할 수 있으나 업종구분에 혼동을 줄 수 있는 사항은 표시하여서는 아니 된다.

아. 손님이 보기 쉽도록 영업소의 외부 또는 내부에 가격표(부가가치세 등이 포함된 것으로서 손님이 실제로 내야 하는 가격이 표시된 가격표를 말한다)를 붙이거나 게시하되, 신고한 영업장 면적이 150제곱미터 이상인 휴게음식점 및 일반음식점은 영업소의 외부와 내부에 가격표를 붙이거나 게시하여야 하고, 가격표대로 요금을 받아야 한다.

자. 영업허가증·영업신고증·조리사면허증(조리사를 두어야 하는 영업에만 해당한다)을 영업소 안에 보관하고, 허가관청 또는 신고관청이 식품위생·식생활개선 등을 위하여 게시할 것을 요청하는 사항을 손님이 보기 쉬운 곳에 게시하여야 한다.

차. 식품의약품안전처장 또는 시·도지사가 국민에게 혐오감을 준다고 인정하는 식품을 조리·판매하여서는 아니 되며, 「멸종위기에 처한 야생동식물종의 국제거래에 관한 협약」에 위반하여 포획·채취한 야생동물·식물을 사용하여 조리·판매하여서는 아니 된다.

카. **소비기한이 경과된 제품·식품 또는 그 원재료를 조리·판매의 목적으로 운반·진열·보관하거나 이를 판매 또는 식품의 조리에 사용해서는 안 되며, 해당 제품·식품 또는 그 원재료를 진열·보관할 때에는 폐기용 또는 교육용이라는 표시를 명확하게 해야 한다.**

타. 허가를 받거나 신고한 영업 외의 다른 영업시설을 설치하거나 다음에 해당하는 영업행위를 하여서는 아니 된다.

1) **휴게음식점영업자·일반음식점영업자 또는 단란주점영업자가 유흥접객원을 고용하여 유흥접객행위를 하게 하거나 종업원의 이러한 행위를 조장하거나 묵인하는 행위**

2) **휴게음식점영업자·일반음식점영업자가 음향 및 반주시설을 갖추고 손님이 노래를 부르도록 허용하는 행위. 다만, 연회석을 보유한 일반음식점에서 회갑연, 칠순연 등 가정의 의례로서 행하는 경우에는 그러하지 아니하다.**

(계속)

3) **일반음식점영업자가 주류만을 판매하거나 주로 다류를 조리·판매하는 다방형태의 영업을 하는 행위**
4) **휴게음식점영업자가 손님에게 음주를 허용하는 행위**
5) **식품접객업소의 영업자 또는 종업원이 영업장을 벗어나 시간적 소요의 대가로 금품을 수수하거나, 영업자가 종업원의 이러한 행위를 조장하거나 묵인하는 행위**
6) 휴게음식점영업 중 주로 다류 등을 조리·판매하는 영업소에서 「청소년보호법」 제2조제1호에 따른 **청소년인 종업원에게 영업소를 벗어나 다류 등을 배달하게 하여 판매하는 행위**
7) **휴게음식점영업자·일반음식점영업자가 음향시설을 갖추고 손님이 춤을 추는 것을 허용하는 행위**. 다만, 특별자치도·시·군·구의 조례로 별도의 안전기준, 시간 등을 정하여 별도의 춤을 추는 공간이 아닌 객석에서 춤을 추는 것을 허용하는 경우는 제외한다.

파. **유흥주점영업자는 성명, 주민등록번호, 취업일, 이직일, 종사분야를 기록한 종업원(유흥접객원만 해당한다)명부를 비치하여 기록·관리**하여야 한다.

하. **손님을 꾀어서 끌어들이는 행위를 하여서는 아니 된다.**

거. **업소 안에서 선량한 미풍양속을 해치는 공연, 영화, 비디오 또는 음반을 상영하거나 사용하여서는 아니 된다.**

너. 수돗물이 아닌 지하수 등을 먹는 물 또는 식품의 조리·세척 등에 사용하는 경우에는 「먹는물관리법」 제43조에 따른 **먹는 물 수질검사기관에서 다음의 검사를 받아 마시기에 적합하다고 인정된 물을 사용**하여야 한다. 다만, 둘 이상의 업소가 같은 건물에서 같은 수원을 사용하는 경우에는 하나의 업소에 대한 시험결과로 해당 업소에 대한 검사에 갈음할 수 있다.

1) 일부항목 검사: **1년(모든 항목 검사를 하는 연도는 제외한다) 마다** 「먹는물 수질기준 및 검사 등에 관한 규칙」 제4조에 따른 마을상수도의 검사기준에 따른 검사(잔류염소검사는 제외한다)를 하여야 한다. 다만, 시·도지사가 오염의 염려가 있다고 판단하여 지정한 지역에서는 같은 규칙 제2조에 따른 먹는 물의 수질기준에 따른 검사를 하여야 한다.
2) 모든 항목 검사 : **2년마다** 「먹는물 수질기준 및 검사 등에 관한 규칙」 제2조에 따른 먹는 물의 수질기준에 따른 검사

더. **동물의 내장을 조리한 경우에는 이에 사용한 기계·기구류 등을 세척하여 살균**하여야 한다.

러. 식품접객업영업자는 **손님이 먹고 남긴 음식물이나 먹을 수 있게 진열 또는 제공한 음식물에 대해서는 다시 사용·조리 또는 보관(폐기용이라는 표시를 명확하게 하여 보관하는 경우는 제외한다)해서는 안 된다**. 다만, 식품의약품안전처장이 인터넷 홈페이지에 별도로 정하여 게시한 음식물에 대해서는 다시 사용·조리 또는 보관할 수 있다.

머. 식품접객업자는 **공통찬통, 소형·복합 찬기, 국·찌개·반찬 등을 덜어 먹을 수 있는 기구 또는 1인 반상을 사용하거나, 손님이 남은 음식물을 싸서 가지고 갈 수 있도록 포장용기를 비치하고 이를 손님에게 알리는 등 음식문화개선과 「감염병의 예방 및 관리에 관한 법률」 제49조에 따**

(계속)

른 감염병의 예방 조치사항 준수를 위해 노력해야 한다.

버. 휴게음식점영업자·일반음식점영업자 또는 단란주점영업자는 영업장 안에 설치된 무대시설 외의 장소에서 공연을 하거나 공연을 하는 행위를 조장·묵인하여서는 아니 된다. 다만, 일반음식점영업자가 손님의 요구에 따라 회갑연, 칠순연 등 가정의 의례로서 행하는 경우에는 그러하지 아니하다.

서. 「야생생물 보호 및 관리에 관한 법률」을 위반하여 포획한 야생동물을 사용한 식품을 조리·판매하여서는 아니 된다.

어. 법 제15조제2항에 따른 **위해평가가 완료되기 전까지 일시적으로 금지된 식품등을 사용·조리하여서는 아니 된다.**

저. 조리·가공한 음식을 진열하고, 진열된 음식을 손님이 선택하여 먹을 수 있도록 제공하는 형태(이하 "뷔페"라 한다)로 영업을 하는 일반음식점영업자는 제과점영업자 및 즉석판매제조·가공업자에게 당일 제조·판매하는 빵류, 과자류, 떡류를 구입하여 구입 당일 이를 손님에게 제공할 수 있다. 이 경우 **당일 제조한 제품을 구입했다는 증명서(거래명세서나 영수증 등을 말한다)를 6개월간 보관**하여야 한다.

처. 법 제47조제1항에 따른 **모범업소가 아닌 업소의 영업자는 모범업소로 오인·혼동할 우려가 있는 표시를 하여서는 아니 된다.**

커. 손님에게 조리하여 제공하는 식품의 주재료, 중량 등이 아목에 따른 가격표에 표시된 내용과 달라서는 아니 된다.

터. 아목에 따른 **가격표에는 불고기, 갈비 등 식육의 가격을 100그램당 가격으로 표시**하여야 하며, 조리하여 제공하는 경우에는 조리하기 이전의 중량을 표시할 수 있다. **100그램당 가격과 함께 1인분의 가격도 표시하려는 경우에는 다음의 예와 같이 1인분의 중량과 가격을 함께 표시**하여야 한다.

예) 불고기 100그램 ○○원(1인분 120그램 △△원)

갈비 100그램 ○○원(1인분 150그램 △△원)

퍼. 음식판매자동차를 사용하는 휴게음식점영업자 및 제과점영업자는 신고한 장소가 아닌 장소에서 그 음식판매자동차로 휴게음식점영업 및 제과점영업을 하여서는 아니 된다.

허. 법 제47조의2제1항에 따라 위생등급을 지정받지 아니한 식품접객업소의 영업자는 위생등급 지정업소로 오인·혼동할 우려가 있는 표시를 해서는 아니 된다.

고. 식품접객영업자는 「재난 및 안전관리 기본법」 제38조제2항 본문에 따라 경계 또는 심각의 위기경보(「감염병의 예방 및 관리에 관한 법률」에 따른 감염병 확산의 경우만 해당한다)가 발령된 경우에는 **손님의 보건위생을 위해 해당 영업장에 손을 소독할 수 있는 용품이나 장치를 갖춰 두어야** 한다.

(계속)

노. 휴게음식점영업자·일반음식점영업자 또는 제과점영업자는 건물 외부에 있는 영업장에서는 조리·제조한 음식류 등만을 제공해야 한다. 다만, 다음 각 호의 장소·지역 중 주거지역과 인접하지 않아 환경 위해 우려가 적은 장소·지역으로서 특별자치시·특별자치도·시·군·구의 조례로 별도의 안전기준을 정한 경우는 건물 외부에서 조리·제조한 음식류 등을 제공할 수 있다.

1) 「관광진흥법」 제3조제1항제2호의 관광숙박업을 영위하는 장소

2) 「관광진흥법」 제70조제1항에 따라 시·도지사가 지정한 관광특구 지역

도. 손님에게 조리·제공할 목적으로 이미 양념에 재운 불고기, 갈비 등을 새로이 조리한 것처럼 보이도록 세척하는 등 재처리하여 사용·조리 또는 보관해서는 안 된다.

로. 식품접객업자는 조리·제조한 식품을 주문한 손님에게 판매해야 하며, 유통·판매를 목적으로 하는 자에게 판매하거나 다른 식품접객업자가 조리·제조한 식품을 자신의 영업에 사용해서는 안 된다.

모. 공유주방 운영업자와의 계약을 통해 공유주방을 사용하는 휴게음식점영업자·일반음식점영업자 또는 제과점영업자는 다음 각 호의 사항을 준수해야 한다.

1) 영업자 간 원재료 및 제품을 공동으로 사용하지 말 것

2) 위생관리책임자가 실시하는 위생교육을 매월 1시간 이상 받을 것

8. 위탁급식영업자와 그 종업원의 준수사항

가. 집단급식소를 설치·운영하는 자와 위탁 계약한 사항 외의 영업행위를 하여서는 아니 된다.

나. 물수건, 숟가락, 젓가락, 식기, 찬기, 도마, 칼, 행주 그 밖에 주방용구는 기구 등의 살균·소독제, 열탕, 자외선살균 또는 전기살균의 방법으로 소독한 것을 사용하여야 한다.

다. 「식품 등의 표시·광고에 관한 법률」 제4조 및 제5조에 따른 표시사항을 모두 표시하지 않은 축산물, 「축산물 위생관리법」 제7조제1항을 위반하여 허가받지 않은 작업장에서 도축·집유·가공·포장 또는 보관된 축산물, 같은 법 제12조제1항·제2항에 따른 검사를 받지 않은 축산물, 같은 법 제22조에 따른 영업 허가를 받지 아니한 자가 도축·집유·가공·포장 또는 보관된 축산물 또는 같은 법 제33조제1항에 따른 축산물 또는 실험 등의 용도로 사용한 동물을 음식물의 조리에 사용하여서는 아니 되며, 「야생생물 보호 및 관리에 관한 법률」에 위반하여 포획한 야생동물을 사용하여 조리하여서는 아니 된다.

라. 소비기한이 경과된 제품·식품 또는 그 원재료를 조리의 목적으로 진열·보관하거나 이를 판매 또는 식품의 조리에 사용해서는 안 되며, 해당 제품·식품 또는 그 원재료를 진열·보관할 때에는 폐기용 또는 교육용이라는 표시를 명확하게 해야 한다.

마. 수돗물이 아닌 지하수 등을 먹는 물 또는 식품의 조리·세척 등에 사용하는 경우에는 「먹는 물관리법」 제43조에 따른 **먹는 물 수질검사기관에서 다음의 구분에 따라 검사를 받아 마시기**

(계속)

에 적합하다고 인정된 물을 사용하여야 한다. 다만, 같은 건물에서 같은 수원을 사용하는 경우에는 하나의 업소에 대한 시험결과로 갈음할 수 있다.

1) 일부항목 검사: **1년마다**(모든 항목 검사를 하는 연도의 경우를 제외한다)「먹는물 수질기준 및 검사 등에 관한 규칙」 제4조제1항제2호에 따른 마을상수도의 검사기준에 따른 검사(잔류염소검사를 제외한다). 다만, 시·도지사가 오염의 염려가 있다고 판단하여 지정한 지역에서는 같은 규칙 제2조에 따른 먹는 물의 수질기준에 따른 검사를 하여야 한다.

2) 모든 항목 검사: **2년마다**「먹는물 수질기준 및 검사 등에 관한 규칙」 제2조에 따른 먹는 물의 수질기준에 따른 검사

바. **동물의 내장을 조리한 경우에는 이에 사용한 기계·기구류 등을 세척하고 살균**하여야 한다.

사. 조리·제공한 식품(법 제2조제12호다목에 따른 병원의 경우에는 일반식만 해당한다)을 보관할 때에는 **매회 1인분 분량을 섭씨 영하 18도 이하에서 144시간 이상 보관**하여야 한다. 이 경우 완제품 형태로 제공한 가공식품은 소비기한 내에서 해당 식품의 제조업자가 정한 보관방법에 따라 보관할 수 있다.

아. 자. 삭제 〈2011.8.19〉

차. 법 제15조제2항에 따라 **위해평가가 완료되기 전까지 일시적으로 금지된 식품등에 대하여는 이를 사용·조리하여서는 아니 된다.**

카. **식중독 발생시 보관 또는 사용 중인 보존식이나 식재료는 역학조사가 완료될 때까지 폐기하거나 소독 등으로 현장을 훼손하여서는 아니 되고 원상태로 보존하여야 하며, 원인규명을 위한 행위를 방해하여서는 아니 된다.**

타. 법 제47조제1항에 따른 모범업소가 아닌 업소의 영업자는 모범업소로 오인·혼동할 우려가 있는 표시를 하여서는 아니 된다.

파. 배식하고 남은 음식물을 다시 사용·조리 또는 보관(폐기용이라는 표시를 명확하게 하여 보관하는 경우는 제외한다)해서는 안 된다.

하. 식재료의 검수 및 조리 등에 대해서는 식품의약품안전처장이 정하여 고시하는 바에 따라 **위생관리 사항의 점검 결과를 기록해야 한다. 이 경우 그 기록에 관한 서류는 해당 기록을 한 날부터 3개월간 보관**해야 한다.

9. 공유주방 운영업자와 그 종업원의 준수사항

가. 공유주방 운영업자는 식품의 제조·가공·소분·조리 등의 과정에서 보건위생상 위해가 없도록 제조·가공·소분·조리시설 및 기구 등을 위생적으로 관리해야 한다.

나. 영업등록증 및 공유주방을 사용하는 **영업자와의 계약서류를 영업기간 동안 보관**해야 한다.

다. 공유주방을 사용하는 **영업자의 출입 및 시설 사용에 대해 기록하고, 그 기록을 6개월간 보관**해야 한다.

라. 공유주방 운영업에 종사하는 종업원은 **위생관리책임자가 실시하는 위생교육을 매월 1시간 이상** 받아야 한다.

제44조의2(보험 가입) ① 제36조제1항에 따라 공유주방 운영업을 하는 자는 식품등의 위해로 인하여 소비자에게 발생할 수 있는 손해를 배상하기 위하여 책임보험에 가입하여야 한다.

② 제1항에 따른 책임보험의 종류 등 보험 가입에 필요한 사항은 대통령령으로 정한다.

[본조신설 2020. 12. 29.]

제45조(위해식품등의 회수) ① 판매의 목적으로 식품등을 제조·가공·소분·수입 또는 판매한 영업자(「수입식품안전관리 특별법」 제15조에 따라 등록한 수입식품등 수입·판매업자를 포함한다. 이하 이 조에서 같다)는 해당 식품등이 제4조부터 제6조까지, 제7조제4항, 제8조, 제9조제4항, 제9조의3 또는 제12조의2제2항을 위반한 사실(식품등의 위해와 관련이 없는 위반사항을 제외한다)을 알게 된 경우에는 **지체 없이** 유통 중인 해당 식품등을 회수하거나 회수하는 데에 필요한 조치를 하여야 한다. 이 경우 영업자는 회수계획을 식품의약품안전처장, 시·도지사 또는 시장·군수·구청장에게 미리 보고하여야 하며, 회수결과를 보고받은 시·도지사 또는 시장·군수·구청장은 이를 **지체 없이** 식품의약품안전처장에게 보고하여야 한다. 다만, 해당 식품등이 「수입식품안전관리 특별법」에 따라 수입한 식품등이고, 보고의무자가 해당 식품등을 수입한 자인 경우에는 식품의약품안전처장에게 보고하여야 한다. 〈개정 2022. 6. 10.〉

② 식품의약품안전처장, 시·도지사 또는 시장·군수·구청장은 제1항에 따른 회수에 필요한 조치를 성실히 이행한 영업자에 대하여 해당 식품등으로 인하여 받게 되는 제75조 또는 제76조에 따른 행정처분을 대통령령으로 정하는 바에 따라 감면할 수 있다. 〈개정 2013. 3. 23.〉

③ 제1항에 따른 회수대상 식품등·회수계획·회수절차 및 회수결과 보고 등에 관하여 필요한 사항은 총리령으로 정한다. 〈개정 2013. 3. 23.〉

※ 〈벌칙〉
- 제45조제1항 전단을 위반한 자 : 5년 이하의 징역 또는 5천만원 이하의 벌금에 처하거나 이를 병과 가능
- 제45조제1항 후단을 위반하여 보고를 하지 아니하거나 거짓으로 보고한 자 : 1년 이하의 징역 또는 1천만원 이하의 벌금

시행령

제31조(위해식품등을 회수한 영업자에 대한 행정처분의 감면) 법 제45조제1항에 따라 위해식품등의 회수에 필요한 조치를 성실히 이행한 영업자에 대하여 같은 조 제2항에 따라 행정처분을 감면하는 경우 그 감면기준은 다음 각 호의 구분에 따른다. 〈개정 2011. 12. 19.〉

1. 법 제45조제1항 후단의 회수계획에 따른 회수계획량(이하 이 조에서 "회수계획량"이라 한다)의 5분의 4 이상을 회수한 경우: 그 위반행위에 대한 행정처분을 면제
2. 회수계획량 중 일부를 회수한 경우: 다음 각 목의 어느 하나에 해당하는 기준에 따라 행정처분을 경감
   가. 회수계획량의 3분의 1 이상을 회수한 경우(제1호의 경우는 제외한다)
      1) 법 제75조제4항 및 제76조제2항에 따른 행정처분의 기준(이하 이 조에서 "행정처분 기준"이라 한다)이 영업허가 취소, 등록취소 또는 영업소 폐쇄인 경우에는 영업정지 2개월 이상 6개월 이하의 범위에서 처분
      2) 행정처분 기준이 영업정지 또는 품목·품목류의 제조정지인 경우에는 정지처분기간의 3분의 2 이하의 범위에서 경감
   나. 회수계획량의 4분의 1 이상 3분의 1 미만을 회수한 경우
      1) 행정처분 기준이 영업허가 취소, 등록취소 또는 영업소 폐쇄인 경우에는 영업정지 3개월 이상 6개월 이하의 범위에서 처분
      2) 행정처분 기준이 영업정지 또는 품목·품목류의 제조정지인 경우에는 정지처분기간의 2분의 1 이하의 범위에서 경감

시행규칙

제58조(회수대상 식품등의 기준) ① 법 제45조제1항 및 법 제72조제3항에 따른 회수대상 식품등의 기준은 별표 18과 같다.

② 법 제45조제1항 전단에서 "위반한 사실(식품등의 위해와 관련이 없는 위반사항을 제외한다)을 알게 된 경우" 란 법 제31조에 따른 자가품질검사 또는 「식품·의약품분야 시험·검사 등에 관한 법률」 제6조에 따른 식품 등 시험·검사기관의 위탁검사 결과 해당 식품등이 제1항에 따른 기준을 위반한 사실을 확인한 경우를 말한다. 〈개정 2014. 8. 20.〉

시행규칙 **[별표 18] 회수대상이 되는 식품등의 기준**(제58조제1항 관련) 〈개정 2019. 4. 25.〉

1. 법 제7조에 따라 식품의약품안전처장이 정한 식품·식품첨가물의 기준 및 규격의 위반사항 중 다음 각 목의 어느 하나에 해당한 경우
   가. **비소·카드뮴·납·수은·중금속·메탄올 및 시안화물**의 기준을 위반한 경우
   나. **바륨, 포름알데히드, o-톨루엔설폰아미드, 다이옥신 또는 폴리옥시에틸렌**의 기준을 위반한 경우
   다. **방사능기준**을 위반한 경우

(계속)

라. 농산물의 **농약잔류허용기준**을 초과한 경우

마. **곰팡이 독소기준**을 초과한 경우

바. **패류 독소기준**을 위반한 경우

사. **항생물질 등의 잔류허용기준**(항생물질·합성항균제, 합성호르몬제)을 초과한 것을 원료로 사용한 경우

아. **식중독균(살모넬라, 대장균 O157:H7, 리스테리아 모노사이토제네스, 캠필로박터 제주니, 클로스트리디움 보툴리눔) 검출기준**을 위반한 경우

자. **허용한 식품첨가물 외의 인체에 위해한 공업용 첨가물**을 사용한 경우

차. **주석·포스파타제·암모니아성질소·아질산이온 또는 형광증백제시험에서 부적합하다고 판정된 경우**

카. **식품조사처리기준을 위반**한 경우

타. 식품등에서 유리·금속 등 섭취과정에서 **인체에 직접적인 위해나 손상을 줄 수 있는 재질이나 크기의 이물 또는 심한 혐오감을 줄 수 있는 이물이 발견된 경우.** 다만, 이물의 혼입 원인이 객관적으로 밝혀져 다른 제품에서 더 이상 동일한 이물이 발견될 가능성이 없다고 식품의약품안전처장이 인정하는 경우에는 그러하지 아니하다.

파. 자가품질검사 결과 **허용된 첨가물 외의 첨가물**이 검출된 경우

하. **대장균검출기준**을 위반한 사실이 확인된 경우

거. 그 밖에 식품등을 제조·가공·조리·소분·유통 또는 판매하는 과정에서 혼입되어 **인체의 건강을 해칠 우려가 있거나 섭취하기에 부적합한 물질로서 식품의약품안전처장이 인정하는 경우**

2. 법 제9조에 따라 식품의약품안전처장이 정한 **기구 또는 용기·포장의 기준 및 규격에 위반한 것으로서 유독·유해물질이 검출된 경우**
3. 국제기구 및 외국의 정부 등에서 위생상 위해우려를 제기하여 **식품의약품안전처장이 사용금지한 원료·성분**이 검출된 경우
4. 그 밖에 회수대상이 되는 경우는 **섭취함으로서 인체의 건강을 해치거나 해칠 우려가 있다고 인정하는 경우**로서 식품의약품안전처장이 정하는 기준에 따른다.

시행령

제51조(위해식품등의 공표방법) ① 법 제73조제1항에 따라 위해식품등의 공표명령을 받은 영업자는 지체 없이 위해 발생사실 또는 다음 각 호의 사항이 포함된 위해식품등의 긴급회수문을 「신문 등의 진흥에 관한 법률」 제9조제1항에 따라 등록한 전국을 보급지역으로 하는 1개 이상의 일반일간신문[당일 인쇄·보급되는 해당 신문의 전체 판(版)을 말한다. 이하 같다]에 게재하고, 식품의약품안전처의 인터넷 홈페이지에 게재를 요청하여야 한다.

〈개정 2022. 6. 7.〉

1. 식품등을 회수한다는 내용의 표제
2. 제품명
3. 회수대상 식품등의 제조일·수입일 또는 소비기한·품질유지기한
4. 회수 사유
5. 회수방법
6. 회수하는 영업자의 명칭
7. 회수하는 영업자의 전화번호, 주소, 그 밖에 회수에 필요한 사항

② 제1항에 따른 공표에 관한 세부사항은 총리령으로 정한다. 〈개정 2013. 3. 23.〉

시행규칙

제59조(위해식품등의 회수계획 및 절차 등) ① 법 제45조제1항에 따른 회수계획에 포함되어야 할 사항은 다음 각 호와 같다. 〈개정 2022. 6. 30.〉

1. **제품명, 거래업체명, 생산량(수입량을 포함한다) 및 판매량**
2. **회수계획량**(위해식품등으로 판명 당시 해당 식품등의 소비량 및 소비기한 등을 고려하여 산출하여야 한다)
3. **회수 사유**
4. **회수방법**
5. **회수기간 및 예상 소요기간**
6. **회수되는 식품등의 폐기 등 처리방법**
7. **회수 사실을 국민에게 알리는 방법**

② 허가관청, 신고관청 또는 등록관청은 영업자로부터 회수계획을 보고받은 경우에는 지체 없이 다음 각 호에 따른 조치를 하여야 한다. 〈개정 2014. 5. 9.〉

1. 식품의약품안전처장에게 회수계획을 통보할 것. 이 경우 허가관청, 신고관청 또는 등록관청이 시장·군수·구청장인 경우에는 시·도지사를 거쳐야 한다.
2. 법 제73조제1항에 따라 해당 영업자에게 회수계획의 공표를 명할 것
3. 유통 중인 해당 회수 식품등에 대하여 해당 위반 사실을 확인하기 위한 검사를 실시할 것

③ 제2항제2호에 따라 공표명령을 받은 영업자는 해당 위해식품등을 회수하고, 그 회

수결과를 지체 없이 허가관청, 신고관청 또는 등록관청에 보고하여야 한다. 이 경우 회수결과 보고서에는 다음 각 호의 사항이 포함되어야 한다. 〈개정 2014. 5. 9.〉

1. 식품등의 제조·가공량, 판매량, 회수량 및 미회수량 등이 포함된 회수실적
2. 미회수량에 대한 조치계획
3. 재발 방지를 위한 대책

④ 제1항부터 제3항까지의 규정에 따른 회수계획, 허가관청 등의 조치, 회수 및 회수결과 보고에 관한 세부사항은 식품의약품안전처장이 정하여 고시한다. 〈신설 2017. 1. 4.〉

제46조(식품등의 이물 발견보고 등) ① 판매의 목적으로 식품등을 제조·가공·소분·수입 또는 판매하는 영업자는 소비자로부터 판매제품에서 식품의 제조·가공·조리·유통 과정에서 정상적으로 사용된 원료 또는 재료가 아닌 것으로서 섭취할 때 위생상 위해가 발생할 우려가 있거나 섭취하기에 부적합한 물질[이하 "이물(異物)"이라 한다]을 발견한 사실을 신고받은 경우 **지체 없이** 이를 **식품의약품안전처장, 시·도지사 또는 시장·군수·구청장**에게 보고하여야 한다. 〈개정 2013. 3. 23.〉

과태료 시행령 **〈별표 2〉 2. 개별기준**(제67조 관련) 〈개정 2023. 4. 25.〉

위반행위	근거 법조문	과태료 금액(단위: 만원)		
		1차 위반	2차 위반	3차 이상 위반
러. 법 제46조제1항을 위반하여 소비자로부터 이물 발견신고를 받고 보고하지 않은 경우	법 제101조제2항제5호의2			
1) 이물 발견신고를 보고하지 않은 경우		300	300	300
2) 이물 발견신고의 보고를 지체한 경우		100	200	300

② 「소비자기본법」에 따른 한국소비자원 및 소비자단체는 소비자로부터 이물 발견의 신고를 접수하는 경우 지체 없이 이를 식품의약품안전처장에게 통보하여야 한다. 〈개정 2013. 3. 23.〉

③ 시·도지사 또는 시장·군수·구청장은 소비자로부터 이물 발견의 신고를 접수하는 경우 이를 식품의약품안전처장에게 통보하여야 한다. 〈개정 2013. 3. 23.〉

④ ⑤ 생략

시행규칙

제60조(이물 보고의 대상 등) ① 법 제46조제1항에 따라 영업자가 지방식품의약품안전청장,

시·도지사 또는 시장·군수·구청장에게 보고하여야 하는 이물(異物)은 다음 각 호의 어느 하나에 해당하는 물질을 말한다. 〈개정 2014. 5. 9.〉

1. **금속성 이물, 유리조각 등 섭취과정에서 인체에 직접적인 위해나 손상을 줄 수 있는 재질 또는 크기의 물질**
2. **기생충 및 그 알, 동물의 사체 등 섭취과정에서 혐오감을 줄 수 있는 물질**
3. 그 밖에 인체의 **건강을 해칠 우려가 있거나 섭취하기에 부적합한 물질로서 식품의약품안전처장이 인정하는 물질**

② 법 제46조제1항에 따라 이물의 발견 사실을 보고하려는 자는 별지 제51호서식의 **이물보고서(전자문서로 된 보고서를 포함한다)에 사진, 해당 식품 등 증거자료를 첨부하여** 관할 지방식품의약품안전청장, 시·도지사 또는 시장·군수·구청장에게 제출하여야 한다. 〈개정 2014. 5. 9.〉

③ 제2항에 따라 이물 보고를 받은 관할 지방식품의약품안전청장, 시·도지사 또는 시장·군수·구청장은 다음 각 호에 따라 구분하여 식품의약품안전처장에게 통보하여야 한다. 〈개정 2014. 5. 9.〉

1. 제1항제1호에 해당하는 이물 또는 같은 항 제2호·제3호 중 식품의약품안전처장이 위해 우려가 있다고 정하는 이물의 경우: 보고받은 즉시 통보
2. 제1호 외의 이물의 경우: 월별로 통보

④ 제1항부터 제3항까지의 규정에 따른 보고 대상 이물의 범위, 크기, 재질 및 보고 방법 등 세부적인 사항은 식품의약품안전처장이 정하여 고시한다. 〈개정 2013. 3. 23.〉

제47조(위생등급) ① 식품의약품안전처장 또는 특별자치시장·특별자치도지사·시장·군수·구청장은 총리령으로 정하는 위생등급 기준에 따라 위생관리 상태 등이 우수한 식품등의 제조·가공업소(공유주방에서 제조·가공하는 업소를 포함한다), 식품접객업소(공유주방에서 조리·판매하는 업소를 포함한다) 또는 집단급식소를 우수업소 또는 모범업소로 지정할 수 있다. 〈개정 2020. 12. 29.〉

② 식품의약품안전처장(대통령령으로 정하는 그 소속 기관의 장을 포함한다), 시·도지사 또는 시장·군수·구청장은 제1항에 따라 지정한 우수업소 또는 모범업소에 대하여 관계 공무원으로 하여금 **총리령으로 정하는 일정 기간 동안 제22조에 따른 출입·검사·**

수거 등을 하지 아니하게 할 수 있으며, 시·도지사 또는 시장·군수·구청장은 제89조제3항제1호에 따른 영업자의 위생관리시설 및 위생설비시설 개선을 위한 융자 사업과 같은 항 제6호에 따른 음식문화 개선과 좋은 식단 실천을 위한 사업에 대하여 우선 지원 등을 할 수 있다. 〈개정 2013. 3. 23.〉

③ 식품의약품안전처장 또는 특별자치시장·특별자치도지사·시장·군수·구청장은 제1항에 따라 우수업소 또는 모범업소로 지정된 업소가 그 지정기준에 미치지 못하거나 영업정지 이상의 행정처분을 받게 되면 지체 없이 그 지정을 취소하여야 한다. 〈개정 2016. 2. 3.〉

④ 생략

시행령

제32조(위생등급) 법 제47조제2항에서 "대통령령으로 정하는 그 소속 기관의 장"이란 지방식품의약품안전청장을 말한다.

시행규칙

제61조(우수업소·모범업소의 지정 등) ① 법 제47조제1항에 따른 우수업소 또는 모범업소의 지정은 다음 각 호의 구분에 따른 자가 행한다. 〈개정 2016. 8. 4.〉

1. 우수업소의 지정: 식품의약품안전처장 또는 특별자치시장·특별자치도지사·시장·군수·구청장
2. 모범업소의 지정: 특별자치시장·특별자치도지사·시장·군수·구청장

② 영 제21조제1호의 **식품제조·가공업 및 같은 조 제3호의 식품첨가물제조업은 우수업소와 일반업소**로 구분하며, 영 제2조의 **집단급식소 및 영 제21조제8호나목의 일반음식점영업은 모범업소와 일반업**소로 구분한다. 이 경우 그 등급 결정의 기준은 별표 19의 우수업소·모범업소의 지정기준에 따른다.

시행규칙 **[별표 19] 우수업소·모범업소의 지정기준**(제61조제2항 관련) 〈개정 2015. 8. 18.〉

1. 우수업소 〈생략〉
2. 모범업소
   가. 집단급식소
      1) 법 제48조제3항에 따른 **식품안전관리인증기준(HACCP)적용업소로 인증받아야** 한다.
      2) **최근 3년간** 식중독 발생하지 아니하여야 한다.

(계속)

3) 조리사 및 영양사를 두어야 한다.

4) 그 밖에 나목의 일반음식점이 갖추어야 하는 기준을 모두 갖추어야 한다.

나. 일반음식점

1) 건물의 구조 및 환경

가) 청결을 유지할 수 있는 환경을 갖추고 내구력이 있는 건물이어야 한다.

나) 마시기에 적합한 물이 공급되며, 배수가 잘 되어야 한다.

다) 업소 안에는 방충시설 · 쥐 막이 시설 및 환기시설을 갖추고 있어야 한다.

2) 주방

가) 주방은 공개되어야 한다.

나) 입식조리대가 설치되어 있어야 한다.

다) 냉장시설 · 냉동시설이 정상적으로 가동되어야 한다.

라) 항상 청결을 유지하여야 하며, 식품의 원료 등을 보관할 수 있는 창고가 있어야 한다.

마) 식기 등을 소독할 수 있는 설비가 있어야 한다.

3) 객실 및 객석

가) 손님이 이용하기에 불편하지 아니한 구조 및 넓이여야 한다.

나) 항상 청결을 유지하여야 한다.

4) 화장실

가) 정화조를 갖춘 수세식이어야 한다.

나) 손 씻는 시설이 설치되어야 한다.

다) 벽 및 바닥은 타일 등으로 내수 처리되어 있어야 한다.

라) 1회용 위생종이 또는 에어타월이 비치되어 있어야 한다.

5) 종업원

가) 청결한 위생복을 입고 있어야 한다.

나) 개인위생을 지키고 있어야 한다.

다) 친절하고 예의바른 태도를 가져야 한다.

6) 그 밖의 사항

가) 1회용 물 컵, 1회용 숟가락, 1회용 젓가락 등을 사용하지 아니하여야 한다.

나) 그 밖에 모범업소의 지정기준 등과 관련한 세부사항은 식품의약품안전처장이 정하는 바에 따른다.

③ 식품의약품안전처장 또는 특별자치시장 · 특별자치도지사 · 시장 · 군수 · 구청장은 제2항에 따라 우수업소 또는 모범업소로 지정된 업소에 대하여 해당 업소에서 생산한

식품 또는 식품첨가물에 식품의약품안전처장이 정하는 우수업소 로고를 표시하게 하거나 해당 업소의 외부 또는 내부에 식품의약품안전처장이 정하는 규격에 따른 모범업소 표지판을 붙이게 할 수 있으며, 다음 각 호의 어느 하나에 해당하는 경우를 제외하고는 **우수업소 또는 모범업소로 지정된 날부터 2년 동안은 법 제22조에 따른 출입·검사를 하지 아니할 수 있다.** 〈개정 2016. 8. 4.〉

1. 법 제71조에 따른 시정명령 또는 법 제74조에 따른 시설개수명령을 받은 업소
2. 법 제93조부터 법 제98조까지의 규정에 따른 징역 또는 벌금형이 확정된 영업자가 운영하는 업소
3. 법 제101조에 따른 과태료 처분을 받은 업소

④ 식품의약품안전처장 또는 특별자치시장·특별자치도지사·시장·군수·구청장은 법 제47조제3항에 따라 지정을 취소할 경우 다음 각 호의 조치를 취하여야 한다. 〈개정 2016. 8. 4.〉

1. 우수업소 지정증 또는 모범업소 지정증의 회수
2. 우수업소 표지판 또는 모범업소 표지판의 회수
3. 그 밖에 해당 업소에 대한 우수업소 또는 모범업소 지정에 따른 지원의 중지

⑤ 법 제47조제3항에 따라 지정이 취소된 우수업소 또는 모범업소의 영업자 또는 운영자는 그 지정증 및 표지판을 지체없이 식품의약품안전처장 또는 특별자치시장·특별자치도지사·시장·군수·구청장에게 반납하여야 한다. 〈개정 2016. 8. 4.〉

제47조의2(식품접객업소의 위생등급 지정 등) ① 식품의약품안전처장, 시·도지사 또는 시장·군수·구청장은 식품접객업소의 위생 수준을 높이기 위하여 식품접객영업자의 신청을 받아 식품접객업소(공유주방에서 조리·판매하는 업소를 포함한다)의 위생상태를 평가하여 위생등급을 지정할 수 있다. 〈개정 2020. 12. 29.〉

② 식품의약품안전처장은 제1항에 따른 식품접객업소의 위생상태 평가 및 위생등급 지정에 필요한 기준 및 방법 등을 정하여 고시하여야 한다.

③ 식품의약품안전처장, 시·도지사 또는 시장·군수·구청장은 제1항에 따른 위생등급 지정 결과를 공표할 수 있다.

④ 위생등급을 지정받은 식품접객영업자는 그 위생등급을 표시하여야 하며, 광고할

수 있다.

⑤ 위생등급의 유효기간은 **위생등급을 지정한 날부터 2년**으로 한다. 다만, 총리령으로 정하는 바에 따라 그 기간을 연장할 수 있다.

⑥ 식품의약품안전처장, 시·도지사 또는 시장·군수·구청장은 제1항에 따라 위생등급을 지정받은 식품접객영업자가 다음 각 호의 어느 하나에 해당하는 경우 그 지정을 취소하거나 시정을 명할 수 있다.

1. 위생등급을 지정받은 후 그 기준에 미달하게 된 경우
2. 위생등급을 표시하지 아니하거나 허위로 표시·광고하는 경우
3. 제75조에 따라 영업정지 이상의 행정처분을 받은 경우
4. 그 밖에 제1호부터 제3호까지에 준하는 사항으로서 총리령으로 정하는 사항을 지키지 아니한 경우

⑦ 생략

⑧ 식품의약품안전처장, 시·도지사 또는 시장·군수·구청장은 제1항에 따라 위생등급을 지정한 식품접객업소에 대하여 제22조에 따른 출입·검사·수거 등을 총리령으로 정하는 기간 동안 하지 아니하게 할 수 있다.

⑨~⑪ 생략

시행령

제32조의2(위생등급 지정에 관한 업무의 위탁) 식품의약품안전처장, 시·도지사 또는 시장·군수·구청장은 법 제47조의2제10항에 따라 위생등급 지정에 관한 업무 중 다음 각 호의 업무를 「한국식품안전관리인증원의 설립 및 운영에 관한 법률」에 따른 한국식품안전관리인증원에 위탁한다. 〈개정 2020. 12. 1.〉

1. 위생등급 지정을 받았거나 받으려는 식품접객영업자에 대한 기술지원
2. 위생등급 지정을 위한 식품접객업소의 위생상태 평가
3. 위생등급 지정과 관련된 전문인력의 양성 및 교육·훈련
4. 위생등급 지정에 관한 정보의 수집·제공 및 홍보
5. 위생등급 지정에 관한 조사·연구 사업
6. 그 밖에 위생등급 지정 활성화를 위하여 필요하다고 식품의약품안전처장, 시·도지사 또는 시장·군수·구청장이 인정하는 사업

시행규칙

제61조의2(위생등급의 지정절차 및 위생등급 공표·표시의 방법 등) ① 법 제47조의2제1항에 따라 위생등급을 지정받으려는 식품접객영업자(휴게음식점영업자, 일반음식점영업자 및 제과점영업자만 해당한다)는 별지 제51호의2서식의 위생등급 지정신청서에 영업신고증을 첨부하여 식품의약품안전처장, 시·도지사 또는 시장·군수·구청장에게 제출하여야 한다. 〈개정 2018. 12. 31.〉

② 생략

③ 법 제47조의2제3항에 따른 공표는 식품의약품안전처, 시·도 또는 시·군·구의 인터넷 홈페이지에 게재하는 방법으로 한다.

④ 법 제47조의2제4항에 따라 위생등급을 표시할 때에는 위생등급 표지판을 그 영업장의 주된 출입구 또는 소비자가 잘 볼 수 있는 장소에 부착하는 방법으로 한다.

⑤ 제3항에 따른 공표 및 제4항에 따른 위생등급 표지판의 도안·규격 등에 필요한 세부 사항은 식품의약품안전처장이 정하여 고시한다.

시행규칙

제61조의3(위생등급 유효기간의 연장 등) ① 법 제47조의2제5항 단서에 따라 위생등급 유효기간의 연장을 신청하려는 자는 위생등급의 유효기간이 끝나기 60일 전까지 별지 제51호의4서식의 위생등급 유효기간 연장신청서를 식품의약품안전처장, 시·도지사 또는 시장·군수·구청장에게 제출해야 한다. 〈개정 2023. 5. 19.〉

② 생략

③ 법 제47조의2제6항제4호에서 "총리령으로 정하는 사항을 지키지 아니한 경우"란 거짓 또는 그 밖의 부정한 방법으로 위생등급을 지정받은 경우를 말한다.

④ 법 제47조의2제7항에 따른 기술적 지원의 구체적 내용은 다음 각 호와 같다.

1. 위생등급 지정에 관한 교육
2. 위생등급 지정 등에 필요한 검사

⑤ 법 제47조의2제8항에서 "총리령으로 정하는 기간"이란 2년을 말한다.

제48조(식품안전관리인증기준) ① 식품의약품안전처장은 **식품의 원료관리 및 제조·가공·조리·소분·유통의 모든 과정에서 위해한 물질이 식품에 섞이거나 식품이 오염되는 것**

을 방지하기 위하여 각 과정의 위해요소를 확인·평가하여 중점적으로 관리하는 기준(이하 "식품안전관리인증기준"이라 한다)을 식품별로 정하여 고시할 수 있다. 〈개정 2014. 5. 28.〉

② 총리령으로 정하는 식품을 제조·가공·조리·소분·유통하는 영업자는 제1항에 따라 식품의약품안전처장이 식품별로 고시한 식품안전관리인증기준을 지켜야 한다. 〈개정 2014. 5. 28.〉

③ 식품의약품안전처장은 제2항에 따라 식품안전관리인증기준을 지켜야 하는 영업자와 그 밖에 식품안전관리인증기준을 지키기 원하는 영업자의 업소를 식품별 식품안전관리인증기준 적용업소(이하 "식품안전관리인증기준적용업소"라 한다)로 인증할 수 있다. 이 경우 식품안전관리인증기준적용업소로 인증을 받은 영업자가 그 인증을 받은 사항 중 총리령으로 정하는 사항을 변경하려는 경우에는 식품의약품안전처장의 변경 인증을 받아야 한다. 〈개정 2016. 2. 3.〉

④ 식품의약품안전처장은 식품안전관리인증기준적용업소로 인증받은 영업자에게 총리령으로 정하는 바에 따라 그 인증 사실을 증명하는 서류를 발급하여야 한다. 제3항 후단에 따라 변경 인증을 받은 경우에도 또한 같다. 〈개정 2016. 2. 3.〉

⑤ 식품안전관리인증기준적용업소의 영업자와 종업원은 총리령으로 정하는 **교육훈련을 받아야 한다.** 〈개정 2014. 5. 28.〉

⑥ 식품의약품안전처장은 제3항에 따라 식품안전관리인증기준적용업소의 인증을 받거나 받으려는 영업자에게 위해요소중점관리에 필요한 기술적·경제적 지원을 할 수 있다. 〈개정 2014. 5. 28.〉

⑦ 식품안전관리인증기준적용업소의 인증요건·인증절차 및 제6항에 따른 기술적·경제적 지원에 필요한 사항은 총리령으로 정한다. 〈개정 2020. 12. 29.〉

⑧ 식품의약품안전처장은 식품안전관리인증기준적용업소의 효율적 운영을 위하여 총리령으로 정하는 식품안전관리인증기준의 준수 여부 등에 관한 조사·평가를 할 수 있으며, 그 결과 식품안전관리인증기준적용업소가 다음 각 호의 어느 하나에 해당하면 그 인증을 취소하거나 시정을 명할 수 있다. 다만, 식품안전관리인증기준적용업소가 제1호의2 및 제2호에 해당할 경우 인증을 취소하여야 한다. 〈개정 2018. 3. 13.〉

1. 식품안전관리인증기준을 지키지 아니한 경우

1의2. 거짓이나 그 밖의 부정한 방법으로 인증을 받은 경우

2. 제75조 또는 「식품 등의 표시·광고에 관한 법률」 제16조제1항·제3항에 따라 영업 정지 2개월 이상의 행정처분을 받은 경우

3. 영업자와 그 종업원이 제5항에 따른 교육훈련을 받지 아니한 경우

4. 그 밖에 제1호부터 제3호까지에 준하는 사항으로서 총리령으로 정하는 사항을 지키지 아니한 경우

⑨ 식품안전관리인증기준적용업소가 아닌 업소의 영업자는 식품안전관리인증기준적용업소라는 명칭을 사용하지 못한다. 〈개정 2014. 5. 28.〉

과태료 시행령 **〈별표 2〉 2. 개별기준**(제67조 관련) 〈개정 2023. 4. 25.〉

위반행위	근거 법조문	과태료 금액(단위: 만원)		
		1차 위반	2차 위반	3차 이상 위반
머. 법 제48조제9항(법 제88조에서 준용하는 경우를 포함한다)을 위반한 경우	법 제101조 제2항제6호	300	400	500

⑩ 식품안전관리인증기준적용업소의 영업자는 인증받은 식품을 다른 업소에 위탁하여 제조·가공하여서는 아니 된다. 다만, 위탁하려는 식품과 동일한 식품에 대하여 식품안전관리인증기준적용업소로 인증된 업소에 위탁하여 제조·가공하려는 경우 등 대통령령으로 정하는 경우에는 그러하지 아니하다. 〈개정 2014. 5. 28.〉

⑪ 식품의약품안전처장(대통령령으로 정하는 그 소속 기관의 장을 포함한다), 시·도지사 또는 시장·군수·구청장은 식품안전관리인증기준적용업소에 대하여 관계 공무원으로 하여금 총리령으로 정하는 일정 기간 동안 제22조에 따른 출입·검사·수거 등을 하지 아니하게 할 수 있으며, 시·도지사 또는 시장·군수·구청장은 제89조제3항제1호에 따른 영업자의 위생관리시설 및 위생설비시설 개선을 위한 융자 사업에 대하여 우선 지원 등을 할 수 있다. 〈개정 2014. 5. 28.〉

⑫ 식품의약품안전처장은 식품안전관리인증기준적용업소의 공정별·품목별 위해요소의 분석, 기술지원 및 인증 등의 업무를 「한국식품안전관리인증원의 설립 및 운영에 관한 법률」에 따른 **한국식품안전관리인증원 등 대통령령으로 정하는 기관에 위탁할 수 있다.** 〈개정 2016. 2. 3.〉

⑬ 식품의약품안전처장은 제12항에 따른 위탁기관에 대하여 예산의 범위에서 사용경

비의 전부 또는 일부를 보조할 수 있다. 〈개정 2013. 3. 23.〉

⑭ 제12항에 따른 위탁기관의 업무 등에 필요한 사항은 대통령령으로 정한다.

시행령

제33조(식품안전관리인증기준) ① 법 제48조제10항 단서에서 "위탁하려는 식품과 동일한 식품에 대하여 식품안전관리인증기준적용업소로 인증된 업소에 위탁하여 제조·가공하려는 경우 등 대통령령으로 정한 경우"란 다음 각 호의 경우를 말한다. 〈개정 2014. 11. 28.〉

1. 위탁하려는 식품과 같은 식품에 대하여 법 제48조제3항에 따라 식품안전관리인증기준 적용업소(이하 "식품안전관리인증기준적용업소"라 한다)로 인증된 업소에 위탁하여 제조·가공하려는 경우
2. 위탁하려는 식품과 같은 제조 공정·중요관리점(식품의 위해를 방지하거나 제거하여 안전성을 확보할 수 있는 단계 또는 공정을 말한다)에 대하여 식품안전관리인증기준적용업소로 인증된 업소에 위탁하여 제조·가공하려는 경우

② 법 제48조제11항에서 "대통령령으로 정하는 그 소속 기관의 장"이란 지방식품의약품안전청장을 말한다.

시행규칙

제62조(식품안전관리인증기준 대상 식품) ① 법 제48조제2항에서 "총리령으로 정하는 식품"이란 다음 각 호의 어느 하나에 해당하는 식품을 말한다. 〈개정 2017. 12. 29.〉

1. **수산가공식품류의 어육가공품류 중 어묵·어육소시지**
2. **기타수산물가공품 중 냉동 어류·연체류·조미가공품**
3. **냉동식품 중 피자류·만두류·면류**
4. **과자류, 빵류 또는 떡류 중 과자·캔디류·빵류·떡류**
5. **빙과류 중 빙과**
6. **음료류[다류(茶類) 및 커피류는 제외한다]**
7. **레토르트식품**
8. **절임류 또는 조림류의 김치류 중 김치(배추를 주원료로 하여 절임, 양념혼합과정 등을 거쳐 이를 발효시킨 것이거나 발효시키지 아니한 것 또는 이를 가공한 것에 한한다)**
9. **코코아가공품 또는 초콜릿류 중 초콜릿류**

10. **면류 중 유탕면 또는 곡분, 전분, 전분질원료 등을 주원료로 반죽하여 손이나 기계 따위로 면을 뽑아내거나 자른 국수로서 생면·숙면·건면**
11. **특수용도식품**
12. **즉석섭취·편의식품류 중 즉석섭취식품**

12의2. **즉석섭취·편의식품류의 즉석조리식품 중 순대**

13. 식품제조·가공업의 영업소 중 전년도 **총 매출액이 100억원 이상인 영업소에서 제조·가공하는 식품**

② 제1항에 따른 식품에 대한 식품안전관리인증기준의 적용·운영에 관한 세부적인 사항은 식품의약품안전처장이 정하여 고시한다. 〈개정 2015. 8. 18.〉

시행규칙

제63조(식품안전관리인증기준적용업소의 인증신청 등) ① 법 제48조제3항에 따라 식품안전관리인증기준적용업소로 인증을 받으려는 자는 별지 제52호서식의 식품안전관리인증기준적용업소 인증신청서(전자문서로 된 신청서를 포함한다)에 법 제48조제1항에 따른 식품안전관리인증기준에 따라 작성한 적용대상 식품별 식품안전관리인증계획서(전자문서를 포함한다)를 첨부하여 법 제48조제12항에 따라 해당 업무를 **위탁받은 기관**(이하 **"인증기관"이라 한다)의 장**에게 제출하여야 한다. 〈개정 2015. 8. 18.〉

② 제1항에 따라 식품안전관리인증기준적용업소로 인증을 받으려는 자는 다음 각 호의 요건을 갖추어야 한다. 〈개정 2015. 8. 18.〉

1. **선행요건관리기준**(식품안전관리인증기준을 적용하기 위하여 미리 갖추어야 하는 시설기준 및 위생관리기준을 말한다)을 작성하여 운용할 것
2. **식품안전관리인증기준**을 작성하여 운용할 것

③ 제1항에 따른 인증신청을 받은 인증기관의 장은 해당 업소를 식품안전관리인증기준적용업소로 인증한 경우에는 별지 제53호서식의 식품안전관리인증기준적용업소 인증서를 발급하여야 한다. 〈개정 2015. 8. 18.〉

④ 법 제48조제3항 후단에 따라 식품안전관리인증기준적용업소로 인증받은 사항 중 **식품의 위해를 방지하거나 제거하여 안전성을 확보할 수 있는 단계 또는 공정**(이하 **"중요관리점"이라 한다)을 변경하거나 영업장 소재지를 변경하려는 자**는 별지 제54호서식의 **변경신청서**(전자문서로 된 신청서를 포함한다)에 다음 각 호의 서류(전자문서를 포함한다)

를 첨부하여 인증기관의 장에게 제출하여야 한다. 〈개정 2017. 1. 4.〉

1. 별지 제53호서식의 식품안전관리인증기준적용업소 인증서
2. 중요관리점의 변경 내용에 대한 설명서

⑤ 인증기관의 장은 제4항에 따라 변경신청을 받으면 서류검토 또는 현장실사 등의 방법으로 변경사항을 확인하고 식품안전관리인증기준의 적용에 적합하다고 인정되는 경우에는 별지 제53호서식의 인증서를 재발급하여야 한다. 〈개정 2015. 8. 18.〉

⑥ 인증기관의 장은 제3항 또는 제5항 따라 인증서를 발급하거나 재발급하였을 때에는 지체 없이 그 사실을 식품의약품안전처장과 관할 지방식품의약품안전청장에게 통보하여야 한다. 〈개정 2017. 1. 4.〉

시행규칙

제64조(식품안전관리인증기준적용업소의 영업자 및 종업원에 대한 교육훈련) ① 법 제48조제5항에 따라 식품안전관리인증기준적용업소의 영업자 및 종업원이 받아야 하는 교육훈련의 종류는 다음 각 호와 같다. 다만, 법 제48조제8항 및 이 규칙 제66조에 따른 조사·평가 결과 만점의 95퍼센트 이상을 받은 식품안전관리인증기준적용업소의 종업원에 대하여는 그 다음 연도의 제2호에 따른 정기교육훈련을 면제한다. 〈개정 2021. 5. 27.〉

1. 영업자 및 종업원에 대한 신규 교육훈련
2. 종업원에 대하여 매년 1회(인증받은 연도는 제외한다) 이상 실시하는 정기교육훈련
3. 그 밖에 식품의약품안전처장이 식품위해사고의 발생 및 확산이 우려되어 영업자 및 종업원에게 명하는 교육훈련

② 삭제 〈2021. 6. 30.〉

③ 제1항에 따른 교육훈련의 시간은 다음 각 호와 같다.

1. 신규 교육훈련: 영업자의 경우 2시간 이내, 종업원의 경우 16시간 이내
2. 정기교육훈련: 4시간 이내
3. 제1항제3호에 따른 교육훈련: 8시간 이내

④ ⑤ 삭제 〈2021. 6. 30.〉

⑥ 제1항 및 제3항에서 규정한 사항 외에 교육훈련 대상별 교육시간 등에 관한 세부적인 사항은 식품의약품안전처장이 정하여 고시한다. 〈개정 2021. 6. 30.〉

시행규칙

제65조(식품안전관리인증기준적용업소에 대한 지원 등) 식품의약품안전처장은 법 제48조제6항에 따라 식품안전관리인증기준적용업소의 인증을 받거나 받으려는 영업자에게 식품안전관리인증기준에 관한 다음 각 호의 사항을 지원할 수 있다. 〈개정 2015. 8. 18.〉

1. 식품안전관리인증기준 적용에 관한 전문적 기술과 교육
2. 위해요소 분석 등에 필요한 검사
3. 식품안전관리인증기준 적용을 위한 자문 비용
4. 식품안전관리인증기준 적용을 위한 시설·설비 등 개수·보수 비용
5. 교육훈련 비용

시행규칙

제66조(식품안전관리인증기준적용업소에 대한 조사·평가) ① 지방식품의약품안전청장은 법 제48조제8항에 따라 식품안전관리인증기준적용업소로 인증받은 업소에 대하여 식품안전관리인증기준의 준수 여부 등에 관하여 **매년 1회 이상 조사·평가할 수 있다.** 〈개정 2015. 8. 18.〉

② 제1항에 따른 조사·평가사항은 다음 각 호와 같다. 〈개정 2015. 8. 18.〉

1. 법 제48조제1항에 따른 제조·가공·조리 및 유통에 따른 위해요소분석, 중요관리점 결정 등이 포함된 식품안전관리인증기준의 준수 여부
2. 제64조에 따른 교육훈련 수료 여부

③ 그 밖에 조사·평가에 관한 세부적인 사항은 식품의약품안전처장이 정한다. 〈개정 2013. 3. 23.〉

시행규칙

제67조(식품안전관리인증기준적용업소 인증취소 등) ① 법 제48조제8항제4호에서 "총리령으로 정하는 사항을 지키지 아니한 경우"란 다음 각 호의 경우를 말한다. 〈개정 2015. 8. 18.〉

1. 법 제48조제10항을 위반하여 식품안전관리인증기준적용업소의 영업자가 인증받은 식품을 다른 업소에 위탁하여 제조·가공한 경우
2. 제63조제4항을 위반하여 변경신청을 하지 아니한 경우
3. 삭제 〈2017. 1. 4.〉

② 법 제48조제8항에 따른 식품안전관리인증기준적용업소 인증취소 등의 기준은 별

표 20과 같다. 〈개정 2015. 8. 18.〉

시행규칙 [**별표 20] 식품안전관리인증기준적용업소의 인증취소 등의 기준**(제67조제2항 관련) 〈개정 2020. 8. 24.〉

위반사항	근거 법령	처분기준
1. 식품안전관리인증기준을 지키지 않은 경우로서 다음 각 목의 어느 하나에 해당하는 경우	법 제48조제8항제1호	
가. 원재료·부재료 입고 시 공급업체로부터 식품안전관리인증기준에서 정한 검사성적서를 받지도 않고 식품안전관리인증기준에서 정한 자체검사도 하지 않은 경우		인증취소
나. 식품안전관리인증기준에서 정한 작업장 세척 또는 소독을 하지 않고 식품안전관리인증기준에서 정한 종사자 위생관리도 하지 않은 경우		인증취소
다. 식품안전관리인증기준에서 정한 중요관리점에 대한 모니터링을 하지 않거나 중요관리점에 대한 한계기준의 위반 사실이 있음에도 불구하고 지체 없이 개선조치를 이행하지 않은 경우		인증취소
라. 지하수를 비가열 섭취식품의 원재료·부재료의 세척용수 또는 배합수로 사용하면서 살균 또는 소독을 하지 않은 경우		인증취소
마. 식품안전관리인증기준서에서 정한 제조·가공 방법대로 제조·가공하지 않은 경우		시정명령
바. 신규 제품 또는 추가된 공정에 대해 식품안전관리인증기준에서 정한 위해요소 분석을 전혀 실시하지 않은 경우		인증취소
사. 식품안전관리인증기준적용업소에 대한 법 제48조제8항에 따른 조사·평가 결과 부적합 판정을 받은 경우로서 다음의 어느 하나에 해당하는 경우 1) 선행요건 관리분야에서 만점의 60퍼센트 미만을 받은 경우 2) 식품안전관리인증기준 관리분야에서 만점의 60퍼센트 미만을 받은 경우		인증취소
아. 식품안전관리인증기준적용업소에 대한 법 제48조제8항에 따른 조사·평가 결과 부적합 판정을 받은 경우로서 다음의 어느 하나에 해당하는 경우 1) 선행요건 관리분야에서 만점의 85퍼센트 미만 60퍼센트 이상을 받은 경우 2) 식품안전관리인증기준 관리분야에서 만점의 85퍼센트 미만 60퍼센트 이상을 받은 경우		시정명령
2. 법 제75조에 따라 2개월 이상의 영업정지를 받은 경우 또는 그에 갈음하여 과징금을 부과 받은 경우	법 제48조제8항제2호	인증취소
3. 영업자 및 종업원이 법 제48조제5항에 따른 교육훈련을 받지 아니한 경우	법 제48조제8항제3호	시정명령
4. 법 제48조제10항을 위반하여 식품안전관리인증기준적용업소의 영업자가 인증받은 식품을 다른 업소에 위탁하여 제조·가공한 경우	법 제48조제8항제4호	인증취소

(계속)

위반사항	근거 법령	처분기준
5. 제63조제4항을 위반하여 변경신고를 하지 아니한 경우	법 제48조제8항제4호	시정명령
6. 위의 제1호마목, 제3호 또는 제5호를 위반하여 2회 이상의 시정명령을 받고도 이를 이행하지 아니한 경우	법 제48조제8항	인증취소
7. 제1호사목을 위반하여 시정명령을 받고도 이를 이행하지 않은 경우	법 제48조제8항제1호	인증취소
8. 거짓이나 그 밖의 부정한 방법으로 인증을 받은 경우	법 제48조제8항제1호의2	인증취소

시행령

제34조(식품안전관리인증기준적용업소에 관한 업무의 위탁 등) ① 식품의약품안전처장은 법 제48조제12항에 따라 식품안전관리인증기준적용업소에 관한 업무의 일부를 다음 각 호의 어느 하나에 해당하는 기관에 위탁한다. 〈개정 2020. 12. 1.〉

1. 「한국식품안전관리인증원의 설립 및 운영에 관한 법률」에 따른 한국식품안전관리인증원
2. 「정부출연연구기관 등의 설립·운영 및 육성에 관한 법률」에 따른 정부출연연구기관
3. 정부가 설립하거나 운영비용의 전부 또는 일부를 지원하는 연구기관으로서 식품안전관리인증기준(법 제48조제1항에 따른 식품안전관리인증기준을 말한다. 이하 같다)에 관한 전문인력을 보유한 기관
4. 그 밖에 식품안전관리인증기준 업무를 할 목적으로 설립된 비영리법인 또는 연구소

② 제1항에 따라 위탁받는 기관은 다음 각 호의 업무를 수행한다. 〈개정 2016. 7. 26.〉

1. 법 제48조제3항·제4항·제6항 및 법 제48조의2제2항에 따른 식품안전관리인증기준적용업소의 인증, 변경인증, 인증 증명 서류의 발급, 인증을 받거나 받으려는 영업자에 대한 기술지원 및 인증 유효기간의 연장
2. 삭제 〈2014. 11. 28.〉
3. 식품안전관리인증기준과 관련된 전문인력의 양성 및 교육·훈련
4. 식품안전관리인증기준적용업소의 공정별·품목별 위해요소의 분석
5. 식품안전관리인증기준에 관한 정보의 수집·제공 및 홍보
6. 식품안전관리인증기준에 관한 조사·연구사업
7. 그 밖에 식품안전관리인증기준 활성화를 위하여 필요한 사업

제48조의2(인증 유효기간) ① 제48조제3항에 따른 인증의 **유효기간은 인증을 받은 날부터 3년**으로 하며, 같은 항 후단에 따른 변경 인증의 유효기간은 당초 인증 유효기간의 남은 기간으로 한다.

② 제1항에 따른 인증 유효기간을 연장하려는 자는 총리령으로 정하는 바에 따라 식품의약품안전처장에게 연장신청을 하여야 한다.

③ 식품의약품안전처장은 제2항에 따른 연장신청을 받았을 때에는 안전관리인증기준에 적합하다고 인정하는 경우 3년의 범위에서 그 기간을 연장할 수 있다.

시행규칙

제68조(식품안전관리인증기준적용업소에 대한 출입·검사 면제) 지방식품의약품안전청장, 시·도지사 또는 시장·군수·구청장은 법 제48조제11항에 따라 법 제48조의2제1항에 따른 인증 유효기간(이하 "인증유효기간"이라 한다) 동안 관계 공무원으로 하여금 출입·검사를 하지 아니하게 할 수 있다. 〈개정 2017. 1. 4.〉

시행규칙

제68조의2(인증유효기간의 연장신청 등) ① 인증기관의 장은 인증유효기간이 끝나기 90일 전까지 다음 각 호의 사항을 식품안전관리인증기준적용업소의 영업자에게 통지하여야 한다. 이 경우 통지는 휴대전화 문자메시지, 전자우편, 팩스, 전화 또는 문서 등으로 할 수 있다.

1. 인증유효기간을 연장하려면 인증유효기간이 끝나기 60일 전까지 연장 신청을 하여야 한다는 사실
2. 인증유효기간의 연장 신청 절차 및 방법

② 법 제48조의2제2항에 따라 인증유효기간의 연장을 신청하려는 영업자는 인증유효기간이 끝나기 60일 전까지 별지 제52호서식의 식품안전관리인증기준적용업소 인증연장신청서(전자문서로 된 신청서를 포함한다)에 법 제48조제1항에 따른 식품안전관리인증기준에 따라 작성한 적용대상 식품별 식품안전관리인증계획서(전자문서를 포함한다)를 첨부하여 인증기관의 장에게 제출해야 한다. 〈개정 2023. 5. 19.〉

1. 삭제 〈2023. 5. 19.〉
2. 삭제 〈2023. 5. 19.〉

③ 인증기관의 장은 법 제48조의2제3항에 따라 인증유효기간을 연장하는 경우에는 별지 제53호서식의 식품안전관리인증기준적용업소 인증서를 발급하여야 한다.

제48조의3(식품안전관리인증기준적용업소에 대한 조사·평가 등) ① 식품의약품안전처장은 식품안전관리인증기준적용업소로 인증받은 업소에 대하여 식품안전관리인증기준의 준수 여부와 제48조제5항에 따른 **교육훈련 수료 여부를 연 1회 이상 조사·평가**하여야 한다.

② 식품의약품안전처장은 제1항에 따른 조사·평가 결과 그 결과가 우수한 식품안전관리인증기준적용업소에 대해서는 제1항에 따른 조사·평가를 면제하는 등 행정적·재정적 지원을 할 수 있다. 다만, 식품안전관리인증기준적용업소가 제48조의2제1항에 따른 인증 유효기간 내에 이 법을 위반하여 영업의 정지, 허가 취소 등 행정처분을 받은 경우에는 제1항에 따른 조사·평가를 면제하여서는 아니 된다.

③ 그 밖에 조사·평가의 방법 및 절차 등에 필요한 사항은 총리령으로 정한다.

제48조의4(식품안전관리인증기준의 교육훈련기관 지정 등) ① 식품의약품안전처장은 제48조제5항에 따른 교육훈련을 전문적으로 수행하기 위하여 식품안전관리인증기준 교육훈련기관(이하 "교육훈련기관"이라 한다)을 지정하여 교육훈련의 실시를 위탁할 수 있다.

② 제1항에 따라 교육훈련기관으로 지정받으려는 자는 총리령으로 정하는 지정기준을 갖추어 식품의약품안전처장에게 신청하여야 한다.

③ 제1항에 따라 교육훈련기관으로 지정받은 자는 지정된 내용 중 총리령으로 정하는 사항이 변경된 경우에는 변경사유가 발생한 날부터 1개월 이내에 식품의약품안전처장에게 신고하여야 한다.

④ 교육훈련기관은 제48조제5항에 따른 교육훈련을 수료한 사람에게 교육훈련수료증을 발급하여야 한다.

⑤ 교육훈련기관은 교육훈련에 관한 자료의 보관 등 총리령으로 정하는 사항을 준수하여야 한다.

⑥ 식품의약품안전처장은 지정된 교육훈련기관의 인력·시설·설비 보유현황 및 활용도, 교육·훈련과정 운영실태 및 교육서비스의 적절성·충실성 등을 평가하여 그 평가 내용을 공표할 수 있다.

⑦ 식품의약품안전처장은 제6항에 따른 평가를 위하여 필요한 경우에는 교육훈련기관에 관련 자료의 제출을 요구할 수 있다.

⑧ 식품의약품안전처장은 교육훈련기관이 다음 각 호의 어느 하나에 해당하는 경우에는 기간을 정하여 시정을 명할 수 있다.

1. 제3항에 따른 변경신고를 하지 아니한 경우
2. 제5항에 따른 교육훈련기관의 준수사항을 위반한 경우

⑨ 제1항부터 제8항까지에서 규정한 사항 외에 교육훈련기관의 지정 절차, 교육 내용·시기·방법, 실시 비용 등에 필요한 사항은 총리령으로 정한다.

[본조신설 2020. 12. 29.]

제48조의5(교육훈련기관의 지정취소 등) ① 식품의약품안전처장은 교육훈련기관이 다음 각 호의 어느 하나에 해당하는 경우에는 그 지정을 취소하거나 1년 이내의 범위에서 기간을 정하여 업무의 전부 또는 일부를 정지할 수 있다. 다만, 제1호 및 제4호의 경우에는 그 지정을 취소하여야 한다.

1. 거짓 또는 그 밖의 부정한 방법으로 교육훈련기관의 지정을 받은 경우
2. 정당한 사유 없이 1년 이상 계속하여 교육훈련과정을 운영하지 아니하는 경우
3. 제48조의4제2항에 따른 지정기준에 적합하지 아니하게 된 경우
4. 제48조의4제4항에 따른 교육훈련수료증을 거짓 또는 그 밖의 부정한 방법으로 발급한 경우
5. 제48조의4제6항에 따른 평가를 실시한 결과 교육훈련실적 및 교육훈련내용이 매우 부실하여 지정 목적을 달성할 수 없다고 인정되는 경우
6. 제48조의4제8항에 따른 시정명령을 받고도 정당한 사유 없이 정해진 기간 내에 이를 시정하지 아니하는 경우

② 식품의약품안전처장은 제1항에 따라 교육훈련기관의 지정이 취소된 자(법인인 경우 그 대표자를 포함한다)에 대해서는 지정이 취소된 날부터 3년 이내에 교육훈련기관으로 지정해서는 아니 된다.

③ 제1항에 따른 지정취소 및 업무정지 처분의 세부기준은 그 위반 행위의 유형과 위반 정도 등을 고려하여 총리령으로 정한다.

[본조신설 2020. 12. 29.]

제49조(식품이력추적관리 등록기준 등) ① 식품을 제조·가공 또는 판매하는 자 중 식품이력추적관리를 하려는 자는 총리령으로 정하는 등록기준을 갖추어 해당 식품을 식품의약품안전처장에게 등록할 수 있다. 다만, 영유아식 제조·가공업자, 일정 매출액·매장면적 이상의 식품판매업자 등 총리령으로 정하는 자는 식품의약품안전처장에게 등록

하여야 한다. 〈개정 2015. 2. 3.〉

② 제1항에 따라 등록한 식품을 제조·가공 또는 판매하는 자는 식품이력추적관리에 필요한 기록의 작성·보관 및 관리 등에 관하여 식품의약품안전처장이 정하여 고시하는 기준(이하 "식품이력추적관리기준"이라 한다)을 지켜야 한다. 〈개정 2015. 2. 3.〉

③ 제1항에 따라 등록을 한 자는 등록사항이 변경된 경우 변경사유가 발생한 날부터 1개월 이내에 식품의약품안전처장에게 신고하여야 한다. 〈개정 2013. 3. 23.〉

과태료 시행령 **〈별표 2〉 2. 개별기준**(제67조 관련) 〈개정 2023. 4. 25.〉

위반행위	근거 법조문	과태료 금액(단위: 만원)		
		1차 위반	2차 위반	3차 이상 위반
버. 법 제49조제3항을 위반하여 식품이력추적관리 등록사항이 변경된 경우 변경사유가 발생한 날부터 1개월 이내에 신고하지 않은 경우	법 제101조 제3항제4호	30	60	90
서. 법 제49조의3제4항을 위반하여 식품이력추적관리정보를 목적 외에 사용한 경우	법 제101조 제3항제5호	100	200	300

④ 제1항에 따라 등록한 식품에는 식품의약품안전처장이 정하여 고시하는 바에 따라 식품이력추적관리의 표시를 할 수 있다. 〈개정 2013. 3. 23.〉

⑤ 식품의약품안전처장은 제1항에 따라 등록한 식품을 제조·가공 또는 판매하는 자에 대하여 식품이력추적관리기준의 준수 여부 등을 3년마다 조사·평가하여야 한다. 다만, 제1항 단서에 따라 등록한 식품을 제조·가공 또는 판매하는 자에 대하여는 2년마다 조사·평가하여야 한다. 〈개정 2015. 2. 3.〉

⑥ 식품의약품안전처장은 제1항에 따라 등록을 한 자에게 예산의 범위에서 식품이력추적관리에 필요한 자금을 지원할 수 있다. 〈개정 2013. 3. 23.〉

⑦ 식품의약품안전처장은 제1항에 따라 등록을 한 자가 식품이력추적관리기준을 지키지 아니하면 그 등록을 취소하거나 시정을 명할 수 있다. 〈개정 2013. 3. 23.〉

⑧ 식품의약품안전처장은 제1항에 따른 등록의 신청을 받은 날부터 40일 이내에, 제3항에 따른 변경신고를 받은 날부터 15일 이내에 등록 여부 또는 신고수리 여부를 신청인 또는 신고인에게 통지하여야 한다. 〈신설 2018. 12. 11.〉

⑨ ⑩ 생략

시행규칙

제69조(식품이력추적관리의 등록신청 등) ① 법 제49조제1항에 따라 식품이력추적관리에 관한 등록을 하려는 자는 별지 제55호서식의 식품이력추적관리 등록신청서(전자문서로 된 신청서를 포함한다)에 다음 각 호의 서류(전자문서를 포함한다)를 첨부하여 지방식품의약품안전청장에게 제출하여야 한다. 〈개정 2016. 2. 4.〉

1. 별지 제43호서식의 식품 품목제조보고서(유통전문판매업의 경우에는 수탁자의 식품 품목제조보고서) 사본
2. 제2항에 따른 식품이력관리전산시스템 등 식품의약품안전처장이 정하여 고시하는 사항을 포함한 식품이력추적관리 계획서

② 법 제49조제1항 본문에서 "총리령으로 정하는 등록기준"이란 식품이력추적관리에 필요한 기록의 작성·보관 및 관리 등에 필요한 시스템(이하 "식품이력관리전산시스템"이라 한다)을 말한다. 〈개정 2015. 8. 18.〉

③ 식품이력추적관리의 등록대상인 식품의 품목은 다음 각 호의 요건을 모두 갖추어야 한다.

1. 제조·가공단계부터 판매단계까지의 식품이력에 관한 정보를 추적하여 제공할 수 있도록 관리되고 있을 것
2. 제조·가공단계부터 판매단계까지 식품의 회수 등 사후관리체계를 갖추고 있을 것

④ 제1항에 따른 신청을 받은 지방식품의약품안전청장은 식품이력관리전산시스템을 갖추고 있는지 여부와 제3항에 따른 등록대상에 적합한 품목인지 여부를 심사하고, 그 심사 결과 적합하다고 인정되는 경우에는 해당 식품을 품목별로 등록한 후 별지 제56호서식의 식품이력추적관리 품목 등록증을 발급하여야 한다. 〈개정 2015. 8. 18.〉

⑤ 삭제 〈2015. 8. 18.〉

시행규칙

제69조의2(식품이력추적관리 등록 대상) 법 제49조제1항 단서에서 "총리령으로 정하는 자"란 다음 각 호의 자를 말한다. 〈개정 2018. 6. 28.〉

1. 영유아식(영아용 조제식품, 성장기용 조제식품, 영유아용 곡류 조제식품 및 그 밖의 영유아용 식품을 말한다) 제조·가공업자
2. 임산·수유부용 식품, 특수의료용도 등 식품 및 체중조절용 조제식품 제조·가공업자

3. 영 제21조제5호나목6) 및 이 규칙 제39조에 따른 기타 식품판매업자

[시행일] 제69조의2제2호의 개정규정은 다음 각 호의 구분에 따른 날

1. 임산·수유부용 식품, 특수의료용도 등 식품 및 체중조절용 조제식품의 식품유형별 2016년 매출액이 50억원 이상인 제조·가공업자: 2019년 12월 1일
2. 임산·수유부용 식품, 특수의료용도 등 식품 및 체중조절용 조제식품의 식품유형별 2016년 매출액이 10억원 이상 50억원 미만인 제조·가공업자: 2020년 12월 1일
3. 임산·수유부용 식품, 특수의료용도 등 식품 및 체중조절용 조제식품의 식품유형별 2016년 매출액이 1억원 이상 10억원 미만인 제조·가공업자: 2021년 12월 1일
4. 임산·수유부용 식품, 특수의료용도 등 식품 및 체중조절용 조제식품의 식품유형별 2016년 매출액이 1억원 미만인 제조·가공업자 및 2017년 이후 영 제26조의2제1항에 따라 영업등록을 한 임산·수유부용 식품, 특수의료용도 등 식품, 체중조절용 조제식품 제조·가공업자: 2022년 12월 1일

시행규칙

제70조(등록사항) 법 제49조제1항에 따른 식품이력추적관리의 등록사항은 다음 각 호와 같다. 〈개정 2022. 6. 30.〉

1. 국내식품의 경우
   가. 영업소의 명칭(상호)과 소재지
   나. 제품명과 식품의 유형
   다. 소비기한 및 품질유지기한
   라. 보존 및 보관방법
2. 수입식품의 경우
   가. 영업소의 명칭(상호)과 소재지
   나. 제품명
   다. 원산지(국가명)
   라. 제조회사 또는 수출회사

시행규칙

제71조(등록사항의 변경신고) ① 법 제49조제3항에 따른 등록사항 변경 신고를 하려는 자는 그 변경사유가 발생한 날부터 1개월 이내에 별지 제57호서식의 변경신고서(전자문서

로 된 신고서를 포함한다)에 별지 제56호서식의 식품이력추적관리 품목 등록증을 첨부하여 지방식품의약품안전청장에게 제출하여야 한다. 〈개정 2014. 3. 6.〉

② 생략

시행규칙

제72조(조사·평가 등) ① 법 제49조제5항에 따라 식품이력추적관리를 등록한 식품을 제조·가공 또는 판매하는 자에 대하여 식품이력추적관리기준의 준수 여부 등에 대한 조사·평가를 하는 경우에는 서류검토 및 현장조사의 방법으로 한다. 〈개정 2016. 2. 4.〉

② 제1항에 따른 조사·평가에는 다음 각 호의 사항이 포함되어야 한다. 〈개정 2015. 8. 18.〉

1. 식품이력관리전산시스템의 구축·운영 여부
2. 식품이력추적관리기준의 준수 여부

③ 제1항 및 제2항에서 규정한 사항 외에 조사·평가의 점검사항과 방법 등에 필요한 세부사항은 식품의약품안전처장이 정하여 고시한다.

시행규칙

제73조(자금지원 대상 등) 식품의약품안전처장은 법 제49조제6항에 따라 식품이력추적관리를 등록한 자에게 다음 각 호의 사항에 대하여 자금을 지원할 수 있다. 〈개정 2015. 8. 18.〉

1. 식품이력관리전산시스템의 구축·운영에 필요한 장비 구입
2. 식품이력관리전산시스템의 프로그램 개발 비용
3. 그 밖에 식품의약품안전처장이 식품이력추적관리에 필요하다고 인정하는 사업

시행규칙

제74조(식품이력추적관리 등록증의 반납) 법 제49조제7항에 따라 식품이력추적관리 등록이 취소된 자는 별지 제56호서식의 식품이력추적관리 품목 등록증을 지체 없이 지방식품의약품안전청장에게 반납하여야 한다. 〈개정 2014. 3. 6.〉

시행규칙

제74조의2(식품이력추적관리 등록취소 등의 기준) 법 제49조제7항에 따른 식품이력추적관리 등록취소 등의 기준은 별표 20의3과 같다.

시행규칙 **[별표 20의3] 식품이력추적관리 등록취소 등의 기준**(제74조의2 관련) 〈개정 2021. 6. 30.〉

위반사항	근거법령	처분기준
1. 식품이력추적관리 정보를 특별한 사유 없이 식품이력추적관리 시스템에 제공하지 아니한 경우로서	법 제49조제7항	
가. 2일 이상 30일 미만(토요일 및 공휴일은 산입하지 아니한다. 이하 같다) 식품이력추적관리 정보 전부를 제공하지 아니한 경우		시정명령
나. 30일 이상 식품이력추적관리 정보 전부를 제공하지 아니한 경우		해당품목 등록취소
다. 5일 이상 식품이력추적관리 정보 일부를 제공하지 아니한 경우		시정명령
2. 식품이력추적관리기준을 지키지아니한 경우(제1호에 해당하는 경우는 제외한다)	법 제49조제7항	시정명령
3. 3년 내에 2회의 시정명령을받고 이를 모두 이행하지 아니한 경우	법 제49조제7항	해당품목 등록취소

제49조의2(식품이력추적관리정보의 기록·보관 등) ① 제49조제1항에 따라 등록한 자(이하 이 조에서 "등록자"라 한다)는 식품이력추적관리기준에 따른 식품이력추적관리정보를 총리령으로 정하는 바에 따라 전산기록장치에 기록·보관하여야 한다.

② 등록자는 제1항에 따른 식품이력추적관리정보의 기록을 해당 제품의 소비기한 등이 경과한 날부터 2년 이상 보관하여야 한다. 〈개정 2021. 8. 17.〉

③ 생략

시행규칙

제74조의3(식품이력추적관리 정보의 기록·보관) 법 제49조의2제1항에 따라 식품이력추적관리정보를 기록·보관할 때에는 식품이력관리전산시스템을 활용하여야 한다.

제49조의3(식품이력추적관리시스템의 구축 등) ① 식품의약품안전처장은 식품이력추적관리시스템을 구축·운영하고, 식품이력추적관리시스템과 제49조의2제1항에 따른 식품이력추적관리정보가 연계되도록 하여야 한다.

② 식품의약품안전처장은 제1항에 따라 식품이력추적관리시스템에 연계된 정보 중 총리령으로 정하는 정보는 소비자 등이 인터넷 홈페이지를 통하여 쉽게 확인할 수 있도록 하여야 한다.

③ 제2항에 따른 정보는 해당 제품의 유통기한 또는 품질유지기한이 경과한 날부터 1년 이상 확인할 수 있도록 하여야 한다.

④ 누구든지 제1항에 따라 연계된 정보를 식품이력추적관리 목적 외에 사용하여서는 아니 된다.

과태료 시행령 **〈별표 2〉 2. 개별기준**(제67조 관련) 〈개정 2023. 4. 25.〉

위반행위	근거 법조문	과태료 금액(단위: 만원)		
		1차 위반	2차 위반	3차 이상 위반
서. 법 제49조의3제4항을 위반하여 식품이력추적관리정보를 목적 외에 사용한 경우	법 제101조 제3항제5호	100	200	300

시행규칙

제74조의4(식품이력추적관리시스템에 연계된 정보의 공개) 법 제49조의3제2항에서 "총리령으로 정하는 정보"란 다음 각 호의 구분에 따른 정보를 말한다. 〈개정 2022. 6. 30.〉

1. 국내식품의 경우: 다음 각 목의 정보
   가. 식품이력추적관리번호
   나. 제조업소의 명칭 및 소재지
   다. 제조일
   라. 소비기한 또는 품질유지기한
   마. 원재료명 또는 성분명
   바. 원재료의 원산지 국가명
   사. 유전자변형식품(인위적으로 유전자를 재조합하거나 유전자를 구성하는 핵산을 세포나 세포 내 소기관으로 직접 주입하는 기술 또는 분류학에 따른 과(科)의 범위를 넘는 세포융합기술에 해당하는 생명공학기술을 활용하여 재배·육성된 농산물·축산물·수산물 등을 원재료로 하여 제조·가공한 식품 또는 식품첨가물을 말한다. 이하 같다) 여부
   아. 출고일
   자. 법 제45조제1항 또는 제72조제3항에 따른 회수대상 여부 및 회수사유
2. 수입식품의 경우: 다음 각 목의 정보
   가. 식품이력추적관리번호
   나. 수입업소 명칭 및 소재지
   다. 제조국

라. 제조업소의 명칭 및 소재지

마. 제조일

바. 유전자변형식품 여부

사. 수입일

아. 소비기한 또는 품질유지기한

자. 원재료명 또는 성분명

차. 법 제45조제1항 또는 제72조제3항에 따른 회수대상 여부 및 회수사유

제50조 삭제 〈2015. 3. 27.〉

제8장 | 조리사 등 〈개정 2010. 3. 26.〉

제51조(조리사) ① **집단급식소 운영자와 대통령령으로 정하는 식품접객업자는 조리사(調理士)를 두어야 한다.** 다만, 다음 각 호의 어느 하나에 해당되는 경우에는 **조리사를 두지 아니하여도** 된다. 〈개정 2013. 5. 22.〉

1. **집단급식소 운영자 또는 식품접객영업자 자신이 조리사로서 직접 음식물을 조리하는 경우**
2. **1회 급식인원 100명 미만의 산업체인 경우**
3. 제52조제1항에 따른 **영양사가 조리사의 면허를 받은 경우**

② **집단급식소에 근무하는 조리사**는 다음의 **직무**를 수행한다. 〈신설 2011. 6. 7.〉

1. **집단급식소에서의 식단에 따른 조리업무**[식재료의 전(前)처리에서부터 조리, 배식 등의 전 과정을 말한다]
2. **구매식품의 검수 지원**
3. **급식설비 및 기구의 위생·안전 실무**
4. 그 밖에 **조리실무**에 관한 사항

시행령

제36조(조리사를 두어야 하는 식품접객업자) 법 제51조 제1항 본문에 따라 **조리사를 두어야 하는 식품접객업자**는 이 영 제21조 제8호의 **식품접객업 중 복어를 조리·판매하는 영**

업을 하는 자를 말한다. 이 경우 해당 식품접객업자는 「국가기술자격법」에 따른 복어 조리 자격을 취득한 조리사를 두어야 한다. [전문개정 2017. 12. 12.]

행정처분 시행규칙 **[별표 23]** II. **개별기준 3. 식품접객업**(제89조 관련) 〈개정 2022. 4. 23.〉

위반행위	근거 법령	행정처분 기준		
		1차 위반	2차 위반	3차 위반
12. 법 제51조를 위반한 경우	법 제71조 및 법 제75조	시정명령	영업정지 7일	영업정지 15일

第52조(영양사) ① **집단급식소 운영자는 영양사**(營養士)를 두어야 한다. 다만, 다음 각 호의 어느 하나에 해당되는 경우에는 **영양사를 두지 아니하여도** 된다. 〈개정 2013. 5. 22.〉

1. **집단급식소 운영자 자신이 영양사로서 직접 영양 지도를 하는 경우**
2. **1회 급식인원 100명 미만의 산업체인 경우**
3. 제51조 제1항에 따른 **조리사가 영양사의 면허를 받은 경우**

② **집단급식소에 근무하는 영양사**는 다음의 **직무**를 수행한다. 〈신설 2011. 6. 7.〉

1. **집단급식소에서의 식단 작성, 검식(檢食) 및 배식관리**
2. **구매식품의 검수(檢受) 및 관리**
3. **급식시설의 위생적 관리**
4. **집단급식소의 운영일지 작성**
5. **종업원에 대한 영양 지도 및 식품위생교육**

※ 〈벌칙〉 법 제52조 영양사를 두지 않은 집단급식소 운영자: 3년 이하의 징역 또는 3천만 원 이하의 벌금(병과) (법 제96조)

第53조(조리사의 면허) ① 조리사가 되려는 자는 「국가기술자격법」에 따라 해당 기능분야의 자격을 얻은 후 특별자치시장·특별자치도지사·시장·군수·구청장의 면허를 받아야 한다. 〈개정 2016. 2. 3.〉

② 제1항에 따른 조리사의 면허 등에 관하여 필요한 사항은 총리령으로 정한다. 〈개정 2013. 3. 23.〉

③ ④ 삭제 〈2010. 3. 26.〉

시행규칙

第79조(영양사의 직무 등) 삭제 〈2020. 4. 13.〉

시행규칙

제80조(조리사의 면허신청 등) ① 법 제53조 제1항에 따라 조리사의 면허를 받으려는 자는 별지 제60호서식의 조리사 면허증 발급·재발급 신청서에 다음 각 호의 서류를 첨부하여 특별자치시장·특별자치도지사·시장·군수·구청장에게 제출하여야 한다. 이 경우 특별자치시장·특별자치도지사·시장·군수·구청장은 「전자정부법」 제36조 제1항에 따른 행정정보의 공동이용을 통하여 조리사 국가기술자격증을 확인하여야 하며, 신청인이 그 확인에 동의하지 아니하는 경우에는 국가기술자격증 사본을 첨부하도록 하여야 한다. 〈개정 2021. 6. 30〉

1. 사진(최근 6개월 이내에 모자를 쓰지 않고 정면 상반신을 찍은 가로 3센티미터, 세로 4센티미터의 사진을 말하며, 전자적 파일 형태의 사진을 포함한다. 이하 제81조제1항에서 같다) 1장
2. 법 제54조 제1호 본문에 해당하는 사람이 아님을 증명하는 최근 6개월 이내의 의사의 진단서 또는 법 제54조 제1호 단서에 해당하는 사람임을 증명하는 최근 6개월 이내의 전문의의 진단서
3. 법 제54조 제2호 및 제3호에 해당하는 사람이 아님을 증명하는 최근 6개월 이내의 의사의 진단서

② 특별자치시장·특별자치도지사·시장·군수·구청장은 조리사의 면허를 한 때에는 별지 제61호서식의 조리사명부에 기록하고 별지 제62호서식의 조리사 면허증을 발급하여야 한다. 〈개정 2016. 8. 4.〉

제54조(결격사유) 다음 각 호의 어느 하나에 해당하는 자는 **조리사 면허를 받을 수 없다.** 〈개정 2018. 12. 11.〉

1. 「정신건강증진 및 정신질환자 복지서비스 지원에 관한 법률」 제3조 제1호에 따른 **정신질환자**. 다만, 전문의가 조리사로서 적합하다고 인정하는 자는 그러하지 아니하다.
2. 「감염병의 예방 및 관리에 관한 법률」 제2조 제13호에 따른 **감염병환자**. 다만, 같은 조 제3호 아목에 따른 **B형간염환자는 제외**한다.
3. 「마약류관리에 관한 법률」 제2조 제2호에 따른 **마약이나 그 밖의 약물 중독자**
4. **조리사 면허의 취소처분을 받고 그 취소된 날부터 1년이 지나지 아니한 자**

행정처분 시행규칙 **[별표 23] Ⅱ. 개별기준 4. 조리사**(제89조 관련) 〈개정 2022. 4. 23.〉

위반행위	근거 법령	행정처분 기준		
		1차 위반	2차 위반	3차 위반
1. 법 제54조 각 호의 어느 하나에 해당하게 된 경우	법 제80조	면허취소		

제55조(명칭 사용 금지) 조리사가 아니면 조리사라는 명칭을 사용하지 못한다. 〈개정 2010. 3. 26.〉

제56조(교육) ① **식품의약품안전처장은 식품위생 수준 및 자질의 향상을 위하여 필요한 경우 조리사와 영양사에게 교육**(조리사의 경우 보수교육을 포함한다. 이하 이 조에서 같다)**을 받을 것을 명할 수 있다.** 다만, **집단급식소에 종사하는 조리사와 영양사는 1년마다 교육을 받아야 한다.** 〈개정 2021. 7. 27.〉

행정처분 시행규칙 **[별표 23] Ⅱ. 개별기준 4. 조리사**(제89조 관련) 〈개정 2022. 4. 23.〉

위반행위	근거 법령	행정처분 기준		
		1차 위반	2차 위반	3차 위반
2. 법 제56조에 따른 교육을 받지 아니한 경우		시정명령	업무정지 15일	업무정지 1개월

② ③ 생략

시행규칙

제83조(조리사 및 영양사의 교육) ① 식품의약품안전처장은 법 제56조 제2항에 따라 식품으로 인하여 「감염병의 예방 및 관리에 관한 법률」 제2조에 따른 **감염병이 유행하거나 집단식중독의 발생 및 확산 등으로 국민건강을 해칠 우려가 있다고 인정되는 경우** 또는 **시·도지사가 국제적 행사나 대규모 특별행사 등으로 식품위생 수준의 향상이 필요하여 식품위생에 관한 교육의 실시를 요청하는 경우**에는 다음 각 호의 어느 하나에 해당하는 **조리사 및 영양사**에게 식품의약품안전처장이 정하는 시간에 해당하는 **교육을 받을 것을 명할 수 있다.** 이 경우 교육실시기관은 제84조 제1항에 따라 식품의약품안전처장이 지정한 기관으로 한다. 〈개정 2014. 5. 9.〉

1. 법 제51조 제1항에 따라 **조리사를 두어야 하는 식품접객업소 또는 집단급식소에 종사하는 조리사**

2. 법 제52조 제1항에 따라 **영양사를 두어야 하는 집단급식소에 종사하는 영양사**

② 법 제51조 제1항 제3호에 따른 **조리사 면허를 받은 영양사**나 법 제52조 제1항 제3호에 따른 **영양사 면허를 받은 조리사**가 제1항에 따른 **교육을 이수한 경우에는 해당 조리사 교육과 영양사 교육을 모두 받은 것으로 본다.** 〈개정 2014. 5. 9.〉

③ 제1항에 따라 교육을 받아야 하는 조리사 및 영양사가 식품의약품안전처장이 정하는 질병 치료 등 부득이한 사유로 교육에 참석하기가 어려운 경우에는 교육교재를 배부하여 이를 익히고 활용하도록 함으로써 교육을 갈음할 수 있다. 〈개정 2013. 3. 23.〉

시행규칙

제84조(조리사 및 영양사의 교육기관 등) ① 법 제56조 제1항 단서에 따른 **집단급식소에 종사하는 조리사 및 영양사에 대한 교육은 식품의약품안전처장이 식품위생 관련 교육을 목적으로 하는 전문기관 또는 단체 중에서 지정한 기관이 실시**한다. 〈개정 2013. 3. 23.〉

② 제1항에 따른 교육기관은 다음 각 호의 **내용**에 대한 교육을 실시한다.

1. **식품위생법령 및 시책**
2. **집단급식 위생관리**
3. **식중독 예방 및 관리를 위한 대책**
4. **조리사 및 영양사의 자질향상**에 관한 사항
5. 그 밖에 **식품위생**을 위하여 필요한 사항

③ **교육시간은 6시간**으로 한다.

④ 생략

[제9장 | 식품위생심의위원회]

제57조(식품위생심의위원회의 설치 등) 식품의약품안전처장의 자문에 응하여 다음 각 호의 내용을 조사·심의하기 위하여 **식품의약품안전처에 식품위생심의위원회를 둔다.** 〈개정 2013. 3. 23.〉

1. **식중독 방지에 관한 사항**
2. **농약·중금속 등 유독·유해물질 잔류 허용 기준에 관한 사항**
3. **식품등의 기준과 규격에 관한 사항**

4. 그 밖에 **식품위생에 관한 중요 사항**

제58조(심의위원회의 조직과 운영) ①~③ 생략

④ 심의위원회에 식품등의 국제 기준 및 규격을 조사·연구할 연구위원을 둘 수 있다. 〈개정 2011. 8. 4.〉

⑤ 연구위원의 업무는 다음 각 호와 같다. 다만, 다른 법령에 따라 수행하는 관련 업무는 제외한다. 〈신설 2011. 8. 4.〉

1. 국제식품규격위원회에서 제시한 기준·규격 조사·연구
2. 국제식품규격의 조사·연구에 필요한 외국정부, 관련 소비자단체 및 국제기구와 상호협력
3. 외국의 식품의 기준·규격에 관한 정보 및 자료 등의 조사·연구
4. 그 밖에 제1호부터 제3호까지에 준하는 사항으로서 대통령령으로 정하는 사항

⑥ 생략

시행령

제39조(식품위생심의위원회의 위원장 등) 생략

시행령

제44조(연구위원 등) ① 법 제58조제4항에 따라 심의위원회에 20명 이내의 연구위원을 둘 수 있다. 〈개정 2011. 12. 19.〉

② 법 제58조 제5항 제4호에 따른 연구위원의 업무는 다음 각 호와 같다. 〈개정 2013. 3. 23.〉

1. 국제식품규격위원회에서 논의할 기준·규격의 제·개정안 발굴 및 제안
2. 식품등의 국제 기준·규격에 관한 국내외 전문가 네트워크 구축 및 운영
3. 국제식품규격위원회가 발행한 문서에 대한 번역본 발간 및 배포
4. 그 밖에 식품등의 국제 기준·규격에 관한 사항으로서 식품의약품안전처장이 심의위원회에 조사·연구를 의뢰한 사항

③ 연구위원은 심의위원회의 회의에 출석하여 발언할 수 있다.

④ 연구위원은 식품등에 관한 학식과 경험이 풍부한 자 중에서 식품의약품안전처장이 임명한다. 〈개정 2013. 3. 23.〉

제10장 | 식품위생단체 등

제1절 동업자조합

제59조(설립) ① 영업자는 영업의 발전과 국민 건강의 보호·증진을 위하여 대통령령으로 정하는 영업 또는 식품의 종류별로 동업자조합(이하 "조합"이라 한다)을 설립할 수 있다. 〈개정 2022. 6. 10.〉

② 조합은 법인으로 한다.

③~⑦ 생략

시행령

제48조(동업자조합 설립단위 등) ① 법 제59조제1항에서 "대통령령으로 정하는 영업"이란 제21조 각 호의 영업을 말한다.

② 법 제59조제1항에 따라 설립하는 동업자조합(이하 "조합"이라 한다)의 설립단위는 전국으로 한다. 다만, 지역 또는 영업의 특수성 등으로 인하여 전국적 조합 설립이 불가능하다고 식품의약품안전처장이 인정하는 경우에는 그러하지 아니하다. 〈개정 2013. 3. 23.〉

시행령

제49조(설립인가의 신청) 생략

제60조(조합의 사업) 조합은 다음 각 호의 사업을 시행한다. 〈개정 2013. 3. 23.〉

1. **영업의 건전한 발전과 조합원 공동의 이익**을 위한 사업
2. 조합원의 **영업시설 개선에 관한 지도**
3. 조합원을 위한 **경영지도**
4. 조합원과 그 종업원을 위한 **교육훈련**
5. 조합원과 그 종업원의 **복지증진**을 위한 사업
6. 식품의약품안전처장이 위탁하는 **조사·연구 사업**
7. 조합원의 생활안정과 복지증진을 위한 **공제사업**
8. 제1호부터 제5호까지에 규정된 사업의 **부대사업**

제60조의2(조합의 공제회 설립·운영) ① 조합은 조합원의 생활안정과 복지증진을 도모하기 위하여 식품의약품안전처장의 인가를 받아 공제회를 설립하여 공제사업을 영위할 수 있다. 〈개정 2017. 12. 19.〉

②~⑤ 생략

제60조의3(공제사업의 내용) 공제회는 다음 각 호의 사업을 한다.

1. 공제회원에 대한 공제급여 지급
2. 공제회원의 복리·후생 향상을 위한 사업
3. 기금 조성을 위한 사업
4. 식품위생 영업자의 경영개선을 위한 조사·연구 및 교육 사업
5. 식품위생단체 등의 법인에의 출연
6. 공제회의 목적달성에 필요한 대통령령으로 정하는 수익사업

시행령

제49조의2(공제회 설립인가 등) ① ② 생략

③ 삭제 〈2018. 5. 15.〉

④ 법 제60조의3제6호에서 "대통령령으로 정하는 수익사업"이란 다음 각 호의 사업을 말한다.

1. 공제회원에 대한 융자 사업
2. 공제회원에 대한 경영컨설팅 사업
3. 그 밖에 공제회원의 생활안정과 복지증진을 위한 사업

⑤ 생략

제60조의4(공제회에 대한 감독) 생략

제61조(대의원회) 생략

제62조(「민법」의 준용) 생략

제63조(자율지도원 등) ① 조합은 **조합원의 영업시설 개선과 경영에 관한 지도 사업 등을 효율적으로 수행하기 위하여 자율지도원**을 둘 수 있다.

② 조합의 관리 및 운영 등에 필요한 기준은 대통령령으로 정한다.

시행령

제50조(자율지도원의 임명 및 직무 등) ① 조합은 법 제63조제1항에 따라 정관으로 정하는 자격기준에 해당하는 자를 자율지도원으로 둘 수 있다.

② 제1항에 따른 자율지도원은 정관으로 정하는 바에 따라 해당 조합의 장이 임명한다.

③ 제1항에 따른 자율지도원은 소속된 조합의 조합원에 대하여 다음 각 호의 사항에 관한 직무를 수행한다.

1. 법 제36조에 따른 시설기준에 관한 지도
2. 영업자 및 그 종업원의 위생교육, 건강진단, 그 밖에 위생관리의 지도
3. 법 제44조에 따른 영업자의 준수사항 이행 지도 및 법 제37조제2항에 따른 조건부 허가에 따른 조건 이행 지도
4. 그 밖에 정관으로 정하는 식품위생 지도에 관한 사항

제2절 식품산업협회 〈개정 2011.8.4〉

제64조(설립) ① **식품산업의 발전과 식품위생의 향상을 위하여 한국식품산업협회**(이하 "협회"라 한다)를 **설립**한다. 〈개정 2011. 8. 4.〉

② 제1항에 따라 설립되는 협회는 법인으로 한다.

③ 협회의 회원이 될 수 있는 자는 영업자 중 식품 또는 식품첨가물을 제조·가공·운반·판매·보존하는 자 및 그 밖에 식품 관련 산업을 운영하는 자로 한다. 〈개정 2011. 8. 4.〉

④ 생략

제65조(협회의 사업) 협회는 다음 각 호의 **사업**을 한다. 〈개정 2011. 8. 4.〉

1. **식품산업에 관한 조사·연구**
2. **식품 및 식품첨가물과 그 원재료(原材料)에 대한 시험·검사 업무**
3. **식품위생과 관련한 교육**
4. 영업자 중 식품이나 식품첨가물을 제조·가공·운반·판매 및 보존하는 자의 **영업시설 개선에 관한 지도**
5. 회원을 위한 **경영지도**
6. **식품안전과 식품산업 진흥 및 지원·육성에 관한 사업**
7. 제1호부터 제5호까지에 규정된 사업의 **부대사업**

제66조(준용) 생략

제3절 식품안전정보원 〈개정 2011.8.4〉

제67조(식품안전정보원의 설립) ① 식품의약품안전처장의 위탁을 받아 제49조에 따른 **식품이력추적관리업무와 식품안전에 관한** 업무 중 제68조제1항 각 호에 관한 **업무를 효율적으로 수행하기 위하여 식품안전정보원**(이하 "정보원"이라 한다)**을 둔다.** 〈개정 2013. 3. 23.〉

② 정보원은 법인으로 한다. 〈개정 2011. 8. 4.〉

③ 생략

④ 정보원이 정관의 기재사항을 변경하려는 경우에는 식품의약품안전처장의 인가를 받아야 한다. 〈신설 2018. 12. 11.〉

⑤ 생략

제68조(정보원의 사업) ① 정보원은 다음 각 호의 **사업**을 한다. 〈개정 2016. 2. 3.〉

1. 국내외 **식품안전정보의 수집·분석·정보제공** 등

1의2. **식품안전정책 수립을 지원하기 위한 조사·연구** 등

2. **식품안전정보의 수집·분석 및 식품이력추적관리** 등을 위한 **정보시스템의 구축·운영** 등
3. **식품이력추적관리의 등록·관리** 등
4. **식품이력추적관리에 관한 교육 및 홍보**
5. **식품사고가 발생한 때** 사고의 **신속한 원인규명과 해당 식품의 회수·폐기 등을 위한 정보제공**
6. **식품위해정보의 공동활용 및 대응을 위한** 기관·단체·소비자단체 등과의 **협력 네트워크 구축·운영**
7. 소비자 식품안전 관련 신고의 안내·접수·상담 등을 위한 지원
8. 그 밖에 식품안전정보 및 식품이력추적관리에 관한 사항으로서 식품의약품안전처장이 정하는 사업

② 식품의약품안전처장은 정보원의 설립·운영 등에 필요한 비용을 지원할 수 있다. 〈개정 2013. 3. 23.〉

제69조(사업계획서 등의 제출) ① 정보원은 총리령으로 정하는 바에 따라 매 사업연도 개

시 전에 사업계획서와 예산서를 식품의약품안전처장에게 제출하여 승인을 받아야 한다. 〈개정 2013. 3. 23.〉

② 생략

시행규칙

제85조(식품안전정보원 사업계획서 제출) 식품안전정보원(이하 "정보원"으로 한다)은 법 제69조에 따라 매 사업연도 시작 전까지 다음 연도의 사업계획서와 다음 각 호의 서류를 첨부한 예산서에 대하여 이사회의 의결을 거친 후 식품의약품안전처장에게 승인을 받아야 한다. 이를 변경할 때에도 또한 같다. 〈개정 2021. 6. 30.〉

1. 추정재무상태표
2. 추정손익계산서
3. 자금의 수입·지출 계획서

제70조(지도·감독 등) ① 식품의약품안전처장은 정보원에 대하여 감독상 필요한 때에는 그 업무에 관한 사항을 보고하게 하거나 자료의 제출, 그 밖에 필요한 명령을 할 수 있고, 소속 공무원으로 하여금 그 사무소에 출입하여 장부·서류 등을 검사하게 할 수 있다. 〈개정 2013. 3. 23.〉

② 생략

시행령

제50조의2(식품안전정보원에 대한 출입·검사 시 제시하는 서류의 기재사항) 생략

③ 정보원에 대한 지도·감독에 관하여 그 밖에 필요한 사항은 총리령으로 정한다. 〈개정 2013. 3. 23.〉

제4절 삭제 〈2016. 2. 3〉

제70조의2(한국식품안전관리인증원의 설립) 삭제 〈2016. 2. 3.〉

제70조의3(사업) 삭제 〈2016. 2. 3.〉

제70조의4(사업계획서 등의 제출) 삭제 〈2016. 2. 3.〉

제70조의5(준용) 삭제 〈2016. 2. 3.〉

제70조의6(벌칙적용에서의 공무원 의제) 삭제 〈2016. 2. 3.〉

*제70조의 2~제70조의 6은 「한국식품안전관리인증원의 설립 및 운영에 관한 법률」, 법률 제14025호 신규 제정 2016.2.3., 시행 2017.2.4.로 이관

시행규칙

제86조의2(식품안전관리인증원의 사업계획서 제출) 삭제 〈2020. 12. 31〉

제5절 건강 위해가능 영양성분 관리 〈신설 2016. 5. 29〉

제70조의7(건강 위해가능 영양성분 관리) ① 국가 및 지방자치단체는 **식품의 나트륨, 당류, 트랜스지방 등 영양성분**(이하 "**건강 위해가능 영양성분**"이라 한다)**의 과잉섭취로 인하여 국민 건강에 발생할 수 있는 위해를 예방하기 위하여 노력**하여야 한다. 〈개정 2022. 6. 10.〉

② 식품의약품안전처장은 관계 중앙행정기관의 장과 협의하여 건강 위해가능 영양성분 관리 기술의 개발·보급, 적정섭취를 위한 실천방법의 교육·홍보 등을 실시하여야 한다.

③ 건강 위해가능 영양성분의 종류는 대통령령으로 정한다.

시행령

제50조의4(건강 위해가능 영양성분의 종류) 법 제70조의7 제1항에 따른 **건강 위해가능 영양성분의 종류**는 다음 각 호와 같다.

1. **나트륨**
2. **당류**
3. **트랜스지방**

제70조의8(건강 위해가능 영양성분 관리 주관기관 설립·지정) ① **식품의약품안전처장**은 건강 위해가능 **영양성분 관리를 위하여** 다음 각 호의 **사업을 주관하여 수행할 기관**(이하 "주관기관"이라 한다)**을 설립**하거나 건강 위해가능 영양성분 관리와 관련된 사업을 하는 기관·단체 또는 법인을 주관기관으로 **지정할 수 있다.**

1. **건강 위해가능 영양성분 적정섭취 실천방법 교육·홍보 및 국민 참여 유도**
2. **건강 위해가능 영양성분 함량 모니터링 및 정보제공**
3. **건강 위해가능 영양성분을 줄인 급식과 외식, 가공식품 생산 및 구매 활성화**
4. **건강 위해가능 영양성분 관리 실천사업장 운영 지원**

5. 그 밖에 식품의약품안전처장이 필요하다고 인정하는 **건강 위해가능 영양성분 관리사업**

② 식품의약품안전처장은 주관기관에 대하여 예산의 범위에서 설립·운영 및 제1항 각 호의 사업을 수행하는 데 필요한 경비의 전부 또는 일부를 지원할 수 있다.

③ 제1항에 따라 설립되는 주관기관은 법인으로 한다.

④ 생략

⑤ 식품의약품안전처장은 지정된 주관기관이 다음의 어느 하나에 해당하는 경우 지정을 취소할 수 있다. 다만, 제1호에 해당하는 경우에는 지정을 취소하여야 한다.

1. 거짓이나 그 밖의 부정한 방법으로 지정을 받은 경우
2. 지정기준에 적합하지 아니하게 된 경우

⑥ 주관기관의 설립, 지정 및 지정 취소의 기준·절차 등에 필요한 사항은 대통령령으로 정한다.

시행령

제50조의5(주관기관의 지정 및 지정 취소의 기준·절차 등) 생략

제70조의9(사업계획서 등의 제출) 생략

제70조의10(지도·감독 등) 생략

제11장 | 시정명령과 허가취소 등 행정 제재

제71조(시정명령) ① **식품의약품안전처장, 시·도지사 또는 시장·군수·구청장은 제3조에 따른 식품등의 위생적 취급에 관한 기준에 맞지 아니하게 영업하는 자와 이 법을 지키지 아니하는 자에게는 필요한 시정을 명하여야 한다.** 〈개정 2013. 3. 23.〉

② 식품의약품안전처장, 시·도지사 또는 시장·군수·구청장은 제1항의 **시정명령을 한 경우**에는 **그 영업을 관할하는 관서의 장에게 그 내용을 통보하여 시정명령이 이행되도록 협조를 요청**할 수 있다. 〈개정 2013. 3. 23.〉

③ 제2항에 따라 **요청을 받은 관계 기관의 장은 정당한 사유가 없으면 이에 응하여야** 하며, 그 조치결과를 지체 없이 요청한 기관의 장에게 통보하여야 한다. 〈신설 2011. 6. 7.〉

제72조(폐기처분 등) ① **식품의약품안전처장, 시·도지사 또는 시장·군수·구청장은 영업**

자(「수입식품안전관리 특별법」 제15조에 따라 등록한 수입식품등 수입·판매업자를 포함한다. 이하 이 조에서 같다)**가 제4조부터 제6조까지, 제7조제4항, 제8조, 제9조제4항, 제9조의3, 제12조의2제2항 또는 제44조제1항제3호를 위반한 경우**에는 관계 공무원에게 그 식품등을 압류 또는 폐기하게 하거나 용도·처리방법 등을 정하여 **영업자에게 위해를 없애는 조치를 하도록 명하여야 한다.** 〈개정 2022. 6. 10.〉

② 식품의약품안전처장, 시·도지사 또는 시장·군수·구청장은 제37조제1항, 제4항 또는 제5항을 위반하여 **허가받지 아니하거나 신고 또는 등록하지 아니하고 제조·가공·조리한 식품 또는 식품첨가물이나 여기에 사용한 기구 또는 용기·포장 등을 관계 공무원에게 압류하거나 폐기**하게 할 수 있다. 〈개정 2013. 3. 23.〉

③ 식품의약품안전처장, 시·도지사 또는 시장·군수·구청장은 **식품위생상의 위해가 발생하였거나 발생할 우려가 있는 경우에는 영업자에게 유통 중인 해당 식품등을 회수·폐기하게 하거나 해당 식품등의 원료, 제조 방법, 성분 또는 그 배합 비율을 변경**할 것을 명할 수 있다. 〈개정 2013. 3. 23.〉

※ 〈벌칙〉 법 제72조 제1항·제3항(제88조에서 준용하는 경우를 포함한다) 또는 제73조 제1항에 따른 명령을 위반한 자 : 5년 이하의 징역 또는 5천만 원 이하의 벌금(병과)

④ 제1항 및 제2항에 따른 압류나 폐기를 하는 공무원은 그 권한을 표시하는 증표 및 조사기간, 조사범위, 조사담당자, 관계 법령 등 대통령령으로 정하는 사항이 기재된 서류를 지니고 이를 관계인에게 내보여야 한다. 〈개정 2016. 2. 3.〉

⑤ 제1항 및 제2항에 따른 압류 또는 폐기에 필요한 사항과 제3항에 따른 회수·폐기 대상 식품등의 기준 등은 총리령으로 정한다. 〈개정 2013. 3. 23.〉

⑥ 식품의약품안전처장, 시·도지사 및 시장·군수·구청장은 제1항에 따라 폐기처분명령을 받은 자가 그 명령을 이행하지 아니하는 경우에는 「행정대집행법」에 따라 대집행을 하고 그 비용을 명령위반자로부터 징수할 수 있다. 〈개정 2013. 3. 23.〉

시행령

제50조의6(식품등의 압류·폐기 시 제시하는 서류의 기재사항) 법 제72조제4항에서 "조사기간, 조사범위, 조사담당자, 관계 법령 등 대통령령으로 정하는 사항"이란 다음 각 호의 사항을 말한다. 〈신설 2016. 7. 26.〉

1. 조사목적

2. 조사기간 및 대상

3. 조사의 범위 및 내용

4. 조사담당자의 성명 및 소속

5. 압류·폐기 대상 제품

6. 조사 관계 법령

7. 그 밖에 해당 조사와 관련하여 필요한 사항

시행규칙

제58조(회수대상 식품등의 기준) ① 법 제45조제1항 및 법 제72조제3항에 따른 회수대상 식품등의 기준은 별표 18과 같다.

② 법 제45조제1항 전단에서 "위반한 사실(식품등의 위해와 관련이 없는 위반사항을 제외한다)을 알게 된 경우"란 법 제31조에 따른 자가품질검사 또는 「식품·의약품분야 시험·검사 등에 관한 법률」 제6조에 따른 식품 등 시험·검사기관의 위탁검사 결과 해당 식품등이 제1항에 따른 기준을 위반한 사실을 확인한 경우를 말한다. 〈개정 2014. 8. 20.〉

시행규칙

제87조(회수명령 및 압류 등) ① 관계 공무원이 법 제72조에 따라 식품등을 압류한 경우에는 별지 제16호서식의 압류증을 발급하여야 한다.

② 법 제72조제3항에 따라 식품 등의 회수명령을 받은 영업자는 지체 없이 회수대상 식품 등의 유통·판매를 중지하고, 회수계획을 작성하여 그 회수계획에 따라 회수해야 한다. 이 경우 회수계획, 회수절차 및 회수결과 보고 등에 관하여는 제59조제1항 및 제3항을 준용한다. 〈개정 2022. 7. 28.〉

③ 제1항 및 제2항에서 규정한 사항 외에 회수계획, 회수절차 등에 관해 필요한 사항은 식품의약품안전처장이 정하여 고시한다. 〈신설 2022. 7. 28.〉

④ 법 제72조제3항에 따라 식품 등의 회수를 명한 허가관청, 신고관청 또는 등록관청은 제59조제2항제1호 및 제2호의 조치를 해야 한다. 〈신설 2022. 7. 28.〉

⑤ 법 제72조제4항에 따라 압류나 폐기를 하는 공무원의 권한을 표시하는 증표는 별지 제18호서식에 따른다. 〈개정 2022. 7. 28.〉

제73조(위해식품등의 공표) ① 식품의약품안전처장, 시·도지사 또는 시장·군수·구청장

은 다음 각 호의 어느 하나에 해당되는 경우에는 **해당 영업자에 대하여 그 사실의 공표를 명할 수 있다.** 다만, **식품위생에 관한 위해가 발생한 경우에는 공표를 명하여야 한다.** 〈개정 2022. 6. 10.〉

1. **제4조부터 제6조까지, 제7조제4항, 제8조, 제9조제4항 또는 제9조의3 등을 위반하여 식품위생에 관한 위해가 발생하였다고 인정**되는 때
2. 제45조제1항 또는 「식품 등의 표시·광고에 관한 법률」 제15조제2항에 따른 **회수계획을 보고받은 때**

② 제1항에 따른 공표방법 등 공표에 관하여 필요한 사항은 대통령령으로 정한다.

참고
「식품 등의 표시·광고에 관한 법률」 제15조(위해 식품등의 회수 및 폐기처분 등)
② 제1항에 따른 회수 또는 회수하는 데에 필요한 조치를 하려는 영업자는 회수계획을 식품의약품안전처장, 시·도지사 또는 시장·군수·구청장에게 미리 보고하여야 한다. 이 경우 회수결과를 보고받은 시·도지사 또는 시장·군수·구청장은 이를 지체 없이 식품의약품안전처장에게 보고하여야 한다.

※ 〈벌칙〉 법 제72조 제1항·제3항(제88조에서 준용하는 경우를 포함한다) 또는 제73조 제1항에 따른 명령을 위반한 자 : 5년 이하의 징역 또는 5천만 원 이하의 벌금(병과)

시행령

제51조(위해식품등의 공표방법) ① 법 제73조제1항에 따라 위해식품등의 공표명령을 받은 영업자는 지체 없이 위해 발생사실 또는 다음 각 호의 사항이 포함된 위해식품등의 긴급회수문을 「신문 등의 진흥에 관한 법률」 제9조제1항에 따라 등록한 전국을 보급지역으로 하는 1개 이상의 일반일간신문[당일 인쇄·보급되는 해당 신문의 전체 판(版)을 말한다. 이하 같다]에 게재하고, 식품의약품안전처의 인터넷 홈페이지에 게재를 요청하여야 한다. 〈개정 2022. 6. 7.〉

1. 식품등을 회수한다는 내용의 표제
2. 제품명
3. 회수대상 식품등의 제조일·수입일 또는 소비기한·품질유지기한
4. 회수 사유
5. 회수방법
6. 회수하는 영업자의 명칭
7. 회수하는 영업자의 전화번호, 주소, 그 밖에 회수에 필요한 사항

② 생략

시행규칙

제88조(위해식품등의 긴급회수문) ① 영 제51조제1항에 따른 위해식품등의 긴급회수문의 내용 및 작성요령 등은 별표 22와 같다.

시행규칙 **[별표 22] 위해식품등의 긴급회수문**(제88조제1항 관련)

1. 긴급회수문의 크기
   가. 일반일간신문 게재용: 5단 10센티미터 이상
   나. 인터넷 홈페이지 게재용: 긴급회수문의 내용이 잘 보이도록 크기 조정 가능
2. 긴급회수문의 내용

위해식품등 긴급회수
「식품위생법」 제45조에 따라 아래의 식품등을 긴급회수합니다. 가. 회수제품명: 나. 제조일·소비기한 또는 품질유지기한: ※ 제조번호 또는 롯트번호로 제품을 관리하는 업소는 그 관리번호를 함께 기재 다. 회수사유: 라. 회수방법: 마. 회수영업자: 바. 영업자주소: 사. 연락처: 아. 그 밖의 사항: 위해식품등 긴급회수관련 협조 요청 ○ 해당 회수식품등을 보관하고 있는 판매자는 판매를 중지하고 회수 영업자에게 반품하여 주시기 바랍니다. ○ 해당 제품을 구입한 소비자께서는 그 구입한 업소에 되돌려 주시는 등 위해식품 회수에 적극 협조하여 주시기 바랍니다.

② 영 제51조제1항에 따라 위해 발생사실 또는 위해식품등의 긴급회수문을 공표한 영업자는 다음 각 호의 사항이 포함된 공표 결과를 지체 없이 허가관청, 신고관청 또는 등록관청에 통보하여야 한다. 〈개정 2015. 8. 18.〉

1. 공표일
2. 공표매체
3. 공표횟수
4. 공표문 사본 또는 내용

제74조(시설 개수명령 등) ① **식품의약품안전처장, 시·도지사 또는 시장·군수·구청장**은 **영업시설이** 제36조에 따른 **시설기준에 맞지 아니한 경우**에는 **기간을 정하여 그 영업자**

에게 시설을 개수(改修)할 것을 명할 수 있다. 〈개정 2013. 3. 23.〉

과태료 시행령 **〈별표 2〉 2. 개별기준_부과기준**(제67조 관련) 〈개정 2021. 12. 30.〉

위반행위	근거 법조문	과태료 금액(단위: 만원)		
		1차 위반	2차 위반	3차 위반
저. 법 제74조제1항(법 제88조에서 준용하는 경우를 포함한다)에 따른 명령을 위반한 경우	법 제101조 제2항제8호	200	300	400

② 건축물의 소유자와 영업자 등이 다른 경우 건축물의 소유자는 제1항에 따른 시설 개수명령을 받은 영업자 등이 시설을 개수하는 데에 최대한 협조하여야 한다.

제75조(허가취소 등) ① **식품의약품안전처장 또는 특별자치시장·특별자치도지사·시장·군수·구청장은 영업자가** 다음 각호의 어느 하나에 해당하는 경우에는 대통령령으로 정하는 바에 따라 **영업허가 또는 등록을 취소하거나 6개월 이내의 기간을 정하여 그 영업의 전부 또는 일부를 정지하거나 영업소 폐쇄**(제37조제4항에 따라 신고한 영업만 해당한다. 이하 이 조에서 같다)를 **명할 수 있다.** 다만, 식품접객영업자가 제13호(제44조제2항에 관한 부분만 해당한다)를 위반한 경우로서 청소년의 신분증 위조·변조 또는 도용으로 식품접객영업자가 청소년인 사실을 알지 못하였거나 폭행 또는 협박으로 청소년임을 확인하지 못한 사정이 인정되는 경우에는 대통령령으로 정하는 바에 따라 해당 행정처분을 면제할 수 있다. 〈개정 2022. 6. 10.〉

1. **제4조부터 제6조까지, 제7조제4항, 제8조, 제9조제4항, 제9조의3 또는 제12조의2제2항을 위반**한 경우
2. 삭제 〈2018. 3. 13.〉
3. **제17조제4항을 위반**한 경우
4. 삭제 〈2015. 2. 3.〉

4의2. 삭제 〈2015. 2. 3.〉

5. **제31조제1항 및 제3항을 위반**한 경우
6. **제36조를 위반**한 경우
7. **제37조제1항 후단, 제3항, 제4항 후단을 위반하거나 같은 조 제2항에 따른 조건을 위반**한 경우

7의2. **제37조제5항에 따른 변경 등록을 하지 아니하거나 같은 항 단서를 위반**한 경우

8. **제38조제1항제8호에 해당**하는 경우

9. **제40조제3항을 위반**한 경우

10. **제41조제5항을 위반**한 경우

10의2. 제41조의2제1항을 위반한 경우

11. 삭제 〈2016. 2. 3.〉

12. 제43조에 따른 **영업 제한을 위반**한 경우

13. **제44조제1항·제2항 및 제4항을 위반**한 경우

14. 제45조제1항 전단에 따른 **회수 조치를 하지 아니한** 경우

14의2. 제45조제1항 후단에 따른 **회수계획을 보고하지 아니하거나 거짓으로 보고한 경우**

15. 제48조제2항에 따른 **식품안전관리인증기준을 지키지 아니한 경우**

15의2. 제49조제1항 단서에 따른 **식품이력추적관리를 등록하지 아니 한 경우**

16. **제51조제1항을 위반한 경우**

17. **제71조제1항, 제72조제1항·제3항, 제73조제1항 또는 제74조제1항**(제88조에 따라 준용되는 제71조제1항, 제72조제1항·제3항 또는 제74조제1항을 포함한다)**에 따른 명령을 위반한 경우**

18. **「성매매알선 등 행위의 처벌에 관한 법률」 제4조에 따른 금지행위를 한 경우**

② 식품의약품안전처장 또는 특별자치시장·특별자치도지사·시장·군수·구청장은 영업자가 제1항에 따른 영업정지 명령을 위반하여 영업을 계속하면 영업허가 또는 등록을 취소하거나 영업소 폐쇄를 명할 수 있다. 〈개정 2016. 2. 3.〉

③ 식품의약품안전처장 또는 특별자치시장·특별자치도지사·시장·군수·구청장은 다음 각 호의 어느 하나에 해당하는 경우에는 영업허가 또는 등록을 취소하거나 영업소 폐쇄를 명할 수 있다. 〈개정 2016. 2. 3.〉

1. 영업자가 정당한 사유 없이 6개월 이상 계속 휴업하는 경우
2. 영업자(제37조제1항에 따라 영업허가를 받은 자만 해당한다)가 사실상 폐업하여 「부가가치세법」 제8조에 따라 관할세무서장에게 폐업신고를 하거나 관할세무서장이 사업자등록을 말소한 경우

④ 식품의약품안전처장 또는 특별자치시장·특별자치도지사·시장·군수·구청장은 제3항제2호의 사유로 영업허가를 취소하기 위하여 필요한 경우 관할 세무서장에게 영업

자의 폐업여부에 대한 정보 제공을 요청할 수 있다. 이 경우 요청을 받은 관할 세무서장은 「전자정부법」 제39조에 따라 영업자의 폐업여부에 대한 정보를 제공한다. 〈신설 2016. 2. 3.〉

⑤ 제1항 및 제2항에 따른 행정처분의 세부기준은 그 위반 행위의 유형과 위반 정도 등을 고려하여 총리령으로 정한다. 〈개정 2015. 3. 27.〉

참고

영업허가 또는 등록 취소, 영업정지, 영업소 폐쇄 처분 등 대상 조항

1. 제4조(위해식품 등의 판매 등 금지), 제5조(병든 동물 고기 등의 판매 등 금지), 6조(기준·규격이 정하여지지 아니한 화학적 합성품 등의 판매 등 금지), 제7조제4항(기준·규격이 맞지 않는 식품 또는 식품첨가물의 판매 등 금지), 제8조(유독기구 등의 판매·사용 금지), 제9조제4항(기준·규격에 맞지 않는 기구·용기·포장의 판매 등 금지), 제12조의 2제2항(유전자변형식품 등의 표시없이 판매 등 금지)
2. 삭제
3. 제17조제4항(긴급대응이 필요한 식품의 제조·판매 금지)
4. 삭제
5. 제31조제1항(자가품질검사의 의무), 제31조제3항(검사 결과 위해발생의 경우 보고)
6. 제36조(시설기준)
7. 제37조제1항 후단(대통령이 정하는 중요사항 변경의 신고의무), 제37조제3항(경미한 사항 변경의 신고의무), 제37조제4항(영업의 휴업·폐업 신고의무), 제37조제6항(영업권자는 허가권자에게 보고)

7의2 제37조제5항(영업을 하려는 자는 허가권자에게 등록, 등록 중요사항 변경의 신고의무, 경미한 사항 변경의 신고의무)

8. 제38조제1항제8호(영업허가를 받은 자가 금치산자이거나 파산선고를 받고 복권되지 않은 경우)
9. 제40조제3항(건강진단 받지 않은 자 또는 건강진단 결과 타인에 위해를 끼칠 수 있는 자의 영업 종사 금지)
10. 제41조제5항(종업원의 위생교육 의무)

10의2. 제41조의2 제1항(위생관리책임자)

11. 삭제
12. 제43조(영업 제한)
13. 제44조제1항(영업자의 준수사항), 제44조제2항(청소년 보호법), 제44조제4항(식품접객영업자의 고용·알선 및 호객행위)
14. 제45조제1항 전단(회수조치 미실시)
15. 제48조제2항(식품안전관리인증기준 미준수)
16. 제51조제1항(조리사 채용 의무)
17. 제71조제1항(시정명령), 제72조제1항(폐기처분 명령), 제72조제3항(위해식품 회수·폐기 및 원료 변경 명령), 제73조제1항(위해식품 등의 공표) 또는 제74조제1항(시설 개수명령 등)
18. 「성매매알선 등 행위의 처벌에 관한 법률」 제4조에 따른 금지행위를 한 경우

시행령

제52조(허가취소 등) ① 다음 각 호의 처분은 처분 사유 및 처분 내용 등이 기재된 서면으로 하여야 한다. 〈개정 2011. 12. 19.〉

1. 법 제75조에 따른 영업허가 취소, 등록취소, 영업정지 또는 영업소 폐쇄 처분

2. 법 제76조에 따른 품목·품목류 제조정지 처분

3. 법 제80조에 따른 조리사 또는 영양사의 면허취소 또는 업무정지 처분

② 제1항에 따른 처분을 하기 위하여 법 제81조에 따른 청문을 하거나 「행정절차법」 제27조에 따른 의견제출을 받았을 때에는 특별한 사유가 없으면 그 절차를 마친 날부터 14일 이내에 처분을 하여야 한다.

③ 식품의약품안전처장 또는 특별자치시장·특별자치도지사·시장·군수·구청장은 법 제75조제1항 각 호 외의 부분 단서에 따라 식품접객영업자가 법 제44조제2항을 위반한 경우로서 청소년(「청소년 보호법」 제2조제1호에 따른 청소년을 말한다. 이하 같다)의 신분증 위조·변조 또는 도용으로 청소년인 사실을 알지 못했거나 폭행 또는 협박으로 청소년임을 확인하지 못한 사정이 인정되어 불송치 또는 불기소(불송치 또는 불기소를 받은 후 해당 사건에 대하여 다시 수사절차가 진행 중인 경우 또는 해당 사건에 대하여 공소가 제기되어 형사 재판이 진행 중인 경우에는 제외한다)를 받거나 선고유예 판결을 받은 경우에는 해당 행정처분을 면제한다. 〈신설 2020. 12. 29.〉

※ 〈벌칙〉 법 제75조 제1항에 따른 영업정지 명령을 위반하여 영업을 계속한 자(제37조 제1항에 따른 영업허가를 받은 자만 해당한다) : 5년 이하의 징역 또는 5천만 원 이하의 벌금(병과)

※ 〈벌칙〉 법 제75조 제1항에 따른 영업정지 명령을 위반하여 영업을 계속한 자(제37조 제4항 또는 제5항에 따라 영업신고 또는 등록을 한 자만 해당한다) 또는 같은 조 제1항 및 제2항에 따른 영업소 폐쇄명령을 위반하여 영업을 계속한 자 : 3년 이하의 징역 또는 3천만 원 이하의 벌금

시행규칙

제89조(행정처분의 기준) 법 제71조, 법 제72조, 법 제74조부터 법 제76조까지 및 법 제80조에 따른 행정처분의 기준은 별표 23과 같다.

시행규칙 **[별표 23] 행정처분 기준**(제89조 관련) 〈개정 2023. 5. 19.〉

Ⅰ. 일반기준

1. 둘 이상의 위반행위가 적발된 경우로서 위반행위가 다음 각 목의 어느 하나에 해당하는 경우에는 가장 중한 정지처분 기간에 나머지 각각의 정지처분 기간의 2분의 1을 더하여 처분한다.
   가. 영업정지에만 해당하는 경우
   나. 한 품목 또는 품목류(식품등의 기준 및 규격 중 같은 기준 및 규격을 적용받아 제조·가공되는 모든 품목을 말한다. 이하 같다)에 대하여 품목 또는 품목류 제조정지에만 해당하는 경우
2. 둘 이상의 위반행위가 적발된 경우로서 그 위반행위가 영업정지와 품목 또는 품목류 제조정지에 해당하는 경우에는 각각의 영업정지와 품목 또는 품목류 제조정지 처분기간을 제1호에 따라 산정한 후 다음 각 목의 구분에 따라 처분한다.

(계속)

가. 영업정지 기간이 품목 또는 품목류 제조정지 기간보다 길거나 같으면 영업정지 처분만 할 것

나. 영업정지 기간이 품목 또는 품목류 제조정지 기간보다 짧으면 그 영업정지 처분과 그 초과기간에 대한 품목 또는 품목류 제조정지 처분을 병과할 것

다. 품목류 제조정지 기간이 품목 제조정지 기간보다 길거나 같으면 품목류 제조정지 처분만 할 것

라. 품목류 제조정지 기간이 품목 제조정지 기간보다 짧으면 그 품목류 제조정지 처분과 그 초과기간에 대한 품목 제조정지 처분을 병과할 것

3. 같은 날 제조한 같은 품목에 대하여 같은 위반사항(법 제7조제4항 위반행위의 경우에는 식품등의 기준과 규격에 따른 같은 기준 및 규격의 항목을 위반한 것을 말한다)이 적발된 경우에는 같은 위반행위로 본다.

4. 위반행위에 대하여 행정처분을 하기 위한 절차가 진행되는 기간 중에 반복하여 같은 사항을 위반하는 경우에는 그 위반횟수마다 행정처분 기준의 2분의 1씩 더하여 처분한다.

5. 위반행위의 횟수에 따른 행정처분의 기준은 최근 1년간(법 제4조부터 제6조까지, 법 제8조, 법 제19조 및 「성매매알선 등 행위의 처벌에 관한 법률」 제4조 위반은 3년간으로 한다) 같은 위반행위(법 제7조제4항 위반행위의 경우에는 식품등의 기준과 규격에 따른 같은 기준 및 규격의 항목을 위반한 것을 말한다)를 한 경우에 적용한다. 다만, 식품등에 이물이 혼입되어 위반한 경우에는 같은 품목에서 같은 종류의 재질의 이물이 발견된 경우에 적용한다.

6. 제5호에 따른 처분 기준의 적용은 같은 위반사항에 대한 행정처분일과 그 처분 후 재적발일(수거검사의 경우에는 검사결과를 허가 또는 신고관청이 접수한 날)을 기준으로 한다.

6의2. 제5호에 따라 가중된 처분을 하는 경우 가중처분의 적용 차수는 그 위반행위 전 처분 차수(제5호에 따른 기간 내에 행정처분이 둘 이상 있었던 경우에는 높은 차수를 말한다)의 다음 차수로 한다.

7. 어떤 위반행위든 해당 위반 사항에 대하여 행정처분이 이루어진 경우에는 해당 처분 이전에 이루어진 같은 위반행위에 대하여도 행정처분이 이루어진 것으로 보아 다시 처분하여서는 아니된다. 다만, 식품접객업자가 별표 17 제7호다목, 타목, 하목, 거목 및 버목을 위반하거나 법 제44조제2항을 위반한 경우는 제외한다.

8. 제1호 및 제2호에 따른 행정처분이 있은 후 다시 행정처분을 하게 되는 경 경우 그 위반행위의 횟수에 따른 행정처분의 기준을 적용함에 있어서 종전의 행정처분의 사유가 된 각각의 위반행위에 대하여 각각 행정처분을 하였던 것으로 본다.

9. 4차 위반인 경우에는 다음 각 목의 기준에 따르고, 5차 위반의 경우로서 가목의 경우에는 영업정지 6개월로 하고, 나목의 경우에는 영업허가 취소 또는 영업소 폐쇄를 한다. 가목을 6차 위반한 경우에는 영업허가 취소 또는 영업소 폐쇄를 하여야 한다.

가. 3차 위반의 처분 기준이 품목 또는 품목류 제조정지인 경우에는 품목 또는 품목류 제조정지 6개월의 처분을 한다.

나. 3차 위반의 처분 기준이 영업정지인 경우에는 3차 위반 처분 기준의 2배로 하되, 영업정지 6개월 이상이 되는 경우에는 영업허가 취소 또는 영업소 폐쇄를 한다.

(계속)

다. 식품등에 이물이 혼입된 경우로서 4차 이상의 위반에 해당하는 경우에는 3차 위반의 처분 기준을 적용한다.

10. 조리사 또는 영양사에 대하여 행정처분을 하는 경우에는 4차 위반인 경우에는 3차 위반의 처분 기준이 업무정지이면 3차 위반 처분 기준의 2배로 하되, 업무정지 6개월 이상이 되는 경우에는 면허취소 처분을 하여야 하고, 5차 위반인 경우에는 면허취소 처분을 하여야 한다.

11. 식품등의 출입·검사·수거 등에 따른 위반행위에 대한 행정처분의 경우에는 그 위반행위가 해당 식품등의 제조·가공·운반·진열·보관 또는 판매·조리과정 중의 어느 과정에서 기인하는지 여부를 판단하여 그 원인제공자에 대하여 처분하여야 한다. 다만, 유통전문판매영업자가 판매하는 식품등이 법 제4조부터 제7조까지, 제8조, 제9조 및 제12조의2를 위반한 경우로서 그 위반행위의 원인제공자가 해당 식품등을 제조·가공한 영업자인 경우에는 해당 식품등을 제조·가공한 영업자와 해당 유통전문판매영업자에 대하여 함께 처분하여야 한다.

12. 제11호 단서에 따라 유통전문판매업자에 대하여 품목 또는 품목류 제조정지 처분을 하는 경우에는 이를 각각 그 위반행위의 원인제공자인 제조·가공업소에서 제조·가공한 해당 품목 또는 품목류의 판매정지에 해당하는 것으로 본다.

13. 다음 각 목의 자에 대한 행정처분은 그 처분의 양형이 품목 제조정지에 해당하는 경우에는 품목 제조정지 기간의 3분의 1에 해당하는 기간으로 영업정지 처분을 하고, 그 처분의 양형이 품목류 제조정지에 해당하는 경우에는 품목류 제조정지 기간의 2분의 1에 해당하는 기간으로 영업정지 처분을 하여야 한다.

가. 즉석판매제조·가공업자

나. 식품소분업자

다. 용기·포장류 제조업자

라. 법 제37조제6항에 따른 식품의 제조·가공에 관한 보고를 하지 않은 식품제조·가공업자

마. 법 제37조제6항에 따른 식품첨가물의 제조·가공에 관한 보고를 하지 않은 식품첨가물제조업자

14. 법 제86조에 따른 식중독 조사 결과 식품제조·가공업소, 식품판매업소 또는 식품접객업소에서 제조·가공, 조리·판매 또는 제공된 식품이 해당 식중독의 발생원인으로 확정된 경우의 처분기준은 다음 각 목의 구분에 따른다.

가. 식품제조·가공업소: II. 개별기준 1. 식품제조·가공업 등 제1호다목

나. 식품판매업소: II. 개별기준 2. 식품판매업 등 제1호다목

다. 식품접객업소: II. 개별기준 3. 식품접객업 제1호다목2)

15. 다음 각 목의 어느 하나에 해당하는 경우에는 행정처분의 기준이, 영업정지 또는 품목·품목류 제조정지인 경우에는 정지처분 기간의 2분의 1 이하의 범위에서, 영업허가 취소 또는 영업장 폐쇄인 경우에는 영업정지 3개월 이상의 범위에서 각각 그 처분을 경감할 수 있다.

(계속)

가. 식품등의 기준 및 규격 위반사항 중 산가, 과산화물가 또는 성분 배합비율을 위반한 사항으로서 국민보건상 인체의 건강을 해할 우려가 없다고 인정되는 경우
나. 삭제 〈2019. 4. 25.〉
다. 식품 등을 제조·가공만 하고 시중에 유통시키지 아니한 경우
라. 식품을 제조·가공 또는 판매하는 자가 식품이력추적관리 등록을 한 경우
마. 위반사항 중 그 위반의 정도가 경미하거나 고의성이 없는 사소한 부주의로 인한 것인 경우
바. 해당 위반사항에 관하여 검사로부터 기소유예의 처분을 받거나 법원으로부터 선고유예의 판결을 받은 경우로서 그 위반사항이 고의성이 없거나 국민보건상 인체의 건강을 해할 우려가 없다고 인정되는 경우
사. 식중독을 발생하게 한 영업자가 식중독의 재발 및 확산을 방지하기 위한 대책으로 시설을 개수하거나 살균·소독 등을 실시하기 위하여 자발적으로 영업을 중단한 경우
아. 식품등의 기준 및 규격이 정하여지지 않은 유독·유해물질 등이 해당 식품에 혼입여부를 전혀 예상할 수 없었고 고의성이 없는 최초의 사례로 인정되는 경우
자. 별표 17 제7호머목에 따라공통찬통, 소형·복합 찬기, 국·찌개·반찬 등을 덜어먹을 수 있는 기구 또는 1인 반상을 사용하거나 손님이 남은 음식물을 싸서 가지고 갈 수 있도록 포장용기를 비치하고 이를 손님에게 알리는 등 음식문화개선과 「감염병의 예방 및 관리에 관한 법률」 제49조에 따른 감염병의 예방 조치사항 준수를 위해 노력하는 식품접객업자인 경우. 다만, 1차 위반에 한정하여 경감할 수 있다.
차. 폐쇄회로 텔레비전(CCTV) 등 실시간 영상시스템을 설치하여 영업시간 내에 인터넷 홈페이지 등을 통해 조리 과정의 위생 상태를 공개하는 등 위생관리를 위하여 노력하는 식품접객업자인 경우. 다만, 1차 위반에 한정하여 경감할 수 있다.
카. 그 밖에 식품 등의 수급정책상 필요하다고 인정되는 경우

16. 소비자로부터 접수한 이물혼입 불만사례 등을 식품의약품안전처장, 관할 시·도지사 및 관할 시장·군수·구청장에게 지체 없이 보고한 영업자가 다음 각 목에 모두 해당하는 경우에는 차수에 관계없이 시정명령으로 처분한다. 소비자가 식품의약품안전처장 등 행정기관의 장에게만 접수한 경우도 위와 같다.
가. 영업자가 검출된 이물의 발생방지를 위하여 시설 및 작업공정 개선, 직원교육 등 시정조치를 성실히 수행하였다고 관할 행정기관이 평가한 경우
나. 이물을 검출할 수 있는 장비의 기술적 한계 등의 사유로 이물혼입이 불가피하였다고 식품의약품안전처장 등 관할 행정기관의 장이 인정하는 경우로 이물혼입의 불가피성은 식품위생심의위원회가 정한 기준에 따라 판단할 수 있다.

17. 삭제 〈2022. 4. 28.〉

18. 영업정지 1개월은 30일을 기준으로 한다.

(계속)

19. 행정처분의 기간이 소수점 이하로 산출되는 경우에는 소수점 이하를 버린다.

II. 개별기준

1. 식품제조·가공업 등 : 생략

2. 식품판매업 등 : 생략

3. 식품접객업 : 생략

4. 조리사

위반행위	근거 법령	행정처분 기준		
		1차 위반	2차 위반	3차 위반
1. 법 제54조 각 호의 어느 하나에 해당하게 된 경우	법 제80조	면허취소		
2. 법 제56조에 따른 교육을 받지 아니한 경우		시정명령	업무정지 15일	업무정지 1개월
3. 식중독이나 그 밖에 위생과 관련한 중대한 사고 발생에 직무상의 책임이 있는 경우	법 제80조	업무정지 1개월	업무정지 2개월	면허취소
4. 면허를 타인에게 대여하여 사용하게 한 경우	법 제80조	업무정지 2개월	업무정지 3개월	면허취소
5. 업무정지기간 중에 조리사의 업무를 한 경우	법 제80조	면허취소		

제76조(품목 제조정지 등) ① **식품의약품안전처장 또는 특별자치시장·특별자치도지사·시장·군수·구청장은 영업자가** 다음 각 호의 어느 하나에 해당하면 대통령령으로 정하는 바에 따라 **해당 품목 또는 품목류**(제7조 또는 제9조에 따라 정하여진 식품등의 기준 및 규격 중 동일한 기준 및 규격을 적용받아 제조·가공되는 모든 품목을 말한다. 이하 같다)**에 대하여 기간을 정하여 6개월 이내의 제조정지를 명할 수 있다.** 〈개정 2016. 2. 3.〉

1. **제7조제4항을 위반**한 경우
2. **제9조제4항을 위반**한 경우
3. 삭제 〈2018. 3. 13.〉

3의2. **제12조의2제2항을 위반**한 경우

4. 삭제 〈2018. 3. 13.〉
5. **제31조제1항을 위반**한 경우

② 제1항에 따른 행정처분의 세부기준은 그 위반 행위의 유형과 위반 정도 등을 고려하여 총리령으로 정한다. 〈개정 2013. 3. 23.〉

제77조(영업허가 등의 취소 요청) ① **식품의약품안전처장은**「축산물위생관리법」,「수산업법」 또는「주세법」에 따라 허가 또는 면허를 받은 자가 **제4조부터 제6조까지 또는 제7조제4항을 위반한 경우**에는 **해당 허가 또는 면허 업무를 관할하는 중앙행정기관의 장에게**

다음의 조치를 하도록 요청할 수 있다. 다만, 주류(酒類)는 「보건범죄단속에 관한 특별조치법」 제8조에 따른 유해 등의 기준에 해당하는 경우로 한정한다. 〈개정 2020. 12. 29.〉

1. **허가 또는 면허의 전부 또는 일부 취소**
2. **일정 기간의 영업정지**
3. 그 밖에 위생상 필요한 조치

② 생략

제78조(행정 제재처분 효과의 승계) 영업자가 영업을 양도하거나 법인이 합병되는 경우에는 제75조제1항 각 호, 같은 조 제2항 또는 제76조제1항 각 호를 위반한 사유로 종전의 영업자에게 행한 행정 제재처분의 효과는 그 처분기간이 끝난 날부터 1년간 양수인이나 합병 후 존속하는 법인에 승계되며, 행정 제재처분 절차가 진행 중인 경우에는 양수인이나 합병 후 존속하는 법인에 대하여 행정 제재처분 절차를 계속할 수 있다. 다만, 양수인이나 합병 후 존속하는 법인이 양수하거나 합병할 때에 그 처분 또는 위반사실을 알지 못하였음을 증명하는 때에는 그러하지 아니하다.

제79조(폐쇄조치 등) ① 식품의약품안전처장, 시·도지사 또는 시장·군수·구청장은 제37조제1항, 제4항 또는 제5항을 위반하여 허가받지 아니하거나 신고 또는 등록하지 아니하고 영업을 하는 경우 또는 제75조제1항 또는 제2항에 따라 허가 또는 등록이 취소되거나 영업소 폐쇄명령을 받은 후에도 계속하여 영업을 하는 경우에는 해당 영업소를 폐쇄하기 위하여 관계 공무원에게 다음의 조치를 하게 할 수 있다. 〈개정 2013. 3. 23.〉

1. 해당 영업소의 간판 등 영업 표지물의 제거나 삭제
2. 해당 영업소가 적법한 영업소가 아님을 알리는 게시문 등의 부착
3. 해당 영업소의 시설물과 영업에 사용하는 기구 등을 사용할 수 없게 하는 봉인(封印)

② 식품의약품안전처장, 시·도지사 또는 시장·군수·구청장은 제1항제3호에 따라 봉인한 후 봉인을 계속할 필요가 없거나 해당 영업을 하는 자 또는 그 대리인이 해당 영업소 폐쇄를 약속하거나 그 밖의 정당한 사유를 들어 봉인의 해제를 요청하는 경우에는 봉인을 해제할 수 있다. 제1항제2호에 따른 게시문 등의 경우에도 또한 같다. 〈개정 2013. 3. 23.〉

③ 식품의약품안전처장, 시·도지사 또는 시장·군수·구청장은 제1항에 따른 조치를 하려면 해당 영업을 하는 자 또는 그 대리인에게 문서로 미리 알려야 한다. 다만, 급박

한 사유가 있으면 그러하지 아니하다. 〈개정 2013. 3. 23.〉

④ 제1항에 따른 조치는 그 영업을 할 수 없게 하는 데에 필요한 최소한의 범위에 그쳐야 한다.

⑤ 제1항의 경우에 관계 공무원은 그 권한을 표시하는 증표 및 조사기간, 조사범위, 조사담당자, 관계 법령 등 대통령령으로 정하는 사항이 기재된 서류를 지니고 이를 관계인에게 내보여야 한다. 〈개정 2016. 2. 3.〉

시행령

제52조의2(영업소 폐쇄를 위한 조치 시 제시하는 서류의 기재사항) 생략

시행규칙

제90조(영업소 폐쇄 등의 개시) 생략

시행규칙

제91조(행정처분대장 등) 생략

제80조(면허취소 등) ① **식품의약품안전처장 또는 특별자치시장·특별자치도지사·시장·군수·구청장은 조리사**가 다음 각 호의 어느 하나에 해당하면 **그 면허를 취소하거나 6개월 이내의 기간을 정하여 업무정지를 명할 수 있다.** 다만, **조리사가 제1호 또는 제5호에 해당할 경우 면허를 취소**하여야 한다. 〈개정 2016. 2. 3.〉

1. **제54조 각 호의 어느 하나에 해당**하게 된 경우
2. 제56조에 따른 **교육을 받지 아니한 경우**
3. **식중독이나 그 밖에 위생과 관련한 중대한 사고 발생에 직무상의 책임이 있는 경우**
4. **면허를 타인에게 대여하여 사용하게 한 경우**
5. **업무정지기간 중에 조리사의 업무를 하는 경우**

② 제1항에 따른 행정처분의 세부기준은 그 위반 행위의 유형과 위반 정도 등을 고려하여 총리령으로 정한다. 〈개정 2013. 3. 23.〉

제81조(청문) 식품의약품안전처장, 시·도지사 또는 시장·군수·구청장은 다음 각 호의 어느 하나에 해당하는 처분을 하려면 청문을 하여야 한다. 〈개정 2020. 12. 29.〉

1. 삭제 〈2015. 2. 3.〉

1의2. 삭제 〈2013. 7. 30.〉

2. 제48조제8항에 따른 식품안전관리인증기준적용업소의 인증취소
3. 제75조제1항부터 제3항까지의 규정에 따른 영업허가 또는 등록의 취소나 영업소의 폐쇄명령
4. 제80조제1항에 따른 면허의 취소

제82조(영업정지 등의 처분에 갈음하여 부과하는 과징금 처분) ① **식품의약품안전처장, 시·도지사 또는 시장·군수·구청장은 영업자가** 제75조제1항 각 호 또는 제76조제1항 각 호의 어느 하나에 해당하는 경우에는 대통령령으로 정하는 바에 따라 **영업정지, 품목 제조정지 또는 품목류 제조정지 처분을 갈음하여 10억원 이하의 과징금을 부과**할 수 있다. 다만, **제6조를 위반하여 제75조제1항에 해당하는 경우**와 **제4조, 제5조, 제7조, 제12조의2, 제37조, 제43조 및 제44조를 위반하여 제75조제1항 또는 제76조제1항에 해당하는 중대한 사항**으로서 총리령으로 정하는 경우는 **제외**한다. 〈개정 2018. 3. 13.〉

② 제1항에 따른 과징금을 부과하는 위반 행위의 종류·정도 등에 따른 과징금의 금액과 그 밖에 필요한 사항은 대통령령으로 정한다.

③ 식품의약품안전처장, 시·도지사 또는 시장·군수·구청장은 과징금을 징수하기 위하여 필요한 경우에는 다음 각 호의 사항을 적은 문서로 관할 세무관서의 장에게 과세 정보 제공을 요청할 수 있다. 〈개정 2013. 3. 23.〉

1. 납세자의 인적 사항
2. 사용 목적
3. 과징금 부과기준이 되는 매출금액

④ 식품의약품안전처장, 시·도지사 또는 시장·군수·구청장은 제1항에 따른 과징금을 기한 내에 납부하지 아니하는 때에는 대통령령으로 정하는 바에 따라 제1항에 따른 과징금 부과처분을 취소하고 제75조제1항 또는 제76조제1항에 따른 영업정지 또는 제조정지 처분을 하거나 국세 체납처분의 예 또는 「지방행정제재·부과금의 징수 등에관한 법률」에 따라 징수한다. 다만, 다음 각 호의 어느 하나에 해당하는 경우에는 국세 체납처분의 예 또는 「지방행정제재·부과금의 징수 등에관한 법률」에 따라 징수한다. 〈개정 2020. 3. 24.〉

1. 삭제 〈2013. 7. 30.〉
2. 제37조제3항, 제4항 및 제5항에 따른 폐업 등으로 제75조제1항 또는 제76조제1항

에 따른 영업정지 또는 제조정지 처분을 할 수 없는 경우

⑤ 제1항 및 제4항 단서에 따라 징수한 과징금 중 식품의약품안전처장이 부과·징수한 과징금은 국가에 귀속되고, 시·도지사가 부과·징수한 과징금은 시·도의 식품진흥기금(제89조에 따른 식품진흥기금을 말한다. 이하 이 항에서 같다)에 귀속되며, 시장·군수·구청장이 부과·징수한 과징금은 시·도와 시·군·구의 식품진흥기금에 귀속된다. 이 경우 시·도 및 시·군·구에 귀속시키는 방법 등은 대통령령으로 정한다. 〈개정 2013. 3. 23.〉

⑥ 생략

⑦ 식품의약품안전처장, 시·도지사 또는 시장·군수·구청장은 제4항에 따라 체납된 과징금의 징수를 위하여 다음 각 호의 어느 하나에 해당하는 자료 또는 정보를 해당 각 호의 자에게 각각 요청할 수 있다. 이 경우 요청을 받은 자는 정당한 사유가 없으면 그 요청에 따라야 한다. 〈신설 2020. 12. 29.〉

1. 「건축법」 제38조에 따른 건축물대장 등본: 국토교통부장관
2. 「공간정보의 구축 및 관리 등에 관한 법률」 제71조에 따른 토지대장 등본: 국토교통부장관
3. 「자동차관리법」 제7조에 따른 자동차등록원부 등본: 시·도지사

시행규칙

제92조(과징금부과 제외대상 및 징수절차 등) ① 법 제82조제1항 단서에 따른 과징금 부과 제외대상은 별표 23과 같다.

② 생략

시행규칙 **[별표 23] 행정처분 기준**(제89조 관련) 〈개정 2023. 5. 19.〉

Ⅲ. 과징금 제외 대상

1. 식품제조·가공업 등(유통전문판매업은 제외한다)
   가. 제1호 각 목의 어느 하나에 해당하는 경우
   나. 제4호나목부터 바목까지, 아목, 차목, 카목1)·2)가) 또는 거목1)·2)에 해당하는 경우
   다. 삭제 〈2019. 4. 25.〉
   라. 1차 위반행위가 영업정지 1개월 이상에 해당하는 경우로서 2차 위반사항에 해당하는 경우
   마. 3차 위반사항에 해당하는 경우
   바. 과징금을 체납 중인 경우
2. 식품판매업 등 : 생략

(계속)

3. 식품접객업
   가. 제1호가목·나목 또는 사목에 해당하는 경우
   나. 제8호마목에 해당하는 경우
   다. 제10호가목1) 및 11) 에 해당하는 경우
   라. 제11호나목·다목 또는 라목에 해당하는 경우
   마. 3차 위반사항에 해당하는 경우
   바. 과징금을 체납 중인 경우
   사. 제14호에 해당하는 경우
4. 제1호부터 제3호(사목은 제외한다)까지의 규정에도 불구하고 I. 일반기준의 제15호에 따른 경감대상에 해당하는 경우에는 과징금 처분을 할 수 있다.

시행령

제53조(영업정지 등의 처분에 갈음하여 부과하는 과징금의 산정기준) 법 제82조제1항 본문에 따라 부과하는 과징금의 금액은 위반행위의 종류와 위반 정도 등을 고려하여 총리령으로 정하는 영업정지, 품목·품목류 제조정지 처분기준에 따라 별표 1의 기준을 적용하여 산정한다. 〈개정 2013. 3. 23.〉

시행령 **[별표 1] 영업정지 등의 처분에 갈음하여 부과하는 과징금 산정기준**(제53조 관련) 〈개정 2016. 7. 26〉

1. 일반기준
   가. 영업정지 1개월은 30일을 기준으로 한다.
   나. 영업정지에 갈음한 과징금부과의 기준이 되는 매출금액은 처분일이 속한 연도의 전년도의 1년간 총매출금액을 기준으로 한다. 다만, 신규사업·휴업 등으로 인하여 1년간의 총매출금액을 산출할 수 없는 경우에는 분기별·월별 또는 일별 매출금액을 기준으로 연간 총매출금액으로 환산하여 산출한다.
   다. 라. 생략
   마. 나목부터 라목까지의 규정에도 불구하고 과징금 산정금액이 10억원을 초과하는 경우에는 10억원으로 한다.
2. 과징금 기준
   가. 식품 및 식품첨가물 제조업·가공업 외의 영업

등급 \ 업종	연간매출액 (단위: 백만원)	영업정지 1일에 해당하는 과징금의 금액 (단위: 만원)
1	20 이하	5
2	20 초과 30 이하	8

(계속)

등급 \ 업종	연간매출액 (단위: 백만원)	영업정지 1일에 해당하는 과징금의 금액 (단위: 만원)
3	30 초과 50 이하	10
4	50 초과 100 이하	13
5	100 초과 150 이하	16
6	150 초과 210 이하	23
7	210 초과 270 이하	31
8	270 초과 330 이하	39
9	330 초과 400 이하	47
10	400 초과 470 이하	56
11	470 초과 550 이하	66
12	550 초과 650 이하	78
13	650 초과 750 이하	88
14	750 초과 850 이하	94
15	850 초과 1,000 이하	100
16	1,000 초과 1,200 이하	106
17	1,200 초과 1,500 이하	112
18	1,500 초과 2,000 이하	118
19	2,000 초과 2,500 이하	124
20	2,500 초과 3,000 이하	130
21	3,000 초과 4,000 이하	136
22	4,000 초과 5,000 이하	165
23	5,000 초과 6,500 이하	211
24	6,500 초과 8,000 이하	266
25	8,000 초과 10,000 이하	330
26	10,000 초과	367

나. 식품 및 식품첨가물 제조업·가공업의 영업 : 생략

다. 품목 및 품목류 제조 : 생략

시행령

제54조(과징금의 부과 및 징수절차) 생략

시행령

제55조(과징금 부과처분 취소 대상자) 법 제82조제4항 각 호 외의 부분 본문에 따라 과징금 부과처분을 취소하고 업무정지, 영업정지 또는 제조정지 처분을 하거나 국세 체납처분의 예 또는 「지방행정제재·부과금의 징수 등에관한 법률」에 따라 과징금을 징수하여야 하는 대상자는 과징금을 기한 내에 납부하지 아니한 자로서 1회의 독촉을 받고 그 독촉을 받은 날부터 15일 이내에 과징금을 납부하지 아니한 자를 말한다. 〈개정 2020. 3. 24.〉

시행령

제56조(기금의 귀속비율) 법 제82조제5항 후단에 따른 기금의 시·도 및 시·군·구 귀속비율은 다음 각 호와 같다. 〈개정 2019. 7. 9〉

1. 시·도: 100분의 40
2. 시·군·구: 100분의 60

제83조(위해식품등의 판매 등에 따른 과징금 부과 등) ① **식품의약품안전처장, 시·도지사 또는 시장·군수·구청장은 위해식품등의 판매 등 금지에 관한 제4조부터 제6조까지의 규정 또는 제8조를 위반한 경우** 다음 각 호의 어느 하나에 해당하는 자에 대하여 **그가 판매한 해당 식품등의 판매금액을 과징금으로 부과**한다. 〈개정 2018. 12. 11.〉

1. **제4조제2호·제3호 및 제5호부터 제7호까지의 규정을 위반**하여 제75조에 따라 **영업정지 2개월 이상의 처분, 영업허가 및 등록의 취소 또는 영업소의 폐쇄명령을 받은 자**
2. **제5조, 제6조 또는 제8조를 위반**하여 제75조에 따라 **영업허가 및 등록의 취소 또는 영업소의 폐쇄명령을 받은 자**
3. 삭제 〈2018. 3. 13.〉

② 제1항에 따른 과징금의 산출금액은 대통령령으로 정하는 바에 따라 결정하여 부과한다.

③ ④ 생략

시행령

제57조(위해식품등의 판매 등에 따른 과징금 부과 기준 및 절차) ① 법 제83조제1항에 따라 부과하는 **과징금의 금액은 위해식품등의 판매량에 판매가격을 곱한 금액**으로 한다.

② 제1항에 따른 **판매량**은 **위해식품등을 최초로 판매한 시점부터 적발시점까지의 출하량에서 회수량 및 자연적 소모량을 제외한 수량**으로 하고, **판매가격**은 **판매기간 중 가격이 변동된 경우에는 판매시기별로 가격**을 산정한다.

③ 법 제83조제1항에 따른 과징금의 부과·징수절차 및 귀속 비율에 관하여는 제54조 및 제56조를 준용한다.

제84조(위반사실 공표) 식품의약품안전처장, 시·도지사 또는 시장·군수·구청장은 제72

조, 제75조, 제76조, 제79조, 제82조 또는 제83조에 따라 행정처분이 확정된 영업자에 대한 처분 내용, 해당 영업소와 식품등의 명칭 등 처분과 관련한 영업 정보를 대통령령으로 정하는 바에 따라 공표하여야 한다. 〈개정 2013. 3. 23.〉

시행령

제58조(위반사실의 공표) 법 제84조에 따라 식품의약품안전처장, 시·도지사 또는 시장·군수·구청장은 **행정처분이 확정된 영업자**에 대한 다음 각 호의 사항을 **지체 없이 해당 기관의 인터넷 홈페이지** 또는 「신문 등의 진흥에 관한 법률」 제9조제1항에 따라 등록한 **전국을 보급지역으로 하는 일반일간신문 등에 게재**하여야 한다. 〈개정 2016. 1. 22.〉

1. 「식품위생법」 위반사실의 공표라는 내용의 표제
2. 영업의 종류
3. 영업소 명칭, 소재지 및 대표자 성명
4. 식품등의 명칭(식품등의 제조·가공, 소분·판매업만 해당한다)
5. 위반 내용(위반행위의 구체적인 내용과 근거 법령을 포함한다)
6. 행정처분의 내용, 처분일 및 기간
7. 단속기관 및 단속일 또는 적발일

제12장 | 보칙

제85조(국고 보조) 식품의약품안전처장은 예산의 범위에서 다음 경비의 전부 또는 일부를 보조할 수 있다. 〈개정 2013. 3. 23.〉

1. 제22조제1항(제88조에서 준용하는 경우를 포함한다)에 따른 수거에 드는 경비
2. 삭제 〈2013. 7. 30.〉

3.~7. 생략

8. 제72조(제88조에서 준용하는 경우를 포함한다)에 따른 폐기에 드는 경비

참고
제22조 출입·검사·수거 등 제1항
제72조 폐기처분 등
제88조 집단급식소

제86조(식중독에 관한 조사 보고) ① 다음 각 호의 어느 하나에 해당하는 자는 **지체 없이 관할 특별자치시장·시장**(「제주특별자치도 설치 및 국제자유도시 조성을 위한 특별법」에 따른 행정시장을 포함한다. 이하 이 조에서 같다)**·군수·구청장에게 보고**하여야 한다. 이 경우 **의사나 한의사는 대통령령으로 정하는 바에 따라 식중독 환자나 식중독이 의심되는 자의 혈액 또는 배설물을 보관하는 데에 필요한 조치**를 하여야 한다. 〈개정 2018. 12. 11.〉

1. **식중독 환자나 식중독이 의심되는 자를 진단하였거나 그 사체를 검안(檢案)한 의사 또는 한의사**
2. **집단급식소에서 제공한 식품등으로 인하여 식중독 환자나 식중독으로 의심되는 증세를 보이는 자를 발견한 집단급식소의 설치·운영자**

과태료 시행령 **〈별표 2〉 과태료의 부과기준 2. 개별기준**(제67조 관련) 〈개정 2023. 4. 25.〉

위반행위	근거 법조문	과태료 금액(단위: 만원)		
		1차 위반	2차 위반	3차 이상 위반
처. 법 제86조제1항을 위반한 경우	법 제101조 제2항 제1호			
1) 식중독 환자나 식중독이 의심되는 자를 진단하였거나 그 사체를 검안한 의사 또는 한의사		100	200	300
2) 집단급식소에서 제공한 식품등으로 인하여 식중독 환자나 식중독으로 의심되는 증세를 보이는 자를 발견한 집단급식소의 설치·운영자		500	750	1,000

② **특별자치시장·시장·군수·구청장**은 제1항에 따른 보고를 받은 때에는 지체 없이 그 사실을 **식품의약품안전처장 및 시·도지사**(특별자치시장은 제외한다)에게 보고하고, 대통령령으로 정하는 바에 따라 원인을 조사하여 그 결과를 보고하여야 한다. 〈개정 2018. 12. 11.〉

③ **식품의약품안전처장**은 제2항에 따른 보고의 내용이 **국민보건상 중대하다고 인정하는 경우에는 해당 시·도지사 또는 시장·군수·구청장과 합동으로 원인을 조사**할 수 있다. 〈개정 2022. 6. 10.〉

④ **식품의약품안전처장**은 **식중독 발생의 원인을 규명하기 위하여 식중독 의심환자가 발생한 원인시설 등에 대한 조사절차와 시험·검사 등에 필요한 사항을 정할 수 있다.** 〈개정 2013. 5. 22.〉

시행령

제59조(식중독 원인의 조사) ① 식중독 환자나 식중독이 의심되는 자를 진단한 의사나 한의사는 다음 각 호의 어느 하나에 해당하는 경우 법 제86조제1항 각 호 외의 부분 후단에 따라 해당 식중독 환자나 식중독이 의심되는 자의 혈액 또는 배설물을 채취하여 법 제86조제2항에 따라 특별자치시장·시장(「제주특별자치도 설치 및 국제자유도시 조성을 위한 특별법」에 따른 행정시장을 포함한다. 이하 이 조에서 같다)·군수·구청장이 조사하기 위하여 인수할 때까지 변질되거나 오염되지 아니하도록 보관하여야 한다. 이 경우 보관용기에는 채취일, 식중독 환자나 식중독이 의심되는 자의 성명 및 채취자의 성명을 표시하여야 한다. 〈개정 2019. 5. 21.〉

1. 구토·설사 등의 식중독 증세를 보여 의사 또는 한의사가 혈액 또는 배설물의 보관이 필요하다고 인정한 경우
2. 식중독 환자나 식중독이 의심되는 자 또는 그 보호자가 혈액 또는 배설물의 보관을 요청한 경우

② 법 제86조제2항에 따라 **특별자치시장·시장·군수·구청장이 하여야 할 조사**는 다음 각 호와 같다. 〈개정 2019. 5. 21.〉

1. **식중독의 원인이 된 식품등과 환자 간의 연관성을 확인하기 위해 실시하는 설문조사, 섭취음식 위험도 조사 및 역학적(疫學的) 조사**
2. **식중독 환자나 식중독이 의심되는 자의 혈액·배설물 또는 식중독의 원인이라고 생각되는 식품등에 대한 미생물학적 또는 이화학적(理化學的) 시험에 의한 조사**
3. **식중독의 원인이 된 식품등의 오염경로를 찾기 위하여 실시하는 환경조사**

③ 특별자치시장·시장·군수·구청장은 제2항제2호에 따른 조사를 할 때에는 「식품·의약품분야 시험·검사 등에 관한 법률」 제6조제4항 단서에 따라 총리령으로 정하는 시험·검사기관에 협조를 요청할 수 있다. 〈신설 2019. 5. 21.〉

> 참고
> **「식품·의약품분야 시험·검사 등에 관한 법률」** 제6조제4항
> 제6조 시험검사 기관의 지정 등

제87조(식중독대책협의기구 설치) ① 식품의약품안전처장은 식중독 발생의 효율적인 예방

및 확산방지를 위하여 교육부, 농림축산식품부, 보건복지부, 환경부, 해양수산부, 식품의약품안전처, 시·도 등 유관기관으로 구성된 식중독대책협의기구를 설치·운영하여야 한다. 〈개정 2020. 8. 11.〉

② 제1항에 따른 식중독대책협의기구의 구성과 세부적인 운영사항 등은 대통령령으로 정한다.

시행령

第60조(식중독대책협의기구의 구성·운영 등) ① 법 제87조제1항에 따른 식중독대책협의기구(이하 "협의기구" 라 한다)의 위원은 다음 각 호에 해당하는 자로 한다. 〈개정 2020. 9. 11.〉

1. 교육부, 법무부, 국방부, 농림축산식품부, 보건복지부 및 환경부 등 중앙행정기관의 장이 해당 중앙행정기관의 고위공무원단에 속하는 일반직공무원 또는 이에 상당하는 공무원[법무부 및 국방부의 경우에는 각각 이에 해당하는 검사(檢事) 및 장성급(將星級) 장교를 포함한다] 중에서 지명하는 자
2. 지방자치단체의 장이 해당 지방행정기관의 고위공무원단에 속하는 일반직공무원 또는 이에 상당하는 지방공무원 중에서 지명하는 자
3. 그 밖에 식품의약품안전처장이 지정하는 기관 및 단체의 장

② 식품의약품안전처장은 협의기구의 회의를 소집하고 그 의장이 된다. 〈개정 2013. 3. 23.〉

③~⑥ 생략

第88조(집단급식소) ① **집단급식소를 설치·운영하려는 자는** 총리령으로 정하는 바에 따라 **특별자치시장·특별자치도지사·시장·군수·구청장에게 신고**하여야 한다. 신고한 사항 중 총리령으로 정하는 사항을 변경하려는 경우에도 또한 같다. 〈개정 2018. 12. 11.〉

② 집단급식소를 설치·운영하는 자는 집단급식소 시설의 유지·관리 등 급식을 위생적으로 관리하기 위하여 다음 각 호의 사항을 지켜야 한다. 〈개정 2021. 8. 17.〉

1. 식중독 환자가 발생하지 아니하도록 위생관리를 철저히 할 것
2. 조리·제공한 식품의 매회 1인분 분량을 총리령으로 정하는 바에 따라 144시간 이상 보관할 것
3. 영양사를 두고 있는 경우 그 업무를 방해하지 아니할 것
4. 영양사를 두고 있는 경우 영양사가 집단급식소의 위생관리를 위하여 요청하는 사

항에 대하여는 정당한 사유가 없으면 따를 것

5. 「축산물 위생관리법」 제12조에 따라 검사를 받지 아니한 축산물 또는 실험 등의 용도로 사용한 동물을 음식물의 조리에 사용하지 말 것
6. 「야생생물 보호 및 관리에 관한 법률」을 위반하여 포획·채취한 야생생물을 음식물의 조리에 사용하지 말 것
7. 소비기한이 경과한 원재료 또는 완제품을 조리할 목적으로 보관하거나 이를 음식물의 조리에 사용하지 말 것
8. 수돗물이 아닌 지하수 등을 먹는 물 또는 식품의 조리·세척 등에 사용하는 경우에는 「먹는물관리법」 제43조에 따른 먹는물 수질검사기관에서 총리령으로 정하는 바에 따라 검사를 받아 마시기에 적합하다고 인정된 물을 사용할 것. 다만, 둘 이상의 업소가 같은 건물에서 같은 수원(水源)을 사용하는 경우에는 하나의 업소에 대한 시험결과로 나머지 업소에 대한 검사를 갈음할 수 있다.
9. 제15조제2항에 따라 위해평가가 완료되기 전까지 일시적으로 금지된 식품등을 사용·조리하지 말 것
10. 식중독 발생 시 보관 또는 사용 중인 식품은 역학조사가 완료될 때까지 폐기하거나 소독 등으로 현장을 훼손하여서는 아니 되고 원상태로 보존하여야 하며, 식중독 원인규명을 위한 행위를 방해하지 말 것
11. 그 밖에 식품등의 위생적 관리를 위하여 필요하다고 총리령으로 정하는 사항을 지킬 것

과태료 시행령 **〈별표 2〉 과태료의 부과기준 2. 개별기준**(제67조 관련) 〈개정 2023. 4. 25.〉

위반행위	근거 법조문	과태료 금액(단위: 만원)		
		1차 위반	2차 위반	3차 이상 위반
커. 법 제88조제1항 전단을 위반하여 신고를 하지 않거나 허위의 신고를 한 경우	법 제101조 제1항제2호	300	400	500
터. 법 제88조제2항을 위반한 경우(위탁급식영업자에게 위탁한 집단급식소의 경우는 제외한다)	법 제101조 제1항제3호			
1) 집단급식소(법 제86조제2항 및 이 영 제59조제2항에 따른 식중독 원인의 조사 결과 해당 집단급식소에서 조리·제공한 식품이 식중독의 발생 원인으로 확정된 집단급식소를 말한다)에서 식중독 환자가 발생한 경우		500	750	1000

(계속)

과태료 시행령 **〈별표 2〉 과태료의 부과기준 2. 개별기준**(제67조 관련) 〈개정 2023. 4. 25.〉

위반행위	근거 법조문	과태료 금액(단위: 만원)		
		1차 위반	2차 위반	3차 이상 위반
2) 조리·제공한 식품의 매회 1인분 분량을 총리령으로 정하는 바에 따라 144시간 이상 보관하지 않은 경우		400	600	800
3) 영양사의 업무를 방해한 경우		300	400	500
4) 영양사가 집단급식소의 위생관리를 위해 요청하는 사항에 대해 정당한 사유 없이 따르지 않은 경우		300	400	500
5) 「축산물 위생관리법」 제12조에 따른 검사를 받지 않은 축산물 또는 실험 등의 용도로 사용한 동물을 음식물의 조리에 사용한 경우		300	400	500
6) 「야생생물 보호 및 관리에 관한 법률」을 위반하여 포획·채취한 야생생물을 음식물의 조리에 사용한 경우		300	400	500
7) 소비기한이 경과한 원재료 또는 완제품을 조리할 목적으로 보관하거나 이를 음식물의 조리에 사용한 경우		300	400	500
8) 「먹는물관리법」 제43조에 따른 먹는물 수질검사기관에서 수질검사를 실시한 결과 부적합 판정된 지하수 등을 먹는 물 또는 식품의 조리·세척 등에 사용한 경우		400	600	800
9) 법 제15조제2항에 따라 일시적으로 금지된 식품등을 위해평가가 완료되기 전에 사용·조리한 경우		300	400	500
10) 식중독 발생 시 역학조사가 완료되기 전에 보관 또는 사용 중인 식품의 폐기·소독 등으로 현장을 훼손하여 원상태로 보존하지 않는 등 식중독 원인규명을 위한 행위를 방해한 경우		500	750	1000
11) 그 밖에 총리령으로 정하는 준수사항을 지키지 않은 경우	법 제101조 제3항제6호	50만원 이상 300만원 이하의 범위에서 총리령으로 정하는 금액		

시행규칙 **[별표 27] 법 제88조제2항제11호를 위반한 자에 대한 과태료 금액**(제100조관련)〈개정 2023. 5. 19.〉

위반행위	근거 법조문	과태료 금액(단위: 만원)		
		1차 위반	2차 위반	3차 이상 위반
2. 법 제88조제2항제11호를 위반한 경우(위탁급식영업자에게 위탁한 집단급식소의 경우는 제외한다)	법 제101조 제3항제6호 및 영 제67조			
가. 별표 24 제2호를 위반한 경우		100	200	300
나. 별표 24 제4호에 따른 수질검사를 실시하지 않은 경우		100	200	300
다. 별표 24 제1호·제3호·제5호 및 제6호를 위반한 경우		50	100	150
라. 별표 24 제7호를 위반한 경우		100	200	300

③ 집단급식소에 관하여는 제3조부터 제6조까지, 제7조제4항, 제8조, 제9조제4항, 제9조의3, 제22조, 제37조제7항·제9항, 제39조, 제40조, 제41조, 제48조, 제71조, 제72조 및 제74조를 준용한다. 〈개정 2020. 12. 29.〉

참고
제3조 식품 등의 취급
제4조 위해식품등의 판매등 금지
제5조 병든 동물 고기등의 판매등 금지
제6조 기준·규격이 정하여지지 아니한 화학적합성품 등 판매 등 금지
제7조제4항 기준규격이 정하여지지 아니한 식품·식품첨가물의 판매사용 등 금지
제8조 유독기구의 판매·사용 금지
제9조제4항 기준규격에 맞지 않는 기구·용기·포장의 판매사용 등 금지
제9조의3 인정받지 않는 재생원료의 기구 및 용기포장에의 사용 등 금지
제22조 출입·검사·수거 등
제37조 영업허가 등
제39조 영업승계
제40조 건강진단
제41조 식품위생교육
제48조 식품안전관리인증기준
제71조 시정명령
제72조 폐기처분 등
제74조 시설개수 명령 등

④ 특별자치시장·특별자치도지사·시장·군수·구청장은 제1항에 따른 신고 또는 변경신고를 받은 날부터 3일 이내에 신고수리 여부를 신고인에게 통지하여야 한다. 〈신설 2018. 12. 11.〉

⑤ 특별자치시장·특별자치도지사·시장·군수·구청장이 제4항에서 정한 기간 내에 신고수리 여부 또는 민원 처리 관련 법령에 따른 처리기간의 연장을 신고인에게 통지하지 아니하면 그 기간(민원 처리 관련 법령에 따라 처리기간이 연장 또는 재연장된 경우에는 해당 처리기간을 말한다)이 끝난 날의 다음 날에 신고를 수리한 것으로 본다. 〈신설 2018. 12. 11.〉

⑥ 제1항에 따라 신고한 자가 집단급식소 운영을 종료하려는 경우에는 특별자치시장·특별자치도지사·시장·군수·구청장에게 신고하여야 한다. 〈신설 2018. 12. 11.〉

⑦ 집단급식소의 시설기준과 그 밖의 운영에 관한 사항은 총리령으로 정한다. 〈개정 2018. 12. 11.〉

시행규칙 **[별표 27] 제88조 제2항 제11호를 위반한 자에 대한 과태료 금액**(제100조 관련) 〈개정 2021. 6. 30.〉

위반행위	근거 법조문	과태료 금액(단위: 만원)		
		1차 위반	2차 위반	3차 위반
2. 법 제88조제2항제11호를 위반한 경우(위탁급식영업자에게 위탁한 집단급식소의 경우는 제외한다)	법 제101조제3항제6호 및 영 제67조			
가. 별표 24 제2호를 위반한 경우		100	200	300
나. 별표 24 제4호에 따른 수질검사를 실시하지 않은 경우		100	200	300
다. 별표 24 제1호·제3호·제5호 및 제6호를 위반한 경우		50	100	150

시행규칙

제94조(집단급식소의 신고 등) ① 법 제88조제1항에 따라 집단급식소를 설치·운영하려는 자는 제96조에 따른 시설을 갖춘 후 별지 제68호서식의 집단급식소 설치·운영신고서(전자문서로 된 신고서를 포함한다)에 제42조제1항제1호 및 제4호의 서류(전자문서를 포함한다)를 첨부하여 신고관청에 제출하여야 한다. 〈개정 2017. 1. 4.〉

② 제9항에 따라 집단급식소 설치·운영 종료 신고가 된 집단급식소를 운영하려는 자(종료 신고를 한 설치·운영자가 아닌 자를 포함한다)는 별지 제68호서식의 집단급식소 설치·운영신고서(전자문서로 된 신고서를 포함한다)에 다음 각 호의 서류(전자문서를 포함한다)를 첨부하여 신고관청에 제출하여야 한다. 〈개정 2017. 1. 4.〉

1. 제42조제1항제1호의 서류
2. 제42조제4호의 서류. 다만, 종전 집단급식소의 수도시설을 그대로 사용하는 경우는 제외한다.
3. 양도·양수 계약서 사본이나 그 밖에 신고인이 해당 집단급식소의 설치·운영자임을 증명하는 서류

③ 제1항 또는 제2항(종전 집단급식소의 시설·설비 및 운영 체계를 유지하는 경우는 제외한다)에 따른 신고를 받은 신고관청은 「전자정부법」 제36조제1항에 따른 행정정보의 공동이용을 통하여 액화석유가스 사용시설완성검사증명서(「액화석유가스의 안전관리 및 사업법」 제44조제2항에 따라 액화석유가스 사용시설의 완성검사를 받아야 하는 경우만 해당한다) 및 건강진단결과서(제49조에 따른 건강진단 대상자의 경우만 해당한다)를 확인하여야 하며, 신청인이 확인에 동의하지 아니하는 경우에는 그 사본을 첨부하도록 하

여야 한다. 〈개정 2020. 4. 13.〉

④ 제1항 또는 제2항에 따라 신고를 받은 신고관청은 지체 없이 별지 제69호서식의 집단급식소 설치·운영 신고증을 내어주고, 15일 이내에 신고 받은 사항을 확인하여야 한다. 〈개정 2014. 5. 9.〉

⑤ 제4항에 따라 신고증을 내어준 신고관청은 별지 제70호서식의 집단급식소의 설치·운영신고대장에 기록·보관하거나 같은 서식에 따른 전산망에 입력하여 관리하여야 한다. 〈개정 2014. 5. 9.〉

⑥ 제4항에 따라 신고증을 받은 집단급식소의 설치·운영자가 해당 신고증을 잃어버렸거나 헐어 못 쓰게 되어 신고증을 다시 받으려는 경우에는 별지 제35호서식의 재발급신청서(전자문서로 된 신청서를 포함한다)에 헐어 못 쓰게 된 신고증(헐어 못 쓰게 된 경우만 해당한다)을 첨부하여 신고관청에 제출하여야 한다. 〈개정 2014. 5. 9.〉

⑦ 집단급식소의 설치·운영자가 신고사항 중 다음 각 호의 구분에 따른 사항을 변경하는 경우에는 별지 제71호서식의 신고사항 변경신고서(전자문서로 된 신청서를 포함한다)에 집단급식소 설치·운영신고증을 첨부하여 신고관청에 제출하여야 한다. 이 경우 집단급식소의 소재지를 변경하는 경우에는 제42조제1항제1호 및 제4호의 서류(전자문서를 포함한다)를 추가로 첨부하여야 한다. 〈개정 2014. 5. 9.〉

1. 집단급식소의 설치·운영자가 법인인 경우: 그 대표자, 그 대표자의 성명, 소재지 또는 위탁급식영업자
2. 집단급식소의 설치·운영자가 법인이 아닌 경우: 설치·운영자의 성명, 소재지 또는 위탁급식영업자

⑧ 제7항 각 호 외의 부분 후단에 따라 집단급식소의 소재지를 변경하는 변경신고서를 제출받은 신고관청은 「전자정부법」 제36조제1항에 따른 행정정보의 공동이용을 통하여 액화석유가스 사용시설완성검사증명서(「액화석유가스의 안전관리 및 사업법」 제44조제2항에 따라 액화석유가스 사용시설의 완성검사를 받아야 하는 경우만 해당한다)를 확인하여야 한다. 다만, 신청인이 확인에 동의하지 아니하는 경우에는 그 사본을 첨부하도록 하여야 한다. 〈개정 2020. 4. 13.〉

⑨ 집단급식소의 설치·운영자가 그 운영을 그만하려는 경우에는 별지 제72호서식의 집단급식소 설치·운영 종료신고서(전자문서로 된 신고서를 포함한다)에 집단급식소 설

치·운영 신고증을 첨부하여 신고관청에 제출하여야 한다. 〈개정 2014. 5. 9.〉

⑩ 법 제88조제3항에서 준용되는 같은 법 제39조에 따라 집단급식소의 설치·운영자의 지위승계 신고를 하려는 자는 별지 제73호서식의 집단급식소 설치·운영자 지위승계 신고서에 다음 각 호의 서류를 첨부하여 신고관청에 제출해야 한다. 〈개정 2022. 4. 28.〉

1. 집단급식소의 설치·운영신고증
2. 권리의 이전을 증명하는 다음 각 목의 구분에 따른 서류
   가. 양도의 경우에는 양도·양수를 증명할 수 있는 서류 사본
   나. 상속의 경우에는 상속인임을 증명하는 서류
   다. 그 밖에 해당 사유별로 설치·운영자의 지위를 승계하였음을 증명할 수 있는 서류
3. 교육이수증(법 제41조제2항 본문에 따라 미리 식품위생교육을 받은 경우만 해당한다)
4. 위임인의 자필서명이 있는 위임장 및 위임인의 신분증명서 사본(양수인이 지위승계 신고를 위임한 경우만 해당한다)

⑪ 제10항에 따라 신청서를 제출받은 신고관청은 「전자정부법」 제36조제1항에 따른 행정정보의 공동이용을 통해 다음 각 호의 구분에 따른 행정정보를 확인해야 한다. 다만, 신청인이 확인에 동의하지 않는 경우에는 그 사본을 첨부하도록 해야 한다. 〈신설 2022. 4. 28.〉

1. 제49조에 따른 건강진단 대상자의 경우: 건강진단결과서
2. 상속의 경우: 상속인의 가족관계증명서

⑫ 제10항에 따라 집단급식소의 설치·운영자의 지위승계 신고를 하려는 상속인이 제9항에 따른 종료신고를 함께 하려는 경우에는 제10항제1호·제2호나목의 서류(상속인이 지위승계 신고를 위임한 경우에는 같은 항 제4호의 서류를 포함한다)만을 첨부하여 제출할 수 있다. 〈개정 2022. 4. 28.〉

시행규칙

제95조(집단급식소의 설치·운영자 준수사항) ① 법 제88조제2항제2호에 따라 조리·제공한 식품(법 제2조제12호다목에 따른 병원의 경우에는 일반식만 해당한다)을 보관할 때에는 매회 1인분 분량을 섭씨 영하 18도 이하로 보관해야 한다. 〈개정 2023. 5. 19.〉

② 제1항에도 불구하고 완제품 형태로 제공한 가공식품은 소비기한 내에서 해당 식품

의 제조업자가 정한 보관방법에 따라 보관할 수 있다. 다만, 완제품 형태로 제공하는 식품 중 식품의약품안전처장이 정하여 고시하는 가공식품을 완제품 형태로 제공한 경우에는 해당 제품의 제품명, 제조업소명, 제조일자 또는 소비기한 등 제품을 확인·추적할 수 있는 정보를 기록·보관함으로써 해당 가공식품의 보관을 갈음할 수 있다. 〈신설 2023. 5. 19.〉

③ 법 제88조제2항제11호에서 "총리령으로 정하는 사항"이란 별표 24와 같다. 〈개정 2023. 5. 19.〉

시행규칙 **[별표 24] 집단급식소의 설치·운영자의 준수사항**(제95조제2항 관련) 〈개정 2023. 5. 19.〉
[시행일 : 2021. 10. 13.] 제3호

1. 물수건, 숟가락, 젓가락, 식기, 찬기, 도마, 칼, 행주 및 그 밖의 주방용구는 기구 등의 살균·소독제, 열탕, 자외선 살균 또는 전기살균의 방법으로 소독한 것을 사용해야 한다.
2. 배식하고 남은 음식물을 다시 사용·조리 또는 보관(폐기용이라는 표시를 명확하게 하여 보관하는 경우는 제외한다)해서는 안 된다.
3. 식재료의 검수 및 조리 등에 대해서는 식품의약품안전처장이 정하여 고시하는 위생관리 사항의 점검 결과를 기록해야 한다. 이 경우 그 기록에 관한 서류는 해당 기록을 한 날부터 3개월간 보관해야 한다.
4. 법 제88조제2항제8호에 따라 수돗물이 아닌 지하수 등을 먹는 물 또는 식품의 조리·세척 등에 사용하는 경우에는 「먹는물관리법」 제43조에 따른 먹는물 수질검사기관에서 다음의 구분에 따른 검사를 받아야 한다.
   가. 일부 항목 검사: 1년마다(모든 항목 검사를 하는 연도의 경우를 제외한다) 「먹는물 수질기준 및 검사 등에 관한 규칙」 제4조제1항제2호에 따른 마을상수도의 검사기준에 따른 검사(잔류염소에 관한 검사를 제외한다). 다만, 시·도지사가 오염의 우려가 있다고 판단하여 지정한 지역에서는 같은 규칙 제2조에 따른 먹는물의 수질기준에 따른 검사를 해야 한다.
   나. 모든 항목 검사: 2년마다 「먹는물 수질기준 및 검사 등에 관한 규칙」 제2조에 따른 먹는물의 수질기준에 따른 검사
5. 동물의 내장을 조리하면서 사용한 기계·기구류 등을 세척하고 살균해야 한다.
6. 법 제47조제1항에 따라 모범업소로 지정받은 자 외의 자는 모범업소임을 알리는 지정증, 표지판, 현판 등의 어떠한 표시도 해서는 안 된다.
7. 제과점영업자 또는 즉석판매제조·가공업자로부터 당일 제조·가공한 빵류·과자류 및 떡류를 구입하여 구입 당일 급식자에게 제공하는 경우 이를 확인할 수 있는 증명서(제품명, 제조일자 및 판매량 등이 포함된 거래명세서나 영수증 등을 말한다)를 6개월간 보관해야 한다.

시행규칙

제96조(집단급식소의 시설기준) 법 제88조제7항에 따른 집단급식소의 시설기준은 별표 25와 같다. 〈개정 2023. 5. 19.〉

시행규칙 **[별표 25] 집단급식소의 시설기준**(제96조 관련) 〈개정 2021. 6. 30.〉

1. 조리장
   가. 조리장은 음식물을 먹는 객석에서 그 내부를 볼 수 있는 구조로 되어 있어야 한다. 다만, 병원·학교의 경우에는 그러하지 아니하다.
   나. 조리장 바닥은 배수구가 있는 경우에는 덮개를 설치하여야 한다.
   다. 조리장 안에는 취급하는 음식을 위생적으로 조리하기 위하여 필요한 조리시설·세척시설·폐기물용기 및 손 씻는 시설을 각각 설치하여야 하고, 폐기물용기는 오물·악취 등이 누출되지 아니하도록 뚜껑이 있고 내수성 재질[스테인레스·알루미늄·강화플라스틱(FRP)·테프론 등 물을 흡수하지 아니하는 것을 말한다. 이하 같다]로 된 것이어야 한다.
   라. 조리장에는 주방용 식기류를 소독하기 위한 자외선 또는 전기살균소독기를 설치하거나 열탕세척소독시설(식중독을 일으키는 병원성 미생물 등이 살균될 수 있는 시설이어야 한다)을 갖추어야 한다.
   마. 충분한 환기를 시킬 수 있는 시설을 갖추어야 한다. 다만, 자연적으로 통풍이 가능한 구조의 경우에는 그러하지 아니하다.
   바. 식품등의 기준 및 규격 중 식품별 보존 및 유통기준에 적합한 온도가 유지될 수 있는 냉장시설 또는 냉동시설을 갖추어야 한다.
   사. 식품과 직접 접촉하는 부분은 위생적인 내수성 재질로서 씻기 쉬우며, 열탕·증기·살균제 등으로 소독·살균이 가능한 것이어야 한다.
   아. 냉동·냉장시설 및 가열처리시설에는 온도계 또는 온도를 측정할 수 있는 계기를 설치하여야 하며, 적정온도가 유지되도록 관리하여야 한다.
   자. 조리장에는 쥐·해충 등을 막을 수 있는 시설을 갖추어야 한다.
2. 급수시설
   가. 수돗물이나 「먹는물관리법」 제5조에 따른 먹는 물의 수질기준에 적합한 지하수 등을 공급할 수 있는 시설을 갖추어야 한다. 다만, 지하수를 사용하는 경우에는 용수저장탱크에 염소자동주입기 등 소독장치를 설치하여야 한다.
   나. 지하수를 사용하는 경우 취수원은 화장실·폐기물처리시설·동물사육장 그 밖에 지하수가 오염될 우려가 있는 장소로부터 영향을 받지 아니 하는 곳에 위치하여야 한다.
3. 창고 등 보관시설
   가. 식품등을 위생적으로 보관할 수 있는 창고를 갖추어야 한다.

(계속)

나. 창고에는 식품등을 법 제7조제1항에 따른 식품등의 기준 및 규격에서 정하고 있는 보존 및 유통기준에 적합한 온도에서 보관할 수 있도록 냉장·냉동시설을 갖추어야 한다. 다만, 조리장에 갖춘 냉장시설 또는 냉동시설에 해당 급식소에서 조리·제공되는 식품을 충분히 보관할 수 있는 경우에는 창고에 냉장시설 및 냉동시설을 갖추지 아니하여도 된다.

4. 화장실

가. 화장실은 조리장에 영향을 미치지 아니하는 장소에 설치하여야 한다. 다만, 집단급식소가 위치한 건축물 안에 나목부터 라목까지의 기준을 갖춘 공동화장실이 설치되어 있거나 인근에 사용하기 편리한 화장실이 있는 경우에는 따로 화장실을 설치하지 아니할 수 있다.

나. 화장실은 정화조를 갖춘 수세식 화장실을 설치하여야 한다. 다만, 상·하수도가 설치되지 아니한 지역에서는 수세식이 아닌 화장실을 설치할 수 있다. 이 경우 변기의 뚜껑과 환기시설을 갖추어야 한다.

다. 화장실은 콘크리트 등으로 내수처리를 하여야 하고, 바닥과 내벽(바닥으로부터 1.5미터까지)에는 타일을 붙이거나 방수페인트로 색칠하여야 한다.

라. 화장실에는 손을 씻는 시설을 갖추어야 한다.

5. 객석

집단급식소의 설치·운영을 신고한 사업장은 해당 사업장 내에 객석을 추가로 설치할 수 있다. 이 경우 음식물을 위생적으로 운반할 수 있는 기구 또는 운반차량 및 위생적인 배식도구를 갖추어야 한다.

제89조(식품진흥기금) ① 식품위생과 국민의 영양수준 향상을 위한 사업을 하는 데에 필요한 재원에 충당하기 위하여 시·도 및 시·군·구에 식품진흥기금(이하 "기금"이라 한다)을 설치한다.

② 기금은 다음 각 호의 재원으로 조성한다. 〈개정 2018. 3. 13.〉

1. 식품위생단체의 출연금
2. 제82조, 제83조 및 「건강기능식품에 관한 법률」 제37조, 「식품 등의 표시·광고에 관한 법률」 제19조 및 제20조에 따라 징수한 과징금
3. 기금 운용으로 생기는 수익금
4. 그 밖에 대통령령으로 정하는 수입금

③ 기금은 다음 각 호의 사업에 사용한다. 〈개정 2016. 12. 2.〉

1. 영업자(「건강기능식품에 관한 법률」에 따른 영업자를 포함한다)의 위생관리시설 및 위생설비시설 개선을 위한 융자 사업

2. 식품위생에 관한 교육·홍보 사업(소비자단체의 교육·홍보 지원을 포함한다)과 소비자 식품위생감시원의 교육·활동 지원
3. 식품위생과 「국민영양관리법」에 따른 영양관리(이하 "영양관리"라 한다)에 관한 조사·연구 사업
4. 제90조에 따른 포상금 지급 지원

4의2. 「공익신고자 보호법」 제29조제2항에 따라 지방자치단체가 부담하는 보상금(이 법 및 「건강기능식품에 관한 법률」 위반행위에 관한 신고를 원인으로 한 보상금에 한정한다) 상환액의 지원

5. 식품위생에 관한 교육·연구 기관의 육성 및 지원
6. 음식문화의 개선과 좋은 식단 실천을 위한 사업 지원
7. 집단급식소(위탁에 의하여 운영되는 집단급식소만 해당한다)의 급식시설 개수·보수를 위한 융자 사업

7의2. 제47조의2에 따른 식품접객업소의 위생등급 지정 사업 지원

8. 그 밖에 대통령령으로 정하는 식품위생, 영양관리, 식품산업 진흥 및 건강기능식품에 관한 사업

④ 기금은 시·도지사 및 시장·군수·구청장이 관리·운용하되, 그에 필요한 사항은 대통령령으로 정한다.

시행령

제61조(기금사업) ① 법 제89조제3항제8호에 따라 기금을 사용할 수 있는 사업은 다음 각 호의 사업으로 한다. 〈개정 2021. 2. 2.〉

1. 식품의 안전성과 식품산업진흥에 대한 조사·연구사업
2. 식품사고 예방과 사후관리를 위한 사업
3. 식중독 예방과 원인 조사, 위생관리 및 식중독 관련 홍보사업
4. 식품의 재활용을 위한 사업
5. 식품위생과식품산업 진흥을위한 전산화사업
6. 식품산업진흥사업
7. 시·도지사가 식품위생과 주민 영양을 개선하기 위하여 민간단체에 연구를 위탁한 사업

8. 남은 음식 재사용 안 하기 활동에 대한 지원
9. 제18조제5항에 따른 수당 등의 지급
10. 「식품·의약품분야 시험·검사 등에 관한 법률」 제6조제3항제2호에 따른 자가품질 위탁 시험·검사기관의 시험·검사실 설치 지원
11. 법 제47조제2항에 따른 우수업소와 모범업소에 대한 지원
12. 법 제48조제11항에 따른 식품안전관리인증기준을 지키는 영업자와 이를 지키기 위하여 관련 시설 등을 설치하려는 영업자에 대한 지원
13. 법 제63조제1항에 따른 자율지도원의 활동 지원
14. 「건강기능식품에 관한 법률」 제22조제6항에 따른 우수건강기능식품제조기준을 지키는 영업자와 이를 지키기 위하여 관련 시설 등을 설치하려는 영업자에 대한 지원
15. 「어린이 식생활안전관리 특별법」 제6조제2항에 따른 어린이 기호식품 전담 관리원의 지정 및 운영
16. 「어린이 식생활안전관리 특별법」 제7조제3항에 따른 어린이 기호식품 우수판매업소에 대한 보조 또는 융자
17. 「어린이 식생활안전관리 특별법」 제21조제4항에 따른 어린이급식관리지원센터 설치 및 운영 비용 보조
18. 그 밖에 제1호부터 제17호까지의 규정에 따른 사업에 준하는 것으로서 식품위생, 영양관리 또는 식품산업 진흥 등을 위해 식품의약품안전처장이 필요하다고 인정하여 고시하는 사업

② 식품의약품안전처장은 제62조제2항에 따른 기금운용계획에 따라 시·도지사 또는 시장·군수·구청장이 행하는 사업의 이행 여부를 확인하거나 해당 사업의 추진현황을 시·도지사 또는 시장·군수·구청장으로 하여금 보고하도록 할 수 있다. 이 경우 시장·군수·구청장은 시·도지사를 거쳐 보고하여야 한다. 〈개정 2013. 3. 23.〉

시행령

제62조(기금의 운용) 생략

제89조의2(영업자 등에 대한 행정적·기술적 지원) 국가와 지방자치단체는 식품안전에 대한

영업자 등의 관리능력을 향상하기 위한 기반조성 및 역량 강화에 필요한 시책을 수립·시행하여야 하며, 이를 위한 재원을 마련하고 기술개발, 조사·연구 사업, 해외 정보의 제공 및 국제협력체계의 구축 등에 필요한 행정적·기술적 지원을 할 수 있다.

[본조신설 2020. 12. 29.]

제90조(포상금 지급) ① 식품의약품안전처장, 시·도지사 또는 시장·군수·구청장은 이 법에 위반되는 행위를 신고한 자에게 신고 내용별로 1천만원까지 포상금을 줄 수 있다. 〈개정 2013. 3. 23.〉

② 제1항에 따른 포상금 지급의 기준·방법 및 절차 등에 관하여 필요한 사항은 대통령령으로 정한다.

시행령

제63조(포상금의 지급기준) ① 법 제90조제1항에 따라 포상금을 지급하는 경우 그 기준은 다음 각 호와 같다. 〈개정 2019. 3. 14.〉

1. 법 제93조를 위반한 자를 신고한 경우: 1천만원 이하
2. 법 제4조부터 제6조(법 제88조에서 준용하는 경우를 포함한다)까지, 제8조(법 제88조에서 준용하는 경우를 포함한다) 또는 제37조제1항을 위반한 자를 신고한 경우: 30만원 이하
3. 법 제7조제4항(법 제88조에서 준용하는 경우를 포함한다), 제9조제4항(법 제88조에서 준용하는 경우를 포함한다), 제37조제5항, 제44조제1항·제2항을 위반한 자 또는 법 제75조제1항에 따른 영업정지명령을 위반하여 영업을 계속한 자를 신고한 경우: 20만원 이하
4. 「식품 등의 표시·광고에 관한 법률」 제8조, 법 제37조제4항을 위반한 자 또는 법 제76조제1항에 따른 품목제조정지명령을 위반한 자를 신고한 경우: 10만원 이하
5. 법 제40조제3항 또는 제88조제1항을 위반한 자를 신고한 경우: 5만원 이하
6. 제1호부터 제5호까지의 규정 외에 법을 위반한 자 중 위생상 위해발생 우려가 있는 위반사항을 신고한 경우: 3만원 이하

② 제1항에 따른 포상금의 세부적인 지급대상, 지급금액, 지급방법 및 지급절차 등은 식품의약품안전처장이 정하여 고시한다. 〈개정 2013. 3. 23.〉

참고

1. 제93조 제1항 질병에 걸린 동물을 사용하여 판매할 목적으로 식품 또는 식품첨가물을 제조·가공·수입 또는 조리한 자는 3년 이상의 징역
   제93조 제2항 마황, 천오, 초오, 백부자, 섬수, 백선피, 사리풀이 함유된 것을 판매할 목적으로 제조·가공·수입·조리한 자는 1년 이상의 징역
2. 제4조 위해식품등의 판매 등 금지
   제5조 병든 동물 고기 등의 판매 등 금지
   제6조 기준·규격이 정하여지지 아니한 화학적합성품 등 판매 등 금지
   제8조 유독기구의 판매·사용 금지
   제37조 영업허가 등 제1항
3. 제7조 기준규격이 정하여지지 아니한 식품·식품첨가물의 판매사용 등 금지 제4항
   제9조 기준규격에 맞지 않는 기구·용기·포장의 판매사용 등 금지 제4항
   제37조 영업허가 등 제5항
   제44조 영업자 등의 준수사항 제1항 2항에 따라 영업자가 지켜야 할 사항을 지키지 아니한 자
   제75조 허가취소 등 제1항에 따른 영업정지 명령을 위반하여 계속 영업한 자
4. 「**식품 등의 표시·광고에 관한 법률**」 제8조 부당한 표시 또는 광고행위의 금지
   제8조 유독기구의 판매·사용 금지
   제37조 영업허가 등 제4항
   제76조 품목 제조정지 등 제1항
5. 제40조 건강진단 제3항
   제88조 집단급식소 제1항

시행령

제64조(신고자 비밀보장) 생략

제90조의2(정보공개) ① 식품의약품안전처장은 보유·관리하고 있는 식품등의 안전에 관한 정보 중 국민이 알아야 할 필요가 있다고 인정하는 정보에 대하여는 「공공기관의 정보공개에 관한 법률」에서 허용하는 범위에서 이를 국민에게 제공하도록 노력하여야 한다. 〈개정 2013. 3. 23.〉

② 제1항에 따라 제공되는 정보의 범위, 제공 방법 및 절차 등에 필요한 사항은 대통령령으로 정한다.

시행령

제64조의2(정보공개) ① 법 제90조의2제1항에 따라 제공되는 식품등의 안전에 관한 정보의 범위는 다음 각 호와 같다. 〈개정 2016. 7. 26.〉

1. 심의위원회의 조사·심의 내용
2. 안정성심사위원회의 심사 내용

3. 국내외에서 유해물질이 함유된 것으로 알려지는 등 위해의 우려가 제기되는 식품등에 관한 정보
4. 그 밖에 식품등의 안전에 관한 정보로서 식품의약품안전처장이 공개할 필요가 있다고 인정하는 정보

② 식품의약품안전처장은 법 제90조의2제1항에 따라 식품등의 안전에 관한 정보를 인터넷 홈페이지, 신문, 방송 등을 통하여 공개할 수 있다. 〈개정 2013. 3. 23.〉

제90조의3(식품안전관리 업무 평가) ① 식품의약품안전처장은 식품안전관리 업무 수행 실적이 우수한 시·도 또는 시·군·구에 표창 수여, 포상금 지급 등의 조치를 하기 위하여 시·도 및 시·군·구에서 수행하는 식품안전관리업무를 평가할 수 있다.

② 제1항에 따른 평가 기준·방법 등에 관하여 필요한 사항은 총리령으로 정한다.

시행규칙

제96조의2(식품안전관리 업무 평가 기준 및 방법 등) ① 법 제90조3제1항에 따른 식품안전관리 업무 평가의 기준은 다음 각 호와 같다.

1. 식품안전관리 사업 목표 달성도 또는 사업의 성과
2. 그 밖에 식품안전관리를 위하여 식품의약품안전처장이 정하는 사항

② 식품의약품안전처장은 제1항에 따른 평가를 할 때에는 시·도와 시·군·구를 구분하여 실시할 수 있다.

제90조의4(벌칙 적용에서 공무원 의제) 안전성심사위원회 및 심의위원회의 위원 중 공무원이 아닌 사람은 「형법」 제129조부터 제132조까지의 규정을 적용할 때에는 공무원으로 본다.

제91조(권한의 위임) 이 법에 따른 식품의약품안전처장의 권한은 대통령령으로 정하는 바에 따라 그 일부를 시·도지사, 식품의약품안전평가원장 또는 지방식품의약품안전청장에게, 시·도지사의 권한은 그 일부를 시장·군수·구청장 또는 보건소장에게 각각 위임할 수 있다. 〈개정 2018. 12. 11.〉

시행령

제65조(권한의 위임) 생략

시행령

제65조의 2(민감정보 및 고유식별정보의 처리) 생략

제92조(수수료) 다음 각 호의 어느 하나에 해당하는 자는 총리령으로 정하는 수수료를 내야 한다. 〈개정 2016. 12. 2.〉

1. 제7조제2항 또는 제9조제2항에 따른 기준과 규격의 인정을 신청하는 자

1의2. 제7조의3제2항에 따른 농약 및 동물용 의약품의 잔류허용기준 설정을 요청하는 자

1의3. 삭제 〈2018. 3. 13.〉

2. 제18조에 따른 안전성 심사를 받는 자

3. 삭제 〈2015. 2. 3.〉

3의2. 삭제 〈2015. 2. 3.〉

3의3. 제23조제2항에 따른 재검사를 요청하는 자

4. 삭제 〈2013. 7. 30.〉

5. 제37조에 따른 허가를 받거나 신고 또는 등록을 하는 자

6. 제48조제3항(제88조에서 준용하는 경우를 포함한다)에 따른 식품안전관리인증기준적용업소 인증 또는 변경 인증을 신청하는 자

6의2. 제48조의2제2항에 따른 식품안전관리인증기준적용업소 인증 유효기간의 연장 신청을 하는 자

7. 제49조제1항에 따른 식품이력추적관리를 위한 등록을 신청하는 자

8. 제53조에 따른 조리사 면허를 받는 자

9. 제88조에 따른 집단급식소의 설치·운영을 신고하는 자

시행규칙

제97조(수수료) ① 법 제92조에 따른 수수료는 별표 26과 같다.

② 제1항에 따른 수수료는 정부수입인지, 해당 지방자치단체의 수입증지, 현금, 신용카드·직불카드 또는 정보통신망을 이용한 전자화폐·전자결제 등의 방법으로 낼 수 있다.

[전문개정 2021. 5. 27.]

시행규칙 **[별표 26] 수수료**(제97조 관련) 〈개정 2023. 5. 19.〉

1. 영업허가, 신고 및 등록 등
   가. 신규: 28,000원
   나. 변경: 9,300원(소재지 변경은 26,500원으로 하되, 영 제26조제1호, 제41조제3항제1호, 제43조의3제2항제1호 및 제94조제7항의 변경사항인 경우는 수수료를 면제한다)
   다. 조건부영업허가: 28,000원
   라. 집단급식소 설치·운영신고: 28,000원(제94조제2항에 따른 신고의 경우는 수수료를 면제한다)
   마. 허가증(신고증 또는 등록증) 재발급: 5,300원
   바. 영업자 지위승계 신고: 9,300원. 다만, 제48조제2항에 따라 상속인이 영업자의 지위승계 신고와 폐업신고를 함께 하는 경우에는 수수료를 면제한다.
2. 지정 등 신청
   가. 유전자변형식품등 안전성 심사 신청
      1) 유전자변형식품등 안전성 심사: 5,000,000원
      2) 후대교배종의 안전성 심사 대상 여부 검토: 2,900,000원
   나. 식품안전관리인증기준적용업소의 인증신청(인증유효기간의 연장신청을 포함한다) 및 인증사항의 변경신청: 「한국식품안전관리인증원의 설립 및 운영에 관한 법률」에 따른 한국식품안전관리인증원의 장(이하 "한국식품안전관리인증원장"이라 한다)이 식품의약품안전처장의 승인을 받아 정하는 수수료
   다. 식품등의 한시적 기준 및 규격 인정 신청
      1) 식품 원료 중 세포·미생물 배양 등 새로운 기술을 이용하여 얻은 것으로서 식품으로 사용하려는 원료: 45,000,000원
      2) 식품 원료 중 1)에 해당하지 않는 원료: 100,000원
      3) 식품첨가물(기구 등의 살균·소독제를 포함한다), 기구 및 용기·포장: 30,000원
3. 조리사면허
   가. 신규: 5,500원
   나. 면허증 재발급: 3,000원
   다. 조리사면허증기재사항변경신청: 890원(개명으로 조리사의 성명을 변경하는 경우에는 수수료를 면제한다)

4. 5. 삭제 〈2016.2.4.〉

6. 삭제

7. 농약 또는 동물용 의약품 잔류허용기준의 설정 등
   가. 농약 및 동물용 의약품의 독성에 관한 자료 검토 수수료(각 품목별로 수수료를 부과한다)
      1) 신규 설정: 30,000,000원

(계속)

2) 변경 및 설정면제: 10,000,000원

나. 농약 및 동물용 의약품의 식품 잔류에 관한 자료 검토 수수료

1) 농약(식품별로 부과한다): 5,000,000원

2) 동물용 의약품(동물별로 부과한다): 10,000,000원

8. 재검사 또는 확인검사 요청: 「식품의약품안전처 및 그 소속기관 시험·검사의뢰 규칙」 제8조제1항에 따른 수수료

제13장 | 벌칙

제93조(벌칙) ① 다음 각 호의 어느 하나에 해당하는 질병에 걸린 동물을 사용하여 판매할 목적으로 식품 또는 식품첨가물을 제조·가공·수입 또는 조리한 자는 3년 이상의 징역에 처한다. 〈개정 2011. 6. 7.〉

1. 소해면상뇌증(狂牛病)
2. 탄저병
3. 가금 인플루엔자

② 다음 각 호의 어느 하나에 해당하는 원료 또는 성분 등을 사용하여 판매할 목적으로 식품 또는 식품첨가물을 제조·가공·수입 또는 조리한 자는 1년 이상의 징역에 처한다. 〈개정 2011. 6. 7.〉

1. 마황(麻黃)
2. 부자(附子)
3. 천오(川烏)
4. 초오(草烏)
5. 백부자(白附子)
6. 섬수(蟾수)
7. 백선피(白鮮皮)
8. 사리풀

③ 제1항 및 제2항의 경우 제조·가공·수입·조리한 식품 또는 식품첨가물을 판매하였을 때에는 그 판매금액의 2배 이상 5배 이하에 해당하는 벌금을 병과(倂科)한다. 〈개정 2018. 12. 11.〉

④ 제1항 또는 제2항의 죄로 형을 선고받고 그 형이 확정된 후 5년 이내에 다시 제1항 또는 제2항의 죄를 범한 자가 제3항에 해당하는 경우 제3항에서 정한 형의 2배까지 가중한다. 〈신설 2013. 7. 30.〉

제94조(벌칙) ① 다음 각 호의 어느 하나에 해당하는 자는 10년 이하의 징역 또는 1억원 이하의 벌금에 처하거나 이를 병과할 수 있다. 〈개정 2014. 3. 18.〉

1. 제4조부터 제6조까지(제88조에서 준용하는 경우를 포함하고, 제93조제1항 및 제3항에 해당하는 경우는 제외한다)를 위반한 자
2. 제8조(제88조에서 준용하는 경우를 포함한다)를 위반한 자

2의2. 삭제 〈2018. 3. 13.〉

3. 제37조제1항을 위반한 자

② 제1항의 죄로 금고 이상의 형을 선고받고 그 형이 확정된 후 5년 이내에 다시 제1항의 죄를 범한 자는 1년 이상 10년 이하의 징역에 처한다. 〈신설 2018. 12. 11.〉

③ 제2항의 경우 그 해당 식품 또는 식품첨가물을 판매한 때에는 그 판매금액의 4배 이상 10배 이하에 해당하는 벌금을 병과한다. 〈신설 2018. 12. 11.〉

참고
1. 제4조 위해식품등의 판매 등 금지
   제5조 병든 동물 고기 등의 판매 등 금지
   제6조 기준·규격이 정하여지지 아니한 화학적합성품 등 판매 등 금지
   제88조 집단급식소의 경우 내용 준용함
   제93조 제1항 광우병, 탄저병, 가금인플루엔자 질병의 동물을 판매를 목적으로 제조·가공·수입·조리한자
   제93조 제3항 광우병, 탄저병, 가금인플루엔자 질병의 동물을 판매를 목적으로 제조·가공·수입·조리한자와 마황, 천오, 초오, 백부자, 섬수, 백선피, 사리풀이 함유된 것을 판매할 목적으로 제조·가공·수입·조리한자
2. 제8조 유독기구의 판매·사용 금지
   제88조 집단급식소의 경우 내용 준용함

2의2. 삭제

3. 제37조 제1항 영업허가를 받지 않고 영업을 하는 경우

제95조(벌칙) 다음 각 호의 어느 하나에 해당하는 자는 5년 이하의 징역 또는 5천만원 이하의 벌금에 처하거나 이를 병과할 수 있다. 〈개정 2022. 6. 10.〉

1. 제7조제4항(제88조에서 준용하는 경우를 포함한다), 제9조제4항(제88조에서 준용하는 경우를 포함한다) 또는 제9조의3(제88조에서 준용하는 경우를 포함한다)을 위반한 자
2. 삭제 〈2013. 7. 30.〉

2의2. 제37조제5항을 위반한 자

3. 제43조에 따른 영업 제한을 위반한 자

3의2. 제45조제1항 전단을 위반한 자

4. 제72조제1항·제3항(제88조에서 준용하는 경우를 포함한다) 또는 제73조제1항에 따른 명령을 위반한 자

5. 제75조제1항에 따른 영업정지 명령을 위반하여 영업을 계속한 자(제37조제1항에 따른 영업허가를 받은 자만 해당한다)

참고
1. 제7조제4항 기준규격이 정하여지지 아니한 식품·식품첨가물의 판매사용 등 금지
   제9조의3 인정받지 않은 재생원료의 기구 및 용기·포장에의 사용 등 금지
   제9조제4항 기준규격에 맞지 않는 기구·용기·포장의 판매사용 등 금지
   제88조 집단급식소의 경우 내용 준용함
2. 삭제
2의 2. 제37조제5항 영업의 등록, 등록사항 변경
3. 제43조 영업제한
3의 2. 제45조 제1항 위해식품 등의 회수 전단을 위반한 자
4. 제72조 제1항, 제3항 폐기처분 등
   제88조 집단급식소의 경우 내용 준용함
   제73조제1항 위해식품 등의 공표
5. 제75조제1항 허가취소 등에 따른 영업정지 명령을 위반하여 영업을 계속한 자

제96조(벌칙) 제51조 또는 제52조를 위반한 자는 3년 이하의 징역 또는 3천만원 이하의 벌금에 처하거나 이를 병과할 수 있다.

참고
제51조 조리사를 두지 않은 식품접객업자와 집단급식소 운영자
제52조 영양사를 두지 않은 집단급식소 운영자

제97조(벌칙) 다음 각 호의 어느 하나에 해당하는 자는 3년 이하의 징역 또는 3천만원 이하의 벌금에 처한다. 〈개정 2020. 12. 29.〉

1. 제12조의2제2항, 제17조제4항, 제31조제1항·제3항, 제37조제3항·제4항, 제39조제3항, 제48조제2항·제10항, 제49조제1항 단서 또는 제55조를 위반한 자

2. 제22조제1항(제88조에서 준용하는 경우를 포함한다) 또는 제72조제1항·제2항(제88조에서 준용하는 경우를 포함한다)에 따른 검사·출입·수거·압류·폐기를 거부·방해

또는 기피한 자

3. 삭제 〈2015. 2. 3.〉
4. 제36조에 따른 시설기준을 갖추지 못한 영업자
5. 제37조제2항에 따른 조건을 갖추지 못한 영업자
6. 제44조제1항에 따라 영업자가 지켜야 할 사항을 지키지 아니한 자. 다만, 총리령으로 정하는 경미한 사항을 위반한 자는 제외한다.
7. 제75조제1항에 따른 영업정지 명령을 위반하여 계속 영업한 자(제37조제4항 또는 제5항에 따라 영업신고 또는 등록을 한 자만 해당한다) 또는 같은 조 제1항 및 제2항에 따른 영업소 폐쇄명령을 위반하여 영업을 계속한 자
8. 제76조제1항에 따른 제조정지 명령을 위반한 자
9. 제79조제1항에 따라 관계 공무원이 부착한 봉인 또는 게시문 등을 함부로 제거하거나 손상시킨 자
10. 제86조제2항·제3항에 따른 식중독 원인조사를 거부·방해 또는 기피한 자

참고

1. 제12조의2제2항 유전자변형식품 등의 표시
   제17조제4항 위해식품 판매 등 금지를 위반한 경우
   제31조제1항, 제3항 자가품질검사 의무 불이행시
   제37조제3항 폐업 또는 경미한 사항 변경시 신고의무 불이행
   제37조제4항 신고대상 영업을 신고없이 영업을 했을 때
   제39조제3항 영업승계 영업자가 기간 내 미 신고시
   제48조제2항 식품의약품안전처장이 식품별로 고시한 식품안전관리인증기준 미 준수
   제48조재10항 식품안전관리인증기준적용업소가 식품을 다른업소에 위탁하여 제조가공하는 경우
   제49조제1항 영유아식 제조가공업자, 일정 매출액, 매장면적 이상의 식품판매업자가 식품의약품안전처장에게 미 등록 시
   제55조를 조리사 영양사 명칭 위반한 자
2. 제22조제1항, 제72조제1항·제2항에 따른 검사·출입·수거·압류·폐기를 거부·방해 또는 기피한 자
   제88조 집단급식소의 경우 내용 준용함
3. 삭제
4. 제36조에 따른 시설기준을 갖추지 못한 영업자
5. 제37조제2항에 따른 조건을 갖추지 못한 영업자
6. 제44조제1항에 따라 영업자가 지켜야 할 사항을 지키지 아니한 자
7. 제75조제1항에 따른 영업정지 명령을 위반하여 계속 영업한 자
   제75조제1항 및 제2항에 따른 영업소 폐쇄명령을 위반하여 영업을 계속한 자
8. 제76조제1항에 따른 제조정지 명령을 위반한 자
9. 제79조제1항에 따라 관계 공무원이 부착한 봉인 또는 게시문 등을 함부로 제거하거나 손상시킨 자
10. 제86조 식중독에 관한 조사보고

제98조(벌칙) 다음 각 호의 어느 하나에 해당하는 자는 1년 이하의 징역 또는 1천만원 이하의 벌금에 처한다. 〈개정 2014. 3. 18.〉

1. 제44조제3항을 위반하여 접객행위를 하거나 다른 사람에게 그 행위를 알선한 자
2. 제46조제1항을 위반하여 소비자로부터 이물 발견의 신고를 접수하고 이를 거짓으로 보고한 자
3. 이물의 발견을 거짓으로 신고한 자
4. 제45조제1항 후단을 위반하여 보고를 하지 아니하거나 거짓으로 보고한 자

참고

1. 제44조제3항 식품접객업 중 유흥종사자를 둘 수 없는 경우 유흥종사자를 두거나 알선한 하는 자
2. 제46조제1항 위반하여 소비자로부터 이물 발견의 신고를 접수하고 이를 거짓으로 보고한 자
4. 제45조제1항 위해식품 등의 회수

시행규칙

제98조(벌칙에서 제외되는 사항) 법 제97조제6호에서 "총리령으로 정하는 경미한 사항"이란 다음 각 호의 어느 하나에 해당하는 경우를 말한다. 〈개정 2013. 3. 23.〉

1. 영 제21조제1호의 식품제조·가공업자가 식품광고 시 유통기한을 확인하여 제품을 구입하도록 권장하는 내용을 포함하지 아니한 경우
2. 영 제21조제1호의 식품제조·가공업자 및 제21조제5호의 식품소분·판매업자가 해당 식품 거래기록을 보관하지 아니한 경우
3. 영 제21조제8호의 식품접객업자가 영업신고증 또는 영업허가증을 보관하지 아니한 경우
4. 영 제21조제8호라목의 유흥주점영업자가 종업원 명부를 비치·관리하지 아니한 경우

제99조 (벌칙 적용에서의 의제) 삭제

시행령

제66조(규제의 검토) 삭제

시행규칙

제99조(규제의 재검토) 생략

제100조(양벌규정) 법인의 대표자나 법인 또는 개인의 대리인, 사용인, 그 밖의 종업원이 그 법인 또는 개인의 업무에 관하여 제93조제3항 또는 제94조부터 제97조까지의 어느 하나에 해당하는 위반행위를 하면 그 행위자를 벌하는 외에 그 법인 또는 개인에게도 해당 조문의 벌금형을 과(科)하고, 제93조제1항의 위반행위를 하면 그 법인 또는 개인에 대하여도 1억5천만원 이하의 벌금에 처하며, 제93조제2항의 위반행위를 하면 그 법인 또는 개인에 대하여도 5천만원 이하의 벌금에 처한다. 다만, 법인 또는 개인이 그 위반행위를 방지하기 위하여 해당 업무에 관하여 상당한 주의와 감독을 게을리하지 아니한 경우에는 그러하지 아니하다.

참고
제93조제3항 광우병, 탄저병, 가금인플루엔자 질병의 동물을 판매를 목적으로 제조·가공·수입·조리한 자와 마황, 천오, 초오, 백부자, 섬수, 백선피, 사리풀이 함유된 것을 판매할 목적으로 제조·가공·수입·조리한 자
제94조 10년 이하의 징역 또는 1억원 이하의 벌금에 처하거나 이를 병과
제95조 5년 이하의 징역 또는 5천만원 이하의 벌금에 처하거나 이를 병과
제96조 3년 이하의 징역 또는 3천만원 이하의 벌금에 처하거나 이를 병과
제97조 3년 이하의 징역 또는 3천만원 이하의 벌금
제93조 제1항 광우병, 탄저병, 가금인플루엔자 질병의 동물을 판매를 목적으로 제조·가공·수입·조리한 자
제93조 제3항 광우병, 탄저병, 가금인플루엔자 질병의 동물을 판매를 목적으로 제조·가공·수입·조리한 자와 마황, 천오, 초오, 백부자, 섬수, 백선피, 사리풀이 함유된 것을 판매할 목적으로 제조·가공·수입·조리한 자

제101조(과태료) ① 다음 각 호의 어느 하나에 해당하는 자에게는 1천만원 이하의 과태료를 부과한다. 〈신설 2020. 12. 29.〉

1. 제86조제1항을 위반한 자
2. 제88조제1항 전단을 위반하여 신고하지 아니하거나 허위의 신고를 한 자
3. 제88조제2항을 위반한 자. 다만, 총리령으로 정하는 경미한 사항을 위반한 자는 제외한다.

참고
1. 제86조(식중독 조사에 관한 조사 보고)
2. 제88조(집단급식소)

② 다음 각 호의 어느 하나에 해당하는 자에게는 500만원 이하의 과태료를 부과한다. 〈개정 2021. 7. 27.〉

1. 제3조를 위반한 자

1의2. 삭제 〈2015. 2. 3.〉

1의3. 제19조의4제2항을 위반하여 검사기한 내에 검사를 받지 아니하거나 자료 등을 제출하지 아니한 영업자

1의4. 삭제 〈2016. 2. 3.〉

2. 삭제 〈2015. 3. 27.〉

3. 제37조제6항을 위반하여 보고를 하지 아니하거나 허위의 보고를 한 자

4. 삭제 〈2021. 7. 27.〉

5. 삭제 〈2011. 6. 7.〉

5의2. 제46조제1항을 위반하여 소비자로부터 이물 발견신고를 받고 보고하지 아니한 자

6. 제48조제9항(제88조에서 준용하는 경우를 포함한다)을 위반한 자

7. 삭제 〈2021. 7. 27.〉

8. 제74조제1항(제88조에서 준용하는 경우를 포함한다)에 따른 명령에 위반한 자

9. 10. 삭제 〈2020. 12. 29.〉

참고

1. 제3조(식품 등의 취급)
   제40조(건강진단) 제1항 및 제3항(제88조에서 준용하는 경우를 포함한다),
   제41조(식품위생교육) 제1항 및 제5항(제88조에서 준용하는 경우를 포함한다)을 위반한 자

1의3. 제19조의4(검사명령 등) 제2항을 위반하여 검사기한 내에 검사를 받지 아니하거나 자료 등을 제출하지 아니한 영업자
   제19조의4 검사명령

3. 제37조(영업허가 등) 제6항을 위반하여 보고를 하지 아니하거나 허위의 보고를 한 자

5의2. 제46조 식품등의 이물발견 보고 등

6. 제48조(식품안전관리인증기준) 제9항(제88조에서 준용하는 경우를 포함한다)을 위반한 자

8. 제74조(시설 개수 명령 등) 제1항(제88조에서 준용하는 경우를 포함한다)에 따른 명령에 위반한 자

10. 제86조 식중독에 관한 조사보고

③ 다음 각 호의 어느 하나에 해당하는 자에게는 300만원 이하의 과태료를 부과한다. 〈개정 2021. 7. 27.〉

1. 제40조제1항 및 제3항(제88조에서 준용하는 경우를 포함한다)을 위반한 자

1의2. 제41조의2제3항을 위반하여 위생관리책임자의 업무를 방해한 자

1의3. 제41조의2제4항에 따른 위생관리책임자 선임·해임 신고를 하지 아니한 자

1의4. 제41조의2제7항을 위반하여 직무 수행내역 등을 기록·보관하지 아니하거나 거

짓으로 기록·보관한 자

1의5. 제41조의2제8항에 따른 교육을 받지 아니한 자

2. 삭제 〈2021. 7. 27.〉

2의2. 제44조의2제1항을 위반하여 책임보험에 가입하지 아니한 자

3. 삭제 〈2021. 7. 27.〉

4. 제49조제3항을 위반하여 식품이력추적관리 등록사항이 변경된 경우 변경사유가 발생한 날부터 1개월 이내에 신고하지 아니한 자

5. 제49조의3제4항을 위반하여 식품이력추적관리정보를 목적 외에 사용한 자

6. 제88조제2항에 따라 집단급식소를 설치·운영하는 자가 지켜야 할 사항 중 총리령으로 정하는 경미한 사항을 지키지 아니한 자

참고
1. 제40조 건강진단
1의2. 1의3. 1의4. 1의 5. 제41조의2 위생관리책임자
2. 삭제 〈2021. 7. 27.〉
2의2. 제44조의2 보험가입
3. 삭제 〈2021. 7. 27.〉
4. 제49조 식품이력추적관리 등록 기준 등
5. 제49조의3 식품이력추적관리시스템의 구축 등
6. 제88조 집단급식소

④ 다음 각 호의 어느 하나에 해당하는 자에게는 100만원 이하의 과태료를 부과한다. 〈신설 2021. 7. 27.〉

1. 제41조제1항 및 제5항(제88조에서 준용하는 경우를 포함한다)을 위반한 자
2. 제42조제2항을 위반하여 보고를 하지 아니하거나 허위의 보고를 한 자
3. 제44조제1항에 따라 영업자가 지켜야 할 사항 중 총리령으로 정하는 경미한 사항을 지키지 아니한 자
4. 제56조제1항을 위반하여 교육을 받지 아니한 자

⑤ 제1항부터 제4항까지의 규정에 따른 과태료는 대통령령으로 정하는 바에 따라 식품의약품안전처장, 시·도지사 또는 시장·군수·구청장이 부과·징수한다. 〈개정 2021. 7. 27.〉

참고
1. 제41조 식품위생교육
   제88조 집단급식소
2. 제42조 실적보고
3. 제44조 영업자 등의 준수사항
4. 제56조 교육

시행령

제67조(과태료의 부과기준) 법 제101조제1항부터 제3항까지의 규정에 따른 과태료의 부과기준은 별표 2와 같다.

시행규칙

제100조(과태료의 부과기준) 영 제67조 및 영 별표 2에 따라 법 제3조 및 법 제88조제2항제5호를 위반한 자에 대한 과태료의 부과기준은 별표 27과 같다.

시행규칙

제101조(과태료의 부과대상) ① 법 제101조제1항제3호 단서 및 같은 조 제3항제6호에서 "총리령으로 정하는 경미한 사항"이란 법 제88조제2항제11호에 해당하는 사항을 말한다. 〈신설 2021. 6. 30.〉

② 법 제102조제4항제3호로에서 "총리령으로 정하는 경미한 사항"이란 다음 각 호의 어느 하나에 해당하는 경우를 말한다. 〈개정 2023. 1. 30.〉

1. 영 제21조제8호의 식품접객업자가 별표 17 제7호자목에 따른 영업신고증, 영업허가증 또는 조리사면허증 보관의무를 준수하지 아니한 경우
2. 영 제21조제8호라목의 유흥주점영업자가 별표 17 제7호파목에 따른 종업원명부 비치·기록 및 관리 의무를 준수하지 아니한 경우

[본조신설 2011. 8. 19.]

참고
영 제1조제8호 식품접객업
- 가. 휴게음식점영업
- 나. 일반음식점영업
- 다. 단란주점영업
- 라. 유흥주점영업
- 마. 위탁급식영업
- 바. 제과점영업

1. 시행규칙 별표 17 제호 자목 영업허가증·영업신고증·조리사면허증(조리사를 두어야 하는 영업에만 해당한다)을 영업소 안에 보관하고, 허가관청 또는 신고관청이 식품위생식생활개선 등을 위하여 게시할 것을 요청하는 사항을 손님이 보기 쉬운 곳에 게시하여야 한다.
2. 시행규칙 별표 17 제7호 과목 유흥주점영업자는 성명, 주민등록번호, 취업일, 이직일, 종사분야를 기록한 종업원(유흥접객원만 해당한다) 명부를 비치하여 기록·관리하여야 한다.

*별표7 식품접객영업자등의 준수사항
제7호 식품접객영업자(위탁급식영업자는 제외한다)와 그 종업원의 준수사항

제102조(과태료에 관한 규정 적용의 특례) 제101조의 과태료에 관한 규정을 적용하는 경우 제82조에 따라 과징금을 부과한 행위에 대하여는 과태료를 부과할 수 없다. 다만, 제82조제4항 본문에 따라 과징금 부과처분을 취소하고 영업정지 또는 제조정지 처분을 한 경우에는 그러하지 아니하다.

식품등의 표시기준

식품의약품안전처 고시 제2022-66호 [2022. 9. 6., 일부개정, 시행 2024. 1. 1.]

장	조
I. 총칙	1. 목적 2. 구성 3. 용어의 정의 4. 기준의 적용 5. 규제의 재검토
II. 공통표시기준	1. 표시방법 2. 장기보존식품의 표시 〈생략〉 3. 인삼 또는 홍삼성분 함유 식품의 표시 〈생략〉 4. 조사처리(照射處理)식품의 표시 5. 조리식품의 고카페인 표시(규칙 제5조의2 관련)
III. 개별표시사항 및 표시기준	1. 식품 2. 식품첨가물 3. 기구등의 살균·소독제 4. 기구 또는 용기·포장
부칙 『별지1』 표시사항별 세부표시기준	1. 식품(수입식품을 포함한다) 2. 식품첨가물(수입식품첨가물을 포함한다) 〈생략〉 3. 기구등의 살균·소독제(수입기구등의 살균·소독제를 포함한다) 〈생략〉 4. 기구 또는 용기·포장(수입기구 또는 용기·포장을 포함한다) 〈생략〉

I 총칙

1. 목적

이 고시는 「식품 등의 표시·광고에 관한 법률」 제4조 및 제5조, 같은 법 시행규칙 제5조제3항, 제5조의2 및 제6조제4항에 따라 **식품, 축산물, 식품첨가물, 기구 또는 용기·포장의 표시기준에 관한 사항, 소비자 안전을 위한 주의사항 및 영양성분 표시대상 식품의 영양표시에 관하여 필요한 사항을 규정함으로써 위생적인 취급을 도모하고 소비자에게 정확한 정보를 제공하며 공정한 거래의 확보를 목적으로** 한다.

2. 구성

가. 이 고시는 **총칙, 공통표시기준, 개별표시사항 및 표시기준, 별지 1 표시사항별 세부표시기준으로** 나눈다.

나. 개별표시사항 및 표시기준은 **식품, 축산물, 식품첨가물, 기구 또는 용기·포장**(이하 "식품등"이라 한다)으로 나눈다.

1) 식품, 축산물(이하 "식품"이라 한다)은 과자류·빵류 또는 떡류, 빙과류, 코코아가공품류 또는 초콜릿류, 당류, 잼류, 두부류 또는 묵류, 식용유지류, 면류, 음료류, 특수영양식품, 특수의료용도식품, 장류, 조미식품, 절임류 또는 조림류, 주류, 농산가공식품류, 식육가공품 및 포장육, 알가공품류, 유가공품, 수산가공식품류, 동물성가공식품류, 벌꿀 및 화분가공품류, 즉석식품류, 기타식품류, 식용란, 닭·오리의 식육, 자연상태 식품으로 구성한다.

3. 용어의 정의

가. "**제품명**"이라 함은 개개의 제품을 나타내는 고유의 명칭을 말한다.

나. "**식품유형**"이라 함은 「식품위생법」 제7조제1항 및「축산물 위생관리법」 제4조제2항에 따른 「식품의 기준 및 규격」의 최소분류단위를 말한다.

다. "**제조연월일**"이라 함은 포장을 제외한 더 이상의 제조나 가공이 필요하지 아니한 시점(포장 후 멸균 및 살균 등과 같이 별도의 제조공정을 거치는 제품은 최종공정을 마친 시점)을 말한다. 다만, 캡셀제품은 충전·성형완료시점으로, 소분판매하는 제품은 소분용 원료제품의 제조연월일로, 포장육은 원료포장육의 제조연월일로, 식육즉석판매가공업 영업자가 식육가공품을 다시 나누어 판매하는 경우는 원료제품에 표시된 제조연월일로, 원료제품의 저장성이 변하지 않는 단순 가공처리만을 하는 제품은 원료제품의 포장시점으로 한다. (제조연월일의 영문명 및 약자 예시: Date of Manufacture, Manufacturing Date, MFG, M, PRO(P), PROD, PRD)

라. "**소비기한**"이라 함은 식품등에 표시된 보관방법을 준수할 경우 섭취하여도 안전에 이상이 없는 기한을 말한다. (소비기한 영문명 및 약자 예시: Use by date, Expiration date, EXP, E)

마. "**품질유지기한**"이라 함은 식품의 특성에 맞는 적절한 보존방법이나 기준에 따라 보관할 경우 해당식품 고유의 품질이 유지될 수 있는 기한을 말한다. (품질유지기한 영문명 및 약자 예시: Best before date, Date of Minimum Durability, Best before, BBE, BE)

바. "**원재료**"는 식품 또는 식품첨가물의 처리·제조·가공 또는 조리에 사용되는 물질로서 최종 제품내에 들어있는 것을 말한다.

사. "**성분**"이라 함은 제품에 따로 첨가한 영양성분 또는 비영양성분이거나 원재료를 구성하는 단일물질로서 최종제품에 함유되어 있는 것을 말한다.

아. "**영양성분**"이라 함은 식품에 함유된 성분으로서 에너지를 공급하거나 신체의 성장, 발달, 유지에 필요한 것 또는 결핍시 특별한 생화학적, 생리적 변화가 일어나게 하는 것을 말한다.

자. "**당류**"라 함은 「식품 등의 표시·광고에 관한 법률 시행규칙」(이하 "규칙"이라 한다) 제6조제2항제4호에 따른 당류로서 당류 함량은 모든 단당류와 이당류의 합을 말한다.

차. "**트랜스지방**"이라 함은 트랜스구조를 1개 이상 가지고 있는 비공액형의 모든 불포화지방을 말한다.

카. "**1회 섭취참고량**"은 만 3세 이상 소비계층이 통상적으로 소비하는 식품별 1회 섭취량과 시장조사 결과 등을 바탕으로 설정한 값을 말한다. 이 경우 1회 섭취참고량은 표 3과 같다.

타. "**영양성분표시**"라 함은 제품의 일정량에 함유된 영양성분의 함량을 표시하는 것을 말한다.

파. "**영양강조표시**"라 함은 제품에 함유된 영양성분의 함유사실 또는 함유정도를 "무", "저", "고", "강화", "첨가", "감소"등의 특정한 용어를 사용하여 표시하는 것으로서 다음의 것을 말한다.

1) "영양성분 함량강조표시" : 영양성분의 함유사실 또는 함유정도를 "무○○", "저○○", "고○○", "○○함유" 등과 같은 표현으로 그 영양성분의 함량을 강조하여 표시하는 것을 말한다.

2) "영양성분 비교강조표시" : 영양성분의 함유사실 또는 함유정도를 "덜", "더", "강화", "첨가" 등과 같은 표현으로 같은 유형의 제품과 비교하여 표시하는 것을 말한다.

하. "**1일 영양성분 기준치**"라 함은 소비자가 하루의 식사 중 해당식품이 차지하는 영양적 가치를 보다 잘 이해하고, 식품간의 영양성분을 쉽게 비교할 수 있도록 식품표시에서 사용하는 영양성분의 평균적인 1일 섭취 기준량을 말하며, 이 경우 1일 영양성분 기준치는 규칙 제6조 관련 별표 5에 따른다.

거. "**주표시면**"이라 함은 용기·포장의 표시면 중 상표, 로고 등이 인쇄되어 있어 소비자가 식품 또는 식품첨가물을 구매할 때 통상적으로 소비자에게 보여지는 면으로서 도 1에 따른 면을 말한다.

너. "**정보표시면**"이라 함은 용기·포장의 표시면 중 소비자가 쉽게 알아 볼 수 있도록 표시사항을 모아서 표시하는 면으로서 도 1에 따른 면을 말한다.

더. "**복합원재료**"라 함은 2종류 이상의 원재료 또는 성분으로 제조·가공하여 다른 식품의 원료로 사용되는 것으로서 행정관청에 품목제조보고되거나 수입신고된 식품을 말한다.

러. "**통·병조림식품**"은 통 또는 병에 넣어 탈기와 밀봉 및 살균 또는 멸균한 것을 말한다.

머. "**레토르트(retort)식품**"은 단층플라스틱필름이나 금속박 또는 이를 여러 층으로 접착하여 파우치와 기타 모양으로 성형한 용기에 제조·가공 또는 조리한 식품을 충전하고 밀봉하여 가열살균 또는 멸균한 것을 말한다.

버. "**냉동식품**"은 제조·가공 또는 조리한 식품을 장기 보존할 목적으로 냉동처리, 냉동보관 하는 것으로서 용기·포장에 넣은 식품을 말한다.

서. "**품목보고번호**"라 함은 「식품위생법」 제37조에 따라 제조·가공업 영업자 또는 「축산물 위생관리법」 제25조에 따라 축산물가공업, 식육포장처리업 영업자가 관할기관에 품목제조를 보고할 때 부여되는 번호를 말한다.

어. "**표시사항**"이란 제품명, 식품유형, 영업소(장)의 명칭(상호) 및 소재지, 제조연월일, 소비기한 또는 품질유지기한, 내용량 및 내용량에 해당하는 열량, 원재료명, 성분명 및 함량, 영양성분 등 III. 개별표시사항 및 표시기준에서 식품등에 표시하도록 규정한 사항을 말한다.

저. "**기계발골육**"이라 함은 살코기를 발라내고 남은 뼈에 붙은 살코기를 기계를 이용하여 분리한 식육을 말한다.

처. "**산란일**"이란 닭이 알을 낳은 날을 말한다.

커. "**얼음막**"이란 수산물을 동결하는 과정에서 수산물의 표면에 얼음으로 막을 씌우는 것을 말한다.

터. "**포인트**"란 한국산업표준 KS A 0201(활자의 기준 치수)이 정하는 바에 따라 활자의 크기를 표시하는 단위를 말한다.

4. 기준의 적용

이 고시와 관련된 내용으로 「식품의 기준 및 규격」, 「식품첨가물의 기준 및 규격」 및 「기구 및 용기·포장의 기준 및 규격」의 변경이 있는 경우에는 변경된 사항을 우선 적용할 수 있다.

5. 규제의 재검토 〈생략〉

[II | 공통표시기준]

1. 표시방법

가. 규칙 제5조 관련 별표 3 제3호 본문에 따른 표시는 도 2 표시사항 표시서식도안을 활용할 수 있다.

1) **주표시면**에는 **제품명, 내용량 및 내용량에 해당하는 열량**(단, 열량은 내용량 뒤에 괄호로 표시하되, 규칙 제6조 관련 별표 4 영양표시 대상 식품등만 해당한다)을 표시하여야 한다. 다만, 주표시면에 제품명과 내용량 및 내용량에 해당하는 열량 이외의 사

항을 표시한 경우 정보표시면에는 그 표시사항을 생략할 수 있다.

2) **정보표시면**에는 **식품유형, 영업소(장)의 명칭(상호) 및 소재지, 소비기한(제조연월일 또는 품질유지기한), 원재료명, 주의사항 등을 표시사항 별로 표 또는 단락 등으로 나누어 표시하되, 정보표시면 면적이 100cm² 미만인 경우에는 표 또는 단락으로 표시하지 아니할 수 있다.**

나. **달걀 껍데기의 표시사항은 6포인트 이상**으로 할 수 있다.

다. 정보표시면의 면적(도 1에 따른 정보표시면 중 주표시면에 준하는 최소 여백을 제외한 면적)이 부족하여 10 포인트 이상의 글씨크기로 표시사항을 표시할 수 없는 경우에는 규칙 제5조 관련 별표 3 제5호의 본문 규정을 따르지 않을 수 있다. 이 경우 정보표시면에는 이 고시에서 정한 표시(조리·사용법, 섭취방법, 용도, 주의사항, 바코드, 타법에서 정한 표시사항 포함)사항만을 표시하여야 한다.

라. **최소 판매단위 포장 안에 내용물을 2개 이상으로 나누어 개별포장(이하 "내포장"이라 한다)한 제품의 경우에는 소비자에게 올바른 정보를 제공할 수 있도록 내포장별로 제품명, 내용량 및 내용량에 해당하는 열량, 소비기한 또는 품질유지기한, 영양성분을 표시할 수 있다.** 다만, 내포장한 제품의 표시사항 및 글씨크기는 규칙 제5조 관련 별표 3 제5호의 본문 규정을 따르지 않을 수 있다.

마. **용기나 포장은 다른 업소의 표시가 있는 것을 사용하여서는 아니 된다.** 다만, 식품에 유해한 영향을 미치지 아니하는 용기로서 일반시중에 유통 판매할 목적이 아닌 다른 회사의 제품원재료로 제공할 목적으로 사용하는 경우와 「자원의 절약과 재활용촉진에 관한 법률」에 따라 재사용되는 유리병(같은 식품유형 또는 유사한 품목으로 사용한 것에 한한다)의 경우에는 그러하지 아니할 수 있다.

바. 시각장애인을 위하여 제품명, 소비기한 등의 표시사항을 알기 쉬운 장소에 점자표시, 바코드 또는 점자·음성변환용 코드로 추가 표시할 수 있다. 이 경우 점자표시 등은 스티커 등을 이용할 수 있다.

사. **「수입식품안전관리 특별법」 제18조에 따른 주문자상표부착방식위탁생산**(OEM, Original Equipment Manufacturing) **식품등은 14포인트 이상의 글씨로 주표시면에 「대외무역법」에 따른 원산지 표시의 국가명 옆에 괄호로 위탁생산제품임을 표시**하여야 한다(다만, 농·임·축·수산물로서 자연상태의 식품, 기구 또는 용기·포장과 유통전문판

매업소가 표시된 제품은 제외한다).

"원산지: ○○ (위탁생산제품)", "○○ 산 (위탁생산제품)", "원산지:○○(위탁생산)", "○○ 산(위탁생산)", "원산지:○○(OEM)" 또는 "○○ 산(OEM)"

아. 세트포장(각각 품목제조보고 또는 수입신고 된 완제품 형태로 두 종류 이상의 제품을 함께 판매할 목적으로 포장한 제품을 말함) 형태로 구성한 경우 세트포장 제품을 구성하는 각 개별 제품에는 표시사항을 표시하지 아니할 수 있지만 **세트포장 제품의 외포장지에는 이를 구성하고 있는 각 제품에 대한 표시사항을 각각** 표시하여야 한다. 이 경우 **소비기한은 구성제품 가운데 가장 짧은 소비기한 또는 그 이내로 표시**하여야 한다(다만, 소비자가 완제품을 구성하는 각 제품의 표시사항을 명확히 확인할 수 있는 경우를 제외한다).

자. 다음의 경우에는 해당 식품의 원래 표시사항을 변경하여서는 아니 된다. 다만, 내용량, 영업소(장)의 명칭(상호) 및 소재지, 용기·포장재질, 영양성분 표시는 소분 또는 재포장에 맞게 표시하여야 한다.

1) 식품소분업소에서 식품을 소분하여 재포장한 경우

2) 즉석판매제조·가공업소에서 식품제조·가공업 영업자가 제조·가공한 식품을 최종 소비자에게 덜어서 판매하는 경우

3) 식육즉석판매가공업소에서 식육가공업 영업자가 제조·가공한 축산물을 최종 소비자에게 덜어서 판매하는 경우

4) 「축산물 위생관리법 시행규칙」 제7조의13 관련 별표 2의 4 제7호에 따라 식용란수집판매업의 영업자가 달걀을 재포장하여 판매하는 경우. 다만, 제품명의 경우(수입달걀 제외)에는 재포장에 따라 변경하여 표시할 수 있다.

차. 「식품위생법」 제37조 및 「축산물 위생관리법」 제25조에 따른 품목제조보고를 하고 제조하는 제품은 품목보고번호를 표시하여야 한다.

카. 주류 이외의 식품에 알코올이 없다는 표현(예시 : 무알코올, Alcohol free), 알코올이 사용되지 않았다는 표현(예시 : 알코올 무첨가, No alcohol added)을 사용하는 경우에는 이 표현 바로 옆 또는 아래에 괄호로 성인이 먹는 식품임을 같은 크기의 글씨로 표시하여야 하며, 알코올 식품이 아니라는 표현(예시 : 비알코올, Non-alcoholic)을 사용하는 경우에는 성인이 먹는 식품임과 함께 "에탄올(또는 알코올) 1% 미만 함유"를 소비

자가 알아보기 쉽게 같은 크기의 글씨로 바탕색과 구분되도록 표시하여야 한다.

(예시) "무알코올(성인용)", "Alcohol free(성인용)", "알코올 무첨가(성인용)", "No alcohol added(성인용)", "비알코올(에탄올 1% 미만 함유, 성인용)", "Non-alcoholic (에탄올 1% 미만 함유, 성인용)"

타. 제품에 사용되는 합성수지제 또는 고무제의 용기 또는 포장지에는 포장재질을 다음과 같이 표시하여야 한다.

1) 합성수지제 또는 고무제의 재질에 따라 「기구 및 용기·포장의 기준 및 규격」에 등재된 재질명칭인 염화비닐수지, 폴리에틸렌, 폴리프로필렌, 폴리스티렌, 폴리염화비닐리덴, 폴리에틸렌테레프탈레이트, 페놀수지, 실리콘고무 등으로 각각 구분하여 표시하여야 하며, 이 경우 약자로 표시할 수 있다.

2) 「자원의 절약과 재활용 촉진에 관한 법률」에 따라 폴리에틸렌(PE), 폴리프로필렌(PP), 폴리에틸렌테레프탈레이트(PET), 폴리스티렌(PS), 염화비닐수지(PVC)가 표시되어 있으면 별도 재질표시를 생략할 수 있다.

파. 주표시면에 조리식품 사진이나 그림을 사용하는 경우 사용한 사진이나 그림 근처에 "조리예", "이미지 사진", "연출된 예" 등의 표현을 10포인트 이상의 글씨로 표시하여야 한다.

하. 축산물이 냉동 또는 냉장제품인 경우에는 주표시면에 "냉동" 또는 "냉장"으로 표시하여야 한다. 다만, 제품명의 일부로 사용하거나 주표시면에 보관방법이 표시되어 있는 경우에는 그 표시를 생략할 수 있다.

거. 다음의 식품에 대하여는 그 식품의 특성을 고려하여 다음과 같이 표시할 수 있다.

1) 다음에 해당하는 경우로서 표시사항을 진열상자에 표시하거나 별도의 표지판에 기재하여 게시하는 때에는 개개의 제품별 표시를 생략할 수 있으며, 진열상자 또는 별도의 표지판의 기재사항 중 영업소(장)의 명칭(상호) 및 소재지를 생략할 수 있다.

가) 「식품위생법 시행령」 제21조제2호에 따른 즉석판매제조·가공업의 영업자가 「식품위생법 시행규칙」 제37조 관련 별표 15에 따른 즉석판매제조·가공 대상식품을 판매하는 경우. 다만, 즉석판매제조·가공 대상식품 중 선식 및 우편 또는 택배 등의 방법으로 최종소비자에게 배달하는 식품의 경우 제품별 표시를

생략하여서는 아니된다.

나)「주세법 시행령」제4조에서 정한 소규모 주류제조자가 직접 제조한 탁주, 약주, 청주, 맥주를 해당 제조자가 같은 장소에서 운영하는 식품접객업소의 고객들에 한해 직접 판매하는 경우

다)「축산물 위생관리법 시행령」제21조제8호에 따른 식육즉석판매가공업 영업자가 식육가공품을 만들거나 다시 나누어 판매하는 경우. 다만, 식육즉석판매가공업 대상 축산물 중 우편 또는 택배 등의 방법으로 최종 소비자에게 배달하는 식육가공품의 경우 개개의 제품별 표시를 생략하여서는 아니된다.

2)「식품위생법 시행령」 제21조제1호에 따른 식품제조·가공업의 영업자가 즉석섭취식품을 제조·가공하여 급식 용도로 집단급식소에 납품 판매하는 경우 표시사항은 서류로 제공할 수 있다.

3) **수출식품에 대하여는 수입국 표시기준에 따라 표시할 수 있다.**

4) 수입식품등

가) 수출국에서 유통되고 있는 식품등의 경우에는 수출국에서 표시한 표시사항이 있어야 하고, 한글이 인쇄된 스티커, 라벨(Label) 또는 꼬리표(Tag)를 사용할 수 있으나 떨어지지 아니하게 부착하여야 하며, 원래의 용기·포장에 표시된 제품명, 일자표시에 관한 사항(소비기한 등) 등 주요 표시사항을 가려서는 아니된다.

나) 한글로 표시된 용기·포장으로 포장하여 수입되는 식품등의 표시사항은 잉크·각인 또는 소인 등을 사용하여야 한다.

다) 수출국 및 제조회사의 표시는 한글표시 스티커에 해당 제품수출국의 언어로 표시할 수 있다.

5)「항공안전법」제2조제1호에 따른 항공기 내에서 제공되는 식사(기내식, 機內食)의 경우에는 소비자 안전을 위한 표시사항 중 알레르기 유발물질만 표시할 수 있다. 다만, 별도의 메뉴판, 안내장(전자기기에 의한 방법 포함) 등으로 알레르기 유발물질 정보를 제공하는 경우에는 그 표시를 생략할 수 있다.

너. 표시는 규칙 제5조 관련 별표 3 제4호의 본문 규정에 따라 지워지지 아니하는 잉크·각인 또는 소인 등을 사용하여야 한다. 다만, 다음에 해당하는 경우에는 스티커, 라벨

(Label) 또는 꼬리표(Tag)를 사용할 수 있으나 떨어지지 아니하게 부착하여야 한다.

1) 용기·포장의 재질 또는 형태의 특성상 잉크·각인 또는 소인 등으로 표시하기가 불가능한 경우

2) 통·병조림 및 병제품 등의 경우

3) 소비자에게 직접 판매되지 아니하고 식품제조·가공업소, 축산물가공업소 및 식품첨가물제조업소에 제품의 원재료로 사용될 목적으로 공급되는 원재료용 제품의 경우

4) 허가(등록 또는 신고)권자가 변경허가(등록 또는 신고)된 영업소(장)의 명칭(상호) 및 소재지를 표시하는 경우

5) 제조연월일, 소비기한 또는 품질유지기한을 제외한 식품의 안전과 관련이 없는 경미한 표시사항으로 관할 허가(등록 또는 신고)관청에서 승인한 경우

6) 자연상태의 농·임·축(「축산물 위생관리법」에서 정한 축산물 제외)·수산물의 경우

7) 식품제조·가공업소 또는 축산물가공업소에서 제조·가공하여 식품접객업소 또는 집단급식소에만 납품 판매되는 원료용 제품의 경우

8) II. 6에 따른 방사선조사 관련 문구를 표시하고자 하는 경우

9) 즉석판매제조·가공 또는 식육즉석판매가공 대상식품 중 선식 및 우편 또는 택배 등의 방법으로 최종소비자에게 배달하는 식품의 경우

더. 탱크로리(액체나 기체 상태의 식품등을 대량으로 실어 나를 수 있는 탱크를 갖춘 화물자동차를 말한다) 제품의 표시사항은 차 내부에 비치할 수 있다.

러. 「식품위생법 시행령」 제21조제8호바목에 따른 제과점영업자 중 「가맹사업거래의 공정화에 관한 법률」 제2조제2호 및 제3호에 따른 가맹본부 및 가맹점사업자가 그 직영점과 가맹점에서 제조·가공 또는 조리하여 용기·포장에 제품명을 표시하는 식품의 경우 해당 식품의 제품명에 관한 세부사항은 별지 1 1. 가. 제품명 기준을 따른다.

머. 「축산물 위생관리법 시행규칙」 제51조 관련 별표 12 제4호바목 및 「수입식품안전관리 특별법 시행규칙」 제25조 관련 별표 8 제2호버목에 따라 냉장제품을 냉동제품으로 전환하는 축산물은 다음의 표시사항을 표시하여야 한다. 이 경우 기존의 표시사항을 가리거나 제거해서는 안 된다.

1) "이 제품은 냉장제품을 냉동시킨 제품입니다"라는 문구 표시

2) 해당 제품의 냉동 전환일

3) 냉동제품의 소비기한 및 보관온도의 표시

버. 식품등의 개별표시사항은 III. 개별표시사항 및 표시기준 및 별지 1 표시사항별 세부 표시기준에 따라 표시한다.

2. 장기보존식품의 표시

가. 통·병조림

1) 내용물은 **고형량 및 내용량으로 구분하여 표시**하여야 한다. 다만, 섭취전에 액체를 버릴 수 없는 식품으로 고형분과 액체를 함께 섭취할 수밖에 없는 식품은 내용량만을 표시할 수 있다.

2) **산성통조림식품은 "산성통조림"으로 표시**하여야 한다.

3) 통조림식품은 **소비기한 또는 품질유지기한을 표시할 수 있다.**(「식품위생법」 제7조에 따른 유형에 한함)

나. 레토르트식품

1) **"레토르트식품"으로 표시**하여야 한다.

2) 레토르트식품은 영양성분 및 내용량에 해당하는 열량을 표시하여야 하며, **소비기한 또는 품질유지기한을 표시**할 수 있다.(「식품위생법」 제7조에 따른 유형에 한함)

다. 냉동식품

1) 냉동식품은 유형에 따라 가열하지 않고 섭취하는 냉동식품은 "가열하지 않고 섭취하는 냉동식품"으로, 가열하여 섭취하는 냉동식품은 "가열하여 섭취하는 냉동식품"으로 구분 표시하여야 한다. (「식품위생법」 제7조에 따른 유형에 한함)

2) **"가열하여 섭취하는 냉동식품"의 경우 살균한 제품은 "살균제품"으로 표시**하여야 한다.

3) **유산균첨가제품은 유산균수를 함께 표시**하여야 한다(「식품위생법」 제7조에 따른 유형에 한함).

(예시) "유산균 100,000,000(1억) CFU/g", "유산균 1억 CFU/g" 등

4) 냉동식품은 해당 **식품의 냉동보관방법 및 조리시의 해동방법을 표시**하여야 한다.

5) 조리 또는 가열처리가 필요한 냉동식품은 그 **조리 또는 가열처리방법을 표시**하여야

한다.

6) **원재료의 전부가 식육 또는 농산물인 것으로 오인되게 하는 표시를 하여서는 아니 된다.** 다만, 식육 또는 농산물의 함량을 제품명과 같은 위치에 표시하는 경우에는 그러하지 아니하다. (「식품위생법」제7조에 따른 유형에 한함)

7) **원료육을 2가지 이상 혼합하여 사용한 냉동식품은 단일 원료육의 명칭을 제품명으로 사용하여서는 아니 된다.** 다만, 원료육의 함량을 제품명과 같은 위치에 표시하는 경우에는 그러하지 아니하다. (「식품위생법」제7조에 따른 유형에 한함)

8) 4) 및 5)의 규정에도 불구하고, 최종소비자에게 제공되지 아니하고 다른 식품의 제조·가공, 조리시 원료로 사용되는 식품에는 조리시의 해동방법 및 조리 또는 가열처리방법의 표시를 생략할 수 있다.

3. 인삼 또는 홍삼성분 함유 식품의 표시 〈생략〉

4. 조사처리(照射處理)식품의 표시

가. 표시대상

1) 「식품위생법」 제7조 및 「축산물 위생관리법」 제4조에 따라 **조사처리가 허용된 식품에 조사처리한 경우(완제품)**

2) 1)의 **식품 중 검지법이 고시된 식품을 원재료로 사용하여 식품을 제조·가공한 경우(조사처리한 원재료 사용 식품)**

나. 표시방법

1) 표시장소

가) 가목1)에 해당하는 완제품의 경우 소비자가 알아보기 쉬운 장소에 표시사항을 표시

나) 가목2)에 해당하는 조사처리한 원재료를 사용한 식품의 경우 원재료명란에 그 조사한 내용을 표시

2) 표시사항

가) 가목1)에 해당하는 완제품의 경우 : 조사처리된 식품임을 나타내는 문구 및 조사도안

(예시) "방사선 조사", "감마선 조사", "방사선 살균", "방사선 살충", "감마선 발아억제", "전자선 발아억제", "감마선 살균", "전자선 살균", "감마선 살충", "전자선 살충" 등

나) 가목2)에 해당하는 조사처리한 원재료를 사용한 식품의 경우

(1) 개별 원재료명과 함께 표시 : 원재료명란의 해당 원재료명에 예시와 같이 표시

(예시) "양파(방사선조사)", "양파(감마선 발아억제)", "방사선조사마늘", "감마선 발아억제 마늘" 등

(2) 조사처리 원재료를 일괄표시

(가) 조사처리한 복합원재료 표시 : 조사처리한 복합원재료명과 그 원재료명 5개 이상 표시

(예시) 방사선조사한 ○○복합원재료명(원재료명 5개 이상 표시), 감마선조사한 ○○복합원재료명(원재료명 5개 이상 표시)

(나) 조사처리한 식품을 일괄표시 : 조사처리한 원재료를 괄호로 하여 일괄표시

(예시) 방사선 조사한 원재료(감자, 마늘, 양파 등), 감마선 발아억제 원재료(감자, 마늘, 양파 등)

(3) 어떤 원재료가 조사처리 되었는지 확인하기 어려운 경우에는 "방사선조사 처리된 원재료 일부 함유" 또는 "일부 원재료 방사선 조사처리" 등의 내용으로 표시할 수 있다.

5. 조리식품의 고카페인 표시(규칙 제5조의2 관련)

가. 다음의 영업자는 특별한 사유가 없으면 조리·판매하는 식품에 고카페인 표시를 하거나 소비자에게 그 내용을 안내하는데 적극 노력해야 한다.

1) 「식품위생법 시행령」제21조제8호가목에 따른 휴게음식점영업을 하는 자, 같은 호 나목에 따른 일반음식점영업을 하는 자 및 같은 호 바목에 따른 제과점영업을 하는 자 중 「가맹사업거래의 공정화에 관한 법률」에 따른 가맹사업이고 그 가맹사업의 직영점과 가맹점을 포함한 점포 수가 전년도 기준 100개 이상인 경우에 해당하는 영업자

2) 「식품위생법 시행령」제21조제8호가목에 따른 휴게음식점영업을 하는 자, 같은 호 나목에 따른 일반음식점영업을 하는 자 및 같은 호 바목에 따른 제과점영업을 하는 자 중 「독점 규제 및 공정거래법에 관한 법률」에 따른 사업자이고 점포수가 전년도 기준 100개 이상인 경우에 해당하는 영업자

나. 표시대상 식품 및 표시사항

카페인을 1밀리리터당 0.15밀리그램 이상 함유한 액체 식품(커피 및 다류)에 총카페인 함량, 주의문구("어린이, 임산부, 카페인 민감자는 섭취에 주의해 주시기 바랍니다" 등), **"고 카페인 함유" 표시**

다. 표시방법

1) 표시사항은 소비자가 쉽게 알아볼 수 있도록 눈에 띄게 바탕색과 구분되는 색상으로 표시한다.

2) 영업자가 매장에서 조리·판매하는 경우에는 메뉴 등에 나.를 표시하며, 매장에 나.를 표시한 리플릿, 포스터 등 소비자가 해당 정보를 쉽게 확인할 수 있는 별도의 자료를 비치하는 경우에는 메뉴 등에 표시하지 않을 수 있다.

3) 영업자가 홈페이지, 모바일앱 등 온라인, 전화 등을 통해 주문받아 식품을 소비자에게 배달하는 경우에는 나.를 표시한 리플릿, 스티커 등을 함께 제공한다. 다만, 홈페이지, 모바일앱 등 온라인으로만 주문받아 배달되는 식품에 대하여 홈페이지, 모바일앱 등 온라인으로 해당 정보를 제공하는 경우에는 생략할 수 있다.

4) 3)에 따라 영업자가 홈페이지, 모바일앱 등 온라인상에 조리·판매하는 식품의 정보를 제공하는 경우에는 식품명이나 가격표시 주변에 나.를 표시한다.

라. 허용오차

나.에 따라 표시한 **총카페인 함량의 허용오차는 120퍼센트 미만으로** 한다.

III 개별표시사항 및 표시기준

1. 식품

구분	유형
가. 과자류, 빵류 또는 떡류	과자, 캔디류, 추잉껌, 빵류, 떡류
나. 빙과류	가) 아이스크림류[「축산물 위생관리법」 제2조제2호에 따른 축산물(이하 "*축산물"이라 한다)] : 아이스크림, 저지방아이스크림, 아이스밀크, 샤베트, 비유지방아이스크림 나) 아이스크림믹스류(*축산물) : 아이스크림믹스, 저지방아이스크림믹스, 아이스밀크믹스, 샤베트믹스, 비유지방아이스크림믹스 다) 빙과 라) 얼음류 : 식용얼음, 어업용얼음
다. 코코아가공품류 또는 초콜릿류	가) 코코아가공품류 : 코코아매스, 코코아버터, 코코아분말, 기타 코코아가공품 나) 초콜릿류 : 초콜릿, 밀크초콜릿, 화이트초콜릿, 준초콜릿, 초콜릿가공품
라. 당류	가) 설탕 : 설탕, 기타설탕 나) 당시럽류 다) 올리고당류 : 올리고당, 올리고당가공품 라) 포도당 마) 과당류 : 과당, 기타과당 바) 엿류 : 물엿, 기타엿, 덱스트린 사) 당류가공품
마. 잼류	잼, 기타잼
바. 두부류 또는 묵류	두부, 유바, 가공두부, 묵류
사. 식용유지류	가) 식물성유지류 : 콩기름(대두유), 옥수수기름(옥배유), 채종유(유채유 또는 카놀라유), 미강유(현미유), 참기름, 추출참깨유, 들기름, 추출들깨유, 홍화유(사플라워유 또는 잇꽃유), 해바라기유, 목화씨기름(면실유), 땅콩기름(낙화생유), 올리브유, 팜유, 팜올레인유, 팜스테아린유, 팜핵유, 야자유, 고추씨기름, 기타식물성유지 나) 동물성유지류(*축산물, 다만 어유, 기타동물성유지 제외) : 식용우지, 식용돈지, 원료우지, 원료돈지, 어유, 기타동물성유지 다) 식용유지가공품 : 혼합식용유, 향미유, 가공유지, 쇼트닝, 마가린, 모조치즈, 식물성크림, 기타 식용유지가공품
아. 면류	생면, 숙면, 건면, 유탕면
자. 음료류	가) 다류 : 침출차, 액상차, 고형차 나) 커피 다) 과일·채소류 음료 : 농축과·채즙(또는 과·채분), 과·채주스, 과·채음료 라) 탄산음료류 : 탄산음료, 탄산수 마) 두유류 : 원액두유, 가공두유 바) 발효음료류 : 유산균음료, 효모음료, 기타발효음료 사) 인삼·홍삼음료 아) 기타음료 : 혼합음료, 음료베이스

(계속)

구분	유형
차. 특수영양식품	가) 조제유류(*축산물) : 영아용 조제유, 성장기용 조제유 나) 영아용 조제식 다) 성장기용 조제식 라) 영·유아용 이유식 마) 체중조절용 조제식품 바) 임산·수유부용 식품
카. 특수의료용도식품	가) 표준형 영양조제식품 : 일반환자용 균형영양조제식품, 당뇨환자용 영양조제식품, 신장질환자용 영양조제식품, 장질환자용 단백가수분해 영양조제식품, 열량 및 영양공급용 식품, 연하곤란자용 점도조절 식품 나) 맞춤형 영양조제식품 : 선천성대사질환자용조제식품, 영·유아용 특수조제식품, 기타환자용 영양조제식품 다) 식단형 식사관리식품 : 당뇨환자용 식단형 식품, 신장질환자용 식단형 식품
타. 장류	한식메주, 개량메주, 한식간장, 양조간장, 산분해간장, 효소분해간장, 혼합간장, 한식된장, 된장, 고추장, 춘장, 청국장, 혼합장, 기타장류
파. 조미식품	가) 식초 : 발효식초, 희석초산 나) 소스류 : 소스, 마요네즈, 토마토케첩, 복합조미식품 다) 카레(커리) : 카레(커리)분, 카레(커리) 라) 고춧가루 또는 실고추 : 고춧가루, 실고추 마) 향신료가공품 : 천연향신료, 향신료조제품 바) 식염 : 천일염, 재제소금(재제조소금), 태움·용융소금, 정제소금, 기타소금, 가공소금
하. 절임류 또는 조림류	가) 김치류 : 김칫속, 김치 나) 절임류 : 절임식품, 당절임 다) 조림류
거. 주류	가) 발효주류 : 탁주, 약주, 청주, 맥주, 과실주 나) 증류주류 : 소주, 위스키, 브랜디, 일반증류주, 리큐르 다) 기타 주류 라) 주정
너. 농산가공식품류	가) 전분류 : 전분, 전분가공품 나) 밀가루류 : 밀가루, 영양강화 밀가루 다) 땅콩 또는 견과류가공품류 : 땅콩버터, 땅콩 또는 견과류가공품 라) 시리얼류 마) 찐쌀 바) 효소식품 사) 기타 농산가공품류 : 과·채가공품, 곡류가공품, 두류가공품, 서류가공품, 기타 농산가공품
더. 식육가공품 및 포장육	가) 햄류(*축산물) : 햄, 생햄, 프레스햄 나) 소시지류(*축산물) : 소시지, 발효소시지, 혼합소시지 다) 베이컨류(*축산물) 라) 건조저장육류(*축산물) 마) 양념육류(*축산물) : 양념육, 분쇄가공육제품, 갈비가공품, 천연케이싱 바) 식육추출가공품(*축산물) 사) 식육간편조리세트(*축산물) 아) 식육함유가공품 자) 포장육(*축산물, 수입하는 식육 포함)

(계속)

구분	유형
러. 알가공품류	가) 알가공품(*축산물) : 전란액, 난황액, 난백액, 전란분, 난황분, 난백분, 알가열제품, 피단 나) 알함유가공품
머. 유가공품류	가) 우유류(*축산물) : 우유, 환원유 나) 가공유류(*축산물) : 강화우유, 유산균첨가우유, 유당분해우유, 가공유 다) 산양유(*축산물) 라) 발효유류(*축산물) : 발효유, 농후발효유, 크림발효유, 농후크림발효유, 발효버터유, 발효유분말 마) 버터유(*축산물) 바) 농축유류(*축산물) : 농축우유, 탈지농축우유, 가당연유, 가당탈지연유, 가공연유 사) 유크림류(*축산물) : 유크림, 가공유크림 아) 버터류(*축산물) : 버터, 가공버터, 버터오일 자) 치즈류(*축산물) : 자연치즈, 가공치즈 차) 분유류(*축산물) : 전지분유, 탈지분유, 가당분유, 혼합분유 카) 유청류(*축산물) : 유청, 농축유청, 유청단백분말 타) 유당(*축산물) 파) 유단백가수분해식품(*축산물) 하) 유함유가공품
버. 수산가공식품류	가) 어육가공품류 : 어육살, 연육, 어육반제품, 어묵, 어육소시지, 기타 어육가공품 나) 젓갈류 : 젓갈, 양념젓갈, 액젓, 조미액젓 다) 건포류 : 조미건어포, 건어포, 기타 건포류 라) 조미김 마) 한천 바) 기타 수산물가공품
서. 동물성가공식품류	가) 기타식육 또는 기타알제품 : 기타식육 또는 기타알, 기타 동물성가공식품 나) 곤충가공식품 다) 자라가공식품 : 자라분말, 자라분말제품, 자라유제품 라) 추출가공식품
어. 벌꿀 및 화분가공품류	가) 벌꿀류 : 벌집꿀, 벌꿀, 사양벌집꿀, 사양벌꿀 나) 로열젤리류 : 로열젤리, 로열젤리제품 다) 화분가공식품 : 가공화분, 화분함유제품
저. 즉석식품류	가) 생식류 : 생식제품, 생식함유제품 나) 즉석섭취·편의식품류 : 즉석섭취식품, 신선편의식품, 즉석조리식품, 간편조리세트 다) 만두류 : 만두, 만두피
처. 기타식품류	가) 효모식품 나) 기타가공품
커. 식용란 (수입식용란을 포함한다)	
터. 닭·오리의 식육	
퍼. 자연상태 식품	농산물, 임산물, 축산물(「축산물 위생관리법」에서 정한 축산물 제외), 수산물

가. 과자류, 빵류 또는 떡류~터. 닭·오리의 식육 유형에 해당하는 식품에 공통적으로 표시되어야 하는 표시사항

2) 표시사항

가) 제품명

나) 식품유형

다) 영업소(장)의 명칭(상호) 및 소재지

라) 소비기한 표시방법

소비기한	
가. 과자류, 빵류 또는 떡류 나. 빙과류(아이스크림류, 빙과, 식용얼음은 제조연월일. 단, 아이스크림류, 빙과는 "제조연월"만을 표시할 수 있다.) 다. 코코아가공품류 또는 초콜릿류 바. 두부류 또는 묵 사. 식용유지류 아. 면류 자. 음료류[고체식품(다류 및 커피에 한함) 및 멸균한 액상제품은 소비기한 또는 품질유지기한, 침출차 중 발효과정을 거치는 차의 경우 소비기한 또는 제조연월일로 표시할 수 있다] 차. 특수영양식품 카. 특수의료용도식품 파. 조미식품(식초 및 멸균한 카레(커리)제품은 소비기한 또는 품질유지기한, 식염은 제조연월일) 너. 농산가공식품류(전분·밀가루류는 소비기한 또는 품질유지기한)	더. 식육가공품 및 포장육(다만, 원료제품의 포장을 제거한 후 저장성이 변하지 않는 단순 가공처리만을 하여 재포장하는 경우, 식육즉석판매가공업 영업자가 식육가공품을 다시 나누어 재포장하는 경우, 포장육을 재포장하는 경우, 그 제품에 재포장일자를 표시하고자 하면 제조연월일 및 소비기한) 러. 알가공품류 머. 유가공품류 버. 수산가공식품류(젓갈류는 소비기한 또는 품질유지기한) 서. 동물성가공식품류 어. 벌꿀 및 화분가공품류 저. 즉석식품류(즉석섭취식품 중 도시락·김밥·햄버거·샌드위치·초밥은 제조연월일 및 소비기한) 처. 기타식품류 커. 식용란(수입식용란을 포함한다) 터. 닭·오리의 식육

소비기한 또는 품질유지기한
라. 당류(단, 설탕류는 제조연월일, 당류가공품은 소비기한) 마. 잼류 타. 장류(메주는 소비기한) 하. 절임류 또는 조림류(조림식품 중 멸균하지아니한 제품은 소비기한)

제조연월일
거. 주류(탁주 및 약주는 소비기한, 맥주는 소비기한 또는 품질유지기한). 다만, 제조번호 또는 병입연월일을 표시한 경우에는 제조연월일을 생략할 수 있다.

마) '내용량 및 내용량에 해당하는 열량' 또는 '내용량' 표시 방법

내용량 및 내용량에 해당하는 열량	
가. 과자류, 빵류 또는 떡류(단, 열량은 과자, 캔디류, 빵류, 떡류에 한하며 내용량 뒤에 괄호로 표시) 나. 빙과류(단, 열량은 아이스크림류 및 빙과에 한하며 내용량 뒤에 괄호로 표시) 다. 코코아가공품류 또는 초콜릿류(단, 열량은 내용량 뒤에 괄호로 표시)	라. 당류(단, 열량은 당류가공품에 한하며 내용량 뒤에 괄호로 표시) 마. 잼류(단, 열량은 내용량 뒤에 괄호로 표시) 바. 두부류 또는 묵류(단, 열량은 내용량 뒤에 괄호로 표시)

내용량 및 내용량에 해당하는 열량	
사. 식용유지류(단, 열량은 내용량 뒤에 괄호로 표시. 다만, 동물성유지류, 식용유지가공품 중 모조치즈, 기타 식용유지가공품은 내용량에 해당하는 열량 표시 제외) 아. 면류(단, 열량은 내용량 뒤에 괄호로 표시) 자. 음료류(단, 열량은 내용량 뒤에 괄호로 표시. 다만, 다류 중 침출차 및 고형차, 커피 중 볶은커피 및 인스턴트커피는 내용량에 해당하는 열량 표시 제외) 차. 특수영양식품(단, 열량은 내용량 뒤에 괄호로 표시) 카. 특수의료용도식품(단, 열량은 내용량 뒤에 괄호로 표시) 타. 장류(단, 열량은 내용량 뒤에 괄호로 표시. 다만, 한식메주, 한식된장, 청국장 및 한식메주를 이용한 한식간장은 내용량에 해당하는 열량 표시 제외) 파. 조미식품(단, 열량은 식초(발효식초만 해당한다), 소스류, 카레(카레만 해당한다) 및 향신료가공품(향신료조제품만 해당한다)에 한하며, 내용량 뒤에 괄호로 표시) 하. 절임류 또는 조림류(단, 열량은 김치류(김치는 배추김치만 해당), 절임류(절임식품 중 절임배추는 제외), 조림류에 한하며, 내용량 뒤에 괄호로 표시)	너. 농산가공식품류(단, 열량은 내용량 뒤에 괄호로 표시. 다만, 찐쌀, 효소식품은 내용량에 해당하는 열량 표시 제외) 더. 식육가공품 및 포장육(단, 열량은 햄류, 소시지류, 베이컨류, 건조저장육류, 양념육류(양념육·분쇄가공육제품만 해당), 식육추출가공품 및 식육함유가공품에 한하며, 내용량 뒤에 괄호로 표시) 러. 알가공품류(단, 열량은 내용량 뒤에 괄호로 표시. 다만, 알가공품류 중 알 내용물 100퍼센트 제품은 내용량에 해당하는 열량 표시 제외) 머. 유가공품류(단, 열량은 우유류, 가공유류, 산양유, 발효유류, 치즈류, 분유류에 한하며 내용량 뒤에 괄호로 표시) 버. 수산가공식품류(단, 열량은 내용량 뒤에 괄호로 표시. 다만, 한천, 수산가공식품류 중 수산물 100퍼센트 제품은 내용량에 해당하는 열량 표시 제외) 저. 즉석식품류(단, 열량은 즉석섭취식품 및 즉석조리식품, 만두류에 한하며 내용량 뒤에 괄호로 표시)

내용량	
거. 주류 서. 동물성가공식품류 어. 벌꿀 및 화분가공품류 처. 기타식품류 커. 식용란(수입식용란을 포함한다)	터. 닭·오리의 식육 퍼. 자연상태 식품[다만, 비닐랩(wrap) 등으로 포장(진공포장 제외)하여 관능으로 내용물을 확인할 수 있도록 투명하게 포장(이하 "투명포장"이라 한다)한 자연상태 식품은 내용량 표시를 생략할 수 있음]

바) 원재료명

사) 영양성분 표시방법

영양성분	
가. 과자류, 빵류 또는 떡류(과자, 캔디류, 빵류, 떡류에 한함) 나. 빙과류(아이스크림류, 빙과에 한함) 다. 코코아가공품류 또는 초콜릿류 라. 당류(당류가공품에 한함) 마. 잼류 바. 두부류 또는 묵류 사. 식용유지류(동물성유지류, 식용유지가공품 중 모조치즈, 기타식용유지가공품은 제외) 아. 면류 자. 음료류(다류 중 침출차 및 고형차, 커피 중 볶은커피 및 인스턴트커피는 제외) 차. 특수영양식품 카. 특수의료용도식품 타. 장류(한식메주, 한식된장, 청국장 및 한식메주를 이용한 한식간장은 제외)	파. 조미식품(단, 열량은 식초(발효식초만 해당한다), 소스류, 카레(카레만 해당한다) 및 향신료가공품(향신료조제품만 해당한다)에 한함) 하. 절임류 또는 조림류[김치류(김치는 배추김치만 해당), 절임류(절임식품 중 절임배추는 제외), 조림류에 한함] 너. 농산가공식품류(찐쌀, 효소식품은 제외) 더. 식육가공품 및 포장육(햄류, 소시지류, 베이컨류, 건조저장육류, 양념육류(양념육·분쇄가공육제품만 해당), 식육추출가공품 및 식육함유가공품에 한함) 러. 알가공품류(알가공품류 중 알 내용물 100퍼센트 제품은 제외) 머. 유가공품류(우유류, 가공유류, 산양유, 발효유류, 치즈류, 분유류에 한함) 버. 수산가공식품류(한천, 수산가공식품류 중 수산물 100퍼센트 제품은 제외) 저. 즉석식품류(즉석섭취식품 및 즉석조리식품, 만두류에 한함)

영양성분 표시에서 제외되는 품목	
거. 주류 서. 동물성가공식품류 어. 벌꿀 및 화분가공품류 처. 기타식품류	커. 식용란(수입식용란을 포함한다) 터. 닭·오리의 식육 퍼. 자연상태 식품

아) 용기·포장 재질

자) 품목보고번호

차) 성분명 및 함량(해당 경우에 한함)

카) 보관방법(해당 경우에 한함)

타) 주의사항

(1) 부정·불량식품신고표시

(2) 알레르기 유발물질(해당 경우에 한함)

(3) 기타(해당 경우에 한함)

파) 조사처리식품(해당 경우에 한함)

하) 유전자변형식품(해당 경우에 한함)

거) 기타표시사항

3) 소비자 안전을 위한 주의사항 표시, 글씨 크기 등 표시방법은 규칙 제5조 관련 별표 2 및 별표 3을 따르고, 주표시면 및 정보표시면의 표시사항 및 표시방법, 장기보존식품의 표시, 인삼 또는 홍삼성분 함유 식품의 표시, 조사처리식품의 표시는 II. 공통표시기준에 따른다.

가. 과자류, 빵류 또는 떡류~터. 닭·오리의 식육 유형에 해당하는 식품의 2) 표시사항 중 기타 표시사항

가. 과자류, 빵류 또는 떡류

1) 유형 : 과자, 캔디류, 추잉껌, 빵류, 떡류

2) 표시사항

거) 기타표시사항

(1) 유탕 또는 유처리한 제품은 "**유탕처리제품**" 또는 "**유처리제품**"으로 표시하여야 한다(과자에 한함).

(2) **유산균 함유 과자, 캔디류는 그 함유된 유산균수를 표시**하여야 한다. **특정균의 함유사실을 표시하고자 할 때에는 그 균의 함유균수를 표시**하여야 한다.

(예시) "유산균 100,000,000(1억) CFU/g", "유산균 1억 CFU/g", "*Lactobacillus acidophilus* 100,000,000(1억) CFU/g", "*Lactobacillus acidophilus* 1억 CFU/g" 등

(3) 한입크기로서 작은 용기에 담겨져 있는 젤리제품(소위 미니컵젤리 제품)에 대하여는 **잘못 섭취에 따른 질식을 방지하기 위한 경고문구를 표시**하여야 한다.

(예시) "얼려서 드시지 마십시오. 한번에 드실 경우 질식의 위험이 있으니 잘 씹어 드십시오. 5세 이하 어린이 및 노약자는 섭취를 금하여 주십시오" 등의 표시

(4) 식품제조·가공업 영업자가 냉동식품인 빵류 및 떡류를 해동하여 유통하려는 경우에는 제조연월일, 해동연월일, 냉동식품으로서의 소비기한 이내로 설정한 해동 후 소비기한, 해동한 제조업체의 명칭과 소재지(냉동제품의 제조업체와 동일한 경우는 생략할 수 있다), 해동 후 보관방법 및 주의사항을 표시하여야 한다. 다만, 이 경우에는 스티커, 라벨(Label) 또는 꼬리표(Tag)를 사용할 수 있으나 떨어지지 아니하게 부착하여야 한다.

(5) 식품제조·가공업 영업자가 냉동식품인 빵류 및 떡류를 해동하여 유통할 때에는 "이 제품은 냉동식품을 해동한 제품이니 재 냉동시키지 마시길 바랍니다" 등의 표시를 하여야 한다.

(6) 껌 베이스 제조에 사용되는 식품첨가물 중 에스테르검, 폴리부텐, 폴리이소부틸렌, 초산비닐수지, 글리세린지방산에스테르, 자당지방산에스테르, 소르비탄지방산에스테르, 탄산칼슘, 석유왁스, 검레진, 텔크, 트리아세틴은 "껌기초제" 또는 "껌베이스"로 표시할 수 있다.

3) 〈생략〉

나. 빙과류

1) 유형

가) 아이스크림류 : 아이스크림, 저지방아이스크림, 아이스밀크, 샤베트, 비유지방

아이스크림

나) 아이스크림믹스류(*축산물) : 아이스크림믹스, 저지방아이스크림믹스, 아이스밀크믹스, 샤베트믹스, 비유지방아이스크림믹스

다) 빙과

라) 얼음류 : 식용얼음, 어업용얼음

2) 표시사항

거) 기타표시사항

(1) 아이스크림류에는 **보관조건과 보관온도를 표시**하여야 하며, 실중량을 부피로 표시할 수 있다.

(2) 아이스크림류·아이스크림믹스류의 유산균함유제품은 유산균 함유제품과 발효유 함유제품으로 구분하고, 아이스크림류는 함유 유산균수를 표시하여야 한다.

(예시) "유산균 100,000,000(1억) CFU/g", "유산균 1억 CFU/g" 등

(3) 아이스크림·아이스밀크, 아이스크림믹스·아이스밀크믹스(분말제품 제외)는 유지방분의 함량을 표시하여야 하고, 저지방아이스크림과 저지방아이스크림믹스는 지방분의 함량을 표시하여야 한다.

(4) 아이스크림믹스류 중 분말제품의 경우에는 제품단위중량당 가수량을 표시하여야 한다.(권장가수량은 제품중량의 2배임)

(5) 아이스크림류·아이스크림믹스류 중 유산균첨가제품의 경우에는 특정균의 함유사실을 표시하고자 하는 경우에는 그 균의 함유균수를 표시하여야 한다.

(예시) "*Lactobacillus acidophilus* 100,000,000(1억) CFU/g", "*Lactobacillus acidophilus* 1억 CFU/g" 등

(6) **아이스크림류·아이스크림믹스류 중 살균제품 또는 멸균제품인 경우에는 "살균제품" 또는 "멸균제품"으로 구분하여 표시**하여야 하고, 살균온도 또는 멸균온도 및 시간을 표시하여야 하며, 저온장시간살균 또는 고온단시간살균을 표시하고자 하는 경우에는 "파스퇴라이제이션"으로 표시할 수 있다.

(7) 아이스크림류·아이스크림믹스류 중 발효후 가열처리된 제품에는 "발효후 가열처리 제품"이라는 표시를 하여야 한다.

(8) 유산균 함유 빙과는 그 함유된 유산균수를 표시하여야 하며, 특정균의 함유사실을 표시하고자 할 때에는 그 균의 함유균수를 표시하여야 한다.

(예시) "유산균 100,000,000(1억) CFU/g", "유산균 1억 CFU/g", "*Lactobacillus acidophilus* 100,000,000(1억) CFU/g", "*Lactobacillus acidophilus* 1억 CFU/g" 등

3) 〈생략〉

다. 코코아가공품류 또는 초콜릿류

1) 유형

가) 코코아가공품류 : 코코아매스, 코코아버터, 코코아분말, 기타 코코아가공품

나) 초콜릿류 : 초콜릿, 밀크초콜릿, 화이트초콜릿, 준초콜릿, 초콜릿가공품

2) 표시사항

거) 기타표시사항

(1) **알코올성분을 첨가한 제품은 알코올성분의 함량을 표시**하여야 한다.

(2) 식품제조·가공업 영업자가 냉동식품인 초콜릿류를 해동하여 출고하려는 경우에는 제조연월일, 해동연월일, 냉동식품으로서의 소비기한 이내로 설정한 해동 후 소비기한, 해동한 제조업체의 명칭과 소재지(냉동제품의 제조업체와 동일한 경우는 생략할 수 있다), 해동 후 보관방법 및 주의사항을 표시하여야 한다. 다만, 이 경우에는 스티커, 라벨(Label) 또는 꼬리표(Tag)를 사용할 수 있으나 떨어지지 아니하게 부착하여야 한다.

(3) 식품제조·가공업 영업자가 냉동식품인 초콜릿류를 해동하여 출고할 때에는 "이 제품은 냉동식품을 해동한 제품이니 재 냉동시키지 마시길 바랍니다" 등의 표시를 하여야 한다.

라. 당류

1) 유형

가) 설탕 : 설탕, 기타설탕

나) 당시럽류

다) 올리고당류 : 올리고당, 올리고당가공품

라) 포도당

마) 과당류 : 과당, 기타과당

바) 엿류 : 물엿, 기타엿, 덱스트린

사) 당류가공품

2) 표시사항

하) 기타표시사항

(1) **설탕은 "천연설탕" 또는 "자연설탕"이란 용어를 표시하여서는 아니 된다.**

(2) 올리고당류는 해당 올리고당 명칭 및 함량을 표시하여야 한다.

(3) 올리고당가공품은 혼합된 올리고당의 명칭 및 함량을 각각 표시하여야 한다.

(4) 포도당은 포도당 외의 원재료명 또는 성분명을 제품명으로 사용하여서는 아니 된다.

(5) 산으로 당화한 엿류는 "산당화엿"으로 표시하여야 한다.

(6) 당류가공품 중 유탕·유처리식품은 "유탕·유처리식품"으로 살균제품, 멸균제품은 "살균제품" 또는 "멸균제품"으로 각각 표시하여야 한다.

(7) 당류가공품은 「식품위생법」 제7조에 따른 식품별 기준 및 규격상의 식품군, 식품종, 식품유형의 명칭을 표시하여서는 아니 된다.

3) 〈생략〉

마. 잼류

1) 유형 : 잼, 기타잼

2) 표시사항

거) 기타표시사항 : 과일류 또는 채소류의 배합 함량을 표시하여야 한다.

3) 〈생략〉

바. 두부류 또는 묵류

1) 유형 : 두부, 유바, 가공두부, 묵류

2) 표시사항

하) 기타표시사항 : 두부류 또는 묵류를 운반용 위생상자를 사용하여 판매하는 경우에는 그 운반용 위생상자에 영업소(장)의 명칭(상호) 및 소재지만을 표시할 수 있다.

3) 〈생략〉

사. 식용유지류

1) 유형

가) 식물성유지류 : 콩기름(대두유), 옥수수기름(옥배유), 채종유(유채유 또는 카놀라유), 미강유(현미유), 참기름, 추출참깨유, 들기름, 추출들깨유, 홍화유(사플라워유 또는 잇꽃유), 해바라기유, 목화씨기름(면실유), 땅콩기름(낙화생유), 올리브유, 팜유, 팜올레인유, 팜스테아린유, 팜핵유, 야자유, 고추씨기름, 기타식물성유지

나) 동물성유지류(*축산물, 다만 어유, 기타동물성유지 제외) : 식용우지, 식용돈지, 원료우지, 원료돈지, 어유, 기타동물성유지

다) 식용유지가공품 : 혼합식용유, 향미유, 가공유지, 쇼트닝, 마가린, 모조치즈, 식물성크림, 기타 식용유지가공품

2) 표시사항

거) 기타표시사항

(1) 식용유지류 중 파쇄분을 원재료로 하여 제조·가공한 유지류는 **"○○분 함유" 및 그 함량을 표시**하여야 한다.

(2) 식용유지가공품중 가공유지, 쇼트닝 또는 마가린 제품의 경우는 원재료로 사용한 유지의 종류에 따라 식물성유지 또는 동물성유지로 원재료명 표시란에 표시할 수 있다. 다만, 수소첨가로 경화한 경우 원재료명에 경화유 또는 부분경화유임을 표시하여야 한다. [예 : 식물성유지(대두부분경화유)]

(3) 콩기름(대두유)은 고올레산콩에서 추출한 제품의 경우에는 올레산함량을 표시할 수 있다.

(4) 참기름은 **참기름 또는 추출참깨유**로 구분 표시하여야 한다.

(5) 들기름은 **들기름 또는 추출들깨유**로 구분 표시하여야 한다.

(6) 홍화유(잇꽃유 또는 사플라워유)는 고올레산홍화씨에서 추출한 제품의 경우에는 올레산 함량을 표시할 수 있다.

(7) 해바라기유는 고올레산해바라기씨에서 추출한 제품의 경우에는 올레산함량을 표시할 수 있다.

(8) 올리브유

(가) **압착올리브유, 정제올리브유 또는 혼합올리브유로 구분 표시**하여야 한다.

(나) 혼합올리브유의 경우는 압착올리브유와 정제올리브유의 명칭과 배합비율(백분율)을 표시하여야 한다.

(9) 기타식물성유지

(가) 유지원재료명 뒤에 유 또는 기름(표시 예 : ○○유 또는 ○○기름)을 표시하여야 한다.

(나) 압착유지는 유지명 앞에 압착문구(표시 예 : 압착○○유 또는 압착○○기름)를 표시하여야 한다.

(10) 혼합식용유

(가) 혼합된 각 식용유지 명칭 및 그 함량 순위에 따른 배합비율(백분율)을 표시하여야 한다.

(나) 유가공품 및 기타 식품으로 오인되게 하는 표시를 하여서는 아니 된다.

(다) 원재료명 또는 성분명을 제품명으로 사용하여서는 아니 된다.

(11) 향미유

사용한 식용유지의 명칭 및 배합비율(백분율)을 함량순위에 따라 표시하여야 한다.

(12) 가공유지

(가) 가공방법에 따라 수소첨가유, 분별유 또는 에스테르화유로 구분 표시하여야 한다.

(나) 가공유지를 혼합한 경우는 단일 식용유지의 원재료인 것으로 오인되게 하는 표시를 하여서는 아니 된다.

(다) 혼합가공유지는 혼합된 각 식용유지 명칭을 그 함량순위에 따라 표시하여야 한다.

(13) 쇼트닝

(가) 고체상 또는 유동상제품은 고체식품 또는 유동상제품으로 구분 표시하여야 한다.

(나) 레시틴 또는 글리세린지방산에스테르를 사용한 업소용 제품은 사용된

유화제의 명칭을 표시하여야 한다. 다만, 산가가 0.8이하의 경우에는 제외한다.

(14) 마가린

(가) 마가린 또는 저지방마가린(지방스프레드)으로 구분 표시하여야 한다.

(나) 유동상 제품은 "유동상제품"으로 표시할 수 있다.

(15) 모조치즈

자연치즈 또는 가공치즈와 혼동되는 표시를 하여서는 아니 된다.

(16) 식물성크림

유가공품과 혼동되는 표시를 하여서는 아니 된다.

(17) 기타 식용유지가공품 중 유탕·유처리식품은 "유탕·유처리식품" 으로 살균제품, 멸균제품은 "살균제품" 또는 "멸균제품" 으로 각각 표시하여야 한다.

(18) 기타식용유지가공품은 「식품위생법」 제7조에 따른 식품별 기준 및 규격상의 식품군, 식품종, 식품유형의 명칭을 표시하여서는 아니 된다.

3) 〈생략〉

아. 면류

1) 유형 : 생면, 숙면, 건면, 유탕면

2) 표시사항

거) 기타표시사항 : 살균제품은 살균여부에 따라 "살균제품", "주정처리제품" 으로 구분 표시하여야 한다.

3) 〈생략〉

자. 음료류

1) 유형

가) 다류 : 침출차, 액상차, 고형차

나) 커피

다) 과일·채소류 음료 : 농축과·채즙(또는 과·채분), 과·채주스, 과·채음료

라) 탄산음료류 : 탄산음료, 탄산수

마) 두유류 : 원액두유, 가공두유

바) 발효음료류 : 유산균음료, 효모음료, 기타발효음료

사) 인삼·홍삼음료

아) 기타음료 : 혼합음료, 음료베이스

2) 표시사항

거) 기타표시사항

(1) 다류

(가) 침출차는 특성에 따라 **녹차·우롱차·홍차·가공곡류차로 구분하여 표시할 수 있다**.

(나) 회석·용해하여 음용하는 제품은 그 희석배수 또는 희석량을 표시하여야 한다.

(다) **카페인 함량을 90퍼센트(%)이상 제거한 제품은 "탈카페인(디카페인) 제품"으로 표시할 수 있다**.

(2) 커피

(가) 액상제품은 커피원두의 함량을 표시하여야 한다. 다만, 추출한 경우에는 고형분 함량 또는 배합 함량을 표시하여야 한다.

(나) **카페인 함량을 90퍼센트(%)이상 제거한 제품은 "탈카페인(디카페인) 제품"으로 표시할 수 있다.**

(3) 과일·채소류음료

(가) 가열하지 않은 제품은 가열하지 않은 제품임을 표시하여야 한다.

(나) 식품제조·가공업 영업자가 냉동식품인 과·채주스를 해동하여 유통하려는 경우에는 제조연월일, 해동연월일, 냉동식품으로서의 소비기한 이내로 설정한 해동 후 소비기한, 해동한 제조업체의 명칭과 소재지(냉동제품의 제조업체와 동일한 경우는 생략할 수 있다), 해동 후 보관방법 및 주의사항을 표시하여야 한다. 다만, 이 경우에는 스티커, 라벨(Label) 또는 꼬리표(Tag)를 사용할 수 있으나 떨어지지 아니하게 부착하여야 한다.

(다) 식품제조·가공업 영업자가 냉동식품인 과·채주스를 해동하여 유통할 때에는 "이 제품은 냉동식품을 해동한 제품이니 재 냉동시키지 마시길 바랍니다" 등의 표시를 하여야 한다.

(4) 탄산음료류

탄산음료 중 제품 400mL 당 열량이 2㎉이하인 제품은 "다이어트"라는 용어를 표시할 수 있다.

(5) 두유류

(가) 수소이온농도(pH)가 4.6미만인 기타두유는 그 제품의 수소이온농도(pH)를 표시하여야 한다.

(나) 가열처리방법 등에 따라 "멸균제품"으로 구분 표시하여야 한다.

(다) 과실·채소즙이 함유된 제품은 과실·채소즙의 함량을표시하여야 한다.

(6) 발효음료류

살균제품은 살균제품임을 표시하여야 한다.

(7) 인삼·홍삼음료

인삼·홍삼음료는 **인삼음료 또는 홍삼음료로 구분 표시**하여야 한다.

(8) 기타음료

분말형태의 음료베이스는 분말제품임을 표시하고, "천연", "신선", "자연" 또는 "농축"이라는 용어를 사용하여서는 아니 된다. 다만, 100% 천연향을 사용한 경우 "천연○○향 첨가"라는 표시를 할 수 있다.

(9) **제조연월일을 추가로 표시하고자 하는 음료류(다류, 커피, 유산균음료 및 살균유산균음료는 제외한다)로서 병마개에 제조연월일을 표시하는 경우, 제조 "연월"만을 표시할 수 있다.**

3) 〈생략〉

차. 특수영양식품

1) 유형

가) 조제유류(*축산물) : 영아용 조제유, 성장기용 조제유

나) 영아용 조제식

다) 성장기용 조제식

라) 영·유아용 이유식

마) 체중조절용 조제식품

바) 임산·수유부용 식품

2) 표시사항

거) 기타표시사항

(1) 공통사항(조제유류 제외)

(가)「식품위생법」 제7조에 따른「식품의 기준 및 규격」에서 정한 영양성분은 "영양성분의 표시방법"에 따라 표시하여야 한다. 이 경우 1일 영양성분 기준치가 설정되어 있지 아니한 영양성분과 영아용 조제식, 성장기용 조제식은 영양성분의 명칭과 함량만을 표시할 수 있다.

(나) **성분명을 제품명으로 사용하여서는 아니 된다**(체중조절용 조제식품 및 임산·수유부용식품 제외)

(2) 조제유류

(가) **유산균첨가제품의 경우에는 특정균의 함유사실을 표시하고자 하는 경우에는 그 균의 함유균수를 표시**하여야 한다.

(예시) "*Lactobacillus acidophilus* 100,000,000(1억) CFU/g", "*Lactobacillus acidophilus* 1억 CFU/g" 등

(나) **살균제품 또는 멸균제품인 경우에는 "살균제품" 또는 "멸균제품"으로 구분하여 표시**하여야 하고, 살균온도 또는 멸균온도 및 시간을 표시하여야 하며, **저온장시간살균 또는 고온단시간살균을 표시하고자 하는 경우에는 "파스퇴라이제이션"으로 표시할 수 있다.**

(다) 발효후 가열처리된 제품에는 "발효후 가열처리 제품"이라는 표시를 하여야 한다.

(라) 영아용 조제유 중 분말상의 것은 특정성분을 제품명으로 사용하여서는 아니된다.

(마) 영아용 조제유 중 분말상의 것은 조산아 또는 미숙아용은 각각 "조산아용" 또는 "미숙아용"으로 표시하여야 하며 영·유아에 먹이는 방법을 표시하여야 하고, 이 때 조제분유 등 분말상의 조제유류의 경우 "조유 후 바로 수유하시고 남은양은 재수유하지 말고 버리십시오."라는 내용의 안내표시를 하여야 한다.

(바) 100킬로칼로리(kcal)당 철 1밀리그램 이상 함유된 제품은 "철강화조제유"라고 표시할 수 있다.

(사) **영아용 조제유는 "모유가 아기에게 가장 좋은 식품입니다."라는 내용의 안내표시를 12포인트 이상의 글씨로 표시**하여야 한다.

(아) 조제유류의 영양성분표시는 영유아에게 먹이는 방법에 따라서 물에 타는 등 조제했을 때의 100㎖당 함유된 값으로 표시할 수 있으며, 별지 1 1. 아. 4)에 따른 영양성분 표시에 있어 1일 영양성분기준치에 대한 비율(%)의 표시를 생략할 수 있다.

(3) 영아용 조제식

영아에게 먹이는 양과 방법을 표시하여야 한다.

(4) 성장기용 조제식

생후 6개월 이후의 영·유아에게 먹이는 양과 방법을 표시하여야 한다.

(5) 영·유아용 이유식

이유기의 영·유아에게 먹이는 양과 방법을 표시하여야 한다.

(6) 체중조절용 조제식품

권장섭취량 및 섭취방법을 표시하여야 한다.

(7) 임산·수유부용 식품

권장섭취량 및 섭취방법을 표시하여야 한다.

3) 〈생략〉

카. 특수의료용도식품

1) 유형

가) 표준형 영양조제식품 : 일반환자용 균형영양조제식품, 당뇨환자용 영양조제식품, 신장질환자용 영양조제식품, 장질환자용 단백가수분해 영양조제식품, 열량 및 영양공급용 식품, 연하곤란자용 점도조절 식품

나) 맞춤형 영양조제식품 :선천성대사질환자용조제식품, 영·유아용 특수조제식품, 기타환자용 영양조제식품

다) 식단형 식사관리식품 : 당뇨환자용 식단형 식품, 신장질환자용 식단형 식품

2) 표시사항

거) 기타표시사항

(1) 「식품의 기준 및 규격」에서 정한 영양성분은 "영양성분의 표시방법"에 따라 표시하여야 한다. 이 경우 1일 영양성분 기준치가 설정되어 있지 아니한 영양성분과 영·유아(0~36개월) 대상 제품은 영양성분의 명칭과 함량만을 표시할 수 있다.

(2) **제품특성별 권장섭취량 및 섭취방법을 표시**하여야 한다.

(3) **치료효과 등을 표시하여서는 아니 된다.**

(4) **"의사의 지시에 따라 사용하여야 합니다" 등을 표시**하여야 한다.

(5) **"의약품 또는 건강기능식품이 아닙니다" 등을 표시**하여야 한다.

(6) 기타환자용 영양조제식품은 「식품의 기준 및 규격」에 따른 특수의료용도식품의 제조·가공기준을 참고로 하여 섭취 대상자의 질환명과 섭취에 적절한 병증의 상태를 표시하여야 하며, 「식품의 기준 및 규격」에서 정하고 있지 않은 성분이라도 질환별 식사관리에 중요한 성분은 (1)의 표시방법에 따라 그 함량을 표시하여야 한다.

(7) 식단형 식사관리식품 중 한 끼 기준 열량이 500 kcal 미만이거나, 800 kcal를 초과하도록 제조된 제품은 「식품의 기준 및 규격」에 따른 특수의료용도식품의 제조·가공기준을 참고로 하여 고려된 섭취 대상자의 특징(성별, 나이, 체중, 비만도, 병증의 상태 등)을 표시하여야 한다.

(8) 식단형 식사관리식품 중 두 끼 이상으로 구성하여 판매하는 제품은 「식품의 기준 및 규격」에 따른 특수의료용도식품의 제조·가공기준을 참고로 하여 섭취열량 및 영양성분을 끼니별로 구분하여 추가로 표시하여야 하며, 소비자가 밥을 별도로 준비하여 같이 섭취하도록 구성된 제품은 섭취에 적절한 밥의 종류, 준비방법, 섭취량과 밥을 포함한 열량 및 영양성분을 추가로 표시하여야 한다. 이때 추가 표시사항은 제품에 동봉된 식단표 등 첨부문서에 표시할 수 있다.

3) 〈생략〉

타. 장류

1) 유형 : 한식메주, 개량메주, 한식간장, 양조간장, 산분해간장, 효소분해간장, 혼합간장, 한식된장, 된장, 고추장, 춘장, 청국장, 혼합장, 기타장류

2) 표시사항

거) 기타표시사항

(1) 양조간장원액에 산분해간장원액, 한식간장원액 또는 효소분해간장 등을 혼합한 혼합간장은 그 혼합비율을 표시하여야 하고, 이 경우에는 혼합된 각각의 간장에 대한 총 질소함량을 함께 표시하여야 한다.

(2) 고추장은 주표시면에 고춧가루 함량을 12포인트 이상으로 표시하여야 한다.

(3) 혼합장은 원재료로 사용한 장류의 명칭 및 함량을 표시하여야 하고 살균한 제품은 살균제품임을 표시하여야 한다.

(4) 장류의 분말제품은 "분말제품"으로 표시하여야 하고, 사용 농도 또는 희석배수를 표시하여야 한다.

(5) 메주는 대두의 함량을 표시하여야 한다.

3) 〈생략〉

파. 조미식품

1) 유형

가) 식초 : 발효식초, 희석초산

나) 소스류 : 소스, 마요네즈, 토마토케첩, 복합조미식품

다) 카레(커리) : 카레(커리)분, 카레(커리)

라) 고춧가루 또는 실고추 : 고춧가루, 실고추

마) 향신료가공품 : 천연향신료, 향신료조제품

바) 식염 : 천일염, 재제소금(재제조소금), 태움·용융소금, 정제소금, 기타소금, 가공소금

2) 표시사항

가) 식초, 소스류, 카레(커리), 고춧가루 또는 실고추, 향신료가공품, 식염(천일염 제외)

(15) 기타표시사항

(가) 식초 : **초산의 함량을 표시**하여야 하며, 발효식초의 경우에는 과실·곡

물술덧, 과실주, 과실착즙액, 곡물주, 곡물당화액, 주정 또는 주류 등의 원재료명 및 함량을 표시하여야 하고, 해당 원재료 명칭을 제품명에 사용할 수 있다.

(나) 소스 : 살균 또는 멸균공정을 거친 경우 **"살균제품" 또는 "멸균제품"으로 구분·표시**하여야 한다.

(다) 복합조미식품 : 일반 소비자용 제품은 조리시의 사용방법을 표시하여야 한다.

(라) 향신료가공품 : 건조하거나 살균한 제품은 "건조제품" 또는 "살균제품"으로 구분 표시하여야 한다.

(마) 식염 : 식품첨가물을 첨가하여 제조한 **가공소금에 있어서는 첨가한 식품첨가물의 명칭과 함량을 표시**하여야 한다.

나) 식염(천일염에 한함)

(1) 퍼목 2)에 따라 표시하여야 한다.

(2) **주표시면에 식용임을 표시**하여야 한다.

3) 〈생략〉

하. 절임류 또는 조림류

1) 유형

가) 김치류 : 김칫속, 김치

나) 절임류 : 절임식품, 당절임

다) 조림류

2) 표시사항

거) 기타표시사항

(1) 김치류는 고유의 명칭을 사용할 수 있다.

(2) 김치류는 **살균여부에 따라 "살균제품" 또는 "비살균제품"으로 구분 표시**하여야 한다.

(3) 절임류와 조림류는 최종 제품에 한하여 **살균한 제품은 "살균제품", 멸균한 제품은 "멸균제품"으로 표시**하여야 한다.

(4) 혼합절임은 **식염, 장류, 식초, 당류 등을 제외하고 함량이 높은 원재료명을**

앞에 붙여 "혼합절임"으로 표시하고, 혼합된 원재료명 및 함량비(%)를 표시하여야 한다.

(5) 혼합조림은 **식염, 장류, 당류 등을 제외하고 함량이 높은 원재료명을 앞에 붙여 "혼합조림"으로 표시하고, 혼합된 원재료의 원재료명 및 함량비(%)를 표시**하여야 한다.

(6) 절임류(단무지에 한한다)를 운반용 **위생상자를 사용하여 판매하는 경우에는 그 운반용 위생상자에 영업소(장)의 명칭(상호) 및 소재지만을 표시할 수 있다.**

3) 〈생략〉

거. 주류

1) 유형

가) 발효주류 : 탁주, 약주, 청주, 맥주, 과실주

나) 증류주류 : 소주, 위스키, 브랜디, 일반증류주, 리큐르

다) 기타 주류

라) 주정

2) 표시사항

하) 기타표시사항

(1) 공통사항 : 주류는 **에탄올(또는 알코올)의 함량**을 **표시**하여야 한다.

(2) 탁주

(가) 살균제품은 "살균탁주"로 표시하여야 한다.

(나) 전분질원료가 단일 원료인 경우 전분질원료에 대해 100% 표시할 수 있다.

(예시) 전분질원료로 쌀 100%를 사용하였습니다.
전분질원료로 쌀만을 사용하였습니다.
전분질원료 : 쌀 100%

(3) 약주 : 살균제품은 "살균약주"로 표시하여야 한다.

(4) 청주 : 발효시켜 얻은 에탄올 모두가 백미에서 기인한 때에는 "순"이라는 용어를 표시할 수 있다.

(5) 맥주

(가) 제품의 색상에 따라 담색맥주 또는 흑맥주로 표시할 수 있으며, 열처리

하지 않은 것은 생맥주로 표시할 수 있다.

(나) **제품 100 미리리터(㎖)당 열량이 30킬로칼로리(kcal)이하인 제품은 "라이트"라는 용어를 표시할 수 있다.**

(6) 과실주

(가) 원재료의 종류에 따라 포도주, 사과주, 딸기주 등으로 구분 표시할 수 있고, 포도주는 색상에 따라 적포도주, 백포도주, 홍포도주 등으로 표시할 수 있다.

(나) **탄산가스를 함유한 제품은 그 내용을 표시**하여야 한다.

(7) 소주

「주세법」제6조에 따라 설치한 주류제조면허장과 용기주입제조장에서 동일한 소주를 제조·가공한 경우 동일한 원재료명을 표시할 수 있다.

(8) 위스키

(가) 원료주를 사용한 제품은 원료주 함량 비율을 표시하여야 한다.

(나) 원료주의 조성이나 산지에 따라 특정한 고유명칭 등을 표시할 수 있다.

(9) 브랜디

(가) 원료주를 사용하는 제품은 원료주 함량 비율을 표시하여야 한다.

(나) 원료주의 조성이나 산지에 따라 특정한 고유명칭 등을 표시할 수 있다.

(10) 일반증류주

(가) 원료주를 사용하는 제품은 원료주 함량 비율을 표시하여야 한다.

(나) 원료주의 조성이나 산지에 따라 고량주, 럼, 보드카, 진 등의 특정한 고유명칭을 표시할 수 있다.

(11) 리큐르 : 원료주의 조성이나 산지에 따라 인삼주, 매실주, 오가피주 등의 특정한 고유 명칭을 표시할 수 있다.

(12) 주정 및 증류주류(소주, 위스키, 브랜디, 일반증류주, 리큐르)는 알레르기 유발물질 표시를 생략할 수 있다.

(13) 주정 및 증류주류(소주, 위스키, 브랜디, 일반증류주, 리큐르)는 복합원재료 명칭을 생략하고 주정 및 각각의 증류주원액으로 표시할 수 있다. 다만, 증류 후 사용되는 원재료(물 제외) 및 식품첨가물은 표시하여야 한다.

(예시) "소주원액", "위스키원액", "브랜디원액", "보드카원액"

(14) 주류의 원재료명 중 "에탄올"은 "알코올"로 표시할 수 있다.

(15) 영업자가 주류(주정 제외)에 열량 정보를 스스로 표시하는 경우에는 규칙 제6조제1항의 별표 4. 1. 저목에 해당하지 아니한다.

3) 〈생략〉

너. 농산가공식품류

1) 유형

가) 전분류 : 전분, 전분가공품

나) 밀가루류 : 밀가루, 영양강화 밀가루

다) 땅콩 또는 견과류가공품류 : 땅콩버터, 땅콩 또는 견과류가공품

라) 시리얼류

마) 찐쌀

바) 효소식품

사) 기타 농산가공품류 : 과·채가공품, 곡류가공품, 두류가공품, 서류가공품, 기타 농산가공품

2) 표시사항

거) 기타표시사항

(1) 전분류

(가) 제품명에 전분을 사용하여야 한다.

(나) **원재료 성분에 따라 옥수수전분, 감자전분, 고구마전분, 밀전분, 쌀전분, 타피오카전분 또는 도토리전분 등으로 구분 표시**하여야 한다.

(2) 땅콩 또는 견과류가공품류 : **땅콩버터는 땅콩의 함량을 표시**하여야 한다.

(3) 찐쌀 : **제품명에 찐쌀을 표시**하여야 한다.

(4) 효소식품 : **α-아밀라아제와 프로테아제의 함량**(unit/g)**을 표시**하여야 한다.

(5) 과·채가공품 : 사용한 과일류 또는 채소류의 원재료명과 그 함량을 표시하여야 한다. 다만, 단순 절단하거나 원물을 그대로 사용하여 관능으로 내용물을 확인할 수 있도록 투명하게 포장한 것은 함량표시를 생략할 수 있다.

(6) 전분가공품, 곡류가공품, 두류가공품, 서류가공품, 기타 농산가공품은 「식

품위생법」 제7조에 따른 식품별 기준 및 규격상의 식품군, 식품종, 식품유형의 명칭을 표시하여서는 아니 된다.

(7) 전분가공품, 곡류가공품, 두류가공품, 서류가공품, 기타 농산가공품 중 유탕·유처리식품은 "유탕·유처리식품"으로 살균제품, 멸균제품은 "살균제품" 또는 "멸균제품"으로 각각 표시하여야 한다.

3) 〈생략〉

더. 식육가공품 및 포장육

1) 유형

가) 햄류(*축산물) : 햄, 생햄, 프레스햄

나) 소시지류(*축산물) : 소시지, 발효소시지, 혼합소시지

다) 베이컨류(*축산물)

라) 건조저장육류(*축산물)

마) 양념육류(*축산물) : 양념육, 분쇄가공육제품, 갈비가공품, 천연케이싱

바) 식육추출가공품(*축산물)

사) 식육간편조리세트(*축산물)

아) 식육함유가공품

자) 포장육(*축산물, 수입하는 식육 포함)

2) 표시사항

거) 기타표시사항

(1) 식육가공품은 **가열처리에 따라 살균제품은 "살균제품", 멸균제품은 "멸균제품", 비살균제품은 "비살균제품"으로 표시**하여야 한다.

(2) **햄 이외의 식육가공품은 햄의 명칭**(본인햄, 본레스햄 등) **또는 이와 혼동하기 쉬운 유사한 용어를 표시하여서는 아니된다.**

(3) **특정부위를 사용하는 제품은 식육의 원료육 명칭 뒤에 괄호로 그 부위명을 표시**하여야 한다.

(4) 식육의 종류(품종명을 포함한다) 또는 부위명을 제품명으로 사용하고자 할 경우 다음에서 정하는 대로 주표시면에 표시하여야 한다(식육함유가공품, 수입하는 식육 제외).

(가) 가장 많이 사용한 원료 식육의 종류(품종명을 포함한다) 또는 부위명을 제품명으로 사용하여야 하며 이 경우 제품에 사용한 모든 식육의 종류(품종명을 포함한다) 또는 부위명과 그 함량을 표시하여야 한다.

(나) 2가지 이상의 식육의 종류(품종명을 포함한다) 또는 부위명을 서로 합성하여 제품명 또는 제품명의 일부로 사용하고자 하는 경우, 많이 사용한 순서에 따라 각각의 식육의 종류(품종명을 포함한다) 또는 부위명의 함량을 표시하여야 한다.

(5) **식육가공품에는 원재료의 전부가 식육인 것으로 오인되게 하는 표시를 하여서는 아니 되며,** 제품에 사용한 모든 식육의 종류 및 함량을 표시하여야 하며, 이 경우 식육의 함량은 「축산물 위생관리법」 제22조제1항에 따라 축산물가공업의 허가를 받은 영업자 또는 「수입식품안전관리특별법」 제20조제1항에 따라 수입신고 하는 자가 품목제조보고 또는 수입신고 할 때 서식에 기재하는 원재료 또는 성분의 배합비율을 그대로 표시하여야 하고, 「축산물 위생관리법」 제24조제1항에 따라 식육즉석판매제조가공업의 신고를 한 영업자 및 「식품위생법」 제37조제4항에 따라 즉석판매제조·가공업의 신고를 한 영업자는 제품에 실제로 사용한 원재료 또는 성분의 배합비율을 그대로 표시하여야 한다. (식육함유가공품 제외). 다만, 식품유형 중 햄류(캔햄류 제외), 소시지류(비가열소시지류 제외), 베이컨류, 건조저장육류, 양념육 중 수육과 편육, 갈비가공품은 물을 제외한 배합비율에 따라 표시할 수 있다.

(예시) 베이컨의 원재료 배합비율 : 돼지고기 80%, 물 15%, 부재료 5% → 돼지고기 함량 :94%(80/85 x 100)

(6) 소시지류의 충전에 사용된 케이싱의 명칭은 원재료명 표시란의 마지막에 표시할 수 있으며, 비가식 케이싱을 사용한 경우에는 주표시면에 소비자가 쉽게 확인할 수 있도록 비가식 케이싱의 사용여부를 표시하여야 한다.

(7) **통조림제품에 있어서 연도의 표시는 끝 숫자만을, 10월·11월·12월의 월 표시는 각각 O.N.D로, 1일부터 9일까지의 표시는 그 숫자의 앞에 ○을 표시할 수 있다.**

(8) 국내산 쇠고기, 돼지고기, 닭고기, 오리고기를 원재료로 사용한 포장육의 경우에는 **당해 도체가 도축된 도축장의 업소명을 표시**하여야 한다. 다만, 두 곳 이상의 도축장에서 도축된 식육이 서로 혼재된 경우에는 도축된 도축장 모두를 각각 표시하며, 도축장명의 표시는 잉크·각인 또는 소인 이외에 스티커로도 할 수 있다.

(9) 국내산 쇠고기(「소·돼지 식육의 표시방법 및 부위 구분기준」에서 정한 등급 의무표시 부위에 한한다)를 **원재료로 사용한 포장육의 경우에는 축산물등급판정확인서에 표기된 등급을 표시**(쇠고기 1++등급의 경우, 괄호로 근내지방도 포함)하여야 하며, 이 경우 등급표시는 잉크·각인·소인 이외에 스티커로 표시할 수 있다. 다만, 최종소비자에게 그대로 판매되는 포장육은 식육의 등급 종류를 모두 나열하고 해당 등급을 표시(쇠고기 1++등급의 경우, 괄호로 근내지방도 포함)하여야 하며, 등급표시 의무부위와 비의무부위가 서로 혼재되고 2) 거) (12) (나)에 따라 2가지 이상의 부위가 포함되어 부위명 대신 용도로 표시한 경우에는 등급표시를 생략할 수 있다.

(10) 식육추출가공품

(가) 「식품위생법」에 의한 특수영양식품 또는 특수의료용도식품과 혼동될 수 있는 표시를 하여서는 아니 되며, 건강과 관련된 일체의 표시를 하여서는 아니 된다.

(나) 각각의 원재료로 사용된 추출물(또는 농축액)의 명칭 및 함량을 표시하여야 한다.

(11) 식육함유가공품

(가) **원료육을 2가지 이상 사용하는 때에는 원료육 일부의 명칭을 제품명으로 사용하여서는 아니 된다.** 다만, 원료육의 함량을 제품명과 동일한 위치에 표시하는 경우에는 그러하지 아니할 수 있다.

(나) **원재료의 전부가 식육인 것으로 오인되게 하는 표시를 하여서는 아니 된다.** 다만, 식육의 함량을 제품명과 동일한 위치에 표시하는 경우에는 그러하지 아니할 수 있다.

(12) **양념육, 포장육, 수입하는 식육은 식육의 종류와 부위명을 표시하여야 한다.**

(가) 「소·돼지 식육의 표시방법 및 부위 구분기준」에서 식육의 종류 및 부위명이 정해진 경우 이에 따라 표시하여야 한다.

(나) 2이상의 부위가 포함되어 부위명을 표시하기 어려운 경우에는 용도 등으로 표시할 수 있다.

(다) (가), (나)의 규정에도 불구하고 식육의 종류 또는 부위명을 제품명이나 제품명의 일부로 사용한 때에는 식육의 종류 또는 부위명을 생략할 수 있다.

3) 〈생략〉

러. 알가공품류

1) 유형

가) 알가공품(*축산물) : 전란액, 난황액, 난백액, 전란분, 난황분, 난백분, 알가열제품, 피단

나) 알함유가공품

2) 표시사항

거) 기타표시사항

(1) **살균제품은 "살균제품", 멸균제품은 "멸균제품", 비살균제품은 "비살균제품"으로 표시**하여야 한다.

(2) 알가공품 중 **냉장 비살균제품의 제조연월일 표시는 "00월00일00시", "00.00.00:00" 등으로 표시할 수 있으며 소비기한은 "00월00일00시까지", "00.00.00:00까지" 등의 방법으로 표시할 수 있다.**

3) 〈생략〉

머. 유가공품류

1) 유형

가) 우유류(*축산물) : 우유, 환원유

나) 가공유류(*축산물) : 강화우유, 유산균첨가우유, 유당분해우유, 가공유

다) 산양유(*축산물)

라) 발효유류(*축산물) :발효유, 농후발효유, 크림발효유, 농후크림발효유, 발효버터유, 발효유분말

마) 버터유(*축산물)

바) 농축유류(*축산물) : 농축우유, 탈지농축우유, 가당연유, 가당탈지연유, 가공연유

사) 유크림류(*축산물) : 유크림, 가공유크림

아) 버터류(*축산물) : 버터, 가공버터, 버터오일

자) 치즈류(*축산물) : 자연치즈, 가공치즈

차) 분유류(*축산물) : 전지분유, 탈지분유, 가당분유, 혼합분유

카) 유청류(*축산물) : 유청, 농축유청, 유청단백분말

타) 유당(*축산물)

파) 유단백가수분해식품(*축산물)

하) 유함유가공품

2) 표시사항

거) 기타표시사항

(1) **비살균 원유 등으로 만든 유가공품의 경우에는 원재료명에 "비살균 원유" 등으로 표시**하여야 한다.

(2) **강화우유는 강화한 성분명 및 함량을 표시**하여야 하며 1리터당 비타민A는 2,000IU, 비타민D는 400IU이상인 경우에 한하여 강화우유로 표시할 수 있다.

(3) **유산균첨가제품의 경우에는 특정균의 함유사실을 표시하고자 하는 경우에는 그 균의 함유균수를 표시**하여야 한다.

(예시) "*Lactobacillus acidophilus* 100,000,000(1억) CFU/g" , "*Lactobacillus acidophilus* 1억 CFU/g" 등

(4) **살균제품 또는 멸균제품인 경우에는 "살균제품" 또는 "멸균제품"으로 구분하여 표시**하여야 하고, **살균온도 또는 멸균온도 및 시간을 표시하여야 하며, 저온장시간살균 또는 고온단시간살균을 표시하고자 하는 경우에는 "파스퇴라이제이션"으로 표시할 수 있다.**

(5) 우유(저지방 및 무지방 제외), 환원유(저지방 및 무지방 제외), 강화유(저지방 및 무지방 제외), 유산균첨가우유(저지방 및 무지방 제외) 중 유지방을 감하여 **표준화한 경우에는 "표준화제품", "표준화우유" 또는 "스텐다디제이션" 등**

을 표시하고 유지방함량을 표시하여야 한다.

(6) 우유류, 강화우유 및 유산균첨가우유 중 저지방제품은 유지방분의 함량을 표시하여야 하고, 유지방분의 함량이 0.5퍼센트 이하일 경우에는 "탈지우유" · "탈지강화우유" 또는 "환원탈지유"로 표시할 수 있다.

(7) 가공유 중 저지방제품은 유지방분이 0.5퍼센트 이하인 제품은 탈지가공유로 표시할 수 있다.

(8) 발효 후 가열처리된 제품에는 "발효 후 가열처리 제품"이라는 표시를 하여야 한다.

(9) 멸균된 농축우유 또는 탈지농축우유는 각각 "무가당연유" 또는 "무가당탈지연유"로 표시할 수 있다.

(10) 농축유류, 자연치즈, 유청류의 경우 특정성분을 제품명으로 사용하여서는 아니 된다.

(11) 농축유류 중 가당제품은 사용한 당류의 종류 및 함량을 표시하여야 한다.

(12) 유크림류는 조지방함량을 표시하여야 한다.

(13) 혼합분유는 조제분유로 오인되게 하는 표시를 하여서는 아니 된다.

(14) 유단백가수분해식품의 경우 조단백질·아미노산성 질소의 함유비율을 표시하여야 한다.

(15) 축산물가공업 중 유가공업 영업자가 치즈류, 버터류를 해동하여 유통하려는 경우에는 제조년월일, 해동연월일, 냉동식품으로서의 소비기한 이내로 설정한 해동 후 소비기한, 해동한 제조업체의 명칭과 소재지(냉동제품의 제조업체와 동일한 경우는 생략할 수 있다), 해동 후 보관방법 및 주의사항을 표시하여야 하며, 주표시면에는 "해동된 냉장(실온)제품"이라는 표시를"냉동" 이라고 표시된 근처에 추가로 표시하여야 한다. 다만, 이 경우에는 스티커, 라벨(Label) 또는 꼬리표(Tag)를 사용할 수 있으나 떨어지지 아니하게 부착하여야 한다.

(16) 축산물가공업 중 유가공업 영업자가 치즈류, 버터류를 해동하여 유통할 때에는 "이 제품은 냉동식품을 해동한 제품이니 재 냉동시키지 마시길 바랍니다" 등의 주의사항 문구를 표시하여야 한다.

3) 〈생략〉

버. 수산가공식품류

1) 유형

가) 어육가공품류 : 어육살, 연육, 어육반제품, 어묵, 어육소시지, 기타 어육가공품

나) 젓갈류 : 젓갈, 양념젓갈, 액젓, 조미액젓

다) 건포류 : 조미건어포, 건어포, 기타 건포류

라) 조미김

마) 한천

바) 기타 수산물가공품

2) 표시사항

거) 기타표시사항

(1) 어육가공품류는 **가열처리방법 등에 따라 "살균제품, 비살균제품, 멸균제품" 또는 "비가열제품"으로 구분 표시**하여야 한다.

(2) **맛살류 제품(게맛살, 새우맛살 등)은 제품의 명칭이나 도안에 나타나 있는 특정어육이 아니라는 표시와 포함된 주요성분의 함유량 또는 함유율 및 향의 명칭을 표시**하여야 하고, 그 **특정성분이 35퍼센트(%) 미만일 경우 용기나 포장에 그 특정성분과 관련된 그림이나 사진을 표시할 수 없다.**

(3) 젓갈류는 **식염의 함량을 표시**하여야 한다.

(4) 조미액젓은 **원액함량과 첨가한 원재료명을 표시**하여야 한다.

(5) 식품제조·가공업 영업자가 냉동식품인 젓갈류, 기타 수산물가공품(살균 또는 멸균하여 진공 포장된 제품에 한함)을 해동하여 유통하려는 경우에는 제조연월일, 해동연월일, 냉동식품으로서의 소비기한 또는 품질유지기한 이내로 설정한 해동 후 소비기한 또는 품질유지기한, 해동한 제조업체의 명칭과 소재지(냉동제품의 제조업체와 동일한 경우는 생략할 수 있다), 해동 후 보관방법 및 주의사항을 표시하여야 한다. 다만, 이 경우에는 스티커, 라벨(Label) 또는 꼬리표(Tag)를 사용할 수 있으나 떨어지지 아니하게 부착하여야 한다.

(6) 식품제조·가공업 영업자가 냉동식품인 젓갈류, 기타 수산물가공품(살균 또는 멸균하여 진공 포장된 제품에 한함)을 해동하여 유통할 때에는 "이 제품은

냉동식품을 해동한 제품이니 재 냉동시키지 마시길 바랍니다" 등의 표시를 하여야 한다.

(7) 건포류는 원재료로 사용하는 어·패류명을 표시하여야 한다.

(8) 기타 수산물가공품은 「식품위생법」 제7조에 따른 식품별 기준 및 규격상의 식품군, 식품종, 식품유형의 명칭을 표시하여서는 아니 된다.

(9) 기타 수산물가공품 중 유탕·유처리식품은 "유탕·유처리식품"으로 살균제품, 멸균제품은 "살균제품" 또는 "멸균제품"으로 각각 표시하여야 한다.

3) 〈생략〉

서. 동물성가공식품류

1) 유형

가) 기타식육 또는 기타알제품 : 기타식육 또는 기타알, 기타 동물성가공식품

나) 곤충가공식품

다) 자라가공식품 : 자라분말, 자라분말제품, 자라유제품

라) 추출가공식품

2) 표시사항

하) 기타표시사항

(1) 기타식육 또는 기타알 : **원재료육의 명칭과 부위를 표시**하여야 한다.

(2) 추출가공식품

(가) **가열처리방법 등에 따라 "살균제품" 또는 "비살균제품"으로 구분 표시** 하여야 한다.

(나) 각각의 원재료로 사용된 추출물의 명칭 및 함량을 표시하여야 한다.

(다) 특수영양식품 또는 특수의료용도식품과 혼동될 수 있는 표시를 하여서는 아니 되며, 건강과 관련된 일체의 표시를 하여서는 아니 된다.

3) 〈생략〉

어. 벌꿀 및 화분가공품류

1) 유형

가) 벌꿀류 : 벌집꿀, 벌꿀, 사양벌집꿀, 사양벌꿀

나) 로열젤리류 : 로열젤리, 로열젤리제품

다) 화분가공식품 : 가공화분, 화분함유제품

2) 표시사항

가) 벌꿀류 및 로열젤리류(로열젤리에 한함)

(1) 펴목 2)에 따라 표시하여야 한다.

(2) **벌집꿀, 벌꿀의 경우 주밀원의 종류에 따라 아카시아꿀, 밤꿀 또는 잡화꿀 등으로 구분 표시**하여야 한다.

(3) **사양벌꿀 또는 사양벌집꿀의 경우 주표시면에 12포인트 이상의 활자로 "이 제품은 꿀벌을 기르는 과정에서 꿀벌이 설탕을 먹고 저장하여 생산한 사양벌꿀 또는 사양벌집꿀입니다."로 표시**하여야 한다.

나) 로열젤리제품(로열젤리 제외) 및 화분가공식품

3) 〈생략〉

저. 즉석식품류

1) 유형

가) 생식류 : 생식제품, 생식함유제품

나) 즉석섭취·편의식품류 : 즉석섭취식품, 신선편의식품, 즉석조리식품, 간편조리세트

다) 만두류 : 만두, 만두피

2) 표시사항

거) 기타표시사항

(1) 생식류 : **건조방법에 따라 동결건조, 자연건조, 송풍건조로 구분하여 표시**하여야 한다.

(2) 즉석섭취·편의식품류 : 즉석섭취식품 중 도시락, 김밥, 햄버거, 샌드위치, 초밥의 제조연월일 표시는 **제조일과 제조시간을 함께 표시하여야 하며, 소비기한 표시는 "○○월○○일○○시까지", "○○일○○시까지" 또는 "○○.○○.○○ 00:00까지"로 표시**하여야 한다.

3) 〈생략〉

처. 기타식품류

1) 유형

가) 효모식품

나) 기타가공품

2) 표시사항

하) 기타표시사항

(1) **기타가공품 중 유탕·유처리식품은 "유탕·유처리식품"으로 살균제품, 멸균제품은 "살균제품" 또는 "멸균제품"으로 각각 표시**하여야 한다.

(2) 기타가공품은 「식품위생법」 제7조에 따른 식품별 기준 및 규격상의 식품군, 식품종, 식품유형의 명칭을 표시하여서는 아니 된다.

3) 〈생략〉

커. 식용란(수입식용란을 포함한다)

1) 표시사항

(5) 기타표시사항

(가) 제품의 **품질유지에 필요한 보관방법 및 보관온도를 표시**하여야 한다.

(나) **"구입 후 냉장 보관하시기 바랍니다."라는 내용의 안내표시**를 하여야 한다.

(다) **산란일을 사용하여 소비기한을 표시하는 경우에는 "산란일로부터 ○○일까지" 또는 "산란일로부터 ○○월까지"로 표시할 수 있다.**

나) **달걀 껍데기**(표시의무자: 생산자, 식용란선별포장업 또는 식용란수집판매업의 영업자)

(1) **산란일**(산란시점으로부터 36시간 이내 채집한 경우에는 채집한 날을 산란일로 표시할 수 있다)

(2) **고유번호**(「축산법」 제22조에 따라 관할 관청에서 발급한가축사육업 허가·등록에 기재된 고유번호)

(3) **사육환경번호**(도 5에 따라 표시)

(4) 기타표시사항

(가) 산란일은 "△△○○(월일)"의 방법으로 표시하여야 한다.

(예시) 1004

(나) 산란일, 고유번호 및 사육환경번호는 함께 표시하여야 한다.

(예시) 1004M3FDS2

다만, 「축산법 시행령」 제14조의 3에 따라 닭 사육업 등록대상에서 제외되는 사육시설 면적 10m^2 미만인 닭 사육업에서 생산하여 용기·포장에 넣거나 싸서 출하·판매하는 달걀의 경우에는 고유번호를 표시하지 아니한다.

(예시) "1004 2"

(다) 달걀 껍데기에는 「축산물위생관리법」 제5조에 따라 정하여진 검인용·인쇄용 색소를 사용하여 표시하여야 한다.

2) 〈생략〉

터. 닭·오리의 식육

1) 표시사항(표시의무자: 도축업 영업자)

가) 합격표시(도 6에 따라 표시)

나) 작업장의 명칭 및 소재지

다) 생산연월일(도축하는 날로 하며, 표시는 포장이 완료된 시점에 표시하여야 한다)

라) 소비기한

마) 내용량

바) 보관방법

사) 기타표시사항

(가) **냉장제품에는 "냉장보관" 및 냉장온도를 표시하여야 하며, 냉동제품에는 "냉동보관" 및 냉동온도를 표시**하여야 한다.

(나) **생산일의 표시는 "ㅇㅇ년ㅇㅇ월ㅇㅇ일", "ㅇㅇ.ㅇㅇ.ㅇㅇ", "ㅇㅇㅇㅇ년ㅇㅇ월ㅇㅇ일","ㅇㅇㅇㅇ.ㅇㅇ.ㅇㅇ."등의 방법으로 표시**하여야 한다.

(다) **생산일을 표시하는 위치에 표시가 어려운 경우에는 해당 위치에 생산일의 표시위치를 명시**하여야 한다.

(라) **생산일을 사용하여 소비기한을 표시하는 경우에는 "생산일로부터 ㅇㅇ일까지" 또는 "생산일로부터 ㅇㅇ월까지"로 표시할 수 있다.**

2) 〈생략〉

퍼. 자연상태 식품

1) 농산물, 임산물, 축산물(「축산물 위생관리법」에서 정한 축산물 제외), 수산물

2) 표시사항

가) 내용물의 명칭 또는 제품명(제품명의 경우 내용물의 명칭 포함)

나) 업소명(채취·생산자, 채취·생산자단체명 또는 포장업체명, 수입식품의 경우 수입판매업소명)

다) **생산연도, 생산연월일(채취·수확·어획·도축한 연도 또는 연월일) 또는 포장일**

라) 내용량[다만, 비닐랩(wrap) 등으로 포장(진공포장 제외)하여 관능으로 내용물을 확인할 수 있도록 투명하게 포장(이하 "투명포장"이라 한다)한 자연상태 식품은 내용량 표시를 생략할 수 있음]

마) 보관방법(해당 경우에 한함)

바) 주의사항(해당 경우에 한함)

사) 유전자변형 농축수산물의 경우 「유전자변형식품등의 표시기준」에 따른다.

아) 기타표시사항

(1) **해동한 수산물은 '해동' 이라는 표시와 함께 냉장 진열 시작 일시를 표시**하여야 한다. 이 경우 해동한 수산물의 해동 표시 등은 별도의 표지판을 사용하여 표시할 수 있다.

(2) 용기·포장에 넣어지지 않고 수입되는 자연상태의 농·임·축·수산물은 한글표시를 생략할 수 있다.

(3) 투명포장한 자연상태 식품 중 냉동·건조·염장·가열처리 하지 아니한 것은 생산연도, 생산연월일 또는 포장일을 생략할 수 있다.

(4) 「양곡관리법 시행규칙」 별표 4 양곡의 표시사항 및 표시방법에 따라 표시한 양곡의 경우에는 생산연도, 생산연월일 또는 포장일을 제외한 한글 표시를 생략할 수 있다. 다만, 투명포장한 자연상태 식품 중 냉동·건조·염장·가열처리 하지 아니한 것은 생산연도, 생산연월일 또는 포장일을 생략할 수 있다.

(5) 「지역농산물 이용촉진 등 농산물 직거래 활성화에 관한 법률」 제2조제3호의 가목 및 나목에 따라 직거래를 통해 유통되는 자연상태 식품 중 투명포장한 것은 한글표시를 생략할 수 있다.

(6) 투명포장한 자연상태 식품(최종소비자에게 판매하는 식품에 한한다)의 경우 표

시 사항을 진열상자에 표시하거나 별도의 표지판에 기재하여 게시하는 때에는 개개의 제품별 표시를 생략할 수 있다(다만, 우편 또는 택배 등의 방법으로 최종소비자에게 배달하는 것은 제품별 표시사항을 생략하여서는 아니된다).

3) 〈생략〉

2. 식품첨가물

가. 식품첨가물

1) 표시사항

가) 제품명(「식품첨가물의 기준 및 규격」에 고시된 명칭을 사용하거나, 제품명에 그 첨가물의 명칭을 포함하여 표시하여야 한다.)

(예시) 안식향산나트륨, ○○○ 안식향산나트륨 또는 ○○○ (안식향산나트륨)

나) 영업소(장)의 명칭(상호) 및 소재지

다) 제조연월일 또는 소비기한

라) 내용량

마) 원재료명 또는 성분명

바) 용기·포장 재질

사) 품목보고번호

아) 보관방법 및 사용기준(다만, 동 사항을 표시하기가 곤란할 경우 QR코드 또는 속지를 사용할 수 있다)

자) 주의사항

(1) 알레르기 유발물질(해당 경우에 한함)

(2) 기타(해당 경우에 한함)

차) 유전자변형 식품첨가물(해당 경우에 한함)

카) 기타표시사항

(1) 타르색소를 혼합 또는 희석한 제제에 있어서는 "혼합" 또는 "희석"이라는 표시와 실제의 색깔명칭을 표시하여야 한다.

(2) 천연색소류 제제 및 비타민 제제는 각각 색가 및 역가를 표시하여야 한다.

2) 〈생략〉

나. 혼합제제류

1) 표시사항

가) 제품명

나) 영업소(장)의 명칭(상호) 및 소재지

다) 제조연월일 또는 소비기한

라) 내용량

마) 원재료명 또는 성분명

바) 용기·포장 재질

사) 품목보고번호

아) 보관방법 및 사용기준(다만, 동 사항을 표시하기가 곤란할 경우 QR코드 또는 속지를 사용할 수 있다)

자) 주의사항

(1) 알레르기 유발물질(해당 경우에 한함)

(2) 기타(해당 경우에 한함)

차) 유전자변형 식품첨가물(해당 경우에 한함)

카) 기타표시사항

(1) 혼합제제류 제품은 「식품첨가물의 기준 및 규격」 II. 4. 나. 에 고시된 혼합제제류 명칭 및 혼합제제류를 구성하는 식품첨가물의 함량을 표시하여야 한다. 다만, 사용기준이 정해지지 않은 식품첨가물은 함량 표시를 제외할 수 있다.

(2) 타르색소를 혼합 또는 희석한 제제에 있어서는 "혼합" 또는 "희석"이라는 표시와 실제의 색깔 명칭을 표시하여야 한다.

2) 〈생략〉

3. 기구등의 살균·소독제

가. 표시사항

1) 제품명

2) 영업소(장)의 명칭(상호) 및 소재지

3) 제조연월일 또는 소비기한

4) 내용량

5) 원재료명 또는 성분명(유효성분의 성분명 및 함량에 한한다)

6) 용기·포장 재질

7) 품목보고번호

8) 보관방법 및 사용기준(다만, 동 사항을 표시하기가 곤란할 경우 QR코드 또는 속지를 사용할 수 있다)

가) 사용방법 : 제품의 희석방법, 살균·소독 대상별 사용방법 및 사용량 등

9) 주의사항(해당 경우에 한함)

10) 기타표시사항

가) "기구등의 살균·소독제"로 표시하여야 한다.

나. 〈생략〉

4. 기구 또는 용기·포장

가. 표시사항

1) 영업소(장)의 명칭(상호) 및 소재지

다만, 식품 영업등록 또는 식품첨가물 영업등록을 받은 업소의 주문에 의하여 생산 하거나 식품 또는 식품첨가물 제조업소가 그 자신의 제품을 넣기 위하여 제조하는 경우에는 그러하지 아니하다.

영업소(장)의 명칭(상호) 예시 : 제조업 영업소(장)의 명칭(상호), 유통전문판매업 영업소(장)의 명칭(상호), 수입판매업 영업소(장)의 명칭(상호)

2) 재질명(합성수지제 또는 고무제에 한함)

재질에 따라 「기구 및 용기·포장의 기준 및 규격」에 등재된 재질명칭인 염화비닐수지, 폴리에틸렌, 폴리프로필렌, 폴리스티렌, 폴리염화비닐리덴, 폴리에틸렌테레프탈레이트, 페놀수지, 실리콘고무 등으로 각각 구분하여 표시하여야 하며, 이 경우 약자로 표시할 수 있다.

3) '식품용' 단어 또는 도 7에 따른 '식품용 기구 도안' 표시

가) 표시대상 : 「식품위생법」 제2조제4호 기구(이하 '식품용 기구'라 한다). 다만, 식

품제조가공업·즉석판매제조가공업·식품첨가물제조업체로 납품되어 제품의 포장 용기로 사용되어지는 품목은 제외한다.

나) 표시장소 : 규칙 제5조 관련 별표 3에 따라 소비자에게 판매하는 제품의 최소 판매단위별 용기·포장에 표시하거나 제품자체에 표시한다.

다) 표시방법 : 잉크·각인 또는 소인으로 표시하는 것을 원칙으로 하되, 제품의 특성상 잉크·각인 또는 소인이 불가능한 경우 스티커 또는 꼬리표를 사용하여 표시할 수 있다.

4) 주의사항(해당되는 경우에 한함)

5) 기타표시사항

가) 식품포장용 랩은 제조에 사용하는 원재료 명칭 및 가소제, 안정제, 산화방지제 등의 첨가제의 명칭을 표시하여야 한다.

나) 비내수용 전분제 기구 또는 용기·포장은 "비내수성 전분제"라고 표시하여야 한다.

다) 기구 중 압력솥은 「전기용품 및 생활용품 안전관리법」에 의하여 적합하게 표시한 경우에는 동 표시기준에 의하여표시한 것으로 간주한다.

라) 유리제 가열조리용 기구는 직화용, 오븐용, 전자레인지용, 열탕용으로 구분 표시하여야 한다.

마) 전자레인지에 사용하는 합성수지제 기구 또는 용기·포장은 전자레인지용으로 구분 표시하여야 한다.

바) 기구 및 용기·포장의 재질표시는 식품과 직접 접촉하는 부분의 재질만을 표시할 수 있다.

나. 〈생략〉

부칙 〈제2022-86호, 2022.12.14.〉

제1조(시행일) 이 고시는 고시한 날부터 시행한다. 다만, 표 3의 개정사항은 2024년 1월 1일부터 시행한다.

제2조(적용례) 이 고시는 이 고시 시행일부터 제조·가공 또는 수입(수입하기 위해 선적한 식품등을 포함한다. 이하 같다)하는 식품, 식품첨가물, 기구 및 용기·포장(이하 "식품등"

이라 한다)에 적용한다. 다만, 이 고시 시행 전에 이미 제조·가공 또는 수입된 식품등이 이 고시를 적용받고자 하는 경우 이 고시를 적용할 수 있다.

제3조(경과조치) 이 고시 시행 당시 종전의 규정에 따라 이미 제조·가공 또는 수입된 식품등은 해당 식품의 유통기한까지 판매하거나 판매의 목적으로 진열 또는 운반하거나 영업상 사용할 수 있다.

식품위생 분야 종사자 건강진단 규칙

제정 2013. 3. 23., 총리령 제1015호

개정 2022. 4. 28., 총리령 제1804호

제1조(목적) 이 규칙은 「식품위생법」 제40조제1항 및 제4항에 따른 건강진단의 실시에 필요한 사항을 규정함을 목적으로 한다.

참고

「식품위생법」 제40조(건강진단)

① 총리령으로 정하는 영업자 및 그 종업원은 건강진단을 받아야 한다. 다만, 다른 법령에 따라 같은 내용의 건강진단을 받는 경우에는 이 법에 따른 건강진단을 받은 것으로 본다. 〈개정 2013. 3. 23.〉

② ③ 생략

④ 제1항에 따른 건강진단의 실시방법 등과 제2항 및 제3항에 따른 타인에게 위해를 끼칠 우려가 있는 질병의 종류는 총리령으로 정한다. 〈개정 2013. 3. 23.〉

제2조(건강진단 항목 등) ① 「식품위생법」 제40조제1항 및 같은 법 시행규칙 제49조에 따라 건강진단을 받아야 하는 사람의 진단 항목은 별표와 같다. 〈개정 2022.4.28.〉

[별표] 건강진단 항목(제2조제1항 관련)

대상	건강진단 항목
식품 또는 식품첨가물(화학적 합성품 또는 기구 등의 살균·소독제는 제외한다)을 채취·제조·가공·조리·저장·운반 또는 판매하는 데 직접 종사하는 사람. 다만, 영업자 또는 종업원 중 **완전 포장된 식품 또는 식품첨가물을 운반하거나 판매하는 데 종사하는 사람은 제외**한다.	1. **장티푸스(식품위생 관련 영업 및 집단급식소 종사자만 해당**한다) 2. 폐결핵 3. 전염성 피부질환(한센병 등 세균성 피부질환을 말한다)

② 「식품위생법」 제40조제1항 및 같은 법 시행규칙 제49조에 따라 건강진단을 받아야 하는 사람은 직전 건강진단 검진을 받은 날을 기준으로 매 1년마다 1회 이상 건강진단을 받아야 한다. 〈신설 2022. 4. 28.〉

③ 제2항에도 불구하고 식품의약품안전처장이 「감염병의 예방 및 관리에 관한 법률」

(계속)

에 따른 감염병의 유행으로 인하여 제32조에 따른 실시 기관에서 정상적으로 건강진단을 받을 수 없다고 인정하는 경우에는 해당 사유가 해소될 때까지 건강진단을 유예할 수 있다. 〈신설 2022. 4. 28.〉

④ 제3항에 따른 건강진단의 유예기간 및 방법 등에 관하여 필요한 사항은 식품의약품안전처장이 정하여 공고한다. 〈신설 2022. 4. 28.〉

보건복지부령 제185호

[별표] 성매개감염병 및 후천성면역결핍증 건강진단대상자 및 건강진단 항목 및 횟수 〈개정 2021.7.19.〉 (제3조 관련)

성매개감염병 및 후천성면역결핍증 건강진단 대상자	건강진단 항목 및 횟수		
	매독검사	HIV 검사	그 밖의 성매개 감염병 검사
1. 「청소면보호법 시행령」 제6조 제2항 제1호에 따른 영업소의 여성종업원	1회/6개월	1회/6개월	1회/6개월
2. 「식품위생법 시행령」 제22조 제1항에 따른 유흥접객원	1회/3개월	1회/6개월	1회/3개월
3. 「안마사에 관한 규칙」 제6조에 따른 안마시술소의 종업원	1회/3개월	1회/6개월	1회/3개월
4. 특별자치도지사·시장·군수·구청장이 불특정 다수를 대상으로 성매개감염병 및 후천성면역결핍증을 감염시킬 우려가 있는 행위를 한다고 인정하는 영업장에 종사하는 사람	1회/3개월	1회/6개월	1회/3개월

참고

1. 청소년보호법 시행령 제6조제2항제1호
   휴게음식점영업으로서 주로 차 종류를 조리·판매하는 영업 중 종업원에게 영업장을 벗어나 차 종류 등을 배달·판매하게 하면서 소요 시간에 따라 대가를 받게 하거나 이를 조장 또는 묵인하는 형태로 운영되는 영업
2. 식품위생법 시행령 제22조제1항
   제21조제8호라목에서 "유흥종사자"란 손님과 함께 술을 마시거나 노래 또는 춤으로 손님의 유흥을 돋우는 부녀자인 유흥접객원을 말한다.

제3조(건강진단 실시) 이 규칙에 따른 **건강진단은** 「지역보건법」에 따른 **보건소**(이하 "보건소"라 한다), 「의료법」에 따른 **종합병원·병원 또는 의원**(이하 "의료기관"이라 한다)에서 실시한다. 다만, 영업자가 요청하는 경우에는 의료기관의 의료인이 해당 영업소에 방문하여 건강진단을 실시한다. 다만, 영업자가 요청하는 경우에는 의료기관의 의료인이 해당 영업소에 방문하여 건강진단을 실시할 수 있다. 〈개정 2018. 12. 31.〉

제4조(감염병환자의 발생 신고 등) 의료기관의 장은 제3조에 따라 **건강진단을 실시한 결과**

감염병환자가 발생한 경우에는 「감염병의 예방 및 관리에 관한 법률」 제11조에 따라 관할 **보건소장에게 신고**하고, 「의료법」 제22조에 따라 **진료기록부 등을 기록·보존**하여야 한다.

제5조(수수료) 보건소에서 제2조에 따른 건강진단을 받으려는 사람은 수수료 3천원을 내야 한다. 〈개정 2018. 3. 28.〉

부칙 〈제1804호, 2022. 4. 28.〉

이 규칙은 공포한 날부터 시행한다.

05

식품 및 축산물 안전관리인증기준

식품의약품안전처 고시 제2022-40호, 일부개정 2023. 4. 6., 시행 2023. 4. 6.

장	조
제1장 총칙	제1조 목적 제2조 정의
제2장 안전관리인증기준(HACCP) 적용 체계 및 운영관리	제3조 적용대상 영업자 제4조 적용품목 및 시기 등 제5조 선행요건 관리 제6조 안전관리인증기준 관리 제7조 축산물통합인증관리 제8조 기록관리 제9조 안전관리인증기준팀 구성 및 팀장의 책무 등 제10조 안전관리인증기준 적용업소 인증신청 등 제11조 안전관리인증기준 적용업소의 인증 등 제11조의2 자동기록관리 시스템 등록 등 제12조 안전관리인증기준 적용업소 인증사항 변경 제13조 안전관리인증기준 인증대상의 추가 제14조 인증서 반납 제15조 조사·평가의 범위와 주기 등 제16조 조사·평가 방법 제17조 조사·평가 결과에 따른 조치 제18조 감독기관의 검증기준 등 제19조 안전관리인증기준 지도관
제3장 식품 및 축산물 식품안전 관리인증기준 적용업소 영업자 등에 대한 교육훈련	제20조 교육훈련 등 제21조 교육훈련기관의 지정신청 (생략) 제22조 교육훈련기관의 지정 (생략) 제23조 교육훈련기관의 지정내용 변경 (생략) 제24조 교육훈련기관 평가 (생략) 제25조 교육훈련기관의 운영 등 (생략) 제26조 삭제
제4장 우대조치 및 재검토기한	제27조 우대조치 제28조 재검토기한
부칙	

제1장 | 총칙

제1조(목적) 이 기준은 「식품위생법」 제48조부터 제48조의3까지, 같은 법 시행규칙 제62조부터 제68조의2까지 및 「건강기능식품에 관한 법률」 제38조에 따른 「식품안전관리인증기준」의 적용·운영 및 교육·훈련 등에 관한 사항과 「축산물 위생관리법」 제9조부터 제9조의5까지, 같은 법 시행규칙 제7조부터 제7조의11까지에 따른 「축산물안전관리인증기준」의 적용·운영 및 교육·훈련 등에 관한 사항을 정함을 목적으로 한다.

제2조(정의) 이 기준에서 사용하는 용어의 정의는 다음과 같다.

1. "**식품 및 축산물 안전관리인증기준**(Hazard Analysis and Critical Control Point, HACCP)"이란 「식품위생법」 및 「건강기능식품에 관한 법률」에 따른 「식품안전관리인증기준」과 「축산물 위생관리법」에 따른 「축산물안전관리인증기준」으로서, 식품(건강기능식품을 포함한다. 이하 같다)·축산물의 원료 관리, 제조·가공·조리·선별·처리·포장·소분·보관·유통·판매의 모든 과정에서 위해한 물질이 식품 또는 축산물에 섞이거나 식품 또는 축산물이 오염되는 것을 방지하기 위하여 각 과정의 위해요소를 확인·평가하여 중점적으로 관리하는 기준을 말한다(이하 "안전관리인증기준(HACCP)"이라 한다).
2. "**위해요소**(Hazard)"란 「식품위생법」 제4조(위해식품등의 판매 등 금지), 「건강기능식품에 관한 법률」 제23조(위해 건강기능식품 등의 판매 등의 금지) 및 「축산물 위생관리법」 제33조(판매 등의 금지)의 규정에서 정하고 있는 인체의 건강을 해할 우려가 있는 생물학적, 화학적 또는 물리적 인자나 조건을 말한다.
3. "**위해요소분석**(Hazard Analysis)"이란 식품·축산물 안전에 영향을 줄 수 있는 위해요소와 이를 유발할 수 있는 조건이 존재하는지 여부를 판별하기 위하여 필요한 정보를 수집하고 평가하는 일련의 과정을 말한다.
4. "**중요관리점**(Critical Control Point : CCP)"이란 안전관리인증기준(HACCP)을 적용하여 식품·축산물의 위해요소를 예방·제어하거나 허용 수준 이하로 감소시켜 당해 식품·축산물의 안전성을 확보할 수 있는 중요한 단계·과정 또는 공정을 말한다.
5. "**한계기준**(Critical Limit)"이란 중요관리점에서의 위해요소 관리가 허용범위 이내로 충분히 이루어지고 있는지 여부를 판단할 수 있는 기준이나 기준치를 말한다.

6. "**모니터링**(Monitoring)"이란 중요관리점에 설정된 한계기준을 적절히 관리하고 있는지 여부를 확인하기 위하여 수행하는 일련의 계획된 관찰이나 측정하는 행위 등을 말한다.
7. "**개선조치**(Corrective Action)"란 모니터링 결과 중요관리점의 한계기준을 이탈할 경우에 취하는 일련의 조치를 말한다.
8. "**선행요건**(Pre-requisite Program)"이란 「식품위생법」, 「건강기능식품에 관한 법률」, 「축산물 위생관리법」에 따라 안전관리인증기준(HACCP)을 적용하기 위한 위생관리프로그램을 말한다.
9. "**안전관리인증기준 관리계획**(HACCP Plan)"이란 식품·축산물의 원료 구입에서부터 최종 판매에 이르는 전 과정에서 위해가 발생할 우려가 있는 요소를 사전에 확인하여 허용 수준 이하로 감소시키거나 제어 또는 예방할 목적으로 안전관리인증기준(HACCP)에 따라 작성한 제조·가공·조리·선별·처리·포장·소분·보관·유통·판매공정 관리문서나 도표 또는 계획을 말한다.
10. "**검증**(Verification)"이란 안전관리인증기준(HACCP) 관리계획의 유효성(Validation)과 실행(Implementation) 여부를 정기적으로 평가하는 일련의 활동(적용 방법과 절차, 확인 및 기타 평가 등을 수행하는 행위를 포함한다)을 말한다.
11. "**안전관리인증기준(HACCP) 적용업소**"란 「식품위생법」, 「건강기능식품에 관한 법률」에 따라 안전관리인증기준(HACCP)을 적용·준수하여 식품을 제조·가공·조리·소분·유통·판매하는 업소와 「축산물 위생관리법」에 따라 안전관리인증기준(HACCP)을 적용·준수하고 있는 안전관리인증작업장·안전관리인증업소·안전관리인증농장 또는 축산물안전관리통합인증업체 등을 말한다.
12. "**관리책임자**"란 「축산물 위생관리법」에 따른 자체안전관리인증기준 적용 작업장 및 안전관리인증기준(HACCP) 적용 작업장 등의 영업자·농업인이 안전관리인증기준(HACCP) 운영 및 관리를 직접 할 수 없는 경우 해당 안전관리인증기준 운영 및 관리를 총괄적으로 책임지고 운영하도록 지정한 자(영업자·농업인을 포함한다)를 말한다.
13. "**통합관리프로그램**"이란 「축산물 위생관리법」 시행규칙 제7조의3제4항제3호에 따라 축산물안전관리통합인증업체에 참여하는 각각의 작업장·업소·농장에 안전관리인증기준(HACCP)을 적용·운용하고 있는 통합적인 위생관리프로그램을 말한다.

14. "**중요관리점(CCP) 모니터링 자동 기록관리 시스템**"이란 중요관리점(CCP) 모니터링 데이터를 실시간으로 자동 기록·관리 및 확인·저장할 수 있도록 하여 데이터의 위·변조를 방지할 수 있는 시스템(이하 "자동 기록관리 시스템"이라 한다)을 말하며, 이 시스템을 적용한 안전관리인증기준을 "스마트해썹"이라 한다.

제2장 | 안전관리인증기준(HACCP) 적용 체계 및 운영 관리

제3조(적용대상 영업자) 이 기준은 「식품위생법」, 「건강기능식품에 관한 법률」 및 「축산물 위생관리법」에 따라 영업허가를 받거나 신고 또는 등록을 한 자와 「축산법」에 따라 축산업의 허가 또는 등록을 한 자 중 안전관리인증기준(HACCP)을 준수하여야 하는 영업자·농업인과 그 밖에 안전관리인증기준의 준수를 원하는 영업자를 대상으로 적용한다. 다만, 국외에 소재하여 식품·축산물을 제조·가공하는 자나 수출을 목적으로 하는 자가 이 기준의 준수를 원하는 경우 이 기준을 적용하게 할 수 있다.

제4조(적용품목 및 시기 등) ① 이 기준은 「식품위생법」 및 같은 법 시행규칙, 「건강기능식품에 관한 법률」, 「축산물 위생관리법」 및 같은 법 시행규칙에 따라 의무적으로 안전관리인증기준(HACCP)을 적용해야 하는 식품·축산물에 적용하며, 필요한 경우 그 이외의 영업장 또는 제품에 대해서도 적용할 수 있다. 다만, 생산식품이 해당 지역 내에서만 유통되는 도서지역의 영업자이거나 생산식품을 모두 국외로 수출하는 영업자는 제외한다.

② 안전관리인증기준(HACCP) 의무적용 시기는 각 법에서 정한 바에 따르되, 연매출액 및 종업원수를 기준으로 하여 연매출액과 종업원 수의 요건을 동시에 충족하는 시기를 말하며, 연매출액 산정은 해당 사업장에서 제조·가공하는 의무적용 대상 식품 또는 축산물의 총 매출액을 기준으로 하고, 종업원 수는 「근로기준법」에 의한 영업장 전체의 상시근로자를 기준으로 한다.

③ 제2항의 규정에도 불구하고 신규영업 또는 휴업 등으로 1년간 매출액을 산정할 수 없는 경우에는 매출액 산정이 가능한 최근 3개월의 매출액을 기준으로 1년간 매출액을 산정하여 의무적용 시기를 정할 수 있다. 다만, 안전관리인증기준 의무적용 대상업소(소규모 업소 중 「식품위생법」 제48조의2 및 「축산물위생관리법」 제9조의2 규정에 따른

연장심사를 일반 업소로 받아야 하는 경우 포함) 중 기준 준수에 필요한 시설·설비 등의 개·보수를 위하여 일정 기간이 필요하다고 요청하여 식품의약품안전처장이 인정하는 경우에는 1년의 범위 내에서 의무적용 및 연장심사를 유예할 수 있다.

④ 식품의약품안전처장은 다음 각 호 중 어느 하나에 해당하는 「식품위생법 시행규칙」제62조제13호에 따른 안전관리인증기준(HACCP) 의무적용 대상 업소가 필요하다고 요청한 경우에는 6개월 범위 내에서 의무적용 시기를 유예할 수 있다. 제2호의 경우 전년도 생산실적보고 완료일 이전에 요청하여야 한다.

1. 안전관리인증기준(HACCP) 적용업소가 신규로 식품유형을 추가하려는 경우. 다만, 「식품위생법 시행규칙」 제62조 제1항제1호부터 제12의2호에 해당하는 식품은 제외한다.
2. 전년도 매출액이 100억원 이상이 되어 해당연도에 신규 의무적용 대상이 된 경우

⑤「축산물 위생관리법 시행규칙」 제7조제3항제1호가목에 따른 매출액은 2016년 연 매출액을 기준으로 산정한다.

제5조(선행요건 관리) ①「식품위생법」 및「건강기능식품에 관한 법률」,「축산물 위생관리법」에 따른 안전관리인증기준(HACCP) 적용업소(도축장, 농장은 제외한다)는 다음 각 호와 관련된 별표 1의 선행요건을 준수하여야 한다.

*별표 1 내용은 제11조 뒤에 제시된 [별표 4] 선행요건관리 내용 참고

1. 식품(식품첨가물 포함)제조·가공업소, 건강기능식품제조업소, 집단급식소식품판매업소, 축산물작업장·업소
   가. 영업장 관리
   나. 위생 관리
   다. 제조·가공·조리 시설·설비 관리
   라. 냉장·냉동 시설·설비 관리
   마. 용수 관리
   바. 보관·운송 관리
   사. 검사 관리
   아. 회수 프로그램 관리
2. 집단급식소, 식품접객업소(위탁급식영업), 운반급식(개별 또는 벌크 포장)

가. **영업장 관리**

나. **위생 관리**

다. **제조·가공·조리 시설·설비 관리**

라. **냉장·냉동 시설·설비 관리**

마. **용수 관리**

바. **보관·운송 관리**

사. **검사 관리**

아. **회수 프로그램 관리**

3. 기타 식품판매업소

가.~바. 생략

4. 소규모업소, 즉석판매제조가공업소, 식품소분업소, 식품접객업소(일반음식점·휴게음식점·제과점)

가. 작업장(조리장), 개인위생 관리

나. 방충·방서관리

다. 세척·소독관리

라. 입고·보관관리

마. 용수관리

바. 검사관리

사. 냉장·냉동창고 온도관리

아. 보관·운송관리

자. 이물관리

5. 식품냉동·냉장업소

가.~다. 생략

6. 식품운반업소

가.~다. 생략

7. 「식품위생법」 제2조제5의2에 따른 공유주방에서 제조·가공하는 업소 등(이하 '공유주방 이용업소'라 한다.)

가.~차. 생략

② 「축산물 위생관리법」에 따른 안전관리인증기준(HACCP) 적용업소 중 도축장, 농장은 다음 각 호와 관련된 선행요건을 준수하여야 한다.

1. 도축장

가.~마. 생략

2. 농장

가.~아. 생략

③ 안전관리인증기준(HACCP) 적용업소는 제1항 또는 제2항의 선행요건 준수를 위해 필요한 관리계획 등을 포함하는 선행요건관리기준서를 작성하여 비치하여야 한다. 다만, 제1항 또는 제2항의 선행요건을 포함하는 자체 위생관리기준서를 작성·비치한 경우 이를 선행요건관리기준서로 갈음 또는 대체할 수 있다.

④ 제1항 및 제2항에도 불구하고 해당 가공품 유형의 연매출액이 5억원 미만이거나 종업원 수가 21명 미만인 식품(식품첨가물 포함)제조·가공업소, 건강기능식품제조업소 및 축산물가공업소와 해당 영업장의 연 매출액이 5억원 미만이거나 종업원 수가 10명 미만인 집단급식소식품판매업소, 식육포장처리업소, 축산물운반업소, 축산물보관업소, 축산물판매업소, 식육즉석판매가공업소 및 식용란선별포장업소(이하 "소규모 업소"라 한다)는 별표 1의 소규모 업소용 선행요건을 준수할 수 있다. 다만, 제1항제7호에 따른 공유주방 이용업소는 제외한다.

⑤ 제3조의 단서규정에 따라 국외에 소재하여 식품·축산물을 제조·가공하는영업자의 경우에는 국제식품규격위원회(Codex Alimentarius Commission)의 우수위생기준(Good Hygienic Practice)을 선행요건으로 적용할 수 있다.

⑥ 제3항에 따른 선행요건관리기준서를 제정하거나 이를 개정한 때에는 일자, 담당자 및 HACCP팀장 또는 영업자의 이름을 적고 서명하여야 한다.

제6조(안전관리인증기준 관리) ① 안전관리인증기준(HACCP) 적용업소는 다음 각 호의 안전관리인증기준(HACCP) 적용원칙과 별표 2의 안전관리인증기준(HACCP) 적용 순서도에 따라 제조·가공·조리·소분·유통·판매하는 식품, 가축의 사육과 축산물의 원료관리·가공·선별·처리·포장·유통 및 판매에 사용하는 원·부재료와 해당 공정에 대하여 적절한 안전관리인증기준(HACCP) 관리계획을 수립·운영하여야 한다.

1. **위해요소 분석**

2. **중요관리점 결정**

3. **한계기준 설정**

4. **모니터링 체계 확립**

5. **개선조치 방법 수립**

6. **검증 절차 및 방법 수립**

7. **문서화 및 기록 유지**

[별표 2] HACCP 적용 순서도(제6조 관련)

Ⅰ. 식품(식품첨가물 포함)제조·가공업, 건강기능식품제조업, 집단급식소, 식품접객업, 도시락제조·가공업(운반급식 포함), 집단급식소식품판매업, 즉석판매제조가공업, 식품소분업, 축산물작업장·업소·농장

1. HACCP 팀 구성
2. 제품 설명서 작성
3. 사용 용도 확인
4. 공정 흐름도 작성
5. 공정 흐름도 현장 확인
6. 모든 잠재적 위해요소분석
7. 중요관리점 (CCP) 결정
8. 중요관리점의 한계기준 설정
9. 중요관리점별 모니터링 체계 확립
10. 개선 조치방법 수립
11. 검증 절차 및 방법 수립
12. 문서화 및 기록유지방법 설정

위해요소분석표

일련번호	원부자재명/공정명	구분	위해요소		위해 평가			예방조치 및 관리방법
			명칭	발생원인	심각성	발생 가능성	종합 평가	
1		B						
		C						
		P						

※ B(Biological hazards) : 생물학적 위해요소
제품에 내재하면서 인체의 건강을 해할 우려가 있는 병원성 미생물, 부패미생물, 병원성 대장균(군), 효모, 곰팡이, 기생충, 바이러스 등

C(Chemical hazards) : 화학적 위해요소
제품에 내재하면서 인체의 건강을 해할 우려가 있는 중금속, 농약, 항생물질, 항균물질, 사용 기준초과 또는 사용 금지된 식품 첨가물 등 화학적 원인물질

P(Physical hazards) : 물리적 위해요소
제품에 내재하면서 인체의 건강을 해할 우려가 있는 인자 중에서 돌조각, 유리조각, 플라스틱 조각, 쇳조각 등

(계속)

중요관리점(CCP) 결정표

공정단계	위해요소	질문1	질문2	질문2-1	질문3	질문4	질문5	중요관리점 결정
		예→CP 아니오→질문2	예→질문3 아니오→질문2	예→질문2 아니오→CP	예→CCP 아니오→질문4	예→질문5 아니오→CP	예→CP 아니오→CCP	

※ 위해요소(Hazard) 분석 결과 위해(Risk)가 높은 항목만 중요관리점(CCP) 결정도에 적용하고 그 결과를 중요관리점(CCP) 결정표에 작성

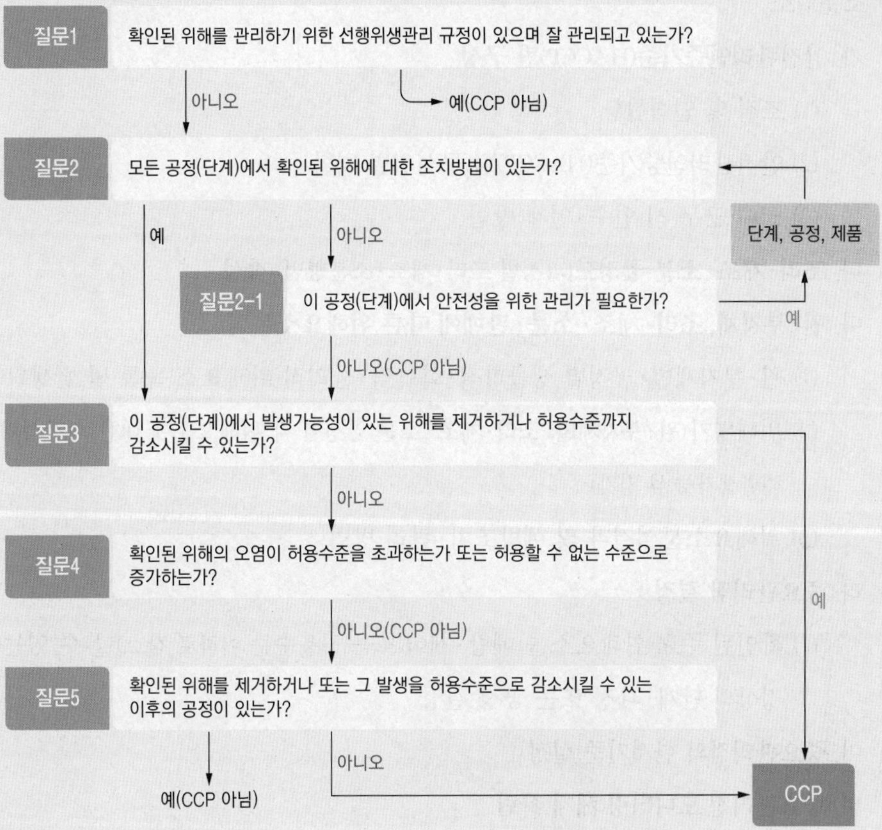

② 제1항에 따른 안전관리인증기준(HACCP) 관리계획은 과학적 근거나 사실에 기초하여 수립·운영하여야 하며, 중요관리점, 한계기준 등 변경사항이 있는 경우에는 이를 재검토하여야 한다.

③ 「식품위생법」에 따른 안전관리인증기준(HACCP) 적용업소는 제1항에 따른 안전관

리인증기준(HACCP) 관리계획의 적절한 운영을 위하여 다음 각 호의 사항을 포함하는 안전관리인증기준(HACCP) 관리기준서를 작성·비치하여야 한다.

1. 식품(식품첨가물 포함)제조·가공업소, 건강기능식품제조업소

   가.~타. 생략

2. 기타 식품판매업소

   가.~자. 생략

3. 집단급식소, 식품접객업소, 집단급식소식품판매업소, 즉석판매제조가공업소, 식품소분업소

   가. **안전관리인증기준(HACCP)팀 구성**

      (1) 조직 및 인력현황

      (2) 안전관리인증기준(HACCP)팀 구성원별 역할

      (3) 교대 근무 시 인수·인계 방법

   나. **조리·제조·소분 공정도(과정별 조리·제조·소분방법) 작성**

   다. **원·부자재, 조리·제조·소분·판매에 따른 위해요소분석**

      (1) 원·부자재별·공정별 생물학적·화학적·물리적 위해요소 목록 및 발생원인

      (2) 위해평가(원·부자재별, 조리·제조·소분 공정별 각 위해요소에 대한 심각성과 위해발생가능성 평가)

      (3) 위해요소분석결과 및 예방조치·관리 방법

   라. **중요관리점 결정**

      (1) 확인된 주요 위해요소를 예방·제어(또는 허용수준 이하로 감소)할 수 있는 공정상의 단계·과정 또는 공정 결정

   마. **중요관리점의 한계기준 설정**

   바. **중요관리점 모니터링 체계 확립**

   사. **개선 조치방법 수립**

   아. **검증 방법 및 절차 수립**

   자. **문서화 및 기록유지방법 설정**

4. 식품냉동·냉장업소

   가.~바. 생략

5. 식품운반업소

가.~사. 생략

6. 공유주방 이용업소

가. **안전관리인증기준(HACCP)팀 구성**

나. **제품설명서 작성**

(1) 제품명, 제품 유형 및 성상

(2) 작성자 및 작성연월일

(3) 성분(또는 식자재) 배합비율

(4) 제조(포장)단위(해당 제품에 한한다)

(5) 완제품 규격

(6) 보관·유통상의 주의사항

(7) 유통기한(또는 섭취기한)

(8) 포장방법 및 재질(해당 제품에 한한다)

(9) 기타 필요한 사항

다. **용도 확인**

(1) 가열 또는 섭취 방법

(2) 소비 대상

라. **공정흐름도 작성**

(1) 제조·가공·조리·소분 공정도(공정별 가공방법)

(2) 작업장 평면도(작업 특성별 분리, 시설·설비 등의 배치, 제품의 흐름과정, 세척·소독조의 위치, 작업자의 이동경로, 출입문 및 창문 등을 표시한 평면도면)

(3) 급기 및 배기 등 환기 또는 공조시설 계통도

(4) 급수 및 배수처리 계통도

마. **공정흐름도 현장 확인**

바. **원·부자재, 제조·가공·조리·유통에 따른 위해요소분석**

(1) 원·부자재별·공정별 생물학적·화학적·물리적 위해요소 목록 및 발생원인

(2) 위해평가(원·부자재별, 공정별 각 위해요소에 대한 심각성과 위해발생 가능성 평가)

(3) 위해평가 결과 및 예방조치·관리 방법

사. **중요관리점 결정**

(1) 확인된 주요 위해요소를 예방·제어(또는 허용수준 이하로 감소)할 수 있는 공정상의 단계·과정 또는 공정 결정

(2) 중요관리점 결정도 적용 결과

아. **중요관리점 한계기준 설정**

자. **중요관리점 모니터링 체계 확립**

차. **개선조치 방법 수립**

카. **검증 절차 및 방법 수립**

타. **문서화 및 기록유지 방법 설정**

④ 「축산물 위생관리법」에 따른 안전관리인증기준(HACCP) 적용업소는 제1항에 따른 안전관리인증기준(HACCP) 관리계획의 적절한 운영을 위하여 다음 각 호의 사항이 포함된 안전관리인증기준(HACCP) 관리기준서를 작성·비치하여야 한다. 다만, 축산물가공업소의 경우 식품제조·가공업소의 안전관리인증기준(HACCP) 관리기준서를 같이 활용할 수 있다.

1.~16. 생략

⑤ 제1항부터 제4항까지의 규정에도 불구하고 소규모 업소는 별도로 정하여진 「소규모 업소용 안전관리인증기준(HACCP) 표준관리기준서」를 활용하여 안전관리인증기준(HACCP) 관리 계획 및 기준서를 작성·비치할 수 있다.

⑥ 제3항에 따른 안전관리인증기준(HACCP) 관리기준서는 업소별 또는 적용대상 식품별로 작성하여야 하고, 제4항에 따른 안전관리인증기준(HACCP) 관리기준서는 작업장·업소·농장(축종)별로 작성하여야 하며, 이를 제정하거나 개정할 때에는 일자, 담당자 및 HACCP팀장 또는 영업자의 이름을 적고 서명하여야 한다.

제7조(축산물통합인증관리) ① 「축산물 위생관리법」에 따른 안전관리통합인증업체의 인증을 받으려는 자는 다음 각 호의 사항이 포함된 통합관리프로그램을 작성·비치하여야 한다.

1. 안전관리인증기준을 관리하기 위한 전담조직의 구성
2. 안전관리인증기준을 관리하기 위한 운영규정

가. 안전관리통합인증기준 내부 규정·지침

나. 교육 및 훈련계획

3. 위생관리프로그램

가. 예비심사 실시 및 기록

나. 가축의 사육, 축산물의 처리·가공·유통 및 판매 등 모든 단계에서 안전관리인증기준을 준수할 수 있도록 생산하는 축산물의 특성에 따른 단계별 구분관리기준 마련

다. 통합인증에 참여하는 작업장·업소·농장 안전관리인증기준(HACCP) 모니터링 및 검증

라. 통합인증에 참여하는 작업장·업소·농장의 부적합 발생시 관리기준

② 제1항에 따른 통합관리프로그램을 제정하거나 개정할 때에는 일자 및 HACCP팀장의 이름을 적고 서명하여야 한다.

제8조(기록관리) ①「식품위생법」 및「건강기능식품에 관한 법률」,「축산물 위생관리법」에 따른 안전관리인증기준(HACCP) 적용업소는 관계 법령에 특별히 규정된 것을 제외하고는 이 기준에 따라 관리되는 사항에 대한 기록을 **2년간** 보관하여야 한다.

② 제1항에 따른 기록을 할 때에 작성자는 작성일자, 시간 및 이름을 적고 서명하여야 한다.

③ 제1항에 따른 기록이 작성일자, 시간, 이름 및 서명 등의 동일함을 보증할 수 있을 때에는 전산으로 유지할 수 있다.

④ 안전관리인증기준(HACCP) 적용업소의 출입·검사업무 등을 수행하는 안전관리인증기준(HACCP) 지도관 또는 시·도 검사관(이하 "검사관"이라 한다), 식품(축산물)위생감시원은 제1항에 따른 기록을 열람할 수 있다.

제9조(안전관리인증기준팀 구성 및 팀장의 책무 등) ① 안전관리인증기준(HACCP) 적용업소의 영업자·농업인은 안전관리인증기준(HACCP) 관리를 효과적으로 수행할 수 있도록 안전관리인증기준(HACCP) 팀장과 팀원으로 구성된 안전관리인증기준(HACCP) 팀을 구성·운영하여야 한다.

② 안전관리인증기준(HACCP) 팀장은 종업원이 맡은 업무를 효과적으로 수행할 수 있도록 선행요건관리 및 안전관리인증기준(HACCP) 관리 등에 관한 교육·훈련 계획을 수립·실시하여야 한다.

③ 안전관리인증기준(HACCP) 팀장은 원·부재료 공급업소 등 협력업소의 위생관리 상태 등을 점검하고 그 결과를 기록·유지하여야 한다. 다만, 공급업소가 「식품위생법」 제48조 또는 「축산물 위생관리법」 제9조에 따른 안전관리인증기준(HACCP) 적용업소일 경우에는 이를 생략할 수 있다.

④ 안전관리인증기준(HACCP) 팀장은 원·부자재 공급원이나 제조·가공·조리·소분·유통 공정 변경 등 안전관리인증기준(HACCP) 관리계획의 재평가 필요성을 수시로 검토하여야 하며, 개정이력 및 개선조치 등 중요 사항에 대한 기록을 보관·유지하여야 한다.

⑤ 도축장의 관리책임자는 별표 3의 안전관리인증기준(HACCP) 적용 도축장의 미생물학적 검사요령에 따라 해당 도축장에 대하여 대장균(*Escherichia coli* Biotype I) 검사를 실시하고 그 결과에 따라 적절한 조치를 하여야 한다.

참고
- **식품위생법** 제48조 식품안전관리인증기준
- **축산물 위생관리법** 제9조 안전관리인증기준

제10조(안전관리인증기준 적용업소 인증신청 등) ① 「식품위생법」 제48조제3항에 따라 안전관리인증기준(HACCP) 적용업소로 인증받고자 하는 자와 같은 법 제48조의2제2항에 따라 인증유효기간의 연장을 신청하려는 자는 「식품위생법 시행규칙」 제63조제1항에 따라 동 규칙 별지 제52서식의 안전관리인증기준(HACCP) 적용업소 인증(연장)신청서(전자문서로 된 신청서를 포함한다)에 업소별 또는 적용대상 식품별 식품안전관리인증계획서를 첨부하여 한국식품안전관리인증원장에게 제출하여야 한다.

②~⑥ 생략

⑦ 제1항 또는 제2항, 제3항에 따라 안전관리인증기준(HACCP) 인증신청서를 제출하는 영업자·농업인은 작업장·업소·농장(축종)별로 신청하여야 한다.

⑧ 한국식품안전관리인증원장은 제1항 또는 제2항, 제3항에 따라 제출한 서류가 기준에 미흡한 경우 일정기간을 정하여(특별한 경우를 제외하고는 15일 이내에) 보완할 것을 요구할 수 있다.

참고
- **식품위생법** 제48조 식품안전관리인증기준
- **식품위생법** 제48조의2 인증 유효기간
- **식품위생법** 시행규칙 제63조 식품안전관리인증기준적용업소의 인증신청 등

제11조(안전관리인증기준 적용업소의 인증 등) ① 한국식품안전관리인증원장은 안전관리인증기준(HACCP) 적용업소의 인증 또는 연장 신청을 받은 때에는 신청인이 제출한 서류를 심사한 후 별표 4의 안전관리인증기준(HACCP) 실시상황평가표에 따라 현장조사를 실시하여 평가하며, 평가당시 신청인이 제출한 자료 등의 신뢰성이 의심되는 경우 수거 및 검사 등을 통해 확인하여 그 결과를 반영할 수 있다. 이 경우 「식품위생법」 제49조 제1항 또는 「축산물 위생관리법」 제31조의3제1항에 따라 이력추적관리를 등록한 자에 대하여는 선행요건 중 회수 프로그램 관리를 운영한 것으로 평가할 수 있다.

② 한국식품안전관리인증원장은 현장조사 결과 보완이 필요한 경우에는 3개월 이내에 보완하도록 요구할 수 있으며, 보완을 요구한 기한 내에 해당사항이 보완되지 아니한 경우에는 안전관리인증기준(HACCP) 적용업소의 인증 또는 연장 절차를 종결 처리할 수 있다.

③ 한국식품안전관리인증원장은 제1항에 따른 평가 결과 이 기준에 적합한 경우에는 해당 식품의 제조·가공·조리·소분·유통·판매업소 또는 해당 축산물의 가축사육 농장, 축산물의 처리·가공·포장·유통 및 판매시설이나 영업장·업소를 안전관리인증기준(HACCP) 적용업소로 인증하고, 「식품위생법 시행규칙」 별지 제53호서식 또는 「축산물 위생관리법 시행규칙」 별지 제1호의5 또는 별지 제1호의6서식의 인증서를 발급한다.

④ 한국식품안전관리인증원장은 별표 4의 안전관리인증기준(HACCP) 실시상황평가표에 따라 현장조사를 실시하고 평가하기 위하여 제19조 안전관리인증기준(HACCP) 지도관에 준하거나 관련교육을 이수한 관계공무원, 관련협회 등으로 안전관리인증기준(HACCP) 평가단을 구성·운영할 수 있다.

⑤ 영업자·농업인이 평가기준이 마련되지 않은 품목에 대해 안전관리인증기준(HACCP) 적용작업장 등으로 인증을 받고자 하는 경우에는 「축산물 위생관리법 시행규칙」 제7조의3제1항에 따른 인증 신청 전 한국식품안전관리인증원장과 협의하여야 하며, 이 경우 한국식품안전관리인증원장은 식품의약품안전처장과 사전협의를 거쳐 이 고시에 따른 유사기준을 적용하여 인증할 수 있다.

⑥ **한국식품안전관리인증원**은 천재지변 또는 감염병 발생 등으로 제1항에 따른 현장조사 수행이 불가능하거나 원격으로 평가목적 달성이 가능한 경우 정보통신기술 등을 활용하여 원격평가로 실시할 수 있다.

참고
- **식품위생법** 제49조 식품이력추적관리 등록기준 등
- **축산물 위생관리법** 제31조의3 축산물가공품이력추적관리의 등록 등

[별표 4]

안전관리인증기준(HACCP) 실시상황평가표(제11조, 제15조, 제16조 관련)

-업 종-

평 가 일 자	20 . . .
적용식품(축산물)	
전년도 매출	

평가업소

구분	업소명	소재지	대표자	연락처	
				전화번호	Fax/E-mail
본사					
적용사업장					

평가결과

평가결과			주요안전조항* 위반 여부	교육훈련 이수 여부
판정(적합/부적합)	선행요건관리기준	HACCP 관리기준		

* 식품위생법시행규칙[별표20], 축산물위생관리법시행규칙[별표14의2] 관련

검토사항

행정처분 이력	이물검출 이력	수거검사 부적합이력	위탁(수탁)생산 여부	학교납품 여부	기타

*전회 조사·평가 이후 행정처분, 이물검출, 수거검사 부적합이력 등 확인

확 인 자

직위 또는 직급	성 명	서 명
대표자		
HACCP 팀장(관리책임자)		

평 가 자

소 속	성 명	서 명

(계속)

경영자(대표자) 인터뷰

번호	질문	답변
1	HACCP가 무엇입니까?	
2	HACCP 도입시 장점과 단점은 무엇이라고 생각하십니까?	
3	HACCP 적용시 중요하다고 생각하는 점은 무엇입니까?	
4	건전한 원료의 확보와 관련하여 특별한 대책이나 계획은 무엇입니까?	
5	관리자 및 종사자의 교육·훈련과 관련하여 향후계획은 무엇입니까?	
6	HACCP 인증을 받게 될 경우 사후관리 방안은 무엇입니까?	

인터뷰 응답자

소 속	직위 또는 직급	성 명	서 명

1. 집단급식소, 식품접객업(위탁급식영업), 운반급식(개별 또는 벌크 포장)

1) 선행요건관리

(1) 인증평가 및 사후관리용

가. 현황표

<table>
<tr><td rowspan="6">신청인</td><td colspan="2">(1) 영업허가(신고)번호</td><td colspan="2"></td><td colspan="2">(2) 영업허가(신고) 연월일</td><td colspan="2"></td></tr>
<tr><td colspan="2">(3) 회사명</td><td colspan="2"></td><td colspan="2">(4) 전화번호</td><td colspan="2"></td></tr>
<tr><td rowspan="2">(5) 소재지</td><td>본사</td><td colspan="6"></td></tr>
<tr><td>공장(사업장)</td><td colspan="6">※집단급식소 중 위탁운영의 경우 그 이름과 소재지, 신고번호를 기재</td></tr>
<tr><td colspan="2">(6) 대표자 성명</td><td colspan="2"></td><td colspan="2">(7) 생년월일</td><td colspan="2"></td></tr>
<tr><td colspan="2">(8) HACCP적용식품(유형)</td><td colspan="2"></td><td colspan="2">(9) 지하수 사용(○/×)</td><td colspan="2"></td></tr>
<tr><td>HACCP 팀장
(관리책임자)</td><td colspan="2">(10) 직위</td><td colspan="2"></td><td colspan="2">(11) 성명</td><td colspan="2"></td></tr>
<tr><td rowspan="3">면적
(m^2)</td><td colspan="2">(12) 작업(조리장)</td><td colspan="2"></td><td colspan="2">(13) 보관소</td><td colspan="2"></td></tr>
<tr><td colspan="2">(14) 검사실</td><td colspan="2"></td><td colspan="2">(15) 기타</td><td colspan="2"></td></tr>
<tr><td colspan="2">(16) 합계</td><td colspan="6"></td></tr>
<tr><td>작업장(조리장)의 종류</td><td>(17)
원료처리실</td><td>(18)
제조가공실
(조리실)</td><td>(19)
충전실</td><td>(20)
포장실</td><td>(21)
검사실</td><td>(22)
보관소</td><td>(23)
일반·청결
구역 구분</td><td>(24)
기타</td></tr>
<tr><td>평가
(○/×)</td><td></td><td></td><td></td><td></td><td></td><td></td><td></td><td></td></tr>
<tr><td rowspan="2">작업인원
(명)</td><td colspan="2">(25) 제조(조리)관리부서</td><td colspan="2"></td><td colspan="2">(26) 검사관리부서</td><td colspan="2"></td></tr>
<tr><td colspan="2">(27) 기타 작업원</td><td colspan="2"></td><td colspan="2">(28) 합계</td><td colspan="2"></td></tr>
</table>

(계속)

나. 평가표

평 가 내 용(배점)	평가결과 (0~3점)	비 고
영업장 관리		
작업장		
1. 영업장은 독립된 건물이거나 해당 영업신고를 한 업종외의 용도로 사용되는 시설과 분리(벽·층 등에 의하여 별도의 방 또는 공간으로 구별되는 경우를 말한다. 이하 같다)되어야 한다. (0~2점)		
2. 작업장(출입문, 창문, 벽, 천장 등)은 누수, 외부의 오염물질이나 해충·설치류 등의 유입을 차단할 수 있도록 밀폐 가능한 구조이어야 한다. (0~3점)		
3. 작업장은 청결구역(식품의 특성에 따라 청결구역은 청결구역과 준청결구역으로 구별할 수 있다)과 일반구역으로 분리하고, 제품의 특성과 공정에 따라 분리, 구획 또는 구분할 수 있다. (0~3점)		
건물 바닥, 벽, 천장		
4. 원료처리실, 제조·가공·조리실 및 내포장실의 바닥, 벽, 천장, 출입문, 창문 등은 제조·가공·조리하는 식품의 특성에 따라 내수성 또는 내열성 등의 재질을 사용하거나 이러한 처리를 하여야 하고, 바닥은 파여 있거나 갈라진 틈이 없어야 하며, 작업 특성상 필요한 경우를 제외하고는 마른 상태를 유지하여야 한다. 이 경우 바닥, 벽, 천장 등에 타일 등과 같이 홈이 있는 재질을 사용한 때에는 홈에 먼지, 곰팡이, 이물 등이 끼지 아니하도록 청결하게 관리하여야 한다. (0~3점)		
배수 및 배관		
5. 작업장은 배수가 잘 되어야 하고 배수로에 퇴적물이 쌓이지 아니 하여야 하며, 배수구, 배수관 등은 역류가 되지 아니 하도록 관리하여야 한다. (0~3점)		
6. 배관과 배관의 연결부위는 인체에 무해한 재질이어야 하며, 응결수가 발생하지 아니하도록 단열재 등으로 보온 처리하거나 이에 상응하는 적절한 조치를 취하여야 한다. (0~1점)		
출입구		
7. 작업장 외부로 연결되는 출입문에는 먼지나 해충 등의 유입을 방지하기 위한 완충구역이나 방충이중문 등을 설치하여야 한다. (0~1점)		
8. 작업장의 출입구에는 구역별 복장 착용 방법을 게시하여야 하고, 개인위생관리를 위한 세척, 건조, 소독 설비 등을 구비하여야 하며, 작업자는 세척 또는 소독 등을 통해 오염 가능성 물질 등을 제거한 후 작업에 임하여야 한다. (0~2점)		
통로		
9. 작업장 내부에는 종업원의 이동경로를 표시하여야 하고 이동경로에는 물건을 적재하거나 다른 용도로 사용하지 아니 하여야 한다. (0~1점)		
창		
10. 창의 유리는 파손 시 유리 조각이 작업장내로 흩어지거나 원·부자재 등으로 혼입되지 아니 하도록 하여야 한다. (0~1점)		
채광 및 조명		
11. 선별 및 검사구역 작업장 등은 육안확인에 필요한 조도(540룩스 이상)를 유지하여야 한다. (0~1점)		
12. 채광 및 조명시설은 내부식성 재질을 사용하여야 하며, 식품이 노출되거나 내포장 작업을 하는 작업장에는 파손이나 이물 낙하 등에 의한 오염을 방지하기 위한 보호장치를 하여야 한다. (0~1점)		

(계속)

평 가 내 용(배점)	평가결과 (0~3점)	비 고
부대시설		
화장실		
13. 화장실, 탈의실 등은 내부 공기를 외부로 배출할 수 있는 별도의 환기시설을 갖추어야 하며, 화장실 등의 벽과 바닥, 천장, 문은 내수성, 내부식성의 재질을 사용하여야 한다. 또한, 화장실의 출입구에는 세척, 건조, 소독 설비 등을 구비하여야 한다. (0~1점)		
탈의실, 휴게실 등		
14. 탈의실은 외출복장(신발 포함)과 위생복장(신발 포함)간의 교차 오염이 발생하지 아니하도록 구분·보관하여야 한다. (0~1점)		
위생관리		
작업 환경 관리		
동선 계획 및 공정간 오염방지		
15. 식자재의 반입부터 배식 또는 출하에 이르는 전 과정에서의 교차오염 방지를 위하여 물류 및 출입자의 이동 동선을 설정하고 이를 준수하여야 한다. (0~2점)		
16. 청결구역과 일반구역별로 각각 출입, 복장, 세척·소독 기준 등을 포함하는 위생 수칙을 설정하여 관리하여야 한다. (0~3점)		
온도·습도 관리		
17. 작업장은 제조·가공·조리·보관 등 공정별로 온도관리를 하여야 하고, 이를 측정할 수 있는 온도계를 설치하여 야 한다. 필요한 경우, 제품의 안전성 및 적합성 확보를 위하여 습도관리를 하여야 한다. (0~1점)		
환기시설 관리		
18. 작업장내에서 발생하는 악취나 이취, 유해가스, 매연, 증기 등을 배출할 수 있는 환기시설, 후드 등을 설치하여야 한다. (0~1점)		
19. 외부로 개방된 흡·배기구, 후드 등에는 여과망이나 방충망 , 개폐시설 등을 부착하고 관리계획에 따라 청소 또는 세척하거나 교체하여야 한다. (0~1점)		
방충·방서 관리		
20. 작업장의 방충·방서관리를 위하여 해충이나 설치류 등의 유입이나 번식을 방지할 수 있도록 관리하여야 하고, 유입 여부를 정기적으로 확인하여야 한다. (0~1점)		
21. 작업장내에서 해충이나 설치류 등의 구제를 실시할 경우에는 정해진 위생 수칙에 따라 공정이나 식품의 안전성에 영향을 주지 아니 하는 범위 내에서 적절한 보호 조치를 취한 후 실시하며, 작업 종료 후 식품취급시설 또는 식품에 직·간접적으로 접촉한 부분은 세척 등을 통해 오염물질을 제거하여야 한다. (0~1점)		
개인 위생 관리		
22. 작업장내에서 작업중인 종업원 등은 위생복·위생모·위생화 등을 항시 착용하여야 하며, 개인용 장신구 등을 착용하여서는 아니 된다. (0~2점)		
작업위생관리		
교차오염의 방지		
23. 칼과 도마 등의 조리 기구나 용기, 앞치마, 고무장갑 등은 원료나 조리과정에서의 교차오염을 방지하기 위하여 식재료 특성 또는 구역별로 구분하여 사용하여야 한다. (0~3점)		
24. 식품 취급 등의 작업은 바닥으로부터 60㎝ 이상의 높이에서 실시하여 바닥으로부터의 오염을 방지하여야 한다. (0~1점)		

(계속)

평 가 내 용(배점)	평가결과 (0~3점)	비 고
전처리		
25. 해동은 냉장해동(10℃ 이하), 전자레인지 해동, 또는 흐르는 물에서 실시하여야 한다. (0~1점)		
26. 해동된 식품은 즉시 사용하고 즉시 사용하지 못할 경우 조리시까지 냉장 보관하여야 하며, 사용 후 남은 부분을 재동결하여서는 아니 된다. (0~1점)		
조리		
27. 가열 조리 후 냉각이 필요한 식품은 냉각 중 오염이 일어나지 아니 하도록 신속히 냉각하여야 하며, 냉각온도 및 시간기준을 설정·관리하여야 한다. (0~1점)		
28. 냉장 식품을 절단 소분 등의 처리를 할 때에는 식품의 온도가 가능한 한 15℃를 넘지 아니 하도록 한번에 소량씩 취급하고 처리 후 냉장고에 보관하는 등의 온도 관리를 하여야 한다. (0~1점)		
완제품 관리		
29. 조리된 음식은 배식 전까지의 보관온도 및 조리 후 섭취 완료시까지의 소요시간기준을 설정·관리하여야 하며, 유통제품의 경우에는 적정한 유통기한 및 보존 조건을 설정·관리하여야 한다. (0~1점) • 28℃ 이하의 경우 : 조리 후 2~3시간 이내 섭취 완료 • 보온(60℃ 이상) 유지시 : 조리 후 5시간 이내 섭취 완료 • 제품의 품온을 5℃ 이하 유지시 : 조리 후 24시간 이내 섭취 완료		
배식		
30. 냉장식품과 온장식품에 대한 배식 온도관리기준을 설정·관리하여야 한다. (0~2점) • 냉장보관 : 냉장식품 10℃ 이하(다만 신선편의식품, 훈제연어는 5℃이하 보관 등 보관온도 기준이 별도로 정해진 식품의 경우에는 그 기준을 따른다.) • 온장보관 : 온장식품 60℃ 이상		
31. 위생장갑 및 청결한 도구(집게, 국자 등)를 사용하여야 하며, 배식중인 음식과 조리 완료된 음식을 혼합하여 배식하여서는 아니 된다. (0~1점)		
검식		
32. 영양사는 조리된 식품에 대하여 배식하기 직전에 음식의 맛, 온도, 이물, 이취, 조리 상태 등을 확인하기 위한 검식을 실시하여야 한다. 다만, 영양사가 없는 경우 조리사가 검식을 대신할 수 있다. (0~1점)		
보존식		
33. 조리한 식품은 소독된 보존식 전용용기 또는 멸균 비닐봉지에 매회 1인분 분량을 −18℃ 이하에서 144시간이상 보관하여야 한다. (0~3점)		
폐기물 관리		
34. 폐기물·폐수처리시설은 작업장과 격리된 일정장소에 설치·운영하여야 하며, 폐기물 등의 처리용기는 밀폐 가능한 구조로 침출수 및 냄새가 누출되지 아니 하여야 하고, 관리계획에 따라 폐기물 등을 처리·반출하고, 그 관리기록을 유지하여야 한다. (0~1점)		
세척 또는 소독		
35. 영업장에는 기계·설비, 기구·용기 등을 충분히 세척하거나 소독할 수 있는 시설이나 장비를 갖추어야 한다. (0~1점)		
36. 세척·소독 시설에는 종업원에게 잘 보이는 곳에 올바른 손 세척 방법 등에 대한 지침이나 기준을 게시하여야 한다. (0~1점)		

(계속)

평 가 내 용(배점)	평가결과 (0~3점)	비 고
37. 영업자는 다음 각 호의 사항에 대한 세척 또는 소독 기준을 정하여야 한다. (0~2점) • 종업원 • 위생복, 위생모, 위생화 등 • 작업장 주변 • 작업실별 내부 • 칼, 도마 등 조리도구 • 냉장·냉동설비 • 용수저장시설 • 보관·운반시설 • 운송차량, 운반도구 및 용기 • 모니터링 및 검사 장비 • 환기시설(필터, 방충망 등 포함) • 폐기물 처리용기 • 세척, 소독도구 • 기타 필요사항		
38. 세척 또는 소독 기준은 다음의 사항을 포함하여야 한다. (0~2점) • 세척·소독 대상별 세척·소독 부위 • 세척·소독 방법 및 주기 • 세척·소독 책임자 • 세척·소독 기구의 올바른 사용 방법 • 세제 및 소독제(일반명칭 및 통용명칭)의 구체적인 사용 방법		
39. 세제·소독제, 세척 및 소독용 기구나 용기는 정해진 장소에 보관·관리되어야 한다. (0~1점)		
40. 세척 및 소독의 효과를 확인하고, 정해진 관리계획에 따라 세척 또는 소독을 실시하여야 한다. (0~3점)		
제조·가공·조리 시설·설비 관리		
41. 조리장에는 주방용 식기류를 소독하기 위한 자외선 또는 전기 살균소독기를 설치하거나 열탕세척 소독시설(식중독을 일으키는 병원성미생물 등이 살균될 수 있는 시설이어야 한다)을 갖추어야 한다. (0~2점)		
42. 식품과 직접 접촉하는 부분은 내수성 및 내부식성 재질로 세척이 쉽고 열탕·증기·살균제 등으로 소독·살균이 가능한 것이어야 한다. (0~1점)		
43. 모니터링 기구 등은 사용 전후에 지속적인 세척·소독을 실시하여 교차 오염이 발생하지 아니 하여야 한다. (0~1점)		
44. 식품취급시설·설비는 정기적으로 점검·정비를 하여야 하고 그 결과를 보관하여야 한다. (0~1점)		
냉장·냉동 시설·설비 관리		
45. 냉장·냉동·냉각실은 냉장 식재료 보관, 냉동 식재료의 해동, 가열 조리된 식품의 냉각과 냉장보관에 충분한 용량이 되어야 한다. (0~1점)		
46. 냉장시설은 내부의 온도를 10℃ 이하(다만 신선편의식품, 훈제연어는 5℃이하 보관 등 보관온도 기준이 별도로 정해진 식품의 경우에는 그 기준을 따른다.), 냉동시설은 −18℃로 유지하여야 하고, 외부에서 온도변화를 관찰할 수 있어야 하며, 온도 감응 장치의 센서는 온도가 가장 높게 측정되는 곳에 위치하도록 한다. (0~1점)		

(계속)

평 가 내 용(배점)	평가결과 (0~3점)	비 고
용수관리		
47. 식품 제조·가공·조리에 사용되거나, 식품에 접촉할 수 있는 시설·설비, 기구·용기, 종업원 등의 세척에 사용되는 용수는 수돗물이나 「먹는물 관리법」 제5조의 규정에 의한 먹는물 수질기준에 적합한 지하수 이어야 하며, 지하수를 사용하는 경우 취수원은 화장실, 폐기물·폐수처리시설, 동물사육장 등 기타 지하수가 오염될 우려가 없도록 관리하여야 하며, 필요한 경우 용수 살균 또는 소독장치를 갖추어야 한다. (0~3점)		
48. 가공·조리에 사용되거나, 식품에 접촉할 수 있는 시설·설비, 기구·용기, 종업원 등의 세척에 사용되는 용수는 다음 각호에 따른 검사를 실시하여야 한다. 가. 지하수를 사용하는 경우에는 먹는물 수질기준 전 항목에 대하여 연1회 이상(음료류 등 직접 마시는 용도의 경우는 반기 1회 이상)검사를 실시하여야 한다. 나. 먹는물 수질기준에 정해진 미생물학적 항목에 대한 검사를 월1회 이상 실시하여야 하며, 미생물학적 항목에 대한 검사는 간이검사키트를 이용하여 자체적으로 실시할 수 있다. (0~3점)		
49. 저수조, 배관 등은 인체에 유해하지 아니한 재질을 사용하여야 하며, 외부로부터의 오염물질 유입을 방지하는 잠금장치를 설치하여야 하고, 누수 및 오염여부를 정기적으로 점검하여야 한다. (0~1점)		
50. 저수조는 반기별 1회 이상 청소와 소독을 자체적으로 실시하거나, 저수조청소업자에게 대행하여 실시하여야 하며 그 결과를 기록·유지하여야 한다. (0~1점)		
51. 비음용수 배관은 음용수 배관과 구별되도록 표시하고, 교차되거나 합류되지 아니 하여야 한다. (0~1점)		
보관·운송관리		
구입 및 입고		
52. 검사성적서로 확인하거나 자체적으로 정한 입고기준 및 규격에 적합한 원·부자재만을 구입하여야 한다. (0~2점)		
53. 부적합한 원·부자재는 적절한 절차를 정하여 반품 또는 폐기처분 하여야 한다. (0~1점)		
54. 입고검사를 위한 검수공간을 확보하고 검수대에는 온도계 등 필요한 장비를 갖추고 청결을 유지하여야 한다. (0~1점)		
55. 원·부자재 검수는 납품시 즉시 실시하여야 하며, 부득이 검수가 늦어질 경우에는 원·부자재별로 정해진 냉장·냉동 온도에서 보관하여야 한다. (0~1점)		
운송		
56. 운송차량(지게차 등 포함)으로 인하여 제품이 오염되어서는 아니 된다. (0~1점)		
57. 운송차량은 냉장의 경우 10℃이하, 냉동의 경우 -18℃이하를 유지할 수 있어야 하며, 외부에서 온도변화를 확인할 수 있도록 임의조작이 방지된 온도 기록 장치를 부착하여야 한다. (0~1점)		
58. 운반중인 식품은 비식품 등과 구분하여 취급하여 교차오염을 방지하여야 한다. (0~1점)		
59. 운송차량, 운반도구 및 용기는 관리계획에 따라 세척·소독을 실시하여야 한다. (0~1점)		
보관		
60. 원료 및 완제품은 선입선출 원칙에 따라 입고·출고상황을 관리·기록하여야 한다. (0~1점)		
61. 원·부자재 및 완제품은 구분 관리하고 바닥이나 벽에 밀착되지 아니 하도록 적재·관리하여야 한다. (0~1점)		

(계속)

평 가 내 용(배점)	평가결과 (0~3점)	비 고
62. 원·부자재에는 덮개나 포장을 사용하고 날 음식과 가열조리 음식을 구분 보관하는 등 교차오염이 발생하지 아니 하도록 하여야 한다. (0~1점)		
63. 검수기준에 부적합한 원·부자재나 보관 중 유통기한이 경과한 제품, 포장이 손상된 제품 등은 별도의 지정된 장소에 명확하게 식별되는 표식을 하여 보관하고 반송, 폐기 등의 조치를 취한 후 그 결과를 기록·유지하여야 한다. (0~1점)		
64. 유독성 물질, 인화성 물질 비식용 화학물질은 식품취급 구역으로부터 격리된 환기가 잘되는 지정된 장소에서 구분하여 보관·취급 되어야 한다. (0~1점)		
검사관리		
제품검사		
65. 제품검사는 자체 실험실에서 검사계획에 따라 실시하거나 검사기관과의 협약에 의하여 실시하여야 한다. (0~1점)		
66. 검사결과에는 다음 내용이 구체적으로 기록되어야 한다. (0~1점) • 검체명 • 제조년월일 또는 유통기한(품질유지기한) • 검사 년월일 • 검사항목, 검사기준 및 검사결과 • 판정결과 및 판정년월일 • 검사자 및 판정자의 서명날인 • 기타 필요한 사항		
시설·설비·기구 등 검사		
67. 냉장·냉동 및 가열처리 시설 등의 온도측정 장치는 연 1회 이상, 검사용 장비 및 기구는 정기적으로 교정하여야 한다. 이 경우 자체적으로 교정검사를 하는 때에는 그 결과를 기록·유지하여야 하고, 외부 공인 국가교정기관에 의뢰하여 교정하는 경우에는 그 결과를 보관하여야 한다. (0~1점)		
68. 작업장의 청정도 유지를 위하여 공중낙하 세균 등을 관리계획에 따라 측정·관리하여야 한다. 다만, 식품이 노출되지 아니 하거나, 식품을 포장된 상태로 취급하는 작업장은 그러하지 아니할 수 있다. (0~1점)		
회수 프로그램 관리(시중에 유통·판매 되는 포장제품에 한함)		
69. 영업자는 당해제품의 유통 경로, 소비 대상과 판매처의 범위를 파악하여 제품 회수에 필요한 업소명과 연락처 등을 기록·보관하여야 한다. (0~1점)		
70. 부적합품이나 반품된 제품의 회수를 위한 구체적인 회수절차나 방법을 기술한 회수프로그램을 수립·운영하여야 한다. (0~1점)		
71. 부적합품의 원인규명이나 확인을 위한 제품별 생산장소, 일시, 제조라인 등 해당시설내의 필요한 정보를 기록·보관하고 제품추적을 위한 코드표시 또는 로트관리 등의 적절한 확인 방법을 강구하여야 한다. (0~1점)		

(계속)

평 가 내 용(배점)			평가결과 (0~3점)	비 고
종합 평가	점수 합계 점(%)	**판정기준** • 인증평가 : 각 항목에 대한 취득점수의 합계가 85점 이상일 경우에는 적합, 70점 이상에서 85점 미만은 보완, 70점 미만이면 부적합으로 판정한다. 다만, 평가 제외 항목이 있을 경우 평가제외 항목을 제외한 총 점수 대비 취득점수를 백분율로 환산하여 85%(소수첫째자리 반올림 처리) 이상일 경우에는 적합, 70%에서 85% 미만은 보완, 70% 미만이면 부적합으로 판정한다. 다만, 평가항목 47, 52번은 필수항목으로 인증평가 시 미흡한 경우 부적합으로 판정한다. • 정기 조사·평가 : 각 항목에 대한 취득점수의 합계가 85점 이상일 경우에는 적합, 85점 미만이면 부적합으로 판정한다. 다만, 평가 제외 항목이 있을 경우 평가제외 항목을 제외한 총 점수 대비 취득점수를 백분율로 환산하여 85%(소수첫째자리 반올림 처리) 이상일 경우에는 적합, 85% 미만이면 부적합으로 판정한다. **감점기준** • 정기 조사·평가 : 전년도 정기 조사·평가의 개선조치를 이행하지 않은 경우 해당 항목에 대한 감점 점수의 2배를 감점한다.		

2. HACCP 관리

2-1. 인증평가용[식품(식품첨가물 포함)제조·가공업, 건강기능식품제조업, 집단급식소, 집단급식소 식품판매업, 식품접객업(위탁급식영업), 운반급식(개별 또는 벌크 포장), 축산물가공업, 식용란선별포장업]

평 가 항 목	평 가 내 용(배점)	평가 결과 (0~10점)	비고
1. HACCP팀	1. HACCP팀을 구성하고 팀원별 책임과 권한 및 인수인계 방법을 부여하고 있는가?(0~5) 2. 팀구성원이 HACCP의 개념과 원칙, 절차 등과 각자의 역할에 대하여 충분히 이해하고 있는가?(0~5) 3. 팀장은 HACCP팀에 주도적으로 참여하고 있으며, 각 팀원은 적극적으로 참여하여 활동하고 있는가?(0~5)		
	소 계(0~15)		
2. 제품설명서 및 공정흐름도	1. 제품설명서가 구체적으로 기술되어있는가?(0~5) 2. 공정흐름도를 작성하고 있는가?(0~5) 3. 공정흐름도가 현장과 일치하는가?(0~5)		
	소 계(0~15)		
3. 위해요소분석	1. 발생가능한 위해요소를 충분히 도출하고, 발생원인을 구체적으로 기술하고 있는가?(0~10) 2. 도출된 위해요소에 대한 위해평가기준(심각성, 발생가능성 등) 및 평가결과의 활용원칙이 제시되어 있는가?(0~10) 3. 개별 위해요소에 대한 위해평가가 적절하게 이루어졌는가?(0~5) 4. 도출된 위해요소를 관리하기 위한 현실성 있는 예방조치 및 관리방법을 도출하였는가?(0~10) 5. 위해요소분석을 위한 과학적인 근거자료를 제시하고 있는가?(0~5) 6. 위해요소분석에 대한 개념과 절차를 잘 이해하고 있는가?(0~5)		
	소 계(0~45)		

(계속)

평가항목	평 가 내 용(배점)	평가 결과 (0~10점)	비고
4. 중요관리점의 결정 및 한계기준의 설정	1. CCP결정도(Decision Tree)에 따라 CCP가 적절하게 결정되었는가?(0~10) 2. 팀원은 제시된 CCP결정도의 개념을 잘 숙지하고 있는가?(0~5) 3. 한계기준의 관리항목과 기준이 구체적으로 설정되어 있으며, 설정된 한계기준은 도출된 위해요소를 관리하기에 충분한가?(0~10) 4. CCP 모니터링 담당자가 설정된 한계기준을 숙지하고 있는가?(0~10) 5. 한계기준 설정을 위해 활용한 유효성 평가자료는 현장의 특성을 반영하고 있는가?(0~10)		
	소 계(0~45)		
5. CCP의 모니터링 및 개선조치	1. 모니터링 방법은 한계기준을 충분히 관리할 수 있도록 설정되어 있는가?(0~10) 2. 모니터링 담당자는 모니터링 절차에 따라 지정위치에서 모니터링하고 있는가? (0~10) 3. 모니터링 담당자는 훈련을 통하여 자신의 역할을 잘 숙지하고 있는가?(0~5) 4. 모니터링에 사용되는 장비는 적절히 교정하여 관리하고 있는가?(0~5) 5. 개선조치 절차 및 방법은 수립되어 있으며 책임과 권한에 따라 자신의 역할을 잘 숙지하고 있는가?(0~5) 6. 개선조치를 신속하고 구체적으로 실시하고 있으며 그 결과를 적절히 기록유지하고 있는가?(0~10)		
	소 계(0~45)		
6. HACCP 시스템 검증	1. 검증업무 절차 및 검증계획이 적절히 수립되어 있는가?(0~10) 2. 검증계획에 따라 HACCP 관리계획수립 후 최초 검증을 적절히 실시하였는가?(0~5) 3. 검증결과, 부적합 사항에 대한 개선조치 등 사후관리가 수행되었는가?(0~5)		
	소 계(0~20)		
7. 교육·훈련	1. HACCP 시스템의 효율적 운영을 위한 교육·훈련절차 및 계획이 확립되어 있는가?(0~10) 2. 교육·훈련은 교육·훈련계획 및 절차에 따라 실시되고 그 기록이 유지되고 있는가?(0~5)		
	소 계(0~15)		
종 합 평 가(0~200)			

※판정기준

① 평가항목의 배점에 대한 점수는 아래 평가점수표에 따라 부여한다.

〈평가점수표〉

구분	배점	
	0~5	0~10
평가점수	0	0
	1	2
	2	4
	3	6
	4	8
	5	10

(계속)

② 총점수 200점 중 170점 이상을 적합, 140점 이상 170점 미만은 보완, 140점미만이면 부적합으로 판정한다. 다만, 평가항목 4-1, 4-3, 5-2, 5-6번은 필수항목으로 인증평가 시 미흡한 경우 부적합으로 판정한다.

〈가점기준〉
인증평가 : 자동 기록관리 시스템 적용업소로 등록된 업소(모든 중요관리점(CCP)에 자동 기록관리 시스템을 적용한 업소에 한함)에 대해서는 총점에서 6점을 가산한다.

2-2. 사후관리용(식품(식품첨가물 포함)제조·가공업, 건강기능식품제조업, 집단급식소, 집단급식소식품판매업, 식품접객업(위탁급식영업), 운반급식(개별 또는 벌크 포장), 축산물가공업, 식용란선별포장업)

평 가 항 목	평 가 내 용(배점)	평가 결과 (0~10점)	비고
1. HACCP팀	1. 팀구성원이 HACCP의 개념과 원칙, 절차 등과 각자의 역할에 대하여 충분히 이해하고 있는가?(0~5) 2. 팀장은 HACCP팀에 주도적으로 참여하고 있으며, 각 팀원은 적극적으로 참여하여 활동하고 있는가?(0~5) 3. 팀구성원 교체 또는 변동시 인수인계가 철저히 이루어지고 있는가?(0~5)		
	소 계(0~15)		
2. 제품설명서 및 제조공정 설비도면	1. 제품설명서 및 공정흐름도를 기준서에 반영하고 있는가?(0~10) 2. 공정흐름도 및 제조공정 설비 도면이 현장과 일치하는가?(0~5)		
	소 계(0~15)		
3. 위해요소분석	1. 위해요소분석과 관련된 새로운 정보의 지속적인 수집 및 보완이 이루어지고 있는가?(0~5) 2. '발생가능한 위해요소에 변경사항이 있는 경우 잠재적인 위해요소를 충분히 도출하여 위해요소분석을 실시하고 있는가?(0~5) 3. 위해요소분석을 위한 과학적인 근거자료를 제시하고 있는가?(0~5) 4. 위해요소분석에 대한 개념과 절차를 잘 이해하고 있는가?(0~5)		
	소 계(0~20)		
4. 중요관리점의 결정 및 한계기준	1. CCP결정도(Decision Tree)에 따라 CCP가 적절하게 결정되었는가?(0~5) 2. 한계기준이 도출된 위해요소를 관리하기에 충분한가?(0~10) 3. 한계기준 설정을 위해 활용한 유효성 평가 자료는 현장 특성의 반영하고 있는가?(0~5)		
	소 계(0~20)		
5. CCP의 모니터링 및 개선조치	1. 모니터링 방법은 한계기준을 충분히 관리할 수 있도록 설정되어 있는가?(0~10) 2. 모니터링 담당자는 절차에 따라 지정위치에서 모니터링 하여 기록·유지하고 있는가?(0~10) 3. 모니터링 담당자는 훈련을 통하여 자신의 역할을 잘 숙지하고 있는가?(0~5)		

(계속)

평가항목	평 가 내 용(배점)	평가 결과(0~10점)	비고
5. CCP의 모니터링 및 개선조치	4. 모니터링에 사용되는 장비는 적절히 교정하여 관리하고 있는가?(0~10) 5. 개선조치 절차 및 방법은 수립되어 있으며 책임과 권한에 따라 자신의 역할을 잘 숙지하고 있는가?(0~5) 6. 개선조치를 실시하고 있으며 그 결과를 적절히 기록유지하고 있는가?(0~10)		
	소 계(0~50)		
6. HACCP 시스템 검증	1. 검증대상에 따른 검증계획, 방법, 주기는 적절하게 확립되어 있는가?(0~10) 2. 검증요원은 검증절차, 방법 및 역할을 잘 숙지하고 있는가?(0~10) 3. 검증계획 및 절차에 따라 검증을 실시하고 있는가?(0~10) 4. 검증결과, 부적합 사항에 대한 개선조치 등 사후관리가 수행되고 있는가?(0~10) 5. 검증결과를 주기적으로 검토, 분석하여 HACCP시스템 운영에 반영하고 있는가?(0~10)		
	소 계(0~50)		
7. 교육·훈련	1. HACCP 시스템의 효율적 운영을 위한 교육·훈련절차 및 계획이 확립되어 있는가?(0~10) 2. 교육·훈련은 교육·훈련계획 및 절차에 따라 실시되고 그 기록이 유지되고 있는가?(0~10) 3. HACCP팀원은 교육·훈련결과를 주기적으로 검토, 분석하여 HACCP 시스템 운영에 반영하고 있는가?(0~10)		
	소 계(0~30)		
종 합 평 가(0~200)			

※판정기준

① 평가항목의 배점에 대한 점수는 아래 평가점수표에 따라 부여한다.

〈평가점수표〉

구분	배점	
	0~5	0~10
평가점수	0	0
	1	2
	2	4
	3	6
	4	8
	5	10

② 총점수 200점 중 170점 이상이면 적합, 170점 미만이면 부적합으로 판정한다.

감점기준

• 정기 조사·평가 : 전년도 정기 조사·평가의 개선조치를 이행하지 않은 경우 해당 항목에 대한 감점 점수의 2배를 감점한다.

(계속)

3. 소규모 업소 등

3. 인증평가 및 사후관리용[식품(식품첨가물)제조·가공업, 건강기능식품제조업, 집단급식소식품판매업, 즉석판매제조가공업, 식품소분업, 식품접객업소(일반음식점·휴게음식점·제과점), 축산물가공업, 식용란선별포장업, 식육포장처리업, 축산물판매업(식육판매업, 식육부산물전문판매업, 축산물유통전문판매업, 식용란수집판매업), 식육즉석판매가공업]

가. 현황표

- 식품(식품첨가물)제조·가공업, 건강기능식품제조업, 집단급식소식품판매업, 즉석판매제조가공업, 식품소분업, 식품접객업소(일반음식점·휴게음식점·제과점), 축산물가공업, 식용란선별포장업

<table>
<tr><td rowspan="6">신청인</td><td colspan="2">(1) 영업허가(신고)번호</td><td colspan="2"></td><td colspan="2">(2) 영업허가(신고) 연월일</td><td colspan="2"></td></tr>
<tr><td colspan="2">(3) 회사명</td><td colspan="2"></td><td colspan="2">(4) 전화번호</td><td colspan="2"></td></tr>
<tr><td rowspan="2">(5) 소재지</td><td>본사</td><td colspan="6"></td></tr>
<tr><td>공장
(사업장)</td><td colspan="6">※집단급식소 중 위탁운영의 경우 그 이름과 소재지, 신고번호를 기재</td></tr>
<tr><td colspan="2">(6) 대표자 성명</td><td colspan="2"></td><td colspan="2">(7) 생년월일</td><td colspan="2"></td></tr>
<tr><td colspan="2">(8) HACCP 적용 식품·축산물(유형)</td><td colspan="2"></td><td colspan="2">(9) 지하수 사용(○/×)</td><td colspan="2"></td></tr>
<tr><td>HACCP 팀장
(관리책임자)</td><td colspan="2">(10) 직위</td><td colspan="2"></td><td colspan="2">(11) 성명</td><td colspan="2"></td></tr>
<tr><td rowspan="3">면적
(m^2)</td><td colspan="2">(12) 작업(조리장)</td><td colspan="2"></td><td colspan="2">(13) 보관소</td><td colspan="2"></td></tr>
<tr><td colspan="2">(14) 검사실</td><td colspan="2"></td><td colspan="2">(15) 기타</td><td colspan="2"></td></tr>
<tr><td colspan="2">(16) 합계</td><td colspan="6"></td></tr>
<tr><td>작업장(조리장)의 종류</td><td>(17)
원료처리실</td><td>(18)
제조가공실
(조리실)</td><td>(19)
충전실</td><td>(20)
포장실</td><td>(21)
검사실</td><td>(22)
보관소</td><td>(23)
일반·청결
구역 구분</td><td>(24)
기타</td></tr>
<tr><td>평가
(○/×)</td><td></td><td></td><td></td><td></td><td></td><td></td><td></td><td></td></tr>
<tr><td rowspan="2">작업인원
(명)</td><td colspan="2">(25) 제조(조리)관리부서</td><td colspan="2"></td><td colspan="2">(26) 검사관리부서</td><td colspan="2"></td></tr>
<tr><td colspan="2">(27) 기타 작업원</td><td colspan="2"></td><td colspan="2">(28) 합계</td><td colspan="2"></td></tr>
</table>

(계속)

나. 평가표(선행요건관리)

평가내용	평가 결과 (0~3점)	비 고
1. 작업장은 외부의 오염물질이나, 해충·설치류 등의 유입을 차단할 수 있도록 밀폐 또는 위생적으로 관리하여야 한다. (0~3점)		
2. 작업장은 청결구역(식품의 특성에 따라 청결구역은 청결구역과 준청결구역으로 구별할 수 있다)과 일반구역으로 분리, 구획 또는 구분하여야 한다. 이 경우 화장실 등 부대시설은 작업장에 영향을 주지 않도록 분리되어야 한다. (0~3점)		
3. 종업원은 작업장 출입시 이물제거 도구 등을 이용하여 이물을 제거하여야 하고, 개인장신구 등 휴대품을 소지하여서는 아니된다. (0~3점)		
4. 종업원은 작업장 출입시 손·위생화 등을 세척·소독하여야 하며, 청결한 위생복장을 착용하고 입실하여야 한다. (0~3점)		
5. 포충등, 쥐덫, 바퀴벌레 포획도구 등에 포획된 개체수를 정해진 주기에 따라 확인하여야 한다. (0~3점)		
6. 작업장 내부는 정해진 주기에 따라 청소를 하여야 한다. (0~3점)		
7. 배수로, 제조설비의 식품(축산물을 포함한다. 이하 같다)과 직접 닿는 부분, 식품과 직접 접촉되는 작업도구 등은 정해진 주기에 따라 청소·소독을 실시하여야 한다. (0~3점)		
8. 식품안전과 관련된 소비자 불만, 이물 혼입 등 발생시 개선조치를 실시하고, 그 결과를 기록·유지하는 등 식품위생법에서 정하는 준수사항을 지켜야 한다. (0~3점)		
9. 식품과 직접 접촉되는 모니터링 도구(온도계 등)는 사용 전·후 세척·소독을 실시하여야 한다. (0~2점)		
10. 파손되거나 정상적으로 작동하지 아니하는 제조설비를 사용하여서는 아니되며 「식품위생법」 및 「축산물 위생관리법」에서 정한 시설기준에 적합하게 관리하여야 한다. 이 경우 제조가공에 사용하는 압축공기, 윤활제 등은 제품에 직접 영향을 주거나 영향을 줄 우려가 있는 경우 관리대책을 마련하여 청결하게 관리하여 위해요인에 의한 오염이 발생하지 아니하여야 한다. (0~3점)		
11. 가열기 및 냉장·냉동창고의 온도계는 정해진 주기에 따라 검·교정을 실시하여야 한다. (0~3점)		
12. 냉장·냉동 창고의 온도를 적절히 관리하여야 한다. (0~3점)		
13. 식품의 제조·가공·조리·선별·처리에 사용되거나, 식품에 접촉할 수 있는 시설·설비, 기구·용기, 종업원 등의 세척에 사용되는 용수는 수돗물이나 「먹는물관리법」제5조의 규정에 의한 먹는물 수질기준에 적합한 지하수이어야 하며, 필요한 경우 살균 또는 소독장치를 갖추어야 한다. 또한, 저수조를 설치하여 사용하는 경우 정해진 주기에 따라 청소·소독을 하여야 한다. (0~3점)		
14. 원·부재료 입고 시 시험성적서를 수령하거나, 육안검사를 실시하여야 한다. (0~3점)		
15. 원·부자재, 반제품 및 완제품 등은 지정된 장소에 바닥이나 벽에 밀착되지 않도록 적재·보관하고, 교차오염 예방 및 청결하게 관리하여야 한다. (0~3점)		
16. 운반 중인 식품·축산물은 비식품·축산물 등과 구분하여 교차오염을 방지하여야 하며, 냉장의 경우 10℃ 이하(단, 가금육 −2~5℃ 운반과 같이 별도로 정해진 경우에는 그 기준을 따른다), 냉동의 경우 −18℃ 이하로 유지·관리하여야 한다. (0~3점)		
17. 완제품에 대한 검사를 정해진 주기에 따라 실시하여야 하며, 기준 및 규격에 적합한 제품을 제조·판매하고 부적합 제품에 대한 회수관리를 하여야 한다. (0~3점)		

(계속)

<table>
<tr><td rowspan="2">종합
평가</td><td>점수합계</td><td rowspan="2">판정기준
• 인증평가 : 각 항목에 대한 취득점수의 합계가 43점 이상일 경우에는 적합, 35점 이상에서 43점 미만은 보완, 35점 미만이면 부적합으로 판정한다. 다만, 평가 제외 항목이 있을 경우 평가제외 항목을 제외한 총 점수 대비 취득점수를 백분율로 환산하여 85%(소수첫째자리 반올림 처리)이상일 경우에는 적합, 70%에서 85%미만은 보완, 70%미만이면 부적합으로 판정한다. 다만, 평가항목 13, 14번은 필수항목으로 인증평가 시 미흡한 경우 부적합으로 판정한다.
• 정기 조사·평가 : 각 항목에 대한 취득점수의 합계가 43점 이상일 경우에는 적합, 43점 미만이면 부적합으로 판정한다. 다만, 평가 제외 항목이 있을 경우 평가제외 항목을 제외한 총 점수 대비 취득점수를 백분율로 환산하여 85%(소수첫째자리 반올림 처리)이상일 경우에는 적합, 85% 미만이면 부적합으로 판정한다.
감점기준
• 정기 조사·평가 : 전년도 정기 조사·평가의 개선조치를 이행하지 않은 경우 해당 항목에 대한 감점 점수의 2배를 감점한다. 또한, 「식품위생법」에 따른 식품제조·가공업 및 「축산물 위생관리법」에 따른 축산물가공업, 식육포장처리업에 대해 전년도 행정처분 이력이 확인되는 경우 위반내용과 동일한 평가항목에 대해서는 감점한다.</td></tr>
<tr><td>점(%)</td></tr>
</table>

다. 평가표(HACCP 관리)

평가내용(배점)	평가 결과 (0~10점)	비 고
1. 중요관리점(CCP) 결정도(Decision tree)에 따라 CCP가 적절하게 결정되었는가? (0~5점)		
2. 중요관리점(CCP)에 대한 한계기준을 수립하여 관리하여야 하며, 변경 등 발생 시 기준을 적절하게 설정 및 관리하고 있는가? (0~5점)		
3. 한계기준 설정을 위해 활용한 유효성 평가자료는 현장 특성을 반영하고 있는가? (0~5점)		
4. 모니터링 담당자는 절차에 따라 지정위치에서 모니터링하여 기록·유지하고 있는가? (0~10점)		
5. 모니터링 기구·장비 등은 매년 유지·보수하거나 검·교정을 실시하고 있는가? (0~5점)		
6. 한계기준 이탈시 개선조치를 실시하고, 그 결과를 기록·유지하고 있는가? (0~10점)		
7. 중요관리점(CCP)에 대한 관리상황을 정해진 주기에 따라 검증하고, 그 결과를 기록·유지하고 있는가? (0~5점)		
8. 종업원을 대상으로 정해진 주기에 따라 위생 및 HACCP관리 교육을 실시하고 있는가? (0~5점)		
종합평가(0~50)		

(계속)

<table>
<tr>
<td>종합
평가</td>
<td>점수
합계</td>
<td>
※판정기준
① 평가항목의 배점에 대한 점수는 아래 평가점수표에 따라 부여한다.

〈평가점수표〉
<table>
<tr><th rowspan="2">구분</th><th colspan="2">배점</th></tr>
<tr><th>0~5</th><th>0~10</th></tr>
<tr><td rowspan="6">평가점수</td><td>0</td><td>0</td></tr>
<tr><td>1</td><td>2</td></tr>
<tr><td>2</td><td>4</td></tr>
<tr><td>3</td><td>6</td></tr>
<tr><td>4</td><td>8</td></tr>
<tr><td>5</td><td>10</td></tr>
</table>

② 인증평가 : 총점수 50점 중 43점 이상을 적합, 35점 이상 43점 미만은 보완, 35점미만이면 부적합으로 판정한다. 다만, 평가항목 1, 2, 4, 6번은 필수항목으로 인증평가 시 미흡한 경우 부적합으로 판정한다.
③ 조사평가 : 총점수 50점 중 43점 이상이면 적합, 43점미만이면 부적합으로 판정한다.

감점기준
• 정기 조사·평가 : 전년도 정기 조사·평가의 개선조치를 이행하지 않은 경우 해당 항목에 대한 감점 점수의 2배를 감점한다. 또한, 「식품위생법」에 따른 식품제조·가공업 및 「축산물 위생관리법」에 따른 축산물가공업, 식육포장처리업에 대해 전년도 행정처분 이력이 확인되는 경우 위반내용과 동일한 평가항목에 대해서는 감점한다.

가점기준
• 인증평가 : 자동 기록관리 시스템 적용업소로 등록된 업소(모든 중요관리점(CCP)에 자동 기록관리 시스템을 적용한 업소에 한함)에 대해서는 총점에서 3점을 가산한다.
</td>
</tr>
</table>

4. 공유주방 이용업소

4. 인증평가 및 사후관리용

가. 현황표

<table>
<tr><td rowspan="6">신청인</td><td colspan="2">(1) 영업허가(신고)번호</td><td></td><td>(2) 영업허가(신고) 연월일</td><td></td></tr>
<tr><td colspan="2">(3) 회사명</td><td></td><td>(4) 전화번호</td><td></td></tr>
<tr><td rowspan="2">(5) 소재지</td><td>본사</td><td colspan="3"></td></tr>
<tr><td>공장
(사업장)</td><td colspan="3"></td></tr>
<tr><td colspan="2">(6) 대표자 성명</td><td></td><td>(7) 생년월일</td><td></td></tr>
<tr><td colspan="2">(8) HACCP 적용 식품·축산물(유형)</td><td></td><td>(9) 지하수 사용(○/×)</td><td></td></tr>
<tr><td>HACCP 팀장
(관리책임자)</td><td colspan="2">(10) 직위</td><td></td><td>(11) 성명</td><td></td></tr>
</table>

(계속)

<table>
<tr><td rowspan="3">면적
(m^2)</td><td colspan="2">(12) 작업(조리장)</td><td colspan="2"></td><td colspan="2">(13) 보관소</td><td colspan="2"></td></tr>
<tr><td colspan="2">(14) 검사실</td><td colspan="2"></td><td colspan="2">(15) 기타</td><td colspan="2"></td></tr>
<tr><td colspan="2">(16) 합계</td><td colspan="2"></td><td colspan="2"></td><td colspan="2"></td></tr>
<tr><td>작업장(조리장)의 종류</td><td>(17)
원료처리실</td><td>(18)
제조가공실
(조리실)</td><td>(19)
충전실</td><td>(20)
포장실</td><td>(21)
검사실</td><td>(22)
보관소</td><td>(23)
일반·청결
구역 구분</td><td>(24)
기타</td></tr>
<tr><td>평가
(○/×)</td><td></td><td></td><td></td><td></td><td></td><td></td><td></td><td></td></tr>
<tr><td rowspan="2">작업인원
(명)</td><td colspan="2">(25) 제조(조리)관리부서</td><td colspan="2"></td><td colspan="2">(26) 검사관리부서</td><td colspan="2"></td></tr>
<tr><td colspan="2">(27) 기타 작업원</td><td colspan="2"></td><td colspan="2">(28) 합계</td><td colspan="2"></td></tr>
</table>

나. 평가표(선행요건관리)

평가내용	평가 결과 (0~3점)	비 고
1. 작업장은 외부의 오염물질이나, 해충·설치류 등의 유입을 차단할 수 있도록 밀폐 또는 위생적으로 관리하여야 한다. (0~3점)		
2. 작업장은 청결구역(식품의 특성에 따라 청결구역은 청결구역과 준청결구역으로 구별할 수 있다)과 일반구역으로 분리, 구획 또는 구분하여야 한다. 이 경우 화장실 등 부대시설은 작업장에 영향을 주지 않도록 분리되어야 한다. (0~3점)		
3. 작업장 및 식품과 접촉하는 설비·도구 등은 사용 전·후 위생 상태 확인 등 교차오염 발생이 최소화되도록 관리하여야 한다. (0~4점)		
4. 종업원은 작업장 출입 시 이물 제거 도구 등을 이용하여 이물을 제거하여야 하고 개인 장신구 등 휴대품을 소지하여서는 아니 된다. (0~3점)		
5. 종업원은 작업장 출입 시 손·위생화 등을 세척·소독하여야 하며, 청결한 위생 복장을 착용하는 등 개인위생 관리를 철저히 하여야 한다. (0~3점)		
6. 포충등, 쥐덫, 바퀴벌레 포획도구 등에 포획된 개체수를 정해진 주기에 따라 확인하여야 한다. (0~3점)		
7. 작업장 내부는 정해진 주기에 따라 청소하여야 한다. (0~3점)		
8. 배수로, 제조설비의 식품(축산물을 포함한다. 이하 같다)과 직접 닿는 부분, 식품과 직접 접촉되는 작업 도구 등은 정해진 주기에 따라 청소·소독을 실시하여야 한다. (0~3점)		
9. 식품 안전과 관련된 소비자 불만, 이물 혼입 등 발생 시 개선조치를 실시하고, 그 결과를 기록·유지하는 등 식품위생법에서 정하는 준수사항을 지켜야 한다. (0~3점)		
10. 식품과 직접 접촉되는 모니터링 도구(온도계 등)는 사용 전·후 세척·소독을 실시하여야 한다. (0~2점)		
11. 파손되거나 정상적으로 작동하지 아니하는 제조설비를 사용하여서는 아니 되며 「식품위생법」에서 정한 시설기준에 적합하게 관리하여야 한다. 이 경우 제조가공에 사용하는 압축공기, 윤활제 등은 제품에 직접 영향을 주거나 영향을 줄 우려가 있는 경우 관리대책을 마련하여 청결하게 관리하여 위해 요인에 의한 오염이 발생하지 아니하여야 한다. (0~3점)		
12. 가열기 및 냉장·냉동창고의 온도계는 정해진 주기에 따라 검·교정을 실시하여야 한다. (0~3점)		

(계속)

평가내용	평가 결과 (0~3점)	비 고
13. 냉장·냉동 창고의 온도를 적절히 관리하여야 한다. (0~3점)		
14. 식품의 제조·가공·조리·선별·처리에 사용되거나, 식품에 접촉할 수 있는 시설·설비, 기구·용기, 종업원 등의 세척에 사용되는 용수는 수돗물이나 「먹는물관리법」제5조의 규정에 의한 먹는물 수질기준에 적합한 지하수이어야 하며, 필요한 경우 살균 또는 소독 장치를 갖추어야 한다. 또한, 저수조를 설치하여 사용하는 경우 정해진 주기에 따라 청소·소독을 하여야 한다. (0~3점)		
15. 원·부재료 입고 시 시험성적서를 수령하거나 육안검사를 실시하여야 한다. (0~3점)		
16. 원·부자재, 반제품 및 완제품 등은 지정된 장소에 바닥이나 벽에 밀착되지 않도록 적재·보관하고, 이용업체 간 교차오염을 예방하고 청결하게 관리하여야 한다. (0~4점)		
17. 원·부자재, 반제품 등을 보관 시 제품명, 사용기한 등 관리사항을 구체적으로 정하여 관리하여야 한다. (0~4점)		
18. 운반 중인 식품·축산물은 교차오염을 방지하여야 하며, 식품의 기준 및 규격(식품의약품안전처 고시)에 따른 온도관리 기준을 준수하여야 한다. (단, 별도의 법령으로 온도관리 기준을 정하는 경우에는 그 기준을 따른다) (0~4점)		
19. 완제품에 대한 검사를 정해진 주기에 따라 실시하여야 하며, 기준 및 규격에 적합한 제품을 제조·판매하고 부적합 제품에 대한 회수관리를 하여야 한다. (0~3점)		

<table>
<tr><td rowspan="2">종합
평가</td><td>점수합계</td><td rowspan="2">판정기준
• 인증평가 : 각 항목에 대한 취득점수를 백분율로 환산하여 85%(소수첫째자리 반올림 처리) 이상일 경우에는 적합, 70%에서 85% 미만은 보완, 70% 미만이면 부적합으로 판정한다. 다만, 평가항목 14, 15번은 필수항목으로 인증평가 시 미흡한 경우 부적합으로 판정한다.
• 정기 조사·평가 : 각 항목에 대한 취득점수를 백분율로 환산하여 85%(소수첫째자리 반올림 처리) 이상일 경우에는 적합, 85% 미만이면 부적합으로 판정한다. 다만, 평가 제외 항목이 있을 경우 이를 제외하여 백분율로 환산하여 판정한다.
감점기준
• 정기 조사·평가 : 전년도 정기 조사·평가의 개선조치를 이행하지 않은 경우 해당 항목에 대한 감점 점수의 2배를 감점한다.</td></tr>
<tr><td>점(%)</td></tr>
</table>

다. 평가표(HACCP 관리)

평가내용(배점)	평가 결과 (0~10점)	비 고
1. 중요관리점(CCP) 결정도(Decision tree)에 따라 CCP가 적절하게 결정되었는가? (0~5점)		
2. 중요관리점(CCP)에 대한 한계기준을 수립하여 관리하여야 하며, 변경 등 발생 시 기준을 적절하게 설정 및 관리하고 있는가? (0~5점)		
3. 한계기준 설정을 위해 활용한 유효성 평가자료는 현장 특성을 반영하고 있는가? (0~5점)		
4. 모니터링 담당자는 절차에 따라 지정 위치에서 모니터링하여 기록·유지하고 있는가? (0~10점)		
5. 모니터링 기구·장비 등은 매년 유지·보수하거나 검·교정을 실시하고 있는가? (0~5점)		

(계속)

<table>
<tr><th colspan="3">평가내용(배점)</th><th>평가 결과
(0~10점)</th><th>비 고</th></tr>
<tr><td colspan="3">6. 한계기준 이탈 시 개선조치를 실시하고, 그 결과를 기록·유지하고 있는가? (0~10점)</td><td></td><td></td></tr>
<tr><td colspan="3">7. 중요관리점(CCP)에 대한 관리상황을 정해진 주기에 따라 검증하고, 그 결과를 기록·유지하고 있는가? (0~5점)</td><td></td><td></td></tr>
<tr><td colspan="3">8. 종업원을 대상으로 정해진 주기에 따라 위생 및 HACCP관리 교육을 실시하고 있는가? (0~5점)</td><td></td><td></td></tr>
<tr><td colspan="3">종합평가(0~50)</td><td></td><td></td></tr>
<tr><td>종합
평가</td><td>점수
합계</td><td colspan="3">
※판정기준
① 평가항목의 배점에 대한 점수는 아래 평가점수표에 따라 부여한다.
〈평가점수표〉
<table>
<tr><th rowspan="2">구분</th><th colspan="2">배점</th></tr>
<tr><th>0~5</th><th>0~10</th></tr>
<tr><td rowspan="6">평가점수</td><td>0</td><td>0</td></tr>
<tr><td>1</td><td>2</td></tr>
<tr><td>2</td><td>4</td></tr>
<tr><td>3</td><td>6</td></tr>
<tr><td>4</td><td>8</td></tr>
<tr><td>5</td><td>10</td></tr>
</table>
② 인증평가 : 총점수 50점 중 43점 이상을 적합, 35점 이상 43점 미만은 보완, 35점 미만이면 부적합으로 판정한다. 다만, 평가항목 1, 2, 4, 6번은 필수항목으로 인증평가 시 미흡한 경우 부적합으로 판정한다.
③ 조사평가 : 총점수 50점 중 43점 이상이면 적합, 43점 미만이면 부적합으로 판정한다.
감점기준
• 정기 조사·평가 : 전년도 정기 조사·평가의 개선조치를 이행하지 않은 경우 해당 항목에 대한 감점 점수의 2배를 감점한다.
가점기준
• 인증평가 : 자동 기록관리 시스템 적용업소로 등록된 업소(모든 중요관리점(CCP)에 자동 기록관리 시스템을 적용한 업소에 한함)에 대해서는 총점에서 3점을 가산한다.
</td></tr>
</table>

제11조의2(자동 기록관리 시스템 등록 등) ① 자동 기록관리 시스템 적용업소로 등록하고자 하는 자는 별지 제9호서식에 따른 신청서를 작성하여 한국식품안전관리인증원장에게 제출하여야 한다.

② 한국식품안전관리인증원장은 제1항에 따른 안전관리인증기준(HACCP) 적용업소의 자동 기록관리 시스템 등록 신청을 받은 때에는 신청인이 제출한 서류를 확인한 후 별표 4-1의 평가표에 따라 현장조사의 방법으로 평가하여야 한다.

③ 한국식품안전관리인증원장은 제2항에 따른 평가 결과가 적합한 경우에는 「식품위

생법 시행규칙」 별지 제53호서식 또는 「축산물 위생관리법 시행규칙」 별지 제1호의5 서식 또는 별지 제1호의6서식에 따른 안전관리인증기준(HACCP) 적용업소 인증서에 해당사항을 기재하여 교부 또는 재교부하여야 한다.

④ 제3항에 따른 자동 기록관리 시스템 적용업소의 등록 유효기간은 등록일로부터 안전관리인증 종료일 또는 등록 취소일까지로 한다.

⑤ 자동 기록관리 시스템 적용업소 등록을 취소하려는 자는 별지 제10호서식에 따른 신청서를 작성하여 한국식품안전관리인증원장에게 제출하여야 한다.

[별표 4-1] 자동 기록관리 시스템 등록 평가표(제11조의2 관련)

평가내용		평가결과	비고
가. 중요관리점(CCP)의 자동 기록관리			
1. CCP 모니터링 데이터는 실시간으로 자동 수집되어 지정된 저장소에 저장되어야 하며, 저장된 데이터를 검토하거나 결재할 수 있는 시스템을 갖추어야 한다.		적 합 □ 부적합 □	
2. 자동 기록관리 된 모니터링 데이터는 화면 등을 통해 실시간으로 확인할 수 있어야 한다.		적 합 □ 부적합 □	
나. 모니터링 기록의 위·변조 방지			
3. 자동 기록관리 된 모니터링 데이터는 임의로 수정할 수 없어야 한다. 다만, 불가피하게 수정이 필요한 경우에는 수정이력(일시, 사유 등)을 확인할 수 있어야 한다.		적 합 □ 부적합 □	
다. 한계기준 이탈 알림			
4. CCP의 한계기준 이탈 시 모니터링 담당자가 즉시 인지할 수 있도록 적절한 경고 또는 알림 기능 등을 갖추어야 한다.		적 합 □ 부적합 □	
5. CCP의 한계기준 이탈에 대한 로그기록은 지정된 저장소에 저장·보관되어야 하며, 이를 조회할 수 있어야 한다.		적 합 □ 부적합 □	
라. 자동 기록관리 시스템 운영 불가시 대응방안			
6. CCP 모니터링 데이터 실시간 자동 수집 또는 모니터링 일지 자동기록이 불가능한 상황 발생 시 대응할 수 있는 CCP 모니터링 비상계획이 수립되어야 한다.		적 합 □ 부적합 □	
종합 평가	〈판정기준〉 모든 항목이 적합한 경우 최종 적합으로 판정한다.	적합/부적합	

제12조(안전관리인증기준 적용업소 인증사항 변경) ① 제11조에 따라 **안전관리인증기준(HACCP) 적용업소로 인증받은 사항 중 다음 각 호의 사항을 변경하려는 자**는 「식품위생법 시행규칙」 별지 제54호서식 또는 「축산물 위생관리법 시행규칙」 별지 제1호의7 서식에 따른 **변경신청서**(전자문서로 된 신청서를 포함한다)에 **변경사항을 증명할 수 있는 서류를 첨부하여 한국식품안전관리인증원장에게 제출**하여야 한다.

1. 중요관리점

2. 영업장의 소재지

3. 축산물의 유형(「축산물 위생관리법」에 따른 안전관리인증작업장등에 한한다)

4. 가축의 종류(농장에 한한다)

② 한국식품안전관리인증원장은 제1항에 따른 안전관리인증기준(HACCP) 적용업소 인증사항 변경신청을 받은 때에는 서류검토나 현장조사 등의 방법으로 변경사항을 확인하여야 한다.

③ 한국식품안전관리인증원장은 제2항에 따른 확인 결과 안전관리인증기준(HACCP)을 인증받는데 지장이 없다고 인정될 때에는 「식품위생법 시행규칙」 별지 제53호서식 또는 「축산물 위생관리법 시행규칙」 별지 제1호의5서식 또는 별지 제1호의6서식에 따른 안전관리인증기준(HACCP) 적용업소 인증서에 해당사항을 기재하여 재교부하여야 한다.

④ 한국식품안전관리인증원장은 제1항에 따라 신청인이 제출한 서류가 기준에 미흡한 경우 제10조제8항의 절차를 준용하여 보완을 요구할 수 있으며, 현장조사 평가결과 보완이 필요한 경우에는 제11조제2항을 준용하여 보완을 요구하거나 변경절차를 종결처리할 수 있다.

제13조(안전관리인증기준 인증대상의 추가) ① 한국식품안전관리인증원장은 이미 인증받은 식품 또는 축산물과 동일한 공정을 거쳐 제조된 유사한 유형의 식품 또는 축산물을 안전관리인증기준(HACCP) 인증 식품 또는 축산물로 추가하고자 하는 신청을 받은 경우 별도의 현장평가 없이 서류 검토만으로 그 식품 또는 축산물을 안전관리인증기준(HACCP) 인증 식품 또는 축산물로 추가할 수 있다. 이미 인증받은 작업장·업소에서 새로운 식품 또는 축산물을 인증받고자 하는 경우에도 또한 같다.

② 한국식품안전관리인증원장은 제1항에 따른 서류 검토 결과 안전관리인증기준(HACCP)을 인증받는데 지장이 없다고 인정될 때에는 「식품위생법 시행규칙」 별지 제53호서식 또는 「축산물 위생관리법 시행규칙」 별지 제1호의5서식 또는 별지 제1호의6서식에 따른 안전관리인증기준(HACCP) 적용업소 인증서에 해당사항을 기재하여야 한다.

제14조(인증서의 반납) ① 「식품위생법」 제48조제8항 또는 「축산물 위생관리법」 제9조의4에 따라 안전관리인증기준(HACCP) 인증취소를 통보 받은 영업자 또는 영업소 폐쇄처분을 받거나 영업을 폐업한 영업자는 제11조제3항 또는 제12조제3항에 따라 발급된

안전관리인증기준(HACCP) 적용업소 인증서를 한국식품안전관리인증원장에게 지체 없이 반납하여야 하며, 영업자가 반납처리를 하지 않은 경우 한국식품안전관리인증원장은 인허가기관에 폐업 등의 여부를 확인하여 자체적으로 처리할 수 있다.

② 안전관리인증기준(HACCP) 적용업소로 인증된 집단급식소 중 위탁 계약 만료 등으로 운영자가 변경되어 안전관리인증기준(HACCP)을 적용하지 않을 경우 해당 집단급식소는 안전관리인증기준(HACCP) 적용업소 인증이 취소되며, 당해 집단급식소 신고자는 안전관리인증기준(HACCP) 적용업소 인증서를 한국식품안전관리인증원장에게 즉시 반납하여야 한다.

제15조(조사·평가의 범위와 주기 등) ① 지방식품의약품안전청장, 농림축산식품부장관 또는 한국식품안전관리인증원장은 「식품위생법 시행규칙」 제66조 또는 「축산물 위생관리법 시행규칙」 제7조의6에 따라 안전관리인증기준(HACCP) 적용업소로 인증받은 업소에 대하여 안전관리인증기준(HACCP) 준수 여부를 별표4에 따라 **연 1회 이상(인증 유효기간을 연장받은 날이 속한 해당연도는 정기 조사·평가를 생략할 수 있다) 서류검토 및 현장조사의 방법으로 정기 조사·평가**할 수 있으며, 조사·평가당시 신청인이 제출한 자료 등의 신뢰성이 의심되거나 주요안전조항 검증 등에 필요한 경우 수거 및 검사 등을 통해 확인하여 그 결과를 반영할 수 있다. 이 경우 「식품위생법」 제49조제1항 또는 「축산물 위생관리법」 제31조의3제1항에 따라 이력추적관리를 등록한 자에 대하여는 선행요건 중 회수프로그램 관리를 운영한 것으로 평가할 수 있다.

② 지방식품의약품안전청장, 농림축산식품부장관 또는 한국식품안전관리인증원장은 제1항에 따른 정기 조사·평가 대상업소와 「식품위생법」 또는 「축산물 위생관리법」 위반사항이 발견된 업소 등에 대해서는 불시에 조사·평가를 실시하고, 안전관리인증기준(HACCP)을 준수할 수 있도록 필요한 교육 또는 행정지도를 할 수 있다.

③ 지방식품의약품안전청장은 제1항 또는 제2항에 따른 안전관리인증기준(HACCP) 준수 여부를 별표 4에 따라 조사·평가하기 위하여 제19조 안전관리인증기준(HACCP) 지도관에 준하거나 관련교육을 이수한 관계공무원, 관련협회 등으로 안전관리인증기준(HACCP) 평가단을 구성·운영할 수 있다.

④ 제1항에도 불구하고 이미 인증받은 유사한 유형의 식품 또는 축산물이거나 제13조 제1항에 따라 안전관리인증기준(HACCP) 인증 식품 또는 축산물을 추가한 경우에는

최초로 인증한 기관에서 추가로 인증받은 식품 또는 축산물을 포함하여 조사·평가를 실시하며, 이 경우 추가된 식품 또는 축산물에 대한 조사·평가를 한 것으로 본다.

⑤ 제1항에도 불구하고 안전관리인증기준(HACCP) 적용업소의 전년도 정기 조사·평가 점수에 따라 다음 각 호와 같이 차등하여 관리할 수 있다. 다만,「축산물 위생관리법」 제9조제2항에 따른 축산물작업장과 「축산물 위생관리법」 제9조의2에 따른 연장심사 대상에 해당하고 그 연장심사 결과가 제1호 또는 제2호의 기준 미만이거나 부적합한 경우 자체적인 조사·평가는 적용하지 아니한다.

1. 전년도 정기 조사·평가 점수의 백분율이 95% 이상인 경우 2년간 정기 조사·평가를 하지 아니할 수 있으며, 해당업소가 자체적으로 조사·평가 실시. 다만, 김치, 즉석섭취식품, 신선편의식품중 비가열식품은 제외한다.
2. 전년도 정기 조사·평가 점수의 백분율이 95% 미만에서 90% 이상인 경우 1년간 정기 조사·평가를 하지 아니할 수 있으며, 해당업소가 자체적으로 조사·평가 실시. 다만, 김치, 즉석섭취식품, 신선편의식품 중 비가열식품은 제외한다.
3. 전년도 정기 조사·평가 점수의 백분율이 90% 미만에서 85% 이상인 경우 연 1회 이상 정기 조사·평가 실시
4. 전년도 정기 조사·평가 점수의 백분율이 85% 미만에서 70% 이상인 경우 연 1회 이상 정기 조사·평가 및 연 1회 이상 기술지원(이하 "한국식품안전관리인증원에서 실시하는 지원"을 말한다) 실시. 다만, 학교 집단급식소에 납품하는 경우 연 2회 이상 정기 조사·평가 및 연 1회 이상 기술지원 실시
5. 전년도 정기 조사·평가 점수의 백분율이 70% 미만인 경우 연 1회 이상 정기 조사·평가 및 연 2회 이상 기술지원 실시. 다만, 학교 집단급식소에 납품하는 경우 연 2회 이상 정기 조사·평가 및 연 2회 이상 기술지원 실시

⑥ 제5항제1호 및 제2호에 따라 자체적인 조사·평가 계획을 수립하여 업종(축종)별 실시상황평가표에 따라 조사·평가를 실시한 업소는 그 결과를 1개월 이내에 관할 지방식품의약품안전청장에게 제출하거나 농림축산식품부장관 또는 한국식품안전관리인증원장에게 제출하여야 한다.

⑦ 제5항제1호, 제2호 및 제6항에 따라 자체적인 조사·평가 계획을 수립하여 업종(축종)별 실시상황평가표에 따라 조사·평가를 실시한 업소는 그 결과를 1개월 이내에 관

할 지방식품의약품안전청장에게 제출하거나 농림축산식품부장관 또는 한국식품안전관리인증원장에게 제출하여야 한다.

참고
- **식품위생법** 시행규칙 제66조 식품안전관리인증기준적용업소에 대한 조사·평가
- **축산물 위생관리법** 시행규칙 제7조의6 조사·평가의 방법 등
- **식품위생법** 제49조 식품이력추적관리 등록기준 등
- **축산물 위생관리법** 제31조의3 축산물가공품이력추적관리의 등록 등
- **축산물 위생관리법** 제9조 안전관리인증기준
- **축산물 위생관리법** 제9조의2 인증유효기간

제16조(조사·평가 방법) ① 지방식품의약품안전청장, 농림축산식품부장관 또는 한국식품안전관리인증원장은 제15조제1항에 따른 조사·평가를 실시하는 경우 인증, 연장 또는 최근 조사·평가 이후 운영해 온 선행요건프로그램 및 안전관리인증기준(HACCP) 관리 운용사항을 평가하여야 하며, 축산물의 경우 「축산물 위생관리법 시행규칙」 제7조의6 제3항 각 호의 내용을 중점적으로 확인하여야 한다.

②~④ 생략

제17조(조사·평가 결과에 따른 조치) ① 지방식품의약품안전청장, 농림축산식품부장관 또는 한국식품안전관리인증원장은 제15조 및 제16조에 따른 조사·평가 결과 이 기준에 적합한 업소로 판정되었으나 일부 사항이 미흡하거나 개선되어야 할 필요성이 있다고 인정되는 때에는 1개월 이내에 수정·보완 또는 개선하도록 명할 수 있으며, 기준에 적합하지 아니한 것으로 판정된 업소에 대하여는 시정명령 또는 인증취소를 명할 수 있다.

② 한국식품안전관리인증원장은 제15조제1항에 따른 조사·평가결과 부적합하거나 수정·보완사항이 기한내 보완되지 않는 경우에는 즉시 지방식품의약품안전청장 및 농림축산식품부장관(농장에 한함)에게 통보하여야 한다.

③ 제16조제2항에 따른 점검결과 부적합사항이 발생할 경우 검사관은 별지 제2호서식의 부적합통보서를 영업자에게 발급하고, 영업자는 이에 대한 적절한 개선조치를 취한 후 별지 제3호서식의 개선조치 결과를 검사관에게 제출하여야 하며 검사관은 도축장의 개선조치 사항을 확인하여야 한다.

④ 생략

제18조(감독기관의 검증기준 등) 생략

제19조(안전관리인증기준 지도관) ① 식품의약품안전처장, 농림축산식품부장관 또는 시·도지사는 제11조에 따른 안전관리인증기준(HACCP) 적용업소 인증업무와 제15조에 따른 조사·평가 업무를 수행하게 하기 위하여 안전관리인증기준(HACCP) 지도관(이하 "지도관"이라 한다)을 둔다.

② 제1항에 따른 지도관은 식품·축산물위생 관계공무원 중 다음 각 호의 어느 하나에 해당하는 자로서, 소정의 지도관 교육·훈련을 받은 자를 식품의약품안전처장(농장·도축장·집유장인 경우 농림축산식품부장관)이 지명한다.

1. 식품·축산관련학과에서 학사학위 이상의 학위를 취득한 자
2. 식품위생행정(축산물 포함)에 5년 이상 근무한 자

③ 지도관의 직무는 다음 각 호와 같다.

1. 안전관리인증기준(HACCP) 인증 신청업소 실시상황평가
2. 안전관리인증기준(HACCP) 인증업소 사후관리
3. 안전관리인증기준(HACCP) 관련 교육훈련 및 홍보
4. 안전관리인증기준(HACCP) 제도 활성화 사업 지원

④ 식품의약품안전처장 또는 농림축산식품부장관은 제1항에 따른 지도관의 전문성 제고를 위해 다음 각 호의 과정을 운영하여 교육·훈련을 실시한다.

1. 안전관리인증기준(HACCP) 기초과정 : 식품·축산물 위생관련 공무원을 대상으로 안전관리인증기준(HACCP)에 대한 기본적인 사항을 교육·훈련하는 과정
2. 신규 안전관리인증기준(HACCP) 지도관 양성과정 : 안전관리인증기준(HACCP) 적용업소 인증 또는 사후관리평가 업무를 수행하는데 필요한 전문지식을 교육·훈련하는 과정
3. 안전관리인증기준(HACCP) 지도관 실무교육과정 : 안전관리인증기준(HACCP) 지도관들의 전문성 제고 및 자질향상을 위해 최근 안전관리인증기준(HACCP) 관련 정보 및 사후관리기법 등을 교육·훈련하는 과정

⑤ 식품의약품안전처장 또는 농림축산식품부장관은 지도관이 다음 각 호 중 어느 하나의 경우에 해당하면 그 지도관의 지명을 철회할 수 있다.

1. 교육·훈련을 2년 이상 받지 아니한 경우
2. 안전관리인증기준(HACCP) 인증 신청업소에 대한 실시상황평가나 정기 조사·평가

업무를 연 2회 이상 수행하지 아니한 경우

⑥ 식품의약품안전처장, 농림축산식품부장관 또는 시·도지사는 제1항에 따른 지도관 중 안전관리인증기준(HACCP) 적용과 운영에 관한 전문성과 경험이 풍부한 자로 하여금 지도관 교육·훈련을 전담하도록 하거나 이와 동등한 수준 이상의 연구기관·대학·외국기관 등의 전문가를 선별하여 교육·훈련을 실시하게 할 수 있다.

⑦ 지도관이 소속된 기관의 장은 지도관이 제3항에 따른 지도관의 직무를 이행하고 제4항에 따른 교육·훈련을 받을 수 있도록 최대한 지원하여야 한다.

제3장 | 식품 및 축산물 안전관리인증기준 적용업소 영업자 등에 대한 교육훈련

제20조(교육훈련 등) ① 식품의약품안전처장은 「식품위생법 시행규칙」 제64조제1항 또는 「축산물 위생관리법 시행규칙」 제7조의4제1항에 따라 안전관리인증기준(HACCP) 관리를 효과적으로 수행하기 위하여 안전관리인증기준(HACCP) 적용업소 영업자 및 종업원에 대하여 안전관리인증기준(HACCP) 교육훈련을 실시하여야 하며, 기타 안전관리인증기준(HACCP) 적용업소로 인증을 받고자 하는 자, 안전관리인증기준(HACCP) 평가를 수행할 자와 식품 또는 축산물위생관련 공무원에 대하여 안전관리인증기준(HACCP) 교육훈련을 실시할 수 있다.

② 식품의약품안전처장은 제1항에 따른 교육훈련을 위탁 실시하기 위하여 이에 필요한 시설·강사·교육과정 등을 갖춘 기관, 단체 또는 법인 중에서 별표 5의 교육훈련기관 지정 기준에 부합하는 곳을 안전관리인증기준(HACCP) 교육훈련기관(이하 "교육훈련기관"이라 한다)으로 지정할 수 있다.

③ 안전관리인증기준(HACCP) 적용업소 영업자 및 종업원은 「식품위생법 시행규칙」 제64조제1항제1호에 따른 신규교육훈련을 안전관리인증기준(HACCP) 적용업소 인증일로부터 6개월 이내에 이수하여야 하고, 축산물 안전관리인증기준(HACCP)을 작성·운영하여야 하는 축산물영업자(농업인) 및 종업원은 「축산물 위생관리법 시행규칙」 제7조의3제2항제3호에 따른 교육훈련 요건을 갖추어야 하며, 한국식품안전관리인증원장이 교육을 받을 수 없는 부득이한 사유가 있다고 인정하는 경우에는 그 인증을 받은 후 6개월 이내에 해당 교육을 수료하도록 할 수 있다.

④ 안전관리인증기준(HACCP) 적용업소 영업자 및 종업원이 받아야 하는 신규교육훈련시간은 다음 각 호와 같다. 다만, 영업자가 제1호나목의 안전관리인증기준(HACCP) 팀장 교육을 받은 경우에는 영업자 교육을 받은 것으로 본다.

1. **식품**

   가. 영업자 교육 훈련: 2시간

   나. 안전관리인증기준(HACCP) 팀장 교육 훈련: 16시간

   다. 안전관리인증기준(HACCP) 팀원, 기타 종업원 교육 훈련: 4시간

2. 축산물

   가. **영업자 및 농업인 : 4시간 이상**

   나. **종업원 : 24시간 이상**

   다. **가목에도 불구하고 종업원을 고용하지 않고 영업을 하는 축산물운반업·식육판매업 영업자는 종업원이 받아야 하는 교육훈련을 수료하여야 하며, 이 경우 영업자가 받아야 하는 교육훈련은 받지 아니할 수 있다.**

⑤ 제4항제1호가목 및 나목 또는 같은 항 제2호에 해당하는 자는 식품의약품안전처장이 지정한 교육 훈련 기관에서 교육 훈련을 받아야 하고, 제4항제1호다목에 해당하는 자는 「식품위생법 시행규칙」 제64조제2항에 따른 교육 훈련내용이 포함된 교육계획을 수립하여 안전관리인증기준(HACCP) 팀장이 자체적으로 실시할 수 있다.

⑥ 「식품위생법 시행규칙」 제64조제1항제2호에 따라 안전관리인증기준(HACCP) 적용업소의 안전관리인증기준(HACCP) 팀장, 안전관리인증기준(HACCP) 팀원 및 기타 종업원과 「축산물 위생관리법 시행규칙」 제7조의4제1항에 따라 영업자 및 농업인은 식품의약품안전처장이 지정한 교육훈련기관에서 다음 각 호에 따라 정기교육훈련을 받아야 한다.

1. 식품 : 매년 1회 이상 4시간. 다만, 안전관리인증기준(HACCP) 팀원 및 기타 종업원 교육훈련은 「식품위생법 시행규칙」 제68조의4제1항에 따른 내용이 포함된 교육훈련 계획을 수립하여 안전관리인증기준(HACCP) 팀장이 자체적으로 실시할 수 있으며, 조사·평가 결과가 그 총점의 95퍼센트 이상인 경우 다음 연도의 정기 교육훈련을 면제한다.
2. 축산물 : (생략)

⑦ 제4항 또는 제6항에서 규정한 교육훈련을 받아야 하는 안전관리인증기준(HACCP) 적용업소 중 위탁급식업소와 계약을 맺고 급식을 운영하는 집단급식소의 경우 안전관리인증기준(HACCP) 적용업소 운영주체인 위탁급식업소 영업자나 설치신고자가 영업자 신규 교육훈련을 이수할 수 있다.

⑧ 제6항제1호에 따른 정기교육훈련 개시일은 인증일로부터 1년이 경과된 시점을 기준으로 하거나 인증연도의 차기 연도를 기준으로 하여 실시할 수 있다.

참고
- **식품위생법** 시행규칙 제64조 식품안전관리인증기준적용업소의 영업자 및 종업원에 대한 교육훈련
- **축산물위생관리법** 시행규칙 제7조의4 영업자 등에 대한 교육

제21조(교육훈련기관의 지정신청) 생략

제22조(교육훈련기관의 지정) ① ② ③ 생략 ④ (삭제) ⑤ 생략

제23조(교육훈련기관의 지정내용 변경) 생략

제24조(교육훈련기관 평가) 생략

제25조(교육훈련기관의 운영 등) 생략

제26조(교육훈련기관의 지정취소 등) 생략

[제4장 | 우대조치 및 재검토기한]

제27조(우대조치) 식품의약품안전처장은 안전관리인증기준(HACCP) 적용업소로 인증된 업소에 대하여 다음 각 호의 우대조치를 취할 수 있다.

1. 「식품위생법」 제48조제11항, 「축산물 위생관리법」 제19조제1항에 따른 출입·검사 및 수거 등 완화
2. 별표 8의 안전관리(통합)인증 표시 또는 안전관리(통합)인증기준(HACCP) 적용업소 인증 사실에 대한 광고 허용(다만, 안전관리(통합)인증기준(HACCP) 적용 품목 또는 업소에 한한다.)
3. 안전관리인증기준(HACCP) 적용농장의 축산물을 원료로 사용한 경우 그 사실에 대한 광고 허용(다만, 최종 제품이 안전관리(통합)인증기준 적용 제품이어야 한다.)
4. 자동 기록관리 시스템 적용업소의 경우 그 사실에 대한 표시 또는 광고 허용(안전관

리(통합)인증기준(HACCP) 적용 품목 또는 업소에 한한다.)

(예시) "식품의약품안전처에서 인정한 자동 기록관리 시스템(또는 스마트 해썹, Smart HACCP) 적용업소(품목)입니다" 등의 표시 또는 광고

5. 「국가를 당사자로 하는 계약에 관한 법률」에 따른 우대조치
6. 기타 안전관리인증기준(HACCP) 활성화 및 식품·축산물 안전성 제고에 필요하다고 인정되는 우대조치

[별표 8] 안전관리인증기준(HACCP) 적용품목 심벌(제27조 관련)

안전관리인증기준(HACCP) 적용심벌이나 현판은 다음 기본 심벌을 참조하여제품 및 업소의 특성과 포장 재질 또는 디자인에 적합하게 다양한 색상과 크기를 적용하여 사용할 수 있다(식품 또는 축산물 구분이 필요한 경우 심벌 내부에 "식품안전관리인증 또는 축산물안전관리인증", "안전관리인증식품 또는 안전관리인증축산물"로 표시할 수 있음).

가. 안전관리인증기준(HACCP) 심벌

그림 1. 도축장, 집유장, 농장

안전관리인증 HACCP 농림축산식품부 / HACCP MAFRA

그림 2. 그 밖의 HACCP 적용작업장·업소

안전관리인증 HACCP 식품의약품안전처 / HACCP MFDS

그림 3. 축산물 안전관리통합인증업체

안전관리통합인증 HACCP 식품의약품안전처 / HACCP MFDS

※ 사용하고자 하는 자가 사용장소에 맞게 색상 및 크기를 조정할 수 있으나 디자인은 본 견본과 같아야 한다.

나. 자동 기록관리 시스템(스마트 해썹, Smart HACCP) 심벌

그림 1.

스마트 HACCP 식품의약품안전처 / SMART HACCP MFDS

※ 사용하고자 하는 자가 사용장소에 맞게 색상 및 크기를 조정할 수 있으나 디자인은 본 견본과 같아야 한다.
※ 안전관리인증기준(HACCP) 심벌과 병행하여 사용하거나, 단독으로 사용할 수 있다.
※ 모든 중요관리점(CCP)에 자동 기록관리 시스템을 적용한 업소에 한한다.

(계속)

다. 안전관리인증기준(HACCP) 적용(인증)작업장·업소·농장 현판 견본

그림 1. 도축장·집유장·농장

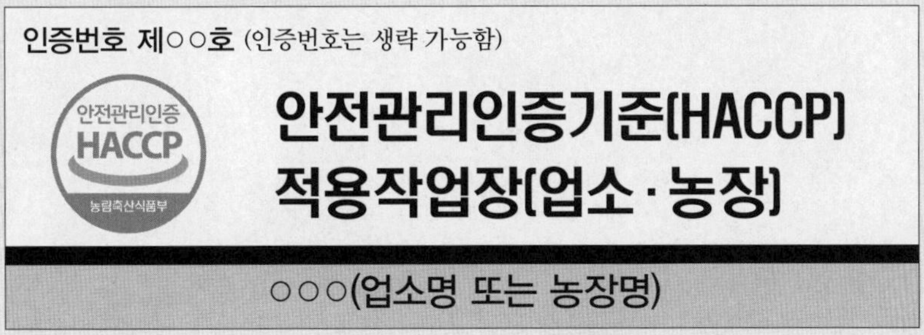

그림 2. 그 외 HACCP 적용작업장·업소

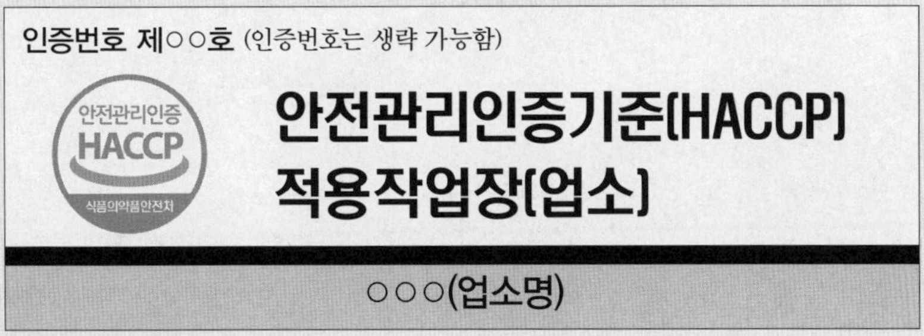

그림 3. 축산물 안전관리통합인증업체

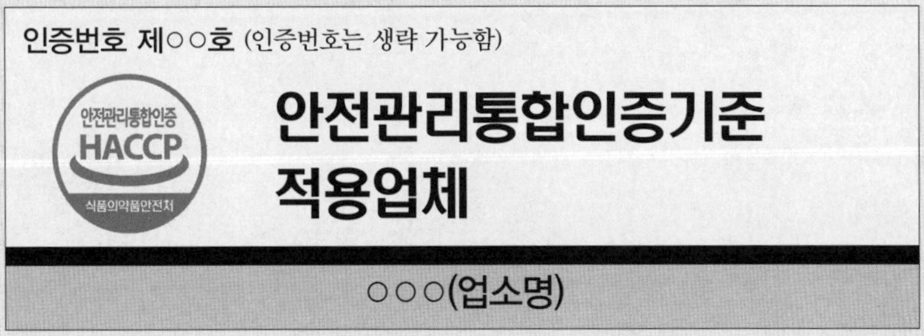

※ 사용하고자 하는 자가 사용장소에 맞게 현판의 크기를 조정할 수 있으나 디자인과 가로(2) : 세로(1) 크기의 비는 가능한 본 견본과 같아야 한다.

제28조(재검토기한) 「행정규제기본법」 제8조 및 「훈령·예규 등의 발령 및 관리에 관한 규정」 (대통령훈령 제248호)에 따라 2016년 1월 1일을 기준으로 매 3년이 되는 시점(매 3년째의 12월 31일까지를 말한다)마다 그 타당성을 검토하여 개선 등의 조치를 하여야 한다.

참고

- **행정규제기본법** 제8조 규제의 존속기한 및 재검토기한 명시

2

위생·영양 관련 법규

학교급식법·시행령·시행규칙

학교급식법 [법률 제18639호, 2021. 12. 28., 일부개정]

학교급식법 시행령 [대통령령 제33434호, 2023. 4. 25., 타법개정]

학교급식법 시행규칙 [교육부령 제240호 2021. 6. 30., 타법개정]

장	조
1장 총칙	제1조 목적 제2조 정의 제3조 국가·지방자치단체의 임무 제4조 학교급식 대상 제5조 학교급식위원회 등
제2장 학교급식 시설·설비 기준 등	제6조 급식시설· 설비 제7조 영양교사의 배치 등 제8조 경비부담 등 제9조 급식에 관한 경비의 지원
제3장 학교급식 관리·운영	제10조 식재료 제11조 영양관리 제12조 위생·안전관리 제13조 식생활 지도 등 제14조 영양상담 제15조 학교급식의 운영방식 제16조 품질 및 안전을 위한 준수사항 제17조 생산품의 직접사용 등
제4장 보칙	제18조 학교급식 운영평가 제19조 출입·검사·수거 등 제20조 권한의 위임 제21조 행정처분 등의 요청 제22조 징계
제5장 벌칙	제23조 벌칙 제24조 양벌규정 제25조 과태료

[제1장 | 총칙]

제1조(목적) 이 법은 학교급식 등에 관한 사항을 규정함으로써 **학교급식의 질을 향상시키고 학생의 건전한 심신의 발달과 국민 식생활 개선에 기여함**을 목적으로 한다.

제2조(정의) 이 법에서 사용하는 용어의 정의는 다음과 같다.

1. "**학교급식**"이라 함은 제1조의 목적을 달성하기 위하여 제4조의 규정에 따른 학교 또는 학급의 학생을 대상으로 학교의 장이 실시하는 급식을 말한다.
2. "**학교급식공급업자**"라 함은 제15조의 규정에 따라 학교의 장과 계약에 의하여 학교급식에 관한 업무를 위탁받아 행하는 자를 말한다.
3. "**급식에 관한 경비**"라 함은 학교급식을 위한 식품비, 급식운영비 및 급식시설·설비비를 말한다.

제3조(국가·지방자치단체의 임무) ① 국가와 지방자치단체는 양질의 학교급식이 안전하게 제공될 수 있도록 행정적·재정적으로 지원하여야 하며, 영양교육을 통한 학생의 올바른 식생활 관리능력 배양과 전통 식문화의 계승·발전을 위하여 필요한 시책을 강구하여야 한다.

② 특별시·광역시·도·특별자치도의 교육감(이하 "교육감"이라 한다)은 매년 학교급식에 관한 계획을 수립·시행하여야 한다.

제4조(학교급식 대상) 학교급식은 대통령령으로 정하는 바에 따라 다음 각 호의 어느 하나에 해당하는 학교 또는 학급에 재학하는 학생을 대상으로 실시한다. 〈개정 2021. 3. 23.〉

1. 「유아교육법」 제2조제2호에 따른 유치원. 다만, 대통령령으로 정하는 규모 이하의 유치원은 제외한다.
2. 「초·중등교육법」 제2조제1호부터 제4호까지의 어느 하나에 해당하는 학교
3. 「초·중등교육법」 제52조의 규정에 따른 근로청소년을 위한 특별학급 및 산업체부설 중·고등학교
4. 「초·중등교육법」 제60조의3에 따른 대안학교
5. 그 밖에 교육감이 필요하다고 인정하는 학교

시행령

제2조(학교급식의 운영원칙) ① 학교급식은 수업일의 점심시간[「학교급식법」(이하 "법"이라 한다) 제4조제2호에 따른 근로청소년을 위한 특별학급 및 산업체부설학교에 있어서는 저녁시간]에 법 제11조제2항에 따른 영양관리기준에 맞는 주식과 부식 등을 제공하는 것을 원칙으로 한다.

② 학교급식에 관한 다음 각 호의 사항은 유아교육법 제19조의 3에 따른 유치원운영위원회 또는 「초·중등교육법」 제31조에 따른 학교운영위원회(이하 "학교운영위원회"라 한다)의 심의를 거쳐 학교의 장이 결정해야 한다. 〈개정 2022. 6. 28.〉

1. 학교급식 운영방식, 급식대상, 급식횟수, 급식시간 및 구체적 영양기준 등에 관한 사항
2. 학교급식 운영계획 및 예산·결산에 관한 사항
3. 식재료의 원산지, 품질등급, 그 밖의 구체적인 품질기준 및 완제품 사용 승인에 관한 사항
4. 식재료 등의 조달방법 및 업체선정 기준에 관한 사항
5. 보호자가 부담하는 경비 및 급식비의 결정에 관한 사항
6. 급식비 지원대상자 선정 등에 관한 사항
7. 급식활동에 관한 보호자의 참여와 지원에 관한 사항
8. 학교우유급식 실시에 관한 사항
9. 그 밖에 학교의 장이 학교급식 운영에 관하여 중요하다고 인정하는 사항

시행령

제2조의2(학교급식 대상) 법 제4조제1호 단서에서 "대통령령으로 정하는 규모 이하의 유치원"이란 「유아교육법」 제7조제3호의 사립유치원(이하 "사립유치원"이라 한다) 중 원아수(「교육관련기관의 정보공개에 관한 특례법 시행령」 별표 1의3에 따라 매년 10월에 공시되는 연령별 원아 수 현원의 합계를 말한다. 이하 같다)가 50명 미만인 유치원을 말한다. 〈개정 2022. 6. 28.〉

[본조신설 2021. 1. 29.]

시행령

제3조(학교급식의 개시보고 등) ① 법 제4조에 따라 학교급식을 실시하려는 학교의 장은 법 제6조에 따른 급식시설·설비를 갖추고 교육부령이 정하는 바에 따라 교육부장관 또는

교육감에게 학교급식의 개시보고를 하여야 한다. 다만, 교내에 급식시설을 갖추지 못하여 외부에서 제조·가공한 식품을 운반하여 급식을 실시하는 경우 등에는 급식시설·설비를 갖추지 않고 학교급식의 개시보고를 할 수 있다. 〈개정 2013. 3. 23.〉

② 제1항에 따른 학교급식의 개시보고 후 급식운영방식의 변경, 급식시설 대수선 또는 증·개축, 급식시설의 운영중단 또는 폐지 등 중요한 사항이 변경된 경우에는 그 내용을 교육부장관 또는 교육감에게 보고하여야 한다. 〈개정 2013. 3. 23.〉

제5조(학교급식위원회 등) ① 교육감은 학교급식에 관한 다음 각 호의 사항을 심의하기 위하여 그 소속하에 학교급식위원회를 둔다. 〈개정 2021. 12. 28.〉

1. 제3조제2항의 규정에 따른 학교급식에 관한 계획
2. 제9조의 규정에 따른 급식에 관한 경비 및 식재료 등의 지원
3. 그 밖에 학교급식의 운영 및 지원에 관한 사항으로서 교육감이 필요하다고 인정하는 사항

② 제1항의 규정에 따른 학교급식위원회의 구성·운영 등에 관하여 필요한 사항은 대통령령으로 정한다.

③ 특별시장·광역시장·도지사·특별자치도지사 및 시장·군수·자치구의 구청장은 제8조제4항의 규정에 따른 학교급식 지원에 관한 중요사항을 심의하기 위하여 그 소속하에 학교급식지원심의위원회를 둘 수 있다.

④ 특별자치도지사·시장·군수·자치구의 구청장은 우수한 식자재 공급 등 학교급식을 지원하기 위하여 그 소속하에 학교급식지원센터를 설치·운영할 수 있다.

⑤ 제3항의 규정에 따른 학교급식지원심의위원회의 구성·운영과 제4항의 규정에 따른 학교급식지원센터의 설치·운영에 관하여 필요한 사항은 해당지방자치단체의 조례로 정한다.

시행령

제5조(학교급식위원회의 구성) ① 법 제5조제1항에 따른 학교급식위원회(이하 "학교급식위원회"라 한다)는 위원장 1명을 포함하여 15명 이내의 위원으로 구성한다. 〈개정 2022. 6. 28.〉

② 학교급식위원회의 위원장(이하 "위원장"이라 한다)은 특별시·광역시·특별자치시·

도·특별자치도교육청(이하 "시·도교육청"이라 한다)의 부교육감(부교육감이 2인일 때에는 제1부교육감을 말한다)이 된다. 〈개정 2022. 6. 28.〉

③ 위원은 시·도교육청 학교급식업무 담당국장, 특별시·광역시·특별자치시·도·특별자치도의 학교급식지원업무 담당국장 및 보건위생업무 담당국장, 학교의 장, 학부모, 학교급식분야 전문가, 「비영리민간단체 지원법」에 따른 비영리민간단체가 추천한 사람이나 그 밖에 교육감이 필요하다고 인정하는 사람 중에서 교육감이 임명 또는 위촉한다. 〈개정 2022. 6. 28.〉

④ 학교급식위원회에는 간사 1명을 두되, 시·도교육청 공무원 중에서 위원장이 임명한다. 〈개정 2022. 6. 28.〉

제2장 | 학교급식 시설·설비 기준 등

제6조(급식시설·설비) ① 학교급식을 실시할 학교는 학교급식을 위하여 필요한 시설과 설비를 갖추어야 한다. 다만, 둘 이상의 학교가 인접하여 있는 경우에는 학교급식을 위한 시설과 설비를 공동으로 할 수 있다. 〈개정 2021. 3. 23.〉

② 제1항의 규정에 따른 시설·설비의 종류와 기준은 대통령령으로 정한다.

시행령

제7조(시설·설비의 종류와 기준) ① 법 제6조제2항에 따라 학교급식시설에서 갖추어야할 시설·설비의 종류와 기준은 다음 각 호와 같다. 〈개정 2019. 7. 2.〉

1. 조리장 : 교실과 떨어지거나 차단되어 학생의 학습에 지장을 주지 않는 시설로 하되, 식품의 운반과 배식이 편리한 곳에 두어야 하며, 능률적이고 안전한 조리기기, 냉장·냉동시설, 세척·소독시설 등을 갖추어야 한다.
2. 식품보관실 : 환기·방습이 용이하며, 식품과 식재료를 위생적으로 보관하는데 적합한 위치에 두되, 방충 및 쥐막기 시설을 갖추어야 한다.
3. 급식관리실 : 조리장과 인접한 위치에 두되, 컴퓨터 등 사무장비를 갖추어야 한다.
4. 편의시설 : 조리장과 인접한 위치에 두되, 조리종사자의 수에 따라 필요한 옷장과 샤워시설 등을 갖추어야 한다.

② 제1항에 따른 시설에서 갖추어야할 시설과 그 부대시설의 세부적인 기준은 교육부

령으로 정한다. 〈개정 2013. 3. 23.〉

시행규칙

제3조(급식시설의 세부기준) ① 영 제7조제2항에 따른 시설과 부대시설의 세부기준은 별표 1과 같다.

② 제1항에 따른 기준 중 냉장·냉동시설, 조리 및 급식관련 설비·기계·기구에 대한 용량 등 구체적 기준은 교육감이 정한다.

시행규칙 **[별표 1] 급식시설의 세부기준**(제3조제1항 관련) 〈개정 2021. 1. 29.〉

1. 조리장

가. 시설·설비

1) 조리장은 침수될 우려가 없고, 먼지 등의 오염원으로부터 차단될 수 있는 등 주변 환경이 위생적이며 쾌적한 곳에 위치하여야 하고, 조리장의 소음·냄새 등으로 인하여 학생의 학습에 지장을 주지 않도록 해야 한다.

2) 조리장은 작업과정에서 교차오염이 발생되지 않도록 전처리실(前處理室), 조리실 및 식기구 세척실 등을 벽과 문으로 구획하여 일반작업구역과 청결작업구역으로 분리한다. 다만, 이러한 구획이 적절하지 않을 경우에는 교차오염을 방지할 수 있는 다른 조치를 취하여야 한다.

3) 조리장은 급식설비·기구의 배치와 작업자의 동선(動線) 등을 고려하여 작업과 청결유지에 필요한 적정한 면적이 확보되어야 한다.

4) 내부벽은 내구성, 내수성(耐水性)이 있는 표면이 매끈한 재질이어야 한다.

5) 바닥은 내구성, 내수성이 있는 재질로 하되, 미끄럽지 않아야 한다.

6) 천장은 내수성 및 내화성(耐火性)이 있고 청소가 용이한 재질로 한다.

7) 바닥에는 적당한 위치에 상당한 크기의 배수구 및 덮개를 설치하되 청소하기 쉽게 설치한다.

8) 출입구와 창문에는 해충 및 쥐의 침입을 막을 수 있는 방충망 등 적절한 설비를 갖추어야 한다.

9) 조리장 출입구에는 신발소독 설비를 갖추어야 한다.

10) 조리장내의 증기, 불쾌한 냄새 등을 신속히 배출할 수 있도록 환기시설을 설치하여야 한다.

11) 조리장의 조명은 220룩스(lx) 이상이 되도록 한다. 다만, 검수구역은 540룩스(lx) 이상이 되도록 한다.

12) 조리장에는 필요한 위치에 손 씻는 시설을 설치하여야 한다.

13) 조리장에는 온도 및 습도관리를 위하여 적정 용량의 급배기시설, 냉·난방시설 또는 공기조화시설(空氣調和施設) 등을 갖추도록 한다.

나. 설비·기구

1) 밥솥, 국솥, 가스테이블 등의 조리기기는 화재, 폭발 등의 위험성이 없는 제품을 선정하되, 재질의 안전성과 기기의 내구성, 경제성 등을 고려하여 능률적인 기기를 설치하여야 한다.

(계속)

2) 냉장고(냉장실)와 냉동고는 식재료의 보관, 냉동 식재료의 해동(解凍), 가열조리된 식품의 냉각 등에 충분한 용량과 온도(냉장고 5℃이하, 냉동고 -18℃이하)를 유지하여야 한다.

3) 조리, 배식 등의 작업을 위생적으로 하기 위하여 식품 세척시설, 조리시설, 식기구 세척시설, 식기구 보관장, 덮개가 있는 폐기물 용기 등을 갖추어야 하며, 식품과 접촉하는 부분은 내수성 및 내부식성 재질로 씻기 쉽고 소독·살균이 가능한 것이어야 한다.

4) 식기세척기는 세척, 헹굼 기능이 자동적으로 이루어지는 것이어야 한다.

5) 식기구를 소독하기 위하여 전기살균소독기, 자외선소독기 또는 열탕소독시설을 갖추거나 충분히 세척·소독할 수 있는 세정대(洗淨臺)를 설치하여야 한다.

6) 급식기구 및 배식도구 등을 안전하고 위생적으로 세척할 수 있도록 온수공급 설비를 갖추어야 한다.

2. 식품보관실 등

가. 식품보관실과 소모품보관실을 별도로 설치하여야 한다. 다만, 부득이하게 별도로 설치하지 못할 경우에는 공간구획 등으로 구분하여야 한다.

나. 바닥의 재질은 물청소가 쉽고 미끄럽지 않으며, 배수가 잘 되어야 한다.

다. 환기시설과 충분한 보관선반 등이 설치되어야 하며, 보관선반은 청소 및 통풍이 쉬운 구조이어야 한다.

3. 급식관리실, 편의시설

가 급식관리실, 휴게실은 외부로부터 조리실을 통하지 않고 출입이 가능하여야 하며, 외부로 통하는 환기시설을 갖추어야 한다. 다만, 시설 구조상 외부로의 출입문 설치가 어려운 경우에는 출입시에 조리실 오염이 일어나지 않도록 필요한 조치를 취하여야 한다.

나. 휴게실은 외출복장으로 인하여 위생복장이 오염되지 않도록 외출복장과 위생복장을 구분하여 보관할 수 있는 옷장을 두어야 한다.

다. 샤워실을 설치하는 경우 외부로 통하는 환기시설을 설치하여 조리실 오염이 일어나지 않도록 하여야 한다.

4. 식당 : 안전하고 위생적인 공간에서 식사를 할 수 있도록 급식인원 수를 고려한 크기의 식당을 갖추어야 한다. 다만, 공간이 부족한 경우 등 식당을 따로 갖추기 곤란한 학교는 교실배식에 필요한 운반기구와 위생적인 배식도구를 갖추어야 한다.

5. 이 기준에서 정하지 않은 사항에 대하여는 식품위생법령의 집단급식소 시설기준에 따른다.

제7조(영양교사의 배치 등) ① 제6조의 규정에 따라 학교급식을 위한 시설과 설비를 갖춘 학교는 「초·중등교육법」 제21조제2항의 규정에 따른 영양교사와 「식품위생법」 제53조제1항에 따른 조리사를 둔다. 다만, 제4조제1호에 따른 유치원에 두는 영양교사의

배치기준 등에 관하여 필요한 사항은 대통령령으로 정한다. 〈개정 2020. 1. 29.〉

② 교육감은 학교급식에 관한 업무를 전담하게 하기 위하여 그 소속하에 학교급식에 관한 전문지식이 있는 직원을 둘 수 있다.

③ 교육감은 제1항 단서의 영양교사의 배치기준 등에 따른 유치원 중 일정 규모 이하 유치원에 대한 급식관리를 지원하기 위하여 특별시·광역시·특별자치시·도 및 특별자치도의 교육청 또는 「지방교육자치에 관한 법률」 제34조 및 「제주특별자치도 설치 및 국제자유도시 조성을 위한 특별법」 제80조에 따른 교육지원청에 영양교사를 둘 수 있다. 〈신설 2021. 12. 28.〉

④ 제3항에 따라 영양교사가 급식관리를 지원하는 유치원의 규모 및 지원의 범위 등에 필요한 사항은 대통령령으로 정한다. 〈신설 2021. 12. 28.〉

시행령

제8조(영양교사의 직무) 법 제7조제1항에 따른 영양교사는 학교의 장을 보좌하여 다음 각 호의 직무를 수행한다.

1. **식단작성, 식재료의 선정 및 검수**
2. **위생·안전·작업관리 및 검식**
3. **식생활 지도, 정보 제공 및 영양상담**
4. **조리실 종사자의 지도·감독**
5. **그 밖에 학교급식에 관한 사항**

시행령

제8조의2(유치원에 두는 교사의 배치기준) ① 법 제7조제1항 단서에 따라 「유아교육법」 제7조제1호 및 제2호의 국립·공립유치원(이하 "국공립유치원"이라 한다)과 원아 수가 100명 이상인 사립유치원에는 「초·중등교육법」 제21조제2항에 따른 영양교사의 자격을 갖춘 사람(국공립유치원의 경우에는 「교육공무원임용령」 제9조제1항에 따라 영양교사로 선발된 사람으로 한다)을 1명 이상 교사로 두어 제8조 각 호의 직무를 전담하도록 해야 한다. 〈개정 2022. 6. 28.〉

② 제1항에 따라 영양교사를 두어야 하는 유치원 중 원아 수가 200명 미만인 유치원으로서 같은 교육지원청(「지방교육자치에 관한 법률」 제34조제1항 및 「제주특별자치도 설치 및 국제자유도시 조성을 위한 특별법」 제80조제1항에 따른 교육지원청을 말한다. 이하 같

다)의 관할구역에 있는 유치원의 경우에는 2개의 유치원마다 공동으로 제1항에 따른 교사를 1명씩 둘 수 있다. 〈개정 2022. 6. 28.〉

③ 교육감은 법 제4조제1호 및 이 영 제2조의2에 따른 학교급식 대상인 사립유치원 중 제1항 및 제2항에 따라 영양교사를 두어야 하는 유치원이 아닌 유치원에 대하여 시·도교육청 또는 교육지원청에 두는 영양교사로 하여금 급식관리를 지원하게 할 수 있다. 〈신설 2022. 6. 28.〉

④ 법 제7조제3항에 따라 시·도교육청 또는 교육지원청에 두는 영양교사는 제3항의 유치원에 대하여 다음 각 호의 사항을 지원한다. 〈신설 2022. 6. 28.〉

1. 식단작성 및 영양관리
2. 위생·안전관리
3. 식생활 지도 및 영양 상담
4. 그 밖에 유치원에 대한 급식관리를 지원하기 위하여 교육감이 필요하다고 인정하는 사항

⑤ 교육감은 법 제7조제3항에 따라 시·도교육청 또는 교육지원청에 영양교사를 배치할 때에는 관할구역에 있는 유치원의 수, 유치원 간의 이동 거리, 유치원별 원아 수 등을 고려해야 한다. 〈신설 2022. 6. 28.〉

[본조신설 2021. 1. 29.]

[제목개정 2022. 6. 28.]

제8조(경비부담 등) ① 학교급식의 실시에 필요한 급식시설·설비비는 해당 학교의 설립·경영자가 부담하되, 국가 또는 지방자치단체가 지원할 수 있다. 〈개정 2021. 3. 23.〉

② 급식운영비는 해당 학교의 설립·경영자가 부담하는 것을 원칙으로 하되, 대통령령으로 정하는 바에 따라 보호자(친권자, 후견인 그 밖에 법률에 따라 학생을 부양할 의무가 있는 자를 말한다. 이하 같다)가 그 경비의 일부를 부담할 수 있다. 〈개정 2021. 3. 23.〉

③ 학교급식을 위한 **식품비는 보호자가 부담하는 것을 원칙**으로 한다.

④ 특별시장·광역시장·도지사·특별자치도지사 및 시장·군수·자치구의 구청장은 학교급식에 품질이 우수한 농산물 사용 등 급식의 질 향상과 급식시설·설비의 확충을 위하여 식품비 및 시설·설비비 등 급식에 관한 경비를 지원할 수 있다. 〈개정 2019. 4. 23.〉

시행령

제9조(급식운영비 부담) ① 법 제8조제2항에 따른 급식운영비는 다음 각 호와 같다.

1. 급식시설·설비의 유지비
2. 종사자의 인건비
3. 연료비, 소모품비 등의 경비

② 제1항제2호와 제3호에 따른 경비는 학교운영위원회의 심의를 거쳐 그 경비의 일부를 보호자로 하여금 부담하게 할 수 있다.

③ 학교의 설립·경영자는 제2항에 따른 보호자의 부담이 경감되도록 노력하여야 한다.

제9조(급식에 관한 경비의 지원) ① 국가 또는 지방자치단체는 제8조의 규정에 따라 보호자가 부담할 경비의 전부 또는 일부를 지원할 수 있다.

② 제1항의 규정에 따라 보호자가 부담할 경비를 지원하는 경우에는 다음 각 호의 어느 하나에 해당하는 학생을 우선적으로 지원한다. 〈개정 2021. 3. 23.〉

1. 학생 또는 그 보호자가 「국민기초생활 보장법」 제2조에 따른 수급권자이거나 차상위계층에 속하는 학생, 「한부모가족지원법」 제5조의 규정에 따른 보호대상자인 학생
2. 「도서·벽지 교육진흥법」 제2조의 규정에 따른 도서벽지에 있는 학교와 그에 준하는 지역으로서 대통령령으로 정하는 지역의 학교에 재학하는 학생
3. 「농어업인 삶의 질 향상 및 농어촌지역 개발촉진에 관한 특별법」 제3조제4호에 따른 농어촌학교와 그에 준하는 지역으로서 대통령령으로 정하는 지역의 학교에 재학하는 학생
4. 그 밖에 교육감이 필요하다고 인정하는 학생

③ 교육감은 「재난 및 안전관리 기본법」 제3조제1호에 따른 재난이 발생하여 학교급식이 어려운 경우에는 제5조제1항에 따른 학교급식위원회의 심의를 거쳐 대통령령으로 정하는 바에 따라 학생의 가정에 식재료 등을 지원할 수 있다. 이 경우 지원 범위는 제8조제4항 및 제9조제1항에 따라 국가 또는 지방자치단체가 지원한 급식에 관한 경비에 한정한다. 〈신설 2021. 12. 28.〉

시행령

제10조(급식비 지원기준 등) ① 법 제9조제1항에 따라 보호자가 부담할 경비를 지원하는 경

우 그 지원액 및 지원대상은 학교급식위원회의 심의를 거쳐 교육감이 정한다.

② 법 제9조제2항제2호와 제3호에서 "대통령령이 정하는 지역의 학교"라 함은 각각 다음 각 호의 학교를 말한다. 〈개정 2011. 1. 17.〉

1. 법 제9조제2항제2호 : 「도서·벽지 교육진흥법」 제2조에 따른 도서벽지에 준하는 지역에 소재하는 학교로서 7할 이상에 해당하는 학생의 학부모가 도서벽지의 학부모와 유사한 생활여건에 처하여 있다고 교육감이 인정하는 학교
2. 법 제9조제2항제3호 : 「농어업인 삶의 질 향상 및 농어촌지역 개발촉진에 관한 특별법」 제3조제1호에 따른 농어촌에 준하는 지역에 소재하는 학교로서 7할 이상에 해당하는 학생의 학부모가 농어촌의 학부모와 유사한 생활여건에 처하여 있다고 교육감이 인정하는 학교

③ 교육감은 법 제9조제3항 전단에 따라 학생의 가정에 식재료 등을 지원할 때에는 다음 각 호의 방법으로 한다. 〈신설 2022. 6. 28.〉

1. 다음 각 목의 센터 또는 업체로 하여금 법 제10조에 따른 품질관리기준에 적합한 식재료를 가정으로 배송하게 하는 방법
   가. 법 제5조제4항에 따른 학교급식지원센터
   나. 학교급식에 필요한 식재료나 제조·가공한 식품을 공급하는 업체
2. 보호자에게 식재료를 구매하거나 교환할 수 있는 상품권 또는 교환권을 지급하는 방법
3. 그 밖에 교육감이 학교급식위원회의 심의를 거쳐 정하는 방법

제3장 | 학교급식 관리·운영

제10조(식재료) ① 학교급식에는 품질이 우수하고 안전한 식재료를 사용하여야 한다.

② 식재료의 품질관리기준 그 밖에 식재료에 관하여 필요한 사항은 교육부령으로 정한다. 〈개정 2013. 3. 23.〉

시행규칙

제4조(학교급식 식재료의 품질관리기준 등) ① 「학교급식법」 (이하 "법"이라 한다) 제10조제2항에 따른 식재료의 품질관리기준은 별표 2와 같다.

② 학교급식의 질 제고 및 안전성 확보를 위하여 품질을 우선적으로 고려하여야 하는 경우 식재료의 구매에 관한 계약은 「국가를 당사자로 하는 계약에 관한 법률 시행령」 제43조 또는 「지방자치단체를 당사자로 하는 계약에 관한 법률 시행령」 제43조에 따른 협상에 의한 계약체결방법을 활용할 수 있다.

[별표 2] 학교급식 식재료의 품질관리기준(제4조제1항 관련) 〈개정 2021. 1. 29.〉

1. 농산물

가. 「농수산물의 원산지 표시에 관한 법률」 제5조 및 「대외무역법」 제33조에 따라 원산지가 표시된 농산물을 사용한다. 다만, 원산지 표시 대상 식재료가 아닌 농산물은 그러하지 아니하다.

나. 다음의 농산물에 해당하는 것 중 하나를 사용한다.

1) 「친환경농어업 육성 및 유기식품 등의 관리·지원에 관한 법률」 제19조 및 제34조에 따라 인증받은 유기식품등 및 무농약농산물

2) 「농수산물 품질관리법」 제5조에 따른 표준규격품 중 농산물표준규격이 "상" 등급 이상인 농산물. 다만, 표준규격이 정해져 있지 아니한 농산물은 상품가치가 "상" 이상에 해당하는 것을 사용한다.

3) 「농수산물 품질관리법」 제6조에 따른 우수관리인증농산물

4) 「농수산물 품질관리법」 제24조에 따른 이력추적관리농산물

5) 「농수산물 품질관리법」 제32조에 따라 지리적표시의 등록을 받은 농산물

다. 쌀은 수확연도부터 1년 이내의 것을 사용한다.

라. 부득이하게 전처리(前處理)농산물(수확 후 세척, 선별, 박피 및 절단 등의 가공을 통하여 즉시 조리에 이용할 수 있는 형태로 처리된 식재료)을 사용할 경우에는 나목과 다목에 해당되는 품목으로 다음 사항이 표시된 것으로 한다.

1) 제품명(내용물의 명칭 또는 품목)

2) 업소명(생산자 또는 생산자단체명)

3) 제조연월일(전처리작업일 및 포장일)

4) 전처리 전 식재료의 품질(원산지, 품질등급, 생산연도)

5) 내용량

6) 보관 및 취급방법

마. 수입농산물은 「대외무역법」, 「식품위생법」 등 관계 법령에 적합하고, 나목부터 라목까지의 규정에 상당하는 품질을 갖춘 것을 사용한다.

2. 축산물

가. 공통 기준은 다음과 같다. 다만, 「축산물위생관리법」 제2조제6호에 따른 식용란(食用卵)은 공통 기준을 적용하지 아니한다.

(계속)

1) 「축산물위생관리법」 제9조제2항에 따라 위해요소중점관리기준을 적용하는 도축장에서 처리된 식육을 사용한다.

2) 「축산물위생관리법」 제9조제3항에 따라 위해요소중점관리기준 적용 작업장으로 지정받은 축산물가공장 또는 식육포장처리장에서 처리된 축산물(수입축산물을 국내에서 가공 또는 포장처리 하는 경우에도 동일하게 적용)을 사용한다.

나. 개별기준은 다음과 같다. 다만, 닭고기, 계란 및 오리고기의 경우에는 등급제도 전면 시행 전까지는 권장사항으로 한다.

1) 쇠고기: 「축산법」 제35조에 따른 등급판정의 결과 3등급 이상인 한우 및 육우를 사용한다.

2) 돼지고기: 「축산법」 제35조에 따른 등급판정의 결과 2등급 이상을 사용한다.

3) 닭고기: 「축산법」 제35조에 따른 등급판정의 결과 1등급 이상을 사용한다.

4) 계란: 「축산법」 제35조에 따른 등급판정의 결과 2등급 이상을 사용한다.

5) 오리고기: 「축산법」 제35조에 따른 등급판정의 결과 1등급 이상을 사용한다.

6) 수입축산물: 「대외무역법」, 「식품위생법」, 「축산물위생관리법」 등 관련법령에 적합하며, 1)부터 5)까지에 상당하는 품질을 갖춘 것을 사용한다.

3. 수산물

가. 「농수산물의 원산지 표시에 관한 법률」 제5조 및 「대외무역법」 제33조에 따른 원산지가 표시된 수산물을 사용한다.

나. 「농수산물 품질관리법」 제14조에 따른 품질인증품, 같은 법 제32조에 따라 지리적표시의 등록을 받은 수산물 또는 상품가치가 "상" 이상에 해당하는 것을 사용한다.

다. 전처리수산물

1) 전처리수산물(세척, 선별, 절단 등의 가공을 통해 즉시 조리에 이용할 수 있는 형태로 처리된 식재료를 말한다. 이하 같다)을 사용할 경우 나목에 해당되는 품목으로서 다음 시설 또는 영업소에서 가공 처리(수입수산물을 국내에서 가공 처리하는 경우에도 동일하게 적용한다)된 것으로 한다.

가) 「농수산물 품질관리법」 제74조에 따라 위해요소중점관리기준을 이행하는 시설로서 해양수산부장관에게 등록한 생산·가공시설

나) 「식품위생법」 제48조제1항에 따른 식품안전관리인증기준을 적용하는 업소로서 「식품위생법 시행규칙」 제62조제1항제2호에 따른 냉동수산식품 중 어류·연체류 식품제조·가공업소

2) 전처리수산물을 사용할 경우 다음 사항이 표시된 것으로 한다.

가) 제품명(내용물의 명칭 또는 품목)

나) 업소명(생산자 또는 생산자단체명)

다) 제조연월일(전처리작업일 및 포장일)

(계속)

라) 전처리 전 식재료의 품질(원산지, 품질등급, 생산연도)

마) 내용량

바) 보관 및 취급방법

라. 수입수산물은「대외무역법」,「식품위생법」 등 관련법령에 적합하고 나목 및 다목에 상당하는 품질을 갖춘 것을 사용한다.

4. 가공식품 및 기타

가. 다음에 해당하는 것 중 하나를 사용한다.

1)「식품산업진흥법」 제22조에 따라 품질인증을 받은 전통식품

2)「산업표준화법」 제15조에 따라 산업표준 적합 인증을 받은 농축수산물 가공품

3)「농수산물 품질관리법」 제32조에 따라 지리적표시의 등록을 받은 식품

4)「농수산물 품질관리법」 제14조에 따른 품질인증품

5)「식품위생법」 제48조제1항에 따른 식품안전관리인증기준을 적용하는 업소에서 생산된 가공식품

6)「식품위생법」제37조에 따라 영업 등록된 식품제조·가공업소에서 생산된 가공식품

7)「축산물위생관리법」 제9조에 따라 위해요소중점관리기준을 적용하는 업소에서 가공 또는 처리된 축산물가공품

8)「축산물위생관리법」 제6조제1항에 따른 표시기준에 따라 제조업소, 유통기한 등이 표시된 축산물 가공품

나. 김치 완제품은「식품위생법」 제48조제1항에 따른 식품안전관리인증기준을 적용하는 업소에서 생산된 제품을 사용한다.

다. 수입 가공식품은「대외무역법」,「식품위생법」 등 관련법령에 적합하고 가목에 상당하는 품질을 갖춘 것을 사용한다.

라. 위에서 명시되지 아니한 식품 및 식품첨가물은 식품위생법령에 적합한 것을 사용한다.

5. 예외

가. 수해, 가뭄, 천재지변 등으로 식품수급이 원활하지 않은 경우에는 품질관리기준을 적용하지 않을 수 있다.

나. 이 표에서 정하지 않는 식재료, 도서(島嶼)·벽지(僻地) 및 소규모학교 또는 지역 여건상 학교급식 식재료의 품질관리기준 적용이 곤란하다고 인정되는 경우에는, 교육감이 학교급식위원회의 심의를 거쳐 별도의 품질관리기준을 정하여 시행할 수 있다.

제11조(영양관리) ① 학교급식은 학생의 발육과 건강에 필요한 영양을 충족하고 올바른 식생활습관 형성에 도움을 줄 수 있도록 다양한 식품으로 구성되어야 한다. 〈개정

2021. 12. 28.〉

② 학교급식의 영양관리기준은 교육부령으로 정하고, 식품구성기준은 필요한 경우 교육감이 정한다. 〈개정 2021. 12. 28.〉

시행규칙

제5조(학교급식의 영양관리기준 등) ① 법 제11조제2항에 따른 학교급식의 영양관리기준은 별표 3과 같다.

② 제1항의 기준에 따라 식단작성시 고려하여야 할 사항은 다음 각 호와 같다.

1. **전통 식문화(食文化)의 계승·발전을 고려할 것**
2. **곡류 및 전분류, 채소류 및 과일류, 어육류 및 콩류, 우유 및 유제품 등 다양한 종류의 식품을 사용할 것**
3. **염분·유지류·단순당류 또는 식품첨가물 등을 과다하게 사용하지 않을 것**
4. **가급적 자연식품과 계절식품을 사용할 것**
5. **다양한 조리방법을 활용할 것**

[별표 3] 학교급식의 영양관리기준(제5조제1항 관련) 〈개정 2021. 1. 29.〉

성별	구분		에너지 (kcal)	단백질 (g)	비타민A (㎍ RAE)		티아민 (비타민 B_1)(㎎)		리보플라빈 (비타민 B_2)(㎎)		비타민 C (㎎)		칼슘 (㎎)		철 (㎎)	
					평균 필요량	권장 섭취량	평균 필요량	권장 섭취량	평균 필요량	권장 섭취량	평균 필요량	권장 섭취량	평균 필요량	권장 섭취량	평균 필요량	권장 섭취량
유치원생			400	7.1	66	85	0.12	0.15	0.15	0.17	10.0	12.8	142	170	1.5	2.0
남	초등학생	1~3학년	570	11.7	104	150	0.17	0.24	0.24	0.30	13.4	16.7	200	234	2.4	3.0
		4~6학년	670	16.7	137	200	0.24	0.30	0.30	0.37	18.4	23.4	217	267	2.7	3.7
	중학생		840	20.0	177	250	0.30	0.37	0.40	0.50	23.4	30.0	267	334	3.7	4.7
	고등학생		900	21.7	207	284	0.37	0.44	0.47	0.57	26.7	33.4	250	300	3.7	4.7
여	초등학생	1~3학년	500	11.7	97	134	0.20	0.24	0.20	0.27	13.4	16.7	200	234	2.4	3.0
		4~6학년	600	15.0	130	184	0.27	0.30	0.27	0.34	18.4	23.4	217	267	2.7	3.4
	중학생		670	18.4	160	217	0.30	0.37	0.34	0.40	23.4	30.0	250	300	4.0	5.4
	고등학생		670	18.4	150	217	0.30	0.37	0.34	0.40	26.7	33.4	234	267	3.7	4.7

비고: 유치원생의 경우 제공되는 간식을 제외하고 산출된 수치임

1. 학교급식의 영양관리기준은 한끼의 기준량을 제시한 것으로 학생 집단의 성장 및 건강상태, 활동정도, 지역적 상황 등을 고려하여 탄력적으로 적용할 수 있다.
2. 영양관리기준은 계절별로 연속 5일씩 1인당 평균영양공급량을 평가하되, 준수범위는 다음과 같다.

(계속)

가. 에너지는 학교급식의 영양관리기준 에너지의 ±10%로 하되, 탄수화물 : 단백질 : 지방의 에너지 비율이 각각 55~65% : 7~20% : 15~30%가 되도록 한다.

나. 단백질은 학교급식 영양관리기준의 단백질량 이상으로 공급하되, 총공급에너지 중 단백질 에너지가 차지하는 비율이 20%를 넘지 않도록 한다.

다. 비타민A, 티아민, 리보플라빈, 비타민C, 칼슘, 철은 학교급식 영양관리기준의 권장섭취량 이상으로 공급하는 것을 원칙으로 하되, 최소한 평균필요량 이상이어야 한다.

제12조(위생·안전관리) ① 학교급식은 식단작성, 식재료 구매·검수·보관·세척·조리, 운반, 배식, 급식기구 세척 및 소독 등 모든 과정에서 위해한 물질이 식품에 혼입되거나 식품이 오염되지 아니하도록 위생과 안전관리를 철저히 하여야 한다. 〈개정 2021. 3. 23〉

② 학교급식의 위생·안전관리기준은 교육부령으로 정한다. 〈개정 2013. 3. 23.〉

시행규칙

제6조(학교급식의 위생·안전관리기준 등) ① 법 제12조제2항에 따른 학교급식의 위생·안전관리기준은 별표 4와 같다.

② 교육부장관은 제1항에 따른 기준의 준수 및 향상을 위한 지침을 정할 수 있다. 〈개정 2013. 3. 23.〉

[별표 4] 학교급식의 위생·안전관리기준(제6조제1항 관련) 〈개정 2021. 1. 29.〉

1. 시설관리

가. 식시설·설비, 기구 등에 대한 청소 및 소독계획을 수립·시행하여 항상 청결하게 관리하여야 한다.

나. 냉장·냉동고의 온도, 식기세척기의 최종 헹굼수 온도 또는 식기소독보관고의 온도를 기록·관리하여야 한다.

다. 급식용수로 수돗물이 아닌 지하수를 사용하는 경우 소독 또는 살균하여 사용하여야 한다.

2. 개인위생

가. 식품취급 및 조리작업자는 6개월에 1회 건강진단을 실시하고, 그 기록을 2년간 보관하여야 한다. 다만, 폐결핵검사는 연1회 실시할 수 있다.

나. 손을 잘 씻어 손에 의한 오염이 일어나지 않도록 하여야 한다. 다만, 손 소독은 필요시 실시할 수 있다.

3. 식재료 관리

가. 잠재적으로 위험한 식품 여부를 고려하여 식단을 계획하고, 공정관리를 철저히 하여야 한다.

(계속)

나. 식재료 검수시 「학교급식 식재료의 품질관리기준」에 적합한 품질 및 신선도와 수량, 위생상태 등을 확인하여 기록하여야 한다.

4. 작업위생

가. 칼과 도마, 고무장갑 등 조리기구 및 용기는 원료나 조리과정에서 교차오염을 방지하기 위하여 용도별로 구분하여 사용하고 수시로 세척·소독하여야 한다.

나. 식품 취급 등의 작업은 바닥으로부터 60㎝ 이상의 높이에서 실시하여 식품의 오염이 방지되어야 한다.

다. 조리가 완료된 식품과 세척·소독된 배식기구·용기등은 교차오염의 우려가 있는 기구·용기 또는 원재료 등과 접촉에 의해 오염되지 않도록 관리하여야 한다.

라. 해동은 냉장해동(10℃ 이하), 전자레인지 해동 또는 흐르는 물(21℃ 이하)에서 실시하여야 한다.

마. 해동된 식품은 즉시 사용하여야 한다.

바. 날로 먹는 채소류, 과일류는 충분히 세척·소독하여야 한다.

사. 가열조리 식품은 중심부가 75℃ (패류는 85℃) 이상에서 1분 이상으로 가열되고 있는지 온도계로 확인하고, 그 온도를 기록·유지하여야 한다.

아. 조리가 완료된 식품은 온도와 시간관리를 통하여 미생물 증식이나 독소 생성을 억제하여야 한다.

5. 배식 및 검식

가. 조리된 음식은 안전한 급식을 위하여 운반 및 배식기구 등을 청결히 관리하여야 하며, 배식 중에 운반 및 배식기구 등으로 인하여 오염이 일어나지 않도록 조치하여야 한다.

나. 급식실 외의 장소로 운반하여 배식하는 경우 배식용 운반기구 및 운송차량 등을 청결히 관리하여 배식시까지 식품이 오염되지 않도록 하여야 한다.

다. 조리된 식품에 대하여 배식하기 직전에 음식의 맛, 온도, 조화(영양적인 균형, 재료의 균형), 이물(異物), 불쾌한 냄새, 조리상태 등을 확인하기 위한 검식을 실시하여야 한다.

라. 급식시설에서 조리한 식품은 온도관리를 하지 아니하는 경우에는 조리 후 2시간 이내에 배식을 마쳐야 한다.

마. 조리된 식품은 매회 1인분 분량을 섭씨 영하 18도 이하에서 144시간 이상 보관해야 한다.

6. 세척 및 소독 등

가. 식기구는 세척·소독 후 배식 전까지 위생적으로 보관·관리하여야 한다.

나. 「감염병의 예방 및 관리에 관한 법률 시행령」 제24조에 따라 급식시설에 대하여 소독을 실시하고 소독필증을 비치하여야 한다.

(계속)

7. 안전관리
   가. 관계규정에 따른 정기안전검사[가스·소방·전기안전, 보일러·압력용기·덤웨이터(dumb-waiter)검사 등]를 실시하여야 한다.
   나. 조리기계·기구의 안전사고 예방을 위하여 안전작동방법을 게시하고 교육을 실시하며, 관리책임자를 지정, 그 표시를 부착하고 철저히 관리하여야 한다.
   다. 조리장 바닥은 안전사고 방지를 위하여 미끄럽지 않게 관리하여야 한다.
8. 기타 : 이 기준에서 정하지 않은 사항에 대해서는 식품위생법령의 위생·안전관련 기준에 따른다.

제13조(식생활 지도 등) 학교의 장은 올바른 식생활습관의 형성, 식량생산 및 소비에 관한 이해 증진 및 전통 식문화의 계승·발전을 위하여 학생에게 식생활 관련 교육 및 지도를 하며, 보호자에게는 관련 정보를 제공한다. 〈개정 2021. 12. 28.〉

제14조(영양상담) 학교의 장은 식생활에서 기인하는 영양불균형을 시정하고 질병을 사전에 예방하기 위하여 저체중 및 성장부진, 빈혈, 과체중 및 비만학생 등을 대상으로 영양상담과 필요한 지도를 실시한다.

제15조(학교급식의 운영방식) ① 학교의 장은 학교급식을 직접 관리·운영하되, 「유아교육법」 제19조의3에 따른 유치원운영위원회 및 「초·중등교육법」 제31조에 따른 학교운영위원회의 심의·자문을 거쳐 일정한 요건을 갖춘 자에게 학교급식에 관한 업무를 위탁하여 이를 행하게 할 수 있다. 다만, 식재료의 선정 및 구매·검수에 관한 업무는 학교급식 여건상 불가피한 경우를 제외하고는 위탁하지 아니한다. 〈개정 2021. 1. 29.〉

② 제1항의 규정에 따라 의무교육기관에서 업무위탁을 하고자 하는 경우에는 미리 관할청의 승인을 얻어야 한다.

③ 제1항의 규정에 따른 학교급식에 관한 업무위탁의 범위, 학교급식공급업자가 갖추어야 할 요건 그 밖에 업무위탁에 관하여 필요한 사항은 대통령령으로 정한다.

시행령

제11조(업무위탁의 범위 등) ① 법 제15조제1항에서 "학교급식 여건상 불가피한 경우"라 함은 다음 각 호의 경우를 말한다.

1. 공간적 또는 재정적 사유 등으로 학교급식시설을 갖추지 못한 경우
2. 학교의 이전 또는 통·폐합 등의 사유로 장기간 학교의 장이 직접 관리·운영함이 곤란한 경우

3. 그 밖에 학교급식의 위탁이 불가피한 경우로서 교육감이 학교급식위원회의 심의를 거쳐 정하는 경우

② 법 제15조제3항에 따른 학교급식공급업자가 갖추어야 할 요건은 다음 각 호와 같다. 〈개정 2009. 8. 6.〉

1. 법 제12조제1항에 따른 학교급식 과정 중 조리, 운반, 배식 등 일부업무를 위탁하는 경우 : 「식품위생법 시행령」 제21조제8호마목에 따른 위탁급식영업의 신고를 할 것
2. 법 제12조제1항에 따른 학교급식 과정 전부를 위탁하는 경우
   가. 학교 밖에서 제조·가공한 식품을 운반하여 급식하는 경우 : 「식품위생법 시행령」 제21조제1호에 따른 식품제조·가공업의 신고를 할 것
   나. 학교급식시설을 운영위탁하는 경우 : 「식품위생법 시행령」 제21조제8호마목에 따른 위탁급식영업의 신고를 할 것

③ 학교의 장은 법 제15조제1항에 따라 학교급식에 관한 업무를 위탁하고자 하는 경우 「식품위생법」 제88조에 따른 집단급식소 신고에 필요한 면허소지자를 둔 학교급식공급업자에게 위탁하여야 한다. 〈개정 2009. 8. 6.〉

시행령

제12조(업무위탁 등의 계약방법) 법 제15조에 따른 학교급식업무의 위탁에 관한 계약은 국가를 당사자로 하는 계약에 관한 법령 또는 지방자치단체를 당사자로 하는 계약에 관한 법령의 관계 규정을 적용 또는 준용한다.

제16조(품질 및 안전을 위한 준수사항) ① 학교의 장과 그 학교의 학교급식 관련 업무를 담당하는 관계 교직원(이하 "학교급식관계교직원"이라 한다) 및 학교급식공급업자는 학교급식의 품질 및 안전을 위하여 다음 각 호의 어느 하나에 해당하는 식재료를 사용하여서는 아니된다. 〈개정 2021. 11. 30.〉

1. 「농수산물의 원산지 표시 등에 관한 법률」 제5조제1항에 따른 원산지 표시를 거짓으로 적은 식재료
2. 「농수산물 품질관리법」 제56조에 따른 유전자변형농수산물의 표시를 거짓으로 적은 식재료

※〈벌칙〉제16조제1항제1호 또는 제2호의 규정을 위반한 자: 7년 이하의 징역 또는 1억원 이하의 벌금

3.「축산법」 제40조의 규정에 따른 축산물의 등급을 거짓으로 기재한 식재료

4.「농수산물 품질관리법」 제5조제2항에 따른 표준규격품의 표시, 같은 법 제14조제3항에 따른 품질인증의 표시 및 같은 법 제34조제3항에 따른 지리적표시를 거짓으로 적은 식재료

※〈벌칙〉제16조제1항제4호 규정을 위반한 자: 3년 이하의 징역 또는 3천만원 이하의 벌금

② 학교의 장과 그 소속 학교급식관계교직원 및 학교급식공급업자는 다음 사항을 지켜야 한다. 〈개정 2021. 3. 23.〉

1. 제10조제2항의 규정에 따른 식재료의 품질관리기준, 제11조제2항의 규정에 따른 영양관리기준 및 제12조제2항의 규정에 따른 위생·안전관리기준

※〈벌칙〉제16조제2항제1호의 규정을 위반한 자: 500만원 이하의 과태료

2. 그 밖에 학교급식의 품질 및 안전을 위하여 필요한 사항으로서 교육부령으로 정하는 사항

③ 학교의 장과 그 소속 학교급식관계교직원 및 학교급식공급업자는 학교급식에 알레르기를 유발할 수 있는 식재료가 사용되는 경우에는 이 사실을 급식 전에 급식 대상 학생에게 알리고, 급식 시에 표시하여야 한다. 〈신설 2013. 5. 22.〉

※〈벌칙〉제16조제2항제2호 또는 같은 조 제3항의 규정을 위반한 자:300만원 이하의 과태료

④ 알레르기를 유발할 수 있는 식재료의 종류 등 제3항에 따른 공지 및 표시와 관련하여 필요한 사항은 교육부령으로 정한다. 〈신설 2013. 5. 22.〉

시행규칙

제7조(품질 및 안전을 위한 준수사항) ① 법 제16조제2항제2호에서 "그 밖에 학교급식의 품질 및 안전을 위하여 필요한 사항"이라 함은 다음 각 호의 사항을 말한다. 〈개정 2013. 11. 22.〉

1. 매 학기별 보호자부담 급식비 중 식품비 사용비율의 공개
2. 학교급식관련 서류의 비치 및 보관(**보존연한은 3년**)
   가. 급식인원, 식단, 영양 공급량 등이 기재된 학교급식일지
   나. 식재료 검수일지 및 거래명세표

② 법 제16조제3항에 따라 학교의 장과 그 소속 학교급식관계교직원 및 학교급식공급업자는 학교급식에 식품등의 법률 광고에 관한 시행 규칙 제5조 1항 및 별표 2에 따라

알레르기 유발 물질 표시 대상이 되는 식품을을 사용하는 경우 다음 각 호의 방법으로 알리고 표시하여야 한다. 다만, 해당 식품으로부터 추출 등의 방법으로 얻은 성분을 함유하고 있는 식품에 대해서는 다음 각 호의 방법에 따를 수 있다. 〈개정 2021. 1. 29.〉

1. 공지방법: 알레르기를 유발할 수 있는 식재료가 표시된 월간 식단표를 가정통신문으로 안내하고 학교 인터넷 홈페이지에 게재할 것
2. 표시방법: 알레르기를 유발할 수 있는 식재료가 표시된 주간 식단표를 식당 및 교실에 게시할 것

제17조(생산품의 직접사용 등) 학교에서 작물재배·동물사육 그 밖에 각종 생산활동으로 얻은 생산품이나 그 생산품의 매각대금은 다른 법률의 규정에도 불구하고 학교급식을 위하여 직접 사용할 수 있다. 〈개정 2021. 3. 23.〉

제4장 | 보칙

제18조(학교급식 운영평가) ① 교육부장관 또는 교육감은 학교급식 운영의 내실화와 질적 향상을 위하여 학교급식의 운영에 관한 평가를 실시할 수 있다. 〈개정 2013. 3. 23.〉

② 제1항의 규정에 따른 평가의 방법·기준 그 밖에 학교급식 운영평가에 관하여 필요한 사항은 대통령령으로 정한다.

시행령

제13조(학교급식 운영평가 방법 및 기준) ① 법 제18조제1항에 따른 학교급식 운영평가를 효율적으로 실시하기 위하여 교육부장관 또는 교육감은 평가위원회를 구성·운영할 수 있다. 〈개정 2013. 3. 23.〉

② 법 제18조제2항에 따른 학교급식 운영평가기준은 다음 각 호와 같다.

1. 학교급식 위생·영양·경영 등 급식운영관리
2. 학생 식생활지도 및 영양상담
3. 학교급식에 대한 수요자의 만족도
4. 급식예산의 편성 및 운용

5. 그 밖에 평가기준으로 필요하다고 인정하는 사항

제19조(출입·검사·수거 등) ① 교육부장관 또는 교육감은 필요하다고 인정하는 때에는 식품위생 또는 학교급식 관계공무원으로 하여금 학교급식 관련 시설에 출입하여 식품·시설·서류 또는 작업상황 등을 검사 또는 열람을 하게 할 수 있으며, 검사에 필요한 최소량의 식품을 무상으로 수거하게 할 수 있다. 〈개정 2013. 3. 23.〉

※〈벌칙〉제19조제1항 규정을 위반한 자: 3년 이하의 징역 또는 3천만원 이하의 벌금

② 제1항의 규정에 따라 출입·검사·열람 또는 수거를 하고자 하는 공무원은 그 권한을 표시하는 증표를 지니고, 이를 관계인에게 내보여야 한다.

③ 제1항의 규정에 따른 검사 등의 결과 제16조제2항제1호·제2호 또는 같은 조 제3항의 규정을 위반한 때에는 교육부장관 또는 교육감은 해당학교의 장 또는 학교급식공급업자에게 시정을 명할 수 있다. 〈개정 2013. 5. 22.〉

※〈벌칙〉제19조제3항 시정명령을 위반한 자: 500만원 이하의 과태료

시행령

제14조(출입·검사·수거 등 대상시설) 법 제19조제1항에 따른 학교급식관련 시설은 다음 각 호와 같다.

1. 학교 안에 설치된 학교급식시설
2. 학교급식에 식재료 또는 제조·가공한 식품을 공급하는 업체의 제조·가공시설

시행령

제17조(권한의 위임) 교육감은 법 제20조에 따라 법 제19조에 따른 출입·검사·수거 등, 법 제21조에 따른 행정처분 등의 요청 및 법 제25조에 따른 과태료 부과·징수권한을 조례로 정하는 바에 따라 교육장에게 위임할 수 있다. 〈개정 2010. 6. 29.〉

시행규칙

제8조(출입·검사 등) ① 영 제14조제1호의 시설에 대한 출입·검사 등은 다음 각 호와 같이 실시하되, 학교급식 운영상 필요한 경우에는 연간 실시 횟수를 조정할 수 있다 〈개정 2021. 1. 29.〉

1. 제4조제1항에 따른 식재료 품질관리기준, 제5조제1항에 따른 영양관리기준 및 제7조에 따른 준수사항 이행여부의 확인·지도 : 연 1회 이상 실시하되, 제2호의 확인·

지도시 함께 실시할 수 있음

2. 제6조제1항에 따른 위생·안전관리기준 이행여부의 확인·지도 : 연 2회 이상

② 영 제14조제2호의 시설에 대한 출입·검사 등을 효율적으로 시행하기 위하여 필요하다고 인정하는 경우 교육부장관, 교육감 또는 교육장은 식품의약품안전처장, 특별시장·광역시장·특별자치시장·도지사·특별자치도지사 또는 시장·군수·구청장(자치구의 구청장을 말한다)에게 행정응원을 요청할 수 있다. 〈개정 2013. 11. 22.〉

③ 제1항 및 제2항에 따른 출입·검사를 실시한 관계공무원은 해당 학교급식관련 시설에 비치된 별지 제3호서식의 출입·검사 등 기록부에 그 결과를 기록하여야 한다.

④ 법 제19조제2항에 따른 공무원의 권한을 표시하는 증표는 별지 제4호서식과 같다.

시행규칙

제9조(수거 및 검사의뢰 등) ① 법 제19조제1항에 따라 다음 각호의 검사를 실시할 수 있다.

1. 미생물 검사
2. 식재료의 원산지, 품질 및 안전성 검사

② 제1항에 따라 검체를 수거한 관계공무원은 검체를 수거한 장소에서 봉함(封函)하고 관계공무원 및 피수거자의 날인이나 서명으로 봉인(封印)한 후 지체없이 특별시·광역시·도·특별자치도의 보건환경연구원, 시·군·구의 보건소 등 관계검사기관에 검사를 의뢰하거나 자체적으로 검사를 실시한다. 다만, 제1항제2호의 검사에 대하여는 국립농산물품질관리원, 농림축산검역본부, 국립수산물품질관리원 등 관계행정기관에 수거 및 검사를 의뢰할 수 있다. 〈개정 2013. 11. 22.〉

③ 제2항에 따라 검체를 수거한 때에는 별지 제5호서식의 수거증을 교부하여야 하며, 검사를 의뢰한 때에는 별지 제6호서식의 수거검사처리대장에 그 내용을 기록하고 이를 비치하여야 한다.

제20조(권한의 위임) 이 법에 의한 교육부장관 또는 교육감의 권한은 그 일부를 대통령령으로 정하는 바에 따라 교육감 또는 교육장에게 위임할 수 있다. 〈개정 2021. 3. 23.〉

제21조(행정처분 등의 요청) ① 교육부장관 또는 교육감은 「식품위생법」·「농수산물 품질관리법」·「축산법」·「축산물위생관리법」의 규정에 따라 허가 및 신고·지정 또는 인증을 받은 자가 제19조의 규정에 따른 검사 등의 결과 각 해당법령을 위반한 경우에

는 관계행정기관의 장에게 행정처분 등의 필요한 조치를 할 것을 요청할 수 있다. 〈개정 2013. 3. 23.〉

② 제1항의 규정에 따라 요청을 받은 관계행정기관의 장은 없으면 그 요청을 따라야 하며, 그 조치결과를 교육부장관 또는 해당 교육감에게 알려야 한다. 〈개정 2021. 3. 23.〉

시행령

제17조(권한의 위임) 교육감은 법 제20조에 따라 법 제19조에 따른 출입·검사·수거 등, 법 제21조에 따른 행정처분 등의 요청 및 법 제25조에 따른 과태료 부과·징수권한을 조례로 정하는 바에 따라 교육장에게 위임할 수 있다. 〈개정 2010. 6. 29.〉

시행규칙

제10조(행정처분의 요청 등) 법 제21조에 따라 관할 행정기관의 장에게 행정처분 등 필요한 조치를 요청하고자 하는 때에는 별지 제7호서식의 확인서 또는 제9조제1항의 검사결과를 첨부하여 요청하여야 한다.

제22조(징계) 학교급식의 적정한 운영과 안전성 확보를 위하여 징계의결 요구권자는 관할 학교의 장 또는 그 소속 교직원 중 다음 각 호의 어느 하나에 해당하는 자에 대하여 해당 징계사건을 관할하는 징계위원회에 그 징계를 요구하여야 한다. 〈개정 2021. 3. 23.〉

1. 고의 또는 과실로 식중독 등 위생·안전상의 사고를 발생하게 한 자
2. 학교급식 관련 계약상의 계약해지 사유가 발생하였음에도 불구하고 정당한 사유 없이 계약해지를 하지 아니한 자
3. 제19조제3항의 규정에 따라 교육부장관 또는 교육감으로부터 시정명령을 받았음에도 불구하고 정당한 사유 없이 이를 이행하지 아니한 자
4. 학교급식과 관련하여 비리가 적발된 자

제5장 | 벌칙

제23조(벌칙) ① 제16조제1항제1호 또는 제2호의 규정을 위반한 학교급식공급업자는 7년 이하의 징역 또는 1억원 이하의 벌금에 처한다. 〈개정 2008. 3. 21.〉

② 제16조제1항제3호의 규정을 위반한 학교급식공급업자는 5년 이하의 징역 또는 5천

만원 이하의 벌금에 처한다. 〈개정 2008. 3. 21.〉

③ 다음 각 호의 어느 하나에 해당하는 자는 3년 이하의 징역 또는 3천만원 이하의 벌금에 처한다.

1. 제16조제1항제4호의 규정을 위반한 학교급식공급업자
2. 제19조제1항의 규정에 따른 출입·검사·열람 또는 수거를 정당한 사유 없이 거부하거나 방해 또는 기피한 자

위반사항	근거법조문	벌칙
「농수산물의 원산지 표시에 관한 법률」 제5조제1항에 따른 원산지 표시를 거짓으로 적은 식재료 또는 「농수산물 품질관리법」 제56조에 따른 유전자변형농수산물의 표시를 거짓으로 적은 식재료사용 학교급식공급업자	제16조제1항제1호 또는 제2호의 규정	7년 이하의 징역 또는 1억원 이하의 벌금
• 「농수산물 품질관리법」 제5조제2항에 따른 표준규격품의 표시, 같은 법 제14조제3항에 따른 품질인증의 표시 및 같은 법 제34조제3항에 따른 지리적표시를 거짓으로 적은 식재료 사용 학교급식공급업자 • 교육부장관 또는 교육감은 필요하다고 인정하는 때에는 식품위생 또는 학교급식 관계공무원으로 하여금 학교급식 관련 시설에 출입하여 식품·시설·서류 또는 작업상황 등을 검사 또는 열람을 하게 할 수 있으며, 검사에 필요한 최소량의 식품을 무상으로 수거를 정당한 사유 없이 거부하거나 방해 또는 기피한 자	• 제16조제1항제4호의 규정 • 제19조제1항의 규정	3년 이하의 징역 또는 3천만원 이하의 벌금

제24조(양벌규정) 법인의 대표자나 법인 또는 개인의 대리인, 사용인, 그 밖의 종업원이 그 법인 또는 개인의 업무에 관하여 제23조의 위반행위를 하면 그 행위자를 벌하는 외에 그 법인 또는 개인에게도 해당 조문의 벌금형을 과(科)한다. 다만, 법인 또는 개인이 그 위반행위를 방지하기 위하여 해당 업무에 관하여 상당한 주의와 감독을 게을리하지 아니한 경우에는 그러하지 아니하다.

[전문개정 2010. 3. 17.]

제25조(과태료) ① 제16조제2항제1호의 규정을 위반하여 제19조제3항의 규정에 따른 시정명령을 받았음에도 불구하고 정당한 사유없이 이를 이행하지 아니한 학교급식공급업자에게는 500만원 이하의 과태료를 부과한다. 〈개정 2021. 3. 23.〉

② 제16조제2항제2호 또는 같은 조 제3항의 규정을 위반하여 제19조제3항의 규정에 따른 시정명령을 받았음에도 불구하고 정당한 사유 없이 이를 이행하지 아니한 학교급식공급업자는 300만원 이하의 과태료를 부과한다. 〈개정 2021. 3. 23.〉

③ 제1항 및 제2항의 규정에 따른 과태료는 대통령령으로 정하는 바에 따라 교육부장관 또는 교육감이 부과·징수한다. 〈개정 2021. 3. 23.〉

④~⑥ 삭제 〈2010. 3. 17.〉

위반행위	근거법조문	과태료금액 (단위:만원)
제10조제2항의 규정에 따른 식재료의 품질관리기준, 제11조제2항의 규정에 따른 영양관리기준 및 제12조제2항의 규정에 따른 위생·안전관리기준 위반	제16조제2항제1호의 규정 제19조제3항의 규정에 따른 시정명령	500만원 이하
학교급식의 품질 및 안전을 위하여 필요한 사항으로서 교육부령이 정하는 사항 위반	제16조제2항제2호 또는 같은 조 제3항의 규정 제19조제3항의 규정에 따른 시정명령	300만원 이하

과태료 시행령 **[별표] 과태료의 부과기준**(제18조 관련) 〈개정 2023. 4. 25.〉

1. 일반기준

가. 위반행위의 횟수에 따른 과태료의 기준은 최근 3년간 같은 위반행위로 과태료를 부과받은 경우에 적용한다. 이 경우 위반행위에 대하여 과태료 부과처분을 한 날과 다시 같은 위반행위를 적발한 날을 각각 기준으로 하여 위반횟수를 계산한다.

나. 부과권자는 다음의 어느 하나에 해당하는 경우에는 제2호에 따른 과태료 금액의 2분의 1의 범위에서 그 금액을 감경할 수 있다. 다만, 과태료를 체납하고 있는 위반행위자의 경우에는 그러하지 아니하다.

1) 위반행위자가 「질서위반행위규제법 시행령」 제2조의2제1항 각 호의 어느 하나에 해당하는 경우
2) 위반행위자가 위법행위로 인한 결과를 시정하거나 해소한 경우
3) 위반행위가 사소한 부주의나 오류 등 과실로 인한 것으로 인정되는 경우
4) 위반행위의 결과가 경미한 경우
5) 그 밖에 위반행위의 정도, 위반행위의 동기와 그 결과 등을 고려하여 감경할 필요가 있다고 인정되는 경우

다. 부과권자는 고의 또는 중과실이 없는 위반행위자가 「소상공인기본법」 제2조에 따른 소상공인에 해당하고, 과태료를 체납하고 있지 않은 경우에는 다음의 사항을 고려하여 제2호의 개별기준에 따른 과태료의 100분의 70 범위에서 그 금액을 줄여 부과할 수 있다. 다만, 나목에 따른 감경과 중복하여 적용하지 않는다.

1) 위반행위자의 현실적인 부담능력
2) 경제위기 등으로 위반행위자가 속한 시장·산업 여건이 현저하게 변동되거나 지속적으로 악화된 상태인지 여부

2. 개별기준

위반행위	근거 법조문	과태료 금액(단위: 만원)		
		1차 위반	2차 위반	3차 이상 위반
가. 학교급식공급업자가 법 제16조제2항제1호를 위반하여 법 제19조제3항에 따른 시정명령을 받았음에도 불구하고 정당한 사유 없이 이를 이행하지 않은 경우	법 제25조제1항	100	300	500
나. 학교급식공급업자가 법 제16조제2항제2호를 위반하여 법 제19조제3항에 따른 시정명령을 받았음에도 불구하고 정당한 사유 없이 이를 이행하지 않은 경우	법 제25조제2항	100	200	300
다. 학교급식공급업자가 법 제16조제3항을 위반하여 법 제19조제3항에 따른 시정명령을 받았음에도 불구하고 정당한 사유 없이 이를 이행하지 않은 경우	법 제25조제2항	100	200	300

시행령

제17조(권한의 위임) 〈개정 2010. 6. 29.〉 생략

제18조(과태료의 부과기준) 생략

[전문개정 2011. 4. 5.]

02

국민건강증진법·시행령·시행규칙

국민건강증진법 [법률 제19446호, 2023. 6. 13., 일부개정]

국민건강증진법 시행령 [대통령령 제32160호, 2021. 11. 30., 일부개정]

국민건강증진법 시행규칙 [보건복지부령 제892호, 2022. 6. 22., 일부개정]

장	조	
제1장 총칙	제1조 목적 제2조 정의 제3조 책임 제3조의2 보건의 날 제4조 국민건강증진종합계획의 수립	제4조의2 실행계획의 수립 등 제4조의3 계획수립의 협조 제5조 국민건강증진정책심의위원회 제5조의2 위원회의 구성과 운영 제5조의3 한국건강증진개발원의 설립 및 운영
제2장 국민건강의 관리	제6조 건강친화 환경 조성 및 건강 제6조의2 건강친화기업 인증 제6조의3 인증의 유효기간 제6조의4 인증의 취소 제7조 광고의 금지 등 제8조 금연 및 절주운동등 제8조의2 주류광고의 제한 금지 특례 제8조의3 절주문화 조성 및 알코올 남용 의존 관리 제8조의4 금주구역 지정 제9조 금연을 위한 조치 제9조의2 담배에 관한 광고문구 등 표시 제9조의3 가향물질 함유 표시 제한 제9조의4 담배에 관한 광고의 금지 또는 제한 제9조의5 금연지도원 제10조 건강생활실천협의회 제11조 보건교육의 관장	제12조 보건교육의 실시 등 제12조의2 보건교육사자격증의 교부 등 제12조의3 국가시험 제12조의4 보건교육사의 채용 제12조의5 보건교육사의 자격취소 제12조의6 청문 제13조 보건교육의 평가 제14조 보건교육의 개발등 제15조 영양개선 제16조 국민건강영양조사등 제16조의2 신체활동장려사업의 계획 수립·시행 제16조의3 신체활동장려사업 제17조 구강건강사업의 계획수립·시행 제18조 구강건강사업 제19조 건강증진사업등 제20조 검진 제21조 검진결과의 공개금지
제3장 국민건강증진기금	제22조 기금의 설치 등 제23조 국민건강증진부담금의 부과·징수 등 제23조의2 부담금의 납부담보	제23조의3 부담금 부과·징수의 협조 제24조 기금의 관리·운용 제25조 기금의 사용등
제4장 보칙	제26조 비용의 보조 제27조 지도·훈련 제28조 보고·검사	제29조 권한의 위임·위탁 제30조 수수료
제5장 벌칙	제31조 벌칙 제31조의2 벌칙 제32조 벌칙 제33조 양벌규정	제34조 과태료 제35조 삭제 〈2017.12.30〉 제36조 삭제 〈1999.2.5.〉

제1장 | 총칙

제1조(목적) 이 법은 국민에게 건강에 대한 가치와 책임의식을 함양하도록 건강에 관한 바른 지식을 보급하고 스스로 건강생활을 실천할 수 있는 여건을 조성함으로써 국민의 건강을 증진함을 목적으로 한다.

제2조(정의) 이 법에서 사용하는 용어의 정의는 다음과 같다. 〈개정 2019. 12. 3.〉

1. "**국민건강증진사업**"이라 함은 보건교육, 질병예방, 영양개선, 신체활동장려, 건강관리 및 건강생활의 실천등을 통하여 국민의 건강을 증진시키는 사업을 말한다.
2. "보건교육"이라 함은 개인 또는 집단으로 하여금 건강에 유익한 행위를 자발적으로 수행하도록 하는 교육을 말한다.
3. "**영양개선**"이라 함은 개인 또는 집단이 균형된 식생활을 통하여 건강을 개선시키는 것을 말한다.
4. "신체활동장려"란 개인 또는 집단이 일상생활 중 신체의 근육을 활용하여 에너지를 소비하는 모든 활동을 자발적으로 적극 수행하도록 장려하는 것을 말한다.
5. "건강관리"란 개인 또는 집단이 건강에 유익한 행위를 지속적으로 수행함으로써 건강한 상태를 유지하는 것을 말한다.
6. "건강친화제도"란 근로자의 건강증진을 위하여 직장 내 문화 및 환경을 건강친화적으로 조성하고, 근로자가 자신의 건강관리를 적극적으로 수행할 수 있도록 교육, 상담 프로그램 등을 지원하는 것을 말한다.

[제목개정 2019. 12. 3.]

제3조(책임) ① 국가 및 지방자치단체는 건강에 관한 국민의 관심을 높이고 국민건강을 증진할 책임을 진다.

② 모든 국민은 자신 및 가족의 건강을 증진하도록 노력하여야 하며, 타인의 건강에 해를 끼치는 행위를 하여서는 아니된다.

제3조의2(보건의 날) ① 보건에 대한 국민의 이해와 관심을 높이기 위하여 매년 4월 7일을 보건의 날로 정하며, 보건의 날부터 1주간을 건강주간으로 한다.

② 국가와 지방자치단체는 보건의 날의 취지에 맞는 행사 등 사업을 시행하도록 노력하여야 한다.

〈본조신설 2014. 1. 28.〉

제4조(국민건강증진종합계획의 수립) ① 보건복지부장관은 제5조의 규정에 따른 국민건강증진정책심의위원회의 심의를 거쳐 국민건강증진종합계획(이하 "종합계획"이라 한다)을 5년마다 수립하여야 한다. 이 경우 미리 관계중앙행정기관의 장과 협의를 거쳐야 한다. 〈개정 2010. 1. 18.〉

② 종합계획에 포함되어야 할 사항은 다음과 같다. 〈개정 2014. 3. 18.〉

1. 국민건강증진의 기본목표 및 추진방향
2. 국민건강증진을 위한 주요 추진과제 및 추진방법
3. 국민건강증진에 관한 인력의 관리 및 소요재원의 조달방안
4. 제22조의 규정에 따른 국민건강증진기금의 운용방안

4의2. 아동·여성·노인·장애인 등 건강취약 집단이나 계층에 대한 건강증진 지원방안

5. 국민건강증진 관련 통계 및 정보의 관리 방안
6. 그 밖에 국민건강증진을 위하여 필요한 사항

[전문개정 2006. 9. 27.]

제4조의2(실행계획의 수립 등) ① 보건복지부장관, 관계중앙행정기관의 장, 특별시장·광역시장·특별자치시장·도지사·특별자치도지사(이하 "시·도지사"라 한다) 및 시장·군수·구청장(자치구의 구청장에 한한다. 이하 같다)은 종합계획을 기초로 하여 소관 주요시책의 실행계획(이하 "실행계획"이라 한다)을 매년 수립·시행하여야 한다. 〈개정 2017. 12. 30.〉

② 국가는 실행계획의 시행에 필요한 비용의 전부 또는 일부를 지방자치단체에 보조할 수 있다.

제4조의3(계획수립의 협조) ① 보건복지부장관, 관계중앙행정기관의 장, 시·도지사 및 시장·군수·구청장은 종합계획과 실행계획의 수립·시행을 위하여 필요한 때에는 관계 기관·단체 등에 대하여 자료 제공 등의 협조를 요청할 수 있다. 〈개정 2010. 1. 18.〉

② 제1항의 규정에 따른 협조요청을 받은 관계 기관·단체 등은 특별한 사유가 없는 한 이에 응하여야 한다.

제5조(국민건강증진정책심의위원회) ① 국민건강증진에 관한 주요사항을 심의하기 위하여 보건복지부에 국민건강증진정책심의위원회(이하 "위원회"라 한다)를 둔다. 〈개정 2010. 1. 18.〉

② 위원회는 다음 각 호의 사항을 심의한다. 〈개정 2018. 5. 29.〉

1. 종합계획
2. 제22조의 규정에 따른 국민건강증진기금의 연도별 운용계획안·결산 및 평가
3. 2 이상의 중앙행정기관이 관련되는 주요 국민건강증진시책에 관한 사항으로서 관계 중앙행정기관의 장이 심의를 요청하는 사항
4. 「국민영양관리법」 제9조에 따른 심의사항
5. 다른 법령에서 위원회의 심의를 받도록 한 사항
6. 그 밖에 위원장이 심의에 부치는 사항

[전문개정 2006. 9. 27.]

시행령

제2조(국민건강증진종합계획의 수립 등) ① 보건복지부장관은 「국민건강증진법」(이하 "법"이라 한다) 제4조에 따른 국민건강증진종합계획(이하 "종합계획"이라 한다)의 효율적인 수립을 위하여 미리 종합계획안 작성지침을 작성하여 종합계획이 시행되는 해의 전전년도 12월말까지 관계 중앙행정기관의 장에게 통보하여야 한다. 〈개정 2010. 3. 15.〉

② 관계 중앙행정기관의 장은 제1항에 따른 종합계획안 작성지침에 따라 소관별 계획안을 작성하여 종합계획이 시행되는 해의 전년도 3월말까지 보건복지부장관에게 제출하고, 보건복지부장관은 이를 종합한 종합계획안을 작성하여 법 제5조에 따른 국민건강증진정책심의위원회의 심의를 거쳐 확정한다. 〈개정 2010. 3. 15.〉

③ 보건복지부장관은 확정된 종합계획을 관계 중앙행정기관의 장과 특별시장·광역시장·특별자치시장·도지사·특별자치도지사(이하 "시·도지사"라 한다)에게 통보해야 한다. 〈개정 2018. 12. 18.〉

시행령

제4조(국민건강증진정책심의위원회 위원의 임기 및 운영 등) ① 법 제5조에 따른 국민건강증진정책심의위원회(이하 "위원회"라 한다) 위원의 임기는 2년으로 하되, 연임할 수 있다. 다만, 공무원인 위원의 임기는 그 재직기간으로 한다.

② 위원회의 위원장은 위원회를 대표하고 위원회의 사무를 총괄한다.

③ 위원회의 회의는 재적위원 과반수의 출석으로 개의하고 출석위원 과반수의 찬성으로 의결한다.

④ 위원회는 심의사항을 전문적으로 연구·검토하기 위하여 분야별로 전문위원회를 둘 수 있다.

⑤ 이 영에서 정한 것 외에 위원회의 운영에 관하여 필요한 사항은 위원회의 의결을 거쳐 위원장이 정한다.

제5조의2(위원회의 구성과 운영) ① 위원회는 위원장 1인 및 부위원장 1인을 포함한 15인 이내의 위원으로 구성한다.

② 위원장은 보건복지부차관이 되고, 부위원장은 위원장이 공무원이 아닌 위원 중에서 지명한 자가 된다. 〈개정 2010. 1. 18.〉

③ 위원은 국민건강증진·질병관리에 관한 학식과 경험이 풍부한 자, 「소비자기본법」에 따른 소비자단체 및 「비영리민간단체 지원법」에 따른 비영리민간단체가 추천하는 자, 관계공무원 중에서 보건복지부장관이 위촉 또는 지명한다. 〈개정 2010. 1. 18.〉

④ 그 밖에 위원회의 구성·운영 등에 관하여 필요한 사항은 대통령령으로 정한다.

제5조의3(한국건강증진개발원의 설립 및 운영) ①보건복지부장관은 제22조에 따른 국민건강증진기금의 효율적인 운영과 국민건강증진사업의 원활한 추진을 위하여 필요한 정책 수립의 지원과 사업평가 등의 업무를 수행할 수 있도록 한국건강증진개발원(이하 이 조에서 "개발원"이라 한다)을 설립한다. 〈개정 2014. 1. 28.〉

② 개발원은 다음 각 호의 업무를 수행한다. 〈개정 2019. 12. 3.〉

1. 국민건강증진 정책수립을 위한 자료개발 및 정책분석
2. 종합계획 수립의 지원
3. 위원회의 운영지원
4. 제24조에 따른 기금의 관리·운용의 지원 업무
5. 제25조제1항제1호부터 제10호까지의 사업에 관한 업무
6. 국민건강증진사업의 관리, 기술 지원 및 평가
7. 「지역보건법」 제7조부터 제9조까지에 따른 지역보건의료계획에 대한 기술 지원
8. 「지역보건법」 제24조에 따른 보건소의 설치와 운영에 필요한 비용의 보조
9. 국민건강증진과 관련된 연구과제의 기획 및 평가
10. 「농어촌 등 보건의료를 위한 특별조치법」 제2조의 공중보건의사의 효율적 활용을

위한 지원

11. 지역보건사업의 원활한 추진을 위한 지원

12. 그 밖에 국민건강증진과 관련하여 보건복지부장관이 필요하다고 인정한 업무

③ 개발원은 법인으로 하고, 주된 사무소의 소재지에 설립등기를 함으로써 성립한다. 〈신설 2014. 1. 28.〉

④ 개발원은 다음 각 호를 재원으로 한다. 〈신설 2014. 1. 28.〉

1. 제22조에 따른 기금

2. 정부출연금

3. 기부금

4. 그 밖의 수입금

⑤ 정부는 개발원의 운영에 필요한 예산을 지급할 수 있다. 〈신설 2014. 1. 28.〉

⑥ 개발원에 관하여 이 법과 「공공기관의 운영에 관한 법률」에서 정한 사항 외에는 「민법」 중 재단법인에 관한 규정을 준용한다. 〈신설 2014. 1. 28.〉

[제목개정 2014. 1. 28.]

제2장 | 국민건강의 관리

제6조(건강친화 환경 조성 및 건강생활의 지원 등) ① 국가 및 지방자치단체는 건강친화 환경을 조성하고, 국민이 건강생활을 실천할 수 있도록 지원하여야 한다. 〈개정 2019. 12. 3.〉

② 국가는 혼인과 가정생활을 보호하기 위하여 혼인전에 혼인 당사자의 건강을 확인하도록 권장하여야 한다.

③ 제2항의 규정에 의한 건강확인의 내용 및 절차에 관하여 필요한 사항은 보건복지부령으로 정한다. 〈개정 2010. 1. 18.〉

[제목개정 2019. 12. 3.]

제6조의2(건강친화기업 인증) ① 보건복지부장관은 건강친화 환경의 조성을 촉진하기 위하여 건강친화제도를 모범적으로 운영하고 있는 기업에 대하여 건강친화인증(이하 "인증"이라 한다)을 할 수 있다.

※〈벌칙〉제6조의2제1항 위반한 자: 500만원 이하의 과태료

② 인증을 받고자 하는 자는 대통령령으로 정하는 바에 따라 보건복지부장관에게 신청하여야 한다.

③ 인증을 받은 기업은 보건복지부령으로 정하는 바에 따라 인증의 표시를 할 수 있다.

④ 인증을 받지 아니한 기업은 인증표시 또는 이와 유사한 표시를 하여서는 아니 된다.

※〈벌칙〉제6조의2제4항 위반한 자: 500만원 이하의 과태료

⑤ 국가 및 지방자치단체는 인증을 받은 기업에 대하여 대통령령으로 정하는 바에 따라 행정적·재정적 지원을 할 수 있다.

⑥ 인증의 기준 및 절차는 대통령령으로 정한다.

[본조신설 2019. 12. 3.]

제6조의3(인증의 유효기간) ① 인증의 유효기간은 인증을 받은 날부터 3년으로 하되, 대통령령으로 정하는 바에 따라 그 기간을 연장할 수 있다.

② 제1항에 따른 인증의 연장신청에 필요한 사항은 보건복지부령으로 정한다.

[본조신설 2019. 12. 3.]

제6조의4(인증의 취소) ① 보건복지부장관은 인증을 받은 기업이 다음 각 호의 어느 하나에 해당하면 보건복지부령으로 정하는 바에 따라 그 인증을 취소할 수 있다. 다만, 제1호에 해당하는 경우에는 인증을 취소하여야 한다.

1. 거짓이나 그 밖의 부정한 방법으로 인증을 받은 경우
2. 제6조의2제6항에 따른 인증기준에 적합하지 아니하게 된 경우

② 보건복지부장관은 제1항제1호에 따라 인증이 취소된 기업에 대해서는 그 취소된 날부터 3년이 지나지 아니한 경우에는 인증을 하여서는 아니 된다.

③ 보건복지부장관은 제1항에 따라 인증을 취소하고자 하는 경우에는 청문을 실시하여야 한다.

[본조신설 2019. 12. 3.]

제6조의5(건강도시의 조성 등) ① 국가와 지방자치단체는 지역사회 구성원들의 건강을 실현하도록 시민의 건강을 증진하고 도시의 물리적·사회적 환경을 지속적으로 조성·개선하는 도시(이하 "건강도시"라 한다)를 이루도록 노력하여야 한다.

② 보건복지부장관은 지방자치단체가 건강도시를 구현할 수 있도록 건강도시지표를 작성하여 보급하여야 한다.

③ 보건복지부장관은 건강도시 조성 활성화를 위하여 지방자치단체에 행정적·재정적 지원을 할 수 있다.

④ 그 밖에 건강도시지표의 작성 및 보급 등에 관하여 필요한 사항은 보건복지부령으로 정한다.

[본조신설 2021. 12. 21.]

[시행일: 2023. 12. 22.] 제6조의5

시행규칙

제3조(건강확인의 내용 및 절차) ①「국민건강증진법」(이하 "법"이라 한다) 제6조제3항의 규정에 의한 건강확인의 내용은 다음 각호의 질환으로서 보건복지부장관이 정하는 질환으로 한다. 〈개정 2010. 3. 19.〉

1. 자녀에게 건강상 현저한 장애를 줄 수 있는 유전성질환
2. 혼인당사자 또는 그 가족에게 건강상 현저한 장애를 줄 수 있는 전염성질환

② 특별자치시장·특별자치도지사·시장·군수·구청장은 혼인하고자 하는 자가 제1항의 규정에 의한 내용을 확인하고자 할 때에는 보건소 또는 특별자치시장·특별자치도지사·시장·군수·구청장이 지정한 의료기관에서 그 내용을 확인받을 수 있도록 하여야 한다. 〈개정 2018. 6. 29.〉

③ 제2항의 규정에 의하여 보건소장 또는 의료기관의 장이 혼인하고자 하는 자의 건강을 확인한 경우에는「의료법」에 의한 진단서에 그 확인내용을 기재하여 교부하여야 한다. 〈개정 2006. 4. 25.〉

시행규칙

제3조의2(건강친화기업 인증) 생략 [본조신설 2021. 12. 3.]

시행규칙

제3조의3(인증의 유효기간 연장 신청) 생략 [본조신설 2021. 12. 3.]

시행규칙

제3조의4(인증의 취소) 생략 [본조신설 2021. 12. 3.]

제7조(광고의 금지 등) ① 보건복지부장관은 국민건강의식을 잘못 이끄는 광고를 한 자에 대하여 그 내용의 변경 등 시정을 요구하거나 금지를 명할 수 있다. 〈개정 2016. 12. 2.〉

※〈벌칙〉제7조1항 위반한 자: 1백만원 이하 벌금

② 제1항의 규정에 따라 보건복지부장관이 광고내용의 변경 또는 광고의 금지를 명할 수 있는 광고는 다음 각 호와 같다. 〈신설 2010. 1. 18.〉

1. 「주세법」에 따른 주류의 광고
2. 의학 또는 과학적으로 검증되지 아니한 건강비법 또는 심령술의 광고
3. 그 밖에 건강에 관한 잘못된 정보를 전하는 광고로서 대통령령이 정하는 광고

③ 삭제 〈2016. 12. 2.〉

④ 제1항의 규정에 의한 광고내용의 기준, 변경 또는 금지절차 기타 필요한 사항은 대통령령으로 정한다. 〈개정 2006. 9. 27.〉

시행령

제10조(주류광고의 기준) 생략 [전문개정 2021. 6.15]

제8조(금연 및 절주운동등) ① 국가 및 지방자치단체는 국민에게 담배의 직접흡연 또는 간접흡연과 과다한 음주가 국민건강에 해롭다는 것을 교육·홍보하여야 한다. 〈개정 2006. 9. 27.〉

② 국가 및 지방자치단체는 금연 및 절주에 관한 조사·연구를 하는 법인 또는 단체를 지원할 수 있다.

③ 삭제 〈2011. 6. 7.〉

④ 「주세법」에 의하여 주류제조의 면허를 받은 자 또는 주류를 수입하여 판매하는 자는 대통령령이 정하는 주류의 판매용 용기에 과다한 음주는 건강에 해롭다는 내용과 임신 중 음주는 태아의 건강을 해칠 수 있다는 내용의 경고문구를 표기하여야 한다. 〈개정 2016. 3. 2.〉

※〈벌칙〉제8조4항 위반한 자: 1년 이하의 징역 또는 1천만원 이하 벌금

⑤ 삭제 〈2002. 1. 19.〉

⑥ 제4항에 따른 경고문구의 표시내용, 방법 등에 관하여 필요한 사항은 보건복지부령으로 정한다. 〈개정 2011. 6. 7.〉

제8조의2(주류광고의 제한·금지 특례) ① 「주류 면허 등에 관한 법률」에 따라 주류 제조면허나 주류 판매업면허를 받은 자 및 주류를 수입하는 자를 제외하고는 주류에 관한 광고를 하여서는 아니 된다.

② 제1항에 따른 광고 또는 그에 사용되는 광고물은 다음 각 호의 사항을 준수하여야 한다.

1. 음주자에게 주류의 품명·종류 및 특징을 알리는 것 외에 주류의 판매촉진을 위하여 경품 및 금품을 제공한다는 내용을 표시하지 아니할 것
2. 직접적 또는 간접적으로 음주를 권장 또는 유도하거나 임산부 또는 미성년자의 인물, 목소리 혹은 음주하는 행위를 묘사하지 아니할 것
3. 운전이나 작업 중에 음주하는 행위를 묘사하지 아니할 것
4. 제8조제4항에 따른 경고문구를 광고와 주류의 용기에 표기하여 광고할 것. 다만, 경고문구가 표기되어 있지 아니한 부분을 이용하여 광고를 하고자 할 때에는 경고문구를 주류의 용기하단에 별도로 표기하여야 한다.
5. 음주가 체력 또는 운동 능력을 향상시킨다거나 질병의 치료 또는 정신건강에 도움이 된다는 표현 등 국민의 건강과 관련하여 검증되지 아니한 내용을 주류광고에 표시하지 아니할 것
6. 그 밖에 대통령령으로 정하는 광고의 기준에 관한 사항

③ 보건복지부장관은 「주세법」에 따른 주류의 광고가 제2항 각 호의 기준을 위반한 경우 그 내용의 변경 등 시정을 요구하거나 금지를 명할 수 있다.

※〈벌칙〉제8조의2제3항을 위반한 자: 1년이하의 징역 또는 1천만원 이하의 벌금

제8조의3(절주문화 조성 및 알코올 남용·의존 관리) ① 국가 및 지방자치단체는 절주문화 조성 및 알코올 남용·의존의 예방 및 치료를 위하여 노력하여야 하며, 이를 위한 조사·연구 또는 사업을 추진할 수 있다.

② 다음 각 호의 사항에 대한 자문을 위하여 보건복지부장관 소속으로 음주폐해예방위원회를 두며, 그 구성 및 운영 등에 필요한 사항은 보건복지부령으로 정한다.

1. 절주문화 조성을 위한 정책 수립
2. 주류의 광고기준 마련에 관한 사항
3. 알코올 남용·의존의 예방 및 관리를 위한 사항
4. 그 밖에 음주폐해 감소를 위하여 필요한 사항

③ 보건복지부장관은 5년마다 「정신건강증진 및 정신질환자 복지서비스 지원에 관한 법률」 제10조에 따른 실태조사와 연계하여 알코올 남용·의존 실태조사를 실시하여야 한다.

제8조의4(금주구역 지정) ① 지방자치단체는 음주폐해 예방과 주민의 건강증진을 위하여 필요하다고 인정하는 경우 조례로 다수인이 모이거나 오고가는 관할구역 안의 일정한 장소를 금주구역으로 지정할 수 있다.

② 제1항에 따라 지정된 금주구역에서는 음주를 하여서는 아니 된다.

③ 특별자치시장·특별자치도지사·시장·군수·구청장은 제1항에 따라 지정된 금주구역을 알리는 안내표지를 설치하여야 한다. 이 경우 금주구역 안내표지의 설치 방법 등에 필요한 사항은 보건복지부령으로 정한다.

시행령

제13조(경고문구의 표기대상 주류) 법 제8조제4항에 따라 그 판매용 용기에 과다한 음주는 건강에 해롭다는 내용의 경고문구를 표기해야 하는 주류는 국내에 판매되는 「주세법」에 따른 주류 중 알코올분 1도이상의 음료를 말한다. 〈개정 2018. 12. 18.〉

시행규칙

제4조(과음에 관한 경고문구의 표시내용 등) ① 법 제8조제4항에 따른 경고문구 표기는 과다한 음주가 건강에 해롭다는 사실을 명확하게 알릴 수 있도록 하되, 그 구체적인 표시내용은 보건복지부장관이 정하여 고시한다. 〈개정 2012. 12. 7.〉

② 제1항에 따른 과음에 대한 경고문구의 표시방법은 별 1의2와 같다. 〈개정 2021. 12. 3.〉

③ 보건복지부장관은 제1항에 따른 경고문구와 제2항에 따른 경고문구의 표시방법을 정하거나 이를 변경하려면 6개월 전에 그 내용을 일간지에 공고하거나 관보에 고시하여야 한다. 〈개정 2012. 12. 7.〉

④ 다음 각 호의 어느 하나에 해당하는 주류는 제3항에 따른 공고 또는 고시를 한 날부터 1년까지는 종전의 경고문구를 표기하여 판매할 수 있다. 〈개정 2012. 12. 7.〉

1. 공고 또는 고시 이전에 발주·제조 또는 수입된 주류
2. 공고 또는 고시 이후 6월 이내에 제조되거나 수입된 주류

[전문개정 2003. 4. 1.]

시행규칙

제4조의2(음주폐해예방위원회의 구성 및 운영) 생략 〈본조신설 2021. 6. 25.〉

시행규칙

제5조(금주구역 안내표지의 설치 방법) 생략 〈본조신설 2021. 6. 25.〉

제9조(금연을 위한 조치) ① 삭제 〈2011. 6. 7.〉

② 담배사업법에 의한 지정소매인 기타 담배를 판매하는 자는 대통령령이 정하는 장소외에서 담배자동판매기를 설치하여 담배를 판매하여서는 아니된다.

※〈벌칙〉제9조제2항을 위반한 자: 500만원 이하 과태료

③ 제2항의 규정에 따라 대통령령이 정하는 장소에 담배자동판매기를 설치하여 담배를 판매하는 자는 보건복지부령이 정하는 바에 따라 성인인증장치를 부착하여야 한다.

※〈벌칙〉제9조3항을 위반한 자: 300만원 이하 과태료

④ 다음 각 호의 공중이 이용하는 시설의 소유자·점유자 또는 관리자는 해당 시설의 전체를 금연구역으로 지정하고 금연구역을 알리는 표지를 설치하여야 한다. 이 경우 흡연자를 위한 흡연실을 설치할 수 있으며, 금연구역을 알리는 표지와 흡연실을 설치하는 기준·방법 등은 보건복지부령으로 정한다. 〈개정 2017. 12. 30.〉

1. 국회의 청사
2. 정부 및 지방자치단체의 청사
3. 「법원조직법」에 따른 법원과 그 소속 기관의 청사
4. 「공공기관의 운영에 관한 법률」에 따른 공공기관의 청사
5. 「지방공기업법」에 따른 지방공기업의 청사
6. 「유아교육법」·「초·중등교육법」에 따른 학교[교사(校舍)와 운동장 등 모든 구역을 포함한다]
7. 「고등교육법」에 따른 학교의 교사
8. 「의료법」에 따른 의료기관, 「지역보건법」에 따른 보건소·보건의료원·보건지소
9. 「영유아보육법」에 따른 어린이집
10. 「청소년활동 진흥법」에 따른 청소년수련관, 청소년수련원, 청소년문화의집, 청소년특화시설, 청소년야영장, 유스호스텔, 청소년이용시설 등 청소년활동시설
11. 「도서관법」에 따른 도서관
12. 「어린이놀이시설 안전관리법」에 따른 어린이놀이시설
13. 「학원의 설립·운영 및 과외교습에 관한 법률」에 따른 학원 중 학교교과교습학원과 연면적 1천제곱미터 이상의 학원
14. 공항·여객부두·철도역·여객자동차터미널 등 교통 관련 시설의 대기실·승강장, 지

하보도 및 16인승 이상의 교통수단으로서 여객 또는 화물을 유상으로 운송하는 것

15. 「자동차관리법」에 따른 어린이운송용 승합자동차

16. 연면적 1천제곱미터 이상의 사무용건축물, 공장 및 복합용도의 건축물

17. 「공연법」에 따른 공연장으로서 객석 수 300석 이상의 공연장

18. 「유통산업발전법」에 따라 개설등록된 대규모점포와 같은 법에 따른 상점가 중 지하도에 있는 상점가

19. 「관광진흥법」에 따른 관광숙박업소

20. 「체육시설의 설치·이용에 관한 법률」에 따른 체육시설로서 1천명 이상의 관객을 수용할 수 있는 체육시설과 같은 법 제10조에 따른 체육시설업에 해당하는 체육시설로서 실내에 설치된 체육시설

21. 「사회복지사업법」에 따른 사회복지시설

22. 「공중위생관리법」에 따른 목욕장

23. 「게임산업진흥에 관한 법률」에 따른 청소년게임제공업소, 일반게임제공업소, 인터넷컴퓨터게임시설제공업소 및 복합유통게임제공업소

24. 「식품위생법」에 따른 식품접객업 중 영업장의 넓이가 보건복지부령으로 정하는 넓이 이상인 휴게음식점영업소, 일반음식점영업소 및 제과점영업소와 같은 법에 따른 식품소분·판매업 중 보건복지부령으로 정하는 넓이 이상인 실내 휴게공간을 마련하여 운영하는 식품자동판매기 영업소

25. 「청소년보호법」에 따른 만화대여업소

26. 그 밖에 보건복지부령으로 정하는 시설 또는 기관

⑤ 특별자치시장·특별자치도지사·시장·군수·구청장은 「주택법」 제2조제3호에 따른 공동주택의 거주 세대 중 2분의 1 이상이 그 공동주택의 복도, 계단, 엘리베이터 및 지하주차장의 전부 또는 일부를 금연구역으로 지정하여 줄 것을 신청하면 그 구역을 금연구역으로 지정하고, 금연구역임을 알리는 안내표지를 설치하여야 한다. 이 경우 금연구역 지정 절차 및 금연구역 안내표지 설치 방법 등은 보건복지부령으로 정한다.

⑥ 특별자치시장·특별자치도지사·시장·군수·구청장은 흡연으로 인한 피해 방지와 주민의 건강 증진을 위하여 다음 각 호에 해당하는 장소를 금연구역으로 지정하고, 금연구역임을 알리는 안내표지를 설치하여야 한다. 이 경우 금연구역 안내표지 설치 방

법 등에 필요한 사항은 보건복지부령으로 정한다.

1. 「유아교육법」에 따른 유치원 시설의 경계선으로부터 10미터 이내의 구역(일반 공중의 통행·이용 등에 제공된 구역을 말한다)
2. 「영유아보육법」에 따른 어린이집 시설의 경계선으로부터 10미터 이내의 구역(일반 공중의 통행·이용 등에 제공된 구역을 말한다)

⑦ 지방자치단체는 흡연으로 인한 피해 방지와 주민의 건강 증진을 위하여 필요하다고 인정하는 경우 조례로 다수인이 모이거나 오고가는 관할 구역 안의 일정한 장소를 금연구역으로 지정할 수 있다.

⑧ 누구든지 제4항부터 제7항까지의 규정에 따라 지정된 금연구역에서 흡연하여서는 아니 된다. 〈개정 2017. 12. 30.〉

※〈벌칙〉제9조8항을 위반한 자: 10만원 이하 과태료

⑨ 특별자치시장·특별자치도지사·시장·군수·구청장은 제4항 각 호에 따른 시설의 소유자·점유자 또는 관리자가 다음 각 호의 어느 하나에 해당하면 일정한 기간을 정하여 그 시정을 명할 수 있다.

1. 제4항 전단을 위반하여 금연구역을 지정하지 아니하거나 금연구역을 알리는 표지를 설치하지 아니한 경우
2. 제4항 후단에 따른 금연구역을 알리는 표지 또는 흡연실의 설치 기준·방법 등을 위반한 경우

※〈벌칙〉제9조9항을 위반한 자:: 500만원 이하 과태료

시행규칙

제5조의2(성인인증장치) 생략 〈개정 2010. 3. 19.〉

시행규칙

제6조(금연구역 등) 생략 〈개정 2018. 6. 29.〉

[전문개정 2012. 12. 7.]

시행규칙

제6조의2(공동주택 금연구역의 지정) 생략 〈개정 2018. 6. 29.〉

[종전의 제6조2는 제6조의4로 이동 〈2016. 9. 2.〉]

시행규칙

제6조의3(공동주택 금연구역 안내표지) 생략 〈개정 2018. 6. 29.〉

제9조의2(담배에 관한 경고문구 등 표시) ①「담배사업법」에 따른 담배의 제조자 또는 수입판매업자(이하 "제조자등"이라 한다)는 담배갑포장지 앞면·뒷면·옆면 및 대통령령으로 정하는 광고(판매촉진 활동을 포함한다. 이하 같다)에 다음 각 호의 내용을 인쇄하여 표기하여야 한다. 다만, 제1호의 표기는 담배갑포장지에 한정하되 앞면과 뒷면에 하여야 한다. 〈개정 2015. 6. 22.〉

1. 흡연의 폐해를 나타내는 내용의 경고그림(사진을 포함한다. 이하 같다)
2. 흡연이 폐암 등 질병의 원인이 될 수 있다는 내용 및 다른 사람의 건강을 위협할 수 있다는 내용의 경고문구
3. 타르 흡입량은 흡연자의 흡연습관에 따라 다르다는 내용의 경고문구
4. 담배에 포함된 다음 각 목의 발암성물질
   가. 나프틸아민
   나. 니켈
   다. 벤젠
   라. 비닐 크롤라이드
   마. 비소
   바. 카드뮴
5. 보건복지부령으로 정하는 금연상담전화의 전화번호

②~④ 생략

※〈벌칙〉제9조의 2 위반한 자: 1년 이하의 징역 또는 1천만원 이하 벌금

시행령

제16조(담배갑포장지에 대한 경고그림등의 표기내용 및 표기방법) 생략

[종전 제16조는 제16조의2로 이동 〈2016. 6. 21〉]

시행령

제16조의2(전자담배 등에 대한 경고그림등의 표기내용 및 표기방법) 생략

[전문개정 2016. 6. 21.]

[제16조에서 이동. 종전 제16조의2는 제6조의3으로 이동 〈2016. 6. 21〉]

시행령

제16조의3(담배광고에 대한 경고문구등의 표기내용 및 표기방법) 생략

[전문개정 2016. 6. 21.]

[제16조의2에서 이동, 종전 제16조의3은 제16조의4로 이동 〈2016. 6. 21〉]

시행규칙

제6조의4(금연상담전화 전화번호) 법 제9조의2제1항제5호에서 "보건복지부령으로 정하는 금연상담전화의 전화번호"란 1544 - 9030을 말한다.

[전문개정 2016. 12. 23.]

제9조의3(가향물질 함유 표시 제한) 제조자등은 담배에 연초 외의 식품이나 향기가 나는 물질(이하 "가향물질"이라 한다)을 포함하는 경우 이를 표시하는 문구나 그림·사진을 제품의 포장이나 광고에 사용하여서는 아니 된다.

※〈벌칙〉제9조의3을 위반한 자: 500만원 이하 과태료

제9조의4(담배에 관한 광고의 금지 또는 제한) 생략

시행규칙

제7조(담배에 관한 광고) 생략 〈개정 2012. 12. 7.〉

[종전 제7조는 제6조의2로 이동 〈2011. 12. 8.〉]

제9조의5(금연지도원) ① 시·도지사 또는 시장·군수·구청장은 금연을 위한 조치를 위하여 대통령령으로 정하는 자격이 있는 사람 중에서 금연지도원을 위촉할 수 있다.

② 금연지도원의 직무는 다음 각 호와 같다.

1. 금연구역의 시설기준 이행 상태 점검
2. 금연구역에서의 흡연행위 감시 및 계도
3. 금연을 위한 조치를 위반한 경우 관할 행정관청에 신고하거나 그에 관한 자료 제공
4. 그 밖에 금연 환경 조성에 관한 사항으로서 대통령령으로 정하는 사항

③ 금연지도원은 제2항의 직무를 단독으로 수행하려면 미리 시·도지사 또는 시장·군수·구청장의 승인을 받아야 하며, 시·도지사 또는 시장·군수·구청장은 승인서를 교부하여야 한다.

④ 금연지도원이 제2항에 따른 직무를 단독으로 수행하는 때에는 승인서와 신분을 표시하는 증표를 지니고 이를 관계인에게 내보여야 한다.

⑤ 제1항에 따라 금연지도원을 위촉한 시·도지사 또는 시장·군수·구청장은 금연지도원이 그 직무를 수행하기 전에 직무 수행에 필요한 교육을 실시하여야 한다.

⑥ 금연지도원은 제2항에 따른 직무를 수행하는 경우 그 권한을 남용하여서는 아니 된다.

⑦ 시·도지사 또는 시장·군수·구청장은 금연지도원이 다음 각 호의 어느 하나에 해당하면 그 금연지도원을 해촉하여야 한다.

1. 제1항에 따라 대통령령으로 정한 자격을 상실한 경우
2. 제2항에 따른 직무와 관련하여 부정한 행위를 하거나 그 권한을 남용한 경우
3. 그 밖에 개인사정, 질병이나 부상 등의 사유로 직무 수행이 어렵게 된 경우

⑧ 금연지도원의 직무범위 및 교육, 그 밖에 필요한 사항은 대통령령으로 정한다.

※〈벌칙〉제9조의4 위반한 자: 1년 이하의 징역 또는 1천만원 이하 벌금

시행령

제16조의5(금연지도원의 자격 등) 생략 [제16조의4에서 이동 〈2016. 6. 21.〉]

제10조(건강생활실천협의회) ① 시·도지사 및 시장·군수·구청장은 건강생활의 실천운동을 추진하기 위하여 지역사회의 주민·단체 또는 공공기관이 참여하는 건강생활실천협의회를 구성하여야 한다.

② 제1항의 규정에 의한 건강생활실천협의회의 조직 및 운영에 관하여 필요한 사항은 지방자치단체의 조례로 정한다.

제11조(보건교육의 관장) 보건복지부장관은 국민의 보건교육에 관하여 관계중앙행정기관의 장과 협의하여 이를 총괄한다. 〈개정 2010. 1. 18.〉

제12조(보건교육의 실시 등) ① 국가 및 지방자치단체는 모든 국민이 올바른 보건의료의 이용과 건강한 생활습관을 실천할 수 있도록 그 대상이 되는 개인 또는 집단의 특성·건강상태·건강의식 수준등에 따라 적절한 보건교육을 실시한다. 〈개정 2016. 3. 2.〉

② 국가 또는 지방자치단체는 국민건강증진사업관련 법인 또는 단체등이 보건교육을 실시할 경우 이에 필요한 지원을 할 수 있다. 〈개정 1999. 2. 8.〉

③ 보건복지부장관, 시·도지사 및 시장·군수·구청장은 제2항의 규정에 의하여 보건교육을 실시하는 국민건강증진사업관련 법인 또는 단체 등에 대하여 보건교육의 계획

및 그 결과에 관한 자료를 요청할 수 있다. 〈개정 2010. 1. 18.〉

④ 제1항의 규정에 의한 보건교육의 내용은 대통령령으로 정한다. 〈개정 1999. 2. 8.〉

시행령

제17조(보건교육의 내용) 법 제12조에 따른 보건교육에는 다음 각 호의 사항이 포함되어야 한다. 〈개정 2018. 12. 18.〉

1. 금연·절주등 건강생활의 실천에 관한 사항
2. 만성퇴행성질환등 질병의 예방에 관한 사항
3. 영양 및 식생활에 관한 사항
4. 구강건강에 관한 사항
5. 공중위생에 관한 사항
6. 건강증진을 위한 체육활동에 관한 사항
7. 그 밖에 건강증진사업에 관한 사항

제12조의2(보건교육사자격증의 교부 등) ① 보건복지부장관은 국민건강증진 및 보건교육에 관한 전문지식을 가진 자에게 보건교육사의 자격증을 교부할 수 있다. 〈개정 2010. 1. 18.〉

② 다음 각호의 1에 해당하는 자는 보건교육사가 될 수 없다. 〈개정 2014. 3. 18.〉

1. 피성년후견인
2. 삭제 〈2013. 7. 30.〉
3. 금고 이상의 실형의 선고를 받고 그 집행이 종료되지 아니하거나 그 집행을 받지 아니하기로 확정되지 아니한 자
4. 법률 또는 법원의 판결에 의하여 자격이 상실 또는 정지된 자

③ 제1항의 규정에 의한 보건교육사의 등급은 1급 내지 3급으로 하고, 등급별 자격기준 및 자격증의 교부절차 등에 관하여 필요한 사항은 대통령령으로 정한다.

④ 보건교육사 1급의 자격증을 교부받고자 하는 자는 국가시험에 합격하여야 한다.

⑤ 보건복지부장관은 제1항의 규정에 의하여 보건교육사의 자격증을 교부하는 때에는 보건복지부령이 정하는 바에 의하여 수수료를 징수할 수 있다. 〈개정 2010. 1. 18.〉

⑥ 제1항에 따라 자격증을 교부받은 사람은 다른 사람에게 그 자격증을 빌려주어서는 아니 되고, 누구든지 그 자격증을 빌려서는 아니 된다. 〈신설 2020. 4. 7.〉

⑦ 누구든지 제6항에 따라 금지된 행위를 알선하여서는 아니 된다. 〈신설 2020. 4. 7.〉

〈본조신설 2003. 09. 29.〉

시행령

제18조(보건교육사 등급별 자격기준 등) 생략

시행규칙

제7조의3(보건교육사 자격증 발급절차) 생략 〈개정 2022. 3. 18.〉

제12조의3(국가시험) ① 제12조의2제4항의 규정에 의한 국가시험은 보건복지부장관이 시행한다. 다만, 보건복지부장관은 국가시험의 관리를 대통령령이 정하는 바에 의하여 「한국보건의료인국가시험원법」에 따른 한국보건의료인국가시험원에 위탁할 수 있다. 〈개정 2015. 6. 22.〉

② 보건복지부장관은 제1항 단서의 규정에 의하여 국가시험의 관리를 위탁한 때에는 그에 소요되는 비용을 예산의 범위안에서 보조할 수 있다. 〈개정 2010. 1. 18.〉

③ 보건복지부장관(제1항 단서의 규정에 의하여 국가시험의 관리를 위탁받은 기관을 포함한다)은 보건복지부령이 정하는 금액을 응시수수료로 징수할 수 있다. 〈개정 2010. 1. 18.〉

④ 시험과목 · 응시자격 등 자격시험의 실시에 관하여 필요한 사항은 대통령령으로 정한다.

시행령

제18조의2(국가시험의 시행 등) 생략

시행령

제18조의3(시험의 응시자격 및 시험관리) 생략

시행규칙

제7조의4(응시수수료) 생략 〈개정 2012. 12. 7.〉

제12조의4(보건교육사의 채용) 국가 및 지방자치단체는 대통령령이 정하는 국민건강증진사업관련 법인 또는 단체 등에 대하여 보건교육사를 그 종사자로 채용하도록 권장하여야 한다.

제12조의5(보건교육사의 자격취소) 보건복지부장관은 보건교육사가 제12조의2제6항을 위

반하여 다른 사람에게 자격증을 빌려준 경우에는 그 자격을 취소하여야 한다. 〈본조신설 2020. 4. 7.〉

제12조의6(청문) 보건복지부장관은 제12조의5에 따라 자격을 취소하려는 경우에는 청문을 하여야 한다. 〈본조신설 2020. 4. 7.〉

제13조(보건교육의 평가) ① 보건복지부장관은 정기적으로 국민의 보건교육의 성과에 관하여 평가를 하여야 한다. 〈개정 2010. 1. 18.〉

② 제1항의 규정에 의한 평가의 방법 및 내용은 보건복지부령으로 정한다. 〈개정 2010. 1. 18.〉

제13조의2(벌칙) 다음 각 호의 어느 하나에 해당하는 자는 1년 이하의 징역 또는 1천만원 이하의 벌금에 처한다. 〈개정 2020. 4. 7.〉

1. 제8조제4항을 위반하여 경고문구를 표기하지 아니하거나 이와 다른 경고문구를 표기한 자
2. 제9조의2를 위반하여 경고그림·경고문구·발암성물질·금연상담전화번호를 표기하지 아니하거나 이와 다른 경고그림·경고문구·발암성물질·금연상담전화번호를 표기한 자
3. 제9조의4를 위반하여 담배에 관한 광고를 한 자
4. 삭제
5. 제12조의2제6항을 위반하여 다른 사람에게 자격증을 빌려주거나 빌린 자
6. 제12조의2제7항을 위반하여 자격증을 빌려주거나 빌리는 것을 알선한 자

[본조개정 2014.3.18 제31조에서 이동]

시행규칙

제8조(보건교육의 평가방법 및 내용) 생략 〈개정 2010. 3. 19.〉

제14조(보건교육의 개발등) 보건복지부장관은 정부출연연구기관등의설립·운영및육성에관한법률에 의한 한국보건사회연구원으로 하여금 보건교육에 관한 정보·자료의 수집·개발 및 조사, 그 교육의 평가 기타 필요한 업무를 행하게 할 수 있다. 〈개정 2010. 1. 18.〉

제15조(영양개선) ① 국가 및 지방자치단체는 국민의 영양상태를 조사하여 국민의 영양개선방안을 강구하고 영양에 관한 지도를 실시하여야 한다.

② 국가 및 지방자치단체는 국민의 영양개선을 위하여 다음 각호의 사업을 행한다. 〈개정 2010. 1. 18.〉

1. 영양교육사업
2. 영양개선에 관한 조사·연구사업
3. 기타 영양개선에 관하여 보건복지부령이 정하는 사업

시행규칙

제9조(영양개선사업) 법 제15조제2항제3호에서 "보건복지부령이 정하는 사업"이라 함은 다음 각호의 사업을 말한다. 〈개정 2010. 3. 19.〉

1. 국민의 영양상태에 관한 평가사업
2. 지역사회의 영양개선사업

제16조(국민건강영양조사등) ① 질병관리청장은 보건복지부장관과 협의하여 국민의 건강상태·식품섭취·식생활조사등 국민의 건강과 영양에 관한 조사(이하 "국민건강영양조사"라 한다)를 정기적으로 실시한다. 〈개정 2023. 3. 28.〉

② 특별시·광역시 및 도에는 국민건강영양조사와 영양에 관한 지도업무를 행하게 하기 위한 공무원을 두어야 한다. 〈개정 2023. 3. 28.〉

③ 국민건강영양조사를 행하는 공무원은 그 권한을 나타내는 증표를 관계인에게 내보여야 한다. 〈개정 2023. 3. 28.〉

④ 국민건강영양조사의 내용 및 방법, 그 밖에 국민건강영양조사와 영양에 관한 지도에 관하여 필요한 사항은 대통령령으로 정한다. 〈개정 2023. 3. 28.〉

[제목개정 2023. 3. 28.]

[시행일: 2023. 9. 29.] 제16조

제16조의2(신체활동장려사업의 계획 수립·시행) 국가 및 지방자치단체는 신체활동장려에 관한 사업 계획을 수립·시행하여야 한다.

[본조신설 2019. 12. 3.]

제16조의3(신체활동장려사업) ① 국가 및 지방자치단체는 국민의 건강증진을 위하여 신체활동을 장려할 수 있도록 다음 각 호의 사업을 한다.

1. 신체활동장려에 관한 교육사업

2. 신체활동장려에 관한 조사·연구사업

3. 그 밖에 신체활동장려를 위하여 대통령령으로 정하는 사업

② 제1항 각 호의 사업 내용·기준 및 방법은 보건복지부령으로 정한다.

[본조신설 2019. 12. 3.]

시행령

제19조(국민영양조사의 주기) 법 제16조제1항에 따른 국민영양조사(이하 "영양조사"라 한다)는 **매년 실시한다.**

[전문개정 2017. 11. 7.]

시행령

제21조(조사항목) ① 영양조사는 건강상태조사·식품섭취조사 및 식생활조사로 구분하여 행한다.

② 건강상태조사는 다음 각호의 사항에 대하여 행한다. 〈개정 2018. 12. 18.〉

1. 신체상태

2. 영양관계 증후

3. 기타 건강상태에 관한 사항

③ 식품섭취조사는 다음 각호의 사항에 대하여 행한다. 〈개정 2018. 12. 18.〉

1. 조사가구의 일반사항

2. 일정한 기간의 식사상황

3. 일정한 기간의 식품섭취상황

④ 식생활조사는 다음 각호의 사항에 대하여 행한다. 〈개정 2018. 12. 18.〉

1. 가구원의 식사 일반사항

2. 조사가구의 조리시설과 환경

3. 일정한 기간에 사용한 식품의 가격 및 조달방법

⑤ 제2항 내지 제4항의 조사사항의 세부내용은 보건복지부령으로 정한다. 〈개정 2018. 12. 18.〉

시행령

제22조(영양조사원 및 영양지도원) ① 영양조사를 담당하는 자(이하 "영양조사원"이라 한다)는 질병관리청장 또는 시·도지사가 다음 각 호의 어느 하나에 해당하는 사람 중에서

임명 또는 위촉한다. 〈개정 2020. 9. 11.〉

1. 의사·치과의사(구강상태에 대한 조사만 해당한다)·영양사 또는 간호사의 자격을 가진 사람
2. 전문대학이상의 학교에서 식품학 또는 영양학의 과정을 이수한 사람

② 특별자치시장·특별자치도지사·시장·군수·구청장은 법 제15조 및 법 제16조의 영양개선사업을 수행하기 위한 국민영양지도를 담당하는 사람(이하 "**영양지도원**"이라 한다)을 두어야 하며 그 영양지도원은 **영양사의 자격을 가진 사람으로 임명한다.** 다만, 영양사의 자격을 가진 사람이 없는 경우에는 의사 또는 간호사의 자격을 가진 사람 중에서 임명할 수 있다. 〈개정 2018. 12. 18.〉

③ 영양조사원 및 영양지도원의 직무에 관하여 필요한 사항은 보건복지부령으로 정한다. 〈개정 2010. 3. 15.〉

④ 질병관리청장, 시·도지사 또는 시장·군수·구청장은 영양조사원 또는 영양지도원의 원활한 업무 수행을 위하여 필요하다고 인정하는 경우에는 그 업무 지원을 위한 구체적 조치를 마련·시행할 수 있다. 〈신설 2019. 9. 11.〉

시행령

제22조의2(신체활동장려사업) 법 제16조의3제1항제3호에서 "대통령령으로 정하는 사업"이란 다음 각 호의 사업을 말한다.

1. 신체활동증진 프로그램의 개발 및 운영 사업
2. 체육시설이나 공원시설 등 신체활동장려를 위한 기반시설 마련 사업
3. 신체활동장려에 관한 홍보사업
4. 그 밖에 보건복지부장관이 신체활동장려를 위해 필요하다고 인정하는 사업

시행규칙

제14조(조사원증) 법 제16조제3항의 규정에 의한 조사원증은 별지 제9호 서식에 의한다.

제17조(구강건강사업의 계획수립·시행) 국가 및 지방자치단체는 구강건강에 관한 사업의 계획을 수립·시행하여야 한다.

제18조(구강건강사업) ① 국가 및 지방자치단체는 국민의 구강질환의 예방과 구강건강의 증진을 위하여 다음 각호의 사업을 행한다. 〈개정 2003. 7. 29.〉

1. 구강건강에 관한 교육사업
2. 수돗물불소농도조정사업
3. 구강건강에 관한 조사·연구사업
4. 기타 구강건강의 증진을 위하여 대통령령이 정하는 사업

② 제1항 각호의 사업내용·기준 및 방법은 보건복지부령으로 정한다. 〈개정 2010. 1. 18.〉

시행령

제23조(구강건강사업) 생략

제19조(건강증진사업등) ① 국가 및 지방자치단체는 국민건강증진사업에 필요한 요원 및 시설을 확보하고, 그 시설의 이용에 필요한 시책을 강구하여야 한다.

② 특별자치시장·특별자치도지사·시장·군수·구청장은 지역주민의 건강증진을 위하여 보건복지부령이 정하는 바에 의하여 보건소장으로 하여금 다음 각호의 사업을 하게 할 수 있다. 〈개정 2019. 12. 3.〉

1. 보건교육 및 건강상담
2. 영양관리
3. 신체활동장려
4. 구강건강의 관리
5. 질병의 조기발견을 위한 검진 및 처방
6. 지역사회의 보건문제에 관한 조사·연구
7. 기타 건강교실의 운영등 건강증진사업에 관한 사항

③ 보건소장이 제2항의 규정에 의하여 제2항제1호 내지 제5호의 업무를 행한 때에는 이용자의 개인별 건강상태를 기록하여 유지·관리하여야 한다. 〈개정 2019. 12. 3.〉

④ 건강증진사업에 필요한 시설·운영에 관하여는 보건복지부령으로 정한다. 〈개정 2010. 1. 18.〉

[제목개정 2019. 12. 3.]

제19조의2(시·도건강증진사업지원단 설치 및 운영 등) ① 시·도지사는 실행계획의 수립 및 제19조에 따른 건강증진사업의 효율적인 업무 수행을 지원하기 위하여 시·도건강증진사업지원단(이하 "지원단"이라 한다)을 설치·운영할 수 있다.

② 시·도지사는 제1항에 따른 지원단 운영을 건강증진사업에 관한 전문성이 있다고 인정하는 법인 또는 단체에 위탁할 수 있다. 이 경우 시·도지사는 그 운영에 필요한 경비의 전부 또는 일부를 지원할 수 있다.

③ 제1항 및 제2항에서 규정한 사항 외에 지원단의 설치·운영 및 위탁 등에 관하여 필요한 사항은 보건복지부령으로 정한다.

제20조(검진) 국가는 건강증진을 위하여 필요한 경우에 보건복지부령이 정하는 바에 의하여 국민에 대하여 건강검진을 실시할 수 있다. 〈개정 2010. 1. 18.〉

시행규칙

제20조(건강검진) ① 법 제20조의 규정에 의하여 국가가 건강검진을 실시하는 경우에는 특별자치시장·특별자치도지사·시장·군수·구청장으로 하여금 보건소장이 이를 실시하도록 하여야 한다. 다만, 필요한 경우에는 영 제32조제2항제2호 또는 제3호의 기관에 위탁하여 실시하게 할 수 있다. 〈개정 2018. 6. 29.〉

② 제1항의 규정에 의한 건강검진은 연령별·대상별로 검진항목을 정하여 실시하여야 한다.

제21조(검진결과의 공개금지) 제20조의 규정에 의하여 건강검진을 한 자 또는 검진기관에 근무하는 자는 국민의 건강증진사업의 수행을 위하여 불가피한 경우를 제외하고는 정당한 사유없이 검진결과를 공개하여서는 아니된다.

※〈벌칙〉제 21조 위반한 자: 3년 이하의 징역 또는 3천만원 이하 벌금

[제3장 | 국민건강증진기금]

제22조(기금의 설치 등) ① 보건복지부장관은 국민건강증진사업의 원활한 추진에 필요한 재원을 확보하기 위하여 국민건강증진기금(이하 "기금"이라 한다)을 설치한다. 〈개정 2010. 1. 18.〉

② 기금은 다음 각호의 재원으로 조성한다.

1. 제23조제1항의 규정에 의한 부담금
2. 기금의 운용 수익금

제23조(국민건강증진부담금의 부과·징수 등) ① 지방세법 제47조 제4호및 제6호에 따른 제조자 및 수입판매업자가 판매하는 같은 조 제1호에 따른 담배 같은 법 제54조에 따라 담배소비세가 면제되는 것, 같은 법 제63조제1항제1호 및 제2호에 따라 담배소비세액이 공제 또는 환급되는 것은 제외한다. 이하 이 조 및 제23조의2에서 같다)에 다음 각 호의 구분에 따른 부담금(이하 "부담금"이라 한다)을 부과·징수한다. 〈개정 2017. 12. 30.〉

② 제1항에 따른 제조자 및 수입판매업자는 매월 1일부터 말일까지 제조장 또는 보세구역에서 반출된 담배의 수량과 산출된 부담금의 내역에 관한 자료를 다음 달 15일까지 보건복지부장관에게 제출하여야 한다. 〈개정 2014. 5. 20.〉

※〈벌칙〉제23조2항을 위반한 자: 500만원 이하 과태료

③~⑦ 생략

시행령

제27조의2(담배의 구분) 생략 〈개정 2021. 11. 30.〉

[종전 제27조의2는 제27조의3으로 이동 〈2014. 7. 28.〉]

시행규칙

제20조의2(부담금 내역에 관한 자료제출의 서식 등) 생략 〈개정 2015. 12. 31.〉

제23조의2(부담금의 납부담보) ① 보건복지부장관은 부담금의 납부 보전을 위하여 대통령령이 정하는 바에 따라 제23조제1항에 따른 제조자 및 수입판매업자에게 담보의 제공을 요구할 수 있다. 〈개정 2010. 1. 18.〉

② 보건복지부장관은 제1항에 따라 담보제공의 요구를 받은 제조자 및 수입판매업자가 담보를 제공하지 아니하거나 요구분의 일부만을 제공한 경우 특별시장·광역시장·특별자치시장·특별자치도지사·시장·군수 및 세관장에게 담배의 반출금지를 요구할 수 있다. 〈개정 2010. 1. 18.〉

③ 제2항에 따라 담배의 반출금지 요구를 받은 광역시장·특별자치시장·특별자치도지사·시장·군수 및 세관장은 이에 응하여야 한다.

시행령

제27조의3(국민건강증진부담금의 납부담보) 생략

[제27조의2에서 이동, 종전 제27조의3은 제27조의4로 이동 〈2014. 7. 28.〉]

제23조의3(부담금 부과·징수의 협조) ① 보건복지부장관은 부담금의 부과·징수와 관련하여 필요한 경우에는 중앙행정기관·지방자치단체 그 밖의 관계 기관·단체 등에 대하여 자료제출 등의 협조를 요청할 수 있다. 〈개정 2010. 1. 18.〉

② 제1항의 규정에 따른 협조요청을 받은 중앙행정기관·지방자치단체 그 밖의 관계 기관·단체 등은 특별한 사유가 없는 한 이에 응하여야 한다.

③ 제1항 및 제2항의 규정에 따라 보건복지부장관에게 제출되는 자료에 대하여는 사용료·수수료 등을 면제한다. 〈개정 2010. 1. 18.〉

제24조(기금의 관리·운용) ① 기금은 보건복지부장관이 관리·운용한다. 〈개정 2010. 1. 18.〉

② 보건복지부장관은 기금의 운용성과 및 재정상태를 명확히 하기 위하여 대통령령이 정하는 바에 의하여 회계처리하여야 한다. 〈개정 2017. 12. 30.〉

③ 기금의 관리·운용 기타 필요한 사항은 대통령령으로 정한다.

제25조(기금의 사용등) ① 기금은 다음 각호의 사업에 사용한다. 〈개정 2019. 12. 3.〉

1. 금연교육 및 광고, 흡연피해 예방 및 흡연피해자 지원 등 국민건강관리사업
2. 건강생활의 지원사업
3. 보건교육 및 그 자료의 개발
4. 보건통계의 작성·보급과 보건의료관련 조사·연구 및 개발에 관한 사업
5. 질병의 예방·검진·관리 및 암의 치료를 위한 사업
6. 국민영양관리사업
7. 신체활동장려사업
8. 구강건강관리사업
9. 시·도지사 및 시장·군수·구청장이 행하는 건강증진사업
10. 공공보건의료 및 건강증진을 위한 시설·장비의 확충
11. 기금의 관리·운용에 필요한 경비
12. 그 밖에 국민건강증진사업에 소요되는 경비로서 대통령령이 정하는 사업

② 보건복지부장관은 기금을 제1항 각호의 사업에 사용함에 있어서 아동·청소년·여성·노인·장애인 등에 대하여 특별히 배려·지원할 수 있다. 〈신설 2011. 6. 7.〉

③ 보건복지부장관은 기금을 제1항 각호의 사업에 사용함에 있어서 필요한 경우에는

보조금으로 교부할 수 있다. 〈개정 2010. 1. 18.〉

[제목개정 2019. 12. 3.]

시행령

제30조(기금의 사용) 법 제25조제1항제11호에서 "대통령령이 정하는 사업"이란 다음 각 호의 사업을 말한다. 〈개정 2014. 7. 28.〉

1. 만성퇴행성질환의 관리사업
2. 법 제27조의 규정에 의한 지도·훈련사업
3. 건강증진을 위한 체육활동 지원사업
4. 금연지도원 제도 운영 등 지역사회 금연 환경 조성 사업

제4장 | 보칙

제26조(비용의 보조) 국가 또는 지방자치단체는 매 회계연도마다 예산의 범위안에서 건강증진사업의 수행에 필요한 비용의 일부를 부담하거나 이를 수행하는 법인 또는 단체에 보조할 수 있다.

제27조(지도·훈련) ① 보건복지부장관 또는 질병관리청장은 보건교육을 담당하거나 국민건강영양조사 및 영양에 관한 지도를 담당하는 공무원 또는 보건복지부령으로 정하는 단체 및 공공기관에 종사하는 담당자의 자질향상을 위하여 필요한 지도와 훈련을 할 수 있다. 〈개정 2023. 3. 28.〉

② 제1항에 따른 훈련에 관하여 필요한 사항은 보건복지부령으로 정한다. 〈개정 2023. 3. 28.〉

[제목개정 2023. 3. 28.]

[시행일: 2023. 9. 29.] 제27조

시행규칙

제21조(지도·훈련대상) 생략 〈개정 2010. 3. 19.〉

시행규칙

제22조(훈련방법등) ① 법 제27조의 규정에 의한 훈련은 보건복지부장관, 질병관리청장 또는 한국보건사회연구원장이 지정한 훈련기관이 행한다. 〈개정 2020. 9. 11.〉

② 제1항의 규정에 의한 훈련기관의 장이 훈련대상자를 선발할 때에는 보건복지부장관 또는 질병관리청장이 정하는 바에 의하여 훈련을 받을 자가 공무원인 경우에는 보건복지부장관, 질병관리청장 또는 시·도지사, 단체 및 공공기관의 종사자인 경우에는 당해소속단체 및 공공기관의 장의 추천을 받아야 한다. 〈개정 2020. 9. 11.〉

③ 기타 이 규칙에서 정한 것외에 훈련방법·시기등 훈련에 필요한 사항은 훈련기관의 장이 보건복지부장관 또는 질병관리청장의 승인을 얻어 정한다. 〈개정 2020. 9. 11.〉

시행규칙

제22조의2(과태료감면 신청서 등) 생략 〈본조신설 2020. 6. 4.〉

제28조(보고·검사) ① 보건복지부장관, 시·도지사 및 시장·군수·구청장은 필요하다고 인정하는 때에는 제7조제1항, 제8조제4항, 제9조제2항부터 제4항까지, 제9조의2, 제9조의4 또는 제23조제1항의 규정에 해당하는 자에 대하여 당해업무에 관한 보고를 명하거나 관계공무원으로 하여금 그의 사업소 또는 사업장에 출입하여 장부·서류 기타의 물건을 검사하게 할 수 있다. 〈개정 2011. 6. 7.〉

② 제1항의 규정에 의하여 검사를 하는 공무원은 그 권한을 나타내는 증표를 관계인에게 내보여야 한다.

※〈벌칙〉제28조 위반한 자: 300만원 이하 과태료

제29조(권한의 위임·위탁) ① 이 법에 의한 보건복지부장관의 권한은 대통령령이 정하는 바에 의하여 그 일부를 시·도지사에게 위임할 수 있다. 〈개정 2010. 1. 18.〉

② 보건복지부장관은 이 법에 따른 업무의 일부를 대통령령으로 정하는 바에 따라 건강증진사업을 행하는 법인 또는 단체에 위탁할 수 있다. 〈개정 2023. 3. 28.〉

③ 이 법에 따른 질병관리청장의 권한은 대통령령으로 정하는 바에 따라 그 일부를 소속기관의 장에게 위임할 수 있다. 〈신설 2023. 3. 28.〉

[제목개정 2023. 3. 28.]

[시행일: 2023. 9. 29.] 제29조

시행령

제31조(권한의 위임) 생략 〈개정 2018. 12. 18.〉

시행령

제32조(업무위탁) 생략 〈개정 2021. 11. 30.〉

제30조(수수료) ① 지방자치단체의 장은 건강증진사업에 소요되는 경비중 일부에 대하여 그 이용자로부터 조례가 정하는 바에 의하여 수수료를 징수할 수 있다.

② 제1항의 규정에 의하여 수수료를 징수하는 경우 지방자치단체의 장은 노인, 장애인, 생활보호법에 의한 생활보호대상자등에 대하여 수수료를 감면하여야 한다.

[제5장 | 벌칙]

제31조(벌칙) 제21조를 위반하여 정당한 사유 없이 건강검진의 결과를 공개한 자는 3년 이하의 징역 또는 3천만원 이하의 벌금에 처한다.

[종전 제31조는 제31조의2로 이동 〈2014. 3. 18.〉]

제31조의2(벌칙) 다음 각 호의 어느 하나에 해당하는 자는 1년 이하의 징역 또는 1천만원 이하의 벌금에 처한다. 〈개정 2015. 6. 22.〉

1. 정당한 사유 없이 제8조의2제3항에 따른 광고내용의 변경 등 명령이나 광고의 금지 명령을 이행하지 아니한 자
2. 제8조제4항을 위반하여 경고문구를 표기하지 아니하거나 이와 다른 경고문구를 표기한 자
3. 제9조의2를 위반하여 경고그림·경고문구·발암성물질·금연상담전화번호를 표기하지 아니하거나 이와 다른 경고그림·경고문구·발암성물질·금연상담전화번호를 표기한 자
4. 제9조의4를 위반하여 담배에 관한 광고를 한 자

제32조(벌칙) 제7조제1항의 규정에 위반하여 정당한 사유없이 광고의 내용변경 또는 금지의 명령을 이행하지 아니한 자는 100만원 이하의 벌금에 처한다.

[전문개정 1999. 2. 8.]

제33조(양벌규정) 법인의 대표자나 법인 또는 개인의 대리인, 사용인 그 밖의 종업원이 그 법인 또는 개인의 업무에 관하여 제31조, 제31조의2 또는 제32조의 위반행위를 하면

그 행위자를 벌하는 외에 그 법인 또는 개인에게도 해당 조문의 벌금형을 과(科)한다. 다만, 법인 또는 개인이 그 위반행위를 방지하기 위하여 해당 업무에 관하여 상당한 주의와 감독을 게을리하지 아니한 경우에는 그러하지 아니하다. 〈개정 2014. 3. 18.〉

[전문개정 2010. 5. 27.]

제34조(과태료) ① ①다음 각 호의 어느 하나에 해당하는 자에게는 500만원 이하의 과태료를 부과한다. 〈개정 2019. 12. 3.〉

1. 거짓이나 그 밖의 부정한 방법으로 제6조의2제1항에 따른 인증을 받은 자

1의2. 제6조의2제4항을 위반하여 인증표시 또는 이와 유사한 표시를 한 자

1의3. 제9조제2항의 규정에 위반하여 담배자동판매기를 설치하여 담배를 판매한 자

2. 제9조제9항에 따른 시정명령을 따르지 아니한 자

3. 제9조의3을 위반하여 가향물질을 표시하는 문구나 그림·사진을 제품의 포장이나 광고에 사용한 자

4. 제23조제2항의 규정에 위반하여 자료를 제출하지 아니하거나 허위의 자료를 제출한 자

② 다음 각호의 1에 해당하는 자는 300만원 이하의 과태료에 처한다. 〈신설 2011. 6. 7.〉

1. 제9조제3항의 규정에 위반하여 성인인증장치가 부착되지 아니한 담배자동판매기를 설치하여 담배를 판매한 자

2. 삭제 〈2011. 6. 7.〉

3. 제28조의 규정에 의한 보고를 하지 아니하거나 허위로 보고한 자와 관계공무원의 검사를 거부·방해 또는 기피한 자

③ 다음 각 호의 어느 하나에 해당하는 자에게는 10만원 이하의 과태료를 부과한다. 〈신설 2020. 12. 29.〉

1. 제8조의4제2항을 위반하여 금주구역에서 음주를 한 사람

2. 제9조제8항을 위반하여 금연구역에서 흡연을 한 사람

④ 제1항부터 제3항까지의 규정에 따른 과태료는 대통령령으로 정하는 바에 따라 보건복지부장관, 시·도지사 또는 시장·군수·구청장이 부과·징수한다. 〈신설 2017. 12. 30.〉

⑤ 제3항에도 불구하고 과태료 납부 대상자가 대통령령으로 정하는 바에 따라 일정 교육 또는 금연지원 서비스를 받은 경우 시·도지사 또는 시장·군수·구청장은 과태료

를 감면할 수 있다. 〈신설 2019. 12. 3.〉

[제목개정 2016. 12. 2.]

위반행위	근거법조문	벌금/과태료
정당한 사유 없이 건강검진의 결과를 공개	제21조	3년 이하의 징역 또는 3천만원 이하 벌금
위반 또는 다른문구로 경고문구, 경고그림·경고문구·발암성물질·금연상담전화번호를 표기하거나 광고를 위반	제8조의2제3항 제8조제4항 제9조의2 제9조의4	1년 이하의 징역 또는 1천만원 이하 벌금
다른 사람에게 자격증을 빌려주거나 빌린 자/ 알선한 자	제12조의2 제6항 제12조의2 제7항	
정당한 사유없이 광고의 내용변경 또는 금지의 명령을 불이행	제7조제1항	100만원 이하 벌금
거짓이나 부정한 방법으로 인증 위반하여 인증표시 또는 이와 유사한 표시 규정에 위반한 담배자동자판기 설치 시정명령미이행 광고표시 불이행 자료미제출 또는 허위자료제출	제6조의2제1항 제6조의2제4항 제9조제2항 제9조9항 제9조의3 제23조2항	500만원 이하 과태료
성인인증장치 없는 담배자동자판기 설치, 허위보고	제9조3항 28조	300만원 이하 과태료
비흡연구역 흡연, 금주구역 음주	제8조의4제2항 제9조8항	10만원 이하 과태료

시행령

제33조(과태료의 부과기준 등) 생략 〈개정 2021. 11. 30.〉

시행령

제34조(과태료의 감면의 기준 및 절차) 생략 〈본조신설 2020. 6. 2.〉

제35조 삭제 〈2017. 12. 30.〉

제36조 삭제 〈1999. 2. 5.〉

국민영양관리법·시행령·시행규칙

국민영양관리법 [법률 제17472호, 2020. 8. 11., 타법개정]

국민영양관리법 시행령 [대통령령 제33112호, 2022. 12. 20., 타법개정]

국민영양관리법 시행규칙 [보건복지부령 제922호, 2022. 12. 13., 일부개정]

장	조	
1장 총칙	제1조 목적 제2조 정의 제3조 국가 및 지방자치단체의 의무 제4조 영양사 등의 책임 제5조 국민의 권리 등 제6조 다른 법률과의 관계	
제2장 국민영양관리 기본계획 등	제7조 국민영양관리기본계획 제8조 국민영양관리시행계획 제9조 국민영양정책 등의 심의	
제3장 영양관리사업	제10조 영양·식생활 교육사업 제11조 영양취약계층 등의 영양관리사업 제12조 통계·정보 제13조 영양관리를 위한 영양 및 식생활 조사 제14조 영양소 섭치기준 및 식생활 지침의 제정 및 보급	
제4장 영양사의 면허 및 교육 등	제15조 영양사의 면허 제15조의2 응시자격의 제한 등 제16조 결격사유 제17조 영양사의 업무 제18조 면허의 등록	제19조 명칭 사용의 금지 제20조 보수교육 제20조의2 실태 등의 신고 제21조 면허취소 등 제22조 영양사협회
제5장 보칙	제23조 임상영양사 제24조 비용의 보조 제25조 권한의 위임·위탁 제26조 수수료 제27조 벌칙 적용에서의 공무원 의제	
제6장 벌칙	제28조 벌칙 제29조 삭제 〈2012.5.23〉	

[제1장 | 총칙]

제1조(목적) 이 법은 국민의 식생활에 대한 과학적인 조사·연구를 바탕으로 체계적인 국가영양정책을 수립·시행함으로써 국민의 영양 및 건강 증진을 도모하고 삶의 질 향상에 이바지하는 것을 목적으로 한다.

제2조(정의) 이 법에서 사용하는 용어의 정의는 다음과 같다.

1. "식생활"이란 식문화, 식습관, 식품의 선택 및 소비 등 식품의 섭취와 관련된 모든 양식화된 행위를 말한다.
2. "**영양관리**"란 적절한 영양의 공급과 올바른 식생활 개선을 통하여 국민이 질병을 예방하고 건강한 상태를 유지하도록 하는 것을 말한다.
3. "영양관리사업"이란 국민의 영양관리를 위하여 생애주기 등 영양관리 특성을 고려하여 실시하는 교육·상담 등의 사업을 말한다.

제3조(국가 및 지방자치단체의 의무) ① 국가 및 지방자치단체는 올바른 식생활 및 영양관리에 관한 정보를 국민에게 제공하여야 한다.

② 국가 및 지방자치단체는 국민의 영양관리를 위하여 필요한 대책을 수립하고 시행하여야 한다.

③ 지방자치단체는 영양관리사업을 시행하기 위한 공무원을 둘 수 있다.

제4조(영양사 등의 책임) ① 영양사는 지속적으로 영양지식과 기술의 습득으로 전문능력을 향상시켜 국민영양개선 및 건강증진을 위하여 노력하여야 한다.

② 식품·영양 및 식생활 관련 단체와 그 종사자, 영양관리사업 참여자는 자발적 참여와 연대를 통하여 국민의 건강증진을 위하여 노력하여야 한다.

제5조(국민의 권리 등) ① 누구든지 영양관리사업을 통하여 건강을 증진할 권리를 가지며 성별, 연령, 종교, 사회적 신분 또는 경제적 사정 등을 이유로 이에 대한 권리를 침해받지 아니한다.

② 모든 국민은 올바른 영양관리를 통하여 자신과 가족의 건강을 보호·증진하기 위하여 노력하여야 한다.

제6조(다른 법률과의 관계) 국민의 영양관리에 대하여 다른 법률에 특별한 규정이 있는 경우를 제외하고는 이 법에서 정하는 바에 따른다.

제2장 | 국민영양관리기본계획 등

제7조(국민영양관리기본계획) ① 보건복지부장관은 관계 중앙행정기관의 장과 협의하고 「국민건강증진법」 제5조에 따른 국민건강증진정책심의위원회(이하 "위원회"라 한다)의 심의를 거쳐 국민영양관리기본계획(이하 "기본계획"이라 한다)을 **5년마다 수립**하여야 한다.

② 기본계획에는 다음 각 호의 사항이 포함되어야 한다.

1. 기본계획의 중장기적 목표와 추진방향
2. 다음 각 목의 영양관리사업 추진계획
   가. 제10조에 따른 영양·식생활 교육사업
   나. 제11조에 따른 영양취약계층 등의 영양관리사업
   다. 제13조에 따른 영양관리를 위한 영양 및 식생활 조사
   라. 그 밖에 대통령령으로 정하는 영양관리사업
3. 연도별 주요 추진과제와 그 추진방법
4. 필요한 재원의 규모와 조달 및 관리 방안
5. 그 밖에 영양관리정책수립에 필요한 사항

③ 보건복지부장관은 제1항에 따라 기본계획을 수립한 경우에는 관계 중앙행정기관의 장, 특별시장·광역시장·도지사·특별자치도지사(이하 "시·도지사"라 한다) 및 시장·군수·구청장(자치구의 구청장을 말한다. 이하 같다)에게 통보하여야 한다.

④ 제1항의 기본계획 수립에 따른 협의절차, 제3항의 통보방법 등에 관하여 필요한 사항은 보건복지부령으로 정한다.

시행령

제2조(영양관리사업의 유형) 「국민영양관리법」(이하 "법"이라 한다) 제7조제2항제2호라목에 따른 영양관리사업은 다음 각 호와 같다.

1. 법 제14조에 따른 영양소 섭취기준 및 식생활 지침의 제정·개정·보급 사업
2. 영양취약계층을 조기에 발견하여 관리할 수 있는 국가영양관리감시체계 구축 사업
3. 국민의 영양 및 식생활 관리를 위한 홍보 사업
4. 고위험군·만성질환자 등에게 영양관리식 등을 제공하는 영양관리서비스산업의 육

성을 위한 사업

5. 그 밖에 국민의 영양관리를 위하여 보건복지부장관이 필요하다고 인정하는 사업

시행규칙

제3조(시행계획의 수립시기 및 추진절차 등) ① 법 제7조제3항에 따라 기본계획을 통보받은 시장·군수·구청장(자치구의 구청장을 말한다. 이하 같다)은 법 제8조에 따른 국민영양관리시행계획(이하 "시행계획"이라 한다)을 수립하여 매년 1월 말까지 특별시장·광역시장·도지사·특별자치도지사(이하 "시·도지사"라 한다)에게 보고하여야 하며, 이를 보고받은 시·도지사는 관할 시·군·구(자치구를 말한다. 이하 같다)의 시행계획을 종합하여 매년 2월 말까지 보건복지부장관에게 제출하여야 한다.

② 시장·군수·구청장은 제1항에 따른 시행계획을 「지역보건법」 제7조제2항에 따른 지역보건의료계획의 연차별 시행계획에 포함하여 수립할 수 있다. 〈개정 2015. 11. 18.〉

③ 시장·군수·구청장은 해당 연도의 시행계획에 대한 추진실적을 다음 해 2월 말까지 시·도지사에게 보고하여야 하며, 이를 보고받은 시·도지사는 관할 시·군·구의 추진실적을 종합하여 다음 해 3월 말까지 보건복지부장관에게 제출하여야 한다.

④ 시장·군수·구청장은 지역 내 인구의 급격한 변화 등 예측하지 못한 지역 환경의 변화에 따라 필요한 경우에는 관련 단체 및 전문가 등의 의견을 들어 시행계획을 변경할 수 있다.

⑤ 시장·군수·구청장은 제4항에 따라 시행계획을 변경한 때에는 지체 없이 이를 시·도지사에게 보고하여야 하며, 이를 보고받은 시·도지사는 지체없이 이를 보건복지부장관에게 제출하여야 한다.

제8조(국민영양관리시행계획) ① 시장·군수·구청장은 기본계획에 따라 매년 국민영양관리시행계획(이하 "시행계획"이라 한다)을 수립·시행하여야 하며 그 시행계획 및 추진실적을 시·도지사를 거쳐 보건복지부장관에게 제출하여야 한다.

② 보건복지부장관은 시·도지사로부터 제출된 시행계획 및 추진실적에 관하여 보건복지부령으로 정하는 방법에 따라 평가하여야 한다.

③ 시행계획의 수립 및 추진 등에 필요한 사항은 보건복지부령으로 정하는 기준에 따라 해당 지방자치단체의 조례로 정한다.

제9조(국민영양정책 등의 심의) 위원회는 국민의 영양관리를 위하여 다음 각 호의 사항을 심의한다.

1. 국민영양정책의 목표와 추진방향에 관한 사항
2. 기본계획의 수립에 관한 사항
3. 그 밖에 영양관리를 위하여 위원장이 필요하다고 인정한 사항

제3장 | 영양관리사업

제10조(영양·식생활 교육사업) ① 국가 및 지방자치단체는 국민의 건강을 위하여 영양·식생활 교육을 실시하여야 하며 영양·식생활 교육에 필요한 프로그램 및 자료를 개발하여 보급하여야 한다.

② 제1항에 따른 영양·식생활 교육의 대상·내용·방법 등에 필요한 사항은 보건복지부령으로 정한다.

제11조(영양취약계층 등의 영양관리사업) 국가 및 지방자치단체는 다음 각 호의 영양관리사업을 실시할 수 있다. 〈개정 2011. 6. 7.〉

1. 영유아, 임산부, 아동, 노인, 노숙인 및 사회복지시설 수용자 등 영양취약계층을 위한 영양관리사업
2. 어린이집, 유치원, 학교, 집단급식소, 의료기관 및 사회복지시설 등 시설 및 단체에 대한 영양관리사업
3. 생활습관질병 등 질병예방을 위한 영양관리사업

제12조(통계·정보) ① 질병관리청장은 보건복지부장관과 협의하여 영양정책 및 영양관리사업 등에 활용할 수 있도록 식품 및 영양에 관한 통계 및 정보를 수집·관리하여야 한다. 〈개정 2020. 8. 11.〉

② 질병관리청장은 제1항에 따른 통계 및 정보를 수집·관리하기 위하여 필요한 경우 관련 기관 또는 단체에 자료를 요청할 수 있다. 〈개정 2020. 8. 11.〉

③ 제2항에 따라 자료를 요청받은 기관 또는 단체는 이에 성실히 응하여야 한다.

제13조(영양관리를 위한 영양 및 식생활 조사) ① 국가 및 지방자치단체는 지역사회의 영양문제에 관한 연구를 위하여 다음 각 호의 조사를 실시할 수 있다.

1. **식품 및 영양소 섭취조사**
2. **식생활 행태 조사**
3. **영양상태 조사**
4. 그 밖에 영양문제에 필요한 조사로서 대통령령으로 정하는 사항

② 질병관리청장은 보건복지부장관과 협의하여 국민의 식품섭취·식생활 등에 관한 국민영양 및 식생활 조사를 매년 실시하고 그 결과를 공표하여야 한다. 〈개정 2020. 8. 11.〉

③ 질병관리청장은 제2항에 따른 조사를 위하여 관련 기관·법인 또는 단체의 장에게 필요한 자료의 제출 또는 의견의 진술을 요청할 수 있다. 이 경우 요청을 받은 자는 정당한 사유가 없으면 이에 협조하여야 한다. 〈개정 2020. 8. 11.〉

④ 제1항 및 제2항에 따른 조사의 방법과 그 밖에 필요한 사항은 대통령령으로 정한다. 〈개정 2019. 4. 23.〉

시행령

제3조(영양 및 식생활 조사의 유형) 법 제13조제1항제4호에 따른 영양문제에 필요한 조사는 다음 각 호와 같다. 〈개정 2020. 9. 11.〉

1. **식품의 영양성분 실태조사**
2. **당·나트륨·트랜스지방 등 건강 위해가능 영양성분의 실태조사**
3. **음식별 식품재료량 조사**
4. 그 밖에 국민의 영양관리와 관련하여 보건복지부장관, 질병관리청장 또는 지방자치단체의 장이 필요하다고 인정하는 조사

시행령

제4조(영양 및 식생활 조사의 시기와 방법 등) ① 질병관리청장은 법 제13조 제1항 제1호부터 제3호까지 및 같은 조 제2항에 따른 조사를 「국민건강증진법」 제16조에 따른 국민영양조사에 포함하여 실시한다. 〈개정 2020. 9. 11.〉

② 질병관리청장은 제3조 제1호 및 제2호에 따른 실태조사를 가공식품과 식품접객업소·집단급식소 등에서 조리·판매·제공하는 식품 등에 대하여 질병관리청장이 정한 기준에 따라 매년 실시한다. 〈개정 2020. 9. 11.〉

③ 질병관리청장은 제3조 제3호에 따른 조사를 식품접객업소 및 집단급식소 등의 음식별 식품재료에 대하여 질병관리청장이 정한 기준에 따라 매년 실시한다. 〈개정 2020. 9. 11.〉

제14조(영양소 섭취기준 및 식생활 지침의 제정 및 보급) ① 보건복지부장관은 국민건강증진에 필요한 영양소 섭취기준을 제정하고 정기적으로 개정하여 학계·산업계 및 관련 기관 등에 체계적으로 보급하여야 한다.

② 보건복지부장관은 관계 중앙행정기관의 장과 협의하여 다음 각 호의 분야에서 제1항에 따른 영양소 섭취기준을 적극 활용할 수 있도록 하여야 한다.

1. 「국민건강증진법」 제2조제1호에 따른 국민건강증진사업
2. 「학교급식법」 제11조에 따른 학교급식의 영양관리
3. 「식품위생법」 제2조제12호에 따른 집단급식소의 영양관리
4. 「식품 등의 표시·광고에 관한 법률」 제5조에 따른 식품등의 영양표시
5. 「식생활교육지원법」 제2조제2호에 따른 식생활 교육
6. 그 밖에 영양관리를 위하여 대통령령으로 정하는 분야

③ 보건복지부장관은 국민건강증진과 삶의 질 향상을 위하여 질병별·생애주기별 특성 등을 고려한 식생활 지침을 제정하고 정기적으로 개정·보급하여야 한다. 〈개정 2018. 12. 11.〉

④ 제1항에 따른 영양소 섭취기준 및 제3항에 따른 식생활 지침의 주요 내용 및 발간 주기 등 세부적인 사항은 보건복지부령으로 정한다. 〈개정 2018. 12. 11.〉

시행규칙

제6조(영양소 섭취기준과 식생활 지침의 주요 내용 및 발간 주기 등) ① 법 제14조제1항에 따른 영양소 섭취기준에는 다음 각 호의 내용이 포함되어야 한다.

1. 국민의 생애주기별 영양소 요구량(평균 필요량, 권장 섭취량, 충분 섭취량 등) 및 상한 섭취량
2. 영양소 섭취기준 활용을 위한 식사 모형
3. 국민의 생애주기별 1일 식사 구성안
4. 그 밖에 보건복지부장관이 영양소 섭취기준에 포함되어야 한다고 인정하는 내용

② 법 제14조제2항에 따른 식생활 지침에는 다음 각 호의 내용이 포함되어야 한다. 〈개정 2019. 10. 24〉

1. 건강증진을 위한 올바른 식생활 및 영양관리의 실천
2. 생애주기별 특성에 따른 식생활 및 영양관리

3. 질병의 예방·관리를 위한 식생활 및 영양관리
4. 비만과 저체중의 예방·관리
5. 영양취약계층, 시설 및 단체에 대한 식생활 및 영양관리
6. 바람직한 식생활문화 정립
7. 식품의 영양과 안전
8. 영양 및 건강을 고려한 음식 만들기
9. 그 밖에 올바른 식생활 및 영양관리에 필요한 사항

③ 영양소 섭취기준 및 식생활 지침의 발간 주기는 5년으로 하되, 필요한 경우 그 주기를 조정할 수 있다.

제4장 | 영양사의 면허 및 교육 등

제15조(영양사의 면허) ① 영양사가 되고자 하는 사람은 다음 각 호의 어느 하나에 해당하는 사람으로서 영양사 국가시험에 합격한 후 보건복지부장관의 면허를 받아야 한다. 〈개정 2018. 12. 11.〉

1. 「고등교육법」에 따른 대학, 산업대학, 전문대학 또는 방송통신대학에서 식품학 또는 영양학을 전공한 자로서 교과목 및 학점이수 등에 관하여 보건복지부령으로 정하는 요건을 갖춘 사람
2. 외국에서 영양사면허(보건복지부장관이 정하여 고시하는 인정기준에 해당하는 면허를 말한다)를를 받은 사람
3. 외국의 영양사 양성학교(보건복지부장관이 정하여 고시하는 인정기준에 해당하는 학교를 말한다)를 졸업한 사람

② 보건복지부장관은 제1항에 따른 국가시험의 관리를 보건복지부령으로 정하는 바에 따라 시험 관리능력이 있다고 인정되는 관계 전문기관에 위탁할 수 있다.

③ 영양사 면허와 국가시험 등에 필요한 사항은 보건복지부령으로 정한다.

시행규칙

제7조(영양사 면허 자격 요건) ① 법 제15조제1항제1호에서 "보건복지부령으로 정하는 요건을 갖춘 사람"이란 별표 1에 따른 교과목 및 학점을 이수하고 별표 1의2에 따른 학

시행규칙 **[별표 1] 교과목 및 학점이수 기준**(제7조제1항 관련) 〈개정 2015. 5. 19.〉

다음 교과목 중 각 영역별 최소이수 과목(총 18과목) 및 학점(총 52학점) 이상을 전공과목(필수 또는 선택)으로 이수해야 한다.

영역	교과목	유사인정과목	최소이수과목 및 학점
기초	생리학	인체생리학, 영양생리학	총 2과목 이상 (6학점 이상)
	생화학	영양생화학	
	공중보건학	환경위생학, 보건학	
영양	기초영양학	영양학, 영양과 현대사회, 영양과 건강, 인체영양학	총 6과목 이상 (19학점 이상)
	고급영양학	영양화학, 고급인체영양학, 영양소 대사	
	생애주기영양학	특수영양학, 생활주기영양학, 가족영양학, 영양과 (성장)발달	
	식사요법	식이요법, 질병과 식사요법	
	영양교육	영양상담, 영양교육 및 상담, 영양정보관리 및 상담	
	임상영양학	영양병리학	
	지역사회영양학	보건영양학, 지역사회 영양 및 정책	
	영양판정	영양(상태)평가	
식품 및 조리	식품학	식품과 현대사회, 식품재료학	총 5과목 이상 (14학점 이상)
	식품화학	고급식품학, 식품(영양)분석	
	식품미생물학	발효식품학, 발효(미생물)학	
	식품가공 및 저장학	식품가공학, 식품저장학, 식품제조 및 관리	
	조리원리	한국음식연구, 외국음식연구, 한국조리, 서양조리	
	실험조리	조리과학, 실험조리 및 관능검사, 실험조리 및 식품평가, 실험조리 및 식품개발	
급식 및 위생	단체급식관리	급식관리, 다량조리, 외식산업과 다량조리	총 4과목 이상 (11학점 이상)
	급식경영학	급식경영 및 인사관리, 급식경영 및 회계, 급식경영 및 마케팅 전략	
	식생활관리	식생활계획, 식생활(과)문화, 식문화사	
	식품위생학	식품위생 및 (관계) 법규	
	식품위생 관계 법규	식품위생법규	
실습	영양사 현장 실습	영양사 실무	총 1과목 이상 (2학점 이상)

비고:
1. 위의 교과목명이나 유사인정 과목명에 "~ 및 실험", "~ 및 실습", "~ 실험", "~실습", "~학", "~연습", "~Ⅰ과 Ⅱ", "~ 관리", "~개론"을 붙여도 해당 교과목으로 인정할 수 있다.
2. 위의 영양사 현장실습 교과목은 80시간 이상(2주 이상) 이수하여야 하며, 영양사가 배치된 집단급식소, 의료기관, 보건소 등에서 현장 실습하여야 한다.

과 또는 학부(전공)를 졸업한 사람 및 제8조에 따른 영양사 국가시험의 응시일로부터 3개월 이내에 졸업이 예정된 사람을 말한다. 이 경우 졸업이 예정된 사람은 그 졸업예정시기에 별표 1에 따른 교과목 및 학점을 이수하고 별표 1의2에 따른 학과 또는 학부(전공)를 졸업하여야 한다. 〈개정 2015. 5. 19.〉

② 법 제15조제1항제2호 및 제3호에서 "외국"이란 다음 각 호의 어느 하나에 해당하는 국가를 말한다. 〈개정 2013. 3. 23.〉

1. 대한민국과 국교(國交)를 맺은 국가
2. 대한민국과 국교를 맺지 아니한 국가 중 보건복지부장관이 외교부장관과 협의하여 정하는 국가

시행규칙

제15조(영양사 면허증의 교부) ① 영양사 국가시험에 합격한 사람은 합격자 발표 후 별지 제1호서식의 영양사 면허증 교부신청서에 다음 각 호의 서류를 첨부하여 보건복지부장관에게 영양사 면허증의 교부를 신청하여야 한다. 〈개정 2016. 12. 30.〉

1. 다음 각 목의 구분에 따른 자격을 증명할 수 있는 서류
   가. 법 제15조제1항제1호: 졸업증명서 및 별표 1에 따른 교과목 및 학점이수 확인에 필요한 증명서
   나. 법 제15조제1항제2호: 면허증 사본
   다. 법 제15조제1항제3호: 졸업증명서
2. 법 제16조제1호 본문에 해당되지 아니함을 증명하는 의사의 진단서 또는 같은 호 단서에 해당하는 경우에는 이를 증명할 수 있는 전문의의 진단서
3. 법 제16조제2호 및 제3호에 해당되지 아니함을 증명하는 의사의 진단서
4. 응시원서의 사진과 같은 사진(가로 3.5센티미터, 세로 4.5센티미터) 2장

② 보건복지부장관은 영양사 국가시험에 합격한 사람이 제1항에 따른 영양사 면허증의 교부를 신청한 날부터 14일 이내에 별지 제2호서식의 영양사 면허대장에 그 면허에 관한 사항을 등록하고 별지 제3호서식의 영양사 면허증을 교부하여야 한다. 다만, 법 제15조제1항제2호 및 제3호에 해당하는 사람의 경우에는 외국에서 영양사 면허를 받은 사실 등에 대한 조회가 끝난 날부터 14일 이내에 영양사 면허증을 교부한다.

제15조의2(응시자격의 제한 등) ① 부정한 방법으로 영양사 국가시험에 응시한 사람이나 영양사 국가시험에서 부정행위를 한 사람에 대해서는 그 수험을 정지시키거나 합격을

무효로 한다.

② 보건복지부장관은 제1항에 따라 수험이 정지되거나 합격이 무효가 된 사람에 대하여 처분의 사유와 위반 정도 등을 고려하여 보건복지부령으로 정하는 바에 따라 3회의 범위에서 영양사 국가시험 응시를 제한할 수 있다.

시행규칙

제10조(영양사 국가시험 응시제한) 법 제15조의2제2항에 따른 영양사 국가시험 응시제한의 기준은 별표 4와 같다. 〈전문개정 2019. 10. 24.〉

제16조(결격사유) 다음 각 호의 어느 하나에 해당하는 사람은 영양사의 면허를 받을 수 없다. 〈개정 2018. 12. 11.〉

1. 「정신건강증진 및 정신질환자 복지서비스 지원에 관한 법률」 제3조제1호에 따른 **정신질환자**. 다만, 전문의가 영양사로서 적합하다고 인정하는 사람은 그러하지 아니하다.
2. 「감염병의 예방 및 관리에 관한 법률」 제2조제13호에 따른 **감염병환자** 중 보건복지부령으로 정하는 사람
3. 마약·대마 또는 **향정신성의약품 중독자**
4. **영양사 면허의 취소처분을 받고 그 취소된 날부터 1년이 지나지 아니한 사람**

시행규칙

제14조(감염병환자) 법 제16조제2호에서 "감염병환자"란 「감염병의 예방 및 관리에 관한 법률」 제2조제4호나목에 따른 B형간염 환자를 제외한 감염병환자를 말한다. 〈개정 2022. 12. 13.〉

제17조(영양사의 업무) 영양사는 다음 각 호의 업무를 수행한다.

1. **건강증진 및 환자를 위한 영양·식생활 교육 및 상담**
2. **식품영양정보의 제공**
3. **식단작성, 검식(檢食) 및 배식관리**
4. **구매식품의 검수 및 관리**
5. **급식시설의 위생적 관리**
6. **집단급식소의 운영일지 작성**

7. **종업원에 대한 영양지도 및 위생교육**

제18조(면허의 등록) ① 보건복지부장관은 영양사의 면허를 부여할 때에는 영양사 면허대장에 그 면허에 관한 사항을 등록하고 면허증을 교부하여야 한다. 다만, 면허증 교부 신청일 기준으로 제16조에 따른 결격사유에 해당하는 자에게는 면허 등록 및 면허증 교부를 하여서는 아니 된다. 〈개정 2019. 12. 3.〉

② 제1항에 따라 면허증을 교부받은 사람은 다른 사람에게 그 면허증을 빌려주어서는 아니 되고, 누구든지 그 면허증을 빌려서는 아니 된다. 〈개정 2020. 4. 7.〉

③ 누구든지 제2항에 따라 금지된 행위를 알선하여서는 아니 된다. 〈신설 2020. 4. 7.〉

※〈벌칙〉제18조제3항을 위반한 자: 1년 이하의 징역 또는 1천만원 이하의 벌금

④ 제1항에 따른 면허의 등록 및 면허증의 교부 등에 관하여 필요한 사항은 보건복지부령으로 정한다. 〈개정 2020. 4. 7.〉

제19조(명칭사용의 금지) 제15조에 따라 영양사 면허를 받지 아니한 사람은 영양사 명칭을 사용할 수 없다.

※〈벌칙〉제19조 위반한 자: 300만원 이하 벌금

제20조(보수교육) ① 보건기관·의료기관·집단급식소 등에서 각각 그 업무에 종사하는 영양사는 영양관리수준 및 자질 향상을 위하여 보수교육을 받아야 한다.

② 제1항에 따른 보수교육의 시기·대상·비용 및 방법 등에 관하여 필요한 사항은 보건복지부령으로 정한다.

시행령

제10조(업무의 위탁) ① 보건복지부장관은 법 제25조제2항에 따라 법 제20조에 따른 보수교육업무를 협회에 위탁한다.

② 보건복지부장관은 법 제25조제2항에 따라 다음 각 호의 업무를 관계 전문기관에 위탁한다.

1. 법 제10조에 따른 영양·식생활 교육사업
2. 법 제11조에 따른 영양취약계층 등의 영양관리사업
3. 4. 삭제 〈2020. 9. 11.〉
5. 법 제14조에 따른 영양소 섭취기준 및 식생활 지침의 제정·개정·보급
6. 법 제23조에 따른 임상영양사의 자격시험 관리

③ 제2항에서 "관계 전문기관"이란 다음 각 호의 어느 하나에 해당하는 기관 중에서 보건복지부장관이 지정하는 기관을 말한다.

1. 「고등교육법」에 따른 학교로서 식품학 또는 영양학 전공이 개설된 전문대학 이상의 학교
2. 협회
3. 정부가 설립하거나 정부가 운영비용의 전부 또는 일부를 지원하는 영양관리업무 관련 비영리법인
4. 그 밖에 영양관리업무에 관한 전문 인력과 능력을 갖춘 비영리법인

시행규칙

제18조(보수교육의 시기·대상·비용·방법 등) ① 법 제20조에 따른 보수교육은 법 제22조에 따른 영양사협회(이하 "협회"라 한다)에 위탁한다.

② 협회의 장은 다음 각 호의 사항에 관한 보수교육을 2년마다 6시간 이상 실시해야 한다. 〈개정 2022. 12. 13.〉

1. 직업윤리에 관한 사항
2. 업무 전문성 향상 및 업무 개선에 관한 사항
3. 국민영양 관계 법령의 준수에 관한 사항
4. 선진 영양관리 동향 및 추세에 관한 사항
5. 그 밖에 보건복지부장관이 영양사의 전문성 향상에 필요하다고 인정하는 사항

③ 보수교육의 대상자는 다음 각 호와 같다. 〈개정 2019. 10. 24.〉

1. 「지역보건법」 제10조 및 제13조에 따른 보건소·보건지소(이하 "보건소·보건지소"라 한다), 「의료법」 제3조에 따른 의료기관(이하 "의료기관"이라 한다) 및 「식품위생법」 제2조제12호에 따른 집단급식소(이하 "집단급식소"라 한다)에 종사하는 영양사
2. 「영유아보육법」 제7조에 따른 육아종합지원센터에 종사하는 영양사
3. 「어린이 식생활안전관리 특별법」 제21조에 따른 어린이급식관리지원센터에 종사하는 영양사
4. 「건강기능식품에 관한 법률」 제4조제1항제3호에 따른 건강기능식품판매업소에 종사하는 영양사

④ 제3항에 따른 보수교육 대상자 중 다음 각 호의 어느 하나에 해당하는 사람은 해당

연도의 보수교육을 면제한다. 이 경우 보수교육이 면제되는 사람은 해당 보수교육이 실시되기 전에 별지 제5호서식의 보수교육 면제신청서에 면제 대상자임을 인정할 수 있는 서류를 첨부하여 협회의 장에게 제출해야 한다. 〈개정 2019. 10. 24.〉

1. 군복무 중인 사람
2. 본인의 질병 또는 그 밖의 불가피한 사유로 보수교육을 받기 어렵다고 보건복지부장관이 인정하는 사람

⑤ 보수교육은 집합교육, 온라인 교육 등 다양한 방법으로 실시해야 한다. 〈개정 2019. 10. 24.〉

⑥ 보수교육의 교과과정, 비용과 그 밖에 보수교육을 실시하는데 필요한 사항은 보건복지부장관의 승인을 받아 협회의 장이 정한다.

제20조의2(실태 등의 신고) ① 영양사는 대통령령으로 정하는 바에 따라 최초로 면허를 받은 후부터 3년마다 그 실태와 취업상황 등을 보건복지부장관에게 신고하여야 한다.

② 보건복지부장관은 제20조제1항의 보수교육을 이수하지 아니한 영양사에 대하여 제1항에 따른 신고를 반려할 수 있다.

③ 보건복지부장관은 제1항에 따른 신고 수리 업무를 대통령령으로 정하는 바에 따라 관련 단체 등에 위탁할 수 있다.

시행령

제4조의2(영양사의 실태 등의 신고) ① 영양사는 법 제20조의2제1항에 따라 그 실태와 취업상황 등을 법 제18조제1항에 따른 면허증의 교부일(법률 제11440호 국민영양관리법 일부개정법률 부칙 제2조제1항에 따라 신고를 한 경우에는 그 신고를 한 날을 말한다)부터 매 3년이 되는 해의 12월 31일까지 보건복지부장관에게 신고하여야 한다.

② 보건복지부장관은 법 제20조의2제3항에 따라 신고 수리 업무를 법 제22조에 따른 영양사협회(이하 "협회"라 한다)에 위탁한다.

③ 제1항에 따른 신고의 방법 및 절차 등에 관하여 필요한 사항은 보건복지부령으로 정한다.

[본조신설 2015. 4. 29.]

시행규칙

제20조의2(영양사의 실태 등의 신고 및 보고) ① 법 제20조의2제1항 및 영 제4조의2제1항에 따라 영양사의 실태와 취업상황 등을 신고하려는 사람은 별지 제8호의2 서식의 영양사의 실태 등 신고서에 다음 각 호의 서류를 첨부하여 협회의 장에게 제출하여야 한다.

1. 제19조제2항에 따른 보수교육 이수증(이수한 사람만 해당한다)
2. 제18조제4항에 따른 보수교육 면제 확인서(면제된 사람만 해당한다)

② 제1항에 따른 신고를 받은 협회의 장은 신고를 한 자가 제18조에 따른 보수교육을 이수하였는지 여부를 확인하여야 한다.

③ 협회의 장은 제1항에 따른 신고 내용과 그 처리 결과를 반기별로 보건복지부장관에게 보고하여야 한다. 다만, 법 제21조제5항에 따라 면허의 효력이 정지된 영양사가 제1항에 따른 신고를 한 경우에는 신고 내용과 그 처리 결과를 지체 없이 보건복지부장관에게 보고하여야 한다.

제21조(면허취소 등) ① 보건복지부장관은 영양사가 다음 각 호의 어느 하나에 해당하는 경우 그 면허를 취소할 수 있다. 다만, 제1호에 해당하는 경우 면허를 취소하여야 한다. 〈개정 2012. 5. 23.〉

1. 제16조제1호부터 제3호까지의 어느 하나에 해당하는 경우
2. 제2항에 따른 **면허정지처분 기간 중에 영양사의 업무를 하는 경우**
3. 제2항에 따라 **3회 이상 면허정지처분을 받은 경우**

② 보건복지부장관은 영양사가 다음 각 호의 어느 하나에 해당하는 경우 **6개월 이내**의 기간을 정하여 그 면허의 정지를 명할 수 있다.

1. 영양사가 그 업무를 행함에 있어서 **식중독이나** 그 밖에 위생과 관련한 중대한 사고 발생에 직무상의 책임이 있는 경우
2. **면허를 타인에게 대여하여 이를 사용하게 한 경우**

③ 제1항, 제2항 및 제5항에 따른 행정처분의 세부적인 기준은 그 위반행위의 유형과 위반의 정도 등을 참작하여 대통령령으로 정한다. 〈개정 2012. 5. 23.〉

④ 보건복지부장관은 제1항의 면허취소처분 또는 제2항의 면허정지처분을 하고자 하는 경우에는 청문을 실시하여야 한다.

⑤ 보건복지부장관은 영양사가 제20조의2에 따른 신고를 하지 아니한 경우에는 신고할 때까지 면허의 효력을 정지할 수 있다. 〈신설 2012. 5. 23.〉

시행령

제5조(행정처분의 세부기준) 법 제21조제3항에 따른 행정처분의 세부적인 기준은 별표와 같다.

시행령 **[별표] 행정처분 기준**(제5조 관련) 〈개정 2015. 4. 29.〉

Ⅰ. 일반기준

1. 둘 이상의 위반행위가 적발된 경우에는 가장 중한 면허정지처분 기간에 나머지 각각의 면허정지처분 기간의 2분의 1을 더하여 처분한다.
2. 위반행위에 대하여 행정처분을 하기 위한 절차가 진행되는 기간 중에 반복하여 같은 위반행위를 하는 경우에는 그 위반횟수마다 행정처분 기준의 2분의 1씩 더하여 처분한다.
3. 위반행위의 횟수에 따른 행정처분의 기준은 최근 1년간 같은 위반행위를 한 경우에 적용한다.
4. 제3호에 따른 행정처분 기준의 적용은 같은 위반행위에 대하여 행정처분을 한 날과 그 처분 후 다시 적발된 날을 기준으로 한다.
5. 어떤 위반행위든 그 위반행위에 대하여 행정처분이 이루어진 경우에는 그 처분 이전에 이루어진 같은 위반행위에 대해서도 행정처분이 이루어진 것으로 보아 다시 처분해서는 아니 된다.
6. 제1호에 따른 행정처분을 한 후 다시 행정처분을 하게 되는 경우 그 위반행위의 횟수에 따른 행정처분의 기준을 적용할 때 종전의 행정처분의 사유가 된 각각의 위반행위에 대하여 각각 행정처분을 하였던 것으로 본다.

Ⅱ. 개별기준

위반행위	근거 법령	행정처분기준		
		1차 위반	2차 위반	3차 이상 위반
1. 법 제16조제1호부터 제3호까지의 어느 하나에 해당하는 경우	법 제21조 제1항제1호	면허취소		
2. 법 제21조제1항에 따른 면허정지처분 기간 중에 영양사의 업무를 하는 경우	법 제21조 제1항제2호	면허취소		
3. 영양사가 그 업무를 행함에 있어서 식중독이나 그 밖에 위생과 관련한 중대한 사고 발생에 직무상의 책임이 있는 경우	법 제21조 제2항제1호	면허정지 1개월	면허정지 2개월	면허취소
4. 면허를 타인에게 대여하여 사용하게 한 경우	법 제21조 제2항제2호	면허정지 2개월	면허정지 3개월	면허취소

시행규칙

제17조(면허증의 반환) 영양사가 제16조에 따라 영양사 면허증을 재교부받은 후 분실하였

던 영양사 면허증을 발견하였거나, 법 제21조에 따라 영양사 면허의 취소처분을 받았을 때에는 그 영양사 면허증을 지체 없이 보건복지부장관에게 반환하여야 한다.

제22조(영양사협회) ① 영양사는 영양에 관한 연구, 영양사의 윤리 확립 및 영양사의 권익증진 및 자질향상을 위하여 대통령령으로 정하는 바에 따라 영양사협회(이하 "협회"라 한다)를 설립할 수 있다.

② 협회는 법인으로 한다.

③ 협회에 관하여 이 법에 규정되지 아니한 사항은 「민법」 중 사단법인에 관한 규정을 준용한다.

시행령

제6조(협회의 설립허가) 법 제22조에 따라 협회를 설립하려는 자는 다음 각 호의 서류를 보건복지부장관에게 제출하여 설립허가를 받아야 한다. 〈개정 2015. 4. 29.〉

1. 정관
2. 사업계획서
3. 자산명세서
4. 설립결의서
5. 설립대표자의 선출 경위에 관한 서류
6. 임원의 취임승낙서와 이력서

제5장 | 보칙

제23조(임상영양사) ① 보건복지부장관은 건강관리를 위하여 영양판정, 영양상담, 영양소 모니터링 및 평가 등의 업무를 수행하는 영양사에게 영양사 면허 외에 임상영양사 자격을 인정할 수 있다.

② 제1항에 따른 임상영양사의 업무, 자격기준, 자격증 교부 등에 관하여 필요한 사항은 보건복지부령으로 정한다.

③ 제2항에 따라 자격증을 교부받은 사람은 다른 사람에게 그 자격증을 빌려주어서는 아니 되고, 누구든지 그 자격증을 빌려서는 아니 된다. 〈신설 2020. 4. 7.〉

※〈벌칙〉제23조제3항을 위반한 자: 1년 이하의 징역 또는 1천만원 이하의 벌금

④ 누구든지 제3항에 따라 금지된 행위를 알선하여서는 아니 된다. 〈신설 2020. 4. 7.〉

※〈벌칙〉제23조제4항을 위반한 자: 1년 이하의 징역 또는 1천만원 이하의 벌금

제23조의2(임상영양사의 자격취소 등) ① 보건복지부장관은 임상영양사가 제23조제3항을 위반하여 다른 사람에게 자격증을 빌려준 경우에는 그 자격을 6개월의 범위에서 정지시킬 수 있다.

② 보건복지부장관은 임상영양사가 제1항에 따라 3회 이상 자격정지처분을 받은 경우 그 자격을 취소할 수 있다.

③ 제1항 및 제2항에 따른 임상영양사에 대한 행정처분에 관하여는 제21조제3항 및 제4항을 준용한다.

[본조신설 2020. 4. 7.]

시행규칙

제22조(임상영양사의 업무) 법 제23조에 따른 임상영양사(이하 "임상영양사"라 한다)는 질병의 예방과 관리를 위하여 질병별로 전문화된 다음 각 호의 업무를 수행한다.

1. **영양문제 수집·분석 및 영양요구량 산정 등의 영양판정**
2. **영양상담 및 교육**
3. **영양관리상태 점검을 위한 영양모니터링 및 평가**
4. **영양불량상태 개선을 위한 영양관리**
5. **임상영양 자문 및 연구**
6. **그 밖에 임상영양과 관련된 업무**

시행규칙

제23조(임상영양사의 자격기준) 임상영양사가 되려는 사람은 다음 각 호의 어느 하나에 해당하는 사람으로서 보건복지부장관이 실시하는 임상영양사 자격시험에 합격하여야 한다. 〈개정 2015. 5. 19.〉

1. 제24조에 따른 임상영양사 교육과정 수료와 보건소·보건지소, 의료기관, 집단급식소 등 보건복지부장관이 정하는 기관에서 1년 이상 영양사로서의 실무경력을 충족한 사람
2. 외국의 임상영양사 자격이 있는 사람 중 보건복지부장관이 인정하는 사람

시행규칙

제24조(임상영양사의 교육과정) ① 임상영양사의 교육은 보건복지부장관이 지정하는 임상영양사 교육기관이 실시하고 그 교육기간은 2년 이상으로 한다.

② 임상영양사 교육을 신청할 수 있는 사람은 영양사 면허를 가진 사람으로 한다.

시행규칙

제32조(임상영양사 자격증 발급 등) ① 보건복지부장관은 제31조제3항에 따라 임상영양사 자격시험관리기관의 장으로부터 서류를 제출받은 경우에는 임상영양사 자격인정대장에 다음 각 호의 사항을 적고, 합격자에게 별지 제15호서식의 임상영양사 자격증을 발급해야 한다. 〈개정 2022. 12. 13.〉

1. 성명 및 생년월일
2. 임상영양사 자격인정번호 및 자격인정 연월일
3. 임상영양사 자격시험 합격 연월일
4. 영양사 면허번호 및 면허 연월일

② 임상영양사의 자격증의 재발급에 관하여는 제16조를 준용한다. 이 경우 "영양사"는 "임상영양사"로, "면허증"은 "자격증"으로 본다. 〈개정 2022. 12. 13.〉

[제목개정 2022. 12. 13.]

제24조(비용의 보조) 국가나 지방자치단체는 회계연도마다 예산의 범위에서 영양관리사업의 수행에 필요한 비용의 일부를 부담하거나 사업을 수행하는 법인 또는 단체에 보조할 수 있다.

제25조(권한의 위임·위탁) ① 이 법에 따른 보건복지부장관의 권한은 대통령령으로 정하는 바에 따라 그 일부를 시·도지사에게 위임할 수 있다.

② 이 법에 따른 보건복지부장관의 업무는 대통령령으로 정하는 바에 따라 그 일부를 관계 전문기관에 위탁할 수 있다.

제26조(수수료) ① 지방자치단체의 장은 영양관리사업에 드는 경비 중 일부에 대하여 그 이용자로부터 조례로 정하는 바에 따라 수수료를 징수할 수 있다.

② 제1항에 따라 수수료를 징수하는 경우 지방자치단체의 장은 노인, 장애인, 「국민기초생활 보장법」에 따른 수급권자 등의 수수료를 감면하여야 한다.

③ 영양사의 면허를 받거나 면허증을 재교부받으려는 사람 또는 국가시험에 응시하려는 사람은 보건복지부령으로 정하는 바에 따라 수수료를 내야 한다.

④ 제15조제2항에 따라 영양사 국가시험 관리를 위탁받은 「한국보건의료인국가시험원법」에 따른 한국보건의료인국가시험원은 국가시험의 응시수수료를 보건복지부장관의 승인을 받아 시험관리에 필요한 경비에 직접 충당할 수 있다. 〈개정 2015. 6. 22.〉

제27조(벌칙 적용에서의 공무원 의제) 제15조제2항에 따라 위탁받은 업무에 종사하는 전문기관의 임직원은 「형법」 제129조부터 제132조까지의 규정에 따른 벌칙의 적용에서는 공무원으로 본다.

제6장 | 벌칙

제28조(벌칙) ① 다음 각 호의 어느 하나에 해당하는 자는 1년 이하의 징역 또는 1천만원 이하의 벌금에 처한다. 〈개정 2020. 4. 7.〉

1. 제18조제2항 또는 제23조제3항을 위반하여 다른 사람에게 영양사의 면허증 또는 임상영양사의 자격증을 빌려주거나 빌린 자
2. 제18조제3항 또는 제23조제4항을 위반하여 영양사의 면허증 또는 임상영양사의 자격증을 빌려주거나 빌리는 것을 알선한 자

② 제19조를 위반하여 영양사라는 명칭을 사용한 사람은 300만원 이하의 벌금에 처한다.

위반사항	근거법조문	벌칙
다른 사람에게 영양사의 면허증 또는 임상영양사의 자격증을 빌려주거나 빌린 자	제18조제2항/제23조제3항	1년 이하의 징역 또는 1천만원 이하의 벌금
다른 사람에게 영양사의 면허증 또는 임상영양사의 자격을 빌려주거나 빌리는 것을 알선한 자	제18조제3항/제23조제4항	
영양사라는 명칭을 사용	제19조	300만원 이하의 벌금

제29조 삭제 〈2012. 5. 23.〉

04 식품 등의 표시·광고에 관한 법률

식품 등의 표시·광고에 관한 법률

[시행 2023. 1. 1.] [법률 제18445호, 2021. 8. 17., 일부개정]

식품 등의 표시·광고에 관한 법률 시행령(약칭: 식품표시광고법 시행령)

[시행 2023. 4. 25.] [대통령령 제33434호, 2023. 4. 25., 타법개정]

식품 등의 표시·광고에 관한 법률 시행규칙(약칭: 식품표시광고법 시행규칙)

[시행 2023. 1. 1.] [총리령 제1813호, 2022. 6. 30., 일부개정]

식품 등의 표시·광고에 관한 법률	제1조 목적 제2조 정의 제3조 다른 법률과의 관계 제4조 표시의 기준 제5조 영양표시 제6조 나트륨 함량 비교 표시 제7조 광고의 기준 제8조 부당한 표시 또는 광고행위의 금지 제9조 표시 또는 광고 내용의 실증 제10조 표시 또는 광고의 자율심의 제11조 심의위원회의 설치·운영 제12조 표시 또는 광고 정책 등에 관한 자문 제13조 소비자 교육 및 홍보 제14조 시정명령 제15조 위해 식품등의 회수 및 폐기처분 등	제16조 영업정지 등 제17조 품목 등의 제조정지 제18조 행정 제재처분 효과의 승계 제19조 영업정지 등의 처분에 갈음하여 부과하는 과징금 처분 제20조 부당한 표시·광고에 따른 과징금 부과 등 제21조 위반사실의 공표 제22조 국고 보고 제23조 청문 제24조 권한 등의 위임 및 위탁 제25조 벌칙 적용해서 공무원 의제 제26조~제30조 벌칙 제31조 과태료

제1조(목적) 이 법은 **식품 등에 대하여 올바른 표시·광고를 하도록 하여 소비자의 알 권리를 보장하고 건전한 거래질서를 확립함으로써 소비자 보호**에 이바지함을 목적으로 한다.

제2조(정의) 이 법에서 사용하는 용어의 뜻은 다음과 같다. 〈개정 2021. 8. 17.〉

1. "식품"이란 「식품위생법」 제2조제1호에 따른 식품(해외에서 국내로 수입되는 식품을 포함한다)을 말한다.
2. "식품첨가물"이란 「식품위생법」 제2조제2호에 따른 식품첨가물(해외에서 국내로 수입되는 식품첨가물을 포함한다)을 말한다.
3. "기구"란 「식품위생법」 제2조제4호에 따른 기구(해외에서 국내로 수입되는 기구를 포함한다)를 말한다.
4. "용기·포장"이란 「식품위생법」 제2조제5호에 따른 용기·포장(해외에서 국내로 수입되는 용기·포장을 포함한다)을 말한다.
5. "건강기능식품"이란 「건강기능식품에 관한 법률」 제3조제1호에 따른 건강기능식품(해외에서 국내로 수입되는 건강기능식품을 포함한다)을 말한다.
6. "축산물"이란 「축산물 위생관리법」 제2조제2호에 따른 축산물(해외에서 국내로 수입되는 축산물을 포함한다)을 말한다.
7. "**표시**"란 **식품, 식품첨가물, 기구, 용기·포장, 건강기능식품, 축산물**(이하 "식품등"이라 한다) 및 **이를 넣거나 싸는 것**(그 안에 첨부되는 종이 등을 포함한다)에 적는 문자·숫자 또는 도형을 말한다.
8. "**영양표시**"란 **식품, 식품첨가물, 건강기능식품, 축산물에 들어있는 영양성분의 양(量) 등 영양에 관한 정보를 표시하는 것**을 말한다.
9. "**나트륨 함량 비교 표시**"란 **식품의 나트륨 함량을 동일하거나 유사한 유형의 식품의 나트륨 함량과 비교하여 소비자가 알아보기 쉽게 색상과 모양을 이용하여 표시하는 것**을 말한다.
10. "**광고**"란 **라디오·텔레비전·신문·잡지·인터넷·인쇄물·간판 또는 그 밖의 매체를 통하여 음성·음향·영상 등의 방법으로 식품등에 관한 정보를 나타내거나 알리는 행위**를 말한다.
11. "**영업자**"란 다음 각 목의 어느 하나에 해당하는 자를 말한다.

가. 「**건강기능식품에 관한 법률**」 제5조에 따라 **허가를 받은 자** 또는 같은 법 제6조에 따라 **신고를 한 자**

나. 「**식품위생법**」 제37조제1항에 따라 **허가를 받은 자** 또는 같은 조 제4항에 따라 **신고하거나** 같은 조 제5항에 따라 등록을 한 자

다. 「**축산물 위생관리법**」 제22조에 따라 **허가를 받은 자** 또는 같은 법 제24조에 따라 **신고를 한 자**

라. 「**수입식품안전관리 특별법**」 제15조제1항에 따라 **영업등록을 한 자**

12. "**소비기한**"이란 **식품 등에 표시된 보관방법을 준수할 경우 섭취하여도 안전에 이상이 없는 기한**을 말한다.

제3조(다른 법률과의 관계) 식품등의 표시 또는 광고에 관하여 다른 법률에 우선하여 이 법을 적용한다.

제4조(표시의 기준) ① 식품등에는 다음 각 호의 구분에 따른 사항을 표시하여야 한다. 다만, 총리령으로 정하는 경우에는 그 일부만을 표시할 수 있다. 〈개정 2021. 8. 17.〉

1. **식품, 식품첨가물 또는 축산물**

가. **제품명, 내용량 및 원재료명**

나. **영업소 명칭 및 소재지**

다. **소비자 안전을 위한 주의사항**

라. **제조연월일, 소비기한 또는 품질유지기한**

마. 그 밖에 소비자에게 해당 식품, 식품첨가물 또는 축산물에 관한 정보를 제공하기 위하여 필요한 사항으로서 총리령으로 정하는 사항

2. **기구 또는 용기·포장**

가. 재질

나. 영업소 명칭 및 소재지

다. 소비자 안전을 위한 주의사항

라. 그 밖에 소비자에게 해당 기구 또는 용기·포장에 관한 정보를 제공하기 위하여 필요한 사항으로서 총리령으로 정하는 사항

3. **건강기능식품**

가. 제품명, 내용량 및 원료명

나. 영업소 명칭 및 소재지

다. 소비기한 및 보관방법

라. 섭취량, 섭취방법 및 섭취 시 주의사항

마. 건강기능식품이라는 문자 또는 건강기능식품임을 나타내는 도안

바. 질병의 예방 및 치료를 위한 의약품이 아니라는 내용의 표현

사. 「건강기능식품에 관한 법률」 제3조제2호에 따른 기능성에 관한 정보 및 원료 중에 해당 기능성을 나타내는 성분 등의 함유량

아. 그 밖에 소비자에게 해당 건강기능식품에 관한 정보를 제공하기 위하여 필요한 사항으로서 총리령으로 정하는 사항

② 제1항에 따른 **표시의무자, 표시사항 및 글씨크기·표시장소 등 표시방법에 관하여는 총리령**으로 정한다.

③ 제1항에 따른 **표시가 없거나** 제2항에 따른 **표시방법을 위반한 식품등은 판매하거나 판매할 목적**으로 **제조·가공·소분**[(小分): 완제품을 나누어 유통을 목적으로 재포장하는 것을 말한다. 이하 같다]·**수입·포장·보관·진열 또는 운반하거나 영업에 사용해서는 아니 된다.**

행정처분 시행규칙 **[별표 7] 개별기준(1)에 따른 행정처분 기준**(법 제4조3항 관련) 〈개정 2019. 6. 12.〉

위반행위	근거 법령	행정처분 기준		
		1차 위반	2차 위반	3차 이상 위반
가. 법 제4조제3항을 위반한 경우 1) 식품등에 대한 표시사항을 위반한 경우로서	법 제14조부터 제17조까지			
가) 표시 대상 식품등에 표시사항 전부를 표시하지 않거나 표시하지 않은 식품을 영업에 사용한 경우		영업정지 1개월과 해당 제품 폐기	영업정지 2개월과 해당 제품 폐기	영업정지 3개월과 해당 제품 폐기
나) 법 제4조제1항 및 이 규칙 별표 1 제5호(「축산물 위생관리법 시행령」 제21조제8호에 따른 식육즉석판매가공업만 해당한다)를 위반하여 표시해야 할 사항 전부 또는 일부를 표시하지 않는 경우		시정명령	영업정지 7일	영업정지 15일
다) 법 제4조제1항제3호다목의 보관방법과 같은 호 라목·바목·사목의 표시기준을 위반한 건강기능식품을 제조·수입·판매한 경우		영업정지 15일	영업정지 1개월	영업정지 2개월
라) 법 제4조제1항제3호마목의 표시기준을 위반한 건강기능식품을 제조·수입·판매한 경우		품목 제조정지 15일과 해당 제품 폐기	품목 제조정지 1개월과 해당 제품 폐기	품목 제조정지 2개월과 해당 제품 폐기

(계속)

위반행위	근거 법령	행정처분 기준		
		1차 위반	2차 위반	3차 이상 위반
2) 주표시면에 표시해야 할 사항을 표시하지 않거나 표시기준에 부적합한 경우로서				
가) 주표시면에 제품명 및 내용량을 전부 표시하지 않은 경우		품목 제조정지 1개월	품목 제조정지 2개월	품목 제조정지 3개월
나) 주표시면에 제품명을 표시하지 않은 경우		품목 제조정지 15일	품목 제조정지 1개월	품목 제조정지 2개월
다) 주표시면에 내용량을 표시하지 않은 경우		시정명령	품목 제조정지 15일	품목 제조정지 1개월
3) 제품명 표시기준을 위반한 경우로서				
가) 특정 원재료 및 성분을 제품명에 사용 시 주표시면에 그 함량을 표시하지 않은 경우		품목 제조정지 15일	품목 제조정지 1개월	품목 제조정지 2개월
나) 표시기준을 위반한 제품명을 영업에 사용한 경우		품목 제조정지 15일	품목 제조정지 1개월	품목 제조정지 2개월
4) 제조연월일, 산란일 또는 유통기한 표시기준을 위반한 경우로서				
가) 제조연월일, 산란일 또는 유통기한을 표시하지 않거나 표시하지 않은 식품등을 영업에 사용한 경우(제조연월일, 산란일, 유통기한 표시 대상 식품등만 해당한다)		품목 제조정지 15일과 해당 제품 폐기	품목 제조정지 1개월과 해당 제품 폐기	품목 제조정지 2개월과 해당 제품 폐기
나) 유통기한을 품목제조보고한 기한보다 초과하여 표시한 경우		영업정지 7일과 해당 제품 폐기	영업정지 15일과 해당 제품 폐기	영업정지 1개월과 해당 제품 폐기
다) 제조연월일, 산란일 표시기준을 위반하여 유통기한을 연장한 경우		영업정지 1개월과 해당 제품 폐기	영업정지 2개월과 해당 제품 폐기	영업정지 3개월과 해당 제품 폐기
라) 제품에 표시된 제조연월일, 산란일 또는 유통기한을 변조한 경우(가공 없이 포장만을 다시 하여 변조 표시한 경우를 포함한다)		영업허가·등록 취소 또는 영업소 폐쇄와 해당 제품 폐기		

행정처분 시행규칙 **[별표 7] 개별기준(3)에 따른 행정처분 기준**(법 제4조3항 관련)

「식품위생법 시행령」 제21조제4호·제5호나목의 식품운반업·식품판매업[제5호나목3)의 유통전문판매업은 제외한다], 「축산물 위생관리법 시행령」 제21조제5호부터 제7호까지의 축산물보관업·축산물운반업·축산물판매업(제7호마목의 축산물유통전문판매업은 제외한다), 「건강기능식품에 관한 법률 시행령」 제2조제3호의 건강기능식품판매업(제3호나목의 건강기능식품유통전문판매업은 제외한다) 및 「수입식품안전관리 특별법 시행령」 제2조제3호의 수입식품등 인터넷 구매 대행업관련 행정처분 기준

(계속)

위반행위	근거 법령	행정처분 기준		
		1차 위반	2차 위반	3차 이상 위반
가. 법 제4조제3항을 위반한 경우 1) 식품등에 대한 표시사항을 위반한 경우	법 제14조부터 제16조까지			
가) 표시 대상 식품등에 표시사항 전부를 표시하지 않은 것을 진열·운반·판매한 경우		영업정지 1개월과 해당 제품 폐기	영업정지 2개월과 해당 제품 폐기	영업정지 3개월과 해당 제품 폐기
나) 수입식품등에 한글표시를 하지 않은 것을 진열·운반·판매한 경우		영업정지 1개월과 해당 제품 폐기	영업정지 2개월과 해당 제품 폐기	영업정지 3개월과 해당 제품 폐기
다) 법 제4조제1항 및 이 규칙 별표 1 제5호(「축산물 위생관리법 시행령」 제21조제7호가목에 따른 식육판매업만 해당한다) 및 제6호를 위반하여 표시해야 할 사항 전부 또는 일부를 표시하지 않는 경우		시정명령	영업정지 7일	영업정지 15일
라) 법 제4조제1항제3호다목의 보관방법과 제3호라목·바목·사목의 표시기준을 위반한 건강기능식품을 판매한 경우		영업정지 7일	영업정지 15일	영업정지 1월
마) 법 제4조제1항제3호마목의 표시기준을 위반한 건강기능식품을 제조·수입·판매한 경우		영업정지 5일	영업정지 10일	영업정지 15일
2) 주표시면에 제품명 및 내용량을 표시하지 않은 것을 진열·운반·판매한 경우		시정명령	영업정지 7일	영업정지 15일
3) 제조연월일, 산란일 또는 유통기한 표시기준을 위반한 경우로서				
가) 제조연월일, 산란일 또는 유통기한을 표시하지 않은 것을 진열·판매한 경우(제조연월일, 산란일 또는 유통기한 표시 대상 식품등만 해당한다)		영업정지 7일과 해당 제품 폐기	영업정지 15일과 해당 제품 폐기	영업정지 1개월과 해당 제품 폐기
나) 제조연월일 또는 산란일 표시기준을 위반하여 유통기한을 연장한 경우		영업정지 1개월과 해당 제품 폐기	영업정지 2개월과 해당 제품 폐기	영업정지 3개월과 해당 제품 폐기
다) 제품에 표시된 제조연월일, 산란일 또는 유통기한을 변조한 경우(가공 없이 포장만을 다시 하여 변조 표시한 경우를 포함한다)		영업허가·등록 취소 또는 영업소 폐쇄와 해당 제품 폐기		
4) 달걀의 껍데기 표시기준을 위반한 경우로서 다음의 어느 하나에 해당하는 경우				
가) 달걀의 껍데기 표시사항을 위조하거나 변조한 경우		영업허가·등록 취소 또는 영업소 폐쇄와 해당 제품 폐기		

(계속)

위반행위	근거 법령	행정처분 기준		
		1차 위반	2차 위반	3차 이상 위반
나) 달걀의 껍데기 표시사항 중 산란일 또는 「축산법 시행규칙」 제27조제5항에 따라 축산업 허가를 받은 자에게 부여한 고유번호를 표시하지 않은 경우		영업정지 15일과 해당 제품 폐기	영업정지 1개월과 해당 제품 폐기	영업정지 2개월과 해당 제품 폐기

행정처분 시행규칙 **[별표 7] 개별기준(4_「식품위생법 시행령」 제21조제8호의 식품접객업 행정처분 기준)에 따른 행정처분 기준**(법 제4조3항 관련) 〈개정 2019. 6. 12.〉

위반행위	근거 법령	행정처분 기준		
		1차 위반	2차 위반	3차 이상 위반
가. 법 제4조제3항을 위반한 경우	법 제14조부터 제16조까지			
1) 식품·축산물·식품첨가물(수입품을 포함한다)에 대한 표시사항을 위반한 경우로서				
가) 표시사항 전부를 표시하지 않은 것을 사용한 경우		영업정지 1개월과 해당 제품 폐기	영업정지 2개월과 해당 제품 폐기	영업정지 3개월과 해당 제품 폐기
나) 수입식품등에 한글표시를 하지 않은 것을 사용한 경우		영업정지 1개월과 해당 제품 폐기	영업정지 2개월과 해당 제품 폐기	영업정지 3개월과 해당 제품 폐기
2) 제조연월일, 산란일 또는 유통기한 표시기준을 위반한 경우로서				
가) 제조연월일, 산란일 또는 유통기한을 표시하지 않은 것을 사용한 경우(제조연월일, 산란일 또는 유통기한 표시 대상 식품등만 해당한다)		영업정지 7일과 해당 음식물 폐기	영업정지 15일과 해당 음식물 폐기	영업정지 1개월과 해당 음식물 폐기
나) 제조연월일, 산란일 표시기준을 위반하여 유통기한을 연장한 경우		영업정지 1개월과 해당 제품 폐기	영업정지 2개월과 해당 제품 폐기	영업정지 3개월과 해당 제품 폐기
다) 제품에 표시된 제조연월일 또는 유통기한을 변조한 경우(가공 없이 포장만을 다시 하여 변조 표시한 경우를 포함한다)		영업허가·등록 취소 또는 영업소 폐쇄와 해당 제품 폐기		

시행규칙

제2조(일부 표시사항) 「식품 등의 표시·광고에 관한 법률」(이하 "법"이라 한다) 제4조제1항 각 호 외의 부분 단서에 따라 **식품, 식품첨가물, 기구, 용기·포장, 건강기능식품, 축산물**(이하 "식품등"이라 한다. 이하 같다)에 **표시사항 중 일부만을 표시할 수 있는 경우**는 별표 1과 같다.

시행규칙 **[별표 1] 식품등의 일부 표시사항**(제2조 관련)

법 제4조제1항 각 호 외의 부분 단서에 따라 **표시사항의 일부만을 표시할 수 있는 식품등과 해당 식품등에 표시할 사항**은 다음 각 호의 구분에 따른다.

1. **자사(自社)에서 제조·가공할 목적으로 수입하는 식품등**

   가. 제품명

   나. 영업소(제조·가공 영업소를 말한다) 명칭

   다. 제조연월일, 유통기한 또는 품질유지기한

   라. "건강기능식품"이라는 문자(건강기능식품만 해당한다)

   마. 「건강기능식품에 관한 법률」 제3조제2호에 따른 기능성에 관한 정보(건강기능식품만 해당한다)

2. 「식품위생법 시행령」 제21조제1호 및 제3호의 **식품제조·가공업 및 식품첨가물제조업**, 「축산물 위생관리법 시행령」 제21조제3호의 **축산물가공업**, 「건강기능식품에 관한 법률 시행령」 제2조 제1호의 **건강기능식품제조업에 사용될 목적으로 공급되는 원료용 식품등**

   가. 제품명

   나. 영업소의 명칭 및 소재지

   다. 제조연월일, 유통기한 또는 품질유지기한

   라. 보관방법

   마. 소비자 안전을 위한 주의사항 중 알레르기 유발물질

   바. 내용량, 원료명 및 함량(건강기능식품만 해당한다)

   사. "건강기능식품"이라는 문자(건강기능식품만 해당한다)

   아. 「건강기능식품에 관한 법률」 제3조제2호에 따른 기능성에 관한 정보(건강기능식품만 해당한다)

3. 「식품위생법 시행령」 제21조제1호의 식품제조·가공업 또는 「축산물 위생관리법 시행령」 제21조제3호의 축산물가공업 영업자가 「가맹사업거래의 공정화에 관한 법률」에 따른 가맹본부 또는 가맹점사업자에게 제조·가공 또는 조리를 목적으로 공급하는 식품 및 축산물(가맹본부 또는 가맹점사업자가 「유통산업발전법」 제2조제12호에 따른 **판매시점 정보관리시스템 등을 통해 낱개 상품 여러 개를 한 포장에 담은 제품에 대하여 가목** 및 나목의 사항을 알 수 있는 경우에는 그 표시를 생략할 수 있다)

   가. 제품명

   나. 영업소의 명칭 및 소재지

   다. 제조연월일, 유통기한 또는 품질유지기한

   라. 보관방법 또는 취급방법

   마. 소비자 안전을 위한 주의사항 중 알레르기 유발물질

4. 법 제4조제1항에 따른 **표시사항의 정보를 바코드 등을 이용하여 소비자에게 제공하는 식품 및 축산물**

(계속)

가. 제품명, 내용량 및 원재료명

나. 영업소 명칭 및 소재지

다. 소비자 안전을 위한 주의사항

라. 제조연월일, 유통기한 또는 품질유지기한

마. 품목보고번호

5. 「축산물 위생관리법 시행령」 제21조제7호가목 및 제8호의 **식육판매업 및 식육즉석판매가공업 영업자가 보관·판매하는 식육**

가. 식육의 종류, 부위명칭, 등급, 도축장명. 이 경우 식육의 부위명칭 및 구별방법, 식육의 종류 표시 등에 관한 세부 사항은 식품의약품안전처장이 정하여 고시하는 바에 따른다.

나. 유통기한 및 보관방법. 이 경우 식육을 보관하거나 비닐 등으로 포장하여 판매하는 경우만 해당한다.

다. 포장일자(식육을 비닐 등으로 포장하여 보관·판매하는 경우만 해당한다)

6. 「축산물 위생관리법 시행령」 제21조제7호나목의 **식육부산물전문판매업 영업자가 보관·판매하는 식육부산물**(도축 당일 도축장에서 위생용기에 넣어 운반·판매하는 경우에는 도축검사증명서로 그 표시를 대신할 수 있다)

가. 식육부산물의 종류(식육부산물을 비닐 등으로 포장하지 않고 진열상자에 놓고 판매하는 경우에는 식육판매표지판에 표시하여 전면에 설치해야 한다)

나. 유통기한 및 보관방법. 이 경우 식육부산물을 비닐 등으로 포장하여 보관·판매하는 경우만 해당한다.

시행규칙

제3조(표시사항) ① 법 제4조제1항제1호마목에서 "총리령으로 정하는 사항"이란 다음 각 호의 사항을 말한다.

1. **식품유형, 품목보고번호**
2. **성분명 및 함량**
3. **용기·포장의 재질**
4. **조사처리(照射處理) 표시**
5. **보관방법 또는 취급방법**
6. **식육(食肉)의 종류, 부위 명칭, 등급 및 도축장명**
7. **포장일자**

② 법 제4조제1항제2호라목에서 "총리령으로 정하는 사항"이란 **식품용이라는 단어**

또는 식품용 기구를 나타내는 도안을 말한다.

③ 법 제4조제1항제3호아목에서 "총리령으로 정하는 사항"이란 다음 각 호의 사항을 말한다.

1. **원료의 함량**
2. **소비자 안전을 위한 주의사항**

시행규칙

제4조(표시의무자) 법 제4조제2항에 따른 **표시의무자**는 다음 각 호에 해당하는 자로 한다.

1. **「식품위생법 시행령」** 제21조에 따른 **영업을 하는 자** 중 다음 각 목의 어느 하나에 해당하는 자
   가. 「식품위생법 시행령」 제21조제1호에 따른 **식품제조·가공업을 하는 자**(**식용얼음의 경우에는 용기·포장에 5킬로그램 이하로 넣거나 싸서 생산하는 자만 해당**한다)
   나. 「식품위생법 시행령」 제21조제2호에 따른 **즉석판매제조·가공업을 하는 자**
   다. 「식품위생법 시행령」 제21조제3호에 따른 **식품첨가물제조업을 하는 자**
   라. 「식품위생법 시행령」 제21조제5호가목에 따른 **식품소분업을 하는 자**, 같은 호 나목1)에 따른 **식용얼음판매업자**(**얼음을 용기·포장에 5킬로그램 이하로 넣거나 싸서 유통 또는 판매하는 자만 해당**한다) 및 같은 호 나목4)에 따른 **집단급식소 식품판매업을 하는 자**
   마. 「식품위생법 시행령」 제21조제7호에 따른 용기·포장류제조업을 하는 자
2. **「축산물 위생관리법 시행령」** 제21조에 따른 영업을 하는 자 중 다음 각 목의 어느 하나에 해당하는 자
   가. 「축산물 위생관리법 시행령」 제21조제1호에 따른 **도축업을 하는 자**(**닭·오리 식육을 포장하는 자만 해당**한다)
   나. 「축산물 위생관리법 시행령」 제21조제3호에 따른 **축산물가공업을 하는 자**
   다. 「축산물 위생관리법 시행령」 제21조제3호의2에 따른 **식용란선별포장업을 하는 자**
   라. 「축산물 위생관리법 시행령」 제21조제4호에 따른 **식육포장처리업을 하는 자**
   마. 「축산물 위생관리법 시행령」 제21조제7호가목에 따른 **식육판매업을 하는 자**, 같은 호 나목에 따른 **식육부산물전문판매업을 하는 자** 및 같은 호 바목에 따른 **식용란수집판매업을 하는 자**

바. 「축산물 위생관리법 시행령」 제21조제8호에 따른 **식육즉석판매가공업을 하는 자**

3. 「**건강기능식품에 관한 법률**」 제4조제1호에 따른 **건강기능식품제조업을 하는 자**
4. 「**수입식품안전관리 특별법 시행령**」 제2조제1호에 따른 **수입식품등 수입·판매업을 하는 자**
5. 「**축산법**」 제22조제1항제4호에 따른 **가축사육업을 하는 자 중 식용란을 출하하는 자**
6. **농산물·임산물·수산물 또는 축산물을 용기·포장에 넣거나 싸서 출하·판매하는 자**
7. 법 제2조제3호에 따른 **기구를 생산, 유통 또는 판매하는 자**

시행규칙

제5조(표시방법 등) ① 법 제4조제1항 및 제2항에 따른 **소비자 안전을 위한 주의사항의 구체적인 표시사항**은 별표 2와 같다.

시행규칙 **[별표 2] 소비자 안전을 위한 표시사항**(제5조제1항 관련)

I. 공통사항

1. 알레르기 유발물질 표시

식품등에 알레르기를 유발할 수 있는 원재료가 포함된 경우 그 원재료명을 표시해야 하며, 알레르기 **유발물질, 표시 대상 및 표시방법**은 다음 각 목과 같다.

가. **알레르기 유발물질**

알류(**가금류만 해당**한다), **우유, 메밀, 땅콩, 대두, 밀, 고등어, 게, 새우, 돼지고기, 복숭아, 토마토, 아황산류**(이를 첨가하여 최종 제품에 이산화황이 1킬로그램당 10밀리그램 이상 함유된 경우만 해당한다), **호두, 닭고기, 쇠고기, 오징어, 조개류**(**굴, 전복, 홍합을 포함한다**), **잣**

나. 표시 대상

1) 가목의 **알레르기 유발물질을 원재료로 사용한 식품등**

2) 1)의 **식품등으로부터 추출 등의 방법으로 얻은 성분을 원재료로 사용한 식품등**

3) 1) 및 2)를 함유한 식품등을 원재료로 사용한 식품등

다. 표시방법

원재료명 표시란 근처에 바탕색과 구분되도록 알레르기 표시란을 마련하고, **제품에 함유된 알레르기 유발물질의 양과 관계없이 원재료로 사용된 모든 알레르기 유발물질을 표시**해야 한다. 다만, 단일 원재료로 제조·가공한 식품이나 포장육 및 수입 식육의 제품명이 알레르기 표시 대상 원재료명과 동일한 경우에는 알레르기 유발물질 표시를 생략할 수 있다.

(예시) 달걀, 우유, 새우, 이산화황, 조개류(굴) 함유

(계속)

2. **혼입(混入)될 우려가 있는 알레르기 유발물질 표시**

알레르기 유발물질을 사용한 제품과 사용하지 않은 제품을 같은 제조 과정(작업자, 기구, 제조라인, 원재료보관 등 모든 제조과정을 포함한다)을 통해 **생산하여 불가피하게 혼입될 우려가 있는 경우** "이 제품은 알레르기 발생 가능성이 있는 메밀을 사용한 제품과 같은 제조 시설에서 제조하고 있습니다", **"메밀 혼입 가능성 있음"**, **"메밀 혼입 가능"** 등의 **주의사항 문구를 표시**해야 한다. 다만, 제품의 원재료가 제1호가목에 따른 알레르기 유발물질인 경우에는 표시하지 않는다.

3. 무(無) 글루텐의 표시

생략

Ⅱ. 식품등의 주의사항 표시

1. **식품, 축산물**

가. 냉동제품에는 **"이미 냉동되었으니 해동 후 다시 냉동하지 마십시오"** 등의 표시를 해야 한다.

나. **과일·채소류 음료, 우유류 등 개봉 후 부패·변질될 우려가 높은 제품에는 "개봉 후 냉장보관하거나 빨리 드시기 바랍니다" 등의 표시**를 해야 한다.

다. **"음주전후, 숙취해소"** 등의 표시를 하는 제품에는 **"과다한 음주는 건강을 해칩니다"** 등의 표시를 해야 한다.

라. 아스파탐(aspatame, 감미료)을 첨가 사용한 제품에는 "페닐알라닌 함유"라는 내용을 표시해야 한다.

마. 당알코올류를 주요 원재료로 사용한 제품에는 해당 당알코올의 종류 및 함량이나 "과량 섭취 시 설사를 일으킬 수 있습니다" 등의 표시를 해야 한다.

바. 별도 포장하여 넣은 신선도 유지제에는 "습기방지제", "습기제거제" 등 소비자가 그 용도를 쉽게 알 수 있게 표시하고, "먹어서는 안 됩니다" 등의 주의문구도 함께 표시해야 한다. 다만, 정보표시면(용기·포장의 표시면 중 소비자가 쉽게 알아볼 수 있게 표시사항을 모아서 표시하는 면을 말한다. 이하 같다) 등에 표시하기 어려운 경우에는 신선도 유지제에 직접 표시할 수 있다.

사. 식품 및 축산물에 대한 불만이나 소비자의 피해가 있는 경우에는 신속하게 신고할 수 있도록 **"부정·불량식품 신고는 국번 없이 1399" 등의 표시를 해야** 한다.

아.~카 생략

2. **식품첨가물**

수산화암모늄, 초산, 빙초산, 염산, 황산, 수산화나트륨, 수산화칼륨, 차아염소산나트륨, 차아염소산칼슘, 액체 질소, 액체 이산화탄소, 드라이아이스, 아산화질소에는 "어린이 등의 손에 닿지 않는 곳에 보관하십시오", "직접 먹거나 마시지 마십시오", "눈·피부에 닿거나 마실 경우 인체에 치명적인 손상을 입힐 수 있습니다" 등의 취급상 주의문구를 표시해야 한다.

3. 4. 생략

(계속)

② 제4조제2항에 따른 **글씨크기·표시장소 등의 표시방법**은 별표 3과 같다.

시행규칙 **[별표 3] 식품등의 표시방법**(제5조제2항 관련) 〈개정 2022. 11. 28.〉

1. 소비자에게 판매하는 **제품의 최소 판매단위별 용기·포장**에 법 제4조부터 제6조까지의 규정에 따른 사항을 표시해야 한다. 다만, 다음 각 목의 어느 하나에 해당하는 경우에는 제외한다.
   가. 캔디류, 추잉껌, 초콜릿류 및 잼류가 최소 판매단위 제품의 가장 넓은 면 면적이 30제곱센티미터 이하이고, 여러 개의 최소 판매단위 제품이 하나의 용기·포장으로 진열·판매될 수 있도록 포장된 경우에는 그 용기·포장에 대신 표시할 수 있다.
   나. 낱알모음을 하여 한 알씩 사용하는 건강기능식품은 그 낱알모음 포장에 제품명과 제조업소명을 표시해야 한다. 이 경우 「건강기능식품에 관한 법률 시행령」 제2조제3호나목에 따른 건강기능식품유통전문판매업소가 위탁한 제품은 건강기능식품유통전문판매업소명을 표시할 수 있다.
2. **한글로 표시하는 것을 원칙으로 하되, 한자나 외국어를 병기하거나 혼용**(건강기능식품은 제외한다)하여 표시할 수 있으며, 한자나 외국어의 글씨크기는 한글의 글씨크기와 같거나 한글의 글씨크기보다 작게 표시해야 한다. 다만, 다음 각 목의 어느 하나에 해당하는 경우에는 제외한다.
   가. 한자나 외국어를 한글보다 크게 표시할 수 있는 경우
      1) 「수입식품안전관리 특별법」 제2조제1호에 따른 수입식품등의 경우. 다만, 같은 법 제18조제2항에 따른 주문자상표부착수입식품등에 표시하는 한자 또는 외국어의 글씨크기는 한글과 같거나 작게 표시해야 한다.
      2) 「상표법」에 따라 등록된 상표 및 주류의 제품명의 경우
   나. 한글표시를 생략할 수 있는 경우
      1) 별표 1 제1호에 따라 자사에서 제조·가공할 목적으로 수입하는 식품등에 같은 호 각 목에 따른 사항을 영어 또는 수출국의 언어로 표시한 경우
      2) 「대외무역법 시행령」 제2조제6호 및 제8호에 따른 외화획득용 원료 및 제품으로 수입하는 식품등(「대외무역법 시행령」 제26조제1항제3호에 따른 관광 사업용으로 수입하는 식품등은 제외한다)의 경우
      3) 수입축산물 중 지육[머리·내장·발을 제거한 도체(屠體)], 우지(쇠기름), 돈지(돼지기름) 등 표시가 불가능한 벌크(판매단위로 포장되지 않고, 선박의 탱크, 초대형 상자 등에 대용량으로 담긴 상태를 말한다) 상태의 축산물의 경우
      4) 「수입식품안전관리 특별법 시행규칙」 별표 9 제2호가목3)에 따른 연구·조사에 사용하는 수입식품등의 경우
3. **소비자가 쉽게 알아볼 수 있도록 바탕색의 색상과 대비되는 색상을 사용하여 주표시면 및 정보표시면을 구분해서 표시**해야 한다. 다만, 회수해서 다시 사용하는 병마개의 제품과 유통기한 등 일부 표시사항의 변조 등을 방지하기 위해 각인 또는 압인 등을 사용하여 그 내용을 알아볼 수

(계속)

있도록 한 건강기능식품에는 바탕색의 색상과 대비되는 색상으로 표시하지 않을 수 있다.

4. **표시를 할 때에는 지워지지 않는 잉크·각인 또는 소인(燒印) 등을 사용**해야 한다. 다만, 원료용 제품 또는 용기·포장의 특성상 잉크·각인 또는 소인 등이 어려운 경우 등에는 식품의약품안전처장이 정하여 고시하는 바에 따라 표시할 수 있다.
5. **글씨크기는 10포인트 이상**으로 해야 한다. 다만, 영양표시를 하는 경우, 식육의 합격 표시를 하는 경우 또는 달걀껍데기에 표시하는 경우와 정보표시면이 부족한 경우에는 식품의약품안전처장이 정하여 고시하는 바에 따른다.
6. 제5호에 따른 **글씨는 정보표시면(건강기능식품의 경우에는 제품설명서를 포함한다)에 글자 비율(장평) 90퍼센트 이상, 글자 간격(자간) -5퍼센트 이상으로 표시**해야 한다. 다만, 정보표시면 면적이 100제곱센티미터 미만인 경우에는 글자 비율 50퍼센트 이상, 글자 간격 -5퍼센트 이상으로 표시할 수 있다.

③ 생략

행정처분 시행규칙 **[별표 7] 행정처분 기준**(제16조 관련)

위반사항	근거 법조문	행정처분 기준		
		1차 위반	2차 위반	3차 이상 위반
가. 법 제4조제3항을 위반한 경우	법 제14조부터 제17조까지			
5) 원재료명·성분 표시기준을 위반한 경우로서				
가) 사용한 원재료의 전부를 표시하지 않은 경우		품목 제조정지 15일	품목 제조정지 1개월	품목 제조정지 2개월
나) 사용한 원재료의 일부를 표시하지 않은 경우		시정명령	품목 제조정지 15일	품목 제조정지 1개월
다) 소비자 안전을 위한 주의사항 중 알레르기 유발물질 표시 대상을 별도 알레르기 표시란에 표시하지 않은 경우		품목 제조정지 15일과 해당 제품 폐기	품목 제조정지 1개월과 해당 제품 폐기	품목 제조정지 2개월과 해당 제품 폐기
라) 식품등의 기준 및 규격에 따라 명칭과 용도를 함께 표시해야 하는 감미료, 착색료, 보존료, 산화방지제를 표시하지 않은 경우		시정명령	품목 제조정지 7일	품목 제조정지 15일
6) 식품 또는 식품첨가물을 소분할 때 원제품에 표시된 제조연월일 또는 유통기한을 초과하여 표시하는 등 원표시사항을 변경한 경우		영업정지 1개월과 해당 제품 폐기	영업정지 2개월과 해당 제품 폐기	영업정지 3개월과 해당 제품 폐기
7) 내용량을 표시할 때 부족량이 허용오차를 위반한 경우[8)에 해당하는 경우는 제외한다]로서				
가) 표시 내용량이 20퍼센트 이상 부족한 것		품목 제조정지 2개월	품목 제조정지 3개월	품목류 제조정지 3개월
나) 표시 내용량이 10퍼센트 이상 20퍼센트 미만 부족한 것		품목 제조정지 1개월	품목 제조정지 2개월	품목 제조정지 3개월
다) 표시 내용량이 10퍼센트 미만 부족한 것		시정명령	품목 제조정지 15일	품목 제조정지 1개월

시행규칙

제5조의2(소비자 안전을 위한 표시사항의 권고) 식품의약품안전처장은 국민 건강 및 공중 보건 증진을 위해 필요하다고 인정하는 경우에는 제4조 각 호에 해당하지 않는 다른 영업자에 대해 식품의약품안전처장이 정하여 고시하는 바에 따라 별표 2에 따른 소비자 안전을 위한 표시사항의 일부를 표시하거나 소비자에게 그 내용을 안내하도록 권고할 수 있다.

제4조의2(시각·청각장애인을 위한 점자 및 음성·수어영상변환용 코드의 표시) ① 식품등을 제조·가공·소분하거나 수입하는 자는 식품등에 시각·청각장애인이 활용할 수 있는 점자 및 음성·수어영상변환용 코드의 표시를 할 수 있다.

② 식품의약품안전처장은 시각·청각장애인을 위한 점자 및 음성·수어영상변환용 코드의 표시 대상·기준 및 방법 등에 관하여 가이드라인을 마련하여야 한다.

③ 식품의약품안전처장은 제1항에 따른 표시에 필요한 경우 행정적 지원을 할 수 있다.

[본조신설 2023. 6. 13.]

제5조(영양표시) ① **식품등(기구 및 용기·포장은 제외**한다. 이하 이 조에서 같다)을 **제조·가공·소분하거나 수입하는 자는 총리령으로 정하는 식품등에 영양표시를 하여야 한다.**

② 제1항에 따른 **영양성분 및 표시방법 등에 관하여 필요한 사항은 총리령**으로 정한다.

③ 제1항에 따른 **영양표시가 없거나** 제2항에 따른 **표시방법을 위반한 식품등은 판매하거나 판매할 목적으로 제조·가공·소분·수입·포장·보관·진열 또는 운반하거나 영업에 사용해서는 아니 된다.**

행정처분 시행규칙 **[별표 7] 행정처분 기준**(제16조 관련)

위반사항	근거 법조문	행정처분 기준		
		1차 위반	2차 위반	3차 이상 위반
나. 법 제5조제3항 및 제6조제3항을 위반한 경우(법 제31조에 따른 과태료 부과 대상에 해당하는 위반사항은 제외한다)	법 제14조 및 제16조			
1) 영양성분 표시기준을 위반한 경우		시정명령	영업정지 5일	영업정지 10일
2) 나트륨 함량 비교 표시(전자적 표시를 포함한다)를 하지 않거나 비교 표시 기준 및 방법을 지키지 않은 경우		시정명령	영업정지 5일	영업정지 10일

(계속)

시행규칙

제6조(영양표시) ① 법 제5조제1항에서 "**총리령으로 정하는 식품등**"이란 별표 4의 식품등을 말한다.

시행규칙 **[별표 4] 영양표시 대상 식품등**(제6조제1항 관련)

1. **영양표시 대상 식품등은 다음 각 목과 같다.**
   가. **레토르트식품**(조리가공한 식품을 특수한 주머니에 넣어 밀봉한 후 고열로 가열 살균한 가공식품을 말하며, 축산물은 제외한다)
   나. **과자류 중 과자, 캔디류 및 빙과류 중 빙과·아이스크림류**
   다. **빵류 및 만두류**
   라. **코코아 가공품류 및 초콜릿류**
   마. **잼류**
   바. **식용 유지류**(油脂類)(동물성유지류, 식용유지가공품 중 모조치즈, 식물성크림, 기타식용유지가공품은 제외한다)
   사. **면류**
   아. **음료류**(다류와 커피 중 볶은 커피 및 인스턴트 커피는 제외한다)
   자. **특수용도식품**
   차. **어육가공품류 중 어육소시지**
   카. **즉석섭취·편의식품류 중 즉석섭취식품 및 즉석조리식품**
   타. **장류**(한식메주, 한식된장, 청국장 및 한식메주를 이용한 한식간장은 제외한다)
   파. **시리얼류**
   하. **유가공품 중 우유류·가공유류·발효유류·분유류·치즈류**
   거. **식육가공품 중 햄류, 소시지류**
   너. **건강기능식품**
   더. 가목부터 너목까지의 규정에 해당하지 않는 식품 및 축산물로서 영업자가 스스로 영양표시를 하는 식품 및 축산물
2. **영양표시 대상에서 제외되는 식품등**은 다음 각 목과 같다.
   가. 「식품위생법 시행령」 제21조제2호에 따른 **즉석판매제조·가공업 영업자가 제조·가공하는 식품**
   나. 「축산물 위생관리법 시행령」 제21조제8호에 따른 **식육즉석판매가공업 영업자가 만들거나 다시 나누어 판매하는 식육가공품**
   다. **식품, 축산물 및 건강기능식품의 원료로 사용되어 그 자체로는 최종 소비자에게 제공되지 않는 식품, 축산물 및 건강기능식품**
   라. 포장 또는 용기의 주표시면 면적이 30제곱센티미터 이하인 식품 및 축산물

② 법 제5조제2항에 따른 **표시 대상 영양성분은 다음 각 호와 같다**. 다만, **건강기능식품의 경우에는 제6호부터 제8호까지의 영양성분은 표시하지 않을 수 있다.**

1. **열량**
2. **나트륨**
3. **탄수화물**
4. **당류[식품, 축산물, 건강기능식품에 존재하는 모든 단당류(單糖類)와 이당류(二糖類)를 말한다. 다만, 캡슐·정제·환·분말 형태의 건강기능식품은 제외한다]**
5. **지방**
6. **트랜스지방**(Trans Fat)
7. **포화지방**(Saturated Fat)
8. **콜레스테롤**(Cholesterol)
9. **단백질**
10. **영양표시나 영양강조표시를 하려는 경우에는 별표 5의 1일 영양성분 기준치에 명시된 영양성분**

시행규칙 **[별표 5] 1일 영양성분 기준치**(제6조제2항 및 제3항 관련) 〈개정 2022. 11. 28.〉

영양성분	기준치(단위)	영양성분	기준치(단위)	영양성분	기준치(단위)
탄수화물	324 g	비타민E	11 mgα-TE	인	700 ㎎
당류	100 g	비타민K	70 ㎍	나트륨	2,000 ㎎
식이섬유	25 g	비타민C	100 ㎎	칼륨	3,500 ㎎
단백질	55 g	비타민B_1	1.2 ㎎	마그네슘	315 ㎎
지방	54 g	비타민B_2	1.4 ㎎	철분	12 ㎎
리놀레산	10 g	나이아신	15 ㎎ NE	아연	8.5 ㎎
알파-리놀렌산	1.3 g	비타민B_6	1.5 ㎎	구리	0.8 ㎎
EPA와 DHA의 합	330 ㎎	엽산	400 ㎍ DFE	망간	3.0 ㎎
포화지방	15 g	비타민B_{12}	2.4 ㎍	요오드	150 ㎍
콜레스테롤	300 ㎎	판토텐산	5 ㎎	셀레늄	55 ㎍
비타민A	700 ㎍ RAE	바이오틴	30 ㎍	몰리브덴	25 ㎍
비타민D	10 ㎍	칼슘	700 ㎎	크롬	30 ㎍

비고

1. 비타민A, 비타민D 및 비타민E는 위 표에 따른 단위로 표시하되, 괄호를 하여 IU(국제단위) 단위를 병기할 수 있다.
2. 위 표에도 불구하고 영유아(만 2세 이하의 사람을 말한다. 이하 같다)용으로 표시된 식품등의 1일 영양성분 기준치에 대해서는 「국민영양관리법」 제14조제1항의 영양소 섭취기준에 따른다. 다만, 만 1세 이상 2세 이하 영유아의 탄수화물, 당류, 단백질 및 지방의 1일 영양성분 기준치에 대해서는 탄수화물 150g, 당류 50g, 단백질 35g 및 지방 30g을 적용한다.

③ 제2항에 따른 영양성분을 표시할 때에는 다음 각 호의 사항을 표시해야 한다.

1. 영양성분의 명칭
2. 영양성분의 함량
3. 별표 5의 1일 영양성분 기준치에 대한 비율

④ 제2항에 따른 영양성분을 표시할 때의 표시방법에 관하여는 별표 3에 따른다. 〈신설 2021. 5. 27.〉

⑤ 제1항부터 제4항까지에서 규정한 사항 외에 영양성분의 표시방법 등에 관한 세부사항은 식품의약품안전처장이 정하여 고시한다.

제6조(나트륨 함량 비교 표시) ① 식품을 제조·가공·소분하거나 수입하는 자는 총리령으로 정하는 식품에 나트륨 함량 비교 표시를 하여야 한다.

② 제1항에 따른 나트륨 함량 비교 표시의 기준 및 표시방법 등에 관하여 필요한 사항은 총리령으로 정한다.

③ 생략

시행규칙

제7조(나트륨 함량 비교 표시) ① 법 제6조제1항에서 "총리령으로 정하는 식품"이란 다음 각 호의 식품을 말한다.

1. **조미식품이 포함되어 있는 면류 중 유탕면(기름에 튀긴 면), 국수 또는 냉면**
2. **즉석섭취식품(동·식물성** 원료에 식품이나 식품첨가물을 가하여 제조·가공한 것으로서 더 이상의 가열 또는 조리과정 없이 그대로 섭취할 수 있는 식품을 말한다) **중 햄버거 및 샌드위치**

②③ 생략

제7조(광고의 기준) ① 식품등을 광고할 때에는 제품명 및 업소명을 포함시켜야 한다.

② 생략

시행규칙

제8조(광고의 기준) 법 제7조제2항에 따른 식품등을 광고할 때 준수해야 할 사항은 별표 6과 같다.

시행규칙 **[별표 6] 식품등 광고 시 준수사항**(제8조 관련)

1. **식품등을 텔레비전·인쇄물 등을 통해 광고하는 경우에는 제품명**, 제조·가공·처리·판매하는 **업소명**(관할 관청에 허가·등록·신고한 업소명을 말한다)을 그 **광고에 포함**시켜야 한다. 다만, **수입식품**등의 경우에는 제품명, 제조국(또는 생산국) 및 수입식품등 **수입·판매업의 업소명**을 그 광고에 포함시켜야 한다.
2. **모유대용으로 사용하는 식품등(조제유류는 제외한다), 영·유아의 이유식 또는 영양보충의 목적으로 제조·가공한 식품등을 광고하는 경우에는 조제유류와 같은 명칭 또는 유사한 명칭을 사용하여 소비자를 혼동하게 할 우려가 있는 광고를 해서는 안 된다.**
3. 조제유류에 관하여는 다음 각 목에 해당하는 **광고 또는 판매촉진 행위를 해서는 안 된다.**
   가. 신문·잡지·라디오·텔레비전·음악·영상·인쇄물·간판·인터넷, 그 밖의 방법으로 광고하는 행위. 다만, 인터넷에 법 제4조부터 제6조까지의 규정에 따른 표시사항을 게시하는 경우는 제외한다.
   나. 조제유류를 의료기관·모자보건시설·소비자 등에게 무료 또는 저가로 공급하는 판매촉진행위
   다. 홍보단, 시음단, 평가단 등을 모집하는 행위
   라. 제조사가 소비자에게 사용후기 등을 작성하게 하여 홈페이지 등에 게시하도록 유도하는 행위
   마. 소비자가 사용 후기 등을 작성하여 제조사 홈페이지 등에 연결하거나 직접 게시하는 행위
   바. 그 밖에 조제유류의 판매 증대를 목적으로 하는 광고나 판매촉진행위에 해당된다고 식품의약품안전처장이 인정하는 행위
4. **식품·축산물·건강기능식품의 제조·가공업자는 부당한 표시·광고를 하여 행정처분을 받은 경우에는 해당 광고를 즉시 중지**해야 한다.

제8조(부당한 표시 또는 광고행위의 금지) ① 누구든지 식품등의 명칭·제조방법·성분 등 대통령령으로 정하는 사항에 관하여 다음 각 호의 어느 하나에 해당하는 표시 또는 광고를 하여서는 아니 된다.

1. **질병의 예방·치료에 효능이 있는 것으로 인식할 우려가 있는 표시 또는 광고**
2. **식품등을 의약품으로 인식할 우려가 있는 표시 또는 광고**
3. **건강기능식품이 아닌 것을 건강기능식품으로 인식할 우려가 있는 표시 또는 광고**
4. **거짓·과장된 표시 또는 광고**
5. **소비자를 기만하는 표시 또는 광고**
6. **다른 업체나 다른 업체의 제품을 비방하는 표시 또는 광고**
7. **객관적인 근거 없이 자기 또는 자기의 식품등을 다른 영업자나 다른 영업자의 식품**

등과 부당하게 비교하는 표시 또는 광고

8. **사행심을 조장하거나 음란한 표현을 사용하여 공중도덕이나 사회윤리를 현저하게 침해하는 표시 또는 광고**

9. 제10조제1항에 따라 **심의를 받지 아니하거나** 같은 조 제4항을 위반하여 **심의 결과에 따르지 아니한 표시 또는 광고**

10. 제10조제1항에 따라 심의를 받지 아니하거나 같은 조 제4항을 위반하여 심의 결과에 따르지 아니한 표시 또는 광고

행정처분 시행규칙 **[별표 7] 개별기준(1)에 따른 행정처분 기준**(제16조 관련)

위반사항	근거 법조문	행정처분 기준		
		1차 위반	2차 위반	3차 이상 위반
라. 법 제8조제1항을 위반한 경우	생략			
1) 질병의 예방·치료에 효능이 있는 것으로 인식할 우려가 있는 표시 또는 광고		생략	생략	
2) 식품등을 의약품으로 인식할 우려가 있는 표시 또는 광고		생략	생략	
3) 건강기능식품이 아닌 것을 건강기능식품으로 인식할 우려가 있는 표시 또는 광고 4) 거짓·과장된 표시 또는 광고, 소비자를 기만하는 표시 또는 광고, 다른 업체나 다른 업체의 제품을 비방하는 표시 또는 광고, 객관적인 근거 없이 자기 또는 자기의 식품등을 다른 영업자나 다른 영업자의 식품등과 부당하게 비교하는 표시 또는 광고, 사행심을 조장하거나 음란한 표현을 사용하여 공중도덕이나 사회윤리를 현저하게 침해하는 표시 또는 광고로서 가)~아) 생략		영업정지 7일	영업정지 15일	영업정지 2개월(건강기능식품의 경우 영업허가를 취소한다)

행정처분 시행규칙 **[별표 7] 개별기준(2)에 따른 행정처분 기준**(제16조 관련)

위반사항	근거 법조문	행정처분 기준		
		1차 위반	2차 위반	3차 이상 위반
나. 법 제8조제1항을 위반한 경우(닭, 오리 등 가금류의 식육 중 포장을 하는 경우만 해당한다)	법 제14조 및 제16조			
1) 거짓·과장된 표시 또는 광고, 소비자를 기만하는 표시 또는 광고, 다른 업체나 다른 업체의 제품을 비방하는 표시 또는 광고, 객관적인 근거 없이 자기 또는 자기의 식품등을 다른 영업자나 다른 영업자의 식품등과 부당하게 비교하는 표시 또는 광고, 사행심을 조장하거나 음란한 표현을 사용하여 공중도덕이나 사회윤리를 현저하게 침해하는 표시 또는 광고		시정명령	영업정지 10일	영업정지 20일

(계속)

위반사항	근거 법조문	행정처분 기준		
		1차 위반	2차 위반	3차 이상 위반
2)「축산물 위생관리법」 제9조제2항에 따라 작성·운용하고 있는 자체안전관리인증기준과 다른 내용의 표시·광고 또는 자체안전관리인증기준을 작성·운용하고 있지 않으면서 이를 작성·운용하고 있다는 내용의 표시 또는 광고		영업정지 1개월	영업정지 2개월	영업정지 3개월
다. 법 제9조제3항을 위반한 경우로서 실증자료 제출을 요청받은 자가 실증자료를 제출하지 않은 경우	생략	시정명령	영업정지 1개월	영업정지 2개월
라. 법 제14조에 따른 시정명령을 이행하지 않은 경우	법 제16조	영업정지 15일		
마. 영업정지 처분 기간 중에 영업을 한 경우	생략	영업허가·등록 취소 또는 영업소 폐쇄		
바. 그 밖에 가목부터 마목까지를 제외한 법을 위반한 경우	법 제14조 및 제16조	시정명령	영업정지 15일	영업정지 1개월

행정처분 시행규칙 **[별표 7] 개별기준(3)에 따른 행정처분 기준**(제16조 관련)

위반사항	근거 법조문	행정처분 기준		
		1차 위반	2차 위반	3차 이상 위반
다. 법 제8조제1항을 위반한 경우 1) 질병의 예방·치료에 효능이 있는 것으로 인식할 우려가 있는 표시 또는 광고 2) 식품등을 의약품으로 인식할 우려가 있는 표시 또는 광고 3) 건강기능식품이 아닌 것을 건강기능식품으로 인식할 우려가 있는 표시 또는 광고 4) 거짓·과장된 표시 또는 광고, 소비자를 기만하는 표시 또는 광고, 다른 업체나 다른 업체의 제품을 비방하는 표시 또는 광고, 객관적인 근거 없이 자기 또는 자기의 식품등을 다른 영업자나 다른 영업자의 식품등과 부당하게 비교하는 표시 또는 광고, 사행심을 조장하거나 음란한 표현을 사용하여 공중도덕이나 사회윤리를 현저하게 침해하는 표시 또는 광고로서 가) 체험기 및 체험사례 등 이와 유사한 내용을 표현하는 광고를 한 경우 나) 사실과 다르거나 제품과 관련 없는 수상 또는 상장의 표시·광고를 한 경우 다) 다른 식품·축산물의 유형과 오인·혼동하게 하는 표시·광고를 한 경우 라) 사용하지 않은 원재료명 또는 성분명을 표시·광고한 경우	생략	생략	생략	생략

(계속)

위반사항	근거 법조문	행정처분 기준		
		1차 위반	2차 위반	3차 이상 위반
마) 사료·물에 첨가한 성분이나 축산물의 제조 시 혼합한 원재료 또는 성분이 가지는 효능·효과를 표시하여 해당 축산물 자체에는 그러한 효능·효과가 없음에도 불구하고 효능·효과가 있는 것처럼 혼동할 우려가 있는 것으로 표시·광고한 경우 바) 「축산물 위생관리법」 제9조제3항에 따른 안전관리인증작업장·안전관리인증업소 또는 안전관리인증농장으로 인증받지 않고 해당 명칭을 사용한 경우		생략	생략월	생략
사) 법 제4조제1항 및 이 규칙 별표 1 제5호(「축산물 위생관리법 시행령」 제21조제7호가목에 따른 식육판매업만 해당한다) 및 제6호의 표시사항 전부 또는 일부를 거짓으로 표시한 경우		영업정지 7일	영업정지 15일	영업정지 1개월
아) 그 밖에 가)부터 사)까지를 제외한 부당한 표시·광고를 한 경우		시정명령	영업정지 5일	영업정지 10일
5) 표시·광고 심의 대상 중 심의를 받지 않거나 심의 결과에 따르지 않은 표시 또는 광고		생략	생략	생략

행정처분 시행규칙 **[별표 7] 개별기준(4_「식품위생법 시행령」 제21조제8호의 식품접객업 행정처분 기준)에 따른 행정처분 기준**(법 제4조3항 관련) 〈개정 2019. 6. 12.〉

위반사항	근거 법조문	행정처분 기준		
		1차 위반	2차 위반	3차 이상 위반
나. 법 제8조제1항을 위반한 경우	법 제14조 및 제16조			
1) 질병의 예방·치료에 효능이 있는 것으로 인식할 우려가 있는 표시 또는 광고, 식품등을 의약품으로 인식할 우려가 있는 표시 또는 광고		시정명령	영업정지 7일	영업정지 15일
2) 거짓·과장된 표시 또는 광고, 소비자를 기만하는 표시 또는 광고, 다른 업체나 다른 업체의 제품을 비방하는 표시 또는 광고, 객관적인 근거 없이 자기 또는 자기의 식품등을 다른 영업자나 다른 영업자의 식품등과 부당하게 비교하는 표시 또는 광고, 사행심을 조장하거나 음란한 표현을 사용하여 공중도덕이나 사회윤리를 현저하게 침해하는 표시 또는 광고		시정명령	영업정지 5일	영업정지 10일

② 생략

시행령

제2조(부당한 표시 또는 광고행위의 금지 대상) 「식품 등의 표시·광고에 관한 법률」(이하 "법"이라 한다) 제8조제1항 각 호 외의 부분에서 "**식품등의 명칭·제조방법·성분 등 대통령령으로 정하는 사항**"이란 다음 각 호의 사항을 말한다.

1. **식품, 식품첨가물, 기구, 용기·포장, 건강기능식품, 축산물**(이하 "식품등"이라 한다)의 **명칭, 영업소 명칭, 종류, 원재료, 성분**(영양성분을 포함한다), **내용량, 제조방법**(축산물을 생산하기 위한 해당 가축의 사육방식을 포함한다), **등급, 품질 및 사용정보**에 관한 사항
2. **식품등의 제조연월일, 유통기한, 품질유지기한 및 산란일**에 관한 사항
3. 「식품위생법」 제12조의2에 따른 **유전자변형식품등의 표시** 또는 「건강기능식품에 관한 법률」 제17조의2에 따른 **유전자변형건강기능식품의 표시**에 관한 사항
4. 다음 각 목의 이력추적관리에 관한 사항
   가. 「식품위생법」 제2조제13호에 따른 **식품이력추적관리**
   나. 「건강기능식품에 관한 법률」 제3조제6호에 따른 **건강기능식품이력추적관리**
   다. 「축산물 위생관리법」 제2조제13호에 따른 **축산물가공품이력추적관리**
5. **축산물의 인증과 관련**된 다음 각 목의 사항
   가.~다. 생략

시행령

제3조(부당한 표시 또는 광고의 내용) ① 법 제8조제1항에 따른 부당한 표시 또는 광고의 구체적인 내용은 별표 1과 같다.

② 생략

시행령 **[별표 1] 부당한 표시 또는 광고의 내용**(제3조제1항 관련)

1. **질병의 예방·치료에 효능이 있는 것으로 인식할 우려**가 있는 다음 각 목의 표시 또는 광고
   가. **질병 또는 질병군(疾病群)의 발생을 예방**한다는 내용의 표시·광고. 다만, 다음의 어느 하나에 해당하는 경우는 제외한다.
      1) **특수의료용도 등 식품**[정상적으로 섭취, 소화, 흡수 또는 대사할 수 있는 능력이 제한되거나 손상된 환자 또는 질병이나 임상적 상태로 인하여 일반인과 생리적으로 특별히 다른 영양요구량을 필요로 하는 환자의 식사의 일부 또는 전부를 대신할 목적으로 이들에게 입이나 관(管)을 통하여 식사를 공급할 수 있도록 제조·가공된 식품을 말한다]에 섭취대상자의 질병명 및 "영양조절"을 위한 식품임을 표시·광고하는 경우

(계속)

2) **건강기능식품에 기능성을 인정받은 사항을 표시·광고**하는 경우

나. **질병 또는 질병군에 치료 효과**가 있다는 내용의 표시·광고

다. **질병의 특징적인 징후 또는 증상에 예방·치료 효과**가 있다는 내용의 표시·광고

라. **질병 및 그 징후 또는 증상과 관련된 제품명, 학술자료, 사진** 등(이하 이 목에서 "질병정보"라 한다)을 활용하여 질병과의 연관성을 암시하는 표시·광고. 다만, 건강기능식품의 경우 다음의 어느 하나에 해당하는 표시·광고는 제외한다.

1) 「건강기능식품에 관한 법률」 제15조에 따라 식품의약품안전처장이 고시하거나 **안전성 및 기능성을 인정한 건강기능식품의 원료 또는 성분으로서 질병의 발생 위험을 감소시키는 데 도움이 된다는 내용의 표시·광고**

2) **질병정보를 제품의 기능성 표시·광고와 명확하게 구분**하고, "해당 질병정보는 제품과 직접적인 관련이 없습니다"라는 표현을 병기한 표시·광고

2. **식품등을 의약품으로 인식할 우려**가 있는 다음 각 목의 표시 또는 광고

가. **의약품에만 사용되는 명칭**(한약의 처방명을 포함한다)을 사용하는 표시·광고

나. **의약품에 포함된다는 내용의 표시·광고**

다. **의약품을 대체할 수 있다는 내용의 표시·광고**

라. **의약품의 효능 또는 질병 치료의 효과를 증대시킨다는 내용의 표시·광고**

3. **건강기능식품이 아닌 것을 건강기능식품으로 인식할 우려**가 있는 표시 또는 광고: 「건강기능식품에 관한 법률」 제3조제2호에 따른 **기능성이 있는 것으로 표현**하는 표시·광고. 다만, 다음 각 목의 어느 하나에 해당하는 표시·광고는 제외한다.

가. 「건강기능식품에 관한 법률」 제14조에 따른 **건강기능식품의 기준 및 규격에서 정한 영양성분의 기능 및 함량**을 나타내는 표시·광고

나. 제품에 함유된 **영양성분이나 원재료가 신체조직과 기능의 증진에 도움을 줄 수 있다는 내용**으로서 식품의약품안전처장이 정하여 고시하는 내용의 표시·광고

다. **특수용도식품**(영아·유아, 병약자, 비만자 또는 임산부·수유부 등 특별한 영양관리가 필요한 대상을 위하여 식품과 영양성분을 배합하는 등의 방법으로 제조·가공한 것을 말한다)으로 **임산부·수유부·노약자, 질병 후 회복 중인 사람 또는 환자의 영양보급 등에 도움을 준다는 내용**의 표시·광고

라. 해당 제품이 **발육기, 성장기, 임신수유기, 갱년기 등에 있는 사람의 영양보급을 목적으로 개발된 제품이라는 내용**의 표시·광고

4. **거짓·과장**된 다음 각 목의 표시 또는 광고

가. 다음의 어느 하나에 따라 허가받거나 **등록·신고한 사항과 다르게 표현**하는 표시·광고

1) 「식품위생법」 제37조

2) 「건강기능식품에 관한 법률」 제5조부터 제7조까지

(계속)

3)「축산물 위생관리법」 제22조 및 제24조

4)「수입식품안전관리 특별법」 제5조, 제15조 및 제20조

나. **건강기능식품의 경우 식품의약품안전처장이 인정하지 않은 기능성을 나타내는 내용**의 표시·광고

다. 제2조 각 호의 사항을 표시·광고할 때 **사실과 다른 내용**으로 표현하는 표시·광고

라. 제2조 각 호의 사항을 표시·광고할 때 **신체의 일부 또는 신체조직의 기능·작용·효과·효능에 관하여 표현**하는 표시·광고

마. 정부 또는 관련 공인기관의 **수상(受賞)·인증·보증·선정·특허와 관련하여 사실과 다른 내용**으로 표현하는 표시·광고

5. **소비자를 기만**하는 다음 각 목의 표시 또는 광고

가. **식품학·영양학·축산가공학·수의공중보건학 등의 분야에서 공인되지 않은 제조방법에 관한 연구나 발견한 사실을 인용하거나 명시**하는 표시·광고. 다만, 식품학 등 해당 분야의 문헌을 인용하여 내용을 정확히 표시하고, 연구자의 성명, 문헌명, 발표 연월일을 명시하는 표시·광고는 제외한다.

나. 가축이 먹는 사료나 물에 첨가한 성분의 효능·효과 또는 식품등을 가공할 때 사용한 원재료나 성분의 효능·효과를 해당 식품등의 효능·효과로 오인 또는 혼동하게 할 우려가 있는 표시·광고

다. 각종 감사장 또는 체험기 등을 이용하거나 "한방(韓方)", "특수제법", "주문쇄도", "단체추천" 또는 이와 유사한 표현으로 소비자를 현혹하는 표시·광고

라. 의사, 치과의사, 한의사, 수의사, 약사, 한약사, 대학교수 또는 그 밖의 사람이 제품의 기능성을 보증하거나, 제품을 지정·공인·추천·지도 또는 사용하고 있다는 내용의 표시·광고. 다만, 의사 등이 해당 제품의 연구·개발에 직접 참여한 사실만을 나타내는 표시·광고는 제외한다.

마. 외국어의 남용 등으로 인하여 외국 제품 또는 외국과 기술 제휴한 것으로 혼동하게 할 우려가 있는 내용의 표시·광고

바. 조제유류(調製乳類)의 용기 또는 포장에 유아·여성의 사진 또는 그림 등을 사용한 표시·광고

사. 조제유류가 모유와 같거나 모유보다 좋은 것으로 소비자를 오도(誤導)하거나 오인하게 할 수 있는 표시·광고

아.「건강기능식품에 관한 법률」 제15조제2항 본문에 따라 식품의약품안전처장이 인정한 사항의 일부 내용을 삭제하거나 변경하여 표현함으로써 해당 건강기능식품의 기능 또는 효과에 대하여 소비자를 오인하게 하거나 기만하는 표시·광고

자.「건강기능식품에 관한 법률」 제15조제2항 단서에 따라 기능성이 인정되지 않는 사항에 대하여 기능성이 인정되는 것처럼 표현하는 표시·광고

차. 이온수, 생명수, 약수 등 과학적 근거가 없는 추상적인 용어로 표현하는 표시·광고

(계속)

카. 해당 제품에 사용이 금지된 식품첨가물이 함유되지 않았다는 내용을 강조함으로써 소비자로 하여금 해당 제품만 금지된 식품첨가물이 함유되지 않은 것으로 오인하게 할 수 있는 표시·광고

6. **다른 업체나 다른 업체의 제품을 비방하는 표시 또는 광고: 비교하는 표현**을 사용하여 다른 업체의 제품을 간접적으로 비방하거나 다른 업체의 제품보다 우수한 것으로 인식될 수 있는 표시·광고

7. **객관적인 근거 없이 자기 또는 자기의 식품등을 다른 영업자나 다른 영업자의 식품등과 부당하게 비교**하는 다음 각 목의 표시 또는 광고

가. 비교표시·광고의 경우 그 비교대상 및 비교기준이 명확하지 않거나 비교내용 및 비교방법이 적정하지 않은 내용의 표시·광고

나. 제품의 제조방법·품질·영양가·원재료·성분 또는 효과와 직접적인 관련이 적은 내용이나 사용하지 않은 성분을 강조함으로써 다른 업소의 제품을 간접적으로 다르게 인식하게 하는 내용의 표시·광고

8. **사행심을 조장하거나 음란한 표현을 사용하여 공중도덕이나 사회윤리를 현저하게 침해**하는 다음 각 목의 표시 또는 광고

가. 판매 사례품이나 경품의 제공 등 사행심을 조장하는 내용의 표시·광고(「독점규제 및 공정거래에 관한 법률」에 따라 허용되는 경우는 제외한다)

나. 미풍양속을 해치거나 해칠 우려가 있는 저속한 도안, 사진 또는 음향 등을 사용하는 표시·광고

1. 「식품위생법 시행령」 제21조제8호의 식품접객업 영업소에서 조리·판매·제조·제공하는 식품에 대한 표시·광고
2. 「식품위생법 시행령」 제25조제2항제6호 각 목 외의 부분 본문에 따라 영업신고 대상에서 제외되거나 같은 영 제26조의2제2항제6호 각 목 외의 부분 본문에 따라 영업등록 대상에서 제외되는 경우로서 가공과정 중 위생상 위해가 발생할 우려가 없고 식품의 상태를 관능검사(官能檢查)로 확인할 수 있도록 가공하는 식품에 대한 표시·광고

시행령

제15조(권한의 위임) ① 식품의약품안전처장은 법 제24조제1항에 따라 법 제9조제2항에 따른 식품등의 표시 또는 광고의 실증자료에 대한 검토에 관한 권한을 식품의약품안전평가원장에게 위임한다.

② 식품의약품안전처장은 법 제24조제1항에 따라 다음 각 호의 권한을 지방식품의약

품안전청장에게 위임한다. 〈신설 2020. 8. 25.〉

1. 법 제14조에 따른 시정명령
2. 법 제15조에 따른 다음 각 목의 권한
   가. 법 제15조제2항에 따른 회수계획 및 회수결과의 보고 접수
   나. 법 제15조제3항에 따른 압류·폐기 지시 또는 영업자에 대한 조치 명령
3. 법 제16조제1항 및 제2항에 따른 영업허가 또는 영업등록의 취소·정지
4. 법 제17조에 따른 품목 또는 품목류의 제조정지 명령
5. 법 제19조 및 제20조에 따른 과징금의 부과·징수
6. 법 제21조에 따른 공표
7. 법 제23조에 따른 청문
8. 법 제31조에 따른 과태료의 부과·징수

③생략

제9조(표시 또는 광고 내용의 실증) ① **식품등에 표시를 하거나 식품등을 광고한 자는 자기가 한 표시 또는 광고에 대하여 실증(實證)할** 수 있어야 한다.

② 식품의약품안전처장은 식품등의 표시 또는 광고가 제8조제1항을 위반할 우려가 있어 해당 식품등에 대한 실증이 필요하다고 인정하는 경우에는 그 내용을 구체적으로 밝혀 해당 식품등에 표시하거나 해당 **식품등을 광고한 자에게 실증자료를 제출할 것을 요청**할 수 있다.

③ 제2항에 따라 실증자료의 제출을 요청받은 자는 **요청받은 날부터 15일 이내에 그 실증자료를 식품의약품안전처장에게 제출**하여야 한다. 다만, 식품의약품안전처장은 정당한 사유가 있다고 인정하는 경우에는 제출기간을 연장할 수 있다.

행정처분 시행규칙 **[별표 7] 개별기준(1)에 따른 행정처분 기준**(제16조 관련)

위반사항	근거 법조문	행정처분 기준		
		1차 위반	2차 위반	3차 이상 위반
마. 법 제9조제3항을 위반한 경우로서 실증자료 제출을 요청받은 자가 실증자료를 제출하지 않은 경우	법 제14조	시정명령		

행정처분 시행규칙 **[별표 7] 개별기준(2)에 따른 행정처분 기준**(제16조 관련)

위반사항	근거 법조문	행정처분 기준		
		1차 위반	2차 위반	3차 이상 위반
라. 법 제9조제3항을 위반한 경우로서 실증자료 제출을 요청받은 자가 실증자료를 제출하지 않은 경우	법 제14조	시정명령		

행정처분 시행규칙 **[별표 7] 개별기준(4_「식품위생법 시행령」 제21조제8호의 식품접객업 행정처분 기준)에 따른 행정처분 기준**(법 제4조3항 관련) 〈개정 2019. 6. 12.〉

위반사항	근거 법조문	행정처분 기준		
		1차 위반	2차 위반	3차 이상 위반
다. 법 제9조제3항을 위반한 경우로서 실증자료 제출을 요청받은 자가 실증자료를 제출하지 않은 경우	법 제14조	시정명령		

④ **식품의약품안전처장은 제2항에 따라 실증자료의 제출을 요청받은 자가 제3항에 따른 제출기간 내에 이를 제출하지 아니하고 계속하여 해당 표시 또는 광고를 하는 경우에는 실증자료를 제출할 때까지 그 표시 또는 광고 행위의 중지를 명할** 수 있다.

⑤~⑦ 생략

시행령

제15조(권한의 위임) 생략

시행규칙

제8조의2(식품등이 아닌 물품의 범위) 법 제8조제1항제9호에서 "총리령으로 정하는 식품등이 아닌 물품"이란 다음 각 호의 물품을 말한다.

1. 「생활화학제품 및 살생물제의 안전관리에 관한 법률」 제3조제4호의 안전확인대상 생활화학제품
2. 「어린이제품 안전 특별법 시행규칙」 별표 2 제11호의 학용품

제9조(실증방법 등) ①~④ 생략

제10조(표시 또는 광고의 자율심의) ① 식품등에 관하여 표시 또는 광고하려는 자는 해당 표시·광고(제4조, 제4조의2, 제5조 및 제6조에 따른 표시사항만을 그대로 표시·광고하는

경우는 제외한다)에 대하여 제2항에 따라 등록한 기관 또는 단체(이하 "자율심의기구"라 한다)로부터 미리 심의를 받아야 한다. 다만, 자율심의기구가 구성되지 아니한 경우에는 대통령령으로 정하는 바에 따라 식품의약품안전처장으로부터 심의를 받아야 한다. 〈개정 2023. 6. 13.〉

② 제1항에 따른 식품등의 표시·광고에 관한 심의를 하고자 하는 다음 각 호의 어느 하나에 해당하는 기관 또는 단체는 제11조에 따른 심의위원회 등 대통령령으로 정하는 요건을 갖추어 식품의약품안전처장에게 등록하여야 한다.

1. 「식품위생법」 제59조제1항에 따른 **동업자조합**
2. 「식품위생법」 제64조제1항에 따른 **한국식품산업협회**
3. 「건강기능식품에 관한 법률」 제28조에 따라 설립된 **단체**
4. 「소비자기본법」 제29조에 따라 등록한 **소비자단체로서 대통령령으로 정하는 기준을 충족하는 단체**

③ **자율심의기구**는 제4조, 제4조의2, 제5조부터 제8조까지에 따라 공정하게 심의하여야 하며, 정당한 사유 없이 영업자의 **표시·광고 또는 소비자에 대한 정보 제공을 제한해서는 아니 된다**. 〈개정 2023. 6. 13.〉

④~⑧ 생략

시행령

제4조(표시 또는 광고의 심의 기준 등) ① 법 제10조제1항 본문에 따른 자율심의기구(이하 "자율심의기구"라 한다)가 구성되지 않아 같은 항 단서에 따라 식품등의 표시·광고에 대하여 식품의약품안전처장의 심의를 받는 경우 그 **심의 기준**은 다음 각 호와 같다.

1. 법 제4조부터 제8조까지의 **규정에 적합할 것**
2. 다음 각 목에 따른 **기준에 적합할 것**
   가. 「식품위생법」 제7조 및 제9조에 따른 기준
   나. 「건강기능식품에 관한 법률」 제14조 및 제15조에 따른 기준
   다. 「축산물 위생관리법」 제4조 및 제5조에 따른 기준
3. **객관적이고 과학적인 자료를 근거로 하여 표현할 것**

②③ 생략

시행령

제5조(자율심의기구의 등록 요건) 생략

시행령

제6조(표시 또는 광고 심의 결과에 대한 이의신청) ① 식품등의 표시·광고에 관한 심의 결과에 이의가 있는 자는 법 제10조제4항 단서에 따라 **심의 결과를 통지받은 날부터 30일 이내**에 필요한 자료를 첨부하여 식품의약품안전처장에게 **이의신청**을 할 수 있다.

②③ 생략

시행규칙

제10조(표시 또는 광고 심의 대상 식품등) 품등에 관하여 표시 또는 광고하려는 자가 법 제10조제1항 본문에 따른 자율심의기구(이하 "자율심의기구"라 한다)에 미리 심의를 받아야 하는 대상은 다음 각 호와 같다.

1. 특수영양식품(영아·유아, 비만자 또는 임산부·수유부 등 특별한 영양관리가 필요한 대상을 위하여 식품과 영양성분을 배합하는 등의 방법으로 제조·가공한 식품을 말한다)
2. 특수의료용도식품(정상적으로 섭취, 소화, 흡수 또는 대사할 수 있는 능력이 제한되거나 질병 또는 수술 등의 임상적 상태로 인하여 일반인과 생리적으로 특별히 다른 영양요구량을 가지고 있어, 충분한 영양공급이 필요하거나 일부 영양성분의 제한 또는 보충이 필요한 사람에게 식사의 일부 또는 전부를 대신할 목적으로 직접 또는 튜브를 통해 입으로 공급할 수 있도록 제조·가공한 식품을 말한다)
3. 건강기능식품
4. 기능성표시식품[「식품 등의 표시·광고에 관한 법률 시행령」(이하 "영"이라 한다) 별표 1 제3호나목에 따라 제품에 함유된 영양성분이나 원재료가 신체조직과 기능의 증진에 도움을 줄 수 있다는 내용으로서 식품의약품안전처장이 정하여 고시하는 내용을 표시·광고하는 식품을 말한다. 이하 같다]

시행규칙

제11조(수수료) 생략

시행규칙

제12조(자율심의기구의 등록) ① 법 제10조제2항에 따라 자율심의기구로 등록을 하려는 기관 또는 단체는 영 제5조에 따른 요건을 갖춘 후 별지 제1호서식의 자율심의기구 등록

신청서에 다음 각 호의 내용을 적은 서류를 첨부하여 식품의약품안전처장에게 제출해야 한다.

②~④ 생략

시행규칙

제13조(등록사항의 변경) 생략

제11조(심의위원회의 설치·운영) 자율심의기구는 식품등의 표시·광고를 심의하기 위하여 10명 이상 25명 이하의 위원으로 구성된 심의위원회를 설치·운영하여야 하며, 심의위원회의 위원은 다음 각 호의 어느 하나에 해당하는 사람 중에서 자율심의기구의 장이 위촉한다. 이 경우 제1호부터 제5호까지의 사람을 각각 1명 이상 포함하되, 제1호에 해당하는 위원 수는 전체 위원 수의 3분의 1 미만이어야 한다.

1.~5. 생략

제12조(표시 또는 광고 정책 등에 관한 자문) ① 식품의약품안전처장의 자문에 응하여 식품등의 표시 또는 광고 정책 등을 조사·심의하기 위하여 식품의약품안전처 소속으로 **식품등표시광고자문위원회**를 둘 수 있다.

② 생략

제13조(소비자 교육 및 홍보) 생략

시행령

제7조(교육 및 홍보 위탁) 식품의약품안전처장은 법 제13조제2항에 따라 식품등의 표시·광고에 관한 교육 및 홍보 업무를 다음 각 호의 기관 또는 단체에 위탁한다.

1. 법 제10조제2항 각 호의 어느 하나에 해당하는 기관 또는 단체
2. 그 밖에 식품등에 관한 전문성을 갖춘 기관 또는 단체로서 식품의약품안전처장이 인정하는 기관 또는 단체

시행규칙

제14조(교육 및 홍보의 내용) 법 제13조제1항에 따라 식품등의 표시·광고에 관하여 교육 및 홍보를 해야 하는 사항은 다음 각 호와 같다.

1.~6. 생략

제14조(시정명령) 식품의약품안전처장, 특별시장·광역시장·특별자치시장·도지사·특별자치도지사(이하 "시·도지사"라 한다) 또는 시장·군수·구청장(자치구의 구청장을 말한다. 이하 같다)은 다음 각 호의 어느 하나에 해당하는 자에게 **필요한 시정을 명**할 수 있다.

1.~4. 생략

행정처분 시행규칙 **[별표 7] 개별기준(1)에 따른 행정처분 기준**(제16조 관련)

위반사항	근거 법조문	행정처분 기준		
		1차 위반	2차 위반	3차 이상 위반
바. 법 제14조에 따른 시정명령을 이행하지 않은 경우	법 제16조	영업정지 15일	영업정지 1개월	영업정지 2개월

행정처분 시행규칙 **[별표 7] 개별기준(3)에 따른 행정처분 기준**(제16조 관련)

위반사항	근거 법조문	행정처분 기준		
		1차 위반	2차 위반	3차 이상 위반
마. 법 제14조에 따른 시정명령을 이행하지 않은 경우	법 제16조	영업정지 7일	영업정지 15일	영업정지 1개월

행정처분 시행규칙 **[별표 7] 개별기준(4_「식품위생법 시행령」 제21조제8호의 식품접객업 행정처분 기준)에 따른 행정처분 기준**(법 제4조3항 관련)

위반사항	근거 법조문	행정처분 기준		
		1차 위반	2차 위반	3차 이상 위반
라. 법 제14조에 따른 시정명령을 이행하지 않은 경우	법 제16조	영업정지 15일	영업정지 1개월	영업정지 2개월

시행규칙

제16조(행정처분의 기준) 법 제14조부터 제17조까지의 규정에 따른 행정처분의 기준은 별표 7과 같다. 〈개정 2022. 11. 28.〉

시행규칙 **[별표 7] 행정처분 기준**(제16조 관련)

I. 일반기준

1. **둘 이상의 위반행위가 적발된 경우로서 위반행위**가 다음 각 목의 어느 하나에 해당하는 경우에는 가장 무거운 정지처분 기간에 나머지 각각의 정지처분 기간의 2분의 1을 더하여 처분한다.
   가. 영업정지에만 해당하는 경우
   나. 한 품목 또는 품목류(식품등의 기준 및 규격 중 같은 기준 및 규격을 적용받아 제조·가공되는 모든 품목을 말한다. 이하 같다)에 대하여 품목 또는 품목류 제조정지에만 해당하는 경우
2. **둘 이상의 위반행위가 적발된 경우로서 그 위반행위가 영업정지와 품목 또는 품목류 제조정지에 해당하는 경우에는 각각의 영업정지와 품목 또는 품목류 제조정지 처분기간을 제1호 일반기준**

(계속)

에 따라 산정한 후 다음 각 목의 구분에 따라 처분한다.

가. 영업정지 기간이 품목 또는 품목류 제조정지 기간보다 길거나 같으면 영업정지 처분만 할 것

나. 영업정지 기간이 품목 또는 품목류 제조정지 기간보다 짧으면 그 영업정지 처분과 그 초과 기간에 대한 품목 또는 품목류 제조정지 처분을 함께 부과할 것

다. 품목류 제조정지 기간이 품목 제조정지 기간보다 길거나 같으면 품목류 제조정지 처분만 할 것

라. 품목류 제조정지 기간이 품목 제조정지 기간보다 짧으면 그 품목류 제조정지 처분과 그 초과기간에 대한 품목 제조정지 처분을 함께 부과할 것

3. **같은 날 제조·가공한 같은 품목에 대하여 같은 위반사항이 적발된 경우에는 같은 위반행위**로 본다. 다만, 부당한 광고는 같은 품목에 대하여 같은 날에 같은 매체로 광고한 경우 같은 위반행위로 본다.

4. 위반행위에 대하여 행정처분을 하기 위한 절차가 진행되는 기간(적발일부터 행정처분의 효력 발생일까지를 말한다) 중에 반복하여 같은 사항을 위반하는 경우에는 그 위반횟수마다 행정처분 기준의 2분의 1씩 더하여 처분한다.

5. 위반행위의 횟수에 따른 행정처분의 기준은 최근 1년간 같은 위반행위(품목류의 경우에는 같은 품목에 대한 같은 위반행위를 말한다. 이하 같다)를 한 경우에 적용한다. 이 경우 처분 기준의 적용은 같은 위반사항에 대한 행정처분일(행정처분의 효력발생일)과 그 처분 후 재적발일을 기준으로 한다.

6~15. 생략

Ⅱ. 개별기준-각 법 조항에 기재(생략)

1.~4. 표 생략

제15조(위해 식품등의 회수 및 폐기처분 등) ① 판매의 목적으로 식품등을 제조·가공·소분 또는 수입하거나 식품등을 판매한 영업자는 해당 식품등이 제4조제3항 또는 제8조제1항을 **위반한 사실**(식품등의 위해와 관련이 없는 위반사항은 제외한다)을 **알게 된 경우에는 지체 없이 유통 중인 해당 식품등을 회수하거나 회수하는 데에 필요한 조치**를 하여야 한다.

② 제1항에 따른 회수 또는 회수하는 데에 필요한 조치를 하려는 영업자는 **회수계획**을 식품의약품안전처장, 시·도지사 또는 시장·군수·구청장에게 **미리 보고**하여야 한다. 이 경우 회수결과를 보고받은 시·도지사 또는 시장·군수·구청장은 이를 지체 없이 식품의약품안전처장에게 보고하여야 한다.

③ ④ 생략

행정처분 시행규칙 **[별표 7] 개별기준(1)에 따른 행정처분 기준**(제16조 관련)

위반사항	근거 법조문	행정처분 기준		
		1차 위반	2차 위반	3차 이상 위반
사. 법 제15조제1항 및 제2항을 위반한 경우 1) 회수조치를 하지 않은 경우 2) 회수계획을 보고하지 않거나 거짓으로 보고한 경우 아. 법 제15조제3항을 위반한 경우 1) 회수하지 않고도 회수한 것으로 속인 경우 2) 그 밖에 회수명령을 받고 회수하지 않은 경우 자. 영업정지 처분 기간 중에 영업을 한 경우 차. 그 밖에 가목부터 자목까지를 제외한 법을 위반한 경우(법 제31조에 따른 과태료 부과 대상에 해당하는 위반사항은 제외한다)	생략	생략	생략	생략

행정처분 시행규칙 **[별표 7] 개별기준(3)에 따른 행정처분 기준**(제16조 관련)

위반사항	근거 법조문	행정처분 기준		
		1차 위반	2차 위반	3차 이상 위반
바. 법 제15조제1항 및 제2항을 위반한 경우	법 제16조			
1) 회수조치를 하지 않은 경우		영업정지 2개월	영업정지 3개월	영업허가·등록 취소 또는 영업소 폐쇄
2) 회수 계획을 보고하지 않거나 거짓으로 보고한 경우		영업정지 1개월	영업정지 2개월	영업정지 3개월
사. 영업정지 처분 기간 중에 영업을 한 경우	법 제16조	영업허가 취소 또는 영업소 폐쇄		
아. 그 밖에 가목부터 사목까지를 제외한 법을 위반한 경우(법 제31조에 따른 과태료 부과 대상에 해당하는 위반사항은 제외한다)	법 제14조 및 제16조	시정명령	영업정지 5일	영업정지 10일

시행규칙

제15조(회수·폐기처분 등의 기준) 법 제15조에 따른 회수, 압류·폐기처분 대상 식품등은 다음 각 호와 같다. 〈개정 2022. 6. 30.〉

1. 표시 대상 알레르기 유발물질을 표시하지 않은 식품등
2. 제조연월일 또는 소비기한을 사실과 다르게 표시하거나 표시하지 않은 식품등
3. 그 밖에 안전과 관련된 표시를 위반한 식품등

제16조(영업정지 등) ① 식식품의약품안전처장, 시·도지사 또는 시장·군수·구청장은 영업자 중 허가를 받거나 등록을 한 영업자가 다음 각 호의 어느 하나에 해당하는 경우에는 6개월 이내의 기간을 정하여 그 영업의 전부 또는 일부를 정지하거나 영업허가 또는 등록을 취소할 수 있다.

1. 제4조제3항, 제5조제3항 또는 제6조제3항을 **위반하여 식품등을 판매하거나 판매할 목적으로 제조·가공·소분·수입·포장·보관·진열 또는 운반하거나 영업에 사용한 경우**
2. 제8조제1항을 위반하여 **표시 또는 광고를 한 경우**
3. 제14조에 따른 **명령을 위반한 경우**
4. 제15조제1항을 위반하여 **회수 또는 회수하는 데에 필요한 조치를 하지 아니한 경우**
5. 제15조제2항을 위반하여 **회수계획 보고를 하지 아니하거나 거짓으로 보고한 경우**
6. 제15조제3항에 따른 명령을 위반한 경우

② 식품의약품안전처장, 시·도지사 또는 시장·군수·구청장은 영업자 중 허가를 받거나 등록을 한 영업자가 제1항에 따른 **영업정지 명령을 위반하여 영업을 계속하면 영업허가 또는 등록을 취소**할 수 있다.

③ 특별자치시장·특별자치도지사·시장·군수·구청장은 영업자 중 영업신고를 한 영업자가 다음 각 호의 어느 하나에 해당하는 경우에는 6개월 이내의 기간을 정하여 그 영업의 전부 또는 일부를 정지하거나 영업소 폐쇄를 명할 수 있다. 〈개정 2020. 12. 29.〉

1.~6. 생략

④ ⑤ 생략

행정처분 시행규칙 **[별표 7] 개별기준(4_「식품위생법 시행령」 제21조제8호의 식품접객업 행정처분 기준)에 따른 행정처분 기준**(법 제4조3항 관련) 〈개정 2019. 6. 12.〉

위반사항	근거 법조문	행정처분 기준		
		1차 위반	2차 위반	3차 이상 위반
마. 영업정지 처분 기간 중에 영업을 한 경우	법 제16조	영업허가·등록 취소 또는 영업소 폐쇄		
바. 그 밖에 가목부터 마목까지를 제외한 법을 위반한 경우(법 제31조에 따른 과태료 부과 대상에 해당하는 위반 사항은 제외한다)	법 제14조 및 제16조	시정명령	영업정지 7일	영업정지 15일

제17조(품목 등의 제조정지) ① 식품의약품안전처장, 시·도지사 또는 시장·군수·구청장은 영업자가 다음 각 호의 어느 하나에 해당하면 식품등의 품목 또는 품목류(「식품위생법」 제7조·제9조 또는 「건강기능식품에 관한 법률」 제14조에 따라 정해진 기준 및 규격 중 동일한 기준 및 규격을 적용받아 제조·가공되는 모든 품목을 말한다. 이하 같다)에 대하여 **기간을 정하여 6개월 이내의 제조정지**를 명할 수 있다.

1. 2. 생략

② 생략

제18조(행정 제재처분 효과의 승계) 「건강기능식품에 관한 법률」 제11조, 「수입식품안전관리 특별법」 제16조, 「식품위생법」 제39조또는 「축산물 위생관리법」 제26조에 따라 영업이 양수인·상속인 또는 합병 후 존속하는 법인이나 합병에 따라 설립되는 법인(이하 이 조에서 "양수인등"이라 한다)에 승계된 경우에는 제16조제1항 각 호, 같은 조 제3항 각 호 또는 제17조제1항 각 호를 위반한 사유로 종전의 영업자에게 한 행정 제재처분이나 제16조제2항 또는 제4항에 따라 종전의 **영업자에게 한 행정 제재처분의 효과는 그 처분기간이 끝난 날부터 1년간 양수인등에게 승계**되며, 행정 제재처분 절차가 진행 중일 때에는 양수인등에 대하여 그 절차를 계속할 수 있다. 다만, 양수인등(상속으로 승계받은 자는 제외한다)이 영업을 승계할 때 그 처분 또는 위반사실을 알지 못하였음을 증명하면 그러하지 아니하다.

제19조(영업정지 등의 처분에 갈음하여 부과하는 과징금 처분) ① 식품의약품안전처장, 시·도지사 또는 시장·군수·구청장은 영업자가 제16조제1항 각 호, 같은 조 제3항 각 호 또는 제17조제1항 각 호의 어느 하나에 해당하여 영업정지 또는 품목 제조정지 등을 명하여야 하는 경우로서 그 영업정지 또는 품목 제조정지 등이 이용자에게 심한 불편을 주거나 그 밖에 공익을 해칠 우려가 있을 때에는 영업정지 또는 품목 제조정지 등을 갈음하여 10억원 이하의 과징금을 부과할 수 있다. 다만, 제4조제3항 또는 제8조제1항을 위반하여 제16조제1항, 같은 조 제3항 또는 제17조제1항에 해당하는 경우로서 총리령으로 정하는 경우는 제외한다.

시행령

제9조(과징금의 부과 및 납부) 생략

시행령

제10조(과징금 납부기한의 연기 및 분할납부) 생략

② 식품의약품안전처장, 시·도지사 또는 시장·군수·구청장은 제1항에 따른 과징금을 부과하기 위하여 필요한 경우에는 다음 각 호의 사항을 적은 문서로 관할 세무관서의 장에게 과세 정보 제공을 요청할 수 있다.

1. 납세자의 인적 사항
2. 과세 정보의 사용 목적
3. 과징금 부과기준이 되는 매출금액

③ 식품의약품안전처장, 시·도지사 또는 시장·군수·구청장은 영업자가 제1항에 따른 과징금을 기한 내에 납부하지 아니하는 때에는 대통령령으로 정하는 바에 따라 제1항에 따른 과징금 부과처분을 취소하고 제16조제1항 또는 제3항에 따른 영업정지, 제17조제1항에 따른 품목 제조정지 또는 품목류 제조정지 처분을 하거나 국세 체납처분의 예 또는 「지방행정제재·부과금의 징수 등에 관한 법률」에 따라 징수한다. 다만, 다음 각 호의 어느 하나에 해당하여 영업정지, 품목 제조정지 또는 품목류 제조정지의 처분을 할 수 없는 경우에는 국세 체납처분의 예 또는 「지방행정제재·부과금의 징수 등에 관한 법률」에 따라 징수한다.

1. 「건강기능식품에 관한 법률」 제5조제2항 및 제6조제3항에 따라 폐업을 한 경우
2. 「수입식품안전관리 특별법」 제15조제3항에 따라 폐업을 한 경우
3. 「식품위생법」 제37조제3항부터 제5항까지의 규정에 따라 폐업을 한 경우
4. 「축산물 위생관리법」 제22조제5항 및 제24조제2항에 따라 폐업을 한 경우

시행령

제11조(과징금 미납자에 대한 처분) 생략

시행령

제12조(기금의 귀속비율) 생략

시행령

제8조(영업정지 등의 처분을 갈음하여 부과하는 과징금의 산정기준) 법 제19조제1항 본문에 따라 부과하는 과징금의 산정기준은 별표 2와 같다.

시행령 **[별표 2] 영업정지 등의 처분을 갈음하여 부과하는 과징금의 산정기준**(제8조 관련)

1. 일반기준

가. **영업정지, 품목 제조정지 또는 품목류 제조정지 1개월은 30일을 기준**으로 한다.

나. **영업정지를 갈음한 과징금부과의 기준이 되는 매출금액은 처분일이 속한 연도의 전년도의 1년간 총매출금액을 기준**으로 한다. 다만, 신규사업·휴업 등으로 인하여 1년간의 총매출금액을 산출할 수 없는 경우에는 분기별·월별 또는 일별 매출금액을 기준으로 연간 총매출금액으로 환산하여 산출한다.

다. **품목 제조정지를 갈음한 과징금부과의 기준이 되는 매출금액은 처분일이 속하는 달부터 소급하여 직전 3개월간 해당 품목의 총매출금액에 4를 곱하여 산출**한다. 다만, 신규제조 또는 휴업 등으로 3개월의 총매출금액을 산출할 수 없는 경우에는 전월(전월의 실적을 알 수 없는 경우에는 당월을 말한다)의 1일 평균매출액에 365를 곱하여 산출한다.

라. **품목류 제조정지를 갈음한 과징금부과의 기준이 되는 매출금액은 품목류에 해당하는 품목들의 처분일이 속한 연도의 전년도의 1년간 총매출금액을 기준**으로 한다. 다만, 신규제조·휴업 등으로 인하여 품목류에 해당하는 품목들의 1년간의 총매출금액을 산출할 수 없는 경우에는 분기별·월별 또는 일별 매출금액을 기준으로 연간 총매출금액으로 환산하여 산출한다.

2. 과징금 기준

가. 「식품위생법 시행령」 제21조제1호 및 제3호의 식품제조·가공업 및 식품첨가물제조업, 「축산물 위생관리법 시행령」 제21조제1호부터 제3호까지·제3호의2·제4호의 도축업·집유업·축산물가공업·식용란선별포장업·식육포장처리업 및 「건강기능식품에 관한 법률 시행령」 제2조제1호의 건강기능식품제조업에 대한 영업정지를 갈음하여 과징금을 부과하는 경우(표 생략)

나. 「식품위생법 시행령」 제21조제2호·제4호부터 제8호까지의 즉석판매제조·가공업, 식품운반업, 식품소분·판매업, 식품보존업, 용기·포장류제조업, 식품접객업, 「축산물 위생관리법 시행령」 제21조제5호부터 제8호까지의 축산물보관업·축산물운반업·축산물판매업·식육즉석판매가공업, 「건강기능식품에 관한 법률 시행령」 제2조제3호의 건강기능식품판매업, 「수입식품안전관리 특별법 시행령」 제2조제1호 및 제3호의 수입식품등 수입·판매업 및 수입식품등 인터넷 구매 대행업에 대한 영업정지를 갈음하여 과징금을 부과하는 경우(표 생략)

다. 품목 또는 품목류 제조정지를 갈음하여 과징금을 부과하는 경우(표 생략)

시행규칙

제17조(과징금 부과 제외 대상) 법 제19조제1항 단서에 따라 과징금 부과 대상에서 제외되는 대상은 별표 8과 같다.

시행규칙 **[별표 8] 과징금 부과 제외 대상**(제17조 관련)

다음 각 호의 어느 하나에 해당하는 경우에는 **영업정지, 품목류 또는 품목 제조정지에 갈음하는 과징금을 부과해서는 안 된다.** 다만, 제1호부터 제4호까지의 규정에도 불구하고 별표 7 I. 일반기준 제13호에 따른 경감 대상에 해당하는 경우에는 과징금 처분을 할 수 있다.

1. 「식품위생법 시행령」 제21조제1호부터 제3호까지, 제5호가목·나목3), 제6호가목, 제7호의 식품제조·가공업, 즉석판매제조·가공업, 식품첨가물제조업, 식품소분업·유통전문판매업, 식품조사처리업, 용기·포장류제조업, 「축산물 위생관리법 시행령」 제21조제3호·제4호·제7호마목·제8호의 축산물가공업·식육포장처리업·축산물유통전문판매업·식육즉석판매가공업, 「건강기능식품에 관한 법률 시행령」 제2조제1호·제3호나목의 건강기능식품제조업·건강기능식품유통전문판매업 및 「수입식품안전관리 특별법 시행령」 제2조제1호의 수입식품등 수입·판매업
   가. 나. 다. 라. 생략

2.~4. 생략

제20조(부당한 표시·광고에 따른 과징금 부과 등) ① 식품의약품안전처장, 시·도지사 또는 시장·군수·구청장은 제8조제1항제1호부터 제3호까지의 규정을 위반하여 제16조제1항 또는 제3항에 따라 2개월 이상의 영업정지 처분, 같은 조 제1항 또는 제2항에 따라 **영업허가 및 등록의 취소** 또는 같은 조 제3항 또는 제4항에 따라 **영업소의 폐쇄명령**을 받은 자에 대하여 그가 판매한 해당 **식품등의 판매가격에 상당하는 금액을 과징금으로 부과**한다.

② 식품의약품안전처장, 시·도지사 또는 시장·군수·구청장은 제1항에 따른 과징금을 기한 내에 납부하지 아니하는 경우 또는 제19조제3항 각 호의 어느 하나에 해당하는 경우에는 국세 체납처분의 예 또는 「지방행정제재·부과금의 징수 등에 관한 법률」에 따라 징수한다.

③ ④ 생략

시행령

제13조(부당한 표시·광고에 따른 과징금 부과 기준 및 절차) ① 법 제20조제1항에 따라 부과하는 **과징금의 금액은 부당한 표시·광고를 한 식품등의 판매량에 판매가격을 곱한 금액**으로 한다.

② ③ 생략

제21조(위반사실의 공표) 생략

제22조(국고 보조) 식품의약품안전처장은 예산의 범위에서 제15조제3항에 따른 폐기에 드는 비용의 전부 또는 일부를 보조할 수 있다.

제23조(청문) 식품의약품안전처장, 시·도지사 또는 시장·군수·구청장은 제10조제7항에 따른 자율심의기구에 대한 등록의 취소, 제16조제1항 또는 제2항에 따른 영업허가 또는 등록의 취소나 같은 조 제3항 또는 제4항에 따른 영업소 폐쇄를 명하려면 청문을 하여야 한다.

제24조(권한 등의 위임 및 위탁) 생략

제25조(벌칙 적용에서 공무원 의제) 제11조에 따른 심의위원회의 위원은 「형법」 제129조부터 제132조까지의 규정을 적용할 때에는 공무원으로 본다.

제26조(벌칙) ① 제8조제1항제1호부터 제3호까지의 규정을 위반하여 표시 또는 광고를 한 자는 10년 **이하의 징역 또는 1억원 이하의 벌금에 처하거나 이를 병과**(竝科)할 수 있다.

② ③ 생략

제27조(벌칙) 다음 각 호의 어느 하나에 해당하는 자는 5년 이하의 징역 또는 5천만원 이하의 벌금에 처하거나 이를 병과할 수 있다.

1.~7. 생략

제28조(벌칙) 다음 각 호의 어느 하나에 해당하는 자는 3년 이하의 징역 또는 3천만원 이하의 벌금에 처한다.

1.~7. 생략

제29조(벌칙) 다음 각 호의 어느 하나에 해당하는 자는 1년 이하의 징역 또는 1천만원 이하의 벌금에 처한다. 다만, 제1호의 경우 징역과 벌금을 병과할 수 있다.

1. 2. 생략

제30조(양벌규정) 법인의 대표자나 법인 또는 개인의 대리인, 사용인, 그 밖의 종업원이 그 법인 또는 개인의 업무에 관하여 제26조부터 제29조까지의 어느 하나에 해당하는 위반행위를 하면 그 행위자를 벌하는 외에 그 법인 또는 개인에게도 해당 조문의 벌금형을 과(科)한다. 다만, 법인 또는 개인이 그 위반행위를 방지하기 위하여 해당 업무에 관하여 상당한 주의와 감독을 게을리하지 아니한 경우에는 그러하지 아니하다.

제31조(과태료) ① 다음 각 호의 어느 하나에 해당하는 자에게는 500만원 이하의 과태료

를 부과한다.

1. 제5조제3항을 위반하여 식품등을 판매하거나 판매할 목적으로 제조·가공·소분·수입·포장·보관·진열 또는 운반하거나 영업에 사용한 자
2. 제6조제3항을 위반하여 식품을 판매하거나 판매할 목적으로 제조·가공·소분·수입·포장·보관·진열 또는 운반하거나 영업에 사용한 자

②③ 생략

시행령

제16조(과태료의 부과기준) 법 제31조제1항 및 제2항에 따른 과태료의 부과기준은 별표 3과 같다.

시행령 **[별표 3] 과태료의 부과기준**(제16조 관련) 〈개정 2023. 4. 25.〉

1. 일반기준

가. **위반행위의 횟수에 따른 과태료의 가중된 부과기준은 최근 2년간 같은 위반행위로 과태료 부과처분을 받은 경우에 적용**한다. 이 경우 기간의 계산은 위반행위에 대하여 과태료 부과처분을 받은 날과 그 처분 후 다시 같은 위반행위를 하여 적발된 날을 기준으로 한다.

나. 가목에 따라 가중된 부과처분을 하는 경우 가중처분의 적용 차수는 그 위반행위 전 부과처분 차수(가목에 따른 기간 내에 과태료 부과처분이 둘 이상 있었던 경우에는 높은 차수를 말한다)의 다음 차수로 한다.

다. 식품의약품안전처장, 시·도지사 또는 시장·군수·구청장은 다음의 어느 하나에 해당하는 경우에는 제2호의 개별기준에 따른 **과태료 금액의 2분의 1 범위에서 그 금액을 줄일 수 있다**. 다만, 과태료를 체납하고 있는 위반행위자의 경우에는 그 금액을 줄일 수 없다.

1) 위반행위자가 「질서위반행위규제법 시행령」 제2조의2제1항 각 호의 어느 하나에 해당하는 경우
2) 위반행위가 사소한 부주의나 오류로 인한 것으로 인정되는 경우
3) 고의 또는 중과실이 없는 위반행위자가 「소상공인기본법」 제2조에 따른 소상공인인 경우로서 위반행위자의 현실적인 부담능력, 경제위기 등으로 위반행위자가 속한 시장·산업 여건이 현저하게 변동되거나 지속적으로 악화된 상태인지 여부를 고려할 때 과태료를 감경할 필요가 있다고 인정되는 경우
4) 그 밖에 위반행위의 정도, 동기 및 그 결과 등을 고려하여 과태료를 줄일 필요가 있다고 인정되는 경우

라. 식품의약품안전처장, 시·도지사 또는 시장·군수·구청장은 다음의 어느 하나에 해당하는 경우에는 제2호의 **개별기준에 따른 과태료 금액의 2분의 1 범위에서 그 금액을 늘릴 수 있**

(계속)

다. 다만, 금액을 늘리는 경우에도 법 제31조제1항 및 제2항에 따른 과태료 금액의 상한을 넘을 수 없다.

1) 위반의 내용 및 정도가 중대하여 이로 인한 피해가 크다고 인정되는 경우
2) 법 위반상태의 기간이 6개월 이상인 경우
3) 그 밖에 위반행위의 정도, 동기 및 그 결과 등을 고려하여 과태료를 늘릴 필요가 있다고 인정되는 경우

2. 개별기준(생략)

부칙 법〈제18445호, 2021. 8. 17.〉

부칙 시행령〈제33434호, 2023. 4. 25.〉
(소상공인 경제회복 지원을 위한 61개 법령의 일부개정에 관한 대통령령)

부칙 시행규칙〈제1813호, 2022. 6. 30.〉

제1조(시행일) 이 법은 2023년 1월 1일부터 시행한다. 다만, 제8조제1항 및 제27조제2호의 개정규정은 공포 후 1개월이 경과한 날부터 시행한다.

시행령

제1조(시행일) 이 영은 공포한 날부터 시행한다. 다만, 부칙 제3조는 2023년 1월 1일부터 시행한다.

제1조(시행일) 이 규칙과 부칙 제3조는 2023년 1월 1일부터 시행한다. 다만, 제3조제1항제7호, 별표 7 Ⅰ제14호부터 제16호까지, 같은 표 Ⅱ 제1호의 표 가목1)나)·라목4)파), 같은 표 Ⅱ 제3호의 표 가목1)다)·다목4)차) 및 같은 표 Ⅱ 제4호의 표 나목1)의 개정규정은 공포한 날부터 시행한다.

제2조(소비기한의 표시에 관한 적용례 및 적용특례) ① 제4조제1항의 개정규정은 이 법 시행 이후 제조·가공하거나 수입을 위하여 선적하는 경우부터 적용한다.

② 제1항에도 불구하고 식품등의 위생적 관리와 품질 유지를 위하여 냉장 보관기준의 개선이 필요한 품목으로서 총리령으로 정하는 품목에 대해서는 이 법 시행일부터 8년의 범위에서 총리령으로 정하는 날 이후 제조·가공하거나 수입을 위하여 선적하는 경우부터 적용할 수 있다.

시행령

제2조(부당한 표시 또는 광고행위 금지 대상 변경에 따른 적용례 등) ① 제2조제2호의 개정규정 중 소비기한을 개정하는 부분은 2023년 1월 1일 이후 제조·가공하거나 수입을 위하여 선적하는 경우부터 적용한다.

② 제1항에도 불구하고 법률 제18445호 식품 등의 표시·광고에 관한 법률 부칙 제2조제2항에 따른 품목에 대해서는 같은 항에 따른 날 이후 제조·가공하거나 수입을 위하여 선적하는 경우부터 적용한다.

시행규칙

제2조(소비기한의 표시에 관한 적용례 및 적용특례) ① 제15조제2호, 별표 1, 별표 3 및 별표 7의 개정규정 중 소비기한을 개정하는 부분은 이 규칙 시행 이후 제조·가공하거나 수입을 위하여 선적하는 경우부터 적용한다.

② 법률 제18445호 식품 등의 표시·광고에 관한 법률 부칙 제2조제2항에서 "총리령으로 정하는 품목"이란 「축산물 위생관리법」 제4조제2항에 따라 고시하는 축산물 가공기준 및 성분규격에 따른 우유류(냉장 보관하는 제품만 해당한다)를 말하며, 같은 항에서 "총리령으로 정하는 날"이란 2031년 1월 1일을 말한다.

제3조(부당한 표시 또는 광고행위의 금지에 관한 적용례) 제8조제1항의 개정규정은 같은 개정규정 시행 이후 제조·가공·소분하거나 수입을 위하여 선적하는 경우부터 적용한다.

시행령

제3조(다른 법령의 개정) ① 수입식품안전관리 특별법 시행령 일부를 다음과 같이 개정한다.

제13조제5호 및 제14조제1항제5호 중 "유통기한"을 각각 "소비기한"으로 한다.

② 식품안전기본법 시행령 일부를 다음과 같이 개정한다.

제15조제1항제3호 및 제16조제2항제3호 중 "유통기한"을 각각 "소비기한"으로 한다.

③ 식품위생법 시행령 일부를 다음과 같이 개정한다.

제21조제5호나목2) 단서 중 "유통기간"을 "소비기한"으로 한다.

제51조제1항제3호 중 "유통기한"을 "소비기한"으로 한다.

별표 2 제2호터목7)의 위반행위란 중 "유통기한"을 "소비기한"으로 한다.

④ 식품의약품안전처와 그 소속기관 직제 일부를 다음과 같이 개정한다.

제12조제3항제27호 중 "유통기한"을 "소비기한"으로 한다.

⑤ 영유아보육법 시행령 일부를 다음과 같이 개정한다.

별표 1의2 제2호나목 중 "유통기한"을 "소비기한"으로 한다.

⑥ 축산물 위생관리법 시행령 일부를 다음과 같이 개정한다.

제28조제1항 각 호 외의 부분 후단, 같은 항 제3호 및 같은 조 제2항제3호 중 "유통기한"을 각각 "소비기한"으로 한다.

시행규칙

제3조(다른 법령의 개정) ① 건강기능식품에 관한 법률 시행규칙 일부를 다음과 같이 개정한다.

제8조제1항제1호, 제9조제1항제3호 및 제29조의7제1호다목 중 "유통기한"을 각각 "소비기한"으로 한다.

별표 9 II 제7호가목 및 나목 중 "유통기한"을 각각 "소비기한"으로 한다.

별지 제15호서식 앞쪽 제품정보란 및 첨부서류란 제1호 중 "유통기한"을 각각 "소비기한"으로 한다.

별지 제17호서식 앞쪽 제1호 및 뒤쪽 제2호 유통기한란 중 "유통기한"을 각각 "소비기한"으로 한다.

별지 제18호서식 앞쪽 변경사항란 중 "유통기한"을 "소비기한"으로 한다.

별지 제27호의2서식 건강기능식품 내용란 중 "유통기한"을 "소비기한"으로 한다.

별지 제31호서식 중 "유통기한"을 "소비기한"으로 한다.

별지 제36호의2서식 앞쪽 중 "유통 기한"을 "소비기한"으로 하고, 같은 서식 뒤쪽 유의사항란 제2호 중 "유통기한"을 각각 "소비기한"으로 한다.

② 수입식품안전관리 특별법 시행규칙 일부를 다음과 같이 개정한다.

제27조제1항제4호, 제29조, 제33조제1항제3호 후단, 같은 조 제2항제2호·제3호, 제40조제2항, 제41조제1항제8호 및 같은 조 제2항 중 "유통기한"을 각각 "소비기한"으로 한다.

제4조(다른 법률의 개정) ① 가축 및 축산물 이력관리에 관한 법률 일부를 다음과 같이 개정한다.

제20조제2호 중 "유통기한"을 각각 "소비기한"으로 한다.

② 건강기능식품에 관한 법률 일부를 다음과 같이 개정한다.

제10조제1항제2호 및 제3호 중 "유통기한"을 각각 "소비기한"으로 한다.

③ 수입식품안전관리 특별법 일부를 다음과 같이 개정한다.

제20조제9항 전단 중 "유통기한"을 "소비기한"으로 한다.

④ 식품위생법 일부를 다음과 같이 개정한다.

제44조제1항제3호, 제49조의2제2항, 제49조의3제3항 및 제88조제2항제7호 중 "유통기한"을 각각 "소비기한"으로 한다.

⑤ 축산물 위생관리법 일부를 다음과 같이 개정한다.

제31조의4제1항 후단, 제31조의5제3항 및 제33조제1항제8호 중 "유통기한"을 각각 "소비기한"으로 한다.

⑥ 축산법 일부를 다음과 같이 개정한다.

제42조의4제3항 단서 중 "유통기한"을 "소비기한"으로 한다.

⑦ 친환경농어업 육성 및 유기식품 등의 관리·지원에 관한 법률 일부를 다음과 같이 개정한다.

제21조제3항 단서 중 "유통기한"을 "소비기한"으로 한다.

부칙 〈제1832호, 2022. 11. 28.〉

제1조(시행일) 이 규칙은 공포한 날부터 시행한다.

제2조(1일 영양성분 기준치 표시에 관한 경과조치) 식품등에 1일 영양성분 기준치 표시를 할 때에는 별표 5의 개정규정에도 불구하고 2023년 12월 31일까지는 종전의 규정에 따라 표시할 수 있다.

농수산물의 원산지 표시에 관한 법률

농수산물의 원산지 표시에 관한 법률 [법률 제1825호, 2021. 11. 30., 일부개정, 시행 2022. 1. 1.]

농수산물의 원산지 표시에 관한 법률 시행령 [대통령령 제32609호, 2022. 4. 27., 일부개정, 시행 2022. 4. 23.]

농수산물의 원산지 표시에 관한 법률 시행규칙 [해양수산부령 제524호, 2021. 12. 31. 일부개정, 시행 2022. 1. 1.] [농림축산식품부령 제511호, 2021. 12. 31. 일부개정, 시행 2022. 1. 1.]

장	조
1장 총칙	제1조 목적 제2조 정의 제3조 다른 법률과의 관계 제4조 농수산물의 원산지 표시의 심의
제2장 농수산물 및 농수산물 가공품의 원산지 표시 등	제5조 원산지 표시 제6조 거짓 표시 등의 금지 제6조의2 과징금 제7조 원산지 표시 등의 조사 제8조 영수증 등의 비치 제9조 원산지 표시 등의 위반에 대한 처분 등 제9조의2 원산지 표시 위반에 대한 교육 제10조 농수산물의 원산지 표시에 관한 정보제공
제2장의2 수입 농산물 및 농산물 가공품의 유통이력 관리	제10조의2(수입 농산물 등의 유통이력 관리) 제10조의3(유통이력관리수입농산물등의 사후관리)
제3장 보칙	제11조 명예감시원 제12조 포상금 지급 등 제13조 권한의 위임 및 위탁 제13조2 행정기관 등의 업무협조
제4장 벌칙	제14조 벌칙 제15조 삭제 제16조 벌칙 제16조의2 자수자에 대한 특례 제17조 양벌규정 제18조 과태료

제1장 | 총칙

제1조(목적) 이 법은 **농산물·수산물과 그 가공품 등에 대하여 적정하고 합리적인 원산지 표시와 유통이력 관리를 하도록 함으로써 공정한 거래를 유도하고 소비자의 알권리를 보장하여 생산자와 소비자를 보호**하는 것을 목적으로 한다.

시행규칙

제1조(목적) 이 규칙은 「농수산물의 원산지 표시 등에 관한 법률」 및 같은 법 시행령에서 위임된 사항과 그 시행에 필요한 사항을 규정함을 목적으로 한다. 〈개정 2021. 12. 31.〉

시행규칙

제1조의2(유통이력의 범위) 「농수산물의 원산지 표시 등에 관한 법률」(이하 "법"이라 한다) 제2조제4호의2에 따른 유통이력의 범위는 다음 각 호와 같다.

1. 양수자의 업체(상호)명·주소·성명(법인인 경우 대표자의 성명) 및 사업자등록번호(법인인 경우 법인등록번호)
2. 양도 물품의 명칭, 수량 및 중량
3. 양도일
4. 제1호부터 제3호까지 외의 사항으로서 농림축산식품부장관이 유통이력 관리에 필요하다고 인정하여 고시하는 사항

[본조신설 2021. 12. 31.]

제2조(정의) 이 법에서 사용하는 용어의 뜻은 다음과 같다. 〈개정 2021. 11. 30.〉

1. "**농산물**"이란 「농업·농촌 및 식품산업 기본법」 제3조제6호가목에 따른 농산물을 말한다.
2. "**수산물**"이란 「수산업·어촌 발전 기본법」 제3조제1호가목에 따른 어업활동 및 같은 호 마목에 따른 양식업활동으로부터 생산되는 산물을 말한다.
3. "**농수산물**"이란 농산물과 수산물을 말한다.
4. "**원산지"란 농산물이나 수산물이 생산·채취·포획된 국가·지역이나 해역**을 말한다.

4의2. "**유통이력"이란 수입 농산물 및 농산물 가공품에 대한 수입 이후부터 소비자 판매 이전까지의 유통단계별 거래명세**를 말하며, 그 구체적인 범위는 농림축산식품부

령으로 정한다.

5. "식품접객업"이란 「식품위생법」 제36조제1항제3호에 따른 식품접객업을 말한다.
6. "집단급식소"란 「식품위생법」 제2조제12호에 따른 집단급식소를 말한다.
7. "**통신판매**"란 「전자상거래 등에서의 소비자보호에 관한 법률」 제2조제2호에 따른 통신판매(같은 법 제2조제1호의 전자상거래로 판매되는 경우를 포함한다. 이하 같다) 중 대통령령으로 정하는 판매를 말한다.
8. 이 법에서 사용하는 용어의 뜻은 이 법에 특별한 규정이 있는 것을 제외하고는 「농수산물 품질관리법」, 「식품위생법」, 「대외무역법」이나 「축산물 위생관리법」에서 정하는 바에 따른다.

시행령

제2조(통신판매의 범위) 「농수산물의 원산지 표시 등에 관한 법률」(이하 "법"이라 한다) 제2조제7호에서 "대통령령으로 정하는 판매"란 「전자상거래 등에서의 소비자보호에 관한 법률」 제12조에 따라 신고한 통신판매업자의 판매(전단지를 이용한 판매는 제외한다) 또는 같은 법 제20조제2항에 따른 통신판매중개업자가 운영하는 사이버몰(컴퓨터 등과 정보통신설비를 이용하여 재화를 거래할 수 있도록 설정된 가상의 영업장을 말한다)을 이용한 판매를 말한다. 〈개정 2021. 12. 31.〉

제3조(다른 법률과의 관계) 이 법은 **농수산물 또는 그 가공품의 원산지 표시와 수입 농산물 및 농산물 가공품의 유통이력 관리에 대하여 다른 법률에 우선하여 적용**한다. 〈개정 2021. 11. 30.〉

제4조(농수산물의 원산지 표시의 심의) 이 법에 따른 **농산물·수산물 및 그 가공품 또는 조리하여 판매하는 쌀·김치류, 축산물**(「축산물 위생관리법」 제2조제2호에 따른 **축산물을 말한다. 이하 같다) 및 수산물 등의 원산지 표시 등에 관한 사항은 「농수산물 품질관리법」 제3조에 따른 농수산물품질관리심의회**(이하 "심의회"라 한다)에서 심의한다.

제2장 | 원산지 표시 등 〈개정 2021. 11. 30.〉

제5조(원산지 표시) ① 대통령령으로 정하는 **농수산물 또는 그 가공품을 수입하는 자, 생산·가공하여 출하하거나 판매(통신판매 포함)하는 자 또는 판매할 목적으로 보관·진열하는 자는 다음 각 호에 대하여 원산지를 표시**하여야 한다.

1. **농수산물**
2. **농수산물 가공품(국내에서 가공한 가공품은 제외한다)**
3. **농수산물 가공품(국내에서 가공한 가공품에 한정한다)의 원료**

과태료 시행령 **[별표 2] 과태료의 부과기준**(제10조 관련) 〈개정 2019. 6. 18〉

위반행위	근거 법조문	과태료 금액(단위: 만원)		
		1차 위반	2차 위반	3차 이상 위반
가. 법 제5조제1항을 위반하여 원산지 표시를 하지 않은 경우	법 제18조 제1항제1호	5만원 이상 1,000만원 이하		

② 다음 각 호의 어느 하나에 해당하는 때에는 제1항에 따라 원산지를 표시한 것으로 본다.

1. 「농수산물 품질관리법」 제5조 또는 「소금산업 진흥법」 제33조에 따른 **표준규격품의 표시를 한 경우**
2. 「농수산물 품질관리법」 제6조에 따른 **우수관리인증의 표시**, 같은 법 제14조에 따른 품질인증품의 표시 또는 「소금산업 진흥법」 제39조에 따른 **우수천일염인증의 표시를 한 경우**

2의2. 「소금산업 진흥법」 제40조에 따른 **천일염생산방식인증의 표시를 한 경우**

3. 「소금산업 진흥법」 제41조에 따른 **친환경천일염인증의 표시를 한 경우**
4. 「농수산물 품질관리법」 제24조에 따른 **이력추적관리의 표시를 한 경우**
5. 「농수산물 품질관리법」 제34조 또는 「소금산업 진흥법」 제38조에 따른 **지리적표시를 한 경우**

5의2. 「식품산업진흥법」 제22조의2 또는 「수산식품산업의 육성 및 지원에 관한 법률」 제30조에 따른 원산지인증의 표시를 한 경우

5의3. 「대외무역법」 제33조에 따라 수출입 농수산물이나 수출입 농수산물 가공품의 원산지를 표시한 경우

6. 다른 법률에 따라 농수산물의 원산지 또는 농수산물 가공품의 원료의 원산지를 표시한 경우

③ 식품접객업 및 집단급식소 중 대통령령으로 정하는 영업소나 집단급식소를 설치·운영하는 자는 다음 각 호의 어느 하나에 해당하는 경우에 그 농수산물이나 그 가공품의 원료에 대하여 원산지(쇠고기는 식육의 종류를 포함한다. 이하 같다)를 표시하여야 한다. 다만, 「식품산업진흥법」 제22조의2 또는 「수산식품산업의 육성 및 지원에 관한 법률」 제30조에 따른 원산지인증의 표시를 한 경우에는 원산지를 표시한 것으로 보며, 쇠고기의 경우에는 식육의 종류를 별도로 표시하여야 한다.

1. 대통령령으로 정하는 농수산물이나 그 가공품을 조리하여 판매·제공(배달을 통한 판매·제공을 포함한다)하는 경우
2. 제1호에 따른 농수산물이나 그 가공품을 조리하여 판매·제공할 목적으로 보관하거나 진열하는 경우

과태료 시행령 **[별표 2] 과태료의 부과기준**(제10조 관련) 〈개정 2019. 6. 18〉

위반행위	근거 법조문	과태료 금액(단위: 만원)		
		1차 위반	2차 위반	3차 이상 위반
나. 법 제5조제3항을 위반하여 원산지 표시를 하지 않은 경우	법 제18조 제1항제1호			
1) 삭제 〈2017. 5. 29.〉				
2) 쇠고기의 원산지를 표시하지 않은 경우		100만원	200만원	300만원
3) 쇠고기 식육의 종류만 표시하지 않은 경우		30만원	60만원	100만원
4) 돼지고기의 원산지를 표시하지 않은 경우		30만원	60만원	100만원
5) 닭고기의 원산지를 표시하지 않은 경우		30만원	60만원	100만원
6) 오리고기의 원산지를 표시하지 않은 경우		30만원	60만원	100만원
7) 양고기 또는 염소고기의 원산지를 표시하지 않은 경우		품목별 30만원	품목별 60만원	품목별 100만원
8) 쌀의 원산지를 표시하지 않은 경우		30만원	60만원	100만원
9) 배추 또는 고춧가루의 원산지를 표시하지 않은 경우		30만원	60만원	100만원
10) 콩의 원산지를 표시하지 않은 경우		30만원	60만원	100만원
11) 넙치, 조피볼락, 참돔, 미꾸라지, 뱀장어, 낙지, 명태, 고등어, 갈치, 오징어, 꽃게 및 참조기의 원산지를 표시하지 않은 경우		품목별 30만원	품목별 60만원	품목별 100만원
12) 살아있는 수산물의 원산지를 표시하지 않은 경우		5만원 이상 1,000만원 이하		

과태료 시행령 **[별표 2] 과태료의 부과기준_식품접객업을 하는 영업소 및 집단급식소**(제10조 관련) 〈개정 2019. 6. 18〉

위반행위	과태료 금액(단위: 만원)		
	1차 위반	2차 위반	3차 이상 위반
1) 삭제 〈2017. 5. 29.〉			
2) 쇠고기의 원산지 표시방법을 위반한 경우	25만원	100만원	150만원
3) 쇠고기 식육의 종류의 표시방법만 위반한 경우	15만원	30만원	50만원
4) 돼지고기의 원산지 표시방법을 위반한 경우	15만원	30만원	50만원
5) 닭고기의 원산지 표시방법을 위반한 경우	15만원	30만원	50만원
6) 오리고기의 원산지 표시방법을 위반한 경우	15만원	30만원	50만원
7) 양고기 또는 염소고기의 원산지 표시방법을 위반한 경우	품목별 15만원	품목별 30만원	품목별 50만원
8) 쌀의 원산지 표시방법을 위반한 경우	15만원	30만원	50만원
9) 배추 또는 고춧가루의 원산지 표시방법을 위반한 경우	15만원	30만원	50만원
10) 콩의 원산지 표시방법을 위반한 경우	15만원	30만원	50만원
11) 넙치, 조피볼락, 참돔, 미꾸라지, 뱀장어, 낙지, 명태, 고등어, 갈치, 오징어, 꽃게 및 참조기의 원산지 표시방법을 위반한 경우	품목별 15만원	품목별 30만원	품목별 50만원
12) 살아있는 수산물의 원산지 표시방법을 위반한 경우	제2호나목12) 및 제3호가목의 기준에 따른 부과금액의 100분의 50		

④ 제1항이나 제3항에 따른 표시대상, 표시를 하여야 할 자, 표시기준은 대통령령으로 정하고, 표시방법과 그 밖에 필요한 사항은 농림축산식품부와 해양수산부의 공동 부령으로 정한다.

과태료 시행령 **[별표 2] 과태료의 부과기준**(제10조 관련) 〈개정 2019. 6. 18〉

위반행위	근거 법조문	과태료 금액(단위: 만원)		
		1차 위반	2차 위반	3차 이상 위반
다. 법 제5조제4항에 따른 원산지의 표시방법을 위반한 경우	법 제18조 제1항제2호	5만원 이상 1,000만원 이하		

시행령

제3조(원산지의 표시대상) ① 법 제5조제1항 각 호 외의 부분에서 "**대통령령으로 정하는 농수산물 또는 그 가공품**"이란 다음 각 호의 농수산물 또는 그 가공품을 말한다.

1. **유통질서의 확립과 소비자의 올바른 선택을 위하여 필요하다고 인정하여 농림축산식품부장관과 해양수산부장관이 공동으로 고시한 농수산물 또는 그 가공품**
2. 「대외무역법」 제33조에 따라 산업통상자원부장관이 공고한 수입 농수산물 또는

그 가공품. 다만, 「대외무역법 시행령」 제56조제2항에 따라 원산지 표시를 생략할 수 있는 수입 농수산물 또는 그 가공품은 제외한다.

② 법 제5조제1항제3호에 따른 **농수산물 가공품의 원료에 대한 원산지 표시대상**은 다음 각 호와 같다. 다만, **물, 식품첨가물, 주정**(酒精) **및 당류**(당류를 주원료로 하여 가공한 당류가공품을 포함한다)는 **배합 비율의 순위와 표시대상에서 제외**한다.

1. 원료 배합 비율에 따른 표시대상
   가. 사용된 원료의 배합 비율에서 **한 가지 원료의 배합 비율이 98퍼센트 이상인 경우에는 그 원료**
   나. 사용된 원료의 배합 비율에서 **두 가지 원료의 배합 비율의 합이 98퍼센트 이상인 원료가 있는 경우에는 배합 비율이 높은 순서의 2순위까지의 원료**
   다. 가목 및 나목 외의 경우에는 **배합 비율이 높은 순서의 3순위까지의 원료**
   라. 가목부터 다목까지의 규정에도 불구하고 **김치류 및 절임류**(소금으로 절이는 절임류에 한정한다)**의 경우에는 다음의 구분에 따른 원료**
      1) **김치류 중 고춧가루**(고춧가루가 포함된 가공품을 사용하는 경우에는 그 가공품에 사용된 고춧가루를 포함한다. 이하 같다)**를 사용하는 품목은 고춧가루 및 소금을 제외한 원료 중 배합 비율이 가장 높은 순서의 2순위까지의 원료와 고춧가루 및 소금**
      2) **김치류 중 고춧가루를 사용하지 아니하는 품목은 소금을 제외한 원료 중 배합 비율이 가장 높은 순서의 2순위까지의 원료와 소금**
      3) **절임류는 소금을 제외한 원료 중 배합 비율이 가장 높은 순서의 2순위까지의 원료와 소금. 다만, 소금을 제외한 원료 중 한 가지 원료의 배합 비율이 98퍼센트 이상인 경우에는 그 원료와 소금으로 한다.**
2. 제1호에 따른 표시대상 원료로서 「식품 등의 표시·광고에 관한 법률」 제4조에 따른 식품등의 표시기준에서 정한 복합원재료를 사용한 경우에는 농림축산식품부장관과 해양수산부장관이 공동으로 정하여 고시하는 기준에 따른 원료

③ 제2항을 적용할 때 **원료**(가공품의 원료를 포함한다. 이하 이 항에서 같다) **농수산물의 명칭을 제품명 또는 제품명의 일부로 사용하는 경우에는 그 원료 농수산물이 같은 항에 따른 원산지 표시대상이 아니더라도 그 원료 농수산물의 원산지를 표시**해야 한다.

다만, 원료 농수산물이 다음 각 호의 어느 하나에 해당하는 경우에는 해당 원료 농수산물의 원산지 표시를 생략할 수 있다.

1. 제1항제1호에 따라 고시한 **원산지 표시대상에 해당하지 않는 경우**
2. 제2항 각 호 외의 부분 단서에 따른 **식품첨가물, 주정 및 당류(당류를 주원료로 하여 가공한 당류가공품을 포함한다)의 원료로 사용된 경우**
3. 「식품 등의 표시·광고에 관한 법률」 제4조의 **표시기준에 따라 원재료명 표시를 생략할 수 있는 경우**

④ 삭제 〈2015. 6. 1.〉

⑤ 법 제5조제3항에서 "대통령령으로 정하는 **농수산물이나 그 가공품을 조리하여 판매·제공하는 경우**"란 다음 각 호의 것을 조리하여 판매·제공하는 경우를 말한다. 이 경우 조리에는 날 것의 상태로 조리하는 것을 포함하며, 판매·제공에는 배달을 통한 판매·제공을 포함한다.

1. **쇠고기(식육·포장육·식육가공품을 포함**한다. 이하 같다)
2. **돼지고기(식육·포장육·식육가공품을 포함**한다. 이하 같다)
3. **닭고기(식육·포장육·식육가공품을 포함**한다. 이하 같다)
4. **오리고기(식육·포장육·식육가공품을 포함**한다. 이하 같다)
5. **양고기(식육·포장육·식육가공품을 포함**한다. 이하 같다)

5의2. **염소(유산양을 포함한다. 이하 같다)고기(식육·포장육·식육가공품을 포함**한다. 이하 같다)

6. **밥, 죽, 누룽지에 사용하는 쌀(쌀가공품을 포함하며, 쌀에는 찹쌀, 현미 및 찐쌀을 포함**한다. 이하 같다)
7. **배추김치(배추김치가공품을 포함한다)의 원료인 배추(얼갈이배추와 봄동배추를 포함**한다. 이하 같다)와 고춧가루

7의2. **두부류(가공두부, 유바는 제외한다), 콩비지, 콩국수에 사용하는 콩(콩가공품을 포함**한다. 이하 같다)

8. **넙치, 조피볼락, 참돔, 미꾸라지, 뱀장어, 낙지, 명태(황태, 북어 등 건조한 것은 제외한다. 이하 같다), 고등어, 갈치, 오징어, 꽃게, 참조기, 다랑어, 아귀 및 주꾸미(**해당 수산물가공품을 **포함**한다. 이하 같다)

9. **조리하여 판매·제공하기 위하여 수족관 등에 보관·진열하는 살아있는 수산물**

⑥ 제5항 각 호의 **원산지 표시대상 중 가공품에 대해서는 주원료를 표시**해야 한다. 이 경우 주원료 표시에 관한 세부기준에 대해서는 농림축산식품부장관과 해양수산부장관이 공동으로 정하여 고시한다.

⑦ **농수산물이나 그 가공품의 신뢰도를 높이기 위하여 필요한 경우에는 제1항부터 제3항까지, 제5항 및 제6항에 따른 표시대상이 아닌 농수산물과 그 가공품의 원료에 대해서도 그 원산지를 표시**할 수 있다. 이 경우 법 제5조제4항에 따른 표시기준과 표시방법을 준수하여야 한다.

시행령

제4조(원산지 표시를 하여야 할 자) 법 제5조제3항에서 "대통령령으로 정하는 영업소나 집단급식소를 설치·운영하는 자"란 「식품위생법 시행령」 제21조제8호가목의 **휴게음식점영업**, 같은 호 나목의 **일반음식점영업** 또는 같은 호 마목의 **위탁급식영업을 하는 영업소**나 같은 법 시행령 제2조의 **집단급식소를 설치·운영하는 자**를 말한다.

시행령

제5조(원산지의 표시기준) ① 법 제5조제4항에 따른 원산지의 표시기준은 별표 1과 같다.

② 생략

시행령 **[별표 1] 원산지의 표시기준**(제5조제1항 관련) 〈개정 2018. 12. 11.〉

1. **농수산물**

가. **국산 농수산물**

1) **국산 농산물: "국산"이나 "국내산"** 또는 그 농산물을 생산·채취·사육한 **지역의 시·도명이나 시·군·구명**을 표시한다.

2) **국산 수산물: "국산"이나 "국내산"** 또는 **"연근해산"으로 표시**한다. 다만, 양식 수산물이나 연안정착성 수산물 또는 내수면 수산물의 경우에는 해당 수산물을 생산·채취·양식·포획한 지역의 시·도명이나 시·군·구명을 표시할 수 있다.

나. **원양산 수산물**

1) 「원양산업발전법」 제6조제1항에 따라 원양어업의 허가를 받은 어선이 **해외수역에서 어획하여 국내에 반입한 수산물은 "원양산"으로 표시**하거나 "원양산" 표시와 함께 "태평양", "대서양", "인도양", "남빙양", "북빙양"의 **해역명을 표시**한다.

2) 1)에 따른 표시 외에 연안국 법령에 따라 별도로 표시하여야 하는 사항이 있는 경우에는 1)에 따른 표시와 함께 표시할 수 있다.

(계속)

다. **원산지가 다른 동일 품목을 혼합한 농수산물**

1) 국산 농수산물로서 그 생산 등을 한 지역이 각각 다른 동일 품목의 농수산물을 혼합한 경우에는 혼합 비율이 높은 순서로 3개 지역까지의 시·도명 또는 시·군·구명과 그 혼합 비율을 표시하거나 "국산", "국내산" 또는 "연근해산"으로 표시한다.

2) 동일 품목의 국산 농수산물과 국산 외의 농수산물을 혼합한 경우에는 **혼합비율이 높은 순서로 3개 국가**(지역, 해역 등)까지의 원산지와 그 혼합비율을 표시한다.

라. **2개 이상의 품목을 포장한 수산물**: 서로 다른 2개 이상의 품목을 용기에 담아 포장한 경우에는 혼합 **비율이 높은 2개까지의 품목**을 대상으로 가목2), 나목 및 제2호의 기준에 따라 표시한다.

2. 수입 농수산물과 그 가공품 및 반입 농수산물과 그 가공품

가. 수입 농수산물과 그 가공품(이하 "수입농수산물등"이라 한다)은 「대외무역법」에 따른 원산지를 표시한다.

나. 「남북교류협력에 관한 법률」에 따라 반입한 농수산물과 그 가공품(이하 "반입농수산물등"이라 한다)은 같은 법에 따른 원산지를 표시한다.

3. **농수산물 가공품(수입농수산물등 또는 반입농수산물등을 국내에서 가공한 것을 포함**한다)

가. 사용된 원료의 원산지를 제1호 및 제2호의 기준에 따라 표시한다.

나. 원산지가 다른 동일 원료를 혼합하여 사용한 경우에는 혼합 비율이 높은 순서로 2개 국가(지역, 해역 등)까지의 원료 원산지와 그 혼합 비율을 각각 표시한다.

다. 원산지가 다른 동일 원료의 원산지별 혼합 비율이 변경된 경우로서 그 어느 하나의 변경의 폭이 최대 15퍼센트 이하이면 종전의 원산지별 혼합 비율이 표시된 포장재를 혼합 비율이 변경된 날부터 1년의 범위에서 사용할 수 있다.

라. 사용된 원료(물, 식품첨가물, 주정 및 당류는 제외한다)의 원산지가 모두 국산일 경우에는 원산지를 일괄하여 "국산"이나 "국내산" 또는 "연근해산"으로 표시할 수 있다.

마. 원료의 수급 사정으로 인하여 원료의 원산지 또는 혼합 비율이 자주 변경되는 경우로서 다음의 어느 하나에 해당하는 경우에는 농림축산식품부장관과 해양수산부장관이 공동으로 정하여 고시하는 바에 따라 원료의 원산지와 혼합 비율을 표시할 수 있다.

1) 특정 원료의 원산지나 혼합 비율이 최근 3년 이내에 연평균 3개국(회) 이상 변경되거나 최근 1년 동안에 3개국(회) 이상 변경된 경우와 최초 생산일부터 1년 이내에 3개국 이상 원산지 변경이 예상되는 신제품인 경우

2) 원산지가 다른 동일 원료를 사용하는 경우

3) 정부가 농수산물 가공품의 원료로 공급하는 수입쌀을 사용하는 경우

4) 그 밖에 농림축산식품부장관과 해양수산부장관이 공동으로 필요하다고 인정하여 고시하는 경우

시행규칙

제3조(원산지의 표시방법) 「농수산물의 원산지 표시에 관한 법률」(이하 "법"이라 한다) 제5조제4항에 따른 원산지의 표시방법은 다음 각 호의 구분과 같다. 〈개정 2021. 12. 31.〉

1. 법 제5조제1항에 따라 원산지를 표시하여야 하는 경우: 영 제5조의 원산지의 표시기준에 따라 표시하되, 세부적인 표시방법은 별표 1부터 별표 3까지에 따를 것

[별표 1] 농수산물 등의 원산지 표시방법(제3조제1호 관련)

1. 적용대상

가. 영 별표 1 제1호에 따른 **농수산물**

나. 영 별표 1 제2호에 따른 **수입 농수산물과 그 가공품 및 반입 농수산물과 그 가공품**

2. 표시방법

가. **포장재에 원산지를 표시**할 수 있는 경우

1) 위치: 소비자가 쉽게 알아볼 수 있는 곳에 표시한다.

2) 문자: 한글로 하되, 필요한 경우에는 한글 옆에 한문 또는 영문 등으로 추가하여 표시할 수 있다.

3) 글자 크기(생략)

4) 글자색: 포장재의 바탕색 또는 내용물의 색깔과 다른 색깔로 선명하게 표시한다.

5) 그 밖의 사항(생략)

나. **포장재에 원산지를 표시하기 어려운 경우**(다목의 경우는 제외한다)

1) 푯말, 안내표시판, 일괄 안내표시판, 상품에 붙이는 스티커 등을 이용하여 다음의 기준에 따라 소비자가 쉽게 알아볼 수 있도록 표시한다. 다만, 원산지가 다른 동일 품목이 있는 경우에는 해당 품목의 원산지는 일괄 안내표시판에 표시하는 방법 외의 방법으로 표시하여야 한다.

가)~다) 생략

2) 문자: 한글로 하되, 필요한 경우에는 한글 옆에 한문 또는 영문 등으로 추가하여 표시할 수 있다.

3) 원산지를 표시하는 글자(일괄 안내표시판의 글자는 제외한다)의 크기는 제품의 명칭 또는 가격을 표시한 글자 크기의 1/2 이상으로 하되, 최소 12포인트 이상으로 한다.

다. **살아 있는 수산물의 경우**

1) 보관시설(수족관, 활어차량 등)에 원산지별로 섞이지 않도록 구획(동일 어종의 경우만 해당한다)하고, 푯말 또는 안내표시판 등으로 소비자가 쉽게 알아볼 수 있도록 표시한다.

2) 글자 크기는 30포인트 이상으로 하되, 원산지가 같은 경우에는 일괄하여 표시할 수 있다.

3) 문자는 한글로 하되, 필요한 경우에는 한글 옆에 한문 또는 영문 등으로 추가하여 표시할 수 있다.

[별표 2] 농수산물 가공품의 원산지 표시방법(제3조제1호 관련)

1. 적용대상: 영 별표 1 제3호에 따른 **농수산물 가공품**
2. 표시방법
   가. 포장재에 원산지를 표시할 수 있는 경우
      1) 위치: 「식품위생법」 제10조 및 「축산물 위생관리법」 제6조의 표시기준에 따른 원재료명 표시란에 추가하여 표시한다. 다만, 원재료명 표시란에 표시하기 어려운 경우에는 소비자가 쉽게 알아볼 수 있는 위치에 표시할 수 있다.
      2) 문자: 한글로 하되, 필요한 경우에는 한글 옆에 한문 또는 영문 등으로 추가하여 표시할 수 있다.
      가) 나) 생략
      다) 라) 삭제 〈2019. 9. 10.〉
      3) 글자 크기(생략)
      4) 글자색(생략)
      5) 그 밖의 사항(생략)
   나. 포장재에 원산지를 표시하기 어려운 경우: 별표 1 제2호나목을 준용하여 표시한다.

2. 법 제5조제3항에 따라 원산지를 표시하여야 하는 경우: 별표 3 및 별표 4에 따를 것

[별표 3] 통신판매의 경우 원산지 표시방법(제3조제1호 및 제2호 관련)

1. 일반적인 표시방법
   가. 표시는 한글로 하되, 필요한 경우에는 한글 옆에 한문 또는 영문 등으로 추가하여 표시할 수 있다. 다만, **매체 특성상 문자로 표시할 수 없는 경우에는 말로 표시**하여야 한다.
   나. **원산지를 표시할 때에는 소비자가 혼란을 일으키지 않도록 글자로 표시**할 경우에는 글자의 위치·크기 및 색깔은 쉽게 알아 볼 수 있어야 하고, 말로 표시할 경우에는 말의 속도 및 소리의 크기는 제품을 설명하는 것과 같아야 한다.
   다. 생략
2. 판매 매체에 대한 표시방법
   가. 전자매체 이용
      1) 글자로 표시할 수 있는 경우(인터넷, PC통신, 케이블TV, IPTV, TV 등)
      가) 표시 위치(생략)
      나) 표시 시기(생략)
      다) 글자 크기(생략)

(계속)

라) 글자색(생략)

2) 글자로 표시할 수 없는 경우(생략)

나. 인쇄매체 이용(신문, 잡지 등)

1) 표시 위치(생략)

2) 글자 크기(생략)

3) 글자색(생략)

3. 판매 제공 시의 표시방법

가.~다. 생략

[별표 4] 영업소 및 집단급식소의 원산지 표시방법(제3조제2호 관련)

1. 공통적 표시방법

가. **음식명 바로 옆이나 밑에 표시대상 원료인 농수산물명과 그 원산지를 표시한다.** 다만, 모든 음식에 사용된 특정 원료의 원산지가 같은 경우 그 원료에 대해서는 다음 예시와 같이 일괄하여 표시할 수 있다.

[예시] - 생략

나. **원산지의 글자 크기는 메뉴판이나 게시판 등에 적힌 음식명 글자 크기와 같거나 그 보다 커야 한다.**

다. 원산지가 다른 2개 이상의 동일 품목을 섞은 경우에는 섞음 비율이 높은 순서대로 표시한다.

- 생략

라. **쇠고기, 돼지고기, 닭고기, 오리고기, 넙치, 조피볼락 및 참돔 등을 섞은 경우 각각의 원산지를 표시**한다.

[예시] 햄버그스테이크(쇠고기: 국내산 한우, 돼지고기: 덴마크산),모듬회(넙치: 국내산, 조피볼락: 중국산, 참돔: 일본산), 갈낙탕(쇠고기: 미국산, 낙지: 중국산)

마. 원산지가 국내산(국산)인 경우에는 "국산" 이나 "국내산" 으로 표시하거나 해당 농수산물이 생산된 특별시·광역시·특별자치시·도·특별자치도명이나 시·군·자치구명으로 표시할 수 있다.

바. **농수산물 가공품을 사용한 경우에는 그 가공품에 사용된 원료의 원산지를 표시**하되, 다음 1) 및 2)에 따라 표시할 수 있다.

[예시] 부대찌개(햄(돼지고기: 국내산)), 샌드위치(햄(돼지고기: 독일산))

1) 외국에서 가공한 농수산물 가공품 완제품을 구입하여 사용한 경우에는 그 포장재에 적힌 원산지를 표시할 수 있다.

[예시] 소세지야채볶음(소세지: 미국산), 김치찌개(배추김치: 중국산)

(계속)

2) 국내에서 가공한 농수산물 가공품의 원료의 원산지가 영 별표 1 제3호마목에 따라 원료의 원산지가 자주 변경되어 "외국산"으로 표시된 경우에는 원료의 원산지를 "외국산"으로 표시할 수 있다.

[예시] 피자(햄(돼지고기: 외국산)), 두부(콩: 외국산)

3) 국내산 쇠고기의 식육가공품을 사용하는 경우에는 식육의 종류 표시를 생략할 수 있다.

[예시] 부대찌개(햄(돼지고기: 국내산)), 샌드위치(햄(돼지고기: 독일산))

사. 농수산물과 그 가공품을 조리하여 판매 또는 제공할 목적으로 냉장고 등에 보관·진열하는 경우에는 제품 포장재에 표시하거나 냉장고 등 보관장소 또는 보관용기별 앞면에 일괄하여 표시한다.

아. 삭제

자. 표시대상 농수산물이나 그 가공품을 조리하여 배달을 통하여 판매·제공하는 경우에는 해당 농수산물이나 그 가공품 원료의 원산지를 포장재에 표시한다. 다만, 포장재에 표시하기 어려운 경우에는 전단지, 스티커 또는 영수증 등에 표시할 수 있다.

2. 영업형태별 표시방법

가. **휴게음식점영업 및 일반음식점영업을 하는 영업소**

1) 원산지는 소비자가 쉽게 알아볼 수 있도록 업소 내의 모든 메뉴판 및 게시판(메뉴판과 게시판 중 어느 한 종류만 사용하는 경우에는 그 메뉴판 또는 게시판을 말한다)에 표시하여야 한다. 다만, 아래의 기준에 따라 제작한 원산지 표시판을 아래 2)에 따라 부착하는 경우에는 메뉴판 및 게시판에는 원산지 표시를 생략할 수 있다.

가) 표제로 "원산지 표시판"을 사용할 것

나) 표시판 크기는 가로 × 세로(또는 세로 × 가로) 29cm × 42cm 이상일 것

다) 글자 크기는 60포인트 이상(음식명은 30포인트 이상)일 것

라) 제3호의 원산지 표시대상별 표시방법에 따라 원산지를 표시할 것

마) 글자색은 바탕색과 다른 색으로 선명하게 표시

2) **원산지를 원산지 표시판에 표시할 때에는 업소 내에 부착되어 있는 가장 큰 게시판**(크기가 모두 같은 경우 소비자가 가장 잘 볼 수 있는 게시판 1곳)의 옆 또는 아래에 소비자가 잘 볼 수 있도록 원산지 표시판을 부착하여야 한다. 게시판을 사용하지 않는 업소의 경우에는 업소의 주 출입구 입장 후 정면에서 소비자가 잘 볼 수 있는 곳에 원산지 표시판을 부착 또는 게시하여야 한다.

3) 1) 및 2)에도 불구하고 취식(取食)장소가 벽(공간을 분리할 수 있는 칸막이 등을 포함한다)으로 구분된 경우 **취식장소별로 원산지가 표시된 게시판** 또는 **원산지 표시판을 부착**해야 한다. 다만, 부착이 어려울 경우 타 위치의 원산지 표시판 부착 여부에 상관없이 원산지 표시가 된 메뉴판을 반드시 제공하여야 한다.

(계속)

나. **위탁급식영업을 하는 영업소 및 집단급식소**

1) **식당이나 취식장소에 월간 메뉴표, 메뉴판, 게시판 또는 푯말 등을 사용**하여 소비자(이용자를 포함한다)가 원산지를 쉽게 확인할 수 있도록 표시하여야 한다.

2) **교육·보육시설 등 미성년자를 대상으로 하는 영업소 및 집단급식소의 경우**에는 1)에 따른 표시 외에 **원산지가 적힌 주간 또는 월간 메뉴표를 작성하여 가정통신**문(전자적 형태의 가정통신문을 포함한다)으로 알려주거나 **교육·보육시설 등의 인터넷 홈페이지에 추가로 공개**하여야 한다.

다. **장례식장, 예식장 또는 병원 등에 설치·운영되는 영업소나 집단급식소의 경우**에는 가목 및 나목에도 불구하고 소비자(취식자를 포함한다)가 쉽게 볼 수 있는 장소에 **푯말 또는 게시판** 등을 사용하여 표시할 수 있다.

3. 원산지 표시대상별 표시방법

가. 축산물의 원산지 표시방법: 축산물의 원산지는 국내산(국산)과 외국산으로 구분하고, 다음의 구분에 따라 표시한다.

1) **쇠고기**

가) 국내산(국산)의 경우 "국산"이나 "국내산"으로 표시하고, 식육의 종류를 한우, 젖소, 육우로 구분하여 표시한다. 다만, 수입한 소를 국내에서 6개월 이상 사육한 후 국내산(국산)으로 유통하는 경우에는 "국산"이나 "국내산"으로 표시하되, 괄호 안에 식육의 종류 및 출생국가명을 함께 표시한다.

[예시] 소갈비(쇠고기: 국내산 한우), 등심(쇠고기: 국내산 육우), 소갈비(쇠고기: 국내산 육우(출생국: 호주))

나) 외국산의 경우에는 해당 국가명을 표시한다.

[예시] 소갈비(쇠고기: 미국산)

2) **돼지고기, 닭고기, 오리고기 및 양고기(염소 등 산양 포함)**

가) 국내산(국산)의 경우 "국산"이나 "국내산"으로 표시한다. 다만, 수입한 돼지 또는 양을 국내에서 2개월 이상 사육한 후 국내산(국산)으로 유통하거나, 수입한 닭 또는 오리를 국내에서 1개월 이상 사육한 후 국내산(국산)으로 유통하는 경우에는 "국산"이나 "국내산"으로 표시하되, 괄호 안에 출생국가명을 함께 표시한다.

[예시] 삼겹살(돼지고기: 국내산), 삼계탕(닭고기: 국내산), 훈제오리(오리고기: 국내산), 삼겹살(돼지고기: 국내산(출생국: 덴마크)), 삼계탕(닭고기: 국내산(출생국: 프랑스)), 훈제오리(오리고기: 국내산(출생국: 중국))

나) 외국산의 경우 해당 국가명을 표시한다.

[예시] 삼겹살(돼지고기: 덴마크산), 염소탕(염소고기: 호주산), 삼계탕(닭고기: 중국산), 훈제오리(오리고기: 중국산)

(계속)

나. **쌀(찹쌀, 현미, 찐쌀을 포함한다. 이하 같다) 또는 그 가공품의 원산지 표시방법**: 쌀 또는 그 가공품의 원산지는 국내산(국산)과 외국산으로 구분하고, 다음의 구분에 따라 표시한다.

1) 국내산(국산)의 경우 "밥(쌀: 국내산)", "누룽지(쌀: 국내산)"로 표시한다.

2) 외국산의 경우 쌀을 생산한 해당 국가명을 표시한다.

[예시] 밥(쌀: 미국산), 죽(쌀: 중국산)

다. **배추김치의 원산지 표시방법**

1) 국내에서 배추김치를 조리하여 판매·제공하는 경우에는 "배추김치"로 표시하고, 그 옆에 괄호로 배추김치의 원료인 배추(절인 배추를 포함한다)의 원산지를 표시한다. 이 경우 고춧가루를 사용한 배추김치의 경우에는 고춧가루의 원산지를 함께 표시한다.

[예시] 배추김치(중국산)

라. **콩(콩 또는 그 가공품을 원료로 사용한 두부류·콩비지·콩국수)의 원산지 표시방법**: 두부류, 콩비지, 콩국수의 원료로 사용한 콩에 대하여 국내산(국산)과 외국산으로 구분하여 다음의 구분에 따라 표시한다.

1) 국내산(국산) 콩 또는 그 가공품을 원료로 사용한 경우 "국산"이나 "국내산"으로 표시한다.

[예시] 두부(콩: 국내산), 콩국수(콩: 국내산)

2) 외국산 콩 또는 그 가공품을 원료로 사용한 경우 해당 국가명을 표시한다.

[예시] 두부(콩: 중국산), 콩국수(콩: 미국산)

마. **넙치, 조피볼락, 참돔, 미꾸라지, 뱀장어, 낙지, 명태, 고등어, 갈치, 오징어, 꽃게 및 참조기의 원산지 표시방법**: 원산지는 국내산(국산), 원양산 및 외국산으로 구분하고, 다음의 구분에 따라 표시한다.

1) 국내산(국산)의 경우 "국산"이나 "국내산" 또는 "연근해산"으로 표시한다.

[예시] 넙치회(넙치: 국내산), 참돔회(참돔: 연근해산)

2) 원양산의 경우 "원양산" 또는 "원양산, 해역명"으로 한다.

[예시] 참돔구이(참돔: 원양산), 넙치매운탕(넙치: 원양산, 태평양산)

3) 외국산의 경우 해당 국가명을 표시한다.

[예시] 참돔회(참돔: 일본산), 뱀장어구이(뱀장어: 영국산)

바. 살아있는 수산물의 원산지 표시방법은 별표 1 제2호다목에 따른다.

제6조(거짓 표시 등의 금지) ① 누구든지 다음 각 호의 행위를 하여서는 아니 된다.

1. **원산지 표시를 거짓으로 하거나 이를 혼동하게 할 우려가 있는 표시를 하는 행위**
2. **원산지 표시를 혼동하게 할 목적으로 그 표시를 손상·변경하는 행위**
3. **원산지를 위장하여 판매하거나, 원산지 표시를 한 농수산물이나 그 가공품에 다른**

농수산물이나 가공품을 혼합하여 판매하거나 판매할 목적으로 보관이나 진열하는 행위

② 농수산물이나 그 가공품을 조리하여 판매·제공하는 자는 다음 각 호의 행위를 하여서는 아니 된다.

1. **원산지 표시를 거짓으로 하거나 이를 혼동하게 할 우려가 있는 표시를 하는 행위**
2. **원산지를 위장하여 조리·판매·제공하거나, 조리하여 판매·제공할 목적으로 농수산물이나 그 가공품의 원산지 표시를 손상·변경하여 보관·진열하는 행위**
3. **원산지 표시를 한 농수산물이나 그 가공품에 원산지가 다른 동일 농수산물이나 그 가공품을 혼합하여 조리·판매·제공하는 행위**

③ 제1항이나 제2항을 위반하여 원산지를 혼동하게 할 우려가 있는 표시 및 위장판매의 범위 등 필요한 사항은 농림축산식품부와 해양수산부의 공동 부령으로 정한다. 〈개정 2013. 3. 23.〉

④ 「유통산업발전법」 제2조제3호에 따른 **대규모점포를 개설한 자는 임대의 형태로 운영되는 점포**(이하 "임대점포"라 한다)의 임차인 등 운영자가 제1항 각 호 또는 제2항 각 호의 어느 하나에 해당하는 행위를 하도록 **방치하여서는 아니 된다**.

과태료 시행령 **[별표 2] 과태료의 부과기준**(제10조 관련) 〈개정 2019. 6. 18.〉

위반행위	근거 법조문	과태료 금액(단위: 만원)		
		1차 위반	2차 위반	3차 이상 위반
라. 법 제6조제4항을 위반하여 임대점포의 임차인 등 운영자가 같은 조 제1항 각 호 또는 제2항 각 호의 어느 하나에 해당하는 행위를 하는 것을 알았거나 알 수 있었음에도 방치한 경우	법 제18조 제1항제3호	100만원	200만원	400만원

⑤ 「방송법」 제9조제5항에 따른 승인을 받고 **상품소개와 판매에 관한 전문편성을 행하는 방송채널사용사업자**는 해당 방송채널 등에 물건 판매중개를 의뢰하는 자가 제1항 각 호 또는 제2항 각 호의 어느 하나에 해당하는 행위를 하도록 **방치하여서는 아니 된다**.

과태료 시행령 **[별표 2] 과태료의 부과기준**(제10조 관련) 〈개정 2019. 6. 18.〉

위반행위	근거 법조문	과태료 금액(단위: 만원)		
		1차 위반	2차 위반	3차 이상 위반
마. 법 제6조제5항을 위반하여 해당 방송채널 등에 물건 판매중개를 의뢰한 자가 같은 조 제1항 각 호 또는 제2항 각 호의 어느 하나에 해당하는 행위를 하는 것을 알았거나 알 수 있었음에도 방치한 경우	법 제18조 제1항제3호의2	100만원	200만원	400만원

시행규칙

제4조(원산지를 혼동하게 할 우려가 있는 표시 등) 법 제6조제3항에 따른 **원산지를 혼동하게 할 우려가 있는 표시 및 위장판매의 범위**는 별표 5와 같다.

[별표 5] **원산지를 혼동하게 할 우려가 있는 표시 및 위장판매의 범위**(제4조 관련)

1. **원산지를 혼동하게 할 우려가 있는 표시**
   가. **원산지 표시란에는 원산지를 바르게 표시하였으나 포장재·푯말·홍보물 등 다른 곳에 이와 유사한 표시를 하여 원산지를 오인하게 하는 표시** 등을 말한다.
   나. 가목에 따른 일반적인 예는 다음과 같으며 이와 유사한 사례 또는 그 밖의 방법으로 기망(欺罔)하여 판매하는 행위를 포함한다.
      1) **원산지 표시란에는 외국 국가명을 표시하고 인근에 설치된 현수막 등에는 "우리 농산물만 취급", "국산만 취급", "국내산 한우만 취급" 등의 표시·광고를 한 경우**
      2) **원산지 표시란에는 외국 국가명 또는 "국내산"으로 표시하고 포장재 앞면 등 소비자가 잘 보이는 위치에는 큰 글씨로 "국내생산", "경기특미" 등과 같이 국내 유명 특산물 생산지역명을 표시**한 경우
      3) 게시판 등에는 **"국산 김치만 사용합니다"로 일괄 표시하고 원산지 표시란에는 외국 국가명을 표시하는 경우**
      4) 원산지 표시란에는 여러 국가명을 표시하고 실제로는 그 중 **원료의 가격이 낮거나 소비자가 기피하는 국가산만을 판매하는 경우**
2. 원산지 위장판매의 범위
   가. **원산지 표시를 잘 보이지 않도록 하거나, 표시를 하지 않고 판매하면서 사실과 다르게 원산지를 알리는 행위** 등을 말한다.
   나. 가목에 따른 일반적인 예는 다음과 같으며 이와 유사한 사례 또는 그 밖의 방법으로 기망하여 판매하는 행위를 포함한다.

(계속)

1) 외국산과 국내산을 진열·판매하면서 외국 국가명 표시를 잘 보이지 않게 가리거나 대상 농수산물과 떨어진 위치에 표시하는 경우

2) 외국산의 원산지를 표시하지 않고 판매하면서 원산지가 어디냐고 물을 때 국내산 또는 원양산이라고 대답하는 경우

3) 진열장에는 국내산만 원산지를 표시하여 진열하고, 판매 시에는 냉장고에서 원산지 표시가 안 된 외국산을 꺼내 주는 경우

제6조의2(과징금) ① 농림축산식품부장관, 해양수산부장관, 관세청장, 특별시장·광역시장·특별자치시장·도지사·특별자치도지사(이하 "시·도지사"라 한다) 또는 시장·군수·구청장(자치구의 구청장을 말한다. 이하 같다)은 제6조제1항 또는 제2항을 2년 이내에 2회 이상 위반한 자에게 그 위반금액의 5배 이하에 해당하는 금액을 과징금으로 부과·징수할 수 있다. 이 경우 제6조제1항을 위반한 횟수와 같은 조 제2항을 위반한 횟수는 합산한다.

② 제1항에 따른 위반금액은 제6조제1항 또는 제2항을 위반한 농수산물이나 그 가공품의 판매금액으로서 각 위반행위별 판매금액을 모두 더한 금액을 말한다. 다만, 통관단계의 위반금액은 제6조제1항을 위반한 농수산물이나 그 가공품의 수입 신고 금액으로서 각 위반행위별 수입 신고 금액을 모두 더한 금액을 말한다.

③ 제1항에 따른 과징금 부과·징수의 세부기준, 절차, 그 밖에 필요한 사항은 대통령령으로 정한다.

④ 농림축산식품부장관, 해양수산부장관, 관세청장, 시·도지사 또는 시장·군수·구청장은 제1항에 따른 과징금을 내야 하는 자가 납부기한까지 내지 아니하면 국세 또는 지방세 체납처분의 예에 따라 징수한다.

시행령

제5조의2(과징금의 부과 및 징수) ① 법 제6조의2제1항에 따른 과징금의 부과기준은 별표 1의2와 같다.

② 농림축산식품부장관, 해양수산부장관, 관세청장 또는 특별시장·광역시장·특별자치시장·도지사·특별자치도지사(이하 "시·도지사"라 한다)나 시장·군수·구청장(자치구의 구청장을 말한다. 이하 같다)은 **법 제6조의2제1항에 따라 과징금을 부과하려면 그 위반행위의 종류와 과징금의 금액 등을 명시하여 과징금을 낼 것을 과징금 부과대상자에**

게 서면으로 알려야 한다. 〈개정 2021. 12. 31.〉

③ 제2항에 따라 **통보를 받은 자는 납부 통지일부터 30일 이내에 과징금을 농림축산식품부장관, 해양수산부장관, 관세청장, 시·도지사나 시장·군수·구청장이 정하는 수납기관에 내야 한다. 다만, 천재지변이나 그 밖의 부득이한 사유로 납부기한까지 과징금을 낼 수 없는 경우에는 그 사유가 없어진 날부터 7일 이내에 내야 한다.** 〈개정 2021. 12. 31.〉

④ 농림축산식품부장관, 해양수산부장관, 관세청장, 시·도지사나 시장·군수·구청장은 법 제6조의2제1항에 따라 과징금 부과처분을 받은 자가 다음 각 호의 어느 하나에 해당하는 사유로 **과징금의 전액을 한꺼번에 내기 어렵다고 인정되는 경우에는 그 납부기한을 연장하거나 분할 납부하게 할 수 있다. 이 경우 필요하다고 인정하는 때에는 담보를 제공하게 할 수 있다.** 〈신설 2021. 12. 31.〉

1. 재해 등으로 재산에 현저한 손실을 입은 경우
2. 경제 여건이나 사업 여건의 악화로 사업이 중대한 위기에 있는 경우
3. 과징금을 한꺼번에 내면 자금사정에 현저한 어려움이 예상되는 경우

⑤ 제4항에 따라 과징금의 납부기한의 연장 또는 분할 납부를 하려는 자는 그 납부기한의 5일 전까지 납부기한의 연장 또는 분할 납부의 사유를 증명하는 서류를 첨부하여 농림축산식품부장관, 해양수산부장관, 관세청장, 시·도지사나 시장·군수·구청장에게 신청해야 한다. 〈신설 2021. 12. 31.〉

⑥~⑩ 생략

시행령 **[별표 1의2] 과징금의 부과기준**(제5조의2제1항 관련)

1. 일반기준

가. **과징금 부과기준은 2년간 2회 이상 위반한 경우**에 적용한다. 이 경우 위반행위로 적발된 날부터 다시 위반행위로 적발된 날을 각각 기준으로 하여 위반횟수를 계산한다.

나. **2년간 2회 위반한 경우에는 각각의 위반행위에 따른 위반금액을 합산한 금액을 기준으로 과징금을 산정·부과**하고, 3회 이상 위반한 경우에는 해당 위반행위에 따른 위반금액을 기준으로 과징금을 산정·부과한다.

다. 법 제6조의2제2항에 따라 법 제6조제1항 위반 시 각 **위반행위에 의한 판매금액은 해당 농수산물이나 농수산물 가공품의 판매량에 판매가격**(해당 업소의 판매가격을 알 수 없는 경우에는 인근 2개 업소의 동일 품목 판매가격의 평균을 기준으로 한다. 다만, 평균가격을 산정할 수 없는 경우에는 해당 농수산물이나 농수산물 가공품의 매입가격에 30퍼센트를 가산한 금액을 기준으로 한다)을 곱한 금액으로 한다.

(계속)

라. 법 제6조의2제2항에 따라 법 제6조제2항 위반 시 각 위반행위에 의한 판매금액은 다음 1) 및 2)에 따라 산출한다.

1) [음식 판매가격×(음식에 사용된 원산지를 거짓표시한 해당 농수산물이나 그 가공품의 원가 / 음식에 사용된 총 원료 원가)]×해당 음식의 판매인분 수

2) 1)에 따른 판매금액 산출이 곤란할 경우, 원산지를 거짓표시한 해당 농수산물이나 그 가공품(음식에 사용되어 판매한 것에 한정한다)의 매입가격에 3배를 곱한 금액으로 한다.

마. **통관 단계의 수입 농수산물과 그 가공품**(이하 "수입농수산물등"이라 한다) 및 **반입 농수산물과 그 가공품**(이하 "반입농수산물등"이라 한다)의 **위반금액은 세관 수입신고 금액**으로 한다.

2. 세부 산출기준

가. 통관 단계의 수입농수산물등 및 반입농수산물등의 경우에는 위반 수입농수산물등 및 반입농수산물등의 세관 수입신고 금액의 100분의 10 또는 3억원 중 적은 금액

나. 가목을 제외한 농수산물 및 그 가공품(통관 단계 이후의 수입농수산물등 및 반입농수산물등을 포함한다)(과징금 생략)

제7조(원산지 표시 등의 조사) ① 농림축산식품부장관, 해양수산부장관, 관세청장이나 시·도지사는 제5조에 따른 원산지의 표시 여부·표시사항과 표시방법 등의 적정성을 확인하기 위하여 대통령령으로 정하는 바에 따라 관계 공무원으로 하여금 원산지 표시대상 농수산물이나 그 가공품을 수거하거나 조사하게 하여야 한다. 이 경우 관세청장의 수거 또는 조사 업무는 제5조제1항의 원산지 표시 대상 중 수입하는 농수산물이나 농수산물 가공품(국내에서 가공한 가공품은 제외한다)에 한정한다.

② 제1항에 따른 조사 시 필요한 경우 해당 영업장, 보관창고, 사무실 등에 출입하여 농수산물이나 그 가공품 등에 대하여 확인·조사 등을 할 수 있으며 영업과 관련된 장부나 서류의 열람을 할 수 있다.

③~⑦ 생략

과태료 시행령 **[별표 2] 과태료의 부과기준**(제10조 관련)

위반행위	근거 법조문	과태료 금액(단위: 만원)		
		1차 위반	2차 위반	3차 이상 위반
바. 법 제7조제3항을 위반하여 수거·조사·열람을 거부·방해하거나 기피한 경우	법 제18조 제1항제4호	100만원	300만원	500만원

시행령

제6조(원산지 표시 등의 조사) ① 농림축산식품부장관과 해양수산부장관은 법 제7조제1항에 따라 수거한 시료의 원산지를 판정하기 위하여 필요한 경우에는 검정기관을 지정·고시할 수 있다.

②③ 생략

시행령

제6조의2(원산지통합관리시스템 등의 구축·운영) ① 농림축산식품부장관과 해양수산부장관은 법 제7조제1항에 따른 **원산지 조사 업무의 효율적인 운영을 위하여 원산지 표시 조사자료를 통합관리하는 시스템(이하 "원산지통합관리시스템"이라 한다)을 구축·운영할 수 있다.**

②③ 생략

[제목개정 2021. 12. 31.]

시행규칙

제5조(증표) 법 제7조제4항에 따른 관계 공무원의 권한을 표시하는 증표는 별지 제2호서식에 따른다.

제8조(영수증 등의 비치) 제5조제3항에 따라 **원산지를 표시하여야 하는 자**는 「축산물 위생관리법」 제31조나 「가축 및 축산물 이력관리에 관한 법률」 제18조 등 다른 법률에 따라 **발급받은 원산지 등이 기재된 영수증이나 거래명세서 등을 매입일부터 6개월간 비치·보관**하여야 한다.

과태료 시행령 **[별표 2] 과태료의 부과기준**(제10조 관련) 〈개정 2019. 6. 18〉

위반행위	근거 법조문	과태료 금액(단위: 만원)		
		1차 위반	2차 위반	3차 이상 위반
사. 법 제8조를 위반하여 영수증이나 거래명세서 등을 비치·보관하지 않은 경우	법 제18조 제1항제5호	20만원	40만원	80만원

제9조(원산지 표시 등의 위반에 대한 처분 등) ① 농림축산식품부장관, 해양수산부장관, 관세청장 또는 시·도지사는 제5조나 제6조를 위반한 자에 대하여 다음 각 호의 처분을

할 수 있다. 다만, 제5조제3항을 위반한 자에 대한 처분은 제1호에 한정한다.

1. 표시의 이행·변경·삭제 등 시정명령

2. 위반 농수산물이나 그 가공품의 판매 등 거래행위 금지

② 농림축산식품부장관, 해양수산부장관, 관세청장, 시·도지사 또는 시장·군수·구청장은 다음 각 호의 자가 제5조를 위반하여 2년 이내에 2회 이상 원산지를 표시하지 아니하거나, 제6조를 위반함에 따라 제1항에 따른 처분이 확정된 경우 처분과 관련된 사항을 공표하여야 한다. 다만, 농림축산식품부장관이나 해양수산부장관이 심의회의 심의를 거쳐 공표의 실효성이 없다고 인정하는 경우에는 처분과 관련된 사항을 공표하지 아니할 수 있다.

1. 2 생략

③~⑤ 생략

시행령

제7조(원산지 표시 등의 위반에 대한 처분 및 공표) ① 법 제9조제1항에 따른 처분은 다음 각 호의 구분에 따라 한다.

1.~3. 생략

②~⑤ 생략

제9조의2(원산지 표시 위반에 대한 교육) ① 농림축산식품부장관, 해양수산부장관, 관세청장, 시·도지사 또는 시장·군수·구청장은 제9조제2항 각 호의 자가 제5조 또는 제6조를 위반하여 제9조제1항에 따른 처분이 확정된 경우에는 농수산물 원산지 표시제도 교육을 이수하도록 명하여야 한다.

② 제1항에 따른 이수명령의 이행기간은 교육 이수명령을 통지받은 날부터 최대 4개월 이내로 정한다.

③ ④ 생략

과태료 시행령 **[별표 2] 과태료의 부과기준**(제10조 관련)

위반행위	근거 법조문	과태료 금액(단위: 만원)		
		1차 위반	2차 위반	3차 이상 위반
아. 법 제9조의2제1항에 따른 교육을 이수하지 않은 경우	법 제18조 제2항	30만원	60만원	100만원

시행령

제7조의2(농수산물 원산지 표시제도 교육) ① 법 제9조의2제1항에 따른 농수산물 원산지 표시제도 교육(이하 이 조에서 "원산지 교육"이라 한다)은 다음 각 호의 내용을 포함하여야 한다.

1.~4. 생략

②~⑥ 생략

시행령

제7조의3(유통이력관리수입농수산물 등의 사후관리) 농림축산식품부장관은 법 제10조의3에 따라 유통이력관리수입농산물등을 수거·조사하거나 영업과 관련된 장부나 서류를 열람하려는 경우에는 매년 업종, 규모와 거래 형태 등을 고려하여 사후관리 계획을 수립하고 그에 따라 수거·조사 또는 열람을 실시해야 한다.

[본조신설 2021. 12. 31.]

시행규칙

제6조(농수산물 원산지 표시제도 교육 등) 생략

제10조(농수산물의 원산지 표시에 관한 정보제공) ① 농림축산식품부장관 또는 해양수산부장관은 **농수산물의 원산지 표시와 관련된 정보 중 방사성물질이 유출된 국가 또는 지역 등 국민이 알아야 할 필요가 있다고 인정되는 정보**에 대하여는 「공공기관의 정보공개에 관한 법률」에서 허용하는 범위에서 이를 국민에게 **제공**하도록 노력하여야 한다.

② ③ 생략

제2장의2 수입 농산물 및 농산물 가공품의 유통이력 관리 〈신설 2021. 11. 30.〉

제10조의2(수입 농산물 등의 유통이력 관리) ① **농산물 및 농산물 가공품**(이하 "농산물등"이라 한다)을 **수입하는 자와 수입 농산물등을 거래하는 자**(소비자에 대한 판매를 주된 영업으로 하는 사업자는 제외한다)는 **공정거래 또는 국민보건을 해칠 우려가 있는 것으로서 농림축산식품부장관이 지정하여 고시하는 농산물등**(이하 "유통이력관리수입농산물등"이라 한다)**에 대한 유통이력을 농림축산식품부장관에게 신고하여야 한다.**

② 제1항에 따른 **유통이력 신고의무가 있는 자**(이하 "유통이력신고의무자"라 한다)는 **유통이력을 장부에 기록**(전자적 기록방식을 포함한다)**하고, 그 자료를 거래일부터 1년간 보관**하여야 한다.

③ 유통이력신고의무자가 유통이력관리수입농산물등을 양도하는 경우에는 이를 양수하는 자에게 제1항에 따른 유통이력 신고의무가 있음을 농림축산식품부령으로 정하는 바에 따라 알려주어야 한다.

④ 농림축산식품부장관은 유통이력관리수입농산물등을 지정하거나 유통이력의 범위 등을 정하는 경우에는 수입 농산물등을 국내 농산물등에 비하여 부당하게 차별하여서는 아니 되며, 이를 이행하는 유통이력신고의무자의 부담이 최소화되도록 하여야 한다.

⑤ 제1항부터 제4항까지에서 규정한 사항 외에 유통이력 신고의 절차 등에 관하여 필요한 사항은 농림축산식품부령으로 정한다.

[본조신설 2021. 11. 30.]

시행규칙

제6조의2(수입 농산물 등의 유통이력 신고 절차 등) ① 법 제10조의2제1항에 따른 유통이력 신고는 법 제10조의2제1항에 따른 유통이력관리수입농산물등의 양도일부터 5일 이내에 영 제6조의2제2항에 따른 수입농산물등유통이력관리시스템에 접속하여 제1조의2 각 호의 사항을 입력하는 방식으로 해야 한다.

② 법 제10조의2제3항에 따라 유통이력 신고의무가 있음을 알리는 것은 거래명세서 등 서면(전자문서를 포함한다)에 명시하는 방법으로 해야 한다.

③ 제1항 및 제2항에서 규정한 사항 외에 유통이력의 신고 방법 등에 관하여 필요한 세부 사항은 농림축산식품부장관이 정하여 고시한다.

[본조신설 2021. 12. 31.]

제10조의3(유통이력관리수입농산물등의 사후관리) ① 농림축산식품부장관은 제10조의2에 따른 유통이력 신고의무의 이행 여부를 확인하기 위하여 필요한 경우에는 관계 공무원으로 하여금 유통이력신고의무자의 사업장 등에 출입하여 유통이력관리수입농산물등을 수거 또는 조사하거나 영업과 관련된 장부나 서류를 열람하게 할 수 있다.

② 유통이력신고의무자는 정당한 사유 없이 제1항에 따른 수거·조사 또는 열람을 거부·방해 또는 기피하여서는 아니 된다.

③ 제1항에 따라 수거·조사 또는 열람을 하는 관계 공무원은 그 권한을 표시하는 증표를 지니고 이를 관계인에게 내보여야 하며, 출입할 때에는 성명, 출입시간, 출입목적 등이 표시된 문서를 관계인에게 내주어야 한다.

④ 제1항부터 제3항까지에서 규정한 사항 외에 유통이력관리수입농산물등의 수거·조사 또는 열람 등에 필요한 사항은 대통령령으로 정한다.

[본조신설 2021. 11. 30.]

제3장 | 보칙

제11조(명예감시원) ① 농림축산식품부장관, 해양수산부장관, 시·도지사 또는 시장·군수·구청장은 「농수산물 품질관리법」 제104조의 농수산물 명예감시원에게 농수산물이나 그 가공품의 원산지 표시를 지도·홍보·계몽하거나 위반사항을 신고하게 할 수 있다.

② 생략

제12조(포상금 지급 등) ① 농림축산식품부장관, 해양수산부장관, 관세청장 또는 시·도지사는 제5조 및 제6조를 위반한 자를 **주무관청이나 수사기관에 신고하거나 고발한 자**에 대하여 대통령령으로 정하는 바에 따라 예산의 범위에서 **포상금을 지급**할 수 있다.

②③ 생략

시행령

제8조(포상금) 생략

시행규칙

제7조(원산지 표시 우수사례에 대한 시상 등) 생략

제13조(권한의 위임 및 위탁) 생략

제13조의2(행정기관 등의 업무협조) 생략

시행령

제9조(권한의 위임) 생략

시행령

제9조의2(고유식별정보의 처리) 생략

시행령

제9조의3(행정기관 등의업무 협조 절차) 생략

시행령

제9조의4(규제의 재검토) 농림축산식품부장관 및 해양수산부장관은 제3조에 따른 원산지의 표시대상에 대하여 2022년 1월 1일을 기준으로 3년마다(매 3년이 되는 해의 1월 1일 전까지를 말한다) 그 타당성을 검토하여 개선 등의 조치를 해야 한다.

[본조신설 2022. 3. 8.]

시행령

제10조(과태료의 부과기준) 생략

제4장 | 벌칙

제14조(벌칙) 생략

제15조 삭제

제16조(벌칙) 생략

제16조의2(자수자에 대한 특례) 제6조제1항 또는 제2항을 위반한 자가 자신의 위반사실을 자수한 때에는 그 형을 감경하거나 면제한다. 이 경우 제7조에 따라 조사권한을 가진 자 또는 수사기관에 자신의 위반사실을 스스로 신고한 때를 자수한 때로 본다.

제17조(양벌규정) 법인의 대표자나 법인 또는 개인의 대리인, 사용인, 그 밖의 종업원이 그 법인 또는 개인의 업무에 관하여 제14조부터 제16조까지의 어느 하나에 해당하는 위반행위를 하면 그 행위자를 벌하는 외에 그 법인이나 개인에게도 해당 조문의 벌금형을 과(科)한다. 다만, 법인 또는 개인이 그 위반행위를 방지하기 위하여 해당 업무에 관하여 상당한 주의와 감독을 게을리하지 아니한 경우에는 그러하지 아니하다.

제18조(과태료) ① 다음 각 호의 어느 하나에 해당하는 자에게는 1천만원 이하의 과태료를 부과한다.

1.~6. 생략

②③ 생략

시행령

제10조(과태료의 부과기준) 법 제18조제1항 및 제2항에 따른 과태료의 부과기준은 별표 2와 같다.

시행령 **[별표 2] 과태료의 부과기준**(제10조 관련)

1. 일반기준

가. **위반행위의 횟수에 따른 과태료의 기준은 최근 1년간 같은 유형**(제2호 각목을 기준으로 구분한다)의 **위반행위로 과태료 부과처분을 받은 경우에 적용**한다. 이 경우 위반행위에 대하여 과태료 부과처분을 한 날과 다시 같은 유형의 위반행위를 적발한 날을 각각 기준으로 하여 위반횟수를 계산한다.

나. 부과권자는 다음의 어느 하나에 해당하는 경우에 제2호에 따른 과태료 금액을 100분의 50의 범위에서 감경할 수 있다. 다만 과태료를 체납하고 있는 위반행위자의 경우에는 그러하지 아니하다.

1) 위반행위자가 「질서위반행위규제법 시행령」 제2조의2제1항 각 호의 어느 하나에 해당하는 경우

2) 위반행위자가 자연재해·화재 등으로 재산에 현저한 손실이 발생했거나 사업여건의 악화로 중대한 위기에 처하는 등의 사정이 있는 경우

3) 그 밖에 위반행위의 정도, 위반행위의 동기와 그 결과 등을 고려하여 과태료를 감경할 필요가 있다고 인정되는 경우

2. 개별기준 - 해당사항 개별 표시

3. 제2호가목 및 나목12)의 원산지 표시를 하지 않은 경우의 세부 부과기준

가. 나. 생략

1) 가공업자

기준액(연간 매출액)	과태료 부과금액(만원)		
	1차 위반	2차 위반	3차 위반
1억원 미만	20	30	60
1억원 이상 2억원 미만	30	50	100
2억원 이상 4억원 미만	50	100	200
4억원 이상 6억원 미만	100	200	400
6억원 이상 8억원 미만	150	300	600
8억원 이상 10억원 미만	200	400	800
10억원 이상 12억원 미만	250	500	1,000
12억원 이상 14억원 미만	400	600	1,000
14억원 이상 16억원 미만	500	700	1,000
16억원 이상 18억원 미만	600	800	1,000
18억원 이상 20억원 미만	700	900	1,000
20억원 이상	800	1,000	1,000

(계속)

가) 연간 매출액은 처분 전년도의 해당 품목의 1년간 매출액을 기준으로 한다.

나) 신규영업·휴업 등 부득이한 사유로 처분 전년도의 1년간 매출액을 산출할 수 없거나 1년간 매출액을 기준으로 하는 것이 불합리한 것으로 인정되는 경우에는 전분기, 전월 또는 최근 1일 평균 매출액 중 가장 합리적인 기준에 따라 연간 매출액을 추계하여 산정한다.

다) 1개 업소에서 2개 품목 이상이 동시에 적발된 경우에는 각 품목의 연간 매출액을 합산한 금액을 기준으로 부과한다.

2) 판매업자: 가목의 기준을 준용하여 부과한다.

다. 통관 단계의 수입농수산물등 및 반입농수산물등

1) 과태료 부과금액은 수입농수산물등 및 반입농수산물등의 세관 수입신고 금액의 100분의 10에 해당하는 금액으로 한다.

2) 과태료 부과금액의 최소단위는 5만원으로 하고, 5만원 이상은 천원 미만을 버리고 부과하되 부과되는 총액은 1천만원을 초과할 수 없다.

라. 통신판매: 나목1)의 기준을 준용하여 부과한다.

4. 제2호다목의 원산지의 표시방법을 위반한 경우의 세부 부과기준

가. 농수산물(통관 단계 이후의 수입농수산물등 및 반입농수산물등을 포함하며, 통신판매의 경우와 식품접객업을 하는 영업소 및 집단급식소에서 조리하여 판매·제공하는 경우는 제외한다)

1) 제3호가목의 기준에 따른 과태료 부과금액의 100분의 50을 부과한다.

2) 과태료 부과금액의 최소단위는 5만원으로 하고, 5만원 이상은 천원 미만을 버리고 부과한다.

나. 농수산물 가공품(통관 단계 이후의 수입농수산물등 또는 반입농수산물등을 국내에서 가공한 것을 포함하며, 통신판매의 경우는 제외한다)

1) 제3호나목의 기준에 따른 과태료 부과금액의 100분의 50을 부과한다.

2) 과태료 부과금액의 최소단위는 5만원으로 하고, 5만원 이상은 천원 미만을 버리고 부과한다.

다. 통관 단계의 수입농수산물등 및 반입농수산물등

1) 과태료 부과금액은 제3호다목의 기준에 따른 과태료 부과금액의 100분의 50에 해당하는 금액으로 한다.

2) 과태료 부과금액의 최소단위는 5만원으로 하고, 5만원 이상은 천원 미만을 버리고 부과한다.

라. 통신판매

1) 제3호라목의 기준에 따른 과태료 부과금액의 100분의 50을 부과한다.

2) 과태료 부과금액의 최소단위는 5만원으로 하고, 5만원 이상은 천원 미만은 버리고 부과한다.

(계속)

마. 식품접객업을 하는 영업소 및 집단급식소

기준액(연간 매출액)	과태료 부과금액(만원)		
	1차 위반	2차 위반	3차 위반
1) 삭제 〈2017. 5. 29.〉			
2) 쇠고기의 원산지 표시방법을 위반한 경우	25만원	100만원	150만원
3) 쇠고기 식육의 종류의 표시방법만 위반한 경우	15만원	30만원	50만원
4) 돼지고기의 원산지 표시방법을 위반한 경우	15만원	30만원	50만원
5) 닭고기의 원산지 표시방법을 위반한 경우	15만원	30만원	50만원
6) 오리고기의 원산지 표시방법을 위반한 경우	15만원	30만원	50만원
7) 양고기 또는 염소고기의 원산지 표시방법을 위반한 경우	품목별 15만원	품목별 30만원	품목별 50만원
8) 쌀의 원산지 표시방법을 위반한 경우	15만원	30만원	50만원
9) 배추 또는 고춧가루의 원산지 표시방법을 위반한 경우	15만원	30만원	50만원
10) 콩의 원산지 표시방법을 위반한 경우	15만원	30만원	50만원
11) 넙치, 조피볼락, 참돔, 미꾸라지, 뱀장어, 낙지, 명태, 고등어, 갈치, 오징어, 꽃게 및 참조기의 원산지 표시방법을 위반한 경우	품목별 15만원	품목별 30만원	품목별 50만원
12) 살아있는 수산물의 원산지 표시방법을 위반한 경우	제2호나목12) 및 제3호가목의 기준에 따른 부과금액의 100분의 50		

부칙 법〈제18525호, 2021. 11. 30.〉

부칙 시행령〈제32609호, 2022. 4. 27.〉

부칙 시행규칙〈제511호, 2021. 12. 31.〉

제1조(시행일) 이 법은 2022년 1월 1일부터 시행한다.

제2조(유통이력 신고에 관한 적용례) 제10조의2의 개정규정에 따른 유통이력 신고는 이 법 시행 이후 수입신고를 하는 분부터 적용한다.

제3조(유통이력 신고 등에 관한 경과조치) 이 법 시행 전에 「관세법」에 따라 관세청장이 행한 유통이력 신고물품의 지정 및 그 밖의 행위와 관세청장에 대하여 행한 유통이력 신고 및 그 밖의 행위는 그에 해당하는 이 법에 따라 행한 농림축산식품부장관의 행위 또는 농림축산식품부장관에 대한 행위로 본다.

제4조(다른 법률의 개정) ①~⑨ 생략

제5조(다른 법령과의 관계) 이 법 시행 당시 다른 법령에서 종전의 「농수산물의 원산지 표시에 관한 법률」 또는 그 규정을 인용한 경우 이 법 중 그에 해당하는 규정이 있는 때

에는 종전의 「농수산물의 원산지 표시에 관한 법률」 또는 그 규정을 갈음하여 이 법 또는 이 법의 해당 규정을 인용한 것으로 본다.

06

공중위생관리법

공중위생관리법 [개정 2016. 12. 17., 법률 제19444호, 2023. 6. 13., 일부개정]

공중위생관리법 시행령 [개정 2016. 8. 2., 대통령령 제30744호, 2020. 6. 2., 일부개정]

공중위생관리법 시행규칙 [개정 2016. 8. 4., 보건복지부령 제890호, 2022. 6. 22., 일부개정]

공중위생관리법	제1조 목적 제2조 정의 제3조 공중위생영업의 신고 및 폐업신고 제3조의2 공중위생영업의 승계 (생략) 제4조 공중위생영업자의 위생관리의무 등 제5조 공중위생영업자의 불법카메라 설치 금지 (생략) 제6조 이용사 및 미용사의 면허 등 제6조의2 위생사의 면허 등 제7조 이용사 및 미용사의 면허취소 등 (생략) 제7조의2 위생사 면허의 취소 등 제8조 이용사 및 미용사의 업무범위 등 (생략) 제8조의2 위생사의 업무범위 제9조 보고 및 출입·검사 (생략) 제9조의2 영업의 제한 (생략) 제10조 위생지도 및 개선명령 (생략) 제11조 공중위생영업소의 폐쇄 등 (생략) 제11조의2 과징금처분 (생략) 제11조의3 행정제재처분효과의 승계 (생략) 제11조의4 같은 종류의 영업 금지 (생략)	제11조의5 이용업소 표시 등의 사용제한 (생략) 제11조의6 위반사실 공표 (생략) 제12조 청문 제13조 위생서비스수준의 평가 제14조 위생관리등급 공표 등 (생략) 제15조 공중위생감시원 제15조의2 명예공중위생감시원 (생략) 제16조 공중위생 영업자단체의 설립 (생략) 제17조 위생교육 제18조 위임 및 위탁 (생략) 제19조 국고보조 (생략) 제19조의2 수수료 (생략) 제19조의3 같은 명칭의 사용금지 제19조의4 벌칙 적용에서 공무원 의제 (생략) 제20조 벌칙 제21조 양벌규정 (생략) 제22조 과태료 제23조 삭제

제1조(목적) 이 법은 공중이 이용하는 영업의 위생관리등에 관한 사항을 규정함으로써 **위생수준을 향상**시켜 **국민의 건강증진**에 기여함을 목적으로 한다. 〈개정 2016. 2. 3.〉

제2조(정의) ① 이 법에서 사용하는 용어의 정의는 다음과 같다. 〈개정 2019. 12. 3.〉

1. "공중위생영업"이라 함은 다수인을 대상으로 위생관리서비스를 제공하는 영업으로서 **숙박업·목욕장업·이용업·미용업·세탁업·건물위생관리업**을 말한다.
2. "숙박업"이라 함은 손님이 잠을 자고 머물 수 있도록 시설 및 설비등의 서비스를 제공하는 영업을 말한다. 다만, 농어촌에 소재하는 민박등 대통령령이 정하는 경우를 제외한다.
3. "목욕장업"이라 함은 다음 각목의 어느 하나에 해당하는 서비스를 손님에게 제공하는 영업을 말한다. 다만, 숙박업 영업소에 부설된 욕실 등 대통령령이 정하는 경우를 제외한다.
   가. 물로 목욕을 할 수 있는 시설 및 설비 등의 서비스
   나. 맥반석·황토·옥 등을 직접 또는 간접 가열하여 발생되는 열기 또는 원적외선 등을 이용하여 땀을 낼 수 있는 시설 및 설비 등의 서비스
4. "이용업"이라 함은 손님의 머리카락 또는 수염을 깎거나 다듬는 등의 방법으로 손님의 용모를 단정하게 하는 영업을 말한다.
5. "미용업"이라 함은 손님의 얼굴·머리·피부등을 손질하여 손님의 외모를 아름답게 꾸미는 영업을 말한다.
6. "세탁업"이라 함은 의류 기타 섬유제품이나 피혁제품등을 세탁하는 영업을 말한다.
7. "**건물위생관리업**"이라 함은 **공중이 이용하는 건축물·시설물등의 청결유지와 실내공기정화를 위한 청소등을 대행하는 영업**을 말한다.
8. 삭제 〈2015. 12. 22.〉

② 제1항제2호부터 제4호까지, 제6호 및 제7호의 영업은 대통령령이 정하는 바에 의하여 이를 세분할 수 있다. 〈개정 2019. 12. 3.〉

제3조(공중위생영업의 신고 및 폐업신고) ① 공중위생영업을 하고자 하는 자는 공중위생영업의 종류별로 보건복지부령이 정하는 시설 및 설비를 갖추고 **시장·군수·구청장**(자치구의 구청장에 한한다. 이하 같다)**에게 신고**하여야 한다. 보건복지부령이 정하는 중요사항을 변경하고자 하는 때에도 또한 같다. 〈개정 2010. 1. 18.〉

② 제1항의 규정에 의하여 공중위생영업의 신고를 한 자(이하 "공중위생영업자"라 한다)는 공중위생영업을 **폐업한 날부터 20일 이내**에 **시장·군수·구청장에게 신고**하여야 한다. 다만, 제11조에 따른 영업정지 등의 기간 중에는 폐업신고를 할 수 없다. 〈신설 2016. 2. 3.〉

③~⑥ 생략

제4조(공중위생영업자의 위생관리의무등) ① 공중위생영업자는 그 이용자에게 건강상 위해요인이 발생하지 아니하도록 영업관련 시설 및 설비를 위생적이고 안전하게 관리하여야 한다.

②~⑥ 생략

⑦ 제1항 내지 제6항의 규정에 의하여 공중위생영업자가 준수하여야 할 위생관리기준 기타 위생관리서비스의 제공에 관하여 필요한 사항으로서 그 각항에 규정된 사항외의 사항 및 감염병환자 기타 함께 출입시켜서는 아니되는 자의 범위와 목욕장내에 둘 수 있는 종사자의 범위등 건전한 영업질서유지를 위하여 영업자가 준수하여야 할 사항은 보건복지부령으로 정한다. 〈개정 2010. 1. 18.〉

시행규칙

제4조(목욕장 목욕물의 수질기준 등) 법 제4조제2항의 규정에 의한 목욕장 목욕물의 수질기준과 수질검사방법 등은 별표 2와 같다. 〈개정 2019. 9. 27.〉

시행규칙 **[별표 2] 목욕장 목욕물의 수질기준과 수질검사방법 등**(제4조 관련) 〈개정 2022. 6. 22.〉

I. 목욕물의 수질기준

1. 원수
   가. **색도는 5도 이하**로 하여야 한다.
   나. **탁도는** 1NTU(Nephelometric Turbidity Unit) **이하**로 하여야 한다.
   다. **수소이온농도는 5.8 이상 8.6 이하**로 하여야 한다.
   라. **과망간산칼륨 소비량은** 10mg/l **이하**가 되어야 한다.
   마. **총대장균군은** 100ml **중에서 검출되지 아니하여야 한다.**
2. 욕조수
   가. **탁도는** 1.6NTU(Nephelometric Turbidity Unit) **이하**로 하여야 한다. 이 경우 다른 법령에 의하여 목욕장에서 사용할 수 있도록 허가받은 제품을 첨가한 때에는 당해 제품에서 발생한 탁도는 계산하지 아니한다.

(계속)

나. **과망간산칼륨 소비량은 25mg/l 이하**가 되어야 한다.

다. 대장균군은 1ml 중에서 1개를 초과하여 검출되지 아니하여야 한다. 이 경우 평판마다 30개 이하의 균체의 군락이 형성되었을 때는 원액을 접종한 평판의 균체의 군락을 평균하며, 기재는 반드시 1ml중 몇 개라고 표시한다.

라. 욕조수를 순환하여 여과시키는 경우에는 다음의 구분에 따른 기준에 따라야 한다.

1) 염소소독을 실시하지 않는 경우: **레지오넬라균은** 1,000CFU(**균총형성단위,** colony forming unit)/L**를 초과해 검출되지 않아야** 한다.

2) 염소소독을 실시하는 경우: **레지오넬라균은** 1,000CFU/L**를 초과해 검출되지 않아야 하고, 유리잔류염소**(遊離殘留鹽素) **농도는** 0.2mg/L **이상** 1mg/L **이하**가 되어야 한다.

3. 해수를 목욕물로 하는 경우

화학적 산소 요구량(COD)(mg/L)		수소이온농도(PH)	총대장균군 (총대장균군수/100mL)
원수	욕조수		
2 이하	4 이하	7.8 ~ 8.3	1,000 이하

Ⅱ. 수질검사방법 등

1. 원수의 수질검사방법은 먹는물수질공정시험기준에 의한다. 다만, 욕조수의 대장균군검사는 「환경분야 시험·검사 등에 관한 법률」 제6조제1항에 따라 고시된 수질오염공정시험기준의 총대장균군-평판집락법에 따른다.

2. 욕조수의 대장균군 또는 레지오넬라균 검사에 필요한 시료를 채취하는 경우의 채수 방법은 욕조의 대각선(욕조에 대각선이 없는 경우에는 욕조의 양쪽 끝간의 거리가 긴 지점을 연결한 선을 말한다)을 기준으로 목욕물을 3등분하여 물의 표면에서 같은 양의 목욕물을 채수하되, 균일하게 혼합하여 1개의 시료로 사용한다.

3. 목욕물의 수질검사에 필요한 시료를 채취하는 경우 이화학시험용은 1개의 용기에 2l 이상을 채취하여야 하고, 대장균군시험용은 멸균된 100ml 이상의 용기에 채취하되, 채취된 시료는 섭씨 10℃ 이하의 저온으로 유지하여야 하고, 6시간 이내에 검사기관의 검사실에 도착하여야 한다.

4. 1개의 용기에 욕조수의 레지오넬라균 검사에 필요한 시료를 1L 이상 채취하고 봉인하여 검사 기관으로 수송해야 한다.

5. 욕조수의 레지오넬라균 검사 방법 등은 국립환경과학원이 정하여 공고한 「환경 중 레지오넬라 표준분석법」에 따른다.

6. 욕조수의 유리잔류염소농도 검사는 검사 도구를 이용하여 도구의 사용방법에 알맞은 방법으로 검사한다.

시행규칙

제5조(이·미용기구의 소독기준 및 방법) 법 제4조제3항제1호 및 제4항제2호의 규정에 의한 이용기구 및 미용기구의 소독기준 및 방법은 별표 3과 같다.

시행규칙 **[별표 3] 이용기구 및 미용기구의 소독기준 및 방법**(제5조 관련) 〈개정 2010.3.19〉

Ⅰ. 일반기준

1. 자외선소독 : 1㎠당 85㎼ 이상의 자외선을 20분 이상 쬐어준다.
2. **건열멸균소독 : 섭씨 100℃ 이상의 건조한 열에 20분 이상** 쐬어준다.
3. **증기소독 : 섭씨 100℃ 이상의 습한 열에 20분 이상** 쐬어준다
4. **열탕소독 : 섭씨 100℃ 이상의 물속에 10분 이상** 끓여준다.
5. 석탄산수소독 : **석탄산수**(**석탄산** 3%, 물 97%의 수용액을 말한다)에 10분 이상 담가둔다.
6. 크레졸소독 : **크레졸수**(**크레졸** 3%, 물 97%의 수용액을 말한다)에 10분 이상 담가둔다.
7. 에탄올소독 : **에탄올수용액**(**에탄올이** 70%인 수용액을 말한다. 이하 이 호에서 같다)에 10분 이상 담가두거나 에탄올수용액을 머금은 면 또는 거즈로 기구의 표면을 닦아준다.

Ⅱ. 개별기준

이용기구 및 미용기구의 종류·재질 및 용도에 따른 구체적인 소독기준 및 방법은 보건복지부장관이 정하여 고시한다.

시행규칙

제7조(공중위생영업자가 준수하여야 하는 위생관리기준 등) 법 제4조제7항의 규정에 의하여 공중위생영업자가 건전한 영업질서유지를 위하여 준수하여야 하는 위생관리기준 등은 별표 4와 같다.

시행규칙 **[별표 4] 공중위생영업자가 준수하여야 하는 위생관리기준 등**(제7조 관련) 〈개정 2022. 6. 22.〉

1. 숙박업자

가. 객실·침구 등의 청결

(1) 객실·접객대·로비시설·복도·계단·욕실·샤워시설·세면시설 및 화장실 등에는 해충이 발생하지 아니하도록 **매월 1회** 이상 소독을 하여야 한다. 다만, 감염병의 예방 및 관리에 관한 법령이 정하는 바에 따라 소독을 하여야 하는 업소의 경우에는 관계법령이 정하는 바에 의한다.

(2) 요·이불·베개 등 침구의 포와 수건은 숙박자 1인이 사용할 때마다 세탁하여야 하며, 수시로 일광 그 밖의 방법에 따라 건조시켜야 한다.

(계속)

(3) 객실의 물은 「식품위생법」 제14조에 따라 작성·보급되는 식품 등의 공전에 따른 접객용 먹는물 규격에 적합한 물이어야 하고, 깨끗한 용기에 담아 비치하여야 한다.

(4) 객실·욕실 등의 위생적인 관리를 위하여 수시로 청소하고, 청소할 때에는 그에 적합한 도구를 용도별로 구분해 사용해야 한다.

나. 욕실 등의 위생관리 및 수질관리

(1) 원수는 [별표 2] I 제1호에 따른 기준에 적합해야 한다.

(2) 숙박업소에서 사용하는 저수조는 「수도법」 등 관련 법령에 따라 소독·청소해야 한다.

다. 환기 및 조명

(1) 환기용 창 등은 수시로 개방하여 환기가 충분히 될 수 있도록 하여야 한다.

(2) 기계환기설비는 항상 가동될 수 있도록 하고, 수시로 가동시켜 환기가 충분히 될 수 있도록 하여야 한다.

(3) **객실·접객대 및 로비시설**의 조명도는 75**룩스**(Lux) **이상**이 되도록 유지하여야 하며, **복도·계단·욕실·샤워시설·세면시설 및 화장실**의 조명도는 20**룩스(복도 및 계단의 경우 심야에서 10룩스) 이상**이 되도록 유지하여야 한다.

라. 그 밖의 준수사항 (생략)

2. 목욕장업자

가. 목욕실 등의 청결 및 수질관리

(1) 목욕실은 해충이 발생되지 아니하도록 **매월 1회** 이상 소독을 하여야 한다.

(2) 탈의실·옷장·목욕실·발한실·물통·깔판·휴게실·휴식실·현관 및 화장실 등은 **매일 1회** 이상, 배수시설 및 오수조는 수시로 청소하여야 한다.

(3) 수건·가운 및 대여복을 손님에게 제공할 때에는 반드시 세탁한 것을 제공하여야 한다.

(4) 빗을 비치할 경우에는 사용하지 아니한 것과 사용한 것을 각각 다른 용기에 넣어 보관하여야 하며, 사용한 빗은 소독하여야 한다.

(5) 부대설비로 좌욕기 및 훈증기 등을 설치하는 경우에는 손님 1인이 사용할 때마다 반드시 소독하여야 한다.

(6) **목욕물은 매년 1회 이상 [별표 2] II**에 따른 **수질검사**를 하여야 한다. 다만, 수돗물을 사용하는 경우에는 원수에 대한 수질검사를 하지 않을 수 있다.

(7) 욕조수를 순환하여 여과시키는 경우에는 다음의 기준에 따라야 한다.

(가) 염소소독을 실시하는 경우에는 **매주 1회** 이상 욕조수의 온도 및 유리잔류염소 농도를 측정하고 그 결과를 기록해야 한다. 다만, 욕조수를 전부 교체한 경우에는 그 온도 및 유리잔류염소 농도를 측정하지 않고 욕조수 교체사실만 기록할 수 있다.

(나) **매년 1회** 이상 제15조 각 호의 어느 하나에 해당하는 검사기관에 의뢰하여 **레지오넬라균** 검사를 해야 한다.

(계속)

(8) 욕조수 관리에 관한 사항을 보기 쉬운 곳에 게시해야 한다.

(9) 목욕업소에서 사용하는 저수조는 「수도법」 등 관련 법령에 따른 방법으로 소독·청소해야 한다.

(10) 목욕장 안의 먹는 물은 「식품위생법」 제14조에 따라 작성·보급되는 식품 등의 공전에 따른 접객용음용수 규격에 적합한 물이어야 한다.

나. 발한실 등의 안전관리

발한실 안에는 온도계를 비치하고, 발한실 안과 밖(입구 등)에 아래에 해당하는 사람에 대한 입욕 주의사항 등에 관한 내용이 포함된 게시문을 목욕장을 이용하는 사람이 알아보기 쉬운 크기와 형태로 붙여야 한다.

1) **감기에 걸렸거나 만 5세 미만 또는 전신 쇠약 증세의 어린이**

2) **수축기 혈압이 180mmHg 이상인 사람**

3) **백내장이 우려되거나 안면홍조증 환자**

4) **노약자·임산부·고열환자 및 중증심장병 환자**

5) **술을 마신 후 2시간 이내의 사람**

6) **출혈을 많이 한 사람**

다. 조명 및 환기

(1) 발한실·휴게실·탈의실·접객대·복도·계단·현관 및 화장실 그 밖에 입욕자가 직접 이용하는 장소의 조명도는 75**룩스 이상**이 유지되도록 하여야 한다.

(2) 휴식실·목욕실 및 세면시설의 조명도는 40**룩스 이상**이 유지되도록 하여야 한다.

(3) 목욕실·편의시설·휴게실 및 휴식실 등에는 실내공기를 정화할 수 있는 용량에 맞는 환풍시설 및 정화시설을 설치하거나 환기용 창을 설치하여야 한다.

라. 그 밖의 준수사항

(1) 다음에 해당되는 자를 출입시켜서는 아니된다.

(가) 감염병환자로 인정되는 자(온천수 또는 해수를 사용하는 목욕장으로서 환자의 요양을 위한 입욕시설에서 입욕하는 경우를 제외한다)

(나) 삭제 〈2022. 6. 22.〉

(다) 음주 등으로 목욕장의 정상적인 이용이 곤란하다고 인정되는 자

(2) 목욕실 및 탈의실은 만 4세(48개월) 이상의 남녀를 함께 입장시켜서는 안된다.

(3) 목욕실·탈의실· 및 발한실에 종사하는 자는 남자목욕장의 경우에는 남자, 여자목욕장의 경우에는 여자에 한하여 종사하도록 하여야 한다. 다만, 영업시간 외에 목욕장의 시설 및 설비의 청소, 유지 또는 보수를 하는 경우에는 그러하지 아니하다.

(4) 목욕실·탈의실 및 발한실에 이성의 입욕보조행위를 하는 자를 두어서는 아니된다.

(5) 영업소 안에 목욕업신고증, 접객대에 목욕요금표를 게시하여야 한다.

(계속)

(6) 삭제 〈2014. 7. 1.〉

(7) 법 제2조제1항제3호 나목의 규정에 의한 서비스를 제공하는 목욕장업의 영업자가 남녀 공용 발한실을 운영하고자 하는 경우에는 발한복을 착용한 뒤 출입하거나 이용할 수 있게 하여야 한다.

(8) 숙박에 이용되는 침구류 등을 비치하여서는 아니된다. 다만, 이용자의 일시적 수면이나 휴식을 위한 대형타월 및 베개 등은 비치할 수 있다.

(9) 삭제 〈2014. 7. 1.〉

(10) 법 제2조제1항제3호나목에 따른 서비스를 제공하는 목욕장업으로서 24시간 영업을 하는 영업소의 경우에는 오후 10시부터 오전 5시까지의 범위에서 시·도지사가 법 제9조의2에 따라 정하는 시간에는 청소년(「청소년보호법」에서 정한 청소년을 말한다. 이하 같다)의 출입을 제한하여야 한다. 다만, 친권자 또는 후견인이 동행하거나 친권자 또는 후견인의 출입동의서를 받은 경우, 그 밖에 친권자를 대신하여 청소년을 보호하는 자, 「초·중등교육법」에 따른 소속 학교의 교원 또는 이에 준하여 청소년을 지도·감독할 수 있는 지위에 있는 자를 동반하는 경우에는 그러하지 아니하다.

(11) (10) 단서에 따른 친권자 또는 후견인의 출입동의서 기재사항은 다음과 같다.

(가) 청소년의 인적사항(성명·생년월일·주소)

(나) 출입 사유 및 출입 허용 일시

(다) 친권자 또는 후견인의 인적사항(성명·생년월일·주소·연락전화·청소년과의 관계) 및 서명

(라) 영업자의 확인 여부

(12) 영업소의 표시는 신고된 명칭(상호) 및 영업의 종류를 표시하여야 하며 다른 업종으로 오인될 우려가 있는 표시를 하여서는 아니된다.

3. 이용업자

가. 이용기구중 소독을 한 기구와 소독을 하지 아니한 기구는 각각 다른 용기에 넣어 보관하여야 한다.

나. 1회용 면도날은 손님 1인에 한하여 사용하여야 한다.

다. 영업장안의 조명도는 **75룩스 이상**이 되도록 유지하여야 한다.

라. 영업소 내부에 이용업 신고증 및 개설자의 면허증 원본을 게시하여야 한다.

마. 영업소 내부에 부가가치세, 재료비 및 봉사료 등이 포함된 요금표(이하 "최종지급요금표"라 한다)를 게시 또는 부착하여야 한다.

바. 마목에도 불구하고 신고한 영업장 면적이 66제곱미터 이상인 영업소의 경우 영업소 외부(출입문, 창문, 외벽면 등을 포함한다, 이하 같다)에도 손님이 보기 쉬운 곳에 「옥외광고물 등 관리법」에 적합하게 최종지급요금표를 게시 또는 부착하여야 한다. 이 경우 최종지급요금표에는 일부항목(3개 이상)만을 표시할 수 있다.

(계속)

사. 3가지 이상의 이용서비스를 제공하는 경우에는 개별 이용서비스의 최종 지급가격 및 전체 이용서비스의 총액에 관한 내역서를 이용자에게 미리 제공하여야 한다. 이 경우 이용업자는 해당 내역서 사본을 1개월간 보관하여야 한다.

4. 미용업자

가. 점빼기·귓볼뚫기·쌍꺼풀수술·문신·박피술 그 밖에 이와 유사한 **의료행위**를 하여서는 **아니**된다.

나. 피부미용을 위하여 「약사법」에 따른 의약품 또는 「의료기기법」에 따른 **의료기기를 사용**하여서는 **아니** 된다.

다. 미용기구중 소독을 한 기구와 소독을 하지 아니한 기구는 각각 다른 용기에 넣어 보관하여야 한다.

라. 1회용 면도날은 손님 1인에 한하여 사용하여야 한다.

마. 영업장안의 조명도는 **75룩스 이상**이 되도록 유지하여야 한다.

바. 영업소 내부에 미용업 신고증 및 개설자의 면허증 원본을 게시하여야 한다.

사. 영업소 내부에 최종지급요금표를 게시 또는 부착하여야 한다.

아. 사목에도 불구하고 신고한 영업장 면적이 66제곱미터 이상인 영업소의 경우 영업소 외부에도 손님이 보기 쉬운 곳에 「옥외광고물 등 관리법」에 적합하게 최종지급요금표를 게시 또는 부착하여야 한다. 이 경우 최종지급요금표에는 일부항목(5개 이상)만을 표시할 수 있다.

자. 3가지 이상의 미용서비스를 제공하는 경우에는 개별 미용서비스의 최종 지급가격 및 전체 미용서비스의 총액에 관한 내역서를 이용자에게 미리 제공하여야 한다. 이 경우 미용업자는 해당 내역서 사본을 1개월간 보관하여야 한다.

5. 세탁업자

가. 드라이크리닝용 세탁기는 유기용제의 누출이 없도록 항상 점검하여야 하고, 사용 중에 누출되지 아니하도록 하여야 한다.

나. 세탁물에는 세탁물의 처리에 사용된 세제·유기용제 또는 얼룩제거 약제가 남지 아니하도록 하여야 한다.

다. 세탁업자는 업소에 보관 중인 세탁물에 좀이나 곰팡이 등이 생성되지 않도록 위생적으로 관리하여야 한다.

6. 건물위생관리업자

가. 유기용제를 사용하여 얼룩제거 작업 등을 하는 경우에는 창문을 열고 작업하는 등 증발된 가스를 흡입하지 아니하도록 하고, 화재가 발생하지 아니하도록 주의하여야 한다.

나. 종사자에 대하여 사용장비 및 약제의 취급상의 주의사항과 취급요령을 교육하고 안전사고를 예방하도록 하여야 한다.

7. 삭제 〈2011. 2. 10.〉

제6조(이용사 및 미용사의 면허등) ① 이용사 또는 미용사가 되고자 하는 자는 다음 각호의 1에 해당하는 자로서 보건복지부령이 정하는 바에 의하여 **시장·군수·구청장의 면허**를 받아야 한다. 〈개정 2019. 12. 3.〉

1. 전문대학 또는 이와 같은 수준 이상의 학력이 있다고 교육부장관이 인정하는 학교에서 이용 또는 미용에 관한 학과를 졸업한 자

1의2.「학점인정 등에 관한 법률」 제8조에 따라 대학 또는 전문대학을 졸업한 자와 같은 수준 이상의 학력이 있는 것으로 인정되어 같은 법 제9조에 따라 이용 또는 미용에 관한 학위를 취득한 자

2. 고등학교 또는 이와 같은 수준의 학력이 있다고 교육부장관이 인정하는 학교에서 이용 또는 미용에 관한 학과를 졸업한 자
3. 초·중등교육법령에 따른 특성화고등학교, 고등기술학교나 고등학교 또는 고등기술학교에 준하는 각종학교에서 1년 이상 이용 또는 미용에 관한 소정의 과정을 이수한 자
4. 국가기술자격법에 의한 이용사 또는 미용사의 자격을 취득한 자

②~④ 생략

제6조의2(위생사의 면허 등) ① 위생사가 되려는 사람은 다음 각 호의 어느 하나에 해당하는 사람으로서 위생사 국가시험에 합격한 후 **보건복지부장관의 면허**를 받아야 한다. 〈개정 2018. 12. 11.〉

1. 전문대학이나 이와 같은 수준 이상에 해당된다고 교육부장관이 인정하는 학교(보건복지부장관이 인정하는 외국의 학교를 포함한다. 이하 같다)에서 보건 또는 위생에 관한 **교육과정을 이수**한 사람
2. 「학점인정 등에 관한 법률」 제8조에 따라 전문대학을 졸업한 사람과 같은 수준 이상의 학력이 있는 것으로 인정되어 같은 법 제9조에 따라 보건 또는 위생에 관한 **학위를 취득한** 사람
3. **외국**의 위생사 면허 또는 자격(보건복지부장관이 정하여 고시하는 인정기준에 해당하는 면허 또는 자격을 말한다)을 가진 사람

② 제1항에 따른 **위생사 국가시험**은 매년 1회 이상 **보건복지부장관이 실시**하며, 시험과목·시험방법·합격기준과 그 밖에 시험에 필요한 사항은 대통령령으로 정한다.

③ 보건복지부장관은 **위생사 국가시험의 실시에 관한 업무**를 「한국보건의료인국가시험원법」에 따른 **한국보건의료인국가시험원에 위탁**할 수 있다.

④ 위생사 국가시험에서 대통령령으로 정하는 부정행위를 한 사람에 대하여는 그 시험을 **정지**시키거나 **합격을 무효**로 한다.

⑤ 제4항에 따라 시험이 정지되거나 합격이 무효가 된 사람은 해당 위생사 국가시험 후에 치러지는 위생사 국가시험에 **2회 응시할 수 없다**.

⑥ **보건복지부장관**은 위생사 면허를 부여하는 경우에는 보건복지부령으로 정하는 바에 따라 면허대장에 등록하고 **면허증을 발급**하여야 한다. 다만, 면허 발급 신청일 기준으로 제7항에 따른 결격사유에 해당하는 사람에게는 면허 등록 및 면허증 발급을 하여서는 아니 된다. 〈개정 2019. 12. 3.〉

⑦ 다음 각 호의 어느 하나에 해당하는 사람은 위생사 **면허를 받을 수 없다**. 〈개정 2018. 12. 11.〉

1. 「정신건강증진 및 정신질환자 복지서비스 지원에 관한 법률」 제3조제1호에 따른 **정신질환자**. 다만, 전문의가 위생사로서 적합하다고 인정하는 사람은 그러하지 아니하다.
2. 「마약류 관리에 관한 법률」에 따른 **마약류 중독자**
3. 이 법, 「감염병의 예방 및 관리에 관한 법률」, 「검역법」, 「식품위생법」, 「의료법」, 「약사법」, 「마약류 관리에 관한 법률」 또는 「보건범죄 단속에 관한 특별조치법」을 위반하여 **금고 이상의 실형을 선고**받고 그 집행이 끝나지 아니하거나 그 집행을 받지 아니하기로 확정되지 아니한 사람

⑧ 제6항에 따른 면허의 등록, 수수료 및 면허증에 필요한 사항은 **보건복지부령**으로 정한다.

⑨ 제6항에 따라 면허증을 발급받은 사람은 다른 사람에게 그 **면허증을 빌려주어서는** 아니 되고, 누구든지 그 **면허증을 빌려서는 아니 된다**. 〈신설 2020. 4. 7.〉

⑩ 누구든지 제9항에 따라 금지된 행위를 알선하여서는 아니 된다. 〈신설 2020. 4. 7.〉

시행령

제6조의2(위생사 국가시험의 시험방법 등) ① **보건복지부장관은** 법 제6조의2제1항에 따른 위생사 국가시험(이하 "위생사 국가시험"이라 한다)을 실시하려는 경우에는 시험일시, 시험장소 및 시험과목 등 위생사 국가시험 시행계획을 시험실시 **90일 전까지 공고**하여야 한

다. 다만, 시험**장소**의 경우에는 시험실시 30**일 전까지 공고**할 수 있다.

② 위생사 국가시험은 다음 각 호의 구분에 따라 **필기시험**과 **실기시험**으로 실시한다.

1. 필기시험: 다음 각 목의 시험과목에 대한 검정(檢定)
   가. 공중보건학
   나. 환경위생학
   다. 식품위생학
   라. 위생곤충학
   마. 위생 관계 법령(「공중위생관리법」, 「식품위생법」, 「감염병의 예방 및 관리에 관한 법률」, 「먹는물관리법」, 「폐기물관리법」 및 「하수도법」과 그 하위법령)
2. **실기**시험: 위생사 업무 수행에 필요한 **지식 및 기술 등의 실기 방법에 따른 검정**

③ 위생사 국가시험의 합격자 결정기준은 다음 각 호의 구분에 따른다.

1. 필기시험: 각 과목 총점의 40퍼센트 이상, 전 과목 총점의 60퍼센트 이상 득점한 사람
2. 실기시험: 실기시험 총점의 60퍼센트 이상 득점한 사람

④ 보건복지부장관은 위생사 국가시험을 실시할 때마다 시험과목에 대한 전문지식 또는 위생사 업무에 대한 풍부한 경험을 갖춘 사람 중에서 시험위원을 임명하거나 위촉한다. 이 경우 해당 시험위원에 대해서는 예산의 범위에서 수당과 여비를 지급할 수 있다.

⑤ **보건복지부장관은** 법 제6조의2제3항에 따라 위생사 국가시험의 실시에 관한 업무를 「한국보건의료인국가시험원법」에 따른 **한국보건의료인국가시험원에 위탁**한다.

⑥ 법 제6조의2제4항에서 "대통령령으로 정하는 부정행위"란 다음 각 호의 어느 하나에 해당하는 행위를 말한다.

1. 대리시험을 의뢰하거나 대리로 시험에 응시하는 행위
2. 다른 수험생의 답안지를 보거나 본인의 답안지를 보여 주는 행위
3. 정보통신기기나 그 밖의 신호 등을 이용하여 해당 시험내용에 관하여 다른 사람과 의사소통하는 행위
4. 부정한 자료를 가지고 있거나 이용하는 행위
5. 그 밖의 부정한 수단으로 본인 또는 다른 사람의 시험 결과에 영향을 미치는 행위로서 보건복지부령으로 정하는 행위

⑦ 제1항부터 제6항까지에서 규정한 사항 외에 위생사 국가시험의 실시절차, 실시방법,

실시비용 및 업무위탁 등에 필요한 사항은 보건복지부장관이 정하여 고시한다.

시행규칙

제11조(위생사 국가시험의 부정행위) 영 제6조의2제6항제5호에서 "보건복지부령으로 정하는 행위"란 다음 각 호의 어느 하나에 해당하는 행위를 말한다.

1. 시험 중 다른 수험자와 시험과 관련된 대화를 하는 행위
2. 답안지(실기작품을 포함한다)를 교환하는 행위
3. 시험 중 시험문제 내용과 관련된 물건을 휴대하여 사용하거나 이를 주고받는 행위
4. 시험장 내외의 자로부터 도움을 받고 답안지(실기작품을 포함한다)를 작성하는 행위
5. 미리 시험문제를 알고 시험을 치른 행위
6. 다른 수험자와 성명 또는 수험번호를 바꾸어 제출하는 행위

시행규칙

제11조의2(위생사 면허증의 발급) ① 법 제6조의2제6항에 따라 위생사 면허를 받으려는 사람은 별지 제10호의2서식의 위생사 면허증 발급신청서(전자문서로 된 신청서를 포함한다)에 다음 각 호의 서류(전자문서를 포함한다)를 첨부하여 보건복지부장관에게 제출하여야 한다. 〈개정 2019. 9. 27.〉

1. 다음 각 목의 구분에 따른 서류
   가. 법 제6조의2제1항제1호에 해당하는 사람: 보건 또는 위생에 관한 **이수증명서**
   나. 법 제6조의2제1항제2호에 해당하는 사람: 보건 또는 위생에 관한 **학위증명서** 또는 **졸업증명서**
   다. 법 제6조의2제1항제3호에 해당하는 사람: **외국**의 위생사 **면허증** 또는 **자격증 사본**
   라. 법률 제13983호 공중위생관리법 일부개정법률 부칙 제5조에 따라 위생사 국가시험에 응시하여 합격한 사람: 위생업무에 종사한 **경력증명서**
2. 법 제6조의2제7항제1호 본문에 해당하지 아니함을 증명하는 의사의 진단서 또는 같은 호 단서에 해당한다는 사실을 증명할 수 있는 **전문의의 진단서**
3. 법 제6조의2제7항제2호에 해당하지 아니함을 증명하는 **의사의 진단서**
4. **사진 2장**

② 보건복지부장관은 제1항에 따른 면허증의 발급 신청이 적합하다고 인정하는 경우에는 다음 각 호의 사항이 포함된 면허대장에 해당 사항을 등록하고, 별지 제10호의3

서식의 위생사 면허증을 신청인에게 발급하여야 한다.

1. 면허번호 및 면허연월일
2. 성명·주소 및 주민등록번호
3. 위생사 국가시험 합격연월일
4. 면허취소 사유 및 취소연월일
5. 면허증 재교부 사유 및 재교부연월일
6. 그 밖에 보건복지부장관이 면허의 관리에 특히 필요하다고 인정하는 사항

시행규칙

제11조의3(위생사 면허증 재발급) ① 위생사는 면허증을 **잃어버리거나 못쓰게 된 경우**에는 별지 제10호의4서식의 위생사 면허증 **재발급 신청서**(전자문서로 된 신청서를 포함한다)에 다음 각 호의 서류(전자문서를 포함한다)를 첨부하여 **보건복지부장관에게 제출**하여야 한다. 〈개정 2019. 9. 27.〉

1. 면허증 원본(면허증을 못쓰게 된 경우만 해당한다)
2. 분실사유서(면허증을 잃어버린 경우만 해당한다)
3. 사진 2장

② 위생사 면허증을 잃어버린 후 재발급 받은 사람이 잃어버린 면허증을 찾은 때에는 지체없이 보건복지부장관에게 그 면허증을 반납하여야 한다.

시행규칙

제11조의4(위생사 면허 등에 관한 수수료) 법 제6조의2제6항에 따른 위생사 면허에 대한 수수료는 다음 각 호의 구분에 따른다. 이 경우 해당 수수료는 수입인지 또는 정보통신망을 이용하여 전자화폐 및 전자결제 등의 방법으로 납부한다.

1. 제11조의2에 따른 위생사 면허증 발급: 면제
2. 제11조의3 및 제12조의2에 따른 위생사 면허증 재발급·재부여: 2천원
3. 위생사 면허에 관한 증명: 500원. 다만, 정보통신망을 이용하여 신청하는 경우에는 해당 수수료를 면제한다.

제7조의2(위생사 면허의 취소 등) ① 보건복지부장관은 위생사가 다음 각 호의 어느 하나에 해당하는 경우에는 그 **면허를 취소**한다.

1. **제6조의2제7항 각 호**의 어느 하나에 해당하게 된 경우
2. **면허증을 대여**한 경우

② 위생사가 제1항제1호에 따라 면허가 취소된 후 그 처분의 원인이 된 사유가 소멸된 때에는 보건복지부장관은 그 사람에 대하여 다시 면허를 부여할 수 있다.

시행규칙

제12조의2(위생사 면허의 재부여) 법 제7조의2제1항제1호에 따라 위생사 면허가 취소된 사람이 같은 조 제2항에 따라 다시 면허를 받으려는 경우에는 별지 제10호의4호서식의 위생사 면허증 재부여 신청서(전자문서로 된 신청서를 포함한다)에 다음 각 호의 서류(전자문서를 포함한다)를 첨부하여 보건복지부장관에게 제출하여야 한다. 〈개정 2019. 9. 27.〉

1. 면허취소의 원인이 된 사유가 소멸한 것을 증명하는 서류
2. 사진 2장

제8조의2(위생사의 업무범위) 위생사의 업무범위는 다음 각 호와 같다.

1. **공중위생영업소, 공중이용시설 및 위생용품의 위생관리**
2. **음료수의 처리 및 위생관리**
3. **쓰레기, 분뇨, 하수, 그 밖의 폐기물의 처리**
4. **식품·식품첨가물과 이에 관련된 기구·용기 및 포장의 제조와 가공에 관한 위생관리**
5. **유해 곤충·설치류 및 매개체 관리**
6. **그 밖에 보건위생에 영향을 미치는 것으로서 대통령령으로 정하는 업무**

시행령

제6조의3(위생사의 업무) 법 제8조의2제6호에서 "대통령령으로 정하는 업무"란 다음 각 호의 업무를 말한다.

1. **소독업무**
2. **보건관리업무**

제12조(청문) 보건복지부장관 또는 시장·군수·구청장은 다음 각 호의 어느 하나에 해당하는 처분을 하려면 **청문**을 하여야 한다.

1. 삭제 〈2021. 12. 21.〉

2. 제7조에 따른 이용사와 미용사의 면허취소 또는 면허정지

3. 제7조의2에 따른 **위생사의 면허취소**

4. 제11조에 따른 영업정지명령, 일부 시설의 사용중지명령 또는 영업소 폐쇄명령

제13조(위생서비스수준의 평가) ① 시·도지사는 공중위생영업소(관광숙박업의 경우를 제외한다. 이하 이 조에서 같다)의 위생관리수준을 향상시키기 위하여 위생서비스평가계획(이하 "평가계획"이라 한다)을 수립하여 시장·군수·구청장에게 통보하여야 한다. 〈개정 2005. 3. 31.〉

② **시장·군수·구청장**은 평가계획에 따라 관할지역별 세부평가계획을 수립한 후 공중위생영업소의 **위생서비스수준을 평가**(이하 "위생서비스평가"라 한다)하여야 한다. 〈개정 2005. 3. 31.〉

③ 시장·군수·구청장은 위생서비스평가의 전문성을 높이기 위하여 필요하다고 인정하는 경우에는 관련 전문기관 및 단체로 하여금 위생서비스평가를 실시하게 할 수 있다. 〈개정 2005. 3. 31.〉

④ 제1항 내지 제3항의 규정에 의한 위생서비스평가의 주기·방법, 위생관리등급의 기준 기타 평가에 관하여 필요한 사항은 보건복지부령으로 정한다. 〈개정 2010. 1. 18.〉

시행규칙

제20조(위생서비스수준의 평가) 법 제13조제4항에 따른 공중위생영업소의 위생서비스수준 평가(이하 "위생서비스평가"라 한다. 이하 같다)는 **2년마다 실시**하되, 공중위생영업소의 보건·위생관리를 위하여 특히 필요한 경우에는 보건복지부장관이 정하여 고시하는 바에 의하여 공중위생영업의 종류 또는 제21조의 규정에 따른 위생관리등급별로 평가주기를 달리할 수 있다. 다만, 공중위생영업자가 「부가가치세법」 제8조제7항에 따른 휴업신고를 한 경우 해당 공중위생영업소에 대해서는 위생서비스평가를 실시하지 않을 수 있다. 〈개정 2019. 12. 31.〉

시행규칙

제21조(위생관리등급의 구분 등) ① 법 제13조제4항의 규정에 의한 위생관리등급의 구분은 다음 각호와 같다.

1. **최우수**업소 : **녹색**등급

2. **우수**업소 : **황색**등급

3. **일반**관리대상 업소 : **백색**등급

② 제1항의 규정에 의한 위생관리등급의 판정을 위한 세부항목, 등급결정 절차와 기타 위생서비스평가에 필요한 구체적인 사항은 보건복지부장관이 정하여 고시한다. 〈개정 2010. 3. 19.〉

제15조(공중위생감시원) ① 제3조, 제3조의2, 제4조 또는 제8조 내지 제11조의 규정에 의한 관계공무원의 업무를 행하게 하기 위하여 **특별시·광역시·도** 및 **시·군·구**(자치구에 한한다)에 **공중위생감시원**을 둔다. 〈개정 2015. 12. 22.〉

② 제1항의 규정에 의한 공중위생감시원의 자격·임명·업무범위 기타 필요한 사항은 대통령령으로 정한다.

시행령

제8조(공중위생감시원의 자격 및 임명) ① 법 제15조에 따라 특별시장·광역시장·도지사(이하 "**시·도지사**"라 한다) 또는 **시장·군수·구청장**은 다음 각 호의 어느 하나에 해당하는 **소속 공무원** 중에서 **공중위생감시원을 임명한다.** 〈개정 2018. 9. 28.〉

1. **위생사** 또는 **환경기사 2급 이상**의 자격증이 있는 사람
2. 「고등교육법」에 따른 대학에서 화학·화공학·환경공학 또는 위생학 분야를 전공하고 졸업한 사람 또는 법령에 따라 이와 같은 수준 이상의 **학력**이 있다고 인정되는 사람
3. **외국**에서 위생사 또는 환경기사의 **면허**를 받은 사람
4. **1년** 이상 공중위생 **행정**에 종사한 **경력**이 있는 사람

② 시·도지사 또는 시장·군수·구청장은 제1항 각 호의 어느 하나에 해당하는 사람만으로는 공중위생감시원의 인력확보가 곤란하다고 인정되는 때에는 공중위생 행정에 종사하는 사람 중 공중위생 감시에 관한 교육훈련을 2주 이상 받은 사람을 공중위생 행정에 종사하는 기간 동안 공중위생감시원으로 임명할 수 있다. 〈개정 2018. 9. 28.〉

시행령

제9조(공중위생감시원의 업무범위) 법 제15조에 따른 공중위생감시원의 업무는 다음 각호와 같다. 〈개정 2016. 8. 2.〉

1. 법 제3조제1항의 규정에 의한 시설 및 설비의 확인

2. 법 제4조의 규정에 의한 공중위생영업 관련 시설 및 설비의 위생상태 확인·검사, 공중위생영업자의 위생관리의무 및 영업자준수사항 이행여부의 확인
3. 삭제 〈2016. 8. 2.〉
4. 법 제10조의 규정에 의한 위생지도 및 개선명령 이행여부의 확인
5. 법 제11조의 규정에 의한 공중위생영업소의 영업의 정지, 일부 시설의 사용중지 또는 영업소 폐쇄명령 이행여부의 확인
6. 법 제17조의 규정에 의한 위생교육 이행여부의 확인

제17조(위생교육) ① 공중위생영업자는 **매년** 위생교육을 받아야 한다. 〈개정 2004. 1. 29.〉

② 제3조제1항 전단의 규정에 의하여 신고를 하고자 하는 자는 **미리** 위생교육을 받아야 한다. 다만, 보건복지부령으로 정하는 부득이한 사유로 미리 교육을 받을 수 없는 경우에는 영업개시 후 6개월 이내에 위생교육을 받을 수 있다. 〈개정 2016. 2. 3.〉

③ 제1항 및 제2항의 규정에 따른 위생교육을 받아야 하는 자 중 영업에 직접 종사하지 아니하거나 2 이상의 장소에서 영업을 하는 자는 종업원 중 영업장별로 공중위생에 관한 책임자를 지정하고 그 책임자로 하여금 위생교육을 받게 하여야 한다. 〈개정 2008. 3. 28.〉

④ ⑤ 생략

시행규칙

제23조(위생교육) ① 법 제17조에 따른 위생교육은 집합교육과 온라인교육을 병행하여 실시하되, 교육시간은 3시간으로 한다. 〈개정 2022. 6. 22.〉

② 위생교육의 내용은 「공중위생관리법」 및 관련 법규, 소양교육(친절 및 청결에 관한 사항을 포함한다), 기술교육, 그 밖에 공중위생에 관하여 필요한 내용으로 한다.

③ 동일한 공중위생영업자가 법 제2조제1항제5호 각 목 중 둘 이상의 미용업을 같은 장소에서 하는 경우에는 그 중 하나의 미용업에 대한 위생교육을 받으면 나머지 미용업에 대한 위생교육도 받은 것으로 본다. 〈신설 2020. 6. 4.〉

④ ⑤ 생략

⑥ 법 제17조제2항 단서에 따라 영업신고 전에 위생교육을 받아야 하는 자 중 다음 각 호의 어느 하나에 해당하는 자는 영업신고를 한 후 **6개월 이내**에 위생교육을 받을 수 있다.

1. 천재지변, 본인의 질병·사고, 업무상 국외출장 등의 사유로 교육을 받을 수 없는 경우
2. 교육을 실시하는 단체의 사정 등으로 미리 교육을 받기 불가능한 경우

⑦ 법 제17조제2항에 따른 위생교육을 받은 자가 위생교육을 받은 날부터 **2년 이내**에 위생교육을 받은 업종과 같은 업종의 영업을 하려는 경우에는 해당 영업에 대한 위생교육을 받은 것으로 본다. 〈개정 2020. 6. 4.〉

⑧ ⑨ 생략

⑩ **위생교육 실시단체의 장은** 위생교육을 수료한 자에게 수료증을 교부하고, 교육실시결과를 교육 후 **1개월 이내에 시장·군수·구청장에게 통보**하여야 하며, 수료증 교부대장 등 교육에 관한 **기록**을 **2년 이상 보관·관리**하여야 한다. 〈개정 2020. 6. 4.〉

⑪ 제1항부터 제10항까지의 규정 외에 위생교육에 관하여 필요한 세부사항은 보건복지부장관이 정한다. 〈개정 2022. 6. 22.〉

제19조의3(같은 명칭의 사용금지) 위생사가 아니면 위생사라는 명칭을 사용하지 못한다.

제20조(벌칙) ①~③ 생략

④ 다음 각 호의 어느 하나에 해당하는 사람은 **300만원 이하의 벌금**에 처한다. 〈개정 2021. 12. 21.〉

1. 제6조제3항을 위반하여 다른 사람에게 이용사 또는 미용사의 면허증을 빌려주거나 빌린 사람
2. 제6조제4항을 위반하여 이용사 또는 미용사의 면허증을 빌려주거나 빌리는 것을 알선한 사람
3. 제6조의2제9항을 위반하여 다른 사람에게 **위생사의 면허증을 빌려주거나 빌린 사람**
4. 제6조의2제10항을 위반하여 **위생사의 면허증을 빌려주거나 빌리는 것을 알선한 사람**
5. 제7조제1항에 따른 면허의 취소 또는 정지 중에 이용업 또는 미용업을 한 사람
6. 제8조제1항을 위반하여 면허를 받지 아니하고 이용업 또는 미용업을 개설하거나 그 업무에 종사한 사람

제22조(과태료) ① ② 생략

③ 제19조의3을 위반하여 **위생사의 명칭을 사용한 자**에게는 **100만원 이하의 과태료**를 부과한다. 〈신설 2016. 2. 3.〉

④ 제1항부터 제3항까지의 규정에 따른 과태료는 대통령령으로 정하는 바에 따라 보건복지부장관 또는 시장·군수·구청장이 부과·징수한다. 〈신설 2016. 2. 3.〉

시행령

제11조(과태료의 부과) 법 제22조에 따른 과태료의 부과기준은 별표 2와 같다.

과태료 시행령 **[별표 2] 과태료의 부과기준**(제11조 관련) 〈개정 2019. 10. 8.〉

위반행위	근거 법조문	과태료 금액(단위: 만원)
하. 법 제19조의3을 위반하여 위생사의 **명칭**을 사용한 경우	법 제22조제3항	50

먹는물관리법

먹는물관리법 [공포 1995. 1. 5., 법률 제17840호, 2021. 1. 5., 일부개정]

먹는물관리법 시행령 [공포 1995. 5. 1., 대통령령 제32014호, 2021. 9. 24., 타법개정]

먹는물관리법 시행규칙 [공포 1995. 5. 1., 환경부령 제1036호, 2023. 6. 1., 일부개정]

장	조	
제1장 총칙	제1조 목적 제2조 책무 제3조 정의 제4조 적용범위 (생략)	
제2장 먹는물의 수질 관리	제5조 먹는물 등의 수질 관리 제6조 먹는물 수질에 대한 공정시험 방법 제7조 먹는물 수질 감시원 제8조 먹는물공동시설의 관리 제8조의2 냉·온수기 또는 정수기의 설치·관리	
제3장 샘물등의 개발 및 보전	제8조의3 샘물보전구역의 지정 제8조의4 주민등의 의견청취 (생략) 제8조의5 샘물보전구역에서의 금지행위 제9조 샘물 또는 염지하수의 개발허가 등 제10조 샘물등의 개발의 임시허가 제11조 샘물등의 개발허가의 제한 등 제12조 샘물등의 개발허가의 유효기간 제12조의2 샘물등의 개발허가의 취소 (생략)	제13조 환경영향조사 제14조 환경영향조사의 대행 제14조의2 환경영향조사 준수사항 (생략) 제15조 환경영향조사 대행자의 등록 제16조 결격사유 제17조 조사대행자의 등록취소 등 (생략) 제18조 환경영향심사
제4장 영업	제19조 판매 등의 금지 제20조 시설 기준 (생략) 제21조 영업의 허가 등 제22조 샘물등의 수위·수량·수질 관리 (생략) 제23조 조건부 영업허가 (생략) 제24조 영업허가 등의 제한 제25조 영업의 승계 (생략) 제26조 수입신고 등 제27조 품질관리인	제28조 품질관리교육 제29조 건강진단 제30조 준수사항 (생략) 제31조 수질개선부담금의 부과·징수 등 제31조의2 부담금의 이의신청 (생략) 제32조 부담금의 징수유예와 분할납부 등 (생략) 제33조 수질개선부담금의 용도 (생략) 제34조 삭제 〈2014. 1. 21〉 제35조 삭제 〈2014. 1. 21〉

(계속)

장	조
제5장 기준과 표시 등	제36조 기준과 규격 제37조 표시기준 제38조 수출용 제품의 기준, 규격, 표시기준 제39조 광고의 제한 제40조 거짓 또는 과대 표시·광고의 금지 등 제40조의2 유사 표시의 사용금지
제6장 검사	제41조 자가 품질 검사의 의무 제41조의2 유통 중인 먹는샘물등의 품질검사 제42조 출입·검사·수거 등 제43조 검사기관의 지정 제44조 소비자보호 (생략)
제7장 영업자에 대한 지도·감독	제45조 지도와 개선명령 (생략) 제46조 폐쇄조치 등 (생략) 제47조 폐기처분 등 (생략) 제47조의2 공표명령 (생략) 제47조의3 먹는샘물등의 회수 (생략) 제48조 허가의 취소 등 (생략) 제48조의2 영업정지처분 등 조치 명령 (생략) 제49조 행정처분 효과의 승계 (생략) 제50조 청문 제51조 과징금 처분 (생략) 제51조의2 위반사실 등의 공표 (생략)
제8장 보칙	제52조 국고보조 (생략) 제53조 다른 법률과의 관계 (생략) 제54조 자료의 요청 (생략) 제55조 위임과 위탁 등 (생략) 제56조 수수료 (생략)
제9장 벌칙	제57조 벌칙 제58조 벌칙 (생략) 제59조 벌칙 (생략) 제60조 양벌규정 (생략) 제61조 과태료 (생략)

제1장 | 총칙

제1조(목적) 이 법은 먹는물의 **수질**과 **위생**을 합리적으로 관리하여 **국민건강을 증진**하는 데 이바지하는 것을 목적으로 한다. 〈개정 2010. 3. 22.〉

제2조(책무) ① 국가와 지방자치단체는 모든 국민이 질 좋은 먹는물을 공급받을 수 있도록 합리적인 시책을 마련하고, 먹는물관련영업자에 대하여 알맞은 지도와 관리를 하여야 한다.

② 먹는물관련영업자는 관계 법령으로 정하는 바에 따라 질 좋은 먹는물을 안전하고 알맞게 공급하도록 하여야 한다.

제3조(정의) 이 법에서 사용하는 용어의 뜻은 다음과 같다. 〈개정 2020. 5. 26.〉

1. "먹는물"이란 먹는 데에 일반적으로 사용하는 **자연 상태의 물**, 자연 상태의 물을 먹기에 적합하도록 처리한 **수돗물**, **먹는샘물**, **먹는염지하수**(鹽地下水), **먹는해양심층수**(海洋深層水)등을 말한다.
2. "샘물"이란 **암반대수층**(岩盤帶水層) 안의 지하수 또는 용천수 등 수질의 **안전성**을 **계속 유지**할 수 있는 자연 상태의 깨끗한 물을 먹는 용도로 사용할 **원수**(原水)를 말한다.
3. "먹는샘물"이란 샘물을 먹기에 적합하도록 **물리적으로 처리하는** 등의 방법으로 **제조**한 물을 말한다.

3의2. "염지하수"란 물속에 녹아있는 **염분(鹽分) 등의 함량**(含量)이 환경부령으로 정하는 기준 이상인 암반대수층 안의 지하수로서 수질의 안전성을 계속 유지할 수 있는 자연 상태의 물을 먹는 용도로 사용할 원수를 말한다.

3의3. "먹는염지하수"란 염지하수를 먹기에 적합하도록 물리적으로 처리하는 등의 방법으로 제조한 물을 말한다.

4. "먹는해양심층수"란 「해양심층수의 개발 및 관리에 관한 법률」 제2조제1호에 따른 해양심층수를 먹는 데 적합하도록 물리적으로 처리하는 등의 방법으로 제조한 물을 말한다.
5. "수처리제(水處理劑)"란 자연 상태의 물을 **정수**(淨水) 또는 **소독**하거나 먹는물 공급시설의 **산화방지** 등을 위하여 첨가하는 제제를 말한다.

6. "먹는물공동시설"이란 여러 사람에게 먹는물을 공급할 목적으로 개발했거나 저절로 형성된 약수터, 샘터, 우물 등을 말한다.

6의2. "냉·온수기"란 용기(容器)에 담긴 먹는샘물 또는 먹는염지하수를 냉수·온수로 변환시켜 취수(取水)꼭지를 통하여 공급하는 기능을 가진 것을 말한다.

6의3. "냉·온수기 설치·관리자"란 「실내공기질 관리법」 제3조제1항에 따른 다중이용시설에서 다수인에게 먹는샘물 또는 먹는염지하수를 공급하기 위하여 냉·온수기를 설치·관리하는 자를 말한다.

7. "정수기"란 **물리적·화학적** 또는 **생물학적 과정**을 거치거나 이들을 **결합한 과정**을 거쳐 먹는물을 제5조제3항에 따른 먹는물의 수질기준에 맞게 취수 꼭지를 통하여 공급하도록 제조된 기구[해당 기구에 냉수·온수 장치, 제빙(製氷) 장치 등 환경부장관이 정하여 고시하는 장치가 결합되어 냉수·온수, 얼음 등을 함께 공급할 수 있도록 제조된 기구를 포함한다]로서, 유입수(流入水) 중에 들어있는 **오염물질을 감소**시키는 기능을 가진 것을 말한다.

7의2. "정수기 설치·관리자"란 「실내공기질 관리법」 제3조제1항에 따른 다중이용시설에서 다수인에게 먹는물을 공급하기 위하여 정수기를 설치 및 관리하는 자를 말한다.

8. "정수기품질검사"란 정수기에 대한 구조, 재질, 정수 성능 등을 종합적으로 검사하는 것을 말한다.

9. "먹는물관련영업"이란 먹는샘물·먹는염지하수의 제조업·수입판매업·유통전문판매업, 수처리제 제조업 및 정수기의 제조업·수입판매업을 말한다.

9의2. "유통전문판매업"이란 제품을 스스로 제조하지 아니하고 타인에게 제조를 의뢰하여 자신의 상표로 유통·판매하는 영업을 말한다.

시행규칙

제1조의2(염분 등의 함량) 「먹는물관리법」(이하 "법"이라 한다) 제3조제3호의2에서 "염분(鹽分) 등의 함량(含量)이 환경부령으로 정하는 기준 이상"이란 염분 등 총용존고형물(總溶存固形物)의 함량이 **2,000mg/L 이상**을 말한다.

제2장 | 먹는물의 수질 관리

제5조(먹는물 등의 수질 관리) ① **환경부장관**은 먹는물, 샘물 및 염지하수의 수질 기준을 정하여 보급하는 등 먹는물, 샘물 및 염지하수의 수질 관리를 위하여 필요한 **시책**을 마련하여야 한다. 〈개정 2013. 3. 22.〉

② 환경부장관 또는 특별시장·광역시장·특별자치시장·도지사·특별자치도지사(이하 "**시·도지사**"라 한다)는 먹는물, 샘물 및 염지하수의 **수질검사를 실시**하여야 한다. 〈개정 2013. 3. 22.〉

③ 먹는물, 샘물 및 염지하수의 수질 기준 및 검사 횟수는 환경부령으로 정한다. 〈개정 2013. 3. 22.〉

④ 환경부장관은 제3항의 수질 기준 설정 등을 위하여 먹는물, 샘물 및 염지하수 중 위해 우려가 있는 물질 등 감시가 필요한 항목을 먹는물, 샘물 및 염지하수 수질감시항목으로 지정할 수 있다. 이 경우 먹는물, 샘물 및 염지하수 수질감시항목의 지정대상·지정절차, 감시항목별 감시기준 및 검사주기 등에 관한 세부사항은 환경부장관이 정하여 고시한다. 〈신설 2018. 12. 24.〉

⑤ 특별시·광역시·특별자치시·도·특별자치도(이하 "시·도"라 한다)는 먹는물, 샘물 및 염지하수의 수질 개선을 위하여 필요하다고 인정하는 경우에는 조례로 제3항에 따른 수질 기준 및 검사 횟수를 강화하여 정할 수 있다. 〈개정 2018. 12. 24.〉

⑥ 시·도지사는 제5항에 따라 수질 기준 및 검사 횟수가 설정·변경된 경우에는 지체 없이 환경부장관에게 보고하고, 환경부령으로 정하는 바에 따라 이해관계자가 알 수 있도록 필요한 조치를 하여야 한다. 〈개정 2018. 12. 24.〉

제6조(먹는물 수질에 대한 공정시험 방법) **환경부장관**은 먹는물 검사를 정확하고 통일성 있게 하기 위하여 먹는물 수질**공정시험**(水質公定試驗) **방법**을 정하여 **고시**하여야 한다.

[법률 제8368호(2007. 4. 11.) 부칙 제2조의 규정에 의하여 이 조는 2007년 10월 4일까지 유효함]

제7조(먹는물 수질 감시원) ① 이 법에 따른 관계 공무원의 직무나 그 밖에 먹는물 수질에 관한 지도 등을 행하게 하기 위하여 **환경부**, **시·도**, **시·군·구**(자치구를 말한다. 이하 같다)에 **먹는물 수질 감시원**을 둔다. 〈개정 2010. 3. 22.〉

② 제1항에 따른 먹는물 수질 감시원의 자격, 임명, 직무범위, 그 밖에 필요한 사항은 대통령령으로 정한다.

시행령

제2조(먹는물 수질 감시원) ①「먹는물관리법」(이하 "법"이라 한다) 제7조제1항에 따른 먹는물 수질 감시원은 **환경부장관**, 특별시장·광역시장·특별자치시장·도지사·특별자치도지사(이하 "**시·도지사**"라 한다) 또는 **시장·군수·구청장**(자치구의 구청장을 말한다. 이하 같다)이 다음 각 호의 어느 하나에 해당하는 **소속 공무원 중**에서 **임명**한다. 〈개정 2017. 10. 17.〉

1. **수질환경기사** 또는 **위생사**(법률 제13983호 공중위생관리법 일부개정법률 부칙 제7조제2항에 따라 위생사로 보는 사람을 포함한다. 이하 같다)의 **자격증**이 있는 사람
2. 대학(「고등교육법」 제2조에 따른 학교를 말한다. 이하 같다)에서 상수도공학, 환경공학, 화학, 미생물학, 위생학 또는 식품학 등 관련분야의 **학과·학부를 졸업**한 사람이거나 법령에 따라 이와 같은 수준 이상의 **학력**이 있다고 인정되는 사람
3. **1년 이상** 환경행정 또는 식품위생행정 분야의 **사무에 종사**한 사람

② 먹는물 수질 감시원의 직무 범위는 다음 각 호와 같다.

1. 먹는물의 수질관리에 관한 조사·지도 및 감시
2. 먹는물 관련 영업에 대한 조사·지도 및 감시

제8조(먹는물공동시설의 관리) ① 먹는물공동시설 소재지의 특별자치시장·특별자치도지사·시장·군수·구청장(구청장은 자치구의 구청장을 말하며, 이하 "**시장·군수·구청장**"이라 한다)은 국민들에게 양질의 먹는물을 공급하기 위하여 먹는물공동시설을 개선하고, 먹는물공동시설의 **수질을 정기적으로 검사**하며, 수질검사 결과 먹는물공동시설로 이용하기에 부적합한 경우에는 **사용금지** 또는 **폐쇄조치**를 하는 등 먹는물공동시설의 알맞은 관리를 위하여 환경부령으로 정하는 바에 따라 필요한 조치를 하여야 한다. 〈개정 2014. 1. 21.〉

② 누구든지 먹는물공동시설의 수질을 오염시키거나 시설을 훼손하는 행위를 하여서는 아니 된다.

③ 먹는물공동시설의 관리대상, 관리방법, 그 밖에 필요한 사항은 환경부령으로 정한다.

④ ⑤ 생략

⑥ 시장·군수·구청장은 제1항에 따른 먹는물공동시설의 수질검사 결과를 환경부령으로 정하는 바에 따라 **환경부장관에게 보고**하여야 한다. 〈신설 2014. 1. 21.〉

⑦ 환경부장관은 시장·군수·구청장에게 제1항에 따른 먹는물공동시설의 정기검사, 사용금지, 폐쇄조치 및 먹는물공동시설의 개선에 필요한 조치를 명할 수 있다. 〈신설 2014. 1. 21.〉

시행규칙

제2조(먹는물공동시설의 관리) ① 법 제8조제3항에 따른 먹는물 공동시설의 관리대상은 다음 각 호와 같다. 〈개정 2013. 2. 1.〉

1. **상시 이용인구가 50명 이상**으로서 먹는물공동시설 소재지의 특별자치시장·특별자치도지사·시장·군수 또는 구청장(구청장은 자치구의 구청장을 말하며, 이하 "시장·군수·구청장"이라 한다)이 지정하는 시설
2. **상시 이용인구가 50명 미만**으로서 시장·군수·구청장이 수질관리가 특히 필요하다고 인정하여 지정하는 시설

② 시장·군수·구청장은 제1항의 먹는물공동시설에 대하여 「환경분야 시험·검사 등에 관한 법률」 제6조제1항제6호에 따른 먹는물 수질공정시험기준에 따라 수질검사를 정기적으로 실시하고, 주변청소 및 시설의 보수 등을 통하여 적절하게 관리하여야 한다. 〈개정 2011. 3. 23.〉

③~⑧ 생략

제8조의2(냉·온수기 또는 정수기의 설치·관리) ① 냉·온수기 설치·관리자 또는 정수기 설치·관리자는 환경부령으로 정하는 바에 따라 냉·온수기 또는 정수기의 설치 장소, 설치 대수 등을 **시장·군수·구청장에게 신고**하여야 한다. 신고한 사항 중 환경부령으로 정하는 중요한 사항을 변경하려는 때에도 또한 같다. 〈개정 2013. 3. 22.〉

② 시장·군수·구청장은 제1항에 따른 신고 또는 변경신고를 받은 날부터 **7일 이내**에 신고 또는 변경신고 수리 여부를 신고인에게 통지하여야 한다. 〈신설 2021. 1. 5.〉

③~⑥ 생략

시행규칙

제2조의2(냉·온수기 또는 정수기의 설치·관리) ①~③ 생략

④ 법 제8조의2제6항에 따른 냉·온수기 또는 정수기의 설치금지 장소 및 관리방법에 관한 구체적 기준은 다음과 같다. 〈개정 2021. 7. 23.〉

1. 냉·온수기 또는 정수기 **설치금지** 장소
   가. **실외 또는 직사광선이 비추는 장소**
   나. **화장실과 가까운 장소**
   다. **냉·난방기 앞**
2. 냉·온수기 관리방법
   가. 에어필터를 **1년마다 1회 이상** 정기적으로 교환할 것
   나. 고온·고압증기소독방법, 약품과 증기소독의 병행방법 등으로 **6개월마다 1회 이상** 물과 접촉하는 부분에 대해 **청소소독**을 실시할 것. 다만, 약품소독을 하는 경우에는 약품이 냉·온수기에 잔류하지 않도록 할 것
   다. 별지 제1호의3서식의 냉·온수기 관리카드를 비치하고, 기록을 유지할 것
3. 정수기 관리방법
   가. 필터는 해당 정수기의 사용방법 설명서에 따라 **정기적으로 교환**할 것
   나. 고온·고압증기소독방법, 약품과 증기소독의 병행방법, 전기분해방법 등으로 **6개월마다 1회 이상** 물과 접촉하는 부분에 대해 **청소소독**을 실시할 것. 이 경우, 소독에 사용한 약품이 정수기에 잔류하지 않도록 할 것
   다. 별지 제1호의4서식의 정수기 관리카드를 비치하고, 기록을 유지할 것
   라. 총대장균군 및 탁도 항목이 수질기준에 적합하도록 관리할 것

[제3장 | 샘물등의 개발 및 보전 〈개정 2012. 6. 1.〉]

제8조의3(샘물보전구역의 지정) ① **시·도지사**는 샘물의 수질보전을 위하여 다음 각 호의 어느 하나에 해당하는 지역 및 그 주변지역을 **샘물보전구역**(이하 "샘물보전구역"이라 한다)으로 **지정**할 수 있다. 〈개정 2020. 5. 26〉

1. 인체에 이로운 무기물질이 많이 들어있어 먹는샘물의 원수(原水)로 이용가치가 높은

샘물이 부존(賦存)되어 있는 지역

2. 샘물의 수량이 풍부하게 부존되어 있는 지역

3. 그 밖에 샘물의 수질보전을 위하여 필요한 지역으로서 대통령령으로 정하는 지역

②~⑤ 생략

제8조의5(샘물보전구역에서의 금지행위) 누구든지 샘물보전구역에서는 다음 각 호의 어느 하나에 해당하는 행위를 하여서는 아니 된다. 다만, 먹는샘물 제조시설 및 그 부속시설에 수반되는 시설로서 환경부령으로 정하는 시설을 환경부령으로 정하는 바에 따라 시·도지사의 허가를 받아 설치하는 경우에는 그러하지 아니하다. 〈개정 2017. 1. 17.〉

1. 「가축전염병예방법」 제22조제2항 본문에 따른 가축의 사체 매몰
2. 「폐기물관리법」 제2조제8호에 따른 폐기물처리시설의 설치
3. 「토양환경보전법」 제2조제4호에 따른 특정토양오염관리대상시설의 설치
4. 「물환경보전법」 제2조제10호에 따른 폐수배출시설의 설치
5. 「하수도법」 제2조제9호에 따른 공공하수처리시설 또는 같은 조 제10호에 따른 분뇨처리시설의 설치
6. 「가축분뇨의 관리 및 이용에 관한 법률」 제2조제3호에 따른 배출시설 또는 같은 조 제8호에 따른 처리시설의 설치
7. 그 밖에 대통령령으로 정하는 오염유발시설의 설치

제9조(샘물 또는 염지하수의 개발허가 등) ① 대통령령으로 정하는 규모 이상의 샘물 또는 염지하수(이하 "샘물등"이라 한다)를 개발하려는 자는 환경부령으로 정하는 바에 따라 시·도지사의 허가를 받아야 한다. 〈개정 2010. 3. 22.〉

② 제1항에 따라 허가를 받은 자가 허가받은 사항 중 대통령령으로 정하는 중요한 사항을 변경하려면 변경허가를 받아야 하고, 그 밖의 사항을 변경하려면 변경신고를 하여야 한다. 〈신설 2010. 3. 22.〉

③ ④ 생략

시행령

제3조(샘물 또는 염지하수의 개발허가 대상) ① 법 제9조제1항에서 "대통령령으로 정하는 규모 이상의 샘물 또는 염지하수(이하 "샘물등"이라 한다)를 개발하려는 자"란 다음 각 호의 자를 말한다. 〈개정 2018. 1. 16.〉

1. 법 제21조제1항에 따라 **먹는샘물** 또는 **먹는염지하수**(이하 "먹는샘물등"이라 한다)의 **제조업**을 하려는 자[「식품위생법」 제7조제1항에 따라 식품의약품안전처장이 고시한 식품의 기준과 규격 중 음료류에 해당하는 식품(이하 "음료류"라 한다)을 제조하기 위하여 먹는샘물등의 제조설비를 사용하는 자를 포함한다]
2. **1일 취수능력 300톤 이상**의 샘물등[원수(原水)의 일부를 음료류·주류 등의 원료로 사용하는 샘물등을 말한다. 이하 "기타샘물"이라 한다]을 개발하려는 자

② 제1항제2호에 따른 취수능력을 산정할 때 샘물등을 이미 개발·이용하고 있는 자가 취수시설을 증설하는 경우에는 전체 취수능력을 기준으로 한다. 〈개정 2011. 3. 22.〉

③ 법 제9조제2항에서 "대통령령으로 정하는 중요한 사항"이란 다음 각 호와 같다. 〈개정 2011. 3. 22.〉

1. 샘물등의 개발의 위치 및 면적
2. 취수계획량
3. 샘물등의 용도

제10조(샘물등의 개발의 임시 허가) ① **시·도지사**는 제9조에 따라 샘물등의 개발을 허가하기 전에 제13조제1항에 따른 환경영향조사의 대상이 되는 **샘물등을 개발하려는 자**에게는 **환경영향조사를 실시**하고, 그에 관한 서류(이하 "조사서"라 한다)를 환경부령으로 정하는 기간에 제출할 것을 조건으로 샘물등의 개발을 임시허가할 수 있다. 〈개정 2021. 1. 5.〉

② 시·도지사는 제1항에 따라 임시허가를 받은 자가 정당한 사유 없이 그 기간에 조사서를 제출하지 아니하면 임시허가를 취소하여야 한다. 〈개정 2021. 1. 5.〉

③ 제1항에 따라 샘물등의 개발의 임시허가를 받은 자가 임시허가를 받은 사항 중 대통령령으로 정하는 사항을 변경하는 경우에는 그 사유가 발생한 날부터 1개월 이내에 환경부령으로 정하는 바에 따라 시·도지사에게 신고하여야 한다. 〈개정 2021. 1. 5.〉

④ ⑤ 생략

시행규칙

제4조(샘물등의 개발의 임시 허가) ① 법 제10조제1항에서 "환경부령으로 정하는 기간"이란 임시 허가를 받은 날부터 **2년**을 말한다. 다만, 시·도지사는 다음 각 호의 어느 하나에

해당하는 경우에는 **1회에 한하여 6개월의 범위**에서 그 기간을 **연장**할 수 있다. 〈개정 2021. 7. 23.〉

1. 천재지변이나 그 밖의 재해로 인하여 환경영향조사를 수행할 수 없는 경우
2. 해당 샘물등의 개발의 환경영향조사 업무를 수행 중인 환경영향조사 대행자가 그 업무를 수행할 수 없게 된 경우

②③ 생략

시행규칙

제4조의2(샘물등의 개발의 임시 허가 변경신고) 법 제10조제3항에 따른 **변경신고**를 하려는 자는 별지 제4호서식의 샘물 등의 개발 임시 허가 변경신고서에 그 변경내용을 증명하는 서류를 첨부하여 **시·도지사에게 제출**하여야 한다. 〈개정 2021. 7. 23.〉

제11조(샘물등의 개발허가의 제한 등) ① **시·도지사**는 제18조에 따른 환경영향심사 결과 다른 공공의 지하수 자원 개발 또는 지표수의 수질 등에 영향을 미칠 우려가 있다고 인정하면 제9조의 **샘물등의 개발허가**를 하지 **아니**할 수 있다. 〈개정 2010. 3. 22.〉

② 시·도지사는 제9조에 따라 샘물등의 개발을 허가할 때에는 제18조에 따른 조사서의 심사결과에 따라 1일 취수량(取水量)을 제한하는 등의 필요한 조건을 붙일 수 있다. 〈개정 2010. 3. 22.〉

③ 제9조에 따른 염지하수 개발허가는 대통령령으로 정하는 바에 따라 환경적으로 안전하게 염지하수를 개발할 수 있다고 인정되어 관리구역으로 지정·고시한 지역에서만 할 수 있다. 〈신설 2010. 3. 22.〉

제12조(샘물등의 개발허가의 유효기간) ① 제9조의 샘물등의 개발허가의 **유효기간은 5년**으로 한다. 〈개정 2010. 3. 22.〉

② 시·도지사는 샘물등의 개발허가를 받은 자가 유효기간의 연장을 신청하면 허가할 수 있다. 이 경우 매 회의 **연장기간은 5년**으로 한다. 〈개정 2010. 3. 22.〉

③ 제2항에 따른 유효기간의 연장신청 절차나 그 밖에 필요한 사항은 환경부령으로 정한다.

시행규칙

제6조(샘물등의 개발허가의 유효기간 연장허가) ① 법 제12조제3항에 따른 샘물등의 개발허

가의 유효기간 연장허가에 관하여는 제3조를 준용한다. 〈개정 2011. 3. 23.〉

② 샘물등의 개발허가의 유효기간 연장허가는 샘물등의 개발허가의 유효기간이 끝나기 **6개월 전까지 신청**하여야 한다. 〈개정 2011. 3. 23.〉

③ 시·도지사는 샘물등의 개발허가의 유효기간이 끝나기 1년 6개월 전까지 샘물등의 개발허가를 받은 자에게 유효기간 연장 절차와 제2항에 따른 기간까지 연장신청을 하지 아니하면 샘물등의 개발허가의 유효기간을 연장할 수 없다는 사실을 알려야 한다. 이 경우 통지는 휴대전화 문자메시지, 전자우편, 팩스, 전화, 문서 등으로 할 수 있다. 〈신설 2012. 6. 15.〉

제13조(환경영향조사) ① 제9조에 따라 **샘물등의 개발허가를 받으려는 자** 중 먹는샘물등의 제조업을 하려는 자와 그 밖에 1일 취수능력이 대통령령으로 정하는 기준에 해당하는 규모의 샘물등을 개발하려는 자는 샘물등의 개발로 주변 환경에 미치는 영향과 주변 환경으로부터 발생하는 해로운 영향을 예측·분석하여 이를 줄일 수 있는 방안에 관한 **환경영향조사를 실시**하여야 하며, 조사서를 작성하여 제9조에 따라 허가를 신청할 때에 **시·도지사에게 제출**하여야 한다. 〈개정 2013. 3. 22.〉

② 제1항에 따른 환경영향조사의 항목, 조사 방법, 평가 기준, 조사서의 작성, 그 밖에 필요한 사항은 환경부령으로 정한다.

시행령

제4조(환경영향조사대상) 법 제13조제1항 중 "그 밖에 1일 취수능력이 대통령령으로 정하는 기준에 해당하는 규모의 샘물등을 개발하려는 자"란 제3조제1항제2호에 해당하는 자를 말한다. 〈개정 2011. 3. 22.〉

제14조(환경영향조사의 대행) 제9조에 따라 샘물등의 개발허가를 받으려는 자 중 제13조제1항에 따라 환경영향조사의 대상이 되는 샘물등을 개발하려는 자는 조사서를 작성할 때에 제15조에 따라 등록한 **환경영향조사 대행자**(이하 "조사대행자"라 한다)**에게** 환경영향조사의 **실시를 대행하게 하여야** 한다. 〈개정 2014. 1. 21.〉

제15조(환경영향조사 대행자의 등록) 환경영향조사의 실시를 대행하려는 자는 환경부령으로 정하는 바에 따라 기술능력, 시설, 장비를 갖추어 **시·도지사에게 등록**하여야 한다.

등록한 사항 중 환경부령으로 정하는 중요한 사항을 변경하려는 때에도 또한 같다. 〈개정 2010. 3. 22.〉

제16조(결격 사유) 다음 각 호의 어느 하나에 해당하는 자는 제15조에 따른 등록을 할 수 없다. 〈개정 2021. 1. 5.〉

1. 피성년후견인 또는 피한정후견인
2. 파산선고를 받고 복권되지 아니한 자
3. 이 법을 위반하여 징역의 실형을 선고받고 그 집행이 종료(집행이 종료된 것으로 보는 경우를 포함한다)되거나 집행이 면제된 날부터 2년이 지나지 아니한 자
4. 이 법을 위반하여 징역형의 집행유예를 선고받고 유예기간 중에 있는 자
5. 제17조에 따라 등록이 취소(이 조 제1호 또는 제2호에 해당하여 등록이 취소된 경우는 제외한다)된 후 2년이 지나지 아니한 자
6. 임원 중 제1호부터 제5호까지의 규정 중 어느 하나에 해당하는 자가 있는 법인

제18조(환경영향심사) ① **시·도지사**는 제13조제1항에 따라 제출된 **조사서**를 **환경부장관에게 보내 기술적 심사**를 받아야 한다.

② 생략

제**4**장 | 영업

제19조(판매 등의 금지) 누구든지 먹는 데 제공할 목적으로 다음 각 호의 어느 하나에 해당하는 것을 판매하거나 판매할 목적으로 채취, 제조, 수입, 저장, 운반 또는 진열하지 못한다. 〈개정 2010. 3. 22.〉

1. 먹는샘물등 외의 물이나 그 물을 용기에 넣은 것
2. 제21조제1항에 따른 허가를 받지 아니한 먹는샘물등이나 그 물을 용기에 넣은 것
3. 제26조제1항에 따른 수입신고를 하지 아니한 먹는샘물등이나 그 물을 용기에 넣은 것
4. 삭제 〈2014. 1. 21.〉

제21조(영업의 허가 등) ① **먹는샘물등의 제조업**을 하려는 자는 환경부령으로 정하는 바에 따라 **시·도지사의 허가**를 받아야 한다. 환경부령으로 정하는 중요한 사항을 변경하

려는 때에도 또한 같다. 〈개정 2010. 3. 22.〉

② **수처리제 제조업**을 하려는 자는 환경부령으로 정하는 바에 따라 **시·도지사에게 등록**하여야 한다. 환경부령으로 정하는 중요한 사항을 변경하려는 때에도 또한 같다.

③ **먹는샘물등의 수입판매업**을 하려는 자는 환경부령으로 정하는 바에 따라 **시·도지사에게 등록**하여야 한다. 환경부령으로 정하는 중요한 사항을 변경하려는 때에도 또한 같다. 〈개정 2010. 3. 22.〉

④ ⑤ 생략

⑥ **먹는샘물등의 유통전문판매업**을 하려는 자는 환경부령으로 정하는 바에 따라 **시·도지사에게 신고**하여야 한다. 환경부령으로 정하는 중요한 사항을 변경하려는 때에도 또한 같다. 〈개정 2021. 1. 5.〉

⑦ **정수기의 제조업 또는 수입판매업**을 하려는 자는 제43조제1항에 따라 환경부장관이 지정한 기관의 검사를 받고 환경부령으로 정하는 바에 따라 **시·도지사에게 신고**하여야 한다. 환경부령으로 정하는 중요한 사항을 변경하려는 때에도 또한 같다. 〈개정 2021. 1. 5.〉

⑧ ⑨ 생략

⑩ 시·도지사는 제1항에 따른 허가를 할 때에는 제18조에 따른 조사서의 심사결과에 따라 1일 취수량(取水量)을 제한하는 등의 필요한 조건을 붙일 수 있다. 〈개정 2021. 1. 5.〉

⑪ 제1항부터 제9항까지의 규정에 따라 영업허가를 받거나 등록 또는 신고를 한 자가 그 영업을 **휴업·재개업 또는 폐업**하거나, 허가받은 사항이나 등록 또는 신고한 사항 중 **가벼운 사항을 변경**하려면 환경부령으로 정하는 바에 따라 **시·도지사에게 신고**하여야 한다. 〈개정 2021. 1. 5.〉

제24조(영업허가 등의 제한) 다음 각 호의 어느 하나에 해당하면 제21조제1항부터 제3항까지 및 제6항에 따른 허가를 받거나 등록 또는 신고를 할 수 없다. 〈개정 2021. 1. 5.〉

1. 영업을 하려는 자(법인인 경우에는 임원을 포함한다. 이하 이 조에서 같다)가 피성년후견인이거나 피한정후견인일 때
2. 영업을 하려는 자가 파산선고를 받고 복권되지 아니한 자일 때
3. 영업을 하려는 자가 이 법을 위반하여 징역의 실형을 선고받고 그 집행이 종료(집행이 종료된 것으로 보는 경우를 포함한다)되거나 집행이 면제되지 아니한 자일 때

4. 제48조제1항부터 제3항까지의 규정에 따라 영업의 허가나 등록이 취소된 후 1년이 지나지 아니한 자(법인인 경우에는 그 대표자를 포함한다)가 다시 같은 업종의 영업을 하려 할 때
5. 제48조제1항부터 제3항까지의 규정에 따라 영업의 허가나 등록이 취소된 후 1년이 지나지 아니하였는데도 같은 장소에서 먹는샘물등의 제조업이나 수처리제 제조업을 하려 할 때
6. 지반침하, 수자원의 고갈 등 환경에 심각한 피해나 위해를 끼치거나 끼칠 우려가 있어 환경부령으로 정하는 기준에 해당될 때(먹는샘물등의 제조업의 경우만 해당한다)

제26조(수입신고 등) ① 먹는샘물등, 수처리제 또는 그 용기를 **수입하려는 자**는 환경부령으로 정하는 바에 따라 **시·도지사에게 신고**하여야 한다. 〈개정 2010. 3. 22.〉

②③ 생략

④ 시·도지사는 필요하다고 인정하면 제1항에 따라 신고한 먹는샘물등, 수처리제 또는 그 용기를 **통관 절차 완료 전**에 관계 공무원이나 관계 검사기관으로 하여금 **필요한 검사**를 하게 할 수 있다. 이 경우 수입항(수입물품이 「관세법」에 따른 보세구역에서 반출되는 경우에는 그 물품의 보관장소를 말한다. 이하 이 항에서 같다)이 다른 시·도지사의 관할구역에 위치한 경우에는 그 수입항이 위치한 시·도의 관계 검사기관에 검사를 요청할 수 있다. 〈개정 2021. 1. 5.〉

⑤ 시·도지사는 제31조에 따른 **수질개선부담금을 2회 이상 내지 아니한** 먹는샘물등의 수입판매업자에게는 제4항에 따라 실시하는 **검사를 거부**할 수 있다. 〈개정 2021. 1. 5.〉

제27조(품질관리인) ① 먹는샘물등의 **제조업자**, 수처리제 **제조업자**, 정수기 **제조업자**는 **품질관리인을 두어야** 한다. 다만, 개인인 먹는샘물등의 제조업자, 수처리제 제조업자 또는 정수기 제조업자가 제4항에 따른 품질관리인의 자격을 갖추고 제2항에 따른 업무를 직접 수행하는 경우에는 품질관리인을 따로 두지 아니할 수 있다. 〈개정 2010. 3. 22.〉

② 품질관리인은 먹는샘물등, 수처리제 또는 정수기를 제조하는 과정에서 품질을 관리하고, 제조 시설을 위생적으로 관리하여야 한다. 〈개정 2010. 3. 22.〉

③ 먹는샘물등의 제조업자, 수처리제 제조업자, 정수기 제조업자는 제2항에 따른 품질관리인의 업무를 방해하여서는 아니 되며, 그로부터 업무수행에 필요한 요청을 받으면 정당한 사유가 없으면 요청에 따라야 한다. 〈개정 2010. 3. 22.〉

④ 품질관리인의 자격 기준은 대통령령으로 정한다.

시행령

제6조(품질관리인의 자격기준) 법 제27조제4항에 따른 품질관리인의 자격기준은 다음 각 호와 같다. 〈개정 2017. 10. 17.〉

1. **먹는샘물등의 제조업** 및 **수처리제 제조업**의 경우에는 다음 각 목의 어느 하나에 해당하는 사람
   가. 수질환경산업기사 이상 또는 위생사의 **자격증**이 있는 사람
   나. 대학에서 상수도공학, 환경공학, 화학, 미생물학, 위생학 또는 식품학 등 관련분야의 **학과·학부를 졸업**한 사람이거나 법령에 따라 이와 같은 수준 이상의 **학력**이 있다고 인정되는 사람
   다. **1년 이상** 환경행정 또는 식품위생행정 분야의 **업무에 종사**한 사람
2. **정수기의 제조업**의 경우에는 다음 각 목의 어느 하나에 해당하는 사람
   가. 수질환경산업기사 이상, **품질경영산업기사 이상** 또는 위생사의 자격증이 있는 사람
   나. 대학에서 상수도공학, 환경공학, 화학, 미생물학, 위생학, **품질관리 또는 품질경영 분야**의 학과·학부를 졸업한 사람이거나 법령에 따라 이와 같은 수준 이상의 학력이 있다고 인정되는 사람
   다. **수질환경, 위생, 품질관리, 품질경영** 또는 **정수기 제조 분야에 2년 이상** 종사한 사람

제28조(품질관리교육) ① 제27조제1항 단서에 따라 품질관리인을 두지 아니한 개인인 먹는샘물등의 제조업자, 수처리제 제조업자 또는 정수기 제조업자는 환경부장관이 실시하는 품질관리교육(이하 "품질관리교육"이라 한다)을 정기적으로 받아야 하고, 같은 항 본문에 따른 먹는샘물등의 제조업자, 수처리제 제조업자 또는 정수기 제조업자는 품질관리인으로 하여금 **정기적**으로 품질관리교육을 받도록 하여야 한다. 〈개정 2018. 6. 12.〉

② 제27조에 따른 품질관리인이 되려는 자는 **미리** 제1항에 따른 교육을 받아야 한다. 다만, 품질관리인이 특별한 사정 등 부득이한 사유로 미리 교육을 받을 수 없으면 품질

관리인이 된 후에 교육을 받을 수 있다.

③ 제1항과 제2항에 따른 품질관리에 관한 교육의 실시기관 및 내용 등에 관하여는 환경부령으로 정한다.

④ 생략

시행규칙

제17조(품질관리교육) ① 법 제28조제1항 및 제2항에 따른 품질관리교육은 다음 각 호의 구분에 따른다. 〈개정 2018. 12. 13.〉

1. **신규**교육: 품질관리인의 업무를 수행하기 전에 1회. 다만, 특별한 사정 등 부득이한 사유로 **미리 교육을 받을 수 없는 경우**에는 다음 각 목의 구분에 따른 기간 내에 신규교육을 받아야 한다.

   가. **정수기** 제조업자가 두는 품질관리인: 품질관리인의 업무를 수행한 날부터 **2년 이내**

   나. 품질관리인을 두지 않는 개인인 정수기 제조업자: 품질관리인의 업무를 수행한 날부터 2년 이내

   다. 가목 및 나목 외의 경우: 품질관리인의 업무를 수행한 날부터 1년 이내

2. **정기**교육: 신규교육 또는 직전의 정기교육을 수료한 날(제2항에 따라 신규교육이 면제된 경우에는 해당 품질관리교육을 수료한 날)부터 **3년이 되는 날**이 속하는 해의 1월 1일부터 **12월 31일까지**

②③ 생략

제29조(건강진단) ① 먹는샘물등의 제조에 종사하는 종업원(제조업자가 직접 제조에 종사하는 경우에는 제조업자를 포함한다)은 건강진단을 받아야 한다. 다만, 다른 법령에 따라 같은 내용의 건강진단을 받은 경우에는 이 법에 따른 건강진단으로 갈음할 수 있다. 〈개정 2010. 3. 22.〉

② 먹는샘물등의 제조업자는 제1항에 따른 건강진단을 받지 아니한 사람과 건강진단을 받은 결과 다른 사람에게 위해를 끼칠 우려가 있는 질병이 있다고 인정되는 사람을 그 업무에 종사하게 하여서는 아니 된다. 〈개정 2020. 5. 26.〉

③ 제1항에 따른 건강진단의 실시 방법 등과 제2항에 따라 영업에 종사하지 못하는 질

병의 종류는 환경부령으로 정한다.

먹는물 수질기준 및 검사 등에 관한 규칙

제5조(건강진단) ①「먹는물관리법」 제29조제1항 및 「수도법」 제32조제1항(같은 법 제53조에 따라 준용되는 경우를 포함한다)에 따라 건강진단을 받아야 하는 자는 다음 각 호의 구분에 따라 **장티푸스**, **파라티푸스** 및 **세균성 이질 병원체**의 감염 여부에 관하여 건강진단을 받아야 한다. 다만, 소화기계통 전염병이 먹는샘물 또는 먹는염지하수(이하 "먹는샘물등"이라 한다)의 제조공장 또는 수도의 취수장·배수지 부근에서 발생하였거나 발생할 우려가 있는 경우에는 **즉시** 건강진단을 받아야 한다. 〈개정 2011. 2. 1.〉

1.「먹는물관리법」 제29조제1항에 따라 먹는샘물등의 취수·제조·가공·저장·이송시설에서 종사하는 자와 「수도법」 제32조제1항(같은 법 제53조에 따라 준용되는 경우를 포함한다)에 따라 취수·정수 또는 배수시설에서 종사하는 자 및 그 시설 안에 거주하는 자 : **6개월마다 1회**
2.「먹는물관리법」 제29조제1항에 따른 먹는샘물등의 제조업에 종사하는 자로서 제1호 외의 자 : 환경부장관이 전염병의 예방 등을 위하여 필요하다고 인정하는 경우

② 제1항에 따른 건강진단은 관할 보건소 또는 특별시장·광역시장 또는 도지사(이하 "시·도지사"라 한다)가 지정하는 지정의료기관에서 실시한다.

③「먹는물관리법」 제29조제3항에 따라 영업에 종사하지 못하는 질병의 종류는 장티푸스, 파라티푸스, 세균성 이질 병원체의 감염 및 소화기계통 전염병으로 한다.

제31조(수질개선부담금의 부과·징수 등) ① 환경부장관은 공공의 지하수자원을 보호하고 먹는물의 수질개선에 이바지하도록 제9조에 따라 샘물등의 개발허가를 받은 자, 먹는샘물등의 제조업자 및 수입판매업자에게 수질개선부담금(이하 "부담금"이라 한다)을 부과·징수할 수 있다. 〈개정 2010. 3. 22.〉

② 부담금은 제9조에 따라 샘물등의 개발허가를 받은 자와 먹는샘물등의 제조업자에게는 샘물등의 취수량을 기준으로, 먹는샘물등의 수입판매업자에게는 먹는샘물등의 수입량을 기준으로 다음 각 호의 금액을 더한 금액의 3배의 범위에서 대통령령으로 정하는 바에 따라 부과·징수한다. 〈개정 2011. 7. 21.〉

1.「지방공기업법」 제21조에 따른 상수도 원가 및 하수도 원가

2.「수도법」 제71조에 따른 원인자부담금

3.「하수도법」 제61조에 따른 원인자부담금

4. 다음 각 목의 물이용부담금을 평균한 금액

가.「한강수계 상수원수질개선 및 주민지원 등에 관한 법률」 제19조제1항에 따른 물이용부담금

나.「낙동강수계 물관리 및 주민지원 등에 관한 법률」 제32조제1항에 따른 물이용부담금

다.「금강수계 물관리 및 주민지원 등에 관한 법률」 제30조제1항에 따른 물이용부담금

라.「영산강·섬진강수계 물관리 및 주민지원 등에 관한 법률」 제30조제1항에 따른 물이용부담금

5.「환경정책기본법」 제47조제1항제1호에 따른 국가환경개선사업 중 상수도 및 수질보전 부문의 세출

③~⑥ 생략

⑦ 환경부장관은 제6항에 따른 환경개선특별회계의 세입 중 샘물등의 개발허가를 받은 자와 먹는샘물등의 제조업자 중 대통령령으로 정하는 자로부터 징수한 부담금 및 가산금의 **100분의** 40에 상당하는 금액을 해당 취수정(取水井)이 위치한 특별자치시, 특별자치도, 시, 군 또는 구에 지급하여야 한다. 〈개정 2012. 6. 1.〉

⑧~⑪ 생략

제5장 | 기준과 표시 등

제36조(기준과 규격) ① **환경부장관**은 먹는샘물등, 수처리제, 정수기 또는 그 용기의 종류, 성능, 제조방법, 보존방법, 유통기한(그 기한의 연장에 관한 사항을 포함한다), 사후관리 등에 관한 **기준**과 성분에 관한 **규격을 정하여 고시**할 수 있다. 〈개정 2013. 3. 22.〉

②③ 생략

제37조(표시기준) ① **환경부장관**은 먹는샘물등, 수처리제(水處理劑), 정수기의 용기나 포장의 **표시**, 제품명(製品名)의 사용에 필요한 **기준**을 정하여 고시하여야 한다. 〈개정

2010. 3. 22.〉

② 생략

제38조(수출용 제품의 기준, 규격, 표시 기준) ① **수출용**으로 제조하는 먹는샘물등, 수처리제, 정수기 또는 그 용기의 **기준, 규격, 표시 기준**은 제36조제1항·제2항 및 제37조에도 불구하고 **수입하는 자가 요구**하는 기준, 규격, 표시 기준을 따를 수 있다. 〈개정 2010. 3. 22.〉

② 먹는물관련영업자가 제1항에 따라 수입하는 자가 요구하는 기준, 규격, 표시 기준을 따라 먹는샘물등, 수처리제, 정수기 또는 그 용기를 제조하려 할 때에는 환경부령으로 정하는 바에 따라 이를 증명하는 서류 등을 시·도지사에게 제출하여야 한다. 〈개정 2010. 3. 22.〉

시행규칙

제30조(수출용 먹는샘물 등의 기준·규격 및 표시기준 관리) 수출용 먹는샘물등, 수처리제, 정수기 또는 그 용기를 제조하려는 자는 법 제38조제2항에 따라 별지 제33호서식의 수출용 먹는샘물등 제조신청서(전자문서를 포함한다)에 다음 각 호의 서류(전자문서를 포함한다)를 첨부하여 시·도지사에게 제출하여야 한다. 〈개정 2011. 3. 23.〉

1. 수입하려는 자가 요구하는 기준·규격 및 표시기준 등에 관한 증빙서류
2. 수출계약서 사본

제39조(광고의 제한) ① **환경부장관**은 공익을 위하여 필요하다고 인정하면 대통령령으로 정하는 바에 따라 먹는샘물등에 관한 **광고를 금지하거나 제한**할 수 있다. 〈개정 2020. 5. 26.〉

② 시·도지사는 먹는샘물등의 제조업자와 수입판매업자가 제1항에 따른 금지 또는 제한을 위반하면 그 먹는샘물등의 수입 또는 판매를 제한하거나 광고물의 제거 등 시정에 필요한 명령이나 조치를 할 수 있다. 〈개정 2010. 3. 22.〉

시행규칙

제31조(광고 제한의 기준, 방법 및 절차 등) ① 법 제39조 및 영 제17조제2항에 따른 먹는샘물등의 광고 제한의 기준은 다음 각 호의 어느 하나에 해당하는 것으로 한다.

1. 객관적이고 과학적인 근거자료에 따라 표현하지 않은 경우

2. 삭제 〈2014. 11. 28.〉

3. 수돗물에 대한 불신을 조장하는 표현을 사용한 경우

②~④ 생략

제40조(거짓 또는 과대 표시·광고의 금지 등) ① 먹는샘물등, 수처리제, 정수기와 그 용기·포장의 명칭, 제조 방법·품질 등에 관하여 **거짓** 또는 **과대**의 표시·광고를 하거나 **의약품과 혼동할 우려**가 있는 표시·광고를 하여서는 **아니** 된다. 〈개정 2010. 3. 22.〉

② 제1항에 따른 거짓 또는 과대의 표시·광고의 범위, 그 밖에 필요한 사항은 환경부령으로 정한다.

시행규칙

제32조(거짓 또는 과대 표시·광고의 금지 등) 법 제40조에 따른 거짓 또는 과대의 표시·광고의 범위는 용기·포장·라디오·텔레비전·신문·잡지·음악·영상·인쇄물·간판, 그 밖의 방법에 따라 먹는샘물등·수처리제·정수기 및 그 용기·포장의 명칭·제조방법·품질 또는 사용에 대한 정보를 알리는 행위 중 다음 각 호의 어느 하나에 해당하는 것을 말한다. 〈개정 2021. 7. 23.〉

1. 먹는샘물등 및 수처리제의 경우

가. 법 제21조제1항부터 제3항까지 및 제6항에 따라 허가받은 사항 또는 등록한 사항 또는 신고한 사항이나 법 제26조제1항에 따라 수입신고한 사항과 다른 내용의 표시·광고

나. 제품 중에 함유된 성분과 다른 내용의 표시·광고

다. 제조연월일이나 유통기한을 표시할 때 사실과 다른 내용의 표시·광고

라. "최고"·"특수" 등의 표현이나 "특수제법" 등의 모호한 표현으로 소비자를 현혹시킬 우려가 있는 표시·광고

마. 의약품으로 혼동할 우려가 있는 내용의 표시·광고

바. 체험사례 등을 이용하는 광고

2. 정수기의 경우

가. 법 제21조제7항에 따라 신고한 사항과 다른 내용의 표시·광고

나. "최고"·"특수" 등의 표현이나 "특수제법" 등의 모호한 표현으로 소비자를 현혹

시킬 우려가 있는 표시·광고

다. 유효 정수량을 표시할 때 실제 정수량과 다른 내용의 표시·광고

라. 실제 정수기능과 다른 기능의 표시·광고

마. 비교대상 및 기준을 구체적으로 밝히지 아니하거나 객관적인 근거 없이 다른 회사제품과 비교하는 표시·광고

바. 다른 회사제품을 비방하는 광고

사. 체험사례 등을 이용하는 광고

제40조의2(유사 표시의 사용금지) 이 법에 따른 정수기, 먹는샘물등이 아닌 경우에는 정수기, 먹는샘물등으로 오인될 우려가 있는 "정수기", "샘물", "생수" 등의 제품명을 사용하거나 그 밖의 표시를 하여 제공 또는 판매를 하여서는 아니 된다. 〈개정 2018. 12. 24.〉

제6장 | 검사

제41조(자가 품질 검사의 의무) ① 먹는샘물등, 수처리제, 정수기 또는 그 용기의 **제조업자**는 환경부령으로 정하는 바에 따라 그가 제조하는 제품이 제36조제1항 또는 제2항에 따른 기준과 규격에 적합한지를 **자가 검사**(檢査)하고 그 **기록을 보존**하여야 한다. 〈개정 2010. 3. 22.〉

② 제1항의 경우에 시·도지사는 먹는샘물등, 수처리제, 정수기 또는 그 용기의 제조업자가 직접 검사하는 것이 적합하지 아니하면 제43조에 따라 지정된 검사기관에 위탁하여 검사하게 할 수 있다. 〈개정 2010. 3. 22.〉

시행규칙

제33조(자가 품질 검사) ① 법 제41조제1항에 따른 자가 품질 검사는 다음 각 호의 구분에 따른다. 〈개정 2013. 10. 30.〉

1. 먹는샘물등의 제조업자의 경우 : 별표 6의 검사기준. 다만, 제12조제3항 본문에 따라 전산망을 통하여 자료를 제출한 경우에는 그 일부를 면제할 수 있다.
2. 수처리제 제조업자의 경우 : 생산품목별 월 1회 이상(검사항목은 법 제36조에 따른 수

처리제의 기준과 규격에 관한 고시에서 정한 항목에 따른다)

3. 정수기의 제조업자의 경우 : 별표 7의 검사기준

② 제1항에 따른 검사성적서는 **2년간** 보존하여야 한다. 〈신설 2012. 6. 15.〉

시행규칙 **[별표 6] 먹는샘물등 제조업자의 자가 품질 검사 기준**(제33조제1호 관련) 〈개정 2010. 3. 23〉

구분	검사항목	검사주기
1. 먹는샘물·먹는염지하수	**냄새, 맛, 색도, 탁도, 수소이온농도(5개 항목)**	**매일 1회 이상**
	일반세균(저온균·중온균), 총대장균군, 녹농균(4개 항목)	매주 2회 이상 3~4일 간격으로 실시
	분원성연쇄상구균, 아황산환원혐기성포자형성균, 살모넬라, 쉬겔라(4개 항목)	매월 1회 이상
	「먹는물 수질기준 및 검사 등에 관한 규칙」 별표 1에서 정하는 모든 항목	매반기 1회 이상
2. 샘물·염지하수	일반세균(저온균·중온균), 총대장균군, 분원성연쇄상구균, 녹농균, 아황산환원혐기성포자형성균(6개 항목)	매주 1회 이상
	「먹는물 수질기준 및 검사 등에 관한 규칙」 별표 1에서 정하는 모든 항목	매반기 1회 이상

제41조의2(유통 중인 먹는샘물등의 품질검사) ① 환경부장관 또는 시·도지사는 먹는샘물등이 제5조에 따른 수질 기준에 적합한지 여부, 제36조에 따른 기준과 규격의 적정 준수 여부를 확인하기 위하여 소속 공무원으로 하여금 유통 중인 먹는샘물등을 수거하여 조사하게 할 수 있다.

② 제1항에 따라 수거를 하는 소속 공무원에 관하여는 제42조제2항을 준용한다.

제42조(출입·검사·수거 등) ① **환경부장관**, **시·도지사** 또는 **시장·군수·구청장**은 샘물등의 개발에 따른 환경영향 조사를 하거나 먹는물관련영업 또는 냉·온수기나 정수기의 설치·관리로 인한 국민건강상의 위해를 방지하고 검사기관의 적정 운영 여부를 확인하기 위하여 필요하다고 인정되면 다음 각 호의 조치를 할 수 있다. 〈개정 2013. 3. 22.〉

1. 샘물등의 개발허가를 받은 자, 먹는물관련영업자, 냉·온수기 설치·관리자, 정수기 설치·관리자 및 제43조에 따라 지정된 검사기관이나 그 밖의 관계인에게 **필요한 보고**를 명하는 것
2. 관계 **공무원에게** 영업장소·사무소·창고·제조소·저장소·판매소(이하 "**사업장**"이라 한다) 또는 이와 유사한 장소에 **출입**하여 판매를 목적으로 하거나 영업상 사용하는 원재료·제품·용기·포장 또는 제조·영업시설 등이나 냉·온수기 또는 정수기를 **검**

사하도록 하는 것

3. 제2호의 검사에 필요한 최소량의 원재료, 제품, 용기·포장 등을 **무상으로 수거**(收去) 하는 것

4. 관계 공무원이 영업 관계의 장부, 서류, 검사와 관련된 **자료를 열람**하게 하는 것

② 제1항에 따라 출입, 검사, 수거 또는 열람을 하려는 공무원은 그 권한을 표시하는 증표를 지니고 이를 관계인에게 내보여야 한다.

제43조(검사기관의 지정) ① 환경부장관은 제42조제1항제3호에 따라 거두어들인 원재료, 제품, 용기 등의 검사와 제5조제2항에 따른 먹는물의 수질검사를 위한 기관을 지정할 수 있다. 지정받은 기관(이하 "검사기관"이라 한다)이 지정받은 사항 중 환경부령으로 정하는 중요 사항을 변경하려는 경우에는 환경부장관에게 신고하여야 한다.

②③ 생략

④ 검사기관은 **먹는물 수질검사기관, 수처리제 검사기관, 정수기 품질검사기관, 정수기 성능검사기관**으로 **구분**한다. 〈개정 2021. 1. 5.〉

⑤ 다음 각 호의 어느 하나에 해당하는 자는 제1항에 따른 검사기관으로 지정받을 수 없다. 〈개정 2021. 1. 5.〉

1. 피성년후견인 또는 피한정후견인
2. 이 법을 위반하여 징역의 실형을 선고받고 그 집행이 끝나거나(집행이 끝난 것으로 보는 경우를 포함한다) 집행이 면제된 날부터 2년이 지나지 아니한 자
3. 이 법을 위반하여 징역형의 집행유예를 선고받고 그 집행유예기간 중에 있는 자
4. 제8항에 따라 지정이 취소된 후 4년이 지나지 아니한 자
5. 임원 또는 기관의 대표자 중에 제1호부터 제4호까지의 규정 중 어느 하나에 해당하는 자가 있는 법인이나 기관

⑥~⑬ 생략

제7장 | 벌칙

제50조(청문) 환경부장관이나 시·도지사는 다음 각 호의 어느 하나에 해당하는 처분을 하려면 **청문**을 하여야 한다. 〈개정 2021. 1. 5.〉

1. 제12조의2에 따른 **샘물등의 개발허가의 취소**
2. 제17조제1항에 따른 **등록의 취소** 또는 제43조제8항에 따른 **지정취소**
3. 삭제 〈2014. 1. 21.〉

3의2. 제43조제8항에 따른 **검사기관의 지정취소**

4. 제48조제1항부터 제3항까지의 규정에 따른 **영업허가나 등록의 취소 또는 영업장의 폐쇄**

> **참고**
> 법 제50조 관련
> • 제17조(환경영향조사 대행자의 등록취소 등)
> • 제43조(검사기관의 지정)
> • 제48조(먹는물관련 영업자) 허가 또는 등록취소 또는 영업장 폐쇄

제57조(벌칙) 다음 각 호의 어느 하나에 해당하는 자는 **5년 이하의 징역**이나 **5천만원 이하의 벌금**에 처한다. 이 경우 징역과 벌금을 병과(倂科)할 수 있다. 〈개정 2014. 1. 21.〉

1. 제19조제1호 또는 제2호를 위반한 자
2. 제21조제1항에 따른 허가 또는 변경허가를 받지 아니하고 먹는샘물등의 제조업을 하거나 거짓이나 그 밖의 부정한 방법으로 허가 또는 변경허가를 받은 자
3. 삭제 〈2014. 1. 21.〉
4. 삭제 〈2014. 1. 21.〉

> **참고**
> 법 제57조 관련
> • 제19조(판매 등의 금지)
> • 제21조(영업의 허가 등)

08

먹는물 수질기준 및 검사 등에 관한 규칙

고시 1995. 5. 1., 환경부령 제942호, 2021. 9. 16., 타법개정

먹는물 수질기준 및 검사 등에 관한 규칙	제1조 목적 제2조 수질기준 제3조 수질검사의 신청 (생략) 제4조 수질검사의 횟수 제5조 건강진단 제6조 수질검사결과의 보고 (생략) 제7조 수질검사성적서 등의 보존 제8조 삭제 〈2016. 12. 30〉

제1조(목적) 이 규칙은 「먹는물관리법」 제5조제3항 및 제29조제3항과 「수도법」 제26조제2항, 제29조제1항·제3항, 제32조제1항·제3항, 제53조 및 제55조제1항에 따른 **수질기준** 및 **수질검사 횟수**와 관련 **종사자의 건강진단** 등에 관한 사항을 규정함을 목적으로 한다.

제2조(수질기준) 「먹는물관리법」 제5조제3항 및 「수도법」 제26조제2항에 따른 먹는물(「먹는물관리법」 제3조제1호에 따른 먹는물을 말하며, 같은 법 제3조제2호, 제3조제3호의2 및 제6호에 따른 샘물, 염지하수 및 먹는물공동시설의 물 등을 포함한다. 이하 같다)의 수질기준은 별표 1과 같다. 〈개정 2011. 2. 1.〉

[별표 1] 먹는물의 수질기준(제2조 관련) 〈개정 2021. 9. 16.〉

1. 미생물에 관한 기준

가. **일반세균**은 **1mL 중 100CFU**(Colony Forming Unit)**를 넘지 아니**할 것. 다만, 샘물 및 염지하수의 경우에는 저온일반세균은 20CFU/mL, 중온일반세균은 5CFU/mL를 넘지 아니하여야 하며, 먹는샘물, 먹는염지하수 및 먹는해양심층수의 경우에는 병에 넣은 후 4℃를 유지한 상태에서 12시간 이내에 검사하여 저온일반세균은 100CFU/mL, 중온일반세균은 20CFU/mL를 넘지 아니할 것

나. **총 대장균군**은 **100mL**(샘물·먹는샘물, 염지하수·먹는염지하수 및 먹는해양심층수의 경우에는 250mL)**에서 검출되지 아니**할 것. 다만, 제4조제1항제1호나목 및 다목에 따라 매월 또는 매 분기 실시하는 총 대장균군의 수질검사 시료(試料) 수가 20개 이상인 정수시설의 경우에는 검출된 시료 수가 5퍼센트를 초과하지 아니하여야 한다.

다. **대장균·분원성 대장균군**은 **100mL에서 검출되지 아니**할 것. 다만, 샘물·먹는샘물, 염지하수·먹는염지하수 및 먹는해양심층수의 경우에는 적용하지 아니한다.

라. **분원성 연쇄상구균·녹농균·살모넬라 및 쉬겔라**는 **250mL에서 검출되지 아니**할 것(샘물·먹는샘물, 염지하수·먹는염지하수 및 먹는해양심층수의 경우에만 적용한다)

마. **아황산환원혐기성포자형성균**은 **50mL에서 검출되지 아니**할 것(샘물·먹는샘물, 염지하수·먹는염지하수 및 먹는해양심층수의 경우에만 적용한다)

바. **여시니아균**은 **2L에서 검출되지 아니**할 것(**먹는물공동시설**의 물의 경우**에만 적용**한다)

2. 건강상 유해영향 무기물질에 관한 기준

가. 납은 0.01mg/L를 넘지 아니할 것

나. 불소는 1.5mg/L(샘물·먹는샘물 및 염지하수·먹는염지하수의 경우에는 2.0mg/L)를 넘지 아니할 것

다. 비소는 0.01mg/L(샘물·염지하수의 경우에는 0.05mg/L)를 넘지 아니할 것

라. 셀레늄은 0.01mg/L(염지하수의 경우에는 0.05mg/L)를 넘지 아니할 것

(계속)

마. 수은은 0.001mg/L를 넘지 아니할 것

바. 시안은 0.01mg/L를 넘지 아니할 것

사. 크롬은 0.05mg/L를 넘지 아니할 것

아. 암모니아성 질소는 0.5mg/L를 넘지 아니할 것

자. 질산성 질소는 10mg/L를 넘지 아니할 것

차. 카드뮴은 0.005mg/L를 넘지 아니할 것

카. 붕소는 1.0mg/L를 넘지 아니할 것(염지하수의 경우에는 적용하지 아니한다)

타. 브롬산염은 0.01mg/L를 넘지 아니할 것(수돗물, 먹는샘물, 염지하수·먹는염지하수, 먹는해양심층수 및 오존으로 살균·소독 또는 세척 등을 하여 먹는물로 이용하는 지하수만 적용한다)

파. 스트론튬은 4mg/L를 넘지 아니할 것(먹는염지하수 및 먹는해양심층수의 경우에만 적용한다)

하. 우라늄은 30μg/L를 넘지 않을 것[수돗물(지하수를 원수로 사용하는 수돗물을 말한다), 샘물, 먹는샘물, 먹는염지하수 및 먹는물공동시설의 물의 경우에만 적용한다)]

3. 건강상 유해영향 유기물질에 관한 기준

가. 페놀은 0.005mg/L를 넘지 아니할 것

나. 다이아지논은 0.02mg/L를 넘지 아니할 것

다. 파라티온은 0.06mg/L를 넘지 아니할 것

라. 페니트로티온은 0.04mg/L를 넘지 아니할 것

마. 카바릴은 0.07mg/L를 넘지 아니할 것

바. 1,1,1-트리클로로에탄은 0.1mg/L를 넘지 아니할 것

사. 테트라클로로에틸렌은 0.01mg/L를 넘지 아니할 것

아. 트리클로로에틸렌은 0.03mg/L를 넘지 아니할 것

자. 디클로로메탄은 0.02mg/L를 넘지 아니할 것

차. 벤젠은 0.01mg/L를 넘지 아니할 것

카. 톨루엔은 0.7mg/L를 넘지 아니할 것

타. 에틸벤젠은 0.3mg/L를 넘지 아니할 것

파. 크실렌은 0.5mg/L를 넘지 아니할 것

하. 1,1-디클로로에틸렌은 0.03mg/L를 넘지 아니할 것

거. 사염화탄소는 0.002mg/L를 넘지 아니할 것

너. 1,2-디브로모-3-클로로프로판은 0.003mg/L를 넘지 아니할 것

더. 1,4-다이옥산은 0.05mg/L를 넘지 아니할 것

4. 소독제 및 소독부산물질에 관한 기준(샘물·먹는샘물·염지하수·먹는염지하수·먹는해양심층수 및 먹는물공동시설의 물의 경우에는 적용하지 아니한다)

(계속)

가. **잔류염소**(유리잔류염소를 말한다)는 **4.0mg/L를 넘지 아니**할 것

나. 총트리할로메탄은 0.1mg/L를 넘지 아니할 것

다. 클로로포름은 0.08mg/L를 넘지 아니할 것

라. 브로모디클로로메탄은 0.03mg/L를 넘지 아니할 것

마. 디브로모클로로메탄은 0.1mg/L를 넘지 아니할 것

바. 클로랄하이드레이트는 0.03mg/L를 넘지 아니할 것

사. 디브로모아세토니트릴은 0.1mg/L를 넘지 아니할 것

아. 디클로로아세토니트릴은 0.09mg/L를 넘지 아니할 것

자. 트리클로로아세토니트릴은 0.004mg/L를 넘지 아니할 것

차. 할로아세틱에시드(디클로로아세틱에시드, 트리클로로아세틱에시드 및 디브로모아세틱에시드의 합으로 한다)는 0.1mg/L를 넘지 아니할 것

카. 포름알데히드는 0.5mg/L를 넘지 아니할 것

5. 심미적(審美的) 영향물질에 관한 기준

가. 경도(硬度)는 1,000mg/L(수돗물의 경우 300mg/L, 먹는염지하수 및 먹는해양심층수의 경우 1,200mg/L)를 넘지 아니할 것. 다만, 샘물 및 염지하수의 경우에는 적용하지 아니한다.

나. 과망간산칼륨 소비량은 10mg/L를 넘지 아니할 것

다. **냄새와 맛**은 소독으로 인한 냄새와 맛 이외의 냄새와 맛이 있어서는 아니될 것. 다만, 맛의 경우는 샘물, 염지하수, 먹는샘물 및 먹는물공동시설의 물에는 적용하지 아니한다.

라. 동은 1mg/L를 넘지 아니할 것

마. **색도는 5도**를 넘지 아니할 것

바. 세제(음이온 계면활성제)는 0.5mg/L를 넘지 아니할 것. 다만, 샘물·먹는샘물, 염지하수·먹는염지하수 및 먹는해양심층수의 경우에는 검출되지 아니하여야 한다.

사. **수소이온 농도**는 **pH 5.8 이상 pH 8.5 이하**이어야 할 것. 다만, 샘물, 먹는샘물 및 먹는물공동시설의 물의 경우에는 pH 4.5 이상 pH 9.5 이하이어야 한다.

아. 아연은 3mg/L를 넘지 아니할 것

자. 염소이온은 250mg/L를 넘지 아니할 것(염지하수의 경우에는 적용하지 아니한다)

차. 증발잔류물은 수돗물의 경우에는 500mg/L, 먹는염지하수 및 먹는해양심층수의 경우에는 미네랄 등 무해성분을 제외한 증발잔류물이 500mg/L를 넘지 아니할 것

카. 철은 0.3mg/L를 넘지 아니할 것. 다만, 샘물 및 염지하수의 경우에는 적용하지 아니한다.

타. 망간은 0.3mg/L(수돗물의 경우 0.05mg/L)를 넘지 아니할 것. 다만, 샘물 및 염지하수의 경우에는 적용하지 아니한다.

(계속)

파. **탁도**는 **1NTU**(Nephelometric Turbidity Unit)를 넘지 아니할 것. 다만, 지하수를 원수로 사용하는 마을상수도, 소규모급수시설 및 전용상수도를 제외한 수돗물의 경우에는 0.5NTU를 넘지 아니하여야 한다.

하. 황산이온은 200mg/L를 넘지 아니할 것. 다만, 샘물, 먹는샘물 및 먹는물공동시설의 물은 250mg/L를 넘지 아니하여야 하며, 염지하수의 경우에는 적용하지 아니한다.

거. 알루미늄은 0.2mg/L를 넘지 아니할 것

6. 방사능에 관한 기준(염지하수의 경우에만 적용한다)

가. 세슘(Cs-137)은 4.0mBq/L를 넘지 아니할 것

나. 스트론튬(Sr-90)은 3.0mBq/L를 넘지 아니할 것

다. 삼중수소는 6.0Bq/L를 넘지 아니할 것

제4조(수질검사의 횟수) ①「수도법」 제29조제1항, 제53조 및 제55조제1항에 따라 일반수도사업자, 전용상수도 설치자 및 소규모급수시설을 관할하는 시장·군수·구청장(자치구의 구청장을 말한다. 이하 같다)은 다음 각 호의 구분에 따라 수질검사를 실시하여야 한다. 〈개정 2019. 12. 20.〉

1. 광역상수도 및 지방상수도의 경우

가. **정수장**에서의 검사

(1) 별표 1 중 **냄새, 맛, 색도, 탁도(濁度), 수소이온 농도 및 잔류염소**에 관한 검사 : **매일 1회 이상**

(2) 별표 1 중 일반세균, 총 대장균군, 대장균 또는 분원성 대장균군, 암모니아성 질소, 질산성 질소, 과망간산칼륨 소비량 및 증발잔류물에 관한 검사 : 매주 1회 이상. 다만, 일반세균, 총 대장균군, 대장균 또는 분원성 대장균군을 제외한 항목에 대하여 지난 1년간 수질검사를 실시한 결과 별표 1에 따른 수질기준의 10퍼센트{ 정량한계치(「환경분야 시험·검사 등에 관한 법률」 제6조제1항제6호에 따른 환경오염공정시험기준으로 검출할 수 있는 최저농도를 말한다. 이하 같다)가 수질기준의 10퍼센트를 넘는 항목의 경우에는 그 항목의 정량한계치} 를 초과한 적이 없는 항목에 대하여는 매월 1회 이상

(3) 별표 1의 제1호부터 제3호까지 및 제5호에 관한 검사 : 매월 1회 이상. 다만, 일반세균, 총 대장균군, 대장균 또는 분원성 대장균군, 암모니아성 질소, 질

산성 질소, 과망간산칼륨 소비량, 냄새, 맛, 색도, 수소이온 농도, 염소이온, 망간, 탁도 및 알루미늄을 제외한 항목에 대하여 지난 3년간 수질검사를 실시한 결과 별표 1에 따른 수질기준의 10퍼센트(정량한계치가 수질기준의 10퍼센트를 넘는 항목의 경우에는 그 항목의 정량한계치)를 초과한 적이 없는 항목에 대하여는 매 분기 1회 이상

(4) 별표 1의 제4호에 관한 검사 : 매 분기 1회 이상. 다만, 총 트리할로메탄, 클로로포름, 브로모디클로로메탄 및 디브로모클로로메탄은 매월 1회 이상

나. 수도꼭지에서의 검사

(1) 별표 1 중 일반세균, 총 대장균군, 대장균 또는 분원성 대장균군, 잔류염소에 관한 검사 : 매월 1회 이상

(2) 정수장별 수도관 노후지역에 대한 일반세균, 총 대장균군, 대장균 또는 분원성 대장균군, 암모니아성 질소, 동, 아연, 철, 망간, 염소이온 및 잔류염소에 관한 검사 : 매월 1회 이상

다. 수돗물 급수과정별 시설에서의 수질검사

별표 1 중 일반세균, 총 대장균군, 대장균 또는 분원성 대장균군, 암모니아성 질소, 총트리할로메탄, 동, 수소이온 농도, 아연, 철, 탁도 및 잔류염소에 관한 급수과정별 시설[정수장, 정수장으로부터 물을 공급받는 주배수지를 기준으로 하여 급수구역별로 주배수지 전후, 급수구역 유입부, 급수구역 내 가압장(加壓場) 유출부, 광역 및 외부수수계통(外部授受系統)의 수수지점, 정수계통이 다른 계통과 합쳐지는 지점, 급수구역 배관 말단의 수도꼭지]에서의 수질검사 : 매 분기 1회 이상

2. 마을상수도·전용상수도 및 소규모급수시설의 경우

가. 별표 1 중 일반세균, 총 대장균군, 대장균 또는 분원성 대장균군, 불소, 암모니아성 질소, 질산성 질소, 냄새, 맛, 색도, 망간, 탁도, 알루미늄, 잔류염소, 붕소 및 염소이온에 관한 검사 : 매 분기 1회 이상. 다만, 붕소 및 염소이온은 원수가 해수인 경우에만 검사하며, 지난 3년간 수질검사를 실시한 결과 별표 1에 따른 수질기준의 10퍼센트(정량한계치가 수질기준의 10퍼센트를 넘는 항목의 경우에는 그 항목의 정량한계치)를 초과한 적이 없는 항목에 대하여는 매 반기 1회 이상

나. 별표 1 중 우라늄에 관한 검사: 매 분기 1회 이상. 다만, 지난 3년간 수질검사를

실시한 결과 별표 1에 따른 수질기준의 10퍼센트를 초과한 적이 없는 경우에는 매년 1회 이상

다. 별표 1 중 제1호부터 제5호까지의 전항목 검사 : 매년 1회 이상. 다만, 지난 3년간 수질검사를 실시한 결과 별표 1에 따른 수질기준의 10퍼센트(정량한계치가 수질기준의 10퍼센트를 넘는 항목의 경우에는 그 항목의 정량한계치)를 초과한 적이 없는 항목에 대하여는 3년에 1회 이상

② 「먹는물관리법」 제8조에 따라 **먹는물공동시설**을 관리하는 **시장·군수·구청장**은 다음 각 호의 기준에 따라 수질검사를 실시하여야 한다. 〈개정 2011. 12. 30.〉

1. 별표 1의 **전항목** 검사 : **매년 1회 이상**
2. 별표 1 중 일반세균, 총 대장균군, 대장균 또는 분원성 대장균군, 암모니아성 질소, 질산성 질소 및 과망간산칼륨 소비량에 관한 검사 : 매 분기 1회 이상

③ 제1항제1호나목에 따른 수질검사는 별표 2에 따라 추출되는 수도꼭지에 대하여 실시한다. 이 경우 저수조를 통하여 수돗물이 공급되는 수도꼭지가 총 검사대상의 20퍼센트 이상이 되도록 한다.

④ 일반수도사업자, 전용상수도 설치자 및 소규모급수시설을 관할하거나 먹는물공동시설을 관리하는 시장·군수·구청장은 제1항 또는 제2항에 따라 수질검사를 실시한 결과 수질기준을 초과하면 수질기준에 적합할 때까지 수시로 검사를 실시하고 필요한 조치를 하여야 한다.

⑤ 일반수도사업자, 전용상수도 설치자 및 소규모급수시설을 관할하거나 먹는물공동시설을 관리하는 시장·군수·구청장은 제1항 또는 제2항의 수질검사 외에 특정물질 등으로 인한 위생상 위해가 우려되면 그 물질에 대한 수질검사를 실시하고 필요한 조치를 하여야 한다.

⑥ 일반수도사업자는 제3항에 따라 수질검사를 실시한 결과 수질이 1년 동안 지속적으로 수질기준에 적합한 경우에는 수질검사지점을 변경할 수 있다.

제5조(건강진단) ① 「먹는물관리법」 제29조제1항 및 「수도법」 제32조제1항(같은 법 제53조에 따라 준용되는 경우를 포함한다)에 따라 건강진단을 받아야 하는 자는 다음 각 호의 구분에 따라 **장티푸스**, **파라티푸스** 및 **세균성 이질 병원체**의 감염 여부에 관하여 건강진단을 받아야 한다. 다만, 소화기계통 전염병이 먹는샘물 또는 먹는염지하수(이하

"먹는샘물등"이라 한다)의 제조공장 또는 수도의 취수장·배수지 부근에서 발생하였거나 발생할 우려가 있는 경우에는 **즉시** 건강진단을 받아야 한다. 〈개정 2011. 2. 1.〉

1. 「먹는물관리법」 제29조제1항에 따라 먹는샘물등의 취수·제조·가공·저장·이송시설에서 종사하는 자와 「수도법」 제32조제1항(같은 법 제53조에 따라 준용되는 경우를 포함한다)에 따라 취수·정수 또는 배수시설에서 종사하는 자 및 그 시설 안에 거주하는 자 : **6개월마다 1회**
2. 「먹는물관리법」 제29조제1항에 따른 먹는샘물등의 제조업에 종사하는 자로서 제1호 외의 자 : 환경부장관이 전염병의 예방 등을 위하여 필요하다고 인정하는 경우

② 제1항에 따른 건강진단은 관할 보건소 또는 특별시장·광역시장 또는 도지사(이하 "시·도지사"라 한다)가 지정하는 지정의료기관에서 실시한다.

③ 「먹는물관리법」 제29조제3항에 따라 영업에 종사하지 못하는 질병의 종류는 장티푸스, 파라티푸스, 세균성 이질 병원체의 감염 및 소화기계통 전염병으로 한다.

제7조(수질검사성적서 등의 보존) ① 일반수도사업자, 전용상수도 설치자 및 소규모급수시설을 관할하거나 먹는물공동시설을 관리하는 시장·군수·구청장은 제4조에 따른 **수질검사결과**를 **3년간 보존**하여야 한다.

② 먹는샘물등의 제조업자 또는 일반수도사업자는 제5조에 따라 실시한 **건강진단결과**를 **3년간 보존**하여야 한다. 〈개정 2011. 2. 1.〉

제8조 삭제 〈2016. 12. 30.〉

감염병의 예방 및 관리에 관한 법률

감염병의 예방 및 관리에 관한 법률 [법률 제19441호, 2023. 6. 13., 일부개정]

감염병의 예방 및 관리에 관한 법률 시행령 [대통령령 제33589호, 2023. 6. 27., 일부개정]

감염병의 예방 및 관리에 관한 법률 시행규칙 [보건복지부령 제885호, 2022. 5. 4., 일부개정]

장	조	
제1장 총칙	제1조 목적 제2조 정의 제3조 다른 법률과의 관계 (생략) 제4조 국가 및 지방자치단체의 책무 (생략) 제5조 의료인등의 책무와 권리 (생략) 제6조 국민의 권리와 의무 (생략)	
제2장 기본계획 및 사업	제7조 감염병 예방 및 관리 계획의 수립 등 제8조 감염병관리사업지원 기구의 운영 (생략) 제8조의2 감염병병원 (생략) 제8조의3 내성균 관리대책 제8조의4 업무의 협조 (생략)	제8조의5 긴급상황실 (생략) 제8조의6 감염병 연구개발 지원 등 (생략) 제9조 감염병관리위원회 제10조 위원회의 구성 (생략)
제3장 신고 및 보고	제11조 의사 등의 신고 제12조 그 밖의 신고의무자 제13조 보건소장 등의 보고 제14조 인수공통감염병의 통보 제15조 감염병환자등의 파악 및 관리	
제4장 감염병감시 및 역학조사 등	제16조 감염병 표본감시 등 제16조2 감염병병원체 확인기관 제17조 실태조사 (생략) 제18조 역학조사 제18조의2 역학조사의 요청 (생략)	제18조의3 역학조사인력의 양성 (생략) 제18조의4 자료제출 요구 등 (생략) 제19조 건강진단 (생략) 제20조 해부명령 제20조의2 시신의 장사방법 등 (생략)
제5장 고위험병원체	제21조 고위험병원체의 분리, 분양·이동 및 이동신고 제22조 고위험병원체의 반입 허가 등 제23조 고위험병원체의 안전관리 등 (생략) 제23조의2 고위험병원체 취급시설의 허가취소 등 (생략) 제23조의3 생물테러감염병병원체의 보유허가 등 (생략) 제23조의4 고위험병원체의 취급 기준 (생략) 제23조의5 고위험병원체 취급 교육 (생략)	

(계속)

장	조
제6장 예방접종	제24조 필수예방접종 제25조 임시예방접종 제26조 예방접종의 공고 제26조의2 예방접종 내역의 사전확인 (생략) 제27조 예방접종증명서 제28조 예방접종 기록의 보존 및 보고 등 제29조 예방접종에 관한 역학조사 제30조 예방접종피해조사반 제31조 예방접종 완료 여부의 확인 제32조 예방접종의 실시주간 및 실시기준 등 (생략) 제32조의2 예방접종 휴가(생략) 제33조 예방접종약품의 계획 생산 (생략) 제33조의2 필수예방접종약품등의 비축 등 (생략) 제33조의3 필수예방접종약품등의 생산 계획 등의 보고 (생략) 제33조의4 예방접종통합관리시스템의 구축·운영 등 (생략)
제7장 감염 전파의 차단 조치	제34조 감염병 위기관리대책의 수립·시행 (생략) 제34조의2 감염병위기 시 정보공개 제35조 시·도별 감염병 위기관리대책의 수립 등 (생략) 제35조의2 재난 시 의료인에 대한 거짓 진술 등의 금지 (생략) 제36조 감염병관리기관의 지정 등 제37조 감염병위기 시 감염병관리기관의 설치 등 제38조 감염병환자등의 입소 거부 금지 (생략) 제39조 감염병관리시설 등의 설치 및 관리방법 (생략) 제39조의2 감염병관리시설 평가 (생략) 제39조의3 감염병의심자 격리시설 지정 제40조 생활테러감염병 등에 대비한 의료·방역 물품의 비축 (생략) 제40조의2 감염병 대비 의약품 공급의 우선순위 등 분배기준 (생략) 제40조의3 수출금지 등 (생략) 제40조의4 지방자치단체의 감염병 대비 의료방역 물품의 비축 (생략) 제40조의5 감염병관리통합정보시스템 (생략) 제40조의6 생물테러감염병 등에 대비한 개발 중인 백신 및 치료제 구매 특례 (생략) 제41조 감염병환자등의 관리 제41조의2 사업주의 협조의무 (생략) 제42조 감염병에 관한 강제처분 제43조 감염병환자등의 입원 통지 (생략) 제43조의2 격리자에 대한 격리 통지 (생략) 제44조 수감 중인 환자의 관리 (생략) 제45조 업무 종사의 일시 제한 제46조 건강진단 및 예방접종 등의 조치 제47조 감염병 유행에 대한 방역 조치 제48조 오염장소 등의 소독 조치
제8장 예방조치	제49조 감염병의 예방 조치 제49조의2 감염취약계층의 보호 조치 제49조의3 의료인, 환자 및 의료기관 보호를 위한 한시적 비대면 진료 (생략) 제50조 그 밖의 감염병 예방 조치 (생략) 제51조 소독 의무 제52조 소독업의 신고 등 제53조 소독업의 휴업 등의 신고 제54조 소독의 실시 등 제55조 소독업자 등에 대한 교육 제56조 소독업무의 대행 (생략) 제57조 서류제출 및 검사 등 (생략) 제58조 시정명령 (생략) 제59조 영업정지 등 (생략)
제9장 방역관, 역학조사관, 검역위원 및 예방위원 등	제60조 방역관 (생략) 제60조의2 역학조사관 (생략) 제60조의3 한시적 종사명령 (생략) 제61조 검역위원 (생략) 제62조 예방위원 (생략) 제63조 한국건강관리협회 (생략)

(계속)

장	조
제10장 경비	제64조 특별자치시·특별자치도와 시·군·구가 부담할 경비 제65조 시·도가 부담할 경비 제66조 시·도가 보조할 경비 (생략) 제67조 국고 부담 경비 제68조 국가가 보조할 경비 (생략) 제69조 본인으로부터 징수할 수 있는 경비 (생략) 제69조의2 외국인의 비용 부담 (생략) 제70조 손실보상 (생략) 제70조의2 손실보상심의위원회 (생략) 제70조의3 보건의료인력 등에 대한 재정적 지원 (생략) 제70조의4 감염병환자등에 대한 생활지원 (생략) 제70조의5 손실보상금의 긴급지원 (생략) 제70조의6 심리지원 (생략) 제71조 예방접종 등에 따른 피해의 국가보상 (생략) 제72조 손해배상청구권과의 관계 등 (생략) 제72조의2 손해배상청구권 (생략) 제73조 국가보상을 받을 권리의 양도 등 금지 (생략)
제11장 보칙	제74조 비밀누설의 금지 (생략) 제74조의2 자료의 제공 요청 및 검사 (생략) 제75조 청문 (생략) 제76조 위임 및 위탁 (생략) 제76조의2 정보 제공 요청 및 정보 확인 (생략) 제76조의3 감염병 정보의 분석 및 연구 (생략) 제76조의4 준용규정 (생략) 제76조의5 벌칙 적용에서 공무원 의제 (생략)
제12장 벌칙	제77조 벌칙 (생략) 제78조 벌칙 (생략) 제79조 벌칙 (생략) 제79조의2 벌칙 (생략) 제79조의3 벌칙 (생략) 제79조의4 벌칙 (생략) 제80조 벌칙 (생략) 제81조 벌칙 (생략) 제81조의2 형의 가중처벌(생략) 제82조 양벌규정 (생략) 제83조 과태료 (생략)

제1장 | 총칙

제1조(목적) 이 법은 국민 건강에 위해(危害)가 되는 **감염병의 발생과 유행을 방지**하고, 그 예방 및 관리를 위하여 필요한 사항을 규정함으로써 **국민 건강의 증진 및 유지**에 이바지함을 목적으로 한다.

제2조(정의) 이 법에서 사용하는 용어의 뜻은 다음과 같다. 〈개정 2020. 12. 15.〉

1. "감염병"이란 제1급감염병, 제2급감염병, 제3급감염병, 제4급감염병, 기생충감염병, 세계보건기구 감시대상 감염병, 생물테러감염병, 성매개감염병, 인수(人獸)공통감염병 및 의료관련감염병을 말한다.
2. "**제1급감염병**"이란 생물테러감염병 또는 치명률이 높거나 집단 발생의 우려가 커서 발생 또는 유행 **즉시 신고**하여야 하고, 음압격리와 같은 **높은 수준의 격리**가 필요한 감염병으로서 다음 각 목의 감염병을 말한다. 다만, 갑작스러운 국내 유입 또는 유행이 예견되어 긴급한 예방·관리가 필요하여 **질병관리청장이 보건복지부장관과 협의하여** 지정하는 감염병을 포함한다.

   가. **에볼라바이러스병**

   나. **마버그열**

   다. **라싸열**

   라. **크리미안콩고출혈열**

   마. **남아메리카출혈열**

   바. **리프트밸리열**

   사. **두창**

   아. **페스트**

   자. **탄저**

   차. **보툴리눔독소증**

   카. **야토병**

   타. **신종감염병증후군**

   파. **중증급성호흡기증후군**(SARS)

   하. **중동호흡기증후군**(MERS)

거. **동물인플루엔자 인체감염증**

너. **신종인플루엔자**

더. **디프테리아**

3. "**제2급감염병**"이란 전파가능성을 고려하여 발생 또는 유행 시 **24시간 이내에 신고**하여야 하고, **격리가 필요한** 다음 각 목의 감염병을 말한다. 다만, 갑작스러운 국내 유입 또는 유행이 예견되어 긴급한 예방·관리가 필요하여 **질병관리청장이 보건복지부장관과 협의하여** 지정하는 감염병을 포함한다.

가. **결핵(結核)**

나. **수두(水痘)**

다. **홍역(紅疫)**

라. **콜레라**

마. **장티푸스**

바. **파라티푸스**

사. **세균성이질**

아. **장출혈성대장균감염증**

자. **A형간염**

차. **백일해(百日咳)**

카. **유행성이하선염(流行性耳下腺炎)**

타. **풍진(風疹)**

파. **폴리오**

하. **수막구균 감염증**

거. **b형헤모필루스인플루엔자**

너. **폐렴구균 감염증**

더. **한센병**

러. **성홍열**

머. **반코마이신내성황색포도알균(VRSA) 감염증**

버. **카바페넴내성장내세균속균종(CRE) 감염증**

서. **E형 간염**

4. "**제3급감염병**"이란 그 발생을 **계속 감시할 필요**가 있어 발생 또는 유행 시 24**시간 이내에 신고**하여야 하는 다음 각 목의 감염병을 말한다. 다만, 갑작스러운 국내 유입 또는 유행이 예견되어 긴급한 예방·관리가 필요하여 **질병관리청장이 보건복지부장관과 협의하여** 지정하는 감염병을 포함한다.

가. **파상풍(破傷風)**

나. **B형간염**

다. **일본뇌염**

라. **C형간염**

마. **말라리아**

바. **레지오넬라증**

사. **비브리오패혈증**

아. **발진티푸스**

자. **발진열(發疹熱)**

차. **쯔쯔가무시증**

카. **렙토스피라증**

타. **브루셀라증**

파. **공수병(恐水病)**

하. **신증후군출혈열(腎症侯群出血熱)**

거. **후천성면역결핍증(AIDS)**

너. **크로이츠펠트-야콥병(CJD) 및 변종크로이츠펠트-야콥병(vCJD)**

더. **황열**

러. **뎅기열**

머. **큐열(Q熱)**

버. **웨스트나일열**

서. **라임병**

어. **진드기매개뇌염**

저. **유비저(類鼻疽)**

처. **치쿤구니야열**

카. **중증열성혈소판감소증후군(SFTS)**

터. **지카바이러스 감염증**

5. "**제4급감염병**"이란 제1급감염병부터 제3급감염병까지의 감염병 외에 유행 여부를 조사하기 위하여 **표본감시 활동이 필요**한 다음 각 목의 감염병을 말한다.

가. 인플루엔자

나. 매독(梅毒)

다. 회충증

라. 편충증

마. 요충증

바. 간흡충증

사. 폐흡충증

아. 장흡충증

자. 수족구병

차. 임질

카. 클라미디아감염증

타. 연성하감

파. 성기단순포진

하. 첨규콘딜롬

거. 반코마이신내성장알균(VRE) 감염증

너. 메티실린내성황색포도알균(MRSA) 감염증

더. 다제내성녹농균(MRPA) 감염증

러. 다제내성아시네토박터바우마니균(MRAB) 감염증

머. 장관감염증

버. 급성호흡기감염증

서. 해외유입기생충감염증

어. 엔테로바이러스감염증

저. 사람유두종바이러스 감염증

6. "**기생충감염병**"이란 기생충에 감염되어 발생하는 감염병 중 **질병관리청장이** 고시

하는 감염병을 말한다.

7. 삭제

8. "세계보건기구 감시대상 감염병"이란 세계보건기구가 국제공중보건의 비상사태에 대비하기 위하여 감시대상으로 정한 질환으로서 **질병관리청장**이 고시하는 감염병을 말한다.

9. "생물테러감염병"이란 고의 또는 테러 등을 목적으로 이용된 병원체에 의하여 발생된 감염병 중 **질병관리청장**이 고시하는 감염병을 말한다.

10. "성매개감염병"이란 성 접촉을 통하여 전파되는 감염병 중 **질병관리청장**이 고시하는 감염병을 말한다.

11. "인수공통감염병"이란 동물과 사람 간에 서로 전파되는 병원체에 의하여 발생되는 감염병 중 **질병관리청장**이 고시하는 감염병을 말한다.

12. "의료관련감염병"이란 환자나 임산부 등이 의료행위를 적용받는 과정에서 발생한 감염병으로서 감시활동이 필요하여 **질병관리청장**이 고시하는 감염병을 말한다.

13. "감염병환자"란 감염병의 병원체가 인체에 침입하여 **증상을 나타내는 사람**으로서 제11조제6항의 진단 기준에 따른 **의사, 치과의사 또는 한의사의 진단**이나 제16조의2에 따른 감염병병원체 확인기관의 **실험실 검사를 통하여 확인된 사람**을 말한다.

14. "감염병의사환자"란 감염병병원체가 인체에 침입한 것으로 의심이 되나 **감염병환자로 확인되기 전 단계**에 있는 사람을 말한다.

15. "병원체보유자"란 임상적인 **증상은 없으나** 감염병병원체를 보유하고 있는 사람을 말한다.

15의2. "감염병의심자"란 다음 각 목의 어느 하나에 해당하는 사람을 말한다.

가. 감염병환자, 감염병의사환자 및 병원체보유자(이하 "감염병환자등"이라 한다)와 접촉하거나 접촉이 의심되는 사람(이하 "접촉자"라 한다)

나. 「검역법」 제2조제7호 및 제8호에 따른 검역관리지역 또는 중점검역관리지역에 체류하거나 그 지역을 경유한 사람으로서 감염이 우려되는 사람

다. 감염병병원체 등 위험요인에 노출되어 감염이 우려되는 사람

16. "감시"란 감염병 발생과 관련된 자료, 감염병병원체·매개체에 대한 자료를 체계적이고 지속적으로 수집, 분석 및 해석하고 그 결과를 제때에 필요한 사람에게 배포

하여 감염병 예방 및 관리에 사용하도록 하는 일체의 과정을 말한다.

16의2. "표본감시"란 감염병 중 감염병환자의 발생빈도가 높아 전수조사가 어렵고 중증도가 비교적 낮은 감염병의 발생에 대하여 감시기관을 지정하여 정기적이고 지속적인 의과학적 감시를 실시하는 것을 말한다.

17. "**역학조사**"란 감염병환자 등이 발생한 경우 **감염병의 차단과 확산 방지** 등을 위하여 감염병환자등의 발생 규모를 파악하고 감염원을 추적하는 등의 활동과 감염병 **예방접종 후 이상반응 사례**가 발생한 경우나 감염병 여부가 불분명하나 그 발병원인을 조사할 필요가 있는 사례가 발생한 경우 그 **원인을 규명**하기 위하여 하는 활동을 말한다.

18. "예방접종 후 이상반응"이란 예방접종 후 그 접종으로 인하여 발생할 수 있는 모든 증상 또는 질병으로서 해당 예방접종과 **시간적 관련성**이 있는 것을 말한다.

19. "고위험병원체"란 생물테러의 목적으로 이용되거나 사고 등에 의하여 외부에 유출될 경우 국민 건강에 심각한 위험을 초래할 수 있는 감염병병원체로서 **보건복지부령**으로 정하는 것을 말한다.

20. "관리대상 해외 신종감염병"이란 기존 감염병의 변이 및 변종 또는 기존에 알려지지 아니한 새로운 병원체에 의해 발생하여 국제적으로 보건문제를 야기하고 국내 유입에 대비하여야 하는 감염병으로서 **질병관리청장이 보건복지부장관과 협의하여** 지정하는 것을 말한다.

21. "의료·방역 물품"이란 「약사법」 제2조에 따른 의약품·의약외품, 「의료기기법」 제2조에 따른 의료기기 등 의료 및 방역에 필요한 물품 및 장비로서 **질병관리청장이 지정**하는 것을 말한다.

[제2장 | 기본계획 및 사업]

제7조(감염병 예방 및 관리 계획의 수립 등) ① 질병관리청장이 보건복지부장관과 협의하여 감염병의 예방 및 관리에 관한 **기본계획**(이하 "기본계획"이라 한다)을 **5년마다** 수립·시행하여야 한다. 〈개정 2020. 8. 11.〉

② 생략

③ 특별시장·광역시장·특별자치시장·도지사·특별자치도지사(이하 "**시·도지사**"라 한다)와 **시장·군수·구청장**(자치구의 구청장을 말한다. 이하 같다)은 기본계획에 따라 **시행계획을 수립·시행**하여야 한다. 〈개정 2023. 6. 13.〉

④ **질병관리청장**, 시·도지사 또는 시장·군수·구청장은 기본계획이나 제3항에 따른 시행계획의 수립·시행에 필요한 자료의 제공 등을 관계 행정기관 또는 단체에 요청할 수 있다. 〈개정 2020. 8. 11.〉

⑤ 제4항에 따라 요청받은 관계 행정기관 또는 단체는 특별한 사유가 없으면 이에 따라야 한다.

제8조의3(내성균 관리대책) ① **보건복지부장관**은 내성균 발생 예방 및 확산 방지 등을 위하여 제9조에 따른 감염병관리위원회의 심의를 거쳐 **내성균 관리대책**을 **5년마다** 수립·추진하여야 한다.

②③ 생략

제9조(감염병관리위원회) ① 감염병의 예방 및 관리에 관한 주요 시책을 심의하기 위하여 질병관리청에 감염병관리위원회(이하 "위원회"라 한다)를 둔다. 〈개정 2020. 8. 11.〉

② 위원회는 다음 각 호의 사항을 심의한다. 〈개정 2022. 6. 10.〉

1. 기본계획의 수립
2. 감염병 관련 의료 제공
3. 감염병에 관한 조사 및 연구
4. 감염병의 예방·관리 등에 관한 지식 보급 및 감염병환자등의 인권 증진
5. 제20조에 따른 해부명령에 관한 사항
6. 제32조제3항에 따른 예방접종의 실시기준과 방법에 관한 사항

6의2. 제33조의2제1항에 따라 제24조의 필수예방접종 및 제25조의 임시예방접종에 사용되는 의약품(이하 "필수예방접종약품등"이라 한다)의 사전 비축 및 장기 구매에 관한 사항

6의3. 제33조의2제2항에 따른 필수예방접종약품등의 공급의 우선순위 등 분배기준, 그 밖에 필요한 사항의 결정

7. 제34조에 따른 감염병 위기관리대책의 수립 및 시행
8. 제40조제1항 및 제2항에 따른 예방·치료 의료·방역 물품의 사전 비축, 장기 구매

및 생산에 관한 사항

8의2. 제40조의2에 따른 의료·방역 물품(「약사법」에 따른 의약품 및 「의료기기법」에 따른 의료기기로 한정한다) 공급의 우선순위 등 분배기준, 그 밖에 필요한 사항의 결정

8의3. 제40조의6에 따른 개발 중인 백신 또는 의약품의 구매 및 공급에 필요한 계약에 관한 사항

9. 제71조에 따른 예방접종 등으로 인한 피해에 대한 국가보상에 관한 사항

10. 내성균 관리대책에 관한 사항

11. 그 밖에 감염병의 예방 및 관리에 관한 사항으로서 위원장이 위원회의 회의에 부치는 사항

제3장 | 신고 및 보고

제11조(의사 등의 신고) ① **의사, 치과의사 또는 한의사**는 다음 각 호의 어느 하나에 해당하는 사실(제16조제6항에 따라 표본감시 대상이 되는 제4급감염병으로 인한 경우는 제외한다)이 있으면 **소속 의료기관의 장에게 보고**하여야 하고, 해당 **환자**와 그 **동거인에게** 질병관리청장이 정하는 **감염 방지 방법 등을 지도**하여야 한다. 다만, 의료기관에 소속되지 아니한 의사, 치과의사 또는 한의사는 그 사실을 관할 **보건소장에게 신고**하여야 한다. 〈개정 2020. 8. 11.〉

1. 감염병환자등을 진단하거나 그 사체를 검안(檢案)한 경우
2. 예방접종 후 이상반응자를 진단하거나 그 사체를 검안한 경우
3. 감염병환자등이 제1급감염병부터 제3급감염병까지에 해당하는 감염병으로 사망한 경우
4. 감염병환자로 의심되는 사람이 감염병병원체 검사를 거부하는 경우

② 제16조2에 따른 감염병병원체 확인기관의 **소속 직원**은 실험실 검사 등을 통하여 복지부령으로 정하는 감염병환자등을 발견한 경우 **그 사실을 그 기관의 장에게 보고**하여야 한다. 〈개정 2020. 3. 4.〉

③ 제1항 및 제2항에 따라 보고를 받은 의료기관의 장 및 제16조2에 따른 감염병병원체 확인기관의 장은 제1급감염병의 경우에는 **즉시**, 제2급감염병 및 제3급감염병의 경

우에는 24**시간 이내**에, 제4급감염병의 경우에는 7**일 이내**에 **질병관리청장** 또는 **관할 보건소장에게 신고**하여야 한다. 〈개정 2020. 8. 11.〉

④ 육군, 해군, 공군 또는 국방부 직할 부대에 소속된 **군의관은** 제1항 각 호의 어느 하나에 해당하는 사실(제16조제6항에 따라 표본감시 대상이 되는 제4급감염병으로 인한 경우는 제외한다)이 있으면 **소속 부대장에게 보고**하여야 하고, 보고를 받은 소속 부대장은 제1급감염병의 경우에는 즉시, 제2급감염병 및 제3급감염병의 경우에는 24시간 이내에 관할 **보건소장에게 신고**하여야 한다. 〈개정 2018. 3. 27.〉

⑤ 제16조제1항에 따른 감염병 표본감시기관은 제16조제6항에 따라 표본감시 대상이 되는 제4급감염병으로 인하여 제1항제1호 또는 제3호에 해당하는 사실이 있으면 보건복지부령으로 정하는 바에 따라 **질병관리청장** 또는 관할 **보건소장에게 신고**하여야 한다. 〈개정 2020. 8. 11.〉

⑥ 제1항부터 제5항까지의 규정에 따른 감염병환자등의 진단 기준, 신고의 방법 및 절차 등에 관하여 필요한 사항은 보건복지부령으로 정한다. 〈개정 2015. 7. 6.〉

제12조(그 밖의 신고의무자) ① 다음 각 호의 어느 하나에 해당하는 사람은 제1급감염병부터 제3급감염병까지에 해당하는 감염병 중 보건복지부령으로 정하는 감염병이 발생한 경우에는 의사, 치과의사 또는 한의사의 진단이나 검안을 요구하거나 해당 주소지를 관할하는 **보건소장에게 신고**하여야 한다. 〈개정 2020. 12. 15.〉

1. 일반가정에서는 세대를 같이하는 세대주. 다만, **세대주**가 부재 중인 경우에는 그 **세대원**
2. 학교, 사회복지시설, 병원, 관공서, 회사, 공연장, 예배장소, 선박·항공기·열차 등 운송수단, 각종 사무소·사업소, 음식점, 숙박업소 또는 그 밖에 여러 사람이 모이는 장소로서 보건복지부령으로 정하는 장소의 관리인, 경영자 또는 **대표자**
3. 「약사법」에 따른 약사·한약사 및 약국개설자

② 제1항에 따른 신고의무자가 아니더라도 감염병환자등 또는 감염병으로 인한 사망자로 의심되는 사람을 발견하면 **보건소장에게 알려야** 한다.

③ 제1항에 따른 신고의 방법과 기간 및 제2항에 따른 통보의 방법과 절차 등에 관하여 필요한 사항은 보건복지부령으로 정한다. 〈개정 2015. 7. 6.〉

시행규칙

제8조(그 밖의 신고대상 감염병) ① 법 제12조제1항 각 호 외의 부분 중에서 "보건복지부령으로 정하는 감염병"이란 다음 각 호의 감염병을 말한다. 〈개정 2019. 11. 22.〉

1. **결핵**
2. **홍역**
3. **콜레라**
4. **장티푸스**
5. **파라티푸스**
6. **세균성이질**
7. **장출혈성대장균감염증**
8. **A형간염**

② 법 제12조제1항제2호에서 "보건복지부령으로 정하는 장소"란 다음 각 호의 장소를 말한다. 〈개정 2021. 5. 24.〉

1. 「모자보건법」 제2조제10호에 따른 산후조리원
2. 「공중위생관리법」 제2조에 따른 목욕장업소, 이용업소, 미용업소

시행규칙

제9조(그 밖의 신고의무자의 신고) 법 제12조제1항 및 제2항에 따라 그 밖의 신고의무자는 다음 각 호의 사항을 서면, 구두(口頭), 전보, 전화 또는 컴퓨터통신의 방법으로 **보건소장에게 지체 없이 신고**하거나 알려야 한다. 〈개정 2016. 1. 7.〉

1. **신고인의 성명**, **주소**와 감염병환자등 또는 사망자와의 **관계**
2. 감염병환자등 또는 사망자의 **성명, 주소 및 직업**
3. 감염병환자등 또는 사망자의 주요 **증상 및 발병일**

제13조(보건소장 등의 보고 등) ① 제11조 및 제12조에 따라 신고를 받은 **보건소장**은 그 내용을 관할 **특별자치시장·특별자치도지사** 또는 **시장·군수·구청장에게 보고**하여야 하며, 보고를 받은 **특별자치시장·특별자치도지사는 질병관리청장**에게, **시장·군수·구청장은 질병관리청장 및 시·도지사에게 각각 보고**하여야 한다. 〈개정 2023. 6. 13.〉

② 제1항에 따라 보고를 받은 **질병관리청장**, 시·도지사 또는 시장·군수·구청장은 제

11조제1항제4호에 해당하는 사람(제1급감염병 환자로 의심되는 경우에 한정한다)에 대하여 감염병병원체 검사를 하게 할 수 있다. 〈개정 2020. 8. 11.〉

③ 제1항에 따른 보고의 방법 및 절차 등에 관하여 필요한 사항은 보건복지부령으로 정한다. 〈개정 2020. 3. 4.〉

[본조제목개정 2020. 3. 4.]

시행규칙

제10조(보건소장 등의 보고) 일부 생략 〈개정 2020. 12. 30.〉

1. **제1급**감염병의 발생, 사망, 병원체 검사결과의 보고: 법 제11조 및 제12조에 따라 신고를 받은 후 **즉시**
2. **제2급**감염병 및 **제3급**감염병의 발생, 사망 및 병원체 검사결과의 보고: 법 제11조 및 제12조에 따라 신고를 받은 후 **24시간 이내**
3. **제4급**감염병의 발생 및 사망의 보고: 법 제11조 및 제12조에 따라 신고를 받은 후 **7일 이내**
4. **예방접종 후 이상반응**의 보고: 법 제11조에 따라 신고를 받은 후 **즉시**

제14조(인수공통감염병의 통보) ①「가축전염병예방법」 제11조제1항제2호에 따라 신고를 받은 국립가축방역기관장, 신고대상 가축의 소재지를 관할하는 시장·군수·구청장 또는 시·도 가축방역기관의 장은 같은 법에 따른 가축전염병 중 다음 각 호의 어느 하나에 해당하는 감염병의 경우에는 **즉시 질병관리청장에게 통보**하여야 한다. 〈개정 2020. 8. 11.〉

1. **탄저**
2. **고병원성조류인플루엔자**
3. **광견병**
4. 그 밖에 대통령령으로 정하는 인수공통감염병

② 제1항에 따른 통보를 받은 **질병관리청장**은 감염병의 예방 및 확산 방지를 위하여 이 법에 따른 적절한 조치를 취하여야 한다. 〈개정 2020. 8. 11.〉

③ 제1항에 따른 신고 또는 통보를 받은 행정기관의 장은 신고자의 요청이 있는 때에는 신고자의 신원을 외부에 공개하여서는 아니 된다. 〈개정 2015. 7. 6.〉

④ 제1항에 따른 통보의 방법 및 절차 등에 관하여 필요한 사항은 보건복지부령으로 정한다. 〈개정 2015. 7. 6.〉

시행령

제9조(그 밖의 인수공통감염병) 법 제14조제1항제4호에서 "대통령령으로 정하는 인수공통감염병"이란 **동물인플루엔자**를 말한다. 〈개정 2016. 1. 6.〉

제15조(감염병환자등의 파악 및 관리) 보건소장은 관할구역에 거주하는 감염병환자등에 관하여 제11조 및 제12조에 따른 신고를 받았을 때에는 보건복지부령으로 정하는 바에 따라 **기록**하고 그 **명부**(전자문서를 포함한다)를 **관리**하여야 한다. 〈개정 2010. 1. 18.〉

제4장 | 감염병감시 및 역학조사 등

제16조(감염병 표본감시 등) ① **질병관리청장**은 감염병의 표본감시를 위하여 질병의 특성과 지역을 고려하여 「보건의료기본법」에 따른 보건의료기관이나 그 밖의 기관 또는 단체를 감염병 **표본감시기관으로 지정**할 수 있다. 〈개정 2020. 8. 11.〉

② **질병관리청장, 시·도지사 또는 시장·군수·구청장**은 제1항에 따라 지정받은 감염병 표본감시기관(이하 "표본감시기관"이라 한다)의 장에게 감염병의 표본감시와 관련하여 필요한 자료의 제출을 요구하거나 감염병의 예방·관리에 필요한 협조를 요청할 수 있다. 이 경우 표본감시기관은 특별한 사유가 없으면 이에 따라야 한다. 〈개정 2020. 8. 11.〉

③ **질병관리청장**, 시·도지사 또는 시장·군수·구청장은 제2항에 따라 수집한 정보 중 국민 건강에 관한 중요한 정보를 관련 기관·단체·시설 또는 국민들에게 제공하여야 한다. 〈개정 2020. 8. 11.〉

④~⑧ 생략

제16조의2(감염병병원체 확인기관) ① 다음 각 호의 기관(이하 "감염병병원체 확인기관"이라 한다)은 실험실 검사 등을 통하여 감염병병원체를 확인할 수 있다. 〈개정 2023. 5. 19.〉

1. 질병관리청
2. 질병대응센터

3. 「보건환경연구원법」 제2조에 따른 보건환경연구원
4. 「지역보건법」 제10조에 따른 보건소
5. 「의료법」 제3조에 따른 의료기관 중 진단검사의학과 전문의가 상근(常勤)하는 기관
6. 「고등교육법」 제4조에 따라 설립된 의과대학 중 진단검사의학과가 개설된 의과대학
7. 「결핵예방법」 제21조에 따라 설립된 대한결핵협회(결핵환자의 병원체를 확인하는 경우만 해당한다)
8. 「민법」 제32조에 따라 한센병환자 등의 치료·재활을 지원할 목적으로 설립된 기관(한센병환자의 병원체를 확인하는 경우만 해당한다)
9. 인체에서 채취한 검사물에 대한 검사를 국가, 지방자치단체, 의료기관 등으로부터 위탁받아 처리하는 기관 중 진단검사의학과 전문의가 상근하는 기관

② ③ 생략

제18조(역학조사) ① **질병관리청장**, **시·도지사** 또는 **시장·군수·구청장**은 감염병이 발생하여 유행할 우려가 있거나, 감염병 여부가 불분명하나 발병원인을 조사할 필요가 있다고 인정하면 지체 없이 **역학조사**를 하여야 하고, 그 결과에 관한 정보를 필요한 범위에서 해당 의료기관에 제공하여야 한다. 다만, 지역확산 방지 등을 위하여 필요한 경우 다른 의료기관에 제공하여야 한다. 〈개정 2020. 8. 11.〉

② **질병관리청장**, 시·도지사 또는 시장·군수·구청장은 역학조사를 하기 위하여 역학조사반을 **각각 설치**하여야 한다. 〈개정 2020. 8. 11.〉

③ ④ 생략

시행령

제13조(역학조사의 시기) 법 제18조제1항 및 제29조에 따른 역학조사는 다음 각 호의 구분에 따라 해당 사유가 발생하면 실시한다. 〈개정 2020. 9. 11.〉

1. **질병관리청장**이 역학조사를 하여야 하는 경우
   가. **둘 이상**의 시·도에서 역학조사가 동시에 필요한 경우
   나. 감염병 발생 및 유행 여부 또는 예방접종 후 이상반응에 관한 조사가 **긴급히** 필요한 경우
   다. 시·도지사의 역학조사가 **불충분**하였거나 **불가능**하다고 판단되는 경우
2. **시·도지사** 또는 **시장·군수·구청장**(자치구의 구청장을 말한다. 이하 같다)이 역학조사

를 하여야 하는 경우

가. **관할 지역**에서 감염병이 발생하여 유행할 우려가 있는 경우

나. **관할 지역 밖**에서 감염병이 발생하여 유행할 우려가 있는 경우로서 그 감염병이 관할구역과 역학적 **연관성**이 있다고 의심되는 경우

다. 관할 지역에서 **예방접종 후 이상반응 사례**가 발생하여 그 원인 규명을 위한 조사가 필요한 경우

시행령 **[별표 1의3] 역학조사의 방법**(제14조 관련) 〈개정 2021. 12. 14.〉

1. 법 제18조제1항에 따른 역학조사의 방법

다. 환경검체(環境檢體) 채취 및 시험

시험 종류	검체 대상
레지오넬라균 검출 시험	상수도, 지하수, 공중시설의 물
장출혈성대장균 검출 시험	수영장, 냉·온수기의 물
노로바이러스 검출 시험	상수도, 지하수, 보존식(保存食)
「먹는 물 관리법」에 따른 먹는물 검사	상수도, 지하수, 냉·온수기의 물
식품공전(食品公典)에 따른 식품 규격 시험	장관감염증 집단발생 시 보존식
식품공전에 따른 조리기구 규격 시험	장관감염증 집단발생 시 조리도구(도마, 칼, 행주, 식기, 수족관 물 등을 말한다)
수인성(水因性) 원충 검출 시험	상수도, 지하수, 수영장

제20조(해부명령) ① **질병관리청장은** 국민 건강에 중대한 위협을 미칠 우려가 있는 감염병으로 사망한 것으로 의심이 되어 시체를 해부(解剖)하지 아니하고는 감염병 여부의 진단과 사망의 원인규명을 할 수 없다고 인정하면 그 시체의 **해부를 명할 수 있다**. 〈개정 2020. 8. 11.〉

②~⑤ 생략

제5장 | 고위험병원체

제21조(고위험병원체의 분리, 분양·이동 및 이동신고) ① 감염병환자, 식품, 동식물, 그 밖의 환경 등으로부터 고위험병원체를 분리한 자는 지체 없이 **고위험병원체의 명칭, 분리된 검체명, 분리 일자** 등을 **질병관리청장에게 신고**하여야 한다. 〈개정 2020. 8. 11.〉

② 고위험병원체를 **분양·이동받으려는 자는 사전에** 고위험병원체의 명칭, 분양 및 이

동계획 등을 **질병관리청장에게 신고**하여야 한다. 〈개정 2020. 8. 11.〉

③ 고위험병원체를 **이동**하려는 자는 **사전에** 고위험병원체의 **명칭과 이동계획** 등을 **질병관리청장에게 신고**하여야 한다. 〈개정 2020. 8. 11.〉

④ ⑤ 생략

⑥ 고위험병원체를 보유·관리하는 자는 **매년** 고위험병원체 **보유현황**에 대한 기록을 작성하여 **질병관리청장에게 제출**하여야 한다. 〈개정 2020. 8. 11.〉

⑦ 제1항부터 제3항까지에 따른 신고 및 제6항에 따른 기록 작성·제출의 방법 및 절차 등에 관하여 필요한 사항은 보건복지부령으로 정한다. 〈개정 2020. 3. 4.〉

제22조(고위험병원체의 반입 허가 등) ① 감염병의 진단 및 학술 연구 등을 목적으로 고위험병원체를 **국내로 반입**하려는 자는 다음 각 호의 요건을 갖추어 **질병관리청장**의 **허가**를 받아야 한다. 〈개정 2021. 10. 19.〉

1.~3. 생략

② 제1항에 따라 허가받은 사항을 **변경**하려는 자는 **질병관리청장**의 **허가**를 받아야 한다. 다만, 대통령령으로 정하는 **경미한 사항**을 변경하려는 경우에는 **질병관리청장에게 신고**하여야 한다. 〈개정 2020. 8. 11.〉

③ 제1항에 따라 고위험병원체의 반입 허가를 받은 자가 해당 고위험병원체를 인수하여 이동하려면 대통령령으로 정하는 바에 따라 그 인수 장소를 지정하고 제21조제1항에 따라 **이동계획**을 **질병관리청장**에게 **미리 신고**하여야 한다. 이 경우 질병관리청장은 그 내용을 검토하여 이 법에 적합하면 신고를 수리하여야 한다. 〈개정 2020. 8. 11.〉

④ ⑤ 생략

제6장 | 예방접종

제24조(필수예방접종) ① **특별자치시장·특별자치도지사** 또는 **시장·군수·구청장**은 다음 각 호의 질병에 대하여 관할 **보건소**를 통하여 **필수예방접종**(이하 "필수예방접종"이라 한다)을 **실시**하여야 한다. 〈개정 2023. 6. 13.〉

1. 디프테리아
2. 폴리오

3. 백일해
4. 홍역
5. 파상풍
6. 결핵
7. B형간염
8. 유행성이하선염
9. 풍진
10. 수두
11. 일본뇌염
12. b형헤모필루스인플루엔자
13. 폐렴구균
14. 인플루엔자
15. A형간염
16. 사람유두종바이러스 감염증
17. 그룹 A형 로타바이러스 감염증
18. 그 밖에 질병관리청장이 감염병의 예방을 위하여 필요하다고 인정하여 지정하는 감염병

② 특별자치시장·특별자치도지사 또는 시장·군수·구청장은 제1항에 따른 **필수예방접종업무**를 대통령령으로 정하는 바에 따라 관할구역 안에 있는 「의료법」에 따른 **의료기관에 위탁**할 수 있다. 〈개정 2023. 6. 13.〉

③ 특별자치시장·특별자치도지사 또는 시장·군수·구청장은 필수예방접종 대상 아동 부모에게 보건복지부령으로 정하는 바에 따라 필수예방접종을 사전에 알려야 한다. 이 경우 「개인정보 보호법」 제24조에 따른 고유식별정보를 처리할 수 있다. 〈개정 2023. 6. 13.〉

제25조(임시예방접종) ① **특별자치시장·특별자치도지사** 또는 **시장·군수·구청장**은 다음 각 호의 어느 하나에 해당하면 관할 **보건소**를 통하여 **임시예방접종**(이하 "임시예방접종"이라 한다)을 하여야 한다. 〈개정 2023. 6. 13.〉

1. **질병관리청장**이 감염병 예방을 위하여 특별자치시장·특별자치도지사 또는 시장·

군수·구청장에게 예방접종을 실시할 것을 **요청**한 경우

2. **특별자치시장·특별자치도지사 또는 시장·군수·구청장**이 감염병 예방을 위하여 예방접종이 **필요**하다고 인정하는 경우

② 제1항에 따른 임시예방접종업무의 위탁에 관하여는 제24조제2항을 준용한다.

제26조(예방접종의 공고) 특별자치시장·특별자치도지사 또는 **시장·군수·구청장**은 임시예방접종을 할 경우에는 **예방접종의 일시 및 장소, 예방접종의 종류, 예방접종을 받을 사람의 범위**를 정하여 **미리 공고**하여야 한다. 다만, 제32조제3항에 따른 예방접종의 실시기준 등이 변경될 경우에는 그 변경 사항을 미리 공고하여야 한다. 〈개정 2023. 6. 13.〉

제27조(예방접종증명서) ① **질병관리청장**, **특별자치시장·특별자치도지사** 또는 **시장·군수·구청장**은 필수예방접종 또는 임시예방접종을 받은 사람 본인 또는 법정대리인에게 보건복지부령으로 정하는 바에 따라 **예방접종증명서를 발급**하여야 한다. 〈개정 2023. 6. 13.〉

② ③ 생략

제28조(예방접종 기록의 보존 및 보고 등) ① **특별자치시장·특별자치도지사** 또는 **시장·군수·구청장**은 필수예방접종 및 임시예방접종을 하거나, 제2항에 따라 보고를 받은 경우에는 보건복지부령으로 정하는 바에 따라 예방접종에 관한 **기록을 작성·보관**하여야 하고, **특별자치시장·특별자치도지사는 질병관리청장**에게, **시장·군수·구청장은 질병관리청장 및 시·도지사에게** 그 내용을 **각각 보고**하여야 한다. 〈개정 2023. 6. 13.〉

② 특별자치시장·특별자치도지사 또는 시장·군수·구청장이 아닌 자가 이 법에 따른 예방접종을 하면 보건복지부령으로 정하는 바에 따라 특별자치시장·특별자치도지사 또는 시장·군수·구청장에게 보고하여야 한다. 〈개정 2023. 6. 13.〉

제29조(예방접종에 관한 역학조사) 질병관리청장, **시·도지사 또는 시장·군수·구청장**은 다음 각 호의 구분에 따라 조사를 실시하고, **예방접종 후 이상반응 사례**가 발생하면 그 원인을 밝히기 위하여 제18조에 따라 **역학조사**를 하여야 한다. 〈개정 2020. 8. 11.〉

1. **질병관리청장: 예방접종의 효과 및 예방접종 후 이상반응에 관한 조사**
2. **시·도지사 또는 시장·군수·구청장: 예방접종 후 이상반응에 관한 조사**

제30조(예방접종피해조사반) ① 제71조제1항 및 제2항에 규정된 예방접종으로 인한 질병·

장애·사망의 원인 규명 및 피해 보상 등을 조사하고 제72조제1항에 따른 제3자의 고의 또는 과실 유무를 조사하기 위하여 **질병관리청**에 **예방접종피해조사반**을 둔다. 〈개정 2020. 8. 11.〉

② 제1항에 따른 예방접종피해조사반의 설치 및 운영 등에 관하여 필요한 사항은 대통령령으로 정한다.

제31조(예방접종 완료 여부의 확인) ① **특별자치시장·특별자치도지사 또는 시장·군수·구청장**은 초등학교와 중**학교의 장**에게 「학교보건법」 제10조에 따른 예방접종 완료 여부에 대한 검사 기록을 제출하도록 요청할 수 있다. 〈개정 2023. 6. 13.〉

② 특별자치시장·특별자치도지사 또는 시장·군수·구청장은 「유아교육법」에 따른 **유치원의 장**과 「영유아보육법」에 따른 **어린이집의 원장**에게 보건복지부령으로 정하는 바에 따라 영유아의 예방접종 여부를 확인하도록 요청할 수 있다. 〈개정 2023. 6. 13.〉

③ 특별자치시장·특별자치도지사 또는 시장·군수·구청장은 제1항에 따른 제출 기록 및 제2항에 따른 확인 결과를 확인하여 **예방접종을 끝내지 못한 영유아**, 학생 등이 있으면 그 영유아 또는 학생 등에게 **예방접종**을 하여야 한다. 〈개정 2023. 6. 13.〉

제7장 | 감염 전파의 차단 조치

제34조의2(감염병위기 시 정보공개) ① **질병관리청장, 시·도지사 및 시장·군수·구청장은** 국민의 건강에 위해가 되는 감염병 확산으로 인하여 「재난 및 안전관리 기본법」 제38조제2항에 따른 주의 이상의 위기경보가 발령되면 감염병 환자의 이동경로, 이동수단, 진료의료기관 및 접촉자 현황, 감염병의 지역별·연령대별 발생 및 검사 현황 등 **국민들이 감염병 예방을 위하여 알아야 하는 정보를** 정보통신망 게재 또는 보도자료 배포 등의 방법으로 **신속히 공개하여야 한다.** 다만, 성별, 나이, 그 밖에 감염병 예방과 관계없다고 판단되는 정보로서 대통령령으로 정하는 정보는 제외하여야 한다. 〈개정 2021. 3. 9.〉

②~⑤ 생략

제36조(감염병관리기관의 지정 등) ① **보건복지부장관, 질병관리청장 또는 시·도지사**는 보건복지부령으로 정하는 바에 따라 「의료법」 제3조에 따른 **의료기관**을 **감염병관리기관으로 지정**하여야 한다. 〈개정 2020. 8. 11.〉

② **시장·군수·구청장**은 보건복지부령으로 정하는 바에 따라 「의료법」에 따른 의료기관을 **감염병관리기관으로 지정**할 수 있다. 〈개정 2020. 3. 4.〉

③ 제1항 및 제2항에 따라 지정받은 의료기관(이하 "감염병관리기관"이라 한다)의 장은 감염병을 예방하고 감염병환자등을 진료하는 시설(이하 "감염병관리시설"이라 한다)을 설치하여야 한다. 이 경우 보건복지부령으로 정하는 일정규모 이상의 감염병관리기관에는 감염병의 전파를 막기 위하여 전실(前室) 및 음압시설(陰壓施設) 등을 갖춘 1인 병실을 보건복지부령으로 정하는 기준에 따라 설치하여야 한다. 〈개정 2020. 3. 4.〉

④~⑥ 생략

시행규칙

제28조(감염병관리기관의 지정) ① 법 제36조제1항 및 제2항에 따른 감염병관리기관은 「의료법」 제3조제2항제3호가목 및 바목에 따른 **병원 및 종합병원 중에서 지정**한다. 〈개정 2021. 5. 24.〉

② 법 제36조제1항 및 제2항에 따라 감염병관리기관을 지정한 보건복지부장관, 질병관리청장, 시·도지사 또는 시장·군수·구청장은 해당 감염병관리기관의 장에게 별지 제19호서식의 감염병관리기관 지정서를 발급해야 한다. 〈개정 2020. 9. 11.〉

시행규칙

제31조(감염병관리시설 등의 설치 기준 등) ① 법 제36조제3항 및 법 제39조에 따른 감염병관리시설, 격리소·요양소 또는 진료소의 설치 기준은 다음 각 호와 같으며, 그 밖의 세부사항은 **질병관리청장**이 정한다. 〈개정 2020. 10. 7.〉

1. 감염병관리시설: 다음 각 목의 구분에 따른다.
   가. 300**개 이상**의 병상을 갖춘 감염병관리기관: 별표 4의2의 기준에 적합한 **음압병실을 1개 이상 설치**할 것
   나. 300**개 미만**의 병상을 갖춘 감염병관리기관: 외부와 **격리된 진료실** 또는 **격리된 병실**을 1개 이상 설치할 것
2. 격리소·요양소: 「의료법 시행규칙」 제34조에 따른 의료기관의 시설 기준 중 **의원에 해당하는 시설**을 갖추거나 **임시숙박시설** 및 **간이진료시설**을 갖출 것
3. 진료소: 「의료법 시행규칙」 제34조에 따른 의료기관의 시설 기준 중 **의원에 해당하는 시설**을 갖추거나 「지역보건법」 제13조에 따른 **보건지소**일 것

② 삭제 〈2016. 1. 7.〉

제37조(감염병위기 시 감염병관리기관의 설치 등) ① 보건복지부장관, 질병관리청장, 시·도지사 또는 시장·군수·구청장은 감염병환자가 대량으로 발생하거나 제36조에 따라 지정된 감염병관리기관만으로 감염병환자등을 모두 수용하기 어려운 경우에는 다음 각 호의 조치를 취할 수 있다. 〈개정 2020. 8. 11.〉

1. 제36조에 따라 지정된 감염병관리기관이 아닌 의료기관을 일정 기간 동안 감염병관리기관으로 지정
2. 격리소·요양소 또는 진료소의 설치·운영

② 제1항제1호에 따라 지정된 감염병관리기관의 장은 보건복지부령으로 정하는 바에 따라 감염병관리시설을 설치하여야 한다. 〈개정 2010. 1. 18.〉

③ 보건복지부장관, 질병관리청장, 시·도지사 또는 시장·군수·구청장은 제2항에 따른 시설의 설치 및 운영에 드는 비용을 감염병관리기관에 지원하여야 한다. 〈개정 2020. 8. 11.〉

④ 제1항제1호에 따라 지정된 감염병관리기관의 장은 정당한 사유없이 제2항의 명령을 거부할 수 없다.

⑤ 보건복지부장관, 질병관리청장, 시·도지사 또는 시장·군수·구청장은 감염병 발생 등 긴급상황 발생 시 감염병관리기관에 진료개시 등 필요한 사항을 지시할 수 있다. 〈개정 2020. 8. 11〉

제39조의3(감염병의심자 격리시설 지정) ① **시·도지사**는 감염병 발생 또는 유행 시 감염병의심자를 격리하기 위한 시설(이하 "감**염병의심자 격리시설**"이라 한다)을 **지정**하여야 한다. 다만, 「의료법」 제3조에 따른 의료기관은 감염병의심자 격리시설로 지정할 수 없다. 〈개정 2020. 12. 15.〉

② **질병관리청장** 또는 **시·도지사**는 감염병의심자가 **대량으로 발생**하거나 제1항에 따라 지정된 감염병의심자 격리시설만으로 감염병의심자를 모두 수용하기 어려운 경우에는 제1항에 따라 감염병의심자 **격리시설로 지정되지 아니한 시설을 일정기간 동안 감염병의심자 격리시설로 지정**할 수 있다. 〈개정 2020. 12. 15.〉

③ 제1항 및 제2항에 따른 감염병의심자 격리시설의 지정 및 관리 방법 등에 필요한 사

항은 보건복지부령으로 정한다. 〈개정 2020. 12. 15.〉

시행규칙

제31조의3(감염병의심자 격리시설 지정 기준 등) ① 법 제39조의3제1항 및 제2항에 따른 감염병의심자를 격리하기 위한 시설(이하 "감염병의심자 격리시설"이라 한다)의 지정 기준은 다음 각 호와 같다. 〈개정 2021. 5. 24.〉

1. **독립된 건물**로서 **여러 개의 방**으로 **구획**되어 있을 것
2. 구획된 각 방마다 **샤워시설과 화장실이 모두 구비**되어 있을 것
3. 음압병상을 보유한 「의료법」에 따른 의료기관에 근접하여, 감염병의심자의 이송이 가능한 거리에 위치할 것
4. 감염병의심자 격리시설의 규모는 해당 특별시·광역시·도·특별자치도의 인구, 지리적 여건, 교통 등을 고려하여 정할 것

② **시·도지사**는 감염병 확산을 방지하기 위하여 감염병의심자와 다른 사람과의 접촉을 차단하여야 하며, 격리기간 동안 감염병의심자의 생활에 불편함이 없도록 **필요한 조치**를 하여야 한다. 〈개정 2021. 5. 24.〉

제41조(감염병환자등의 관리) ① 감염병 중 특히 전파 위험이 높은 감염병으로서 제1급감염병 및 질병관리청장이 고시한 감염병에 걸린 감염병환자등은 감염병관리기관, 감염병전문병원 및 감염병관리시설을 갖춘 의료기관(이하 "감염병관리기관등"이라 한다)에서 입원치료를 받아야 한다. 〈개정 2020. 8. 12.〉

② 질병관리청장, 시·도지사 또는 시장·군수·구청장은 다음 각 호의 어느 하나에 해당하는 사람에게 자가(自家)치료, 제37조제1항제2호에 따라 설치·운영하는 시설에서의 치료(이하 "시설치료"라 한다) 또는 의료기관 입원치료를 하게 할 수 있다. 〈개정 2020. 8. 12.〉

1. 제1항에도 불구하고 의사가 자가치료 또는 시설치료가 가능하다고 판단하는 사람
2. 제1항에 따른 입원치료 대상자가 아닌 사람
3. 감염병의심자

③~⑤ 생략

시행령

제23조(치료 및 격리의 방법 및 절차 등) 법 제41조제1항 및 제2항에 따른 입원치료, 자가(自家)치료 및 시설치료, 법 제42조제2항에 따른 자가격리 및 시설격리의 방법 및 절차 등은 별표 2와 같다. 〈개정 2020. 10. 13.〉

시행령 **[별표 2] 치료 및 격리의 방법 및 절차 등**(제23조 관련) 〈개정 2022. 2. 24.〉

1. 입원치료

가. 입원치료의 방법

1) 호흡기를 통한 감염의 우려가 있는 감염병(이하 "**호흡기 감염병**"이라 한다) 및 **제1급감염병**의 경우에는 입원치료 기간 동안 감염병관리기관등 또는 감염병관리기관등이 아닌 의료기관(이하 "의료기관등"이라 한다)의 **1인 병실**(**세면대와 화장실을 갖춘 것**을 말한다. 이하 같다)**에 입원**시키되, 그 1인 병실은 전실(前室) 및 음압시설(陰壓施設)을 갖춘 병실(이하 "**음압병실**"이라 한다)이어야 한다. 다만, 음압시설이 갖추어지지 않은 경우 또는 방역관이 음압격리가 필수적이지 않다고 판단하는 경우에는 음압병실이 아닌 1인 병실에 입원시켜야 하고, 음압병실이 아닌 1인 병실에도 입원시키기 곤란할 경우에는 옆 병상의 환자에게 감염병이 전파되지 않도록 차단 조치를 한 상태에서 공동 격리한다.

2) **호흡기 감염병 및 제1급감염병을 제외한** 감염병의 경우에는 입원치료 기간 동안 의료기관등의 **1인 병실**에 입원시켜야 한다. 다만, 1인 병실에 입원시키기 곤란할 경우에는 같은 질환을 앓는 사람이나 재감염의 우려가 적은 환자와 공동 격리한다.

3) 입원치료 중인 사람에 대하여 입원치료 기간 동안 치료를 위한 감염관리가 가능한 병원 내 구역을 제외하고는 병실 이탈 및 이동을 제한해야 한다.

4) 입원치료 중인 사람의 분비물 및 배설물 등은 위생적으로 철저히 관리해야 하고, 화장실 및 오염된 물품은 소독해야 한다.

5) 의료진, 관계 공무원 등으로 출입자를 최소화하고, 출입자에 대해서는 1회용 장갑, 마스크 등의 개인보호구를 착용하게 해야 하며, 손 씻기 등 감염병 전파를 차단하기 위한 적절한 조치를 하게 해야 한다.

6) 환자의 진료 시에는 **1회용 의료기구를 사용**한 후 **폐기처분**해야 하고, 1회용으로 사용하는 것이 적합하지 않은 체온계 등의 **물품은 환자 전용으로 사용한 후 소독**해야 한다.

나. 입원치료의 절차 등

1) 입원치료 대상 감염병환자등을 진찰 또는 진단한 의료인이나 의료기관등의 장은 그 감염병환자등을 입원시키고, 지체 없이 관할 보건소장에게 신고해야 한다.

2) 신고를 받은 관할 보건소장은 입원치료 여부를 지체 없이 확인하고, 대상자와 그 보호자에게 통지해야 한다.

(계속)

3) **입원치료 기간**은 감염병환자등으로 밝혀진 시점부터 **감염력이 소멸된 시점까지**로 한다.

4) 의료기관등의 장 및 해당 의료기관등에 종사하는 의료인은 치료가 끝나 입원치료의 해제가 가능하다고 판단되는 사람에 대해 입원치료를 해제하고, 그 내용을 관할 보건소장에게 지체 없이 신고해야 하며, 관할 보건소장은 지체 없이 입원치료의 해제 여부를 확인해야 한다.

2. 자가치료

가. 자가치료의 방법

1) 자가치료 기간 동안 **샤워실과 화장실이 구비된 독립된 공간**에 격리되어 치료받는 것을 원칙으로 하되, 대상자가 **장애인·영유아인 경우 등 불가피한 경우**에는 함께 거주하는 사람 등과 **공동 격리**할 수 있다.

2) 자가치료 중인 사람은 자가치료 장소를 이탈하거나 이동하지 않아야 한다. 다만, 조사나 진찰 등 외출이 불가피한 경우에는 미리 관할 보건소에 연락하고, 그 지시에 따라야 한다.

3) 자가치료 중인 사람은 가능하면 다른 사람과 별도의 화장실을 사용해야 하고, 분비물 및 배설물 등은 위생적으로 철저히 관리해야 하며, 화장실 및 오염된 물품은 소독해야 한다.

4) 의료진, 관계 공무원 등으로 출입자를 최소화하고, 출입자에 대해서는 일회용 장갑, 마스크 등의 개인보호구를 착용하게 해야 하며, 손 씻기 등 감염병 전파를 차단하기 위한 적절한 조치를 하게 해야 한다.

5) 자가치료 중인 사람이 사용한 일회용 물품은 폐기물 용기에 넣어 용기 외부 전체를 소독하여 폐기처분하고, 체온계 등의 물품은 자가치료 중인 사람 전용으로 사용한 후 소독해야 한다.

나. 자가치료 절차 등

1) **관할 보건소장**은 자가치료가 가능한 감염병환자등을 결정한 경우에는 대상자와 그 보호자에게 통지하고, 자가치료 중인 사람의 **상태를 정기적으로 확인**해야 한다.

2) 자가치료 기간은 감염병환자등으로 밝혀진 시점부터 **감염력이 소멸된 시점까지**로 한다.

3) 관할 보건소장은 자가치료 기간이 끝난 사람 중 자가치료의 해제가 가능하다고 판단되는 사람에 대하여 자가치료를 해제해야 한다.

3. 시설치료

가. 시설치료의 방법

1) 시설치료 기간 동안 **독립된 건물 내 샤워실과 화장실이 구비된 독립된 공간**에 격리되어 치료받는 것을 원칙으로 하되, 불가피한 경우에는 공동 격리할 수 있다.

2) 시설치료 중인 사람은 시설치료 장소를 이탈하거나 지정된 공간 밖으로 이동하지 않아야 한다. 다만, 조사나 진찰 등 외출이 불가피한 경우에는 미리 관할 보건소에 연락하고, 그 지시에 따라야 한다.

(계속)

3) 의료진, 관계 공무원 등으로 출입자를 최소화하고, 출입자에 대해서는 일회용 장갑, 마스크 등의 개인보호구를 착용하게 해야 하며, 손씻기 등 감염병 전파를 차단하기 위한 적절한 조치를 하게 해야 한다.

4) 격리치료 중인 사람이 사용한 일회용 물품은 폐기물 용기에 넣어 용기 외부 전체를 소독하여 폐기처분하고, 체온계 등의 물품은 시설치료 중인 사람 전용으로 사용한 후 소독해야 한다.

나. 시설치료의 절차 등

1) 관할 보건소장은 시설치료가 필요한 사람을 결정한 경우 대상자와 그 보호자에게 통지한 후 시설로 이송하고, 시설치료 중인 사람의 상태를 정기적으로 확인해야 한다.

2) 시설치료 기간은 감염병환자등으로 밝혀진 시점부터 감염력이 소멸된 시점까지로 한다.

3) 관할 보건소장은 시설치료의 해제가 가능하다고 판단되는 사람에 대하여 시설치료를 해제해야 한다.

4. 자가격리

가. 자가격리의 방법

1) 자가격리 기간 동안 **샤워실과 화장실이 구비된 독립된 공간에 격리**하는 것을 원칙으로 하되, 대상자가 장애인·영유아인 경우 등 **불가피한 경우**에는 함께 거주하는 사람 등과 **공동 격리**할 수 있다.

2) 자가격리 중인 사람은 자가격리 장소를 이탈하거나 이동하지 않아야 한다. 다만, 조사나 진찰 등 외출이 불가피한 경우에는 미리 관할 보건소에 연락하고, 그 지시에 따라야 한다.

3) 자가격리 중인 사람은 가능하면 다른 사람과 별도의 화장실을 사용해야 하고, 분비물 및 배설물 등은 위생적으로 철저히 관리해야 하며, 화장실 및 오염된 물품은 소독해야 한다.

4) 의료진, 관계 공무원 등으로 출입자를 최소화하고, 출입자에 대해서는 일회용 장갑, 마스크 등의 개인보호구를 착용하게 해야 하며, 손 씻기 등 감염병 전파를 차단하기 위한 적절한 조치를 하게 해야 한다.

5) 자가격리 중인 사람이 사용한 일회용 물품은 폐기물 용기에 넣어 용기 외부 전체를 소독하여 폐기처분하고, 체온계 등의 물품은 자가격리 중인 사람 전용으로 사용한 후 소독해야 한다.

나. 자가격리의 절차 등

1) **관할 보건소장**은 자가격리가 필요한 감염병의심자를 결정한 경우 대상자와 그 보호자에게 통지하고, 자가격리 중인 사람의 상태를 **정기적으로 확인**해야 한다.

2) 자가격리 기간은 **감염병환자등과 마지막으로 접촉한 날**, 「검역법」 제2조제7호 및 제8호에 따른 검역관리지역 및 중점검역관리지역에서 입국한 날 또는 감염병병원체등 **위험요인에 마지막으로 노출된 날부터** 해당 감염병의 **최대잠복기가 끝나는 날까지**로 한다. 다

(계속)

만, 자가격리 기간이 끝나는 날은 질병관리청장이 예방접종 상황 등을 고려하여 최대잠복기 내에서 달리 정할 수 있다.

3) 관할 보건소장은 자가격리의 기간이 끝난 사람 중 자가격리의 해제가 가능하다고 판단되는 사람에 대하여 자가격리를 해제해야 한다.

5. 시설격리

가. 시설격리의 방법

1) 시설격리 기간 동안 샤워실과 화장실이 구비된 독립된 공간에 격리하는 것을 원칙으로 하되, 불가피한 경우에는 공동 격리할 수 있다.

2) 시설격리 중인 사람은 시설격리 장소를 이탈하거나 이동하지 않아야 한다. 다만, 조사나 진찰 등 외출이 불가피한 경우에는 미리 관할 보건소에 연락하고 그 지시에 따라야 한다.

3) 시설격리 중인 사람은 가능하면 다른 사람과 별도의 화장실을 사용해야 하고, 분비물 및 배설물 등은 위생적으로 철저히 관리해야 하며, 화장실 및 오염된 물품은 소독해야 한다.

4) 의료진, 관계 공무원 등으로 출입자를 최소화하고, 출입자에 대해서는 1회용 장갑, 마스크 등의 개인보호구를 착용하게 해야 하며, 손 씻기 등 감염병 전파를 차단하기 위한 적절한 조치를 하게 해야 한다.

5) 시설격리 중인 사람이 사용한 1회용 물품은 폐기물 용기에 넣어 용기 외부 전체를 소독하여 폐기처분하고, 체온계 등의 물품은 시설격리 중인 사람 전용으로 사용한 후 소독해야 한다.

나. 시설격리의 절차 등

1) 관할 보건소장은 감염병의심자 중 시설격리가 필요한 사람을 결정한 경우에는 대상자와 그 보호자에게 통지한 후 시설에 격리시킬 수 있으며, 시설격리 중인 사람의 상태를 정기적으로 확인해야 한다.

2) 시설격리 기간은 감염병환자등과 마지막으로 접촉한 날, 「검역법」 제2조제7호 및 제8호에 따른 검역관리지역 및 중점검역관리지역에서 입국한 날 또는 감염병병원체등 위험요인에 마지막으로 노출된 날부터 해당 감염병의 최대잠복기가 끝나는 날까지로 한다. 다만, 시설격리 기간이 끝나는 날은 질병관리청장이 예방접종 상황 등을 고려하여 최대잠복기 내에서 달리 정할 수 있다.

3) 관할 보건소장은 시설격리 기간이 끝난 사람 중 시설격리의 해제가 가능하다고 판단되는 사람에 대하여 시설격리를 해제해야 한다.

비고: 관할 보건소장은 제1호부터 제5호까지의 규정에도 불구하고 입원치료·자가치료·시설치료 중이거나 자가격리·시설격리 중인 감염병환자등 및 감염병의심자가 선거권 행사 등 질병관리청장이 정하는 외출 사유에 해당하는 경우에는 그 감염병환자등 및 감염병의심자의 외출을 허용해야 한다. 이 경우 관할 보건소장은 외출이 허용되는 사람에게 전화, 우편, 전자우편, 휴대전화 문자전송이나 그 밖에 전자적인 방법 등을 통하여 외출 시 주의사항 등을 통지해야 한다.

제28조의5(감염병환자등에 대한 생활지원 등) 질병관리청장, 시·도지사 또는 시장·군수·구청장은 법 제70조의4제1항에 따라 다음 각 호의 지원을 할 수 있다. 다만, 법 제41조의2제1항에 따라 유급휴가를 받은 경우에는 제2호에 따른 지원을 하지 아니한다. 〈개정 2020. 9. 11.〉

1. 치료비 및 입원비: 본인이 부담하는 치료비 및 입원비. 다만, 「국민건강보험법」에 따른 요양급여의 대상에서 제외되는 비용 등 질병관리청장이 정하는 비용은 제외한다.
2. 생활지원비: 보건복지부장관이 기획재정부장관과 협의하여 고시하는 금액

제42조(감염병에 관한 강제처분) ① **질병관리청장, 시·도지사 또는 시장·군수·구청장**은 해당 공무원으로 하여금 다음 각 호의 어느 하나에 해당하는 **감염병환자**등이 있다고 인정되는 주거시설, 선박·항공기·열차 등 운송수단 또는 그 밖의 **장소에 들어가 필요한 조사나 진찰**을 하게 할 수 있으며, 그 진찰 결과 감염병환자등으로 인정될 때에는 **동행하여 치료받게 하거나 입원**시킬 수 있다. 〈개정 2020. 8. 11.〉

1. 제1급감염병
2. 제2급감염병 중 결핵, 홍역, 콜레라, 장티푸스, 파라티푸스, 세균성이질, 장출혈성대장균감염증, A형간염, 수막구균 감염증, 폴리오, 성홍열 또는 질병관리청장이 정하는 감염병
3. 삭제 〈2018. 3. 27.〉
4. 제3급감염병 중 질병관리청장이 정하는 감염병
5. 세계보건기구 감시대상 감염병
6. 삭제 〈2018. 3. 27.〉

② **질병관리청장, 시·도지사 또는 시장·군수·구청장**은 **제1급감염병**이 발생한 경우 해당 공무원으로 하여금 **감염병의심자**에게 다음 각 호의 어느 하나에 해당하는 조치를 하게 할 수 있다. 이 경우 해당 공무원은 감염병 증상 유무를 확인하기 위하여 필요한 조사나 진찰을 할 수 있다. 〈개정 2020. 9. 29.〉

1. 자가(自家) 또는 시설에 격리

1의2. 제1호에 따른 격리에 필요한 이동수단의 제한

2. 유선·무선 통신, 정보통신기술을 활용한 기기 등을 이용한 감염병의 증상 유무 확

인이나 위치정보의 수집. 이 경우 위치정보의 수집은 제1호에 따라 격리된 사람으로 한정한다.

3. 감염 여부 검사

③ **질병관리청장, 시·도지사 또는 시장·군수·구청장**은 제2항에 따른 조사나 진찰 결과 감염병환자등으로 인정된 사람에 대해서는 해당 공무원과 동행하여 치료받게 하거나 입원시킬 수 있다. 〈개정 2020. 8. 11.〉

④ **질병관리청장, 시·도지사 또는 시장·군수·구청장**은 제1항·제2항에 따른 조사·진찰이나 제13조제2항에 따른 검사를 거부하는 사람(이하 이 조에서 "조사거부자"라 한다)에 대해서는 해당 공무원으로 하여금 감염병관리기관에 동행하여 **필요한 조사나 진찰을 받게 하여야 한다.** 〈개정 2020. 8. 11.〉

⑤~⑦ 생략

⑧ **질병관리청장, 시·도지사 또는 시장·군수·구청장**은 감염병의심자 또는 조사거부자가 감염병환자등이 아닌 것으로 인정되면 제2항 또는 제7항에 따른 **격리 조치를 즉시 해제**하여야 한다. 〈개정 2020. 8. 11.〉

⑨~⑫ 생략

제45조(업무 종사의 일시 제한) ① 감염병환자등은 보건복지부령으로 정하는 바에 따라 업무의 성질상 **일반인과 접촉하는 일이 많은 직업**에 **종사**할 수 없고, 누구든지 감염병환자등을 그러한 직업에 **고용**할 수 **없다.** 〈개정 2010. 1. 18.〉

② 제19조에 따른 성매개감염병에 관한 건강진단을 받아야 할 자가 건강진단을 받지 아니한 때에는 같은 조에 따른 직업에 종사할 수 없으며 해당 영업을 영위하는 자는 건강진단을 받지 아니한 자를 그 영업에 종사하게 하여서는 아니 된다.

시행규칙

제33조(업무 종사의 일시 제한) ① 법 제45조제1항에 따라 **일시적으로 업무 종사의 제한**을 받는 감염병환자등은 다음 각 호의 감염병에 해당하는 감염병환자등으로 하고, 그 제한 기간은 **감염력이 소멸되는 날까지**로 한다. 〈개정 2019. 11. 22.〉

1. **콜레라**
2. **장티푸스**
3. **파라티푸스**

4. **세균성이질**

5. **장출혈성대장균감염증**

6. **A형간염**

② 법 제45조제1항에 따라 업무 종사의 제한을 받는 업종은 다음 각 호와 같다.

1. 「식품위생법」 제2조제12호에 따른 **집단급식소**

2. 「식품위생법」 제36제1항제3호 따른 **식품접객업**

제46조(건강진단 및 예방접종 등의 조치) 질병관리청장, 시·도지사 또는 시장·군수·구청장은 보건복지부령으로 정하는 바에 따라 다음 각 호의 어느 하나에 해당하는 사람에게 건강진단을 받거나 감염병 예방에 필요한 예방접종을 받게 하는 등의 조치를 할 수 있다. 〈개정 2020. 8. 11.〉

1. 감염병환자등의 **가족** 또는 그 **동거인**
2. 감염병 **발생지역에 거주하는 사람** 또는 그 **지역에 출입하는 사람**으로서 감염병에 감염되었을 것으로 의심되는 사람
3. **감염병환자등과 접촉**하여 감염병에 감염되었을 것으로 의심되는 사람

제47조(감염병 유행에 대한 방역 조치) 질병관리청장, 시·도지사 또는 **시장·군수·구청장**은 감염병이 유행하면 감염병 전파를 막기 위하여 다음 각 호에 해당하는 모든 조치를 하거나 그에 필요한 일부 **조치**를 하여야 한다. 〈개정 2020. 8. 11.〉

1. 감염병환자등이 있는 **장소**나 감염병병원체에 오염되었다고 인정되는 장소에 대한 다음 각 목의 조치
   가. 일시적 폐쇄
   나. 일반 공중의 출입금지
   다. 해당 장소 내 이동제한
   라. 그 밖에 통행차단을 위하여 필요한 조치
2. **의료기관**에 대한 업무 정지
3. 감염병의심자를 적당한 장소에 일정한 기간 **입원** 또는 **격리**시키는 것
4. 감염병병원체에 오염되었거나 오염되었다고 의심되는 **물건**을 사용·접수·이동하거나 버리는 행위 또는 해당 물건의 **세척을 금지**하거나 **태우**거나 **폐기처분**하는 것

5. 감염병병원체에 오염된 **장소**에 대한 **소독**이나 그 밖에 필요한 조치를 명하는 것

6. **일정한 장소에서 세탁**하는 것을 **막거나 오물**을 **일정한 장소에서 처리**하도록 명하는 것

제48조(오염장소 등의 소독 조치) ① 육군·해군·공군 **소속 부대의 장**, **국방부직할부대의 장** 및 제12조제1항 각 호의 어느 하나에 해당하는 사람은 감염병환자등이 발생한 장소나 감염병병원체에 오염되었다고 의심되는 **장소**에 대하여 의사, 한의사 또는 관계 공무원의 지시에 따라 **소독**이나 그 밖에 필요한 조치를 하여야 한다.

② 제1항에 따른 소독 등의 조치에 관하여 필요한 사항은 보건복지부령으로 정한다. 〈개정 2010. 1. 18.〉

시행규칙

제35조(소독의 기준 및 방법) ① 법 제48조제2항에 따른 소독 등 조치의 기준은 별표 5와 같다. 〈개정 2014. 12. 31.〉

② 법 제48조제2항에 따른 소독 등 조치의 방법은 별표 6과 같다.

시행규칙 **[별표 5] 소독의 기준**(제35조제1항, 제36조제2항 및 제40조제1항 관련) 〈개정 2019. 9. 27.〉

1. 콜레라, 장티푸스, 파라티푸스, 세균성이질, 장출혈성대장균, A형간염의 경우
   가. 분뇨, 토사물(吐瀉物) 및 이의 처치에 사용한 기구·천·종이 등
   나. 시체
   다. 감염병환자 또는 시체에 사용한 의류, 침구, 운반기구 등
   라. 간호인 또는 감염병환자와 접촉한 사람 및 이들이 사용한 의류, 침구 등
   마. 감염병환자의 음식물찌꺼기, 감염병환자가 사용한 식기, 기구, 서적 등
   바. 병실의 바닥 등
   사. 우물, 주방, 주방기구, 물통 등
   아. 화장실, 수세변기구, 쓰레기통, 하수구 등 불결한 장소
   자. 옥내 및 옥외에 대한 청소
   차. 고인 물이나 습기가 찬 장소에 대한 매몰 또는 배수
   카. 실내의 충분한 채광 및 환기
2. 성홍열, 디프테리아, 수막구균성수막염의 경우
   가. 콧물, 가래침, 고름, 부스럼딱지 및 이의 처치에 사용한 기구, 천, 종이 등
   나. 시체
   다. 감염병환자 또는 시체에 사용한 의류, 침구, 운반기구 등
   라. 간호인 또는 감염병환자와 접촉한 사람 및 이들이 사용한 의류, 침구 등

(계속)

마. 감염병환자의 음식물찌꺼기, 감염병환자가 사용한 식기, 기구, 서적 등
바. 병실의 바닥, 기구, 벽 등
사. 옥내 및 옥외에 대한 청소
아. 고인 물이나 습기가 찬 장소에 대한 매몰 또는 배수
자. 실내의 충분한 채광 및 환기

3. 발진티푸스의 경우
가. 콧물, 가래침 및 이의 처치에 사용한 기구·천·종이 등
나. 시체
다. 감염병환자 또는 시체에 사용한 의류, 침구, 운반기구 등
라. 간호인 또는 감염병환자와 접촉한 사람 및 이들이 사용한 의류, 침구 등
마. 병실의 바닥 등
바. 이가 서식하기 쉬운 물건
사. 옥내 및 옥외에 대한 청소
아. 고인 물이나 습기가 찬 장소에 대한 매몰 또는 배수
자. 실내의 충분한 채광 및 환기

4. 페스트의 경우
가. 혈액, 콧물, 가래침, 고름 및 이의 처치에 사용한 기구·천·종이 등
나. 시체
다. 감염병환자 또는 시체에 사용한 의류, 침구, 운반기구 등
라. 간호인 또는 감염병환자와 접촉한 사람 및 이들이 사용한 의류, 침구 등
마. 감염병환자가 사용한 식기, 기구, 서적 등
바. 병실의 바닥, 기구, 벽 등
사. 쥐가 서식하거나 지나다니는 장소
아. 이가 서식하기 쉬운 물건 또는 장소
자. 옥내 및 옥외에 대한 청소
차. 고인 물이나 습기가 찬 장소에 대한 매몰 또는 배수
카. 실내의 충분한 채광 및 환기

5. 일본뇌염, 말라리아의 경우
가. 하수구, 고인 물, 잡초, 농수로 등
나. 모기가 발생하고 서식하기 쉬운 장소
다. 옥내 및 옥외에 대한 청소
라. 고인 물이나 습기가 찬 장소에 대한 매몰 또는 배수
마. 실내의 충분한 채광 및 환기

(계속)

시행규칙 **[별표 6] 소독의 방법**(제35조제2항, 제36조제3항 및 제40조제1항 관련) 〈개정 2019. 11. 22.〉

1. 청소

오물 또는 오염되었거나 오염이 의심되는 물건을 수집하여 「폐기물관리법」에 따라 위생적인 방법으로 안전하게 처리해야 한다.

2. 소독

가. 소각

오염되었거나 오염이 의심되는 소독대상 물건 중 소각해야 할 물건을 불에 완전히 태워야 한다.

나. 증기소독

유통증기(流通蒸氣)를 사용하여 소독기 안의 공기를 빼고 **1시간 이상 섭씨 100도 이상의 증기소독**을 해야 한다. 다만, 증기소독을 할 경우 더럽혀지고 손상될 우려가 있는 물건은 다른 방법으로 소독을 해야 한다.

다. 끓는 물 소독

소독할 물건을 **30분 이상 섭씨 100도 이상의** 물속에 넣어 살균해야 한다.

라. 약물소독

다음의 약품을 소독대상 물건에 뿌려야 한다.

1) **석탄산수(석탄산 3% 수용액)**

2) **크레졸수(크레졸액 3% 수용액)**

3) **승홍수(승홍 0.1%, 식염수 0.1%, 물 99.8% 혼합액)**

4) **생석회(대한약전 규격품)**

5) **크롤칼키수(크롤칼키 5% 수용액)**

6) **포르마린(대한약전 규격품)**

7) **그 밖의 소독약을 사용하려는 경우에는 석탄산 3% 수용액에 해당하는 소독력이 있는 약제를 사용해야 한다.**

마. 일광소독

의류, 침구, 용구, 도서, 서류나 그 밖의 물건으로서 가목부터 라목까지의 규정에 따른 소독방법을 따를 수 없는 경우에는 일광소독을 해야 한다.

3. 질병매개곤충 방제(防除)

가. 물리적·환경적 방법

1) 서식 장소를 완전히 제거하여 질병매개곤충이 서식하지 못하게 한다.

2) 질병매개곤충의 발생이나 유입을 막기 위한 시설을 설치해야 한다.

3) 질병매개곤충의 종류에 따른 적절한 덫을 사용하여 밀도를 낮추어야 한다.

(계속)

나. 화학적 방법

1) 질병매개곤충에 맞는 곤충 성장 억제제 또는 살충제를 사용하여 유충과 성충을 제거해야 한다.

2) 잔류성 살충제를 사용하여 추가적인 유입을 막아야 한다.

3) 살충제 처리가 된 창문스크린이나 모기장을 사용해야 하다.

다. 생물학적 방법

1) 모기 방제를 위하여 유충을 잡아먹는 천적(미꾸라지, 송사리, 잠자리 유충 등)을 이용한다.

2) 모기유충 서식처에 미생물 살충제를 사용한다.

4. 쥐의 방제

가. 위생적 처리

1) 음식 찌꺼기통이나 쓰레기통의 용기는 밀폐하거나 뚜껑을 덮어 먹이 제공을 방지해야 한다.

2) 쓰레기 더미, 퇴비장, 풀이 우거진 담장 등의 쥐가 숨어있는 곳을 사전에 제거함으로써 서식처를 제거한다.

나. 건물의 출입문, 환기통, 배관, 외벽, 외벽과 창문 및 전선 등을 통하여 쥐가 침입하지 못하도록 처리해야 한다.

다. 쥐약을 적당량 사용하여 쥐를 방제한다.

5. 소독약품의 사용

살균·살충·쥐잡기 등의 소독에 사용하는 상품화된 약품은 「생활화학제품 및 살생물제의 안전관리에 관한 법률」 제3조제4호에 따른 안전확인대상생활화학제품(살균제품 및 구제제품으로 한정한다) 또는 같은 조 제8호에 따른 살생물제품(살균제류 및 구제제류로 한정한다)으로서 환경부장관의 승인을 받은 제품을 용법·용량에 따라 안전하게 사용해야 한다.

시행규칙 **[별표 7] 소독횟수 기준**(제36조제4항 관련) 〈개정 2021. 5. 24.〉

소독을 해야 하는 시설의 종류	소독횟수	
	4월부터 9월까지	10월부터 3월까지
1. 「공중위생관리법」에 따른 숙박업소(객실 수 20실 이상인 경우만 해당한다), 「관광진흥법」에 따른 관광숙박업소 2. 「식품위생법 시행령」 제21조제8호(마목은 제외한다)에 따른 **식품접객업 업소**(이하 "식품접객업소"라 한다) 중 연면적 300제곱미터 이상의 업소 3. 「여객자동차 운수사업법」에 따른 시내버스·농어촌버스·마을버스·시외버스·전세버스·장의자동차, 「항공법」에 따른 항공기와 공항시설, 「해운법」에 따른 여객선, 「항만법」에 따른 연면적 300제곱미터 이상의 대합실, 「철도사업법」 및 「도시철도법」에 따른 여객운송 철도차량과 역사(驛舍) 및 역 시설 4. 「유통산업발전법」에 따른 대형마트, 전문점, 백화점, 쇼핑센터, 복합쇼핑몰, 그 밖의 대규모 점포와 「전통시장 및 상점가 육성을 위한 특별법」에 따른 전통시장	1회 이상/1개월	1회 이상/2개월

(계속)

소독을 해야 하는 시설의 종류	소독횟수	
	4월부터 9월까지	10월부터 3월까지
5. 「의료법」 제3조제2항제3호에 따른 병원급 의료기관	1회 이상/1개월	1회 이상/2개월
6. 「식품위생법」 제2조제12호에 따른 **집단급식소**(한 번에 100명 이상에게 계속적으로 식사를 공급하는 경우만 해당한다) 6의2. 「식품위생법 시행령」 제21조제8호마목에 따른 **위탁급식영업**을 하는 식품접객업소 중 연면적 300제곱미터 이상의 업소 7. 「건축법 시행령」 별표 1 제2호라목에 따른 기숙사 7의2. 「소방시설 설치·유지 및 안전관리에 관한 법률 시행령」 별표 2 제8호가목에 따른 합숙소(50명 이상을 수용할 수 있는 경우만 해당한다) 8. 「공연법」에 따른 공연장(객석 수 300석 이상인 경우만 해당한다) 9. 「초·중등교육법」 제2조 및 「고등교육법」 제2조에 따른 학교 10. 「학원의 설립·운영 및 과외교습에 관한 법률」에 따른 연면적 1천제곱미터 이상의 학원 11. 연면적 2천제곱미터 이상의 사무실용 건축물 및 복합용도의 건축물 12. 「영유아보육법」에 따른 어린이집 및 「유아교육법」에 따른 유치원(50명 이상을 수용하는 어린이집 및 유치원만 해당한다)	**1회 이상/2개월**	**1회 이상/3개월**
13. 「주택법」에 따른 공동주택(300세대 이상인 경우만 해당한다)	1회 이상/3개월	1회 이상/6개월

제8장 | 예방 조치

제49조(감염병의 예방 조치) ① **질병관리청장, 시·도지사 또는 시장·군수·구청장**은 감염병을 예방하기 위하여 다음 각 호에 해당하는 모든 조치를 하거나 그에 필요한 일부 조치를 하여야 하며, 보건복지부장관은 감염병을 예방하기 위하여 제2호, 제2호의2부터 제2호의4까지, 제12호 및 제12호의2에 해당하는 조치를 할 수 있다. 〈개정 2021. 3. 9.〉

1. 관할 지역에 대한 **교통**의 전부 또는 일부를 **차단**하는 것
2. 흥행, 집회, 제례 또는 그 밖의 여러 사람의 **집합**을 **제한**하거나 **금지**하는 것

2의2. 감염병 전파의 위험성이 있는 장소 또는 시설의 관리자·운영자 및 이용자 등에 대하여 출입자 명단 작성, 마스크 착용 등 방역지침의 준수를 명하는 것

2의3. 버스·열차·선박·항공기 등 감염병 전파가 우려되는 운송수단의 이용자에 대하여 마스크 착용 등 방역지침의 준수를 명하는 것

2의4. 감염병 전파가 우려되어 지역 및 기간을 정하여 마스크 착용 등 방역지침 준수를 명하는 것

3. 건강진단, 시체 검안 또는 해부를 실시하는 것

4. 감염병 전파의 위험성이 있는 음식물의 판매·수령을 금지하거나 그 **음식물**의 **폐기**나 그 밖에 필요한 **처분**을 명하는 것
5. 인수공통감염병 예방을 위하여 살처분(殺處分)에 참여한 사람 또는 인수공통감염병에 드러난 사람 등에 대한 예방조치를 명하는 것
6. 감염병 전파의 매개가 되는 물건의 소지·이동을 제한·금지하거나 그 **물건**에 대하여 **폐기, 소각** 또는 그 밖에 필요한 처분을 명하는 것
7. 선박·항공기·열차 등 운송 수단, 사업장 또는 그 밖에 **여러 사람이 모이는 장소**에 의사를 배치하거나 **감염병 예방**에 필요한 **시설**의 설치를 명하는 것
8. 공중위생에 관계있는 시설 또는 장소에 대한 소독이나 그 밖에 필요한 조치를 명하거나 상수도·하수도·우물·쓰레기장·화장실의 신설·개조·변경·폐지 또는 사용을 금지하는 것
9. 쥐, 위생해충 또는 그 밖의 감염병 매개동물의 구제(驅除) 또는 구제시설의 설치를 명하는 것
10. 일정한 장소에서의 **어로(漁撈)·수영 또는 일정한 우물의 사용**을 **제한**하거나 **금지**하는 것
11. 감염병 매개의 중간 숙주가 되는 동물류의 포획 또는 생식을 금지하는 것
12. 감염병 유행기간 중 의료인·의료업자 및 그 밖에 필요한 의료관계요원을 동원하는 것
12의2. 감염병 유행기간 중 의료기관 병상, 연수원·숙박시설 등 시설을 동원하는 것
13. 감염병병원체에 **오염된 건물**에 대한 **소독**이나 그 밖에 필요한 조치를 명하는 것
14. **감염병의심자**를 적당한 장소에 일정한 기간 **입원** 또는 **격리**시키는 것

② **시·도지사 또는 시장·군수·구청장**은 제1항제8호 및 제10호에 따라 식수를 사용하지 못하게 하려면 그 사용금지기간 동안 **별도로 식수를 공급**하여야 하며, 제1항제1호·제2호·제6호·제8호·제10호 및 제11호에 따른 조치를 하려면 그 사실을 주민에게 미리 알려야 한다.

③~⑦ 생략

제49조의2(감염취약계층의 보호 조치) ① **보건복지부장관, 시·도지사 또는 시장·군수·구청장은** 호흡기와 관련된 감염병으로부터 저소득층과 사회복지시설을 이용하는 어린이, 노인, 장애인 및 기타 보건복지부령으로 정하는 대상(이하 "**감염취약계층**"이라 한다)

을 보호하기 위하여 「재난 및 안전관리 기본법」 제38조제2항에 따른 주의 이상의 위기경보가 발령된 경우 감염취약계층에게 **의료·방역 물품**(「약사법」에 따른 의약외품으로 한정한다) **지급 등 필요한 조치**를 취할 수 있다. 〈개정 2020. 12. 15.〉

② **질병관리청장**, 시·도지사 또는 시장·군수·구청장은 「재난 및 안전관리 기본법」 제38조제2항에 따른 주의 이상의 위기경보가 발령된 경우 **감염취약계층이 이용하는** 「사회복지사업법」 제2조제4호의 **사회복지시설**에 대하여 **소독**이나 그 밖에 필요한 조치를 명할 수 있다. 〈신설 2021. 3. 9.〉

③ 제1항에 따른 감염병의 종류, 감염취약계층의 범위 및 지급절차 등에 관하여 필요한 사항은 보건복지부령으로 정한다. 〈개정 2021. 3. 9.〉

제51조(소독 의무) ① 특별자치시장·특별자치도지사 또는 **시장·군수·구청장**은 감염병을 예방하기 위하여 **청소나 소독을 실시**하거나 쥐, 위생해충 등의 구제조치(이하 "소독"이라 한다)를 하여야 한다. 이 경우 소독은 사람의 건강과 자연에 유해한 영향을 최소화하여 안전하게 실시하여야 한다. 〈개정 2023. 6. 13.〉

② 제1항에 따른 소독의 기준과 방법은 보건복지부령으로 정한다. 〈신설 2020. 3. 4.〉

③ 공동주택, 숙박업소 등 여러 사람이 거주하거나 이용하는 시설 중 대통령령으로 정하는 **시설을 관리·운영하는 자**는 보건복지부령으로 정하는 바에 따라 감염병 예방에 필요한 **소독**을 하여야 한다. 〈개정 2020. 3. 4.〉

④ 제3항에 따라 소독을 하여야 하는 시설의 관리·운영자는 제52조제1항에 따라 **소독업의 신고를 한 자에게 소독하게 하여야** 한다. 다만, 「공동주택관리법」 제2조제1항 제15호에 따른 주택관리업자가 제52조제1항에 따른 소독장비를 갖추었을 때에는 그가 관리하는 공동주택은 직접 소독할 수 있다. 〈개정 2020. 3. 4.〉

시행령

제24조(소독을 해야 하는 시설) 법 제51조제3항에 따라 감염병 예방에 필요한 소독을 하여야 하는 시설은 다음 각 호와 같다. 〈개정 2022. 11. 29.〉

1. 「공중위생관리법」에 따른 숙박업소(객실 수 20실 이상인 경우만 해당한다), 「관광진흥법」에 따른 관광숙박업소
2. 「식품위생법 시행령」 제21조제8호(마목은 제외한다)에 따른 **식품접객업 업소**(이하 "식품접객업소"라 한다) 중 **연면적 300제곱미터 이상**의 업소

3. 「여객자동차 운수사업법」에 따른 시내버스·농어촌버스·마을버스·시외버스·전세버스·장의자동차, 「항공안전법」에 따른 항공기 및 「공항시설법」에 따른 공항시설, 「해운법」에 따른 여객선, 「항만법」에 따른 연면적 300제곱미터 이상의 대합실, 「철도사업법」 및 「도시철도법」에 따른 여객운송 철도차량과 역사(驛舍) 및 역 시설
4. 「유통산업발전법」에 따른 대형마트, 전문점, 백화점, 쇼핑센터, 복합쇼핑몰, 그 밖의 대규모 점포와 「전통시장 및 상점가 육성을 위한 특별법」에 따른 전통시장
5. 「의료법」 제3조제2항제3호에 따른 병원급 의료기관
6. 「식품위생법」 제2조제12호에 따른 **집단급식소(한 번에 100명 이상에게** 계속적으로 식사를 공급하는 경우만 해당한다)

6의2. 「식품위생법 시행령」 제21조제8호마목에 따른 **위탁급식영업**을 하는 식품접객업소 중 **연면적 300제곱미터 이상**의 업소

7. 「건축법 시행령」 별표 1 제2호라목에 따른 기숙사

7의2. 「소방시설 설치 및 관리에 관한 법률 시행령」 별표 2 제8호가목에 따른 **합숙소** (**50명 이상**을 수용할 수 있는 경우만 해당한다)

8. 「공연법」에 따른 공연장(객석 수 300석 이상인 경우만 해당한다)
9. 「초·중등교육법」 제2조 및 「고등교육법」 제2조에 따른 학교
10. 「학원의 설립·운영 및 과외교습에 관한 법률」에 따른 연면적 1천제곱미터 이상의 학원
11. 연면적 2천제곱미터 이상의 사무실용 건축물 및 복합용도의 건축물
12. 「영유아보육법」에 따른 어린이집 및 「유아교육법」에 따른 **유치원(50명 이상**을 수용하는 어린이집 및 유치원만 해당한다)
13. 「공동주택관리법」에 따른 **공동주택(300세대 이상**인 경우만 해당한다)

[본조제목개정 2020. 6. 2.]

제52조(소독업의 신고 등) ① **소독을 업으로** 하려는 자(제51조제4항 단서에 따른 주택관리업자는 제외한다)는 보건복지부령으로 정하는 시설·장비 및 인력을 갖추어 특별자치시장·특별자치도지사 또는 **시장·군수·구청장에게 신고**하여야 한다. 신고한 사항을 변경하려는 경우에도 또한 같다. 〈개정 2023. 6. 13.〉

② 특별자치시장·특별자치도지사 또는 시장·군수·구청장은 제1항에 따른 신고를 받은 경우 그 내용을 검토하여 이 법에 적합하면 신고를 수리하여야 한다. 〈개정 2023. 6. 13.〉

③ 특별자치시장·특별자치도지사 또는 시장·군수·구청장은 제1항에 따라 소독업의 신고를 한 자(이하 "소독업자"라 한다)가 다음 각 호의 어느 하나에 해당하면 **소독업 신고가 취소**된 것으로 본다. 〈개정 2023. 6. 13.〉

1. 「부가가치세법」 제8조제8항에 따라 관할 세무서장에게 **폐업 신고**를 한 경우
2. 「부가가치세법」 제8조제9항에 따라 관할 세무서장이 **사업자등록을 말소**한 경우
3. 제53조제1항에 따른 휴업이나 폐업 신고를 하지 아니하고 **소독업에 필요한 시설 등이 없어진 상태가 6개월 이상 계속된 경우**

④ 생략

제53조(소독업의 휴업 등의 신고) ① 소독업자가 그 영업을 **30일 이상 휴업하거나 폐업**하려면 보건복지부령으로 정하는 바에 따라 특별자치시장·특별자치도지사 또는 **시장·군수·구청장에게 신고**하여야 한다. 〈개정 2023. 6. 13.〉

② 소독업자가 휴업한 후 **재개업**을 하려면 보건복지부령으로 정하는 바에 따라 특별자치시장·특별자치도지사 또는 **시장·군수·구청장에게 신고**하여야 한다. 이 경우 특별자치시장·특별자치도지사 또는 시장·군수·구청장은 그 내용을 검토하여 이 법에 적합하면 신고를 수리하여야 한다. 〈개정 2023. 6. 13.〉

제54조(소독의 실시 등) ① **소독업자**는 보건복지부령으로 정하는 기준과 방법에 따라 **소독**하여야 한다. 〈개정 2010. 1. 18.〉

② 소독업자가 소독하였을 때에는 보건복지부령으로 정하는 바에 따라 그 소독에 관한 사항을 **기록·보존**하여야 한다. 〈개정 2010. 1. 18.〉

시행규칙

제40조(소독의 기준 및 소독에 관한 사항의 기록 등) ① 법 제54조제1항에 따른 소독의 기준과 방법은 각각 별표 5 및 별표 6과 같다. 〈개정 2014. 12. 31.〉

② 법 제54조제1항에 따라 소독을 실시한 소독업자는 별지 제28호서식의 소독증명서를 소독을 실시한 시설의 관리·운영자에게 발급하여야 한다.

③ 소독업자는 법 제54조제2항에 따라 별지 제29호서식의 소독실시대장에 소독에 관

한 사항을 기록하고, 이를 **2년간 보존**하여야 한다.

제55조(소독업자 등에 대한 교육) ① **소독업자**(법인인 경우에는 그 대표자를 말한다. 이하 이 조에서 같다)는 소독에 관한 **교육**을 받아야 한다.

② 소독업자는 소독업무 **종사자**에게 소독에 관한 **교육을 받게** 하여야 한다.

③ 제1항 및 제2항에 따른 교육의 내용과 방법, 교육시간, 교육비 부담 등에 관하여 필요한 사항은 보건복지부령으로 정한다. 〈개정 2010. 1. 18.〉

시행규칙

제41조(소독업자 등에 대한 교육) ① 법 제55조제1항에 따라 소독업자는 소독업의 신고를 한 날부터 **6개월 이내**에 별표 9의 교육과정에 따른 소독에 관한 교육을 받아야 한다. 다만, 신고를 한 날이 본문에 따른 교육을 받은 날(해당 교육이 종료된 날을 말한다)부터 3년이 지나지 아니한 경우에는 그러하지 아니하다. 〈개정 2013. 9. 23.〉

② 법 제55조제2항에 따라 소독업자는 소독업무 **종사자**에게 소독업무에 종사한 날부터 **6개월 이내**에 별표 9의 교육과정에 따른 소독에 관한 교육을 받게 해야 하고, 그 후에는 직전의 교육이 종료된 날부터 **3년이 되는 날**이 **속하는 달의 말일까지** 1회 **이상 보수교육**을 받게 해야 한다. 〈개정 2020. 6. 4.〉

③ ④ 생략

제9장 | 방역관, 역학조사관, 검역위원 및 예방위원 등 〈개정 2015. 7 .6.〉

제10장 | 경비

제64조(특별자치시·특별자치도와 시·군·구가 부담할 경비) 다음 각 호의 경비는 특별자치시·특별자치도와 시·군·구가 부담한다. 〈개정 2023. 6. 13.〉

1. 제4조제2항제13호에 따른 한센병의 예방 및 진료 업무를 수행하는 법인 또는 단체에 대한 지원 경비의 일부
2. 제24조제1항 및 제25조제1항에 따른 예방접종에 드는 경비

3. 제24조제2항 및 제25조제2항에 따라 의료기관이 예방접종을 하는 데 드는 경비의 전부 또는 일부
4. 제36조에 따라 특별자치시장·특별자치도지사 또는 시장·군수·구청장이 지정한 감염병관리기관의 감염병관리시설의 설치·운영에 드는 경비
5. 제37조에 따라 특별자치시장·특별자치도지사 또는 시장·군수·구청장이 설치한 격리소·요양소 또는 진료소 및 같은 조에 따라 지정된 감염병관리기관의 감염병관리시설 설치·운영에 드는 경비
6. 제47조제1호 및 제3호에 따른 교통 차단 또는 입원으로 인하여 생업이 어려운 사람에 대한 「국민기초생활 보장법」 제2조제6호에 따른 최저보장수준 지원
7. 제47조, 제48조, 제49조제1항제8호·제9호·제13호 및 제51조제1항에 따라 특별자치시·특별자치도와 시·군·구에서 실시하는 소독이나 그 밖의 조치에 드는 경비
8. 제49조제1항제7호 및 제12호에 따라 특별자치시장·특별자치도지사 또는 시장·군수·구청장이 의사를 배치하거나 의료인·의료업자·의료관계요원 등을 동원하는 데 드는 수당·치료비 또는 조제료

8의2. 제49조제1항제12호의2에 따라 특별자치시장·특별자치도지사 또는 시장·군수·구청장이 동원한 의료기관 병상, 연수원·숙박시설 등 시설의 운영비 등 경비

9. 제49조제2항에 따른 식수 공급에 드는 경비
10. 제62조에 따른 예방위원의 배치에 드는 경비

10의2. 제70조의6제1항에 따라 특별자치시장·특별자치도지사 또는 시장·군수·구청장이 실시하는 심리지원에 드는 경비

10의3. 제70조의6제2항에 따라 특별자치시장·특별자치도지사 또는 시장·군수·구청장이 위탁하여 관계 전문기관이 심리지원을 실시하는 데 드는 경비

11. 그 밖에 이 법에 따라 특별자치시·특별자치도와 시·군·구가 실시하는 감염병 예방 사무에 필요한 경비

[제목개정 2023. 6. 13.]

제65조(시·도가 부담할 경비) 다음 각 호의 경비는 시·도가 부담한다. 〈개정 2020. 12. 15.〉

1. 제4조제2항제13호에 따른 한센병의 예방 및 진료 업무를 수행하는 법인 또는 단체에 대한 지원 경비의 일부

2. 제36조에 따라 시·도지사가 지정한 감염병관리기관의 감염병관리시설의 설치·운영에 드는 경비
3. 제37조에 따른 시·도지사가 설치한 격리소·요양소 또는 진료소 및 같은 조에 따라 지정된 감염병관리기관의감염병관리시설 설치·운영에 드는 경비

3의2. 제39조의3에 따라 시·도지사가 지정한 감염병의심자 격리시설의 설치·운영에 드는 경비

4. 제41조 및 제42조에 따라 내국인 감염병환자등의 입원치료, 조사, 진찰 등에 드는 경비
5. 제46조에 따른 건강진단, 예방접종 등에 드는 경비
6. 제49조제1항제1호에 따른 교통 차단으로 생업이 어려운 자에 대한 「국민기초생활 보장법」 제2조제6호에 따른 최저보장수준 지원

6의2. 제49조제1항제12호에 따라 시·도지사가 의료인·의료업자·의료관계요원 등을 동원하는 데 드는 수당·치료비 또는 조제료

6의3. 제49조제1항제12호의2에 따라 시·도지사가 동원한 의료기관 병상, 연수원·숙박시설 등 시설의 운영비 등 경비

7. 제49조제2항에 따른 식수 공급에 드는 경비

7의2. 제60조의3제1항 및 제3항에 따라 시·도지사가 의료인 등을 방역업무에 종사하게 하는 데 드는 수당 등 경비

8. 제61조에 따른 검역위원의 배치에 드는 경비

8의2. 제70조의6제1항에 따라 시·도지사가 실시하는 심리지원에 드는 경비

8의3. 제70조의6제2항에 따라 시·도지사가 위탁하여 관계 전문기관이 심리지원을 실시하는 데 드는 경비

9. 그 밖에 이 법에 따라 시·도가 실시하는 감염병 예방 사무에 필요한 경비

제67조(국고 부담 경비) 다음 각 호의 경비는 국가가 부담한다. 〈개정 2020. 12. 15.〉

1. 제4조제2항제2호에 따른 감염병환자등의 진료 및 보호에 드는 경비
2. 제4조제2항제4호에 따른 감염병 교육 및 홍보를 위한 경비
3. 제4조제2항제8호에 따른 감염병 예방을 위한 전문인력의 양성에 드는 경비
4. 제16조제4항에 따른 표본감시활동에 드는 경비

4의2. 제18조의3에 따른 교육·훈련에 드는 경비
5. 제20조에 따른 해부에 필요한 시체의 운송과 해부 후 처리에 드는 경비
5의2. 제20조의2에 따라 시신의 장사를 치르는 데 드는 경비
6. 제33조에 따른 예방접종약품의 생산 및 연구 등에 드는 경비
6의2. 제33조의2제1항에 따른 필수예방접종약품등의 비축에 드는 경비
6의3. 제36조제1항에 따라 보건복지부장관 또는 질병관리청장이 지정한 감염병관리기관의 감염병관리시설의 설치·운영에 드는 경비
7. 제37조에 따라 보건복지부장관 및 질병관리청장이 설치한 격리소·요양소 또는 진료소 및 같은 조에 따라 지정된 감염병관리기관의감염병관리시설 설치·운영에 드는 경비
7의2. 제39조의3에 따라 질병관리청장이 지정한 감염병의심자 격리시설의 설치·운영에 드는 경비
8. 제40조제1항에 따라 위원회의 심의를 거친 품목의 비축 또는 장기구매를 위한 계약에 드는 경비
9. 삭제 〈2020. 8. 12.〉
9의2. 제49조제1항제12호에 따라 국가가 의료인·의료업자·의료관계요원 등을 동원하는 데 드는 수당·치료비 또는 조제료
9의3. 제60조의3제1항부터 제3항까지에 따라 국가가 의료인 등을 방역업무에 종사하게 하는 데 드는 수당 등 경비
9의4. 제60조의3제1항부터 제3항까지에 따라 국가가 의료인 등을 방역업무에 종사하게 하는 데 드는 수당 등 경비
9의5. 제70조의6제1항에 따라 국가가 실시하는 심리지원에 드는 경비
9의6. 제70조의6제2항에 따라 국가가 위탁하여 관계 전문기관이 심리지원을 실시하는 데 드는 경비
10. 제71조에 따른 예방접종 등으로 인한 피해보상을 위한 경비

제11장 | 보칙

제12장 | 벌칙

10

폐기물관리법

폐기물관리법 [제정 1986. 12. 31., 법률 제18853호, 2022. 4. 26., 타법개정]

폐기물관리법 시행령 [제정 1987. 4. 1., 대통령령 제33011호, 2022. 11. 29., 일부개정]

폐기물관리법 시행규칙 [제정 1990. 10. 26., 환경부령 제1037호, 2023. 5. 31., 일부개정]

장	조	
제1장 총칙	제1조 목적 제2조 정의 제2조의2 폐기물의 세부분류 (생략) 제3조 적용 범위 (생략) 제3조의2 폐기물 관리의 기본원칙 (생략) 제4조 국가와 지방자치단체의 책무 (생략) 제5조 폐기물의 광역 관리 (생략)	제6조 폐기물처리시설 반입수수료 (생략) 제7조 국민의 책무 (생략) 제8조 폐기물의 투기 금지 (생략) 제9조 삭제 〈2017. 11. 28〉 제10조 삭제 〈2017. 11. 28〉 제11조 삭제 〈2017. 11. 28〉 제12조 삭제 〈2015. 1. 20〉
제2장 폐기물의 배출과 처리	제13조 폐기물의 처리 기준 등 제13조의2 폐기물의 재활용 원칙 및 준수사항 (생략) 제13조의3 폐기물의 재활용 시 환경성평가 (생략) 제13조의4 재활용환경성평가기관의 지정 등 (생략) 제13조의5 재활용 제품 또는 물질에 관한 유해성기준 (생략) 제14조 생활폐기물의 처리 등 제14조의2 생활폐기물 수집·운반 대행자에 대한 과징금 처분 (생략) 제14조의3 음식물류 폐기물 발생 억제 계획의 수립 등 제14조의4 생활계 유해폐기물 처리계획의 수립 등 (생략) 제14조의5 생활폐기물 수집·운반 관련 안전기준 등 (생략) 제14조의7 벌금형의 분리 선고 (생략) 제15조 생활폐기물배출자의 처리 협조 등 (생략) 제15조의2 음식물류 폐기물 배출자의 의무 등 (생략)	제16조 협약의 체결 (생략) 제17조 사업장폐기물배출자의 의무 (생략) 제17조의2 폐기물분석전문기관의 지정 (생략) 제17조의3 폐기물분석전문기관의 준수사항 (생략) 제17조의4 폐기물분석전문기관에 대한 평가 (생략) 제17조의5 폐기물분석전문기관 지정의 취소 등 (생략) 제18조 사업장폐기물의 처리 (생략) 제18조의2 유해성 정보자료의 작성·제공 의무 (생략) 제19조 사업장폐기물처리자의 의무 (생략) 제20조 삭제 〈2007. 8. 3〉 제21조 삭제 〈2007. 8. 3〉 제22조 삭제 〈2007. 8. 3〉 제23조 삭제 〈2007. 8. 3〉 제24조 삭제 〈2015. 7. 20〉 제24조의2 삭제 〈2017. 4. 18〉 제24조의3 삭제 〈2017. 4. 18〉

(계속)

장	조
제3장	삭제 〈2007. 8. 3〉
제4장 폐기물처리업 등	제25조 폐기물처리업 제25조의2 전용용기 제조업 (생략) 제25조의3 폐기물처리업의 적합성 확인 (생략) 제25조의4 의료폐기물 처리에 관한 특례 (생략) 제26조 결격사유 (생략) 제26조의2 벌금형의 분리 선고 (생략) 제27조 허가의 취소 등 (생략) 제27조의2 전용용기 제조업 등록의 취소 등 (생략) 제28조 폐기물처리업자에 대한 과징금 처분 (생략) 제29조 폐기물처리시설의 설치 (생략) 제30조 폐기물처리시설의 검사 (생략) 제30조의2 폐기물처리시설 검사기관의 지정 등 (생략) 제31조 폐기물처리시설의 관리 (생략) 제32조 다른 법령에 따른 허가·신고 등의 의제 (생략) 제33조 권리·의무의 승계 등 (생략)
제5장 폐기물처리업자 등에 대한 지도와 감독 등	제34조 기술관리인 제35조 폐기물 처리 담당자 등에 대한 교육 (생략) 제36조 장부 등의 기록과 보존 제37조 휴업과 폐업 등의 신고 (생략) 제38조 보고서 제출 (생략) 제39조 보고·검사 등 (생략) 제39조의2 배출자에 대한 폐기물 처리명령 (생략) 제39조의3 폐기물처리업자 등에 대한 폐기물 처리명령 (생략) 제40조 폐기물처리업자 등의 방치폐기물 처리 (생략) 제41조 폐기물 처리 공제조합의 설립 (생략) 제42조 조합의 사업 (생략) 제43조 분담금 (생략) 제44조 「민법」의 준용 (생략)
제6장 보칙	제45조 폐기물 인계·인수 내용 등의 전산 처리 (생략) 제46조 폐기물처리 신고 제46조의2 폐기물처리 신고자에 대한 과징금 처분 (생략) 제47조 폐기물의 회수 조치 (생략) 제47조의2 폐기물의 반입정지명령 (생략) 제48조 폐기물 처리에 대한 조치명령 (생략) 제48조의2 의견제출 (생략) 제48조의3 폐기물처리 자문위원회 (생략) 제48조의4 폐기물적정처리추진센터 (생략) 제48조의5 과징금 (생략) 제49조 대집행 (생략) 제50조 폐기물처리시설의 사후관리 등 (생략) 제51조 폐기물처리시설의 사후관리이행보증금 (생략) 제52조 사후관리이행보증금의 사전 적립 (생략) 제53조 사후관리이행보증금의 용도 등 (생략) 제54조 사용종료 또는 폐쇄 후의 토지 이용 제한 등 제55조 폐기물 처리사업의 조정 (생략) 제56조 국고 보조 등 (생략) 제57조 폐기물처리시설 설치비용의 지원 (생략) 제58조 폐기물 처리실적의 보고 (생략) 제58조의2 한국폐기물협회 (생략) 제59조 수수료 (생략) 제60조 행정처분의 기준 (생략) 제61조 청문 (생략) 제62조 권한이나 업무의 위임과 위탁 (생략) 제62조의2 벌칙 적용에서의 공무원 의제 (생략) 제62조의3 규제의 재검토 (생략)
제7장 벌칙	제63조 벌칙 (생략) 제64조 벌칙 (생략) 제65조 벌칙 (생략) 제66조 벌칙 (생략) 제67조 양벌규정 (생략) 제68조 과태료 (생략)

제1장 | 총칙

제1조(목적) 이 법은 폐기물의 **발생**을 최대한 **억제**하고 발생한 폐기물을 **친환경적**으로 **처리**함으로써 **환경보전**과 **국민생활의 질적 향상**에 이바지하는 것을 목적으로 한다. 〈개정 2010. 7. 23.〉

제2조(정의) 이 법에서 사용하는 용어의 뜻은 다음과 같다. 〈개정 2017. 1. 17.〉

1. "폐기물"이란 쓰레기, 연소재(燃燒滓), 오니(汚泥), 폐유(廢油), 폐산(廢酸), 폐알칼리 및 동물의 사체(死體) 등으로서 사람의 **생활**이나 **사업활동에 필요하지 아니**하게 된 물질을 말한다.
2. "생활폐기물"이란 사업장폐기물 외의 폐기물을 말한다.
3. "사업장폐기물"이란 「대기환경보전법」, 「물환경보전법」 또는 「소음·진동관리법」에 따라 배출시설을 설치·운영하는 사업장이나 그 밖에 대통령령으로 정하는 사업장에서 발생하는 폐기물을 말한다.
4. "**지정폐기물**"이란 사업장폐기물 중 폐유·폐산 등 **주변 환경을 오염**시킬 수 있거나 의료폐기물(醫療廢棄物) 등 **인체에 위해(危害)를 줄 수 있는 해로운 물질**로서 대통령령으로 정하는 폐기물을 말한다.
5. "**의료폐기물**"이란 보건·의료기관, 동물병원, 시험·검사기관 등에서 배출되는 폐기물 중 **인체에 감염 등 위해**를 줄 우려가 있는 폐기물과 인체 조직 등 적출물(摘出物), 실험 동물의 사체 등 **보건·환경보호상 특별한 관리가 필요**하다고 인정되는 폐기물로서 대통령령으로 정하는 폐기물을 말한다.

5의2. "의료폐기물 전용용기"란 의료폐기물로 인한 감염 등의 위해 방지를 위하여 의료폐기물을 넣어 수집·운반 또는 보관에 사용하는 용기를 말한다.

5의3. "**처리**"란 폐기물의 **수집, 운반, 보관, 재활용, 처분**을 말한다.

6. "**처분**"이란 폐기물의 **소각(燒却)·중화(中和)·파쇄(破碎)·고형화(固形化)** 등의 **중간처분**과 **매립**하거나 해역(海域)으로 배출하는 등의 **최종처분**을 말한다.
7. "재활용"이란 다음 각 목의 어느 하나에 해당하는 활동을 말한다.
   가. 폐기물을 재사용·재생이용하거나 재사용·재생이용할 수 있는 상태로 만드는 활동

나. 폐기물로부터 「에너지법」 제2조제1호에 따른 에너지를 회수하거나 회수할 수 있는 상태로 만들거나 폐기물을 연료로 사용하는 활동으로서 환경부령으로 정하는 활동

8. "폐기물처리시설"이란 폐기물의 중간처분시설, 최종처분시설 및 재활용시설로서 대통령령으로 정하는 시설을 말한다.

9. "폐기물감량화시설"이란 생산 공정에서 발생하는 폐기물의 양을 줄이고, 사업장 내 재활용을 통하여 폐기물 배출을 최소화하는 시설로서 대통령령으로 정하는 시설을 말한다.

시행령

제3조(지정폐기물의 종류) 법 제2조제4호에 따른 지정폐기물은 별표 1과 같다.

시행령 **[별표 1] 지정폐기물의 종류**(제3조 관련) 〈개정 2021. 3. 9.〉

1. 특정시설에서 발생되는 폐기물
   가. 폐합성 고분자화합물
      1) 폐합성 수지(고체상태의 것은 제외한다)
      2) 폐합성 고무(고체상태의 것은 제외한다)
   나. 오니류(**수분함량이 95퍼센트 미만**이거나 **고형물함량이 5퍼센트 이상**인 것으로 한정한다)
      1) 폐수처리 오니(환경부령으로 정하는 물질을 함유한 것으로 환경부장관이 고시한 시설에서 발생되는 것으로 한정한다)
      2) 공정 오니(환경부령으로 정하는 물질을 함유한 것으로 환경부장관이 고시한 시설에서 발생되는 것으로 한정한다)
   다. 폐농약(농약의 제조·판매업소에서 발생되는 것으로 한정한다)
2. 부식성 폐기물
   가. 폐산(액체상태의 폐기물로서 수소이온 농도지수가 2.0 **이하**인 것으로 한정한다)
   나. 폐알칼리(액체상태의 폐기물로서 수소이온 농도지수가 12.5 **이상**인 것으로 한정하며, 수산화칼륨 및 수산화나트륨을 포함한다)
3. 유해물질함유 폐기물(환경부령으로 정하는 물질을 함유한 것으로 한정한다)
   가. 광재(鑛滓)[철광 원석의 사용으로 인한 고로(高爐)슬래그(slag)는 제외한다]
   나. 분진(대기오염 방지시설에서 포집된 것으로 한정하되, 소각시설에서 발생되는 것은 제외한다)
   다. 폐주물사 및 샌드블라스트 폐사(廢砂)
   라. 폐내화물(廢耐火物) 및 재벌구이 전에 유약을 바른 도자기 조각

(계속)

마. 소각재

바. 안정화 또는 고형화·고화 처리물

사. 폐촉매

아. 폐흡착제 및 폐흡수제[광물유·동물유 및 식물유{폐식용유(식용을 목적으로 식품 재료와 원료를 제조·조리·가공하는 과정, 식용유를 유통·사용하는 과정 또는 음식물류 폐기물을 재활용하는 과정에서 발생하는 기름을 말한다. 이하 같다)는 제외한다}의 정제에 사용된 폐토사(廢土砂)를 포함한다]

자. 삭제 〈2020. 7. 21〉

4. 폐유기용제

가. 할로겐족(환경부령으로 정하는 물질 또는 이를 함유한 물질로 한정한다)

나. 그 밖의 폐유기용제(가목 외의 유기용제를 말한다)

5. 폐페인트 및 폐래커(다음 각 목의 것을 포함한다)

가. 페인트 및 래커와 유기용제가 혼합된 것으로서 페인트 및 래커 제조업, 용적 5세제곱미터 이상 또는 동력 3마력 이상의 도장(塗裝)시설, 폐기물을 재활용하는 시설에서 발생되는 것

나. 페인트 보관용기에 남아 있는 페인트를 제거하기 위하여 유기용제와 혼합된 것

다. 폐페인트 용기(용기 안에 남아 있는 페인트가 건조되어 있고, 그 잔존량이 용기 바닥에서 6밀리미터를 넘지 아니하는 것은 제외한다)

6. 폐유[**기름성분을 5퍼센트 이상** 함유한 것을 포함하며, 폴리클로리네이티드비페닐(PCBs)함유 폐기물, 폐식용유와 그 잔재물, 폐흡착제 및 폐흡수제는 제외한다]

7. 폐석면

가. 건조고형물의 함량을 기준으로 하여 석면이 1퍼센트 이상 함유된 제품·설비(뿜칠로 사용된 것은 포함한다) 등의 해체·제거 시 발생되는 것

나. 슬레이트 등 고형화된 석면 제품 등의 연마·절단·가공 공정에서 발생된 부스러기 및 연마·절단·가공 시설의 집진기에서 모아진 분진

다. 석면의 제거작업에 사용된 바닥비닐시트(뿜칠로 사용된 석면의 해체·제거작업에 사용된 경우에는 모든 비닐시트)·방진마스크·작업복 등

8. 폴리클로리네이티드비페닐 함유 폐기물

가. 액체상태의 것(1리터당 2밀리그램 이상 함유한 것으로 한정한다)

나. 액체상태 외의 것(용출액 1리터당 0.003밀리그램 이상 함유한 것으로 한정한다)

9. 폐유독물질[「화학물질관리법」 제2조제2호의 유독물질을 폐기하는 경우로 한정하되, 제1호다목의 폐농약(농약의 제조·판매업소에서 발생되는 것으로 한정한다), 제2호의 부식성 폐기물, 제4호의 폐유기용제, 제8호의 폴리클로리네이티드비페닐 함유 폐기물 및 제11호의 수은폐기물은 제외한다]

(계속)

10. 의료폐기물(환경부령으로 정하는 의료기관이나 시험·검사 기관 등에서 발생되는 것으로 한정한다)

10의2. 천연방사성제품폐기물[「생활주변방사선 안전관리법」 제2조제4호에 따른 가공제품 중 같은 법 제15조제1항에 따른 안전기준에 적합하지 않은 제품으로서 방사능 농도가 그램당 10베크렐 미만인 폐기물을 말한다. 이 경우 가공제품으로부터 천연방사성핵종(天然放射性核種)을 포함하지 않은 부분을 분리할 수 있는 때에는 그 부분을 제외한다]

11. 수은폐기물

가. 수은함유폐기물[수은과 그 화합물을 함유한 폐램프(폐형광등은 제외한다), 폐계측기기(온도계, 혈압계, 체온계 등), 폐전지 및 그 밖의 환경부장관이 고시하는 폐제품을 말한다]

나. 수은구성폐기물(수은함유폐기물로부터 분리한 수은 및 그 화합물로 한정한다)

다. 수은함유폐기물 처리잔재물(수은함유폐기물을 처리하는 과정에서 발생되는 것과 폐형광등을 재활용하는 과정에서 발생되는 것을 포함하되, 「환경분야 시험·검사 등에 관한 법률」 제6조제1항제7호에 따라 환경부장관이 고시한 폐기물 분야에 대한 환경오염공정시험기준에 따른 용출시험 결과 용출액 1리터당 0.005밀리그램 이상의 수은 및 그 화합물이 함유된 것으로 한정한다)

12. 그 밖에 주변환경을 오염시킬 수 있는 유해한 물질로서 환경부장관이 정하여 고시하는 물질

시행령

제4조(의료폐기물의 종류) 법 제2조제5호에 따른 의료폐기물은 별표 2와 같다. 〈개정 2007. 12. 28.〉

시행령 **[별표 2] 의료폐기물의 종류**(제4조 관련) 〈개정 2019. 10. 29.〉

1. **격리의료폐기물** : 「감염병의 예방 및 관리에 관한 법률」 제2조제1호의 감염병으로부터 타인을 보호하기 위하여 **격리된 사람에 대한 의료행위에서 발생**한 일체의 폐기물

2. 위해의료폐기물

가. **조직물류**폐기물 : 인체 또는 동물의 조직·장기·기관·신체의 일부, 동물의 사체, **혈액·고름 및 혈액생성물(혈청, 혈장, 혈액제제)**

나. **병리계**폐기물 : 시험·검사 등에 사용된 **배양액, 배양용기, 보관균주, 폐시험관, 슬라이드, 커버글라스, 폐배지, 폐장갑**

다. **손상성**폐기물 : 주사바늘, 봉합바늘, 수술용 칼날, 한방침, 치과용침, **파손된 유리재질의 시험기구**

라. **생물·화학**폐기물 : 폐백신, 폐항암제, 폐화학치료제

마. **혈액오염**폐기물 : **폐혈액백, 혈액투석 시 사용된 폐기물**, 그 밖에 **혈액이 유출될 정도**로 포함되어 있어 특별한 관리가 필요한 폐기물

(계속)

3. 일반의료폐기물 : 혈액·체액·분비물·배설물이 함유되어 있는 탈지면, 붕대, 거즈, 일회용 기저귀, 생리대, 일회용 주사기, 수액세트

비고

1. 의료폐기물이 아닌 폐기물로서 의료폐기물과 혼합되거나 접촉된 폐기물은 혼합되거나 접촉된 의료폐기물과 같은 폐기물로 본다.
2. 채혈진단에 사용된 혈액이 담긴 **검사튜브, 용기** 등은 제2호가목의 **조직물류폐기물**로 본다.
3. 제3호 중 일회용 기저귀는 다음 각 목의 일회용 기저귀로 한정한다.
   가. 「감염병의 예방 및 관리에 관한 법률」 제2조제13호부터 제15호까지의 규정에 따른 감염병환자, 감염병의사환자 또는 병원체보유자(이하 "감염병환자등"이라 한다)가 사용한 일회용 기저귀. 다만, 일회용 기저귀를 매개로 한 전염 가능성이 낮다고 판단되는 감염병으로서 환경부장관이 고시하는 감염병 관련 감염병환자등이 사용한 일회용 기저귀는 제외한다.
   나. 혈액이 함유되어 있는 일회용 기저귀

제9조~제11조 삭제 〈2017. 11. 28.〉

제12조 삭제 〈2015. 1. 20.〉

[제2장 | 폐기물의 배출과 처리]

제13조(폐기물의 처리 기준 등) ① 생략

② **의료폐기물**은 제25조의2제6항에 따라 **검사를 받아 합격한 의료폐기물 전용용기**(이하 "전용용기"라 한다)**만을 사용**하여 처리하여야 한다. 〈개정 2017. 4. 18.〉

시행규칙 [별표 5] 폐기물의 처리에 관한 구체적 기준 및 방법(제14조 관련) 〈개정 2022. 11. 29.〉

5. 지정폐기물 중 의료폐기물의 기준 및 방법
   나. 의료폐기물 전용용기 사용의 경우
      11) 전용용기 및 3) 단서에 따른 포장의 바깥쪽에는 의료폐기물임을 나타내는 다음의 도형 및 취급 시 주의사항을 표시하여야 한다.
         가) 도형

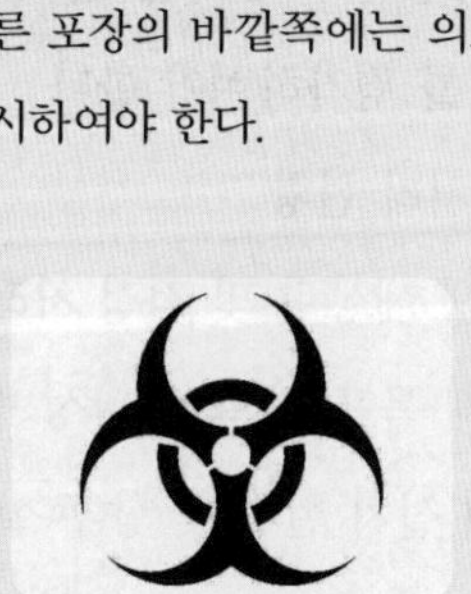

(계속)

의료폐기물의 종류	도형 색상	
격리의료폐기물	붉은색	
위해의료폐기물(재활용하는 태반은 제외한다) 및 일반의료폐기물	봉투형 용기	검정색
	상자형 용기	노란색
재활용하는 태반	녹색	

비고: 붉은색으로 표시하여야 하는 의료폐기물과 노란색 또는 검정색으로 표시하여야 하는 의료폐기물을 6)에 따라 혼합 보관할 때는 붉은색으로 표시하여야 한다.

제14조(생활폐기물의 처리 등) ① 특별자치시장, 특별자치도지사, **시장·군수·구청장**은 관할 구역에서 배출되는 **생활폐기물을 처리**하여야 한다. 다만, 환경부령으로 정하는 바에 따라 특별자치시장, 특별자치도지사, 시장·군수·구청장이 지정하는 지역은 제외한다. 〈개정 2013. 7. 16.〉

②~④ 생략

⑤ 특별자치시장, 특별자치도지사, 시장·군수·구청장은 제1항에 따라 생활폐기물을 처리할 때에는 배출되는 생활폐기물의 종류, 양 등에 따라 수수료를 징수할 수 있다. 이 경우 수수료는 해당 지방자치단체의 조례로 정하는 바에 따라 폐기물 종량제(從量制) 봉투 또는 폐기물임을 표시하는 표지 등(이하 "종량제 봉투등"으로 한다)을 판매하는 방법으로 징수하되, 음식물류 폐기물의 경우에는 배출량에 따라 산출한 금액을 부과하는 방법으로 징수할 수 있다. 〈개정 2013. 7. 16.〉

⑥~⑩ 생략

제14조의3(음식물류 폐기물 발생 억제 계획의 수립 등) ① 특별자치시장, 특별자치도지사, 시장·군수·구청장은 관할 구역의 음식물류 폐기물(농산물류·수산물류·축산물류 폐기물을 포함한다. 이하 같다)의 발생을 최대한 줄이고 발생한 음식물류 폐기물을 적정하게 처리하기 위하여 다음 각 호의 사항을 포함하는 음식물류 폐기물 발생 억제 계획을 수립·시행하고, 매년 그 추진성과를 평가하여야 한다.

1. 음식물류 폐기물의 발생 및 처리 현황
2. 음식물류 폐기물의 향후 발생 예상량 및 적정 처리 계획
3. 음식물류 폐기물의 발생 억제 목표 및 목표 달성 방안
4. 음식물류 폐기물 처리시설의 설치 현황 및 향후 설치 계획
5. 음식물류 폐기물의 발생 억제 및 적정 처리를 위한 기술적·재정적 지원 방안(재원의

확보계획을 포함한다)

② 제1항에 따른 계획의 수립주기, 평가방법 등 필요한 사항은 환경부령으로 정한다.

시행규칙

제16조(음식물류 폐기물 발생 억제 계획의 수립주기 및 평가방법 등) ① 법 제14조의3제1항에 따른 음식물류 폐기물 발생 억제 계획의 수립주기는 **5년**으로 하되, 그 계획에는 연도별 세부 추진계획을 포함하여야 한다.

②~⑤ 생략

제3장 | 삭제 〈2007. 8. 3.〉

제4장 | 폐기물처리업 등

제25조(폐기물처리업) ① 폐기물의 수집·운반, 재활용 또는 처분을 업(이하 "폐기물처리업"이라 한다)으로 하려는 자(음식물류 폐기물을 제외한 생활폐기물을 재활용하려는 자와 폐기물처리 신고자는 제외한다)는 환경부령으로 정하는 바에 따라 **지정폐기물을 대상**으로 하는 경우에는 폐기물 처리 사업계획서를 **환경부장관에게** 제출하고, **그 밖의 폐기물**을 대상으로 하는 경우에는 **시·도지사에게 제출**하여야 한다. 환경부령으로 정하는 중요사항을 변경하려는 때에도 또한 같다. 〈개정 2010. 7. 23.〉

②~④ 생략

⑤ 폐기물처리업의 업종 구분과 영업 내용은 다음과 같다. 〈개정 2015. 7. 20.〉

1. 폐기물 수집·운반업: 폐기물을 수집하여 재활용 또는 처분 장소로 운반하거나 폐기물을 수출하기 위하여 수집·운반하는 영업
2. 폐기물 중간처분업: 폐기물 중간처분시설을 갖추고 폐기물을 소각 처분, 기계적 처분, 화학적 처분, 생물학적 처분, 그 밖에 환경부장관이 폐기물을 안전하게 중간처분할 수 있다고 인정하여 고시하는 방법으로 중간처분하는 영업
3. 폐기물 최종처분업: 폐기물 최종처분시설을 갖추고 폐기물을 매립 등(해역 배출은 제외한다)의 방법으로 최종처분하는 영업
4. 폐기물 종합처분업: 폐기물 중간처분시설 및 최종처분시설을 갖추고 폐기물의 중간

처분과 최종처분을 함께 하는 영업

5. 폐기물 중간재활용업: 폐기물 재활용시설을 갖추고 중간가공 폐기물을 만드는 영업
6. 폐기물 최종재활용업: 폐기물 재활용시설을 갖추고 중간가공 폐기물을 제13조의2에 따른 폐기물의 재활용 원칙 및 준수사항에 따라 재활용하는 영업
7. 폐기물 종합재활용업: 폐기물 재활용시설을 갖추고 중간재활용업과 최종재활용업을 함께 하는 영업

⑥~⑧ 생략

⑨ 폐기물처리업자는 다음 각 호의 준수사항을 지켜야 한다. 〈개정 2021. 1. 5.〉

1. 환경부령으로 정하는 바에 따라 폐기물을 허가받은 사업장 내 보관시설이나 승인받은 임시보관시설 등 적정한 장소에 보관할 것
2. 환경부령으로 정하는 양 또는 기간을 초과하여 폐기물을 보관하지 말 것
3. 자신의 처리시설에서 처리가 어렵거나 처리능력을 초과하는 경우에는 폐기물의 처리를 위탁받지 말 것
4. 보관·매립 중인 폐기물에 대하여 영상정보처리기기의 설치·관리 및 영상정보의 수집·보관 등 환경부령으로 정하는 화재예방조치를 할 것(폐기물 수집·운반업을 하는 자는 제외한다)
5. 제39조의2, 제39조의3, 제40조제2항·제3항, 제47조의2 또는 제48조에 따른 처리명령, 반입정지명령 또는 조치명령 등 처분이 내려진 장소로 폐기물을 운반하지 아니할 것
6. 그 밖에 폐기물 처리 계약 시 계약서 작성·보관 등 환경부령으로 정하는 준수사항을 지킬 것

⑩ **의료폐기물의 수집·운반 또는 처분을 업(業)**으로 하려는 자는 다른 폐기물과 분리하여 **별도로** 수집·운반 또는 처분하는 **시설·장비 및 사업장을 설치·운영**하여야 한다. 〈개정 2010. 7. 23.〉

⑪~⑰ 생략

시행령 **[별표 6] 폐기물처리업자의 위반행위에 따른 과징금의 금액**(제11조제3항 관련) 〈개정 2022. 11. 29.〉

위반행위	영업정지 1개월	영업정지 3개월	영업정지 6개월
10. 법 제25조제9항에 따른 준수사항을 위반한 경우 다만, 법 제25조제9항제4호에 해당하는 경우에는 고의 또는 중과실인 경우에 한정한다.	매출액의 2/100	매출액의 3/100	매출액의 5/100

시행규칙

제31조(폐기물처리업자의 폐기물 보관량 및 처리기한) ① 법 제25조제9항제2호에서 "환경부령으로 정하는 양 또는 기간"이란 다음 각 호와 같다. 〈개정 2022. 1. 7.〉

1. 폐기물 수집·운반업자가 임시보관장소에 폐기물을 보관하는 경우
   가. **의료폐기물: 냉장** 보관할 수 있는 **섭씨 4도 이하**의 **전용보관시설**에서 보관하는 경우 **5일 이내, 그 밖의** 보관시설에서 보관하는 경우에는 **2일 이내**. 다만, 영 별표 2 제1호의 **격리의료폐기물**(이하 "격리의료폐기물"이라 한다)의 경우에는 보관시설과 무관하게 **2일 이내**로 한다.
   나. 의료폐기물 외의 폐기물: 중량 450톤 이하이고 용적이 300세제곱미터 이하, 5일 이내

2.~7. 생략

② 생략

제5장 | 폐기물처리업자 등에 대한 지도와 감독 등

제34조(기술관리인) ① 대통령령으로 정하는 폐기물처리시설을 설치·운영하는 자는 그 시설의 유지·관리에 관한 기술업무를 담당하게 하기 위하여 **기술관리인**을 임명(기술관리인의 자격을 갖추어 스스로 기술관리하는 경우를 포함한다)하거나 기술관리 능력이 있다고 대통령령으로 정하는 자와 기술관리 대행계약을 체결하여야 한다.

② 제1항에 따른 기술관리인의 자격·기술관리 대행계약 등에 필요한 사항은 환경부령으로 정한다.

시행령 과태료 **[별표 8] 과태료의 부과기준**(제38조의4 관련) 〈개정 2020. 11. 24.〉

위반행위	근거 법조문	과태료 금액(단위: 만원)		
		1차 위반	2차 위반	3차 이상 위반
보. 법 제34조제1항을 위반하여 기술관리인을 임명하지 않거나 기술관리 대행계약을 체결하지 않은 경우	법 제68조 제1항제5호	300	500	1,000

제36조(장부 등의 기록과 보존) ① 다음 각 호의 어느 하나에 해당하는 자는 환경부령으

로 정하는 바에 따라 장부를 갖추어 두고 **폐기물의 발생·배출·처리상황 등**(제1호의2에 해당하는 자의 경우에는 폐기물의 발생량·재활용상황·처리실적 등을, 제4호의2에 해당하는 자의 경우에는 전용용기의 생산·판매량·품질검사 실적 등을, 제7호에 해당하는 자의 경우에는 제품과 용기 등의 생산·수입·판매량과 회수·처리량 등을 말한다)**을 기록**하고, 마지막으로 기록한 날부터 **3년**(제1호의 경우에는 2년)**간 보존**하여야 한다. 다만, 제45조제2항에 따른 전자정보처리프로그램을 이용하는 경우에는 그러하지 아니하다. 〈개정 2017. 4. 18.〉

1. 제15조의2제2항에 따라 음식물류 폐기물의 발생 억제 및 처리 계획을 신고하여야 하는 자

1의2. 제17조제2항에 따른 신고를 하여야 하는 자

1의3. 제17조제5항에 따라 확인을 받아야 하는 자

2. 제18조제5항에 따라 사업장폐기물을 공동으로 수집, 운반, 재활용 또는 처분하는 공동 운영기구의 대표자

3. 삭제 〈2017. 4. 18.〉

4. 폐기물처리업자

4의2. 전용용기 제조업자

5. 폐기물처리시설을 설치·운영하는 자

6. 폐기물처리 신고자

7. 제47조제2항에 따른 제조업자나 수입업자

② ③ 생략

제6장 | 보칙

제46조(폐기물처리 신고) ① 다음 각 호의 어느 하나에 해당하는 자는 환경부령으로 정하는 기준에 따른 시설·장비를 갖추어 **시·도지사에게 신고**하여야 한다. 〈개정 2010. 7. 23.〉

1. 동·식물성 잔재물 등의 폐기물을 자신의 농경지에 퇴비로 사용하는 등의 방법으로 재활용하는 자로서 환경부령으로 정하는 자
2. 폐지, 고철 등 환경부령으로 정하는 폐기물을 수집·운반하거나 환경부령으로 정하

는 방법으로 재활용하는 자로서 사업장 규모 등이 환경부령으로 정하는 기준에 해당하는 자

3. 폐타이어, 폐가전제품 등 환경부령으로 정하는 폐기물을 수집·운반하는 자

②~⑧ 생략

제54조(사용종료 또는 폐쇄 후의 토지 이용 제한 등) 환경부장관은 제50조제5항에 따라 사후관리 대상인 폐기물을 매립하는 시설의 사용이 끝나거나 시설이 폐쇄된 후 침출수의 누출, 제방의 유실 등으로 주민의 건강 또는 재산이나 주변환경에 심각한 위해를 가져올 우려가 있다고 인정되면 대통령령으로 정하는 바에 따라 그 시설이 있는 토지의 소유권 또는 소유권 외의 권리를 가지고 있는 자에게 대통령령으로 정하는 기간에 그 토지 이용을 **수목(樹木)의 식재(植栽)**, **초지(草地)의 조성** 또는 「도시공원 및 녹지 등에 관한 법률」 제2조제4호에 따른 **공원시설**, 「체육시설의 설치·이용에 관한 법률」 제2조제1호에 따른 **체육시설**, 「문화예술진흥법」 제2조제1항제3호에 따른 **문화시설**, 「신에너지 및 재생에너지 개발·이용·보급 촉진법」 제2조제3호에 따른 **신·재생에너지 설비의 설치에 한정**하도록 그 **용도를 제한**할 수 있다. 〈개정 2017. 4. 18.〉

시행령

제35조(토지 이용 제한 등) ① 법 제54조에 따른 토지 이용의 제한기간은 폐기물매립시설의 사용이 종료되거나 그 시설이 폐쇄된 날부터 **30년 이내**로 한다. 〈개정 2013. 5. 28.〉

②③ 생략

하수도법

하수도법 [제정 1966. 8. 3., 법률 제19127호, 2022. 12. 27., 일부개정]

하수도법 시행령 [제정 1968. 1. 4., 대통령령 제33555호, 2023. 6. 20., 일부개정]

하수도법 시행규칙 [제정 1971. 6. 15., 환경부령 제1041호, 2023. 6. 28., 일부개정]

장	조	
제1장 총칙	제1조 목적 제2조 정의 제3조 국가와 지방자치단체의 책무 (생략) 제4조 국가하수도종합계획의 수립 제4조의2 유역하수도정비계획의 수립 (생략) 제4조의3 하수도정비중점관리지역의 지정 등 (생략) 제4조의4 하수관로 유지관리계획 수립 등 (생략)	제5조 하수도정비기본계획의 수립권자 등 제6조 하수도정비기본계획의 수립 등 (생략) 제7조 방류수수질기준 (생략) 제8조 타인토지의 출입 등 (생략) 제9조 손실보상 (생략) 제10조 토지 등의 수용 및 사용 (생략) 제10조의2 토지의 지하부분 사용에 대한 보상 등 (생략) 제10조의3 구분지상권의 설정 등기 등 (생략)
제2장 공공하수도의 설치 및 관리	제11조 공공하수도의 설치 등 (생략) 제12조 설치기준 (생략) 제13조 겸용공작물에 관한 공사 등의 시행 (생략) 제14조 타공사의 시행 (생략) 제15조 사용의 공고 등 (생략) 제16조 공공하수도관리청이 아닌 자의 공사시행 등 (생략) 제17조 인가·허가 등의 의제 (생략) 제18조 공공하수도관리청 (생략) 제19조 공공하수도의 운영·관리 및 손괴·방해행위 금지 등 제19조의2 공공하수도 관리대행업 등 (생략) 제19조의3 결격사유 (생략) 제19조의4 등록취소 등 (생략)	제19조의5 관리대행 계약체결 및 계약해지 (생략) 제19조의6 관리대행업자의 지위승계 (생략) 제20조 기술진단 등 (생략) 제20조의2 기술진단의 대행 등 (생략) 제20조의3 기술진단전문기관 등록의 결격사유 (생략) 제20조의4 기술진단전문기관의 등록취소 등 (생략) 제21조 기술진단 전문기관의 지위승계 (생략) 제22조 사용의 제한 등 (생략) 제23조 제해시설의 설치 등 (생략) 제24조 점용허가 (생략) 제25조 공사의 중지명령 등 (생략) 제26조 조치명령 및 허가의 취소 등 (생략)
제3장 개인하수도의 설치 및 관리	**제1절 배수설비 등**	제27조 배수설비의 설치 등 (생략) 제28조 공공하수도 유입제외 (생략) 제29조 타인의 토지 또는 배수설비의 사용 (생략) 제30조 배수설비 등에 대한 조치명령 (생략) 제31조 배수설비 등의 검사 (생략) 제32조 개인하수도 설치의 지원 등 (생략) 제33조 특정공산품의 사용제한 등

(계속)

장	조
제3장 개인하수도의 설치 및 관리	**제2절 개인하수처리시설** 제34조 개인하수처리시설의 설치 제34조의2 개인하수도관리지역 지정 등 (생략) 제35조 건물등의 증축 등에 대한 특례 (생략) 제36조 오수·폐수 등의 병합처리에 관한 특례 (생략) 제37조 개인하수처리시설의 준공검사 등 (생략) 제38조 개인하수처리시설의 설계·시공 (생략) 제39조 개인하수처리시설의 운영·관리 제40조 개인하수처리시설에 대한 개선명령 (생략)
제4장 분뇨의 처리	제41조 분뇨처리 의무 제42조 분뇨의 광역관리 등 (생략) 제43조 분뇨의 처리 (생략) 제44조 분뇨의 재활용
제5장 하수·분뇨 관련 영업	제45조 분뇨수집·운반업 제46조 분뇨수집·운반업자의 지위 승계 (생략) 제47조 분뇨수집·운반업자의 준수사항 (생략) 제48조 결격사유 제49조 허가의 취소 등 (생략) 제50조 과징금 (생략) 제51조 개인하수처리시설설계·시공업 (생략) 제52조 개인하수처리시설제조업 (생략) 제53조 개인하수처리시설관리업 (생략) 제54조 등록의 취소 등 (생략) 제55조 등록취소 또는 영업정지 처분을 받은 처리시설설계·시공업자의 계속공사 (생략) 제56조 휴업·폐업 등의 신고 (생략) 제56조의2 분뇨수집·운반업자에 대한 폐업지원 (생략)
제6장 비용부담 등	제57조 비용부담의 원칙 (생략) 제58조 비용부담 (생략) 제59조 시·군에 대한 부담명령 (생략) 제60조 겸용공작물에 대한 공사 등의 비용부담 (생략) 제61조 원인자부담금 등 (생략) 제62조 타공사의 비용부담 (생략) 제63조 국고보조 (생략) 제64조 국유지의 무상대여·양여 (생략) 제65조 사용료 등 (생략)
제7장 보칙	제66조 기술관리인 제67조 교육 제68조 장부의 기록·보존 제68조의2 하수도 정보시스템 구축 등 (생략) 제68조의3 유역하수도지원센터의 설립·운영 (생략) 제69조 보고·검사 (생략) 제69조의2 공공하수도 운영·관리실태 점검 (생략) 제70조 수수료 (생략) 제71조 영업허가의 취소요청 등 (생략) 제72조 청문 (생략) 제73조 강제징수 (생략) 제74조 권한 또는 업무의 위임·위탁 등 (생략) 제74조의2 벌칙 적용 시의 공무원 의제 (생략)
제8장 벌칙	제75조 벌칙 (생략) 제76조 벌칙 (생략) 제77조 벌칙 (생략) 제78조 벌칙 (생략) 제79조 양벌규정 (생략) 제80조 과태료 (생략)

[제1장 | 총칙]

제1조(목적) 이 법은 하수도의 계획, 설치, 운영 및 관리 등에 관한 사항을 정함으로써 하수와 분뇨를 적정하게 처리하여, 하수의 범람으로 인한 침수 피해를 예방하고 지역사회의 지속가능한 발전과 공중위생의 향상에 기여하며 공공수역의 물환경을 보전함을 목적으로 한다. 〈개정 2021. 1. 5.〉

제2조(정의) 이 법에서 사용하는 용어의 뜻은 다음과 같다. 〈개정 2020. 5. 26.〉

1. "**하수**"라 함은 사람의 생활이나 경제활동으로 인하여 **액체성 또는 고체성의 물질**이 섞이어 오염된 물(이하 "오수"라 한다)과 건물·도로 그 밖의 시설물의 부지로부터 **하수도로 유입되는 빗물·지하수**를 말한다. 다만, 농작물의 경작으로 인한 것은 제외한다.
2. "**분뇨**"라 함은 **수거식 화장실에서 수거되는 액체성 또는 고체성의 오염물질(개인하수처리시설의 청소과정에서 발생하는 찌꺼기를 포함한다)을 말한다.**
3. "하수도"란 하수와 분뇨를 유출 또는 처리하기 위하여 설치되는 하수관로·공공하수처리시설·간이공공하수처리시설·하수저류시설·분뇨처리시설·배수설비·개인하수처리시설 그 밖의 공작물·시설의 총체를 말한다.
4. "공공하수도"라 함은 지방자치단체가 설치 또는 관리하는 하수도를 말한다. 다만, 개인하수도는 제외한다.
5. "개인하수도"라 함은 건물·시설 등의 설치자 또는 소유자가 해당 건물·시설 등에서 발생하는 하수를 유출 또는 처리하기 위하여 설치하는 배수설비·개인하수처리시설과 그 부대시설을 말한다.
6. "하수관로"란 하수를 공공하수처리시설·간이공공하수처리시설·하수저류시설로 이송하거나 하천·바다 그 밖의 공유수면으로 유출시키기 위하여 지방자치단체가 설치 또는 관리하는 관로와 그 부속시설을 말한다.
7. "**합류식하수관로**"란 **오수**와 하수도로 유입되는 **빗물·지하수가 함께 흐르도록** 하기 위한 하수관로를 말한다.
8. "**분류식하수관로**"란 **오수**와 하수도로 유입되는 **빗물·지하수가 각각 구분되어 흐르도록** 하기 위한 하수관로를 말한다.

9. "공공하수처리시설"이라 함은 하수를 처리하여 하천·바다 그 밖의 공유수면에 방류하기 위하여 지방자치단체가 설치 또는 관리하는 처리시설과 이를 보완하는 시설을 말한다.

9의2. "간이공공하수처리시설"이란 강우(降雨)로 인하여 공공하수처리시설에 유입되는 하수가 일시적으로 늘어날 경우 하수를 신속히 처리하여 하천·바다, 그 밖의 공유수면에 방류하기 위하여 지방자치단체가 설치 또는 관리하는 처리시설과 이를 보완하는 시설을 말한다.

10. "하수저류시설"이란 하수관로로 유입된 하수에 포함된 오염물질이 하천·바다, 그 밖의 공유수면으로 방류되는 것을 줄이고 하수가 원활하게 유출될 수 있도록 하수를 일시적으로 저장하거나 오염물질을 제거 또는 감소하게 하는 시설(「하천법」 제2조제3호나목에 따른 시설과 「자연재해대책법」 제2조제6호에 따른 우수유출저감시설은 제외한다)을 말한다.

11. "분뇨처리시설"이라 함은 분뇨를 침전·분해 등의 방법으로 처리하는 시설을 말한다.

12. "배수설비"라 함은 건물·시설 등에서 발생하는 하수를 공공하수도에 유입시키기 위하여 설치하는 배수관과 그 밖의 배수시설을 말한다.

13. "개인하수처리시설"이라 함은 건물·시설 등에서 발생하는 오수를 침전·분해 등의 방법으로 처리하는 시설을 말한다.

14. "배수구역"이라 함은 공공하수도에 의하여 하수를 유출시킬 수 있는 지역으로서 제15조의 규정에 따라 공고된 구역을 말한다.

15. "하수처리구역"이라 함은 하수를 공공하수처리시설에 유입하여 처리할 수 있는 지역으로서 제15조의 규정에 따라 공고된 구역을 말한다.

제4조(국가하수도종합계획의 수립) ① **환경부장관**은 국가 하수도정책의 체계적 발전을 위하여 **10년 단위**의 국가하수도종합계획(이하 **"종합계획"**이라 한다)을 수립하여야 한다.

②~④ 생략

⑤ **환경부장관**은 종합계획이 수립된 날부터 **5년**이 지난 때에는 그 **타당성 여부를 검토**하여 필요한 경우에는 이를 변경하여야 한다. 〈개정 2020. 5. 26.〉

제5조(하수도정비기본계획의 수립권자 등) ① **특별시장·광역시장·특별자치시장·특별자치도지사·시장 또는 군수**(광역시의 군수는 제외한다)는 사람의 건강을 보호하는 데 필요

한 공중위생 및 생활환경의 개선과 「환경정책기본법」에서 정한 수질환경기준을 유지하고, 관할 구역의 침수를 예방하기 위하여 종합계획 및 유역하수도정비계획을 바탕으로 관할구역 안의 유역별로 하수도의 정비에 관한 **20년 단위의 기본계획**(이하 "하수도정비기본계획"이라 한다)을 수립하여야 한다. 이 경우 「국토의 계획 및 이용에 관한 법률」 제18조에 따른 도시·군기본계획이 수립된 지역의 경우에는 이를 기본으로 하여야 한다. 〈개정 2013. 7. 16.〉

②③ 생략

제2장 | 공공하수도의 설치 및 관리

제19조(공공하수도의 운영·관리 및 손괴·방해행위 금지 등) ① 공공하수도를 운영·관리하는 자는 대통령령으로 정하는 기준에 따라 공공하수도를 운영·관리하기 위한 기준을 마련하여야 한다. 〈개정 2012. 2. 1.〉

② 공공하수처리시설, 간이공공하수처리시설 또는 분뇨처리시설을 운영·관리하는 자는 강우·사고 또는 처리공법상 필요한 경우 등 환경부령으로 정하는 정당한 사유 없이 다음 각 호의 어느 하나에 해당하는 행위를 하여서는 아니 된다. 〈개정 2013. 7. 16.〉

1. 제7조에 따른 방류수수질기준(이하 "방류수수질기준"이라 한다)을 초과하여 배출하는 행위
2. 제15조에 따라 공고된 하수처리구역 안의 하수를 공공하수처리시설(강우로 인하여 일시적으로 하수가 늘어난 경우에는 간이공공하수처리시설을 포함한다. 이하 이 호에서 같다)에 유입시키지 아니하고 배출하거나 공공하수처리시설에 유입시키지 아니하고 배출할 수 있는 시설을 설치하는 행위
3. 공공하수처리시설, 간이공공하수처리시설 또는 분뇨처리시설에 유입된 하수 또는 분뇨를 최종방류구를 거치지 아니하고 배출하거나 최종방류구를 거치지 아니하고 배출할 수 있는 시설을 설치하는 행위
4. 분뇨에 물을 섞어 처리하거나 물을 섞어 배출하는 행위

③ 공공하수도를 운영·관리하는 자는 강우로 인하여 하수처리구역 안의 하수가 공공하수처리시설(간이공공하수처리시설을 포함한다)에 유입되지 아니하고 배출되는 경우,

배출되는 하수의 수량과 수질을 환경부령으로 정하는 바에 따라 측정·기록하여 **5년간** 보존하여야 한다. 〈신설 2021. 1. 5.〉

④ 공공하수처리시설, 간이공공하수처리시설 또는 분뇨처리시설을 운영·관리하는 자는 대통령령으로 정하는 바에 따라 방류수의 수질검사, 찌꺼기의 성분검사를 실시하고 그 검사에 관한 기록을 **5년간** 보존하여야 한다. 〈개정 2021. 1. 5.〉

⑤ 분뇨처리시설의 설치자 또는 관리자는 분뇨처리시설의 처리용량에 여유가 있을 때에는 「가축분뇨의 관리 및 이용에 관한 법률」에 따른 가축분뇨를 해당 분뇨처리시설로 유입시켜 처리할 수 있다. 〈개정 2021. 1. 5.〉

⑥ 누구든지 공공하수도를 손괴하거나 그 기능에 장해를 주어 하수의 흐름을 방해하여서는 아니 된다. 〈개정 2021. 1. 5.〉

⑦ 누구든지 정당한 사유 없이 공공하수도를 조작하여 하수의 흐름을 방해하여서는 아니 된다. 〈개정 2021. 1. 5.〉

시행규칙

제10조(공공하수도의 운영·관리 기준 준수의 예외 등) ① 법 제19조제2항 각 호 외의 부분에서 "강우·사고 또는 처리공법상 필요한 경우 등 환경부령으로 정하는 정당한 사유"란 다음 각 호의 어느 하나에 해당하는 경우를 말한다. 〈개정 2014. 7. 17.〉

1. 공공하수처리시설·간이공공하수처리시설 설치계획에 따라 공공하수처리시설·간이공공하수처리시설에 유입시키지 아니하고 하수를 배출할 수 있는 시설을 설치하거나 하수를 배출하는 경우
2. 분뇨처리시설의 처리공법에 필요한 범위에서 물을 섞어 처리하는 경우
3. 강우, 재해, 사고 등으로 부득이하게 처리과정의 일부 또는 전부를 거치지 아니하고 하수나 분뇨를 배출하는 경우
4. 시설의 증설, 개축, 보수 등을 위하여 부득이하게 처리 과정의 일부 또는 전부를 거치지 아니하고 하수나 분뇨를 배출하는 경우로서 관계 지방환경관서의 장과 미리 협의한 경우
5. 방류수수질기준 강화 등으로 공공하수처리시설·간이공공하수처리시설의 처리공법상 부득이하게 방류수수질기준을 준수할 수 없는 경우로서 관계 지방환경관서의 장과 미리 협의한 경우

②~⑦ 생략

제3장 | 개인하수도의 설치 및 관리

제1절 배수설비 등 〈개정 2010. 6. 8.〉

제33조(특정공산품의 사용제한 등) ① 환경부장관은 하수의 수질 악화를 방지하기 위하여 대통령령으로 정하는 특정공산품을 사용함으로 인하여 하수의 수질을 현저히 악화시키는 것으로 판단되는 때에는 관계중앙행정기관의 장과 협의하여 해당 특정공산품의 제조·수입·판매나 사용의 금지 또는 제한을 명할 수 있다. 다만, 환경부장관의 승인을 받아 연구 또는 시험을 위하여 환경부령으로 정하는 용도로 제조·수입·판매하거나 사용하는 경우에는 그러하지 아니하다. 〈개정 2020. 5. 26.〉

② 환경부장관은 제1항에 따라 특정공산품의 제조·수입·판매 또는 사용을 금지하거나 제한하려면 금지 또는 제한하는 대상과 내용 등을 고시하여야 한다. 〈신설 2009. 1. 7.〉

③ 생략

시행령

제23조(특정공산품의 종류) 법 제33조제1항 본문에서 "대통령령이 정하는 특정공산품"이란 **주방에서 발생하는 음식물 찌꺼기 등을 분쇄하여 오수와 함께 배출하는 주방용 오물분쇄기**를 말한다. 〈개정 2009. 6. 26.〉

제2절 개인하수처리시설

제34조(개인하수처리시설의 설치) ① 오수를 배출하는 건물·시설 등(이하 "건물등"이라 한다)을 설치하는 자는 단독 또는 공동으로 개인하수처리시설을 설치하여야 한다. 다만, 다음 각 호의 어느 하나에 해당하는 경우에는 그러하지 아니하다. 〈개정 2020. 5. 26.〉

1. 「물환경보전법」 제2조제17호에 따른 공공폐수처리시설로 오수를 유입시켜 처리하는 경우
2. 오수를 흐르도록 하기 위한 분류식하수관로로 배수설비를 연결하여 오수를 공공하수처리시설에 유입시켜 처리하는 경우
3. 공공하수도관리청이 환경부령으로 정하는 기준·절차에 따라 하수관로정비구역으로 공고한 지역에서 합류식하수관로로 배수설비를 연결하여 공공하수처리시설에 오수를 유입시켜 처리하는 경우

4. 그 밖에 환경부령으로 정하는 요건에 해당하는 경우

② 제1항에 따라 개인하수처리시설을 설치하거나 그 시설의 규모·처리방법 등 대통령령으로 정하는 중요한 사항을 변경하려는 자는 환경부령으로 정하는 바에 따라 미리 특별자치시장·특별자치도지사·시장·군수·구청장에게 신고하여야 한다. 개인하수처리시설을 폐쇄하려는 경우에도 또한 같다. 〈개정 2013. 7. 16.〉

③~⑤ 생략

시행규칙

제26조(개인하수처리시설의 설치 면제 대상 등) ① 법 제34조제1항제4호에서 "그 밖에 환경부령이 정하는 요건에 해당하는 경우"란 다음 각 호의 어느 하나에 해당하는 경우를 말한다. 〈개정 2017. 1. 19.〉

1. 건물등을 설치하는 자가 오수를 법 제45조에 따른 분뇨수집·운반업자에게 위탁하여 공공하수처리시설·공공폐수처리시설 또는 자기의 오수처리시설로 운반하여 처리하는 경우
2. 건물등을 설치하는 자가 오수를 같은 사업장에 설치된 오수처리시설로 운반하여 처리하는 경우

② 생략

제39조(개인하수처리시설의 운영·관리) ① 개인하수처리시설의 소유자 또는 관리자는 개인하수처리시설을 운영·관리할 때에는 다음 각 호의 어느 하나에 해당하는 행위를 하여서는 아니 된다. 〈2020. 5. 26.〉

1. 건물등에서 발생하는 오수를 개인하수처리시설에 유입시키지 아니하고 배출하거나 개인하수처리시설에 유입시키지 아니하고 배출할 수 있는 시설을 설치하는 행위
2. 개인하수처리시설에 유입되는 오수를 최종방류구를 거치지 아니하고 중간배출하거나 중간배출할 수 있는 시설을 설치하는 행위
3. 건물등에서 발생하는 오수에 물을 섞어 처리하거나 물을 섞어 배출하는 행위
4. 정당한 사유 없이 개인하수처리시설을 정상적으로 가동하지 아니하여 방류수수질기준을 초과하여 배출하는 행위

② 개인하수처리시설의 소유자 또는 관리자는 방류수의 수질자가측정 및 내부청소 등

에 관하여 환경부령으로 정하는 기준에 따라 그 시설을 유지·관리하여야 한다. 〈개정 2020. 5. 26.〉

③ 개인하수처리시설의 소유자 또는 관리자는 대통령령으로 정하는 부득이한 사유로 방류수수질기준을 초과하여 방류하게 되는 때에는 특별자치시장·특별자치도지사·시장·군수·구청장에게 미리 신고하여야 한다. 〈개정 2020. 5. 26.〉

④~⑫ 생략

시행령

제26조(개인하수처리시설의 운영·관리) ① 법 제39조제3항에서 "대통령령이 정하는 부득이한 사유"란 다음 각 호의 어느 하나에 해당하는 경우를 말한다. 〈개정 2022. 12. 6.〉

1. 개인하수처리시설을 개선, 변경 또는 보수하기 위하여 필요한 경우
2. 개인하수처리시설의 주요 기계장치 등의 사고로 인하여 정상 운영할 수 없는 경우
3. 단전이나 단수로 개인하수처리시설을 정상적으로 운영할 수 없는 경우
4. 기후의 변동 또는 이상물질의 유입 등으로 인하여 개인하수처리시설을 정상 운영할 수 없는 경우
5. 천재지변, 화재, 그 밖의 부득이한 사유로 인하여 개인하수처리시설을 정상 운영할 수 없는 경우

②~⑤ 생략

시행규칙

제33조(개인하수처리시설의 관리기준) ① 법 제39조제2항에 따른 개인하수처리시설의 관리기준은 다음 각 호와 같다. 다만, 공공하수처리시설 또는 「물환경보전법」 제48조에 따른 공공폐수처리시설로 오수를 유입시켜 처리하는 지역에 설치된 개인하수처리시설에는 제1호와 제4호를 적용하지 아니하고, 해당 지역에 설치된 오수처리시설은 제3호에 따른 내부청소를 연 1회 이상 하여야 한다. 〈개정 2019. 12. 20.〉

1. 다음 각 목의 구분에 따른 기간마다 그 시설로부터 배출되는 방류수의 수질을 자가 측정하거나 「환경분야 시험·검사 등에 관한 법률」 제16조에 따른 측정대행업자가 측정하게 하고, 그 결과를 기록하여 3년 동안 보관할 것
   가. 1일 처리용량이 200세제곱미터 이상인 오수처리시설과 1일 처리대상 인원이 2천 명 이상인 정화조 : 6개월마다 1회 이상

나. 1일 처리용량이 50세제곱미터 이상 200세제곱미터 미만인 오수처리시설과 1일 처리대상 인원이 1천 명 이상 2천 명 미만인 정화조 : 연 1회 이상

2. **정화조**는 **연 1회 이상 내부청소**를 할 것. 다만, 영 제4조제1호부터 제5호까지와 제10호에 따른 구역 또는 지역에서 다음 각 목의 어느 하나에 해당하는 영업을 하는 건물 등에 설치된 정화조는 6개월마다 1회 이상 내부청소를 하여야 한다.

가. 「관광진흥법」 제3조에 따른 관광숙박업 또는 관광객 이용시설업(관광유람선업과 외국인전용 관광기념품판매업은 제외한다)

나. 「식품위생법」 제36조제1항제3호에 따른 식품접객업{제과점영업과 다방영업(주로 차 종류를 조리·판매하는 영업을 말한다)은 제외한다}

다. 「공중위생관리법」 제2조제1항제2호에 따른 숙박업

3. 오수처리시설은 그 기능이 정상적으로 유지될 수 있도록 침전 찌꺼기와 부유 물질 제거 등 내부청소를 하여야 하며, 청소 과정에서 발생된 찌꺼기를 탈수하여 처리하거나 법 제45조제1항에 따른 분뇨수집·운반업자에게 위탁하여 처리할 것

4. 1일 처리대상 인원이 500명 이상인 정화조에서 배출되는 방류수는 염소 등으로 소독할 것

② 생략

③ 개인하수처리시설의 소유자나 관리자는 개인하수처리시설을 운영할 때에 다음 각 호의 행위를 하여서는 아니 된다.

1. 정화조의 경우에 수세식변기에서 나오는 오수가 아닌 그 밖의 오수를 유입시키는 행위
2. 전기 설비가 되어 있는 개인하수처리시설의 경우에 전원을 끄는 행위

제4장 | 분뇨의 처리

제41조(분뇨처리 의무) ① **특별자치시장·특별자치도지사·시장·군수·구청장**은 관할구역 안에서 발생하는 **분뇨**(개인하수처리시설의 소유자 또는 관리자가 개인하수처리시설의 청소 과정에서 발생하는 찌꺼기를 환경부령으로 정하는 바에 따라 직접 처리하는 경우는 제외한다)를 **수집·운반 및 처리**하여야 한다. 이 경우 특별자치시장·특별자치도지사·시장·군수·구청장은 해당 지방자치단체의 조례가 정하는 바에 따라 제45조의 규정에 따른 분

뇨수집·운반업자로 하여금 그 수집·운반을 대행하게 할 수 있다. 〈개정 2020. 5. 26.〉

② 특별자치시·특별자치도·시·군·구(자치구를 말한다. 이하 같다)는 오지·벽지 등 분뇨의 수집·운반 및 처리가 어려운 지역에 대하여 환경부령으로 정하는 기준에 따라 제1항을 적용하지 아니할 수 있는 지역을 해당 지방자치단체의 조례로 정할 수 있다. 〈개정 2013. 7. 16.〉

③ ④ 생략

⑤ 분뇨처리시설을 설치하여 운영하는 공공하수도관리청은 제1항 및 제3항의 규정에 따라 수집·운반된 분뇨에 대하여 분뇨처리시설의 운영중단 등 환경부령으로 정하는 사유가 발생한 경우를 제외하고는 그 처리를 거부하여서는 아니 된다. 〈개정 2020. 5. 26.〉

시행규칙

제37조(분뇨수집 등의 의무제외 지역) 법 제41조제2항에 따라 특별자치시·특별자치도·시·군·구의 조례로 분뇨의 수집·운반 및 처리가 어려운 지역으로 정할 수 있는 지역은 다음 각 호의 어느 하나에 해당하는 지역으로 한다. 다만, 국립공원 등 많은 사람이 모이는 관광지로서 청결을 유지할 필요가 있는 지역은 제외한다. 〈개정 2014. 7. 17.〉

1. 오지나 벽지 등에 위치한 마을로서 가구 수가 50호 미만인 지역
2. 차량 출입이 어려워 분뇨의 수집·운반이 어려운 지역

시행규칙

제38조(분뇨처리 거부사유) 법 제41조제5항에 따라 분뇨처리시설을 설치하여 운영하는 공공하수도관리청은 분뇨처리시설의 사고 등으로 그 시설을 운영하지 못하는 경우에는 그 처리를 거부할 수 있다.

제44조(분뇨의 재활용) ① 환경부령으로 정하는 양 이상의 **분뇨를 재활용**하고자 하는 자는 **특별자치시장·특별자치도지사·시장·군수·구청장**에게 **신고**하여야 한다. 다만, 제43조제3항에 따라 분뇨를 사용하는 경우에는 그러하지 아니하다. 〈개정 2021. 1. 5.〉

② 제1항에 따라 신고를 한 자는 환경부령으로이 정하는 **중요사항을 변경**하고자 하는 경우에는 **특별자치시장·특별자치도지사·시장·군수·구청장**에게 **신고**하여야 한다. 〈개정 2021. 1. 5.〉

③~⑤ 생략

시행규칙

제40조(재활용의 신고 등) ① 법 제44조제1항 본문에서 "환경부령이 정하는 양 이상의 분뇨를 재활용하고자 하는 자"란 분뇨를 재활용할 목적으로 1일 10킬로그램 이상 처리하려는 자를 말한다.

② 제1항에 해당하는 자는 재활용 시작 7일 전까지 재활용 사업장을 관할하는 특별자치시장·특별자치도지사·시장·군수·구청장에게 별지 제22호서식의 신고서에 다음 각 호의 서류를 첨부하여 제출하여야 한다. 〈개정 2014. 7. 17.〉

1. 재활용의 용도 및 방법에 관한 설명서
2. 재활용 대상 분뇨의 확보계획서
3. 재활용 대상 분뇨의 수집·운반·보관 및 처리계획서
4. 재활용 후 발생되는 최종 찌꺼기의 처리계획서
5. 재활용시설 및 장비의 확보명세서와 시설의 도면
6. 퇴비 저장시설 설치명세서

③ ④ 생략

[제5장 | 하수·분뇨 관련 영업]

제45조(분뇨수집·운반업) ① 분뇨를 수집(개인하수처리시설 및 분류식하수관로 중 오수가 흐르는 하수관로의 내부청소를 포함한다)·운반하는 영업(이하 "**분뇨수집·운반업**"이라 한다)을 하려는 자는 대통령령으로 정하는 기준에 따른 시설·장비 및 기술인력 등의 요건을 갖추어 **특별자치시장·특별자치도지사·시장·군수·구청장**의 **허가**를 받아야 하며, 허가받은 사항 중 환경부령으로 정하는 중요한 사항을 변경하려는 경우에는 특별자치시장·특별자치도지사·시장·군수·구청장에게 변경신고를 하여야 한다. 〈개정 2013. 7. 16.〉

②~⑧ 생략

시행규칙

제45조(분뇨수집·운반업 변경신고) ① 법 제45조제1항에서 "환경부령으로 정하는 중요한 사항"이란 다음 각 호의 어느 하나에 해당하는 사항을 말한다. 〈개정 2014. 7. 17.〉

1. 상호
2. 운반차량
3. 기술인력
4. 대표자
5. 사무실 소재지

② 제1항 각 호의 사항을 변경하려는 자는 변경된 날부터 30일 이내에 별지 제25호서식의 변경신고서에 변경내용을 증명할 수 있는 서류와 허가증을 첨부하여 특별자치시장·특별자치도지사·시장·군수·구청장에게 제출하여야 한다. 〈개정 2014. 7. 17.〉

제48조(결격사유) 다음 각 호의 어느 하나에 해당하는 자는 분뇨수집·운반업의 허가를 받을 수 없다. 〈개정 2021. 1. 5.〉

1. 피성년후견인 또는 피한정후견인
2. 파산선고를 받고 복권되지 아니한 자
3. 이 법, 「물환경보전법」 또는 「폐기물관리법」을 위반하여 징역 이상의 실형을 선고를 받고 그 집행이 종료(종료된 것으로 보는 경우를 포함한다)되거나 집행을 받지 아니하기로 확정된 날부터 2년이 지나지 아니한 자
4. 이 법에 따라 분뇨수집·운반업의 허가가 취소(이 조 제1호 또는 제2호에 해당하여 허가가 취소된 경우는 제외한다)된 자로서 그 허가가 취소된 날부터 2년이 지나지 아니한 자
5. 임원 중에 제1호부터 제4호까지의 어느 하나에 해당하는 사람이 있는 법인

제56조(휴업·폐업 등의 신고) 분뇨수집·운반업자, 처리시설설계·시공업자, 처리시설제조업자 또는 처리시설관리업자는 그 영업을 **휴업·폐업 또는 재개업**하는 때에는 환경부령으로 정하는 바에 따라 **허가** 또는 **등록 관청**에 **신고**하여야 한다. 〈개정 2020. 5. 26.〉

시행규칙

제66조(휴업·폐업·재개업의 신고) ① 법 제56조에 따라 휴업·폐업 또는 재개업 신고를 하려는 자는 **휴업·폐업 또는 재개업을 한 날부터 10일 이내**에 별지 제39호서식의 신고서에 허가증 또는 등록증을 첨부(휴업 또는 폐업 신고의 경우만 해당하며, 분실·훼손 등의 사유

로 허가증 또는 등록증을 첨부할 수 없는 경우에는 그 사유서를 첨부한다)하여 **허가관청 또는 등록관청에 제출**하여야 한다. 〈개정 2016. 6. 27.〉

②③ 생략

제7장 | 보칙

제66조(기술관리인) ① 대통령령으로 정하는 규모 이상의 **개인하수처리시설을 설치·운영하는 자**는 해당 시설의 유지·관리에 관한 기술업무를 담당하게 하기 위하여 **기술관리인을 두어야 한다**. 다만, 다음 각 호의 어느 하나에 해당하는 경우에는 그러하지 아니하다. 〈개정 2020. 5. 26.〉

1. 처리시설관리업자에게 개인하수처리시설의 관리를 위탁한 경우
2. 「물환경보전법」 제47조에 따른 환경기술인이 선임된 사업장의 경우

② 제1항의 규정에 따른 기술관리인의 자격기준 및 준수사항 등에 관하여 필요한 사항은 환경부령으로 정한다.

시행령

제37조(기술관리인) ① 법 제66조제1항에 따라 개인하수처리시설의 유지·관리에 관한 기술업무를 담당할 기술관리인을 두어야 하는 개인하수처리시설의 규모는 다음 각 호와 같다.

1. **1일 처리용량이 50세제곱미터 이상인 오수처리시설**(1개의 건물에 2 이상의 오수처리시설이 설치되어 있는 경우 그 용량의 합계가 50세제곱미터 이상인 것을 포함한다)
2. **처리대상 인원이 1천명 이상인 정화조**(1개의 건물에 2 이상의 정화조가 설치되어 있는 경우 그 처리대상 인원의 합계가 1천명 이상인 것을 포함한다)

② 제1항에도 불구하고 공공하수처리시설 또는 「물환경보전법」 제48조에 따른 공공폐수처리시설로 오수를 유입·처리하는 지역의 개인하수처리시설에는 기술관리인을 두지 아니할 수 있다. 〈개정 2018. 1. 16.〉

시행규칙

제68조(기술관리인의 준수사항) ① 법 제66조제2항에 따른 기술관리인의 준수사항은 다음 각 호와 같다. 〈개정 2022. 12. 9.〉

1. 개인하수처리시설을 정상가동하여야 하며, 방류수수질기준을 초과하는 등 시설의 개선이 필요한 경우에는 지체 없이 시설의 소유자나 관리자에게 개선하도록 조치할 것
2. 개인하수처리시설의 운영에 관한 사항을 매일 사실대로 별지 제39호의2서식의 개인하수처리시설 운영관리대장(전자문서를 포함한다)에 기록하고, 기록한 날부터 **3년간** 이를 보존할 것
3. 방류수수질검사를 정확히 하고 이를 사실대로 기록할 것

② 법 제66조제1항제1호 및 제2호에 따른 처리시설 관리업자와 환경기술인의 준수사항에 관하여는 제1항을 준용한다.

제67조(교육) ① 공공하수처리시설 및 분뇨처리시설을 운영·관리하는 자는 공공하수처리시설 또는 분뇨처리시설의 효율적인 운영·관리를 위하여 그 시설의 운영요원에 대하여 환경부장관 또는 시·도지사가 실시하는 교육을 받게 하여야 한다. 〈개정 2012. 2. 1.〉

② 분뇨수집·운반업자, 처리시설설계·시공업자, 처리시설제조업자, 처리시설관리업자, 관리대행업자 및 제66조에 따른 기술관리인 선임의무자는 고용하고 있는 기술인력 및 기술관리인에 대하여 환경부장관 또는 시·도지사가 실시하는 교육을 받게 하여야 한다. 〈개정 2012. 2. 1.〉

③ 환경부장관 또는 시·도지사는 제1항 또는 제2항에 따른 교육에 소요되는 경비를 교육대상자를 고용한 자로부터 징수할 수 있다. 〈개정 2012. 2. 1.〉

④ 생략

제68조(장부의 기록·보존) ① 공공하수도관리청은 환경부령으로 정하는 바에 따라 공공하수도 관리대장을 작성하여 보관하여야 한다. 〈개정 2020. 5. 26.〉

② 제44조의 규정에 따라 분뇨를 재활용하는 자 또는 분뇨수집·운반업자는 환경부령으로 정하는 바에 따라 장부를 비치하고, 분뇨의 수집장소·수집량 및 처리상황을 기록하여야 하며, 장부의 보존기간은 최종 기재를 한 날부터 **3년**으로 한다. 〈개정 2020. 5. 26.〉

시행규칙 **[별표 1] 공공하수처리시설·간이공공하수처리시설의 방류수수질기준**(제3조제1항제1호 관련) 〈개정 2022. 12. 9.〉

1. 공공하수처리시설의 방류수수질기준

가. 방류수수질기준

1) 2020년 12월 31일까지 적용되는 기준 (생략)

2) 2021년 1월 1일부터 적용되는 기준

<table>
<tr><th colspan="2">구분</th><th>생물화학적 산소요구량 (BOD, mg/L)</th><th>화학적 산소 요구량 (COD, mg/L)</th><th>부유물질(SS) (mg/L)</th><th>총질소 (T–N) (mg/L)</th><th>총인 (T–P) (mg/L)</th><th>총대장균군수 (개/mL)</th><th>생태독성 (TU)</th></tr>
<tr><td rowspan="4">1일 하수처리용량 500m³ 이상</td><td>Ⅰ지역</td><td>5 이하</td><td>15 이하</td><td>10 이하</td><td>20 이하</td><td>0.2 이하</td><td>1,000 이하</td><td rowspan="6">1 이하</td></tr>
<tr><td>Ⅱ지역</td><td>5 이하</td><td>15 이하</td><td>10 이하</td><td>20 이하</td><td>0.3 이하</td><td rowspan="5">3,000 이하</td></tr>
<tr><td>Ⅲ지역</td><td>10 이하</td><td>25 이하</td><td>10 이하</td><td>20 이하</td><td>0.5 이하</td></tr>
<tr><td>Ⅳ지역</td><td>10 이하</td><td>25 이하</td><td>10 이하</td><td>20 이하</td><td>2 이하</td></tr>
<tr><td colspan="2">1일 하수처리용량 500m³ 미만 50m³ 이상</td><td>10 이하</td><td>25 이하</td><td>10 이하</td><td>20 이하</td><td>2 이하</td></tr>
<tr><td colspan="2">1일 하수처리용량 50m³ 미만</td><td>10 이하</td><td>25 이하</td><td>10 이하</td><td>40 이하</td><td>4 이하</td></tr>
</table>

2. 간이공공하수처리시설의 방류수수질기준

가. 방류수수질기준

<table>
<tr><th>구분</th><th colspan="2">생물화학적 산소요구량(BOD)(mg/L)</th><th colspan="2">총대장균군수(개/mL)</th></tr>
<tr><td rowspan="3">Ⅰ지역</td><td>2014년 7월 17일부터 2018년 12월 31일까지</td><td>60 이하</td><td>2014년 7월 17일부터 2018년 12월 31일까지</td><td>–</td></tr>
<tr><td>2019년 1월 1일부터 2023년 12월 31일까지</td><td>60 이하</td><td rowspan="2">2019년 1월 1일 이후</td><td rowspan="2">3,000 이하</td></tr>
<tr><td>2024년 1월 1일 이후</td><td>40 이하</td></tr>
<tr><td rowspan="3">Ⅱ지역</td><td>2014년 7월 17일부터 2019년 12월 31일까지</td><td>60 이하</td><td>2014년 7월 17일부터 2019년 12월 31일까지</td><td>–</td></tr>
<tr><td>2020년 1월 1일부터 2024년 12월 31일까지</td><td>60 이하</td><td rowspan="2">2020년 1월 1일 이후</td><td rowspan="2">3,000 이하</td></tr>
<tr><td>2025년 1월 1일 이후</td><td>40 이하</td></tr>
<tr><td>Ⅲ·Ⅳ지역</td><td colspan="2">–</td><td colspan="2">–</td></tr>
</table>

시행규칙 **[별표 2] 분뇨처리시설의 방류수수질기준**(제3조제1항제2호 관련) 〈개정 2020. 2. 24.〉

1) 2020년 12월 31일까지 적용되는 기준 (생략)

2) 2021년 1월 1일부터 적용되는 기준

항목 / 구분	생물화학적 산소요구량 (BOD) (㎎/L)	화학적 산소요구량 (COD) (㎎/L)	부유물질(SS) (㎎ /L)	총대장균군수 (개수/mL)	총질소(T–N) (㎎/L)	총인(T–P) (㎎/L)
분뇨처리시설	30 이하	30 이하	30 이하	3,000 이하	60 이하	8 이하

시행규칙 **[별표 3] 개인하수처리시설의 방류수수질기준**(제3조제1항제3호 관련) 〈개정 2018. 1. 17.〉

구분	1일 처리용량	지역	항목	방류수수질기준
오수처리시설	50㎥ 미만	수변구역	생물화학적 산소요구량(mg/L)	10 이하
			부유물질(mg/L)	10 이하
		특정지역 및 기타지역	생물화학적 산소요구량(mg/L)	20 이하
			부유물질(mg/L)	20 이하
	50㎥ 이상	모든 지역	생물화학적 산소요구량(mg/L)	10 이하
			부유물질(mg/L)	10 이하
			총질소(mg/L)	20 이하
			총인(mg/L)	2 이하
			총대장균군수(개/mL)	3,000 이하
정화조	11인용 이상	수변구역 및 특정지역	생물화학적 산소요구량 제거율(%)	65 이상
			생물화학적 산소요구량(mg/L)	100 이하
		기타지역	생물화학적 산소요구량 제거율(%)	50 이상

시행규칙 **[별표 4] 정화조의 생물화학적 산소요구량 제거율의 측정방법**(제3조제3항 관련) 〈개정 2013.1.15〉

1. 시료(試料)는 수세식 화장실에 유입되기 전의 세정수와 정화조의 소독실로 유입되기 전의 유출수를 채취하여야 한다.
2. 생물화학적 산소요구량 제거율(%) 산정방법 등

가. 생물화학적 산소요구량 제거율(%) 산정방법

$$\text{생물화학적 산소 요구량 제거율(\%)} = \frac{\text{유입수의 생물화학적 산소요구량(mg/L)} - \text{유출수의 생물화학적 산소요구량(mg/L)}}{\text{유입수의 생물화학적 산소요구량(mg/L)}} \times 100$$

나. 유입수의 생물화학적 산소요구량(mg/L) 산정방법

$$\text{유입수의 생물화학적 산소요구량(mg/L)} = \frac{\text{생분뇨의 생물화학적 산소요구량(mg/L)}}{\text{희석배율}}$$

이 경우 생분뇨의 생물화학적 산소요구량은 20,000mg/L로 한다.

다. 희석배율 산정방법

$$\text{희석배율} = \frac{\text{생분뇨의 염소이온농도}}{\text{유출수의 염소이온농도} - \text{세정수의 염소이온농도}}$$

이 경우 생분뇨의 염소이온농도는 5,500mg/L로 한다.

제조물책임법

[시행 2018. 4. 19.] [법률 제14764호, 2017. 4. 18. 일부개정]

제조물책임법	제1조 목적 제2조 정의 제3조 제조물 책임 제3조의2 결함 등의 추정 제4조 면책사유 제5조 연대책임 제6조 면책특약의 제한 제7조 소멸시효 등 제8조 「민법」의 적용

제1조(목적) 이 법은 **제조물의 결함으로 발생한 손해에 대한 제조업자 등의 손해배상책임을 규정함으로써 피해자 보호를 도모하고 국민생활의 안전 향상과 국민경제의 건전한 발전에 이바지**함을 목적으로 한다.

제2조(정의) 이 법에서 사용하는 용어의 뜻은 다음과 같다.

1. "**제조물**"이란 **제조되거나 가공된 동산**(다른 동산이나 부동산의 일부를 구성하는 경우를 포함한다)을 말한다.
2. "**결함**"이란 해당 제조물에 다음 각 목의 어느 **하나에 해당하는 제조상·설계상 또는 표시상의 결함이 있거나 그 밖에 통상적으로 기대할 수 있는 안전성이 결여되어 있는 것**을 말한다.
   가. "**제조상의 결함**"**이란 제조업자가 제조물에 대하여 제조상·가공상의 주의의무를 이행하였는지에 관계없이 제조물이 원래 의도한 설계와 다르게 제조·가공됨으로써 안전하지 못하게 된 경우**를 말한다.
   나. "**설계상의 결함**"이란 **제조업자가 합리적인 대체설계(代替設計)를 채용하였더라면 피해나 위험을 줄이거나 피할 수 있었음에도 대체설계를 채용하지 아니하여 해당 제조물이 안전하지 못하게 된 경우**를 말한다.
   다. "**표시상의 결함**"이란 **제조업자가 합리적인 설명·지시·경고 또는 그 밖의 표시를 하였더라면 해당 제조물에 의하여 발생할 수 있는 피해나 위험을 줄이거나 피할 수 있었음에도 이를 하지 아니한 경우**를 말한다.
3. "**제조업자**"란 다음 각 목의 자를 말한다.
   가. **제조물의 제조·가공 또는 수입을 업(業)으로 하는 자**
   나. **제조물에 성명·상호·상표 또는 그 밖에 식별(識別) 가능한 기호 등을 사용하여 자신을 가목의 자로 표시한 자 또는 가목의 자로 오인(誤認)하게 할 수 있는 표시를 한 자**

제3조(제조물 책임) ① **제조업자는 제조물의 결함으로 생명·신체 또는 재산에 손해**(그 제조물에 대하여만 발생한 손해는 제외한다)를 입은 자에게 그 **손해를 배상**하여야 한다.

② 제1항에도 불구하고 **제조업자가 제조물의 결함을 알면서도 그 결함에 대하여 필요한 조치를 취하지 아니한 결과로 생명 또는 신체에 중대한 손해를 입은 자가 있는 경우에는 그 자에게 발생한 손해의 3배를 넘지 아니하는 범위에서 배상책임을 진다.** 이 경

우 법원은 배상액을 정할 때 다음 각 호의 사항을 고려하여야 한다.

1. 고의성의 정도
2. 해당 제조물의 결함으로 인하여 발생한 손해의 정도
3. 해당 제조물의 공급으로 인하여 제조업자가 취득한 경제적 이익
4. 해당 제조물의 결함으로 인하여 제조업자가 형사처벌 또는 행정처분을 받은 경우 그 형사처벌 또는 행정처분의 정도
5. 해당 제조물의 공급이 지속된 기간 및 공급 규모
6. 제조업자의 재산상태
7. 제조업자가 피해구제를 위하여 노력한 정도

③ 피해자가 **제조물의 제조업자를 알 수 없는 경우**에 그 제조물을 **영리 목적으로 판매·대여 등의 방법으로 공급한 자**는 제1항에 따른 손해를 배상하여야 한다. 다만, 피해자 또는 법정대리인의 요청을 받고 상당한 기간 내에 그 제조업자 또는 공급한 자를 그 피해자 또는 법정대리인에게 고지(告知)한 때에는 그러하지 아니하다.

제3조의2(결함 등의 추정) 피해자가 다음 각 호의 사실을 증명한 경우에는 제조물을 공급할 당시 해당 제조물에 결함이 있었고 그 제조물의 결함으로 인하여 손해가 발생한 것으로 추정한다. 다만, 제조업자가 제조물의 결함이 아닌 다른 원인으로 인하여 그 **손해가 발생한 사실을 증명한 경우**에는 그러하지 아니하다.

1. 2. 3. 생략

제4조(면책사유) ① 제3조에 따라 손해배상책임을 지는 자가 다음 각 호의 어느 하나에 해당하는 사실을 입증한 경우에는 이 법에 따른 **손해배상책임을 면**(免)한다.

1. **제조업자가 해당 제조물을 공급하지 아니하였다는 사실**
2. **제조업자가 해당 제조물을 공급한 당시의 과학·기술 수준으로는 결함의 존재를 발견할 수 없었다는 사실**
3. **제조물의 결함이 제조업자가 해당 제조물을 공급한 당시의 법령에서 정하는 기준을 준수함으로써 발생하였다는 사실**
4. **원재료나 부품의 경우에는 그 원재료나 부품을 사용한 제조물 제조업자의 설계 또는 제작에 관한 지시로 인하여 결함이 발생하였다는 사실**

② 제3조에 따라 **손해배상책임을 지는 자가 제조물을 공급한 후에 그 제조물에 결함이**

존재한다는 사실을 알거나 알 수 있었음에도 그 결함으로 인한 손해의 발생을 방지하기 위한 적절한 조치를 하지 아니한 경우에는 제1항제2호부터 제4호까지의 규정에 따른 **면책을 주장할 수 없다**.

제5조(연대책임) 동일한 손해에 대하여 배상할 책임이 있는 자가 2**인 이상인 경우에는 연대**하여 그 손해를 배상할 책임이 있다.

제6조(면책특약의 제한) 이 법에 따른 손해배상책임을 **배제하거나 제한하는 특약**(特約)은 **무효**로 한다. 다만, 자신의 영업에 이용하기 위하여 제조물을 공급받은 자가 자신의 영업용 재산에 발생한 손해에 관하여 그와 같은 특약을 체결한 경우에는 그러하지 아니하다.

제7조(소멸시효 등) ① 이 법에 따른 손해배상의 청구권은 피해자 또는 그 법정대리인이 다음 각 호의 사항을 모두 알게 된 날부터 **3년간 행사하지 아니하면 시효의 완성으로 소멸**한다.

1. 2. 생략

② 이 법에 따른 **손해배상의 청구권은 제조업자가 손해를 발생시킨 제조물을 공급한 날부터** 10**년 이내에 행사**하여야 한다. 다만, 신체에 누적되어 사람의 건강을 해치는 물질에 의하여 발생한 손해 또는 일정한 잠복기간(潛伏期間)이 지난 후에 증상이 나타나는 손해에 대하여는 그 **손해가 발생한 날부터 기산**(起算)한다.

제8조(「민법」의 적용) 제조물의 결함으로 인한 손해배상책임에 관하여 이 법에 규정된 것을 제외하고는 「민법」에 따른다.

3

식품의 기준 및 규격

식품의 기준 및 규격(식품공전)

식품의약품안전처 고시 제2023-29호, 2023. 4. 28., 일부개정, 시행 2023. 4. 28.

<table>
<tr><th>구분</th><th>내용</th></tr>
<tr><td>제1. 총칙</td><td>1. 일반원칙
2. 기준 및 규격의 적용
3. 용어의 풀이
4. 식품원료 분류</td></tr>
<tr><td>제2. 식품일반에 대한 공통기준 및 규격</td><td>1. 식품원료 기준
2. 제조·가공기준
3. 식품일반의 기준 및 규격
4. 보존 및 유통기준</td></tr>
<tr><td>제3. 영·유아 또는 고령자를 섭취대상으로 표시하여 판매하는 식품의 기준 및 규격</td><td>1. 영·유아를 섭취대상으로 표시하여 판매하는 식품
2. 고령자를 섭취대상으로 표시하여 판매하는 식품</td></tr>
<tr><td>제4. 장기보존식품의 기준 및 규격 (생략)</td><td>1. 통·병조림식품
2. 레토르트식품
3. 냉동식품</td></tr>
<tr><td>제5. 식품별 기준 및 규격</td><td>1. 과자류, 빵류 또는 떡류
2. 빙과류
3. 코코아가공품류 또는 초콜릿류
4. 당류
5. 잼류
6. 두부류 또는 묵류
7. 식용유지류
8. 면류
9. 음료류
10. 특수영양식품
11. 특수의료용도식품
12. 장류(생략)
13. 조미식품
14. 절임류 또는 조림류
15. 주류
16. 농산가공식품류
17. 식육가공품 및 포장육
18. 알가공품류
19. 유가공품
20. 수산가공식품류
21. 동물성가공식품류
22. 벌꿀 및 화분가공품류
23. 즉석식품류
24 기타식품류</td></tr>
<tr><td>제6. 식품접객업소(집단급식소 포함)의 조리식품 등에 대한 기준 및 규격</td><td>1. 정의
2. 기준 및 규격의 적용
3. 원료 기준
4. 조리 및 관리기준
5. 규격
6. 시험방법</td></tr>
</table>

(계속)

구분	내용
제7. 검체의 채취 및 취급방법 (생략)	1. 검체채취의 의의 2. 용어의 정의 3. 검체채취의 일반원칙 4. 검체의 채취 및 취급요령 5. 검체채취 기구 및 용기 6. 개별 검체채취 및 취급 방법
제8. 일반시험법	
제9. 재검토기한	
별표	[별표 1] "식품에 사용할 수 있는 원료"의 목록(생략) [별표 2] "식품에 제한적으로 사용할 수 있는 원료"의 목록(생략) [별표 3] "한시적 기준·규격에서 전환된 원료"의 목록(생략) [별표 4] 농산물의 농약 잔류허용기준(생략) [별표 5] 식품 중 동물용의약품의 잔류허용기준(생략) [별표 6] 축·수산물의 잔류물질 잔류허용기준(생략) [별표 7] 식품 중 농약 및 동물용의약품의 잔류허용기준설정 지침(생략) [별표 8] 식품 중 동물용의약품의 잔류허용기준 면제물질
참고(제5. 식품별 기준 및 규격)	제2조(정의) 2. "축산물"이란 식육·포장육·원유(原乳)·식용란(食用卵)·식육가공품·유가공품·알가공품을 말한다. *「축산물 위생관리법」 제2조(정의)제2항에 따른 축산물에 해당됨

총칙

1. 일반원칙

이 고시에서 따로 규정한 것 이외에는 아래의 총칙에 따른다.

1) 이 고시의 수록범위는 다음 각 호와 같다.

가) 식품위생법 제7조제1항의 규정에 따른 식품의 원료에 관한 기준, 식품의 제조·가공·사용·조리 및 보존방법에 관한 기준, 식품의 성분에 관한 규격과 기준·규격에 대한 시험법

나) 「식품 등의 표시·광고에 관한 법률」 제4조제1항의 규정에 따른 식품·식품첨가물 또는 축산물과 기구 또는 용기·포장 및 「식품위생법」 제12조2의 제1항에 따른 유전자변형식품등의 표시기준

다) 축산물 위생관리법 제4조제2항의 규정에 따른 축산물의 가공·포장·보존 및 유통의 방법에 관한 기준, 축산물의 성분에 관한 규격, 축산물의 위생등급에 관한 기준

2) 이 고시에서는 가공식품에 대하여 다음과 같이 식품군(대분류), 식품종(중분류), 식품유형(소분류)으로 분류한다.

- 식품군 : '제5. 식품별 기준 및 규격'에서 대분류하고 있는 음료류, 조미식품 등을 말한다.
- 식품종 : 식품군에서 분류하고 있는 다류, 과일·채소류음료, 식초, 햄류 등을 말한다.
- 식품유형 : 식품종에서 분류하고 있는 농축과·채즙, 과·채주스, 발효식초, 희석초산 등을 말한다.

3) 이 고시의 개별 식품유형에서 정하고 있는 정의는 해당 식품의 일반적인 특징을 설명한 것으로, 새로운 제조기술의 사용 등으로 제조방법, 사용된 원료 등이 이 고시에서 정하는 식품유형의 정의와 일치하지 않더라도 제조된 식품이 어느 식품유형

의 제품과 동일한 경우 해당 식품유형으로 분류할 수 있다.

4) 이 고시에 정하여진 기준 및 규격에 대한 적·부판정은 이 고시에서 규정한 시험방법으로 실시하여 판정하는 것을 원칙으로 한다. 다만, 이 고시에서 규정한 시험방법보다 더 정밀·정확하다고 인정된 방법을 사용할 수 있고 미생물 및 독소 등에 대한 시험에는 상품화된 키트(kit) 또는 장비를 사용할 수 있으나, 그 결과에 대하여 의문이 있다고 인정될 때에는 규정한 방법에 의하여 시험하고 판정하여야 한다.

5) 이 고시에서 기준 및 규격이 정하여지지 아니한 것은 잠정적으로 식품의약품안전처장이 해당 물질에 대한 국제식품규격위원회(Codex Alimentarius Commission, CAC)규정 또는 주요외국의 기준·규격과 일일섭취허용량(Acceptable Daily Intake, ADI), 해당 식품의 섭취량 등 해당물질별 관련 자료를 종합적으로 검토하여 적·부를 판정할 수 있다.

6) 이 고시의 '제5. 식품별 기준 및 규격'에서 따로 정하여진 시험방법이 없는 경우에는 '제8. 일반시험법'의 해당 시험방법에 따르고, 이 고시에서 기준·규격이 정하여지지 아니하였거나 기준·규격이 정하여져 있어도 시험방법이 수재되어 있지 아니한 경우에는 식품의약품안전처장이 인정한 시험방법, 국제식품규격위원회(Codex Alimentarius Commission, CAC) 규정, 국제분석화학회(Association of Official Analytical Chemists, AOAC), 국제표준화기구(International Standard Organization, ISO), 농약분석메뉴얼(Pesticide Analytical Manual, PAM) 등의 시험방법에 따라 시험할 수 있다. 만약, 상기 시험방법에도 없는 경우에는 다른 법령에 정해져 있는 시험방법, 국제적으로 통용되는 공인시험방법에 따라 시험할 수 있으며 그 시험방법을 제시하여야 한다.

7) 계량 등의 단위는 국제 단위계를 사용한 아래의 약호를 쓴다.

① 길이 : m, cm, mm, μm, nm

② 용량 : L, mL, μL

③ 중량 : kg, g, mg, μg, ng, pg

④ 넓이 : cm^2

⑤ 열량 : kcal, kj

⑥ 압착강도 : N(Newton)

⑦ 온도 : ℃

8) 표준온도는 20℃, 상온은 15~25℃, 실온은 1~35℃, 미온은 30~40℃로 한다.

9) 중량백분율을 표시할 때에는 %의 기호를 쓴다. 다만, 용액 100 mL 중의 물질함량(g)을 표시할 때에는 w/v%로, 용액 100 mL중의 물질함량(mL)을 표시할 때에는 v/v%의 기호를 쓴다. 중량백만분율을 표시할 때에는 mg/kg의 약호를 사용하고 ppm의 약호를 쓸 수 있으며, mg/L도 사용할 수 있다. 중량 10억분율을 표시할 때에는 μg/kg의 약호를 사용하고 ppb의 약호를 쓸 수 있으며, μg/L도 사용할 수 있다.

10) 방사성물질 누출사고 발생시 관리해야 할 방사성 핵종(核種)은 다음의 원칙에 따라 선정한다.

(1) 대표적 오염 지표 물질인 방사성 요오드와 세슘에 대하여 우선 선정하고, 방사능 방출사고의 유형에 따라 방출된 핵종을 선정한다.

(2) 방사성 요오드나 세슘이 검출될 경우 플루토늄, 스트론튬 등 그 밖의(이하 '기타' 라고 한다) 핵종에 의한 오염여부를 추가적으로 확인할 수 있으며, 기타 핵종은 환경 등에 방출 여부, 반감기, 인체 유해성 등을 종합 검토하여 전부 또는 일부 핵종을 선별하여 적용할 수 있다.

(3) 기타 핵종에 대한 기준은 해당 사고로 인한 방사성 물질 누출이 더 이상 되지 않는 사고 종료 시점으로부터 1년이 경과할 때까지를 적용한다.

(4) 기타 핵종에 대한 정밀검사가 어려운 경우에는 방사성 물질 누출 사고 발생국가의 비오염 증명서로 갈음할 수 있다.

11) 식품 중 농약 또는 동물용의약품의 잔류허용기준을 신설, 변경 또는 면제 하려는 자는 [별표 7]의 "식품 중 농약 및 동물용의약품의 잔류허용기준설정 지침"에 따라 신청하여야 한다.

12) 유해오염물질의 기준설정은 식품 중 유해오염물질의 오염도와 섭취량에 따른 인체 총 노출량, 위해수준, 노출 점유율을 고려하여 최소량의 원칙(As Low As Reasonably Achievable, ALARA)에 따라 설정함을 원칙으로 한다.

13) 이 고시에서 정하여진 시험은 별도의 규정이 없는 경우 다음의 원칙을 따른다.

(1) 원자량 및 분자량은 최신 국제원자량표에 따라 계산한다.

(2) 따로 규정이 없는 한 찬물은 15℃ 이하, 온탕 60~70℃, 열탕은 약 100℃의 물을 말한다.

(3) "물 또는 물속에서 가열 한다."라 함은 따로 규정이 없는 한 그 가열온도를 약 100℃로 하되, 물 대신 약 100℃ 증기를 사용할 수 있다.

(4) 시험에 쓰는 물은 따로 규정이 없는 한 증류수 또는 정제수로 한다.

(5) 용액이라 기재하고 그 용매를 표시하지 아니하는 것은 물에 녹인 것을 말한다.

(6) 감압은 따로 규정이 없는 한 15 mmHg 이하로 한다.

(7) pH를 산성, 알카리성 또는 중성으로 표시한 것은 따로 규정이 없는 한 리트머스지 또는 pH 미터기(유리전극)를 써서 시험한다. 또한, 강산성은 pH 3.0 미만, 약산성은 pH 3.0 이상 5.0 미만, 미산성은 pH 5.0 이상 6.5 미만, 중성은 pH 6.5 이상 7.5 미만, 미알카리성은 pH 7.5 이상 9.0 미만, 약알카리성은 pH 9.0 이상 11.0 미만, 강알카리성은 pH 11.0 이상을 말한다.

(8) 용액의 농도를 (1→5), (1→10), (1→100) 등으로 나타낸 것은 고체시약 1 g 또는 액체시약 1 mL를 용매에 녹여 전량을 각각 5 mL, 10 mL, 100 mL 등으로 하는 것을 말한다. 또한 (1 + 1), (1 + 5) 등으로 기재한 것은 고체시약 1 g 또는 액체시약 1 mL에 용매 1 mL 또는 5 mL 혼합하는 비율을 나타낸다. 용매는 따로 표시되어 있지 않으면 물을 써서 희석한다.

(9) 혼합액을 (1 : 1), (4 : 2 : 1) 등으로 나타낸 것은 액체시약의 혼합용량비 또는 고체시약의 혼합중량비를 말한다.

(10) 방울수(滴水)를 측정할 때에는 20℃에서 증류수 20방울을 떨어뜨릴 때 그 무게가 0.90~1.10 g이 되는 기구를 쓴다.

(11) 네슬러관은 안지름 20 mm, 바깥지름 24 mm, 밑에서부터 마개의 밑까지의 길이가 20 cm의 무색유리로 만든 바닥이 평평한 시험관으로서 50 mL의 것을 쓴다. 또한 각 관의 눈금의 높이의 차는 2 mm이하로 한다.

(12) 데시케이터의 건조제는 따로 규정이 없는 한 실리카겔(이산화규소)로 한다.

(13) 시험은 따로 규정이 없는 한 상온에서 실시하고 조작 후 30초 이내에 관찰한다. 다만, 온도의 영향이 있는 것에 대하여는 표준온도에서 행한다.

(14) 무게를 "정밀히 단다"라 함은 달아야 할 최소단위를 고려하여 0.1 mg, 0.01

mg 또는 0.001 mg까지 다는 것을 말한다. 또 무게를 "정확히 단다"라 함은 규정된 수치의 무게를 그 자리수까지 다는 것을 말한다.

(15) 검체를 취하는 양에 "약"이라고 한 것은 따로 규정이 없는 한 기재량의 90~110%의 범위 내에서 취하는 것을 말한다.

(16) 건조 또는 강열할 때 "항량"이라고 기재한 것은 다시 계속하여 1시간 더 건조 혹은 강열할 때에 전후의 칭량차가 이전에 측정한 무게의 0.1% 이하임을 말한다.

2. 기준 및 규격의 적용

이 고시에 수재된 식품, 식품첨가물(이하 "식품 등"이라 한다)에 대하여 다음과 같이 기준 및 규격을 적용한다.

1) '제5. 식품별 기준 및 규격'에서 개별로 정하고 있는 식품은 그 기준 및 규격을 우선 적용하여야 한다. 다만, 식품 중 식품첨가물의 사용기준은 「식품첨가물의 기준 및 규격」을 우선 적용한다.

2) 식품 등은 '제2. 식품일반에 대한 공통기준 및 규격에 적합하여야 한다. 다만, 식품 등의 특성을 고려할 때 그 필요성이 희박하거나 실효성이 적은 경우 그 중요도에 따라 선별 적용할 수 있다.

3) 영·유아 또는 고령자를 섭취대상으로 표시하여 판매하는 식품과 장기보존식품은 1)에서 정하는 기준 및 규격과 함께 각각 '제3. 영·유아를 섭취대상으로 표시하여 판매하는 식품'과 '제4. 장기보존식품의 기준 및 규격'을 동시에 적용하여야 하며, 기준 및 규격 항목이 중복될 경우에는 강화된 기준 및 규격 항목을 적용하여야 한다.

4) '정의'는 해당 개별 식품을 규정하는 것으로 '식품유형'에 분류되지 않은 식품도 '정의'에 적합한 경우는 해당 개별식품의 기준 및 규격을 적용할 수 있다. 다만, 별도의 개별기준 및 규격이 정하여져 있는 경우는 그 기준 및 규격을 우선적으로 적용하여야 한다.

5) 규격치가 a~b라고 기재된 것은 a이상 b이하임을 말한다.

6) 규정된 값(규격치라 한다)과 시험에서 얻은 값(실험치라 한다)을 비교하여 적부판정을 할 때에, 실험치는 규격치보다 한자리 수까지 더 구하여 더 구한 한자리수를 반올림

해서 규격치와 비교 판정한다.

7) 고시에 정하고 있는 식품 중 잔류농약 및 동물용의약품 등 정량한계가 정해져 있는 시험법에서 정량한계 미만은 불검출로 처리한다.

8) 이 고시의 '제7. 검체의 채취 및 취급방법'에 따라 같은 조건에서 여러 개의 시험검체가 의뢰된 경우, 그 중 하나 이상 부적합이면 검사대상 전체를 부적합으로 처리한다.

9) 이 고시에서 정하고 있는 "타르색소"란 식용색소녹색제3호 및 그 알루미늄레이크, 식용색소적색제2호 및 그 알루미늄레이크, 식용색소적색제3호, 식용색소적색제40호 및 그 알루미늄레이크, 식용색소적색제102호, 식용색소청색제1호 및 그 알루미늄레이크, 식용색소청색제2호 및 그 알루미늄레이크, 식용색소황색제4호 및 그 알루미늄레이크, 식용색소황색제5호 및 그 알루미늄레이크를 말한다.

10) 이 고시에서 정하고 있는 "허용외 타르색소"란 상기 제1. 2. 9)에서 정한 타르색소 중 「식품첨가물의 기준 및 규격」에서 해당 식품유형에 허용되지 않은 타르색소를 말한다.

11) 이 고시에서 정하고 있는 "보존료"란 "데히드로초산나트륨, 소브산 및 그 염류(칼륨, 칼슘), 안식향산 및 그 염류(나트륨, 칼륨, 칼슘), 파라옥시안식향산류(메틸, 에틸), 프로피온산 및 그 염류(나트륨, 칼슘)"를 말한다.

12) 이 고시에서 정하고 있는 "산화방지제"라 함은 "디부틸히드록시톨루엔, 부틸히드록시아니솔, 터셔리부틸히드로퀴논, 몰식자산프로필, 이·디·티·에이·이나트륨, 이·디·티·에이·칼슘이나트륨"을 말한다.

13) 과일·채소류음료의 100% 착즙액 기준당도(Brix°)는 다음과 같다.

(1) 망고 : 13° 이상

(2) 파인애플 : 12° 이상

(3) 포도, 오렌지, 서양배 : 11° 이상

(4) 사과, 라임 : 10° 이상

(5) 귤, 자몽, 파파야 : 9° 이상

(6) 배, 수박, 구아바 : 8° 이상

(7) 복숭아, 살구, 딸기, 레몬 : 7° 이상

(8) 자두, 멜론, 매실 : 6° 이상

(9) 토마토 : 5° 이상

(10) 기타 : 근거문헌에 의함

3. 용어의 풀이

1) '식품유형'은 제품의 원료, 제조방법, 용도, 섭취형태, 성상 등 제품의 특성을 고려하여 제조 및 보존·유통과정에서 식품의 안전과 품질 확보를 위해 필요한 공통 사항을 정하고 제품에 대한 정보 제공을 용이하게 하기 위하여 유사한 특성의 식품끼리 묶은 것을 말한다.

2) 'A, B, C, ……등'은 예시 개념으로 일반적으로 많이 사용하는 것을 기재하고 그 외에 관련된 것을 포괄하는 개념이다.

3) 'A 또는 B'는 'A와 B', 'A나 B', 'A 단독' 또는 'B 단독'으로 해석할 수 있으며, 'A, B, C 또는 D' 역시 그러하다.

4) 'A 및 B'는 A와 B를 동시에 만족하여야 한다.

5) '적절한 ○○과정(공정)'은 식품의 제조·가공에 필요한 과정(공정)을 말하며 식품의 안전성, 건전성을 얻으며 일반적으로 널리 통용되는 방법이나 과학적으로 충분히 입증된 방법을 말한다.

6) '식품 및 식품첨가물은 그 기준 및 규격에 적합하여야 한다'는 해당되는 기준 및 규격에 적합하여야 함을 말한다.

7) '보관하여야 한다'는 원료 및 제품의 특성을 고려하여 그 품질이 최대로 유지될 수 있는 방법으로 보관하여야 함을 말한다.

8) '가능한 한', '권장한다'와 '할 수 있다'는 위생수준과 품질향상을 유도하기 위하여 설정하는 것으로 권고사항을 뜻한다.

9) '이와 동등이상의 효력을 가지는 방법'은 기술된 방법이외에 일반적으로 널리 통용되는 방법이나 과학적으로 충분히 입증된 것으로 위생학적, 영양학적, 관능적 품질의 유지가 가능한 방법을 말한다.

10) 정의 또는 식품유형에서 '○○%, ○○%이상, 이하, 미만' 등으로 명시되어 있는 것은 원료 또는 성분배합시의 기준을 말한다.

11) '특정성분'은 가공식품에 사용되는 원료로서 제1. 4. 식품원료 분류 등에 의한 단

일식품의 가식부분을 말한다.

12) '건조물(고형물)'은 원료를 건조하여 남은 고형물로서 별도의 규격이 정하여 지지 않은 한, 수분함량이 15% 이하인 것을 말한다.

13) '고체식품'이라 함은 외형이 일정한 모양과 부피를 가진 식품을 말한다.

14) '액체 또는 액상식품'이라 함은 유동성이 있는 상태의 것 또는 액체상태의 것을 그대로 농축한 것을 말한다.

15) '환(pill)'이라 함은 식품을 작고 둥글게 만든 것을 말한다.

16) '과립(granule)'이라 함은 식품을 잔 알갱이 형태로 만든 것을 말한다.

17) '분말(powder)'이라 함은 입자의 크기가 과립형태보다 작은 것을 말한다.

18) '유탕 또는 유처리'라 함은 식품의 제조 공정상 식용유지로 튀기거나 제품을 성형한 후 식용유지를 분사하는 등의 방법으로 제조·가공하는 것을 말한다.

19) '주정처리'라 함은 살균을 목적으로 식품의 제조공정 상 주정을 사용하여 제품을 침지하거나 분사하는 등의 방법을 말한다.

20) '소비기한'이라 함은 식품에 표시된 보관방법을 준수할 경우 섭취하여도 안전에 이상이 없는 기한을 말한다.

21) '최종제품'이란 가공 및 포장이 완료되어 유통 판매가 가능한 제품을 말한다.

22) '규격'은 최종제품에 대한 규격을 말한다.

23) '검출되어서는 아니 된다'라 함은 이 고시에 규정하고 있는 방법으로 시험하여 검출되지 않는 것을 말한다.

24) '원료'는 식품제조에 투입되는 물질로서 식용이 가능한 동물, 식물 등이나 이를 가공 처리한 것, 「식품첨가물의 기준 및 규격」에 허용된 식품첨가물, 그리고 또 다른 식품의 제조에 사용되는 가공식품 등을 말한다.

25) '주원료'는 해당 개별식품의 주용도, 제품의 특성 등을 고려하여 다른 식품과 구별, 특정짓게 하기 위하여 사용되는 원료를 말한다.

26) '단순추출물'이라 함은 원료를 물리적으로 또는 용매(물, 주정, 이산화탄소)를 사용하여 추출한 것으로 특정한 성분이 제거되거나 분리되지 않은 추출물(착즙포함)을 말한다.

27) '식품에 제한적으로 사용할 수 있는 원료'란 식품 사용에 조건이 있는 식품의 원

료를 말한다.

28) '식품에 사용할 수 없는 원료'란 식품의 제조·가공·조리에 사용할 수 없는 것으로, 제2. 1. 2)의 (6), (7) 및 (8)에서 정한 것 이외의 원료를 말한다.

29) '원료에서 유래되는'은 해당 기준 및 규격에 적합하거나 품질이 양호한 원료에서 불가피하게 유래된 것을 말하는 것으로, 공인된 자료나 문헌으로 입증할 경우 인정할 수 있다.

30) 원료의 '품질과 선도가 양호'라 함은 농·임산물의 경우, 멍들거나 손상된 부위를 제거하여 식용에 적합하도록 한 것을 말하며, 수산물의 경우는 식품공전 상 '수산물에 대한 규격'에 적합한 것, 해조류의 경우는 외형상 그 종류를 알아 볼 수 있을 정도로 모양과 색깔이 손상되지 않은 것, 농·임·축·수산물 및 가공식품의 경우 이 고시에서 규정하고 있는 기준과 규격에 적합한 것을 말한다.

31) 원료의 '부패·변질'이라 함은 미생물 등에 의해 단백질, 지방 등이 분해되어 악취와 유해성 물질이 생성되거나, 식품 고유의 냄새, 빛깔, 외관 또는 조직이 변하는 것을 말한다.

32) '비가식부분'이라 함은 통상적으로 식용으로 섭취하지 않는 원료의 특정부위를 말하며, 가식부분 중에 손상되거나 병충해를 입은 부분 등 고유의 품질이 변질되었거나 제조 공정 중 부적절한 가공처리로 손상된 부분을 포함한다.

33) '이물'이라 함은 정상식품의 성분이 아닌 물질을 말하며 동물성으로 절지동물 및 그 알, 유충과 배설물, 설치류 및 곤충의 흔적물, 동물의 털, 배설물, 기생충 및 그 알 등이 있고, 식물성으로 종류가 다른 식물 및 그 종자, 곰팡이, 짚, 겨 등이 있으며, 광물성으로 흙, 모래, 유리, 금속, 도자기파편 등이 있다.

34) '이매패류'라 함은 두 장의 껍데기를 가진 조개류로 대합, 굴, 진주담치, 가리비, 홍합, 피조개, 키조개, 새조개, 개량조개, 동죽, 맛조개, 재첩류, 바지락, 개조개 등을 말한다.

35) '냉장' 또는 '냉동'이라 함은 이 고시에서 따로 정하여진 것을 제외하고는 냉장은 0~10℃, 냉동은 -18℃이하를 말한다.

36) '차고 어두운 곳' 또는 '냉암소'라 함은 따로 규정이 없는 한 0~15℃의 빛이 차단된 장소를 말한다.

37) '냉장·냉동 온도측정값'이라 함은 냉장·냉동고 또는 냉장·냉동설비 등의 내부온도를 측정한 값 중 가장 높은 값을 말한다.

38) '살균'이라 함은 따로 규정이 없는 한 세균, 효모, 곰팡이 등 미생물의 영양 세포를 불활성화시켜 감소시키는 것을 말한다.

39) '멸균'이라 함은 따로 규정이 없는 한 미생물의 영양세포 및 포자를 사멸시키는 것을 말한다.

40) '밀봉'이라 함은 용기 또는 포장 내외부의 공기유통을 막는 것을 말한다.

41) '초임계추출'이라 함은 임계온도와 임계압력 이상의 상태에 있는 이산화탄소를 이용하여 식품원료 또는 식품으로부터 식용성분을 추출하는 것을 말한다.

42) '심해'란 태양광선이 도달하지 않는 수심이 200 m 이상 되는 바다를 말한다.

43) '가공식품'이라 함은 식품원료(농, 임, 축, 수산물 등)에 식품 또는 식품첨가물을 가하거나, 그 원형을 알아볼 수 없을 정도로 변형(분쇄, 절단 등) 시키거나 이와 같이 변형시킨 것을 서로 혼합 또는 이 혼합물에 식품 또는 식품첨가물을 사용하여 제조·가공·포장한 식품을 말한다. 다만, 식품첨가물이나 다른 원료를 사용하지 아니하고 원형을 알아볼 수 있는 정도로 농·임·축·수산물을 단순히 자르거나 껍질을 벗기거나 소금에 절이거나 숙성하거나 가열(살균의 목적 또는 성분의 현격한 변화를 유발하는 경우를 제외한다) 등의 처리과정 중 위생상 위해 발생의 우려가 없고 식품의 상태를 관능으로 확인할 수 있도록 단순처리한 것은 제외한다.

44) '식품조사(Food Irradiation)처리'란 식품 등의 발아억제, 살균, 살충 또는 숙도조절을 목적으로 감마선 또는 전자선가속기에서 방출되는 에너지를 복사(radiation)의 방식으로 식품에 조사하는 것으로, 선종과 사용목적 또는 처리방식(조사)에 따라 감마선 살균, 전자선 살균, 엑스선 살균, 감마선 살충, 전자선 살충, 엑스선 살충, 감마선 조사, 전자선 조사, 엑스선 조사 등으로 구분하거나, 통칭하여 방사선 살균, 방사선 살충, 방사선 조사 등으로 구분할 수 있다. 다만, 검사를 목적으로 엑스선이 사용되는 경우는 제외한다.

45) '식육'이라 함은 식용을 목적으로 하는 동물성원료의 지육, 정육, 내장, 그 밖의 부분을 말하며, '지육'은 머리, 꼬리, 발 및 내장 등을 제거한 도체(carcass)를, '정육'은 지육으로부터 뼈를 분리한 고기를, '내장'은 식용을 목적으로 처리된 간, 폐, 심

장, 위, 췌장, 비장, 신장, 소장 및 대장 등을, '그 밖의 부분'은 식용을 목적으로 도축된 동물성원료로부터 채취, 생산된 동물의 머리, 꼬리, 발, 껍질, 혈액 등 식용이 가능한 부위를 말한다.

46) '장기보존식품'이라 함은 장기간 유통 또는 보존이 가능하도록 제조·가공된 통·병조림식품, 레토르트식품, 냉동식품을 말한다.

47) '식품용수'라 함은 식품의 제조, 가공 및 조리 시에 사용하는 물을 말한다.

48) '인삼', '홍삼' 또는 '흑삼'은 「인삼산업법」에, '산양삼'은 「임업 및 산촌진흥 촉진에 관한 법률」에서 정하고 있는 것을 말한다.

49) '한과'라 함은 주로 곡물류나 과일, 견과류 등에 꿀, 엿, 설탕 등을 입혀 만든 것으로 유과, 약과, 정과 등을 말한다.

50) '슬러쉬'라 함은 청량음료 등 완전 포장된 음료나, 물, 분말주스 등의 원료를 직접 혼합하여 얼음을 분쇄한 것과 같은 상태로 만들거나 아이스크림을 만드는 기계 등을 이용하여 반 얼음상태로 얼려 만든 음료를 말한다.

51) '코코아고형분'이라 함은 코코아매스, 코코아버터 또는 코코아분말을 말하며, '무지방코코아고형분'이라 함은 코코아고형분에서 지방을 제외한 분말을 말한다.

52) '유고형분'이라 함은 유지방분과 무지유고형분을 합한 것이다.

53) '유지방'은 우유로부터 얻은 지방을 말한다.

54) '혈액이 함유된 알'이라 함은 알 내용물에 혈액이 퍼져 있는 알을 말한다.

55) '혈반'이란 난황이 방출될 때 파열된 난소의 작은 혈관에 의해 발생된 혈액 반점을 말한다.

56) '육반'이란 혈반이 특징적인 붉은 색을 잃어버렸거나 산란기관의 작은 체조직 조각을 말한다.

57) '실금란'이란 난각이 깨어지거나 금이 갔지만 난각막은 손상되지 않아 내용물이 누출되지 않은 알을 말한다.

58) '오염란'이란 난각의 손상은 없으나 표면에 분변·혈액·알내용물·깃털 등 이물질이나 현저한 얼룩이 묻어 있는 알을 말한다.

59) '연각란'이란 난각막은 파손되지 않았지만 난각이 얇게 축적되어 형태를 견고하게 유지될 수 없는 알을 말한다.

60) '냉동식용어류머리'란 대구(*Gadus morhua*, *Gadus ogac*, *Gadus macrocephalus*), 은민대구(*Merluccius australis*), 다랑어류 및 이빨고기(*Dissostichus eleginoides*, *Dissostichus mawsoni*)의 머리를 가슴지느러미와 배지느러미 부위가 붙어 있는 상태로 절단한 것과 식용 가능한 모든 어종(복어류 제외)의 머리 중 가식부를 분리해 낸 것을 중심부 온도가 -18℃ 이하가 되도록 급속냉동한 것으로서 식용에 적합하게 처리된 것을 말한다.

61) '냉동식용어류내장'이란 식용 가능한 어류의 알(복어알은 제외), 창난, 이리(곤이), 오징어 난포선 등을 분리하여 중심부 온도가 -18℃ 이하가 되도록 급속냉동한 것으로서 식용에 적합하게 처리된 것을 말한다.

62) '생식용 굴'이란 소비자가 날로 섭취할 수 있는 전각굴, 반각굴, 탈각굴로서 포장한 것을 말한다(냉동굴을 포함한다).

63) 미생물 규격에서 사용하는 용어(n, c, m, M)는 다음과 같다.

(1) n : 검사하기 위한 시료의 수

(2) c : 최대허용시료수, 허용기준치(m)를 초과하고 최대허용한계치(M) 이하인 시료의 수로서 결과가 m을 초과하고 M 이하인 시료의 수가 c 이하일 경우에는 적합으로 판정

(3) m : 미생물 허용기준치로서 결과가 모두 m 이하인 경우 적합으로 판정

(4) M : 미생물 최대허용한계치로서 결과가 하나라도 M을 초과하는 경우는 부적합으로 판정

※ m, M에 특별한 언급이 없는 한 1 g 또는 1 mL 당의 집락수(Colony Forming Unit, CFU)이다.

64) '영아'라 함은 생후 12개월 미만인 사람을 말한다.

65) '유아'라 함은 생후 12개월부터 36개월까지인 사람을 말한다.

4. 식품원료 분류

다음의 식품원료 분류는 일반적인 분류로서 당해 식품과 원료의 특성 및 목적에 따라 이 분류에 의하지 아니할 수 있다.

1) 식물성 원료

대분류	분류	품목
곡류	–	귀리, 기장, 메밀, 밀, 보리, 수수, 쌀, 옥수수, 율무, 조, 퀴노아, 트리티케일, 피, 호밀 등
서류	–	감자, 고구마, 곤약(구약), 마, 카사바(타피오카), 토란 등
두류	–	강낭콩, 녹두, 대두, 동부, 렌즈콩, 리마콩, 완두, 이집트콩, 작두콩, 잠두, 제비콩, 팥, 피전피 등
견과 종실류	땅콩 또는 견과류	땅콩, 개암, 도토리, 마카다미아, 밤, 아몬드, 은행, 잣, 케슈너트, 피스타치오, 피칸, 호두 등
	유지 종실류	달맞이꽃(씨), 대마(씨), 드럼스틱/모링가(씨), 들깨, 면실/목화(씨), 올리브(열매), 유채/카놀라(씨), 참깨, 팜, 해바라기(씨), 호박(씨), 홍화(씨) 등
	음료 및 감미 종실류	결명자, 과라나, 카카오원두, 커피원두, 콜라 너트 등
과일류	인과류	감, 모과, 배, 비파, 사과, 석류 등
	감귤류	감귤(금귤 포함), 레몬(라임 포함), 시트론, 오렌지, 유자, 자몽, 탱자 등
과일류	핵과류	대추, 매실, 복숭아, 산수유, 살구, 앵두, 오미자, 자두, 체리 등
	장과류	구기자, 꾸지뽕(열매), 다래, 딸기, 무화과, 베리류[블루베리, 빌베리, 복분자(라즈베리, 블랙베리, 산딸기 포함), 아로니아, 엘더베리, 오디/멀베리, 커런트, 크랜베리/월귤 등], 으름, 포도(머루 포함) 등
	열대과일류	가시여지/그라비올라(열매), 구아바, 대추야자, 두리안, 리치, 망고, 망고스틴, 바나나, 바라밀/잭프루트, 아보카도, 아사이팜, 아세로라, 용과, 용안, 코코넛, 키위/참다래, 파인애플, 파파야, 패션 프루트 등
채소류	결구 엽채류	배추, 브로콜리(콜리플라워 포함), 양배추(방울다다기양배추 포함) 등
	엽채류	갓, 갯기름나물/방풍나물, 겨자채, 경수채/교나, 고들빼기, 고려엉겅퀴/곤드레나물, 고추냉이(잎), 고춧잎, 근달비, 공심채, 근대, 냉이, 뉴그린, 다채/비타민, 다청채, 당귀(잎), 돌나물, 둥굴레(잎), 들깻잎, 라디치오, 루꼴라/로케트, 머위, 무(잎, 열무 포함), 민들레, 배암차즈기/곰보배추, 비름나물, 비트(잎), 뽕(잎), 산마늘/명이나물(잎), 상추, 섬쑥부쟁이/부지깽이나물, 순무유채, 시금치, 신선초, 쑥, 쑥갓, 씀바귀, 아욱, 양상추, 어수리, 엇갈이배추(봄동, 쌈배추 등 포함), 엉겅퀴, 왕고들빼기, 우엉(잎), 원추리, 유채/동초, 질경이(잎), 차즈기/차조기/자소엽(잎), 참나물, 청경채, 춘채, 취나물(곰취, 미역취, 참취), 치커리/앤디브(잎), 케일, 파드득나물/삼엽채, 파슬리, 호박(잎) 등
	엽경채류	갯개미자리/세발나물, 고구마(줄기), 고비, 고사리, 달래, 두릅, 락교/염교, 리크, 미나리, 부추, 삼채, 셀러리, 아스파라거스, 죽순, 콜라비, 토란(줄기), 파(쪽파 포함), 풋마늘(마늘종 포함) 등
	근채류	고추냉이(뿌리), 당근, 더덕, 도라지, 둥굴레(뿌리), 마늘, 무(뿌리), 물방기(뿌리), 비트, 사탕무, 생강, 셀러리악, 수삼(산양삼 포함), 순무, 양파, 연근, 우엉, 참나리(비늘줄기, 뿌리), 치커리(뿌리), 파스닙 등
	박과 과채류	멜론, 박, 수박, 여주, 오이, 참외, 호박 등
	박과 이외 과채류	가지, 고추, 오크라, 토마토(방울토마토 포함), 풋콩(꼬투리 포함된 그린빈, 대두, 스냅빈, 완두 등), 피망(파프리카 포함) 등
버섯류	–	갓버섯, 나도팽나무버섯/맛버섯, 느타리버섯, 목이버섯, 목질진흙버섯/상황버섯, 새송이버섯, 석이버섯, 송이버섯, 신령버섯, 싸리버섯, 양송이버섯, 영지버섯, 팽이버섯, 표고버섯, 황금뿔나팔버섯 등

(계속)

대분류	분류	품목
향신식물	허브류	가시여지/그라비올라(가지, 잎), 고수(잎), 돌외(잎), 드럼스틱/모링가(잎, 줄기), 라벤더, 레몬그라스, 레몬머틀, 레몬밤, 로즈마리, 루이보스, 마타리(순), 마테(잎), 민트(박하, 서양박하/페퍼민트, 스피어민트, 애플민트 등), 밀크씨슬(잎), 바질(잎), 배초향/방아잎, 사향초/백리향, 서양자초/딜(잎), 스테비아, 식용꽃(국화, 금잔화/마리골드, 장미, 캐모마일, 히비스커스 등), 아이언워트, 오레가노, 올리브(잎), 월계수, 쟈스민, 초피나무, 쿨란트로, 타임, 허니부쉬, 호로파(잎), 회향(잎) 등
	향신열매	노간주나무(열매), 바닐라(열매), 백미후추(열매), 산초(열매), 소두구(열매), 스타아니스/팔각회향(열매), 케이퍼(열매), 후추(열매) 등
	향신씨	겨자(씨), 고수(씨), 밀크씨슬(씨), 바질(씨), 서양자초/딜(씨), 셀러리(씨), 아니스(씨), 육두구(씨), 차즈기/차조기/자소자(씨), 캐러웨이(씨), 쿠민(씨), 호로파(씨), 회향(씨) 등
	향신뿌리	강황/심황/울금(뿌리) 등
	기타 향신식물	계피(가지, 줄기껍질), 몰약(고무수지), 사프란(암술머리), 정향(꽃봉오리) 등
차	–	차
호프	–	호프
조류	해조류	갈래곰보, 갈파래, 곰피, 김, 꼬시래기, 다시마, 돌가사리, 둥근돌김, 뜸부기, 매생이, 모자반, 미역, 불등가사리, 석묵, 우뭇가사리, 진두발, 청각, 톳, 파래 등
	기타 조류	스피루리나, 클로렐라 등
기타 식물류		단수수, 마가목(껍질), 사탕수수 등

※ 상기 '/'는 이명을 의미하며, '( )'는 부위 또는 농약 기준이 동일하게 적용되는 농산물을 의미한다.

2) 동물성 원료

대분류	중분류	소분류	품목
축산물	–	식육류	소고기, 돼지고기, 양고기, 염소고기, 토끼고기, 말고기, 사슴고기, 닭고기, 꿩고기, 오리고기, 거위고기, 칠면조고기, 메추리고기 등
	–	우유류	우유, 산양유 등
	–	알류	달걀, 오리알, 메추리알 등
수산물	어류	민물어류	가물치, 메기, 미꾸라지, 붕어, 빙어, 쏘가리, 잉어, 참붕어, 칠성장어, 향어 등
		회유어류	송어, 연어, 은어, 뱀장어 등
		해양어류	가오리, 가자미, 갈치, 강달이, 고등어, 꽁치, 날치, 넙치(광어), 노래미, 농어, 대구, 도루묵, 도미, 망둑어, 멸치, 명태, 민어, 박대, 방어, 밴댕이, 뱅어, 병어, 복어, 볼기우럭, 조피볼락(우럭), 볼락, 붕장어, 삼치, 서대, 숭어, 쌍동가리, 양미리, 임연수어, 전갱이, 전어, 정어리, 조기, 준치, 쥐치, 청어, 홍어, 금눈돔, 칠성상어, 얼룩상어, 악상어, 청상아리, 곱상어, 귀상어, 은상어, 청새리상어, 흑기흉상어, 다금바리, 먹장어, 흑점샛돔(은샛돔), 은민대구, 은대구, 다랑어류(참다랑어, 남방참다랑어, 날개다랑어, 눈다랑어, 황다랑어, 백다랑어, 가다랑어, 점다랑어), 몽치다래, 물치다래, 돛새치, 청새치, 황새치 등
	–	어란류	명태알, 연어알, 철갑상어알 등

(계속)

대분류	중분류	소분류	품목
수산물	무척추동물	갑각류	새우, 게, 바닷가재, 가재, 방게, 크릴 등
		연체류	1) 패류 : 굴, 홍합, 꼬막, 재첩, 소라, 고둥, 대합, 전복, 바지락, 군소 등 2) 두족류 : 문어, 오징어, 낙지, 갑오징어, 꼴뚜기, 주꾸미 등
		극피류	성게, 해삼 등
		피낭류	멍게, 미더덕, 주름미더덕(오만둥이) 등
		기타 무척추동물	개불, 해파리 등
기타동물	–	파충류 및 양서류	식용자라, 식용개구리 등
	–	–	식용달팽이 등
	–	곤충류	메뚜기, 식용누에, 갈색거저리유충, 쌍별귀뚜라미, 장수풍뎅이유충, 흰점박이꽃무지유충 등

식품일반에 대한 공통기준 및 규격

1. 식품원료 기준

1) 원료 등의 구비요건

(1) 식품의 제조에 사용되는 원료는 식용을 목적으로 채취, 취급, 가공, 제조 또는 관리된 것이어야 한다.

(2) 원료는 품질과 선도가 양호하고 부패·변질되었거나, 유독 유해물질 등에 오염되지 아니한 것으로 안전성을 가지고 있어야 한다.

(3) 식품제조·가공영업등록대상이 아닌 천연성 원료를 직접처리하여 가공식품의 원료로 사용하는 때에는 흙, 모래, 티끌 등과 같은 이물을 충분히 제거하고 필요한 때에는 식품용수로 깨끗이 씻어야 하며 비가식부분은 충분히 제거하여야 한다.

(4) 허가, 등록 또는 신고 대상인 업체에서 식품원료를 구입 사용할 때에는 제조영업등록을 하였거나 수입신고를 마친 것으로서 해당식품의 기준 및 규격에 적합한 것이어야 하며 소비기한 경과제품 등 관련 법 위반식품을 원료로 사용하여서는 아니된다.

(5) 기준 및 규격이 정하여져 있는 식품, 식품첨가물은 그 기준 및 규격에, 인삼·홍삼·흑삼은 「인삼산업법」에, 산양삼은 「임업 및 산촌 진흥촉진에 관한 법률」에, 축산물은 「축산물 위생관리법」에 적합한 것이어야 한다. 다만, 최종제품의 중금속 등 유해오염물질 기준 및 규격이 사용 원료보다 더 엄격하게 정해져 있는 경우, 최종제품의 기준 및 규격에 적합하도록 적절한 원료를 사용하여야 한다.

(6) 원료로 파쇄분을 사용할 경우에는 선도가 양호하고 부패·변질되었거나 이물 등에 오염되지 아니한 것을 사용하여야 한다.

(7) 식품용수는 「먹는물관리법」의 먹는물 수질기준에 적합한 것이거나, 「해양심층수의 개발 및 관리에 관한 법률」의 기준·규격에 적합한 원수, 농축수, 미네랄탈염수,

미네랄농축수이어야 한다.

(8) 인위적으로 유전자를 재조합하거나 유전자를 구성하는 핵산을 세포 또는 세포 내 소기관으로 직접 주입하는 기술, 분류학에 따른 과(科)의 범위를 넘는 세포융합기술 등 생명공학기술을 활용하여 재배·육성된 농·축·수산물 등을 원료 등으로 사용하고자 할 경우는 「식품위생법」 제18조에 의한 '유전자변형식품등의 안전성 심사 등에 관한 규정'에 따라 안전성 심사 결과 적합한 것이어야 한다.

(9) 식품에 사용되는 유산균 등은 식용가능하고 식품위생상 안전한 것이어야 한다.

(10) 옻나무는 옻닭 또는 옻오리 조리에 사용되는 제품의 원료로만 물추출물 또는 물추출물 제조용 티백(Tea bag) 형태로 사용할 수 있다. 이때 옻나무를 사용한 제품은 우루시올 성분이 검출되어서는 아니 된다. 또한 아까시재목버섯(장수버섯, *Fomitella fraxinea*)을 이용하여 우루시올 성분을 제거한 옻나무 물추출물은 장류, 발효식초, 탁주, 약주, 청주, 과실주에 한하여 발효공정 전에만 사용할 수 있으며 이때 사용량은 다음과 같다.

㉮ 장류 및 발효식초 : 추출물 제조에 사용된 옻나무 중량을 기준으로 최종제품 중량의 10.0% 이하

㉯ 탁주, 약주, 청주 및 과실주 : 추출물 제조에 사용된 옻나무 중량을 기준으로 최종제품 중량의 2.0% 이하

(11) 인삼 또는 홍삼 함유 제품류

① 인삼을 원료로 사용하는 경우 춘미삼, 묘삼, 삼피, 인삼박은 사용할 수 없으며 병삼인 경우에는 병든 부분을 제거하고 사용할 수 있다.

② 인삼엽은 다른 식물 등 이물이 함유되지 아니한 것으로서 병든 인삼의 잎이나 줄기 또는 꽃이어서는 아니 된다.

③ 원형 그대로 넣는 수삼근은 3년근 이상(다만, 인삼산업법의 수경재배인삼은 제외한다.)이어야 하며, 병삼이나 파삼은 사용할 수 없다.

(12) 식품 제조·가공 등에 사용하는 식용란은 부패된 알, 산패취가 있는 알, 곰팡이가 생긴 알, 이물이 혼입된 알, 혈액이 함유된 알, 내용물이 누출된 알, 난황이 파괴된 알(단, 물리적 원인에 의한 것은 제외한다), 부화를 중지한 알, 부화에 실패한 알 등 식용에 부적합한 알이 아니어야 하며, 알의 잔류허용기준에 적합하여야 한다.

(13) 원유에는 중화·살균·균증식 억제 및 보관을 위한 약제가 첨가되어서는 아니 되며, 우유와 양유는 동일 작업시설에서 수유하여서는 아니 되고 혼입하여서도 아니 된다.

(14) 냉동식용어류머리의 원료는 세계관세기구(World Customs Organzation, WCO)의 통일상품명 및 부호체계에 관한 국제 협약상 식용(HS 0303호)으로 분류되어 위생적으로 처리된 것이 관련기관에 의해 확인된 것으로, 원료의 절단시 내장, 아가미가 제거 되고 위생적으로 처리된 것이어야 하며, 식품첨가물 등 다른 물질을 사용하지 않은 것이어야 한다.

(15) 냉동식용어류내장의 원료는 세계관세기구(World Customs Organzation, WCO)의 통일상품명 및 부호체계에 관한 국제 협약상 식용(HS 0303호, 0306호 또는 0307호)으로 분류되어 위생적으로 처리된 것이 관련기관에 의해 확인된 것으로, 원료의 분리 시 다른 내장은 제거된 것이어야 하며, 식품첨가물 등 다른 물질을 사용하지 않은 것이어야 한다.

(16) 생식용 굴은 「패류 생산해역 수질의 위생기준」(해양수산부 고시)에 따라 지정해역 수준의 수질 위생기준에 적합한 해역에서 생산된 것이거나 자연정화* 또는 인공정화** 작업을 통해 지정해역 수준의 수질 위생기준에 적합하도록 처리된 것이어야 한다.

* 자연정화 : 굴 내에 존재하는 미생물 수치를 줄이기 위해 굴을 수질기준에 적합한 지역으로 옮겨서 자연 정화 능력을 이용하여 처리하는 과정

** 인공정화 : 굴 내부의 병원체를 줄이기 위하여 육상 시설 등의 제한된 수중 환경으로 처리하는 과정

(17) 수산물 등의 저장 및 보존을 위하여 사용되는 어업용 얼음은 위생적으로 취급되어야 한다.

(18) 프로폴리스추출물 함유식품에 사용되는 원료는 꿀벌이 채집한 오염되지 아니한 원료를 사용하여야 한다.

(19) 클로렐라 함유식품의 클로렐라와 스피루리나 함유식품의 스피루리나는 순수배양한 것이어야 한다.

(20) 키토산 함유식품에 사용되는 원료는 오염되지 않은 키토산 추출이 가능한 갑각류

(게, 새우 등)껍질을 사용하여야 하며, 키토산 사용식품 제조에 사용된 제조용제는 식품에 잔류하지 않아야 한다.

(21) 식용곤충은 「곤충산업의 육성 및 지원에 관한 법률」의 식용곤충 사육기준에 적합한 것이어야 한다.

(22) 고추는 병든 것, 곰팡이가 핀 것, 썩은 것, 상한채로 건조되어 희끗희끗하게 얼룩진 것을 사용하여서는 아니 된다.

(23) 식품의 제조·가공 중에 발생하는 식용가능한 부산물을 다른 식품의 원료로 이용하고자 할 경우 식품의 취급기준에 맞게 위생적으로 채취, 취급, 관리된 것이어야 한다.

(24) 식품원료 중 씨앗을 사용할 수 없도록 정하고 있는 열매는 섭취시 씨앗이 제거되는 경우 씨앗을 포함한 열매를 식품의 제조·가공에 사용할 수 있다.

2) 식품원료 판단기준

(1) 다음의 어느 하나에 해당하는 것은 식품의 제조·가공 또는 조리 시 식품원료로 사용하여서는 아니 된다. 다만, 이미 식품의약품안전처장이 인정한 것과 「식품등의 한시적 기준 및 규격 인정기준」에 따라 인정된 것은 식품의 원료로 사용할 수 있다.

① 식용을 목적으로 채취, 취급, 가공, 제조 또는 관리되지 아니한 것

② 식품원료로서 안전성 및 건전성이 입증되지 아니한 것

③ 기타 식품의약품안전처장이 식용으로 부적절하다고 인정한 것

(2) 위의 (1)에 해당되지 않는 것은 식품원료로서 사용가능 여부를 식품의약품안전처장이 판단한다. 다만, 식품의약품안전처장은 식품원료의 안전성과 관련된 새로운 사실이 발견되거나 제시될 경우 식품의 원료로서 사용가능 여부를 재검토하여 판단할 수 있다.

(3) 원료에 독성이나 부작용이 없고 식욕억제, 약리효과 등을 목적으로 섭취한 것 외에 국내에서 식용근거가 있는 경우 '식품에 사용할 수 있는 원료' 또는 '식품에 제한적으로 사용할 수 있는 원료'로 사용가능한 것으로 판단할 수 있다.

(4) 다음에 해당하는 것들은 '식품에 제한적으로 사용할 수 있는 원료'로 판단할 수 있으며, 사용용도를 특정식품에 제한할 수 있다.

① 향신료, 침출차, 주류 등 특정 식품에만 제한적 사용근거가 있는 것

② 독성이나 부작용 원인 물질을 완전 제거하고 사용해야 하는 것

③ 독성이나 부작용 원인 물질의 잔류기준이 필요한 것

(5) 식품원료 승인을 위한 제출자료

승인을 위해 자료를 제출하고자 할 경우에는 아래의 「식품원료 사용을 위한 의사결정도」를 참고할 수 있으며, 제출자료는 다음과 같다.

① 원료의 기본특성자료

㉮ 원료명 또는 이명

㉯ 원료의 학명, 사용부위

㉰ 성분 및 함량, 사진, 자생지 등 원료의 특성을 알 수 있는 자료

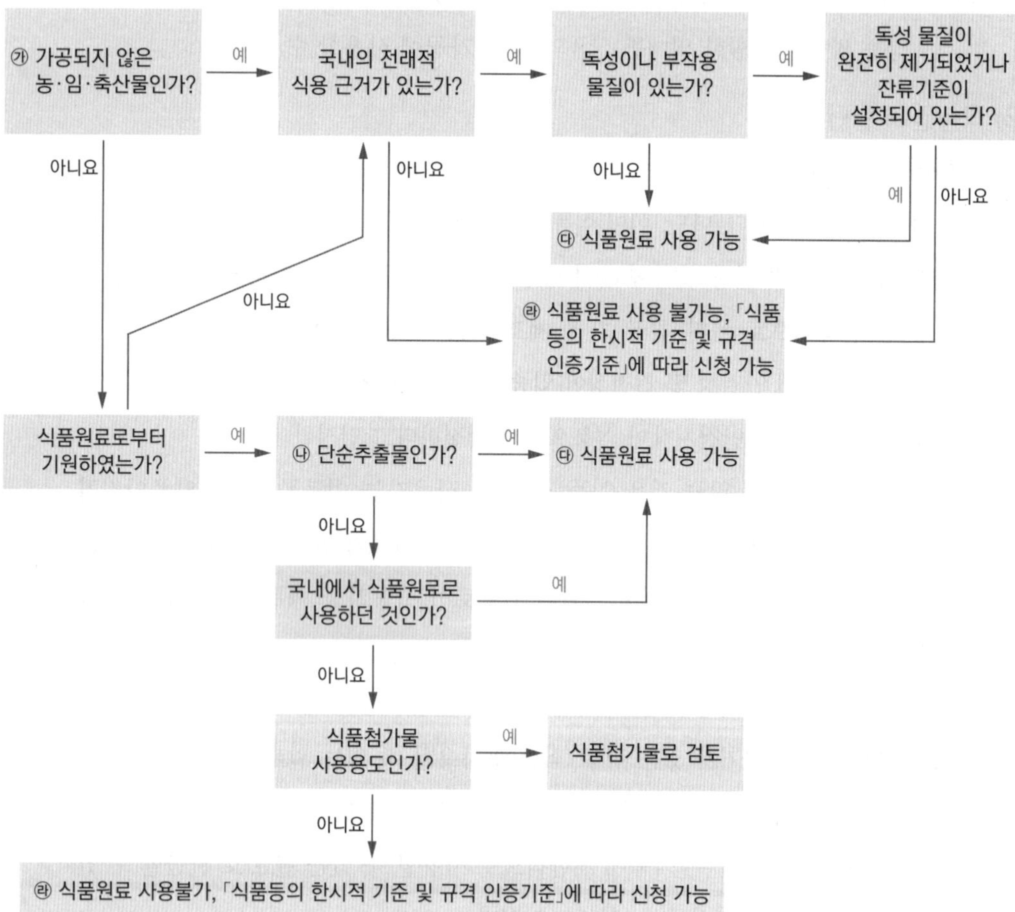

식품원료 사용을 위한 의사결정도

㉣ 식품에 사용하고자 하는 용도

② 식용근거자료

㉮ 국내에서 전래적으로 식품으로 섭취하였음을 입증할 수 있는 자료

③ 독성이나 부작용이 있는 경우 제출자료

㉮ 독성이나 부작용의 원인물질의 명칭, 분자구조, 특성 등에 관한 자료

㉯ 원인물질의 독성작용이나 부작용에 대한 자료

㉰ 독성물질의 분석방법 등에 관한 자료

㉣ 독성이나 부작용의 원인물질이 완전히 제거되는 경우 이를 입증할 수 있는 자료

㉤ 독성이나 부작용의 원인물질에 대한 잔류기준이 설정되어 있는 경우, 규정 및 설정 사유, 최종 제품에 대한 함유량 등에 관한 자료

○ 식품원료 사용가능 : '식품에 사용할 수 있는 원료' 또는 '식품에 제한적으로 사용할 수 있는 원료'로 사용 가능함

○ 식품원료 사용불가 : 식품원료로 사용이 불가능하나, 「식품등의 한시적 기준 및 규격 인정기준」(식품위생법시행규칙 제5조 관련)에 따라 식품원료의 한시적 기준 및 규격으로 신청 가능함

(6) 식품에 사용할 수 있는 원료

① '식품에 사용할 수 있는 원료'의 목록은 [별표 1]과 같다

② '제1. 총칙 4. 식품원료 분류'에 등재되어 있는 원료

(7) 식품에 제한적으로 사용할 수 있는 원료

① '식품에 제한적으로 사용할 수 있는 원료'의 목록은 [별표 2]와 같다.

② '식품에 제한적으로 사용할 수 있는 원료'로 분류된 원료는 명시된 사용 조건을 준수하여야 하며, 별도의 사용 조건이 정하여지지 않은 원료는 다음의 사용기준에 따른다.

㉮ 식품 제조 시 사용되는 '식품에 제한적으로 사용할 수 있는 원료'는 가공전 원료의 중량을 기준으로 50% 미만(배합수 제외)을 사용하여야 한다.

㉯ 식품 제조 시 '식품에 제한적으로 사용할 수 있는 원료'를 2가지 이상 혼합할 경우 혼합되는 총량은 가공전 원료의 중량을 기준으로 50% 미만(배합수

제외) 사용하여야 한다.

㉰ 다만, 최종 소비자에게 판매되지 아니하고 제조업소에 공급되는 원료용 제품을 제조하고자 하는 경우에는 위의 ㉮, ㉯ 항을 적용받지 아니할 수 있다.

㉱ 음료류, 주류 및 향신료 제조 시 '식품에 제한적으로 사용할 수 있는 원료'에 속하는 식물성원료가 1가지인 경우에는 원료의 중량을 기준으로 100%까지 (배합수 제외) 사용할 수 있다.

(8) 한시적 기준·규격에서 전환된 원료

① 「식품등의 한시적 기준 및 규격 인정 기준」에 따라 식품원료로 인정된 후 식품공전에 등재되는 '한시적 기준·규격에서 전환된 원료'의 목록은 [별표 3]과 같다.

② '한시적 기준·규격에서 전환된 원료'로 분류된 원료는 명시된 제조(또는 사용) 조건을 준수하여야 한다.

(9) 한시적 인정 식품원료의 식품공전 등재 요건

① 「식품등의 한시적 기준 및 규격 인정 기준」에 따라 인정된 식품원료는 다음의 어느 하나를 충족하면 「식품의 기준 및 규격」 [별표 3] '한시적 기준·규격에서 전환된 원료'의 목록에 추가로 등재 할 수 있다.

㉮ 한시적 기준 및 규격을 인정받은 날로부터 3년이 경과한 경우

㉯ 한시적 기준 및 규격을 인정받은 자가 3인 이상인 경우

㉰ 한시적 기준 및 규격을 인정받은 자가 등재를 요청하는 경우(다만, 인정받은 자가 2명인 경우 모두 등재를 요청하는 경우)

2. 제조·가공기준

1) 식품 제조·가공에 사용되는 원료, 기계·기구류와 부대시설물은 항상 위생적으로 유지·관리하여야 한다.

2) 식품용수는 「먹는물관리법」의 먹는물 수질기준에 적합한 것이거나, 「해양심층수의 개발 및 관리에 관한 법률」의 기준·규격에 적합한 원수, 농축수, 미네랄탈염수, 미네랄농축수이어야 한다.

3) 식품용수는 먹는물관리법에서 규정하고 있는 수처리제를 사용하거나, 각 제품의

용도에 맞게 물을 응집침전, 여과[활성탄, 모래, 세라믹, 맥반석, 규조토, 마이크로필터, 한외여과(Ultra Filter), 역삼투막, 이온교환수지], 오존살균, 자외선살균, 전기분해, 염소소독 등의 방법으로 수처리하여 사용할 수 있다.

4) '제5. 식품별 기준 및 규격'에서 원료배합시의 기준이 정하여진 식품은 그 기준에 의하며, 물을 첨가하여 복원되는 건조 또는 농축된 식품의 경우는 복원상태의 성분 및 함량비(%)로 환산 적용한다. 다만, 식육가공품 및 알가공품의 경우 원료배합시 제품의 특성에 따라 첨가되는 배합수는 제외할 수 있다.

5) 어떤 원료의 배합기준이 100%인 경우에는 식품첨가물의 함량을 제외하되, 첨가물을 함유한 당해제품은 '제5. 식품별 기준 및 규격'의 당해제품 규격에 적합하여야 한다.

6) 식품 제조·가공 및 조리 중에는 이물의 혼입이나 병원성 미생물 등이 오염되지 않도록 하여야 하며, 제조 과정 중 다른 제조 공정에 들어가기 위해 일시적으로 보관되는 경우 위생적으로 취급 및 보관되어야 한다.

7) 식품은 물, 주정 또는 물과 주정의 혼합액, 이산화탄소만을 사용하여 추출할 수 있다. 다만, 식품첨가물의 기준 및 규격에서 개별기준이 정해진 경우는 그 사용기준을 따른다.

8) 냉동된 원료의 해동은 별도의 청결한 해동공간에서 위생적으로 실시하여야 한다.

9)식품의 제조, 가공, 조리, 보존 및 유통 중에는 동물용의약품을 사용할 수 없다.

10) 가공식품은 미생물 등에 오염되지 않도록 위생적으로 포장하여야 한다.

11) 식품은 캡슐 또는 정제 형태로 제조할 수 없다. 다만, 과자, 캔디류, 추잉껌, 초콜릿류, 장류, 조미식품, 당류가공품, 음료류, 과·채가공품은 정제형태로, 식용유지류는 캡슐형태로 제조할 수 있으나 이 경우 의약품 또는 건강기능식품으로 오인·혼동할 우려가 없도록 제조 하여야 한다.

12) 식품의 처리·가공 중 건조, 농축, 열처리, 냉각 또는 냉동 등의 공정은 제품의 영양성, 안전성을 고려하여 적절한 방법으로 실시하여야 한다.

13) 원유는 이물을 제거하기 위한 청정공정과 필요한 경우 유지방구의 입자를 미세화하기 위한 균질공정을 거쳐야 한다.

14) 유가공품의 살균 또는 멸균 공정은 따로 정하여진 경우를 제외하고 저온 장시간

살균법(63～65℃에서 30분간), 고온단시간 살균법(72~75℃에서 15초 내지 20초간), 초고온순간처리법(130～150℃에서 0.5초 내지 5초간) 또는 이와 동등 이상의 효력을 가지는 방법으로 실시하여야 한다. 그리고 살균제품에 있어서는 살균 후 즉시 10℃ 이하로 냉각하여야 하고, 멸균제품은 멸균한 용기 또는 포장에 무균공정으로 충전·포장하여야 한다.

15) 식품 중 살균제품은 그 중심부 온도를 63℃ 이상에서 30분간 가열살균 하거나 또는 이와 동등이상의 효력이 있는 방법으로 가열 살균하여야 하며, 오염되지 않도록 위생적으로 포장 또는 취급하여야 한다. 또한, 식품 중 멸균제품은 기밀성이 있는 용기·포장에 넣은 후 밀봉한 제품의 중심부 온도를 120℃ 이상에서 4분 이상 멸균처리하거나 또는 이와 동등이상의 멸균 처리를 하여야 한다. 다만, 식품별 기준 및 규격에서 정하여진 것은 그 기준에 따른다.

16) 멸균하여야 하는 제품 중 pH 4.6 이하인 산성식품은 살균하여 제조할 수 있다. 이 경우 해당제품은 멸균제품에 규정된 규격에 적합하여야 한다.

17) 식품 중 비살균제품은 다음의 기준에 적합한 방법이나 이와 동등이상의 효력이 있는 방법으로 관리하여야 한다.

(1) 원료육으로 사용하는 돼지고기는 도살 후 24시간 이내에 5℃ 이하로 냉각·유지하여야 한다.

(2) 원료육의 정형이나 냉동 원료육의 해동은 고기의 중심부 온도가 10℃를 넘지 않도록 하여야 한다.

18) 식육가공품 및 포장육의 작업장의 실내온도는 15℃ 이하로 유지 관리하여야 한다(다만, 가열처리작업장은 제외).

19) 식육가공품 및 포장육의 공정상 특별한 경우를 제외하고는 가능한 한 신속히 가공하여야 한다.

20) 어류의 육질이외의 부분은 비가식부분을 충분히 제거한 후 중심부온도를 -18℃ 이하에서 보관하여야 한다.

21) 생식용 굴은 채취 후 신속하게 위생적인 물로써 충분히 세척하여야 하며, 식품첨가물(차아염소산나트륨 제외)을 사용하여서는 안 된다.

22) 기구 및 용기·포장류는 「식품위생법」 제9조의 규정에 의한 기구 및 용기·포장의

기준 및 규격에 적합한 것이어야 한다.

23) 식품포장 내부의 습기, 냄새, 산소 등을 제거하여 제품의 신선도를 유지시킬 목적으로 사용되는 물질은 기구 및 용기·포장의 기준·규격에 적합한 재질로 포장하여야 하고 식품에 이행되지 않도록 포장하여야 한다.

24) 식품의 용기·포장은 용기·포장류 제조업 신고를 필한 업소에서 제조한 것이어야 한다. 다만, 그 자신의 제품을 포장하기 위하여 용기·포장류를 직접 제조하는 경우는 제외한다.

25) 식품 제조·가공에 원료로 사용하는 톳과 모자반의 경우, 생물은 끓는 물에 충분히 삶고, 건조된 것은 물에 불린 후 충분히 삶는 등 무기비소 저감 공정을 거친 후 사용하여야 한다.

26) 도시락 제조에 사용되는 과일류 및 채소류는 충분히 세척한 후 식품첨가물로 허용된 살균제로 살균 후 깨끗한 물로 충분히 세척하여야 한다. 다만, 껍질을 제거하여 섭취하는 과일류, 과채류와 세척 후 가열과정이 있는 과일류 또는 채소류는 제외한다.

27) 냉장상태에서 유통되는 도시락의 경우, 도시락 용기에 담는 식품은 조리가 완료된 후 냉장온도(단, 밥은 제외)로 신속히 냉각하여 용기에 담아야 한다. 다만, 반찬의 온도에 영향을 미치지 않도록 별도 포장되는 밥은 그러하지 않을 수 있다.

28) 냉동수산물을 물에 담가 해동하는 경우 21℃ 이하에서 위생적으로 해동하여야 한다.

29) 분말, 가루, 환제품을 제조하기 위하여 원료를 금속재질의 분쇄기로 분쇄하는 경우에는 분쇄 이후(여러 번의 분쇄를 거치는 경우 최종 분쇄 이후) 충분한 자력을 가진 자석을 이용하여 금속성이물(쇳가루)을 제거하는 공정을 거쳐야 한다. 이 때 제거 공정 중 자석에 부착된 분말 등을 주기적으로 제거하여 충분한 자력이 상시 유지될 수 있도록 관리하여야 한다.

30) 달걀을 물로 세척하는 경우 다음의 요건을 모두 충족하는 방법으로 세척하여야 한다.

(1) 30℃ 이상이면서 달걀의 품온보다 5℃ 이상의 물을 사용할 것

(2) 100~200 ppm 차아염소산나트륨을 함유한 물을 사용할 것. 이때 차아염소산

나트륨을 사용하지 않는 경우 150 ppm 차아염소산나트륨과 동등 이상의 살균효력이 있는 방법을 사용할 수 있다.

3. 식품일반의 기준 및 규격

1) 성상

제품은 고유의 형태, 색택을 가지고 이미·이취가 없어야 한다.

2) 이물

(1) 식품은 다음의 이물을 함유하여서는 아니된다.

① 원료의 처리과정에서 그 이상 제거되지 아니하는 정도 이상의 이물

② 오염된 비위생적인 이물

③ 인체에 위해를 끼치는 단단하거나 날카로운 이물 다만, 다른 식물이나 원료식물의 표피 또는 토사, 원료육의 털, 뼈 등과 같이 실제에 있어 정상적인 제조·가공상 완전히 제거되지 아니하고 잔존하는 경우의 이물로서 그 양이 적고 위해 가능성이 낮은 경우는 제외한다.

(2) 금속성 이물로서 쇳가루는 제8. 1.2.1 마. 금속성이물(쇳가루)에 따라 시험하였을 때 식품 중 10.0 mg/kg 이상 검출되어서는 아니 되며, 또한 금속이물은 2 mm 이상인 금속성 이물이 검출되어서는 아니 된다.

3) 식품첨가물

(1) 어떤 식품에 사용할 수 없는 식품첨가물이 그 식품첨가물을 사용할 수 있는 원료로부터 유래된 것이라면 원료로부터 이행된 범위 안에서 식품첨가물 사용기준의 제한을 받지 아니할 수 있다.

4) 위생지표균 및 식중독균

(1) 위생지표균

가. 식품일반

항목 \ 규격	제품 특성		n	c	m	M
세균수	멸균제품		5	0	0	–
대장균군	살균제품	분말제품 제외	5	1	0	10
		분말제품	5	2	0	10

나. 식품자동판매기 음료류에 대한 미생물 기준(밀봉제품 제외)

가) 세균수 : n=5, c=2, m=1,000, M=10,000(다만, 유가공품, 유산균, 발효제품 및 가열하지 아니한 과일·채소류음료가 함유된 경우는 제외한다.)

나) 대장균 : n=5, c=2, m=0, M=10

다. 수산물

가) 세균수 : 최종소비자가 그대로 섭취할 수 있도록 유통판매를 목적으로 위생처리하여 용기·포장에 넣은 동물성 냉동수산물 : n=5, c=2, m=100,000, M=500,000

나) 대장균

① 최종소비자가 그대로 섭취할 수 있도록 유통판매를 목적으로 위생처리하여 용기·포장에 넣은 동물성 냉동수산물 : n=5, c=2, m=0, M=10

② 냉동식용어류머리 또는 냉동식용어류내장 : n=5, c=2, m=0, M=10

③ 생식용 굴 : n=5, c=1, m=230, M=700 MPN/100g

라. 고령친화식품

① 대장균군 : n=5, c=0, m=0(살균제품에 한함)

② 대장균 : n=5, c=0, m=0(비살균제품에 한함)

(2) 식중독균

가. 식중독균은 식품의 특성에 따라 다음과 같이 적용한다.

가) 살모넬라(*Salmonella* spp.), 장염비브리오(*Vibrio parahaemolyticus*), 리스테리아 모노사이토제네스(*Listeria monocytogenes*), 장출혈성 대장균(Enterohemorrhagic *Escherichia coli*), 캠필로박터 제주니/콜리(*Campylobacter jejuni/coli*), 여시니아 엔테로콜리티카(*Yersinia enterocolitica*)

대상 식품	규격
식육(제조, 가공용원료는 제외한다), 살균 또는 멸균처리하였거나 더 이상의 가공, 가열조리를 하지 않고 그대로 섭취하는 가공식품	n=5, c=0, m=0/25g

나) 바실루스 세레우스(*Bacillus cereus*)

대상 식품	규격
① 가)의 대상식품 중 장류(메주 제외) 및 소스, 복합조미식품, 김치류, 젓갈류, 절임류, 조림류	g 당 10,000 이하(멸균제품은 음성이어야 한다)
② 위 ①을 제외한 가)의 대상식품	g 당 1,000 이하(멸균제품은 음성이어야 한다)

다) 클로스트리디움 퍼프린젠스(*Clostridium perfringens*)

대상 식품	규격
① 가)의 대상식품 중 햄류, 소시지류, 식육추출가공품, 알가공품	n=5, c=1, m=10, M=100 (멸균제품은 n=5, c=0, m=0/25g)
② 가)의 대상식품 중 생햄, 발효소시지, 자연치즈, 가공치즈 고시 제2022-16호, '22.2.21 [시행일 : '24.1.1.] ② 가)의 대상식품 중 생햄, 발효소시지, 치즈, 가공치즈	n=5, c=2, m=10, M=100 (멸균제품은 n=5, c=0, m=0/25g)
③ 가)의 대상식품 중 장류(메주 제외), 젓갈류, 고춧가루 또는 실고추, 향신료가공품, 김치류, 절임류, 조림류, 복합조미식품, 식초, 카레분 및 카레(액상제품 제외)	n=5, c=2, m=100, M=1,000 (멸균제품은 n=5, c=0, m=0/25g)
④ 위 ①, ②, ③을 제외한 가)의 대상식품	n=5, c=0, m=0/25g

라) 황색포도상구균(*Staphylococcus aureus*)

대상 식품	규격
① 가)의 대상식품 중 햄류, 소시지류, 식육추출가공품, 건포류	n=5, c=1, m=10, M=100 (멸균제품은 n=5, c=0, m=0/25g)
② 가)의 대상식품 중 생햄, 발효소시지, 자연치즈, 가공치즈 고시 제2022-16호, '22.2.21 [시행일 : '24.1.1.] ② 가)의 대상식품 중 생햄, 발효소시지, 치즈, 가공치즈	n=5, c=2, m=10, M=100 (멸균제품은 n=5, c=0, m=0/25g)
③ 위 ①, ②를 제외한 가)의 대상식품	n=5, c=0, m=0/25g

나. 기타식육 및 기타 동물성가공식품은 결핵균, 탄저균, 브루셀라균이 음성이어야 한다.

다. 더 이상의 가열조리를 하지 않고 섭취할 수 있도록 비가식부위(비늘, 아가미, 내장 등) 제거, 세척 등 위생처리한 수산물은 살모넬라(*Salmonella* spp.) 및 리스테리아 모노사이토제네스(*Listeria monocytogenes*)가 n=5, c=0, m=0/25g, 장염비브리오(*Vibrio parahaemolyticus*) 및 황색포도상구균(*Staphylococcus aureus*)은 g 당 100 이하이어야 한다.

라. 가공·가열처리하지 아니하고 그대로 사람이 섭취하는 용도의 식용란에서는 살

모넬라균(*Salmonella Enteritidis*)이 검출되어서는 아니 된다.

마. 식육(분쇄육에 한함) 및 판매를 목적으로 식육을 절단(세절 또는 분쇄를 포함)하여 포장한 상태로 냉장 또는 냉동한 것으로서 화학적 합성품 등 첨가물 또는 다른 식품을 첨가하지 아니한 포장육(육함량 100%, 다만, 분쇄에 한함)에서는 장출혈성 대장균이 n=5, c=0, m=0/25g 이어야 한다.

바. 식품접객업소 등의 노로바이러스 기준식품접객업소, 집단급식소, 식품제조·가공업소 등에서 식재료 및 식기 등의 세척, 식품의 조리 및 제조·가공, 먹는 물 등으로 사용하는 물 : 불검출(다만, 식품접객업소, 집단급식소 등에서 먹는 물로 제공되는 수돗물은 먹는물관리법에서 규정하고 있는 먹는물 수질기준에 의한다)

5) 오염물질

(1) 오염물질 기준 적용

① 건조 과정으로 인하여 수분함량이 변화된 건조 농·임·축·수산물의 중금속, 패독소, 폴리염화비페닐(PCBs) 기준은 수분함량의 변화를 고려하여 생물 기준으로 환산·적용한다.

② 그대로 섭취하지 않는 건조 농·임·축·수산물의 방사능 기준은 수분함량의 변화를 고려하여 생물 기준으로 환산·적용한다.

③ 기준이 별도로 설정되어 있지 않은 가공식품의 중금속, 곰팡이독소, 패독소 등 오염물질 기준은 원료의 함량에 따라 해당 농·임·축·수산물·식용곤충의 기준을 적용하고, 건조 등의 과정으로 인하여 수분 함량이 변화된 경우는 수분 함량을 고려하여 적용한다.

④ 기준이 설정되어 있는 가공식품 중 희석하여 섭취하는 식품의 중금속, 방사능 기준은 섭취시의 상태(제조사가 제시한 섭취방법)를 반영하여 적용한다.

(2) 중금속 기준

① 농산물

대상식품		납(mg/kg)	카드뮴(mg/kg)	무기비소(mg/kg)
곡류(현미 제외)		0.2 이하	0.1 이하 (밀, 쌀은 0.2 이하)	0.2 이하 (쌀에 한한다)*
서류		0.1 이하	0.1 이하	–
두류		0.2 이하	0.1 이하 (대두는 0.2 이하)	–
견과종실류	땅콩 또는 견과류	0.1 이하	0.3 이하	–
	유지종실류	0.3 이하 (참깨, 들깨에 한한다)	0.2 이하 (참깨에 한한다)	–
과일류		0.1 이하	0.05 이하	–
엽채류(결구 엽채류 포함)		0.3 이하	0.2 이하	–
엽경채류		0.1 이하	0.05 이하	–
근채류		0.1 이하 (인삼, 산양삼은 2.0 이하, 도라지, 더덕은 0.2 이하)	0.1 이하 (양파는 0.05 이하, 인삼, 산양삼은 0.2 이하)	–
과채류		0.1 이하 (고추, 호박은 0.2 이하)	0.05 이하 (고추, 호박은 0.1 이하)	–
버섯류		0.3 이하 (양송이버섯, 느타리버섯, 새송이버섯, 표고버섯, 송이버섯, 팽이버섯, 목이버섯에 한한다)	0.3 이하 (양송이버섯, 느타리버섯, 새송이버섯, 표고버섯, 송이버섯, 팽이버섯, 목이버섯에 한한다)	–

* 총비소 0.2 mg/kg 초과 검출 시에만, 무기비소로 시험하여 기준 적용

② 축산물

대상식품	납(mg/kg)	카드뮴(mg/kg)
가금류고기*	0.1 이하	–
돼지간	0.5 이하	0.5 이하
돼지고기**	0.1 이하	0.05 이하
돼지신장	0.5 이하	1.0 이하
소간	0.5 이하	0.5 이하
소고기**	0.1 이하	0.05 이하
소신장	0.5 이하	1.0 이하
원유 및 우유류	0.02 이하	–

* 가금류고기 : 부착된 지방 및 표피를 포함하는 가금류 도체의 근육조직으로 닭, 오리, 꿩, 거위, 칠면조, 메추리 등의 고기를 말한다.

** 소고기, 돼지고기 : 근육 내 지방 및 피하지방과 같이 부착된 지방조직을 포함하는 도체(혹은 이를 자른 덩어리)의 근육조직을 말한다.

③ 수산물

대상식품	납(mg/kg)	카드뮴(mg/kg)	수은(mg/kg)	메틸수은(mg/kg)
어류	0.5 이하	0.1 이하 (민물 및 회유 어류에 한한다) 0.2 이하 (해양어류에 한한다)	0.5 이하 (아래 ㉮의 어류는 제외한다)	1.0 이하 (아래 ㉮의 어류에 한한다)
연체류	2.0 이하 (다만, 오징어는 1.0 이하, 내장을 포함한 낙지는 2.0 이하)	2.0 이하 (다만, 오징어는 1.5 이하, 내장을 포함한 낙지는 3.0 이하)	0.5 이하	–
갑각류	0.5 이하 (다만, 내장을 포함한 꽃게류는 2.0 이하)	1.0 이하 (다만, 내장을 포함한 꽃게류는 5.0 이하)	–	–
해조류	0.5 이하 [미역(미역귀 포함)에 한한다]	0.3 이하 [김(조미김 포함) 또는 미역(미역귀 포함)에 한한다]	–	–
냉동식용 어류머리	0.5 이하	–	0.5 이하 (아래 ㉮의 어류는 제외한다)	1.0 이하 (아래 ㉮의 어류에 한한다)
냉동식용 어류내장	0.5 이하 (다만, 두족류는 2.0 이하)	3.0 이하 (다만, 어류의 알은 1.0 이하, 두족류는 2.0 이하)	0.5 이하 (아래 ㉮의 어류는 제외한다)	1.0 이하 (아래 ㉮의 어류에 한한다)

㉮ 메틸수은 규격 적용 대상 해양어류 : 쏨뱅이류(적어포함, 연안성 제외), 금눈돔, 칠성상어, 얼룩상어, 악상어, 청상아리, 곱상어, 귀상어, 은상어, 청새리상어, 흑기흉상어, 다금바리, 체장메기(홍메기), 블랙오레오도리(*Allocyttus niger*), 남방달고기(*Pseudocyttus maculatus*), 오렌지라피(*Hoplostethus atlanticus*), 붉평치, 먹장어(연안성 제외), 흑점샛돔(은샛돔), 이빨고기, 은민대구(뉴질랜드계군에 한함), 은대구, 다랑어류, 돛새치, 청새치, 녹새치, 백새치, 황새치, 몽치다래, 물치다래

④ 가공식품

대상식품	납(mg/kg)	비소(mg/kg)	무기비소(mg/kg)
① 식물성유지류, 기타동물성유지, 혼합식용유, 향미유, 가공유지, 쇼트닝, 마가린	0.1 이하	0.1 이하 (크릴유는 제외한다)	0.1 이하 (크릴유에 한한다)
② 어유	0.1 이하	–	0.1 이하*

(계속)

대상식품	납(mg/kg)	비소(mg/kg)	무기비소(mg/kg)
③ 영아용 조제유, 성장기용 조제유, 영아용 조제식, 성장기용 조제식, 영·유아용 이유식, 영·유아용 특수조제식품	0.01 이하 [분말제품의 경우 희석하여 섭취하는 형태(제조사가 제시한 섭취방법)를 반영하여 기준적용]	–	0.1 이하* (현미, 미강, 쌀눈, 톳 또는 모자반을 사용한 식품에 한함)
④ 특수의료용도식품(영·유아용 특수조제식품제외), 과자, 시리얼류, 면류	–	–	0.1 이하* (현미, 미강, 쌀눈, 톳 또는 모자반을 사용한 식품에 한함)
⑤ 위 ②, ③, ④를 제외한 모든 식품	–	–	1 이하* (현미, 미강, 쌀눈, 톳 또는 모자반을 사용한 식품에 한함)

* 총비소 시험결과 무기비소 기준 초과 검출 시 무기비소로 시험하여 기준 적용

⑤ 식용곤충(건조물로서)

대상식품	기준(건조물로서)		
	납(mg/kg)	카드뮴(mg/kg)	무기비소(mg/kg)
식용곤충	0.1 이하 (다만, 장수풍뎅이유충, 흰점박이꽃무지유충은 0.3 이하)	0.1 이하	0.1 이하*

* 총비소 시험결과 무기비소 기준 초과 검출 시 무기비소로 시험하여 기준 적용

(3) 곰팡이독소 기준

① 총 아플라톡신(B_1, B_2, G_1 및 G_2의 합)

대 상 식 품		기준(μg/kg)
식물성 원료*		15.0 이하(단, B_1은 10.0 이하이어야 한다)
가공식품	영아용 조제식, 성장기용 조제식, 영·유아용 이유식	0.10 이하(B_1에 한함)
	기타식품**	15.0 이하(단, B_1은 10.0 이하이어야 한다)

* 제1. 총칙 4. 식품원료 분류 1) 식물성 원료에 해당되는 품목

② 아플라톡신 M_1

대 상 식 품	기 준(μg/kg)
원유	0.50 이하
우유류, 산양유	
조제유류	0.025 이하*
영아용 조제식, 성장기용 조제식, 영·유아용 이유식, 영·유아용 특수조제식품	0.025 이하*(유성분 함유식품에 한함)

*분말제품의 경우 희석하여 섭취하는 형태(제조사가 제시한 섭취방법)를 반영하여 기준 적용

③ 파튤린(Patulin)

대 상 식 품	기 준(μg/kg)
사과주스 사과주스농축액(원료용 포함, 농축배수로 환산하여)	50 이하
영아용 조제식, 성장기용 조제식, 영·유아용 이유식	10.0 이하

④ 푸모니신(Fumonisin)

대 상 식 품	기 준(mg/kg, B_1 및 B_2의 합으로서)
옥수수(단, 전분 또는 전분당 제조용 옥수수 제외)	4 이하
수수	
수수를 단순 처리한 것(분쇄, 절단 등)	
옥수수를 단순 처리한 것(분쇄, 절단 등)	2 이하
옥수수 또는 수수를 단순 처리한 것이 50% 이상 함유된 곡류가공품	1 이하
시리얼류	
팝콘용옥수수가공품	

⑤ 오크라톡신 A(Ochratoxin A)

대 상 식 품	기 준(μg/kg)
곡류	5.0 이하
곡류를 단순 처리한 것(분쇄, 절단 등)	
커피콩, 볶은커피	
인스턴트커피	10.0 이하
메주	20 이하
고춧가루	7.0 이하
포도주스, 포도주스농축액(원료용 포함, 농축배수로환산하여), 포도주	2.0 이하
건조과일류	10.0 이하
육두구, 심황(강황), 후추 육두구, 심황(강황) 또는 후추를 함유한 조미식품	15.0 이하
영아용 조제식, 성장기용 조제식, 영·유아용 이유식	0.50 이하

⑥ 데옥시니발레놀(Deoxynivalenol)

대 상 식 품	기 준(mg/kg)
곡류(옥수수 제외)	1 이하
곡류를 단순 처리한 것(분쇄, 절단 등, 다만 옥수수를 단순처리한 것은 제외)	
옥수수	2 이하
옥수수를 단순 처리한 것(분쇄, 절단 등)	
시리얼류	0.5 이하
영아용 조제식, 성장기용 조제식, 영·유아용 이유식	0.2 이하
면류	0.75 이하

⑦ 제랄레논(Zearalenone)

대 상 식 품	기 준(μg/kg)
곡류	100 이하 (전분 또는 전분당 제조용 옥수수는 200 이하)
곡류를 단순 처리한 것(분쇄, 절단 등)	
과자	50 이하
영아용 조제식, 성장기용 조제식, 영·유아용 이유식	20 이하
시리얼류	50 이하

(4) 다이옥신

① 소고기 : 4.0 pg TEQ/g fat 이하

② 돼지고기 : 2.0 pg TEQ/g fat 이하

③ 닭고기 : 3.0 pg TEQ/g fat 이하

(5) 폴리염화비페닐(PCBs) : 0.3 mg/kg 이하(어류에 한한다.)

(6) 벤조피렌[Benzo(a)pyrene]

① 식용유지(식물성유지류, 어유, 기타동물성유지, 혼합식용유, 향미유, 가공유지, 쇼트닝, 마가린) : 2.0 μg/kg 이하

② 숙지황 및 건지황 : 5.0 μg/kg 이하

③ 훈제어육 : 5.0 μg/kg 이하(다만, 건조제품은 제외)

④ 훈제건조어육 : 10.0 μg/kg 이하[생물로 기준 적용(건조로 인하여 수분함량이 변화된 경우 수분함량을 고려하여 적용)하며, 물로 추출하여 제조하는 제품의 원료로 사용하는 경우에 한하여 이 기준을 적용하지 아니할 수 있다. 다만, 이 경우

물로 추출한 추출물에서는 벤조피렌이 검출되어서는 아니 된다.]

⑤ 어류 : 2.0 μg/kg 이하

⑥ 패류 : 10.0 μg/kg 이하

⑦ 연체류(패류는 제외) 및 갑각류 : 5.0 μg/kg 이하

⑧ 영아용 조제유, 성장기용 조제유, 영아용 조제식, 성장기용 조제식, 영·유아용 이유식, 영·유아용 특수조제식품 : 1.0 μg/kg 이하

⑨ 훈제식육제품 및 그 가공품 : 5.0 μg/kg 이하

⑩ 흑삼(분말 포함) : 2.0 μg/kg 이하

⑪ 흑삼농축액 : 4.0 μg/kg 이하

(7) 3-MCPD(3-Monochloropropane-1,2-diol) 기준

대 상 식 품	기준(mg/kg)
산분해간장, 혼합간장(산분해간장 또는 산분해간장 원액을 혼합하여 가공한 것에 한한다)	0.02 이하
식물성 단백가수분해물(HVP : Hydrolyzed vegetable protein)	1.0 mg/kg 이하 (건조물 기준으로서)

*식물성 단백가수분해물(Hydrolyzed vegetable protein, HVP) : 콩, 옥수수 또는 밀 등으로부터 얻은 식물성 단백질원을 산가수분해와 같은 화학적공정(효소분해 제외)을 통해 아미노산등으로 분해하여 얻어진 것을 말한다.

(8) 멜라민(Melamine) 기준

대 상 식 품	기준
ㅇ 영아용 조제유, 성장기용 조제유, 영아용 조제식, 성장기용 조제식, 영·유아용 이유식, 특수의료용도식품	불검출
ㅇ 상기 이외의 모든 식품 및 식품첨가물	2.5 mg/kg 이하

(9) 패독소 기준

① 마비성 패독

대 상 식 품	기준(mg/kg)
패류	0.8 이하
피낭류(멍게, 미더덕, 오만둥이 등)	

② 설사성 패독 (Okadaic acid 및 Dinophysistoxin-1의 합계)

대 상 식 품	기준(mg/kg)
이매패류	0.16 이하

③ 기억상실성 패독 (도모익산)

대 상 식 품	기준(mg/kg)
패류	20 이하
갑각류	

(10) 방사능 기준

핵종	대 상 식 품	기준(Bq/kg, L)
^{131}I	모든식품	100 이하
$^{134}Cs + ^{137}Cs$	영아용 조제식, 성장기용 조제식, 영·유아용 이유식, 영·유아용특수조제식품, 영아용 조제유, 성장기용 조제유, 유 및 유가공품, 아이스크림류	50 이하
	기타 식품★	100 이하

★기타식품은 영아용 조제식, 성장기용 조제식, 영·유아용 이유식, 영·유아용특수조제식품, 유 및 유가공품을 제외한 모든 식품을 말한다.

6) 식품조사처리 기준

(1) 식품조사처리에 이용할 수 있는 선종은 감마선, 전자선 또는 엑스선으로 한다.

(2) 감마선을 방출하는 선원으로는 60Co을 사용할 수 있고, 전자선과 엑스선을 방출하는 선원으로는 전자선 가속기를 이용할 수 있다.

(3) ^{60}Co에서 방출되는 감마선 에너지를 사용할 경우 식품조사처리가 허용된 품목별 흡수선량을 초과하지 않도록 하여야 한다.

(4) 전자선가속기를 이용하여 식품조사처리를 할 경우 전자선은 10 MeV 이하에서, 엑스선은 5 MeV(엑스선 전환 금속이 탄탈륨(Tantalum) 또는 금(Gold)일 경우 7.5 MeV)이하에서 조사처리 하여야 하며, 식품조사처리가 허용된 품목별 흡수선량을 초과하지 않도록 하여야 한다.

(5) 식품조조사처리는 허용된 원료나 품목에 한하여 위생적으로 취급·보관된 경우에만 실시할 수 있으며, 발아억제, 살균, 살충 또는 숙도조절이외의 목적으로는 식품조사처리 기술을 사용하여서는 아니 된다.

(6) 식품별 조사처리기준은 다음과 같다.

① 허용대상 식품별 흡수선량

품목	조사목적	선량(kGy)
감자 양파 마늘	발아억제	0.15 이하
밤	살충·발아억제	0.25 이하
버섯(건조 포함)	살충·숙도조절	1 이하
난분	살균	5 이하
곡류(분말 포함), 두류(분말 포함)	살균·살충	5 이하
전분	살균	5 이하
건조식육	살균	7 이하
어류분말, 패류분말, 갑각류분말	살균	7 이하
된장분말, 고추장분말, 간장분말	살균	7 이하
건조채소류(분말 포함)	살균	7 이하
효모식품, 효소식품	살균	7 이하
조류식품	살균	7 이하
알로에분말	살균	7 이하
인삼(홍삼 포함) 제품류	살균	7 이하
조미건어포류	살균	7 이하
건조향신료 및 이들 조제품	살균	10 이하
복합조미식품	살균	10 이하
소스	살균	10 이하
침출차	살균	10 이하
분말차	살균	10 이하
특수의료용도식품	살균	10 이하

(7) 한번 조사처리한 식품은 다시 조사하여서는 아니 되며 조사식품(Irradiated food)을 원료로 사용하여 제조·가공한 식품도 다시 조사하여서는 아니 된다.

7) 농약 잔류허용기준

(1) 농·축·수산물의 농약 잔류허용기준 적용

① 농약 잔류허용기준은 [별표 4]와 같으며, 해당 기준 이하를 말한다.

㉮ 농산물은 개별 기준과 그룹 기준이 있을 경우에는 개별 기준을 우선 적용한다.

㉯ 축·수산물의 농약 잔류허용기준은 해당 축·수산물에 직접 사용이 허가되지 않았으나 비의도적 오염(사료, 환경오염 등)에 의한 살충제, 살균제 등 농약성분의 잔류관리를 위해 설정된 기준을 말하며 따로 식품명이 정해져 있지 않은 식용동물의 부산물(내장, 뼈, 머리, 꼬리, 발, 껍질, 혈액, 지방, 수산물의

알 등 식용이 가능한 부위)은 축산물의 경우 해당동물의 "고기(근육)" 기준을, "고기(근육)"가 없을시 해당 동물의 최저기준을, 수산물의 경우 "어류"의 잔류허용기준을 적용한다.

② 농산물에 잔류한 농약에 대하여 [별표 4]에 별도로 잔류허용기준을 정하지 않는 경우 0.01 mg/kg이하를 적용한다.

③ 약사법 제51조 및 제52조의 규정에 의한 「대한민국약전」(식품의약품안전처 고시) 및 「대한민국약전외한약(생약)규격집」(식품의약품안전처 고시)의 식품원료로 사용가능한 식물성원료(건조한 것)의 농약잔류허용기준은 「대한민국약전」 및 「대한민국약전외한약(생약)규격집」 의약품 각조에 따르며 상기 시험방법은 「대한민국약전」의 일반시험법 중 "30. 생약시험법"에 따른다.

(2) 가공식품의 농약 잔류허용기준 적용

① 가공식품의 농약 잔류허용기준은 [별표 4]와 같으며, 해당 기준 이하를 말한다.

② 가공식품에 잔류한 농약에 대하여 [별표 4]에 별도로 잔류허용기준을 정하지 않은 경우 다음을 적용한다.

㉮ 고춧가루 및 실고추는 고추(건조)의 기준을 적용하고, 고추(건조)의 기준이 없는 경우 고추의 7배, 녹차 추출물은 차의 6배, 건삼 및 홍삼은 수삼의 4배, 인삼농축액 및 홍삼농축액은 수삼의 8배, 건조 허브류는 허브류의 10배 농약 잔류허용기준을 적용한다.

㉯ ㉮에서와 같이 가공계수가 정해지지 않은 가공식품의 농약 잔류허용기준은 원료식품의 잔류허용기준 범위이내에서 잔류를 허용할 수 있다.
즉, 원료의 함량에 따라 원료의 기준을 적용하고, 건조 등의 과정으로 인하여 수분함량이 변화된 경우는 수분함량을 고려한 후 원료의 기준을 적용한다. (단, 축·수산물은 수분함량의 변화를 고려하여 생물 중의 잔류량으로 환산한 후 원료의 기준을 적용한다.)

㉰ 콩나물(숙주나물 포함)에서 카벤다짐, 티아벤다졸, 티람, 캡탄, 이산화황 및 대두(녹두 포함)에 잔류허용기준이 설정되지 않은 농약은 검출되어서는 아니되며, 대두(녹두 포함)에 잔류허용기준이 설정되어 있는 경우에는 대두(녹두 포함)로부터 기인한 잔류량을 인정하여 대두(녹두 포함) 잔류허용기준의

1/10을 적용한다.

㉣ 밀가루는 식용 밀(100%)을 사용하여 선별, 가수, 분쇄, 분리 등의 과정을 거쳐 얻은 분말을 말한다. 밀을 통째로 제분하여 제조한 전립밀가루는 밀의 농약 잔류허용기준을 적용한다.

(3) 농약 잔류허용기준 적용범위

① 농산물의 농약 잔류허용기준 적용범위는 다음과 같다.

㉮ 차는 동백나무과(Theaceae) 카멜리아 시넨시스(Camellia sinensis)의 싹이나 잎을 가공한 것으로 녹차(Green tea) 등의 비발효차(Non-fermented tea), 우롱차(Oolong tea) 등의 반발효차(Semi-fermented tea), 홍차(Black tea) 등의 발효차(Fermented tea)를 말한다.

㉯ 녹차 추출물은 카멜리아 시넨시스(Camellia sinensis, Thea sinensis)의 잎을 물 또는 주정으로 추출·정제한 후 식용에 적합하도록 제조, 가공한 분말을 말한다.

② 축산물의 농약 잔류허용기준 적용범위는 다음과 같다.

㉮ 포유류고기 : 근육내지방 및 피하지방과 같이 부착된 지방조직을 포함하는 동물의 도체(혹은 이를 자른 덩어리)의 근육조직으로 소, 돼지, 양, 염소, 토끼, 말, 사슴 등의 고기를 말한다(해양동물의 고기는 제외).

㉯ 포유류지방 : 동물의 지방조직에서 얻어진 가공되지 않은 지방으로 소, 돼지, 양, 염소, 토끼, 말, 사슴 등의 지방을 말하며, 유지방은 포함하지 않는다.

㉰ 포유류부산물 : 도살된 동물의 고기 및 지방을 제외한 식용조직 및 기관으로 소, 돼지, 양, 말, 염소, 토끼, 말, 사슴 등의 간, 폐, 심장, 위장, 췌장, 비장, 콩팥, 머리, 꼬리, 발, 껍질, 혈액, 뼈(건, 조직이 포함된 뼈) 등 식용 가능한 부위를 말한다.

㉱ 가금류고기 : 부착된 지방 및 표피를 포함하는 가금류 도체의 근육조직으로 닭, 꿩, 오리, 거위, 칠면조, 메추리 등의 고기를 말한다.

㉲ 가금류지방 : 가금류의 지방조직에서 얻어진 가공되지 않은 지방으로 닭, 꿩, 오리, 거위, 칠면조, 메추리 등의 지방을 말한다.

㉳ 가금류부산물 : 고기 및 지방을 제외한 도살된 가금류의 식용조직 및 기관

으로 닭, 꿩, 오리, 거위, 칠면조, 메추리 등의 간, 심장, 모래주머니, 표피, 발 등 식용 가능한 부위를 말한다.

㉳ 유·포유류로부터 생산된 우유, 양유, 염소유 등의 원유를 말한다.

㉴ 유가공품 : 원유 또는 유가공품을 주원료로 하여 제조·가공한 우유류, 가공유류, 산양유, 발효유류, 버터유류, 농축유류, 유크림류, 버터류, 치즈류, 분유류, 유청류, 유당, 유단백가수분해식품 등을 말한다.

㉵ 알·가금류로부터 생산된 달걀, 오리알, 메추리알 등으로 껍질을 제거한 부위를 말한다.

(4) 농약 잔류허용기준 면제

「농약관리법」상 사용·등록된 농약 및 외국에서 해당 국가의 법률에 따라 합법적으로 사용되는 농약에 함유된 유효성분 중 아래의 사유에 해당되는 경우 잔류허용기준을 면제할 수 있으며, 면제 대상성분은 [별표 7]과 같다.

① 독성이 현저히 낮아 인체 위해가능성이 없는 성분

② 식품에 전혀 잔류되지 않는 성분

③ 자연계에 존재하여 해당 식품에 포함되어 있으므로 구분이 어려운 성분

④ 안전성이 확보된 천연식물보호제(미생물 등 포함) 성분

8) 동물용의약품 잔류허용기준

(1) 식품 중 잔류동물용의약품 기준적용

① 관련법령에서 안전성에 문제가 있는 것으로 확인되어 제조 또는 수입 품목허가를 하지 아니하는 동물용의약품 및 인체에 위해를 줄 수 있다고 식품의약품안전처장이 정하는 물질은 검출되어서는 아니 된다. 이에 해당되는 주요 물질은 아래와 같으며, 아래에 명시하지 않은 물질에 대해서도 관련법령에 근거하여 본항을 적용할 수 있다.

<table>
<tr><th rowspan="2">번호</th><th colspan="2">식품*[1] 중 검출되어서는 아니 되는 물질</th></tr>
<tr><th>물질명</th><th>잔류물의 정의</th></tr>
<tr><td rowspan="6">1</td><td colspan="2">니트로푸란계(Nitrofurans)</td></tr>
<tr><td>– 푸라졸리돈(Furazolidone)</td><td>3-Amino-2-oxazolidinone(AOZ)</td></tr>
<tr><td>– 푸랄타돈(Furaltadone)</td><td>3-Amino-5-morpholinomethyl-2-oxazolidinone (AMOZ)</td></tr>
<tr><td>– 니트로푸라존(Nitrofurazone)</td><td>– Semicarbazide(SEM) : 비가열 축산물 및 동물성 수산물(단순절단 포함, 갑각류 제외)의 가식부위에 한함
– Nitrofurazone : 갑각류에 한함</td></tr>
<tr><td>– 니트로푸란토인(Nitrofurantoine)</td><td>1-Aminohydantoin(AHD)</td></tr>
<tr><td>– 니트로빈(Nitrovin)</td><td>Nitrovin</td></tr>
<tr><td>2</td><td>카바독스(Carbadox)</td><td>Quinoxaline-2-carboxylic acid (QCA)</td></tr>
<tr><td>3</td><td>올라퀸독스(Olaquindox)</td><td>3-methyl quinoxaline-2-carboxylic acid (MQCA)</td></tr>
<tr><td>4</td><td>클로람페니콜(Chloramphenicol)</td><td>Chloramphenicol</td></tr>
<tr><td>5</td><td>클로르프로마진(Chlorpromazine)</td><td>Chlorpromazine</td></tr>
<tr><td>6</td><td>클렌부테롤(Clenbuterol)</td><td>Clenbuterol</td></tr>
<tr><td>7</td><td>콜치신(Colchicine)</td><td>Colchicine</td></tr>
<tr><td>8</td><td>답손(Dapsone)</td><td>Dapsone, monoacetyl dapson의 합을 dapsone으로 함</td></tr>
<tr><td>9</td><td>디에틸스틸베스트롤(Diethylstilbestrol, DES)</td><td>Diethylstilbestrol</td></tr>
<tr><td>10</td><td>메드록시프로게스테론 아세테이트 (Medroxyprogesterone acetate, MPA)</td><td>Medroxyprogesterone acetate</td></tr>
<tr><td>11</td><td>티오우라실(Thiouracil)</td><td>2-thiouracil, 6-methyl-2-thiouracil, 6-propyl- 2-thiouracil 및 6-phenyl- 2-thiouracil의 합을 thiouracil로함</td></tr>
<tr><td>12</td><td>겐티안 바이올렛(GentianViolet, Crystal violet)</td><td>Gentian violet과 Leuco -gentian violet의 합을 Gentian violet으로 함</td></tr>
<tr><td>13</td><td>말라카이트 그린(Malachite green)</td><td>Malachite green과 Leuco-malachite green의 합을 malachite green으로 함</td></tr>
<tr><td>14</td><td>메틸렌 블루(Methylene Blue)</td><td>Methylene blue와 Azure B의 합을 Methylene Blue로 함</td></tr>
<tr><td>15</td><td>디메트리다졸(Dimetridazole)</td><td>Dimetridazole과 2-hydroxymethyl-1-methyl-5-nitroimidazole(HMMNI)의 합을 Dimetridazole로 함</td></tr>
<tr><td>16</td><td>이프로니다졸(Ipronidazole)</td><td>Ipronidazole과 1-methyl-2-(2'-hydroxyisopropyl)-5-nitroimidazole (Ipronidazole-OH)의 합을 Ipronidazole로 함</td></tr>
<tr><td>17</td><td>메트로니다졸(Metronidazole)</td><td>Metronidazole과 1-(2-hydroxyethyl)-2-hydroxymethyl-5-nitroimidazole(Metronidazole-OH)의 합을 Metronidazole로 함</td></tr>
<tr><td>18</td><td>로니다졸(Ronidazole)</td><td>Ronidazole과 2-hydroxymethyl-1-methyl-5-nitro-imidazole(HMMNI)의 합을 Ronidazole로 함</td></tr>
<tr><td>19</td><td>노르플록사신(Norfloxacin)</td><td>Norfloxacin</td></tr>
<tr><td>20</td><td>오플록사신(Ofloxacin)</td><td>Ofloxacin</td></tr>
<tr><td>21</td><td>페플록사신(Pefloxacin)</td><td>Pefloxacin</td></tr>
<tr><td>22</td><td>피리메타민(Pyrimethamine)</td><td>Pyrimethamine</td></tr>
<tr><td>23</td><td>반코마이신(Vancomycin)</td><td>Vancomycin</td></tr>
</table>

(계속)

번호	식품*1 중 검출되어서는 아니 되는 물질	
	물질명	잔류물의 정의
24	록사손(Roxarsone)	Roxarsone
25	아르사닐산(Arsanilic acid)	Arsanilic acid
26	살부타몰(Salbutamol)	Salbutamol

* 주1. 축산물 및 동물성 수산물과 그 가공식품에 한한다.

② [별표 5] 식품 중 동물용의약품의 잔류허용기준에서 따로 식품명이 정해져 있지 않은 식용동물의 부산물(내장, 뼈, 머리, 꼬리, 발, 껍질, 혈액 등 식용이 가능한 부위)은 축산물의 경우 해당동물의 "근육(고기)", 수산물의 경우 "어류"에 준하여 기준을 적용한다.

③ 잔류허용기준이 정하여진 식품을 원료로 하여 제조·가공된 식품은 원료 식품의 잔류허용기준 범위 이내에서 잔류를 허용할 수 있다. 즉, 원료의 함량에 따라 원료의 기준을 적용하고, 건조 등의 과정으로 인하여 수분 함량이 변화된 경우는 수분 함량을 고려하여 적용한다.

④ 로열젤리 및 프로폴리스는 벌꿀의 기준을 적용한다.

고시 제2021-54호, 2021.6.29. [시행일 2024. 1. 1.]

⑤ 축산물의 경우 "소, 돼지, 닭, 우유, 달걀" 및 수산물의 경우 "어류"는 이 고시에 별도로 잔류허용기준이 정해지지 아니한 경우 0.01 mg/kg 이하를 적용한다. 다만, 성장보조제(성장촉진, 체중증가 등의 목적으로 사용하는 성분 등), 스테로이드성 항염증제는 '불검출'을 적용한다.

⑤ 식용동물 등에 대해 이 고시에 별도로 잔류허용기준이 정해지지 아니한 경우 다음 각 항의 기준을 순차적으로 적용한다.

고시 제2021-54호, 2021.6.29. [시행일 2024. 1. 1.]

⑥ 상기 ⑤이외의 식용동물 등에 대해 이 고시에 별도로 잔류허용기준이 정해지지 아니한 경우 다음 각 항의 기준을 순차적으로 적용한다.

㉮ CODEX 기준

㉯ 유사 식용동물의 잔류허용기준 중 해당부위의 최저기준. 즉, 기준이 정하여지지 아니한 포유류 중 반추동물, 포유류 중 비반추동물, 가금류, 어류 및 갑각류는 각각 기준이 정하여진 반추동물, 비반추동물, 가금류, 어류, 갑각류

해당 부위의 기준 중 최저기준(단, 비반추동물 중 말은 기준이 있는 반추동물에 해당하는 기준 적용)

㉰ 항균제에 대하여 축·수산물(유, 알 포함) 및 벌꿀(로열젤리, 프로폴리스 포함)의 잔류기준을 0.01 mg/kg 이하로 적용

(2) 식품 중 동물용의약품의 잔류허용기준은 [별표 5]와 같으며, 해당 기준 이하를 말한다.

(3) 식품 중 동물용의약품의 잔류허용기준 면제

「약사법」상 사용·허가된 동물용의약품 및 외국에서 해당 국가의 법률에 따라 합법적으로 사용되는 동물용의약품에 함유된 유효성분 중 아래의 사유에 해당되는 경우 잔류허용기준 설정을 면제할 수 있으며, 면제 대상성분은 [별표 8]과 같다.

① 사람이 섭취하는 식품, 식품첨가물 또는 동물이 섭취하는 사료 등 다음 중 어느 하나의 정상구성성분

㉮ 「식품위생법」에서 식품의 원료 및 식품첨가물로 정하고 있는 것

㉯ 「축산물 위생관리법」에서 축산물로 정하고 있는 것

㉰ 「건강기능식품에 관한 법률」에서 건강기능식품으로 정하고 있는 것

㉱ 「사료 등의 기준 및 규격」(농림축산식품부 고시) 제4조 및 제5조에서 정하고 있는 단미사료 및 보조사료

② 일반적으로 인체에 위해를 미치지 않는 것이 명확한 성분으로서 다음 중 어느 하나에 해당하는 경우

㉮ 생약으로서 사람이 섭취할 수 있거나 의약품의 원료로 사용되는 물질

㉯ 동물의 체내에서 정상적으로 생성되거나 자연계에 존재하여 동물의 체내에 포함되어 있는 물질 또는 구성성분

㉰ 동물의 체내에서 빠르게 분해·배출되어 식품에 잔류하지 않는 성분 (단, 대사물질에 독성이 있는 경우 제외)

㉱ 그 외에 안전성이 확보된 것으로 식약처장이 정하는 물질

9) 부정물질

(1) 발기부전치료제, 비만치료제, 당뇨병치료제 등 의약품성분과 그 유사물질은 검출되어서는 아니 된다. 이에 해당되는 물질은 아래와 같다.

① 발기부전치료제 및 그 유사물질

번호	물질명
1	실데나필(sildenafil)
2	타다라필(tadalafil)
3	바데나필(vardenafil)
4	유데나필(udenafil)
5	미로데나필(mirodenafil)
6	아바나필(avanafil)
7	호모실데나필(homosildenafil)
8	홍데나필(hongdenafil)
9	하이드록시호모실데나필(hydroxy homosildenafil)
10	아미노타다라필(amino tadalafil)
11	슈도바데나필(pseudo-vardenafil)
12	하이드록시홍데나필(hydroxy hongdenafil)
13	디메칠실데나필(dimethylsildenafil)
14	잔소안트라필(xanthoanthrafil)
15	하이드록시바데나필(hydroxyvadenafil)
16	노르네오실데나필(norneosildenafil)
17	데메틸홍데나필(demethylhongdenafil)
18	피페리디노홍데나필(piperidinohongdenafil)
19	카보데나필(carbodenafil)
20	치오실데나필(thiosildenafil)
21	디메틸치오실데나필(dimethylthiosildenafil)
22	아세틸바데나필(acetylvardenafil)
23	벤질실데나필(benzylsildenafil)
24	노르네오바데나필(norneovardenafil)
25	옥소홍데나필(oxohongdenafil)
26	치오호모실데나필(thiohomosildenafil)
27	데설포바데나필(desulfovardenafil)
28	니트로데나필(nitrodenafil)
29	싸이클로펜티나필(cyclopentynafil)
30	옥틸노르타다라필(octylnortadalafil)
31	클로로데나필(chlorodenafil)
32	신나밀데나필(cinnamyldenafil)
33	치오퀴나피페리필(thioquinapiperifil)
34	하이드록시치오호모실데나필(hydroxythiohomosildenafil)
35	클로로프레타다라필(chloropretadalafil)
36	하이드록시클로로데나필(hydroxychlorodenafil)
37	디클로로데나필(dichlorodenafil)
38	데메칠타다라필(demethyltadalafil)

(계속)

번호	물질명
39	아세트아미노타다라필(acetaminotadalafil)
40	메틸하이드록시호모실데나필(methylhydroxyhomosildenafil)
41	프로폭시페닐치오호모실데나필(propoxyphenylthiosildenafil)
42	프로폭시페닐치오하이드록시호모실데나필(propoxyphenylthiohydroxyhomosildenafil)
43	프로폭시페닐치오실데나필(propoxyphenylthiosildenafil)
44	프로폭시페닐치오아일데나필(propoxyphenylthioaildenafil)
45	호모타다라필(homotadalafil)
46	아세틸산(acetyl acid)
47	겐데나필(gendenafil)
48	이미다조사가트리아지논(imidazosagatriazinone)
49	cis-사이클로펜틸타다라필(cis-cyclopentyltadalafil)
50	trans-사이클로펜틸타다라필(trans-cyclopentyltadalafil)
51	이소프로필노르타다라필(Isopropylnortadalafil)
52	데스카본실데나필(descarbonsildenafil)
53	디치오프로필카보데나필(Dithiopropylcarbodenafil)
54	데설포닐클로로실데나필(desulfonylchlorosildenafil)
55	데스메칠피페라지닐프로폭시실데나필(desmethylpiperazinylpropoxysildenafil)

② 비만치료제 및 그 유사물질

번호	물질명
1	시부트라민(sibutramine)
2	오르리스타트(orlistat)
3	데스메틸시부트라민(desmethylsibutramine)
4	디데스메틸시부트라민(didesmethylsibutramine)
5	클로로시부트라민(chlorosibutramine)
6	클로로시펜트라민(Chlorosipentramine)

③ 당뇨병치료제 및 그 유사물질

번호	물질명
1	글리벤클라미드(glibenclamide)
2	글리클라짓(gliclazide)
3	글리메피리드(glimepiride)
4	글리피짓(glipizide)

④ 기타 의약품 성분

번호	물질명
1	리오치로닌(T3)
2	레보치록신(T4)
3	에페드린(ephedrine)
4	플루옥세틴(fluoxetine)
5	펜플루라민(fenfluramine)
6	N-니트로소펜플루라민(N-nitrosofenfluramine)
7	페놀프탈레인(phenolphthaleine)
8	요힘빈(yohimbine)
9	이카린(icarine)
10	센노사이드(sennoside)
11	카스카로사이드(cascaroside)

10) 트라하이드로칸나비놀(δ-9-Tetrahydrocannabinol, THC) 및 칸나비디올(Cannabidiol, CBD)기준

(1) 삼(대마)씨앗 : THC 5 mg/kg 이하, CBD 10 mg/kg 이하

(2) 삼(대마)씨유 : THC 10 mg/kg 이하, CBD 20 mg/kg 이하

11) 우루시올(urushiol) 성분 기준

(1) 옻나무를 사용한 제품 : 불검출

12) 그레이아노톡신(Grayanotoxin) Ⅲ 기준

(1) 벌꿀 : 불검출

13) 식육에 대한 규격

(1) 휘발성염기질소(mg%) : 20 이하

14) 원유에 대한 규격

	우유(착유된 그대로의 것)	양유(착유된 그대로의 것)
세균수 및체세포수	축산물 위생관리법 제4조2항의 규정에 의한 축산물의 위생등급에 관한 기준에 의함	1mL 당 500,000 이하 (표준한천평판배양법)
비중	1.028~1.034(15℃)	1.028~1.034(15℃)
산도	홀스타인종유 0.18% 이하 기타품종우유 0.20% 이하	0.2% 이하
알콜시험	적합	–

(계속)

	우유(착유된 그대로의 것)	양유(착유된 그대로의 것)
진애검사	2.0mg 이하	–
관능검사	적합	–
가수검사	가수하여서는 아니 된다.	–

15) 수산물에 대한 규격

(1) 히스타민 : 냉동어류, 염장어류, 통조림, 건조 또는 절단 등 단순 처리한 것(어육, 필렛, 건멸치 등) : 200 mg/kg 이하(고등어, 다랑어류, 연어, 꽁치, 청어, 멸치, 삼치, 정어리, 몽치다래, 물치다래, 방어에 한한다)

(2) 복어독 기준

① 육질 : 10 MU/g 이하

② 껍질 : 10 MU/g 이하

③ 식용가능한 복어의 종류

	명칭	학명
1	복섬	*Takifugu niphobles, Takifugu alboplumbeus*
2	흰점복	*Takifugu poecilonotus, Takifugu flavipterus*
3	졸복	*Takifugu pardalis*
4	매리복	*Takifugu snyderi*
5	검복	*Takifugu porphyreus*
6	황복	*Takifugu obscurus*
7	눈불개복	*Takifugu chrysops*
8	자주복	*Takifugu rubripes*
9	참복	*Takifugu chinensis*
10	까치복	*Takifugu xanthopterus*
11	민밀복	*Lagocephalus inermis*
12	은밀복	*Lagocephalus wheeleri, Lagocephalus spadiceus*
13	흑밀복	*Lagocephalus gloveri, Lagocephalus cheesemanii*
14	불룩복	*Sphoeroides pachygaster*
15	황점복	*Takifugu flavidus*
16	강담복	*ChiLomycterus affinis, ChiLomycterus reticulatus*
17	가시복	*Diodon holocanthus*
18	리투로가시복	*Diodon liturosus*
19	잔점박이가시복	*Diodon hystrix*
20	거북복	*Ostracion immaculatus*
21	까칠복	*Takifugu stictonotus*

(3) 일산화탄소 기준

① 수산물에 일산화탄소를 인위적으로 처리하여서는 아니 된다.

② 필렛(Fillet) 또는 썰거나 자른 냉동틸라피아, 냉동참치 및 방어(냉장 또는 냉동)의 일산화탄소 처리 유무판정은 제8. 6. 6.14 6.14.5 다. 1) 나)에 따르며, 진공포장된 냉동틸라피아 및 방어(냉장 또는 냉동)의 일산화탄소 처리 유무판정은 제8. 6. 6.14 6.14.5 다. 2) 나)에 따른다.

16) 식품의 제조·가공에 사용되는 캡슐류

① 붕해시험 : 적합하여야 한다.

② pH : 3.0~7.5

③ 비소(mg/kg) : 1.5 이하

4. 보존 및 유통기준

1) 일반기준

(1) 모든 식품(식품제조에 사용되는 원료 포함)은 위생적으로 취급하여 보존 및 유통하여야 하며, 그 보존 및 유통 장소가 불결한 곳에 위치하여서는 아니 된다.

(2) 식품을 보존 및 유통하는 장소는 방서 및 방충관리를 철저히 하여야 한다.

(3) 식품은 직사광선이나 비·눈 등으로부터 보호될 수 있고, 외부로부터의 오염을 방지할 수 있는 취급장소에서 유해물질, 협잡물, 이물(곰팡이 등 포함) 등이 혼입 또는 오염되지 않도록 적절한 관리를 하여야 한다.

(4) 식품은 인체에 유해한 화공약품, 농약, 독극물 등과 함께 보존 및 유통하지 말아야 한다.

(5) 식품은 제품의 풍미에 영향을 줄 수 있는 다른 식품 또는 식품첨가물이나 식품을 오염시키거나 품질에 영향을 미칠 수 있는 물품 등과는 분리하여 보존 및 유통하여야 한다.

2) 보존 및 유통온도

(1) 식품은 정해진 보존 및 유통온도를 준수하여야 하며, 따로 보존 및 유통온도를 정하고 있지 않은 경우 직사광선을 피한 실온에서 보존 및 유통하여야 한다.

(2) 상온에서 7일 이상 보존성이 없는 식품은 가능한 한 냉장 또는 냉동시설에서 보존 및 유통하여야 한다.

(3) 이 고시에서 별도로 보존 및 유통온도를 정하고 있지 않은 경우, 실온제품은 1 ~ 35℃, 상온제품은 15 ~25℃, 냉장제품은 0 ~10℃, 냉동제품은 -18℃ 이하, 온장제품은 60℃ 이상에서 보존 및 유통하여야 한다. 다만 아래의 경우 그러하지 않을 수 있다.

① 냉동제품을 소비자(영업을 목적으로 해당 제품을 사용하기 위한 경우는 제외한다)에게 운반하는 경우 -18℃를 초과할 수 있으나 이 경우라도 냉동제품은 어느 일부라도 녹아있는 부분이 없어야 한다.

② 염수로 냉동된 통조림제조용 어류에 한해서는 -9℃ 이하에서 운반할 수 있으나, 운반시에는 위생적인 운반용기, 운반덮개 등을 사용하여 -9℃ 이하의 온도를 유지하여야 한다.

(4) 아래에서 보존 및 유통 온도를 규정하고 있는 제품은 규정된 온도에서 보존 및 유통 하여야 한다.

	식품의 종류	보존 및 유통 온도
①	㉮ 원유 ㉯ 우유류·가공유류·산양유·버터유·농축유류·유청류의 살균제품 ㉰ 두부 및 묵류(밀봉 포장한 두부, 묵류는 제외) ㉱ 물로 세척한 달걀	냉장
	㉮ 양념젓갈류 ㉯ 가공두부(멸균제품 또는 수분함량이 15% 이하인 제품제외) ㉰ 두유류 중 살균제품(pH 4.6 이하의 살균제품 제외) ㉱ 어육가공품류(멸균제품 또는 기타어육가공품 중 굽거나 튀겨 수분함량이 15% 이하인 제품은 제외) ㉲ 알가공품(액란제품 제외) ㉳ 발효유류 ㉴ 치즈류 ㉵ 버터류 ㉶ 생식용 굴 ㉷ 원료육 및 제품 원료로 사용되는 동물성 수산물 ㉸ 신선편의식품(샐러드 제품 제외) ㉹ 간편조리세트(특수의료용도식품 중 간편조리세트형 제품 포함) 중 식육, 기타 식육 또는 수산물을 구성재료로 포함하는 제품	냉장 또는 냉동
③	㉮ 식육(분쇄육, 가금육 제외) ㉯ 포장육(분쇄육 또는 가금육의 포장육 제외) ㉰ 식육가공품(분쇄가공육제품 제외) ㉱ 기타식육	냉장(-2~10℃) 또는 냉동

(계속)

	식품의 종류	보존 및 유통 온도
④	㉮ 식육(분쇄육, 가금육에 한함) ㉯ 포장육(분쇄육 또는 가금육의 포장육에 한함) ㉰ 분쇄가공육제품	냉장(−2~5℃) 또는 냉동
⑤	㉮ 신선편의식품(샐러드 제품에 한함) ㉯ 훈제연어 ㉰ 알가공품(액란제품에 한함)	냉장(0~5℃) 또는 냉동
⑥	㉮ 압착올리브유용 올리브과육 등 변질되기 쉬운 원료 ㉯ 얼음류	−10℃ 이하

(5) (4)의 ①~⑤에도 불구하고 멸균되거나 수분제거, 당분첨가, 당장, 염장 등 부패를 막을 수 있도록 가공된 식육가공품, 우유류, 가공유류, 산양유, 버터유, 농축유류, 유청류, 발효유류, 치즈류, 버터류, 알가공품은 냉장 또는 냉동하지 않을 수 있으며, 두부 및 묵류(밀봉 포장한 두부, 묵류는 제외)는 제품운반 소요시간이 4시간 이내인 경우 먹는물 수질기준에 적합한 물로 가능한 한 환수하면서 보존 및 유통할 수 있다.

(6) 식용란은 가능한 0~15℃에서 보존 및 유통하여야 하며, 냉장된 달걀은 지속적으로 냉장으로 보존 및 유통하여야 한다.

3) 보존 및 유통방법

(1) 냉장제품, 냉동제품 또는 온장제품을 보존 및 유통할 때에는 일정한 온도 관리를 위하여 냉장 또는 냉동차량 등 규정된 온도로 유지가 가능한 설비를 이용하거나 또는 이와 동등 이상의 효력이 있는 방법으로 하여야 한다.

(2) 흡습의 우려가 있는 제품은 흡습되지 않도록 주의하여야 한다.

(3) 냉장제품을 실온에서 보존 및 유통하거나 실온제품 또는 냉장제품을 냉동에서 보존 및 유통하여서는 아니 된다. 다만, 아래에 해당되는 경우 실온제품 또는 냉장제품의 소비기한 이내에서 냉동으로 보존 및 유통할 수 있다.

① 건포류나 건조수산물

② 수분 흡습이 방지되도록 포장된 수분 15% 이하의 제품으로서 당해 제품의 제조·가공업자가 제품에 냉동할 수 있도록 표시한 경우

③ 냉동식품을 보조하기 위해 냉동식품과 함께 포장되는 포장단위 20 g 이하의 소스류, 장류, 식용유지류, 향신료가공품

④ 살균 또는 멸균 처리된 음료류와 발효유류 중 해당 제품의 제조·가공업자가 제

품에 냉동하여 판매가 가능하도록 표시한 제품(다만, 유리병 용기 제품과 탄산음료류는 제외)

⑤ 간편조리세트, 식육간편조리세트, 즉석조리식품, 식단형 식사관리식품의 냉동제품에 구성 재료로 사용되는 경우

⑥ ③~⑤에 따라 냉동된 실온제품 또는 냉장제품은 해동하여 보존 및 유통할 수 없다(다만, 상기 ①~②의 요건에 해당하는 제품은 제외한다)

(4) 냉장식육은 세절 등 절단 작업을 위해 일시적으로 냉동 보관할 수 있다.

(5) 냉동제품을 해동하여 실온제품 또는 냉장제품으로 보존 및 유통할 수 없다. 다만, 아래에 해당되는 경우로서 해당 냉동제품의 제조자가 해동하여 보존 및 유통할 수 없도록 표시한 제품이 아니라면 제품에 냉동포장완료일자(또는 냉동제품의 제조일자), 해동한 업체의 명칭(해당 냉동제품을 제조한 업체와 해동한 업체가 다른 경우), 해동일자, 해동일로부터 유통조건에서의 소비기한(냉동제품으로서의 소비기한 이내)을 별도로 표시하고 냉동제품을 해동하여 보존 및 유통할 수 있다.

① 식품제조·가공업 영업자가 냉동제품인 빵류, 떡류, 초콜릿류, 젓갈류, 과·채주스, 또는 기타 수산물가공품(살균 또는 멸균하여 진공 포장된 제품에 한함)을 해동시켜 실온제품 또는 냉장제품으로 보존 및 유통하는 경우

② 축산물가공업 중 유가공업 영업자가 냉동된 치즈류 또는 버터류를 해동시켜 실온제품 또는 냉장제품으로 보존 및 유통하는 경우

③ 냉동수산물을 해동하여 미생물의 번식을 억제 하고 품질이 유지되도록 기체치환포장(Modified Atmosphere Packaging, MAP) 후 냉장으로 보존 및 유통하는 경우

(6) 제조·가공업 영업자가 냉동식육 또는 냉동수산물을 단순해동 또는 해동 후 절단하여 간편조리세트(특수의료용도식품 중 간편조리세트형 제품 포함)의 재료로 구성하는 경우로서 냉동식육 또는 냉동수산물을 해동하여 사용하였음을 표시한 경우에는 해동된 냉동식육 또는 냉동수산물을 재냉동하지 않고 냉장으로 보존 및 유통할 수 있다. 단, 식육 함량이 구성재료 함량의 60% 미만(분쇄육의 경우 50% 미만)인 제품에 한한다.

(7) 냉동수산물을 해동 후 24시간 이내에 한하여 냉장으로 보존 및 유통할 수 있다. 이

때 해동된 냉동수산물은 재냉동하여서는 아니된다.

(8) 해동된 냉동제품을 재냉동하여서는 아니 된다. 다만, 아래의 작업을 하는 경우에는 그러하지 아니할 수 있으나, 작업 후 즉시 냉동하여야 한다.

① 냉동수산물의 내장 등 비가식부위 및 혼입된 이물을 제거하거나, 선별, 절단, 소분 등을 하기 위해 해동하는 경우

② 냉동식육의 절단 또는 뼈 등의 제거를 위해 해동하는 경우

(9) 생식용 굴은 덮개가 있는 용기(합성수지, 알루미늄 상자 또는 내수성의 가공용기) 등으로 포장해서 보존 및 유통하여야 한다.

(10) 과일농축액 등을 선박을 이용하여 수입·저장·보존·운반 등을 하고자할 때에는 저장탱크(-5℃ 이하), 자사 보관탱크(0℃ 이하), 운반용 탱크로리(0℃ 이하)의 온도를 준수하고 이송라인 세척 등을 반드시 실시하여야 하며, 식품의 저장·보존·운반 및 이송라인 세척에 사용되는 재질 및 세척제는 식품첨가물이나 기구 또는 용기·포장의 기준 및 규격에 적합한 것을 사용하여야 한다.

(11) 제품의 운반 및 포장과정에서 용기·포장이 파손되지 않도록 주의하여야 하며 가능한 한 심한 충격을 주지 않도록 하여야 한다. 또한 관제품은 외부에 녹이 발생하지 않도록 보존 및 유통하여야 한다.

(12) 포장축산물은 다음 각 호의 경우를 제외하고는 재분할 판매하지 말아야 하며, 표시대상 축산물인 경우 표시가 없는 것을 구입하거나 판매하지 말아야 한다.

① 식육판매업 또는 식육즉석판매가공업의 영업자가 포장육을 다시 절단하거나 나누어 판매하는 경우

② 식육즉석판매가공업 영업자가 식육가공품(통조림·병조림은 제외)을 만들거나 다시 나누어 판매하는 경우

4) 소비기한의 설정

(1) 제품의 소비기한을 설정할 수 있는 영업자의 범위는 다음과 같다.

① 식품제조·가공업 영업자

② 즉석판매제조·가공업 영업자

③ 축산물가공업(식육가공업, 유가공업, 알가공업) 영업자

④ 식육즉석판매가공업 영업자

⑤ 식육포장처리업 영업자

⑥ 식육판매업 영업자

⑦ 식용란수집판매업 영업자

⑧ 수입업자(수입 냉장식품 중 보존 및 유통온도가 국내와 상이하여 국내의 보존 및 유통온도 조건에서 유통하기 위한 경우 또는 수입식품 중 제조자가 정한 소비기한 내에서 별도로 소비기한을 설정하는 경우에 한함)

(2) 제품의 소비기한 설정은 해당 제품의 포장재질, 보존조건, 제조방법, 원료배합비율 등 제품의 특성과 냉장 또는 냉동보존 등 기타 유통실정을 고려하여 위해방지와 품질을 보장할 수 있도록 정하여야 한다.

(3) "소비기한"의 산출은 포장완료(다만, 포장 후 제조공정을 거치는 제품은 최종공정 종료)시점으로 하고 캡슐제품은 충전·성형완료시점으로 한다. 다만, 달걀은 '산란일자'를 소비기한 산출시점으로 한다.

(4) 해동하여 출고하는 냉동제품(빵류, 떡류, 초콜릿류, 젓갈류, 과·채주스, 치즈류, 버터류, 기타 수산물가공품(살균 또는 멸균하여 진공 포장된 제품에 한함))은 해동시점을 소비기한 산출시점으로 본다.

(5) 선물세트와 같이 소비기한이 상이한 제품이 혼합된 경우와 단순 절단, 식품 등을 이용한 단순 결착 등 원료 제품의 저장성이 변하지 않는 단순가공처리만을 하는 제품은 소비기한이 먼저 도래하는 원료 제품의 소비기한을 최종제품의 소비기한으로 정하여야 한다.

(6) 소분 판매하는 제품은 소분하는 원료 제품의 소비기한을 따른다.

영·유아 또는 고령자를 섭취대상으로 표시하여 판매하는 식품의 기준 및 규격

1. 영·유아를 섭취대상으로 표시하여 판매하는 식품

1) 정의

"영·유아를 섭취대상으로 표시하여 판매하는 식품"이란 '제5. 식품별 기준 및 규격'의 1. 과자류, 빵류 또는 떡류~23. 즉석식품류에 해당하는 식품(다만, 특수영양식품, 특수의료용도식품 제외) 중 영아 또는 유아를 섭취대상으로 표시하여 판매하는 식품으로서, 그대로 또는 다른 식품과 혼합하여 바로 섭취하거나 가열 등 간단한 조리과정을 거쳐 섭취하는 식품을 말한다.

2) 원료 등의 구비요건

3) 제조·가공기준

(1) 미생물로 인한 위해가 발생하지 않도록 살균 또는 멸균공정을 거쳐야 한다.

(2) 영아용 제품(영·유아 공용제품 포함) 중 액상제품은 멸균제품으로 제조하여야 한다.(단, 우유류, 가공유류, 발효유류 제외)

(3) 꿀 또는 단풍시럽을 원료로 사용하는 때에는 클로스트리디움 보툴리늄의 포자가 파괴되도록 처리하여야 한다.

(4) 코코아는 12개월 이상의 유아용 제품에 사용할 수 있으며 그 사용량은 1.5% 이하이어야 한다.(희석하여 섭취하는 제품은 섭취할 때를 기준으로 한다.)

(5) 타르색소와 사카린나트륨은 사용하여서는 아니된다.

(6) 제품은 제2. 식품일반에 대한 공통기준 및 규격, 3. 식품일반의 기준 및 규격, 5) 오염물질 중 영·유아용 이유식에 대해 규정한 기준에 적합하게 제조하여야 한다.

4) 규격

(1) 위생지표균 및 식중독균

항목 \ 규격	제품 특성	n	c	m	M
세균수	① 멸균제품	5	0	0	–
	② 6개월미만 영아를 대상을 하는 분말제품	5	2	1,000	10,000
	위 ①, ② 이외의 식품 (분말제품 또는 유산균첨가제품, 치즈류는 제외)	5	1	10	100
대장균군(멸균제품 제외)		5	0	0	–
바실루스 세레우스(멸균제품 제외)		5	0	100	–
크로노박터(영아용제품에 한하며, 멸균제품은 제외)		5	0	0/60g	–

(2) 나트륨(mg/100g) : 200 이하(다만 치즈류는 300이하이며, 희석 또는 혼합하여 섭취하는 제품은 제조사가 제시한 섭취방법을 반영하여 기준을 적용)

2. 고령자를 섭취대상으로 표시하여 판매하는 식품

1) 정의

"고령자를 섭취대상으로 표시하여 판매하는 식품(고령친화식품)"이란 '제5. 식품별 기준 및 규격'의 1. 과자류, 빵류 또는 떡류 ~ 24. 기타식품류(다만, 기타가공품은 제외)에 해당하는 식품 중 고령자의 식품 섭취나 소화 등을 돕기 위해 식품의 물성을 조절하거나, 소화에 용이한 성분이나 형태가 되도록 처리하거나, 영양성분을 조정하여 제조·가공한 것을 말한다.

2) 원료 등의 구비요건

3) 제조·가공기준

(1) 고령자의 섭취, 소화, 흡수, 대사, 배설 등의 능력을 고려하여 제조·가공하여야 한다.

(2) 미생물로 인한 위해가 발생하지 아니하도록 과일류 및 채소류는 충분히 세척한 후 식품첨가물로 허용된 살균제로 살균 후 깨끗한 물로 충분히 세척하여야 한다(다만, 껍질을 제거하여 섭취하는 과일류, 과채류와 세척 후 가열과정이 있는 과일류 또는 채소류는 제외)

(3) 육류, 식용란 또는 동물성수산물을 원료로 사용하는 경우 충분히 익도록 가열하여야 한다.

(4) 고령자의 식품 섭취를 돕기 위하여 다음 중 어느 하나에 적합하도록 제조·가공하여야 한다.

① 제품 100 g 당 단백질, 비타민 A, C, D, 리보플라빈, 나이아신, 칼슘, 칼륨, 식이섬유 중 3개 이상의 영양성분을 제8. 일반시험법 12. 부표 12.10 한국인 영양소 섭취기준 중 성인남자 65~74세의 권장섭취량 또는 충분섭취량의10% 이상이 되도록 원료식품을 조합하거나 영양성분을 첨가하여야 한다. 다만, 특정 성별·연령군을 대상으로 하는 제품임을 명시하는 경우 해당 인구군의 영양소 섭취기준을 사용할 수 있으며, 고령자용 영양조제식품은 제5. 10. 10-7 3)에 따라 제조한다.

② 고령자가 섭취하기 용이하도록 경도 500,000 N/m^2 이하로 제조하여야 한다.

4) 규격

① 대장균군 : n=5, c=0, m=0(살균제품에 한함)

② 대장균 : n=5, c=0, m=0(비살균제품에 한함)

③ 경도 : 500,000 N/m^2 이하(경도조절제품에 한함)

④ 점도 : 1,500 mpa·s 이상(경도 20,000 N/m^2 이하의 점도조절 액상제품에 한함)

장기보존식품의 기준 및 규격

1. 통·병조림식품

"통·병조림식품"이라 함은 제조·가공 또는 위생처리된 식품을 12개월을 초과 하여 실온에서 보존 및 유통할 목적으로 식품을 통 또는 병에 넣어 탈기와 밀봉 및 살균 또는 멸균한 것을 말한다.

1) 제조·가공기준

(1) 멸균은 제품의 중심온도가 120℃ 이상에서 4분 이상 열처리하거나 또는 이와 동등이상의 효력이 있는 방법으로 열처리하여야 한다.

(2) pH 4.6을 초과하는 저산성식품(low acid food)은 제품의 내용물, 가공장소, 제조일자를 확인할 수 있는 기호를 표시하고 멸균공정 작업에 대한 기록을 보관하여야 한다.

(3) pH가 4.6 이하인 산성식품은 가열 등의 방법으로 살균처리할 수 있다.

(4) 제품은 저장성을 가질 수 있도록 그 특성에 따라 적절한 방법으로 살균 또는 멸균처리하여야 하며 내용물의 변색이 방지되고 호열성 세균의 증식이 억제될 수 있도록 적절한 방법으로 냉각하여야 한다.

2) 규격

(1) 성상 : 관 또는 병 뚜껑이 팽창 또는 변형되지 아니하고, 내용물은 고유의 색택을 가지고 이미·이취가 없어야 한다.

(2) 주석(mg/kg) : 150 이하(알루미늄 캔을 제외한 캔제품에 한하며, 산성 통조림은 200 이하 이어야 한다.)

(3) 세균 : 세균발육이 음성이어야 한다.

2. 레토르트식품

"레토르트(retort)식품"이라 함은 제조·가공 또는 위생처리된 식품을 12개월을 초과 하여 실온에서 보존 및 유통할 목적으로 단층 플라스틱필름이나 금속박 또는 이를 여러 층으로 접착하여, 파우치와 기타 모양으로 성형한 용기에 제조·가공 또는 조리한 식품을 충전하고 밀봉하여 가열살균 또는 멸균한 것을 말한다.

1) 제조·가공기준

(1) 멸균은 제품의 중심온도가 120℃ 이상에서 4분 이상 열처리하거나 또는 이와 동등이상의 효력이 있는 방법으로 열처리하여야 한다.

(2) pH 4.6을 초과하는 저산성식품(low acid food)은 제품의 내용물, 가공장소, 제조일자를 확인할 수 있는 기호를 표시하고 멸균공정 작업에 대한 기록을 보관하여야 한다.

(3) pH가 4.6 이하인 산성식품은 가열 등의 방법으로 살균처리할 수 있다.

(4) 제품은 저장성을 가질 수 있도록 그 특성에 따라 적절한 방법으로 살균 또는 멸균처리하여야 하며 내용물의 변색이 방지되고 호열성 세균의 증식이 억제될 수 있도록 적절한 방법으로 냉각시켜야 한다.

(5) 보존료는 일절 사용하여서는 아니 된다.

2) 규격

(1) 성상 : 외형이 팽창, 변형되지 아니하고, 내용물은 고유의 향미, 색택, 물성을 가지고 이미·이취가 없어야 한다.

(2) 세균 : 세균발육이 음성이어야 한다.

(3) 타르색소 : 검출되어서는 아니 된다.

3. 냉동식품

"냉동식품"이라 함은 제조·가공 또는 조리한 식품을 장기보존할 목적으로 냉동처리, 냉동보관하는 것으로서 용기·포장에 넣은 식품을 말한다.

(1) 가열하지 않고 섭취하는 냉동식품 : 별도의 가열과정 없이 그대로 섭취할 수 있는 냉동식품을 말한다.

(2) 가열하여 섭취하는 냉동식품 : 섭취시 별도의 가열과정을 거쳐야만 하는 냉동식품을 말한다.

1) 제조 · 가공기준

(1) 살균제품은 그 중심부의 온도를 63℃ 이상에서 30분 가열하거나 이와 같은 수준 이상의 효력이 있는 방법으로 가열 살균하여야 한다.

2) 규격(식육, 포장육, 유가공품, 식육가공품, 알가공품, 식육함유가공품(비살균제품), 어육가공품류(비살균제품), 기타 동물성가공식품(비살균제품)은 제외)

(1) 가열하지 않고 섭취하는 냉동식품

① 세균수 : n=5, c=2, m=100,000, M=500,000(다만, 발효제품, 발효제품 첨가 또는 유산균 첨가제품은 제외한다)

② 대장균군 : n=5, c=2, m=10, M=100(살균제품에 해당된다)

③ 대장균 : n=5, c=2, m=0, M=10(다만, 살균제품은 제외한다)

④ 유산균수 : 표시량 이상(유산균 첨가제품에 해당된다)

(2) 가열하여 섭취하는 냉동식품*1

① 세균수 : n=5, c=2, m=1,000,000, M=5,000,000(살균제품은 n=5, c=2, m=100,000, M=500,000, 다만, 발효제품, 발효제품 첨가 또는 유산균 첨가제품은 제외한다)

② 대장균군 : n=5, c=2, m=10, M=100(살균제품에 해당된다)

③ 대장균 : n=5, c=2, m=0, M=10(다만, 살균제품은 제외한다)

④ 유산균수 : 표시량 이상(유산균 첨가제품에 해당된다)

* 주1. 간편조리세트(특수의료용도식품 중 간편조리세트형 제품 포함)는 가열조리하여 섭취하는 재료 중 다른 재료와 교차오염되지 않도록 구분 포장된 농·축·수산물 재료를 제외하고, 나머지 구성 재료를 모두 혼합하여 규격을 적용

식품별 기준 및 규격

1. 과자류, 빵류 또는 떡류

1) 정의

과자류, 빵류 또는 떡류라 함은 곡분, 설탕, 달걀, 유제품 등을 주원료로 하여 가공한 과자, 캔디류, 추잉껌, 빵류, 떡류를 말한다.

2) 원료 등의 구비요건

(1) 부패·변질이 용이한 원료는 냉장 또는 냉동 보관하여야 한다.

3) 제조·가공기준

(1) 흡입하여 섭취할 수 있는 컵모양 등 젤리의 크기는 다음의 어느 하나에 적합하게 제조하여야 한다.

① 뚜껑과 접촉하는 면의 최소내경이 5.5 cm 이상이고 높이와 바닥면의 최소내경은 각각 3.5 cm이상

② 긴 변의 길이가 10 cm 이상이고 너비와 두께가 각각 1.5 cm 미만

③ 젤리 내 두 지점을 잇는 가장 긴 직선의 길이가 5.5 cm 이상이고 젤리의 중량이 60 g 이상

(2) 컵모양 등 젤리의 원료로 다음의 겔화제는 사용할 수 없다.

① 곤약, 글루코만난

(3) 캔디류의 표면에 신맛을 내기 위해 구연산, 사과산 등을 도포하여 제조하는 경우, 구연산, 사과산 등의 성분이 50% 미만(여러 가지 산(酸)을 혼합하는 경우는 그 합으로서)이 되도록 희석하여 도포하여야 한다.

4) 식품유형

(1) 과자 : 곡분 등을 주원료로 하여 굽기, 팽화, 유탕 등의 공정을 거친 것이거나 이에 식품 또는 식품첨가물을 가한 것으로 비스킷, 웨이퍼, 쿠키, 크래커, 한과류, 스낵

과자 등을 말한다.

(2) 캔디류 : 당류, 당알코올, 앙금 등을 주원료로 하여 이에 식품 또는 식품첨가물을 가하여 성형 등 가공한 것으로 사탕, 캐러멜, 양갱, 젤리 등을 말한다.

(3) 추잉껌 : 천연 또는 합성수지 등을 주원료로 한 껌베이스에 다른 식품 또는 식품첨가물을 가하여 가공한 것을 말한다.

(4) 빵류 : 밀가루 또는 기타 곡분, 설탕, 유지, 달걀 등을 주원료로 하여 이를 발효시키거나 발효하지 않고 반죽한 것 또는 크림, 설탕, 달걀 등을 주원료로 하여 반죽하여 냉동한 것과 이를 익힌 것으로서 식빵, 케이크, 카스텔라, 도넛, 피자, 파이, 핫도그, 티라미스, 무스케익 등을 말한다.

(5) 떡류 : 쌀가루, 찹쌀가루, 감자가루 또는 전분이나 기타 곡분 등을 주원료로 하여 이에 식염, 당류, 곡류, 두류, 채소류, 과일류 또는 주류 등을 가하여 반죽한 것 또는 익힌 것을 말한다.

5) 규격

(1) 산가 : 2.0 이하(유탕·유처리한 과자에 한하며, 한과류는 3.0 이하)

(2) 허용외 타르색소 : 검출되어서는 아니 된다(캔디류, 추잉껌, 빵류에 한한다).

(3) 산화방지제(g/kg) : 다음에서 정하는 것 이외의 산화방지제가 검출되어서는 아니 된다(추잉껌에 한한다).

부틸히드록시아니솔 디부틸히드록시톨루엔 터셔리부틸히드로퀴논	0.4 이하 (병용할 때에는 디부틸히드록시톨루엔으로서 사용량, 부틸히드록시아니솔으로서 사용량 및 터셔리부틸히드로퀴논으로서 사용량의 합계가 0.4 이하)

(4) 보존료(g/kg) : 다음에서 정하는 것 이외의 보존료가 검출되어서는 아니 된다.

프로피온산 프로피온산나트륨 프로피온산칼슘	2.5 이하 (프로피온산으로서 기준하며, 빵류에 한한다)

(5) 세균수 : n=5, c=2, m=10,000, M=50,000(과자, 캔디류 밀봉제품에 한하며, 발효제품 또는 유산균 함유제품은 제외한다.)

(6) 황색포도상구균 : n=5, c=0, m=0/10g[다만, 크림(우유, 달걀, 유크림, 식용유지를 주원료로 이에 식품이나 식품첨가물을 가하여 혼합 또는 공기혼입 등의 가공공정을 거친

것을 말한다.)을 도포 또는 충전 후 가열살균하지 않고 그대로 섭취하는 빵류에 한한다.]

(7) 살모넬라 : n=5, c=0, m=0/10g[다만, 크림(우유, 달걀, 유크림, 식용유지를 주원료로 이에 식품이나 식품첨가물을 가하여 혼합 또는 공기혼입 등의 가공공정을 거친 것을 말한다.)을 도포 또는 충전 후 가열살균하지 않고 그대로 섭취하는 빵류에 한한다.]

(8) 대장균 : n=5, c=1, m=0, M=10(떡류에 한한다.)

(9) 유산균수 : 표시량 이상(유산균함유 과자, 캔디류에 한한다.)

(10) 압착강도(Newton) : 5 이하(컵모양, 막대형 등 젤리에 한한다)

(11) 총산(구연산으로서, w/w%) : 6.0 미만(캔디류에 한하며, 표면에 신맛 물질이 도포되어 있는 경우는 4.5 미만)

(12) 총 아플라톡신(μg/kg) : 15.0 이하(B_1, B_2, G_1 및 G_2의 합으로서, 단 B_1은 10.0 μg/kg 이하이어야 하며, 땅콩 및 견과류 함유 과자, 캔디류, 추잉껌에 한한다)

(13) 푸모니신(mg/kg) : 1 이하(B1 및 B2의 합으로서. 단, 옥수수 50% 이상 함유 과자, 캔디류, 추잉껌에 한한다)

(14) 납(mg/kg) : 1.0 이하(젤리에 한한다)

0.2 이하(사탕에 한한다)

〈고시 제2020-3호, 2020.1.14.〉 [시행일 2020.7.15.]

(14) 납(mg/kg) : 0.2 이하(캔디류에 한한다.)

6) 시험방법

(1) 산가 : 제8. 일반시험법 2.1.5.3.1 산가에 따라 시험한다.

(2) 허용외 타르색소 : 제8. 일반시험법 3.4 착색료에 따라 시험한다.

(3) 산화방지제 : 제8. 일반시험법 3.3 산화방지제에 따라 시험한다.

(4) 보존료 : 제8. 일반시험법 3.1 보존료에 따라 시험한다.

(5) 세균수제 : 8. 일반시험법 4.미생물시험법 4.5.1 일반세균수에 따라 시험한다.

(6) 황색포도상구균 : 크림을 도포 또는 충전한 제품의 크림 10 g을 무작위로 취한 후 제8. 일반시험법 4.12 황색포도상구균 4.12.1 정성시험에 따라 시험한다.

(7) 살모넬라 : 크림을 도포 또는 충전한 제품의 크림 10 g을 무작위로 취한 후 제8. 일

반시험법 4.11 살모넬라에 따라 시험한다.

(8) 대장균 : 제8. 일반시험법 4. 미생물시험법 4.8 대장균에 따라 시험한다.

(9) 유산균수 : 제8. 일반시험법 4. 미생물시험법 4.9 유산균수에 따라 시험한다.

(10) 압착강도 : 제8. 일반시험법 1.5 젤리의 물성시험에 따라 시험한다.

(11) 총산 : 균질화된 검체 1~5 g을 취하여 증류수 50 mL를 가하고 진탕하여 완전히 녹인 것을 시험용액으로 한다. 시험에 사용할 pH미터기를 pH 4.01, 7.00, 10.01 각각의 완충용액으로 교정한다. 시험용액을 교정용 완충용액과 동일한 온도가 되도록 한 후 교정한 pH 미터기의 전극을 이용하여 교반하면서 0.1 N 수산화나트륨액으로 pH 8.2가 될 때까지 적정한다. 소비된 0.1 N 수산화나트륨액을 확인하여 다음 식으로 총산의 함량을 계산한다. 3회 반복 실험 후 평균값으로 결과값을 구한다.

$$0.1\ \text{N 수산화나트륨액 } 1\ \text{mL} = 0.0064\ \text{g } C_6H_8O_7$$

$$\text{총산(w/w\%)} = \frac{0.0064 \times V \times f}{S} \times 100\text{(구연산으로서)}$$

V : 0.1 N NaOH의 소비량(mL), f : 0.1 N NaOH의 Factor, S : 검체량(g)

(12) 아플라톡신 : 제8. 일반시험법 9.2 곰팡이독소에 따른다.

(13) 푸모니신 : 제8. 일반시험법 9.2 곰팡이독소에 따라 시험한다.

(14) 납 : 제8. 일반시험법 9.1 중금속에 따라 시험한다.

2. 빙과류

빙과류라 함은 원유, 유가공품, 먹는물에 다른 식품 또는 식품첨가물 등을 가한 후 냉동하여 섭취하는 아이스크림류, 빙과, 아이스크림믹스류, 식용얼음을 말한다.

2-1 아이스크림류(*축산물가공품)

1) 정의

아이스크림류라 함은 원유, 유가공품을 원료로 하여 이에 다른 식품 또는 식품첨가물 등을 가한 후 냉동, 경화한 것을 말하며, 유산균(유산간균, 유산구균, 비피더스균을 포함한다) 함유제품은 유산균 함유제품 또는 발효유를 함유한 제품으로 표시한 아이스크림류를 말한다.

2) 원료 등의 구비요건

3) 제조·가공기준

(1) 달걀을 사용할 경우에는 사용 전에 달걀표면을 세척·소독하여야 한다.

(2) 살균은 제품의 중심부 온도를 68.5℃에서 30분 이상 또는 이와 동등이상의 효력을 가지는 방법으로 실시하여야 한다(단, 유산균 함유제품은 필요한 경우 살균공정을 제외할 수 있다).

(3) 살균처리 후에 다른 원료를 가하는 때에는 미생물이 오염되지 않도록 유의하여야 한다.

(4) 제조 시 최종제품의 무지유고형분은 탈지분유와 성분규격이 같은 것을 75%(중량기준으로 한다)이상 함유하여야 한다.

(5) 샤베트, 소프트 타입의 아이스크림 등 제품의 특성에 따라 경화 또는 냉동 공정을 생략할 수 있다.

4) 식품유형

(1) 아이스크림 : 아이스크림류이면서 유지방분 6% 이상, 유고형분 16% 이상의 것을 말한다.

(2) 저지방아이스크림 : 아이스크림류이면서 조지방 2% 이하, 무지유고형분 10% 이상의 것을 말한다.

(3) 아이스밀크 : 아이스크림류이면서 유지방분 2% 이상, 유고형분 7% 이상의 것을 말한다.

(4) 샤베트 : 아이스크림류이면서 무지유고형분 2% 이상의 것을 말한다.

(5) 비유지방아이스크림 : 아이스크림류이면서 조지방 5% 이상, 무지유고형분 5% 이상의 것을 말한다.

5) 규격

(1) 유지방(%) : 2.0 이상(아이스밀크에 한한다)
6.0 이상(아이스크림에 한한다)

(2) 조지방(%) : 2.0 이하(저지방아이스크림에 한한다)

(3) 세균수 : n=5, c=2, m=10,000, M=100,000(단, 유산균 함유제품, 발효유 함유제품은

제외한다)

(4) 대장균군 : n=5, c=2, m=10, M=100

(5) 유산균수 : 표시량 이상이어야 한다(단, 유산균 함유제품에 한한다)

(6) 리스테리아 모노사이토제네스 : n=5, c=0, m=0/25g

6) 시험방법 : 생략

2-3 빙과

1) 정의

먹는물에 식품 또는 식품첨가물을 혼합하여 냉동한 것으로 2-1~2-2에 해당되지 아니하는 것을 말한다.

2) 원료 등의 구비요건

3) 제조·가공기준

(1) 빙과는 그 중심부의 온도를 63℃ 이상에서 30분 가열하거나 이와 같은 수준 이상의 효력이 있는 방법으로 살균 후 냉동하여야 한다.

4) 식품유형

5) 규격

(1) 세균수 : n=5, c=2, m=10,000, M=50,000(밀봉제품에 한하며, 발효제품 또는 유산균 함유제품은 제외한다)

(2) 대장균군 : n=5, c=2, m=0, M=10

(3) 유산균수 : 표시량 이상이어야 한다(단, 유산균함유제품에 한한다)

6) 시험방법 : 생략

2-4 얼음류(생략)

3. 코코아가공품류 또는 초콜릿류

코코아가공품류 또는 초콜릿류라 함은 테오브로마 카카오(*Theobroma cacao*)의 씨앗으로부터 얻은 코코아매스, 코코아버터, 코코아분말과 이에 식품 또는 식품첨가물을 가하여 가공한 기타 코코아가공품, 초콜릿, 밀크초콜릿, 화이트초콜릿, 준초콜릿, 초콜릿가공품을 말한다.

3-1 코코아가공품류

1) 정의

코코아가공품류라 함은 카카오 씨앗으로부터 얻은 코코아매스, 코코아버터, 코코아분말, 기타 코코아가공품을 말한다.

2) 원료 등의 구비요건

3) 제조·가공기준

(1) 알코올성분을 첨가할 수 없다. 다만, 제조공정상 알코올성분으로 제품의 맛, 향의 보조, 냄새제거 등의 목적으로 사용하고자 하는 경우에는 알코올성분 기준으로 할 때 1% 미만으로 사용할 수 있다.

4) 식품유형

(1) 코코아매스 : 카카오씨앗을 껍질을 벗겨서 곱게 분쇄시킨 분말, 반유동상의 것 또는 이것을 경화한 덩어리상태의 것을 말한다.

(2) 코코아버터 : 카카오씨앗의 껍질을 벗긴 후 압착 또는 용매추출하여 얻은 지방을 말한다.

(3) 코코아분말 : 카카오씨앗을 볶은 후 껍질을 벗겨서 지방을 제거한 덩어리를 분말화한 것을 말한다.

(4) 기타 코코아가공품 : 카카오씨앗에서 얻은 원료를 분쇄, 압착 등 단순 가공한 것이거나, 이에 식품 또는 식품첨가물 등을 혼합한 것으로 코코아매스, 코코아버터, 코코아분말 이외의 것을 말한다. 다만 초콜릿류, 과자류, 빵류 또는 떡류에 속하는 것은 제외한다.

5) 규격

(1) 납(mg/kg) : 2.0 이하(코코아분말에 한한다)

(2) 요오드가 : 33~42(코코아버터에 한한다)

(3) 살모넬라 : n=5, c=0, m=0/25 g

6) 시험방법 : 생략

3-2 초콜릿류

1) 정의

초콜릿류라 함은 코코아가공품류에 식품 또는 식품첨가물을 가하여 가공한 초콜릿, 밀크초콜릿, 화이트초콜릿, 준초콜릿, 초콜릿가공품을 말한다.

2) 원료 등의 구비요건

3) 제조·가공기준

(1) 알코올성분을 첨가할 수 없다. 다만, 제조공정상 알코올성분으로 제품의 맛, 향의 보조, 냄새제거 등의 목적으로 사용하고자 하는 경우에는 알코올성분 기준으로 할 때 1% 미만으로 사용할 수 있다.

4) 식품유형

(1) 초콜릿 : 코코아가공품류에 식품 또는 식품첨가물 등을 가하여 가공한 것으로서 코코아고형분 함량 30% 이상(코코아버터 18% 이상, 무지방 코코아고형분 12% 이상)인 것을 말한다.

(2) 밀크초콜릿 : 코코아가공품류에 식품 또는 식품첨가물 등을 가하여 가공한 것으로 코코아고형분을 20% 이상(무지방 코코아고형분 2.5% 이상) 함유하고 유고형분이 12% 이상(유지방 2.5% 이상)인 것을 말한다.

(3) 화이트초콜릿 : 코코아가공품류에 식품 또는 식품첨가물 등을 가하여 가공한 것으로서, 코코아버터를 20% 이상 함유하고, 유고형분이 14% 이상(유지방 2.5% 이상)인 것을 말한다.

(4) 준초콜릿 : 코코아가공품류에 식품 또는 식품첨가물 등을 가하여 가공한 것으로서 코코아고형분 함량 7% 이상인 것을 말한다.

(5) 초콜릿가공품 : 견과류, 캔디류, 비스킷류 등 식용가능한 식품에 (1)(초콜릿)~(4)(준초콜릿)의 초콜릿류를 혼합, 코팅, 충전 등의 방법으로 가공한 복합제품으로서 코코아고형분 함량 2% 이상인 것을 말한다.

5) 규격

(1) 허용외 타르색소 : 검출되어서는 아니 된다.

(2) 세균수 : n=5, c=2, m=10,000, M=50,000(밀봉제품에 한하며, 발효제품 또는 유산균 첨가제품은 제외한다.)

(3) 유산균수 : 표시량 이상(유산균함유제품에 한한다)

(4) 살모넬라 : n=5, c=0, m=0/25 g

6) 시험방법 : 생략

4. 당류

당류라 함은 전분질원료나 당액을 가공하여 얻은 설탕류, 당시럽류, 올리고당류, 포도당, 과당류, 엿류 또는 이를 가공한 당류가공품을 말한다.

4-1 설탕류(생략)

5. 잼류

1) 정의

잼류라 함은 과일류, 채소류, 유가공품 등을 당류 등과 함께 젤리화 또는 시럽화한 것으로 잼, 기타 잼을 말한다.

2) 원료 등의 구비요건

3) 제조·가공기준

(1) 살균 후 제품 품질 유지와 호열성세균 증식 억제를 위해 냉각하여야 한다.

4) 식품유형

(1) 잼 : 과일류 또는 채소류(생물로 기준하여 30% 이상)를 당류 등과 함께 젤리화한 것

을 말한다.

(2) 기타잼 : 과일류, 채소류, 유가공품 등을 그대로 또는 당류 등과 함께 가공한 것으로서 시럽(생물로 기준할 때 20% 이상), 과일파이필링, 밀크잼 등을 말한다.

5) 규격

(1) 타르색소 : 검출되어서는 아니 된다(기타잼은 제외).

(2) 보존료(g/kg) : 다음에 정하는 것 이외의 보존료가 검출되어서는 아니 된다.

소브산 소브산칼륨 소브산칼슘	1.0 이하(소브산으로서)
안식향산 안식향산나트륨 안식향산칼륨 안식향산칼슘	1.0 이하(안식향산으로서)
파라옥시안식향산메틸 파라옥시안식향산에틸	1.0 이하(파라옥시안식향산으로서)
프로피온산 프로피온산나트륨 프로피온산칼슘	1.0 이하(프로피온산으로서)
상기의 보존료를 병용 사용시	1.0 이하(소브산, 안식향산, 파라옥시안식향산 및 프로피온산의 합으로서)

(3) 납(mg/kg) : 1.0 이하

6) 시험방법 : 생략

6. 두부류 또는 묵류

1) 정의

두부류라 함은 두류를 주원료로 하여 얻은 두유액을 응고시켜 제조·가공한 것으로 두부, 유바, 가공두부를 말하며, 묵류라 함은 전분질이나 다당류를 주원료로 하여 제조한 것을 말한다.

2) 원료 등의 구비요건

(1) 원료는 전처리 과정을 거쳐서 흙, 모래, 짚 등과 같은 이물을 충분히 제거한 것이어야 한다.

(2) 두류분은 진공포장, 진공후 질소충전 또는 냉장유통·보관되고 있는 것이어야 한다.

3) 제조·가공기준

(1) 최종제품은 포장을 권장한다.

(2) 포장하지 아니한 두부에는 타사 제품과 구분될 수 있도록 제조업소의 상호나 상표를 성형·표시하여야 한다.

(3) 유바 제조에 사용되는 두유는 반드시 가열처리하거나 이와 동등 이상의 효력을 갖는 방법으로 처리한 것을 사용하여야 한다.

(4) 두부류 제조시에는 「환경정책기본법 시행령」 [별표] 환경기준 중 3. 라. 1)과 4)의 수질기준에 적합한 해수(염지하수 포함)에 한하여 사용할 수 있다.

4) 식품유형

(1) 두부 : 두류(두류분 포함, 100%, 단 식염제외)를 원료로 하여 얻은 두유액에 응고제를 가하여 응고시킨 것을 말한다.

(2) 유바 : 두류를 일정한 온도로 가열시 형성되는 피막을 채취하거나 이를 가공한 것을 말한다.

(3) 가공두부 : 두부 제조시 다른 식품을 첨가하거나 두부에 다른 식품이나 식품첨가물을 가하여 가공한 것을 말한다(다만, 두부가 30% 이상이어야 한다).

(4) 묵류 : 전분질원료, 해조류 또는 곤약을 주원료로 하여 가공한 것을 말한다.

5) 규격

(1) 대장균군 : n=5, c=1, m=0, M=10(충전, 밀봉한 제품에 한한다.)

(2) 타르색소 : 검출되어서는 아니 된다.

6) 시험방법 : 생략

7. 식용유지류

식용유지류라 함은 유지를 함유한 원료로부터 얻은 원료 유지를 식용에 적합하도록 제조·가공한 것 또는 이에 식품 또는 식품첨가물을 가한 것으로 식물성유지류, 동물성유지류, 식용유지가공품을 말한다.

7-1 식물성유지류

1) 정의

식물성유지류라 함은 유지를 함유한 식물(파쇄분 포함)로부터 얻은 원료 유지를 식용에 적합하게 처리한 것이거나 이를 원료로 하여 제조·가공한 것으로 콩기름, 옥수수기름, 채종유, 미강유, 참기름, 추출참깨유, 들기름, 추출들깨유, 홍화유, 해바라기유, 목화씨기름, 땅콩기름, 올리브유, 팜유류, 야자유, 고추씨기름 등을 말한다.

2) 원료 등의 구비요건

3) 제조·가공기준

(1) 추출 등의 방법으로 채유한 원료유지는 탈검, 탈산, 탈색, 탈취의 정제공정을 거치거나 이와 동등이상의 복합정제공정을 거쳐야 한다.

(2) 압착 또는 이산화탄소(초임계추출)로 얻어진 원료유지는 침전물을 제거하기 위하여 자연정치, 여과 등의 공정을 거쳐야 한다.

(3) 미강유의 정제공정 중에 산가를 조절하기 위하여 글리세린을 사용하여서는 아니된다.

(4) 압착 또는 이산화탄소(초임계추출)로 얻어진 참기름과 들기름에는 다른 식용유지를 일절 혼합하여서는 아니 된다.

(5) 제조공정 중 사용된 추출용제, 이산화탄소 및 수산화나트륨 등은 식품첨가물의 기준 및 규격의 사용기준에 적합하게 처리하여야 한다.

4) 식품유형

(1) 콩기름(대두유) : 콩으로부터 채취한 원료유지를 식용에 적합하도록 처리한 것으로 콩기름, 고올레산 콩기름을 말한다.

(2) 옥수수기름(옥배유) : 옥수수의 배아로부터 채취한 원료유지를 식용에 적합하도록 처리한 것을 말한다.

(3) 채종유(유채유 또는 카놀라유) : 유채로부터 채취한 원료유지를 식용에 적합하도록 처리한 것을 말한다.

(4) 미강유(현미유) : 미강으로부터 채취한 원료유지를 식용에 적합하도록 처리한 것을 말한다.

(5) 참기름 : 참깨를 압착하여 얻은 압착참기름 또는 이산화탄소(초임계추출)로 추출한 초임계추출 참기름을 말한다.

(6) 추출참깨유 : 참깨로부터 추출한 원료유지를 정제한 것을 말한다.

(7) 들기름 : 들깨를 압착하여 얻은 압착들기름 또는 이산화탄소(초임계추출)로 추출한 초임계추출 들기름을 말한다.

(8) 추출들깨유 : 들깨로부터 추출한 원료유지를 정제한 것을 말한다.

(9) 홍화유(사플라워유 또는 잇꽃유) : 홍화씨로부터 채취한 원료유지를 식용에 적합하도록 처리한 것으로 홍화유, 고올레산홍화유를 말한다.

(10) 해바라기유 : 해바라기의 씨로부터 채취한 원료유지를 식용에 적합하도록 처리한 것으로 해바라기유(압착해바라기유 포함), 고올레산해바라기유를 말한다.

(11) 목화씨기름(면실유) : 목화씨로부터 채취한 원료유지를 식용에 적합하도록 처리한 것으로 목화씨기름, 목화씨샐러드유, 목화씨스테아린유를 말한다.

(12) 땅콩기름(낙화생유) : 땅콩으로부터 채취한 원료유지를 식용에 적합하도록 처리한 것을 말한다.

(13) 올리브유 : 올리브과육을 물리적 또는 기계적인 방법에 의하여 압착·여과하거나 정제한 것 또는 이를 혼합한 것을 말한다.

(14) 팜유류 : 팜의 과육으로부터 채취한 팜유, 팜유를 분별한 팜올레인유 또는 팜스테아린유, 팜의 핵으로부터 채취한 팜핵유를 말한다.

(15) 야자유 : 야자과육으로부터 채취한 원료유지를 식용에 적합하도록 처리한 것을 말한다.

(16) 고추씨기름 : 고추씨로부터 채취한 원료유지를 식용에 적합하도록 처리한 것을 말한다.

(17) 기타식물성유지 : 단일 식물성 원료로부터 채취한 원료유지를 식용에 적합하도록 처리한 것 또는 압착방법으로 착유하고 남은 박으로부터 채취한 원료유지를 식용에 적합하도록 정제 처리한 것을 말한다. 다만, 다른 기준 및 규격이 정하여져 있는 것은 그 기준·규격에 의한다.

5) 규격

항목 \ 유형	콩기름	옥수수기름	채종유	미강유
(1) 산가	0.6 이하(압착유는 4.0 이하)			
(2) 요오드가	123~142(고올레산 제품은 75~95)	103~130	95~127	92~115

<table>
<tr><th>항목 \ 유형</th><th>참기름</th><th>추출참깨유</th><th>들기름</th><th>추출들깨유</th></tr>
<tr><td>(1) 산가</td><td>4.0 이하</td><td>0.6 이하</td><td>5.0 이하</td><td>0.6 이하</td></tr>
<tr><td>(2) 요오드가</td><td>103~118</td><td>103~118</td><td>160~209</td><td>160~209</td></tr>
<tr><td rowspan="3">(3) 산화방지제(g/kg)</td><td rowspan="3">–</td><td rowspan="3">–</td><td colspan="2">다음에서 정하는 것 이외의 산화방지제가 검출되어서는 아니 된다.</td></tr>
<tr><td>부틸히드록시아니솔
디부틸히드록시톨루엔
터셔리부틸히드로퀴논</td><td>0.2 이하(병용할 때에는 부틸히드록시아니솔, 디부틸히드록시톨루엔 및 터셔리부틸히드로퀴논으로서의 사용량의 합계가 0.2 이하)</td></tr>
<tr><td>몰식자산프로필</td><td>0.1 이하</td></tr>
<tr><td>(4) 리놀렌산(%)*</td><td>0.5 이하</td><td>–</td><td>–</td><td>–</td></tr>
<tr><td>(5) 에루스산(%)</td><td>검출되어서는 아니 된다.</td><td>–</td><td>–</td><td>–</td></tr>
</table>

항목 \ 유형	홍화유	해바라기유	목화씨기름
(1) 산가	0.6 이하(압착유는 4.0 이하)		
(2) 요오드가	140~150 (고올레산 제품은 80~100)	120~142 (고올레산 제품은 78~90)	102~120 (목화씨스테아린유는 83~105, 목화씨샐러드유는 105~123)
(3) 냉각시험	–	–	5시간 30분 맑고 투명하여야 한다.(목화씨샐러드유에 한함)

*팔미트산(C16:0), 스테아르산(C18:0), 올레산(C18:1), 리놀레산(C18:2), 리놀렌산(C18:3), 아라키딘산(C20:0) 중 리놀렌산 함량

<table>
<tr><th>항목 \ 유형</th><th colspan="2">땅콩기름</th><th>올리브유</th></tr>
<tr><td>(1) 산가</td><td colspan="3">0.6 이하(혼합유 및 압착유는 2.0 이하)</td></tr>
<tr><td>(2) 요오드가</td><td colspan="2">84~103</td><td>75~94</td></tr>
<tr><td rowspan="3">(3) 산화방지제(g/kg)</td><td colspan="2">다음에서 정하는 것 이외의 산화방지제는 검출되어서는 아니 된다.</td><td rowspan="3">–</td></tr>
<tr><td>부틸히드록시아니솔
디부틸히드록시톨루엔
터셔리부틸히드로퀴논</td><td>0.2 이하(병용할 때에는 부틸히드록시아니솔, 디부틸히드록시톨루엔 및 터셔리부틸히드로퀴논으로서의 사용량의 합계가 0.2 이하)</td></tr>
<tr><td>몰식자산 프로필</td><td>0.1 이하</td></tr>
</table>

항목 \ 유형	팜유	팜올레인유	팜스테아린유	팜핵유
(1) 산가	0.6 이하(압착유는 4.0 이하)			
(2) 과산화물가	–	5.0 이하	3.0 이하	–
(3) 요오드가	44~60	–	–	14~22

<table>
<tr><th>항목 \ 유형</th><th>야자유</th><th>고추씨기름</th><th colspan="2">기타식물성유지</th></tr>
<tr><td>(1) 산가</td><td>0.6 이하
(압착유는 4.0 이하)</td><td>0.6 이하
(압착유는 3.0 이하)</td><td colspan="2">0.6 이하(압착유는 4.0 이하)</td></tr>
<tr><td>(2) 과산화물가</td><td>–</td><td>–</td><td colspan="2">–</td></tr>
<tr><td>(3) 요오드가</td><td>7~11</td><td>120~139</td><td colspan="2">–</td></tr>
<tr><td rowspan="3">(4) 산화방지제 (g/kg)</td><td rowspan="3">–</td><td rowspan="3">–</td><td colspan="2">다음에서 정하는 것 이외의 산화방지제가 검출되어서는 아니 된다.</td></tr>
<tr><td>부틸히드록시아니솔
디부틸히드록시톨루엔
터셔리부틸히드로퀴논</td><td>0.2 이하(병용할 때에는 부틸히드록시아니솔, 디부틸히드록시톨루엔 및 터셔리부틸히드로퀴논으로서의 사용량의 합계가 0.2 이하)</td></tr>
<tr><td>몰식자산 프로필</td><td>0.1 이하</td></tr>
</table>

6) 시험방법 : 생략

8. 면류

1) 정의

면류라 함은 곡분 또는 전분 등을 주원료로 하여 성형, 열처리, 건조 등을 한 것으로 생면, 숙면, 건면, 유탕면을 말한다.

2) 원료 등의 구비요건

3) 제조 · 가공기준

(1) 주정처리(주정 1% 이상 사용) 제품은 잔류주정에 의한 품질변화가 없도록 처리해야 한다.

(2) 당면은 전분 80% 이상을 주원료로 제조하여야 한다.

4) 식품유형

(1) 생면 : 곡분 또는 전분을 주원료로 하여 성형한 후 바로 포장한 것이거나 표면만 건

조시킨 것을 말한다.

(2) 숙면 : 곡분 또는 전분을 주원료로 하여 성형한 후 익힌 것 또는 면발의 성형과정 중 익힌 것을 말한다.

(3) 건면 : 생면 또는 숙면을 건조시킨 것으로 수분 15% 이하의 것을 말한다.

(4) 유탕면 : 생면, 숙면, 건면을 유탕처리한 것을 말한다.

5) 규격

(1) 타르색소 : 검출되어서는 아니 된다.

(2) 보존료 : 검출되어서는 아니 된다.

(3) 대장균 : n=5, c=1, m=0, M=10(주정처리제품에 한한다.)

(4) 대장균군 : n=5, c=1, m=0, M=10(살균제품에 한한다.)

6) 시험방법 : 생략

9. 음료류

음료류라 함은 다류, 커피, 과일·채소류음료, 탄산음료류, 두유류, 발효음료류, 인삼·홍삼음료 등 음용을 목적으로 하는 것을 말한다.

9-1 다류(생략)

9-2 커피

1) 정의

커피라 함은 커피원두를 가공한 것이거나 또는 이에 식품 또는 식품첨가물을 가한 것으로서 볶은커피(커피원두를 볶은 것 또는 이를 분쇄한 것), 인스턴트커피(볶은커피의 가용성 추출액을 건조한 것), 조제커피, 액상커피(유가공품에 커피를 혼합하여 음용하도록 만든 것으로서 커피고형분이 0.5% 이상인 제품 포함)를 말한다.

2) 원료 등의 구비요건

3) 제조·가공기준

(1) 커피원두의 추출용제는 물, 주정 또는 이산화탄소를 사용하여야 하며, 카페인 제거

목적으로 초산에틸을 사용할 수 있다.

4) 식품유형

5) 규격

(1) 납(mg/kg) : 2.0 이하

(2) 주석(mg/kg) : 150 이하(알루미늄 캔 이외의 액상 캔제품에 한한다)

(3) 허용외 타르색소 : 검출되어서는 아니 된다.

(4) 세균수 : n=5, c=1, m=100, M=1,000(액상제품에 한하며, 무지유고형분 4% 이상의 제품은 n=5, c=2, m=10,000, M=50,000으로 한다. 다만, 멸균제품은 n=5, c=0, m=0이어야 한다.)

(5) 대장균군 : n=5, c=1, m=0, M=10(액상제품에 한한다).

6) 시험방법 : 생략

9-3 과일·채소류음료

1) 정의

과일·채소류음료라 함은 과일 또는 채소를 주원료로 하여 가공한 것으로서 직접 또는 희석하여 음용하는 것으로 농축과·채즙, 과·채주스, 과·채음료를 말한다.

2) 원료 등의 구비요건

3) 제조·가공기준

(1) 과일 및 채소류는 물로 충분히 세척하여야 한다.

4) 식품유형

(1) 농축과·채즙(또는 과·채분) : 과일즙, 채소즙 또는 이들을 혼합하여 50% 이하로 농축한 것 또는 이것을 분말화한 것을 말한다(다만, 원료로 사용되는 제품은 제외한다).

(2) 과·채주스 : 과일 또는 채소를 압착, 분쇄, 착즙 등 물리적으로 가공하여 얻은 과·채즙(농축과·채즙, 과·채즙 또는 과일분, 채소분, 과·채분을 환원한 과·채즙, 과·채퓨레·페이스트 포함) 또는 이에 식품 또는 식품첨가물을 가한 것(과·채즙 95% 이상)을 말한다.

(3) 과·채음료 : 농축과·채즙(또는 과·채분) 또는 과·채주스 등을 원료로 하여 가공한 것(과일즙, 채소즙 또는 과·채즙 10% 이상)을 말한다.

5) 규격

(1) 납(mg/kg) : 0.05 이하

(2) 카드뮴(mg/kg) : 0.1 이하

(3) 주석(mg/kg) : 150 이하(알루미늄 캔 이외의 캔제품에 한한다)

(4) 세균수 : n=5, c=1, m=100, M=1,000(다만, 가열하지 아니한 제품 또는 가열하지 아니한 원료가 함유된 제품은 n=5, c=1, m=100,000, M=500,000 이하)

(5) 대장균군 : n=5, c=1, m=0, M=10(다만, 가열하지 아니한 제품 또는 가열하지 아니한 원료가 함유된 제품은 제외한다).

(6) 대장균 : n=5, c=1, m=0, M=10(가열하지 아니한 제품 또는 가열하지 아니한 원료 함유제품에 한한다)

(7) 보존료(g/kg) : 다음에서 정하는 것 이외의 보존료가 검출되어서는 아니 된다.

안식향산 안식향산나트륨 안식향산칼륨 안식향산칼슘	0.6 이하(안식향산으로서, 다만, 농축과즙의 경우 소브산, 소브산칼륨 또는 소브산칼슘과 병용할 때에는 안식향산으로서 사용량과 소브산으로서 사용량의 합계가 1.0 이하이어야 하며, 그 중 안식향산으로서의 사용량은 0.6 이하이어야 한다. 또한 가열하지 아니한 제품은 검출되어서는 아니 된다.)
소브산 소브산칼륨 소브산칼슘	1.0 이하(소브산으로서, 농축과일즙, 과·채주스에 한하며, 안식향산, 안식향산나트륨, 안식향산칼륨 또는 안식향산칼슘과 병용할 때에는 소브산으로서 사용량과 안식향산으로서 사용량의 합계가 1.0 이하이어야 하고, 그 중 안식향산으로서의 사용량은 0.6 이하)

6) 시험방법 : 생략

9-4 탄산음료류(생략)

9-5 두유류

1) 정의

두유류라 함은 두류 및 두류가공품의 추출물이거나 이에 다른 식품이나 식품첨가물을 가하여 제조·가공한 것으로 원액두유, 가공두유를 말한다.

2) 원료 등의 구비요건

(1) 두류는 전처리공정을 거쳐서 불순물, 흙, 모래, 짚 등을 충분히 제거한 것이어야 한다.

3) 제조 · 가공기준

(1) 두류를 직접 사용하는 경우에는 품질저해인자가 불활성화 되도록 충분히 가열하여야 한다.

(2) 최종제품은 살균 또는 멸균공정을 거쳐야 하며, 살균제품은 살균 후 10℃ 이하로 냉각하여야 한다(다만, pH 4.6 이하의 살균제품은 제외).

(3) 분말제품은 두류고형분 50% 이상으로 하여야 한다.

4) 식품유형

(1) 원액두유 : 두류로부터 추출한 유액(두류고형분 7% 이상)을 말한다.

(2) 가공두유 : 원액두유나 두류가공품의 추출액에 과일·채소즙(과실퓨레 포함) 또는 유, 유가공품, 곡류분말 등의 식품 또는 식품첨가물을 가한 것(두류고형분 1.4% 이상) 또는 이를 분말화한 것(두류고형분 50% 이상)을 말한다.

5) 규격

(1) 세균수 : n=5, c=2, m=10,000, M=50,000(멸균제품은 n=5, c=0, m=0이어야 한다)

(2) 대장균군 : n=5, c=2, m=0, M=10(멸균제품은 제외한다)

6) 시험방법 : 생략

9-6 발효음료류

1) 정의

발효음료류라 함은 유가공품 또는 식물성원료를 유산균, 효모 등 미생물로 발효시켜 가공한 것을 말한다. 다만, 발효유류에 해당되지 않는 것을 말한다.

2) 원료 등의 구비요건

3) 제조 · 가공기준

4) 식품유형

(1) 유산균음료 : 유가공품 또는 식물성 원료를 유산균으로 발효시켜 가공(살균을 포함

한다)한 것을 말한다.

(2) 효모음료 : 유가공품 또는 식물성 원료를 효모로 발효시켜 가공(살균을 포함한다)한 것을 말한다.

(3) 기타발효음료 : 유가공품 또는 식물성 원료를 미생물 등으로 발효시켜 가공(살균을 포함한다)한 것을 말한다.

5) 규격

(1) 유산균수 또는 효모수 : 1 mL당 1,000,000 이상(유산균, 효모음료에 한하며, 살균제품은 제외한다)

(2) 세균수 : n=5, c=1, m=100, M=1,000(살균제품에 한한다)

(3) 대장균군 : n=5, c=1, m=0, M=10

(4) 보존료(g/kg) : 다음에서 정하는 것 이외의 보존료가 검출되어서는 아니 된다.

소브산 소브산칼륨 소브산칼슘	0.05 이하(소브산으로서, 다만, 살균제품은 검출되어서는 아니 된다)

6) 시험방법 : 생략

9-7 인삼·홍삼음료

1) 정의

인삼·홍삼음료라 함은 인삼, 홍삼 또는 가용성 인삼·홍삼성분에 식품 또는 식품첨가물 등을 가하여 제조한 것으로서 직접 음용하는 것을 말한다.

2) 원료 등의 구비요건

(1) 인삼·홍삼음료에 그대로 넣는 수삼은 3년근 이상이어야 하며, 병든삼이나 파삼은 사용할 수 없다.

(2) 춘미삼, 묘삼, 삼피, 인삼박은 사용할 수 없으며 병든삼인 경우에는 병든 부분을 제거하고 사용할 수 있다.

3) 제조·가공기준

(1) 인삼·홍삼음료 제조시 인삼·홍삼에서 유래되는 부유물질이 제거되도록 하여야

한다.

(2) 가용성인삼·홍삼성분(인삼사포닌 80 mg/g을 기준으로 할 때, 홍삼사포닌 70 mg/g을 기준으로 할 때) 0.15% 이상 또는 3년근 이상의 인삼 또는 홍삼 1본 이상 함유하여야 한다.

4) 식품유형

5) 규격

(1) 인삼·홍삼성분 : 확인되어야 한다.

(2) 타르색소 : 검출되어서는 아니 된다.

(3) 납(mg/kg) : 0.3 이하

(4) 주석(mg/kg) : 150 이하(알루미늄 캔 이외의 캔제품에 한한다)

(5) 세균수 : n=5, c=1, m=100, M=1,000

(6) 대장균군 : n=5, c=1, m=0, M=10

(7) 보존료(g/kg) : 다음에서 정하는 것 이외의 보존료가 검출되어서는 아니 된다.

안식향산 안식향산나트륨 안식향산칼륨 안식향산칼슘	0.6 이하(안식향산으로서, 파라옥시안식향산에틸 또는 파라옥시안식향산메틸과 병용할 때에는 안식향산으로서 사용량과 파라옥시안식향산으로서 사용량의 합계가 0.6 이하이어야 하며, 그 중 파라옥시안식향산으로서의 사용량은 0.1 이하)
파라옥시안식향산메틸 파라옥시안식향산에틸	0.1 이하(파라옥시안식향산으로서, 안식향산, 안식향산나트륨, 안식향산칼륨 또는 안식향산칼슘과 병용할 때에는 파라옥시안식향산으로서 사용량과 안식향산으로서 사용량의 합계가 0.6 이하이어야 하며, 그 중 파라옥시안식향산으로서의 사용량은 0.1 이하)

6) 시험방법 : 생략

9-8 기타음료(생략)

10. 특수영양식품

특수영양식품이라 함은 영·유아, 비만자 또는 임산·수유부 등 특별한 영양관리가 필요한 특정 대상을 위하여 식품과 영양성분을 배합하는 등의 방법으로 제조·가공한 것으로 조제유류, 영아용 조제식, 성장기용 조제식, 영·유아용 이유식, 체중조절용 조제식품, 임산·수유부용 식품, 고령자용 영양조제식품을 말한다.

10-1 조제유류(*축산물가공품)

1) 정의

조제유류라 함은 원유 또는 유가공품을 주원료로 하고 이에 영·유아의 성장 발육에 필요한 무기질, 비타민 등 영양성분을 첨가하여 모유의 성분과 유사하게 가공한 것을 말한다.

2) 원료 등의 구비요건

(1) 원료는 식품조사처리를 하지 않은 것이어야 한다.

3) 제조·가공기준

(1) 열에 쉽게 파괴되는 비타민류나 용해가 잘 되지 않는 무기질류를 살균 전에 용액에 첨가할 경우에는 비타민의 파괴율 및 무기질의 용해도를 감안하여 적절한 방법으로 실시하여야 한다.

(2) 첨가하는 비타민류, 무기질류, 영양성분 등은 제품 중에 균일하게 혼합하여야 한다.

(3) 분말제품은 질소, 이산화탄소 또는 질소와 이산화탄소를 혼합하여 포장·충전하고, 액상제품은 멸균하여 무균적으로 포장하여야 한다.

(4) 모유에 들어있는 영양성분을 첨가하기 위하여 또는 영·유아의 유일한 영양 공급원으로서 적합하도록 하기 위하여 필요한 경우 다른 영양성분을 첨가할 수 있다. 단, 해당 영양성분의 유용함이 과학적으로 입증된 것이어야 하며 첨가량은 모유를 표준으로 하여야 한다.

4) 식품유형

(1) 영아용 조제유원유 또는 유가공품을 원료로 하여 모유의 수유가 어려운 경우 대용의 용도로 모유의 성분과 유사하게 제조·가공한 분말상(유성분 60.0% 이상) 또는 그대로 먹을 수 있는 액상(유성분 9.0% 이상)의 것을 말한다.

(2) 성장기용 조제유생후 6개월 이상된 영·유아용으로 가공한 분말상(유성분 60.0% 이상) 또는 액상(유성분 9.0% 이상)의 것을 말한다.

5) 규격

항목 \ 유형	영아용 조제유		성장기용 조제유
		최대권장 기준	
(1) 열량(kcal/100 mL)	60~70		60~85
(2) 수분(%)	5.0 이하(단, 액상제품 제외)		5.0 이하(단, 액상제품 제외)
(3) 조단백질(g/100 kcal)	1.8~3.0		2.4~5.5
(4) 조지방(g/100 kcal)	4.4~6.0		3.0~6.0
(5) 리놀레산(mg/100 kcal)	300 이상	1400	300 이상
(6) α-리놀렌산(mg/100 kcal)	50 이상		-
(7) 리놀레산과 α-리놀렌산의 비율	5:1~15:1		-
(8) 탄수화물(g/100 kcal)	9.0~14.0		-
(9) 유성분(g/100 kcal)	12.0 이상		12.0 이상
(10) 비타민 A(μg/100 kcal 또는 IU/100 kcal)	60~180 또는 200~600		75~225 또는 250~750
(11) 비타민 D(μg/100 kcal 또는 IU/100 kcal)	1.0~2.5 또는 40~100		1.0~3.0 또는 40~120
(12) 비타민 C(mg/100 kcal)	10.0 이상	30 (단, 액상제품은 70)	8.0 이상
(13) 비타민 B_1(μg/100 kcal)	60 이상	300	40 이상
(14) 비타민 B_2(μg/100 kcal)	80 이상	500	60 이상
(15) 나이아신(μg/100 kcal)	300 이상	1500	250 이상
(16) 비타민 B_6(μg/100 kcal)	35 이상	175	45 이상 (다만, 단백질 3.0 g 이상인 경우 초과 단백질 1 g당 최소한 비타민 B_6 15 ㎍의 비율이어야 한다)
	(다만, 단백질 2.3 g 이상인 경우 초과 단백질 1 g당 최소한 비타민 B_6 15 ㎍의 비율이어야 한다)		
(17) 엽산(μg/100 kcal)	10.0 이상	50	4.0 이상
(18) 판토텐산(μg/100 kcal)	400 이상	2000	300 이상
(19) 비타민 B_{12}(μg/100 kcal)	0.1 이상	1.5	0.15 이상
(20) 비타민 K_1(μg/100 kcal)	4.0 이상	27	4.0 이상
(21) 비오틴(μg/100 kcal)	1.5 이상	10	1.5 이상
(22) 비타민 E (mg α-TE/100 kcal 또는 IU/100 kcal)	0.5 이상 또는 0.7 이상	5.0 또는 7.0	0.5 이상 또는 0.7 이상(다만, 리놀레산 1 g 이상인 경우 리놀레산 1 g 당 최소한 0.5 mg α-TE 또는 0.7 IU의 비율이어야 한다)
	(다만, 리놀레산 1 g 이상인 경우 리놀레산 1 g당 최소한 0.5 mg α-TE 또는 0.7 IU의 비율이어야 한다)		
(23) 나트륨(mg/100 kcal)	20~60		20~85
(24) 칼륨(mg/100 kcal)	60~180		80 이상
(25) 염소(mg/100 kcal)	50~160		55 이상
(26) 칼슘(mg/100 kcal)	50 이상	140	90 이상
(27) 인(mg/100 kcal)	25 이상	100	60 이상(다만, 칼슘과 인의 비율이 1:1~2:1이어야 한다)
	(다만, 칼슘과 인의 비율이 1:1~2:1이어야 한다)		

유형 항목	영아용 조제유		성장기용 조제유
		최대권장 기준	
(28) 마그네슘(mg/100 kcal)	5.0 이상	15	6.0 이상
(29) 철(mg/100 kcal)	0.45 이상(철분강화제품의 경우 1.0 이상)		1.0~2.0
(30) 요오드(μg/100 kcal)	10.0 이상	60	5.0 이상
(31) 구리(μg/100 kcal)	35 이상	120	–
(32) 아연(mg/100 kcal)	0.5 이상	1.5	0.5 이상
(33) 망간(μg/100 kcal)	1.0 이상	100	5.0 이상
(34) 셀레늄(μg/100 kcal)	1.0~9.0		9.0 이하
(35) 사카린나트륨	검출되어서는 아니 된다		
(36) 타르색소	검출되어서는 아니 된다		
(37) 세균수	n=5, c=2, m=1,000, M=10,000 (멸균제품은 n=5, c=0, m=0. 다만, 유산균 첨가 제품은 제외한다)		
(38) 대장균군	n=5, c=1, m=0, M=10(멸균제품은 제외한다.)		
(39) 크로노박터	n=5, c=0, m=0/60 g(멸균제품은 제외한다)		–
(40) 탄화물(scorched particle)	100 g당 7.5 mg 이하		
(41) 바실루스 세레우스	n=5, c=0, m=100(멸균제품은 제외한다)		
(42) 살모넬라	n=5, c=0, m=0/25g		
(43) 리스테리아 모노사이토제네스	n=5, c=0, m=0/25g		
(44) 황색포도상구균	n=5, c=0, m=0/25g		
(45) 클로스트리디움 퍼프린젠스	n=5, c=0, m=0/25g		

※ 비타민 A_1 μg=3.33 IU, 비타민 D_1 μg=40 IU, 비타민 E_1 mg=1.49 IU, 1 mg α-TE(alpha-tocopherol equivalent)= 1 mg d-α-tocopherol

주) 액상제품의 성분규격 적용은 분말제품의 수분 규격(5.0%)을 기준으로 하여 각각의 성분규격을 환산 적용한다.

6) 시험방법

제8. 일반시험법에 따라 시험한다.

10-2 영아용 조제식

1) 정의

영아용 조제식이라 함은 분리대두단백 또는 기타의 식품에서 분리한 단백질을 단백원으로 하여 영아의 정상적인 성장·발육에 적합하도록 기타의 식품, 무기질, 비타민 등 영양성분을 첨가하여 모유 또는 조제유의 수유가 어려운 경우 대용의 용도로 분말상 또는 액상으로 제조·가공한 것을 말한다. 다만, 조제유류는 제외한다.

2) 원료 등의 구비요건

(1) 원료로 사용되는 분리대두단백 또는 기타의 식품에서 분리한 단백질은 영아가 섭취하기에 적합하도록 처리한 것이어야 한다. 다만, 글루텐은 단백원으로 사용할 수 없다.

(2) 원료는 식품조사처리를 하지 않은 것이어야 한다.

(3) 코코아는 원료로 사용할 수 없다.

(4) 건조원료는 미생물 성장이 가능하지 않도록 저수분 상태로 미리 건조하고 보관하며, 그 외 원료들도 온도, 습도를 조절할 수 있는 장치를 설치하여 원료의 특성에 맞추어 보관한다.

3) 제조·가공기준

(1) 미생물학적 위해가 발생되지 않도록 살균 또는 멸균 공정을 거쳐야 한다.

(2) 분말제품은 질소, 이산화탄소 또는 질소와 이산화탄소를 혼합하여 포장·충전하고, 액상제품은 멸균하여 무균적으로 포장하여야 한다.

(3) 모유에 들어 있는 영양성분을 첨가하기 위하여 또는 영·유아의 유일한 영양공급원으로서 적합하도록 하기 위하여 필요한 경우 다른 영양성분을 첨가할 수 있다. 다만, 해당 영양성분의 유용함이 과학적으로 입증된 것이어야 하며 첨가량은 모유를 표준으로 하여야 한다.

(4) 최종 제품의 단백질의 아미노산 스코어는 85 이상이어야 한다.

*아미노산 스코어 환산을 위한 기준 필수아미노산 조성표(단위 : mg/g 조단백질)

구분	히스티딘	아이소루신	루신	라이신	메티오닌+시스틴	페닐알라닌+티로신	트레오닌	트립토판	발린	계
아미노산 조성	19	28	66	58	25	63	34	11	35	339

(5) 직접 음용하는 액상제품의 경우 고형분은 10~15%를 기준으로 하며, 희석하여 섭취하는 제품은 고형분의 농도를 달리할 수 있다.

(6) 액상, 페이스트상제품의 용기로 주석관을 사용하여서는 아니 된다.

(7) 꿀 또는 단풍시럽을 원료로 사용하는 때에는 클로스트리디움 보툴리눔의 포자가 파괴되도록 처리하여야 한다.

(8) 생물 또는 다른 오염원의 오염을 예방하기 위하여 분말형 영·유아용 식품 제조 시 사용되는 분무건조과정의 관련 장치를 주기적으로 청소한다.

(9) 제품 포장 전에 외부 물질이나 금속의 혼입을 방지할 효율적 방법, 즉 체, 트랩, 자석, 전기적 금속 탐지기 등을 사용하여야 한다.

4) 식품유형

5) 규격

(1) 수분(%) : 5.0 이하(분말제품에 한한다)

(2) 열량(kcal/100 ml) : 60~70

(3) 조단백질(g/100 kcal) : 1.8~4.0

(4) 조지방(g/100 kcal) : 4.4~6.0

(5) 리놀레산(mg/100 kcal) : 300 이상

(6) α-리놀렌산(mg/100 kcal) : 50 이상

(7) 리놀레산과 α-리놀렌산의 비율 :5:1~15:1

(8) 탄수화물(g/100 kcal) : 9.0~14.0

(9) 비타민 A(μgRE/100 kcal 또는 IU/100 kcal) : 75~150 또는 250~500

(10) 비타민 D(μg/100 kcal 또는 IU/100 kcal) : 1.0~2.5 또는 40~100

(11) 비타민 C(mg/100 kcal) : 8 이상

(12) 비타민 B_1(μg/100 kcal) : 40 이상

(13) 비타민 B_2(μg/100 kcal) : 60 이상

(14) 나이아신(μg/100 kcal) : 250 이상

(15) 비타민 B_6(μg/100 kcal) : 35 이상(다만, 단백질 2.3 g 이상인 경우 초과단백질 1 g당 비타민 B_6 15 μg의 비율이어야 한다)

(16) 엽산(μg/100 kcal) : 4.0 이상

(17) 판토텐산(μg/100 kcal) : 300 이상

(18) 비타민 B_{12}(μg/100 kcal) : 0.1 이상

(19) 비타민 K_1(μg/100 kcal) : 4.0 이상

(20) 비오틴(μg/100 kcal) : 1.5 이상

(21) 콜린(mg/100 kcal) : 7.0 이상

(22) 비타민 E(mg α-TE/100 kcal 또는 IU/100 kcal) : 0.5 이상 또는 0.7 이상(다만, 비타민 E는 리놀레산 1 g 당 최소한 0.5 mg α-TE 또는 0.7 IU의 비율이어야 한다.)

(23) 나트륨(mg/100 kcal) : 20~60

(24) 칼륨(mg/100 kcal) : 80~200

(25) 염소(mg/100 kcal) : 55~150

(26) 칼슘(mg/100 kcal) : 50 이상

(27) 인(mg/100 kcal) : 25 이상(다만, 칼슘과 인의 비율이 1.2:1~2:1 이어야 한다.)

(28) 마그네슘(mg/100 kcal) : 6.0 이상

(29) 철(mg/100 kcal) : 1.0 이상

(30) 요오드(μg/100 kcal) : 5.0 이상

(31) 구리(μg/100 kcal) : 60 이상

(32) 아연(mg/100 kcal) : 0.75 이상

(33) 망간(μg/100 kcal) : 5.0 이상

(34) 셀레늄(μg/100 kcal) : 9.0 이하

(35) 사카린나트륨 : 검출되어서는 아니 된다.

(36) 타르색소 : 검출되어서는 아니 된다.

(37) 세균수 : n=5, c=2, m=1,000, M=10,000(멸균제품은 n=5, c=0, m=0, 다만, 유산균 첨가제품은 제외한다)

(38) 대장균군 : n=5, c=0, m=0(멸균제품은 제외한다)

(39) 크로노박터 : n=5, c=0, m=0/60g(멸균제품은 제외한다)

(40) 바실루스 세레우스 : n=5, c=0, m=100(멸균제품은 제외한다)

(41) 탄화물 : 100 g당 7.5 mg[미국낙농연구소(American Dairy Product Institute, ADPI)에서 정하고 있는 표준판 Disk A와 비교] 이하이어야 한다(다만, 분말제품에 한한다).

6) 시험방법

(1) 수분 : 제8. 일반시험법 2. 식품성분시험법 2.1.1 수분에 따라 시험한다.

(2) 열량 : 제8. 일반시험법 2. 식품성분시험법 2.1.6 열량의 계산에 따라 시험한다.

(3) 조단백질 : 제8. 일반시험법 2. 식품성분시험법 2.1.3.1 총질소 및 조단백질에 따라 시험한다.

(4) 조지방 : 제8. 일반시험법 2. 식품성분시험법 2.1.5.1 조지방에 따라 시험한다.

(5) 리놀레산 : 제8. 일반시험법 2.1.5.4 지방산에 따라 시험한다.

(6) α-리놀렌산 : 제8. 일반시험법 2.1.5.4 지방산에 따라 시험한다.

(7) 리놀레산과 α-리놀렌산의 비율 : 제8. 일반시험법 2.1.5.4 지방산에 따라 시험한다.

(8) 탄수화물 : 제8. 일반시험법 2.1 일반성분시험법에 따라 한다.

(9) 비타민 A : 제8. 일반시험법 2.2 미량영양성분시험법 2.2.2.1 비타민 A에 따라 시험한다.

(10) 비타민 D : 제8. 일반시험법 2.2 미량영양성분시험법 2.2.2.7 비타민 D에 따라 시험한다.

(11) 비타민 C : 제8. 일반시험법 2.2 미량영양성분시험법 2.2.2.4 비타민 C에 따라 시험한다.

(12) 비타민 B_1 : 제8. 일반시험법 2.2 미량영양성분시험법 2.2.2.2 비타민 B_1에 따라 시험한다.

(13) 비타민 B_2 : 제8. 일반시험법 2.2 미량영양성분시험법 2.2.2.3 비타민 B_2에 따라 시험한다.

(14) 나이아신 : 제8. 일반시험법 2.2 미량영양성분시험법 2.2.2.5 나이아신에 따라 시험한다.

(15) 비타민 B_6 : 제8. 일반시험법 2.2 미량영양성분시험법 2.2.2.9 비타민 B_6(피리독신) 또는 2.2.2.12.2 비타민 B6에 따라 시험한다.

(16) 엽산 : 제8. 일반시험법 2.2 미량영양성분시험법 2.2.2.12.3 엽산에 따라 시험한다.

(17) 판토텐산 : 제8. 일반시험법 2.2 미량영양성분시험법 2.2.2.10 판토텐산 또는 2.2.2.12.4 판토텐산에 따라 시험한다.

(18) 비타민 B_{12} : 제8. 일반시험법 2.2 미량영양성분시험법 2.2.2.11 비타민 B_{12} 또는 2.2.2.12.5 비타민 B12에 따라 시험한다.

(19) 비타민 K_1 : 제8. 일반시험법 2.2 미량영양성분시험법 2.2.2.8 비타민 K_1에 따라 시험한다.

(20) 비오틴 : 제8. 일반시험법 2.2 미량영양성분시험법 2.2.2.12.7 비오틴에 따라 시험한다.

(21) 콜린 : 제8. 일반시험법 2.2 미량영양성분시험법 2.2.2.12.6 콜린에 따라 시험한다.

(22) 비타민 E : 제8. 일반시험법 2.2 미량영양성분시험법 2.2.2.6 비타민 E에 따라 시험한다.

(23) 나트륨 : 제8. 일반시험법 1.2 미량영양성분시험법 1.2.1.6 나트륨에 따라 시험한다.

(24) 칼륨 : 제8. 일반시험법 1.2 미량영양성분시험법 1.2.1.7 칼륨에 따라 시험한다.

(25) 염소 : 제8. 일반시험법 2.2 미량영양성분시험법 2.2.1 무기성분 2.2.1.14 염소에 따라 시험한다.

(26) 칼슘 : 제8. 일반시험법 2.2 미량영양성분시험법 2.2.1.2 칼슘에 따라 시험한다.

(27) 인 : 제8. 일반시험법 2.2 미량영양성분시험법 2.2.1.3 인에 따라 시험한다.

(28) 마그네슘 : 제8. 일반시험법 2.2.1.15 마그네슘에 따라 시험한다.

(29) 철 : 제8. 일반시험법 2.2 미량영양성분시험법 2.2.1.4 철에 따라 시험한다.

(30) 요오드 : 제8. 일반시험법 2.2 미량영양성분시험법 2.2.1.9 요오드에 따라 시험한다.

(31) 구리 : 제8. 일반시험법 9.1 중금속 9.1.2 나. 시험용액의 조제 2) 건식회화법에 따라 시험용액을 조제하여 9.1.2 다. 측정 1) 유도결합플라즈마-질량분석법(Inductively Coupled Plasma Mass Spectrometry, ICP-MS), 2) 유도결합플라즈마-발광광도법(Inductively Coupled Plasma Optical Emission Spectrometry,ICP-OES) 또는 3) 원자흡광광도법(Atomic Absorption Spectrometry, AAS)에 따라 시험한다.

(32) 아연 : 제8. 일반시험법 2.2 미량영양성분시험법 2.2.1.8 아연에 따라 시험한다.

(33) 망간 : 제8. 일반시험법 9.1 중금속 9.1.2 나. 시험용액의 조제 2) 건식회화법에 따라 시험용액을 조제하여 9.1.2 다. 측정 1) 유도결합플라즈마-질량분석법(Inductively Coupled Plasma Mass Spectrometry, ICP-MS), 2) 유도결합플라즈마-발광광도법(Inductively Coupled Plasma Optical Emission Spectrometry,ICP-OES) 또는 3) 원자흡광광도법(Atomic Absorption Spectrometry, AAS)에 따라 시험한다.

(34) 셀레늄 : 제8. 일반시험법 2.2 미량영양성분시험법 2.2.1.10. 셀레늄에 따라 시험한다.

(35) 사카린나트륨 : 제8. 일반시험법 3.2.1 사카린나트륨에 따라 시험한다.

(36) 타르색소 : 제8. 일반시험법 3.4 착색료에 따라 시험한다.

(37) 세균수 : 제8. 일반시험법 4. 미생물시험법 4.5.1 일반세균수에 따라 시험한다.

(38) 대장균군 : 제8. 일반시험법 4. 미생물시험법 4.7 대장균군에 따라 시험한다.

(39) 크로노박터 : 제8. 일반시험법 4. 미생물시험법 4.21 크로노박터에 따라 시험한다.

(40) 바실루스 세레우스 : 제8. 일반시험법 4. 미생물시험법 4.18 바실루스 세레우스 4.18.2 정량시험에 따라 시험한다.

(41) 탄화물 : 제8. 일반시험법 1.2 이물법 1.2.2. 식품별 이물 다. 시험조작 바) 아이스크림분말, 무당연유, 가당연유, 가당탈지연유, 전지분유, 탈지분유, 가당분유 및 조제분유, 조제식에 따라 시험한다.

10-3 성장기용 조제식

1) 정의

성장기용 조제식이라 함은 분리대두단백 등 단백질함유식품을 원료로 생후 6개월 부터의 영아, 유아의 정상적인 성장·발육에 필요한 무기질, 비타민 등 영양성분을 첨가하여 이유식의 섭취시 액상으로 사용할 수 있도록 분말상 또는 액상으로 제조·가공한 것을 말한다. 다만, 조제유류는 제외한다.

2) 원료 등의 구비요건

(1) 원료는 식품조사처리를 하지 않은 것이어야 한다.

(2) 건조원료는 미생물 성장이 가능하지 않도록 저수분 상태로 미리 건조하고 보관하며, 그 외 원료들도 온도, 습도를 조절할 수 있는 장치를 설치하여 원료의 특성에 맞추어 보관한다.

3) 제조·가공기준

(1) 미생물학적 위해가 발생되지 않도록 살균 또는 멸균 공정을 거쳐야 한다.

(2) 분말제품은 질소, 이산화탄소 또는 질소와 이산화탄소를 혼합하여 포장·충전하고, 액상제품은 멸균하여 무균적으로 포장하여야 한다.

(3) 모유에 들어 있는 영양성분을 첨가하기 위하여 또는 영·유아의 유일한 영양공급

원으로서 적합하도록 하기 위하여 필요한 경우 다른 영양성분을 첨가할 수 있다. 다만, 해당 영양성분의 유용함이 과학적으로 입증된 것이어야 하며, 첨가량은 모유를 표준으로 하여야 한다.

(4) 최종 제품의 단백질의 아미노산 스코어는 85 이상이어야 한다.
* 아미노산 스코어 환산을 위한 기준 필수아미노산 조성표는 10-2 3) (4)의 것을 따른다.

(5) 직접 음용하는 액상제품의 경우 고형분은 10~15%를 기준으로 하며, 희석하여 섭취하는 제품은 고형분의 농도를 달리할 수 있다.

(6) 액상, 페이스트상제품의 용기로 주석관을 사용하여서는 아니 된다.

(7) 꿀 또는 단풍시럽을 원료로 사용하는 때에는 클로스트리디움 보툴리늄의 포자가 파괴되도록 처리하여야 한다.

(8) 코코아는 12개월 이상의 유아용 제품에 사용할 수 있으며 그 사용량은 물에 희석하여 섭취할 때를 기준으로 하여 1.5% 이하이어야 한다.

(9) 미생물 또는 다른 오염원의 오염을 예방하기 위하여 분말형 영·유아용 식품 제조시 사용되는 분무건조과정의 관련 장치를 주기적으로 청소한다.

(10) 제품 포장 전에 외부 물질이나 금속의 혼입을 방지할 효율적 방법, 즉 체, 트랩, 자석, 전기적 금속 탐지기 등을 사용하여야 한다.

4) 식품유형

5) 규격

(1) 수분(%) : 5.0 이하(분말제품에 한한다)

(2) 열량(kcal/100 ml) : 60~85

(3) 조단백질(g/100kcal) : 3.0~5.5

(4) 조지방(g/100kcal) : 3.0~6.0

(5) 리놀레산(mg/100kcal) : 300 이상

(6) 비타민 A(μgRE/100 kcal 또는 IU/100 kcal) : 75~225 또는 250~750

(7) 비타민 D(μgRE/100 kcal 또는 IU/100 kcal) : 1.0~3.0 또는 40~120

(8) 비타민 C(mg/100kcal) : 8 이상

(9) 비타민 B_1(μg/100kcal) : 40 이상

(10) 비타민 B_2(μg/100kcal) : 60 이상

(11) 나이아신(μg/100kcal) : 250 이상

(12) 비타민 B_6(μg/100kcal) : 45 이상(다만, 단백질 3.0 g 이상인 경우 초과단백질 1 g당 비타민 B_6 15 μg의 비율이어야 한다)

(13) 엽산(μg/100kcal) : 4.0 이상

(14) 판토텐산(μg/100kcal) : 300 이상

(15) 비타민 B_{12}(μg/100kcal) : 0.15 이상

(16) 비타민 K_1(μg/100kcal) : 4.0 이상

(17) 비오틴(μg/100kcal) : 1.5 이상

(18) 비타민 E(mg α-TE/100 kcal 또는 IU/100 kcal) : 0.5 이상 또는 0.7 이상(다만, 비타민 E는 리놀레산 1 g 당 최소한 0.5 mg α-TE 또는 0.7 IU의 비율이어야 한다).

(19) 나트륨(mg/100kcal) : 20~85

(20) 칼륨(mg/100kcal) : 80 이상

(21) 염소(mg/100kcal) : 55 이상

(22) 칼슘(mg/100kcal) : 90 이상

(23) 인(mg/100kcal) : 60 이상(다만, 칼슘과 인의 비율이 1.2:1~2:1 이어야 한다.)

(24) 마그네슘(mg/100kcal) : 6.0 이상

(25) 철(mg/100kcal) : 1.0 이상

(26) 요오드(μg/100kcal) : 5.0 이상

(27) 아연(mg/100kcal) : 0.5 이상

(28) 셀레늄(μg/100 kcal) : 9.0 이하

(29) 사카린나트륨 : 검출되어서는 아니 된다.

(30) 타르색소 : 검출되어서는 아니 된다.

(31) 세균수 : n=5, c=2, m=1,000, M=10,000(멸균제품은 n=5, c=0, m=0. 다만, 유산균 첨가제품은 제외한다)

(32) 대장균군 : n=5, c=0, m=0(멸균제품은 제외한다)

(33) 바실루스 세레우스 : n=5, c=0, m=100(멸균제품은 제외한다)

(34) 탄화물 : 100 g당 7.5 mg[미국낙농연구소(American Dairy Products Institute, ADPI)에서 정하고 있는 표준판 Disk A와 비교] 이하이어야 한다(다만, 분말제품에

한한다).

6) 시험방법

(1) 수분 : 제8. 일반시험법 2. 식품성분시험법 2.1.1 수분에 따라 시험한다.

(2) 열량 : 제8. 일반시험법 2. 식품성분시험법 2.1.6 열량의 계산에 따라 시험한다.

(3) 조단백질 : 제8. 일반시험법 2. 식품성분시험법 2.1.3.1 총질소 및 조단백질에 따라 시험한다.

(4) 조지방 : 제8. 일반시험법 2. 식품성분시험법 2.1.5.1 조지방에 따라 시험한다.

(5) 리놀레산 : 제8. 일반시험법 2.1.5.4 지방산에 따라 시험한다.

(6) 비타민 A : 제8. 일반시험법 2.2 미량영양성분시험법 2.2.2.1 비타민 A에 따라 시험한다.

(7) 비타민 D : 제8. 일반시험법 2.2 미량영양성분시험법 2.2.2.7 비타민 D에 따라 시험한다.

(8) 비타민 C : 제8. 일반시험법 2.2 미량영양성분시험법 2.2.2.4 비타민 C에 따라 시험한다.

(9) 비타민 B_1 : 제8. 일반시험법 2.2 미량영양성분시험법 2.2.2.2 비타민 B_1에 따라 시험한다.

(10) 비타민 B_2 : 제8. 일반시험법 2.2 미량영양성분시험법 2.2.2.3 비타민 B_2에 따라 시험한다.

(11) 나이아신 : 제8. 일반시험법 2.2 미량영양성분시험법 2.2.2.5 나이아신에 따라 시험한다.

(12) 비타민 B_6 : 제8. 일반시험법 2.2 미량영양성분시험법 2.2.2.9 비타민 B_6(피리독신) 또는 2.2.2.12.2 비타민 B6에 따라 시험한다.

(13) 엽산 : 제8. 일반시험법 2.2 미량영양성분시험법 2.2.2.12.3 엽산에 따라 시험한다.

(14) 판토텐산 : 제8. 일반시험법 2.2 미량영양성분시험법 2.2.2.10 판토텐산 또는 2.2.2.12.4 판토텐산에 따라 시험한다.

(15) 비타민 B_{12} : 제8. 일반시험법 2.2 미량영양성분시험법 2.2.2.11 비타민 B_{12} 또는 2.2.2.12.5 비타민 B_{12}에 따라 시험한다.

(16) 비타민 K_1 : 제8. 일반시험법 2.2 미량영양성분시험법 2.2.2.8 비타민 K_1에 따라 시험한다.

(17) 비오틴 : 제8. 일반시험법 2.2 미량영양성분시험법 2.2.2.12.7 비오틴에 따라 시험한다.

(18) 비타민 E : 제8. 일반시험법 2.2 미량영양성분시험법 2.2.2.6 비타민 E에 따라 시험한다.

(19) 나트륨 : 제8. 일반시험법 1.2 미량영양성분시험법 1.2.1.6 나트륨에 따라 시험한다.

(20) 칼륨 : 제8. 일반시험법 1.2 미량영양성분시험법 1.2.1.7 칼륨에 따라 시험한다.

(21) 염소 : 제8. 일반시험법 2.2 미량영양성분시험법 2.2.1 무기성분 2.2.1.14 염소에 따라 시험한다.

(22) 칼슘 : 제8. 일반시험법 2.2 미량영양성분시험법 2.2.1.2 칼슘에 따라 시험한다.

(23) 인 : 제8. 일반시험법 2.2 미량영양성분시험법 2.2.1.3 인에 따라 시험한다.

(24) 마그네슘 : 제8. 일반시험법 2.2.1.15 마그네슘에 따라 시험한다.

(25) 철 : 제8. 일반시험법 2.2 미량영양성분시험법 2.2.1.4 철에 따라 시험한다.

(26) 요오드 : 제8. 일반시험법 2.2 미량영양성분시험법 2.2.1.9 요오드에 따라 시험한다.

(27) 아연 : 제8. 일반시험법 2.2 미량영양성분시험법 2.2.1.8 아연에 따라 시험한다.

(28) 셀레늄 : 제8. 일반시험법 2.2 미량영양성분시험법 2.2.1.10. 셀레늄에 따라 시험한다.

(29) 사카린나트륨 : 제8. 일반시험법 3.2.1 사카린나트륨에 따라 시험한다.

(30) 타르색소 : 제8. 일반시험법 3.4 착색료에 따라 시험한다.

(31) 세균수 : 제8. 일반시험법 4. 미생물시험법 4.5.1 일반세균수에 따라 시험한다.

(32) 대장균군 : 제8. 일반시험법 4. 미생물시험법 4.7 대장균군에 따라 시험한다.

(33) 바실루스 세레우스 : 제8. 일반시험법 4. 미생물시험법 4.18 바실루스 세레우스 4.18.2 정량시험에 따라 시험한다.

(34) 탄화물 : 제8. 일반시험법 1.2 이물법 1.2.2. 식품별 이물 다. 시험조작 바) 아이스크림분말, 무당연유, 가당연유, 가당탈지연유, 전지분유, 탈지분유, 가당분유 및 조제분유, 조제식에 따라 시험한다.

10-4 영·유아용 이유식

1) 정의

영·유아용 이유식이라 함은 영·유아의 이유기 또는 성장기에 일반식품으로의 적응을 도모할 목적으로 제조·가공한 죽, 미음 또는 퓨레, 페이스트상의 제품(또는 물, 우유등과 혼합하여 이러한 상태가 되는 제품)을 말한다.

2) 원료 등의 구비요건

(1) 원료는 식품조사처리를 하지 않은 것이어야 한다.

(2) 건조원료는 미생물 성장이 가능하지 않도록 저수분 상태로 미리 건조하고 보관하며, 그 외 원료들도 온도, 습도를 조절할 수 있는 장치를 설치하여 원료의 특성에 맞추어 보관한다.

3) 제조·가공기준

(1) 미생물학적 위해가 발생되지 않도록 살균 또는 멸균 공정을 거쳐야 한다.

(2) 분말제품은 질소, 이산화탄소 또는 질소와 이산화탄소를 혼합하여 포장·충전하고, 영아용 제품(영·유아 공용제품 포함) 중 액상제품은 멸균제품으로 제조하여야 한다.

(3) 모유에 들어 있는 영양성분을 첨가하기 위하여 또는 영.유아의 유일한 영양공급원으로서 적합하도록 하기 위하여 필요한 경우 다른 영양성분을 첨가할 수 있다. 다만, 해당 영양성분의 유용함이 과학적으로 입증된 것이어야 하며, 첨가량은 모유를 표준으로 하여야 한다.

(4) 직접 음용하는 제품의 경우 고형분은 10~15%를 기준으로 하며, 희석하여 섭취하는 제품은 고형분의 농도를 달리할 수 있다.

(5) 액상, 페이스트상제품의 용기로 주석관을 사용하여서는 아니 된다.

(6) 꿀 또는 단풍시럽을 원료로 사용하는 때에는 클로스트리디움 보툴리늄의 포자가 파괴되도록 처리하여야 한다.

(7) 코코아는 12개월 이상의 유아용 제품에 사용할 수 있으며 그 사용량은 1.5% 이하이어야 한다.(희석하여 섭취하는 제품은 섭취할 때를 기준으로 한다.)

(8) 미생물 또는 다른 오염원의 오염을 예방하기 위하여 분말형 영·유아용 식품 제조

시 사용되는 분무건조과정의 관련 장치를 주기적으로 청소한다.

(9) 제품 포장 전에 외부 물질이나 금속의 혼입을 방지할 효율적 방법, 즉 체, 트랩, 자석, 전기적 금속 탐지기 등을 사용하여야 한다.

4) 식품유형

5) 규격

(1) 수분(%) : 10.0 이하(분말, 고형제품에 한한다)

(2) 알파(α)화도(%) : 80.0 이상(곡류, 두류, 서류 등 또는 그 가공품을 25% 이상 함유한 분말, 고형제품에 한하며, 가열섭취하는 제품은 제외한다)

(3) 나트륨(mg/100g) : 200 이하(물을 혼합하여 섭취하는 경우에는 물을 혼합한 상태를 기준으로 한다)

(4) 사카린나트륨 : 검출되어서는 아니 된다.

(5) 타르색소 : 검출되어서는 아니 된다.

(6) 대장균군 : n=5, c=0, m=0(멸균제품은 제외한다)

(7) 세균수 : n=5, c=1, m=10, M=100(멸균제품은 n=5, c=0, m=0이어야 하며, 분말제품은 제외한다)

(8) 크로노박터 : n=5, c=0, m=0/60g(영아용 제품에 한하며, 멸균제품은 제외한다)

(9) 바실루스 세레우스 : n=5, c=0, m=100(멸균제품은 제외한다)

6) 시험방법

(1) 수분 : 제8. 일반시험법 2. 식품성분시험법 2.1.1 수분에 따라 시험한다.

(2) 알파(α)화도 : 제8. 일반시험법 6. 식품별 규격 확인 시험법 6.5.2.1 알파(α)화도에 따라 시험한다.

(3) 나트륨 : 제8. 일반시험법 2.2 미량영양성분시험법 2.2.1.6 나트륨에 따라 시험한다.

(4) 사카린나트륨 : 제8. 일반시험법 3.2.1 사카린나트륨에 따라 시험한다.

(5) 타르색소 : 제8. 일반시험법 3.4 착색료에 따라 시험한다.

(6) 대장균군 : 제8. 일반시험법 4. 미생물시험법 4.7 대장균군에 따라 시험한다.

(7) 세균수 : 제8. 일반시험법 4. 미생물시험법 4.5.1 일반세균수에 따라 시험한다.

(8) 크로노박터 : 제8. 일반시험법 4. 미생물시험법 4.21 크로노박터에 따라 시험한다.

(9) 바실루스 세레우스 : 제8. 일반시험법 4. 미생물시험법 4.18 바실루스 세레우스 4.18.2 정량시험에 따라 시험한다.

10-5 체중조절용 조제식품

1) 정의

체중조절용 조제식품이라 함은 체중의 감소 또는 증가가 필요한 사람을 위해 식사의 일부 또는 전부를 대신할 수 있도록 필요한 영양성분을 가감하여 조제된 식품을 말한다.

2) 원료 등의 구비요건

3) 제조·가공기준

(1) 한끼 식사의 전부 또는 일부를 대신하기 위하여 1회 섭취할 때에 비타민 A, B_1, B_2, B_6, C, 나이아신, 엽산, 비타민 E를 영양성분 기준치의 25% 이상, 단백질, 칼슘, 철 및 아연을 영양성분 기준치의 10% 이상이 되도록 원료식품을 조합하고 영양성분을 첨가하여야 한다. 이 경우 영양성분 기준치는 11-1 3)(5)의 기준치를 따른다. 다만, 특정 인구 군을 대상으로 하는 제품의 경우 해당 인구군의 한국인 영양소 섭취기준을 기준으로 할 수 있다.

(2) 하루 식사 모두를 대신하는 조제식품은 800 kcal 이상 1200 kcal 이하를 제공하여야 하고, 이 제품을 하루 3~4회 나누어서 매회 식사 대신 할 수 있도록 하면서 1회에 제공되는 열량이 하루 총 열량의 1/3~1/4 정도가 되어야 한다. 하루 식사 중 1~2회를 대신하는 조제식품은 1회 섭취할 때 200 kcal 이상, 400 kcal 이하를 제공하여야 한다. 다만, 열량기준은 제품에 표시된 섭취방법에 따라 적용할 수 있다.

4) 식품유형

5) 규격

(1) 수분(%) : 10.0 이하(분말, 과립, 고형의 건조제품에 한한다)

(2) 조단백질(g) : 표시량 이상이어야 한다.

(3) 비타민류 : 표시량 이상이어야 한다(다만, 비타민 A(㎍), B_1(mg), B_2(mg), B_6(mg), C(mg), 나이아신(mg), 엽산(㎍), 비타민 E(mg)에 한하여 적용한다).

(4) 무기질류 : 표시량 이상이어야 한다(다만, 칼슘(mg), 철(mg), 아연(mg)에 한하여 적

용한다).

(5) 대장균군 : n=5, c=2, m=0, M=10

(6) 바실루스 세레우스 : n=5, c=0, m=100(단, 장류를 원료로 사용하는 제품은 n=5, c=0, m=1,000)

6) 시험방법

(1) 수분 : 제8. 일반시험법 2. 식품성분시험법 2.1.1 수분에 따라 시험한다.

(2) 조단백질 : 제8. 일반시험법 2. 식품성분시험법 2.1.3.1 총질소 및 조단백질에 따라 시험한다.

(3) 비타민류 : 제8. 일반시험법 2.2 미량영양성분시험법 2.2.2 비타민류에 따라 시험한다.

(4) 무기질류 : 제8. 일반시험법 2.2 미량영양성분시험법 2.2.1 무기질에 따라 시험한다.

(5) 대장균군 : 제8. 일반시험법 4. 미생물시험법 4.7 대장균군에 따라 시험한다.

(6) 바실루스 세레우스 : 제8. 일반시험법 4. 미생물시험법 4.18 바실루스 세레우스 4.18.2 정량시험에 따라 시험한다.

10-6 임산·수유부용 식품

1) 정의

임산·수유부용식품이라 함은 임신과 출산, 수유로 인하여 일반인과 다른 영양요구량을 가진 임산부 및 수유부의 식사 일부 또는 전부를 대신할 목적으로 제조·가공한 것을 말한다.

2) 원료 등의 구비요건

3) 제조·가공기준

(1) 임산·수유부의 식사 전부 또는 일부를 대신하기 위해 첨가하는 비타민류, 무기질류 등은 제품 중에 균일하게 혼합하여야 한다.

(2) 임산·수유부의 한국인 영양소 섭취기준을 기준으로 하여 원료식품을 조합하고 영양성분을 첨가하여야 하며, 해당 제품이 1일 또는 1회 제공하는 영양성분 함량을 적절하게 조절한다.

4) 식품유형

5) 규격

(1) 수분(%) : 10.0 이하(분말, 고형제품에 한한다.)

(2) 영양성분(%) : 표시량 이상이어야 한다.

(3) 대장균군 : n=5, c=0, m=0

(4) 세균수 : n=5, c=1, m=10, M=100(액상제품에 한한다.)

(5) 타르색소 : 검출되어서는 아니 된다.

6) 시험방법

(1) 수분 : 제8. 일반시험법 2. 식품성분시험법 2.1.1 수분에 따라 시험한다.

(2) 영양성분 : 제8. 일반시험법 2. 식품성분시험법 및 2.2 미량영양성분시험법에 따라 시험한다.

(3) 대장균군 : 제8. 일반시험법 4. 미생물시험법 4.7 대장균군에 따라 시험한다.

(4) 세균수 : 제8. 일반시험법 4. 미생물시험법 4.5.1 일반세균수에 따라 시험한다.

(5) 타르색소 : 제8. 일반시험법 3.4 착색료에 따라 시험한다.

10-7 고령자용 영양조제식품

1) 정의

고령자용 영양조제식품이라 함은 고령자의 영양섭취 부족을 예방 또는 개선하기 위해 65세 이상의 고령자에게 필요한 영양성분을 균형 있게 제공할 수 있도록 영양성분을 조정하고 배합하여 제조·가공한 것으로서, 음용하거나 반유동 형태로 섭취하는 식품(물 등 액상의 식품과 혼합한 후 음용하거나 반유동 형태로 섭취하는 식품을 포함)을 말한다.

2) 원료 등의 구비요건

3) 제조 · 가공기준

(1) 식품안전관리인증기준(HACCP) 적용 원칙에 따라 위생적으로 제조·가공하여야 하며, 바이러스나 세균 등 위해미생물로 인한 위해가 발생하지 않도록 살균 또는 멸균 공정을 거쳐야 한다.

(2) 고령자의 섭취, 소화, 흡수, 대사, 배설 등의 능력을 고려하여 제조·가공하여야 한다.

(3) 제품 1 mL(g) 당 제공되는 열량이 1.0 kcal 이상이 되도록 제조하여야 한다(단, 희석 또는 혼합하여 섭취하는 제품은 제조사가 제시한 표준 섭취방법을 반영하여 기준을 적용)

(4) 제품 1,000kcal 당 영양성분 함량이 아래의 기준에 적합하도록 제조하여야 한다.

영양성분	기준	영양성분	기준
단백질 (g)	37 ~63	비타민 D (μg)	11~56
알파-리놀렌산 (g)	0.5 이상	비타민 E (mg α-TE)	7~300
DHA+EPA (mg)	120 이상	나이아신 (mg NE)	7~19
식이섬유 (g)	12 이상	엽산 (μg)	220~560
비타민 A (μg RAE)	360~1,700	칼슘 (mg)	550~1,100
비타민 B_1 (mg)	0.6 이상	철분 (mg)	4~25
비타민 B_2 (mg)	0.7 이상	아연 (mg)	4~19
비타민 B_6 (mg)	0.8~56	칼륨 (mg)	1,900 이상
비타민 B_{12} (μg)	1.3 이상	셀레늄 (μg)	28~220
비타민 C (mg)	56~1,100		

4) 식품유형

5) 규격

항목	규격
(1) 수분(%)	5.0% 이하(분말제품에 한함)
(2) 열량	표시량 이상
(3) 조단백질	표시량 이상
(4) 조지방	표시량 이상
(5) 비타민	표시량 이상(비타민 A, B1, B2, B6, B12, C, D, E, 나이아신, 엽산에 한하여 적용)
(6) 무기질	표시량 이상(칼슘, 철, 아연, 칼륨, 셀레늄에 한하여 적용)
(7) 타르색소	불검출
(8) 세균수	n=5, c=1, m=10, M=100(분말제품은 n=5, c=2, m=1,000, M=10,000)
(9) 대장균군	n=5, c=0, m=0
(10) 바실루스 세레우스	n=5, c=0, m=100

6) 시험방법

제8. 일반시험법에 따라 시험한다.

11. 특수의료용도식품

특수의료용도식품이라 함은 정상적으로 섭취, 소화, 흡수 또는 대사할 수 있는 능력이 제한되거나 질병, 수술 등의 임상적 상태로 인하여 일반인과 생리적으로 특별히 다른 영양요구량을 가지고 있어 충분한 영양공급이 필요하거나 일부영양성분의 제한 또는 보충이 필요한 사람에게 식사의 일부 또는 전부를 대신할 목적으로 경구 또는 경관급식을 통하여 공급할 수 있도록 제조·가공된 식품을 말한다.

11-1 표준형 영양조제식품

1) 정의

표준형 영양조제식품이라 함은 질병, 수술 등의 임상적 상태로 인하여 일반인과 생리적으로 특별히 다른 영양요구량을 가지거나 체력 유지·회복이 필요한 사람에게 식사를 대신하거나 보충하여 영양을 균형 있게 공급할 수 있도록 이 고시에서 정한 표준형 영양조제식품의 성분기준에 따라 제조·가공된 것으로서, 음용하거나 반유동 형태로 섭취하는 식품(물 등 액상의 식품과 혼합한 후 음용하거나 반유동 형태로 섭취하는 식품을 포함)을 말한다.

2) 원료 등의 구비요건

3) 제조·가공기준

(1) 식품안전관리인증기준(HACCP) 적용원칙에 따라 위생적으로 제조·가공하여야 하며, 바이러스나 세균 등 위해미생물로 인한 위해가 발생하지 아니하도록 살균 또는 멸균 공정을 거쳐야 한다.

(2) 식품의 유형에 따라 섭취 대상의 섭취, 소화, 흡수, 대사, 배설 등의 능력을 고려하여 제조·가공하여야 한다.

(3) 성분을 배합 및 제조·가공함에 있어 업소별의 기준은 영양학적, 의학적, 생리학적인 측면에서 과학적으로 뒷받침되어야 하며, 질환별 영양요구를 충족할 수 있어야 한다.

(4) 질환을 가진 자(특히 합병증을 가진 자)가 식사관리를 목적으로 제품을 섭취하고자 하는 경우 반드시 의사, 임상영양사 등 전문가와 상담 후 섭취하도록 제품에 명시하여야 한다.

(5) 일반 환자용 균형영양조제식품은 환자의 식사 전부 또는 일부를 대신하기 위하여 제품 1,000 kcal당 비타민 A, B1, B2, B6, C, D, E, 나이아신, 엽산, 단백질, 칼슘, 철분, 아연을 아래의 1일 영양성분 기준치의 50%이상 되도록 원료식품을 조합하거나 영양성분을 첨가하여야 한다. 다만, 1일 섭취 상한치가 있는 영양성분의 경우 제품 1,000 kcal 당 해당 영양성분 상한치의 50%를 초과하여서는 아니 된다.

영양성분	기준치	상한치	영양성분	기준치	상한치
비타민 A (ug RAE)	700	3,000	나이아신 (mg NE)	15	35
비타민 B_1 (mg)	1.2	–	엽산 (ug)	400	1,000
비타민 B_2 (mg)	1.4	–	단백질 (g)	55	–
비타민 B_6 (mg)	1.5	100	칼슘 (mg)	700	2,500
비타민 C (mg)	100	2,000	철분 (mg)	12	45
비타민 D (ug)	10	100	아연 (mg)	8.5	35
비타민 E (mgα-TE)	11	540			

(6) 질환별 영양조제식품은 다음의 기준에 따른다. 이때 질환별 영양요구에 따라 아래에 제시된 영양성분 외의 영양성분 함량기준은 (5) 일반 환자용 균형영양조제식품의 기준을 따른다.

① 당뇨환자용 영양조제식품의 포화지방 유래열량은 총 열량의 10% 미만으로 한다. 콜레스테롤은 제품 1,000 kcal당 100 mg 이하로 하며, 단당류 및 이당류 유래 열량은 총열량의 10% 미만으로 한다.

② 신장질환자용 영양조제식품의 비타민 A, D는 제품 1,000 kcal당 영양성분 기준치의 20% 이상으로 한다. 칼륨과 인은 신장질환자를 위하여 제한할 필요가 있는 영양성분에 해당되며 제품의 표시량 이하 또는 범위 이내가 되어야 한다. 또한 비투석환자용 제품은 단백질 유래 열량이 총 열량의 10%이하, 투석환자용은 단백질 유래 열량이 총 열량의 12%이상으로 하며, 제품 1 mL(g) 당 열량은 1.5 kcal이상(물 또는 우유와 혼합하여 섭취하는 분말제품은 제조사에서 제공하는 섭취방법에 따라 혼합하여 적용)이어야 한다. 나트륨은 제품 1,000 kcal당 800 mg이하로 한다.

③ 장질환자용 단백가수분해 영양조제식품의 단백질은 제품 1,000 kcal당 영양성분 기준치의 30% 이상이 되도록 하고, 단백질은 단백질 가수 분해물 또는 유리아미노산 형태로 공급한다.

④ 암환자용 영양조제식품의 단백질 유래열량은 총 열량의 18%이상, 지방 유래열량은 총 열량의 15~35%로 하며, 포화지방 유래열량은 총 열량의 7%이하, 오메가-3 지방산은 EPA와 DHA 지방산의 합으로서 제품 1,000kcal 당 250 mg이상으로 한다. 제품 1 mL(g) 당 열량은 1.0 kcal이상(물 또는 우유와 혼합하여 섭취하는 분말제품은 제조사에서 제공하는 섭취방법에 따라 혼합하여 적용)이어야 한다.

(7) 상기 (5)~(6)에 해당하는 제품 중 특정 성·연령군 등 특정 인구군을 대상으로 하는 경우 해당 인구군의 한국인 영양소 섭취기준을 기준으로 할 수 있다. 이 경우 해당 인구군을 명시하여야 한다.

(8) 열량 및 영양공급용 식품은 제품 1 mL(g)당 3 kcal이상의 열량이 되도록 제조하여야 한다.

(9) 액상 식품에 첨가하여 점도를 증가시키는 연하곤란자용 점도조절 식품은 교반(3회/초) 중인 20(±2)℃의 증류수 200 ml에 점도 400 mpa·s에 해당하는 점도조절 식품을 계량하여 한 번에 투입하고 10초간 추가로 교반한 후에 관찰할 때 5 mm 이상의 불용물 덩어리가 없어야 한다.

4) 식품유형

(1) 일반 환자용 균형영양조제식품

환자의 체력이 저하되는 것을 방지하거나 또는 질병, 수술 등의 사유로 저하된 체력을 신속히 회복하기 위해 균형 있는 영양을 충분하게 제공할 수 있도록 영양성분을 조합하는 등의 방법으로 제조·가공한 것을 말하며, (2)~(6)에 해당하는 식품은 제외한다.

(2) 당뇨환자용 영양조제식품

당뇨병 환자 또는 고혈당 환자 등 혈당 관리가 필요한 환자에게 적합하도록 당질, 포화지방 등 섭취관리가 필요한 성분을 조정하여 제조·가공한 것을 말한다.

(3) 신장질환자용 영양조제식품

신장질환으로 인해 단백질과 전해질의 섭취조절이 필요한 신장질환 환자의 영양요구에 맞추어영양성분을 조정하여 제조·가공한 것을 말한다.

(4) 장질환자용 단백가수분해 영양조제식품

장질환으로 인해 영양성분의 소화·흡수 기능이 저하된 환자에게 적합하도록 단백질을 가수분해하거나 가수분해된 단백질을 사용하고 필요한 영양성분을 균형 있게 조합하여 제조·가공한 것을 말한다.

(5) 암환자용 영양조제식품

암환자에게 필요한 열량과 영양성분을 충분히 공급하여 암환자의 영양부족을 최소화하고, 신체활동 및 기능을 유지하며, 저하된 체력을 신속하게 회복하는데 도움이 되도록 영양성분을 조합, 농축하는 등의 방법으로 제조·가공한 영양조제식품을 말한다.

(6) 열량 및 영양공급용 식품

질환으로 인한 과대사 또는 영양불량으로 인해 열량 및 영양성분을 추가적으로 제공할 필요가 있는 환자를 위하여 단독 또는 다른 식품과 혼합하여 섭취할 수 있도록 제조·가공한 것을 말한다.

(7) 연하곤란자용 점도조절 식품

식품 섭취가 어려운 연하곤란자의 기도 흡인의 위험을 감소시키기 위하여 사용하는 것으로 식품에 첨가하여 점도를 증진시키는 제품을 말한다.

5) 규격

항목	규격
(1) 수분(%)	10.0% 이하(분말제품에 한함)
(2) 열량	표시량 이상 또는 표시된 범위 이내
(3) 조단백질	표시량 이상(다만, 질환의 특성상 제한할 필요가 있는 경우 표시량 이하)
(4) 조지방	표시량 이상(다만, 질환의 특성상 제한할 필요가 있는 경우 표시량 이하)
(5) 비타민	표시량 이상(비타민A, B1, B2, B6, C, D, E, 나이아신, 엽산에 한하여 적용)
(6) 무기질	① 칼슘, 철, 아연 : 표시량 이상 ② 나트륨 : 표시량 이하 ③ 칼륨, 인(신장질환자용 제품에 한함) : 표시량 이하 또는 표시된 범위 이내
(7) 불소	0.2 mg/100kcal 이하 (불소 함유 식품첨가물을 사용한 경우)
(8) 타르색소	불검출
(9) 세균수	n=5, c=1, m=10, M=100(분말제품은 n=5, c=2, m=1,000, M=10,000)
(10) 대장균군	n=5, c=0, m=0
(11) 바실루스 세레우스	n=5, c=0, m=100

6) 시험방법

제8. 일반시험법에 따라 시험한다.

11-2 맞춤형 영양조제식품

1) 정의

맞춤형 영양조제식품이라 함은 선천적·후천적 질병, 수술 등 일시적 또는 만성적 임상상태로 인하여 일반인과 생리적으로 특별히 다른 영양요구량을 가지거나 체력 유지·회복이 필요한 사람을 대상으로 식사를 대신하거나 보충하여 영양을 균형 있게 공급할 수 있도록 제조자가 과학적 입증자료를 토대로 제조·가공한 것으로서, 음용하거나 반유동 형태로 섭취하는 식품(물 등 액상의 식품과 혼합한 후 음용하거나 반유동 형태로 섭취하는 식품을 포함)을 말한다.

2) 원료 등의 구비요건

(1) 우유단백질에 과민하거나 알레르기 증상이 있는 영·유아를 대상으로 하는 영·유아용 특수조제식품은 유단백가수분해물, 아미노산, 식물성단백질 또는 우유단백질이 가수분해된 원유, 분유, 유청을 단백질 원료로 사용하여야 하며, 가수분해되지 않은 우유단백질을 함유한 식품을 원료로 사용하여서는 아니된다.

3) 제조·가공기준

(1) 식품안전관리인증기준(HACCP) 적용원칙에 따라 위생적으로 제조·가공하여야 하며, 바이러스나 세균 등 위해미생물로 인한 위해가 발생하지 아니하도록 살균 또는 멸균 공정을 거쳐야 한다.

(2) 식품의 유형에 따라 섭취 대상의 섭취, 소화, 흡수, 대사, 배설 등의 능력을 고려하여 제조·가공하여야 한다.

(3) 성분을 배합 및 제조·가공함에 있어 업소별의 기준은 영양학적, 의학적, 생리학적인 측면에서 과학적으로 뒷받침되어야 하며, 질환별 영양요구를 충족할 수 있어야 한다.

(4) 특정환자에게 적합하도록 의사, 임상영양사 등 전문가의 자문을 받아 환자맞춤형으로 제조·가공할 수 있다.

(5) 식품의 유형에 따라 섭취대상을 고려하여 셀레늄, 크롬, 몰리브덴을 영양성분으로 첨가할 수 있다.

(6) 상기에 해당하는 제품 중 특정 성·연령군 등 특정 인구 군을 대상으로 하는 경우

해당 인구군의 한국인 영양소 섭취기준을 기준으로 할 수 있다. 이 경우 해당 인구군을 명시하여야 한다.

(7) 질환을 가진 자(특히 합병증을 가진 자)가 식사관리를 목적으로 제품을 섭취하고자 하는 경우 반드시 의사, 임상영양사 등 전문가와 상담 후 섭취하도록 제품에 명시하여야 한다.

4) 식품유형

(1) 선천성대사질환자용조제식품

유전자의 이상으로 태어날 때부터 생화학적 대사결함이 있어 물질대사효소의 불능 또는 물질의 이송결함 등으로 유해물질이 축적되거나 필요한 물질이 결핍되는 환자를 위하여, 체내에서 대사되지 않는 성분을 제거 또는 제한하거나 다른 필요한 성분을 첨가하여 제조·가공한 것을 말한다.

(2) 영·유아용 특수조제식품

미숙아 등 정상적인 영·유아와 생리적 영양요구량이 상당히 다른 영·유아 또는 우유단백질에 과민하거나 알레르기 증상이 있는 영·유아를 대상으로 모유 또는 조제유류를 대신하기 위해 영·유아의 성장발육에 필요한 영양성분을 조제하여 제조·가공한 것을 말한다. 다만, 조제유류, 영아용 조제식, 성장기용 조제식, 영·유아용 이유식으로 분류되는 것은 제외한다.

(3) 기타환자용 영양조제식품

환자의 질환별 특성을 고려하여 환자에게 필요한 영양성분을 균형 있게 제공할 수 있도록 영양성분을 조정하여 제조·가공한 것으로 11-1 ~ 11-2의 다른 식품유형에 해당하지 않는 것을 말한다.

5) 규격

항목	규격
(1) 수분(%)	10.0% 이하(분말제품에 한함)
(2) 열량	표시량 이상 또는 표시된 범위 이내
(3) 조단백질	표시량 이상(다만, 질환의 특성상 제한할 필요가 있는 경우 표시량 이하)
(4) 조지방	표시량 이상(다만, 질환의 특성상 제한할 필요가 있는 경우 표시량 이하)
(5) 비타민	표시량 이상(다만, 질환의 특성상 제한할 필요가 있는 경우 표시량 이하)
(6) 무기질	표시량 이상(다만, 영유아용 특수조제식품의 경우 셀레늄은 9㎍/100kcal 이하, 크롬 및 몰리브덴은 각 10㎍/100kcal 이하)

(계속)

항목	규격
(7) 탄화물	100g당 7.5mg(미국 ADPI에서 정하고 있는 표준판 Disk A와 비교) 이하(다만, 영·유아용 특수조제식품 중 분말제품에 한함)
(8) 불소	0.2 mg/100kcal 이하 (불소 함유 식품첨가물을 사용한 경우)
(9) 타르색소	불검출
(10) 세균수	n=5, c=1, m=10, M=100(분말제품은 n=5, c=2, m=1,000, M=10,000)
(11) 대장균군	n=5, c=0, m=0
(12) 바실루스 세레우스	n=5, c=0, m=100
(13) 크로노박터	n=5, c=0, m=0/60g (생후 6개월 미만의 영아를 대상으로 하는 영·유아용특수조제식품 중 분말제품에 한함)

6) 시험방법

제8. 일반시험법에 따라 시험한다.

11-3 식단형 식사관리식품

1) 정의

식단형 식사관리식품이라 함은 영양성분 섭취관리가 필요한 만성질환자 등이 편리하게 식사관리를 할 수 있도록 질환별 영양요구에 적합하게 제조된 것으로서, 조리된 식품이거나 조리된 식품을 조합하여 도시락 또는 식단 형태로 구성한 것, 소비자가 직접 조리하여 섭취하도록 손질된 식재료를 조합하여 조리법과 함께 동봉한 것 또는 조리된 식품과 손질된 식재료를 조합하여 제조한 것을 말한다.

2) 원료 등의 구비요건

3) 제조·가공기준

(1) 식품안전관리인증기준(HACCP) 적용원칙에 따라 바이러스나 세균 등 위해미생물로 인한 위해가 발생하지 아니하도록 위생적으로 제조·가공하여야 한다.

(2) 식품의 유형에 따라 섭취 대상의 섭취, 소화, 흡수, 대사, 배설 등의 능력을 고려하여 제조·가공하여야 한다.

(3) 재료의 선정, 구성, 제공량 및 섭취방법 등은 영양학적, 의학적, 생리학적인 측면에서 과학적으로 뒷받침되어야 하며, 질환별 영양요구를 충족할 수 있어야 한다.

(4) 질환을 가진 자(특히 합병증을 가진 자)의 식사관리를 목적으로 하는 제품은 반드시 의사, 임상영양사 등 전문가와 상의하여 제조하여야 한다

(5) 섭취대상, 섭취에 적절한 병증의 상태, 한끼 또는 1일 총 섭취량에 함유된 영양성분의 함량 및 질환별 식사관리에 필요한 성분의 양 및 조리방법을 고려하여 제조하여야 한다.

(6) 한 끼 단위로 구분하여 포장하거나, 끼니별 섭취해야 하는 식품과 섭취량 등에 대한 식단표 등을포함하는 경우두 끼 이상 섭취하는 제품으로 제조할 수 있다. 이때, 끼니별 열량과 영양성분 함량의 합은 제품이 제공하는 총열량 및 총 영양성분 함량과 같아야 한다.

(7) 한 끼 식사의 열량(하루 식사 중 두 끼 이상을 함께 제공하는 경우는 제품의 끼니당 평균 열량)이 500~800 kcal가 되도록 제조하여야 한다. 다만, 성별, 나이, 체중, 비만도 등 섭취자의 특징을 고려하여 열량을 달리 할 수 있다.

(8) 특별한 제한이 없는 경우 곡류, 어·육류, 채소류를 균형 있게 구성하고, 탄수화물은 전곡, 채소,과일 등으로부터 공급하도록 하며 식이섬유가 높은 식품을 우선 사용하는 것을 원칙으로 하되 질환별 특징을 고려하여 재료를 선정한다. 콜레스테롤, 포화지방, 트랜스지방이 많이 함유된 식품은 가능한한 사용하지 않는다.

(9) 식단형 식사관리식품은 다음의 질환별 영양요구에 적합하게 제조하여야 하며 한 끼 섭취량을 기준으로 한다. 이때 소비자가 밥을 별도로 준비하여 같이 섭취하도록 구성된 제품은 밥을 포함하여 다음의 영양기준에 적합하도록 제조하여야 한다.

① 당뇨환자용 식단형 식품의 포화지방 유래열량은 총 열량의 10% 미만으로 하며, 단당류 및 이당류 유래 열량은 총열량의 10% 미만으로 한다. 단백질, 탄수화물, 지방 등을 균형 있게 섭취할 수 있도록 제조하여야 하며, 단백질은 18 g이상, 나트륨은 1,350 mg이하로 한다.

② 신장질환자용 식단형 식품의 칼륨과 인은 신장질환자를 위하여 제한할 필요가 있는 영양성분에 해당되며 제품의 표시량 이하 또는 표시된 범위 이내가 되어야 한다. 또한 비투석환자용 제품은 단백질 유래 열량이 총 열량의 10%이하, 투석환자용은 단백질 유래 열량이 총 열량의 12%이상으로 한다. 나트륨은 650 mg 이하로 한다.

③ 암환자용 식단형 식품의 단백질 유래열량은 총 열량의 18%이상, 지방의 유래열량은 총 열량의 15~35%로 하며, 포화지방 유래열량은 총 열량의 7%이하로 한

다. 나트륨은 1,350 mg이하로 한다.

(10) 식단형 식사관리식품 중 간편조리세트형 제품은 아래의 기준에 따라야 한다.

① 비가열 상태로 섭취하는 소스, 채소 등의 재료는 살균 또는 멸균처리된 것이거나, 살균 또는 멸균 처리하여 사용하여야 한다. 이때 채소 등 가열살균 처리가 어려운 경우 식품첨가물로 허용된 살균제를 이용하여 살균 후 세척하여 사용할 수 있다.

② 식용란과 가금육 및 가열조리 없이 섭취하는 식육, 어류, 패류, 채소 등 농·축·수산물은 다른 재료와 직접 접촉하지 않도록 구분 포장하여야 하고, 그 외 재료의 경우에도 비가열 섭취재료와 가열 후 섭취재료는 서로 섞이지 않도록 구분하여 포장하여야 한다.

③ 식용란을 포함하는 경우 제2. 2. 30)에 따라 물로 세척된 식용란을 사용하여야 한다.

④ 다른 제조업자가 포장을 완료한 식품을 포장된 상태 그대로 구성 재료로 사용하는 경우 해당 식품의 기준 및 규격에 적합한 것을 사용하여야 한다.

⑤ 가정에서 보유한 식용유지, 조미료 등을 조리재료로 사용하도록 하는 제품의 경우, 조리된 식품이 질환별 영양요구에 적합하도록 사용가능한 재료의 구체적 정보를 제공하여야 하며, 정확한 양을 계량하여 사용할 수 있도록 계량도구 등을 제공하여야 한다.

(11) 식단형 식사관리식품은 제품의 내용물, 제조장소, 제조일자를 확인할 수 있는 기호를 표시하고기호별 작업내용을 확인할 수 있는 작업 기록을 3년간 보관하여야 한다.

4) 식품유형

(1) 당뇨환자용 식단형 식품

당뇨병 환자 등 당질 섭취관리가 필요한 사람의 영양요구에 맞추어 당질, 포화지방 등의 섭취를 관리하면서 탄수화물, 지방, 단백질 등 주요 영양성분을 균형 있게 섭취할 수 있도록 적절한 재료를 선정하고 이를 영양요구에 맞게 구성하여 한 끼 식사 전체를 대신할 수 있도록 제조·가공한 제품을 말한다.

(2) 신장질환자용 식단형 식품

신장병으로 인해 단백질과 전해질의 섭취조절이 필요한 환자의 영양요구에 맞추어 칼륨, 인, 나트륨 및 단백질 등의 섭취관리가 가능하도록 적절한 재료를 선정하고 이를 영양요구에 맞게 구성하여 한 끼 식사 전체를 대신할 수 있도록 제조·가공한 제품을 말한다.

(3) 암환자용 식단형 식품

암환자에게 필요한 열량과 영양성분을 충분히 공급하여 암환자의 영양부족을 최소화하고, 신체활동 및 기능을 유지하며, 저하된 체력을 신속하게 회복하는데 도움이 되도록 적절한 재료를 선정하고 이를 영양요구에 맞게 구성하여 한 끼 식사 전체를 대신할 수 있도록 제조·가공한 제품을 말한다.

5) 규격

제품 형태 항목	식단형 식사관리식품*1	
	즉석섭취형 (비가열 섭취 식품)	간편조리세트형(즉석조리형 포함)*2 (가열조리 섭취식품)
(1) 열량	표시량 이상 또는 표시된 범위 이내	
(2) 조단백질	표시량 이상(다만, 질환의 특성상 제한할 필요가 있는 경우 표시량 이하)	
(3) 조지방	표시량 이상(다만, 질환의 특성상 제한할 필요가 있는 경우 표시량 이하)	
(4) 비타민	표시량 이상(다만, 질환의 특성상 제한할 필요가 있는 경우 표시량 이하)	
(5) 무기질	표시량 이상(다만, 나트륨은 표시량 이하이며, 신장질환자용 제품의 칼륨과 인은 표시량 이하이거나 표시된 범위 이내)	
(6) 불소	0.2 mg/100kcal 이하 (불소 함유 식품첨가물을 사용한 경우)	
(7) 타르색소	불검출	
(8) 세균수	n=5, c=0, m=0 (멸균제품에 한한다)	
(9) 대장균군	n=5, c=1, m=0, M=10 (살균제품에 한한다)	
(10) 대장균	n=5, c=1, m=0, M=10(살균제품은 제외한다)	
(11) 황색포도상구균	1g 당 100 이하	
(12) 살모넬라	n=5, c=0, m=0/25g	
(13) 장염비브리오	1g 당 100 이하(살균 또는 멸균 처리되지 않은 해산물 함유제품에 한함)	
(14) 장출혈성대장균	n=5, c=0, m=0/25g	
(15) 바실루스 세레우스	1g 당 1,000 이하	-
(16) 클로스트리디움 퍼프린젠스	1g 당 100 이하	-

* 주1. 조리된 식품과 손질된 식재료를 조합하여 구성한 제품은 간편조리세트형 제품의 규격 적용

* 주2. (8)~(14) 항목은 가열조리하여 섭취하는 재료 중 다른 재료와 교차오염되지 않도록 구분 포장된 농·축·수산물 재료는 제외하고, 나머지 구성 재료를 모두 혼합하여 규격을 적용

6) 시험방법

제8. 일반시험법에 따라 시험한다.

12. 장류

1) 정의

장류라 함은 동·식물성 원료에 누룩균 등을 배양하거나 메주 등을 주원료로 하여 식염 등을 섞어 발효·숙성시킨 것을 제조·가공한 것으로 한식메주, 개량메주, 한식간장, 양조간장, 산분해간장, 효소분해간장, 혼합간장, 한식된장, 된장, 고추장, 춘장, 청국장, 혼합장 등을 말한다.

2) 원료 등의 구비요건

3) 제조·가공기준

(1) 발효 또는 중화가 끝난 간장원액은 여과하여 간장박 등을 제거하여야 한다.

(2) 여과된 간장원액과 조미원료, 식품첨가물 등을 혼합한 후 곰팡이 등의 위해가 발생되지 않도록 하여야 한다.

(3) 제조공정상 알코올 성분을 제품의 맛, 향의 보조, 냄새 제거 등의 목적으로 사용할 수 있다.

(4) 고추장 제조시 홍국색소를 사용할 수 없으며 또한 시트리닌이 검출되어서는 아니된다.

4) 식품유형

(1) 한식메주 : 대두를 주원료로 하여 찌거나 삶아 성형하여 발효시킨 것을 말한다.

(2) 개량메주 : 대두를 주원료로 하여 원료를 찌거나 삶은 후 선별된 종균을 이용하여 발효시킨 것을 말한다.

(3) 한식간장 : 메주를 주원료로 하여 식염수 등을 섞어 발효·숙성시킨 후 그 여액을 가공한 것을 말한다.

(4) 양조간장 : 대두, 탈지대두 또는 곡류 등에 누룩균 등을 배양하여 식염수 등을 섞어 발효·숙성시킨 후 그 여액을 가공한 것을 말한다.

(5) 산분해간장 : 단백질을 함유한 원료를 산으로 가수분해한 후 그 여액을 가공한 것

을 말한다.

(6) 효소분해간장 : 단백질을 함유한 원료를 효소로 가수분해한 후 그 여액을 가공한 것을 말한다.

(7) 혼합간장 : 한식간장 또는 양조간장에 산분해간장 또는 효소분해간장을 혼합하여 가공한 것이나 산분해간장 원액에 단백질 또는 탄수화물 원료를 가하여 발효·숙성시킨 여액을 가공한 것 또는 이의 원액에 양조간장 원액이나 산분해간장 원액 등을 혼합하여 가공한 것을 말한다.

(8) 한식된장 : 한식메주에 식염수를 가하여 발효한 후 여액을 분리한 것을 말한다.

(9) 된장 : 대두, 쌀, 보리, 밀 또는 탈지대두 등을 주원료로 하여 누룩균 등을 배양한 후 식염을 혼합하여 발효·숙성시킨 것 또는 메주를 식염수에 담가 발효하고 여액을 분리하여 가공한 것을 말한다.

(10) 고추장 : 두류 또는 곡류 등을 주원료로 하여 누룩균 등을 배양한 후 고춧가루(6% 이상), 식염 등을 가하여 발효·숙성하거나 숙성 후 고춧가루(6% 이상), 식염 등을 가한 것을 말한다.

(11) 춘장 : 대두, 쌀, 보리, 밀 또는 탈지대두 등을 주원료로 하여 누룩균 등을 배양한 후 식염, 카라멜색소 등을 가하여 발효·숙성하거나 숙성 후 식염, 카라멜색소 등을 가한 것을 말한다.

(12) 청국장 : 두류를 주원료로 하여 바실루스(*Bacillus*)속균으로 발효시켜 제조한 것이거나, 이를 고춧가루, 마늘 등으로 조미한 것으로 페이스트, 환, 분말 등을 말한다.

(13) 혼합장 : 간장, 된장, 고추장, 춘장 또는 청국장 등을 주원료로 하거나 이에 식품 또는 식품첨가물을 혼합하여 제조·가공한 것으로 조미된장, 조미고추장 또는 그 외 혼합하여 가공된 장류(장류 50% 이상이어야 한다)를 말한다.

(14) 기타장류 : 식품유형 (3)~(10)에 해당하지 아니하는 간장, 된장, 고추장을 말한다.

5) 규격

(1) 총질소(w/v%) : 0.8 이상(간장에 한하며, 한식간장은 0.7 이상)

(2) 타르색소 : 검출되어서는 아니 된다.

(3) 대장균군 : n=5, c=1, m=0, M=10[혼합장(살균제품)에 한한다]

(4) 보존료(g/kg 다만, 간장은 g/L) : 다음에서 정하는 것 이외의 보존료가 검출되어서는 아니 된다.

소브산 소브산칼륨 소브산칼슘	1.0 이하(소브산으로서, 한식된장, 된장, 고추장, 춘장, 청국장(비건조 제품에 한함), 혼합장에 한한다)
안식향산 안식향산나트륨 안식향산칼륨 안식향산칼슘	0.6 이하(안식향산으로서, 간장에 한한다. 파라옥시안식향산에틸 또는 파라옥시안식향산메틸과 병용할 때에는 안식향산으로서 사용량과 파라옥시안식향산으로서 사용량의 합계가 0.6 이하이어야 하며, 그 중 파라옥시안식향산으로서의 사용량은 0.25 이하)
파라옥시안식향산메틸 파라옥시안식향산에틸	0.25 이하(파라옥시안식향산으로서, 간장에 한한다. 안식향산, 안식향산나트륨, 안식향산칼륨 또는 안식향산칼슘과 병용할 때에는 파라옥시안식향산으로서 사용량과 안식향산으로서 사용량의 합계가 0.6 이하이어야 하며, 그 중 파라옥시안식향산으로서의 사용량은 0.25 이하)

6) 시험방법 : 생략

13. 조미식품

조미식품이라 함은 식품을 제조·가공·조리함에 있어 풍미를 돋우기 위한 목적으로 사용되는 것으로 식초, 소스류, 카레, 고춧가루 또는 실고추, 향신료가공품, 식염을 말한다.

13-1 식초류

1) 정의

식초라 함은 곡류, 과실류, 주류 등을 주원료로 하여 초산발효하거나 이에 곡물당화액, 과실착즙액 등을 혼합하여 숙성하는 등의 공정을 거쳐 제조한 발효식초와 빙초산 또는 초산을 주원료로 하여 먹는물로 희석하는 등의 방법으로 제조한 희석초산을 말한다.

2) 원료 등의 구비요건

3) 제조·가공기준

(1) 발효식초와 희석초산은 서로 혼합하여서는 아니 된다.

4) 식품유형

(1) 발효식초 : 과실·곡물술덧(주요), 과실주, 과실착즙액, 곡물주, 곡물당화액, 주정 또는 당류 등을 원료로 하여 초산발효하거나 이에 과실착즙액 또는 곡물당화액 등을

혼합하여 숙성하는 등의 공정을 거쳐 제조한 것을 말한다. 이 중 감을 초산발효하여 제조한 것을 감식초라 한다.

(2) 희석초산 : 빙초산 또는 초산을 주원료로 하여 먹는물로 희석하는 등의 방법으로 제조한 것을 말한다.

5) 규격

(1) 총산[초산으로서, w/v%(단, 고체식품은 w/w%) : 4.0~20.0(다만, 감식초는 2.6 이상)

(2) 타르색소 : 검출되어서는 아니 된다.

(3) 보존료(g/kg) : 다음에서 정하는 것 이외의 보존료가 검출되어서는 아니 된다.

파라옥시안식향산메틸 파라옥시안식향산에틸	0.1 이하(파라옥시안식향산으로서)

6) 시험방법 : 생략

13-2 소스류(생략)

13-4 고춧가루 또는 실고추

1) 정의

고춧가루 또는 실고추라 함은 가짓과에 속하는 고추 또는 그 변종의 성숙한 열매를 건조한 후 분쇄한 한 것이거나 실모양으로 절단한 것을 말한다.

2) 원료 등의 구비요건

(1) 고춧가루 제조용 고추는 꼭지(꽃받침 제외)를 반드시 제거하여야 하고 병든 고추는 병든 부위를 제거한 후 사용하여야 한다.

3) 제조·가공기준

(1) 고춧가루 제조에는 원료 고추에 포함된 고추씨 이외의 다른 물질(식염, 당류, 겨, 탄산염, 전분 등)을 가하여서는 아니 된다.

(2) 고춧가루에 포함되는 고추씨는 원료 고추에서 생성된 것에 한하여 사용이 가능하고 별도로 고추씨를 첨가하여 고춧가루 제조에 사용할 수 없다.

(3) 고춧가루의 포장은 알루미늄 증착 포장지나 PE재질 병, 유리 등 기구 및 용기·포장의 기준·규격에 적합한 포장 또는 용기에 넣어 가능한 신속하게 포장하고 미생물

의 오염방지와 품질변화를 방지하기 위하여 습기와 햇빛으로부터 보호되어야 한다.

(4) 고춧가루 제조공정에는 금속성 이물제거장치를 설치하여야 한다.

4) 식품유형

(1) 고춧가루 : 가짓과에 속하는 고추 또는 그 변종의 성숙한 열매를 건조한 후 분쇄한 것을 말한다.

(2) 실고추 : 가짓과에 속하는 고추 또는 그 변종의 성숙한 열매를 건조한 후 실모양으로 절단한 것을 말한다.

5) 규격

(1) 수분(%) : 15.0 이하

(2) 회분(%) : 7.0 이하

(3) 산불용성 회분(%) : 0.5 이하

(4) 위화물 : 불검출(전분, 겨, 탄산염, 식염 등)

(5) 곰팡이수(%) : 20 이하(실고추는 제외한다)

(6) 타르색소 : 검출되어서는 아니 된다.

(7) 대장균 : n=5, c=2, m=0, M=10

6) 시험방법

(1) 수분 : 제8. 일반시험법 2. 식품성분시험법 2.1.1 수분에 따라 시험한다.

(2) 회분 : 검체 2~4 g을 정확히 달아 제8. 일반시험법 2. 식품성분시험법 2.1.2 회분에 따라 시험한다.

(3) 산불용성 회분 : 제8. 일반시험법 6. 식품별 규격 확인 시험법 6.6.2.1 산불용성 회분에 따라 시험한다.

(4) 위화물 : 제8. 일반시험법 6. 식품별 규격 확인 시험법 6.6.2.2 위화물에 따라 시험한다.

(5) 곰팡이수 : 제8. 일반시험법 1.7 곰팡이수에 따라 시험한다

(6) 타르색소 : 제8. 일반시험법 3.4 착색료에 따라 시험한다.

(7) 대장균 : 제8. 일반시험법 4. 미생물시험법 4.8 대장균에 따라 시험한다.

13-5 향신료가공품(생략)

13-6 식염

1) 정의

식염이란 해수(해양심층수 포함)나 암염, 호수염 등으로부터 얻은 염화나트륨이 주성분인 결정체를 재처리하거나 가공한 것 또는 해수를 결정화하거나 정제·결정화한 것을 말한다.

2) 원료 등의 구비요건

(1) 식용으로 수입하는 천일염과 기타소금은 생산국가에서 식염으로 분류·인증된 것으로서 각 식염 유형의 정의에 적합하게 위생적으로 생산된 것이어야 한다.

(2) 천일염은 식품첨가물 등 다른 물질을 사용하지 않은 것이어야 한다.

(3) 식염은 공업용소금 등 식용 이외의 소금이 혼입되지 않은 것이어야 한다.

3) 제조·가공기준

4) 식품유형

(1) 천일염 : 염전에서 해수를 자연 증발시켜 얻은 염화나트륨이 주성분인 결정체와 이를 분쇄, 세척, 탈수 또는 건조한 염을 말한다.

(2) 재제소금(재제조소금) : 원료 소금(100%)을 정제수, 해수 또는 해수농축액 등으로 용해, 여과, 침전, 재결정, 탈수의 과정을 거쳐 제조한 소금을 말한다.

(3) 태움·용융소금 : 원료 소금(100%)을 태움·용융 등의 방법으로 그 원형을 변형한 소금을 말한다. 다만, 원료 소금을 세척, 분쇄, 압축의 방법으로 가공한 것은 제외한다.

(4) 정제소금 : 해수(해양심층수 포함)를 농축·정제한 농축함수 또는 원료소금(100%)을 용해한 물을 증발설비 등에 넣어 제조한 소금을 말한다.

(5) 기타소금 : 암염, 호수염 등 해수 외의 자연물에서 얻은 염화나트륨이 주성분인 결정체를 식용에 적합하도록 처리하거나, 유형이 상이한 식염을 서로 혼합하거나 또는 위 식품유형 (1)천일염~(4)정제소금에서 정한 제조 방법 이외의 방법을 사용하여 분말, 결정형 등으로 제조한 식염으로서 다른 식품이나 식품첨가물(고결방지제

제외)을 가하지 않은 것을 말한다.

(6) 가공소금 : 천일염, 재제소금, 태움·용융소금, 정제소금, 기타소금을 50% 이상 사용하여 식품 또는 식품첨가물을 가하여 가공한 소금을 말한다.

5) 규격

유형 항목	천일염	재제소금	태움·용융 소금	정제소금	기타소금	가공소금
(1) 염화나트륨(%)	70.0 이상	88.0 이상	88.0 이상	95.0 이상(해양심층수염은 70.0 이상)	70.0 이상(암염, 호수염은 88.0 이상)	35.0 이상
(2) 수분(%)	15.0 이하	9.0 이하	4.0 이하	4.0 이하(해양심층수염은 10.0 이하)	9.0 이하	5.5 이하
(3) 불용분(%)	0.15 이하(토판염은 0.3 이하)	0.02 이하	3.0 이하	0.02 이하	0.15 이하	–
(4) 비소(mg/kg)	0.5 이하					
(5) 납(mg/kg)	2.0 이하					
(6) 카드뮴(mg/kg)	0.5 이하					
(7) 수은(mg/kg)	0.1 이하					
(8) 페로시안화이온(g/kg)	불검출	0.010 이하				

6) 시험방법

(1) 시료조제 : 시료입자의 크기가 0.84 mm의 체눈은 통과하고 0.177 mm의 체눈을 통과하지 않을 정도로 분쇄하여 잘 혼합한다.

(2) 염화나트륨 : 제8. 일반시험법 2.2 미량영양성분시험법 2.2.1.5 식염에 따라 시험한다.

(3) 수분 : 제8. 일반시험법 2. 식품성분시험법 2.1.1 수분에 따라 시험한다.

(4) 불용분 : 제8. 일반시험법 6. 식품별 규격 확인 시험법 6.6.4.1 불용분에 따라 시험한다.

(5) 비소 : 제8. 일반시험법 9.1 중금속에 따라 시험한다.

(6) 납 : 제8. 일반시험법 9.1 중금속에 따라 시험한다.

(7) 카드뮴 : 제8. 일반시험법 9.1 중금속에 따라 시험한다.

(8) 수은 : 제8. 일반시험법 9.1 중금속 9.1.6 수은(Hg)에 따라 시험한다.

(9) 페로시안화이온 : 제8. 일반시험법 6. 식품별 규격 확인 시험법 6.6.4.2 페로시안화 이온에 따라 시험한다.

14. 절임류 또는 조림류

절임류 또는 조림류라 함은 동·식물성 원료에 식염, 식초, 당류 또는 장류를 가하여 절이거나 가열한 것으로 김치류, 절임류, 조림류를 말한다.

14-1 김치류

1) 정의

김치류라 함은 배추 등 채소류를 주원료로 하여 절임, 양념혼합공정을 거쳐 그대로 또는 발효시켜 가공한 김치와 김치를 제조하기 위해 사용하는 김칫속을 말한다.

2) 원료 등의 구비요건

3) 제조·가공기준

(1) 원료로 사용되는 채소류는 이물이 제거될 수 있도록 충분히 세척하여야 한다.

4) 식품유형

(1) 김칫속 : 식물성 원료에 고춧가루, 당류, 식염 등을 가하여 혼합한 것으로 채소류 등에 첨가, 혼합하여 김치를 만드는데 사용하는 것을 말한다.

(2) 김치 : 배추 등 채소류를 주원료로 하여 절임, 양념혼합과정 등을 거쳐 그대로 또는 발효시킨 것이거나 이를 가공한 것을 말한다.

5) 규격

(1) 납(mg/kg) : 0.3 이하

(2) 카드뮴(mg/kg) : 0.2 이하

(3) 타르색소 : 검출되어서는 아니 된다.

(4) 보존료 : 검출되어서는 아니 된다.

(5) 대장균군 : n=5, c=1, m=0, M=10(살균제품에 한한다).

6) 시험방법 : 생략

14-2 절임류

1) 정의

절임류라 함은 채소류, 과일류, 향신료, 야생식물류, 수산물 등을 주원료로 하여 식염, 식초, 당류 또는 장류 등에 절인 후 그대로 또는 이에 다른 식품을 가하여 가공한 절임식품 및 당절임을 말한다. 다만, 따로 기준 및 규격이 정하여져 있는 것은 제외한다.

2) 원료 등의 구비요건

3) 제조 · 가공기준

4) 식품유형

(1) 절임식품 : 주원료를 식염, 장류, 식초 등에 절이거나 이를 혼합하여 조미·가공한 것을 말한다.

(2) 당절임 : 주원료를 꿀, 설탕 등 당류에 절이거나 이에 식품 또는 식품첨가물을 가하여 가공한 것을 말한다. 수분함량이 10% 이하인 것은 건조당절임이라고 말한다.

5) 규격

(1) 세균수 : n=5, c=0, m=0(멸균제품에 한한다.)

(2) 대장균군 : n=5, c=1, m=0, M=10(살균제품에 한한다.)

(3) 대장균 : n=5, c=1, m=0, M=10(비살균제품에 한한다.)

(4) 타르색소 : 검출되어서는 아니 된다(다만, 밀봉 및 가열 살균 또는 멸균 처리한 제품은 제외한다).

(5) 보존료(g/kg) : 다음에서 정하는 것 이외의 보존료가 검출되어서는 아니 된다.

소브산 소브산칼륨 소브산칼슘	1.0 이하(소브산으로서, 절임식품에 한함) 0.5 이하[소브산으로서, 당절임(건조당절임 제외)에 한함]
안식향산 안식향산나트륨 안식향산칼륨 안식향산칼슘	1.0 이하(안식향산으로서, 절임식품에 한함. 소브산, 소브산칼륨 또는 소브산칼슘과 병용할 때에는 안식향산으로서 사용량과 소브산으로서 사용량의 합계가 1.5 이하이어야 하며, 그 중 소브산으로서의 사용량은 1.0 이하)

6) 시험방법

(1) 세균수 : 제8. 일반시험법 4. 미생물시험법 4.5.1 일반세균수에 따라 시험한다.

(2) 대장균군 : 제8. 일반시험법 4. 미생물시험법 4.7 대장균군에 따라 시험한다.

(3) 대장균 : 제8. 일반시험법 4. 미생물시험법 4.8 대장균에 따라 시험한다.

(4) 타르색소 : 제8. 일반시험법 3.4 착색료에 따라 시험한다.

(5) 보존료 : 제8. 일반시험법 3.1 보존료에 따라 시험한다.

14-3 조림류(생략)

15. 주류(생략)

16. 농산가공식품류(생략)

17. 식육가공품 및 포장육

식육가공품 및 포장육이라 함은 식육 또는 식육가공품을 주원료로 하여 가공한 햄류, 소시지류, 베이컨류, 건조저장육류, 양념육류, 식육추출가공품, 식육함유가공품, 포장육을 말한다.

17-1 햄류(*축산물가공품)

1) 정의

햄류라 함은 식육 또는 식육가공품을 부위에 따라 분류하여 정형 염지한 후 숙성, 건조한 것, 훈연, 가열처리한 것이거나 식육의 고깃덩어리에 식품 또는 식품첨가물을 가한 후 숙성, 건조한 것이거나 훈연 또는 가열처리하여 가공한 것을 말한다.

2) 원료 등의 구비요건

(1) 어육을 혼합하여 프레스햄을 제조하는 경우 어육은 전체 육함량의 10% 미만이어야 한다.

3) 제조·가공기준

4) 식품유형

(1) 햄 : 식육을 부위에 따라 분류하여 정형 염지한 후 숙성·건조하거나 훈연 또는 가열처리하여 가공한 것을 말한다(뼈나 껍질이 있는 것도 포함한다).

(2) 생햄 : 식육의 부위를 염지한 것이나 이에 식품첨가물을 가하여 저온에서 훈연 또는 숙성·건조한 것을 말한다(뼈나 껍질이 있는 것도 포함한다).

(3) 프레스햄 : 식육의 고깃덩어리를 염지한 것이나 이에 식품 또는 식품첨가물을 가한 후 숙성·건조하거나 훈연 또는 가열처리한 것으로 육함량 75% 이상, 전분 8% 이하의 것을 말한다.

5) 규격

(1) 아질산 이온(g/kg) : 0.07 미만

(2) 타르색소 : 검출되어서는 아니 된다.

(3) 보존료(g/kg) : 다음에서 정하는 이외의 보존료가 검출되어서는 아니된다.

소브산 소브산칼륨 소브산칼슘	2.0 이하(소브산으로서)

(4) 세균수 : n=5, c=0, m=0(멸균제품에 한한다).

(5) 대장균 : n=5, c=2, m=10, M=100(생햄에 한한다)

(6) 대장균군 : n=5, c=2, m=10, M=100(살균제품에 한한다)

(7) 살모넬라 : n=5, c=0, m=0/25g(살균제품 또는 그대로 섭취하는 제품에 한한다)

(8) 리스테리아 모노사이토제네스 : n=5, c=0, m=0/25g(살균제품 또는 그대로 섭취하는 제품에 한한다)

(9) 황색포도상구균 : n=5, c=1, m=10, M=100(살균제품 또는 그대로 섭취하는 제품에 한한다. 다만, 생햄의 경우 n=5, c=2, m=10, M=100 이어야 한다)

6) 시험방법 : 생략

17-2 소시지류(*축산물가공품)

1) 정의

소시지류라 함은 식육이나 식육가공품을 그대로 또는 염지하여 분쇄 세절한 것에 식품 또는 식품첨가물을 가한 후 훈연 또는 가열처리한 것이거나, 저온에서 발효시켜 숙성 또는 건조처리한 것이거나, 또는 케이싱에 충전하여 냉장·냉동한 것을 말한다.(육함량 70% 이상, 전분 10% 이하의 것).

2) 원료 등의 구비요건

3) 제조 · 가공기준

(1) 건조 소시지류는 수분을 35% 이하로, 반건조 소시지류는 수분을 55% 이하로 가공하여야 한다.

(2) 식육을 분쇄하여 케이싱에 충전 후 냉장 또는 냉동한 제품에는 충전용 내용물에 내장을 사용하여서는 아니 된다.

4) 식품유형

(1) 소시지 : 식육(육함량 중 10% 미만의 알류를 혼합한 것도 포함)에 다른 식품 또는 식품첨가물을 가한 후 숙성·건조시킨 것, 훈연 또는 가열처리한 것 또는 케이싱에 충전 후 냉장·냉동한 것을 말한다.

(2) 발효소시지 : 식육에 다른 식품 또는 식품첨가물을 가하여 저온에서 훈연 또는 훈연하지 않고 발효시켜 숙성 또는 건조처리한 것을 말한다.

(3) 혼합소시지 : 식육(전체 육함량 중 20% 미만의 어육 또는 알류를 혼합한 것도 포함)에 다른 식품 또는 식품첨가물을 가한 후 숙성·건조시킨 것, 훈연 또는 가열처리한 것을 말한다.

5) 규격

(1) 아질산 이온(g/kg) : 0.07 미만

(2) 보존료(g/kg) : 다음에서 정하는 이외의 보존료가 검출되어서는 아니된다.

보존료	기준
소브산 소브산칼륨 소브산칼슘	2.0 이하(소브산으로서)

(3) 세균수 : n=5, c=0, m=0(멸균제품에 한한다).

(4) 대장균 : n=5, c=2, m=10, M=100(발효소시지에 한한다)

(5) 대장균군 : n=5, c=2, m=10, M=100(살균제품에 한한다)

(6) 장출혈성 대장균 :n=5, c=0, m=0/25 g(식육을 분쇄하여 케이싱에 충전 후 냉장·냉동한 제품에 한한다).

(7) 살모넬라 : n=5, c=0, m=0/25g(살균제품 또는 그대로 섭취하는 제품에 한한다)

(8) 리스테리아 모노사이토제네스 : n=5, c=0, m=0/25g(살균제품 또는 그대로 섭취하는 제품에 한한다)

(9) 황색포도상구균 : n=5, c=1, m=10, M=100(살균제품 또는 그대로 섭취하는 제품에 한한다. 다만, 발효소시지의 경우 n=5, c=2, m=10, M=100 이어야 한다)

6) 시험방법 : 생략

17-3 베이컨류(*축산물가공품)

1) 정의

베이컨류라 함은 돼지의 복부육(삼겹살) 또는 특정부위육(등심육, 어깨부위육)을 정형한 것을 염지한 후 그대로 또는 식품 또는 식품첨가물을 가하여 훈연하거나 가열처리한 것을 말한다.

2) 원료 등의 구비요건

3) 제조·가공기준

4) 식품유형

5) 규격

(1) 아질산 이온(g/kg) : 0.07 미만

(2) 타르색소 : 검출되어서는 아니된다.

(3) 보존료(g/kg) : 다음에서 정하는 이외의 보존료가 검출되어서는 아니된다.

소브산 소브산칼륨 소브산칼슘	2.0 이하(소브산으로서)

(4) 세균수 : n=5, c=0, m=0(멸균제품에 한한다).

(5) 대장균군 : n=5, c=2, m=10, M=100(살균제품에 한한다)

(6) 살모넬라 : n=5, c=0, m=0/25g(살균제품 또는 그대로 섭취하는 제품에 한한다)

(7) 리스테리아 모노사이토제네스 : n=5, c=0, m=0/25g(살균제품 또는 그대로 섭취하는 제품에 한한다)

6) 시험방법

제8. 일반시험법에 따라 시험한다.

18. 알가공품류(생략)

19. 유가공품류

유가공품류라 함은 원유를 주원료로 하여 가공한 우유류, 가공유류, 산양유, 발효유류, 버터유, 농축유류, 유크림류, 버터류, 치즈류, 분유류, 유청류, 유당, 유단백가수분해식품, 유함유가공품을 말한다. 다만, 커피고형분이 0.5% 이상 함유된 음용을 목적으로 하는 제품은 제외한다.

19-1 우유류(*축산물가공품)

1) 정의

우유류라 함은 원유를 살균 또는 멸균처리한 것(원유의 유지방분을 부분 제거한 것 포함)이거나 유지방 성분을 조정한 것 또는 유가공품으로 원유성분과 유사하게 환원한 것을 말한다.

2) 원료 등의 구비요건

3) 제조·가공기준

(1) 우유류는 살균 또는 멸균처리를 하여야 한다.

(2) 우유류는 유지방을 감하여 표준화할 수 있다.

(3) 우유류에는 일체의 다른 물질을 혼합하여서는 아니된다. 다만, 환원유는 원유와 유사한 것을 첨가할 수 있다.

4) 식품유형

(1) 우유 : 원유를 살균 또는 멸균처리한 것을 말한다(원유 100%).

(2) 환원유 : 유가공품으로 원유성분과 유사하게 환원하여 살균 또는 멸균처리한 것으로 무지유고형분 8% 이상의 것을 말한다.

5) 규격

(1) 산도(%) : 0.18 이하(젖산으로서)

(2) 유지방(%) : 3.0 이상(다만, 저지방제품은 0.6~2.6, 무지방제품은 0.5 이하)

(3) 세균수 : n=5, c=2, m=10,000, M=50,000(멸균제품의 경우 55℃에서 1주 또는 30℃에서 2주 보관 후 일반세균수 시험법에 의할 때 n=5, c=0, m=0이어야 한다. 다만, 유산균 첨가제품은 제외한다)

(4) 대장균군 : n=5, c=2, m=0, M=10(멸균제품은 제외한다.)

(5) 포스파타제 : 음성이어야 한다(저온장시간 살균제품, 고온단시간 살균제품에 한한다)

(6) 살모넬라 : n=5, c=0, m=0/25g

(7) 리스테리아 모노사이토제네스 : n=5, c=0, m=0/25g

(8) 황색포도상구균 : n=5, c=0, m=0/25g

6) 시험방법 : 생략

20. 수산가공식품류

수산가공식품류라 함은 수산물을 주원료로 분쇄, 건조 등의 공정을 거치거나 이에 식품 또는 식품첨가물을 가하여 제조·가공한 것으로 어육가공품류, 젓갈류, 건포류, 조미김 등을 말한다.

20-1 어육가공품류(생략)

20-2 젓갈류

1) 정의

젓갈류라 함은 어류, 갑각류, 연체류, 극피류 등에 식염을 가하여 발효 숙성한 것 또는 이를 분리한 여액에 식품 또는 식품첨가물을 가하여 가공한 젓갈, 양념젓갈, 액젓, 조미액젓을 말한다.

2) 원료 등의 구비요건

3) 제조 · 가공기준

(1) 증량을 목적으로 물(식염수 포함)을 가하여서는 아니 된다(다만, 조미액젓은 제외한다).

(2) 창난젓의 제조 시 훑기, 세척, 빛을 이용한 이물검사 공정을 반드시 거쳐야 한다.

(3) 용구류는 위생적으로 처리되어 녹이 슬지 않도록 하여야 하며, 가능한 한 부식에 강한 소재이어야 한다.

4) 식품유형

(1) 젓갈 : 어류, 갑각류, 연체류, 극피류 등의 전체 또는 일부분에 식염('식해'의 경우 식염 및 곡류 등)을 가하여 발효 숙성시킨 것(생물로 기준할 때 60% 이상)을 말한다.

(2) 양념젓갈 : 젓갈에 고춧가루, 조미료 등을 가하여 양념한 것을 말한다.

(3) 액젓 : 젓갈을 여과하거나 분리한 액 또는 이에 여과·분리하고 남은 것을 재발효 또는 숙성시킨 후 여과하거나 분리한 액을 혼합한 것을 말한다.

(4) 조미액젓 : 액젓에 염수 또는 조미료 등을 가한 것을 말한다.

5) 규격

(1) 총질소(%) : 액젓 1.0 이상(다만, 곤쟁이 액젓은 0.8 이상)조미액젓 0.5 이상

(2) 대장균군 : n=5, c=1, m=0, M=10(액젓, 조미액젓에 한한다.)

(3) 타르색소 : 검출되어서는 아니 된다(다만, 명란젓은 제외한다).

(4) 보존료(g/kg) : 다음에서 정하는 것 이외의 보존료가 검출되어서는 아니 된다(다만, 식염함량이 8% 이하의 제품에 한한다).

소브산 소브산칼륨 소브산칼슘	1.0 이하(소브산으로서)

(5) 대장균 : n=5, c=1, m=0, M=10(액젓, 조미액젓은 제외한다.)

6) 시험방법

(1) 총질소 : 제8. 일반시험법 2. 식품성분시험법 2.1.3.1 총질소 및 조단백질에 따라 시험한다.

(2) 대장균군 : 제8. 일반시험법 4. 미생물시험법 4.7 대장균군에 따라 시험한다.

(3) 타르색소 : 제8. 일반시험법 3.4 착색료에 따라 시험한다.

(4) 보존료 : 제8. 일반시험법 3.1 보존료에 따라 시험한다.

(5) 대장균 : 제8. 일반시험법 4. 미생물시험법 4.8 대장균에 따라 시험한다.

20-3 건포류(생략)

20-4 조미김

1) 정의

조미김이라 함은 마른김(얼구운김 포함)을 굽거나, 식용유지, 조미료, 식염 등으로 조미·가공한 것을 말한다.

2) 원료 등의 구비요건

3) 제조·가공기준

4) 식품유형

5) 규격

(1) 산가 : 4.0 이하(유처리한 김에 한한다)

(2) 과산화물가 : 60.0 이하(유처리한 김에 한한다)

(3) 타르색소 : 검출되어서는 아니 된다.

6) 시험방법 : 생략

20-5 한천(생략)

21. 동물성가공식품류

동물성가공식품류라 함은 「축산물 위생관리법」에서 정하고 있는 가축 이외 동물의 식육, 알 또는 동물성 원료를 주원료로 하여 가공한 기타식육 또는 기타알제품, 곤충가공식품, 자라가공식품, 추출가공식품 등을 말한다. 다만, 따로 기준 및 규격이 정하여진 것은 제외한다.

21-1 기타식육 또는 기타알제품(생략)

21-2 곤충가공식품

1) 정의

곤충가공식품이라 함은 식용곤충을 건조, 분말 등으로 가공한 것이거나 이에 식품 또는 식품첨가물을 가하여 가공한 것을 말한다.

2) 원료 등의 구비요건

3) 제조·가공기준

4) 식품유형

5) 규격

(1) 산가 : 5.0 이하(식용번데기 가공품에 한한다)

(2) 과산화물가 : 60 이하(식용번데기 가공품에 한한다)

(3) 대장균군 : n=5, c=1, m=0, M=10(살균제품에 한한다.)

(4) 세균수 : n=5, c=0, m=0(멸균제품에 한한다.)

(5) 대장균 : n=5, c=1, m=0, M=10(비살균제품 중 더 이상 가공, 가열 조리를 하지 않고 그대로 섭취하는 제품에 한한다.)

6) 시험방법

(1) 산가 : 제8. 일반시험법 2.1.5.3.1 산가에 따라 시험한다.

(2) 과산화물가 : 제8. 일반시험법 2.1.5.3.5 과산화물가에 따라 시험한다.

(3) 대장균군 : 제8. 일반시험법 4. 미생물시험법 4.7 대장균군에 따라 시험한다.

(4) 세균수 : 제8. 일반시험법 4. 미생물시험법 4.5.1 일반세균수에 따라 시험한다.

(5) 대장균 : 제8. 일반시험법 4. 미생물시험법 4.8 대장균에 따라 시험한다.

22. 벌꿀 및 화분가공품류(생략)

23. 즉석식품류

즉석식품류라 함은 바로 섭취하거나 가열 등 간단한 조리과정을 거쳐 섭취하는 것으로 생식류, 만두, 즉석섭취·편의식품류를 말한다. 다만, 따로 기준 및 규격이 정하여져 있는 것은 제외한다.

23-1 생식류

1) 정의

생식류라 함은 동·식물성 원료를 주원료로 하여 건조 등 가공한 것으로 이를 그대로 또는 물 등과 혼합하여 섭취할 수 있도록 한 것을 말한다. 다만, 따로 기준 및 규격이 정하여져 있는 것은 제외한다.

2) 원료 등의 구비요건

3) 제조·가공기준

(1) 생식류의 원료는 영양성분의 파괴, 효소의 불활성화, 전분의 호화 등이 최소화되도록 건조하여야 한다.

(2) 분쇄공정 시 쇳가루 등의 이물이 혼입되지 않아야 하며, 마찰열에 의한 영양성분 파괴를 최소화하여야 한다.

4) 식품유형

(1) 생식제품 : 동·식물성 원료를 영양성분의 파괴, 효소의 불활성화, 전분의 호화 등이 최소화되도록 건조한 생식원료가 80% 이상인 것을 말한다.

(2) 생식함유제품 : 동·식물성 원료를 영양성분의 파괴, 효소의 불활성화, 전분의 호화 등이 최소화되도록 건조한 생식원료가 50% 이상인 것을 말한다.

5) 규격

(1) 수분(%) : 8.0 이하(페이스트, 액상, 겔 제외)

(2) 클로스트리디움 퍼프린젠스 : 1 g 당 100 이하

(3) 바실루스 세레우스 : 1 g 당 1,000 이하

(4) 대장균 : n=5, c=2, m=0, M=10

6) 시험방법 : 생략

23-2 즉석섭취·편의식품류

1) 정의

즉석섭취·편의식품류라함은 소비자가 별도의 조리과정 없이 그대로 또는 단순조리과

정을 거쳐 섭취할 수 있도록 제조·가공·포장한 즉석섭취식품, 신선편의식품, 즉석조리식품, 간편조리세트를 말한다. 다만, 따로 기준 및 규격이 정하여져 있는 것은 제외한다.

2) 원료 등의 구비요건

3) 제조 · 가공기준

(1) 간편조리세트 제품은 아래의 기준을 준수하여야 한다

① 가열, 세척 또는 껍질제거 과정 없이 그대로 섭취하도록 제공되는 채소류 또는 과일류는 살균·세척하여야 한다.

② '식용란', '가금육' 및 '가열조리 없이 섭취하는 농·축·수산물'은 다른 재료와 직접 접촉하지 않도록 각각 구분 포장하여야 하고, 그 외 재료의 경우에도 비가열 섭취재료와 가열 후 섭취재료는 서로 섞이지 않도록 구분하여 포장하여야 한다.

③ 식용란을 포함하는 경우 제2. 4. 13)에 따라 물로 세척된 식용란을 사용하여야 한다.

④ 다른 제조업자가 포장을 완료한 식품을 포장된 상태 그대로 구성 재료로 사용하는 경우 기준 및 규격에 적합한 것을 사용하여야 한다.

4) 식품유형

(1) 신선편의식품 : 농·임산물을 세척, 박피, 절단 또는 세절 등의 가공공정을 거치거나 이에 단순히 식품 또는 식품첨가물을 가한 것으로서 그대로 섭취할 수 있는 샐러드, 새싹채소 등의 식품을 말한다.

(2) 즉석섭취식품 : 동·식물성 원료를 식품이나 식품첨가물을 가하여 제조·가공한 것으로서 더 이상의 가열, 조리과정 없이 그대로 섭취 할 수 있는 도시락, 김밥, 햄버거, 선식 등의 식품을 말한다.

(3) 즉석조리식품 : 동·식물성 원료에 식품이나 식품첨가물을 가하여 제조·가공한 것으로서 단순가열 등의 가열조리과정을 거치면 섭취할 수 있도록 제조된 국, 탕, 수프, 순대 등의 식품을 말한다. 다만, 간편조리세트에 속하는 것은 제외한다.

(4) 간편조리세트 : 조리되지 않은 손질된 농·축·수산물과 가공식품 등 조리에 필요한 정량의 식재료와 양념 및 조리법으로 구성되어, 제공되는 조리법에 따라 소비자가 가정에서 간편하게 조리하여 섭취할 수 있도록 제조한 제품을 말한다.

5) 규격

항목 \ 유형	신선편의식품	즉석섭취식품	즉석조리식품	간편조리세트*1
(1) 세균수	n=5, c=0, m=0(멸균제품에 한한다)			–
(2) 대장균군	–	–	n=5, c=1, m=0, M=10 (살균제품에 한한다)	–
(3) 대장균	n=5, c=1, m=10, M=100	n=5, c=1, m=0, M=10	n=5, c=1, m=0, M=10(살균, 멸균제품은 제외한다)	n=5, c=1, m=0, M=10
(4) 황색포도상구균	n=5, c=1, m=100, M=1,000			
(5) 살모넬라	n=5, c=0, m=0/25 g			
(6) 장염비브리오	n=5, c=1, m=100, M=1,000 (살균 또는 멸균처리 되지 않은 해산물 함유 제품에 한한다.)		–	n=5, c=1, m=100, M=1,000 (살균 또는 멸균처리 되지 않은 해산물 함유 제품에 한한다.)
(7) 장출혈성대장균	n=5, c=0, m=0 /25 g	–	–	n=5, c=0, m=0 /25 g (가열조리하지 않고 섭취하는 농·축·수산물 함유제품에 한함)
(8) 바실루스 세레우스	1 g 당 1,000 이하		–	–
(9) 클로스트리디움 퍼프린젠스	n=5, c=2, m=100, M=1,000		–	–

* 주1. 가열조리하여 섭취하는 재료 중 다른 재료와 교차오염되지 않도록 구분 포장된 농·축·수산물 재료는 제외하고, 나머지 구성 재료를 모두 혼합하여 규격을 적용

6) 시험방법

(1) 세균수 : 제8. 일반시험법 4. 미생물시험법 4.5.1 일반세균수에 따라 시험한다.

(2) 대장균군 : 제8. 일반시험법 4. 미생물시험법 4.7 대장균군에 따라 시험한다.

(3) 대장균 : 제8. 일반시험법 4. 미생물시험법 4.8 대장균에 따라 시험한다.

(4) 황색포도상구균 : 제8. 일반시험법 4. 미생물시험법 4.12 황색포도상구균 4.12.2 정량시험에 따라 시험한다.

(5) 살모넬라 : 제8. 일반시험법 4. 미생물시험법 4.11 살모넬라에 따라 시험한다.

(6) 장염비브리오 : 제8. 일반시험법 4. 미생물시험법 4.13 장염비브리오에 따라 시험한다.

(7) 바실루스 세레우스 : 제8. 일반시험법 4. 미생물시험법 4.18 바실루스 세레우스에 따라 시험한다.

(8) 장출혈성 대장균 : 제8. 일반시험법 4. 미생물시험법 4.16 장출혈성 대장균에 따라 시험한다.

(9) 클로스트리디움 퍼프린젠스 : 제8. 일반시험법 4. 미생물시험법 4.14 클로스트리디움 퍼프린젠스 4.14.2 정량시험에 따라 시험한다.

23-3 만두류

1) 정의

만두류란 곡분 또는 전분을 주원료로 반죽하여 성형한 만두피에 고기, 야채, 두부, 김치 등 다양한 원료로 제조한 소를 넣고 빚어 만든 것을 말한다.

2) 원료 등의 구비요건

3) 제조·가공기준

4) 식품유형

(1) 만두 : 식육, 채소류 등의 혼합물을 만두피 등으로 성형한 것을 말한다.

(2) 만두피 : 곡분 또는 전분을 주원료로 반죽 및 성형한 것으로 소를 담아 만두를 제조할 수 있도록 제조된 것을 말한다.

5) 규격

(1) 사카린나트륨 : 검출되어서는 아니 된다(만두에 한한다).

(2) 허용 외 타르색소 : 검출되어서는 아니 된다(만두피에 한한다).

(3) 보존료 : 검출되어서는 아니 된다(만두피에 한한다).

(4) 대장균 : n=5, c=1, m=0, M=10(만두피 중 주정처리제품에 한한다.)

(5) 대장균군 : n=5, c=1, m=0, M=10(만두피 중 살균제품에 한한다.)

6) 시험방법 : 생략

24. 기타식품류(생략)

식품접객업소(집단급식소 포함)의 조리식품 등에 대한 기준 및 규격

1. 정의

'식품접객업소(집단급식소 포함)의 조리식품'이란 유통판매를 목적으로 하지 아니하고 조리 등의 방법으로 손님에게 직접 제공하는 모든 음식물(음료수, 생맥주 등 포함)을 말한다.

2. 기준 및 규격의 적용

1) 식품첨가물의 사용에 대하여 식품접객업소(집단급식소 포함)에서 조리하여 판매하는 식품이 제5. 식품별 기준 및 규격에 따른 가공식품과 동일하거나 유사한 경우, 해당 가공식품에 적용되는 「식품첨가물의 기준 및 규격」(식품의약품안전처 고시)을 적용할 수 있다.

3. 원료 기준

1) 원료의 구비요건

(1) 원료는 선도가 양호한 것으로서 부패·변질되었거나 유독·유해물질 등에 오염되지 아니한 것이어야 한다.

(2) 원료 및 기구 등의 세척, 식품의 조리, 먹는물 등으로 사용되는 물은 「먹는물 관리법」의 수질기준에 적합한 것이어야 하며, 노로바이러스가 검출되어서는 아니 된다(수돗물은 제외).

(3) 식품접객업소에서 사용하는 얼음은 세균수가 1 mL당 1,000이하, 대장균 및 살모넬라가 250 mL당 음성이어야 하며, 기타 이화학적 규격은 제5. 식품별 기준 및 규격 2-4 얼음류의 기준 및 규격에 적합한 것이어야 한다.

(4) 식용을 목적으로 채취, 취급, 가공, 제조 또는 관리되지 아니한 동·식물성 원료는 식품의 조리용으로 사용하여서는 아니 된다.

2) 원료의 보관 및 저장

가) 공통

(1) 모든 식품등은 위생적으로 취급하여야 하며 쥐, 바퀴벌레 등 위해생물에 의하여 오염되지 않도록 보관하여야 한다.

(2) 식품등은 세척제나 인체에 유해한 화학물질, 농약, 독극물 등과 함께 보관하여서는 아니 된다.

(3) 기준규격이 정해진 식품등은 정해진 기준에 따라 보관·저장하여야 하며, 농·임·축·수산물 중 선도를 유지해야 하는 원료의 경우에는 냉장 또는 냉동 보관하여야 한다.

(4) 세척 등 전처리를 거쳐 식품에 바로 사용할 수 있는 식품이나 가공식품은 바닥으로부터 오염되지 않도록 용기 등에 담아서 청결한 장소에 보관하여야 한다.

(5) 개별표시된 식품등을 제외하고, 냉장으로 보관하여야 하는 경우에는 10℃ 이하, 냉동으로 보관하여야 하는 경우에는 -18℃ 이하에서 보관하여야 한다.

(6) 냉동식품의 해동

① 냉동식품의 해동은 위생적으로 실시하여야 한다.

② 해동 후 바로 사용하지 않는 경우 조리 시까지 냉장 보관하여야 한다.

③ 한 번 해동한 식품의 경우 다시 냉동하여서는 아니 된다.

나) 식품별

(1) 곡류(쌀, 보리, 밀가루 등)

① 건조하고 서늘한 곳에 위생적으로 보관하여야 한다.

② 곰팡이가 피거나 색깔이 변하지 않도록 보관하여야 한다.

(2) 유지류(참기름, 들기름, 현미유, 옥수수기름, 콩기름 등) 및 유지함유량이 많은 견과류 등은 직사광선을 받지 아니하는 서늘한 곳에 보관하거나, 냉장 또는 냉동 보관하여야 한다.

(3) 축·수산물(소고기, 돼지고기, 생선 등)은 각각 위생적으로 포장하여 다른 식품과 용기, 포장 등으로 구분하여 냉장 또는 냉동 보관하여야 한다.

(4) 과일 및 채소류(사과, 배, 복숭아, 포도, 배추, 무, 양파, 오이, 양배추, 시금치 등)는 세척한 과일·채소와 세척하지 않은 과일·채소가 섞이지 않도록 따로 보관하여야 한다.

(5) 기타식품

① 조미식품은 이물의 혼입이나 오염방지를 위하여 마개나 덮개를 닫아 보관하여야 한다.

② 두부는 냉장 보관하여야 한다.

4. 조리 및 관리기준

(1) 사용 중인 튀김용 유지는 산가 3.0 이하이어야 한다.

(2) 식품의 조리에 직접 접촉하는 기구류는 부식 등으로 인한 오염이 되지 않도록 관리하여야 한다.

(3) 조리한 식품은 위생적인 용기 등에 넣어 조리하지 않은 식품과 교차오염 되지 않도록 관리하여야 한다.

(4) 가능한 한 조리한 식품 중 냉면육수 등 찬 음식의 보관은 10℃이하에서, 따뜻한 음식의 보관은 60℃이상에서 보관하여야 한다.

(5) 수산물을 보관하기 위한 수족관 물은 위생적으로 관리되어야 한다. 다만, 불가피하게 수족관의 거품제거, 정수 등의 목적으로 사용되는 물질은 식품원료로 사용가능한 것이거나, 식품첨가물 중 이산화염소, 이산화규소 및 규소수지의 성분규격에 적합한 것이어야 한다.

(6) 야채 또는 과일을 살균 또는 세척할 때에는 식품첨가물로 허용된 살균제 또는 「위생용품의 기준 및 규격」(식품의약품안전처 고시)에 적합한 세척제를 사용하여야 하며, 야채 또는 과일 이외의 식품에는 살균제 또는 세척제를 사용하여서는 아니 된다.

(7) 소비자가 그대로 섭취할 수 있는 냉동제품은 해동 후 24시간 이내에 한하여 해동 판매할 수 있다.

(8) 육류, 어류 등 동물성원료를 가열 조리하는 경우에는 식품의 중심부까지 충분히 익혀야 한다. 다만, 소비자가 덜 익히도록 요청한 경우에는 그러하지 않을 수 있다.

5. 규격

가) 조리식품 등

(1) 성상 : 고유의 색택과 향미를 가지고 이미·이취가 없어야 한다.

(2) 이물 : 식품은 원료의 처리과정에서 그 이상 제거되지 아니하는 정도 이상의 이물과 오염된 비위생적인 이물을 함유하여서는 아니 된다. 다만 다른 식품이나 원료식물의 표피 또는 토사 등과 같이 실제에 있어 정상적인 조리과정 중 완전히 제거되지 아니하고 잔존하는 경우의 이물로서 그 양이 적고 일반적으로 인체의 건강을 해할 우려가 없는 정도는 제외한다.

(3) 대장균 : 1 g당 10 이하(단순 절단을 포함하여 직접 조리한 식품에 한함)

(4) 세균수 : 3,000/g 이하이어야 한다(슬러쉬에 한한다. 단, 유가공품, 유산균, 발효식품 및 비살균제품이 함유된 경우에는 제외한다).

(5) 식중독균 : 식품접객업소(집단급식소 포함)에서 조리된 식품은 살모넬라(*Salmonella* spp.), 황색포도상구균(*Staphylococcus aureus*), 리스테리아 모노사이토제네스(*Listeria monocytogenes*), 장출혈성 대장균(Enterohemorrhagic *Escherichia coli*), 캠필로박터 제주니/콜리(*Camplyobacter jejuni/coli*), 여시니아 엔테로콜리티카(*Yersinia enterocolitica*) 등 식중독균이 음성이어야 하며, 장염비브리오(*Vibrio parahaemolyticus*), 클로스트리디움 퍼프린젠스(*Clostridium perfringens*) g당 100 이하, 바실루스 세레우스(*Bacillus cereus*) g당 10,000 이하이어야 한다. 다만, 조리과정 중 가열처리를 하지 않거나 가열 후 조리한 식품의 경우 황색포도상구균(*Staphylococcus aureus*)은 g당 100 이하이어야 한다.

나) 접객용 음용수

(1) 대장균 : 음성/250 mL

(2) 살모넬라 : 음성/250 mL

(3) 여시니아 엔테로콜리티카 : 음성/250 mL

다) 조리기구 등

(1) 수족관물

① 세균수 : 1 mL 당 100,000 이하

② 대장균군 : 1,000 이하/100 mL

(2) 행주(사용 중인 것은 제외한다)

① 대장균 : 음성이어야 한다.

(3) 칼·도마 및 숟가락, 젓가락, 식기, 찬기 등 음식을 먹을 때 사용하거나 담는 것(사용 중인 것은 제외한다)

① 살모넬라 : 음성이어야 한다.

② 대장균 : 음성이어야 한다.

6. 시험방법

1) 검체의 채취 및 취급

(1) 채취방법 : 제7. 검체의 채취 및 취급방법에 따라 검체를 채취한다.

(2) 시험용액 : 제8. 일반시험법 4. 미생물시험법 4.3 시험용액의 제조에 의한다.

2) 이물

제8. 일반시험법 1.2 이물에 따라 시험한다.

3) 대장균

(1) 제8. 일반시험법 4. 미생물시험법 4.8 대장균에 따라 시험한다.

(2) 접객용음용수의 대장균 검사의 경우에는 막여과법에 의하여 시료 250 mL를 여과한 후 여과지를 EMB 평판배지 위에 올려놓고 35℃에서 하룻밤 배양한다. 전형적인 집락이 확인되면 제8. 일반시험법 4. 미생물시험법 4.8.1 대장균의 정성시험 가. 한도시험에 의하여 확인동정한다.

4) 세균수

제8. 일반시험법 4. 미생물시험법 4.5.1 일반세균수에 따라 시험한다.

5) 살모넬라

(1) 제8. 일반시험법 4. 미생물시험법 4.11 살모넬라에 따라 시험한다.

(2) 접객용음용수의 살모넬라 검사의 경우에는 막여과법에 의하여 시료 250 mL를 여과한 후 여과지를 MacConkey 평판배지(배지30) 또는 Desoxycholate citrate 평판배지(배지 31) 위에 올려놓고 35℃에서 24시간 배양한다. 전형적인 집락이 확인되면 제8. 일반시험법 4. 미생물시험법 4.11 살모넬라 다. 확인시험에 의하여 확인동정한다.

6) 황색포도상구균

제8. 일반시험법 4. 미생물시험법 4.12 황색포도상구균에 따라 시험한다.

7) 리스테리아 모노사이토제네스

제8. 일반시험법 4. 미생물시험법 4.15 리스테리아 모노사이토제네스에 따라 시험한다.

8) 장출혈성 대장균

제8. 일반시험법 4. 미생물시험법 4.16 장출혈성 대장균에 따라 시험한다.

9) 캠필로박터 제주니/콜리(*Campylobacter jejuni/coli*)

제8. 일반시험법 4. 미생물시험법 4.19 캠필로박터 제주니/콜리에 따라 시험한다.

10) 여시니아 엔테로콜리티카

(1) 제8. 일반시험법 4. 미생물시험법 4.17 여시니아 엔테로콜리티카에 따라 시험한다.

(2) 접객용 음용수의 여시니아 엔테로콜리티카를 검사하는 경우에는 막여과법에 의하여 시료 250 mL를 여과한 후 여과지를 CIN 평판배지(배지 45) 위에 올려 놓고 30°C에서 24~48시간 배양한다. 전형적인 집락이 확인되면 제8. 일반시험법 4. 미생물시험법 4.17 여시니아 엔테로콜리티카 다. 확인시험에 의하여 확인동정 한다.

11) 장염비브리오

제8. 일반시험법 4. 미생물시험법 4.13 장염비브리오에 따라 시험한다.

12) 클로스트리디움 퍼프린젠스

제8. 일반시험법 4. 미생물시험법 4.14.2 클로스트리디움 퍼프리젠스의 정량시험법에 따라 시험한다.

13) 바실루스 세레우스

제8. 일반시험법 4. 미생물시험법 4.18.2 바실루스 세레우스의 정량시험법에 따라 시험한다.

14) 대장균군

제8. 일반시험법 4. 미생물시험법 4.7.2 대장균군의 정량시험 가. 최확수법에 따라 시험한다.

※ 막여과법

1. 막여과장치 및 기구

(1) 여과막공경 0.45 μm 이하, 직경 47 mm의 막을 사용한다.

(2) 여과장치여과막을 끼워서 여과할 수 있게 하는 장치로 멸균 가능한 것을 사용한다.

2. 시료액의 여과멸균된 여과장치에 여과막의 격자가 그려진 면을 위로 향하게 하여 바르게 끼우고 판넬을 클램프로 고정한 후 시료액 250 mL를 무균적으로 넣어 여과한다. 여과지는 멸균 핀셋을 사용하여 제거하여 각각의 배양배지 위에 기포가 생기지 않도록 올려놓은 후 배양한다.

검체의 채취 및 취급방법

1. 검체채취의 의의

검체의 채취는 검사대상으로부터 일부의 검체를 채취하는 것을 의미하며, 채취된 검체의 기준·규격 적합여부, 오염물질 등에 대한 안전성 검사를 실시하여 그 검사결과에 따라 행정조치 등이 이루어지게 되므로, 검사대상 선정, 검체채취·취급·운반·시험검사 등은 효율성을 확보하면서 과학적인 방법으로 수행하여야 한다. 따라서 검체를 채취하여 식품 등 시험·검사기관 또는 축산물 시험·검사기관에 검사의뢰하는 것은 중요한 의의를 가지므로 검체채취는 검체채취 및 취급방법 등에 대한 충분한 지식을 가지고 있는 자가 그 직무를 수행하여야 한다.

2. 용어의 정의

1) 검체 : 검사대상으로부터 채취된 시료를 말한다.

2) 검사대상 : 같은 조건에서 생산·제조·가공·포장되어 그 유형이 같은 식품 등으로 검체가 채취되는 하나의 대상을 말한다. 다만, 농·임·축·수산물에 있어서는 같은 품목으로 동시에 생산·도착·운송된 것은 하나의 검사대상으로 볼 수 있으나, 내용량 검사가 필요한 경우에는 하나의 검사대상으로 볼 수 없다.

3) 벌크(Bulk) : 최종소비자에게 그대로 유통 판매하도록 포장되지 아니한 검사대상을 말한다.

3. 검체채취의 일반원칙

1) 검체의 채취는 「식품위생법」 제32조 및 같은 법 시행령 제16조 또는 「축산물 위생관리법」 제13조 및 제20조의2, 같은 법 시행령 제14조 및 제20조의2에서 규정하는 자(이하 "검체채취자"라 한다.)가 수행하여야 한다.

2) 검체를 채취하는 때에는 검사대상으로부터 제8. 일반시험법 12. 부표 중의 12.9 난수

표를 사용하여 대표성을 가지도록 하여야 한다. 다만, 난수표법을 사용할 수 없는 사유가 있을 때에는 채취자가 검사대상을 선정·채취할 수 있다.

3) 검체는 검사목적, 검사항목 등을 참작하여 검사대상 전체를 대표할 수 있는 최소한도의 양을 수거하여야 한다.

4) 검체채취 시에는 검체채취결정표에 따라 검체를 채취하며, 6. 개별 검체채취 및 취급방법에서 정한 검체채취지점수 또는 시험검체수와 중복될 경우에는 강화된 검체채취지점수 또는 시험검체수를 적용하여 채취하여야 한다. 다만, 기구 및 용기·포장의 경우에는 검체채취결정표에 따르지 아니하고 식품등의 기준 및 규격 검사에 필요한 양만큼 채취한다.

〈검체채취결정표〉

검사대상 크기(kg)	검체채취 지점수(이상)	시험검체수
~5,000 미만	2	1
5,000 이상~15,000 미만	3	1
15,000 이상~25,000 미만	5	1
25,000 이상~100,000 미만	8(4×2)	2
100,000 이상~1,000,000 미만	10(5×2)	2
1,000,000 이상~	12(4×3)	3

※ 25,000 kg 이상 100,000 kg 미만인 검사대상의 경우에는 4곳 이상에서 채취·혼합하여 1개로 하는 방법으로 총 2개의 검체를 채취하여 검사 의뢰하고, 100,000 kg 이상 1,000,000 kg 미만인 검사대상은 5곳 이상에서 채취·혼합하여 1개로 하는 방법으로 총 2개의 검체를 채취하여 검사를 의뢰한다. 1,000,000 kg 이상인 검사대상은 4곳 이상에서 채취·혼합하여 1개로 하는 방법으로 총 3개의 검체를 채취하여 검사 의뢰한다.

5) 냉동검체, 대포장검체 및 유통중인 식품 등 검체채취결정표에 따라 채취하기 어려운 경우에는 검체채취자가 판단하여 수거량안에서 대표성 있게 검체를 채취할 수 있다.

6) 일반적으로 검체는 제조번호, 제조년월일, 소비기한이 동일한 것을 하나의 검사대상으로 하고 이와 같은 표시가 없는 것은 품종, 식품유형, 제조회사, 기호, 수출국, 수출년월일, 도착년월일, 적재선, 수송차량, 화차, 포장형태 및 외관 등의 상태를 잘 파악하여 그 식품의 특성 및 검사목적을 고려하여 채취하도록 한다.

7) 채취된 검체가 검사대상이 손상되지 않도록 주의하여야 하고, 식품을 포장하기전 또는 포장된 것을 개봉하여 검체로 채취하는 경우에는 이물질의 혼입, 미생물의 오염 등이 되지 않도록 주의하여야 한다.

8) 채취한 검체는 봉인하여야 하며 파손하지 않고는 봉인을 열 수 없도록 하여야 한다.

9) 기구 또는 용기·포장으로서 재질 및 바탕색상이 같으나 단순히 용도·모양·크기 또는 제품명 등이 서로 다른 경우에는 그 중 대표성이 있는 것을 검체로 할 수 있다. 다만, 재질 및 바탕색이 같지 않은 세트의 경우에는 판매단위인 세트별로 검체를 채취할 수 있다.

10) 검체채취자는 검사대상식품 중 곰팡이독소, 방사능오염 등이 의심되는 부분을 우선 채취할 수 있으며, 추가적으로 의심되는 물질이 있을 경우 검사항목을 추가하여 검사를 의뢰할 수 있다.

11) 미생물 검사를 위한 시료채취는 검체채취결정표에 따르지 아니하고 제2. 식품일반에 대한 공통기준 및 규격, 제3. 영·유아 또는 고령자를 섭취대상으로 표시하여 판매하는 식품의 기준 및 규격, 제4. 장기보존식품의 기준 및 규격, 제5. 식품별 기준 및 규격에서 정하여진 시료수(n)에 해당하는 검체를 채취한다.

12) 위험물질에 대한 검사강화, 부적합이력, 위해정보 등의 사유로 인해 식품의약품안전처장이 검사강화가 필요하다고 판단하는 경우 검체를 추가로 채취하여 검사를 의뢰할 수 있다.

4. 검체의 채취 및 취급요령

검체채취시에는 검사 목적, 대상 식품의 종류와 물량, 오염 가능성, 균질 여부 등 검체의 물리·화학·생물학적 상태를 고려하여야 한다.

1) 검체의 채취 요령

(1) 검사대상식품 등이 불균질할 때

① 검체가 불균질할 때에는 일반적으로 다량의 검체가 필요하나 검사의 효율성, 경제성 등으로 부득이 소량의 검체를 채취할 수 밖에 없는 경우에는 외관, 보관상태 등을 종합적으로 판단하여 의심스러운 것을 대상으로 검체를 채취할 수 있다.

② 식품등의 특성상 침전·부유 등으로 균질하지 않은 제품(예, 식품첨가물 중 향신료올레오레진류 등)은 전체를 가능한 한 균일 하게 처리한 후 대표성이 있도록 채취하여야 한다.

(2) 검사항목에 따른 균질 여부 판단검체의 균질 여부는 검사항목에 따라 달라질 수 있다. 어떤 검사대상식품의 선도판정에 있어서는 그 식품이 불균질하더라도 이에 함유된 중금속, 식품첨가물 등의 성분은 균질한 것으로 보아 검체를 채취할 수 있다.

(3) 포장된 검체의 채취

① 깡통, 병, 상자 등 용기·포장에 넣어 유통되는 식품 등은 가능한 한 개봉하지 않고 그대로 채취한다.

② 대형 용기·포장에 넣은 식품 등은 검사대상 전체를 대표할 수 있는 일부를 채취할 수 있다.

(4) 선박의 벌크검체 채취

① 검체채취는 선상에서 하거나 보세장치장의 사일로(silo)에 투입하기 전에 하여야 한다. 다만, 부득이한 사유가 있는 경우에는 그러하지 아니할 수 있다.

② 같은 선박에 선적된 같은 품명의 농·임·축·수산물이 여러 장소에 분산되어 선적된 경우에는 전체를 하나의 검사대상으로 간주하여 난수표를 이용하여 무작위로 장소를 선정하여 검체를 채취한다.

③ 같은 선박 벌크 제품의 대표성이 있도록 5곳 이상에서 채취 혼합하여 1개로 하는 방법으로 총 5개의 검체를 채취하여 검사의뢰한다.

(5) 냉장, 냉동 검체의 채취냉장 또는 냉동 식품을 검체로 채취하는 경우에는 그 상태를 유지하면서 채취하여야 한다.

(6) 미생물 검사를 하는 검체의 채취

① 검체를 채취·운송·보관하는 때에는 채취당시의 상태를 유지할 수 있도록 밀폐되는 용기·포장 등을 사용하여야 한다.

② 미생물학적 검사를 위한 검체는 가능한 미생물에 오염되지 않도록 단위포장상태 그대로 수거하도록 하며, 검체를 소분채취할 경우에는 멸균된 기구·용기 등을 사용하여 무균적으로 행하여야 한다.

③ 검체는 부득이한 경우를 제외하고는 정상적인 방법으로 보관·유통중에 있는 것을 채취하여야 한다.

④ 검체는 관련정보 및 특별수거계획에 따른 경우와 식품접객업소의 조리식품 등을 제외하고는 완전 포장된 것에서 채취하여야 한다.

(7) 기체를 발생하는 검체의 채취

① 검체가 상온에서 쉽게 기체를 발산하여 검사결과에 영향을 미치는 경우는 포장을 개봉하지 않고 하나의 포장을 그대로 검체단위로 채취하여야 한다.

② 다만, 소분 채취하여야 하는 경우에는 가능한 한 채취된 검체를 즉시 밀봉·냉각 시키는 등 검사결과에 영향을 미치지 않는 방법으로 채취하여야 한다.

(8) 페이스트상 또는 시럽상 식품등

① 검체의 점도가 높아 채취하기 어려운 경우에는 검사결과에 영향을 미치지 않는 범위내에서 가온 등 적절한 방법으로 점도를 낮추어 채취할 수 있다.

② 검체의 점도가 높고 불균질하여 일상적인 방법으로 균질하게 만들 수 없을 경우에는 검사결과에 영향을 주지 아니하는 방법으로 균질하게 처리할 수 있는 기구 등을 이용하여 처리한 후 검체를 채취할 수 있다.

(9) 검사 항목에 따른 검체채취 주의점

① 수분 : 증발 또는 흡습 등에 의한 수분 함량 변화를 방지하기 위하여 검체를 밀폐 용기에 넣고 가능한 한 온도 변화를 최소화하여야 한다.

② 산가 및 과산화물가 : 빛 또는 온도 등에 의한 지방 산화의 촉진을 방지하기 위하여 검체를 빛이 차단되는 밀폐 용기에 넣고 채취 용기내의 공간 체적과 가능한 한 온도 변화를 최소화하여야 한다.

2) 검체채취내역서의 기재

검체채취자는 검체채취시 당해 검체와 함께 제8. 일반시험법 12. 부표 12.11 검체채취내역서를첨부하여야 한다. 다만, 검체채취내역서를 생략하여도 기준·규격검사에 지장이 없다고 인정되는 때에는 그러하지 아니할 수 있다.

3) 식별표의 부착

수입식품검사(유통수거 검사는 제외한다)의 경우 검체채취 후 검체를 수거하였음을 나타내는 제8. 일반시험법 12. 부표 12.12 식별표를 보세창고 등의 해당 식품에 부착한다.

4) 검체의 운반 요령

(1) 채취된 검체는 오염, 파손, 손상, 해동, 변형 등이 되지 않도록 주의하여 검사실로 운반하여야 한다.

(2) 검체가 장거리로 운송되거나 대중 교통으로 운송되는 경우에는 손상되지 않도록 특히 주의하여 포장한다.

(3) 냉동 검체의 운반

① 냉동 검체는 냉동 상태에서 운반하여야 한다.

② 냉동 장비를 이용할 수 없는 경우에는 드라이 아이스 등으로 냉동상태를 유지하여 운반할 수 있다.

(4) 냉장 검체의 운반 : 냉장 검체는 온도를 유지하면서 운반하여야 한다. 얼음 등을 사용하여 냉장온도를 유지하는 때에는 얼음 녹은 물이 검체에 오염되지 않도록 주의하여야 하며 드라이 아이스 사용시 검체가 냉동되지 않도록 주의하여야 한다.

(5) 미생물 검사용 검체의 운반

① 부패·변질 우려가 있는 검체미생물학적인 검사를 하는 검체는 멸균용기에 무균적으로 채취하여 저온(5℃± 3 이하)을 유지시키면서 24시간 이내에 검사기관에 운반하여야 한다. 부득이한 사정으로 이 규정에 따라 검체를 운반하지 못한 경우에는 재수거하거나 채취일시 및 그 상태를 기록하여 식품 등 시험·검사기관 또는 축산물 시험·검사기관에 검사 의뢰한다.

② 부패·변질의 우려가 없는 검체미생물 검사용 검체일지라도 운반과정중 부패·변질우려가 없는 검체는 반드시 냉장온도에서 운반할 필요는 없으나 오염, 검체 및 포장의 파손 등에 주의하여야 한다.

③ 얼음 등을 사용할 때의 주의사항얼음 등을 사용할 때에는 얼음 녹은 물이 검체에 오염되지 않도록 주의하여야 한다.

(6) 기체를 발생하는 검체의 운반소분 채취한 검체의 경우에는 적절하게 냉장 또는 냉동한 상태로 운반하여야 한다.

5. 검체채취 기구 및 용기

1) 검체채취 기구 및 용기는 검체의 종류, 형상, 용기·포장 등이 다양하므로 검체의 수거목적에 적절한 기구 및 용기를 준비하여야 한다.

2)「기구 및 용기·포장의 기준·규격」에 적합한 것이어야 한다.

3) 기구 및 용기는 운반, 세척, 멸균에 편리한 것이어야 하며 미생물 검사를 위한 검체 채취의 기구·용기 중 검체와 직접 접촉하는 부분은 반드시 멸균 처리하여야 한다.

4) 검체와 직접 접촉하는 기구 및 용기는 검사결과에 영향을 미치지 않는 것이어야 한다.

5) 검체채취 및 기구·용기의 종류

(1) 채취용 기구 : 저울, 핀셋, 가위, 칼, 캔따개, 망치, 전기톱 또는 톱, 곡물검체채취기

(색대), 드라이어, 피펫, 커터, 액체검체채취용 펌프 또는 튜브, 국자, 깔때기 등

(2) 취용 용기·포장 : 검체봉투(대, 중, 소), 검체채취병(광구병) 등

(3) 미생물검사용 검체채취 기구 : 멸균백, 멸균병, 일회용 멸균플라스틱 피펫, 멸균피펫 inspirator, 일회용 멸균 장갑, 70% 에틸알콜, 멸균스테인레스 국자, 멸균스테인레스 집게 등

(4) 냉장·냉동 검체 운반기구 : 아이스박스, 아이스팩, 실시간온도기록계 등

(5) 기타 : 안전모, 간이사다리, 위생장화, 테이프, 아이스박스, 사진기, 필기구 등

6. 개별 검체채취 및 취급 방법

1) 수산물의 검체채취

(1) 관능검사용 검체채취방법관능검사용 검체채취는 무포장 수산물과 포장수산물로 구분하고 난수표 등을 이용, 다음의 표에 따라 검체를 채취하여 성상(관능)검사를 실시하고 이 중 채점개수만큼 채취하여 채점을 실시한다.

① 무포장 수산물(단위중량이 일정하지 아니한 것)

검사대상	채취개수	채점개수	채취요령
1톤미만	3	2	• 채취개수는 개체중량이 2 kg이상은 1마리를, 2 kg 미만은 기구 또는 그물망 등으로 채취(2~3 kg)한 것을 1개의 채취개수로 한다. • 활어 등 살아있는 상태로 2개 이상 수조에 분산되어 수용되어 있는 경우 각 수조별 품질상태, 크기, 중량 등을 고려하여 채취개수를 추가할 수 있다.
1톤이상~ 3톤미만	5	3	
3톤이상~ 5톤미만	7	4	
5톤이상~10톤미만	9	5	
10톤이상~20톤미만	11	6	
20톤이상	13	7	

② 포장제품(단위중량이 일정한 Block형의 무포장 제품 포함)

검사대상	채취개수	채점개수	채취요령
4개이하	1	1	• 포장별 제품의 제조연월일(포장일), 크기, 중량 등을 고려하여 대표성 있게 채취한다. • 검사대상이 35,001개 이상인 경우에는 채취개수를 추가할 수 있다.
5~50개	3	1	
51~ 100개	5	2	
101~ 200개	7	2	
201~ 300개	9	3	
301~ 400개	11	3	
401~ 500개	13	4	
501~ 700개	15	5	
701~1,000개	17	5	
1,001~10,000개	20	6	
10,001~35,000개	32	10	
35,001개 이상	50	16	

(2) 정밀검사용 검체채취 방법

① 정밀검사용 검체의 채취는 관능검사 채점대상 수산물에서 무작위로 채취한다.

② 패류(패각이 붙어 있는 경우) 및 해조류, 한천 등은 중량으로 채취하고 그 이외의 정밀검사용 검체는 마리수 또는 단위포장을 기준으로 채취함을 원칙으로 한다.

③ 정밀검사 결과에 영향을 줄 우려가 있는 포장횟감용 수산물은 포장단위로 검체를 채취할 수 있다.

④ 정밀검사는 채취된 검체 전체에서 먹을 수 있는 부위만을 취해 균질화 한 후 그 중 일정량을 1개의 시험검체로 한다. 다만, 어류는 머리, 꼬리, 내장, 뼈, 비늘을 제거한 후 껍질을 포함한 근육부위를 시험검체로 하고, 이때 검체를 물에서 꺼낸 경우나, 물로 씻은 경우에는 표준체(20 mesh 또는 이와 동등한 것)에 얹어 물을 제거한 후 균질화 한다.

⑤ 정밀검사용 검체 채취량은 다음의 표와 같다. 다만, 가격이 고가이거나 마리수 또는 단위포장별로 검체채취가 곤란한 경우에는 채취량의 범위 안에서 정밀검사 최소 필요량(가식부 300 g)이 되도록 검체를 절단·분할·파쇄하여 채취할 수 있다.

종류별	채 취 량
○ 대형 수산물	
– 개체중량이 2 kg이상	2 마리(포장)
– 개체중량이 1 kg이상~2 kg미만	3 마리(포장)
○ 중형 수산물	
– 개체중량이 500 g이상~1 kg미만	3 마리(포장)
– 개체중량이 200 g이상~500 g미만	5 마리(포장)
○ 소형 수산물	
– 개체중량이 100 g이상~200 g미만	10 마리(포장)
– 개체중량이 50 g이상~100 g미만	10~20 마리(포장)
– 개체중량이 50 g미만	2 kg이하
○ 패류(패각이 붙어 있는 경우)	1~4 kg
○ 해조류, 한천 등 기타수산물	0.3~0.5 kg

2) 잔류농약검사를 위한 검체의 채취

(1) 가능한 한 잔류농약검사를 위한 검체는 냉장보관하여 운반한다.

(2) 가공식품의 경우에는 3. 검체채취의 일반원칙 4)의 검체채취결정표에 따라 채취하고 농산물 등의 경우에는 다음의 표에 따라 채취한다.

검사대상 크기(kg)	검체채취 지점수(이상)	시험검체수
~5,000 미만	3	1
5,000 이상~15,000 미만	5	1
15,000 이상~25,000 미만	8	1
25,000 이상~	14	1

3) 곰팡이독소 검사를 위한 검체의 채취

(1) 가공식품의 경우에는 3. 검체채취의 일반원칙 4)의 검체채취결정표에 따라 채취하고 곡류, 두류, 땅콩 및 견과류의 경우에는 다음의 표에 따라 채취한다.

검사대상 크기(kg)	검체채취 지점수(이상)	시험검체수	검체채취량(kg)
~1,000 미만	8	1	1
1,000 이상~5,000 미만	10	1	1
5,000 이상~15,000 미만	15	1	1
15,000 이상~25,000 미만	18(9×2)	2	2
25,000 이상~60,000 미만	20(10×2)	2	2
60,000 이상~	24(8×3)	3	3

예시) 시험검체수가 3개인 경우에는 8곳 이상에서 채취혼합하여 1개로 하는 방법으로 총 3개 검체를 각각 시험검체로 의뢰한다.

4) 잔류동물용의약품 검사를 위한 검체의 채취

가공식품 및 축산물의 경우에는 3. 검체채취의 일반원칙 4)의 검체채취결정표에 따라 채취하고, 수산물의 경우에는 6. 개별 검체채취 및 취급 방법 1) 수산물의 검체채취에 따라 채취한다. 다만, 잔류동물용의약품이 비균질하게 분포하는 제품이라고 판단되는 경우에는 검체채취 지점수만큼 시험검체수가 되도록 채취한다.

5) 유전자변형성분 검사를 위한 검체의 채취

가공식품의 경우에는 3. 검체채취의 일반원칙 4)의 검체채취결정표에 따라 검체채취하고 곡류, 두류, 및 대두분의 경우에는 6. 개별 검체채취 및 취급 방법 2) 잔류농약검사를 위한 검체의 채취의 표에 따라 채취한다.

6) 컨테이너의 검체채취

(1) 곡류벌크선적물의 경우에는 컨테이너 내부를 을(乙)자형으로 이동하며 무작위로 채취한다.

(2) 여러 개의 컨테이너가 하나의 검사대상인 경우에는 다음 표에 따라 컨테이너를 개봉하여 검체채취하여야 한다. 다만, 이 검체채취 및 취급 방법 상 규정된 검체채취

지점수 등을 고려하여 개봉수를 가감할 수 있다.

컨테이너수	1~3개	4~6개	7~10개	11~20개	21~30개	31~50개	51개 이상
개봉수	1개	2개 이상	3개 이상	4개 이상	6개 이상	8개 이상	10개 이상

(3) 컨테이너에 실려있는 상태에서 대표성 있는 검체를 수거할 수 없는 경우에는 당해 식품 등을 검사 가능하도록 1/3이상 꺼내게 한 후 검체를 채취할 수 있다. 이 경우 냉장·냉동검체인 경우에는 보관온도를 유지할 수 있는 장소에서 화물을 꺼내게 할 수 있다.

7) **선박의 벌크검체 채취**

(1) 선박의 벌크검체를 채취하는 경우, 같은 선박 벌크 제품의 대표성이 있도록 5곳 이상에서 채취 혼합하여 1개로 하는 방법으로 총 5개의 검체를 채취하여 검사 의뢰한다.

부록 식품등의 표시기준 별지

표시사항별 세부표시기준

별지 1. 표시사항별 세부표시기준

1. 식품(수입식품을 포함한다)

가. 제품명

1) 제품명은 그 제품의 고유명칭으로서 허가관청(수입식품의 경우 신고관청)에 신고 또는 보고하는 명칭으로 표시하여야 한다.

2) 제품명에 상호·로고 또는 상표 등의 표현을 함께 사용할 수 있다.

3) 원재료명 또는 성분명을 제품명 또는 제품명의 일부로 사용할 수 있는 경우는 다음과 같다. 이 경우 원재료명은 바목 1) 나)에 따라 표시하여야 한다.

가) 식품의 처리·제조·가공시에 사용한 원재료명, 성분명 또는 과실·채소·생선·해물·식육 등 여러 원재료를 통칭하는 명칭을 제품명 또는 제품명의 일부로 사용하고자 하는 경우에는 해당 원재료명(식품의 원재료가 추출물 또는 농축액인 경우 그 원재료의 함량과 그 원재료에 함유된 고형분의 함량 또는 배합 함량을 백분율로 함께 표시한다) 또는 성분명과 그 함량(백분율, 중량, 용량)을 주표시면에 14포인트 이상의 글씨로 표시하여야 한다. 다만, 제품명의 글씨크기가 22포인트 미만인 경우에는 7포인트 이상의 글씨로 표시할 수 있다.

(예시) 흑마늘○○(흑마늘 ○○%)

(예시) 딸기○○(딸기추출물 ○○%(고형분 함량 ○○%))

(예시) 과일○○(사과 ○○%, 배 ○○%)

나) 가)의 규정에도 불구하고, 해당 식품유형명, 즉석섭취·편의식품류명 또는 요리명을 제품명 또는 제품명의 일부로 사용하는 경우는 그 식품유형명, 즉석섭취·편의식품류명 또는 요리명의 함량표시를 하지 않을 수 있다.

(식품유형명 사용 예시) "○○토마토케첩"(식품유형: 토마토케첩), "○○조미김"(식품유형: 조미김)

(즉석섭취·편의 식품류명 사용 예시) "○○햄버거", "○○김밥", "○○순대"

(요리명 사용 예시) "수정과○○", "식혜○○", "불고기○○", "피자○○", "짬뽕○○", "바비큐○○", "갈비○○", "통닭○○"

다) "맛" 또는 "향"을 내기 위하여 사용한 원재료로 합성향료만을 사용하여 제품명 또는 제품명의 일부로 사용하고자 하는 때에는 원재료명 또는 성분명 다음에 "향" 자를 사용하되, 그 글씨크기는 제품명과 같거나 크게 표시하고, 제품명 주위에 "합성OO향 첨가(함유)" 또는 "합성향료 첨가(함유)" 등의 표시를 하여야 한다.

(예시) 딸기향캔디

(합성딸기향 첨가)

4) 수출국에서 표시한 수입식품의 제품명을 한글로 표시할 때 「외래어 표기법」에 따라 표시하거나 번역하여 표시하여야 하며, 한글로 표시한 제품명은 표시기준에 적합하여야 한다.

나. 영업소(장) 등의 명칭(상호) 및 소재지

1) 업종별 영업소(장)의 명칭(상호) 및 소재지의 표시사항은 다음과 같다.

가) 식품등 제조·가공업 : 영업등록 또는 영업신고 시 등록 또는 신고관청에 제출한 영업소(장)의 명칭(상호) 및 소재지를 표시하되, 업소의 소재지 대신 반품교환업무를 대표하는 소재지를 표시할 수 있다. 다만, 식품 제조·가공업자가 제조·가공시설 등이 부족하여 식품 제조·가공업의 영업신고를 한 자에게 위탁하여 식품을 제조·가공한 경우에는 위탁을 의뢰한 영업소(장)의 명칭(상호) 및 소재지로 표시하여야 한다. 이 경우, 위탁을 의뢰 받은 영업소(장)의 명칭(상호) 및 소재지를 제조위탁업소(위탁제조원)으로서 추가 표시할 수 있다.

나) 유통전문판매업 : 영업신고 시 신고관청에 제출한 영업소(장)의 명칭(상호) 및 소재지(또는 반품교환업무를 대표하는 소재지)를 표시하고 해당 식품의 제조·가공업의 영업소(장)의 명칭(상호) 및 소재지를 함께 표시하여야 한다.

(예시) 유통전문판매업소 : 영업소(장)의 명칭(상호), 소재지

제조업소 : 영업소(장)의 명칭(상호), 소재지

다) 식품소분업 : 영업신고 시 신고관청에 제출한 영업소(장)의 명칭(상호) 및 소재지(또는 반품교환업무를 대표하는 소재지)를 표시하고 해당 식품의 제조·가공업의 영업소(장)의 명

칭(상호) 및 소재지를 함께 표시하여야 한다. 소분하고자 하는 식품이 수입식품인 경우 식품등의 수입판매업 영업소(장)의 명칭(상호) 및 소재지도 함께 표시하여야 한다.

(예시) 식품소분업소 : 영업소(장)의 명칭(상호), 소재지
제조업소 : 영업소(장)의 명칭(상호), 소재지

(예시) 식품소분업소 : 영업소(장)의 명칭(상호), 소재지
수입판매업소 : 영업소(장)의 명칭(상호), 소재지
제조업소 : 업소명

라) 수입식품등 수입판매업 : 영업등록시 등록관청에 제출한 영업소(장)의 명칭(상호) 및 소재지(또는 반품교환업무를 대표하는 소재지, 이 경우 '반품교환업무 소재지'임을 표시하여야 한다)를 표시하되, 해당 수입식품의 제조업소명을 표시하여야 한다. 이 경우 제조업소명이 외국어로 표시되어 있는 경우에는 그 제조업소명을 한글로 따로 표시하지 아니할 수 있다.

(예시) 수입판매업소 : 영업소(장)의 명칭(상호), 소재지(또는 반품교환업무 소재지)
제조업소 : 업소명

마) 식육포장처리업, 축산물가공업 : 영업 허가 시 허가관청에 제출한 영업소(장)의 명칭(상호)과 소재지를 표시하되, 영업장의 소재지 대신 반품교환업무를 대표하는 소재지를 표시할 수 있다.

바) 축산물유통전문판매업 : 영업 신고 시 신고관청에 제출한 영업소(장)의 명칭(상호) 및 소재지(또는 반품교환업무를 대표하는 소재지)를 표시하고, 축산물가공업 또는 식육포장처리업(수입축산물의 경우 축산물수입판매업)의 영업소(장)의 명칭(상호)과 소재지를 함께 표시하여야 한다.

사) 식용란수집판매업: 영업 신고시 신고관청에 제출한 식용란수집판매업의 영업소(장)의 명칭(상호)과 소재지를 표시하여야 한다.

아) 도축업(닭·오리의 식육에 한함) : 영업의 허가 시 허가관청에 제출한 도축장의 명칭과 소재지를 표시하여야 한다.

2) 그 밖에 판매업소의 영업소(장)의 명칭(상호) 및 소재지를 표시하고자 하는 경우에는 1)의 규정에 따라 표시한 영업소(장)의 명칭(상호) 및 소재지의 글씨크기와 같거나 작게 표시하여야 한다.

(예시) 판매업소 : ○○백화점, 소재지

제조업소 : 영업소(장)의 명칭(상호), 소재지

다. 제조연월일(이하 "제조일"로 표시할 수 있다)

1) 제조일은 "ㅇㅇ년ㅇㅇ월ㅇㅇ일", "ㅇㅇ.ㅇㅇ.ㅇㅇ", "ㅇㅇㅇㅇ년ㅇㅇ월ㅇㅇ일" 또는 "ㅇㅇㅇㅇ.ㅇㅇ.ㅇㅇ"의 방법으로 표시하여야 한다. 다만, 축산물의 경우 "ㅇㅇ년ㅇㅇ월ㅇㅇ일", "ㅇㅇ.ㅇㅇ.ㅇㅇ", "ㅇㅇㅇㅇ년ㅇㅇ월ㅇㅇ일", "ㅇㅇㅇㅇ.ㅇㅇ.ㅇㅇ." 또는 "ㅇㅇ년ㅇㅇ월", "ㅇㅇ.ㅇㅇ.", "ㅇㅇㅇㅇ년ㅇㅇ월", "ㅇㅇㅇㅇ.ㅇㅇ"등 방법으로 표시할 수 있다.
2) 제조일을 주표시면 또는 정보표시면에 표시하기가 곤란한 경우에는 해당위치에 제조일의 표시위치를 명시하여야 한다.
3) 수입되는 식품등에 표시된 수출국의 제조일의 "연월일"의 표시순서 1)의 기준과 다를 경우에는 소비자가 알아보기 쉽도록 "연월일"의 표시순서를 예시하여야 한다.
4) 제조연월일이 서로 다른 각각의 제품을 함께 포장하였을 경우에는 그 중 가장 빠른 제조연월일을 표시하여야 한다. 다만, 소비자가 함께 포장한 각 제품의 제조연월일을 명확히 확인할 수 있는 경우는 제외한다.
5) 제조일자 표시대상이 아닌 식품 등에 제조일자를 표시한 경우에는 1)부터 5)까지의 표시방법을 따라 표시하여야 하며, 표시된 제조일자를 지우거나 변경하여서는 아니 된다. 다만, 축산물의 경우 제품의 소비기한이 3개월 이내인 경우에는 제조일자의 "년" 표시를 생략할 수 있다.

라. 소비기한 또는 품질유지기한

1) 소비기한은 "ㅇㅇ년ㅇㅇ월ㅇㅇ일까지", "ㅇㅇ.ㅇㅇ.ㅇㅇ까지", "ㅇㅇㅇㅇ년ㅇㅇ월ㅇㅇ일까지" , "ㅇㅇㅇㅇ.ㅇㅇ.ㅇㅇ까지" 또는 "소비기한 : ㅇㅇㅇㅇ년ㅇㅇ월ㅇㅇ일"로 표시하여야 한다. 다만, 축산물의 경우 제품의 소비기한이 3월 이내인 경우에는 소비기한의 "년" 표시를 생략할 수 있다.
2) 제조일을 사용하여 소비기한을 표시하는 경우에는 "제조일로부터 ㅇㅇ일까지", "제조일로부터 ㅇㅇ월까지" 또는 "제조일로부터 ㅇㅇ년까지", "소비기한 : 제조일로부터 ㅇㅇ일"로 표시할 수 있다.
3) 제품의 제조·가공과 포장과정이 자동화 설비로 일괄 처리되어 제조시간까지 자동 표시할 수 있는 경우에는 "ㅇㅇ월ㅇㅇ일ㅇㅇ시까지" 또는"ㅇㅇ.ㅇㅇ.ㅇㅇ 00:00까지"로 표시할 수 있다.
4) 품질유지기한은 "ㅇㅇ년ㅇㅇ월ㅇㅇ일", "ㅇㅇ.ㅇㅇ.ㅇㅇ", "ㅇㅇㅇㅇ년ㅇㅇ월ㅇㅇ일" 또는 "ㅇㅇㅇㅇ.ㅇㅇ.ㅇㅇ"로 표시하여야 한다.
5) 제조일을 사용하여 품질유지기한을 표시하는 경우에는 "제조일로부터 ㅇㅇ일", "제조일로부터 ㅇㅇ월" 또는 "제조일로부터 ㅇㅇ년"으로 표시할 수 있다.

6) 소비기한 또는 품질유지기한을 주표시면 또는 정보표시면에 표시하기가 곤란한 경우에는 해당위치에 소비기한 또는 품질유지기한의 표시위치를 명시하여야 한다.

7) 수입되는 식품등에 표시된 수출국의 유통기간 또는 품질유지기한의 "연월일"의 표시순서가 1) 또는 4)의 기준과 다를 경우에는 소비자가 알아보기 쉽도록 "연월일"의 표시순서를 예시하여야 하며, "연월"만 표시되었을 경우에는 "연월일" 중 "일"의 표시는 제품의 표시된 해당 "월"의 1일로 표시하여야 한다.

8) 소비기한 또는 품질유지기한 표시가 의무가 아닌 국가로부터 소비기한 또는 품질유지기한이 표시되지 않은 제품을 수입하는 경우 그 수입자는 제조국, 제조회사로부터 받은 소비기한 또는 품질유지기한에 대한 증명자료를 토대로 하여 한글표시사항에 소비기한 또는 품질유지기한을 표시하여야 한다.

9) **소비기한 또는 품질유지기한의 표시는 사용 또는 보존에 특별한 조건이 필요한 경우 이를 함께 표시하여야 한다. 이 경우 냉동 또는 냉장보관·유통하여야 하는 제품은 『냉동보관』 및 냉동온도 또는 『냉장보관』 및 냉장온도를 표시하여야 한다.(냉동 및 냉장온도는 축산물에 한함)**

10) **소비기한이나 품질유지기한이 서로 다른 각각의 여러 가지 제품을 함께 포장하였을 경우에는 그 중 가장 짧은 소비기한 또는 품질유지기한을 표시하여야 한다. 다만 소비기한 또는 품질유지기한이 표시된 개별제품을 함께 포장한 경우에는 가장 짧은 소비기한만을 표시할 수 있다.**

11) 자연상태 식품 등 소비기한 표시대상 식품이 아닌 식품에 소비기한을 표시한 경우에는 1)부터 10)까지의 표시방법을 따라 표시하여야 한다(자연상태 식품인 경우 2)와 5) 중 "제조일"은 "생산연월일 또는 포장일"로 본다). 이 경우, 표시된 소비기한이 경과된 제품을 수입·진열 또는 판매하여서는 아니 되며, 이를 변경하여서도 아니 된다.

마. 내용량 〈생략〉

바. 원재료명 〈생략〉

사. 성분명 및 함량 〈생략〉

아. 영양성분등

1) 영양성분 표시단위 기준

가) 영양성분 함량은 총 내용량(1 포장)당 함유된 값으로 표시하여야 한다. 다만, 총 내용량이 100g(ml)을 초과하고 1회 섭취참고량의 3배를 초과하는 식품은 총 내용량당 대신

100g(ml)당 함량으로 표시할 수 있다. 영양성분 함량 단위는 규칙 제6조 관련 별표 5 1일 영양성분 기준치의 영양성분 단위와 동일하게 표시하여야 하고, 1회 섭취참고량과 총 제공량(1 포장)을 함께 표시하는 때에는 그 단위를 동일하게 표시하여야 한다.

나) 영양성분 함량은 식품 중 먹을 수 있는 부위를 기준으로 산출한다. 이 경우 먹을 수 있는 부위는 동물의 뼈, 식물의 씨앗 및 제품의 특성상 품질유지를 위하여 첨가되는 액체(섭취 전 버리게 되는 액체) 등 통상적으로 섭취하지 않는 먹을 수 없는 부위는 제외하고 실제 섭취하는 양을 기준으로 한다.

다) 가)에도 불구하고 개 또는 조각 등으로 나눌 수있는 단위(이하 "단위"라 한다) 제품에서 그 단위 내용량이 100g(ml)이상이거나 1회 섭취참고량 이상인 경우에는 단위 내용량당 영양성분 함량으로 표시하여야 한다(다만, 희석·용해·침출 등을 통해 음용하는 제품의 경우에는 제품의 섭취방법에 따라 소비자가 최종 섭취하는 용량(ml)을 만드는데 필요한 용량(ml) 또는 중량(g)을 단위 내용량으로 할 수 있다). 이 경우 총 내용량(1 포장) 및 단위 제품의 중량(g) 또는 용량(ml)을 표시하고 단위 제품의 개수를 표시하여야 한다. [예시 : 핫도그의 경우, 총 내용량 1,000g(100g×10개)]

라) 가)부터 다)까지의 규정에도 불구하고 단위 내용량이 100g(ml)미만이고 1회 섭취참고량 미만인 경우 단위 내용량당 영양성분 함량을 표시할 수 있다. 이 경우에는 총 내용량(1 포장)당 영양성분 함량을 병행표기 하여야 한다. 가)의 규정에 따라 총 내용량이 100g(ml)을 초과하고 1회 섭취참고량의 3배를 초과하는 식품은 100g(ml)당으로 병행표기 할 수 있다.

마) 가)부터 라)까지의 규정에도 불구하고 영양성분 함량을 1회 섭취참고량당 영양성분 함량으로 표시할 수 있다(다만, 희석·용해·침출 등을 통하여 음용하는 제품의 경우, 식품유형별의 1회 섭취참고량을 만드는데 필요한 용량(ml) 또는 중량(g)을 1회 섭취참고량으로 할 수 있다). 이 경우에도 총 내용량(1 포장)당 영양성분 함량을 병행표기 하여야 하며, 가)의 규정에 따라 총 내용량이 100g(ml)를 초과하고 1회 섭취참고량의 3배를 초과하는 식품은 100g(ml)당 영양성분 함량 표시와 병행표기 할 수 있다.

바) 서로 유형 등이 다른 2개 이상의 제품이라도 1개의 제품으로 품목제조보고한 제품이라면 그 전체의 양으로 표시한다.

(예시 : 라면은 면과 스프를 합하여 표시함)

2) 표시방법

가) 공통사항

(1) **영양성분 표시대상 식품은 열량, 나트륨, 탄수화물, 당류, 지방, 트랜스지방, 포화지방, 콜레스테롤 및 단백질에 대하여** 그 명칭, 함량 및 규칙 제6조 관련 별표 5의 1일 영양성분 기준치에 대한 비율(%)을 표시하여야 한다. 다만, 열량, 트랜스지방에 대하여는 1일 영양성분 기준치에 대한 비율(%) 표시를 제외한다.

(2) 영양성분 함량이 없는 경우(영양성분별 세부표시방법에 따라 "0"으로 표시하는 경우는 제외한다)에는 그 영양성분의 명칭과 함량을 표시하지 않거나, 영양성분 함량을 "없음" 또는 "-"로 표시하여야 한다.

(3) 영양성분 함량을 두 가지 이상의 표시단위로 병행 표기하는 경우, 총 내용량당 영양성분 함량이 "0"으로 표시되지 않으면, 다른 표시단위의 영양성분 함량도 "0"으로 표시할 수 없다. 이 경우 실제함량을 그대로 표시하거나 "OOg 미만"으로 표시한다. 다만, "OOg 미만"은 영양성분별 세부표시방법에 따라 "0"으로 표시할 수 있는 규정에 한하여 표시할 수 있다.(예시 : 총 내용량당 당류 함량이 "1g"이고 1회 섭취참고량당 함량이 "0.3g"인 경우 1회 섭취참고량당 당류 함량은 "0.3g" 또는 "0.5g 미만"으로 표시)

(4) 규칙 제6조 관련 별표 5의 1일 영양성분 기준치에 대한 비율(%)은 각 영양성분의 표시함량을 사용하여 **1일 영양성분 기준치에 대한 비율(%)을 산출한 후 이를 반올림하여 정수로 표시**하여야 한다. 다만 함량이 "00g 미만" 으로 표시되어 있는 경우에는 그 실제함량을 그대로 사용하여 1일 영양성분 기준치에 대한 비율(%)을 산출하여야 한다.

(5) 영양성분 표시는 소비자가 알아보기 쉽도록 바탕색과 구분되는 색상으로 다음의 기준에 따라 도 3 표시서식도안을 사용하여 표시하여야 한다.

(가) 중량(g) 또는 용량(ml)을 표시함에 있어 10g(ml) 미만은 그 값에 가까운 0.1g(ml) 단위로, 10g(ml) 이상은 그 값에 가까운 1g(ml) 단위로 표시하여야 한다.

(6) 영양성분을 주표시면에 표시하려는 경우에는 다음의 기준에 따라 도 4 표시서식도안을 사용하여 표시하여야 한다.

(가) 영양성분 표시는 도 4 표시서식 도안의 형태를 유지하는 범위에서 변형할 수 있다. 이 경우 특정 영양성분을 강조하여서는 아니된다.

(나) 도 4에 따라 표시된 열량이 내용량에 해당하는 열량이 되는 경우에는 내용량에

해당하는 열량의 표시는 생략할 수 있다.

(다) 주표시면에 도 4를 표시한 경우에는 정보표시면의 영양성분 표시를 생략할 수 있다.

(라) 그 밖에 표시방법은 (1)부터 (5)를 준용한다.

나) 영양성분별 세부표시방법

(1) 열량

(가) **열량의 단위는 킬로칼로리(kcal)로 표시**하되, **그 값을 그대로 표시하거나 그 값에 가장 가까운 5kcal 단위로 표시**하여야 한다. 이 경우 **5kcal 미만은 "0"으로 표시할 수 있다.**

(나) 열량의 산출기준은 다음과 같다.

① 영양성분의 표시함량을 사용("00g 미만"으로 표시되어 있는 경우에는 그 실제 값을 그대로 사용한다)하여 열량을 계산함에 있어 탄수화물은 1g당 4kcal를, 단백질은 1g당 4kcal를, 지방은 1g당 9kcal를 각각 곱한 값의 합으로 산출하고, 알콜 및 유기산의 경우에는 알콜은 1g당 7kcal를, 유기산은 1g당 3kcal를 각각 곱한 값의 합으로 한다.

② 탄수화물 중 당알콜 및 식이섬유 등의 함량을 별도로 표시하는 경우의 탄수화물에 대한 열량 산출은 당알콜은 1g당 2.4kcal(에리스리톨은 0kcal), 식이섬유는 1g당 2kcal, 타가토스는 1g당 1.5kcal, 알룰로오스는 1g당 0kcal, 그 밖의 탄수화물은 1g당 4kcal를 각각 곱한 값의 합으로 한다.

(2) 나트륨

(가) **나트륨의 단위는 밀리그램(mg)**으로 표시하되, 그 값을 그대로 표시하거나, 120mg **이하인 경우에는 그 값에 가장 가까운** 5mg **단위로,** 120mg**을 초과하는 경우에는 그 값에 가장 가까운** 10mg **단위로 표시**하여야 한다. 이 경우 5mg **미만은 "0"으로 표시할 수 있다.**

(3) 탄수화물 및 당류

(가) 탄수화물에는 **당류를 구분하여 표시**하여야 한다.

(나) 탄수화물의 **단위는 그램(g)으로 표시**하되, 그 값을 그대로 표시하거나 **그 값에 가장 가까운** 1g **단위로 표시**하여야 한다. 이 경우 1g **미만은 "1g 미만"으로,** 0.5g **미만은 "0"으로 표시**할 수 있다.

(다) 탄수화물의 함량은 식품 중량에서 단백질, 지방, 수분 및 회분의 함량을 뺀 값을 말한다.

(4) 지방, 트랜스지방, 포화지방

(가) 지방에는 트랜스지방 및 포화지방을 구분하여 표시하여야 한다.

(나) 지방의 단위는 **그램(g)으로 표시**하되, **그 값을 그대로 표시하거나 5g 이하는 그 값에 가장 가까운 0.1g 단위로, 5g을 초과한 경우에는 그 값에 가장 가까운 1g 단위로 표시**하여야 한다. 이 경우(**트랜스지방은 제외**)0.5g **미만은 "0"으로 표시할 수 있다.**

(다) **트랜스지방은** 0.5g **미만은 "0.5g 미만" 으로 표시 할 수 있으며,** 0.2g **미만은 "0" 으로 표시할 수 있다. 다만, 식용유지류 제품은 100g당 2g 미만일 경우 "0"으로 표시**할 수 있다.

(5) 콜레스테롤

(가) 콜레스테롤의 단위는 **미리그램(mg)으로 표시**하되, **그 값을 그대로 표시하거나, 그 값에 가장 가까운 5mg 단위로 표시**하여야 한다. 이 경우 5mg **미만은 "5mg 미만"으로, 2mg 미만은 "0"으로 표시할 수 있다.**

(6) 단백질

(가) 단백질의 단위는 **그램(g)으로 표시**하되, 그 값을 그대로 표시하거나, **그 값에 가장 가까운 1g 단위로 표시**하여야 한다. 이 경우 1g 미만은 "1g 미만"으로, 0.5g 미만은 "0"으로 표시할 수 있다.

(7) 그 밖에 영양성분에 대한 표시

(가) 규칙 제6조 관련 별표 5 1일 영양성분 기준치의 비타민과 무기질(나트륨은 제외한다)을 표시하거나 강조표시 하는 경우에는 해당 영양성분의 명칭, 함량 및 규칙 제6조 관련 별표 5의 1일 영양성분 기준치에 대한 비율(%)을 표시하여야 한다.

(나) 비타민과 무기질의 명칭 및 단위는 규칙 제6조 관련 별표 5의 1일 영양성분 기준치에 따라 표시하며, 1일 영양성분 기준치의 2% 미만은 "0"으로 표시할 수 있다.

(다) 1일 영양성분 기준치가 설정되지 아니한 지방산류 및 아미노산류 등을 표시하거나 영양강조표시를 하는 때에는 그 영양성분의 명칭 및 함량을 표시하여야 한다.

(라) 영·유아, 임신·수유부, 환자 등 특정집단을 대상으로 하는 특수용도식품에 대하여 (1)부터 (6) 또는 (가)부터 (다)까지의 규정에 의한 영양성분 표시를 하는 때에

는 규칙 제6조 관련 별표 5의 1일 영양성분 기준치에 대한 비율(%)로 표시하거나 표 2의 한국인 영양섭취기준 중 해당 집단의 권장섭취량 또는 충분섭취량을 기준치로 하여 기준치에 대한 비율(%)로 표시할 수 있다. 다만, 해당 집단의 권장섭취량 또는 충분 섭취량을 기준치로 사용할 경우에는 영양성분표 하단에 별표로 "1일 영양성분 기준치에 대한 비율(%)"이 특정 해당 집단의 섭취기준에 대한 비율(%)임을 명시하여야 한다.

(예) 도 3 표시서식도안 가목의 도안일 경우

* 1일 영양성분 기준치에 대한 비율(%) : 한국인 성인 남자(19~64세) 영양섭취기준에 대한 비율

3) 영양강조 표시기준

가) "저", "무", "고(또는 풍부)" 또는 "함유(또는 급원)"용어 사용

(1) 일반기준

(가) "무" 또는 "저"의 강조표시는 (2)의 규정에 따른 영양성분 함량 강조표시 세부기준에 적합하게 제조·가공과정을 통하여 해당 영양성분의 함량을 낮추거나 제거한 경우에만 사용할 수 있다. 다만, 영양성분 함량강조표시 중 "저지방"에 대한 표시조건은 「축산물 위생관리법」 제4조제2항에 따른 「식품의 기준 및 규격」에서 정한 기준을 적용할 수 있다.

(2) 영양성분 함량강조표시 세부기준

영양성분	강조표시	표시조건
열량	저	식품 100g당 40kcal미만 또는 식품 100㎖당 20kcal미만일 때
	무	식품 100㎖당 4kcal미만일 때
나트륨/소금(염)	저	식품 100g당 120mg미만일 때 * 소금(염)은 식품 100g당 305mg미만일 때
	무	식품 100g당 5mg미만일 때 * 소금(염)은 식품 100g당 13mg미만일 때
당류	저	식품 100g당 5g미만 또는 식품 100㎖당 2.5g미만일 때
	무	식품 100g당 또는 식품 100㎖당 0.5g미만일 때
지방	저	식품 100g당 3g미만 또는 식품 100㎖당 1.5g미만일 때
	무	식품 100g당 또는 식품 100㎖당 0.5g미만일 때
트랜스지방	저	식품 100g당 0.5g 미만일 때
포화지방	저	식품 100g당 1.5g미만 또는 식품 100㎖당 0.75g미만이고, 열량의 10%미만일 때
	무	식품 100g당 0.1g미만 또는 식품 100㎖당 0.1g미만일 때

(계속)

영양성분	강조표시	표시조건
콜레스테롤	저	식품 100g당 20㎎미만 또는 식품 100㎖당 10㎎미만이고, 포화지방이 식품 100g당 1.5g미만 또는 식품 100㎖당 0.75g미만이며, 포화지방이 열량의 10%미만일 때
	무	식품 100g당 5㎎미만 또는 식품 100㎖당 5㎎미만이고, 포화지방이 식품 100g당 1.5g 또는 식품 100㎖당 0.75g미만이며 포화지방이 열량의 10%미만일 때
식이섬유	함유 또는 급원	식품 100g당 3g 이상, 식품 100kcal당 1.5g 이상일 때 또는 1회 섭취참고량당 1일 영양성분기준치의 10% 이상일 때
	고 또는 풍부	함유 또는 급원 기준의 2배
단백질	함유 또는 급원	식품 100g당 1일 영양성분 기준치의 10% 이상, 식품 100㎖당 1일 영양성분 기준치의 5% 이상, 식품 100kcal당 1일 영양성분 기준치의 5% 이상일 때 또는 1회 섭취참고량당 1일 영양성분기준치의 10% 이상일 때
	고 또는 풍부	함유 또는 급원 기준의 2배
비타민 또는 무기질	함유 또는 급원	식품 100g당 1일 영양성분 기준치의 15% 이상, 식품 100㎖당 1일 영양성분 기준치의 7.5% 이상, 식품 100kcal당 1일 영양성분기준치의 5% 이상일 때 또는 1회 섭취참고량당 1일 영양성분기준치의 15% 이상일 때
	고 또는 풍부	함유 또는 급원 기준의 2배

나) "덜", "더", "감소 또는 라이트", "낮춘", "줄인", "강화", "첨가" 용어 사용

(1) 영양성분 함량의 차이를 다른 제품의 표준값과 비교하여 백분율 또는 절대값으로 표시할 수 있다. 이 경우 다른 제품의 표준 값은 동일한 식품유형 중 시장점유율이 높은 3개 이상의 유사식품을 대상으로 산출하여야 한다.

(2) 영양성분 함량의 차이가 다른 제품의 표준값과 비교하여 열량, 나트륨, 탄수화물, 당류, 식이섬유, 지방, 트랜스지방, 포화지방, 콜레스테롤, 단백질의 경우는 최소 25% 이상의 차이가 있어야 하고, 나트륨을 제외한 규칙 제6조 관련 별표 5 1일 영양성분 기준치에서 정한 비타민 및 무기질의 경우는 1일 영양성분 기준치의 10% 이상의 차이가 있어야 한다.

(3) (2)에 해당하는 제품 중 "덜, 라이트, 감소"를 사용하고자 하는 경우에는 해당 영양성분의 함량차이의 절대값이 가)의 규정에 따른 "저"의 기준값보다 커야 하고, "더, 강화, 첨가"를 사용하고자 하는 경우에는 해당 영양성분의 함량차이의 절대값이 가)의 규정에 따른 "함유"의 기준값보다 커야 한다.

(4) (1)~(3) 규정에도 불구하고 특정 영양성분과 식품유형에 대해서는 영양성분 비교강조표시 기준 등을 별도로 정할 수 있다.

다) 다음의 모두에 해당하는 경우 "설탕 무첨가", "무가당"을 표시할 수 있다.

(1) 당류를 첨가하지 않은 제품

(2) 당류를 기능적으로 대체하는 원재료(꿀, 당시럽, 올리고당, 당류가공품 등. 다만, 당류에 해당하지 않는 식품첨가물은 제외)를 사용하지 않은 제품

(3) 당류가 첨가된 원재료(잼·젤리·감미과일 등)를 사용하지 않은 제품

(4) 농축, 건조 등으로 당함량이 높아진 원재료(말린과일페이스트, 농축과일주스 등)를 사용하지 않은 제품

(5) 효소분해 등으로 식품의 당함량이 높아지지 않은 제품

라) 다음의 (1)부터 (3)까지 모두에 해당하는 경우 "나트륨 무첨가" 또는 "무가염"을 표시할 수 있다. 다만, 해당 제품이 가) (1) 및 (2)에 따른 나트륨/소금(염)의 "무" 강조표시 조건에 적합하지 않은 경우에는 "무염 제품이 아님" 또는 "나트륨 함유 제품임"을 해당 강조표시 근처에 함께 표시하여야 한다.

(1) 염화나트륨, 삼인산나트륨 등 나트륨염을 첨가하지 않은 제품

(2) 나트륨염을 첨가한 원재료(젓갈류, 소금에 절인 생선 등)를 사용하지 않은 제품

(3) 나트륨염을 기능적으로 대체하기 위하여 사용하는 원재료(건조 해조류, 건조 해산물 등)를 사용하지 않은 제품

4) 영양성분 표시량과 실제 측정값의 허용오차 범위

가) 열량, 나트륨, 당류, 지방, 트랜스지방, 포화지방 및 콜레스테롤의 실제 측정값은 표시량의 120% 미만이어야 한다. 다만, 배추김치의 경우 나트륨의 실제 측정값은 표시량의 130% 미만이어야 한다.

나) 가) 본문에도 불구하고 식품 내에 함유량이 다음 구분에 해당하는 영양성분의 경우에는 표시량과 실제 측정값의 허용오차 범위는 다음 구분에 따른 값과 같다.

(1) 100g(mL)당 25mg 미만의 나트륨: +5mg 미만

(2) 100g(mL)당 2.5g 미만의 당류: +0.5g 미만

(3) 100g(mL)당 4g 미만의 포화지방: +0.8g 미만

(4) 100g(mL)당 25mg 미만의 콜레스테롤: +5mg 미만

다) 탄수화물, 식이섬유, 단백질, 비타민, 무기질의 실제 측정값은 표시량의 80% 이상이어야 한다.

라) 가)부터 다)까지 규정에도 불구하고 「식품위생법」 제7조 및 「축산물 위생관리법」 제4조의

규정에 따른 「식품의 기준 및 규격」의 성분규격이 "표시량 이상"으로 되어 있는 경우에는 실제 측정값은 표시량 이상이어야 하고, 성분규격이 "표시량 이하"로 되어 있는 경우에는 표시량 이하이어야 한다.

마) 실제 측정값이 가) 부터 라)까지 규정하고 있는 범위를 벗어난다 하더라도 다음의 어느 하나에 해당하는 경우에는 허용오차를 벗어난 것으로 보지 아니한다.

(1) 실제 측정값이 2)나)의 영양성분별 세부표시방법의 단위 값 처리 규정에서 인정하는 범위이내인 경우

(2) 다음 중 어느 하나에 해당하는 2개 이상의 기관((가) 또는 (나)에 해당하는 기관을 1개 이상 포함하여야 한다)에서 1년마다 검사한 평균값과 표시된 값의 차이가 허용오차를 벗어나지 않은 경우(다만, 「식품의 기준 및 규격」에서 성분규격을 "표시량 이상" 또는 "표시량 이하"로 정하고 있는 경우는 해당하지 아니함)

(가) 식품과 건강기능식품 : 「식품·의약품 분야 시험·검사 등에 관한 법률」 제6조제2항제1호에 따른 식품 등 시험·검사기관

(나) 축산물 : 「식품·의약품 분야 시험·검사 등에 관한 법률」 제6조제2항제2호에 따른 축산물 시험·검사기관

(다) 「국가표준기본법」에서 인정한 시험·검사기관

2. 식품첨가물(수입식품첨가물을 포함한다) 〈생략〉

3. 기구등의 살균·소독제(수입기구등의 살균·소독제를 포함한다) 〈생략〉

4. 기구 또는 용기·포장(수입기구 또는 용기·포장을 포함한다) 〈생략〉

[도 1] 용기·포장의 주표시면 및 정보표시면 구분

<table>
<tr>
<td>

주표시면(앞면 또는 윗면) 정보표시면(뒷면)</td>
<td>

주표시면(앞면) 정보표시면(뒷면 또는 측면)</td>
</tr>
<tr>
<td>

정보표시면(양측면)
주표시면(앞면 또는 뒷면)</td>
<td>
주표시면(앞면)
정보표시면(뒷면)</td>
</tr>
</table>

[도 2] 표시사항 표시서식도안

<table>
<tr><td>제 품 명</td><td>○○ ○○</td><td rowspan="9">• (예시) 이 제품은 ○○○를 사용한 제품과 같은 시설에서 제조

• (타법 의무표시사항 예시) 정당한 소비자의 피해에 대해 교환, 환불

• (업체 추가표시사항 예시) 서늘하고 건조한 곳에 보관

• 부정·불량식품 신고 : 국번없이 1399

• (업체 추가표시사항 예시)
고객상담실 : ○○○-○○○-○○○○</td></tr>
<tr><td>식품유형</td><td>○○○(○○○○○○*)
*기타표시사항</td></tr>
<tr><td>영업소(장)의 명칭(상호) 및 소재지</td><td>○○식품, ○○시○○구○○로 ○○길○○</td></tr>
<tr><td>소비기한</td><td>○○년○○월○○일까지</td></tr>
<tr><td>내 용 량</td><td>○○○ g</td></tr>
<tr><td rowspan="2">원재료명</td><td>○○, ○○○○, ○○○○○○, ○○○○○, ○○, ○○○○○○○, ○○○, ○○○○○</td></tr>
<tr><td>○○*, ○○○*, ○○* 함유
(*알레르기 유발물질)</td></tr>
<tr><td>성분명 및 함량</td><td>○○○(○○mg)</td></tr>
<tr><td>용기(포장)재질</td><td>○○○○○</td></tr>
<tr><td>품목보고번호</td><td>○○○○○○○○○○○-○○○</td><td rowspan="1">영양성분*
(주표시면 표시 가능)</td></tr>
</table>

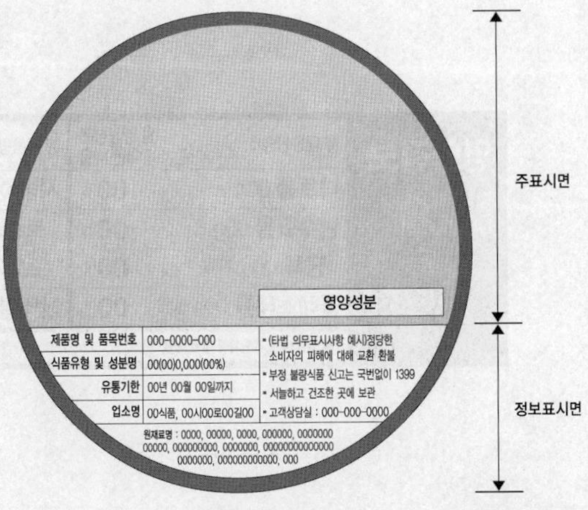

정보표시면

[도 3] 영양성분 표시서식도안

1. 표시서식도안의 종류

가. 기본형

1) 총 내용량(1 포장)당

2) 100g(ml)당

3) 단위내용량당

나. 세로형

1) 총 내용량(1 포장)당

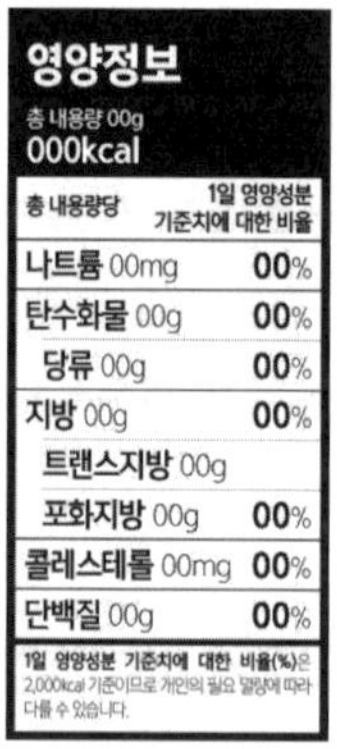

2) 100g(ml)당

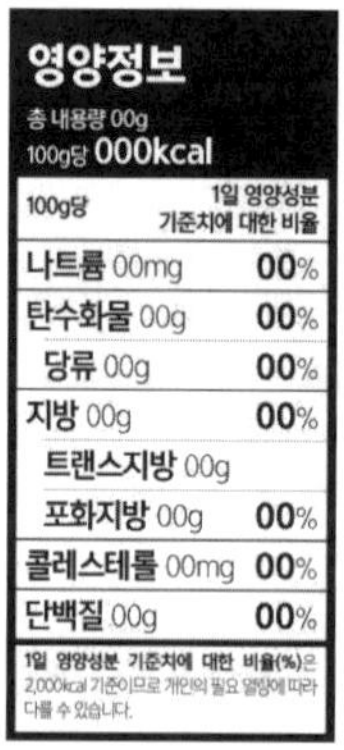

3) 단위내용량당

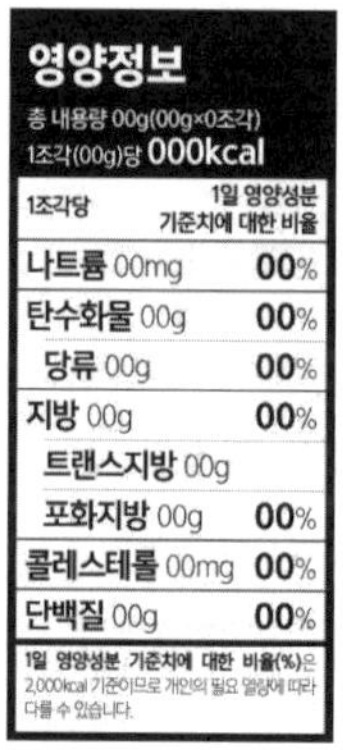

다. 가로형

1) 총 내용량(1 포장)당

2) 100g(ml)당

영양정보 총 내용량 00g 100g당 000kcal	100g당	1일 영양성분 기준치에 대한 비율	100g당	1일 영양성분 기준치에 대한 비율
	나트륨 00mg	00%	지방 00g	00%
	탄수화물 00g	00%	트랜스지방 00g	
	당류 00g	00%	포화지방 00g	00%
	콜레스테롤 00mg	00%	단백질 00g	00%
	1일 영양성분 기준치에 대한 비율(%)은 2,000kcal 기준이므로 개인의 필요 열량에 따라 다를 수 있습니다.			

3) 단위내용량당

영양정보 총 내용량 00g(00g×0조각) 1조각(00g)당 000kcal	1조각당	1일 영양성분 기준치에 대한 비율	1조각당	1일 영양성분 기준치에 대한 비율
	나트륨 00mg	00%	지방 00g	00%
	탄수화물 00g	00%	트랜스지방 00g	
	당류 00g	00%	포화지방 00g	00%
	콜레스테롤 00mg	00%	단백질 00g	00%
	1일 영양성분 기준치에 대한 비율(%)은 2,000kcal 기준이므로 개인의 필요 열량에 따라 다를 수 있습니다.			

라. 그래픽형

1) 총 내용량(1 포장)당

영양정보	총 내용량 00g 000kcal
총 내용량당	1일 영양성분 기준치에 대한 비율
나트륨 00mg	00%
탄수화물 00g	00%
당류 00g	00%
지방 00g	00%
트랜스지방 00g	
포화지방 00g	00%
콜레스테롤 00mg	00%
단백질 00g	00%
1일 영양성분 기준치에 대한 비율(%)은 2,000kcal 기준이므로 개인의 필요 열량에 따라 다를 수 있습니다.	

2) 100g(ml)당

영양정보	총 내용량 00g 100g당 000kcal
100g당	1일 영양성분 기준치에 대한 비율
나트륨 00mg	00%
탄수화물 00g	00%
당류 00g	00%
지방 00g	00%
트랜스지방 00g	
포화지방 00g	00%
콜레스테롤 00mg	00%
단백질 00g	00%
1일 영양성분 기준치에 대한 비율(%)은 2,000kcal 기준이므로 개인의 필요 열량에 따라 다를 수 있습니다.	

3) 단위내용량당

영양정보	총 내용량 00g(00g×0조각) 1조각(00g)당 000kcal
1조각당	1일 영양성분 기준치에 대한 비율
나트륨 00mg	00%
탄수화물 00g	00%
당류 00g	00%
지방 00g	00%
트랜스지방 00g	
포화지방 00g	00%
콜레스테롤 00mg	00%
단백질 00g	00%
1일 영양성분 기준치에 대한 비율(%)은 2,000kcal 기준이므로 개인의 필요 열량에 따라 다를 수 있습니다.	

마. 텍스트형

1) 총 내용량(1 포장)당

영양정보		총 내용량 00g 000kcal
나트륨 00mg 00%	탄수화물 00g 00%	당류 00g 00%
지방 00g 00%	트랜스지방 00g	포화지방 00g 00%
콜레스테롤 00mg 00%	단백질 00g 00%	
1일 영양성분 기준치에 대한 비율(%)은 2,000kcal 기준이므로 개인의 필요 열량에 따라 다를 수 있습니다.		

2) 100g(ml)당

영양정보	총 내용량 00g 100g당 000kcal	
나트륨 00mg 00%	탄수화물 00g 00%	당류 00g 00%
지방 00g 00%	트랜스지방 00g	포화지방 00g 00%
콜레스테롤 00mg 00%	단백질 00g 00%	
1일 영양성분 기준치에 대한 비율(%)은 2,000kcal 기준이므로 개인의 필요 열량에 따라 다를 수 있습니다.		

3) 단위내용량당

영양정보	총 내용량 00g(00g×0조각) 1조각(00g)당 000kcal	
나트륨 00mg 00%	탄수화물 00g 00%	당류 00g 00%
지방 00g 00%	트랜스지방 00g	포화지방 00g 00%
콜레스테롤 00mg 00%	단백질 00g 00%	
1일 영양성분 기준치에 대한 비율(%)은 2,000kcal 기준이므로 개인의 필요 열량에 따라 다를 수 있습니다.		

바. 병행표기

1) 단위내용량당(총내용량 병행)

영양정보	총 내용량 00g(00g×0조각) 1조각(00g)당 000kcal		
1조각당	1일 영양성분 기준치에 대한 비율	총 내용량당	
나트륨 00mg	00%	00mg	00%
탄수화물 00g	00%	00g	00%
당류 00g	00%	00g	00%
지방 00g	00%	00g	00%
트랜스지방 00g		00g	
포화지방 00g	00%	00g	00%
콜레스테롤 00mg	00%	00mg	00%
단백질 00g	00%	00g	00%
1일 영양성분 기준치에 대한 비율(%)은 2,000kcal 기준이므로 개인의 필요 열량에 따라 다를 수 있습니다.			

2) 단위내용량당(100g 병행)

영양정보	총 내용량 00g(00g×0조각) 1조각(00g)당 000kcal		
1조각당	1일 영양성분 기준치에 대한 비율	100g당	
나트륨 00mg	00%	00mg	00%
탄수화물 00g	00%	00g	00%
당류 00g	00%	00g	00%
지방 00g	00%	00g	00%
트랜스지방 00g		00g	
포화지방 00g	00%	00g	00%
콜레스테롤 00mg	00%	00mg	00%
단백질 00g	00%	00g	00%
1일 영양성분 기준치에 대한 비율(%)은 2,000kcal 기준이므로 개인의 필요 열량에 따라 다를 수 있습니다.			

3) 1회 섭취참고량당(총내용량 병행)

영양정보	총 내용량 00ml 1수저(00ml)당 000kcal		
1수저당	1일 영양성분 기준치에 대한 비율	총 내용량당	
나트륨 00mg	00%	00mg	00%
탄수화물 00g	00%	00g	00%
당류 00g	00%	00g	00%
지방 00g	00%	00g	00%
트랜스지방 00g		00g	
포화지방 00g	00%	00g	00%
콜레스테롤 00mg	00%	00mg	00%
단백질 00g	00%	00g	00%
1일 영양성분 기준치에 대한 비율(%)은 2,000kcal 기준이므로 개인의 필요 열량에 따라 다를 수 있습니다.			

4) 1회 섭취참고량당(100ml 병행)

영양정보	총 내용량 00ml 1수저(00ml)당 000kcal		
1수저당	1일 영양성분 기준치에 대한 비율	100ml당	
나트륨 00mg	00%	00mg	00%
탄수화물 00g	00%	00g	00%
당류 00g	00%	00g	00%
지방 00g	00%	00g	00%
트랜스지방 00g		00g	
포화지방 00g	00%	00g	00%
콜레스테롤 00mg	00%	00mg	00%
단백질 00g	00%	00g	00%
1일 영양성분 기준치에 대한 비율(%)은 2,000kcal 기준이므로 개인의 필요 열량에 따라 다를 수 있습니다.			

2. 주요 표시방법

가. 총 내용량 △△g(ml)

ⓐ

ⓐ △△ : 총 내용량을 중량(g) 또는 용량(ml)으로 표시하고 소수점 첫째자리에서 반올림 하여 1g(ml)단위로 표시한다. 10g(ml)미만인 경우 소수점 둘째자리에서 반올림하여 0.1g(ml)단위로 표시할 수 있다.

나. 단위내용량당 표시

1) 총 내용량 △△g(◊◊g × oo개)

ⓑ ⓒ

ⓑ ◊◊ : 단위 제품의 중량(g) 또는 용량(ml)으로 표시하고 소수점 첫째자리에서 반올림 하여 1g(ml)단위로 표시한다. 10g(ml)미만인 경우 소수점 둘째자리에서 반올림하여 0.1g(ml)단위로 표시할 수 있다.

ⓒ oo : 단위제품의 제공 개수는 셀 수 있는 단위(개, 조각, 봉지, 팩 등)를 사용하며 정수로 표시한다

다. 열량의 표시는 총 내용량 글씨크기보다 크거나 같아야 하고 굵게(bold) 표시한다.

라. 1일 영양성분 기준치에 대한 비율(%) 표시는 영양성분 글씨 및 함량의 글씨크기보다 크거나 같아야 하며, 소수점 첫째자리에서 반올림 하여 1%단위로 표시하고 굵게(bold) 표시한다.

마. 영양성분 표시서식도안을 표시함에 있어 열량·영양성분 명칭, 함량 및 1일 영양성분 기준치에 대한 비율(%)의 글씨크기는 10 포인트 이상으로 하여야 한다.

[도 4] 영양성분 주표시면 표시서식도안

1. 총내용량당

총 내용량 00g(ml)당

열량	나트륨	탄수화물	당류	지방	트랜스지방	포화지방	콜레스테롤	단백질
000 kcal	00% 00mg	00% 00g	00% 00g	00% 00g	00g	00% 00g	00% 00mg	00% 00g

1일 영양성분 기준치에 대한 비율(%)은 2,000kcal 기준이므로 개인의 필요 열량에 따라 다를 수 있습니다.

2. 100g(ml)당

100g(ml)당/총 내용량 00g(ml)

열량	나트륨	탄수화물	당류	지방	트랜스지방	포화지방	콜레스테롤	단백질
000 kcal	00% 00mg	00% 00g	00% 00g	00% 00g	00g	00% 00g	00% 00mg	00% 00g

1일 영양성분 기준치에 대한 비율(%)은 2,000kcal 기준이므로 개인의 필요 열량에 따라 다를 수 있습니다.

3. 단위내용량당

1조각(00g)당/총 내용량 00g(00g×0조각)

열량	나트륨	탄수화물	당류	지방	트랜스지방	포화지방	콜레스테롤	단백질
000 kcal	00% 00mg	00% 00g	00% 00g	00% 00g	00g	00% 00g	00% 00mg	00% 00g

1일 영양성분 기준치에 대한 비율(%)은 2,000kcal 기준이므로 개인의 필요 열량에 따라 다를 수 있습니다.

[도 5] 달걀 껍데기의 사육환경번호 표시 방법

번호	사육환경	내용
1	방사 사육	「동물보호법 시행규칙」제30조 관련 별표 6의 산란계의 자유방목 기준을 충족하는 경우
2	축사내 평사	「축산법 시행령」제14조 관련 별표 1에서 정한 가축 마리당 사육시설 면적 중 산란계 평사 기준 면적을 충족하는 시설에서 사육한 경우. 다만, 축사내 개방형 케이지를 포함
3	개선된 케이지 (0.075㎡/마리)	「축산법 시행령」제14조 관련 별표 1에서 정한 가축 마리당 사육시설 면적 중 산란계 케이지 기준면적을 충족하는 시설에서 사육한 경우로서 사육밀도가 마리당 0.075㎡ 이상인 경우
4	기존 케이지 (0.05㎡/마리)	「축산법 시행령」제14조 관련 별표 1에서 정한 가축 마리당 사육시설 면적 중 산란계 케이지 기준면적을 충족하는 시설에서 사육한 경우로서 사육밀도가 마리당 0.075㎡ 미만인 경우

[도 6] 닭·오리의 식육의 합격표시

1. 제품의 포장에 다음의 규격에 의한 합격표시를 한다. 다만, 포장지의 종류에 따라 크기는 조절할 수 있다.

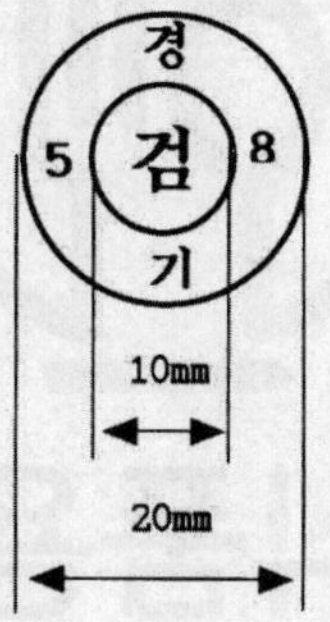

2. 검인의 부호·번호 및 규격은 다음에 따른다.

가. 시·도별 검인 부호

시·도	부호	시·도	부호
서울특별시	서 울	강 원 도	강 원
부산광역시	부 산	충청북도	충 북
대구광역시	대 구	충청남도	충 남
인천광역시	인 천	전라북도	전 북
광주광역시	광 주	전라남도	전 남
대전광역시	대 전	경상북도	경 북
울산광역시	울 산	경상남도	경 남
경 기 도	경 기	제주특별자치도	제 주
		세종특별자치시	세 종

나. 도축장별 검인번호는 시·도지사가 부여한 두자리의 아라비아숫자로 표시한다.

다. 수출을 목적으로 검사한 식육의 합격표시에 사용하는 검인의 부호·번호 및 규격에 대하여는 식품의약품안전처장이 정하는 규정에 따라 표시할 수 있다.

[도 7] 식품용 기구 도안

1. 도안

〈'가'형〉 〈'다'형〉 〈'마'형〉

〈'나'형〉 〈'라'형〉 〈'바'형〉

2. 도안 제작 방법

가. 크기

1) 표시하려는 제품 또는 포장 등의 크기, 형태 및 주변의 도안 등을 고려하여 적정한 크기로 가감하여 제작한다. 이 경우 '가'형과 '나'형은 가로 35 : 세로 30 비율을 유지하고 도안에 포함된 모든 요소를 동일 비율로 가감하여 제작하되 식별이 가능하도록 세로의 최소 규격은 높이 7 mm로 한다.

2) '다'형에서 '바'형으로 표시하는 경우 비율은 다음과 같이 한다.

나. 문자 : 가로 35 mm로 크기와 비례를 준수하여야 한다. 서체는 도안과 다른 서체를 사용해서는 안된다.

다. 색깔

1) 단색 적용시 흰색 바탕에 검정색으로 표시('가'형, '다'형, '마'형)하거나, 검정색 바탕에 흰색('나'형, '라'형, '바'형)으로 표시한다.

2) 특수컬러는 금색(P874C) 또는 은색(P877C)을 이용하여 '가'형에서 '바'형으로 표시할 수 있다.

3) 명도에 따라 다음과 같이 표시한다.

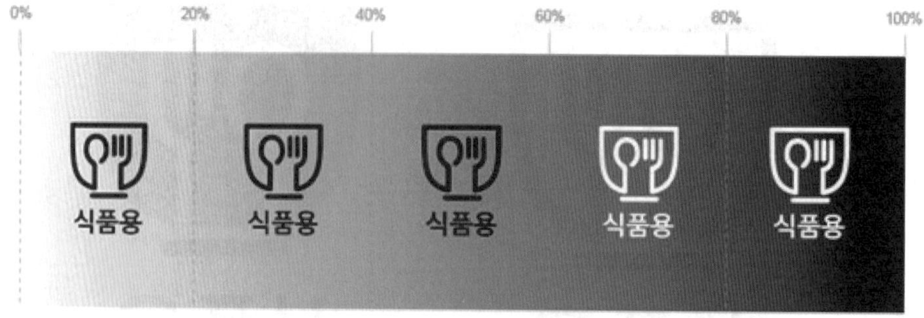

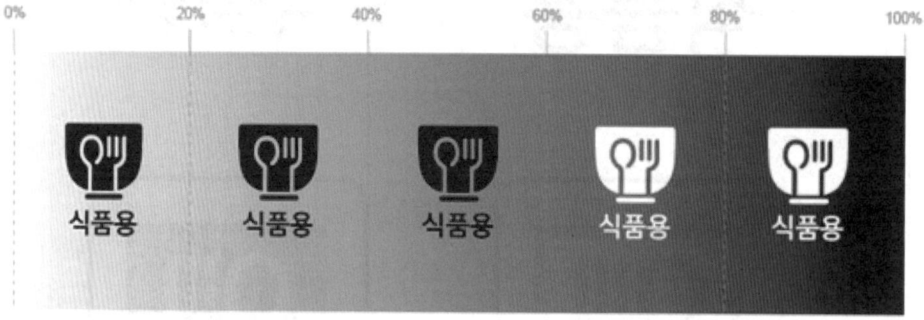

3. 표시방법

가. 식품용 기구 도안은 '가'형부터 '바'형 중에 선택하여 사용할 수 있다.

나. 2. 도안 제작 방법을 준수하여 표시하여야 한다.

[표 1] 인삼의 유래 기본문안 〈생략〉

[표 2] 한국인 영양섭취기준

연령	탄수화물 (g)		지방 (g)		리놀레산 (g)		알파-리놀렌산 (g)		EPA+DHA (mg)		단백질 (g)		식이섬유 (g)		비타민A (μg RAE)		비타민D (μg)		비타민E (mg α-TE)		비타민K (μg)		비타민C (mg)		티아민 (mg)		리보플라빈 (mg)		니아신 (mg NE)		비타민B_6 (mg)		엽산 (μg DFE)		비타민B_{12} (μg)	
	권장섭취량[1]	충분섭취량[2]	권장섭취량	충분섭취량	권장섭취량	충분섭취량	권장섭취량	충분섭취량	권장섭취량	충분섭취량	권장섭취량	충분섭취량	권장섭취량	충분섭취량	권장섭취량	충분섭취량	권장섭취량	충분섭취량	권장섭취량	충분섭취량	권장섭취량	충분섭취량	권장섭취량	충분섭취량	권장섭취량	충분섭취량	권장섭취량	충분섭취량	권장섭취량	충분섭취량	권장섭취량	충분섭취량	권장섭취량	충분섭취량	권장섭취량	충분섭취량
영아 0~5(개월)		60		25		5.0		0.6		200[4]		10				350		5		3		4		40		0.2		0.3		2		0.1		65		0.3
6~11		90		25		7.0		0.8		300[4]	15					450		5		4		6		55		0.3		0.4		3		0.3		90		0.5
유아 1~2(세)	130					4.5		0.6			20			15	250			5		5		25	40		0.4		0.5		6		0.6		150		0.9	
3~5	130					7.0		0.9			25			20	300			5		6		30	45		0.5		0.6		7		0.7		180		1.1	
남자 6~8(세)	130					9.0		1.1		200	35			25	450			5		7		40	50		0.7		0.9		9		0.9		220		1.3	
9~11	130					9.5		1.3		220	50			25	600			5		9		55	70		0.9		1.1		11		1.1		300		1.7	
12~14	130					12.0		1.5		230	60			30	750			10		11		70	90		1.1		1.5		15		1.5		360		2.3	
15~18	130					14.0		1.7		230	65			30	850			10		12		80	100		1.3		1.7		17		1.5		400		2.4	
19~29	130					13.0		1.6		210	65			30	800			10		12		75	100		1.2		1.5		16		1.5		400		2.4	
30~49	130					11.5		1.4		400	65			30	800			10		12		75	100		1.2		1.5		16		1.5		400		2.4	
50~64	130					9.0		1.4		500	60			30	750			10		12		75	100		1.2		1.5		16		1.5		400		2.4	
65~74	130					7.0		1.2		310	60			25	700			15		12		75	100		1.1		1.4		14		1.5		400		2.4	
75 이상	130					5.0		0.9		280	60			25	700			15		12		75	100		1.1		1.3		13		1.5		400		2.4	
여자 6~8(세)	130					7.0		0.8		200	35			20	400			5		7		40	50		0.7		0.8		9		0.9		220		1.3	
9~11	130					9.0		1.1		150	45			25	550			5		9		55	70		0.9		1.0		12		1.1		300		1.7	
12~14	130					9.0		1.2		210	55			25	650			10		11		65	90		1.1		1.2		15		1.4		360		2.3	
15~18	130					10.0		1.1		100	55			25	650			10		12		65	100		1.1		1.2		14		1.4		400		2.4	
19~29	130					10.0		1.2		150	55			20	650			10		12		65	100		1.1		1.2		14		1.4		400		2.4	
30~49	130					8.5		1.2		260	50			20	650			10		12		65	100		1.1		1.2		14		1.4		400		2.4	
50~64	130					7.0		1.2		240	50			20	600			10		12		65	100		1.1		1.2		14		1.4		400		2.4	
65~74	130					4.5		1.0		150	50			20	600			15		12		65	100		1.0		1.1		13		1.4		400		2.4	
75 이상	130					3.0		0.4		140	50			20	600			15		12		65	100		0.8		1.0		12		1.4		400		2.4	
임신부	+45[3]					+0		+0		+0	+15[5] +30[5]			+5[3]	+70			+0		+0		+0	+10		+0.4		+0.4		+4		+0.8		+220		+0.2	
수유부	+80					+0		+0		+0	+25			+5	+490			+0		+3		+0	+40		+0.4		+0.5		+3		+0.8		+150		+0.4	

(사) 보건복지부, 한국영양학회 : 2020 한국인 영양소 섭취기준 (2020)

1) 권장섭취량 : 인구집단의 약 97-98%에 해당하는 사람들의 영양소 필요량을 충족시키는 섭취수준

2) 충분섭취량 : 영양소의 필요량을 추정하기 위한 과학적 근거가 부족할 경우, 인구집단의 건강을 유지하는 데 충분한 양을 설정한 수치

3) 임신부 탄수화물 권장섭취량: 1, 2, 3 분기별 부가량

4) DHA

5) 임신부 단백질 권장섭취량: 2, 3분기별 부가량

(계속)

연령	판토텐산 (mg)		비오틴 (μg)		칼슘 (mg)		인 (mg)		나트륨 (g)		염소 (g)		칼륨 (g)		마그네슘 (mg)		철 (mg)		아연 (mg)		구리 (μg)		불소 (mg)		망간 (mg)		요오드 (μg)		셀레늄 (μg)		몰리브덴 (μg)		크롬 (μg)	
	권장 섭취량	충분 섭취량	권장 섭취량	충분 섭취량	권장 섭취량	충분 섭취량	권장 섭취량	충분 섭취량	권장 섭취량	충분 섭취량	권장 섭취량	충분 섭취량	권장 섭취량	충분 섭취량	권장 섭취량	충분 섭취량	권장 섭취량	충분 섭취량	권장 섭취량	충분 섭취량	권장 섭취량	충분 섭취량	권장 섭취량	충분 섭취량	권장 섭취량	충분 섭취량	권장 섭취량	충분 섭취량	권장 섭취량	충분 섭취량	권장 섭취량	충분 섭취량	권장 섭취량	충분 섭취량
영아 0~5(개월)		1.7		5		250		100		110		170		400		25		0.3		2		240		0.01		0.01		130		9				0.2
6~11		1.9		7		300		300		370		560		700		55	6		3			330		0.4		0.8		180		12				4.0
유아 1~2(세)		2		9	500		450			810		1,200		1,900	70		6		3		290			0.6		1.5	80		23		10			10
3~5		2		12	600		550			1,000		1,600		2,400	110		7		4		350			0.9		2.0	90		25		12			10
남자 6~8(세)		3		15	700		600			1,200		1,900		2,900	150		9		5		470			1.3		2.5	100		35		18			15
9~11		4		20	800		1,200			1,500		2,300		3,400	220		11		8		600			1.9		3.0	110		45		18			20
12~14		5		25	1,000		1,200			1,500		2,300		3,500	320		14		8		800			2.6		4.0	130		60		30			30
15~18		5		30	900		1,200			1,500		2,300		3,500	410		14		10		900			3.2		4.0	130		65		30			35
19~29		5		30	800		700			1,500		2,300		3,500	360		10		10		850			3.4		4.0	150		60		30			30
30~49		5		30	800		700			1,500		2,300		3,500	370		10		10		850			3.4		4.0	150		60		30			30
50~64		5		30	750		700			1,500		2,300		3,500	370		10		10		850			3.2		4.0	150		60		30			30
65~74		5		30	700		700			1,300		2,100		3,500	370		9		9		800			3.1		4.0	150		60		28			25
75 이상		5		30	700		700			1,100		1,700		3,500	370		9		9		800			3.0		4.0	150		60		28			25
여자 6~8(세)		3		15	700		550			1,200		1,900		2,900	150		9		5		400			1.3		2.5	100		35		18			15
9~11		4		20	800		1,200			1,500		2,300		3,400	220		10		8		550			1.8		3.0	110		45		18			20
12~14		5		25	900		1,200			1,500		2,300		3,500	290		16		8		650			2.4		3.5	130		60		25			20
15~18		5		30	800		1,200			1,500		2,300		3,500	340		14		9		700			2.7		3.5	130		65		25			20
19~29		5		30	700		700			1,500		2,300		3,500	280		14		8		650			2.8		3.5	150		60		25			20
30~49		5		30	700		700			1,500		2,300		3,500	280		14		8		650			2.7		3.5	150		60		25			20
50~64		5		30	800		700			1,500		2,300		3,500	280		8		8		650			2.6		3.5	150		60		25			20
65~74		5		30	800		700			1,300		2,100		3,500	280		8		7		600			2.5		3.5	150		60		22			20
75 이상		5		30	800		700			1,100		1,700		3,500	280		7		7		600			2.3		3.5	150		60		22			20
임신부		+1.0		+0	+0		+0			1,500		2,300		+0	+40		+10		+2.5		+130			+0		+0	+90		+4		+0			+5
수유부		+2.0		+5	+0		+0			1,500		2,300		+400	+0		+0		+5.0		+480			+0		+0	+190		+10		+3			+20

[표 3] 1회 섭취참고량(일부 생략)

번호	식품군	식품종	식품유형	세부	1회섭취 참고량
1	과자류, 빵류 또는 떡류		과자	강냉이, 팝콘	20 g
				기타	30 g
			캔디류	양갱	50 g
				푸딩	100 g
				그 밖의 해당식품	10 g
			추잉껌		2 g
			빵류	피자	150 g
				그 밖의 해당식품	70 g
			떡류		100 g
2	빙과류	아이스크림류			100ml 또는 제품별로 이에 해당하는 g
		아이스크림믹스류			–
		빙과	빙과		100 g(ml)
		얼음류			–
3	코코아가공품류 또는 초콜릿류	코코아가공품류			–
		초콜릿류	초콜릿가공품		30 g
			초콜릿가공품을 제외한 초콜릿류		15 g
4	당류	설탕류	설탕		5 g
			기타설탕		5 g
		당시럽류	당시럽류		10 g
		올리고당류			–
		포도당			–
		과당류			–
		엿류	기타엿	덩어리엿	30 g
				가루엿	5 g
		당류가공품			–
5	잼류		잼		20 g
			기타잼		20 g
6	두부류 또는 묵류		두부		80 g
			유바		80 g
			가공두부		80 g
			묵류		80 g

[표 4] 명칭과 용도를 함께 표시하여야 하는 식품첨가물

식품첨가물의 명칭	용도
사카린나트륨 아스파탐 글리실리진산이나트륨 수크랄로스 아세설팜칼륨	감미료
식용색소녹색제3호 식용색소녹색제3호알루미늄레이크 식용색소적색제2호 식용색소적색제2호알루미늄레이크 식용색소적색제3호 식용색소적색제40호 식용색소적색제40호알루미늄레이크 식용색소적색제102호 식용색소청색제1호 식용색소청색제1호알루미늄레이크 식용색소청색제2호 식용색소청색제2호알루미늄레이크 식용색소황색제4호 식용색소황색제4호알루미늄레이크 식용색소황색제5호 식용색소황색제5호알루미늄레이크 동클로로필 동클로로필린나트륨 철클로로필린나트륨 삼이산화철 이산화티타늄 수용성안나토 카민 β-카로틴 동클로로필린칼륨 β-아포-8'-카로티날	착색료

(계속)

식품첨가물의 명칭	용도
데히드로초산나트륨 소브산 소브산칼륨 소브산칼슘 안식향산 안식향산나트륨 안식향산칼륨 안식향산칼슘 파라옥시안식향산메틸 파라옥시안식향산에틸 프로피온산 프로피온산나트륨 프로피온산칼슘	보존료
디부틸히드록시톨루엔 부틸히드록시아니졸 몰식자산프로필 에리토브산 에리토브산나트륨 아스코르빌스테아레이트 아스코르빌파르미테이트 이·디·티·에이이나트륨 이·디·티·에이칼슘이나트륨 터셔리부틸히드로퀴논	산화방지제
산성아황산나트륨 아황산나트륨 차아황산나트륨 무수아황산 메타중아황산칼륨 메타중아황산나트륨	표백용은 “표백제”로, 보존용은 “보존료”로, 산화방지제는 “산화방지제“로 한다.
차아염소산칼슘 차아염소산나트륨	살균용은 “살균제”로, 표백용은 “표백제”로 한다
아질산나트륨 질산나트륨 질산칼륨	발색용은 “발색제”로, 보존용은 “보존료”로 한다
카페인 L-글루탐산나트륨	향미증진제

[표 5] 명칭 또는 간략명을 표시하여야 하는 식품첨가물 〈생략〉

[표 6] 명칭, 간략명 또는 주용도를 표시하여야 하는 식품첨가물 〈생략〉

저자 소개

어금희　한양여자대학교 식품영양과 겸임교수

한명애　세종대학교 호텔비즈니스학과 겸임교수

이진미　백석문화대학교 식품영양학과 교수

김영태　유한대학교 식품영양학과 교수

왕순남　한양여자대학교 식품영양과 겸임교수

윤진아　강서대학교 식품영양학과 교수

박한나　경기대학교 평생교육원 외식조리경영계열 교수

송현주　(주)케이앤에이 이사

최신 **식품위생관계법규** 개정4판

2020년 1월 31일 초　판 발행
2023년 8월 10일 개정4판 발행

지은이 | 어금희 · 한명애 · 이진미 · 김영태
왕순남 · 윤진아 · 박한나 · 송현주
발행인 | 유제구
발행처 | 파워북
주　소 | 경기도 고양시 일산동구 호수로 358-25
동문타워 2차 529호
전　화 | (02) 730-1412
팩　스 | (031) 908-1410
등　록 | 1997. 1. 31. 제2014-000067호

정 가 28,000원
ISBN 978-89-8160-415-8 (93590)